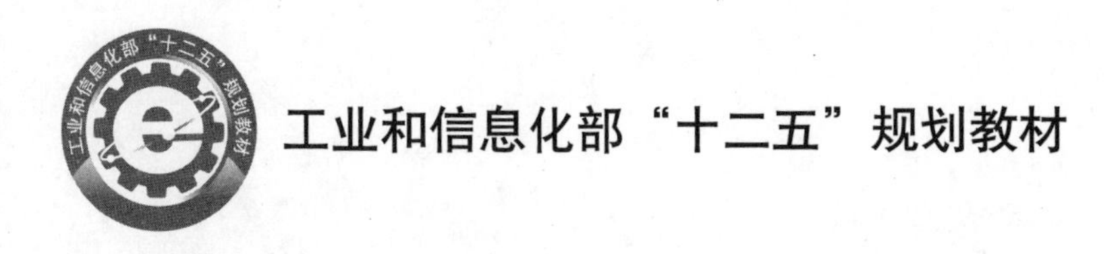

高等化工数学（第2版）

陈晋南　彭　炯　编著

ADVANCED CHEMICAL ENGINEERING MATHEMATICS

（2ND EDITION）

北京理工大学出版社
BEIJING INSTITUTE OF TECHNOLOGY PRESS

图书在版编目（CIP）数据

高等化工数学/陈晋南，彭炯编著 .—2 版 .—北京：北京理工大学出版社，2015.4

ISBN 978－7－5682－0504－7

Ⅰ.①高…　Ⅱ.①陈…②彭…　Ⅲ.①化学工业-应用数学-研究生-教材　Ⅳ.①TQ011

中国版本图书馆 CIP 数据核字（2015）第 075909 号

出版发行 / 北京理工大学出版社有限责任公司
社　　址 / 北京市海淀区中关村南大街 5 号
邮　　编 / 100081
电　　话 / (010)68914775(总编室)
(010)82562903(教材售后服务热线)
(010)68948351(其他图书服务热线)
网　　址 / http://www.bitpress.com.cn
经　　销 / 全国各地新华书店
印　　刷 / 保定市中画美凯印刷有限公司
开　　本 / 787 毫米×1092 毫米　1/16
印　　张 / 28.75
字　　数 / 666 千字
版　　次 / 2015 年 4 月第 2 版　2015 年 4 月第 1 次印刷
定　　价 / 66.00 元

责任编辑 / 林　杰
张慧峰
文案编辑 / 多海鹏
责任校对 / 周瑞红
责任印制 / 王美丽

图书出现印装质量问题，请拨打售后服务热线，本社负责调换

第2版序言

Second edition preface

本书再版首先要感谢工业和信息化部“十二五”规划教材专著立项（工信部人［2013］513号）。

2007年，由北京理工大学出版社出版的《高等化工数学》第1版是北京理工大学211工程研究生规划教材，北京理工大学的工业和信息化部重点学科“化学工程与技术”和其他兄弟院校的两千多名研究生使用了该教材。使用本教材的教师、学生和读者指出了书中的不足，并提出了宝贵的意见和建议，在此表示衷心的感谢。

编者再版本书时，再次参考美国一流大学工科研究生应用数学的教科书和国内经典教材，保持第1版“内容丰富，结构严谨，具有一定的理论深度，且概念清楚易懂，便于自学”的特点。书中数学理论部分力求简明扼要、条理系统，立足于应用，不进行严密的推导和证明。着重介绍如何将工程问题简化成数学物理问题，及如何应用数学方法求解数学物理方程问题，并阐述解的物理意义，为读者将来处理工程问题和使用信息化技术提供必要的应用数学理论基础。

本书根据化工发展的需要和几年教学实践的情况而修订。全书多处进行了调整和修改，使之更为严谨，便于读者理解和学习。本次修订将原来的第7章点源法和第8章无界空间的定解问题合并到第6章偏微分方程与特殊函数，分别为6.7冲量定理法和格林函数法与6.8无界空间的定解问题；将第9章变分法和第10章偏微分方程的差分法合并到第7章偏微分方程的近似法，增加偏微分方程的有限差分法7.4有限单元法概述和7.5数值计算的商业软件及其应用两节，给出了数值模拟计算的应用实例，以适应当前信息化技术的需要；增加了例题的文字叙述，以便于读者理解数学问题；增加了少量例题和练习题，也修正了若干文字和印刷错误。为了读者阅读的方便，增加了全书的索引。

考虑到目前我国本科生的工程数学基础，在复习第2章和第3章的基础上，重点讲授第4～7章，整个课程大致需要60学时。可以根据学生的具体数学基础，选择每章的教学内容，并确定相应的学时数。

在本次修订中，陈晋南负责全书大纲和各章节的修订工作。彭炯负责全书的校对，王建博士负责图的修改工作。这几年，彭炯承担了“化学工程与技术”一级学科研究生“高等化工数学”学位课程的教学工作，对教学中使用第1版教材发现的问题与陈晋南进行了多次讨论。老大中博士、副教授认真审核了第4章矢量分析与场论和第7章中7.1变分法及其应用一节，并提出了宝贵的修改建议。

在本书再版的过程中，得到了北京理工大学教务处杨煜祥老师的大力支持和帮助。清华大学郭宝华教授和北京理工大学孙克宁教授认真地审核了本书，并提出了宝贵的建议。北京理工大学出版社编辑的辛勤劳动，大大减少了书中的疏漏，且编者在编写过程参考了大量的参考文献。在此一并致以衷心的感谢。

由于编者水平有限，疏漏或不妥之处在所难免，期盼广大读者批评指正。

陈晋南　彭炯
2014年10月于北京

第1版序言

First edition preface

在过去的二三十年里，化学化工获得了迅速的发展。数学在这个发展中以各种形式起了极为重要的作用。没有足够的数学知识，工程师和科学技术人员甚至不能做任何工作。现代化学工程人员无论从事化学化工新产品、新工艺的研究还是进行过程设计、自动控制都需要应用数学知识。几乎所有的应用科学都要进行实验并必须采用数学方法解释所得到的实验结果，而应用数学的方法和能力将直接影响到研究的过程和结果。

本书编写的目的是为高等院校化学和化工等专业的研究生提供一本学习高等化工数学的教材。将在大学工科高等数学的基础上重点介绍化学化工中最常用的若干数学方法，为将来处理数学问题提供必要的基础知识，建立数学模型仅作入门介绍。由于篇幅和学时的限制，书中数学理论部分力求简明扼要、条理清晰，对于各种数学方法的讨论，立足于应用，不进行严密的推导和证明。和经典的数学教程相比，本书更着重于工程应用方面，而数学定理的证明或省略或放在次要的位置。如果需要，读者可以借助有关参考书进行深入学习和研究。

本书共分十章，介绍化学化工中最常用的各种数学方法，所采用的参考文献都列在每章末尾。由于考虑到化学和化工专业读者的数学基础，为了给读者打下学习和阅读本书的基础，第二章复习常微分方程的解法，第三、四、五章分别介绍复变函数、矢量分析与场论和积分变换，为后面章节偏微分方程和特殊函数、点源法、无界空间的定解问题、变分法和偏微分方程的差分法等五章的学习打下必要的基础。

在内容叙述时，编者尽量做到基本概念解释详尽、公式推导步骤清晰，并留给读者自学和思考的空间，有意识地将书中的有些问题留给读者在练习中完成，不少练习题是书中内容学习的延续。在讲解重点和难点理论概念时，附有例题以便于自学。每章末尾都附有一定数量的练习题，绝大部分给出了答案，以供读者学习和核对自己练习的结果。编者期望读者尽可能多做练习，这是吸收和消化理论知识的最好方法。不动手做练习题，无法掌握任何数学知识。通过完成练习，可以加深对书中内容的理解，培养学习、思考和解决问题的能力，能从本书的学习中学到所需的知识，并能学以致用地把知识应用到实践中去。

1986 年，编者自费到美国纽约市立大学研究生院学习，先后获工学硕士、物理学硕士和博士学位。1994年作为博士后研究员在美国著名的约翰·霍普金斯大学化学工程系工作。在美国攻读学位期间，曾系统地学习了应用数学物理方程、线性代数、复变函数、数值分析、计算方法等数学知识，并参与了相关课程的硕士生辅导教学工作。数学的理论知识使编者在多年有关动量、热量和质量传递方面的大量科学研究工作中获益匪浅。编者期望化学工程师在解决实际问题时，能从本书中得到帮助。

1995年年底，编者从美国留学回来，1996年起为北京理工大学化工与环境学院研究生开设“化学化工数学”的学位课，在组织研究生课程教学过程中，编者认真拜读了国内市场上流行的有关教科书，并与美国名牌大学的研究生的教学内容进行了比较，根据国家和学校研究生培养的要求，结合国外的教材和个人的学习经验，精选内容组织了材料，编写了《化学化工数学Ⅰ》和《化学化工数学Ⅱ》内部教材，分别用于硕士生和博士生的学位课程。在工程硕士研究生学位课的教学中也使用了该教材。10年里近千名学生学习使用了该教材，感谢同学们认真学习本课程，并在学习过程中提出了不少的宝贵意见。在这次出版时，将两部分内容合并，书名更改为《高等化工数学》。

在内部教材大纲的制定过程中，王利生教授和毋俊生副教授以自己教授本课程的经验提出了建议。在编写过程中得到彭炯博士、副教授的大力协助，他校验了部分习题，认真校核书稿打字编辑的疏漏和差错。近年来他参加了部分教学工作，对本书提出了有益的修改意见。编者的硕士生们协助完成了书中插图扫描和部分例题的录入。另外在编写出版本书的过程中得到了北京理工大学研究生院和北京理工大学出版社的大力支持和帮助。由于北京理工大学出版社编辑的辛勤劳动，大大减少了书中的疏漏。在此一并致以衷心的谢意。

在出版之际，编者由衷地感谢丁建中教授和王保国教授对本书认真细致的审核，老大中副教授认真审核了变分法一章。按照三位教授的修改意见，编者对全书的内容进行了修改、调整和补充。

编者衷心感谢国家和人民多年来对自己的培养。感谢我的父母、丈夫和女儿对我学习和工作的全力支持。

根据编者的教学实践，整个课程大致需要90学时左右，在硕士生课程中学习前六章，博士生课程学习后四章。具有高等数学知识的读者就可阅读本书，如果读者具有线性代数、大学物理等基础知识，阅读本书会相对容易。

编者深感水平有限，不免有疏漏或不妥之处，真诚地恳请广大读者批评指正。

陈晋南

目 录
CONTENTS

第1章 绪论 …… 1
1.1 现代化工发展的趋势 …… 1
1.2 化工问题的数学描述 …… 3
1.3 化工问题的数学模型方法 …… 6
1.3.1 化工数学物理模型法的具体工程实例 …… 7
1.3.2 数学物理模型的用途 …… 10
1.3.3 数学物理模型的分类 …… 10
1.3.4 机理模型化方法的原则步骤 …… 11
1.4 本书的内容架构 …… 12
参考文献 …… 13
第2章 常微分方程 …… 15
2.1 变量可分离的微分方程 …… 15
2.1.1 微分方程的基本概念 …… 15
2.1.2 微分方程的分离变量法 …… 16
2.2 一阶线性微分方程 …… 17
2.2.1 齐次一阶线性微分方程 …… 18
2.2.2 非齐次一阶线性微分方程 …… 22
2.3 高阶微分方程 …… 24
2.3.1 线性微分方程解的结构 …… 24
2.3.2 齐次常系数线性微分方程的余函数 …… 26
2.3.3 非齐次常系数线性微分方程的特解 …… 28
2.3.4 特殊类型变系数高阶微分方程 …… 35
2.4 线性微分方程组 …… 43
2.4.1 一阶线性微分方程组 …… 44

2.4.2 高阶常系数线性微分方程组 …… 45
2.5 微分方程的级数解 …… 47
2.5.1 泰勒级数 …… 47
2.5.2 傅里叶级数 …… 51
参考文献 …… 54
第3章 复变函数概述 …… 55
3.1 复数及其代数运算 …… 55
3.1.1 复数的表示法 …… 55
3.1.2 复数的运算 …… 57
3.2 复变函数 …… 60
3.2.1 复变函数的基本概念 …… 60
3.2.2 基本超越函数 …… 64
3.2.3 复变函数的导数 …… 66
3.3 解析函数和调和函数 …… 68
3.3.1 解析函数的基本概念 …… 68
3.3.2 调和函数 …… 70
3.4 解析函数的积分 …… 72
3.4.1 复变函数的积分 …… 72
3.4.2 柯西积分定理 …… 73
3.5 解析函数的级数 …… 77
3.5.1 解析函数的泰勒级数 …… 77
3.5.2 罗朗级数与孤立奇点 …… 78
3.6 留数理论及其应用 …… 81
3.6.1 留数的定义和计算 …… 82
3.6.2 计算极点的留数 …… 83
3.6.3 应用留数定理计算实变函数的积分 …… 85
参考文献 …… 91
第4章 矢量分析与场论 …… 92
4.1 矢量函数 …… 92
4.1.1 矢量函数的基本概念 …… 92
4.1.2 矢量函数的导数和积分 …… 94
4.2 二阶张量 …… 97
4.2.1 张量的概念 …… 97
4.2.2 张量的代数运算 …… 103
4.3 场论概述 …… 105
4.3.1 数量场 …… 105
4.3.2 矢量场 …… 109

4.3.3　矢量场的梯度与张量场的散度 …… 117
4.3.4　在正交曲线坐标系中物理量的梯度、散度和旋度的表达 …… 119
4.4　场论在化学工程中的应用 …… 123
4.4.1　描述流体运动的两种方法 …… 123
4.4.2　物理量的质点导数 …… 129
4.4.3　三种重要的矢量场 …… 131
4.4.4　化工系统中数理模型的建立 …… 140
4.4.5　在化学工程中场论的应用 …… 142
参考文献 …… 153
第5章　积分变换 …… 154
5.1　积分变换的基本概念 …… 154
5.2　傅里叶变换 …… 155
5.2.1　傅里叶积分 …… 156
5.2.2　傅里叶变换的定义和δ函数 …… 158
5.2.3　傅里叶变换的性质和定理 …… 164
5.2.4　多维傅里叶变换 …… 166
5.3　拉普拉斯变换 …… 171
5.3.1　拉普拉斯变换的定义和性质 …… 171
5.3.2　拉普拉斯逆变换 …… 178
5.3.3　拉普拉斯变换的应用 …… 184
参考文献 …… 193
第6章　偏微分方程与特殊函数 …… 194
6.1　偏微分方程的基本概念和分类 …… 194
6.1.1　典型二阶线性偏微分方程 …… 195
6.1.2　偏微分方程的定解条件和定解问题 …… 200
6.2　典型偏微分方程的建立 …… 208
6.2.1　波动方程 …… 208
6.2.2　输运方程 …… 212
6.2.3　稳态方程 …… 216
6.3　偏微分方程的分离变量法 …… 217
6.3.1　斯图姆—刘维尔型方程及其本征值问题 …… 217
6.3.2　用傅里叶级数展开分离变量 …… 219
6.3.3　齐次偏微分方程的分离变量法 …… 224
6.4　非齐次泛定方程 …… 231
6.4.1　本征函数法 …… 231
6.4.2　非齐次边界条件的处理 …… 235
6.5　球坐标系中的分离变量法 …… 241

6.5.1 勒让德方程的引出 …… 242
6.5.2 勒让德方程的解 …… 244
6.5.3 勒让德多项式和傅里叶—勒让德级数 …… 247
6.5.4 关联勒让德函数 …… 252
6.5.5 勒让德函数的应用举例 …… 256
6.6 柱坐标系中的分离变量法 …… 259
6.6.1 贝塞尔方程的引出 …… 259
6.6.2 柱贝塞尔方程的解 …… 262
6.6.3 柱贝塞尔函数的性质 …… 266
6.6.4 柱贝塞尔方程及其解的形式 …… 274
6.6.5 柱坐标系偏微分方程解的形式 …… 275
6.6.6 球贝塞尔方程 …… 276
6.6.7 贝塞尔方程的应用举例 …… 278
6.7 冲量定理法和格林函数法 …… 285
6.7.1 δ 函数 …… 285
6.7.2 冲量定理及其应用 …… 289
6.7.3 稳态问题的格林函数法 …… 294
6.7.4 非稳态问题的格林函数法 …… 303
6.8 无界空间的定解问题 …… 306
6.8.1 齐次波动方程的行波法 …… 307
6.8.2 分离变量的傅里叶积分法 …… 314
6.8.3 用点源法求无界空间的格林函数 …… 317
参考文献 …… 323
第7章 偏微分方程的近似法 …… 324
7.1 变分法及其应用 …… 325
7.1.1 变分的基本问题和泛函的变分 …… 325
7.1.2 泛函的基本概念 …… 327
7.1.3 泛函的极值和欧拉方程 …… 331
7.1.4 泛函的条件极值 …… 338
7.1.5 变分问题的瑞利—里茨直接法 …… 344
7.1.6 变分法在工程中的应用 …… 351
7.2 数值计算的基本概述 …… 359
7.2.1 数值计算的基本方法 …… 359
7.2.2 伽辽金方法 …… 362
7.3 偏微分方程的有限差分法 …… 364
7.3.1 有限差分及其基本差分格式 …… 365
7.3.2 偏微分方程的基本差分格式 …… 369

7.3.3　差分方程的稳定性 …… 379
7.4　有限单元法概述 …… 383
7.4.1　有限单元法的基本知识 …… 383
7.4.2　不可压缩流体 N-S 方程的有限元解 …… 387
7.5　数值计算的商业软件及其应用 …… 391
7.5.1　软件的相关概念 …… 391
7.5.2　常用商业软件简介 …… 394
7.5.3　聚合物流动模拟软件 Polyflow 的应用 …… 400
参考文献 …… 416
附录一　拉普拉斯变换表 …… 418
附录二　练习题答案 …… 421
附录三　索引 …… 429

第1章　绪　　论

1.1　现代化工发展的趋势

古代人们的生活主要是直接利用天然物质。由于天然物质的固有性能不能满足人类生活的需求，故人类不断研发化学方法和工艺改变物质成分或结构，把天然物质变成具有多种性能的新物质，研究合成物质的化学生产技术，逐步实现工业生产的规模，逐渐形成了化学工业。化学工业有着悠久的历史，社会进步、经济发展和人类生活质量的提高都离不开化学工业。

进入21世纪，世界化学工业正进行新一轮的产业结构调整。高新技术与产业转移成为化工行业未来发展的主要方向，产品的高性能化、精细化是世界化学工业产品结构调整的战略举措。随着世界石油资源的日益枯竭，为保持世界经济的可持续发展，各国都实施了原料和能源结构“多元化”战略。正如《世界石油和化工行业呈现新格局》一文[1]中指出，全球石油化学工业未来发展趋势呈现六大特点：一是全球化趋势日益明显，跨国经营成为发展的必然趋势；二是专业化重组进一步加剧；三是新产品新技术的开发受到高度重视；四是大型化、一体化和临港化成为发展的主旋律；五是以差异化高价值的产品技术引领发展；六是低碳成为发展热点。

《从欧美和日本长远发展规划看世界化学工业发展趋势》一文[2]分析了世界化学工业2020—2025年发展趋势，分别详细介绍了美国、日本和欧盟等化学工业发达国家化工核心关键技术领域。美国为新型化学技术和工程技术、供应链管理、信息系统、制造和运营；欧盟为工业生物技术、材料技术、反应和工艺过程设计、横向关联性问题（经营管理）；日本为化学合成和催化、聚合物科学和技术、生物技术、纳米科学与技术、复合技术、系统设计和评价。从美国、欧盟与日本化学工业发展设想目标和重点，可以看出世界化学工业发展趋势是：

① 化学工业将继续以比GDP增长略高的速度发展；

② 发展战略是全面贯彻落实可持续发展战略；

③ 总体目标是不断提高国际竞争能力；

④ 发展战略措施是依靠科学技术创新，将选定核心关键技术领域和加强经营管理水平作为发展的主要战略措施。

进入21世纪以来，我国石油和化学工业快速发展，目前全行业总产值仅次于美国，居世界第二位，可谓名副其实的石油和化工大国。“十一五”以来，我国石油和化学工业蓬勃发展，行业整体技术水平显著提高，装备条件大为改善，取得了一大批重大科技成果。但是，我国化工科技创新工作仍不能满足产业快速发展的需求，同发达国家相比还存在较大差距。在《“十二五”石油与化学工业科技发展规划纲要》[3]中，分析归纳了我国化工科技存在的严重不足。由于缺乏具有自主知识产权和核心竞争力的原始创新技术，创新和引进技术消化吸收的能力还比较薄弱，行业基础性研究和共性技术开发工作薄弱，尚未真正形成适应社会主义市场经济体制的以企业为主体的行业技术创新体系；主要精细化工产品仍靠仿制国外产品发展，重大成套的技术装备开发和技术集成能力差，化工工程转化薄弱；特别是许多化工技术水平较高的单项技术未能形成成套技术，无法在工业上推广应用。落后的工艺技术和装备导致资源、能源消耗巨大，生产成本高，节能环保技术相对落后，极大地破坏了环境，不能支撑行业快速发展。

化学工业是国民经济重要的基础支柱和原材料工业，在经济和社会发展中起着重要作用。化学工业提高自主创新能力，推动化学工业结构战略性调整和整体提升行业科技实力成为新时期化工科技工作的主要任务。为加快我国精细化工的发展，国家将发展精细化工作为化工三大战略重点之一。《“十二五”石油与化学工业科技发展规划纲要》分析了我国石油与化工行业发展趋势：一是循环经济理念贯穿整个生产流程，低碳引领未来化工发展；二是产品开发向高性能、低成本、高附加值和专用化方向发展；三是技术开发向技术集成创新转变；四是原料结构及其技术路线有了明显调整；五是新型催化、分离和化工过程强化等关键技术仍然支撑产业技术升级；六是纳米、信息等现代技术正得到广泛应用。

目前，石油化工仍是现代化工的主导产业，但随着石油价格的上涨和关键技术的不断突破，以煤、生物资源为原料的替代路线在成本上具有竞争力，原料多元化成为化工产业发展的新趋势，必须增强技术进步支撑作用。化工的内涵和发展模式正在发生变革，其不但注重当前竞争能力的提高，更注重可持续发展能力的提高。“绿色化工”是当今国际化工科研的前沿。从源头上消除污染、高效循环利用资源能源、降低生产成本、低碳绿色发展，是化学工业实现可持续发展的必由之路。

精细化工是当今化学工业中最具活力的新兴领域之一，是新材料的重要组成部分。精细化工是石油和化学工业的深加工产业，要求技术密集、资金密集，更要求人才、技术、资金和配套下游产品市场等许多条件，日渐成为石化工业发展水平的重要标志。精细化工产品种类多、附加值高、用途广、产业关联度大，直接服务于国民经济的诸多行业和高新技术产业的各个领域。大力发展精细化工已成为世界各国调整化学工业结构、提升化学工业产业能级和扩大经济效益的战略重点。综观近20多年来世界各国化工发展历程，尤其是美国、欧洲、日本等化学工业发达国家及其著名的跨国化工公司均把精细化工作为调整化工产业结构、提高产品附加值、增强国际竞争力的有效举措。世界精细化工需求量的上升趋势必然对中国精细化工的需求量产生重大影响，必然会进一步促进中国精细化工行业的发展。

精细化工是我国化学工业21世纪的发展重点之一。随着我国石油化工的发展和化学工业由粗放型向精细化方向发展以及高新技术的广泛应用，我国精细化工自主创新能力和产业技术能级将得到显著提高，成为世界精细化学品生产和消费大国。《2014—2018年精细化行业发展前景分析及投资风险预测报告》[4]指出：我国精细化工率由1985年的23.1%提高到2014年的45%左右。精细化工率，即精细化工产值占化工总产值比例的高低，已经成为衡量一个国家或地区化学工业发达程度和化工科技水平高低的重要标志。可见，我国与国外存在较大的差距，主要表现在低档产品居多；精细化率低，附加值不高；生产技术水平低下；企业规模小，集中度低，资源配置效率不高；环境污染成为重要制约因素。

“十二五”期间，精细化工行业要实现三方面的基本转变：从发展低附加值技术化工原料转向发展高新化工产品，从规模化发展基础化工产品转向发展高附加值化工产品，从粗放型、高能耗生产转向集约型、环保型生产[5]。进入21世纪，世界精细化工发展的显著特征是产业集群化，工艺清洁化、节能化、高效化，产品多样化、精细化、清洁化、专用化、高性能化。技术创新是产业转型升级的关键因素之一。传统精细化工需要解决的核心问题仍是尽快提高自主创新能力。我国精细化工领域科技创新的主要任务是以绿色化、高性能化、专用化和高附加值化为目标，以解决催化技术、过程强化技术、精细加工技术、生物化工技术等制约我国精细化工行业发展的共性关键技术，推动相关产业的发展。

精细化学工业是技术密集型产业，学科交叉广，技术渗透性强，解决化工生产过程中的诸多问题需要众多的科学技术支撑。精细化工重大共性关键技术的发展，哪一项也离不开数学和计算技术。精细化工的发展要求化学工程师必须有坚实的数学基础和应用信息技术的能力。

1.2 化工问题的数学描述

数学是一切数量科学和工程学的共同基础。当大规模石油炼制工业和石油化工蓬勃发展之后，以化学、物理学、数学为基础并结合其他工程技术，研究化工生产过程的共同规律，解决规模放大和大型化中出现的诸多工程技术问题的学科——化学工程进一步完善。在《化学工程发展史》中，萧成基[6]详细介绍了化学工程的发展。单元操作概念的提出是化学工程发展过程中的第一个历程。第二次世界大战后，“三传一反”（动量传递、热量传递、质量传递和反应工程）概念的提出是化学工程发展过程中的第二个历程。

在法国革命时期，吕布兰法制碱的出现标志着化学工业的诞生。到19世纪70年代，制碱、硫酸、化肥、煤化工等都已有了相当的规模，化学工业出现了许多重大突破。但是，当时取得这些成就的人却认为他们自己是化学家，而没有意识到他们已经在履行化学工程师的职责。英国曼彻斯特地区制碱业污染检查员G. E. 戴维斯指出：“化学工业发展中所面临的许多问题往往是工程问题。各种化工生产工艺，都是由为数不多的基本操作如蒸馏、蒸发、干燥、过滤、吸收和萃取组成的，可以对它们进行综合的研究和分析。化学工程将成为继土木工程、机械工程、电气工程之后的第四门工程学科。”遗憾的是，当时的英国没有接受他的观点。1880年，戴维斯成立英国化学工程师协会未获成功。1887—1888年，在曼彻斯特工学院，戴维斯做了12次演讲，系统阐述了化学工程的任务、作用和研究对象。1901年，他出版了世界上第一本阐述各种化工生产过程共性规律的著作《化学工程手册》。

在美国，戴维斯提出的“化学工程”这一名词很快获得了广泛应用。1888年，根据L. M. 诺顿教授的提议，麻省理工学院开设了世界上第一个定名为化学工程的四年制学士学位专业。随后，宾夕法尼亚大学（1892）、戴伦大学（1894）和密歇根大学（1898）也相继开设了类似的专业，标志着培养化学工程师的最初尝试。这些专业的主要内容是由机械工程和化学组成的，还未具有今天化学工程专业的特点。虽然戴维斯已提出了培养化学工程师的一种新途径，但他的工作偏重于对以往经验的总结和对各种化工基本操作的定性叙述，而缺乏创立一门独立学科所需要的理论深度。这样培养出来的化学工程师具有制造各种化工产品的工艺知识，但仍不懂得化工生产的内在规律，因此还不能满足化学工业发展的需要。

在化学工程发展的第一个历程中，华克尔多年探索如何把物理化学和工业化学的知识结合起来，去解决化学工业发展中面临的工程问题。1902 年，W. H. 华克尔受命改造麻省理工学院化学工程的实验教学，其对化学工程教学的一系列改革使化学工程的发展进入了一个新时期。1905 年，华克尔受聘在哈佛大学讲述的工业化学课程，发展了化工原理的基本思想。1907 年，华克尔修订了化学工程课程计划，强调学生化学训练和工程原理的实际应用，奠定了化学工程的学科基础。1915 年，利特尔提出了单元操作的概念，他指出："任何化工生产过程，无论其规模大小都可以用一系列称为单元操作的技术来解决。"1920 年，麻省理工学院的化学工程脱离化学系成为一个独立的系。

此阶段，建立了一系列数学模型解释单元操作的化工过程，从物理学等基础学科中吸取了对化学工程有用的研究成果，例如因次分析、相似论的研究方法和定量计算方法，吸取了流体力学、传热学和质量传递的研究成果，阐述了各种单元操作的物理化学原理。1923 年，华克尔、刘易斯和 W. H. 麦克亚当斯出版的《化工原理》奠定了化学工程作为独立工程学科的基础，影响了此后化学工程师的培养和化学工程的发展。

20 世纪 20 年代，在汽车工业的推动下，石油炼制工业获得了很大的发展，出现了第一个化学加工过程——热裂化，化工生产连续过程的操作和放大，都需要运用数学知识去深刻地理解流体流动、热量传递和相际传质的规律。继《化工原理》后，C. S. 鲁宾孙的《精馏原理》（1922）和《蒸发》（1926）、刘易斯的《化工计算》（1926）、麦克亚当斯的《热量传递》（1933）、T. K. 舍伍德的《吸收和萃取》（1937）一批论述各种单元操作的著作相继问世。

许多化工过程中都会遇到高温、高压下气体混合物 p-V-T 关系的计算，经典热力学没有提供合适的方法。20 世纪 30 年代初，麻省理工学院的 H. C. 韦伯教授等人提出了一种利用气体临界性质的计算方法，这是化工热力学最早的研究成果。1939 年，韦伯写出了第一本化工热力学教科书《化学工程师用热力学》。1944 年，耶鲁大学的 B. F. 道奇教授编写的《化工热力学》著作出版，即化学工程一个新的分支学科——化工热力学诞生。

第二次世界大战爆发以后，化学工程发展进入了第二个历程。20 世纪 40 年代前期，在 C_4 馏分的分离、丁苯橡胶的乳液聚合、粗柴油的流态化催化裂化、曼哈顿原子弹工程等重大化工过程的开发中，化学工程都发挥了重要作用，也使人们认识到要顺利实现化工过程的放大，特别是高倍数的放大（在曼哈顿工程中放大倍数高达 1 000 倍），必须深刻地了解化工过程的内在规律，没有应用数学的知识和坚实的基础研究工作，是无法实现的。

20 世纪 50 年代初，随着石油化工的兴起，在连续反应过程的研究中，提出了一系列重要的概念，例如返混、停留时间分布、宏观混合、微观混合、反应器参数敏感性、反应器的稳定性等。人们认识到，单元操作的概念适用于处理只包含物理变化的化工操作，没有抓住反应过程中所需解决的工程问题的本质。1957 年，第一届欧洲化学反应工程讨论会宣布了化学反应工程这一学科的诞生。

化学工业在发展过程中也提出了许多新课题，例如在聚合物加工中，必须处理高黏度物料；在喷雾干燥设备设计中，必须使用数学详细分析流动模型、传热和传质的速率。20 世纪 50 年代初，化学工程师已经清楚地认识到，从本质上看所有单元操作都可以分解成动量、热量和质量这三种传递过程或它们的结合，都离不开应用数学的知识去探索传递过程的规律。

美国的许多大学都开始给化工系的学生讲授流体力学、扩散原理等课程，并出现了把三种传递过程加以综合的趋向。1960年，威斯康星大学教授R.B.博德、W.E.斯图尔德和E.N.莱特富特正式出版了《传递现象》。这部著作几乎和当年的《化工原理》一样产生了巨大的影响，到1978年就印刷了19次，成为化学工程发展进入“三传一反”新时期的标志。如果没有数学，则不可能有传递过程规律的定量分析和深入探索。

20世纪50年代中期，电子计算机开始进入化工领域，对化学工程的发展起了巨大的推动作用。化工过程的数学模拟迅速发展，由对一个过程或一台设备的模拟，很快发展到对整个工艺流程甚至联合企业的模拟。在20世纪50年代后期，西方国家就研发了第一代的化工模拟系统。在计算机上进行化工流程模拟试验，既省时省钱，还安全可靠，使得研究化工系统的整体优化成为可能，形成了化学工程研究的一个新领域——化工系统工程。

经过几十年的发展，20世纪80年代初，开发了以ASPEN为代表的第三代化工模拟系统。化工流程模拟系统已趋于完善，代表的有ASPENPLUS和PROII[7]。化工过程仿真培训系统是一种高效的培训手段，具有无须实际投料、不存在任何危险因素的特点。西方工业化国家称化工仿真培训系统是提高工人素质、确保其生产技术处于领先地位的“秘密武器”和“尖端武器”[8]。21世纪以来，不同企业的不同化工工艺流程和设备，都必须有一套与之对应的专用化工仿真培训系统。在我国，化工仿真培训系统已成为研究的热点。

企业使用化工仿真培训系统，可以使操作人员在数周内获得现场二至五年才能取得的经验，缩短了培训时间，大大提高了培训效果并节省了培训经费，避免了安全隐患。化工过程仿真培训系统用来模拟装置的实际生产，它不仅能得到稳态的操作情况，更重要的是当有波动或干扰出现时，通过动态仿真便可预先了解系统会产生什么变化。化工仿真培训系统用于化工过程的模拟仿真实验，优化、指导科研与开发过程的每一环节和整个工艺过程。

回顾化学工业的发展史可知，化学工程获得了迅速的发展，其中数学起了重要和决定性的作用，计算数学和计算机的应用推动了这一发展。在这期间，化学工程与技术的发展达到了成熟阶级。现在，化工几乎对世界上所有的原料生产起着控制作用。化工既是生产这些原料的工业，也是把这些原料变成日用消费品的工业。现代化工生产规模超大、能量密集、产物众多，具有高温、高压、低温、低压、有毒和易燃易爆的特点。因此，化工过程安全历来是工业安全生产的重中之重，化工过程安全领域在技术上急需解决的是本质安全过程设计和事故的在线早期诊断。由于化工领域涉及面广、过程复杂，没有足够的数学知识，化学工程师甚至不能做任何工作。现代化学工程和技术人员无论从事化工新产品、新工艺的研究还是进行过程设计、自动控制，都需要应用数学的知识。

化工问题涉及的数学问题大多是非线性问题。研究非线性复杂问题唯一有效的办法是采用理论研究、科学计算和实验研究相结合的科学研究方法。数值计算模拟方法日益成为工程技术发展必不可少的工具，几何结构复杂、多相、非等温、高压、伴有化学反应等复杂化工过程的计算分析逐渐成为可能。随着数学计算技术和计算机技术的发展，将科学计算、实验和理论研究三种方法相结合，在计算机模拟平台上，模拟仿真复杂的物理、化学、生物现象和工程问题，实现了无法进行的实验，研究新化学品的配方，优化设备结构、工艺参数、实验方案和化工流程，彻底改变了“试凑”传统的实验研究方式和方法，提高了研究水平和本质安全程度，缩短了研发周期，大大节省了实验费用，加速了研发新的化学工艺和技术的进程。随着计算技术和信息技术的发展，化学工程师必须学习数学和数值计算的方法，提高应用数学和信息技术的能力。

近年来，随着计算机更新换代、信息技术和计算技术的发展，各种商业工程计算软件包随之产生并得到了广泛应用。一般的商业计算软件包括前处理器、解算器和后处理器。工程技术和科研人员学会使用商业软件包可以省去编程、调试等许多工作量，可数值研究化工过程的机理，优化设备结构和工艺参数，优化实验方案，减少盲目实验的次数。一般商业软件都留有接口，使用者可以根据化工问题的需要，编制部分程序，二次开发使用软件包提供的程序。但是，使用专门的软件包必须具备数学基本理论和知识，只有具备了数学的基本知识，才能正确使用软件包，而不至于发生偏差和谬误。

商业计算软件彻底改变了化学和化工研究问题的方式方法。化学和化工科学家仅工作在实验室的时代正在逐步改变。几乎所有的应用科学都要进行实验，科学家和工程技术人员必须采用数学方法分析解释实验的结果，而应用数学的能力将直接影响研究的结果。当然化学和化工工程师的兴趣不在于数学定理的严密论证，主要目的是运用现代数学和计算工具解决工程的实际问题。具体地说是希望解决这样几方面的问题：

① 建立化工系统现实而合理的数学物理模型。

② 选用适当的数学方法，利用成熟可靠的软件或开发相应的计算机程序求解化工问题。分析所求解的精确性和可靠性，解释模型解的物理意义。

③ 利用计算机静、动态模拟优化工艺过程、设备结构和工艺条件，加速科研和开发过程，从技术上解决本质安全过程的设计和事故在线早期诊断。

④ 使用化工过程仿真培训系统对技术人员和操作人员进行必要的岗前培训。

如今数值计算已与理论分析、实验并列被公认为当代科学研究的三种手段之一。计算理论和计算方法的不断完善是数值计算发展最深刻的内在动力。科学家和工程技术人员解决工程问题的理论研究和实践，促进了数值计算研究方法的发展。

1.3　化工问题的数学模型方法

化学工程传统的研究方法是以实验和经验归纳为主，经验归纳通常采用因次分析和相似的方法整理归纳数据。随着生产过程大型化和自动化水平不断提高，特别是涉及化学动量、热量和质量传递以及反应过程的复杂问题，因次分析和相似方法已经不能满足需要。用数学去处理工程技术问题需要涉及许多数学分支的知识，例如线性和非线性代数方程、数理方程、特殊函数和差分方程；随机过程理论；数值分析、有限单元、边界元和最优化方法等。近年来，泛函分析、拓扑学、图论等在化工系统分析中也得到了应用。化工工程师和科学家应用各种数学方法解决现代化学工程面临的新问题，并研发新技术和新工艺。

首先要建立描述化工系统正确适用的数学物理模型。化工过程的每个设备、每个单元工艺流程和整个生产过程都可看成一个系统。数学物理模型是在假设条件下系统物理模型的数学抽象，是真实系统构成元素及其之间关系的数学描述。例如研究一个多组分、多级反应塔操作过程，是一个包含有流体动量、热量和质量传递，并且伴有化学反应机制的复杂过程。塔板上组分、温度、压力和汽液流率等是该系统的变量。数学物理模型可描述系统状态变量和自变量之间的关系，采用科学计算、理论分析和实验结合的科学研究方法可深入地研究在化工过程中系统各变量的变化规律和相互关系。

根据建模的方法将数学物理模型分为三大类：一是由物理、化学和化学工程机理导出的机理模型；二是根据观测实验数据归纳而得到的经验模型；三是介于二者之间半经验半机理的混合模型。机理模型反映过程的本质特征，适用范围较广泛，在条件许可的情况下，应尽可能建立机理模型。经验模型的参数是由一定范围内的实验数据归纳得出的，其不宜大幅度外推。

本部分主要讲述化工数学物理模型法的具体工程实例、数学物理模型的用途、数学物理模型的分类、机理模型化方法的原则步骤。首先由一具体工程实例来说明化工数学物理模型方法。

1.3.1 化工数学物理模型法的具体工程实例

自2011年起，北京理工大学化工过程模拟实验室承担了某石化公司8万吨/年甲基叔丁基醚（MTBE）装置仿真培训系统的研发[9],[10]。MTBE装置为该公司的新建装置，在装置施工的同时研发其仿真培训系统。以MTBE装置为研究对象，在北京东方仿真控制技术有限公司的过程仿真系统平台（PSSP）建立了描述MTBE装置的数学物理模型，研发了仿集散控制系统（DCS）、操作评价系统及MTBE装置仿真培训系统软件，运用安全分析与培训支撑系统研发组合了实际生产中各种常见的工况事故。

(1) 系统数学物理模型的建立

MTBE装置是利用气体分馏装置生产的混合C_4馏分中异丁烯组分和外购甲醇为原料，以大孔径强酸性阳离子交换树脂为催化剂，反应生成MTBE，用于生产高标号汽油。MTBE装置分为进料反应、产品分离和萃取回收三段。图1.3.1所示为MTBE装置的原理流程。

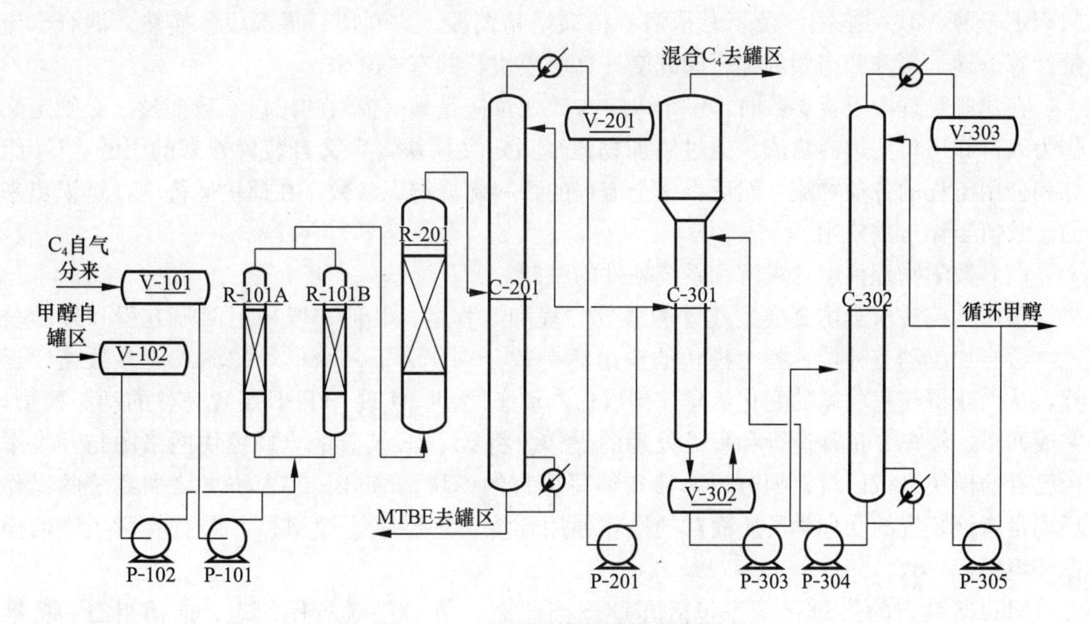

图1.3.1 MTBE装置的原理流程

MTBE 装置设计的工艺参数。

C_4 进料量为 36 452 kg/h，甲醇进料量为 3 267 kg/h。醇烯摩尔比要求控制为 1.15∶1.00。R-201 入口温度控制为 40 ℃、出口温度为 75 ℃、操作压力为 0.7 MPa，异丁烯的转化率要求达到 90%以上。C-201 的进料量为 36 452 kg/h，塔顶剩余 C4 和甲醇共沸物进料量为 26 986 kg/h，回流量为 26 986 kg/h，塔釜出产品 MTBE 量为 9 566 kg/h，塔顶温度为 60 ℃，塔顶压力为 0.75 MPa，塔底温度为 132 ℃，塔釜压力为 0.80 MPa。

萃取回收段的 C-301 底进未反应 C_4 和甲醇共沸物为 26 928 kg/h，底出甲醇水溶液为 9 628 kg/h，回流萃取水量为 9 009 kg/h，顶出未反应 C_4 量为 26 309 kg/h，底补脱盐水量为 14.17 kg/h，塔顶压力为 0.60 MPa，塔底压力为 0.70 MPa。C—302 进料温度为 40 ℃，进料流量为 9 564 kg/h，塔底出循环用萃取水量为 9 009 kg/h，塔顶出甲醇量为 4 550 kg/h，塔顶回流甲醇量为 3 981 kg/h，塔顶温度为 81 ℃，塔顶压力为 0.20 MPa，塔釜温度为 124 ℃，塔釜压力为 0.23 MPa。

在 PSSP 平台采用序贯模块法建立数学物理模型，用简化的物性数据计算参数反推，计算并建立动态模型。对合成 MTBE 流程中每一个类型的设备都要建立数学物理模型，形成模块。MTBE 装置的工艺模块网络涉及了反应器、精馏塔、萃取塔、闪蒸罐、催化蒸馏塔等。根据 MTBE 装置的仿真自控仪表流程图，利用序贯模块法，通过计算流量、压力节点、综合阀门开度和分支混合等模块把设备之间的进出物流连接起来，形成 MTBE 装置的全流程数学物理模型。这里略去 MTBE 装置整个工艺流程涉及的所有公式。

在 PSSP 平台上，采用基于物料、能量动态平衡和化学反应速度的模块化半机理动态数学模型来仿真该装置的工艺过程。将 MTBE 装置的全局模块网络图与开发平台已有的模块进行比对，划分、选择适宜的模块，按照序贯原则和压差驱动将各模块连接起来。对于模块网络图中不具备的算法部分要编写新的算法，改写不能完全适应要求的模块算法。8 万吨/年 MTBE 装置模块网络图涉及了萃取塔、精馏塔精馏段、进料段、提馏段、换热、混合、流量计算、罐、泵和四组阀的综合阀开度计算等模块，共有 440 个。

在建模管理中设置参数时，一个入口参数变量应是某一模块的出口参数变量。必须定义作为入口和出口的边界物流。通过添加物流变量定义模块，定义自装置外来的甲醇、C4 组分和公用工程的各项物流，然后根据全流程的物料衡算辨识参数。在模块运行中，辨识出来的参数值当作常数使用。

（2）数学物理模型的求解和系统软件的编制

采用欧拉法求解仿真模型建立的微分方程和方程组，其他一般采用回归方程和经验公式，适当加以动态补偿。各个模块的输出流参数分别作为下一级模块的输入流参数连续运算，从而获得流程状态的变化信息，构成仿真动态模型。实现 MTBE 装置完整的动态模型，完成开车、停车、正常运行和事故处理的操作。将 MTBE 装置的全局模块网络图与开发平台已有的模块进行比对，划分、选择和编写适宜的模块。MTBE 装置仿真培训系统的操作环境是指该装置的受训学员所面对的操作使用环境，它要尽量与 MTBE 装置实际生产的操作环境保持一致。

MTBE 装置的仿 DCS 组态包括仿 DCS 点组态、仿 DCS 流程图组态、通信组态和标准画面组态。仿 DCS 点组态建立可接收模型数据的变量库、变量之间的运算关系和选择控制方案；仿 DCS 流程图组态是以 MTBE 装置的真实 DCS 画面为底图，利用图形组态工具取点库中的变量并在底图上显示该变量的值，实现对模型的监视、操作和控制。

表1.3.1给出了MTBE装置仿真培训系统的部分培训项目。

表1.3.1 MTBE装置仿真培训系统的部分培训项目

序号	项目名称	说明	评分名	序号	项目名称	说明	评分名
1	正常开车	基本项目	sta001	9	甲醇原料中断	特定事故	jczd
2	正常停车	基本项目	sta002	10	C-201回流泵故障	特定事故	p201gz
3	正常运行	基本项目	sta003	11	C-301回流泵故障	特定事故	p301gz
4	事故初态	基本项目	sta004	12	C-302回流泵故障	特定事故	p305gz
5	长时间停电	特定事故	csjtd	13	甲醇原料泵故障	特定事故	p102gz
6	停循环水	特定事故	txhs	14	C_4原料泵故障	特定事故	p101gz
7	停蒸汽	特定事故	tzq	15	未反应C_4泵故障	特定事故	p302gz
8	C_4原料中断	特定事故	ylzd	16	萃取水泵故障	特定事故	p304gz

MTBE装置仿真培训系统设置了包括正常开车、正常停车、正常运行、事故初态、特定事故和组合事故等共计100个培训项目。其中，组合事故是由工况、特定事故、通用事故、设备事故和物流异常随机组合成的。依据该公司的《操作规程》，制定MTBE装置仿真培训系统正常开车、正常停车、正常运行和各种事故处理的评价标准，建立MTBE装置的操作评价系统。操作评价系统给出正常开车、正常停车、正常运行、事故初态和各种特定事故项目的操作评价标准，与组建的培训项目内容一一对应，完善技能鉴定考核系统。

(3) 仿真培训系统软件的调试

由于该公司MTBE装置是新装置，故在研发该软件的过程中，选取数学物理模型作为平台算法库里面的基本模型。先按照一般的常规操作过程研发开、停工步骤评分系统，这就导致了研发出来的软件与该公司实际装置有出入。自2011年10月下旬起，北京理工大学与北京东方仿真控制技术有限公司工程师和该石化公司车间技术人员一起用了近三个月的时间，反复测试了该系统。在调试过程中，通过与车间技术人员的协作沟通，针对发现的问题修改模型算法或参数。例如，根据该装置实际生产过程中的操作步骤修改评分系统，使整个仿真培训系统软件能与实际装置尽可能的保持一致，使整个系统达到设计要求。

另一方面，由于该石化公司MTBE装置是新装置，实际开工与理论设计方案必然存在差异，需调整和完善操作评价系统。把验收后的系统安装到该公司的培训中心，经过1年的现场检验，发现和修改了检验出的问题。随着甲基叔丁基醚装置运行投入实际生产，根据实际测量出来的工艺数据，调整软件模型中各项物流参数，进一步完成仿真培训系统的微调工作。使用该系统，数值模拟研究了催化蒸馏的工艺过程，数值计算出的异丁烯转化率与实测值的相对误差小于0.5%[9]。

在调试阶段，使用该系统培训该公司MTBE装置的全部操作人员。经过两周的培训，操作人员深入理解了MTBE全流程工艺原理，掌握了基本的DCS和现场操作的技能。测试培训证明，操作人员能在预计的时间内高质量地完成仿真系统的开车或停车操作。

2012年1月下旬，该石化公司组织专家评审验收了MTBE装置仿真培训系统。目前，该石化公司研发人员使用MTBE装置仿真培训系统，仿真模拟研究工艺过程，优化操作工艺条件，发挥设备潜力，提高了生产效率和产品质量。操作人员使用该仿真培训系统，学习

MTBE工艺流程，模拟学习生产过程开、停车和事故的处理。技能鉴定考核系统可评估学员操作的顺序和质量，提升员工能力，避免安全隐患，保证安全生产。

这一具体工程实例清楚地告诉我们，现代化学工程和技术人员无论从事化工新产品、新工艺的研究还是进行过程设计、自动控制都需要应用数学的知识。从这一实例，可以初步了解数学模型的用途和机理模型化方法的原则步骤。

1.3.2 数学物理模型的用途

数学物理模型方法可研究化工过程中系统各变量随时间的变化规律和相互关系，优化设备结构和工艺条件。对化工过程的开发、本质安全过程设计、事故在线早期诊断、生产操作、优化控制及操作人员的岗前培训和过程机理研究都有重要的实用意义。

(1) 化工过程开发和本质安全过程设计

在计算机平台上，根据系统的情况建立数学物理模型，根据物性参数和实验数据确立输入的操作条件（即工艺参数），数值模拟仿真该系统的化工过程，数值求解数学物理模型，输出数值计算的结果并进行分析，进而确认模型可靠性和必要精度。

在此基础上设计本质安全新工艺、新产品的化工过程，优化化工过程的工艺条件，以大大减少实验工作量和化工中的不安全因素、节省原材料的消耗和实验费用、缩短新产品开发周期。

(2) 生产操作优化控制和事故在线早期诊断

使用成熟的商业软件，应用动态仿真数学物理模型可模拟实际生产的各种工况，并分析研究工艺条件对工况过程的影响规律。研发人员可数值模拟研究工艺过程，优化操作工艺条件；优化模拟计算可提供技术改造方案，发挥设备潜力，降低能耗，提高生产效率和产品质量；建立优化控制方案可提高经济效益。

进行事故在线早期诊断，可减少不安全因素。

(3) 技术人员和操作人员必要的岗前培训

使用建立的系统仿真培训系统，可以培训技术和操作人员。技术和操作人员可学习该系统的工艺流程，模拟处理生产过程的开车、停车和事故。技能鉴定考核系统可评估学员操作的顺序和质量，提升员工的操作能力，避免安全隐患，保证安全生产。

(4) 化工过程机理的研究

应用数学物理模型的方法，可数值模拟和仿真某一化工产品生产的化工过程，研究该过程动量、热量、质量传递的机理；可模拟研究化学反应过程，研究各种化学反应的机理和化合物有机合成的配方；也可进行实验数据处理和模型参数的估值。例如确定反应速率常数、相平衡参数等，最终可优化设备的结构和工艺条件。

1.3.3 数学物理模型的分类

数学物理模型是真实系统构成元素及其之间关系的数学描述。根据数学模型的性质和特点，从不同角度分类数学模型，后面的章节将给出具体的定义。为了便于下面章节的学习，这里先粗略介绍相关的基本概念。

(1) 稳态、非稳态

根据数学物理模型因变量与时间变量的关系来区分模型的性质。稳态模型不包含时间自变量，非稳态模型考察过程随时间的动态变化。数学上也称为定常和非定常模型。

（2）线性、非线性

从数学物理模型方程的结构来区分模型的性质。方程中若含有未知函数或导数的幂以及未知函数及其导数的乘积等非线性项，则该模型称为非线性的。非线性问题一般没有解析解，比线性问题求解难得多，需要用数值方法求解。现代化工问题大多都是非线性的。

（3）随机性、确定性

从数学物理模型方程变量的性质区分模型的性质。随机性数学模型包含随机变量，对于一个确定的量，其输出呈概率分布，即其输出不是一个确定的量。如雷诺数很大的湍流，流动错综复杂，其运动规律只能用统计的规律来描述。反之，不用随机变量表示的模型具有确定性。

（4）连续性、离散性

从数学模型方程描述系统状态的方法区分模型的性质。数学物理模型因变量随自变量连续变化的微分方程是连续性模型；描述因变量在有限个节点的函数差分方程是离散型模型。

（5）集中参数、分布参数

从数学模型方程描述系统状态的参数类型区分模型的性质。偏微分方程的因变量不随空间坐标变化的是集中参数模型；偏微分方程的因变量随时间和空间变化的是分布参数模型。

1.3.4 机理模型化方法的原则步骤

本小节主要介绍机理模型化方法的原则步骤，包括确定研究的系统、建立数学物理模型、确定系统的边界条件和初始条件、数学物理模型的求解、模型解的分析讨论和验证5部分。

（1）确立研究的系统

根据化工过程研究的对象确立所研究的系统。从图1.3.1中可知，系统可以是一台设备、一段工艺流程和一个化工产品整个化工过程的整套装置。画出系统简图，列出已有的物性参数、实验得到的所有数据和设计的工艺参数，确定需要求解的所有物理量和系统的自变量与因变量。这些变量由问题的类型而定，对于非稳态过程，时间是自变量。

（2）建立数学物理模型

运用基础理论进行系统物料的总平衡和某特定物质质量、动量或能量的平衡，建立平衡关系。主要的基础理论包括质量、能量和动量守恒定律，反应动力学、化学平衡和相平衡等所有的物理、化学基本原理。建模工作重要的一步是运用工程判断的能力对研究的问题进行必要和合理的简化，使简化后的数学物理模型能够反映化工过程的本质，合理且满足应用的需要。在简化假设条件下，建立数学物理模型，建模时一定要考察模型的可解性，并考虑求解的方便和可能，最后要检查方程个数与自变量个数是否相等。

（3）确定系统的边界条件和初始条件

所有系统的数学物理模型均是在一定条件下求解，必须确定系统边界上自变量数值对应的因变量数值，即边界条件。确定系统初始时刻的状态，即初始时刻因变量的值或初始条件。通常初始条件是已知的。

（4）数学物理模型的求解

利用合理的假设条件，化简数学物理模型方程，选择适当的解析法或数值法求解。解析法给出系统因变量随自变量连续变化的连续函数值，可以准确地分析变量间的相互关系。使用数值法求解化工中非线性的复杂问题，得到因变量在有限个节点的函数值，数值解可以分析变量间的相互变化规律。

（5）模型解的分析讨论和验证

在假设条件下，数学物理模型是对化工系统物理模型的数学抽象。因此，数学物理模型只能近似地反映化工过程的本质特性。数学物理模型的可靠性与精确度依赖于建模假设偏离实际问题的程度和基础数据的准确性。

用实验或生产现场数据来考核解的可靠性，如果差距太大，则需要修改数学模型或校验基础数据，重新计算使其逐步完善。必须分析讨论数学物理模型的解析解或数值解，分析变量间的相互影响和关系，找出其内在变化的规律，指导化工过程及设备、机械的优化设计。

1.4 本书的内容架构

化学工程领域涉及面广，过程复杂，进行数学处理需要涉及许多数学分支的知识，本书将在大学工科高等数学基础上重点介绍化学工程中最常用的若干数学方法，为将来处理化学工程所涉及的数学问题提供必要的基础知识。本书为没有学习过“工程数学”的工科研究生编写。编者参考了美国一流大学工科研究生应用数学的教科书和国内教材，教材内容丰富，结构严谨，具有一定的理论深度。通过对本书的学习，学会运用数学方法求解描述化学工程中动量、热量与质量传递的偏微分方程和特殊函数。

在20世纪，我国大多数的大学仅在数学系的计算数学专业和计算机系开设计算方法的课程，随着计算机技术的迅速发展和普及，现在计算方法课程几乎已成为所有理工科学生的必修课程。20世纪80年代后期，美国大学已经为本科生开设了计算数值模拟课程。1988年，陈晋南在美国攻读博士时，给大学一年级学生上工程制图课，学生要学习用计算机制图；给大三的学生讲授计算机辅助设计课程，学生要学习软件I-DEAS，设计零件和用有限单元法分析零件的强度。随着信息技术的发展，每个工程师必须学习应用数学的知识，学习使用软件，以提高应用信息技术的能力。通过对本书的学习，学会近似计算的基本方法，了解数值计算的基本知识。

本书分为7章，第2～第4章是后面章节学习的基础。在大学本科高等数学的教科书中，已详细介绍了第2章常微分方程的内容，这章主要目的是复习。在大学本科阶段，有些学生学习了“工程数学”的课程，学习了复变函数、矢量分析的知识，教师可根据学生基础，确定讲授第2～第4章的内容和授课的学时数。在具备了一定数学知识的基础上，进而学习第5～第7章。所取材的参考文献分别列在每一章的后面。

第1章　绪论

介绍了现代化工发展的趋势、化工问题的数学描述、化工问题的数学模型方法、本书的内容框架。

第2章　常微分方程

首先介绍一阶线性微分方程的解法，在此基础上介绍高阶微分方程和线性微分方程组的解法及微分方程的级数解，包括变量可分离的微分方程、一阶线性微分方程、高阶微分方程、线性微分方程组、微分方程的级数解5节。

第3章　复变函数概述

在复习复数和复变函数的基础上，重点介绍了复变函数的解析函数，包括复数及其代数运算、复变函数、解析函数和调和函数、解析函数的积分、解析函数的级数、留数理论及其应用6节。

第4章 矢量分析与场论

首先介绍矢量函数、二阶张量和场论的初步知识，进而介绍场论在化学工程中的应用，包括矢量函数、二阶张量、场论概述、场论在化学工程中的应用4节。

第5章 积分变换

本章重点介绍傅里叶变换与拉普拉斯变换的性质和应用，包括积分变换的基本概念、傅里叶变换、拉普拉斯变换三节。

第6章 偏微分方程与特殊函数

重点介绍求解化工中波动问题、输运方程和稳态方程三类方程的解析方法，包括偏微分方程的基本概念和分类、典型偏微分方程的建立、偏微分方程的分离变量法、非齐次泛定方程、球坐标系中的分离变量法、柱函数中的分离变量法、冲量定理法和格林函数法、无界空间的定解问题8节。

第7章 偏微分方程的近似法

介绍偏微分方程的近似解法，包括变分法及其应用、数值计算的基本概述、偏微分方程的有限差分法、有限单元法概述、数值计算的商业软件及其应用5节。

本书仅简单地介绍了建立数学物理模型的方法。因为建立数学物理模型不仅需要数学知识，而且需要化学工程的知识。对于各种数学理论和方法的讨论，立足于应用，保留了部分定理、性质证明，大多没有进行严密的推导和证明。着重培养和训练学习者如何将物理问题抽象成数学问题、如何应用各种数学方法求解物理问题并阐述解物理意义的能力。如果需要，读者可以查阅标注的参考文献进行深入学习和研究。

在内容叙述时，编者尽量做到基本概念解释详尽、公式推导步骤清晰，在讲解重点和难点理论时，附有不少例题以便于自学。部分例题给了参考文献，有的例题仅给了解题的主要思路，没有给出最后的结果，留给读者自学完成，以给读者思考的空间。编者从每章所列参考书中选择了一定数量的练习题放在末尾，有意识地将书中的一些问题留给读者在练习中完成，不少练习题是书中内容学习的延续。绝大部分练习题给出了答案，以供读者学习和核对自己学习的成果。

1986年，陈晋南自费在美国攻读硕士和博士学位时，数学物理方程、数值分析、计算方法都是工科硕士研究生的学位必修课，在学习数值分析课程时，每次作业都是编写程序解一个偏微分方程描述的问题。编者在学习的过程中体会到，不动手做数学的练习题，就无法掌握任何数学知识。

编者期望，读者在认真阅读教科书基本内容的基础上，学习演算每道例题，完成每章的习题。尽可能多做练习题，这是吸收和消化理论知识的最好方法。通过演算每道例题和完成练习，可以加深对书中内容的理解，培养学习、思考和解决问题的能力，能从本书中学到所需的知识，并能学以致用地把数学知识应用到化工实践中去。

参考文献

[1] 戴世洪，陈醒. 世界石油和化工行业呈现新格局 [J]. 国际融资，2012 (1)，59～61.

[2] 朱曾惠. 从欧美和日本长远发展规划看世界化学工业发展趋势 [J]. 中国石油和化工经济分析. 2009 (2):

37～41.

［3］ “十二五”石油与化学工业科技发展规划纲要［J］. 中国石油和化学工业协会. 2011.

［4］ 中研普华公司. 2014－2018年精细化工行业发展前景分析及投资风险预测报告［J］. 中研普华文化传播公司，中国行业研究网 www. chinairn. com. 2014. 2.

［5］ 申桂英. 从“十二五”规划看中国精细化工行业发展趋势［J］. 精细与专用化学品，2013. Vol. 21（2）：1～3.

［6］ 萧成基. 化学工程发展史. 中国百科网 www. chinabaike. com.

［7］ Evans LB. ASPEN：An Advanced System for Process Engineering［C］. The 12th Symposium on Computer Application in Chemical Engineering. Montreux，Switzerland：［s. n. ］，1979.

［8］ 杨友麒，项曙光. 化工过程模拟与优化［M］. 北京：化学工业出版社，2006.

［9］ Jiannan Chen，Yuchun Zhang. Simulation of Methyl Tertiary Butyl Ether Production in Catalytic Distillation［C］. 2012 Applied Mechanics and Materials. 2013，Vols. 263～266：444～447.

［10］ 陈晋南，张玉春，孙兴勇. 甲基叔丁基醚装置仿真培训系统的研发［J］. 北京理工大学学报，2014. Vol. 34（2）：216～220.

第 2 章　常微分方程

一般物理现象和工程问题大都可用微分方程来描述。在化学与化学工程中关于反应、扩散、传热、传质和流体流动等一维问题可用常微分方程来描述。高等数学中系统地介绍了常微分方程及其解法，本章仅概括地介绍化工中常用的常微分方程及其解法[1]~[3]，为后面章节的学习打下基础。

本章首先介绍一阶线性微分方程的解法，并在此基础上介绍高阶微分方程、线性微分方程组的解法和微分方程的级数解，包括变量可分离的微分方程、一阶线性微分方程、高阶微分方程、线性微分方程组和微分方程的级数解 5 节。

2.1　变量可分离的微分方程

表示因变量（未知函数）与因变量的导数以及自变量之间关系的方程，称为**微分方程**。在一个微分方程中出现的未知函数只含一个自变量的方程称为**常微分方程**。如果在一个微分方程中出现多元函数的偏导数，则这个方程称为**偏微分方程**。

本节包括微分方程的基本概念和分离变量法两部分。

2.1.1　微分方程的基本概念

本小节介绍微分方程分类的基本概念。

n 阶常微分方程的一般形式[1]为

$$F(x,y,y',\cdots,y^{(n)})=0 \tag{2.1.1}$$

式中，x 为自变量；y 是 x 的未知函数，$y=y(x)$。

y'，…，$y^{(n)}$ 依次是函数 $y=y(x)$ 对 x 的 1 阶，2 阶，…，n 阶导数。在方程中出现的各阶导数中最高的阶数称为**常微分方程的阶**。

若微分方程是未知函数及其各阶导数的一次方程，则称为**线性微分方程**。微分方程中有因变量及其导数的乘积，或有导数本身的乘积或幂，因变量的乘积或幂的方程，称为**非线性微分方程**。

假定 P_0，P_1，…，P_n，Q 在某一个区间内是 x 的连续函数，则 n 阶线性常微分方程还可表示为

$$P_0\frac{\mathrm{d}^n y}{\mathrm{d}x^n}+P_1\frac{\mathrm{d}^{n-1}y}{\mathrm{d}x^{n-1}}+P_2\frac{\mathrm{d}^{n-2}y}{\mathrm{d}x^{n-2}}+\cdots+P_{n-1}\frac{\mathrm{d}y}{\mathrm{d}x}+P_n y=Q \tag{2.1.2}$$

式中，P_0 在区间内处处不为零。

将上式每一项都除以 P_0，则该方程化为**线性微分方程的标准形式**

$$\frac{\mathrm{d}^n y}{\mathrm{d}x^n}+p_1\frac{\mathrm{d}^{n-1}y}{\mathrm{d}x^{n-1}}+p_2\frac{\mathrm{d}^{n-2}y}{\mathrm{d}x^{n-2}}+\cdots+p_{n-1}\frac{\mathrm{d}y}{\mathrm{d}x}+p_n y=f \tag{2.1.3}$$

或

$$y^{(n)}+p_1 y^{(n-1)}+p_2 y^{(n-2)}+\cdots+p_{n-1}y'+p_n y=f$$

若一个微分方程不能写成（2.1.3）的形式，则称其为**非线性微分方程**。

若 P_0，P_1，…，P_n，f 均为常数，则方程（2.1.3）称为 **n 阶常系数线性微分方程**；否则称为 **n 阶变系数线性微分方程**。

若不含因变量和因变量导数的项 $f\equiv 0$，则线性微分方程（2.1.3）称为**齐次线性微分方程**；否则称为**非齐次线性微分方程**。

满足微分方程的函数，即使微分方程成为恒等式的函数，称为**微分方程的解**。含有与微分方程的阶数相同的任意常数的解，称为**微分方程的一般解**或**通解**。例如一个 n 阶微分方程的一般解含有 n 个任意常数。

确定了通解中任意常数的解，称为**微分方程的特解**；不能从一般解的任意常数定出来的解，称为**微分方程的奇解**。

为了确定特解所给出的条件，称为微分方程的**初始条件**或**边界条件**。常微分方程可分为初值问题和边值问题，给定初始条件的问题为**初值问题**，给定边界条件的问题为**边值问题**。

微分方程有理化之后，方程中含有的最高阶导数的最高次幂，称为**微分方程的次**。

例题 2.1.1 判断下列方程的类型，指出方程的阶数、次数、线性或非线性。

① $\left(\frac{\mathrm{d}^2 y}{\mathrm{d}x^2}\right)^2+3x=2\left(\frac{\mathrm{d}y}{\mathrm{d}x}\right)^2$，常微分方程，二阶，二次，非线性。

② $\frac{\mathrm{d}y}{\mathrm{d}x}+\frac{y}{x}=y^2$，常微分方程，一阶，一次，非线性。

③ $\frac{\mathrm{d}^2 Q}{\mathrm{d}t^2}-3\frac{\mathrm{d}Q}{\mathrm{d}t}+2Q=4\sin 2t$，常微分方程，二阶，一次，线性。

④ $\frac{\mathrm{d}y}{\mathrm{d}x}=\frac{x+y}{x-y}$，常微分方程，一阶，一次，非线性。

⑤ $\frac{\partial^2 V}{\partial x^2}+\frac{\partial^2 V}{\partial y^2}=0$，偏微分方程，二阶，一次，线性。

⑥ $\frac{\mathrm{d}^3 y}{\mathrm{d}x^3}-\frac{\mathrm{d}^2 y}{\mathrm{d}x^2}+5\left(\frac{\mathrm{d}y}{\mathrm{d}x}\right)^3+2x^3\frac{\mathrm{d}y}{\mathrm{d}x}+4y=4\mathrm{e}^x\cos x$，常微分方程，三阶，一次，非线性。

2.1.2 微分方程的分离变量法

在变量可分离的情况下，一阶常微分方程可得到不定积分形式的解。分离变量法是求解一阶微分方程的最基本方法。本小节主要介绍一阶线性微分方程的分离变量法。

当 $n=1$ 时，由式（2.1.2）可得一阶非齐次线性微分方程

$$P_0\frac{\mathrm{d}y}{\mathrm{d}x}+P_1 y=Q \tag{2.1.4}$$

式中，P_0、P_1、Q 为常数或 x 的函数。

一阶线性微分方程通解的形式为

$$y=y(x,C)\ \text{或}\ \varphi(x,y,C)=0$$

其中，C是任意常数。通解的几何意义是单参数的曲线族。例如单参数的抛物线族 $y=x^2+C$ 是微分方程 $y'=2x$ 的解。

一阶常微分方程可写成一般形式

$$F(y',y,x)=0 \tag{2.1.5}$$

一阶微分方程中的 y'可解出为

$$y'=\frac{\mathrm{d}y}{\mathrm{d}x}=f(x,y) \tag{2.1.6}$$

若在微分方程（2.1.6）中，有

$$f(x,y)=-\frac{M(x,y)}{N(x,y)}$$

则一阶微分方程可取以下形式

$$M(x,y)\mathrm{d}x+N(x,y)\mathrm{d}y=0 \tag{2.1.7}$$

① 若式（2.1.7）中的函数 $M(x,\ y)$，$N(x,\ y)$ 都可以分解为两个因子的积

$$M(x,y)=M_1(x)M_2(y),\quad N(x,y)=N_1(x)N_2(y)$$

这两个因子中，一个不含变量 x、一个不含变量 y，即方程可写为

$$M_1(x)M_2(y)\mathrm{d}x+N_1(x)N_2(y)\mathrm{d}y=0 \tag{2.1.8}$$

式（2.1.8）可化为下面的形式

$$\frac{M_1(x)}{N_1(x)}\mathrm{d}x+\frac{N_2(y)}{M_2(y)}\mathrm{d}y=0 \tag{2.1.9}$$

于是方程 $\mathrm{d}x$ 的系数仅含变量 x，$\mathrm{d}y$ 的系数仅含变量 y。这样式（2.1.8）的变量被分离了，可直接用积分法求解。将式（2.1.9）的两边积分，得到

$$\int\frac{M_1(x)}{N_1(x)}\mathrm{d}x+\int\frac{N_2(y)}{M_2(y)}\mathrm{d}y=C \tag{2.1.10}$$

式中，C为任意常数。方程（2.1.10）是原方程（2.1.7）的通解。

微分方程（2.1.7）称为**变量可分离的方程**，这种求解微分方程的方法称为**分离变量法**。

② 若微分方程（2.1.7）中 M 仅为 x 的函数、N 仅为 y 的函数，则式（2.1.7）为变量可分离的方程

$$M(x)\mathrm{d}x+N(y)\mathrm{d}y=0$$

积分上式后，得一阶微分方程的通解为

$$\int M(x)\mathrm{d}x+\int N(y)\mathrm{d}y=C \tag{2.1.11}$$

2.2 一阶线性微分方程

在应用科学中，线性微分方程是重要的一类微分方程，而且非线性微分方程要依靠线性微分方程的基本解法求解。在化工领域中，线性微分方程常常用于描述动量、热量、质量的传递和化学反应动力学（称为“三传一反”）的简单问题。由于一阶线性微分方程的解法是高阶线性微分方程求解的基础，故首先介绍一阶微分方程的求解。在高等数学中已详细介绍了大部分内容，这里仅作简单的概括。

本节介绍齐次和非齐次一阶微分方程求解的一些基本方法[1]~[3]，包括齐次一阶线性微

分方程和非齐次一阶微分方程两小节。

2.2.1　齐次一阶线性微分方程

本小节介绍求解一阶微分方程的变量置换法、全微分方程、积分因子法和特殊类型微分方程的变量置换法4部分。

（1）变量置换法

有些一阶微分方程不能直接分离变量，这时可采用变量置换法将该微分方程化为变量可分离的微分方程，而非线性微分方程也可通过变量置换转换成线性方程，再积分求解。下面给出几种实例。

① 若一阶微分方程 $y'=F(x,\ y)$ 的形式为

$$\frac{\mathrm{d}y}{\mathrm{d}x}=f(ax+by) \tag{2.2.1}$$

则通过变量 z 置换 $ax+by$，并将其微分式 $\frac{\mathrm{d}z}{\mathrm{d}x}=a+b\frac{\mathrm{d}y}{\mathrm{d}x}=a+bf(z)$ 分离变量，得到不含因变量 y 的变量可分离的微分方程

$$\mathrm{d}x=\frac{\mathrm{d}z}{a+bf(z)}$$

积分后，得

$$x=\int\frac{\mathrm{d}z}{a+bf(z)}+C \tag{2.2.2}$$

再将式（2.2.2）代入变换式 $z=ax+by$，便得到原方程的解 $y(x)$。

② 若一阶齐次微分方程 $y'=F(x,\ y)$ 为下面的形式

$$yh(xy)\mathrm{d}x+xg(xy)\mathrm{d}y=0 \tag{2.2.3}$$

则可令 $y=t/x$，即 $t=yx$，将其微分 $\mathrm{d}t=x\mathrm{d}y+y\mathrm{d}x$，并代入式（2.2.3），该式变为不含 y 的变量可分离的微分方程

$$tP(t)\mathrm{d}x+xQ(t)\mathrm{d}t=0 \tag{2.2.4}$$

可用分离变量法积分，得

$$\int\frac{\mathrm{d}x}{x}+\int\frac{Q(t)\mathrm{d}t}{tP(t)}=C$$

由此式确定 $t(x)$，再由 $y=t/x$ 确定原方程的解 $y(x)$。

例 2.2.1　求解方程 $(xy^2+y)\mathrm{d}x-x\mathrm{d}y=0$。

解： 该方程存在 xy^2 的非线性项，不能直接用分离变量法求解。首先用变量置换法把方程转化为不含 y 变量的可分离的微分方程。

令 $y=t/x$，对 $t=yx$ 微分，有 $\mathrm{d}t=x\mathrm{d}y+y\mathrm{d}x$，即 $x\mathrm{d}y=\mathrm{d}t-y\mathrm{d}x$，将其代入原方程，化简得

$$t(t+2)\mathrm{d}x=x\mathrm{d}t$$

分离变量后，得

$$\frac{\mathrm{d}x}{x}=\frac{\mathrm{d}t}{t(t+2)}=\frac{\mathrm{d}t}{2t}-\frac{\mathrm{d}t}{2(t+2)}$$

积分上式，得

$$\ln x=\frac{1}{2}\ln t-\frac{1}{2}\ln(t+2)+C$$

将 t 代回原变量，最后得原微分方程含有任意常数 C 的通解为

$$x(xy+2)=Cy$$

③ 若一阶微分方程（2.1.6）$\frac{\mathrm{d}y}{\mathrm{d}x}=F(x,\ y)$ 中函数 $F(x,\ y)$ 可写成 $\frac{y}{x}$ 的函数，则 $F(x,\ y)=\phi\left(\frac{y}{x}\right)$ 的方程变为齐次微分方程[2]。下面以一例题来说明。

例题 2.2.2 将齐次微分方程 $(xy-y^2)\mathrm{d}x-(x^2-2xy)\mathrm{d}y=0$ 化为变量可分离的方程。

解： 因为原齐次微分方程可化为

$$\frac{\mathrm{d}y}{\mathrm{d}x}=\frac{xy-y^2}{x^2-2xy}=\frac{y/x-(y/x)^2}{1-2y/x}=f(x,y)=\phi\left(\frac{y}{x}\right)$$

函数 $f(x,\ y)$ 可写成 $\frac{y}{x}$ 的函数，则该方程化为齐次微分方程

$$\frac{\mathrm{d}y}{\mathrm{d}x}=\phi\left(\frac{y}{x}\right) \tag{2.2.5}$$

令 $v=y/x$，得

$$y=vx$$

微分得

$$\mathrm{d}y=v\mathrm{d}x+x\mathrm{d}v$$

即

$$\frac{\mathrm{d}y}{\mathrm{d}x}=v+x\frac{\mathrm{d}v}{\mathrm{d}x}$$

将上式代入式（2.2.5），原方程化简为不含因变量 y 的变量可分离的微分方程

$$v+x\frac{\mathrm{d}v}{\mathrm{d}x}=\phi(v)$$

分离变量得

$$\frac{\mathrm{d}v}{\phi(v)-v}=\frac{\mathrm{d}x}{x}$$

积分上式得

$$\ln x=\int\frac{\mathrm{d}v}{\phi(v)-v}+C$$

再积分得

$$F(v,x,C)=0$$

用 y/x 代替 v，便可得到所给微分方程的通解

$$F\left(\frac{y}{x},x,C\right)=0 \tag{2.2.6}$$

许多有机化合物卤化过程的数学描述中可出现类似的方程。

（2）全微分方程——恰当方程

若方程 $M(x,\ y)\mathrm{d}x+N(x,\ y)\mathrm{d}y=0$ 的左边恰好是某一函数的全微分

$$dU=\frac{\partial U}{\partial x}dx+\frac{\partial U}{\partial y}dy=M(x,y)dx+N(x,y)dy=0 \tag{2.2.7}$$

则该全微分方程的通解是由方程$U(x, y)=C$所确定的隐函数。

由式（2.2.7）知，$M(x, y)$和$N(x, y)$满足

$$\frac{\partial M}{\partial y}=\frac{\partial N}{\partial x} \tag{2.2.8}$$

则式（2.2.8）称为**恰当性条件**，即给定的微分方程恰是一个函数的**全微分**，方程（2.2.7）称为**恰当微分方程**。因此，**恰当性条件是微分方程为某一个函数全微分的充分必要条件**。

因为$\frac{\partial U(x, y)}{\partial x}=M(x, y)$，$\frac{\partial U(x, y)}{\partial y}=N(x, y)$，所以原函数的线积分与路径无关，即

$$U(x,y)=\int M(x,y)dx+f(y) \tag{1}$$

将式（1）微分，得

$$\frac{\partial U(x,y)}{\partial y}=\frac{\partial}{\partial y}\int M(x,y)dx+\frac{df(y)}{dy}=N(x,y) \tag{2}$$

即

$$\frac{df(y)}{dy}=N(x, y)-\frac{\partial}{\partial y}\int M(x,y)dx$$

积分式（2）后得$f(y)$，再代入式（1），得

$$U(x,y)=\int M(x,y)dx+\int\left[N(x,y)-\frac{\partial}{\partial y}\int M(x,y)dx\right]dy$$

由于原函数线积分与路径无关，故全微分方程的通解也可表示为

$$U(x,y)=\int_{x_0}^{x}M(x,y)dx+\int_{y_0}^{y}N(x_0,y)dy=C \tag{2.2.9}$$

式中，C为任意常数；x_0，y_0是在区间D内适当选定的点$M_0(x_0, y_0)$的坐标。

例题 2.2.3 求解微分方程[2] $(2xy+1)dx+(x^2+4y)dy=0$。

解： 因为

$$\frac{\partial M}{\partial y}=\frac{\partial}{\partial y}(2xy+1)=2x, \frac{\partial N}{\partial x}=2x$$

所以

$$\frac{\partial M}{\partial y}=\frac{\partial N}{\partial x}$$

满足全微分方程的充分必要条件，运用式（2.2.9），得

$$\begin{aligned}U(x,y)&=\int(2xy+1)dx+\int\left[x^2+4y-\frac{\partial}{\partial y}\int(2xy+1)dx\right]dy\\&=x^2y+x+\int\left[x^2+4y-\frac{\partial}{\partial y}(x^2y+x)\right]dy=x^2y+x+2y^2=C\end{aligned}$$

式中，C为任意常数。

（3）积分因子法

有一类一阶微分方程不能直接分离变量，而乘以一个积分因子后可化为变量可分离的微

分方程。一阶齐次微分方程

$$M(x,y)\mathrm{d}x+N(x,y)\mathrm{d}y=0 \tag{2.1.7}$$

若

$$M(\lambda x,\lambda y)=\lambda^n M(x,y),N(\lambda x,\lambda y)=\lambda^n N(x,y) \tag{2.2.10}$$

则称函数 $M(x,\ y)$和 $N(x,\ y)$ 为 n 阶齐次式，方程（2.1.7）称为齐次方程[2]。

下面介绍齐次方程的两种积分因子及其基本解法，这里不做详尽推导，可参考相关文献[2]。

① 若 $xM(x,\ y)+yN(x,\ y)\neq 0$，则积分因子为

$$v=\frac{1}{xM(x,y)+yN(x,y)} \tag{2.2.11}$$

② 若 $xM(x,\ y)+yN(x,\ y)=0$，则积分因子为

$$v=\frac{1}{xy} \tag{2.2.12}$$

积分因子法将齐次方程化为变量可分离的微分方程，积分后得到原方程的解。

（4）特殊类型微分方程的变量置换

根据某些一阶微分方程的特点，可设 $p=y'=\frac{\mathrm{d}y}{\mathrm{d}x}$，将方程化为求因变量 p 的可分离变量的微分方程，再与原方程联立，确定原方程的解 $y(x)$。下面讨论三种情况。

① $y=f(x,\ y')$ **型的微分方程**。

这类方程为可解出 y 的微分方程。若一阶齐次线性微分方程为以下形式

$$y=f(x,y') \tag{2.2.13}$$

以 $y'=p$ 代入，得

$$y'=p=\frac{\partial f}{\partial x}+\frac{\partial f}{\partial p}\frac{\mathrm{d}p}{\mathrm{d}x}=F\left(x,p,\frac{\mathrm{d}p}{\mathrm{d}x}\right)$$

这是一个以 $p=y'$为因变量的方程，可用前述一阶微分方程解法求解，得到解

$$\phi(x,p,C)=\phi(x,y',C)=0$$

将上式与式（2.2.13）联立，得

$$\begin{cases}y=f(x,y')\\ \phi(x,y',C)=0\end{cases}$$

消去 $y'=p$，可得到微分方程的解 $y(x)$。

② $x=F(y,\ y')$ **型的微分方程**。

这类方程为可解出 x 的微分方程。若一阶齐次线性微分方程为以下形式

$$x=F(y,y') \tag{2.2.14}$$

令 $y'=p$，将 x 对 y 求导，得

$$\frac{\mathrm{d}x}{\mathrm{d}y}=\frac{1}{p}=\frac{\partial F}{\partial y}+\frac{\partial F}{\partial p}\frac{\mathrm{d}p}{\mathrm{d}y}$$

即因变量 p 的微分方程

$$\frac{1}{p}=g\left(y,p,\frac{\mathrm{d}p}{\mathrm{d}y}\right)$$

可用前述一阶微分方程解法求解。如它有解

$$\phi(y,p,C)=0$$

将上式与（2.2.14）联立

$$\begin{cases} x = F(y, y') = F(y, p) \\ \phi(y, p, C) = 0 \end{cases}$$

消去 $y'=p$，得原方程的解 $y(x)$。

例题 2.2.4 求解方程 $y=y'x-(y')^2$。

解： 因为原微分方程含有非线性项$(y')^2$，因此原方程是非线性微分方程。先将方程化为线性方程。令 $y'=p$，则原方程为 $y=px-p^2$，将其微分得

$$p = p'x + p - 2pp'$$

化简后，得

$$p'(x - 2p) = 0$$

由上式等于零，得到两个可分离变量的一阶线性微分方程

$$p' = 0 \tag{1}$$

$$x = 2p \tag{2}$$

积分式（1），得

$$p = C$$

将 $p=C$ 代入原方程，求出方程的一个通解为

$$y = Cx - C^2 \tag{3}$$

将式（2）代入原方程，得

$$y = 2p^2 - p^2 = p^2$$

由 $x=2p$，消去 p，得

$$x^2 = 4p^2 = 4y$$

即得方程的另一个解为

$$y = x^2/4 \tag{4}$$

因为式（4）中没有任意常数，故它是原方程的**奇解**。

③ **可解出 p 微分方程**。

令 $p=y'$，得到一阶齐次微分方程为

$$p^n + p_1(x, y)p^{n-1} + \cdots + p_{n-1}(x, y)p + p_n(x, y) = 0 \tag{1}$$

如果式（1）可因式分解成 n 个一阶方程的乘积

$$(p - f_1)(p - f_2)\cdots(p - f_n) = 0$$

其中，$f_i(i=1, 2, 3, \cdots, n)$ 为 x 与 y 的函数。由于上式恒等于零，故可令

$$p - f_1 = 0, \quad p - f_2 = 0, \cdots, \quad p - f_n = 0$$

即

$$y' - f_1 = 0, \quad y' - f_2 = 0, \cdots, \quad y' - f_n = 0$$

最终将微分方程化为 n 个一阶微分方程，可以分别求出它们的解

$$F_1(x, y, C) = 0, \quad F_2(x, y, C) = 0, \quad \cdots, \quad F_n(x, y, C) = 0 \tag{2}$$

2.2.2 非齐次一阶线性微分方程

本小节介绍非齐次一阶微分方程的参数变易法。

通过前面的学习，已经了解到齐次微分方程的解包括积分常数，即齐次微分方程描述的

是一类共性的问题。齐次微分方程的解为通解。非齐次微分方程的非齐次项描述了工程问题的特殊性，故满足非齐次项的解称为**特解**。一阶非齐次线性微分方程

$$P_0\frac{\mathrm{d}y}{\mathrm{d}x}+P_1y=Q$$

的解由齐次微分方程的**通解和特解两部分构成**。

可以用**参数变易法**求解一阶非齐次线性微分方程。**参数变易法**求解一阶非齐次线性微分方程分为两步：第一步求解齐次微分方程的通解，第二步确定满足非齐次项的特解。

首先用分离变量法确定一阶齐次线性微分方程

$$P_0\frac{\mathrm{d}y}{\mathrm{d}x}+P_1y=0 \tag{2.2.15}$$

的通解，然后再确定一个特解。先将式（2.2.15）分离变量

$$\frac{\mathrm{d}y}{y}=-\frac{P_1(x)}{P_0(x)}\mathrm{d}x$$

积分后，得式（2.2.15）的解为

$$\ln y=-\int\frac{P_1(x)}{P_0(x)}\mathrm{d}x+\ln C_1\quad 或\quad y=C_1\exp\left[-\int\frac{P_1(x)}{P_0(x)}\mathrm{d}x\right] \tag{2.2.16}$$

式中，C_1 为任意常数。

其次，应用参数变易法求原方程的通解，把式（2.2.15）的解（2.2.16）中 C_1 换成 x 的函数 $v(x)$，亦即令解的形式为

$$y=v(x)\exp\left[-\int\frac{P_1(x)}{P_0(x)}\mathrm{d}x\right] \tag{2.2.17}$$

显然确定了函数 $v(x)$，也就确定了原方程的解。为此将式（2.2.17）微分，得

$$\frac{\mathrm{d}y}{\mathrm{d}x}=\frac{\mathrm{d}v}{\mathrm{d}x}\exp\left[-\int\frac{P_1(x)}{P_0(x)}\mathrm{d}x\right]-\frac{P_1(x)}{P_0(x)}v\exp\left[-\int\frac{P_1(x)}{P_0(x)}\mathrm{d}x\right] \tag{2.2.18}$$

将式（2.2.17）和式（2.2.18）代入式（2.1.4），得

$$\frac{\mathrm{d}v}{\mathrm{d}x}\exp\left[-\int\frac{P_1(x)}{P_0(x)}\mathrm{d}x\right]-\frac{P_1(x)}{P_0(x)}v\exp\left[-\int\frac{P_1(x)}{P_0(x)}\mathrm{d}x\right]+\frac{P_1(x)}{P_0(x)}v\exp\left[-\int\frac{P_1(x)}{P_0(x)}\mathrm{d}x\right]=\frac{Q(x)}{P_0(x)}$$

化简后，得

$$\frac{\mathrm{d}v}{\mathrm{d}x}\exp\left[-\int\frac{P_1(x)}{P_0(x)}\mathrm{d}x\right]=\frac{Q(x)}{P_0(x)}$$

积分确定 $v(x)$，得

$$v(x)=\int\frac{Q(x)}{P_0(x)}\mathrm{e}^{\int\frac{P_1(x)}{P_0(x)}\mathrm{d}x}\mathrm{d}x+C \tag{2.2.19}$$

式中，C 为积分常数。

将式（2.2.19）代入式（2.2.17）中，得到一阶非齐次线性微分方程（2.1.4）的通解

$$y=\mathrm{e}^{-\int\frac{P_1(x)}{P_0(x)}\mathrm{d}x}\left[\int\frac{1}{P_0(x)}Q(x)\mathrm{e}^{\int\frac{P_1(x)}{P_0(x)}\mathrm{d}x}\mathrm{d}x+C\right]=\frac{1}{\gamma P_0(x)}\left[\int\gamma Q(x)\mathrm{d}x+C\right] \tag{2.2.20}$$

式中，γ 为积分因子

$$\gamma=\frac{1}{P_0(x)}\mathrm{e}^{\int\frac{P_1(x)}{P_0(x)}\mathrm{d}x} \tag{2.2.21}$$

由一阶非齐次线性微分方程的通解（2.2.20）可知，通解是由两项组成的：

第一项 $Ce^{-\int\frac{P_1(x)}{P_0(x)}dx}$ 对应齐次线性方程的通解；

第二项 $e^{-\int\frac{P_1(x)}{P_0(x)}dx}\int\frac{1}{P_0(x)}Q(x)e^{\int\frac{P_1(x)}{P_0(x)}dx}dx$ 是方程的一个特解。

例题 2.2.5 求解一阶非线性非齐次微分方程 $xy-\frac{dy}{dx}=y^4e^{(-3x^2/2)}$。

解：用变量置换法将非线性微分方程化为一阶线性微分方程。令 $z=\frac{1}{y^3}$，分别对 y 和 x 微分，得到$\frac{dz}{dy}=-\frac{3}{y^4}$，$\frac{dz}{dx}=-\frac{3}{y^4}\frac{dy}{dx}$，代入原方程，则原方程化为一阶非齐次线性微分方程

$$\frac{dz}{dx}+3xz=3e^{(-3x^2/2)}$$

式中，$P_0(x)=1$，$P_1(x)=3x$，$Q(x)=3e^{(-3x^2/2)}$。用式（2.2.20）求解上式，得

$$y^3(3x+C)=e^{(3x^2/2)}$$

2.3 高阶微分方程

由一阶线性微分方程解的结构可知，线性微分方程的解由通解和特解两部分构成，即 n 阶线性微分方程的解由 n 阶微分方程的通解和特解两部分构成。

本节介绍高阶微分方程的解法，包括线性微分方程解的结构、齐次常系数线性微分方程的余函数、非齐次常系数线性微分方程的特解和特殊类型变系数高阶微分方程 4 小节。

2.3.1 线性微分方程解的结构

在线性非齐次微分方程的求解中运用了叠加原理。本小节用叠加原理分析线性微分方程解的结构，包括函数线性相关、n 阶线性微分方程解的基本定理两部分。

（1）函数线性相关

n 阶非齐次线性微分方程的一般形式为

$$\frac{d^ny}{dx^n}+p_1\frac{d^{n-1}y}{dx^{n-1}}+p_2\frac{d^{n-2}y}{dx^{n-2}}+\cdots+p_{n-1}\frac{dy}{dx}+p_ny=f$$

或

$$y^{(n)}+p_1y^{(n-1)}+p_2y^{(n-2)}+\cdots+p_{n-1}y'+p_ny=f$$

式中，$p_i(i=1, 2, \cdots, n)$ 和 f 均为 x 的常数或函数。

定义 如果变量 x 的 n 个函数 y_1，y_2，…，y_n 在区间(α, β) 内**线性相关**，则必然存在着 n 个不全为零的常数 k_1，k_2，…，k_n，使得当 x 在该区间内，恒等式

$$k_1y_1+k_2y_2+\cdots+y_nk_n\equiv 0$$

成立，否则它们就称为**线性无关**。

例题 2.3.1 确定函数 1，$\cos^2x$，$\sin^2x$ 和 1，x，x^2，x^3 是否线性相关。

解：取 $k_1=1$，$k_2=k_3=-1$ 时，有

$$1-\cos^2x-\sin^2x\equiv 0$$

故函数 1，$\cos^2x$，$\sin^2x$ 是线性相关的。

因为使多项式 $k_1+k_2x+k_3x^2+k_4x^3$ 等于零的 x 至多是三个数值，即它的根，所以除了四个常数 k_1，k_2，k_3，k_4 全为零，否则它不能恒等于零。故 1，x，x^2，x^3 是线性无关的。

在 $n=2$ 的情况下，根据函数线性相关的定义可知，如果两个函数 y_1，y_2 线性相关，则它们的商为一常数。因此，如果 y_1，y_2 的商不为常数，则它们就是线性无关。

（2）n 阶线性微分方程解的基本定理

介绍 n 阶线性微分方程的一些基本定理[1]，略去证明。线性微分方程的解服从叠加原理。

定理 1　若 y_1，y_2 是 n 阶齐次线性微分方程

$$y^{(n)}+p_1y^{(n-1)}+p_2y^{(n-2)}+\cdots+p_{n-1}y'+p_ny=0 \tag{2.3.1}$$

线性无关的两个解，则

$$y=C_1y_1+C_2y_2$$

也是该 n 阶齐次线性微分方程的解。这里 C_1，C_2 为任意实常数或复常数，读者可自己证明该解满足 n 阶齐次线性微分方程。

定理 2　设 y_1，y_2，…，y_n 是齐次线性微分方程（2.3.1）的 n 个线性无关的解，则

$$y_{\mathrm{c}}=C_1y_1+C_2y_2+\cdots+C_ny_n \tag{2.3.2}$$

式中，C_1，C_2，…，C_n 是 n 个任意常数。式（2.3.2）就是方程的通解，称为**余函数**或**补函数** $y_{\mathrm{c}}(x)$（complementary function）。

齐次线性微分方程的任何 n 个线性无关的特解构成该方程的基本解组。因此，根据上面的定理，求解方程（2.3.1）的问题就是求它的基本解组的问题，也就是求它的 n 个线性无关特解的问题。

定理 3　如果 y_1 是 n 阶非齐次线性微分方程

$$y^{(n)}+p_1y^{(n-1)}+p_2y^{(n-2)}+\cdots+p_{n-1}y'+p_ny=f_1$$

的解，y_2 是方程

$$y^{(n)}+p_1y^{(n-1)}+p_2y^{(n-2)}+\cdots+p_{n-1}y'+p_ny=f_2$$

的解，则 y_1+y_2 是 n 阶非齐次线性微分方程

$$y^{(n)}+p_1y^{(n-1)}+p_2y^{(n-2)}+\cdots+p_{n-1}y'+p_ny=f_1+f_2$$

的解。

定理 4　设 n 阶非齐次线性微分方程（2.1.3）的一个**特解**是 $y_{\mathrm{p}}(x)$，而对应的 n 阶齐次线性微分方程（2.3.1）的通解是 $C_1y_1+C_2y_2+\cdots+C_ny_n$，则方程（2.1.3）的解为

$$y=C_1y_1+C_2y_2+\cdots+C_ny_n+y_{\mathrm{p}}$$

由此可见，求解非齐次线性微分方程的问题可转化为求对应齐次微分方程的通解和满足原方程的任一特解的两个问题。为了简化讨论，下面以二阶微分方程为例，分别介绍这两个问题的基本解法。

当 $n=2$ 时，n 阶非齐次常系数线性微分方程（2.1.3）为二阶非齐次常系数线性微分方程

$$\frac{\mathrm{d}^2y}{\mathrm{d}x^2}+p_1\frac{\mathrm{d}y}{\mathrm{d}x}+p_2y=f,\quad f\neq 0 \tag{2.3.3}$$

其相应的二阶常系数齐次线性微分方程为

$$\frac{d^2y}{dx^2}+p_1\frac{dy}{dx}+p_2y=0 \tag{2.3.4}$$

式中，p_1，p_2 为实常数。

由线性微分方程解的叠加原理可得，二阶非齐次常系数线性微分方程的通解为

$$y(x)=C_1y_1(x)+C_2y_2(x)+y_p(x)$$

式中，$C_1y_1(x)+C_2y_2(x)$ 为二阶齐次常系数线性方程的通解，即余函数 $y_c(x)$，$y_p(x)$ 是二阶非齐次常系数线性方程的一个特解。解的一般形式也可写为

$$y(x)=y_c(x)+y_p(x) \tag{2.3.5}$$

2.3.2 齐次常系数线性微分方程的余函数

齐次常系数线性微分方程解法的一个主要特点是，不用积分仅用代数方法就能求出方程的通解，即余函数 $y_c(x)$。本小节介绍齐次常系数线性微分方程的余函数的解法，包括二阶齐次常系数线性微分方程的余函数和 n 阶齐次常系数线性微分方程的余函数两部分。

(1) 二阶齐次常系数线性微分方程的余函数

不少化工问题可用二阶线性微分方程描述，因此二阶常系数线性微分方程在化工应用上是较重要的一类方程。二阶常系数线性微分方程余函数基本解法可推广到高阶常系数线性微分方程的求解，因此，下面主要介绍二阶常系数线性微分方程**余函数基本解法**。

设二阶常系数齐次线性微分方程

$$\frac{d^2y}{dx^2}+p_1\frac{dy}{dx}+p_2y=0$$

的测试解为 $y(x)=e^{mx}$，将其微分并代入上式得到恒等式

$$e^{mx}(m^2+p_1m+p_2)=0$$

其中，m 为实数或复数。

由于 $y(x)=e^{mx}\neq0$，因此有

$$m^2+p_1m+p_2=0 \tag{2.3.6}$$

若 m 是二次代数方程的根，则可确定微分方程（2.3.4）的通解。式（2.3.6）称为二阶齐次常系数线性微分方程（2.3.4）的**特征方程**，它是一元二次方程，有两个根 m_1 和 m_2，两个根有三种可能的情形：

① $m_1\neq m_2$，m_1 和 m_2 是两个不相等的实根；

② $m_1=\alpha+i\beta$，$m_2=\alpha-i\beta$，m_1 和 m_2 是两个共轭复根；

③ $m_1=m_2=m$，m_1 和 m_2 是两个相等的实根。

根据特征（辅助）方程根的不同，可确定**二阶齐次常系数线性微分方程通解**的形式。

① 若特征方程有两个不相等的实根 m_1 和 m_2，则其余函数为

$$y_c(x)=C_1e^{m_1x}+C_2e^{m_2x} \tag{2.3.7}$$

式中，C_1，C_2 为任意常数。

② 若特征方程有两个共轭复根 $m_1=\alpha+i\beta$，$m_2=\alpha-i\beta$，则其余函数为

$$y_c(x) = C_1 e^{(\alpha+i\beta)x} + C_2 e^{(\alpha-i\beta)x} \tag{2.3.8}$$

式中，α，β 为特征方程复根的实部及虚部。

将 $e^{i\beta x}=\cos\beta x+i\sin\beta x$ 和 $e^{-i\beta x}=\cos\beta x-i\sin\beta x$ 代入式（2.3.8），得

$$y_c(x) = e^{\alpha x}(C_1 e^{i\beta x} + C_2 e^{-i\beta x}) = e^{\alpha x}(A\cos\beta x + B\sin\beta x) \tag{2.3.9}$$

式中，A，B 为任意常数。

③ 特征方程有两个相等的实根 $m_1=m_2=m$，则其余函数为

$$y_c(x) = (C_1 x + C_2)e^{mx} \tag{2.3.10}$$

式中，C_1，C_2 为任意常数。

求证：当 $m_1=m_2=m$ 时，其余函数为 $y_c(x)=(C_1x+C_2)e^{mx}$。

证明：因为 $m_1=m_2=m$，知一个特解 $y_1=e^{mx}$，用参数变易法将通解设为 $y=y_1u=ue^{mx}$，将其微分后代入微分方程（2.3.4），得

$$e^{mx}u'' + e^{mx}(2m+p_1)u' + e^{mx}(m^2+p_1m+p_2)u = 0$$

简化上式，得

$$u'' + (2m+p_1)u' + (m^2+p_1m+p_2)u = 0$$

因为 m 是特征方程 $m^2+p_1m+p_2=0$ 的重根，对特征方程求导一次，有 $2m+p_1=0$。故上式中 u、u' 系数均为零，而方程化为 $u''=0$，积分两次后，得

$$u = C_1 + C_2 x$$

再代入 $y=y_1u=ue^{mx}$，即得齐次微分方程（2.3.4）的通解为

$$y_c(x) = (C_1 + C_2 x)e^{mx}$$

式（2.3.10）得以证明。

(2) n 阶齐次常系数线性微分方程的余函数

二阶齐次常系数线性微分方程的求解方法可以推广到 n 阶齐次常系数线性微分方程的求解。n 阶齐次常系数线性微分方程

$$y^{(n)} + p_1 y^{(n-1)} + p_2 y^{(n-2)} + \cdots + p_{n-1}y' + p_n y = 0$$

的特征方程为

$$m^n + p_1 m^{n-1} + \cdots + p_{n-1}m + p_n = 0$$

同样，该代数方程的根决定了 **n 阶齐次常系数线性微分方程**通解的形式。

① 具有 n 个相异的根 m_1，m_2，…，m_n，则其余函数为

$$y_c(x) = C_1 e^{m_1 x} + C_2 e^{m_2 x} + \cdots + C_n e^{m_n x} \tag{2.3.11}$$

式中，C_1，C_2，…，C_n 为 n 个任意常数。

② 特征方程有一对单复根 $m_1=\alpha+i\beta$，$m_2=\alpha-i\beta$，则其余函数为

$$y_c(x) = e^{\alpha x}(C_1 e^{i\beta x} + C_2 e^{-i\beta x}) = e^{\alpha x}(D_1\cos\beta x + D_2\sin\beta x) \tag{2.3.12}$$

③ 特征方程有 k 重实根 m，则其余函数有 k 项，为

$$y_c(x) = (C_1 + C_2 x + \cdots + C_k x^{k-1})e^{mx} \tag{2.3.13}$$

④ 若特征方程有一对 k 重复根，则其余函数有 $2k$ 项，为

$$y_c(x) = [(C_1 + C_2 x + \cdots + C_k x^{k-1})\cos\beta x + (D_1 + D_2 x + \cdots + D_k x^{k-1})\sin\beta x]e^{\alpha x} \tag{2.3.14}$$

在式（2.3.12）~式(2.3.14）中，C_1，C_2，…，C_k 和 D_1，D_2，…，D_k 分别为 k 个任意常数。

总之，解 n 阶齐次常系数线性微分方程通解可以不用积分，只要求出齐次线性微分方程特征方程 n 个线性无关 y_1，y_2，…，y_n 的根，则有微分方程的通解式（2.3.2）

$$y_c(x) = C_1 y_1 + C_2 y_2 + \cdots + C_n y_n$$

若 y_1，y_2，…，y_n 线性相关，则 $y_c(x)=C_1 y_1+C_2 y_2+\cdots+C_n y_n$ 不是 n 阶齐次常系数线性微分方程的通解。

例题 2.3.2 求解方程$\frac{d^2 y}{dx^2}+4\frac{dy}{dx}+5y=0$。

解：因为原微分方程的特征方程为 $m^2+4m+5=0$，求它的根，得

$$m_1 = -2+i, m_2 = -2-i$$

所以微分方程的余函数为

$$y_c(x) = e^{-2x}(C_1\cos x + C_2\sin x)$$

式中，C_1，C_2 为任意常数。

例题 2.3.3 求解方程$\frac{d^3 y}{dx^3}-3\frac{d^2 y}{dx^2}+3\frac{dy}{dx}-y=0$。

解：因为特征方程为 $m^3-3m^2+3m-1=0$，即$(m-1)^3=0$，得 $m_1=m_2=m_3=1$，所以微分方程的余函数为

$$y_c(x) = (C_1 + C_2 x + C_3 x^2)e^x$$

式中，C_1，C_2，C_3 为任意常数。

2.3.3 非齐次常系数线性微分方程的特解

本小节介绍确定非齐次常系数微分方程特解 $y_p(x)$ 的方法，包括可直接积分的非齐次高阶微分方程、待定系数法、微分算子法和降阶法 4 部分。

（1）可直接积分的非齐次高阶微分方程

若 n 阶非齐次线性微分方程（2.1.3）为$\frac{d^n y}{dx^n}=f(x)$ 型的微分方程，则该类方程可通过逐次积分求得通解。积分一次得

$$\frac{d^{n-1}y}{dx^{n-1}} = \int f(x)dx + C_1$$

再积分得

$$\frac{d^{n-2}y}{dx^{n-2}} = \int dx\int f(x)dx + C_1 x + C_2$$

积分 n 次后，得微分方程的解

$$y = \int dx\cdots\int f(x)dx + \frac{C_1 x^{n-1}}{(n-1)!} + \frac{C_2 x^{n-2}}{(n-2)!} + \cdots + C_{n-1}x + C_n$$

式中，C_1，C_2，…，C_{n-1}，C_n 为任意常数。

若初始条件为

$$y|_{x=x_0} = y'|_{x=x_0} = \cdots = y^{(n-1)}|_{x=x_0} = 0$$

则满足这组初始条件的解为

$$y = \int_{x_0}^{x} \mathrm{d}x \cdots \int_{x_0}^{x} f(x)\mathrm{d}x \tag{2.3.15}$$

（2）待定系数法

待定系数法是一种不用积分而仅用代数方法就能求出特解的方法，其解题的要点是，首先根据微分方程非齐次项 $f(x)$ 的特征假设特解的形式；然后将所设的特解代入原方程，利用同次幂系数相等的方法确定特解中的待定系数。为了简化讨论，以二阶非齐次常系数线性微分方程为例介绍基本的解法。

二阶非齐次常系数线性微分方程的一般形式为

$$\frac{\mathrm{d}^2 y}{\mathrm{d}x^2} + p_1 \frac{\mathrm{d}y}{\mathrm{d}x} + p_2 y = f(x), \quad f(x) \neq 0 \tag{2.3.3}$$

式中，p_1，p_2 为常数；$f(x)$ 为 x 的函数。

具体有以下**几种特殊情况**。

① 若 $f(x)$为常数，设特解 y_{p} 为常数。

② 若 $f(x)=A_0+A_1x+\cdots+A_nx^n$，设特解 $y_{\mathrm{p}}=C_0+C_1x+\cdots+C_nx^n$。

③ 若 $f(x)=A_m(x)\mathrm{e}^{\alpha x}$，则可设方程（2.3.3）的特解为

$$y_{\mathrm{p}} = x^k Q_m(x)\mathrm{e}^{\alpha x}$$

式中，$Q_m(x)$ 与 $A_m(x)$ 同为 m 次多项式；k 为齐次方程的特征方程中含有重根 α 的次数，即按照 α 不是特征方程的根或是单根或是重根，依次取 $k=0$ 或 $k=1$ 或 $k=2$。

④ 若 $f(x)=A\sin\beta x+B\cos\beta x$，$(\beta\neq 0)$，设特解 $y_{\mathrm{p}}=C_1\sin\beta x+C_2\cos\beta x$，$(\beta\neq 0)$。

⑤ 若 $f(x)=\mathrm{e}^{\alpha x}\,[A_l(x)\sin\beta x+B_n(x)\ \cos\beta x]$，设特解

$$y_{\mathrm{p}} = x^k \mathrm{e}^{\alpha x}[(C_0 + C_1 x + \cdots + C_m x^m)\sin\beta x + (D_0 + D_1 x + \cdots + D_m x^m)\cos\beta x]$$

式中，m 是 l，n 两数中较大的数；C_i，D_i（$i=0$，1，2，…，m）是待定常数。按$(\alpha+\mathrm{i}\beta)$或$(\alpha-\mathrm{i}\beta)$ 不是特征方程的根或是特征方程的单根，k 依次取 0 或 1。

⑥ 若 $f(x)=A\mathrm{e}^{\alpha x}\sin\beta x$ 或 $f(x)=B\mathrm{e}^{\alpha x}\cos\beta x$，设特解

$$y_{\mathrm{p}}=x^k\mathrm{e}^{\alpha x}(C_1\sin\beta x+C_2\cos\beta x)$$

式中，C_1，C_2 是两个待定常数，按 $\alpha+\mathrm{i}\beta$ 不是特征方程的根或是单根，k 依次取 0 或 1。

注意：① 如果 y_{p}，y_{c} 的一些项相同，则令 $y_{\mathrm{p}}=xy_{\mathrm{c}}$，直至二者之间没有相同项为止。

② 当函数 f 为不同类型的几项之和时，可先分别求出各个不同类型非齐次的项所对应的特解 y_{p1}，y_{p2}，y_{p3}，…，$y_{\mathrm{p}n}$再应用叠加原理得到对应于 f 的特解

$$y_{\mathrm{p}} = y_{\mathrm{p1}} + y_{\mathrm{p2}} + y_{\mathrm{p3}} + \cdots y_{\mathrm{p}n} \tag{2.3.16}$$

例题 2.3.4　求解微分方程$\frac{\mathrm{d}^2 y}{\mathrm{d}x^2}-y=3x^2-4x+2\mathrm{e}^{2x}$的特解 y_{p}。

解：假定特解为

$$y_{\mathrm{p}} = C_1 + C_2 x + C_3 x^2 + C_4 \mathrm{e}^{2x}$$

代入原方程，得

$$2C_3 + 4C_4\mathrm{e}^{2x} - C_1 - C_2 x - C_3 x^2 - C_4\mathrm{e}^{2x} = 3x^2 - 4x + 2\mathrm{e}^{2x}$$

即系数为

$$C_1 = -6, C_2 = 4, C_3 = -3, C_4 = 2/3$$

最后确定特解

$$y_p = -3x^2 + 4x - 6 + \frac{2e^{2x}}{3}$$

例题 2.3.5　求解方程 $3\frac{d^2y}{dx^2}+10\frac{dy}{dx}-8y=7e^{-4x}$。

解：该方程的特征方程为 $3m^2+10m-8=0$，解出该方程的根为

$$m_1 = \frac{2}{3}, m_2 = -4$$

得到余函数

$$y_c(x) = Ae^{2x/3} + Be^{-4x}$$

因非齐次项 $f(x)=7e^{-4x}$，设特解为

$$y_p(x) = Cxe^{-4x}$$

将上式代入原方程，得 $C=-1/2$，特解为

$$y_p(x) = -\frac{1}{2}xe^{-4x}$$

因此，原方程的解为

$$y = y_p + y_c = Ae^{2x/3} + Be^{-4x} - \frac{1}{2}xe^{-4x}$$

（3）微分算子法

应用微分算子法可以很好地处理非线性微分方程，故使用起来难度较大。这种算法广泛用于计算机的运算中，故有必要了解微分算子的基本运算方法。若用微分运算符 D（或称微分算子）表示函数的微分$\frac{d}{dx}$，则式

$$\frac{d^ny}{dx^n} + p_1\frac{d^{n-1}y}{dx^{n-1}} + p_2\frac{d^{n-2}y}{dx^{n-2}} + \cdots + p_{n-1}\frac{dy}{dx} + p_ny = f \tag{2.1.3}$$

可写为

$$(D^n + p_1D^{n-1} + p_2D^{n-2} + \cdots + p_{n-1}D + p_n)y = f(x) \tag{2.3.17}$$

以二阶微分方程为例，用微分运算符 D 将二阶微分方程

$$\frac{d^2y}{dx^2} + p_1\frac{dy}{dx} + p_2y = f(x)$$

写成

$$(D^2 + p_1D + p_2)y = f(x) \tag{2.3.18}$$

即

$$\Phi(D)y = f(x)$$

式中，$\Phi(D)$ 是微分算子 D 的函数，这里 $\Phi(D)=D^2+p_1D+p_2$，式（2.3.18）化为

$$y = f(x)/\Phi(D) \tag{2.3.19}$$

根据微分算子 D 的定义和求导数运算法则，可以证明以下基本运算公式[3]：

① $Dy=\frac{dy}{dx}$，$D(Dy)=D^2y=\frac{d^2y}{dx^2}$

② $(Dy)^2=\left(\frac{dy}{dx}\right)^2$

③ $D^n y=\dfrac{d^n y}{dx^n}$

④ $x^n D^n y \neq (xD)^n y$

⑤ $D^n e^{px}=p^n e^{px}$

⑥ $(D)(xD)u=(xD+1)Du=(xD^2+D)u$

⑦ $D^n(ye^{px})=e^{px}(D+p)^n y$

⑧ $f(D)(ye^{px})=e^{px}f(D+p)y$

在不同情况下，用微分算子表示特解的形式[2]：

① 若 $f(x)=e^{ax}$，$\Phi(a)\neq 0$，设特解为

$$y_p=\frac{1}{\Phi(D)}[e^{ax}]=\frac{1}{\Phi(a)}[e^{ax}] \tag{2.3.20}$$

当 $\Phi(a)=0$ 时，可利用降阶法求解。

② 若 $f(x)=\sin(ax+b)$，当 $\Phi(-a^2)\neq 0$ 时，设特解为

$$y_p=\frac{1}{\Phi(D^2)}[\sin(ax+b)]=\frac{1}{\Phi(-a^2)}[\sin(ax+b)] \tag{2.3.21}$$

当 $\Phi(-a^2)=0$ 时，可利用无穷级数展开后取极限求解。

③ 若 $f(x)=\cos(ax+b)$，当 $\Phi(-a^2)\neq 0$ 时，设特解为

$$y_p=\frac{1}{\Phi(D^2)}[\cos(ax+b)]=\frac{1}{\Phi(-a^2)}[\cos(ax+b)] \tag{2.3.22}$$

当 $\Phi(-a^2)=0$ 时，可利用无穷级数展开后取极限求解。

④ 若 $f(x)=x^m$ 或 m 次多项式，则设特解为

$$y=\frac{1}{\Phi(D)}x^m=(b_0+b_1D+b_2D^2+\cdots+b_mD^m)x^m(b_0\neq 0) \tag{2.3.23}$$

这里 $b_0+b_1D+b_2D^2+\cdots+b_mD^m$ 是由 1 除以 $\Phi(D)$ 而得到的，因考虑到 x^m 的高于 m 阶的导数为零，因此略去了高次项。

⑤ 若 $f(x)=e^{ax}V(x)$，设特解为

$$y_p(x)=\frac{1}{\Phi(D)}e^{ax}V(x)=e^{ax}\frac{1}{\Phi(D+a)}V(x) \tag{2.3.24}$$

⑥ 若 $f(x)=xV(x)$，设特解为

$$y_p(x)=\frac{1}{\Phi(D)}xV(x)=x\frac{1}{\Phi(D)}V(x)-\frac{\Phi'(D)}{\Phi^2(D)}V(x) \tag{2.3.25}$$

例题 2.3.6　求解微分方程[2] $(D-1)(D-3)(D+2)y=e^{3x}$。

解：由式（2.3.20）确定特解

$$y_p=\frac{1}{\Phi(D)}[e^{ax}]=\frac{1}{\Phi(a)}[e^{ax}]=\frac{1}{(D-1)(D-3)(D+2)}e^{3x}$$

$$=\frac{1}{(D-3)}\left[\frac{1}{(D-1)(D+2)}e^{3x}\right]=\frac{1}{(D-3)}\left[\frac{1}{(3-1)(3+2)}e^{3x}\right]=\frac{1}{10(D-3)}e^{3x}$$

由于这时 $\Phi(3)=0$，因此

$$10(D-3)y_p=e^{3x}$$

运用一次非齐次微分方程的解（2.2.20），求解上式，得到特解为

$$y_p=\frac{1}{10}e^{3x}\int e^{3x}e^{-3x}dx=\frac{x}{10}e^{3x}$$

原微分方程的余函数为

$$y_c = C_1 e^{x} + C_2 e^{3x} + C_3 e^{-2x}$$

最后得到方程的通解为

$$y = y_c + y_p = C_1 e^{x} + C_2 e^{3x} + C_3 e^{-2x} + x e^{3x}/10$$

例题 2.3.7 求解微分方程[2] $\dfrac{d^2 y}{dx^2}+4y=\cos 2x$。

解：该齐次微分方程的特征方程为 $m^2+4=0$，得到它的根为 $m_1=2i$，$m_2=-2i$，微分方程的余函数为

$$y_c = C_1 \sin 2x + C_2 \cos 2x \tag{1}$$

因为该微分方程的微分算子形式为

$$(D^2+4)y = \cos 2x, \quad \Phi(D) = D^2+4, \quad a = 2$$

可使用公式（2.3.22）确定特解。因为 $\Phi(-a^2)=\Phi(-2^2+4)=0$，利用无穷级数将 y_p 展开后取极限

$$\begin{aligned} y_p &\approx \frac{1}{D^2+4}\cos(2+h)x = \frac{1}{-(2+h)^2+4}\cos(2+h)x = \frac{-1}{4h+h^2}\cos(2+h)x \\ &= \frac{-1}{h(4+h)}\left[\cos 2x - hx\sin 2x + \frac{1}{2}(hx)^2\cos 2x + \cdots\right] \end{aligned} \tag{2}$$

由于 $\cos 2x$ 已是余函数的一部分，因此可略去式（2）中的 $\cos 2x$，得

$$y_p \approx \frac{1}{4+h}\left(x\sin 2x - \frac{1}{2}hx^2\cos 2x + \cdots\right)$$

令 $h\to 0$，可求出

$$y_p = \frac{1}{4}x\sin 2x \tag{3}$$

最后，将余函数（1）和特解（3）叠加，得方程的通解

$$y = y_c + y_p = C_1\sin 2x + C_2\cos 2x + \frac{1}{4}x\sin 2x$$

例题 2.3.8 求解微分方程[2] $\dfrac{d^2 y}{dx^2}-4y=e^{3x}x^3$。

解：齐次微分方程的特征方程为 $m^2-4=0$，解得它的根为 $m_1=2$，$m_2=-2$，该微分方程的余函数为

$$y_c(x) = C_1 e^{2x} + C_2 e^{-2x} \tag{1}$$

而微分算子方程为 $(D^2-4)y=e^{3x}x^3$，设微分方程的特解为式（2.3.24）的形式，求解得

$$\begin{aligned} y_p(x) &= \frac{1}{\Phi(D)}e^{ax}V(x) = e^{ax}\frac{1}{\Phi(D+a)}V(x) = e^{3x}\frac{1}{(D+3)^2-4}x^3 \\ &= e^{3x}\frac{1}{D^2+6D+5}x^3 = e^{3x}\left[\frac{1}{4(1+D)} - \frac{1}{4(D+5)}\right]x^3 \end{aligned} \tag{2}$$

将式（2）中逆算子 $1/\Phi(D)$ 展开成幂级数

$$\begin{aligned} \frac{1}{4}\left(\frac{1}{1+D} - \frac{1}{5(1+D/5)}\right) &= \frac{1}{4}\left[(1-D+D^2-D^3) - \frac{1}{5}\left(1-\frac{D}{5}+\frac{D^2}{25}-\frac{D^3}{125}+\cdots\right)\right] \\ &= \frac{1}{4}\left(\frac{4}{5} - \frac{24}{25}D + \frac{124}{125}D^2 - \frac{624}{625}D^3 + \cdots\right) \end{aligned}$$

$$= \frac{1}{5} - \frac{6}{25}D + \frac{31}{125}D^2 - \frac{156}{625}D^3 + \cdots \tag{3}$$

将式（3）代入式（2），确定特解为

$$\begin{aligned} y_p(x) &= e^{3x}\left(\frac{1}{5}x^3 - \frac{6}{25}\times 3x^2 + \frac{31}{125}\times 6x - \frac{156\times 6}{625}\right) \\ &= \frac{x}{125}e^{3x}(25x^2 - 9x + 186) - \frac{936}{625}e^{3x} \end{aligned} \tag{4}$$

将余函数（1）和特解（4）叠加，得到原方程的解

$$y = y_p + y_c = C_1 e^{2x} + C_2 e^{-2x} + \frac{x}{125}e^{3x}(25x^2 - 9x + 186) - \frac{936}{625}e^{3x}$$

（4）降阶法

一般用降低微分方程阶数的方法求解高阶微分方程的解。降阶法是指先把高阶微分方程转化为若干个低阶微分方程，然后逐步求解每个降阶的微分方程，从而求出原方程的解。分别介绍**微分算子降阶法**、不含自变量微分方程的降阶、已知特解的线性微分方程的变量置换。

① **微分算子降阶法**。

可用微分算子降阶法确定 n 阶非齐次微分方程的特解。前面已介绍用微分算子 D 表示函数的微分$\frac{d}{dx}$，则高阶微分方程可写为

$$(D^n + p_1 D^{n-1} + p_2 D^{n-2} + \cdots + p_{n-1}D + p_n)y = f(x) \tag{2.3.17}$$

设 m_1，m_2，…，m_{n-1}，m_n 是高阶微分方程的特征方程的根，则式（2.3.17）可写为

$$\Phi(D)y = (D - m_1)(D - m_2)\cdots(D - m_{n-1})(D - m_n)y = f(x) \tag{2.3.26}$$

为使方程降阶，令

$$u = (D - m_2)(D - m_3)\cdots(D - m_n)y \tag{2.3.27}$$

则方程（2.3.26）变成一阶非齐次微分方程

$$(D - m_1)u = f(x)$$

由前面介绍的一阶线性非齐次微分方程的解（2.2.20），可知上式的解为

$$u = e^{m_1 x}\int f(x)e^{-m_1 x}dx$$

将其代入式（2.3.27），得

$$(D - m_2)(D - m_3)\cdots(D - m_n)y = e^{m_1 x}\int f(x)e^{-m_1 x}dx$$

再令

$$v = (D - m_3)(D - m_4)\cdots(D - m_n)y$$

则方程（2.3.26）又变成一阶微分方程

$$(D - m_2)v = e^{m_1 x}\int f(x)e^{-m_1 x}dx$$

其解为

$$v = e^{m_2 x}\int\left[e^{m_1 x}\int f(x)e^{-m_1 x}dx\right]e^{-m_2 x}dx$$

继续这个过程，可得高阶非齐次微分方程的特解

$$y(x)=\mathrm{e}^{m_1x}\int\mathrm{e}^{(m_2-m_1)x}\int\mathrm{e}^{(m_3-m_2)x}\cdots\int\mathrm{e}^{(m_n-m_{n-1})x}\int f(x)\mathrm{e}^{-m_nx}\,\mathrm{d}x\mathrm{d}x\cdots\mathrm{d}x \tag{2.3.28}$$

例题 2.3.9 使用微分算子降阶法求解三阶微分方程$\frac{\mathrm{d}^3y}{\mathrm{d}x^3}-2\frac{\mathrm{d}^2y}{\mathrm{d}x^2}+\frac{\mathrm{d}y}{\mathrm{d}x}=x$。

解： 该三阶微分方程的特征方程为

$$(m-1)(m-1)my=x$$

求出它的根为$m_1=0$，$m_2=m_3=1$。则该微分方程的余函数为

$$y_{\mathrm{c}}(x)=C_1+(C_2+C_3x)\mathrm{e}^x$$

原方程用微分算子表示为$(D^3-2D^2+D)y=x$，用降阶法确定特解y_{p}，令$u=(D-1)Dy$将方程$(D^3-2D^2+D)y=x$，简化为

$$(D-1)u=x$$

用一阶非齐次线性微分方程的解法求解上式，得

$$u=\mathrm{e}^x\int x\mathrm{e}^{-x}\mathrm{d}x=-x-1$$

将上式代入$u=(D-1)Dy$，得$(D-1)Dy=-x-1$，令$Dy=V$，得一阶非齐次线性微分方程

$$(D-1)V=-x-1$$

求解上式，得

$$V=\mathrm{e}^x\int(-x-1)\mathrm{e}^{-x}\mathrm{d}x=x+2$$

即

$$\frac{\mathrm{d}y}{\mathrm{d}x}=V=x+2$$

确定方程的特解为

$$y_{\mathrm{p}}=x^2/2+2x$$

最后将余函数与特解叠加，得该微分方程的解

$$y=y_{\mathrm{c}}(x)+y_{\mathrm{p}}(x)=C_1+(C_2+C_3x)\mathrm{e}^x+\frac{1}{2}x^2+2x$$

② 不含自变量微分方程的降阶。

n阶非齐次线性微分方程（2.1.3）中不含自变量x，即

$$y^{(n)}+p_1y^{(n-1)}+p_2y^{(n-2)}\cdots+p_{n-1}y'+p_ny=f \tag{2.3.29}$$

当p_1，p_2，…，p_{n-1}，p_n，f均不是x的函数时，令$y'=p$，并对其求导，得

$$y''=\frac{\mathrm{d}p}{\mathrm{d}y}\frac{\mathrm{d}y}{\mathrm{d}x}=p\frac{\mathrm{d}p}{\mathrm{d}y}$$

$$y'''=\frac{\mathrm{d}}{\mathrm{d}y}\left(p\frac{\mathrm{d}p}{\mathrm{d}y}\right)\frac{\mathrm{d}y}{\mathrm{d}x}=p^2\frac{\mathrm{d}^2p}{\mathrm{d}y^2}+p\left(\frac{\mathrm{d}p}{\mathrm{d}y}\right)^2$$

$$\vdots$$

将以上求$(n-1)$阶的各项导数式代入式（2.3.29），可将方程降低一阶。按照需要可将不含自变量高阶微分方程逐步降阶至一阶微分方程，然后采用一阶线性微分方程的解法求解。

以二阶微分方程$y''=f(y,y')$为例，设$y'=p$，则原方程变为

$$y''=\frac{\mathrm{d}p}{\mathrm{d}y}\frac{\mathrm{d}y}{\mathrm{d}x}=p\frac{\mathrm{d}p}{\mathrm{d}y}=f(y,p)$$

设这个一阶微分方程的通解为

$$p = y' = \varphi(y, C_1)$$

再积分，得通解为

$$\int \frac{\mathrm{d}y}{\varphi(y, C_1)} = x + C_2 \tag{2.3.30}$$

③ **已知特解的线性微分方程的变量置换**[2]。

若已知 n 阶常系数齐次方程

$$y^{(n)} + p_1 y^{(n-1)} + p_2 y^{(n-2)} + \cdots + p_{n-1} y' + p_n y = 0$$

的一个特解 $y=w(x)$，则可令 $y=wz$ 代入以上微分方程，将其变为同阶且不含因变量的微分方程，利用以上处理不含因变量微分方程的方法可将该微分方程降低一阶。显然，若已知 $k(k<n)$ 个特解，则可把方程降低 k 阶。

2.3.4　特殊类型变系数高阶微分方程

高阶变系数线性微分方程没有一般解法，只能用特定方法处理一些特殊类型的高阶微分方程。求解的基本原则是将高阶变系数线性微分方程转化成高阶常系数线性微分方程，再将高阶常系数线性微分方程降阶为一阶线性微分方程，用一阶线性微分方程的解法求解。

本小节介绍几种特殊类型变系数高阶微分方程的解法，包括常数变易法、变量置换法、恰当方程、欧拉方程和格林函数法 5 部分。

(1) 常数变易法

二阶非线性微分方程的特解在很大程度上依赖于经验。但是，**常数变易法**是最普遍应用的方法。以二阶变系数线性微分方程为例介绍常数变易法。

若二阶变系数线性微分方程的一般形式为

$$\frac{\mathrm{d}^2 y}{\mathrm{d}x^2} + p_1(x)\frac{\mathrm{d}y}{\mathrm{d}x} + p_2(x)y = f(x) \tag{2.3.31}$$

则方程的通解为

$$y_c(x) = C_1 y_1(x) + C_2 y_2(x) \tag{2.3.32}$$

式中，C_1，C_2 为常数。

因为 $y_1(x)$，$y_2(x)$ 为齐次方程两个线性无关解，故可令 $y_c(x)$ 中的常数 C_1，C_2 为 x 的函数 $u_1(x)$，$u_2(x)$，方程的特解为

$$y_p(x) = u_1(x)y_1(x) + u_2(x)y_2(x) \tag{2.3.33}$$

为确定 $u_1(x)$，$u_2(x)$，将式 (2.3.33) 对 x 求导

$$y'_p(x) = [u_1(x)y'_1(x) + u_2(x)y'_2(x)] + [u'_1(x)y_1(x) + u'_2(x)y_2(x)] \tag{1}$$

令

$$u'_1(x)y_1(x) + u'_2(x)y_2(x) = 0 \tag{2.3.34}$$

则式 (1) 化简为

$$y'_p(x) = u_1(x)y'_1(x) + u_2(x)y'_2(x) \tag{2}$$

微分式 (2)，得

$$y''_p(x) = u_1(x)y''_1(x) + u_2(x)y''_2(x) + u'_1(x)y'_1(x) + u'_2(x)y'_2(x) \tag{3}$$

将式 (2) 和式 (3) 代入原方程 (2.3.31)，得恒等式

$$u_1(x)[y_1''(x)+p_1(x)y_1'(x)+p_2(x)y_1(x)]+u_2(x)[y_2''(x)+p_1(x)y_2'(x)+$$
$$p_2(x)y_2(x)]+u_1'(x)y_1'(x)+u_2'(x)y_2'(x)=f(x) \tag{4}$$

因为 $y_1(x)$，$y_2(x)$ 是二阶齐次微分方程两个无关解，满足二阶齐次微分方程，即式（4）中有

$$\begin{aligned} y_1''(x)+p_1(x)y_1'(x)+p_2(x)y_1(x)=0 \\ y_2''(x)+p_1(x)y_2'(x)+p_2(x)y_2(x)=0 \end{aligned} \tag{5}$$

将式（4）简化得

$$u_1'(x)y_1'(x)+u_2'(x)y_2'(x)=f(x)$$

则它与式（2.3.34）组成如下方程组

$$\begin{cases} u_1'(x)y_1(x)+u_2'(x)y_2(x)=0 \\ u_1'(x)y_1'(x)+u_2'(x)y_2'(x)=f(x) \end{cases} \tag{2.3.35}$$

求解方程组（2.3.35），得

$$u_1'(x)=\frac{1}{w}\begin{vmatrix} 0 & y_2(x) \\ f(x) & y_2'(x) \end{vmatrix}=-\frac{y_2 f(x)}{w}, \quad u_2'(x)=\frac{1}{w}\begin{vmatrix} y_1(x) & 0 \\ y_1'(x) & f(x) \end{vmatrix}=\frac{y_1 f(x)}{w} \tag{2.3.36}$$

式中，
$$w=\begin{vmatrix} y_1(x) & y_2(x) \\ y_1'(x) & y_2'(x) \end{vmatrix}$$

为二阶方程的**伏朗斯基（Wronsky）行列式**。

对式（2.3.36）积分，得到 $u_1(x)$ 和 $u_2(x)$。由此，二阶非齐次线性微分方程的解为

$$\begin{aligned} y &= y_c+y_p(x) \\ &= C_1y_1(x)+C_2y_2(x)+y_1(x)\int\frac{-f(x)y_2(x)}{w}dx+y_2(x)\int\frac{f(x)y_1(x)}{w}dx \end{aligned} \tag{2.3.37}$$

（2）变量置换法

一般用降低方程阶数的方法求解高阶微分方程的解。由于变系数线性微分方程不能直接求解，故可以利用特殊类型变系数高阶微分方程的特点，置换变量，将变系数高阶微分方程转化为若干个低阶常系数微分方程或一阶微分方程后，逐步求解每个降阶的微分方程，从而求出原方程的解。这里介绍几种变量置换的方法。

① 不含因变量的微分方程。

若微分方程（2.1.3）中不含因变量 y，**则不含因变量的微分方程为**

$$y^{(n)}+p_1y^{(n-1)}+p_2y^{(n-2)}+\cdots+p_{n-1}y'=f \tag{2.3.38}$$

将 $y'=p$，$y''=p'$等代入方程（2.3.38），方程降低一阶，为

$$p^{(n-1)}+p_1(x)p^{(n-2)}+\cdots+p_{n-1}(x)p=f(x)$$

若

$$y^{(n)}+p_1(x)y^{(n-1)}+\cdots+p_k(x)y^{(k)}=f(x)$$

则将 $y^{(k)}=q$，$y^{(k+1)}=q'$等代入上式，可将方程降低 k 阶。

以二阶线性微分方程 $y''=f(x, y')$ 为例，设 $y'=p$，则 $y''=\frac{dp}{dx}=p'$，于是微分方程

化为

$$p' = f(x,p)$$

这是一个以 p 为因变量的一阶常微分方程，设其通解为

$$p = y' = \Phi(x,C_1)$$

采用前面介绍一阶微分方程的方法将其积分，得

$$y = \int \Phi(x,C_1)\mathrm{d}x + C_2 \tag{2.3.39}$$

② **变换因变量。**

通过变换因变量，可将非线性微分方程化为线性微分方程，再用解线性微分方程的方法求解。以一个变系数二阶线性微分方程（2.3.31）为例进一步说明这一方法的特点[2]。

$$\frac{\mathrm{d}^2 y}{\mathrm{d}x^2} + p_1(x)\frac{\mathrm{d}y}{\mathrm{d}x} + p_2(x)y = f(x) \tag{2.3.31}$$

令因变量 $y=z(x)w(x)$，其中 z 与 w 均为 x 的函数，求导得

$$y' = z(x)w'(x) + z'(x)w(x) \tag{2.3.40}$$

$$y'' = z(x)w''(x) + 2z'(x)w'(x) + z''(x)w(x) \tag{2.3.41}$$

将 $y=z(x)w(x)$ 和式（2.3.40）及式（2.3.41）代入式（2.3.31），得

$$\frac{\mathrm{d}^{n-1} y}{\mathrm{d}x^{n-1}} = \int f(x)\mathrm{d}x + C_1$$

$$zw'' + 2z'w' + z''w + p_1(zw' + z'w) + p_2 zw = f(x)$$

化简后得

$$w'' + \frac{1}{z}(2z' + p_1 z)w' + \frac{1}{z}(z'' + p_1 z' + p_2 z)w = \frac{f(x)}{z}$$

上式可写成

$$w'' + Q(x)w' + R(x)w = g(x) \tag{2.3.42}$$

式中，

$$Q(x) = \frac{1}{z}(2z' + p_1 z), R(x) = \frac{1}{z}(z'' + p_1 z' + p_2 z), g(x) = \frac{f(x)}{z}$$

在下面几种特殊情况下，式（2.3.42）的解很容易求出。

若 z 为方程

$$z'' + p_1 z' + p_2 z = 0$$

的特解，则 $R(x)=0$，从而式（2.3.42）简化成

$$w'' + Q(x)w' = g(x)$$

由于该方程不含因变量，故可降阶为一阶方程。令

$$\frac{\mathrm{d}w}{\mathrm{d}x} = p, \quad w'' = p'$$

则原微分方程变为易求解的一阶线性微分方程

$$p' = Q(x)p = g(x)$$

即可用一阶非齐次微分方程的方法求解。这实际上也是一种降阶法。显然，要使以上化简式成立，必须先得到原方程齐次方程的一个特解。

若 z 使下式成立

$$Q(x)=\frac{1}{z}(2z'+p_1 z)=0\text{ 或 }-\frac{\mathrm{d}z}{z}=\frac{1}{2}p_1(x)\mathrm{d}x$$

求解得

$$z=\mathrm{e}^{-\int\frac{1}{2}p_1(x)\mathrm{d}x}$$

对上式求导，得

$$\frac{\mathrm{d}z}{\mathrm{d}x}=z'=-\frac{1}{2}zp_1$$

$$\frac{\mathrm{d}^2z}{\mathrm{d}x^2}=z''=-\frac{1}{2}p_1z'-\frac{1}{2}z\frac{\mathrm{d}p_1}{\mathrm{d}x}$$

将以上两式代入 $R(x)=\frac{1}{z}(z''+p_1z'+p_2z)$，得

$$R(x)=\frac{1}{z}\left[-\frac{1}{2}p_1z'-\frac{1}{2}zp_1'+p_1\left(-\frac{z}{2}p_1\right)+p_2z\right]=p_2-\frac{1}{4}p_1^2-\frac{1}{2}p_1'$$

a. 若 $R(x)=C$ 是常数，则式（2.3.42）变为常系数线性微分方程，即

$$w''+Cw=g(x)$$

b. 若 $R(x)=C/x^2$，则式（2.3.42）变为二阶欧拉方程

$$x^2w''+Cw=g(x)x^2=\frac{1}{z}x^2f(x) \tag{2.3.43}$$

再令 $x=\mathrm{e}^t$，可将式（2.3.43）简化成常系数微分方程。后面将介绍欧拉方程的求解。

由以上化简过程可见，能够化简变系数线性方程为线性欧拉方程与否，决定于系数的特性，条件为

$$R(x)=p_2-\frac{1}{4}p_1^2-\frac{1}{2}p_1'=\begin{cases}C\\C/x^2\end{cases}$$

③ **变换自变量。**

将方程 $y''+p_1(x)y'+p_2(x)y=f(x)$ 中的自变量 x 变为 $u=u(x)$，得

$$\frac{\mathrm{d}y}{\mathrm{d}x}=\frac{\mathrm{d}y}{\mathrm{d}u}\frac{\mathrm{d}u}{\mathrm{d}x},\quad \frac{\mathrm{d}^2y}{\mathrm{d}x^2}=\frac{\mathrm{d}y}{\mathrm{d}u}\frac{\mathrm{d}^2u}{\mathrm{d}x^2}+\frac{\mathrm{d}^2y}{\mathrm{d}u^2}\left(\frac{\mathrm{d}u}{\mathrm{d}x}\right)^2$$

再将上式代入式（2.3.31）中，得

$$\frac{\mathrm{d}^2y}{\mathrm{d}u^2}\left(\frac{\mathrm{d}u}{\mathrm{d}x}\right)^2+\frac{\mathrm{d}y}{\mathrm{d}u}\frac{\mathrm{d}^2u}{\mathrm{d}x^2}+p_1\frac{\mathrm{d}y}{\mathrm{d}u}\frac{\mathrm{d}u}{\mathrm{d}x}+p_2y=f(x)$$

或

$$\frac{\mathrm{d}^2y}{\mathrm{d}u^2}+\frac{u''}{(u')^2}\frac{\mathrm{d}y}{\mathrm{d}u}+\frac{p_1u'}{(u')^2}\frac{\mathrm{d}y}{\mathrm{d}u}+\frac{p_2}{(u')^2}y=\frac{f(x)}{(u')^2}$$

令 $u(x)$ 满足下面两个关系式

$$u'=\left(\frac{\pm p_2}{a^2}\right)^{\frac{1}{2}},\quad \frac{u''+p_1u'}{(u')^2}=C \tag{2.3.44}$$

式中，a 为任意实数；正负号的选取应保证 u' 为实数。

变系数线性方程（2.3.31）转换为常系数线性微分方程

$$\frac{\mathrm{d}^2y}{\mathrm{d}u^2}+C\frac{\mathrm{d}y}{\mathrm{d}u}\pm a^2y=\frac{a^2f}{p_2} \tag{2.3.45}$$

(3) 恰当方程

当一阶线性微分方程满足恰当条件时，方程为一个函数的全微分，可直接积分求解。当高阶微分方程满足恰当条件时，方程也是一个函数的全微分，可降阶求解。以三阶微分方程为例讨论高阶微分方程的恰当条件[2]。三阶微分方程的形式为

$$P_0(x)y''' + P_1(x)y'' + P_2(x)y' + P_3(x)y = Q(x) \tag{2.3.46}$$

式中，$P_i(i=0, 1, 2, 3)$ 和 $Q(x)$ 为 x 的函数。

因为

$$D(P_0y'') = P_0y''' + P'_0y'', P_0y''' = D(P_0y'') - P'_0y''$$

原方程可写为

$$D(P_0y'') - P'_0y'' + P_1y'' + P_2y' + P_3y = Q(x)$$

或

$$D(P_0y'') + (P_1 - P'_0)y'' + P_2y' + P_3y = Q(x)$$

又因为

$$D[(P_1 - P'_0)y'] = (P_1 - P'_0)y'' + (P'_1 - P''_0)y'$$

代入上式，则方程为

$$D(P_0y'') + D[(P_1 - P'_0)y'] + (P_2 - P'_1 + P''_0)y' + P_3y = Q(x)$$

又因为

$$D[(P_2 - P'_1 + P''_0)y] = (P_2 - P'_1 + P''_0)y' + (P'_2 - P''_1 + P'''_0)y$$

代入上式得

$$D(P_0y'') + D[(P_1 - P'_0)y'] + D[(P_2 - P'_1 + P''_0)y] + (P_3 - P'_2 + P''_1 - P'''_0)y = Q(x) \tag{2.3.47}$$

为使方程 (2.3.47) 可直接积分，令

$$P_3 - P'_2 + P''_1 - P'''_0 = 0 \tag{2.3.48}$$

式 (2.3.48) 为**恰当条件**。若式 (2.3.46) 满足该条件，则对式 (2.3.47) 直接积分，得

$$P_0y'' + (P_1 - P'_0)y' + (P_2 - P'_1 + P''_0)y = \int Q(x)\mathrm{d}x + C \tag{2.3.49}$$

式中，C 为任意常数，将方程降了一阶。

同样，对于 ***n* 阶恰当方程的恰当条件**是

$$P_n - P'_{n-1} + P''_{n-2} - P'''_{n-3} + \cdots + (-1)^n p_0^{(n)} = 0$$

在此条件下，可积分 n 阶线性方程，得

$$P_0y^{(n-1)} + (P_1 - P'_0)y^{(n-2)} + (P_2 - P'_1 + P''_0)y^{(n-3)} + \cdots = \int Q(x)\mathrm{d}x + C \tag{2.3.50}$$

n 阶线性微分方程变成了 $(n-1)$ 阶方程。

例题 2.3.10　将方程 $xy''' + (x^2-3)y'' + 4xy' + 2y = 0$ 降阶。

解： 首先检验方程是否是恰当方程，由于

$$P_0 = x, \quad P_1 = x^2 - 3, \quad P_2 = 4x, \quad P_3 = 2$$

$$P'_0 = 1, \quad P'_1 = 2x, \quad P'_2 = 4, \quad P''_0 = P'''_0 = 0, \quad P''_1 = 2$$

将以上各式代入恰当条件式 (2.3.48)，满足 $P_3 - P'_2 + P''_1 - P'''_0 = 0$，由式 (2.3.49) 得

$$xy'' + (x^2 - 3 - 1)y' + (4x - 2x + 0)y = C$$

简化上式，得

$$xy''+(x^2-4)y'+2xy=C$$

原方程降了一阶。

若三阶微分方程（2.3.46）不满足恰当条件，即不是恰当方程。将方程乘以待定的积分因子 γ 得

$$\gamma P_0(x)y'''+\gamma P_1(x)y''+\gamma P_2(x)y'+\gamma P_3(x)y=\gamma Q(x) \tag{2.3.51}$$

为了满足恰当条件，由式（2.3.48）推出

$$\gamma P_3-D(\gamma P_2)+D^2(\gamma P_1)-D^3(\gamma P_0)=0$$

展开简化得

$$P_0\gamma'''+(3P_0'-P_1)\gamma''+(P_2-2P_1'+3P_0'')\gamma'+(P_0'''-P_1''+P_2'-P_3)\gamma=0 \tag{2.3.52}$$

此方程称为原方程（2.3.46）的**伴随方程**。若从式（2.3.52）中求出 γ，利用前面的方法，可将方程降阶。

（4）欧拉方程

变系数微分方程有如下形式

$$x^n y^{(n)}+p_1x^{n-1}y^{(n-1)}+\cdots+p_{n-1}xy'+p_ny=f(x) \tag{2.3.53}$$

式中，p_1，p_2，…，p_n 为常数。式（2.3.53）称为**欧拉方程**

对欧拉方程可采用自变量代换法化成常系数微分方程求解。作代换 $x=\mathrm{e}^t$ 或 $t=\ln x$，得

$$y'=\frac{\mathrm{d}y}{\mathrm{d}x}=\frac{\mathrm{d}y}{\mathrm{d}t}\frac{\mathrm{d}t}{\mathrm{d}x}=\frac{1}{x}\frac{\mathrm{d}y}{\mathrm{d}t}$$

$$y''=\frac{\mathrm{d}y'}{\mathrm{d}x}=\frac{\mathrm{d}}{\mathrm{d}x}\left(\frac{1}{x}\frac{\mathrm{d}y}{\mathrm{d}t}\right)=\frac{1}{x^2}\left(\frac{\mathrm{d}^2y}{\mathrm{d}t^2}-\frac{\mathrm{d}y}{\mathrm{d}t}\right)$$

$$y'''=\frac{\mathrm{d}y''}{\mathrm{d}x}=\frac{\mathrm{d}}{\mathrm{d}x}\left[\frac{1}{x^2}\left(\frac{\mathrm{d}^2y}{\mathrm{d}t^2}-\frac{\mathrm{d}y}{\mathrm{d}t}\right)\right]=\frac{1}{x^3}\left(\frac{\mathrm{d}^3y}{\mathrm{d}t^3}-3\frac{\mathrm{d}^2y}{\mathrm{d}t^2}+2\frac{\mathrm{d}y}{\mathrm{d}t}\right)$$

若用记号 D 表示对 t 求导数的运算，则将上面的三个公式改写为

$$xy'=\frac{\mathrm{d}y}{\mathrm{d}t}=Dy$$

$$x^2y''=\frac{\mathrm{d}^2y}{\mathrm{d}t^2}-\frac{\mathrm{d}y}{\mathrm{d}t}=D(D-1)y$$

$$x^3y'''=\frac{\mathrm{d}^3y}{\mathrm{d}t^3}-3\frac{\mathrm{d}^2y}{\mathrm{d}t^2}+2\frac{\mathrm{d}y}{\mathrm{d}t}=D(D-1)(D-2)y$$

$$\vdots$$

$$x^ky^{(k)}=D(D-1)\cdots(D-k+1)y \tag{2.3.54}$$

将式（2.3.54）的各项代入式（2.3.53）后，得到以 t 为自变量的常系数线性微分方程。可由前面介绍的线性微分方程的解法求解。它的特征方程显然是将式（2.3.53）的左边各项 $x^ky^{(k)}$ 换写成 $m(m-1)\cdots(m-k+1)(k=1,2,\cdots,n)$，并将最后一项中的 y 换写为1，然后令整个式子等于零。下面以一例题说明具体的解法。

例题 2.3.11 求解 $x^3y'''+x^2y''-4xy'=3x^2$。

解： 作代换 $x=\mathrm{e}^t$ 或 $t=\ln x$，原方程化为

$$D(D-1)(D-2)y+D(D-1)y-4Dy=3\mathrm{e}^{2t}$$

齐次微分方程的特征方程为

$$m(m-1)(m-2)+m(m-1)-4m=0$$

解出三个根 $m_1=0$，$m_2=-1$，$m_3=3$，得余函数

$$y_c=C_1+C_2e^{-t}+C_3e^{3t}=C_1+C_2/x+C_3x^3$$

令特解 $y_p=C_4e^{2t}=C_4x^2$，代入原方程确定常数 $C_4=-1/2$，求得 $y_p=-x^2/2$。方程的通解为

$$y_c=C_1+C_2/x+C_3x^3-x^2/2$$

（5）格林函数法

格林（Green）函数法是变系数高阶微分方程的常数变易法。对于 n 阶线性微分方程

$$P_0y^{(n)}+P_1y^{(n-1)}+P_2y^{(n-2)}+\cdots+P_{n-1}y'+P_ny=Q(x) \tag{2.3.55}$$

式中，$P_i(i=0, 1, 2, \cdots, n)$ 为 x 的函数。

相应齐次微分方程的通解为

$$y_c(x)=C_1\phi_1(x)+C_2\phi_2(x)+\cdots+C_n\phi_n$$

式中，$\phi_i(x)(i=1, 2, \cdots, n)$ 为相应齐次方程的余函数。可令 $y_c(x)$ 中的常数 C_1，C_2，…，C_n 分别为 x 的函数 $\theta_1(x)$，$\theta_2(x)$，…，θ_n，设方程的特解为

$$\phi(x)=\phi_1(x)\theta_1(x)+\phi_2(x)\theta_2(x)+\cdots+\phi_n(x)\theta_n(x) \tag{2.3.56}$$

式中，$\theta_i(x)(i=1, 2, \cdots, n)$ 为待定函数。

对式（2.3.56）求导，得

$$\phi'(x)=\phi'_1\theta_1+\phi'_2\theta_2+\cdots+\phi'_n\theta_n+(\phi_1\theta'_1+\phi_2\theta'_2+\cdots+\phi_n\theta'_n) \tag{1}$$

令

$$\phi_1\theta'_1+\phi_2\theta'_2+\cdots+\phi_n\theta'_n=0$$

对式（1）求导，得

$$\phi''(x)=\phi''_1\theta_1+\phi''_2\theta_2+\cdots+\phi''_n\theta_n+(\phi'_1\theta'_1+\phi'_2\theta'_2+\cdots+\phi'_n\theta'_n) \tag{2}$$

令

$$\phi'_1\theta'_1+\phi'_2\theta'_2+\cdots+\phi'_n\theta'_n=0$$

对式（2.3.56）求（$n-1$）阶导数，得

$$\phi^{(n-1)}(x)=\phi_1^{(n-1)}\theta_1+\phi_2^{(n-1)}\theta_2+\cdots+\phi_n^{(n-1)}\theta_n+(\phi_1^{(n-2)}\theta'_1+\phi_2^{(n-2)}\theta'_2+\cdots+\phi_n^{(n-2)}\theta'_n)$$

令

$$\phi_1^{(n-2)}\theta'_1+\phi_2^{(n-2)}\theta'_2+\cdots+\phi_n^{(n-2)}\theta'_n=0$$

则式（2.3.56）的 n 阶导数为

$$\phi^{(n)}(x)=\phi_1^{(n)}\theta_1+\phi_2^{(n)}\theta_2+\cdots+\phi_n^{(n)}\theta_n+(\phi_1^{(n-1)}\theta'_1+\phi_2^{(n-1)}\theta'_2+\cdots+\phi_n^{(n-1)}\theta'_n)$$

将 $\phi(x)$，$\phi'(x)$，…，$\phi^{(n)}(x)$ 代入方程（2.3.55）中，得

$$\phi_1^{(n-1)}\theta'_1+\cdots+\phi_n^{(n-1)}\theta'_n=\frac{Q(x)}{P_0(x)}$$

因此，得到下面的联立方程组

$$\begin{cases}\phi_1\theta'_1+\phi_2\theta'_2+\cdots+\phi_n\theta'_n=0\\ \phi'_1\theta'_1+\phi'_2\theta'_2+\cdots+\phi'_n\theta'_n=0\\ \quad\vdots\\ \phi_1^{(n-1)}\theta'_1+\cdots+\phi_n^{(n-1)}\theta'_n=\dfrac{Q(x)}{P_0(x)}\end{cases} \tag{3}$$

求解方程组（3），由**克莱姆法则**解出 θ'_i，得

$$\theta_i'(x)=(-1)^{n+1}\frac{Q(x)}{P_0(x)W(x)}\begin{vmatrix}\phi_2 & \phi_3 & \cdots & \phi_n\\ \phi_2' & \phi_3' & \cdots & \phi_n'\\ \vdots & \vdots & & \vdots\\ \phi_2^{(n-2)} & \phi_3^{(n-2)} & \cdots & \phi_n^{(n-2)}\end{vmatrix} \tag{2.3.57}$$

式中，

$$W(x)=\begin{vmatrix}\phi_1 & \phi_2 & \cdots & \phi_n\\ \phi_1' & \phi_2' & \cdots & \phi_n'\\ \vdots & \vdots & & \vdots\\ \phi_1^{(n-1)} & \phi_2^{(n-1)} & \cdots & \phi_n^{(n-1)}\end{vmatrix} \tag{2.3.58}$$

称为 ***n* 阶方程的伏朗斯基（Wronsky）行列式**，积分式（2.3.57），得

$$\theta_1(x)=A_1+\int_{x_0}^{x}\frac{Q(r)E_1(x,r)}{P_0(r)W(r)}\mathrm{d}r \tag{2.3.59}$$

式中，A_1 为积分常数；$E(x,\ r)$ 由下式计算

$$E(x,r)=(-1)^{n+1}\begin{vmatrix}\phi_2 & \phi_3 & \cdots & \phi_n\\ \phi_2' & \phi_3' & \cdots & \phi_n'\\ \vdots & \vdots & & \vdots\\ \phi_2^{(n-2)} & \phi_3^{(n-2)} & \cdots & \phi_n^{(n-2)}\end{vmatrix} \tag{2.3.60}$$

对于 $\theta_2(x)$，$\theta_3(x)$，…，$\theta_n(x)$，同理得到类似式（2.3.59）的结果，代入式（2.3.56）解出

$$\phi(x)=\sum_{i=1}^{n}A_i\phi_i+\sum_{i=1}^{n}\phi_i(x)\int_{x_0}^{x}\frac{Q(r)E_i(r)}{P_0(r)W(r)}\mathrm{d}r=\sum_{i=1}^{n}A_i\phi_i+\int_{x_0}^{x}H(x,r)Q(r)\mathrm{d}r \tag{2.3.61}$$

式中，$H(x,\ r)$ 称为**格林函数**。

$$H(x,r)=\frac{E(x,r)}{P_0(r)W(r)} \tag{2.3.62}$$

$$E(x,r)=\begin{vmatrix}\phi_1(x) & \phi_2(x) & \cdots & \phi_n(x)\\ \phi_1(r) & \phi_2(r) & \cdots & \phi_n(r)\\ \phi_1'(r) & \phi_2'(r) & \cdots & \phi_n'(r)\\ \vdots & \vdots & & \vdots\\ \phi_1^{(n-2)}(r) & \phi_2^{(n-2)}(r) & \cdots & \phi_n^{(n-2)}(r)\end{vmatrix} \tag{2.3.63}$$

若初始条件为

$$\phi^{(p)}(x_0)=0\quad(p=0,1,2,\cdots,n-1)$$

代入式（2.3.61），因 $\sum_{i=1}^{n}A_i\phi_i^{(p)}(x_0)=0$，所以系数皆为零，即 $A_i=0$，得

$$\phi(x)=\int_{x_0}^{x}H(x,r)Q(r)\mathrm{d}r \tag{2.3.64}$$

若有非齐次的初始条件，为

$$\phi^{(p)}(x_0)=C_p\quad(p=0,1,2,\cdots,n-1)$$

代入式（2.3.61），得

$$\phi^{(p)}(x_0)=\sum_{i=1}^{n}A_i\phi_i^{(p)}(x_0)=C_p$$

由上式可求出 A_i，再代入式（2.3.61），便可得问题的解。

例题 2.3.12　用格林函数法求解方程 $y'''+5y''+4y'=4$。已知 $y(1)=2$，$y'(1)=0$，$y''(1)=1$。

解：求解原微分方程的特征方程，得到余函数

$$y_c(x)=c_1e^{-4x}+c_2e^{-x}+c_3 \tag{1}$$

由式（1）可知，相应微分方程的余函数 $\phi_i(x)$（$i=1$，2，3）分别为

$$\phi_1(x)=e^{-4x},\phi_2(x)=e^{-x},\phi_3(x)=1$$

伏朗斯基行列式为

$$W(r)=\begin{vmatrix}\phi_1(r) & \phi_2(r) & \phi_3(r)\\ \phi_1'(r) & \phi_2'(r) & \phi_3'(r)\\ \phi_1''(r) & \phi_2''(r) & \phi_3''(r)\end{vmatrix}=\begin{vmatrix}e^{-4r} & e^{-r} & 1\\ -4e^{-4r} & -e^{-r} & 0\\ 16e^{-4r} & e^{-r} & 0\end{vmatrix} \tag{2}$$

$$E(x,r)=\begin{vmatrix}\phi_1(x) & \phi_2(x) & \phi_3(x)\\ \phi_1(r) & \phi_2(r) & \phi_3(r)\\ \phi_1'(r) & \phi_2'(r) & \phi_3'(r)\end{vmatrix}=\begin{vmatrix}e^{-4x} & e^{-x} & 1\\ e^{-4r} & e^{-r} & 1\\ -4e^{-4r} & -e^{-r} & 0\end{vmatrix} \tag{3}$$

格林函数为

$$H(x,r)=\frac{E(x,r)}{W(r)}=\frac{e^{-4x-r}-4e^{-4r-x}+3e^{-5r}}{12e^{-5r}} \tag{4}$$

由式（2.3.64），确定方程的特解

$$y_p(x)=\phi(x)=\int_{x_0}^{x}H(x,r)Q(r)dr=\int_1^x 4\,\frac{e^{-4x-r}-4e^{-4r-x}+3e^{-5r}}{12e^{-5r}}dr$$

$$=\frac{1}{3}\left(\frac{1}{4}-\frac{1}{4}e^{4-4x}-4+4e^{1-x}+3x-3\right)=\frac{4}{3}e^{1-x}-\frac{1}{12}e^{3-4x}+x-\frac{9}{4}$$

因此，方程的通解为

$$y=y_c(x)+y_p(x)=C_1e^{-4x}+C_2e^{-x}+C_3+\frac{4}{3}e^{1-x}-\frac{1}{12}e^{4-4x}+x-\frac{9}{4} \tag{5}$$

将边界条件代入式（5）中，确定常数 C_1，C_2，C_3，得

$$C_1=\frac{1}{12}e^4,\quad C_2=-\frac{1}{3}e,\quad C_3=\frac{9}{4}$$

再将以上常数代入式（5），方程满足边界条件的解为

$$y=e^{1-x}+x$$

2.4　线性微分方程组

在化学工程中需要求解线性方程组的场合很多，例如多组分体系的物料衡算、各种化合物的物化性质的计算和稳态“三传”问题的计算等。化工中涉及非线性方程和非线性方程组的问题很

多，例如各种真实气体状态方程、多组分混合液体、化工过程的动态模拟优化等，都需要解非线性方程。而解非线性方程组的数值解法最终也可归结为解线性方程组的问题。换句话说，线性代数计算方法是数值计算的重要基础。本节介绍线性方程组的直接解法，为理解非线性方程组的数值解法打下一定的基础。其主要包括一阶线性微分方程组和高阶常系数线性微分方程组两部分。

2.4.1 一阶线性微分方程组

因为常微分方程的所有数值算法都是以一阶微分方程组为求解对象的，而任何阶的常微分方程都可转化为一阶微分方程组的形式，故需要学习一阶微分方程组的解法。可使用求解代数方程组的**高斯消元法**求解一阶微分方程组。

高斯消元法是求解线性方程组直接法中最常用和最有效的方法之一，其基本思想就是逐次消去一个未知数，使方程变换为一个等价方程组，然后求解该等价方程组，通过回代得到的解，再求解原方程的解。下面以例题介绍一阶线性微分方程组的解法。

例题 2.4.1 解一阶微分方程组。

$$\begin{cases} \dfrac{\mathrm{d}x}{\mathrm{d}t}+ax+by=f(t) & (1) \\ \dfrac{\mathrm{d}y}{\mathrm{d}t}+cx+dy=g(t) & (2) \end{cases}$$

解：该一阶线性微分方程组含有自变量 t，两个因变量 $x(t)$ 和 $y(t)$，不能直接分离变量。故使用高斯消元法求解该方程组。从式（1）解出 y 得

$$y=\frac{1}{b}\left[f(t)-ax-\frac{\mathrm{d}x}{\mathrm{d}t}\right] \quad (3)$$

对 t 求导得

$$\frac{\mathrm{d}y}{\mathrm{d}t}=\frac{1}{b}\left[f'(t)-a\frac{\mathrm{d}x}{\mathrm{d}t}-\frac{\mathrm{d}^2x}{\mathrm{d}t^2}\right] \quad (4)$$

代入式（2）得

$$\frac{1}{b}\left[f'(t)-a\frac{\mathrm{d}x}{\mathrm{d}t}-\frac{\mathrm{d}^2x}{\mathrm{d}t^2}\right]+cx+\frac{d}{b}\left[f(t)-ax-\frac{\mathrm{d}x}{\mathrm{d}t}\right]=g(t) \quad (5)$$

即消元得到不含因变量 $y(t)$ 的二阶线性微分方程

$$\frac{\mathrm{d}^2x}{\mathrm{d}t^2}+(d+a)\frac{\mathrm{d}x}{\mathrm{d}t}+(ad-bc)x-df(t)-f'(t)+bg(t)=0 \quad (2.4.1)$$

使用前面介绍的求解二阶线性微分方程的方法求解二阶线性微分方程（2.4.1），解出 x 后代入式（3），可解出 y。

例题 2.4.2 解一阶线性微分方程组

$$\begin{cases} 2\dfrac{\mathrm{d}x}{\mathrm{d}t}-3x+y=4\mathrm{e}^t & (1) \\ 2\dfrac{\mathrm{d}y}{\mathrm{d}t}+x-3y=0 & (2) \end{cases}$$

解：用式（2.4.1）将方程（1）和（2）分别转化成仅含一个因变量的二阶微分方程

$$\begin{cases} \dfrac{\mathrm{d}^2x}{\mathrm{d}t^2}-3\dfrac{\mathrm{d}x}{\mathrm{d}t}+2x=-\mathrm{e}^t & (3) \\ \dfrac{\mathrm{d}^2y}{\mathrm{d}t^2}-3\dfrac{\mathrm{d}y}{\mathrm{d}t}+2y=-\mathrm{e}^t & (4) \end{cases}$$

式（3）和式（4）的特征方程均为 $m^2-3m+2=0$，有 $m_1=2$，$m_2=1$，得到两个微分方程的余函数

$$\begin{cases} x_c = C_1 e^{2t} + C_2 e^t \\ y_c = C_3 e^{2t} + C_4 e^t \end{cases} \tag{5}$$

根据式（3）和（4）的非齐次项 e^t，与余函数比较，设特解

$$x_p = te^t, y_p = te^t \tag{6}$$

所以有

$$\begin{cases} x = x_c + x_p = C_1 e^{2t} + C_2 e^t + te^t \\ y = y_c + y_p = C_3 e^{2t} + C_4 e^t + te^t \end{cases} \tag{7}$$

因为原微分方程是一阶微分方程，仅含有 2 个常数，而式（7）中有 4 个常数。因此，需确定 4 个常数之间的关系。将式（7）代入原方程（1）和（2），得

$$C_3 = -C_1, \quad C_4 = 2 + C_2 \tag{8}$$

最后将式（8）代入式（7），得到原方程的解

$$\begin{cases} x = x_c + x_p = C_1 e^{2t} + C_2 e^t + te^t \\ y = y_c + y_p = -C_1 e^{2t} + (2 + C_2) e^t + te^t \end{cases}$$

2.4.2　高阶常系数线性微分方程组

本小节仅介绍常系数线性微分方程组的基本解法[1]。

常系数线性微分方程的微分算子表达式为

$$(D^n + p_1 D^{n-1} + p_2 D^{n-2} + \cdots + p_{n-1} D + p_n) y = f(x) \tag{2.3.17}$$

式中，常系数微分表达式可以写为

$$(D^n + p_1 D^{n-1} + p_2 D^{n-2} + \cdots + p_{n-1} D + p_n) y \equiv F(D) y \tag{2.4.2}$$

式中，$F(D)$ 是左边 D 的 n 次多项式。

根据微分算子 D 的定义可知微分算子的运算公式

$$aD^m y + bD^m y = (a+b) D^m y$$

$$D^m(ay) = aD^m y, \quad D^m(D^n y) = D^{m+n} y$$

式中，a，b 是常数；m，n 是正整数。

因此，如果 $\varphi_1(D)$ 和 $\varphi_2(D)$ 是两个多项式，则有等式

$$\varphi_1(D) y + \varphi_2(D) y = [\varphi_1(D) + \varphi_2(D)] y$$

$$\varphi_1(D)[\varphi_2(D) y] = [\varphi_1(D) \varphi_2(D)] y$$

并且这结果不依赖于 $\varphi_1(D)$ 和 $\varphi_2(D)$ 的先后次序。因此，可按照通常法则，对 D 的多项式作加、减、乘法的运算。

现设已给方程组为

$$\begin{cases} F_1(D) y_1 + \phi_1(D) y_2 = f_1(x) & (2.4.3\text{a}) \\ F_2(D) y_1 + \phi_2(D) y_2 = f_2(x) & (2.4.3\text{b}) \end{cases}$$

式中，F_1，ϕ_1，F_2，ϕ_2 是 D 的多项式。未知函数 y_1，y_2 的系数行列式

$$\Delta = \begin{vmatrix} F_1(D) & \phi_1(D) \\ F_2(D) & \phi_2(D) \end{vmatrix}$$

也是D的多项式，方程组的通解共含有任意常数的个数恰好等于多项式Δ的次数。

这里仅介绍方程组的实际解法。为此，如$F_1(D)$，$F_2(D)$互质，则可在式（2.4.3）中消去y_1，或如$\phi_1(D)$，$\phi_2(D)$互质，则可消去y_2。例如，要消去y_2，如果$\phi_1(D)$，$\phi_2(D)$有最高公因子$H(D)$，则可先令$z=H(D)y_2$，使$\phi_1(D)$，$\phi_2(D)$互质。用$\phi_2(D)$乘式（2.4.3a），用$-\phi_1(D)$乘式（2.4.3b），然后相加，就可得到不含y_2的方程

$$[F_1(D)\phi_2(D) - F_2(D)\phi_1(D)]y_1 = \phi_2(D)f_1(x) - \phi_1(D)f_2(x) \tag{2.4.4}$$

这是y_1的常系数线性微分方程，求得它的通解后，代入式（2.4.3a）或式（2.4.3b），即可解出y_2。

但是，必须注意到，这样做会产生多余的任意常数。为了避免这种情形，可根据$\phi_1(D)$，$\phi_2(D)$互质，通过代数的定理，求出另外两个多项式$\varphi_1(D)$，$\varphi_2(D)$，使得

$$\phi_1(D)\varphi_2(D) - \phi_2(D)\varphi_1(D) \equiv 1 \tag{2.4.5}$$

在简单情形下，$\varphi_1(D)$和$\varphi_2(D)$不难凭观察而获得。于是，用$\varphi_2(D)$乘式（2.4.3a），用$\varphi_1(D)$乘式（2.4.3b），然后相减，就得到方程

$$[F_1(D)\varphi_2(D) - F_2(D)\varphi_1(D)]y_1 + y_2 = \varphi_2(D)f_1(x) - \varphi_1(D)f_2(x) \tag{2.4.6}$$

这时把式（2.4.4）的通解y_1代入到式（2.4.6）中，由于y_2的系数为1而不含D，因此只要做微分运算，即可在不会产生另外新的任意常数之下求出y_2。

注意到式（2.4.4）中y_1的系数就是行列式Δ。因此，一般解共含有与Δ的次数相等的任意常数。如果$\phi_1(D)$，$\phi_2(D)$有最高公因子$H(D)$，则在式（2.4.4）出现的不是$\phi_1(D)$，$\phi_2(D)$本身而是它们被$H(D)$除后的商。同时，在式（2.4.6）中的y_2应该用$z=H(D)y_2$代替。因此，通解所含有任意常数个数仍然与Δ的次数相等。

用以下两个例题说明高阶微分方程组的具体解法。

例题 2.4.3 解方程组

$$\begin{cases} y_1 - (D^2 - 2D + 3)y_2 = 0 & (1) \\ D^2 y_1 - (D^3 + D)y_2 = 0 & (2) \end{cases}$$

解： 用消元法求解该方程组，消去y_1较为简便。用$-D^2$乘式（1）与式（2）相加，得

$$(D^4 - 3D^3 + 3D^2 - D)y_2 = 0$$

求解上式的特征方程$m^4-3m^3+3m^2-m=0$，得到

$$m_1=0,\ m_2=m_3=m_4=1$$

解得

$$y_2 = c_1 + (c_2 + c_3 x + c_4 x^2)\,\mathrm{e}^x$$

把上式代入式（1），即求出

$$y_1 = 3c_1 + 2[(c_2 + c_4) + c_3 x + c_4 x^2]\mathrm{e}^x$$

例题 2.4.4 解方程组

$$\begin{cases} (D^2 - 1)x + Dy = \mathrm{e}^t & (1) \\ Dx + (D^2 + 1)y = 0 & (2) \end{cases}$$

解： 为了消去y，可用D^2+1乘式（1），用$-D$乘式（2），然后相加，得

$$(D^4 - D^2 - 1)x = (D^2 + 1)\,\mathrm{e}^t = 2\mathrm{e}^t$$

其对应的齐次方程的特征方程的根为

$$m_{1,2} = \pm\alpha = \pm\sqrt{(1+\sqrt{5})/2}, \quad m_{3,4} = \pm \mathrm{i}\beta = \pm \mathrm{i}\sqrt{(\sqrt{5}-1)/2}$$

其通解为

$$x = C_1 \mathrm{e}^{-\alpha t} + C_2 \mathrm{e}^{\alpha t} + C_3 \cos\beta t + C_4 \sin\beta t - 2\mathrm{e}^t \tag{3}$$

求 y 时，因原方程组中 y 的系数为 $\phi_1(D)=D$，$\phi_2(D)=D^2+1$，显然可取 $\varphi_2(D)=D$，$\varphi_1(D)=1$，则有

$$\phi_1(D)\varphi_2(D) - \phi_2(D)\varphi_1(D) \equiv 1$$

于是用 D 乘式（1），然后与式（2）相减，得

$$(D^3 - 2D)x - y = \mathrm{e}^t \tag{4}$$

再以式（3）确定的 x 代入式（4），只要做微分运算，就可得到 y。

2.5　微分方程的级数解

对于大多数变系数线性微分方程很难得到解析解。当微分方程不能用初等方法来求它的解时，可以用级数来求它的解。若此级数收敛得足够快，则取它的前几项就可以得到满足一定精确度的近似解。由于二阶偏微分方程求解要用到线性微分方程的级数解，故本节简要地介绍微分方程的级数解。

在高等数学中详细地介绍了泰勒级数和傅里叶级数，本节不再赘述，仅介绍其基本公式和使用方法。本节包括泰勒级数和傅里叶级数[1]~[3]两部分。

2.5.1　泰勒级数

本小节包括幂级数和微分方程的级数解。

若函数 $f(x)$ 在点 $x=x_0$ 的某一邻域内具有 $n+1$ 阶连续导数，那么，一元函数的**泰勒级数**展开式为

$$f(x) = f(x_0) + f'(x_0)(x-x_0) + \frac{f''(x_0)}{2!}(x-x_0)^2 + \cdots + \frac{f^{(n)}(x_0)}{n!}(x-x_0)^n + R_n(x) \tag{2.5.1}$$

式中，余项

$$\lim_{n\to\infty} R_n(x) = \frac{f^{(n+1)}(\xi)}{(n+1)!}(x-x_0)^{n+1} = 0 \quad (\text{点 } \xi \text{ 在 } x_0 \text{ 与 } x \text{ 之间})$$

级数收敛于 $f(x)$，因此，函数 $f(x)$ 的泰勒展开式为

$$f(x) = f(x_0) + f'(x_0)(x-x_0) + \frac{f''(x_0)}{2!}(x-x_0)^2 + \cdots + \frac{f^{(n)}(x_0)}{n!}(x-x_0)^n + \cdots \tag{2.5.2}$$

（1）幂级数

当 $x_0=0$ 时，泰勒级数成为下列特别重要的**幂级数**

$$f(x) = f(0) + f'(0)x + \frac{f''(0)}{2!}x^2 + \cdots + \frac{f^{(n)}(0)}{n!}x^n + R_n(x) \tag{2.5.3}$$

幂级数是广泛应用的一类函数项级数。若函数 $f(x)$ 表达为幂级数的形式

$$f(x) = A_0 + A_1 x + A_2 x^2 + \cdots + A_n x^n + \cdots \tag{2.5.4}$$

且$\lim\limits_{n\to\infty}\left|\dfrac{A_{n+1}}{A_n}\right|=\rho$，则收敛半径$R=1/\rho$，此时，对于任一满足$|x|<R$的$x$，级数$\sum\limits_{n=1}^{\infty}A_n x^n$收敛。

高等数学中已经详细介绍了级数的收敛，这里不再赘述。

因为幂级数式（2.5.4）在其收敛区间内可以逐项微分，比较式（2.5.4）和式（2.5.3）的系数，也可求出A_0，A_1，A_2，…，A_n，…

$$A_0 = f(0),\quad A_1 = f'(0),\quad A_2 = \frac{f''(0)}{2!},\quad \cdots,\quad A_n = \frac{f^{(n)}(0)}{n!},\quad \cdots$$

由此可见，如果函数能够展开为幂级数，则它的展开式是唯一的。

幂级数在物理化学中有许多应用，在大多数情况中是用部分项来近似无穷级数。例如Virial方程是描述真实气体的状态方程。由于真实气体偏离理想行为，故在温度恒定的条件下，p和V_m的乘积随压力而变化。这种性质可表示恒定温度T时，pV_m乘积为压力的幂级数。

$$pV_m = a + bp + cp^2 + \cdots$$

令$b=aB'$，$c=aC'$，得

$$pV_m = a(1 + B'p + C'p^2 + \cdots)$$

气体在压力趋于零（$p\to 0$）时，有$pV_m=RT$，$a=RT$，因此

$$pV_m = RT(1 + B'p + C'p^2 + \cdots)$$

式中，$V_m=V/n$为单位摩尔的气体体积；B'，C'分别为第二、第三Virial系数，与物质种类和温度有关，其值可由实验测定。

原则上讲，Virial方程应有无穷多项，而实际使用时只需有限项描述真实气体行为。

当$p\to 0$时，方程就近似为理想气体方程

$$pV_m = RT$$

当压力升高时，使用状态方程Virial的前两项，有

$$pV_m = RT(1 + B'p)$$

下面列出了一些后面章节要用到的**初等函数幂级数展开式**：

① $e^x=1+x+\dfrac{x^2}{2!}+\cdots+\dfrac{x^n}{n!}+\cdots\quad(-\infty<x<+\infty)$

② $\cos x=1-\dfrac{x^2}{2!}+\dfrac{x^4}{4!}-\cdots+(-1)^n\dfrac{x^{2n}}{(2n)!}+\cdots\quad(|x|<\infty)$

③ $\sin x=x-\dfrac{x^3}{3!}+\dfrac{x^5}{5!}-\cdots+(-1)^n\dfrac{x^{2n+1}}{(2n+1)!}+\cdots\quad(|x|<\infty)$

④ $(1+x)^\alpha=1+\alpha x+\dfrac{\alpha(\alpha-1)}{2!}x^2+\cdots+\dfrac{\alpha(\alpha-1)\cdots(\alpha-n+1)}{n!}x^n+\cdots\quad(\alpha\neq 0,\ |x|<1)$

⑤ $\mathrm{sh}x=\dfrac{e^x-e^{-x}}{2}=x+\dfrac{x^3}{3!}+\dfrac{x^5}{5!}+\cdots+\dfrac{x^{2n-1}}{(2n-1)!}+\cdots\quad(|x|<\infty)$

⑥ $\mathrm{ch}x=\dfrac{e^x+e^{-x}}{2}=1+\dfrac{x^2}{2!}+\dfrac{x^4}{4!}+\cdots+\dfrac{x^{2n}}{(2n)!}+\cdots\quad(|x|<\infty)$

⑦ $\dfrac{1}{1+x}=1-x+x^2-\cdots+(-1)^n x^n+\cdots\quad(|x|<1)$

⑧ $\dfrac{1}{1-x}=1+x+x^2+\cdots+x^n+\cdots\quad(|x|<1)$

⑨ $\frac{1}{1+x^2}=1-x^2+x^4-\cdots+(-1)^n x^{2n}+\cdots \quad (|x|<1)$

⑩ $\arctan x=x-\frac{x^3}{3}+\frac{x^5}{5}-\cdots+(-1)^n\frac{x^{2n+1}}{2n+1}+\cdots \quad (|x|\leqslant 1)$

⑪ $a^x=1+(\ln a)x+\frac{(\ln a)^2}{2!}x^2+\cdots+\frac{(\ln a)^n}{n!}x^n+\cdots \quad (a>0,\ |x|<\infty)$

⑫ $\ln(1+x)=x-\frac{x^2}{2}+\frac{x^3}{3}-\frac{x^4}{4}+\cdots+(-1)^{n-1}\frac{x^n}{n}+\cdots \quad (-1<x\leqslant 1)$

⑬ $\ln x=(x-1)-\frac{(x-1)^2}{2}+\frac{(x-1)^3}{3}-\frac{(x-1)^4}{4}+\cdots+(-1)^{n-1}\frac{(x-1)^n}{n}+\cdots \quad (0<x\leqslant 2)$

⑭ $\tan x=x+\frac{1}{3}x^3+\frac{2}{15}x^5+\frac{17}{315}x^7+\cdots \quad \left(|x|<\frac{\pi}{2}\right)$

⑮ $\arcsin x=x+\frac{x^3}{2\times 3}+\frac{1\times 3x^5}{2\times 4\times 5}+\frac{1\times 3\times 5x^7}{2\times 4\times 6\times 7}+\cdots \quad (|x|<1)$

⑯ $\arccos x=\frac{\pi}{2}-\left(x+\frac{x^3}{2\times 3}+\frac{1\times 3x^5}{2\times 4\times 5}+\frac{1\times 3\times 5x^7}{2\times 4\times 6\times 7}+\cdots\right) \quad (|x|<1)$

（2）微分方程的级数解

对于一阶或二阶微分方程

$$y' = F(x,y) \tag{2.5.5}$$

$$p_0(x)y'' + p_1(x)y' + p_2(x)y = 0 \tag{2.5.6}$$

式中，p_i 为 x 的多项式。

① 若 $x=x_0$ 为方程的寻常点，即 $p_2(x_0)\neq 0$，则方程（2.5.6）具有下列的泰勒级数解

$$y(x) = A_0 + A_1(x-x_0) + A_2(x-x_0)^2 + \cdots + A_n(x-x_0)^n + \cdots \tag{2.5.7}$$

若级数是可微的，则求出级数的各阶导数 y'、y''，将 $p_1(x)$，$p_0(x)$ 展开成级数和 y、y'、y''代入原方程（2.5.6）中，比较等式两边各项的系数，令同幂次系数相等，确定各常数 A_0，A_1，A_2，…，A_n，即得到**微分方程的级数解**。

② 若 $p_0(x_0)=0$，$x=x_0$ 为方程的奇点。在有奇点时，可设奇点为 $x=0$，若方程可写为

$$x^2y'' + xF(x)y' + G(x)y = 0 \tag{2.5.8}$$

式中，$F(x)$，$G(x)$ 为 x 的多项式。则 $x=0$ 称为正则奇点，方程（2.5.8）仍然可以展成 x 的幂级数与 x^c（c 为常数）的乘积。在第 6 章中将介绍方程（2.5.8）的级数解。

设方程的解为 $y(x)\approx f(x)$，在 $x=x_0$ 处方程的近似解可用泰勒级数式（2.5.2）表示为

$$f(x) = f(x_0) + f'(x_0)(x-x_0) + \frac{f''(x_0)}{2!}(x-x_0)^2 + \cdots + \frac{f^{(n)}(x_0)}{n!}(x-x_0)^n \tag{2.5.9}$$

比较式（2.5.7）和式（2.5.9）的系数，也可求出 A_0，A_1，A_2，…，A_n。

微分方程的级数解可写成如下形式

$$y(x) = \sum_{n=0}^{\infty} A_n(x-x_0)^n \tag{2.5.10}$$

线性微分方程的级数解也满足叠加原理，若

$$y_1(x) = \sum_{n=0}^{\infty} a_n x^n, y_2(x) = \sum_{n=0}^{\infty} b_n x^n$$

则
$$y(x)=y_1(x)+y_2(x)=\sum_{n=0}^{\infty}(a_n+b_n)x^n \tag{2.5.11}$$

$$y(x)=y_1(x)y_2(x)=\sum_{n=0}^{\infty}(a_0b_n+a_1b_{n-1}+\cdots+a_nb_0)x^n \tag{2.5.12}$$

$$y(x)=y_1(x)/y_2(x)=c_0+c_1x+\cdots+c_nx^n+\cdots \tag{2.5.13}$$

式中，
$$a_0=b_1c_0$$
$$a_1=b_1c_0+b_0c_1+\cdots$$
$$\vdots$$
$$a_n=b_nc_0+b_{n-1}c_1+\cdots+b_0c_n+\cdots$$

幂级数的导数为
$$y_1'(x)=\sum_{n=1}^{\infty}na_nx^{n-1} \tag{2.5.14}$$

幂级数积分为
$$\int_0^x y_1(x)\mathrm{d}t=\int_0^x\sum_{n=1}^{\infty}a_nt^n\mathrm{d}t=\sum_{n=1}^{\infty}\frac{a_n}{n+1}x^{n+1} \tag{2.5.15}$$

这里不再详细介绍运算后的收敛情况。

例题 2.5.1 求解方程 $y'=1+y^2$，边界条件为 $y(x=1)=-1$。

解：该微分方程有非线性项 y^2，是非线性方程，利用级数方法求解。设级数解为
$$y=A_0+A_1(x-1)+A_2(x-1)^2+\cdots+A_n(x-1)^n+\cdots \tag{1}$$

将式（1）求导得
$$y'=A_1+2A_2(x-1)+3A_3(x-1)^2+\cdots+nA_n(x-1)^{n-1}+\cdots \tag{2}$$

有
$$y^2=[A_0+A_1(x-1)+A_2(x-1)^2+\cdots+A_n(x-1)^n+\cdots]^2 \tag{3}$$

将式（2）～式（3）代入原方程，得
$$A_1+2A_2(x-1)+3A_3(x-1)^2+\cdots+nA_n(x-1)^{n-1}+\cdots$$
$$=1+A_0^2+2A_0A_1(x-1)+(2A_0A_2+A_1^2)(x-1)^2+(2A_1A_2+2A_0A_3)(x-1)^3+\cdots$$

当 $x=1$、$y=-1$ 时，$A_0=-1$，比较等式，得
$$A_1=1+A_0^2=2$$
$$2A_2=2A_0A_1=-4,\quad A_2=-2$$
$$3A_3=2A_0A_2+A_1^2=8,\quad A_3=8/3$$
$$4A_4=2A_1A_2+2A_0A_3=-40/3,\quad A_4=-10/3$$
$$\cdots\qquad\qquad\cdots$$

将以上各系数代入式（1），得到解为
$$y=-1+2(x-1)-2(x-1)^2+\frac{8}{3}(x-1)^3-\frac{10}{3}(x-1)^4+\cdots \tag{4}$$

分别求出当 $x=1$ 时，$y'=1+y^2$ 各阶导数的值
$$y'(x=1)=1+y^2=1+(-1)^2=2$$
$$y''(x=1)=2yy'=2\times(-1)\times 2=-4$$
$$y'''(x=1)=2yy''+2(y')^2=16$$
$$y^{(4)}=2yy'''+2y'y''+4y'y''=-80$$

将以上各阶导数的值直接代入解的泰勒级数式（2.5.9），也可得到级数解（4）。

2.5.2　傅里叶级数

傅里叶（Fourier）级数是函数项级数的另一重要类型，它的各项都是由三角函数所组成的三角级数。由于三角级数具有周期性，故该级数对于研究具有周期性的物理现象是很有用的。偏微分方程在分离变量后得到常系数或变系数的微分方程，这类方程的解常用傅里叶级数表示。

本部分仅介绍将函数展开为三角级数的方法，第 6 章将介绍它在求解微分方程中的应用。

定义：① 若函数 $f(x)$ 在区间 $[-\pi, \pi]$ 上，则除了可能在有限个点上外，$f(x)$ 有定义且是单值的；

② 若在 $[-\pi, \pi]$ 以外，则 $f(x)$ 以 2π 为周期重复；

③ 若在 $[-\pi, \pi]$ 上，则 $f(x)$ 和 $f'(x)$ 分段连续，可将函数 $f(x)$ 表示为傅里叶级数

$$f(x) = \frac{1}{2}a_0 + \sum_{n=1}^{\infty}(a_n \cos nx + b_n \sin nx) \qquad (n = 1,2,3,\cdots) \tag{2.5.16}$$

式中，系数 a_0，a_n，b_n 分别为

$$\begin{cases} a_0 = \dfrac{1}{\pi}\displaystyle\int_{-\pi}^{\pi} f(x)\mathrm{d}x \\ a_n = \dfrac{1}{\pi}\displaystyle\int_{-\pi}^{\pi} f(x)\cos nx\,\mathrm{d}x \\ b_n = \dfrac{1}{\pi}\displaystyle\int_{-\pi}^{\pi} f(x)\sin nx\,\mathrm{d}x \end{cases} \tag{2.5.17}$$

其在区间 $[-\pi, \pi]$ 上收敛，并且它的和：

① 当 x 是 $f(x)$ 的连续点时，等于 $f(x)$；

② 当 x 是 $f(x)$ 的间断点时，等于 $[f(x+0)+f(x-0)]/2$；

③ 当 x 是区间的端点时，等于 $[f(-\pi+0)+f(\pi-0)]/2$。

求证：傅里叶级数的系数公式（2.5.17）。

证明：若两个函数 $\varphi_m(x)$ 和 $\varphi_n(x)$ 的乘积在区间 (a, b) 上积分为零，即

$$\int_a^b \rho(x)\varphi_m(x)\varphi_n(x)\mathrm{d}x = 0 \qquad (m \neq n) \tag{2.5.18}$$

则说这两个函数 $\varphi_m(x)$ 和 $\varphi_n(x)$ 在区间 (a, b) 上对权函数 $\rho(x)$ 是正交的。

由高等数学可知，三角函数系

$$1, \cos x, \sin x, \cos 2x, \sin 2x, \cdots, \cos nx, \sin nx, \cdots$$

之中任意两个不同的函数的乘积在区间 $[-\pi, \pi]$ 上的积分为零，则有下列**三角函数正交公式**

$$\int_{-\pi}^{\pi} \sin nx\,\mathrm{d}x = \int_{-\pi}^{\pi} \cos nx\,\mathrm{d}x = 0 \tag{2.5.19}$$

$$\int_{-\pi}^{\pi} \sin nx \cos mx\,\mathrm{d}x = 0 \tag{2.5.20}$$

$$\int_{-\pi}^{\pi} \cos nx \cos mx\,\mathrm{d}x = \int_{-\pi}^{\pi} \sin nx \sin mx\,\mathrm{d}x = \begin{cases} 0 & (n \neq m) \\ \pi & (n = m) \end{cases} \tag{2.5.21}$$

称 $\sin nx$、$\sin mx$ 和 $\cos nx$、$\cos mx$ 在区间 $[-\pi, \pi]$ 上对权函数 $\rho(x)=1$ 是正交的。

① 任意区间上的傅里叶级数。

在区间 $[-l, l]$ 上满足收敛条件的函数 $f(x)$ 的傅里叶级数的形式为

$$\frac{1}{2}a_0+\sum_{n=1}^{\infty}\left(a_n\cos\frac{n\pi x}{l}+b_n\sin\frac{n\pi x}{l}\right)\quad(n=1,2,3,\cdots)\tag{2.5.22}$$

式中，系数 a_0，a_n，b_n 分别为

$$\begin{cases}a_0=\dfrac{1}{l}\displaystyle\int_{-l}^{l}f(x)\mathrm{d}x\\ a_n=\dfrac{1}{l}\displaystyle\int_{-l}^{l}f(x)\cos\frac{n\pi x}{l}\mathrm{d}x\\ b_n=\dfrac{1}{l}\displaystyle\int_{-l}^{l}f(x)\sin\frac{n\pi x}{l}\mathrm{d}x\qquad(n=1,2,3,\cdots)\end{cases}\tag{2.5.23}$$

② **偶函数和奇函数的傅里叶级数。**

当 $f(x)$ 在 $[-l, l]$ 上分别为偶函数和奇函数时，相应有

$$f(x)=\frac{1}{2}a_0+\sum_{n=1}^{\infty}a_n\cos\frac{n\pi x}{l}\tag{2.5.24}$$

$$f(x)=\sum_{n=1}^{\infty}b_n\sin\frac{n\pi x}{l}\tag{2.5.25}$$

设函数 $f(x)$ 在区间 $[0, \pi]$ 上有定义并能满足收敛的条件则函数 $f(x)$ 在区间 $[0, \pi]$ 上可以展开成只含正弦项或余弦项的傅里叶级数。

利用三角函数系的正交性可容易的导出系数 a_n 和 b_n 的计算公式。

证明：假设三角级数在区间 $[-\pi, \pi]$ 上收敛于和

$$f(x)=\frac{1}{2}a_0+\sum_{k=1}^{\infty}(a_k\cos kx+b_k\sin kx)\tag{2.5.26}$$

假定级数（2.5.26）可以逐项积分，将其两边在区间 $[-\pi, \pi]$ 上逐项积分，得

$$\int_{-\pi}^{\pi}f(x)\mathrm{d}x=\int_{-\pi}^{\pi}\frac{a_0}{2}\mathrm{d}x+\sum_{k=1}^{\infty}\left(a_k\int_{-\pi}^{\pi}\cos kx\,\mathrm{d}x+b_k\int_{-\pi}^{\pi}\sin kx\,\mathrm{d}x\right)\tag{1}$$

利用三角函数的正交性式（2.5.19）可证明等式（1）右边除第一项外其余各项均为零，得

$$a_0=\frac{1}{\pi}\int_{-\pi}^{\pi}f(x)\mathrm{d}x$$

用 $\cos nx$ 乘以式（2.5.26）两边，再在区间 $[-\pi, \pi]$ 上逐项积分，得

$$\int_{-\pi}^{\pi}f(x)\cos nx\,\mathrm{d}x=\int_{-\pi}^{\pi}\frac{a_0}{2}\cos nx\,\mathrm{d}x+\sum_{k=1}^{\infty}\left(a_k\int_{-\pi}^{\pi}\cos kx\cos nx\,\mathrm{d}x+b_k\int_{-\pi}^{\pi}\sin kx\cos nx\,\mathrm{d}x\right)\tag{2}$$

利用式（2.5.20）和式（2.5.21），可见式（2）右边除 $k=n$ 一项外其余各项均为零，得

$$a_n=\frac{1}{\pi}\int_{-\pi}^{\pi}f(x)\cos nx\,\mathrm{d}x\quad(n=1,2,3,\cdots)$$

同理，用 $\sin nx$ 乘以式（2.5.26）两边再在区间 $[-\pi, \pi]$ 上逐项积分，得

$$b_n=\frac{1}{\pi}\int_{-\pi}^{\pi}f(x)\sin nx\,\mathrm{d}x\quad(n=1,2,3,\cdots)$$

傅里叶级数用最简单的连续函数无穷序列的叠加来表示一个不连续的函数。可以想象到，1807 年在法国科学院会议上，傅里叶介绍了这一级数后所引起的轰动。随着科学的发展，傅里叶

级数得到广泛应用。本书在第 6 章将介绍求解变系数微分方程和特殊函数的广义傅里叶级数。

例题 2.5.2　用级数表示矩形波发热器输出的周期性地重复热流

$$q(t)=\begin{cases}3 & (0<t<5)\\0 & (5<t<10)\end{cases}$$

解：使用公式（2.5.23）确定级数的系数

$$a_0=\frac{1}{5}\left[\int_0^5 q(t)\mathrm{d}t+\int_5^{10} q(t)\mathrm{d}t\right]=\frac{1}{5}\int_0^5 3\mathrm{d}t=3$$

$$a_n=\frac{1}{5}\int_0^5 q(t)\cos\frac{n\pi t}{5}\mathrm{d}t+\frac{1}{5}\int_5^{10} q(t)\cos\frac{n\pi t}{5}\mathrm{d}t=\frac{1}{5}\int_0^5 3\cos\frac{n\pi t}{5}\mathrm{d}t+0$$

$$=\frac{3}{n\pi}\sin\frac{n\pi t}{5}\bigg|_0^5=0\qquad(n\neq 0)$$

$$b_n=\frac{1}{5}\int_0^5 q(t)\sin\frac{n\pi t}{5}\mathrm{d}t+\frac{1}{5}\int_5^{10} q(t)\sin\frac{n\pi t}{5}\mathrm{d}t=\frac{3}{n\pi}(1-\cos n\pi)+0=\frac{3}{n\pi}[1-(-1)^n]$$

当 n=偶数时，有

$$b_n=0$$

当 n=奇数时，$b_n=\frac{6}{n\pi}$，有

$$b_k=\frac{6}{(2k+1)\pi}$$

因此

$$q(t)=\frac{3}{2}+\frac{6}{\pi}\sum_{k=1}^{\infty}\frac{1}{(2k+1)}\sin\frac{(2k+1)\pi t}{5}\qquad(k=1,2,3,\cdots)$$

第 2 章　练　习　题

2.1　求解下列一阶微分方程。

（1）$y=\frac{1}{C-x}$

（2）$x^2+y^2=C^2$

2.2　求解下列微分方程。

（1）$y''-2y'+2y=0$　　（2）$y^{(4)}-k^4y=0$

（3）$y^{(4)}-2k^2y''+k^4y=0$　　（4）$y''-y=x\mathrm{e}^x$

（5）$y'-y\tan x=x$　　（6）$y'+y\tan x=\sec x$

（7）$y''-6y'+9y=\mathrm{e}^{3x}$　　（8）$\cos^2x\cdot y'+y=\tan x$

（9）$2y''+5y'=5x^2-2x-1$　　（10）$x^2y''+3xy'+y=0$

2.3　求解以下恰当方程。

（1）$(6t^2+4tx+x^2)\mathrm{d}t+(2t^2+2tx-3x^2)\mathrm{d}x=0$

（2）$(3x^2+6xy^2)\mathrm{d}x+(6x^2y+4y^2)\mathrm{d}y=0$

（3）$\mathrm{e}^x(y\mathrm{d}x+\mathrm{d}y)+\mathrm{e}^y(\mathrm{d}x+x\mathrm{d}y)=0$

（4）$(x\cos y-y\sin y)\mathrm{d}y+(x\sin y+y\cos y)\mathrm{d}x=0$　（提示：令 $r=\mathrm{e}^x$）

2.4　用常数变易法解下列微分方程。

（1）$y''+4y=\sec 2x$　　　（2）$y''-2y'=e^x\sin x$

2.5　用降阶法求下列微分方程。

（1）$y''+2y'+y=e^{-x}x^{-2}$　　　（2）$xy'''-2y''=0$

2.6　用变量代换法解下列微分方程。

（1）$y''+\dfrac{2}{x}y'+\dfrac{1}{x^4}y=\dfrac{2x^2+1}{x^6}$

（2）$2y'''y+6y'y''=-\dfrac{1}{x^2}$

（3）$xy'''+y''-4y'/x=6$

2.7　在 $y(0)=0$，$y(1)=1$ 条件下，试求方程 $y''+y=x^2(0<x<1)$ 的解。

2.8　求解下列线性方程组。

（1）$\begin{cases}2t\dfrac{dx}{dt}=3x-y\\[2mm]2t\dfrac{dy}{dt}=3y-x\end{cases}$　　　（2）$\begin{cases}\dfrac{d^2y}{dt^2}+\dfrac{dx}{dt}=0\\[2mm]\dfrac{dy}{dt}+\dfrac{dx}{dt}+x=0\end{cases}$

（3）$\begin{cases}\dfrac{dx}{dt}=2x\\[2mm]\dfrac{dy}{dt}=3x-2y\\[2mm]\dfrac{dz}{dt}=2y+3z\end{cases}$　　　（4）$\begin{cases}\dfrac{dx}{dt}+\dfrac{dy}{dt}+x=-e^{-t}\\[2mm]\dfrac{dx}{dt}+2\dfrac{dy}{dt}+2x+2y=0\end{cases}$　　初始条件　$\begin{cases}x(0)=-1\\y(0)=1\end{cases}$

2.9　将下列函数做级数展开。

（1）在区间［−1，1］上，将 $y=x^2$ 展成傅里叶级数；

（2）在区间［0，π］上，将函数 $y=x+1$ 展开为余弦级数。

2.10　用级数表示下列微分方程的解。

（1）$y'=xy-x^2$，$y(0)=2$ 的幂级数解、泰勒级数解；

（2）$y'=x+y^2$，$y(0)=0$ 的特解；

（3）$y''-xy=0$ 的通解，当 $y(0)=0$，$y'(0)=1$ 时的特解；

（4）$xy''-y'-4x^3y=0$ 的通解。

参考文献

［1］樊映川. 高等数学讲义（下册）［M］. 北京：高等教育出版社，1987.

［2］陈宁馨. 现代化工数学［M］. 北京：化学工业出版社，1985：56～142.

［3］Francis B. Hildebrand. Advanced Calculus for Applications. 2nd Edition［M］. Englewood Cliffs, New Jersey：Prentice−Hall Inc. 1976：1～52.

第3章　复变函数概述

复变函数论是由过去150多年来许多数学家发展起来的，应用范围非常广阔。现在应用数学的各个分支都广泛地应用了复变函数的知识。保角变换（保形映射）是复变函数论的重要内容。保角变换可把形状复杂的边界变换为形状简单的边界，进而用解析方法求解。保角变换曾广泛应用于求解边界形状复杂的问题，计算技术使该类问题得到了解决，现在保角变换已没有那么重要了，本教材后面的章节也不需要这部分内容，仅概述复变函数的基本性质和运算[1]~[8]，为后面章节的学习打基础。大部分例题仅有纯数学的特点。

本章在复习复数和复变函数的基础上，重点介绍了解析函数，包括复数及其代数运算、复变函数、解析函数和调和函数、解析函数的积分、解析函数的级数和留数理论及其应用6节。

3.1　复数及其代数运算

19世纪40年代，数学家**哈密尔顿（Hamilton）**利用实数，建立了复数理论的基础。复数及其运算是以前学习过的内容，本节简单复习这部分内容，为学习复变函数做准备。本节包括复数的表示法和复数的运算两部分。

3.1.1　复数的表示法

复数定义：具有一定顺序的一对实数 x 和 y 的组合称为一个复数 z，用符号 $z=x+\mathrm{i}y$ 表示。该式中，$\mathrm{i}=\sqrt{-1}$为虚数单位。

实数是复数的特例。复数的多种表示法可以互相转换，以适应讨论不同问题的需要。本小节分别介绍复数在直角坐标、极坐标系上的表示以及复数的三角函数式和指数式。

（1）复数在直角坐标系上的表示

在平面上取原点 O，如果把 x 和 y 当作平面上任一点的坐标，则复数 z 就与平面上的点一一对应。z 平面称为复数平面，x 轴为复平面的实轴，y 轴为虚轴，如图3.1.1所示。式（3.1.1）建立了一切复数的集合和复平面上的点之间的一一对应关系

$$z=x+\mathrm{i}y,\quad \mathrm{i}=\sqrt{-1} \tag{3.1.1}$$

式中，实数 x 是复数 z 的实部，记为 $x=\mathrm{Re}(z)$；实数 y 是虚部，记为 $y=\mathrm{Im}(z)$。当 $y=0$ 时，$z=x$ 为实数；当 $x=0$，$y\neq 0$ 时，$z=\mathrm{i}y$ 称为纯虚数。复数是实数概念的推广。

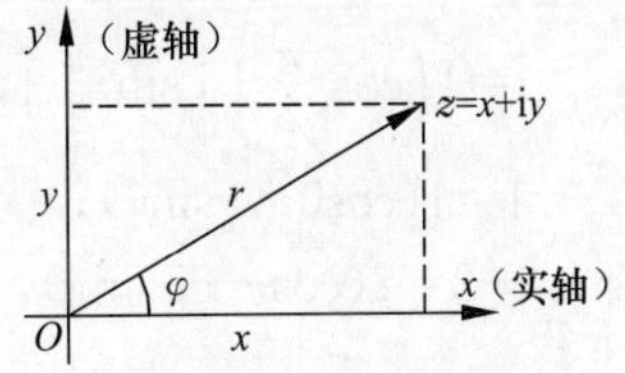

图3.1.1　复数在直角坐标系上的表示

具有相等的实部，且虚部绝对值相等、符号相反的两个复数称为**共轭复数**。与复数 z 共

轭的复数可表示为$\bar{z}$。

$$z = x + \mathrm{i}y, \quad \bar{z} = x - \mathrm{i}y, \quad |z| = |\bar{z}| \tag{3.1.2}$$

由式（3.1.2）可知，彼此共轭的复数有相同的模，而辐角相差一个符号，即 $\arg\bar{z} = -\arg z$,其中 z 不等于实数。z 是实数的充分必要条件是 $z=\bar{z}$。

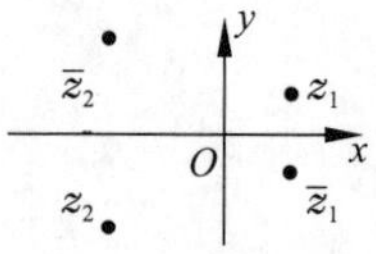

共轭复数的几何意义：在复平面上，z 和 $\bar{z}$ 是关于实轴对称的两个点，如图 3.1.2 所示。

图 3.1.2 共轭复数的几何意义

(2) 复数在极坐标系上的表示

用极坐标（r, φ）来确定平面上点的位置，如图 3.1.1 所示，其中 r 是坐标原点到任一点 z 的距离，称为**复数的模 r 或绝对值**$|z|$；当 $z\neq0$ 时，把矢径与极轴正向之间的夹角 φ 称为**复数 z 的辐角**[①]，记为

$$|z| = r = \sqrt{x^2+y^2}, \quad \varphi = \mathrm{Arg}z, \quad \tan\varphi = \frac{y}{x}(x \neq 0) \tag{3.1.3}$$

$$x = r\cos\varphi = |z|\cos(\mathrm{Arg}z), \quad y = r\sin\varphi = |z|\sin(\mathrm{Arg}z) \tag{3.1.4}$$

式中，通常定义逆时针方向是 φ 的正向（$-\infty<\varphi<+\infty$）。

当任一非零复数 $z\neq0$ 有无穷多个辐角，即辐角 $\mathrm{Arg}z$ 为多值函数时，每个辐角相差 2π 的整数倍，$\mathrm{Arg}z$ 的主值记为 $\arg z(-\pi<\arg z\leqslant\pi)$，$z$ 的所有辐角表示为

$$\varphi = \mathrm{Arg}z = \arg z + 2k\pi \qquad (k = 0, \pm1, \pm2, \cdots) \tag{3.1.5}$$

例题 3.1.1 确定正实数、负实数、正纯虚数、负纯虚数和$|z|=0$ 等复数 z 的辐角。

解：z 是正实数，则 $\arg z=0$，$\mathrm{Arg}z=2k\pi$；

z 是负实数，则 $\arg z=\pi$，$\mathrm{Arg}z=(2k+1)\pi$；

z 是正纯虚数，则 $\arg z=\pi/2$，$\mathrm{Arg}z=\pi/2+2k\pi$；

z 是负纯虚数，则 $\arg z=-\pi/2$，$\mathrm{Arg}z=-\pi/2+2k\pi$；

$|z|=0$，则辐角 $\mathrm{Arg}z$ 无定义，z 的方向不定。

(3) 复数的三角函数式

利用三角函数的基本知识，从图 3.1.1 中可得到**复数的三角式**

$$z = x + \mathrm{i}y = r\cos\varphi + \mathrm{i}r\sin\varphi = r(\cos\varphi + \mathrm{i}\sin\varphi) \tag{3.1.6}$$

式中，$r=\sqrt{x^2+y^2}$，$\tan\varphi=\dfrac{y}{x}(x\neq0)$。

例题 3.1.2 用三角函数表示复数 $1+\mathrm{i},\mathrm{i},1,-2,-3\mathrm{i}$。

解：$1+\mathrm{i}=\sqrt{2}\left(\cos\dfrac{\pi}{4}+\mathrm{i}\sin\dfrac{\pi}{4}\right)$

$\mathrm{i}=1\left(\cos\dfrac{\pi}{2}+\mathrm{i}\sin\dfrac{\pi}{2}\right)$，为正纯虚数。

$1=1(\cos0+\mathrm{i}\sin0)$，为正实数。

$-2=2(\cos\pi+\mathrm{i}\sin\pi)$，为负实数。

$-3\mathrm{i}=3\left[\cos\left(-\dfrac{\pi}{2}\right)+\mathrm{i}\sin\left(-\dfrac{\pi}{2}\right)\right]$，为负纯虚数。

---

① 复数 z 辐角的标准化的符号为 $\arg z$，本书为区别辐角在区间（$-\pi$, π］上的取值与在（$-\infty$, ∞）上的取值，特将辐角表示成 $\mathrm{Arg}\ z$。

(4) 复数的指数式

将欧拉公式 $e^{i\varphi}=\cos\varphi+i\sin\varphi$ 代入式 (3.1.5)，得到**复数的指数式**

$$z=r(\cos\varphi+i\sin\varphi)=re^{i\varphi} \tag{3.1.7}$$

例题 3.1.3 将复数 $z=1+i$ 化为三角函数和指数式。

解：先计算复数 $z=1+i$ 的模 $r=|z|=\sqrt{2}$，且 $\arg z=\arctan\frac{1}{1}=\frac{\pi}{4}$，则 $z=1+i$ 的三角函数和指数式为

$$z=1+i=\sqrt{2}\left(\cos\frac{\pi}{4}+i\sin\frac{\pi}{4}\right)=\sqrt{2}e^{\frac{\pi i}{4}}$$

3.1.2 复数的运算

由于复数由实部和虚部表示，故复数的运算往往归结为一对实数的运算，可按照多项式的四则运算进行**复数的加减乘除代数运算**。复数加法和乘法的各种性质与实数的加法和乘法的各种性质相同，也满足交换律、结合律和分配律。

本小节介绍复数的加减、乘除、共轭复数、乘幂和方根等运算。

设 $z_1=x_1+iy_1$，$z_2=x_2+iy_2$ 是任意两个复数，有以下基本运算。

(1) 加法和减法

复数的加法按代数多项式加法定义运算，将复数的实部和虚部分别相加，有

$$z_1+z_2=(x_1+iy_1)+(x_2+iy_2)=(x_1+x_2)+i(y_1+y_2) \tag{3.1.8}$$

按照复数加法的定义，复数 z 和其共轭复数 $\bar{z}$ 相加，有

$$z+\bar{z}=2x=2\mathrm{Re}(z) \tag{3.1.9}$$

复数的减法定义为加法的逆运算，有

$$z_1-z_2=(x_1+iy_1)-(x_2+iy_2)=(x_1-x_2)+i(y_1-y_2) \tag{3.1.10}$$

由于复数可表示复平面上的矢量，故当 $z_1\neq 0$，$z_2\neq 0$ 时，复数相加减如同矢量相加减一样。在复平面，可按照平行四边形法或矢量三角形法表示复数的和、差运算。注意复数不是自由矢量，需从坐标原点开始，如图 3.1.3 所示。

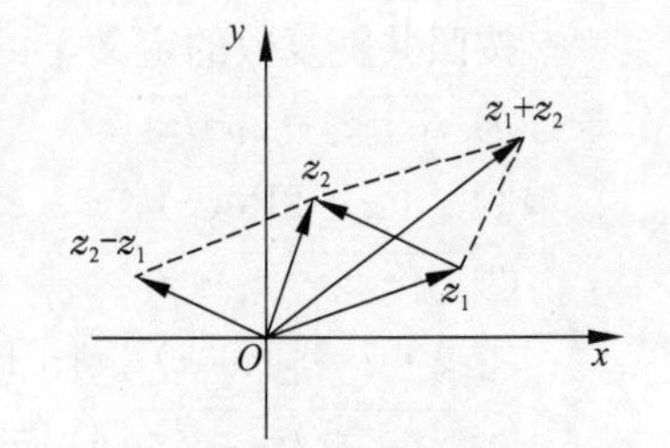

图 3.1.3 复数加减的几何表示

从 3.1.3 图中可看出，$|z_1-z_2|$是点 z_1 与 z_2 之间的距离。平面上若有两个点 $z_1(x_1, y_1)$ 和 $z_2(x_2, y_2)$，则两点距离为 $|z_1-z_2|=\sqrt{(x_2-x_1)^2+(y_2-y_1)^2}$。因为三角形两边之和大于第三边，所以可容易地证明以下两个性质。

$$|z_1+z_2|\leqslant|z_1|+|z_2| \tag{3.1.11}$$

$$|z_1+z_2+z_3|\leqslant|z_1+z_2|+|z_3|\leqslant|z_1|+|z_2|+|z_3|$$

即

$$|z_1+z_2+z_3|\leqslant|z_1|+|z_2|+|z_3|$$

推广得

$$|z_1+z_2+\cdots+z_n|\leqslant|z_1|+|z_2|+\cdots+|z_n|$$

$$|z_1-z_2|\geqslant|z_1|-|z_2| \tag{3.1.12}$$

（2）复数的乘法和除法

复数的乘法按代数多项式乘法定义运算。用三角函数式推导乘法公式。

$$\begin{aligned} z_3 &= z_1 \cdot z_2 = r_1 r_2 (\cos\theta_1 + \mathrm{i}\sin\theta_1)(\cos\theta_2 + \mathrm{i}\sin\theta_2) \\ &= r_1 r_2 [(\cos\theta_1 \cos\theta_2 - \sin\theta_1 \sin\theta_2) + \mathrm{i}(\sin\theta_1 \cos\theta_2 + \cos\theta_1 \sin\theta_2)] \\ &= r_1 r_2 [\cos(\theta_1 + \theta_2) + \mathrm{i}\sin(\theta_1 + \theta_2)] \end{aligned}$$

$$z_3 = z_1 \cdot z_2 = r_3 (\cos\theta_3 + \mathrm{i}\sin\theta_3) \tag{3.1.13}$$

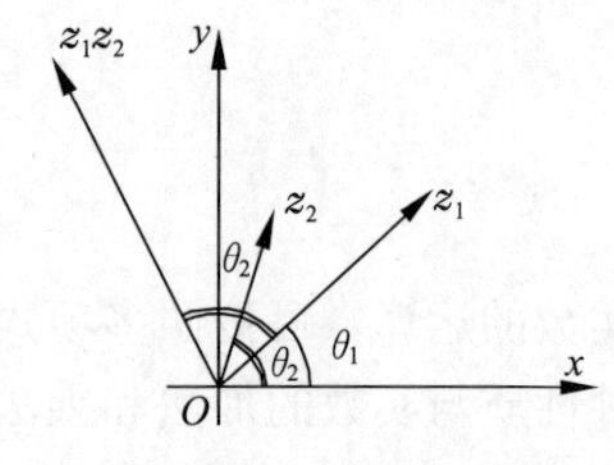

图 3.1.4 两个复数相乘的几何关系

式中，$r_3 = r_1 r_2$；$\theta_3 = \theta_1 + \theta_2$。

由此可知，两个复数相乘只要将两个复数的模相乘和两个辐角相加即可，如图 3.1.4 所示。

运算时，注意虚数的基本运算 $\mathrm{i}^2 = -1$，$\mathrm{i}^3 = -\mathrm{i}$，$\mathrm{i}^4 = 1$。复数 z 和其共轭复数 $\bar{z}$ 相乘，有

$$z \cdot \bar{z} = (x + \mathrm{i}y)(x - \mathrm{i}y) = x^2 + y^2 = |z|^2$$

复数的除法定义为乘法的逆运算，有

$$\frac{z_1}{z_2} = \frac{x_1 + \mathrm{i}y_1}{x_2 + \mathrm{i}y_2} = \frac{(x_1 + \mathrm{i}y_1)(x_2 - \mathrm{i}y_2)}{(x_2 + \mathrm{i}y_2)(x_2 - \mathrm{i}y_2)} = \frac{x_1 x_2 + y_1 y_2}{x_2^2 + y_2^2} + \mathrm{i}\frac{y_1 x_2 - x_1 y_2}{x_2^2 + y_2^2} \tag{3.1.14}$$

用极坐标表示

$$\frac{z_1}{z_2} = \frac{r_1(\cos\theta_1 + \mathrm{i}\sin\theta_1)}{r_2(\cos\theta_2 + \mathrm{i}\sin\theta_2)} = \frac{r_1}{r_2}[\cos(\theta_1 - \theta_2) + \mathrm{i}\sin(\theta_1 - \theta_2)] \tag{3.1.15}$$

式中，θ_1、θ_2 分别是 z_1、z_2 辐角的主值，需要注意（$\theta_1 - \theta_2$）不一定是辐角的主值。

由此可知，两个复数相除，只要将两个复数的模相除和两个辐角相减即可。

（3）共轭复数的运算

按照共轭复数的定义，可以推导出以下共轭复数的运算式。

① $\overline{z_1 + z_2} = \overline{z_1} + \overline{z_2}$

② $z + \bar{z} = 2\mathrm{Re}(z)$，$z - \bar{z} = 2\mathrm{i}\mathrm{Im}(z)$

③ $\overline{z_1 \cdot z_2} = \overline{z_1} \cdot \overline{z_2}$

④ $z \cdot \bar{z} = [\mathrm{Re}(z)]^2 + [\mathrm{Im}(z)]^2$

⑤ $\overline{(z_1/z_2)} = \overline{z_1}/\overline{z_2}$ （$z_2 \neq 0$）

例题 3.1.4 证明等式 $\overline{z_1 \cdot z_2} = \overline{z_1} \cdot \overline{z_2}$ 成立。

证明：因为

$$\overline{z_1 \cdot z_2} = (x_1 x_2 - y_1 y_2) - \mathrm{i}(x_1 y_2 + x_2 y_1)$$

$$\overline{z_1} \cdot \overline{z_2} = (x_1 - \mathrm{i}y_1)(x_2 - \mathrm{i}y_2) = (x_1 x_2 - y_1 y_2) - \mathrm{i}(y_1 x_2 + y_2 x_1)$$

故等式成立。

（4）复数的乘幂和方根

按照复数乘法定义，当 $z_1 = z_2 = z = r(\cos\varphi + \mathrm{i}\sin\varphi)$ 的 n 次幂（n 为正整数）时，有

$$\begin{aligned} z^2 &= r^2[\cos(\varphi + \varphi) + \mathrm{i}\sin(\varphi + \varphi)] = r^2(\cos 2\varphi + \mathrm{i}\sin 2\varphi) \\ z^3 &= r^3(\cos 3\varphi + \mathrm{i}\sin 3\varphi) \\ &\vdots \end{aligned}$$

$$z^n = r^n(\cos n\varphi + \mathrm{i}\sin n\varphi),\ |z^n| = |z|^n \tag{3.1.16}$$

由此可知，求复数的 n 次幂（n 为正整数）只要求它的模的 n 次幂、辐角 φ 的 n 倍即可。式（3.1.16）对 $n=0$ 时亦成立。

定义 $z^{-1}=1/z$，有

$$z^{-1}=r^{-1}[\cos(-\varphi)+\mathrm{i}\sin(-\varphi)]=r^{-1}(\cos\varphi-\mathrm{i}\sin\varphi)$$

因此，当 n 为负整数时，式（3.1.16）亦成立。有计算公式

$$z^{-n}=\frac{1}{z^n}=\frac{1}{r^n}[\cos(-n\varphi)+\mathrm{i}\sin(-n\varphi)] \tag{3.1.17}$$

若对于复数 z，存在复数 w 满足等式 $w^n=z$(n 为正整数)，则称复数 w 为复数 z 的 n 次方根，记为 $w=\sqrt[n]{z}$。求复数方根的运算称为开方。下面用一例题求出复数开方的运算公式。

例题 3.1.5　已知 $z=r(\cos\varphi+\mathrm{i}\sin\varphi)$，求 z 的 n 次方根 w。

解：求解 z 的 n 次方根相当于解二项方程。因为 $w^n=z$，即

$$\rho^n(\cos n\theta+\mathrm{i}\sin n\theta)=r(\cos\varphi+\mathrm{i}\sin\varphi) \tag{1}$$

比较式（1）的两边，有

$$\rho^n=r,\quad \rho=\sqrt[n]{r} \tag{2}$$

式（2）中，$\sqrt[n]{r}$是正数 r 的正 n 次方根；ρ 是模，它是大于零的实数，因此取算术根。满足式（1）的辐角 $n\theta$ 可以是 φ 增加的整数倍，即

$$n\theta=\varphi+2k\pi,\quad \theta=(\varphi+2k\pi)/n\quad (k=0,\pm1,\pm2,\cdots,n-1) \tag{3}$$

$$\begin{aligned} &k=0, && \theta_0=\varphi/n \\ &k=1, && \theta_1=(\varphi+2\pi)/n \\ &\vdots && \\ &k=n-1, && \theta_{n-1}=[\varphi+2(n-1)\pi]/n \end{aligned}$$

当 $k=0$，1，2，…，$n-1$ 时，可得到 n 个不同的根；而当 k 取其他整数值代入时，以上的根会重复出现。例如当 $k=n$ 时，有

$$\cos\theta_n=\cos\left(\frac{\varphi+2k\pi}{n}\right)=\cos(\varphi/n)=\cos\theta_0$$

$$w_n=\sqrt[n]{r}(\cos\theta_n+\mathrm{i}\sin\theta_n)=\sqrt[n]{r}(\cos\theta_0+\mathrm{i}\sin\theta_0)=w_0$$

由式（2）和式（3）可知，n 次方根为

$$\sqrt[n]{z}=\sqrt[n]{r}\left(\cos\frac{\varphi+2k\pi}{n}+\mathrm{i}\sin\frac{\varphi+2k\pi}{n}\right)\qquad (k=0,1,2,\cdots,n-1) \tag{3.1.18}$$

以上说明**复数开 n 次方**，有 n 个不相同的复数 w_0，w_1，…，w_{n-1}，这 n 个复数有相等的模 $\sqrt[n]{r}$。

从几何上不难看出，$\sqrt[n]{z}$的 n 个值都均匀地分布在以坐标原点为中心、以$\sqrt[n]{r}$为半径的圆周上，即它们是内接该圆的正 n 边形的 n 个顶点。任意两个相邻根的辐角都相差 $2\pi/n$，如图 3.1.5所示。

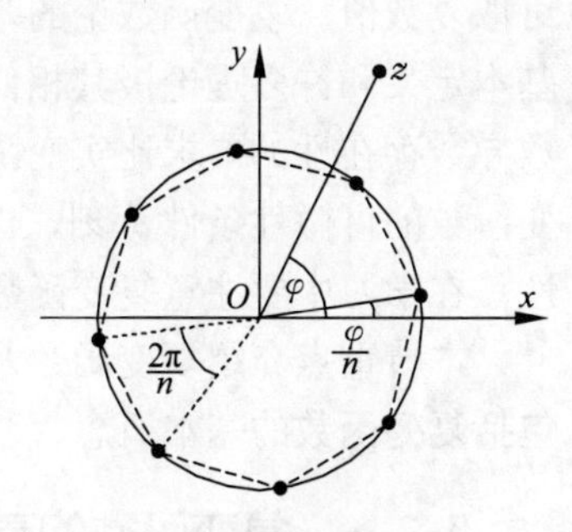

图 3.1.5　复数开 n 次方的图形表示

例题 3.1.6　求 1 的四次方根。

解：因为 $1=1(\cos 0+\mathrm{i}\sin 0)$，运用式（3.1.18），得

$$\sqrt[4]{1}=\sqrt[4]{1}\left(\cos\frac{0+2k\pi}{4}+\mathrm{i}\sin\frac{0+2k\pi}{4}\right)$$

得到1的四次方根为

$$\sqrt[4]{1}=\begin{cases} w_0=\cos\frac{2\pi\times 0}{4}+\mathrm{i}\sin\frac{2\pi\times 0}{4}=1 \\ w_1=\cos\frac{\pi}{2}+\mathrm{i}\sin\frac{\pi}{2}=\mathrm{i} \\ w_2=\cos\pi+\mathrm{i}\sin\pi=-1 \\ w_3=\cos\frac{3\pi}{2}+\mathrm{i}\sin\frac{3\pi}{2}=-\mathrm{i} \end{cases}$$

例题 3.1.7 计算$\sqrt{4+3\mathrm{i}}$。

解：因为$4+3\mathrm{i}=5(\cos\varphi+\mathrm{i}\sin\varphi)$，运用式（3.1.18）得

$$\sqrt{4+3\mathrm{i}}=\sqrt{5}\left(\cos\frac{\varphi+2k\pi}{2}+\mathrm{i}\sin\frac{\varphi+2k\pi}{2}\right)$$

$$=\begin{cases} w_0=\sqrt{5}\left(\cos\frac{\varphi}{2}+\mathrm{i}\sin\frac{\varphi}{2}\right) & (k=0) \\ w_1=\sqrt{5}\left(\cos\frac{\varphi+2\pi}{2}+\mathrm{i}\sin\frac{\varphi+2\pi}{2}\right) & (k=1) \end{cases}$$

$$=\pm\sqrt{5}\left(\cos\frac{\varphi}{2}+\mathrm{i}\sin\frac{\varphi}{2}\right)$$

因为上式中

$$\cos\frac{\varphi}{2}=\sqrt{\frac{1+\cos\varphi}{2}}=\sqrt{\frac{1+4/5}{2}}=\frac{3}{\sqrt{10}}$$

$$\sin\frac{\varphi}{2}=\sqrt{\frac{1-\cos\varphi}{2}}=\sqrt{\frac{1-4/5}{2}}=\frac{1}{\sqrt{10}}$$

所以

$$\sqrt{4+3\mathrm{i}}=\begin{cases} w_0=\sqrt{5}\left(\frac{3}{\sqrt{10}}+\mathrm{i}\frac{1}{\sqrt{10}}\right)=\frac{3\sqrt{2}}{2}+\mathrm{i}\frac{\sqrt{2}}{2} \\ w_1=\sqrt{5}\left(-\frac{3}{\sqrt{10}}-\mathrm{i}\frac{1}{\sqrt{10}}\right)=-\left(\frac{3\sqrt{2}}{2}+\mathrm{i}\frac{\sqrt{2}}{2}\right) \end{cases}$$

3.2 复变函数

复变函数和微积分中一元函数的概念在形式上完全相同，只是复变函数的自变量和函数可取复数值。复变函数论的基本概念几乎是实变函数论中相应概念逐字逐句的推广，两者的基本定义和许多理论极其相似。但是，复变函数的具体内容发生了重大变化。例如，复变函数导数存在性的要求比实变函数导数存在性的要求要严格得多，复变函数的可微性条件比实变函数的可微性条件苛刻，以致产生解析函数的概念。解析函数有许多实函数所没有的特性。在学习中要注意复变函数和实变函数二者的共同点，重点学习复变函数的特殊性。

本节重点介绍复变函数及其导数和解析函数的基本概念，不做详细地推导[1]~[8]。本节包括复变函数的基本概念、基本超越函数、复变函数的导数三部分。

3.2.1 复变函数的基本概念

由于复变函数是由实函数和虚函数两部分组成的，自变量可取复数值或实数值，复变函

数有其特殊性。本小节介绍复变函数的定义和区域及复变函数的连续性。

(1) 复变函数的定义和区域

介绍关于平面点集（简称点集）的基本概念[2]。由复数点构成的集合称为**点集**。因为平面上的点和复数是一一对应的，所以平面点集也可视为复数的集合。由不等式 $|z-z_0|<\delta$ $(\delta>0)$ 所确定的复平面点集，简称**点集**，它是以 z_0 为圆心、以 δ 为半径的圆的内部，称为点 z_0 的 δ 邻域。如果 z_0 不属于其自身的 δ 邻域，则称该邻域为点 z_0 的去心 δ 邻域，用不等式 $0<|z-z_0|<\delta$ 表示。

在扩充复平面上，无穷远点的邻域是以原点为圆心的某圆周的外部，其是满足条件 $|z|<1/\delta$ 的点集的 δ 邻域。在点集上给出复函数，通常点集可看成平面上一切点的全体，即**全平面**，或是除去了个别点或点集的全平面。用符号 D 表示复平面的点集。若点 z_0 有一个邻域全含于 D 内，则称点 z_0 为 D 的**内点**。即点集的内点是这样的点，以它为圆心作圆，只要半径足够小，圆内所有点都属于该点集。

简单闭曲线把整个复平面分成没有公共点的两个区域，一个是有界域，称为它的内部；另一个是无界域，称为它的外部。它们都以该曲线为边界，而不包含该曲线上的点。D 内的任何两点都可用一条折线把它们连接起来，且此折线上所有的点均属于 D，点集 D 具有**连通性**。下面介绍单连通域和复连通域的概念。

单连通域：复平面上任一条自身不相交的闭合曲线内部的点组成点集 D 的区域，如图 3.2.1 (a) 所示。

多连通域（复连通域）：在该区域中挖掉一块、两块或更多的块，剩下部分的内点仍然组成一个点集 D 的区域。

任何一条闭合曲线可在单连通区域内连续变形而缩成一点。复连通区域没有这个性质，如图 3.2.1 (b) 和图 3.2.1 (c) 所示。

复连通区域有不同的**连通阶数**。双连通域的连通阶数为 2，如图 3.2.1 (b) 所示；三连通域的连通阶数为 3，如图 3.2.1 (c) 所示。

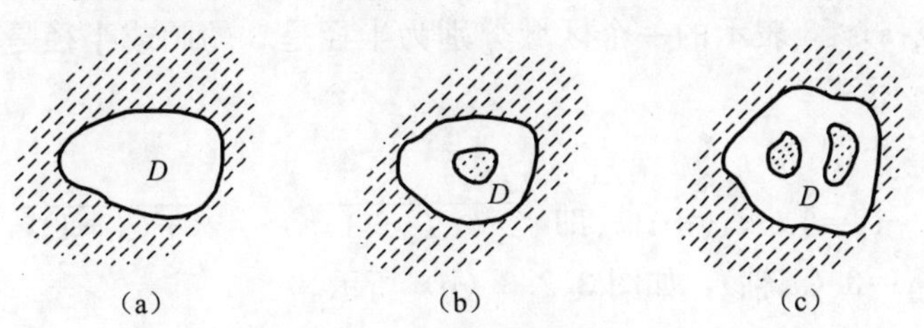

图 3.2.1　连通域

(a) 单连通域；(b) 双连通域；(c) 三连通域

定义：若复平面上的点集 D 是连通的开集，则点集 D 称为区域，如图 3.2.2 所示。**以后常用符号 D、Ω 等表示区域。**

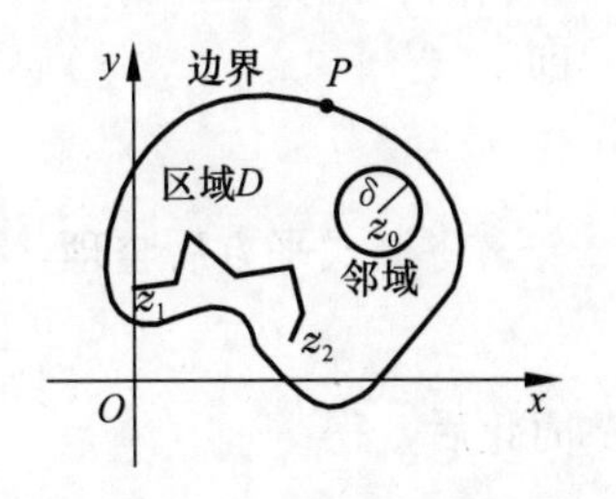

图 3.2.2　复平面的区域和边界

若点集 D 的点皆为内点，点集 D 具有**开集性**，则称 D 为**开集**，记为 $z\in D$。若在点 z_0 的任意邻域内，同时有属于区域 D 和不属于区域 D 的点，则称点 z_0 为 D 的**边界点**，即凡本身不属于区域 D，但以它为圆心作圆，不论半径如何小，圆内总含有属于 D 点的那个点，即称为区域 D 的**边界点**。区域 D 不包括它的边界点；区域 D 的全部边界点所组成的点集称为 D 的**边界**，即区域 D

的所有边界点的集合称为D的边界，记作∂D。

设有复数集合D与D^*，若对任一复变量$z(z\in D)$，至少有一个复数$w=f(z)(w\in D^*)$与之对应，则称$w=f(z)$为从D到D^*的**复变函数**，z称为w的**宗量**。复变函数w和复自变量z之间的关系可表示为

$$w=f(z)=u(x,y)+\mathrm{i}v(x,y) \tag{3.2.1}$$

由式（3.2.1）可知，一个复变函数可看作两个二元实变函数对。以上定义与实变函数定义一样，是因为函数的定义并不涉及两个集合元素的性质。由于复变函数$w=f(z)$同时反映了两个因变实数u、v与两个自变实数x、y之间的对应关系，要描出其图形必须采用四维空间（u，v，x，y），因此无法用同一个几何图形表示出来。若以z平面的点表示自变量z的值，而以w平面的点表示函数w的值，则复变函数$w=f(z)$确定了这两个复平面上的点集之间的对应，即把$w=f(z)$看成z平面上的一个点集到w平面上的一个点集的**映射**或**变换**。与点z对应的点$w=f(z)$称为点z的**像**，同时点z为点$w=f(z)$的**原像**。

定义：若给定函数$w=f(z)$在某一点集上的每一个点z（每个复数z值），都对应地给出w的一个或多个值，则称w为定义在该点集上的**复变函数**。若对任一点$z\in D$，仅有一个点$w\in D$与之对应，则称$f(z)$为**单值函数**，否则称$f(z)$为**多值函数**。

例如$w=z^2$为单值函数，而$w=\sqrt{z}$为多值函数。组成多值函数的各个单值函数称为多值函数的分支。

若有正数M，对于区域D内的点z，皆满足条件$|z|\leqslant M$，则称D为有界域；否则称D为无界域。若点z_0的任意邻域内总有区域D中的无穷多点，则z_0称为D的**极限点或聚点**。区域D连同它的边界∂D一起称为**闭区域**$\bar{D}$，记作$\bar{D}=D+\partial D$。

应用复数的不等式来表示复平面上的区域有时是很方便的，下面用例题说明。

例题 3.2.1 确定下列函数表示的区域，并用图表示。

（1）$x^2+y^2=9$或$x^2+y^2\leqslant 9$

解：$|z|=3$或$|z|\leqslant 3$表示的一个区域分别为半径是3的圆或半径是3的圆及其内部。如图3.2.3（a）所示。

（2）$|z-\mathrm{i}|=|z+\mathrm{i}|$

解：有$|x+\mathrm{i}y-\mathrm{i}|=|x+\mathrm{i}y+\mathrm{i}|$，即$\sqrt{x^2+(y-1)^2}=\sqrt{x^2+(y+1)^2}$，将上式平方，简化后得$4y=0$，即$y=0$（$x$轴），如图3.2.3（b）所示。

（3）$|z-4|+|z+4|=10$

解：因为$|x+\mathrm{i}y-4|+|x+\mathrm{i}y+4|=10$，所以$\sqrt{(x-4)^2+y^2}+\sqrt{(x+4)^2+y^2}=10$

即

$$\sqrt{(x-4)^2+y^2}=10-\sqrt{(x+4)^2+y^2}$$

将上式平方后整理，得

$$(x-4)^2=100-20\sqrt{(x+4)^2+y^2}+(x+4)^2$$

简化后，得

$$5\sqrt{(x+4)^2+y^2}=25+4x$$

再次平方上式，并简化得椭圆

$$\frac{x^2}{25}+\frac{y^2}{9}=1$$

另一种解法：由式 $|x+\mathrm{i}y-4|+|x+\mathrm{i}y+4|=10$，用解析几何的知识，得 $|MF_1|+|MF_2|=2a$，由 $2a=10$，得到 $a=5$，$c=4$，再确定

$$b^2=a^2-c^2=25-16=9$$

代入方程 $\frac{x^2}{a^2}+\frac{y^2}{b^2}=1$，原方程即椭圆方程 $\frac{x^2}{25}+\frac{y^2}{9}=1$，如图 3.2.3（c）所示。

（4）$\arg z=\pi/4$，如图 3.2.3（d）所示。

（5）$\pi/4\leqslant\arg z\leqslant\pi/3$，如图 3.2.3（e）所示。

（6）$\pi/4\leqslant\arg(z-\mathrm{i})\leqslant\pi/3$，如图 3.2.3（f）所示。

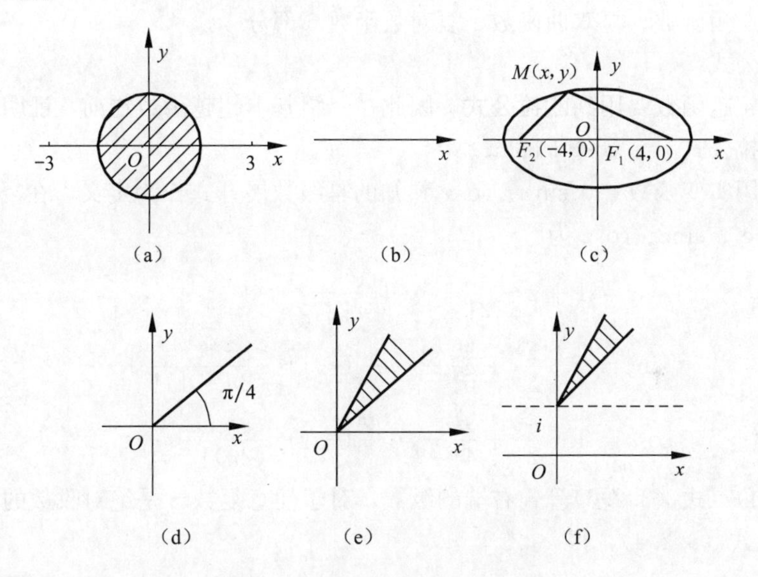

图 3.2.3 不同函数表示的区域

例题 3.2.2 求 $w=z^{\frac{1}{2}}$。

解：$w^2=z=r\mathrm{e}^{\mathrm{i}\theta}$ 为多值函数，$w=\sqrt{z}$，得到两个单值函数，即两个分支 w_1 和 w_2：

$$w_1=\sqrt{r}\,\mathrm{e}^{\mathrm{i}\theta/2},\quad w_2=\sqrt{r}\,\mathrm{e}^{\mathrm{i}(\theta+2\pi)/2}$$

（2）复变函数的连续性

由于复变函数 $w=f(z)=u(x,y)+\mathrm{i}v(x,y)$ 在点 z 的连续问题可归结为两个二元函数 $u(x,y)$ 和 $v(x,y)$ 在点 $z(x,y)$ 的连续问题。因此在实函数中，函数的极限和连续及极限无穷小量的定理在复变函数中仍然成立。本书不作详细介绍，仅介绍复变函数特有的概念。

定义：设 $z_0\in D$ 是 D 的极限点，如对任意给定的正数 ε，可以求得一个正数 $\delta=\delta(z_0,\varepsilon)$，当 $z\in D$、$|z-z_0|<\delta$ 时，$|f(z)-f(z_0)|<\varepsilon$，则复变函数 $w=f(z)$ 称为在点 z_0 处连续，即

$$\lim_{z\to z_0}f(z)=f(z_0)\quad(f(z_0)\neq\infty)\tag{3.2.2}$$

在复变函数 $f(z)$ 的定义域 D 取定一点 z，如果当 Δz 不论沿复平面上哪一个方向趋于零时都有 $f(z+\Delta z)\to f(z)$，则称复变函数 $f(z)$ 在点 z 处连续。如复变函数 $f(z)$ 在区域 D 的每一点都连续，则称 $f(z)$ 为在区域 D 上的连续函数，有

$$\lim_{(x,y)\to(x_0,y_0)} u(x,y) = u(x_0,y_0), \quad \lim_{(x,y)\to(x_0,y_0)} v(x,y) = v(x_0,y_0) \tag{3.2.3}$$

定理：若 $f(z)$ 在有界闭集 $\bar{D}$ 上为连续函数，则其在 D 上为**一致连续复变函数**。

3.2.2 基本超越函数

本小节所讨论的复变函数在定义的区域 D 中是连续函数。把一元实变初等函数推广到复数域上时，初等复变函数有了一些新的实变初等函数所没有的性质。

由于后面的章节要用到复变函数基本超越函数的知识，故这里概括的介绍基本超越函数的定义和性质。

本小节简单介绍自变量是复数的初等函数，也称其为基本超越函数，包括欧拉公式、复指数函数、复三角函数、复双曲函数、复对数函数5部分。

（1）欧拉公式

定义基本超越函数要用到**欧拉公式**。因此在介绍基本超越函数之前，证明欧拉公式。

求证：欧拉公式 $e^{iz}=\cos z+i\sin z$。

证明：运用实变函数 e^x、$\sin x$、$\cos x$ 熟知的幂级数展开式作为定义，在复变量 z 的全平面上定义函数 e^z、$\sin z$、$\cos z$ 为

$$e^z = 1 + z + \frac{z^2}{2!} + \cdots + \frac{z^n}{n!} + \cdots \tag{3.2.4}$$

$$\sin z = z - \frac{z^3}{3!} + \frac{z^5}{5!} - \cdots + (-1)^n \frac{z^{2n+1}}{(2n+1)!} + \cdots \tag{3.2.5}$$

$$\cos z = 1 - \frac{z^2}{2!} + \frac{z^4}{4!} - \cdots + (-1)^n \frac{z^{2n}}{(2n)!} + \cdots \tag{3.2.6}$$

式（3.2.4）～式（3.2.6)等式右端的级数，对于任意复数 z 是绝对收敛的。

将 iz 代入式（3.2.4），得

$$e^{iz} = 1 + iz - \frac{z^2}{2!} - \frac{iz^3}{3!} + \frac{z^4}{4!} + \frac{iz^5}{5!} + \cdots + (-1)^n \frac{z^{2n}}{(2n)!} + (-1)^n \frac{iz^{2n+1}}{(2n+1)!} + \cdots \tag{3.2.7a}$$

将式（3.2.5）乘以 i 再与式（3.2.6）两端逐项相加，得到 $\cos z+i\sin z$ 也等于式（3.2.7a），即证实了欧拉公式的正确性。

$$e^{iz} = \cos z + i\sin z \tag{3.2.7b}$$

（2）复指数函数

对于任何复数 $z=x+iy$，可用关系式

$$w = e^z = e^{x+iy} = e^x(\cos y + i\sin y) \tag{3.2.8}$$

来定义**复指数函数 e^z**。式（3.2.8）能够计算当指数是任何复数值时指数函数的值。由定义可知，e^z 是以 $2\pi i$ 为基本周期的周期函数，其在平行于实轴的一条带形区域 $-\pi<\mathrm{Im}(z)\leqslant\pi$ 内是单值函数，则平面被划分为平行于实轴的许多带形区域。$e^z=e^{z+2\pi i}$ 无零值点，有

$$e^{z+2\pi i} = e^{x+i(y+2\pi)} = e^x[\cos(y+2\pi) + i\sin(y+2\pi)] = e^{x+iy}$$

当 $\mathrm{Re}(z)=x=0$，即 $z=iy$ 时，式（3.2.5）变为欧拉公式 $e^{iy}=\cos y+i\sin y$。

（3）复三角函数

若在欧拉公式中 $-z$ 用代替 z，则有

$$e^{iz}=\cos z+i\sin z,\quad e^{-iz}=\cos z-i\sin z$$

将上面两式相加、相减分别得到**复三角函数** z 的正弦函数和余弦函数

$$\sin z=\frac{e^{iz}-e^{-iz}}{2i},\quad \cos z=\frac{e^{iz}+e^{-iz}}{2} \tag{3.2.9}$$

式（3.2.9）能够计算 z 为任何复数值时 $\sin z$ 和 $\cos z$ 的值。由该式定义的函数 $\sin z$ 和 $\cos z$ 都是以 2π 为基本周期的函数，基本周期带为 $-\pi<\mathrm{Re}(z)\leqslant\pi$。$\sin z$ 的零值点为 $z=k\pi$ $(k=0,\pm1,\pm2,\cdots)$，$\cos z$ 的零值点为 $z=\frac{\pi}{2}+k\pi$（$k=0,\pm1,\pm2,\cdots$）。必须注意，在实变函数中，$|\sin z|\leqslant1$ 和 $|\cos z|\leqslant1$ 为有界函数；在复变函数中，$|\sin z|\leqslant1$ 和 $|\cos z|\leqslant1$ 不再成立，即 $\sin z$ 和 $\cos z$ 的模无界。例如，$\lim\limits_{y\to+\infty}\cos(iy)=+\infty$。

在实变函数中，三角函数运算式可开拓到复变函数中。由式（3.2.9）定义 $\tan z$ 和 $\cot z$，有

$$\tan z=\frac{\sin z}{\cos z}=\frac{e^{iz}-e^{-iz}}{i(e^{iz}+e^{-iz})},\quad \cot z=\frac{\cos z}{\sin z}=\frac{i(e^{iz}+e^{-iz})}{e^{iz}-e^{-iz}} \tag{3.2.10}$$

式中，除 $z=\pi/2+k\pi$ 外 $\tan z$ 有意义且连续；除 $z=k\pi$ 外 $\cot z$ 有意义且连续。

（4）复双曲函数

与实变量双曲函数相类似，**复变量双曲函数**定义为

$$\mathrm{sh}z=(e^{z}-e^{-z})/2,\quad \mathrm{ch}z=(e^{z}+e^{-z})/2 \tag{3.2.11}$$

$$\mathrm{th}z=\frac{\mathrm{sh}z}{\mathrm{ch}z},\quad \mathrm{coth}z=\frac{\mathrm{ch}z}{\mathrm{sh}z} \tag{3.2.12}$$

比较式（3.2.9）～式（3.2.12），得双曲函数与三角函数的关系式

$$\begin{aligned}&\mathrm{sh}z=-i\sin iz,\quad \mathrm{ch}z=\cos iz\\&\mathrm{th}z=-i\tan iz,\quad \mathrm{coth}z=i\cot iz\end{aligned} \tag{3.2.13}$$

$\mathrm{sh}z$ 和 $\mathrm{ch}z$ 同 e^{z} 一样皆以 $2\pi i$ 为基本周期。其中 $\sin z$ 和 $\mathrm{sh}z$ 为奇函数，$\cos z$ 和 $\mathrm{ch}z$ 为偶函数。

（5）复对数函数

与实变函数一样，**复对数函数**定义为复指数函数的反函数。若 $z=e^{w}$，$z\neq0$，则把 w 称为复变量 z 的对数函数，记为 $\mathrm{Ln}\,z=w(z\neq0)$。如设 $w=u+iv$，则

$$z=e^{w}=e^{u+iv}=e^{u}(\cos v+i\sin v)$$

因为 $z=e^{w}$，则 $|e^{w}|=e^{u}=|z|$ 或 $u=\ln|z|$，而 $\mathrm{Arg}\,z=v$。而对数辐角的全体为 $\mathrm{Arg}z=\arg z+2k\pi$，所以对数函数为

$$w=\mathrm{Ln}z=\ln|z|+i\mathrm{Arg}z=\ln|z|+i\arg z+2k\pi i\quad(k=0,\pm1,\pm2,\cdots) \tag{3.2.14}$$

由于 $\mathrm{Arg}z$ 为多值函数，因此对数函数 $\mathrm{Ln}z=w$ 是多值函数，对数的实部单值被确定等于 $\ln|z|$，而其虚部包含有 2π 整数倍的未定项。对应于数 z 辐角主值的对数值，称为**复数 z 的对数 $\mathrm{Ln}z$ 的主值 $\ln z$**。

在式（3.2.14）中，当 $k=0$ 时，$\ln z=\ln|z|+i\arg z$ 为单值分支，是对数 $\mathrm{Ln}z$ 的主值。

例题 3.2.3　求 $\ln(-1)$ 和 $\mathrm{Ln}(-1)$。

解：由于 -1 的模等于 1，而其辐角的主值等于 π，因此

$$\ln(-1)=\ln|-1|+i\arg(-1)=i\pi$$

为单值函数，而 $\mathrm{Ln}(-1)$ 为多值函数：

$$\mathrm{Ln}(-1)=\ln|-1|+\mathrm{i}\arg(-1)+2k\pi\mathrm{i}=(2k+1)\pi\mathrm{i}\quad(k=0,\pm1,\pm2,\cdots)$$

此例说明，复对数是实对数在复数范围内的推广。还必须注意到，在复平面中，z 为负实数，$\mathrm{Ln}z$ 仍有意义，可以说是无穷值函数。负数无实对数，且正实数的复对数有无穷多值。

当 z_1、$z_2\neq0$ 时，一些有关的公式如下[2]：

① $\mathrm{Arg}(z_1z_2)=\mathrm{Arg}z_1+\mathrm{Arg}z_2$

② $\mathrm{Arg}(z_1/z_2)=\mathrm{Arg}z_1-\mathrm{Arg}z_2$

③ $\mathrm{Arg}(z^n)=n\mathrm{Arg}z$

④ $\mathrm{Arg}\sqrt[n]{z}=\frac{1}{n}\mathrm{Arg}z$

⑤ $\mathrm{Ln}(z_1z_2)=\mathrm{Ln}z_1+\mathrm{Ln}z_2$

⑥ $\mathrm{Ln}(z_1/z_2)=\mathrm{Ln}z_1-\mathrm{Ln}z_2$

⑦ $\mathrm{Ln}z^n=n\mathrm{Ln}z$

⑧ $\mathrm{Ln}\sqrt[n]{z}=\frac{1}{n}\mathrm{Ln}z$

必须注意到，上述等式两边都是无穷多个复数值的集合，其等号成立是指等式两边集合相等，也就是说，这些等式在“集合相等”的意义下成立。

因为公式①～⑧的两边是多值的，所以对主值而言上述等式未必成立。如公式⑤和⑥表明右边 $\mathrm{Ln}z_1$ 的每一个值加上（减去）$\mathrm{Ln}z_2$ 的任意一个值都等于左边的某个适当分支。

例题 3.2.4 比较 $\mathrm{Arg}(z^n)$ 与 $n\mathrm{Arg}z$ 的集合。

解：分别计算两个复变函数的集合，有

$$\mathrm{Arg}(z^n)=\arg(z^n)+2k\pi=n\arg z+2k\pi \tag{1}$$

$$n\mathrm{Arg}z=n(\arg z+2k\pi)=n\arg z+2kn\pi\quad(k=0,\pm1,\pm2,\cdots) \tag{2}$$

比较式（1）和式（2）可知，$\mathrm{Arg}(z^n)$ 的值与 $n\mathrm{Arg}z$ 的值不都是相等的，$\mathrm{Arg}(z^n)$ 和 $n\mathrm{Arg}z$ 仅在“集合相等”的意义下相等，即当 n 和 k 均趋近于无穷大的情况下，等式 $\mathrm{Arg}(z^n)=n\mathrm{Arg}z$ 成立。

例题 3.2.5 用指数和三角函数表示 $2^{1+\mathrm{i}}$。

解：$2^{1+\mathrm{i}}=\mathrm{e}^{(1+\mathrm{i})\mathrm{Ln}2}=\mathrm{e}^{(1+\mathrm{i})(\ln2+2k\pi\mathrm{i})}=\mathrm{e}^{(\ln2-2k\pi)+\mathrm{i}(\ln2+2k\pi)}$

$=\mathrm{e}^{(\ln2-2k\pi)}[\cos(\ln2)+\mathrm{i}\sin(\ln2)]\qquad(k=0,\ \pm1,\ \pm2,\ \cdots)$

3.2.3 复变函数的导数

复变函数的导数和微分的定义与实变函数的导数和微分的定义形式上一样，实变函数的导数与微分的基本定理和公式可应用于复变函数中。但是，两者实质上有很大的不同，复变函数导数存在性的要求比实变函数导数存在性的要求要严格得多。

本节介绍复变函数导数的特殊之处，包括复变函数导数的定义和柯西-黎曼条件两部分。

（1）复变函数导数的定义

定义：复变函数 $f(z)$ 为定义域 D 内的单值连续函数，z_0 是 D 内的一点，且 $w_0=f(z_0)$，记为 $\Delta z=\Delta x+\mathrm{i}\Delta y=z-z_0$，$\Delta w=f(z)-f(z_0)$。如 Δz 以任意方式趋于零，则极限

$$\lim_{\Delta z\to0}=\frac{f(z)-f(z_0)}{z-z_0}=f'(z)=\frac{\partial f}{\partial z} \tag{3.2.15}$$

存在，即 $f(z)$ 在点 z_0 处可导，称 $f'(z)$ 为 $f(z)$ 在点 z_0 的导数。

由定义式（3.2.15）可见，复变函数导数的定义在形式上完全类似实变函数求导的定义。因此不难证明，熟知的关于和、差、积、商、幂、函数的函数、反函数微分的法则，对于复变函数仍然适用。因此，**实变函数许多求导公式和计算法可用在复变函数中**。

需要指出，复变函数的连续性不可以保证其可导性。但是，如果复变函数在某个点是可导的，那么它在该点一定是连续的。显然 $f(z)$ 必须在点 z_0 连续才有可能在点 z_0 可导。实变函数的变化量 Δx 只能在实轴上趋于零，复变函数的变化量 Δz 却可以在复平面上沿任何方向趋于零。与实变函数可导相比，**复变函数可导的条件**要严格得多。复变函数和实变函数导数的定义实质上是不同的。**当比值 $\Delta w/\Delta z$ 的极限都存在，且所有的极限都相等时，复变函数的导数才存在**。用下面的例题进一步说明这个概念。

例题 3.2.6　求复变函数 $w=f(z)=\bar{z}=x-\mathrm{i}y$ 的导数。

解：$\Delta w=f(z+\Delta z)-f(z)=f[(x+\Delta x)+\mathrm{i}(y+\Delta y)]-f(z)$

$=(x+\Delta x)-\mathrm{i}(y+\Delta y)-(x-\mathrm{i}y)=\Delta x-i\Delta y$

有
$$\frac{\Delta w}{\Delta z}=\frac{\Delta x-\mathrm{i}\Delta y}{\Delta x+\mathrm{i}\Delta y}$$

当 $\Delta y=0$ 时，沿 x 方向 $\Delta z=\Delta x$，有

$$\lim_{\Delta z\to 0}\frac{\Delta w}{\Delta z}=1$$

当 $\Delta x=0$ 时，沿 y 方向 $\Delta z=\Delta y$，有

$$\lim_{\Delta z\to 0}\frac{\Delta w}{\Delta z}=-1$$

这个例题的结果表明，在不同的条件下，虽然比值 $\Delta w/\Delta z$ 的极限都存在，但是其极限值不相等，$\bar{z}$ 不可导，其导数不存在。因此，有必要讨论复变函数求导的条件。

（2）柯西-黎曼条件

分析复变函数求导的条件，即 $f(z)$ 在点 $z=x+\mathrm{i}y$ 的导数存在时应该满足的条件。

先求复变函数 $w=f(z)=u(x,\ y)+\mathrm{i}v(x,\ y)$ 的分量函数 $u(x,\ y)$ 和 $v(x,\ y)$ 在点 $z=x+\mathrm{i}y$的一阶偏导数，令 $\Delta z=\Delta x+\mathrm{i}\Delta y$，且

$$\begin{aligned}\Delta w&=f(z+\Delta z)-f(z)\\&=[u(x+\Delta x,y+\Delta y)+\mathrm{i}v(x+\Delta x,y+\Delta y)]-[u(x,y)+\mathrm{i}v(x,y)]=\Delta u+\mathrm{i}\Delta v\end{aligned}$$

式中，$\Delta u=u(x+\Delta x,\ y+\Delta y)-u(x,\ y)$；$\Delta v=v(x+\Delta x,\ y+\Delta y)-v(x,\ y)$。

按照导数的定义，$f(z)$ 的一阶导数为

$$f'(z)=\lim_{\Delta z\to 0}\frac{\Delta w}{\Delta z}=\lim_{\substack{\Delta x\to 0\\ \Delta y\to 0}}\frac{\Delta u+\mathrm{i}\Delta v}{\Delta x+\mathrm{i}\Delta y}\tag{1}$$

若假定复变函数 $f(z)$ 的导数 $f'(z)$ 存在，由式（1）可知，当 $\Delta y\equiv 0$ 而 $\Delta z=\Delta x\to 0$ 时，即 Δz 沿实轴逼近零时，有

$$f'(z)=\lim_{\Delta z\to 0}\frac{\Delta w}{\Delta z}=\lim_{\Delta x\to 0}\frac{\Delta u+\mathrm{i}\Delta v}{\Delta x}=\lim_{\Delta x\to 0}\left(\frac{\Delta u}{\Delta x}+\mathrm{i}\,\frac{\Delta v}{\Delta x}\right)=\frac{\partial u}{\partial x}+\mathrm{i}\,\frac{\partial v}{\partial x}\tag{2}$$

当 $\Delta x\equiv 0$ 而 $\Delta z=\Delta y\to 0$ 时，即 Δz 沿虚轴逼近零时，有

$$f'(z)=\lim_{\Delta z\to 0}\frac{\Delta w}{\Delta z}=\lim_{\Delta y\to 0}\frac{\Delta u+\mathrm{i}\Delta v}{\mathrm{i}\Delta y}=\lim_{\Delta y\to 0}\left(\frac{\Delta u}{i\Delta y}+\frac{\Delta v}{\Delta y}\right)=\frac{\partial v}{\partial y}-\mathrm{i}\,\frac{\partial u}{\partial y}\tag{3}$$

因为假定 $f'(z)$ 存在，由函数 $f(z)$ 的导数唯一性可知，式（2）和式（3）必须相等，即有

$$\frac{\partial u}{\partial x}+\mathrm{i}\frac{\partial v}{\partial x}=\frac{\partial v}{\partial y}-\mathrm{i}\frac{\partial u}{\partial y} \tag{3.2.16}$$

由复数相等的定义，得

$$\frac{\partial u}{\partial x}=\frac{\partial v}{\partial y},\quad \frac{\partial v}{\partial x}=-\frac{\partial u}{\partial y} \tag{3.2.17}$$

式（3.2.17）称为**柯西-黎曼条件**，简称**C-R**条件，以纪念证明该等式的法国数学家柯西（1789—1857）和后来对复变函数的发展做出贡献的德国数学家黎曼（1826—1866）。

定理：设函数 $f(z)=u(x, y)+\mathrm{i}v(x, y)$ 在区域 D 内有定义，那么 $f(z)$ 在点 $z=x+\mathrm{i}y$（$z\in D$）可导（可微）的必要与充分条件是在点 $z=x+\mathrm{i}y$ 处 $u(x, y)$、$v(x, y)$ 可导，并满足柯西-黎曼条件。

由该定理可知，复变函数的可导比实变函数的可导严格得多。具体表现之一就是函数的实部和虚部通过柯西-黎曼条件联系起来。

导数 $f'(z)$ 可以写成以下四种形式

$$f'(z)=\frac{\partial u}{\partial x}+\mathrm{i}\frac{\partial v}{\partial x}=\frac{\partial v}{\partial y}-\mathrm{i}\frac{\partial u}{\partial y}=\frac{\partial u}{\partial x}-\mathrm{i}\frac{\partial u}{\partial y}=\frac{\partial v}{\partial y}+\mathrm{i}\frac{\partial v}{\partial x} \tag{3.2.18}$$

3.3 解析函数和调和函数

在某区域上处处可导的复变函数称为该区域的解析函数。解析的实部和虚部通过 C-R 条件互相联系，且不独立。复变函数主要的研究对象是解析函数。解析函数与物理学中“平面标量场”有密切的联系，可以用于研究流体流动和电学的平面问题。

本节在介绍解析函数概念的基础上，介绍调和函数，包括解析函数的基本概念和调和函数两部分内容。

3.3.1 解析函数的基本概念

本小节在解析函数基本概念的基础上，介绍奇点的分类，包括解析函数的定义和奇点的分类两部分。

（1）解析函数的定义

定义：如果函数 $f(z)$ 在点 z_0 及点 z_0 的某个领域内处处可导，则称 $f(z)$ 在点 z_0 解析。如果 $f(z)$ 在区域 D 内每一点解析，则称 $f(z)$ 在区域 D 内解析，或称 $f(z)$ 是区域 D 内的一个**解析函数或正则函数**，称区域 D 为 $f(z)$ 的**解析区域**。

由定义可知，复变函数 $f(z)$ 在某点 z_0 可导与在该点解析是不等价的。后者不仅要求在点 z_0 可导，还要求它在点 z_0 的某个领域内处处可导。复变函数 $f(z)$ 在区域 D 内解析与在区域 D 内可导是等价的。如果单值函数不仅在一点处是可微的，而且在该点的某邻域内处处可微，则称为在该点处是解析的；如果函数在某区域的一切点处都是可微，则称为在该区域内是解析的。

另外，解析函数这一重要概念是与定义的区域密切相联系的。例如，$f(z)=2z/(1-z)$ 是复平面去掉 $z=1$ 的多连通域内的解析函数。

复平面上使单值函数 $f(z)$ 为解析的点，称为该函数的**正则点或解析点**，而使函数为 $f(z)$非解析的点称为该函数的**奇点**。

下面介绍奇点的分类。

(2) 奇点的分类

如果 $f(z)$ 在点 z_0 处不解析，但在点 z_0 的每一邻域内总有若干个点使 $f(z)$ 解析，则 z_0 称为 $f(z)$ 的**奇点**。奇点分为孤立奇点、极点和可去奇点。

① **孤立奇点**。

若函数 $f(z)$ 在某个奇点 $z=z_0$ 的不包括该点的有限小邻域 δ 上是解析的，则这样的奇点$z=z_0$称为 $f(z)$ 在 δ 内的**孤立奇点**。

例如，点 z_0 是函数 $1/(z-z_0)$ 在复平面内的孤立奇点。

② **极点**。

若函数 $f(z)=\dfrac{\phi(z)}{(z-z_0)^n}$，$\phi(z_0)\neq 0$ 中，$\phi(z)$ 在一个含有 $z=z_0$ 的区域内是处处解析的，且 n 为一正整数，则 $f(z)$ 在 $z=z_0$ 有一个孤立奇点，此点称为一个 ***n* 阶极点**。

例如，$n=1$，此点称为一个单极点；$n=2$，此点称为二阶极点。

③ **可去奇点**。

若函数 $f(z)$ 在 $z=z_0$ 有一个奇点，但由于$\lim\limits_{z\to z_0}f(z)$ 是有限的，故 z_0 为**可去奇点**。

④ **无穷远点∞总是复变函数的奇点。**

若 $f(z)$ 无穷远点∞的去心领域 $R<|z|<+\infty$ 内解析，则称 $z=\infty$ 为 $f(z)$ 的孤立奇点。$z=\infty$ 为 $f(z)$ 可去奇点、极点和本性奇点的充要条件分别是$\lim\limits_{z\to\infty}f(z)$ 存在且有限、$\lim\limits_{z\to\infty}f(z)=\infty$和$\lim\limits_{z\to\infty}f(z)$ 不存在。

例题 3.3.1　确定下列函数的奇点类型。

① $f(z)=\dfrac{1}{(z-3)^2}$　　② $f(z)=\dfrac{z}{(z-3)^2(z+1)}$

③ $f(z)=\dfrac{\sin z}{z}$　　④ $f(z)=\dfrac{1}{z}$

解： 按照奇点的分类，确定函数的奇点类型。

① 由 $(z-3)^2=0$，求出 $z=3$ 是函数 $f(z)=\dfrac{1}{(z-3)^2}$的一个孤立奇点、二阶极点。

② 由$(z-3)^2(z+1)=0$，确定了函数 $f(z)=\dfrac{z}{(z-3)^2\ (z+1)}$的两个奇点 $z=3$ 和 $z=-1$，其中 $z=3$ 为二阶极点，$z=-1$ 为单极点。

③ 由 $z=0$，求出函数 $f(z)=\dfrac{\sin z}{z}$有孤立奇点$z=0$，但是$\lim\limits_{z\to 0}\dfrac{\sin z}{z}=1$，补充这个定义后，$z=0$ 为可去奇点，则 $f(z)=\dfrac{\sin z}{z}$为全复平面上的解析函数。

④ 由 $z=0$，求出$\lim\limits_{z\to 0}(1/z)=\infty$，因此 $z=0$ 为函数 $f(z)=1/z$ 的孤立奇点，除 $z=0$ 外函数处处解析。

定理： 函数在区域 D 内**解析的充要条件**是和在区域 D 内任一点可导，并且满足 C-R 条件。用这个定理来判断一个复变函数是否在区域内解析是很方便的。

例题 3.3.2　说明函数 $w=z^3$ 是否解析。

解：

$$w=z^3=(x+\mathrm{i}y)^3=x^3+3x^2y\mathrm{i}-3xy^2-\mathrm{i}y^3$$

其中

$$u=x^3-3xy^2,\ v=3x^2y-y^3$$

对上式分别求偏导数，有

$$\frac{\partial u}{\partial x}=\frac{\partial v}{\partial y}=3x^2-3y^2$$

$$\frac{\partial v}{\partial x}=-\frac{\partial u}{\partial y}=6xy$$

对 z 的所有的有限值，w 也是有限的，函数满足 C-R 条件。在任何有限的区域内，除 $z=\infty$ 外，函数 $w=z^3$ 处处解析。

例题 3.3.3　说明函数 $w=e^z$ 是否解析。

解： 若 $w=e^z$，则 $w=u+iv=e^{x+iy}=e^x(\cos y+i\sin y)$，有

$$u=e^x\cos y,\quad v=e^x\sin y$$

对上式分别求导，得到

$$\frac{\partial u}{\partial x}=\frac{\partial v}{\partial y}=e^x\cos y,\quad \frac{\partial u}{\partial y}=-\frac{\partial v}{\partial x}=-e^x\sin y$$

可见，在全复平面上函数 $w=e^z$ 满足 C-R 条件，处处可微。因此，函数 $w=e^z$ 在全复平面上是解析的。

例题 3.3.4　说明共轭复函数 $w=\bar{z}$ 是否是解析函数。

解： 若 $w=\bar{z}$，则 $w=u+iv=\bar{z}=x-iy$，有 $u=x$，$v=-y$，对其分别求导，得

$$\frac{\partial u}{\partial x}=1,\quad \frac{\partial v}{\partial y}=-1$$

即

$$\frac{\partial u}{\partial x}\neq\frac{\partial v}{\partial y}$$

可见，其不满足 C-R 条件，函数 $w=\bar{z}$ 在复平面的任何点处都是不可微的，不是解析函数。

例题 3.3.5　说明函数 $w=z\mathrm{Re}(z)$ 是否是解析函数。

解： 若 $w=z\mathrm{Re}(z)$，则 $w=u+iv=(x+iy)x=x^2+ixy$，有 $u=x^2$，$v=xy$，由此得

$$\frac{\partial u}{\partial x}=2x,\quad \frac{\partial v}{\partial y}=x$$

和

$$\frac{\partial u}{\partial y}=0,\quad \frac{\partial v}{\partial x}=y$$

可见，仅当 $x=0$，$y=0$ 时 C－R 条件被满足，函数 $w=z\mathrm{Re}(z)$ 仅在 $z=0$ 时是可微的，因此，$w=z\mathrm{Re}(z)$ 在复平面其他任何地方都不是解析的。

3.3.2　调和函数

解析函数 $f(z)$ 的实部和虚部有其特殊的性质，该特殊性引入了调和函数。

定义： 凡是具有连续二阶偏导数且满足拉普拉斯方程

$$\frac{\partial^2 f}{\partial x^2}+\frac{\partial^2 f}{\partial y^2}=0$$

的二元实函数 $f(x,\ y)$ 均称为**调和函数**。

定理：设函数 $f(z)=u+\mathrm{i}v$ 在区域 D 内解析，且 u、v 对 x、y 存在连续二阶偏导数，则解析函数 $f(z)$ 的实部 $u(x, y)$ 和虚部 $v(x, y)$ 都是区域 D 内的调和函数。

求证：解析函数 $f(z)$ 的实部 $u(x, y)$ 和虚部 $v(x, y)$ 都是区域 D 内的调和函数。

证明：设 $f(z)=u+\mathrm{i}v$ 在区域 D 内为解析函数，且 u、v 对 x、y 存在连续二阶偏导数，则可将 C－R 条件中第一式对 x 求导、第二式对 y 求导，消去 v 得

$$\frac{\partial^2 u}{\partial x^2}+\frac{\partial^2 u}{\partial y^2}=0 \tag{3.3.1}$$

同样的方法消去 u，可得

$$\frac{\partial^2 v}{\partial x^2}+\frac{\partial^2 v}{\partial y^2}=0 \tag{3.3.2}$$

式（3.3.1）和式（3.3.2）都是**拉普拉斯（Laplace）方程**。函数 $f(z)$ 的实部 $u(x, y)$ 和虚部 $v(x, y)$ 都是拉普拉斯方程的解。满足拉普拉斯方程且有连续二阶偏导数的函数 $u(x, y)$和 $v(x, y)$ 都是**调和函数**，也称为**平面调和函数**。因此，**解析函数的实部和虚部都是调和函数**。但是，以任意两个调和函数为实部与虚部的复变函数不一定是解析函数。

定义：在区域 D 内满足 C-R 条件的解析函数的实部与虚部互称**共轭调和函数**。

定理：函数 $f(z)$ 在区域 D 内解析的充要条件是，在区域 D 内，解析函数的实部与虚部互为共轭调和函数。

如果任意给定两个调和函数 $u(x, y)$ 与 $v(x, y)$ 之中的一个，则利用 C-R 条件可确定另一个。例如已知 $u(x, y)$，可确定 $v(x, y)$，因为

$$\mathrm{d}v=\frac{\partial v}{\partial x}\mathrm{d}x+\frac{\partial v}{\partial y}\mathrm{d}y$$

利用 C-R 条件，得
$$\mathrm{d}v=\frac{\partial v}{\partial x}\mathrm{d}x+\frac{\partial v}{\partial y}\mathrm{d}y=-\frac{\partial u}{\partial y}\mathrm{d}x+\frac{\partial u}{\partial x}\mathrm{d}y$$

因全微分与路径无关，任意选定积分限，得

$$v=\int_{(x_0,y_0)}^{(x,y)}\left(-\frac{\partial u}{\partial y}\mathrm{d}x+\frac{\partial u}{\partial x}\mathrm{d}y\right)+C \tag{3.3.3}$$

同理可得

$$u=\int_{(x_0,y_0)}^{(x,y)}\left(\frac{\partial v}{\partial y}\mathrm{d}x-\frac{\partial v}{\partial x}\mathrm{d}y\right)+C \tag{3.3.4}$$

例题 3.3.6　已知解析函数的实部是调和函数 $u=x^2-y^2$，求其共轭调和函数 v。

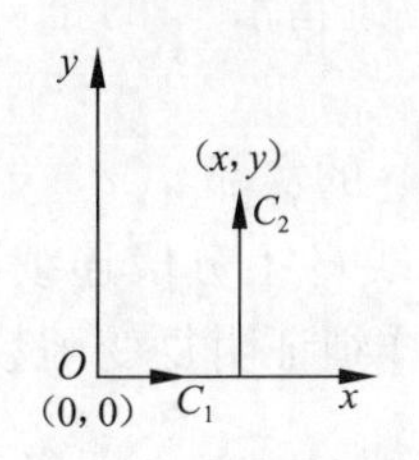

图 3.3.1　积分路径

解：先求调和函数 u 的偏导数，得

$$\frac{\partial u}{\partial x}=2x,\quad \frac{\partial u}{\partial y}=-2y$$

再将上式代入式（3.3.3）。选定积分路径时，既要考虑便于计算，也要注意在所选点上函数是否有意义。如图 3.3.1 所示，本题选择的路径为 C_1+C_2。在 C_1 上，$y=0$，$\mathrm{d}y=0$；在 C_2 上，x 不变，为某一常数，$\mathrm{d}x=0$，便于计算，得

$$v=\int_{(x_0,y_0)}^{(x,y)}\left(-\frac{\partial u}{\partial y}\mathrm{d}x+\frac{\partial u}{\partial x}\mathrm{d}y\right)=\int_{(0,0)}^{(x,y)}(2y\mathrm{d}x+2x\mathrm{d}y)=\int_0^x(2y\mathrm{d}x+2x\mathrm{d}y)+\int_0^y(2y\mathrm{d}x+2x\mathrm{d}y)+C$$

$$=\int_0^x(2\times 0\mathrm{d}x+2x\times 0)+\int_0^y(2y\times 0+2x\mathrm{d}y)+C=2xy\Big|_0^y+C=2xy+C$$

3.4　解析函数的积分

复变函数的积分是研究解析函数性质的重要工具。解析函数的许多性质必须利用它的积分来证明。例如，不用积分，直到今天为止没有人能证明解析函数的导数为连续函数。即使定义解析函数具有连续一阶导数的函数，不用积分还是不能证明其各级导数的存在。因此，复变函数的积分能帮助我们导出解析函数的若干重要性质。在实变函数中，从两个方向研究积分，一是不定积分作为求导数的反运算；二是定积分定义为和的极限。在复变换数中，一般先定义积分为和的极限，再导出导数与积分的关系。

在这一节中重点介绍解析函数积分的性质、柯西积分定理和柯西积分公式，这些都是研究解析函数的理论基础。本节包括复变函数的积分和柯西积分定理两部分。

3.4.1　复变函数的积分

本小节介绍复变函数积分的定义和性质[3]。复变函数的积分是复平面上的线积分。

设在 z 平面上给定一条分段光滑的有向曲线 C，$z(t)=x(t)+\mathrm{i}y(t)$，$z(\alpha)\leqslant t\leqslant z(\beta)$，即曲线 C 的起点是 $z(\alpha)$、终点是 $z(\beta)$。把曲线分成 n 个光滑弧段，分点依次为

$$z(\alpha)=z_0, z_1, z_2, \cdots, z_{k-1}, z_k, \cdots, z_n=z(\beta)$$

复变函数 $f(z)$ 在曲线 C 的每一点都有定义，$\Delta z_k=z_k-z_{k-1}$，做和式有

$$S(\xi_k)=\sum_{k=1}^{n} f(\xi_k)\Delta z_k$$

式中，ξ_k 是第 k 个弧段上的任意一点。

若 $d=\max|\Delta z_k|\to 0$，则无论 C 的分法和 ξ_k 的取法如何，和式 $S(\xi_k)$ 都存在相同的有限极限，称该极限为函数 $f(z)$ 沿曲线 C 的积分，表示为

$$\int_C f(z)\mathrm{d}z=\lim_{|\Delta z_k|\to 0}\sum_{k=1}^{n} f(\xi_k)\Delta z_k \tag{3.4.1}$$

如果 C 为闭曲线，则沿该闭曲线的积分记为 $\oint_C f(z)\mathrm{d}z$。

曲线积分方向：一般约定，当观察者沿着 C 行进时，函数解析区域 D 总在观察者的左边，即**逆时针方向循行**。不用箭头标注积分方向，一般“沿 C 的积分”概指沿 C 的正向积分。

积分式（3.4.1）的存在问题可归结为函数 $f(z)=u(x,y)+\mathrm{i}v(x,y)$ 的实部 $u(x,y)$ 和虚部 $v(x,y)$ 沿曲线 C 的线积分的存在问题。只要实函数 u、v 在曲线 C 上分段连续，则复变函数 $f(z)=u(x,y)+\mathrm{i}v(x,y)$ 的曲线积分一定存在。这里不再详细证明复变函数积分的存在性。

复变函数可积的一个充分条件：$f(z)$ 是 C 上的连续函数，且在 C 上可积。

定义：若 $f(z)$ 在区域 D 内有定义、单值且连续，则 $f(z)$ 在 D 内沿某一路径 C 从点 $z_1=x_1+\mathrm{i}y_1$ 到点 $z_2=x_2+\mathrm{i}y_2$ 的积分可定义为

$$\int_C f(z)\mathrm{d}z=\int_C (u+\mathrm{i}v)(\mathrm{d}x+\mathrm{i}\mathrm{d}y)$$

$$=\int_{(x_1,y_1)}^{(x_2,y_2)}(u\mathrm{d}x-v\mathrm{d}y)+\mathrm{i}\int_{(x_1,y_1)}^{(x_2,y_2)}(v\mathrm{d}x+u\mathrm{d}y) \tag{3.4.2}$$

由式（3.4.2）可见，复变函数的积分可归结为两个实变函数的线积分，因而实变函数线积分的许多性质对复变函数的积分都能适用。

从积分的定义出发，就能直接推出复变函数积分的一系列简单的性质，这些性质与实变函数中定积分的性质相类似，有以下基本公式：

① $\int_C kf(z)\mathrm{d}z=k\int_C f(z)\mathrm{d}z$，$k\neq 0$，$k$ 为实的或复的常数。

② $\int_C f(z)\mathrm{d}z=-\int_{C'} f(z)\mathrm{d}z$，$C'$是 C 的反向路径。

③ $\int_{C_1+C_2} f(z)\mathrm{d}z=\int_{C_1} f(z)\mathrm{d}z+\int_{C_2} f(z)\mathrm{d}z$，其中 C_1 的终点与 C_2 的始点重合。

④ $\int_C f_1(z)\mathrm{d}z\pm\int_C f_2(z)\mathrm{d}z=\int_C[f_1(z)\ \pm f_2(z)]\ \mathrm{d}z$。

⑤ 设 C 的长度为 L，$f(z)$ 在 C 上可积，且 $|f(z)|\leqslant M$，则

$$\left|\int_C f(z)\mathrm{d}z\right|\leqslant\int_C |f(z)\mathrm{d}z|\leqslant ML$$

⑥ $\int_C f(z)\mathrm{d}z=\int_a^b f[z(t)]z'(t)\mathrm{d}t$，其中 $z(t)=x(t)+\mathrm{i}y(t)(a\leqslant t\leqslant b)$ 是曲线 C 的参数表示式。

3.4.2　柯西积分定理

柯西积分定理和柯西积分公式在复变函数中有着非常重要的地位，柯西积分公式为计算某些复变函数沿闭曲线的积分提供了简便的方法，也是研究解析函数的有力工具。本小节介绍柯西积分定理和公式，包括柯西积分定理、复合闭路积分定理和柯西积分公式三部分。

（1）柯西积分定理

柯西（Cauchy）积分定理：若函数 $f(z)$ 是在一光滑闭曲线 C 上及其路线界定单连通域 D 内的解析函数，则一定有等式

$$\oint_C f(z)\mathrm{d}z=0 \tag{3.4.3}$$

1851年，黎曼给出了以下证明。

证明：设函数 $f(z)$ 为解析函数，其导数 $f'(z)$ 在闭曲线 C 上及其内部区域 D 内存在并连续，运用高等数学中介绍过的将线积分化为面积分**斯托克斯（Stokes）定理**，即格林公式

$$\int_C(P\mathrm{d}x+Q\mathrm{d}y)=\iint_A\left(\frac{\partial Q}{\partial x}-\frac{\partial P}{\partial y}\right)\mathrm{d}x\mathrm{d}y$$

由式（3.4.2）和斯托克斯定理，将曲线积分可化成面积分，有

$$\oint_C f(z)\mathrm{d}z=\oint_C(u\mathrm{d}x-v\mathrm{d}y)+\mathrm{i}\oint_C(v\mathrm{d}x+u\mathrm{d}y)$$
$$=-\iint_D\left(\frac{\partial v}{\partial x}+\frac{\partial u}{\partial y}\right)\mathrm{d}x\mathrm{d}y+\mathrm{i}\iint_D\left(\frac{\partial u}{\partial x}-\frac{\partial v}{\partial y}\right)\mathrm{d}x\mathrm{d}y \tag{3.4.4}$$

因为 $f(z)$ 是解析函数，u、v 满足 C-R 条件，将式（3.4.2）代入式（3.4.4）的右端，故右端的积分为零，即 $\oint_C f(z)\ \mathrm{d}z=0$。也就是说，如果函数 $f(z)$ 在单连通域 D 内处处解

析，则函数 $f(z)$ 沿 D 内的任何一条闭曲线 C 的积分为零。

柯西积分定理不能直接用于有孤立奇点的区域。但是，如果把区域中所有的孤立奇点和它们的小邻域挖掉，则在剩下的多连通域上 $f(z)$ 是解析的，柯西积分定理能适用。

可将柯西积分定理推广到多连通域即复连通域的情况。

（2）复合闭路积分定理

闭多连通域 $\bar{D}$ 上的解析函数 $f(z)$ 沿 $\bar{D}$ 的所有内外边界正方向的积分之和为零，即 $\oint_{\Sigma} f(z)\mathrm{d}z = 0$。设函数 $f(z)$ 在多连通域 D 内及其边界 Σ 上处处解析，复合闭路 Σ 由若干条简单闭曲线组成，$\Sigma = C + C_1 + C_2 + \cdots + C_n$。它们都在 C 内且互不包含也互不相交，C 取正向，C_1，C_2，…，C_n 取负向，则 $\oint_{\Sigma} f(z)\mathrm{d}z = \oint_{C+C_1+\cdots+C_n} f(z)\mathrm{d}z = 0$。因为 C 取正向，其积分为正，而 C_1，C_2，…，C_n 取负向，其积分值为负值，即

$$\oint_{\Sigma} f(z)\mathrm{d}z = \oint_{C+C_1+\cdots+C_n} f(z)\mathrm{d}z = \oint_{C} f(z)\mathrm{d}z - \sum_{k=1}^{n}\oint_{C_k} f(z)\mathrm{d}z = 0$$

$$\oint_{C} f(z)\mathrm{d}z - \sum_{k=1}^{n}\oint_{C_k} f(z)\mathrm{d}z = 0$$

得到

$$\oint_{C} f(z)\mathrm{d}z = \sum_{k=1}^{n} \oint_{C_k} f(z)\mathrm{d}z \tag{3.4.5}$$

复合闭路积分定理也可以表述为：闭多连通域上解析函数沿外边界线逆时针方向的积分等于沿所有内边界线逆时针方向的积分之和。

因此，只要复变函数 $f(z)$ 在包含所有路线 C 的区域内处处解析，则 $f(z)$ 在复平面上两点间的积分值与积分路径无关。柯西积分定理、曲线积分与路径无关的推论对复变函数的积分很有价值。可以说柯西积分定理是研究复变函数论的钥匙。

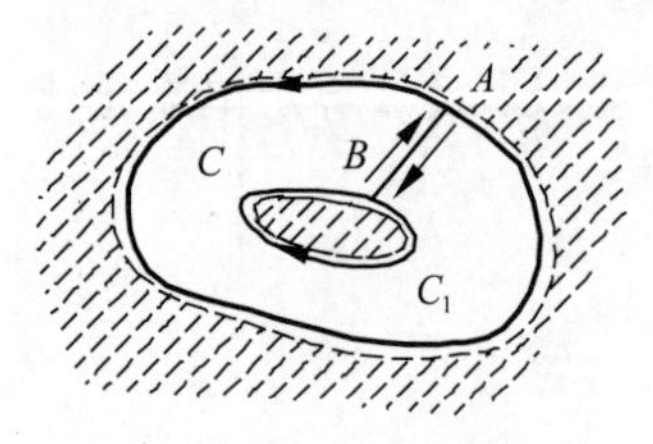

图 3.4.1　多连通域转变为单连通域

例题 3.4.1　证明双连通域的闭曲线积分为零[4]。

证明：如图 3.4.1 所示，$\Sigma = C + C_1$，可作割线 AB 和 BA 连通内、外边界，而把多连通域转变为单连通域。如图 3.4.1 所示，沿整个边界的闭路积分等于沿 C、C_1 曲线和直线 AB、BA 的积分之和。由于在复合闭路所围的区域 D 内函数 $f(z)$ 处处解析，故运用高等数学中的斯托克斯定理很容易证明该复合闭路积分为零

$$\oint_{\Sigma} f(z)\mathrm{d}z = \oint_{C} f(z)\mathrm{d}z + \int_{AB} f(z)\mathrm{d}z - \oint_{C_1} f(z)\mathrm{d}z - \int_{BA} f(z)\mathrm{d}z = 0$$

其中，沿直线 AB、BA 的积分互相抵消，由此得到

$$\oint_{C} f(z)\mathrm{d}z = \oint_{C_1} f(z)\mathrm{d}z \tag{3.4.6}$$

在区域 D 内解析函数沿闭曲线的积分，不因闭曲线在区域 D 内作连续变形（不经过被积函数奇点）而改变积分的值。这一重要性质称为**闭路变形原理**。

利用闭路变形原理可以把函数沿各种不规则简单闭曲线的积分简化为特殊圆周上的积分来计算。上述推理可推广到更高的多连通域。

例题 3.4.2　求证$\oint_C 2z\mathrm{d}z=0$。

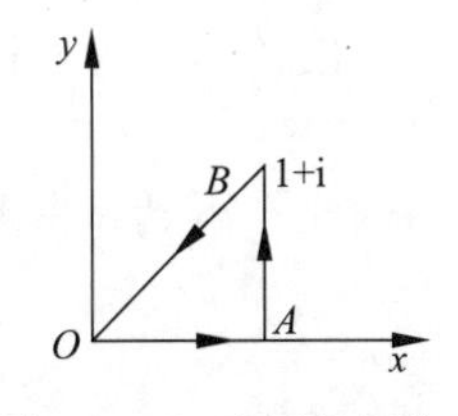

图 3.4.2　选择积分路径

证明：方法一：因 $f(z)=2z$ 处处解析，所以沿闭路的积分为零。

方法二：选择闭路 $OABO$ 为积分路径，如图 3.4.2 所示。沿路径 BO 和（$OA+AB$）积分分别为

$$\int_{BO}2z\mathrm{d}z=\int_{1+\mathrm{i}}^{0}2z\mathrm{d}z=-\int_{0}^{1+\mathrm{i}}2z\mathrm{d}z=-z^2\Big|_0^{1+\mathrm{i}}=-(1+\mathrm{i})^2=-(1+2\mathrm{i}+\mathrm{i}^2)=-2\mathrm{i}$$

$$\int_{OA+AB}2z\mathrm{d}z=\int_{OA+AB}2(x+\mathrm{i}y)\mathrm{d}(x+\mathrm{i}y)=\int_{OA}2x\mathrm{d}x+2\int_{AB}(-y\mathrm{d}y+\mathrm{i}x\mathrm{d}y)$$

$$=\int_{OA}2x\mathrm{d}x+2\int_{AB}(-y\mathrm{d}y+\mathrm{i}x\mathrm{d}y)=\int_0^1 2x\mathrm{d}x+2\int_0^1(-y\mathrm{d}y+\mathrm{i}\mathrm{d}y)=2\mathrm{i}$$

所以沿闭路 $OABO$ 的积分为零

$$\oint_C 2z\mathrm{d}z=\int_{BO}2z\mathrm{d}z+\int_{OA+AB}2z\mathrm{d}z=-2\mathrm{i}+2\mathrm{i}=0$$

例题 3.4.3　计算$\oint_C z^{-2}\mathrm{d}z$的值，其中 C 是以原点为中心、R 为半径的圆周。

解：以原点为圆心，在所围的区域内作任意半径 R 的圆周，C 的参数方程可以写作 $z=R\mathrm{e}^{\mathrm{i}\theta}$，由于 R 为常数，故将 $z=R\mathrm{e}^{\mathrm{i}\theta}$ 微分，有 $\mathrm{d}z=\mathrm{i}R\mathrm{e}^{\mathrm{i}\theta}\mathrm{d}\theta$，将其代入被积函数，得

$$\oint_C z^{-2}\mathrm{d}z=\int_0^{2\pi}\frac{\mathrm{i}R\mathrm{e}^{\mathrm{i}\theta}\mathrm{d}\theta}{R^2\mathrm{e}^{2\mathrm{i}\theta}}=\frac{\mathrm{i}}{R}\int_0^{2\pi}\mathrm{e}^{-\mathrm{i}\theta}\mathrm{d}\theta=\frac{\mathrm{i}}{R}\left.\frac{\mathrm{e}^{-\mathrm{i}\theta}}{-\mathrm{i}}\right|_0^{2\pi}=0$$

由此可见，虽然函数在原点是不解析的，但仍有$\oint_C z^{-2}\mathrm{d}z=0$，即积分与路径无关。同样可以证明，积分$\oint_C z^{-n}\mathrm{d}z$ 对任何不等于 1 的整数 n 总为零。

例题 3.4.4　计算$\oint_C\frac{\mathrm{d}z}{z}$的值，其中 C 是以原点为中心、R 为半径的圆周。

解：以原点为圆心，在所围的区域内作任意半径 R 的圆周，C 的参数方程可以写作 $z=R\mathrm{e}^{\mathrm{i}\theta}$，由于 R 为常数，故将 $z=R\mathrm{e}^{\mathrm{i}\theta}$ 微分，有 $\mathrm{d}z=\mathrm{i}R\mathrm{e}^{\mathrm{i}\theta}\mathrm{d}\theta$，将其代入被积函数，得

$$\oint_C\frac{\mathrm{d}z}{z}=\int_0^{2\pi}\frac{\mathrm{i}R\mathrm{e}^{\mathrm{i}\theta}\mathrm{d}\theta}{R\mathrm{e}^{\mathrm{i}\theta}}=\mathrm{i}\theta\Big|_0^{2\pi}=2\pi\mathrm{i}$$

例题 3.4.5　求证$\oint_C\frac{\mathrm{d}z}{(z-z_0)^n}=\begin{cases}2\pi\mathrm{i}&(n=1)\\0&(n\neq1，整数)\end{cases}$，$z_0$ 为 C 内部一点[3]。

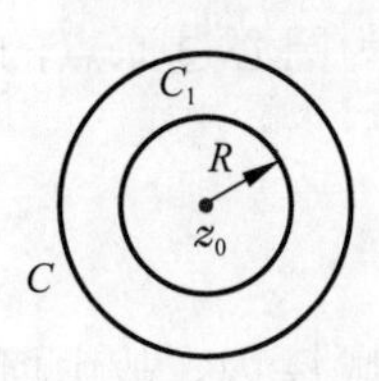

图 3.4.3　积分闭曲线

证明：z_0 在圆周 C 内，即 $z_0\in D$，如图 3.4.3 所示。以 z_0 为圆心，在所围的区域 D 内作任意半径 R 的圆周，使 C_1 完全含于 C 的内部。因为被积函数在以 C 和 C_1 为边界的二连通区域内解析，由式（3.4.5）得到

$$\oint_C\frac{\mathrm{d}z}{(z-z_0)^n}=\oint_{C_1}\frac{\mathrm{d}z}{(z-z_0)^n}$$

由上式可见，沿着包含 z_0 的 C 回路的积分可由沿着以 z_0 为圆心、充分小的正数 R 为半径的圆周 C_1 的积分代替，原积分得到简化。圆周的 C_1 参数方程可表示为 $z=z_0+R\mathrm{e}^{\mathrm{i}\theta}$（$0\leqslant\theta\leqslant2\pi$），由柯西积分定理得

$$\oint_{C_1}\frac{\mathrm{d}z}{(z-z_0)^n}=\oint_{C_1}\frac{\mathrm{d}(z_0+R\mathrm{e}^{\mathrm{i}\theta})}{R^n\mathrm{e}^{\mathrm{i}n\theta}}=\int_0^{2\pi}\frac{\mathrm{i}R\mathrm{e}^{\mathrm{i}\theta}}{R^n\mathrm{e}^{\mathrm{i}n\theta}}\mathrm{d}\theta=\frac{\mathrm{i}}{R^{(n-1)}}\int_0^{2\pi}\mathrm{e}^{\mathrm{i}(1-n)\theta}\mathrm{d}\theta=\begin{cases}2\pi\mathrm{i} & (n=1)\\ 0 & (n\neq 1,\text{整数})\end{cases}$$

因此，得到一重要回路积分公式

$$\oint_C\frac{\mathrm{d}z}{(z-z_0)^n}=\begin{cases}2\pi\mathrm{i} & (n=1)\\ 0 & (n\neq 1,\text{整数})\end{cases}\tag{3.4.7}$$

（3）柯西积分公式

若 $f(z)$ 在闭单连通域 $\bar{D}$ 上解析，则它在该区域内任一点 z_0 的值可用沿边界 C 的回路积分表示为

$$f(z_0)=\frac{1}{2\pi\mathrm{i}}\oint_C\frac{f(z)}{z-z_0}\mathrm{d}z\tag{3.4.8}$$

式中，C 上的回路积分按逆时针方向循行，即正指向，该公式称为**柯西积分公式**。

式（3.4.8）表明，解析函数 $f(z_0)$ 在区域 D 内任一点的值完全决定于边界 C 上的一个回路积分。对于区域 D 内部任意一点 z 有

$$f(z)=\frac{1}{2\pi\mathrm{i}}\oint_C\frac{f(z_0)}{z_0-z}\mathrm{d}z\tag{3.4.9}$$

此式反映了解析函数在区域内部值与其区域边界上的值之间的密切关系。柯西积分公式为计算某些复变函数沿闭曲线的积分提供了简便的方法，也是研究解析函数的有力工具。

解析函数的高阶导数定理：若 $f(z)$ 在闭单连通域上解析，则它在该区域内任一点 $z=z_0$ 处有 n 阶导数

$$f^{(n)}(z_0)=\frac{n!}{2\pi\mathrm{i}}\oint_C\frac{f(z)}{(z-z_0)^{n+1}}\mathrm{d}z\tag{3.4.10}$$

$f(z)$ 在 $z=z_0$ 处的 n 阶导数也称为柯西积分公式。

这里略去证明。该公式表明在区域 D 内解析函数的导函数仍是 D 内解析函数，且具有任意阶导数。因为实函数的可导性不能保证导函数的连续性，所以不能保证高阶导数的存在性。该公式也为计算某些沿闭曲线复变函数的积分提供了简便方法。

综上所述，**解析函数区别于可微实函数的特性有以下两点：**

① 解析函数在 C 内任意一点的值用其沿边界 C 的回路积分的值来表示。

② 解析函数的任意阶导数都可表为沿边界的回路积分。

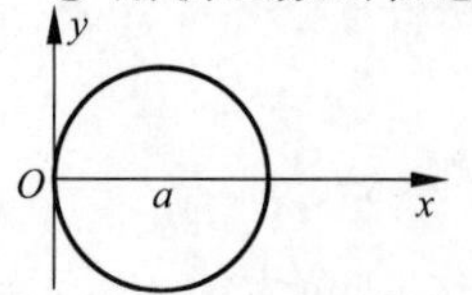

图 3.4.4　积分闭曲线 C

例题 3.4.6　计算积分 $I=\oint_C\frac{\mathrm{d}z}{z^2-a^2}$，$C$ 为 $|z-a|=a$ 的闭曲线，a 为实常数[4]。

解：$|z-a|=a$ 表示以实轴上一点 a 为圆心过原点的圆周，如图 3.4.4 所示。

$$\frac{I}{2\pi\mathrm{i}}=\frac{1}{2\pi\mathrm{i}}\oint_C\frac{\mathrm{d}z}{(z+a)(z-a)}=\frac{1}{2\pi\mathrm{i}}\oint_C\frac{f(z)\mathrm{d}z}{z-a}$$

因为 $f(z)=\frac{1}{z+a}$ 在闭曲线 C 围定区域 D 内解析，而 $\frac{1}{z-a}$ 的奇点 a 位于区域 D 内，故由柯西积分公式得

$$\frac{1}{2\pi\mathrm{i}}\oint_C\frac{f(z)\mathrm{d}z}{z-a}=f(a)=\frac{1}{a+a}=\frac{1}{2a}$$

$$I = 2\pi \mathrm{i} \frac{1}{2a} = \frac{\pi \mathrm{i}}{a}$$

柯西积分定理的逆定理：设 $f(z)$ 是区域 D 内的连续函数，并且对于区域 D 内任意一条其内部属于区域 D 的简单光滑闭曲线都有 $\oint_C f(z)\mathrm{d}z = 0$，则 $f(z)$ 是区域 D 内的解析函数。

3.5　解析函数的级数

复级数是研究和表示复变函数的重要工具。复级数的概念、理论与方法是实数域上的无穷级数在复数域上的推广和发展。函数在一点的解析性等价于函数在该点的邻域内可展开为幂级数。罗朗级数的讨论为深入研究解析函数孤立奇点的分类、函数在孤立奇点邻域内的性质打下了必要的基础。本节介绍解析函数的泰勒级数（Taylor）和罗朗级数（Laurent）[3],[6],[7]，包括解析函数的泰勒级数和罗朗级数与孤立奇点两部分。

3.5.1　解析函数的泰勒级数

若解析函数 $f(z)$ 的任意阶导数存在，则 $f(z)$ 像实变函数一样能做泰勒级数展开。

定理：若复变函数 $f(z)$ 在以 $z=z_0$ 为圆心、半径为 R 的圆（$|z-z_0|<R$）内处处解析，且存在任意阶导数，则 $f(z)$ 可以展开成如下形式解析函数的泰勒级数

$$f(z) = f(z_0) + f'(z_0)(z-z_0) + \frac{f''(z_0)}{2!}(z-z_0)^2 + \frac{f'''(z_0)}{3!}(z-z_0)^3 + \cdots$$

或表示为

$$f(z) = \sum_{n=0}^{\infty} \frac{f^{(n)}(z_0)}{n!}(z-z_0)^n \quad (|z-z_0|<R) \tag{3.5.1}$$

证明：在圆 $|z-z_0|<R$ 内任取一点 z。以 z_0 为圆心，以 $\rho<R$ 为半径作一圆 C'，如图 3.5.1 所示。对于 C' 内任一点 z，$f(z)$ 在点 z 解析，由柯西积分公式得

$$f(z) = \frac{1}{2\pi \mathrm{i}} \oint_{C'} \frac{f(\xi)}{\xi - z}\mathrm{d}\xi \tag{3.5.2}$$

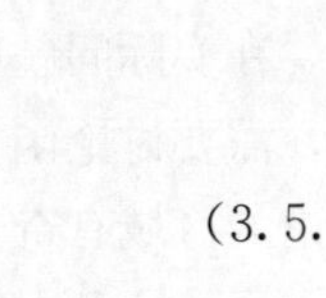

图 3.5.1　积分闭曲线

因为 $|(z-z_0)/(\xi-z_0)|<1$，将 $\frac{1}{\xi-z}$ 展开成幂级数为

$$\frac{1}{\xi - z} = \frac{1}{\xi - z_0 - (z-z_0)} = \frac{1}{\xi - z_0}\frac{1}{1-\dfrac{z-z_0}{\xi-z_0}}$$

$$= \frac{1}{\xi - z_0}\sum_{n=0}^{\infty}\left(\frac{z-z_0}{\xi-z_0}\right)^n = \sum_{n=0}^{\infty}\frac{(z-z_0)^n}{(\xi-z_0)^{n+1}} \tag{3.5.3}$$

将式（3.5.3）代入式（3.5.2），得

$$f(z) = \frac{1}{2\pi \mathrm{i}}\sum_{n=0}^{\infty}(z-z_0)^n \oint_{C'} \frac{f(\xi)}{(\xi-z_0)^{n+1}}\mathrm{d}\xi$$

将柯西积分导数公式 $f^{(n)}(z) = \frac{n!}{2\pi \mathrm{i}}\oint_C \frac{f(\xi)}{(\xi - z)^{n+1}}\mathrm{d}\xi$ 代入上式，得

$$f(z)=\sum_{n=0}^{\infty}\frac{f^{(n)}(z_0)}{n!}(z-z_0)^{(n)}\qquad(|z-z_0|<R)$$

例题 3.5.1 在 $z_0=0$ 的邻域上，将 e^z、e^{iz}、$\sin z$、$\cos z$ 做泰勒级数的展开[4]。

解： 运用公式

$$f(z)=\sum_{n=0}^{\infty}\frac{f^{(n)}(z_0)}{n!}(z-z_0)^n\qquad(|z-z_0|<R)$$

将复函数 e^z、e^{iz}、$\sin z$、$\cos z$ 分别做泰勒级数展开，得到基本超越函数一节的公式（3.2.4）、式（3.2.7）、式（3.2.5）和式（3.2.6）。

① 先确定函数 e^z，在 $z_0=0$ 处的导数值有

$$f^{(n)}(z_0)=f^{(n)}(0)=e^z|_{z_0=0}=1$$

代入式（3.5.1），分别得到下面两式

$$e^z=1+\frac{z}{1!}+\frac{z^2}{2!}+\cdots+\frac{z^n}{n!}+\cdots\tag{3.2.4}$$

$$e^{iz}=1+iz-\frac{z^2}{2!}-\frac{iz^3}{3!}+\frac{z^4}{4!}+\frac{iz^5}{5!}+\cdots+(-1)^n\frac{z^{2n}}{(2n)!}+(-1)^n\frac{iz^{2n+1}}{(2n+1)!}+\cdots\tag{3.2.7a}$$

② $f(z)=\sin z$。

先确定函数 $\sin z$ 在 $z_0=0$ 处的导数值，有

$$f'(0)=1,f''(0)=-\sin 0=0,f'''(0)=-\cos 0=-1,f^{(4)}(0)=\sin 0=0$$

代入式（3.5.1），得到

$$\sin z=\frac{z}{1!}-\frac{z^3}{3!}+\frac{z^5}{5!}-\frac{z^7}{7!}+\cdots+(-1)^n\frac{z^{2n+1}}{(2n+1)!}+\cdots\quad(|z|<\infty)\tag{3.2.5}$$

③ 用同样的方法可求出下式。

$$\cos z=1-\frac{z^2}{2!}+\frac{z^4}{4!}-\frac{z^6}{6!}+\cdots+(-1)^n\frac{z^{2n}}{(2n)!}+\cdots\qquad(|z|<\infty)\tag{3.2.6}$$

例题 3.5.2 在 $z=0$ 的邻域上，求 $e^z\cos z$ 的泰勒级数展开式[4]。

解： 将 $\cos z$ 用指数式表示，再利用指数 e^z 的泰勒级数，得

$$e^z\cos z=\frac{e^z}{2}(e^{iz}+e^{-iz})=\frac{1}{2}[e^{(1+i)z}+e^{(1-i)z}]=\frac{1}{2}\sum_{n=0}^{\infty}\frac{1}{n!}[(1+i)^n+(1-i)^n]z^n$$

3.5.2 罗朗级数与孤立奇点

在实际问题中，常常遇到函数 $f(z)$ 在 z_0 处不解析，但在 z_0 附近某个圆环内解析。此时，需要讨论函数 $f(z)$ 在它的奇点附近的性质而把函数展开成幂级数。在这种情况下，所讨论的区域有奇点，不能直接做泰勒级数展开，$f(z)$ 不能仅用含有 $(z-z_0)$ 的正幂项级数来表示。这种在圆环内的解析函数可以用罗朗级数来表示。在研究解析函数局部性质方面，罗朗级数扮演了重要角色。本小节主要介绍罗朗级数和奇点分类。

（1）罗朗级数

若 $f(z)$ 在 $(z-z_0)$ 处有一个 n 阶极点，但在以 z_0 为圆心的一个圆 C 内的其他各点和 C 上是解析的，则 $(z-z_0)^n f(z)$ 在 C 内和 C 上所有点是解析的，并且有一个关于 $(z-z_0)$ 的级数，为

$$f(z)=\frac{a_{-n}}{(z-z_0)^n}+\frac{a_{-n+1}}{(z-z_0)^{n-1}}+\cdots+\frac{a_{-1}}{z-z_0}+(\text{主要部分})$$

$$a_0+a_1(z-z_0)+a_2(z-z_0)^2+\cdots(\text{解析部分或正则部分}) \tag{3.5.4}$$

此式称为 $f(z)$ 的**罗朗级数**，也可表示为

$$f(z)=\sum_{n=-\infty}^{\infty}a_n(z-z_0)^n \tag{3.5.5}$$

其中

$$a_n=\frac{1}{2\pi i}\oint_C\frac{f(\xi)}{(\xi-z_0)^{n+1}}d\xi \quad (n=0,\pm1,\pm2,\cdots) \tag{3.5.6}$$

式中，z_0，a_n 是复常数。a_n 的 $n<0$ 部分构成**主要部分**，$n>0$ 部分构成**解析部分**。

在挖去孤立奇点的环域上，即在以（$z-z_0$）为中心的两个同心圆所围成的区域上，解析函数可展成唯一的罗朗级数（3.5.5)，其和函数在圆环域内解析。罗朗级数的收敛域为圆环，如图 3.5.2 所示。

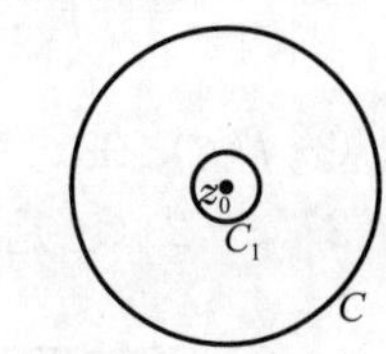

图 3.5.2　罗朗级数的收敛域

求在圆域内解析函数的罗朗级数展开式，可以直接运用式（3.5.5)和式（3.5.6)，通过计算罗朗级数展开式的系数获得。由式（3.5.6）可见，这要涉及复杂的复积分计算。

因此，一般是利用罗朗级数展开式的唯一性，通过其他方法间接求解。例如，求有理函数的罗朗级数展开可利用部分分式法，把有理函数分解成多项式与若干个最简分式之和，然后再利用已知的几何级数把它们展开成需要的形式。下面用例题介绍这种方法。

例题 3.5.3　在以原点为中心的环域和 $z=2$ 的邻域，做 $f(z)=\frac{3z}{z^2-z-2}$ 的罗朗级数展开[4]。

解：现将原函数分解为

$$f(z)=\frac{3z}{z^2-z-2}=\frac{1}{z+1}+\frac{2}{z-2}$$

从中求出 $f(z)$ 两个孤立奇点 $z=-1$ 和 $z=2$。

用幂级数展开式 $\frac{1}{1\pm z}=\sum_{n=0}^{\infty}(\mp1)^nz^n$，（$|z|<1$)，该函数在指定的区域内可展成三种形式。

① $f(z)$ 的一个以原点为中心的解析环域是 $1<|z|<2$，如图 3.5.3（a）所示。在此环域内

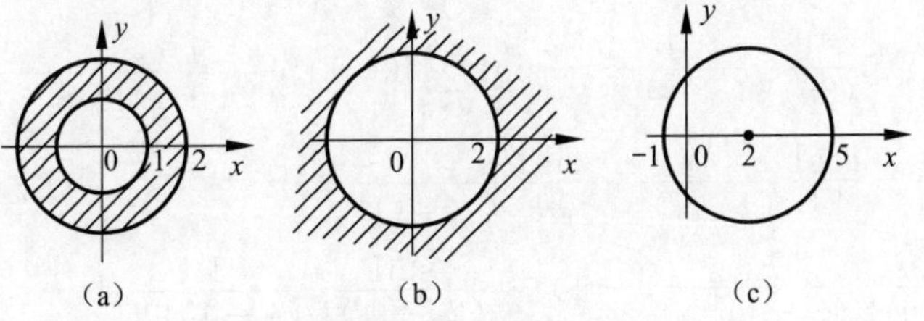

图 3.5.3　罗朗级数展开域

(a) 解析环域 $1<|z|<2$；(b) 解析环域 $2<|z|<\infty$；(c) 解析环域 $0<|z-2|<3$

$$\frac{1}{z+1}=\frac{1}{z}\times\frac{1}{1+1/z}=\frac{1}{z}\left(1-\frac{1}{z}+\frac{1}{z^2}-\frac{1}{z^3}+\cdots\right) \tag{1}$$

$$\frac{2}{z-2}=-\frac{1}{1-z/2}=-\left(1+\frac{z}{2}+\left(\frac{z}{2}\right)^2+\cdots+\left(\frac{z}{2}\right)^n+\cdots\right) \tag{2}$$

将式（1）和式（2）相加，得第一种展开式

$$f(z)=\cdots+\frac{1}{z^3}-\frac{1}{z^2}+\frac{1}{z}-1-\frac{z}{2}+\frac{z^2}{2^2}-\cdots \quad (1<|z|<2)$$

② $f(z)$ 的另一个以原点为中心的解析环域是 $2<|z|<\infty$，如图 3.5.3（b）所示，在此区域内 $1/(z+1)$ 的展开结果不变，另一项为

$$\frac{2}{z-2}=\frac{2}{z}\times\frac{1}{1-2/z}=\frac{2}{z}\left[1+\frac{2}{z}+\left(\frac{2}{z}\right)^2+\cdots+\left(\frac{2}{z}\right)^n+\cdots\right]$$

再将两者相加得第二种展开式

$$f(z)=\frac{3}{z}+\frac{3}{z^2}+\frac{9}{z^3}+\cdots=\sum_{n=0}^{\infty}\frac{2^{n+1}+(-1)^n}{z^{n+1}} \quad (|z|>2)$$

③ $f(z)$ 在 $z=2$ 附近的解析环域是 $0<|z-2|<3$，如图 3.5.3（c）所示，在此区域内，$2/(z-2)$ 已是 $(z-2)$ 的负幂形式，只需将 $1/(z+1)$ 展开

$$\frac{1}{z+1}=\frac{1}{z-2+3}=\frac{1}{3}\times\frac{1}{1+(z-2)/3}=\frac{1}{3}\left[1-\frac{z-2}{3}+\left(\frac{z-2}{3}\right)^2-\cdots\right]$$

再加上 $2/(z-2)$，得到第三种展开式

$$f(z)=\frac{2}{(z-2)}+\frac{1}{3}-\frac{(z-2)}{9}+\frac{(z-2)^2}{27}-\cdots \quad (0<|z-2|<3)$$

可以利用已知基本初等函数的泰勒级数展开式，经代换、逐项求导或逐项积分等来计算无理函数及其他初等复函数的罗朗级数展开式。

定义：若函数 $f(z)$ 在点 $z=\infty$ 的某邻域 $R<|z|<\infty$ 内解析，则称 $z=\infty$ 为函数 $f(z)$ 的孤立奇点。这时函数 $f(z)$ 在 $R<|z|<\infty$ 邻域内的罗朗级数展开式为

$$f(z)=\sum_{n=-\infty}^{\infty}a_n(z)^n \quad (R<|z|<\infty) \tag{3.5.7}$$

例题 3.5.4 在 $0<|z-1|<\infty$ 圆域内，求函数 $f(z)=\cos\frac{z}{z-1}$ 的罗朗级数展开式。

解：利用三角函数的公式将函数 $f(z)$ 因式分解，得

$$f(z)=\cos\frac{z}{z-1}=\cos\left(1+\frac{1}{z-1}\right)=\cos1\cos\frac{1}{z-1}-\sin1\sin\frac{1}{z-1}$$

再利用正弦、余弦函数的泰勒级数展开式（3.2.5）和式（3.2.6）将函数展开，得

$$\begin{aligned}f(z)&=\cos1\sum_{n=0}^{\infty}(-1)^n\frac{1}{(2n)!}\frac{1}{(z-1)^{2n}}-\sin1\sum_{n=0}^{\infty}(-1)^n\frac{1}{(2n+1)!}\frac{1}{(z-1)^{2n+1}}\\&=\cos1-\frac{\sin1}{z-1}-\frac{\cos1}{2!}\frac{1}{(z-1)^2}+\frac{\sin1}{3!}\frac{1}{(z-1)^3}+\cdots\\&\quad+(-1)^n\frac{\cos1}{(2n)!}\frac{1}{(z-1)^{2n}}-(-1)^{n+1}\frac{\sin1}{(2n+1)!}\frac{1}{(z-1)^{n+1}}+\cdots \quad (0<|z-1|<\infty)\end{aligned}$$

（2）奇点分类

用罗朗级数的形式来讨论复变函数 $f(z)$ 孤立奇点的分类[3]。

① **可去奇点**。

若在 $0<|z-z_0|<R$ 环域上，复函数 $f(z)$ 的罗朗级数展开式中不存在负幂项，即不存在主要部分，则 z_0 为函数 $f(z)$ 的可去奇点。因为

$$f(z)=a_0+a_1(z-z_0)+a_2(z-z_0)^2+\cdots+a_n(z-z_0)^n+\cdots(0<|z-z_0|<R)$$

所以 $$\lim_{z \to z_0} f(z) = a_0$$

② **极点。**

若在 $0 < |z - z_0| < R$ 环域上，复函数 $f(z)$ 罗朗级数有 m 个有限负幂项（$z - z_0$），即有 m 个有限主要部分，则 z_0 为函数 $f(z)$ 的 m 阶极点，即

$$f(z) = \sum_{n=0}^{\infty} a_n (z - z_0)^n + \frac{a_{-1}}{z - z_0} + \frac{a_{-2}}{(z - z_0)^2} + \cdots + \frac{a_{-m}}{(z - z_0)^m}$$

$$a_{-m} \neq 0, \quad a_{-(m+1)} = a_{-(m+2)} = \cdots = 0$$

③ **本性奇点。**

在 $0 < |z - z_0| < R$ 环域上，复函数 $f(z)$ 的罗朗级数有无限个负幂项（$z - z_0$），即有无限个主要部分，则 z_0 为函数 $f(z)$ 的**本性奇点**。在本性奇点 z_0 处，解析函数 $f(z)$ 没有有限个或无限个极限值，随着收敛于 z_0 的点列不同，可得到收敛不同极限的函数值序列。

④ **孤立奇点** $z = \infty$。

在 $z = \infty$ 的去心领域 $R < |z| < +\infty$ 内的罗朗级数（3.5.7）中，若复函数 $f(z)$ 的罗朗级数不含正幂项、含有限多个 z 的正幂项且最高幂次为 z^n、含有无限多个 z 的正幂项，则 $z = \infty$ 分别为 $f(z)$ 的可去奇点、n 阶极点、本性奇点[1]。例如，无穷远点 $z = \infty$ 是 e^z 的本性奇点，是 $e^{1/z}$ 的可去奇点。

例题 3.5.5　确定复函数 $\sin \dfrac{1}{z}$ 和 $\dfrac{\sin z}{z}$ 的奇点类型[4]。

解： $z = 0$ 是这两个复函数的奇点。由罗朗级数展开式（3.5.5）得第一个罗朗级数展开式为

$$\sin \frac{1}{z} = \frac{1}{z} - \frac{1}{3!z^3} + \frac{1}{5!z^5} + \cdots + (-1)^n \frac{1}{(2n+1)!z^{2n+1}} +$$

其含有无限个负幂项，因此 $z = 0$ 为第一个函数的本性奇点。

同理，得到第二个函数的罗朗级数展开式为

$$\begin{aligned} \frac{\sin z}{z} &= \frac{1}{z}\left(\frac{z}{1!} - \frac{z^3}{3!} + \frac{z^5}{5!} - \cdots + (-1)^n \frac{z^{2n+1}}{(2n+1)!} + \cdots\right) \\ &= 1 - \frac{z^2}{3!} + \frac{z^4}{5!} + \cdots + (-1)^n \frac{z^{2n1}}{(2n+1)!} + \cdots \qquad (z \neq 0) \end{aligned}$$

其不含负幂项，因此当 $\lim\limits_{z \to 0} \dfrac{\sin z}{z} = 1$ 时，$z = 0$ 为第二个函数的可去奇点。

3.6　留数理论及其应用

上一节介绍了解析函数的级数展开，按照级数展开的类型对解析函数的孤立奇点进行了分类，并讨论了孤立奇点的性质。解析函数在孤立奇点的留数是解析函数论中的重要概念之一。留数的概念和留数定理在工程技术中有广泛的应用。

本节介绍留数的概念，并在此基础上介绍留数定理在实变函数积分中的应用[1]~[8]，为第 4 章学习拉普拉斯的逆变换打下基础，其包括留数的定义和计算、计算极点的留数、应用留数定理计算实变函数的积分三小节。

3.6.1 留数的定义和计算

根据3.5节讨论可知，如果 z_0 是 $f(z)$ 的孤立奇点，则函数 $f(z)$ 可在环域 $0<|z-z_0|<R$ 内作罗朗级数的展开

$$f(z)=\sum_{n=-\infty}^{\infty}a_n(z-z_0)^n \tag{3.5.5}$$

其中

$$a_n=\frac{1}{2\pi i}\oint_{C_1}\frac{f(\xi)}{(\xi-z_0)^{n+1}}d\xi \quad (n=0,\pm1,\pm2,\cdots) \tag{3.5.6}$$

因为 z_0 是 $f(z)$ 的孤立奇点及级数（3.5.5）在环域 $0<|z-z_0|<R$ 域内的一致收敛性，故可以对式（3.5.5）两端沿正向简单闭曲线 C 逐项积分，即

$$\oint_C f(z)dz=\sum_{n=-\infty}^{\infty}a_n\oint_C(z-z_0)^n dz \tag{1}$$

运用积分式（3.4.7）得

$$\oint_C\frac{dz}{(z-z_0)^n}=\begin{cases}2\pi i & (n=1)\\ 0 & (n\neq1,\text{整数})\end{cases}$$

即式（1）右端除 $n=-1$ 的对应项等于 $2\pi i a_{-1}$ 外，其余各项全为零，故

$$\oint_C f(z)dz=2\pi i a_{-1} \tag{2}$$

由式（2）得

$$a_{-1}=\frac{1}{2\pi i}\oint_C f(z)dz \tag{3.6.1}$$

利用该积分可对留数或残数（residue）做如下定义。

留数或残数定义：设 z_0 是 $f(z)$ 的孤立奇点，C 为环域 $0<|z-z_0|<R$ 内任一条围绕点 z_0 的正向简单闭曲线，则称积分 $\frac{1}{2\pi i}\oint_C f(z)dz$ 为 $f(z)$ 在点 z_0 处的留数，记作 $\mathrm{Res}[f(z),z_0]$ 或 $\mathrm{Res}f(z_0)$，即

$$\mathrm{Res}f(z_0)=\frac{1}{2\pi i}\oint_C f(z)dz \tag{3.6.2}$$

将式（3.6.2）与式（3.6.1）比较可见，所得罗朗级数中 $(z-z_0)^{-1}$ 项的系数 a_{-1} 称为 $f(z)$ 在点 z_0 的留数。

设 $f(z)$ 在闭曲线 C 所围的区域上除孤立奇点 z_0 以外解析，包围点 z_0 作一小闭曲线 C_1，则

$$a_n=\frac{1}{2\pi i}\oint_{C_1}\frac{f(\xi)}{(\xi-z_0)^{n+1}}d\xi$$

令 $n=-1$，得

$$2\pi i a_{-1}=\oint_{C_1}f(z)dz$$

由柯西定理 $\oint_{C_1}f(z)dz=\oint_C f(z)dz$ 得

$$\oint_C f(z)dz=2\pi i\,\mathrm{Res}f(z_0)$$

如 $f(z)$ 在 C 所围区域上有 n 个孤立奇点 $z_1,z_2,\cdots,z_n(j=1,2,\cdots,n)$，在 C 内围绕每个孤

立奇点作一个不包围其他孤立奇点的互不相交的闭曲线 C_1，C_2，…，C_n，$f(z)$ 在以 C 和 C_j 为边界的多连通域内是解析的，运用柯西积分定理，有 $\oint_C f(z)\mathrm{d}z=\sum_{j=i}^{n}\oint_{C_j} f(z)\mathrm{d}z$，则得到

$$\oint_C f(z)\mathrm{d}z = 2\pi \mathrm{i}[\mathrm{Res}f(z_1)+\mathrm{Res}f(z_2)+\cdots+\mathrm{Res}f(z_n)] \tag{3.6.3}$$

从而得到如下定理。

留数定理：如 $f(z)$ 在闭曲线 C 所围的区域 D 内除有限个孤立奇点外处处解析，则 $f(z)$ 沿C 的积分等于 $f(z)$ 在这些奇点的留数之和乘以 $2\pi\mathrm{i}$。

3.6.2　计算极点的留数

留数定理把回路积分归结为被积函数在回路所围各奇点的留数之和，这里需要学习如何计算留数。由前面所述可知，将函数在孤立奇点附近作罗朗级数展开，所得罗朗级数中 $(z-z_3)^{-1}$ 项的系数 a_{-1}，便可求得函数 $f(z)$ 在该孤立奇点 z_0 的留数，这是计算留数的一般方法。但是，该方法求留数比较麻烦，如果能预先判知孤立奇点的类型，则求留数较为方便。

本小节介绍几种求留数简便的方法。

① 若 z_0 是 $f(z)$ 的可去奇点，则 $\mathrm{Res}f(z_0)=0$ ，由可去奇点的定义，该结论显然成立。

② 若 z_0 是 $f(z)$ 的本性奇点，则 $\mathrm{Res}f(z_0)a_{-1}$，一般只能将 $f(z)$ 在 $0<|z-z_0|<R$ 圆域内展开成罗朗级数得到 a_{-1}。

④ 若 z_0 是 $f(z)$ 的极点，则多数情况用下列简便的规则计算。

规则 1　设 z_0 是 $f(z)$ 的 n 阶极点（$n\geqslant 1$），$f(z)$ 在该极点附近的罗朗级数展开式为

$$f(z)=a_{-n}(z-z_0)^{-n}+\cdots+a_{-1}(z-z_0)^{-1}+a_0+a_1(z-z_0)+\cdots$$

以$(z-z_0)^n$ 乘上式的两边得

$$(z-z_0)^n f(z)=a_{-n}+a_{-n+1}(z-z_0)+\cdots+a_{-1}(z-z_0)^{n-1}+a_0(z-z_0)^n+\cdots$$

由罗朗级数在其收敛环域内可逐项微分的性质，对上式两边求（$n-1$）阶导数得

$$\frac{\mathrm{d}^{n-1}}{\mathrm{d}z^{n-1}}[(z-z_0)^n f(z)]=(n-1)!a_{-1}+a_0 n!(z-z_0)+\cdots$$

令 $z\to z_0$ 取极限，求出 a_{-1}，即确定了留数

$$\mathrm{Res}f(z_0)=a_{-1}=\frac{1}{(n-1)!}\lim_{z\to z_0}\frac{\mathrm{d}^{n-1}}{\mathrm{d}z^{n-1}}[(z-z_0)^n f(z)] \tag{3.6.4}$$

规则 2　当 z_0 为一阶极点，即单极点时

$$n=1$$

$$\mathrm{Res}f(z_0)=\lim_{z\to z_0}(z-z_0)f(z) \tag{3.6.5}$$

运用式（3.6.4）和式（3.6.5）不但能计算留数，而且还能检验 z_0 是否为极点，并能判断极点的阶数。这里仅给出以下几点结论[4]：

① 若 $\lim\limits_{z\to z_0}(z-z_0)^n f(z)$ 等于非零有限值，则 z_0 是 $f(z)$ 的 n 阶极点；

② 若 $\lim\limits_{z\to z_0}(z-z_0)^n f(z)$ 等于零，则 z_0 可能是 $f(z)$ 的低阶极点；

③ 若 $\lim\limits_{z\to z_0}(z-z_0)^n f(z)$ 趋于无穷，则 z_0 是 $f(z)$ 的高阶极点。

计算一阶极点的留数还有以下更简便的方法。

规则3 设 z_0 是函数 $f(z)$ 的一阶极点，函数 $f(z)$ 可表示为 $f(z)=f_1(z)/f_2(z)$。这里 $f_1(z)$ 及 $f_2(z)$ 在点 z_0 都是解析函数，并且 $f_1(z_0)\neq 0$，点 z_0 是 $f_2(z)$ 的一阶零点，$f_2'(z)\neq 0$，函数 $f(z)$ 一阶极点留数的计算公式为 $\mathrm{Res}[f(z),\ z_0]=\dfrac{f_1(z_0)}{f_2'(z_0)}$。

证明：因为

$$\mathrm{Res}[f(z),z_0]=\lim_{z\to z_0}(z-z_0)\frac{f_1(z)}{f_2(z)}=\lim_{z\to z_0}\frac{f_1(z)}{f_2(z)/(z-z_0)}=\frac{f_1(z_0)}{\lim\limits_{z\to z_0}f_2(z)/(z-z_0)} \quad (1)$$

又有 $f_2(z_0)=0$，由导数的定义得

$$\lim_{z\to z_0}\frac{f_2(z)}{z-z_0}=\lim_{z\to z_0}\frac{f_2(z)-f_2(z_0)}{z-z_0}=f_2'(z_0) \quad (2)$$

将该式（2）代入式（1），便得到函数 $f(z)$ 一阶极点留数的计算公式（3.6.6）。

例题 3.6.1 $f(z)=\dfrac{(z+2i)}{z^5+4z^3}$在原点的留数[1],[4]。

解：$f(z)=\dfrac{(z+2i)}{z^5+4z^3}=\dfrac{1}{z^3(z-2i)}$，$z=0$ 是三阶极点，运用式（3.6.4）得

$$\mathrm{Res}f(0)=\lim_{z\to 0}\frac{1}{2!}\frac{\mathrm{d}^2}{\mathrm{d}z^2}[z^3f(z)]=\lim_{z\to 0}\frac{1}{2!}\frac{\mathrm{d}^2}{\mathrm{d}z^2}\left(\frac{1}{z-2i}\right)=\lim_{z\to 0}\left[\frac{1}{(z-2i)^3}\right]=\frac{1}{8i}=-\frac{i}{8}$$

例题 3.6.2 求 $f(z)=\dfrac{1}{z^n-1}$在 $z=1$ 的留数[1],[4]。

解：$\lim\limits_{z\to 1}f(z)=\infty$，因此 $z=1$ 是函数的极点。把函数 $f(z)$ 的分母分解为因式，有

$$f(z)=1/[(z-1)(z^{n-1}+z^{n-2}+\cdots+z+1)]$$

可见 $f(z)$ 具有单极点 $z=1$，使用公式（3.6.5）计算留数，得

$$\mathrm{Res}f(z=1)=\lim_{z\to 1}\left[(z-1)\frac{1}{(z-1)(z^{n-1}+z^{n-2}+\cdots+z+1)}\right]=\frac{1}{n}$$

由高等数学知，上式中级数$\lim\limits_{z\to 1}(z^{n-1}+z^{n-2}+\cdots+z+1)=n$。

另解：不用因式分解分母，直接运用一阶极点留数的计算公式（3.6.6）计算留数，得

$$\mathrm{Res}f(z=1)=\lim_{z\to 1}\left[\frac{1}{(z^n-1)'}\right]=\lim_{z\to 1}\frac{1}{nz^{n-1}}=\frac{1}{n}$$

例题 3.6.3 确定函数 $f(z)=\dfrac{e^{iz}}{1+z^2}$的极点和留数。

解：由函数的分母 $z^2=-1$，得到两个一阶极点 $z=\pm i$，令

$$f_1(z)=e^{iz}、f_2(z)=1+z^2$$

有

$$f_2'(z)=2z$$

由式（3.6.6）得

$$f_1(z)/f'_2(z)=e^{iz}/2z$$

运用式（3.6.6）得函数的留数

$$\mathrm{Res}[f(z),i]=-i/2e,\quad \mathrm{Res}[f(z),-i]=ie/2$$

3.6.3　应用留数定理计算实变函数的积分

留数定理的一个重要应用是计算某些实变函数的定积分。在一元实变函数的定积分和广义积分中，许多被积函数的原函数很难确定，有时原函数还不能用初等函数表示，使得计算其积分值很困难。留数定理为许多这类积分的计算提供了一种简便方法，即把所求定积分转化为复变函数沿某条闭曲线的积分，然后利用留数定理求其积分值。但是，利用留数定理计算定积分或广义积分没有普遍适用的方法，本小节具体介绍几种特殊类型的积分计算。

本小节包括三角函数**有理式积分**、**有理函数积分**、**多项式和指数乘积的无穷积分**、**被积函数在实轴上有孤立奇点的积分**四部分。

留数定理是与复变函数的闭曲线积分相关联的，要利用它计算实变函数的定积分，首先要将实变函数的定积分与复变函数闭曲线积分联系起来，通常有如下两种计算方法：

① 将待求的定积分 $\int_a^b f(x)\mathrm{d}x$ 看成复变函数 $f(z)$ 沿实轴上一段 C_1 的积分，再应用变数变换将 C_1 换成新的自变量在复平面上的闭曲线，可直接用留数定理。

② 将 $\int_a^b f(x)\mathrm{d}x$ 看成复变函数 $f(z)$ 沿实轴上一段 C_1 的积分后，另外补上一段积分路径 C_2，使 C_1 和 C_2 合成复平面上的一个闭曲线，有

$$\int_{C_1} f(x)\mathrm{d}x + \int_{C_2} f(z)\mathrm{d}z = \oint_C f(z)\mathrm{d}z$$

得

$$\int_{C_1} f(x)\mathrm{d}x = \oint_C f(z)\mathrm{d}z - \int_{C_2} f(z)\mathrm{d}z$$

上式中右边的第一项用留数定理求出，第二项可直接积分求出，则左边的项就可以确定了。

(1) 三角函数有理式积分

设 $f(\cos\theta,\ \sin\theta)$ 是 $\cos\theta$ 和 $\sin\theta$ 的有理函数，在 $(0,\ 2\pi)$ 中有界。**三角函数有理式积分**形式如 $I=\int_0^{2\pi} f(\sin\theta,\ \cos\theta)\mathrm{d}\theta=\int_{-\pi}^{\pi} f(\sin\theta,\ \cos\theta)\mathrm{d}\theta$。有理函数 $f(\cos\theta,\ \sin\theta)$ 在 $x^2+y^2=1$ 上无奇点，这类积分可化为单位圆周上的复积分。θ 可看作单位圆周 $|z|=1$ 的参数方程中的参数，令 $z=\mathrm{e}^{\mathrm{i}\theta}$，$\theta$ 为实数，$0\leqslant\theta\leqslant 2\pi$，把所有的函数写成复函数形式，有

$$\mathrm{d}z = \mathrm{i}\mathrm{e}^{\mathrm{i}\theta}\mathrm{d}\theta = \mathrm{i}z\mathrm{d}\theta, \mathrm{d}\theta = \mathrm{d}z/\mathrm{i}z$$

$$\cos\theta = (\mathrm{e}^{\mathrm{i}\theta}+\mathrm{e}^{-\mathrm{i}\theta})/2 = (z+z^{-1})/2 = (z^2+1)/2z$$

$$\sin\theta = (\mathrm{e}^{\mathrm{i}\theta}-\mathrm{e}^{-\mathrm{i}\theta})/2\mathrm{i} = (z^2-1)/2\mathrm{i}z$$

当 θ 从 0 变到 2π 时，z 沿圆周 $|z|=1$ 正向绕行一周，则三角函数有理式积分化为

$$I = \int_0^{2\pi} f(\sin\theta,\cos\theta)\mathrm{d}\theta = \oint_C f(z)\mathrm{d}z = \oint_{|z|=1} f\left(\frac{z^2-1}{2z\mathrm{i}},\frac{z^2+1}{2z}\right)\frac{\mathrm{d}z}{\mathrm{i}z}$$

式中，$f(z)$ 是 z 的有理函数。在 $|z|<1$ 的单位圆 C 内仅有有限个奇点 z_1，z_2，…，z_n，则由留数定理得积分为 $f(z)$ 在 C 内部的留数的总和，即

$$I = \int_0^{2\pi} f(\sin\theta,\cos\theta)\mathrm{d}\theta = 2\pi\mathrm{i}\sum_{k=1}^{n}\mathrm{Res}f(z_k) \tag{3.6.7}$$

例题 3.6.4 计算积分[1],[4] $I=\int_0^{2\pi}\frac{dx}{1+a\cos x}$ $(0<a<1)$。

解： 令 $z=e^{ix}$，用变量替换将沿 x 轴的积分化为复平面上沿单位圆周的线积分，有

$$\cos x=(z+z^{-1})/2,\quad dx=dz/iz$$

$$I=\int_{|z|=1}\frac{1}{1+a(z+z^{-1})/2}\frac{dz}{iz}=\int_{|z|=1}\frac{2dz}{i(az^2+2z+a)}$$

被积函数有两个单极点

$$z_1=\frac{-1+\sqrt{1-a^2}}{a},\quad z_2=\frac{-1-\sqrt{1-a^2}}{a}$$

由于 $0<a<1$，z_2 在单位圆 $|z|=1$ 以外，不被积分回路所包围，在计算回路积分时不必考虑它。z_1 在单位圆 $|z|=1$ 以内，z_1 为单极点，运用留数定理公式（3.6.5）计算其留数

$$\text{Res}f(z_1)=\lim_{z\to z_1}(z-z_1)f(z)=\lim_{z\to z_1}\frac{2(z-z_1)}{ia(z-z_1)(z-z_2)}=\frac{1}{i\sqrt{1-a^2}}$$

于是，由留数定理计算积分，得

$$I=\int_0^{2\pi}\frac{dx}{1+a\cos x}=\oint_C f(z)dz=\text{Res}f(z_1)2\pi i=\frac{2\pi}{\sqrt{1-a^2}}$$

（2）有理函数积分

有理函数积分 $\int_{-\infty}^{\infty}f(x)dx$ **即广义积分**，其中 $f(x)$ 在整个实轴 $-\infty<x<+\infty$ 上是连续的。下面介绍处理这种积分的基本思路，介绍两种情况。

① 如果无穷远点是 $f(z)$ 的二阶或更高阶的零点，$f(z)$ 在实轴上是解析的，即在实轴上无奇点，并且在上半平面只有有限个孤立奇点。

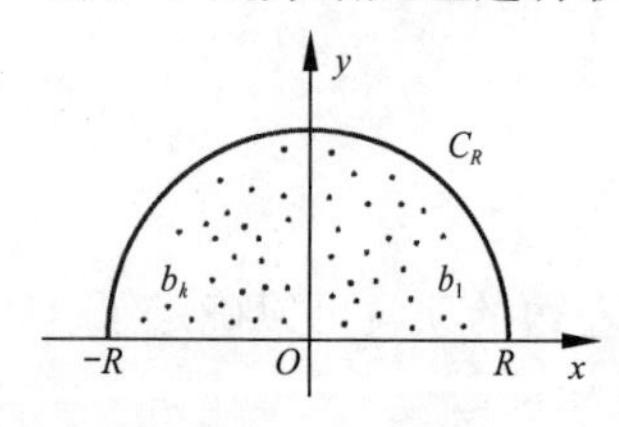

图 3.6.1 闭路积分

设 C 是一个闭路围线，由实轴上从 $-R$ 到 R 线段加上以点 O 为圆心、R 为半径而在上半平面的半圆 C_R 所组成，围线内包含了 n 个孤立奇点在内，如图 3.6.1 所示，有闭路积分

$$\oint_C f(z)dz=\int_{-R}^{R}f(x)dx+\int_{C_R}f(z)dz$$

即

$$\int_{-R}^{R}f(x)dx+\int_{C_R}f(z)dz=2\pi i\sum_{k=1}^{n}\text{Res}f(z_k) \tag{3.6.8}$$

可以证明

$$\lim_{R\to\infty}\int_{C_R}f(z)dz=0$$

证明： 无穷远点是 $f(z)$ 二阶或更高阶的零点，在无穷远点邻域展开 $f(z)$，有

$$f(z)=\frac{a_{-2}}{z^2}+\frac{a_{-3}}{z^3}+\frac{a_{-4}}{z^4}+\cdots=\frac{1}{z^2}\left(a_{-2}+\frac{a_{-3}}{z}+\frac{a_{-4}}{z^2}+\cdots\right)=\frac{1}{z^2}\varphi(z)$$

$$\lim_{z\to\infty}\varphi(z)=a_{-2}$$

在无穷远点邻域内，$\varphi(z)$ 有界，即

$$|\varphi(z)|\leqslant M\qquad |z|>R$$

式中，R 充分大，则得

$$\left|\int_{C_R} f(z)\mathrm{d}z\right| = \left|\int_{C_R} \frac{\varphi(z)}{z^2}\mathrm{d}z\right| \leqslant \frac{M}{R^2}\pi R = \lim_{R\to\infty}\frac{\pi M}{R} \to 0$$

即式（3.6.8）变成

$$\lim_{R\to\infty}\int_{-R}^{R} f(x)\mathrm{d}x = \int_{-\infty}^{\infty} f(x)\mathrm{d}x = 2\pi \mathrm{i}\sum_{k=1}^{n}\mathrm{Res}f(z_k) \tag{3.6.9}$$

例题 3.6.5　利用留数定理计算积分 $\int_{-\infty}^{\infty}\frac{\mathrm{d}x}{(1+x^2)^2}$。

解：取一复变量作辅助函数 $f(z)=\frac{1}{(1+z^2)^2}$，$f(z)$ 在上半平面内只有一个二阶极点 $z=\mathrm{i}$，在实轴上解析，无穷远点是 $f(z)$ 的四阶零点，用式（3.6.9）计算

$$\int_{-\infty}^{\infty}\frac{\mathrm{d}z}{(1+z^2)^2} = 2\pi \mathrm{i}\mathrm{Res}f(\mathrm{i})$$

因为

$$\mathrm{Res}f(\mathrm{i}) = \lim_{z\to \mathrm{i}}\frac{\mathrm{d}}{\mathrm{d}z}\left[(z-\mathrm{i})^2\frac{1}{(1+z^2)^2}\right] = \lim_{z\to \mathrm{i}}\frac{\mathrm{d}}{\mathrm{d}z}\left[\frac{1}{(z+\mathrm{i})^2}\right] = \lim_{z\to \mathrm{i}}\frac{-2}{(z+\mathrm{i})^3} = -\frac{\mathrm{i}}{4}$$

所以

$$\int_{-\infty}^{\infty}\frac{\mathrm{d}x}{(1+x^2)^2} = 2\pi \mathrm{i}(-\frac{i}{4}) = \frac{\pi}{2}$$

② **被积函数为有理分式函数。**

被积函数有理分式函数 $f(x)=\frac{P(x)}{Q(x)}$，其中

$$\begin{cases} P(x) = a_0x^m + a_1x^{m-1} + a_{m-1}x + \cdots + a_m \\ Q(x) = b_0x^n + b_1x^{n-1} + b_{n-1}x + \cdots + b_n \end{cases}$$

为互质多项式，假定 $n\geqslant m+2$，$Q(z)=0$ 无实根，$f(z)$ 在实轴上没有孤立奇点，在上半平面内有 k 个根，z_1，z_2，…，z_k 是 $f(z)$ 在上半平面内所有的孤立奇点，那么积分存在

$$\int_{-\infty}^{\infty}\frac{P(x)}{Q(x)}\mathrm{d}x = 2\pi \mathrm{i}[\mathrm{Res}f(z_1) + \mathrm{Res}f(z_2) + \cdots + \mathrm{Res}f(z_n)] \tag{3.6.10}$$

例题 3.6.6　用留数定理计算积分 $\int_C\frac{\mathrm{d}z}{(z-1)^2\ (z^2+1)}$，其中闭曲线 C 为圆周 $x^2+y^2=2x+2y$。

解：圆周方程可写为 $(x-1)^2+(y-1)^2=2$，是以（1，1）为圆心、$\sqrt{2}$为半径的圆周，令

$$f(z) = \frac{1}{(z-1)^2(z^2+1)}$$

可得，$z=1$ 为 $f(z)$ 的二阶极点，$z=\pm\mathrm{i}$ 为 $f(z)$ 的一阶极点。$z=1$，$z=\mathrm{i}$ 为 $f(z)$ 在闭曲线 C 中的极点，根据留数定理，有

$$\int_C\frac{\mathrm{d}z}{(z-1)^2(z^2+1)} = 2\pi \mathrm{i}[\mathrm{Res}f(1) + \mathrm{Res}f(i)]$$

式中

$$\mathrm{Res}f(1) = \frac{1}{(2-1)!}\lim_{z\to 1}\frac{\mathrm{d}}{\mathrm{d}z}\left[(z-1)^2\frac{1}{(z-1)^2(z^2+1)}\right]$$

$$= \lim_{z\to 1}\frac{\mathrm{d}}{\mathrm{d}z}\left[\frac{1}{(z^2+1)}\right] = \lim_{z\to 1}\frac{-1\cdot 2z}{(z^2+1)^2} = \frac{-2}{4} = -\frac{1}{2}$$

$$\mathrm{Res}f(\mathrm{i}) = \lim_{z\to \mathrm{i}}\left[(z-\mathrm{i})\frac{1}{(z-1)^2(z^2+1)}\right]$$

$$= \lim_{z\to \mathrm{i}}\left[\frac{1}{(z-1)^2(z+\mathrm{i})}\right] = \frac{1}{2\mathrm{i}(\mathrm{i}-1)^2} = \frac{1}{4}$$

得

$$\int_C \frac{\mathrm{d}z}{(z-1)^2(z^2+1)} = 2\pi\mathrm{i}[\mathrm{Res}(1)+\mathrm{Res}(\mathrm{i})] = 2\pi\mathrm{i}\left(-\frac{1}{2}+\frac{1}{4}\right) = -\frac{\pi\mathrm{i}}{2}$$

（3）多项式和指数乘积的无穷积分

介绍形如 $\int_{-\infty}^{\infty} f(x)\mathrm{e}^{\mathrm{i}\alpha x}\mathrm{d}x$（$\alpha>0$）的积分。被积函数 $f(x)=\frac{P(x)}{Q(x)}$ 是有理分式函数，其中

$$\begin{cases} P(x) = a_0x^m + a_1x^{m-1} + a_{m-1}x + \cdots + a_m \\ Q(x) = b_0x^n + b_1x^{n-1} + b_{n-1}x + \cdots + b_n \end{cases}$$

为互质多项式，假定 $n\geqslant m+1$，$Q(z)=0$ 无实根，$f(z)$ 在实轴上没有孤立奇点，z_1，z_2，…，z_k（$k=1$，2，…，n）是 $f(z)\mathrm{e}^{\mathrm{i}\alpha z}$ 在上半平面内所有的孤立奇点，那么有积分存在

$$\int_{-\infty}^{\infty} f(x)\mathrm{e}^{\mathrm{i}\alpha z}\mathrm{d}x = 2\pi\mathrm{i}\sum_{k=1}^{n}\mathrm{Res}[f(z_k)\mathrm{e}^{\mathrm{i}\alpha z}] \tag{3.6.11}$$

读者可参考相关文献[3]证明该公式。

例题 3.6.7 用留数定理计算积分 $\int_{-\infty}^{\infty}\frac{\cos\alpha x}{1+x^2}\mathrm{d}x \quad (\alpha>0)$。

解：设 $F(z)=\frac{\mathrm{e}^{\mathrm{i}\alpha z}}{1+z^2}=\frac{\cos\alpha z}{1+z^2}+\mathrm{i}\frac{\sin\alpha z}{1+z^2}$，由函数定理计算积分

$$\int_{-\infty}^{\infty} F(z)\mathrm{d}z = \int_{-\infty}^{\infty}\frac{\mathrm{e}^{\mathrm{i}\alpha z}}{1+z^2}\mathrm{d}z$$

设函数 $f(z)=\frac{1}{1+z^2}$，$n=2$，$m=0$，$n-m=2>1$，该积分存在。$f(z)$ 在上半平面有唯一的一阶极点 $z=\mathrm{i}$，计算留数

$$\mathrm{Res}[f(\mathrm{i})\mathrm{e}^{\mathrm{i}\alpha z}] = \lim_{z\to\mathrm{i}}(z-\mathrm{i})\frac{\mathrm{e}^{\mathrm{i}\alpha z}}{(1+z^2)} = \frac{1}{2\mathrm{i}}\mathrm{e}^{-\alpha}$$

由式（3.6.11），得

$$\int_{-\infty}^{\infty} F(z)\mathrm{d}z = \int_{-\infty}^{\infty}\frac{\mathrm{e}^{\mathrm{i}\alpha z}}{1+z^2}\mathrm{d}z = 2\pi\mathrm{i}\mathrm{Res}[f(\mathrm{i})\mathrm{e}^{\mathrm{i}\alpha z}] = 2\pi\mathrm{i}\frac{1}{2\mathrm{i}}\mathrm{e}^{-\alpha} = \pi\mathrm{e}^{-\alpha}$$

比较上式的实部和虚部，得

$$I = \int_{-\infty}^{\infty}\frac{\cos\alpha x}{1+x^2}\mathrm{d}x = \mathrm{Re}\left[\int_{-\infty}^{\infty}\frac{\mathrm{e}^{\mathrm{i}\alpha z}}{1+z^2}\mathrm{d}z\right] = \pi\mathrm{e}^{-\alpha}$$

还得到以下积分

$$\int_{-\infty}^{\infty}\frac{\sin\alpha x}{1+x^2}\mathrm{d}x = \mathrm{Im}\left[\int_{-\infty}^{\infty}\frac{\mathrm{e}^{\mathrm{i}\alpha z}}{1+z^2}\mathrm{d}z\right] = 0$$

（4）被积函数在实轴上有孤立奇点的积分

被积函数 $f(x)$ 是 x 的有理函数，而分母的次数至少比分子的次数高一次。设 $f(z)$ 在

实轴上除去有限多个单极点（一阶极点）x_1，x_2，…，x_m 外处处解析，并且在上半平面 $\text{Im}(z)>0$ 内除去 n 个有限极点 z_1，z_2，…，z_n 外处处解析。

设 C 是一个闭路曲线，由实轴上从 $-R$ 到 R 线段加上以 O 点为圆心、R 为半径而在上半平面的半圆 C_R 所组成，曲线内包含了 n 个孤立奇点 z_1，z_2，…，z_q 在内，并且以 x_1，x_2，…，x_m 为圆心，分别以 δ_1，δ_2，…，δ_m 为半径在实轴上作半圆 C_1，C_2，…，C_m，如图 3.6.2 所示，取 R 足够大使全部 x_1，x_2，…，x_m 均在（$-R$，R）内，有积分

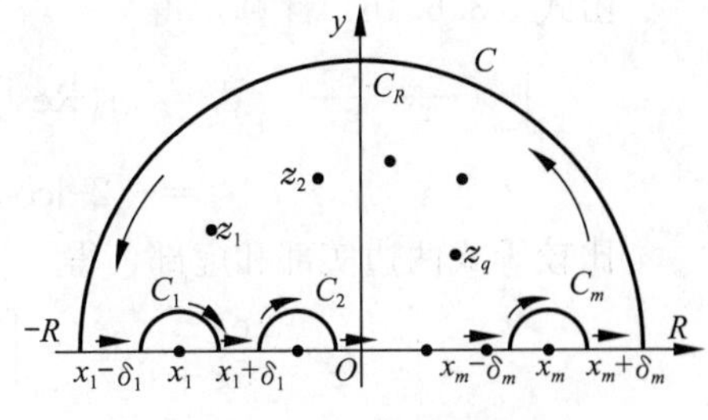

图 3.6.2　闭路曲线 C

$$\int_{-R}^{R} f(x)\mathrm{d}x+\sum_{k=1}^{m}\lim_{\delta_k\to 0}\int_{C_k} f(z)\mathrm{d}z+\int_{C} f(z)\mathrm{d}z=2\pi\mathrm{i}\sum_{l=1}^{q}\mathrm{Res}f(z_l) \tag{3.6.12}$$

存在。先确定式（3.6.12）中的第一项

$$\lim_{R\to\infty}\int_{-R}^{R} f(x)\mathrm{d}x=\int_{-\infty}^{\infty} f(x)\mathrm{d}x \tag{3.6.13}$$

再确定（3.6.12）中第二项，令 $z=x_k+\delta_k\mathrm{e}^{\mathrm{i}\theta}$（$\pi>\theta>0$），代入该项被积函数中，得

$$\lim_{\delta_k\to 0}\int_{C_k} f(z)\mathrm{d}z=\lim_{\delta_k\to 0}\int_{\pi}^{0} f(x_k+\delta_k\mathrm{e}^{\mathrm{i}\theta})\delta_k\mathrm{e}^{\mathrm{i}\theta}\mathrm{i}\mathrm{d}\theta=-\pi\mathrm{i}\mathrm{Res}f(x_k)\quad(k=1,2,\cdots,m)$$

即

$$\sum_{k=1}^{m}\lim_{\delta_k\to 0}\int_{C_k} f(z)\mathrm{d}z=-\pi\mathrm{i}\sum_{k=1}^{m}\mathrm{Res}f(x_k) \tag{3.6.14}$$

最后确定式（3.6.12）中的第三项，可以证明当 $R\to\infty$ 时，得

$$\lim_{R\to\infty}\int_{C} f(z)\mathrm{d}z\to 0 \tag{3.6.15}$$

将式（3.6.13）～式（3.6.15）代入式（3.6.12），得

$$\int_{-\infty}^{\infty} f(x)\mathrm{d}x=2\pi\mathrm{i}\left[\sum_{l=1}^{q}\mathrm{Res}f(z_l)+\frac{1}{2}\sum_{k=1}^{m}\mathrm{Res}f(x_k)\right] \tag{3.6.16}$$

例题 3.6.8　用留数定理计算积分 $\int_{-\infty}^{\infty}\frac{x\cos x}{x^2-5x+6}\mathrm{d}x$。

解：令 $f(z)=\frac{z\mathrm{e}^{\mathrm{i}z}}{z^2-5z+6}$，其中 $z=x+\mathrm{i}y$，$n=2$，$m=1$，$n-m=1$

$$z^2-5z+6=x^2-y^2+2xy\mathrm{i}-5x-5y\mathrm{i}+6=0$$

由

$$\begin{cases}x^2-y^2-5x+6=0\\2xy-5y=0\end{cases}$$

解出当 $y=0$ 时，$x_1=2$，$x_2=3$。

由此可知，被积函数 $f(z)$ 在上半平面 $\text{Im}(z)>0$ 内无奇点，在实轴上有两个一阶极点 $x_1=2$ 和 $x_2=3$。用一阶极点的留数计算公式（3.6.6）$\mathrm{Res}[f(z),z_0]=\frac{f_1(z_0)}{f_2'(z_0)}$分别计算两个一阶极点的留数，其中 $f_1(z)=z\mathrm{e}^{\mathrm{i}z}$，$f_2(z)=z^2-5z+6$，得

$$\mathrm{Res}[f(z),2]=\left.\frac{z\mathrm{e}^{\mathrm{i}z}}{\mathrm{d}(z^2-5z+6)/\mathrm{d}z}\right|_{z=2}=-2\mathrm{e}^{2\mathrm{i}}$$

$$\mathrm{Res}[f(z),3]=\left.\frac{ze^{iz}}{\mathrm{d}(z^2-5z+6)/\mathrm{d}z}\right|_{z=3}=3e^{3i}$$

由式（3.6.16）计算，得

$$\int_{-\infty}^{\infty}\frac{ze^{iz}}{z^2-5z+6}\mathrm{d}z=\pi i\{\mathrm{Res}[f(z),2]+\mathrm{Res}[f(z),3]\}=\pi i[-2e^{2i}+3e^{3i}]$$

$$=-2\pi i\cos 2+2\pi\sin 2+3\pi i\cos 3-3\pi\sin 3$$

比较等式两边实部和虚部，得

$$\int_{-\infty}^{\infty}\frac{ze^{iz}}{z^2-5z+6}\mathrm{d}z=\int_{-\infty}^{\infty}\frac{x\cos x}{x^2-5x+6}\mathrm{d}x+i\int_{-\infty}^{\infty}\frac{x\sin x}{x^2-5x+6}\mathrm{d}x$$

即

$$\int_{-\infty}^{\infty}\frac{x\cos x}{x^2-5x+6}\mathrm{d}x=\pi(2\sin 2-3\sin 3)$$

第三章　练　习　题

3.1　将各复函数写成三角函数和指数形式。

（1）$3i$　　（2）$2+5i$　　（3）$-2-5i$

3.2　求以下各复数的数值。

（1）$\sqrt[3]{i}$　　（2）$\sqrt[8]{1}$

3.3　确定下列函数表示的区域，求下列各题中 z 点的位置。

（1）$|z-i|<3$　　（2）$(z-3-4i)=5$

（3）$\mathrm{Re}(z)>3$　　（4）$\mathrm{Im}(z)\leqslant 2$　　（5）$|z-2|+|z+2|=5$

3.4　证明下列恒等式。

（1）$\sin 2z=2\sin z\cos z$

（2）$\cos ix=\mathrm{ch}x$

（3）$\sin z_1+\sin z_2=2\sin\frac{z_1+z_2}{2}\cos\frac{z_1-z_2}{2}$

3.5　用实部、虚部表示各复函数。

（1）$\sin i$　（2）$\tan(2-i)$　（3）$\mathrm{ch}i$　（4）$\mathrm{sh}(2-i)$　（5）$\sin(x+iy)$

3.6　计算各复函数的值。

（1）$\ln(1+i)$　（2）$\ln(-3+4i)$　（3）$e^{1-\pi i/2}$

3.7　验证各复函数的C－R条件。

（1）$w=\sin z$　　（2）$w=\mathrm{Ln}z$

3.8　函数 $f(z)=\frac{e^{1/z}}{1-z}$，证明 $z=1$ 是 $f(z)$ 的一阶极点，$z=0$ 是 $f(z)$ 的本性奇点，$z=\infty$ 是 $f(z)$ 的可去奇点，并确定其留数。

3.9　在下列已知条件下，求解析函数 $w=u+iv$。

（1）$u=\frac{x}{x^2+y^2}-2y$　　（2）$v=\frac{-y}{(x+1)^2+y^2}$

3.10　计算积分 $\int_C\frac{z^2}{z-z_i}\mathrm{d}z$，其中 C 为

（1）$|z|=3$，$z_i=2$　　（2）$|z|=1$，$z_i=2$

3.11　计算积分 $\int_C \frac{\sin z}{z+\mathrm{i}}\mathrm{d}z$，其中 $|z+\mathrm{i}|=3$。

3.12　计算 $\oint_C \frac{\mathrm{d}z}{(z^2+9)^2}$，其中 C 为

（1）圆周 $|z-2\mathrm{i}|=2$　　（2）圆周 $|z+2\mathrm{i}|=2$

3.13　将函数 $\frac{1}{(z-a)(z-b)}$ 在下列区域展成罗朗级数。

（1）在环域 $|a|<|z|<|b|$　　（2）在无穷远点邻域（即 $|z|>|b|$）

（3）在点 a 的邻域

3.14　计算下列复函数关于每个极点的留数。

（1）$\frac{z^2+1}{z-2}$　　（2）$\frac{\cos z}{z-\mathrm{i}}$　　（3）$\frac{1}{(z^2+1)^3}$

3.15　用留数定理计算 $\oint_C \frac{\mathrm{d}z}{(z-1)^2(z^2+1)}$，其中 C 是绕圆周 $x^2+y^2=2x+2y$ 正向绕行一周。

参考文献

[1] 梁昆淼，编. 刘法，缪国庆，修订. 数学物理方程（第 4 版）[M]. 北京：高等教育出版社，2010：1～68.

[2] 格·列·伦兹，列·埃·艾尔哥尔兹，著. 复变函数与运算微积分初步 [M]. 熊振翔，丘玉圃，译. 北京：人民教育出版社，1978：1～138.

[3] 夏宗伟. 应用数学基础 [M]. 西安：西安交通大学出版社，1989：1～163.

[4] 盛镇华. 矢量分析与数学物理方法 [M]. 长沙：湖南科学技术出版社，1982：65～98.

[5] James Ward Brown，Ruel V. Churchill. 复变函数及应用 [M]. 邓冠铁，等，译. 北京：机械工业出版社，2005.

[6] Francis B. Hildebrand. Advanced Calculus for Applications. 2nd Edition [M]. Englewood Cliffs，New Jersey：Prentice－Hall Inc，1976：539～621.

[7] 盖云英，包革军. 复变函数与积分变换 [M]. 北京：科学出版社，2004：1～144.

[8] 李建林. 复变函数·积分变换·全析精解 [M]. 西安：西北工业大学出版社，2005：1～164.

第 4 章　矢量分析与场论

矢量分析是矢量代数的继续，其主要内容是讨论矢量函数及其微分、积分等。矢量分析是研究其他学科的一个重要的数学工具，也是场论的基础知识。场论是研究数量场和矢量场数学性质的一门数学分支。动量、质量和能量传递理论是研究化学工程重要的理论基础，而研究一个系统中的动量、质量和能量传递现象时，矢量分析和场论的知识是必不可少的。借助于矢量分析和场论这个重要工具，可将描述三维空间化工传递过程的控制方程写成既简单又有意义的形式。针对没有接触或学过这方面内容的读者，本章在介绍矢量分析和场论知识的基础上，介绍化工问题数学模型建立的方法及如何应用场论建立描述动量、质量和能量传递的基本方程[1]~[7]，以便为后面章节的学习打下必要的基础。

本章分为 4 节，首先介绍矢量函数、二阶张量和场论的初步知识，然后介绍场论在化学工程中的应用，包括矢量函数、二阶张量、场论概述和场论在化学工程中的应用 4 节。

4.1　矢量函数

在工程实际中，经常遇到既有大小又有方向的量，例如一个物体运动的速度。数学上用矢量 $\boldsymbol{A}$ 表示既有大小又有方向的量。为了研究变矢量与某个数量的关系，引入矢量函数。矢量函数是随自变量变化的向量，自变量可以是一个，也可以是多个。为了便于理解，将问题简化，本节先介绍含一个自变量的矢量函数。

本节介绍矢量函数的基本知识，包括矢量函数的基本概念、矢量函数的导数和积分[1]~[3]两小节。

4.1.1　矢量函数的基本概念

本小节介绍矢量函数的定义、数学和几何描述等基本概念。

定义　如果对于数量 t 在某个范围 Ω 内的每一个数值，变矢量 $\boldsymbol{A}$ 都有一个确定的矢量与它对应，则称 $\boldsymbol{A}$ 为自变量 t 的**矢量函数**，记作

$$\boldsymbol{A}=\boldsymbol{A}(t) \tag{4.1.1}$$

并称 Ω 为函数 $\boldsymbol{A}(t)$ 的**定义域**。

矢量函数 $\boldsymbol{A}(t)$ 的直角坐标表达式为

$$\boldsymbol{A}=\boldsymbol{A}(t)=A_x(t)\boldsymbol{i}+A_y(t)\boldsymbol{j}+A_z(t)\boldsymbol{k} \tag{4.1.2}$$

式中，$A_x(t)$，$A_y(t)$ 和 $A_z(t)$ 为 $\boldsymbol{A}(t)$ 在 $Oxyz$ 坐标系中的三个坐标；$\boldsymbol{i}$，$\boldsymbol{j}$，$\boldsymbol{k}$ 为沿三个坐标轴正向的单位矢量。一个矢量函数和三个有序的数量函数构成一一对应的关系。

本章介绍的矢量均为自由矢量。当两矢量的模和方向都相同时，就认为两矢量是相

等的。

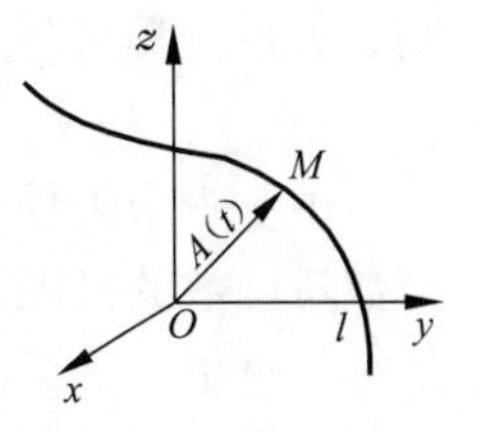

图 4.1.1　矢端曲线

用图形来描述矢量函数 $\boldsymbol{A}(t)$ 的变化状态。把 $\boldsymbol{A}(t)$ 起点取在坐标原点，当 t 变化时，矢量 $\boldsymbol{A}(t)$ 的终点 M 就描绘出一条曲线 l，如图 4.1.1所示，这条曲线称为矢量函数 $\boldsymbol{A}(t)$ 的**矢端曲线**。式（4.1.2）为此曲线的矢量方程。当 t 变化时，矢量 $\boldsymbol{A}(t)$ 实际上就成为其终点 M（x，y，z)的矢径。因此，$\boldsymbol{A}(t)$ 的三个坐标对应地等于其终点 M 的三个坐标 x、y、z，即

$$x = A_x(t), \quad y = A_y(t), \quad z = A_z(t) \tag{4.1.3}$$

式（4.1.3）是曲线 l 以 t 为参数的参数方程。

由上式可知，$\boldsymbol{A}(t) = x\boldsymbol{i} + y\boldsymbol{j} + z\boldsymbol{k}$，矢量 $\boldsymbol{A}(t)$ 的模为

$$|\boldsymbol{A}(t)| = \sqrt{x^2(t) + y^2(t) + z^2(t)} = \sqrt{A_x^2(t) + A_y^2(t) + A_z^2(t)} \tag{4.1.4}$$

在矢量代数中，模和方向都保持不变的矢量称为**常矢量**。**零矢量**的方向为任意，可作为一个特殊的常矢量。模和方向或其中之一不断变化的矢量称为**变矢量**。

例题 4.1.1　确定以下两条曲线的矢量方程。

① 设有直角三角形的纸片，它的一锐角为 β，将此纸片卷在一正圆柱面上，正圆柱的半径为 R，使角 β 的一边与圆柱的底圆周重合，角 β 的顶点 L 在圆柱底圆周上的位置为 A，而 A 为底圆周与 x 轴的交点，取坐标系如图 4.1.2（a）所示。设角的另一边是在圆柱面上盘旋上升形成的一条圆柱螺旋空间曲线。

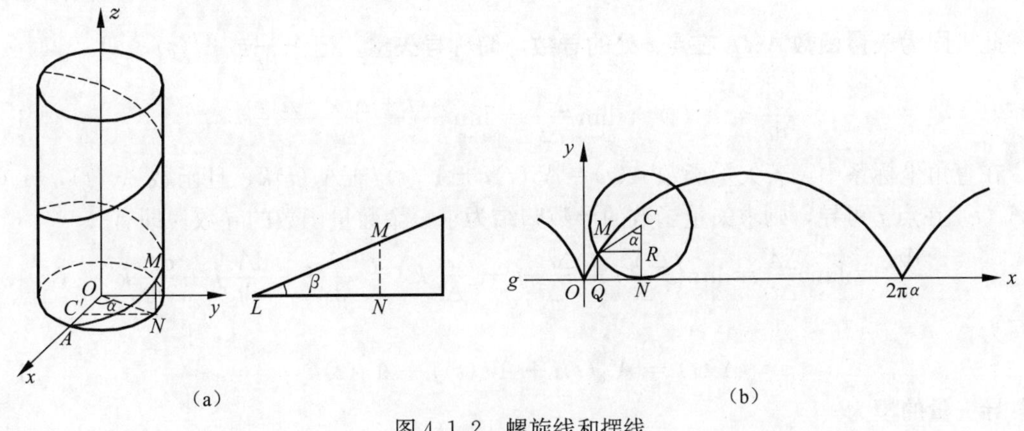

图 4.1.2　螺旋线和摆线

（a）螺旋线；（b）摆线

② 一圆沿定直线滚动时，圆周上一定点所描述的轨迹称为摆线，如图 4.1.2（b）所示。

解： 这里省略了曲线方程的推导，直接使用高等数学中给出的这两条曲线的参数方程。

① 圆柱螺旋线的参数方程为

$$x = R\cos\alpha, \quad y = R\sin\alpha, \quad z = b\alpha$$

则其矢量方程可写为

$$\boldsymbol{r} = R\cos\alpha\boldsymbol{i} + R\sin\alpha\boldsymbol{j} + b\alpha\boldsymbol{k}$$

② 摆线的参数方程为

$$x = R(\alpha - \sin\alpha), \quad y = R(1 - \cos\alpha)$$

则其矢量方程可写为

$$\boldsymbol{r}=R(\alpha-\sin\alpha)\boldsymbol{i}+R(1-\cos\alpha)\boldsymbol{j}$$

由于一个矢量函数和三个有序的数量函数构成一一对应的关系，故矢量函数的极限定义与数量函数的极限定义相类似，可将数量函数中的一些极限运算的法则用于矢量函数极限的运算。这里不做详细介绍，仅给出矢量函数连续性的定义。

矢量函数连续性的定义： 若矢量函数 $\boldsymbol{A}(t)$ 在点 t_0 的某个邻域内有定义，而且有 $\lim\limits_{t\to t_0}\boldsymbol{A}(t)=\boldsymbol{A}(t_0)$，则称 $\boldsymbol{A}(t)$ 在 $t=t_0$ 处连续。若矢量函数 $\boldsymbol{A}(t)$ 在某个区间内每一点处连续，则称它在该区间内连续。矢量函数 $\boldsymbol{A}(t)$ 在点 t_0 处连续的充要条件是它的三个数量函数 $A_x(t)$、$A_y(t)$ 和 $A_z(t)$ 都在 t_0 处连续。

4.1.2 矢量函数的导数和积分

由于一个矢量函数和三个有序的数量函数构成一一对应的关系。由此可知，矢量函数导数和积分的定义与数量函数的导数和积分的定义相类似，可将数量函数中的一些导数与积分运算的法则用于矢量函数导数和积分的运算。这里不再详细地介绍和讨论，仅给出导数和积分的基本定义、几何意义以及常用的运算公式。

本小节包括矢量函数的导数、矢量函数的积分两部分。

(1) 矢量函数的导数

矢量函数 $\boldsymbol{A}(t)$ 对数量 t 的导数定义：矢量 $\boldsymbol{A}(t)$ 在点 t 的某一邻域内有定义，并设 $t+\Delta t$ 也在这邻域内，若 $\boldsymbol{A}(t)$ 对应于 Δt 的增量 $\Delta\boldsymbol{A}$ 与 Δt 之比，在 $\Delta t\to 0$ 时，其极限存在，则称此极限为**矢量函数 $\boldsymbol{A}(t)$ 在点 t 处的导数**，简称**导矢量**，记作 $\frac{\mathrm{d}\boldsymbol{A}}{\mathrm{d}t}$ 或 $\boldsymbol{A}'(t)$，即

$$\frac{\mathrm{d}\boldsymbol{A}}{\mathrm{d}t}=\boldsymbol{A}'(t)=\lim_{\Delta t\to 0}\frac{\Delta\boldsymbol{A}}{\Delta t}=\lim_{t\to 0}\frac{\boldsymbol{A}(t+\Delta t)-\boldsymbol{A}(t)}{\Delta t}\tag{4.1.5}$$

在直角坐标系中，若矢量函数 $\boldsymbol{A}(t)=A_x(t)\boldsymbol{i}+A_y(t)\boldsymbol{j}+A_z(t)\boldsymbol{k}$，且函数 $A_x(t)$，$A_y(t)$ 和 $A_z(t)$ 在点 t 可导，则求矢量函数的导数归结为求三个数量函数的导数，即有

$$\frac{\mathrm{d}\boldsymbol{A}}{\mathrm{d}t}=\lim_{\Delta t\to 0}\frac{\Delta\boldsymbol{A}}{\Delta t}=\lim_{\Delta t\to 0}\left(\frac{\Delta A_x}{\Delta t}\boldsymbol{i}+\frac{\Delta A_y}{\Delta t}\boldsymbol{j}+\frac{\Delta A_z}{\Delta t}\boldsymbol{k}\right)=\frac{\mathrm{d}A_x}{\mathrm{d}t}\boldsymbol{i}+\frac{\mathrm{d}A_y}{\mathrm{d}t}\boldsymbol{j}+\frac{\mathrm{d}A_z}{\mathrm{d}t}\boldsymbol{k}\tag{4.1.6}$$

或写为

$$\boldsymbol{A}'(t)=A'_x(t)\boldsymbol{i}+A'_y(t)\boldsymbol{j}+A'_z(t)\boldsymbol{k}\tag{4.1.7}$$

导矢量的模为

$$\left|\frac{\mathrm{d}\boldsymbol{A}}{\mathrm{d}t}\right|=\sqrt{\left(\frac{\mathrm{d}A_x}{\mathrm{d}t}\right)^2+\left(\frac{\mathrm{d}A_y}{\mathrm{d}t}\right)^2+\left(\frac{\mathrm{d}A_z}{\mathrm{d}t}\right)^2}\tag{4.1.8}$$

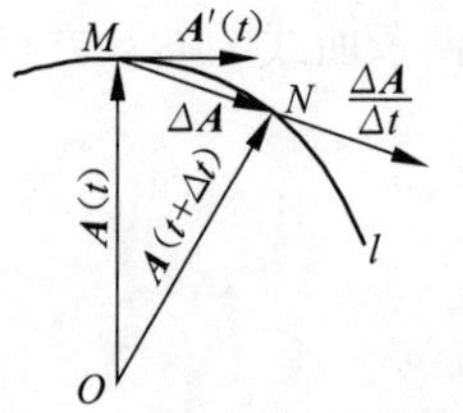

如图 4.1.3 所示，曲线 l 为矢量函数 $\boldsymbol{A}(t)$ 的矢端曲线，$\frac{\Delta\boldsymbol{A}}{\Delta t}$ 是在 l 的割线上的一个矢量。当 $\Delta t>0$ 时，$\frac{\Delta\boldsymbol{A}}{\Delta t}$ 指向与 $\Delta\boldsymbol{A}$ 一致，指向对应 t 值增大的一方；当 $\Delta t<0$ 时，$\frac{\Delta\boldsymbol{A}}{\Delta t}$ 指向与 $\Delta\boldsymbol{A}$ 相反，指向对应 t 值减少的一方。在 $\Delta t\to 0$ 时，割线 MN 绕点 M 转动，割线上的矢量 $\frac{\Delta\boldsymbol{A}}{\Delta t}$ 的极限位置是在点 M 处的切线上。

图 4.1.3 导矢量的几何意义

导矢量 $\boldsymbol{A}'(t)$ 不为零时，其**几何意义**是在点 M 处矢端曲线的有向切线，其方向恒指向对应 t 值增大的一方，如图 4.1.3 所示。

如果导矢量 $\boldsymbol{A}'(t)$ 可导，再求它的导数，便得到矢量函数 $\boldsymbol{A}(t)$ 的二阶导数，可以推广到高阶。对于二阶以上的高阶导数，也有类似于式（4.1.7）的公式。例如

$$\boldsymbol{A}''(t)=A''_x(t)\boldsymbol{i}+A''_y(t)\boldsymbol{j}+A''_z(t)\boldsymbol{k}$$

若矢量函数 $\boldsymbol{A}=\boldsymbol{A}(t)$、$\boldsymbol{B}=\boldsymbol{B}(t)$ 及数量函数 $u=u(t)$ 在 t 的某个范围内可导，则可用类似于微分中数量函数证明方法和矢量的基本运算来证明下列公式成立。

① $\dfrac{\mathrm{d}}{\mathrm{d}t}(k\boldsymbol{A})=k\dfrac{\mathrm{d}\boldsymbol{A}}{\mathrm{d}t}$（$k$ 为常数），特例 $\dfrac{\mathrm{d}}{\mathrm{d}t}\boldsymbol{C}=0$　（$\boldsymbol{C}$ 为常数矢量）

② $\dfrac{\mathrm{d}}{\mathrm{d}t}(\boldsymbol{A}\pm\boldsymbol{B})=\dfrac{\mathrm{d}\boldsymbol{A}}{\mathrm{d}t}\pm\dfrac{\mathrm{d}\boldsymbol{B}}{\mathrm{d}t}$

③ $\dfrac{\mathrm{d}}{\mathrm{d}t}(u\boldsymbol{A})=\dfrac{\mathrm{d}u}{\mathrm{d}t}\boldsymbol{A}+u\dfrac{\mathrm{d}\boldsymbol{A}}{\mathrm{d}t}$

④ $\dfrac{\mathrm{d}}{\mathrm{d}t}(\boldsymbol{A}\cdot\boldsymbol{B})=\boldsymbol{A}\cdot\dfrac{\mathrm{d}\boldsymbol{B}}{\mathrm{d}t}+\dfrac{\mathrm{d}\boldsymbol{A}}{\mathrm{d}t}\cdot\boldsymbol{B}$，特例 $\dfrac{\mathrm{d}}{\mathrm{d}t}\boldsymbol{A}^2=2\boldsymbol{A}\cdot\dfrac{\mathrm{d}\boldsymbol{A}}{\mathrm{d}t}$，式中，$\boldsymbol{A}^2=\boldsymbol{A}\cdot\boldsymbol{A}$

⑤ $\dfrac{\mathrm{d}}{\mathrm{d}t}(\boldsymbol{A}\times\boldsymbol{B})=\boldsymbol{A}\times\dfrac{\mathrm{d}\boldsymbol{B}}{\mathrm{d}t}+\dfrac{\mathrm{d}\boldsymbol{A}}{\mathrm{d}t}\times\boldsymbol{B}$

⑥ 若 $\boldsymbol{A}=\boldsymbol{A}(u)$，$u=u(t)$，则 $\dfrac{\mathrm{d}\boldsymbol{A}}{\mathrm{d}t}=\dfrac{\mathrm{d}\boldsymbol{A}}{\mathrm{d}u}\dfrac{\mathrm{d}u}{\mathrm{d}t}$

用矢量函数 $\boldsymbol{A}(t)$ 的导数 $\boldsymbol{A}'(t)$，可确定矢量函数 $\boldsymbol{A}(t)$ 在 t 处的微分 $\mathrm{d}\boldsymbol{A}$ 也是矢量，而且和导矢量 $\boldsymbol{A}'(t)$ 一样，也在点 M 处与 $\boldsymbol{A}(t)$ 的矢端曲线 l 相切。当 $\mathrm{d}t>0$ 时，$\mathrm{d}\boldsymbol{A}$ 与 $\boldsymbol{A}'(t)$ 方向一致；当 $\mathrm{d}t<0$ 时，$\mathrm{d}\boldsymbol{A}$ 与 $\boldsymbol{A}'(\mathrm{t})$ 方向相反，如图 4.1.4 所示。

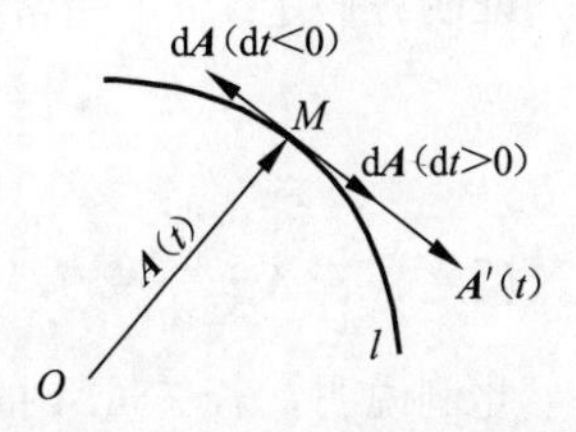

图 4.1.4　矢量 d**A** 的几何意义

微分 $\mathrm{d}\boldsymbol{A}$ 的表达式为

$$\mathrm{d}\boldsymbol{A}=\boldsymbol{A}'(t)\mathrm{d}t \tag{4.1.9}$$

微分 $\mathrm{d}\boldsymbol{A}$ 的模为

$$|\mathrm{d}\boldsymbol{A}|=\sqrt{(\mathrm{d}A_x)^2+(\mathrm{d}A_y)^2+(\mathrm{d}A_z)^2}$$

直角坐标表达式为

$$\mathrm{d}\boldsymbol{A}=A'_x(t)\mathrm{d}t\boldsymbol{i}+A'_y(t)\mathrm{d}t\boldsymbol{j}+A'_z(t)\mathrm{d}t\boldsymbol{k}=\mathrm{d}A_x\boldsymbol{i}+\mathrm{d}A_y\boldsymbol{j}+\mathrm{d}A_z\boldsymbol{k} \tag{4.1.10}$$

矢量函数 $\boldsymbol{A}(t)$ 可看作其终点 M（x，y，z）的矢径函数 $x=A_x(t)$，$y=A_y(t)$，$z=A_z(t)$

$$\boldsymbol{r}=x(t)\boldsymbol{i}+y(t)\boldsymbol{j}+z(t)\boldsymbol{k}$$

其微分为

$$\mathrm{d}\boldsymbol{r}=\mathrm{d}x\boldsymbol{i}+\mathrm{d}y\boldsymbol{j}+\mathrm{d}z\boldsymbol{k}$$

其模为

$$|\mathrm{d}\boldsymbol{r}|=\sqrt{(\mathrm{d}x)^2+(\mathrm{d}y)^2+(\mathrm{d}z)^2} \tag{4.1.11}$$

在规定了正向的曲线 l 上，取定一点 M_0 作为计算弧长 s 的起点，并将 l 的正向取作 s 增大的方向，在 l 上任一点 M 处，弧长的微分为

$$\mathrm{d}s=\pm\sqrt{(\mathrm{d}x)^2+(\mathrm{d}y)^2+(\mathrm{d}z)^2} \tag{4.1.12}$$

例题 4.1.2　确定$\frac{\mathrm{d}\boldsymbol{r}}{\mathrm{d}s}$的几何意义[1]。

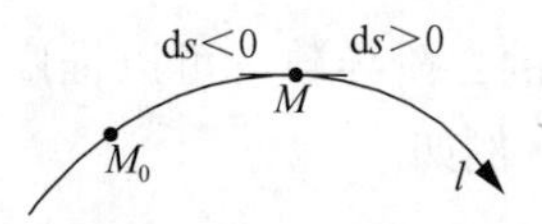

图 4.1.5　曲线 l 的弧微分

解：以点 M 为界，当 $\mathrm{d}s$ 位于 s 增大一方时取正号；反之取负号，如图 4.1.5 所示。

$$|\mathrm{d}\boldsymbol{r}|=|\mathrm{d}s|$$

也就是说，矢径函数 $\boldsymbol{r}$ 微分的模等于其矢端曲线弧微分的绝对值，因此有

$$|\mathrm{d}\boldsymbol{r}|=\left|\frac{\mathrm{d}\boldsymbol{r}}{\mathrm{d}s}\mathrm{d}s\right|=\left|\frac{\mathrm{d}\boldsymbol{r}}{\mathrm{d}s}\right|\cdot|\mathrm{d}s|$$

即得

$$\left|\frac{\mathrm{d}\boldsymbol{r}}{\mathrm{d}s}\right|=\frac{|\mathrm{d}\boldsymbol{r}|}{|\mathrm{d}s|}=1$$

由上式可知$\frac{\mathrm{d}\boldsymbol{r}}{\mathrm{d}s}$导矢量的几何意义，即矢径函数对其矢端曲线弧长 s 的导数$\frac{\mathrm{d}\boldsymbol{r}}{\mathrm{d}s}$在几何上为**一切向单位矢量**，恒指向 s 增大的一方。

例题 4.1.3　证明矢量函数 $\boldsymbol{A}=\boldsymbol{A}(t)$ 的模不变的充要条件为[1]

$$\boldsymbol{A}\cdot\frac{\mathrm{d}\boldsymbol{A}}{\mathrm{d}t}=0$$

证明：假定 $|\boldsymbol{A}|=$常数，则 $\boldsymbol{A}^2=|\boldsymbol{A}|^2=$常数，两端对 t 求导，得

$$\boldsymbol{A}\cdot\frac{\mathrm{d}\boldsymbol{A}}{\mathrm{d}t}=0$$

反之，若 $\boldsymbol{A}\cdot\frac{\mathrm{d}\boldsymbol{A}}{\mathrm{d}t}=0$，则$\frac{\mathrm{d}}{\mathrm{d}t}\boldsymbol{A}^2=0$，从而有 $\boldsymbol{A}^2=|\boldsymbol{A}|^2=$常数，即 $|\boldsymbol{A}|=$常数。

此例说明，若矢量 $\boldsymbol{A}$ 的模一定而方向是变化的，则 $\boldsymbol{A}^2$ 就是一个常数。定长矢量 $\boldsymbol{A}(t)$ 与其导矢量互相垂直。例如，物体做匀速圆周运动时，加速度垂直于瞬时速度。对于单位矢量 $\boldsymbol{A}^0=\boldsymbol{A}^0(t)$，$\boldsymbol{A}^0$ 垂直于$\frac{\mathrm{d}\boldsymbol{A}^0}{\mathrm{d}t}$。

例题 4.1.4　说明导矢量$\frac{\mathrm{d}\boldsymbol{r}}{\mathrm{d}t}$的物理意义[1]。

假定质点在 $t=0$ 时位于点 M_0 处，经过时间 t 后到达点 M，其间质点在曲线 l 上所经过的路程为 s。图 4.1.6 所示为质点 M 的运动轨迹。点 $M(x,y,z)$ 的矢径 $\boldsymbol{r}$ 显然是路径 s 的函数，而 s 又是时间的函数，故矢径 $\boldsymbol{r}(s)=\boldsymbol{r}(s(t))$ 是 t 的复合函数。

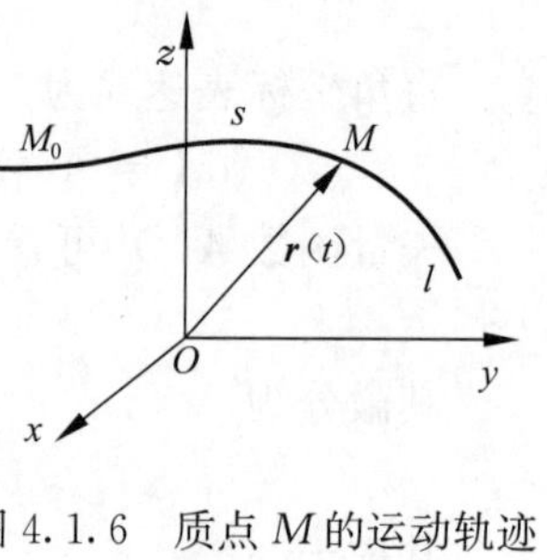

图 4.1.6　质点 M 的运动轨迹

由复合函数求导公式可得

$$\frac{\mathrm{d}\boldsymbol{r}}{\mathrm{d}t}=\frac{\mathrm{d}\boldsymbol{r}}{\mathrm{d}s}\cdot\frac{\mathrm{d}s}{\mathrm{d}t}=u\boldsymbol{\tau}=\boldsymbol{u}$$

式中，$\frac{\mathrm{d}\boldsymbol{r}}{\mathrm{d}s}=\boldsymbol{\tau}$，是点 M 处一个切向矢量，指向 s 增大的一方；$\frac{\mathrm{d}s}{\mathrm{d}t}=u$，是路程 s 对时间 t 的变化率 u，即表示在点 M 处质点运动的速度大小；$\boldsymbol{u}$ 为质点 M 运动的速度矢量。

矢径的二阶导矢量 $\boldsymbol{a}=\boldsymbol{r}''=\boldsymbol{u}'$是质点 M 运动的加速度矢量。

(2) 矢量函数的积分

数量函数积分的基本性质和运算法则对矢量函数仍成立，这里也不做详细介绍，仅分别给出矢量函数的定积分和不定积分的基本运算公式

$$\int \boldsymbol{A}(t)\mathrm{d}t = \left[\int A_x(t)\mathrm{d}t\right]\boldsymbol{i} + \left[\int A_y(t)\mathrm{d}t\right]\boldsymbol{j} + \left[\int A_z(t)\mathrm{d}t\right]\boldsymbol{k} \tag{4.1.13}$$

$$\int_{T_1}^{T_2} \boldsymbol{A}(t)\mathrm{d}t = \left[\int_{T_1}^{T_2} A_x(t)\mathrm{d}t\right]\boldsymbol{i} + \left[\int_{T_1}^{T_2} A_y(t)\mathrm{d}t\right]\boldsymbol{j} + \left[\int_{T_1}^{T_2} A_z(t)\mathrm{d}t\right]\boldsymbol{k} \tag{4.1.14}$$

4.2　二阶张量

工程中三维空间的不少物理量有三个方向，需要用三个矢量，即九个数量来表示，这种量就是张量。张量是矢量概念的推广。张量的一个重要特点是它所表示的物理量和几何量与坐标系的选择无关。但是，在某些坐标系中，张量就由其分量的集合确定，而这些分量与坐标系有关。张量可将三维空间化工传递过程的控制方程写成既简单又有意义的形式。

在矢量函数的基础上，本节主要从三维空间的正交变换介绍张量代数运算。本节包括张量的概念、张量的代数运算两部分[4]。

4.2.1　张量的概念

本小节介绍张量的基本概念，包括数量和矢量的变换、二阶张量的定义和表示法、二阶张量的应用三部分。

(1) 数量和矢量的变换

在 4.1 节已经介绍了数量和矢量的概念。

数量是在空间没有取向的物理量。它的基本特征是，只需要用一个数表示，当坐标系转动时，这个数保持不变。例如质量、密度、温度和电荷等，当坐标系转动时，它们的数量保持不变。

矢量是在空间有一定取向的物理量。它的基本特征是，需要用 3 个数量分量来表示，当坐标系转动时，这 3 个数量按一定的规律变换。例如压力和速度等矢量，当坐标系转动时，其矢量的 3 个数量随之变化，但是任何矢量的模和方向在坐标变换时保持不变。下面介绍矢量变换的规律。

例如把直角坐标轴记为 x_1、x_2、x_3 轴，把矢量的角码记为 1、2、3，把基本矢量写为 $\boldsymbol{e}_1$、$\boldsymbol{e}_2$、$\boldsymbol{e}_3$。如图 4.2.1 所示，$Ox_1x_2x_3$ 为原来的坐标系 Σ，$Ox_1'x_2'x_3'$为转动后的坐标系 Σ'。用 β_{ij} 表示 x_i'轴相对于 x_j 轴的方向余弦，用 θ_{ij} 表示 x_i'轴与 x_j 轴的夹角，则 $\cos\theta_{ij}=\beta_{ij}$。设矢量 $\boldsymbol{a}$ 在坐标系 Σ 的分量为 a_1、a_2、a_3，在 Σ'系的分量为 a_1'、a_2'、a_3'，则

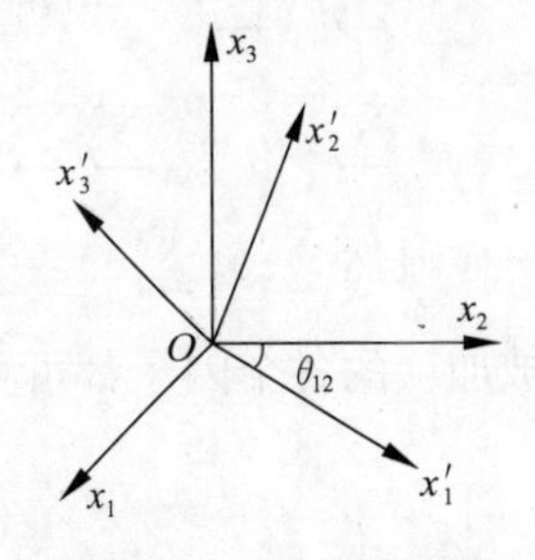

图 4.2.1　坐标的变换

$$\boldsymbol{a} = a_1\boldsymbol{e}_1 + a_2\boldsymbol{e}_2 + a_3\boldsymbol{e}_3$$
$$\boldsymbol{a}' = a_1'\boldsymbol{e}_1' + a_2'\boldsymbol{e}_2' + a_3'\boldsymbol{e}_3'$$

式中

$$\begin{aligned} a_1' &= \boldsymbol{a}\cdot\boldsymbol{e}_1' = (a_1\boldsymbol{e}_1 + a_2\boldsymbol{e}_2 + a_3\boldsymbol{e}_3)\cdot\boldsymbol{e}_1' = a_1\boldsymbol{e}_1\cdot\boldsymbol{e}_1' + a_2\boldsymbol{e}_2\cdot\boldsymbol{e}_1' + a_3\boldsymbol{e}_3\cdot\boldsymbol{e}_1' \\ &= \beta_{11}a_1 + \beta_{12}a_2 + \beta_{13}a_3 \end{aligned}$$

同理可得

$$a_2' = \beta_{21}a_1 + \beta_{22}a_2 + \beta_{23}a_3$$

$$a'_3 = \beta_{31}a_1 + \beta_{32}a_2 + \beta_{33}a_3$$

将上述三个变换式统一写为

$$a'_i = \sum_j \beta_{ij}a_j \quad (i,j=1,2,3) \tag{4.2.1}$$

如果约定以重复的角码作为求和的标志，则可以省去求和符号，简写上式为

$$a'_i = \beta_{ij}a_j \tag{4.2.2}$$

式中，$\beta_{ij} = \boldsymbol{e}'_i \cdot \boldsymbol{e}_j$ 是两个坐标系中不同坐标轴夹角的余弦，即方向余弦，称为**变换系数**，其第一个指标表示新坐标，第二个指标表示旧坐标，即 i 为自由标、j 为哑标。

运用空间解析几何知识可以证明式（4.2.1）的变换系数 β_{ij} 满足如下的条件

$$\sum_k \beta_{ik}\beta_{jk} = \delta_{ij} \quad 或 \quad \sum_k \beta_{ki}\beta_{kj} = \delta \tag{4.2.3}$$

式中

$$\delta_{ij} = \begin{cases} 1 & (i=j) \\ 0 & (i \neq j) \end{cases}$$

δ_{ij} 称为**克罗内克尔符号**，即 δ **符号**。

如果假设 Σ' 系为原来的坐标系，Σ 系为转动后的坐标系，则可得类似的推理

$$a_i = \sum_j \beta_{ji}a'_j \quad (i=1,2,3) \tag{4.2.4}$$

式（4.2.4）称为变换式（4.2.2）的**反变换**。事实上，变换与反变换是相对的。

式（4.2.4）也可以写成矩阵形式

$$\begin{bmatrix} a_1 \\ a_2 \\ a_3 \end{bmatrix} = \begin{bmatrix} \beta_{11} & \beta_{12} & \beta_{13} \\ \beta_{21} & \beta_{22} & \beta_{23} \\ \beta_{31} & \beta_{32} & \beta_{33} \end{bmatrix} \begin{bmatrix} a'_1 \\ a'_2 \\ a'_3 \end{bmatrix} \tag{4.2.5}$$

上式称为三维笛卡尔基的**旋转矩阵**，它描述了从一个笛卡尔基变换到另一个笛卡尔基的结果。

设 $\sum_i a_i = a_1 + a_2 + a_3, \sum_j b_j = b_1 + b_2 + b_3$。下面给出求和符号的两个规则

$$\sum_j b_j \sum_i a_i = (b_1 + b_2 + b_3)(a_1 + a_2 + a_3)$$

$$\sum_{i,j} a_i b_j = \sum_i \sum_j a_i b_j = \sum_i (a_i b_1 + a_i b_2 + a_i b_3) = (b_1 + b_2 + b_3)(a_1 + a_2 + a_3)$$

显然 $\sum_j b_j \sum_i a_i = \sum_{i,j} a_i b_j$。可见只要保持求和符号在它的有关角码之前，各求和符号及被加项的各个因子都可交换次序，且

$$\sum_{i,j} \delta_{ij} a_i b_j = \sum_i a_i b_i = a_1 b_1 + a_2 b_2 + a_3 b_3 \tag{4.2.6}$$

上式说明，二重求和的被加项如果有与角码对应的克罗内克尔符号，便可化为单连加，舍去克罗内克尔符号，将角码改为其中的任一个。

例题 4.2.1 证明 $\boldsymbol{a} \cdot \boldsymbol{b}$ 是数量[3]。

证明：$\boldsymbol{a} \cdot \boldsymbol{b} = \sum_i a_i b_i$，运用式（4.2.2）表示矢量 $\boldsymbol{a}$ 和 $\boldsymbol{b}$，再使用式（4.2.3），得

$$\sum_i a'_i b'_i = \sum_i \left(\sum_j \beta_{ij} a_j\right)\left(\sum_k \beta_{ik} b_k\right) = \sum_{j,k} \left(\sum_i \beta_{ij}\beta_{ik}\right) a_j b_k = \sum_{j,k} \delta_{jk} a_j b_k = \sum_j a_j b_j$$

上述运算证明了 $\boldsymbol{a}\cdot\boldsymbol{b}$ 是关于坐标系转动的不变量，即数量。

例题 4.2.2　证明 $\nabla\equiv\sum \boldsymbol{e}_i\dfrac{\partial}{\partial x_i}$ 具有矢量的基本特征[3]。

证明：已知空间一点的直角坐标就是该点矢径 $\boldsymbol{r}$ 的分量，由式（4.2.4），有

$$x_j=\sum_i\beta_{ij}x'_i$$

对上式求微分，得

$$\frac{\partial x_j}{\partial x'_i}=\beta_{ij}$$

$$\frac{\partial}{\partial x'_i}=\sum_j\frac{\partial x_j}{\partial x'_i}\frac{\partial}{\partial x_j}=\sum_j\beta_{ij}\frac{\partial}{\partial x_j}$$

可见 $\dfrac{\partial}{\partial x_i}$ 服从变换规律式（4.2.1），故 ∇ 具有矢量的基本特征。

（2）二阶张量的定义和表示法

张量的一个重要特点是它所表示的物理量和几何量与坐标系的选择无关。二阶张量不同于数量和矢量，它要由3个矢量来表示，由9个数的分量组成。在坐标系中研究张量时，它由其9个分量的集合确定，当坐标系转动时这9个数量按一定的规律变换。

首先以并矢量的概念引入二阶张量。

例题 4.2.3　已知矢量 $\boldsymbol{a}=a_1\boldsymbol{e}_1+a_2\boldsymbol{e}_2+a_3\boldsymbol{e}_3$ 和 $\boldsymbol{b}=b_1\boldsymbol{e}_1+b_2\boldsymbol{e}_2+b_3\boldsymbol{e}_3$。试证明矢量 a_ib_j（i，j=1，2，3）有9个分量[3]。

证明：将坐标系 $Ox_1x_2x_3$ 转动成为 $Ox'_1x'_2x'_3$ 后，有变换式

$$a'_i=\sum_{k=1}^{3}\beta_{ik}a_k\qquad(i=1,2,3)$$

$$b'_j=\sum_{l=1}^{3}\beta_{jl}b_l\qquad(j=1,2,3)$$

且有

$$a'_ib'_j=\sum_k\beta_{ik}a_k\sum_l\beta_{jl}b_l=\sum_{k,l}\beta_{ik}\beta_{jl}a_kb_l\tag{4.2.7}$$

由此可见，a_ib_j 按（4.2.7）变换规律式变换，矢量 $\boldsymbol{ab}$ 的方阵式可写为

$$\boldsymbol{ab}=\begin{bmatrix}a_1b_1 & a_1b_2 & a_1b_3\\ a_2b_1 & a_2b_2 & a_2b_3\\ a_3b_1 & a_3b_2 & a_3b_3\end{bmatrix}\tag{4.2.8}$$

可见，$\boldsymbol{ab}$ 由三个矢量按照一定规律组成，有9个数量的分量，它不同于式（4.2.6）的 $\sum\limits_i a_ib_i=a_1b_1+a_2b_2+a_3b_3$，后者是数量。$\boldsymbol{ab}$ 称为**并矢量**，必须注意到，一般 $\boldsymbol{ab}\neq\boldsymbol{ba}$。

由并矢量引入新的量为

$$\begin{aligned}\boldsymbol{T}&=T_{11}\boldsymbol{e}_1\boldsymbol{e}_1+T_{12}\boldsymbol{e}_1\boldsymbol{e}_2+T_{13}\boldsymbol{e}_1\boldsymbol{e}_3+T_{21}\boldsymbol{e}_2\boldsymbol{e}_1+T_{22}\boldsymbol{e}_2\boldsymbol{e}_2+T_{23}\boldsymbol{e}_2\boldsymbol{e}_3+T_{31}\boldsymbol{e}_3\boldsymbol{e}_1+T_{32}\boldsymbol{e}_3\boldsymbol{e}_2+T_{33}\boldsymbol{e}_3\boldsymbol{e}_3\\&=\sum_{i,j}T_{ij}\boldsymbol{e}_i\boldsymbol{e}_j\end{aligned}\tag{4.2.9}$$

式中，$\boldsymbol{e}_i\boldsymbol{e}_j$ 是并矢量，不能写为 $\boldsymbol{e}_j\boldsymbol{e}_i$，该并矢量称为**二阶张量**。

将坐标系 $Ox_1x_2x_3$ 转动成为 $Ox'_1x'_2x'_3$，二阶张量的9个分量就要发生变化，现在以坐标变换为基础的矢量加以推广，来确定 T_{ij} 和 T'_{ij} 的变换关系[3]。

第一步：首先找出朝 x_i'轴的正方向通过新的侧面上单位面积的力 $\boldsymbol{T}_i'$与原来的力 $\boldsymbol{T}_i$ 之间的关系。由式（4.2.9）分别可得：

$$\begin{cases}\boldsymbol{T}_1'=\beta_{11}\boldsymbol{T}_1+\beta_{12}\boldsymbol{T}_2+\beta_{13}\boldsymbol{T}_3\\ \boldsymbol{T}_2'=\beta_{21}\boldsymbol{T}_1+\beta_{22}\boldsymbol{T}_2+\beta_{23}\boldsymbol{T}_3\\ \boldsymbol{T}_3'=\beta_{31}\boldsymbol{T}_1+\beta_{32}\boldsymbol{T}_2+\beta_{33}\boldsymbol{T}_3\end{cases} \tag{4.2.10}$$

第二步：利用矢量的变换式 $a_1'=\beta_{11}a_1+\beta_{12}a_2+\beta_{13}a_3$，把 $\boldsymbol{T}_1'$分别向 x_1'、x_2'、x_3'轴投影，把 $\beta_{11}\boldsymbol{T}_1+\beta_{12}\boldsymbol{T}_2+\beta_{13}\boldsymbol{T}_3$ 分别向 x_1、x_2、x_3 轴投影，可得到 $\boldsymbol{T}_{11}'$的变换式

$$\begin{aligned}\boldsymbol{T}'_{11}&=\beta_{11}(\beta_{11}\boldsymbol{T}_{11}+\beta_{12}\boldsymbol{T}_{21}+\beta_{13}\boldsymbol{T}_{31})+\beta_{12}(\beta_{11}\boldsymbol{T}_{12}+\beta_{12}\boldsymbol{T}_{22}+\beta_{13}\boldsymbol{T}_{32})+\beta_{13}(\beta_{11}\boldsymbol{T}_{13}+\beta_{12}\boldsymbol{T}_{23}+\beta_{13}\boldsymbol{T}_{33})\\&=\sum_{k,l}\beta_{1k}\beta_{1l}\boldsymbol{T}_{kl}\end{aligned}$$

用同样的方法可找到其余8个分量的变换式。

以上过程也可以统一推导如下。把式（4.2.10）写成统一的形式

$$\boldsymbol{T}'_i=\sum_k\beta_{ik}\boldsymbol{T}_k$$

把上式两边都看作矢量 $\boldsymbol{a}$，分别代入式 $a_j'=\sum\limits_l\beta_{jl}a_l$ 的两边，得

$$T'_{ij}=\sum_{k,l}\beta_{ik}\beta_{jl}T_{kl} \tag{4.2.11}$$

或

$$T'_{ij}=\beta_{ik}\beta_{jl}T_{kl} \tag{4.2.12}$$

式（4.2.11）和式（4.2.12）就是二阶张量的变换关系式。也就是说，如果三维空间的某个物理量要用9个数量表示，则坐标系转动后，这9个数量按照式（4.2.11）和式（4.2.12)的规律变换，该物理量就是二阶张量。现在以坐标变换为基础的矢量定义加以推广，来定义张量。

定义：设某量 $\boldsymbol{T}$ 是由9个分量 T_{kl} 构成的有序总体，如果从一个直角坐标系 $Ox_1x_2x_3$ 按照式（4.2.12）变换规律变换到另一个直角坐标系 $Ox_1'x_2'x_3'$中的9个分量 T_{ij}'，则该量 $\boldsymbol{T}$ 称为**笛卡尔二阶张量**，简称**二阶张量**。T_{kl} 和 T_{ij}'称为**笛卡尔二阶张量的分量**。

推广：如果三维空间的物理量需用 3^n 个数量表达，则当正交坐标系转动后，这些数量按以下规律变换

$$T'_{i_1i_2\cdots i_n}=\beta_{i_1j_1}\beta_{i_2j_2}\cdots\beta_{i_nj_n}T_{j_1j_2\cdots j_n}\,(i_1=1,2,3;i_2=1,2,3;\cdots;i_n=1,2,3) \tag{4.2.13}$$

这样的 3^n 个数量的有序集合就是三维空间的一个 $\boldsymbol{n}$ **阶张量**。在这种定义下，**数量是零阶张量，矢量是一阶张量**。

二阶张量可简称为张量，常用大写的拉丁字母 $\boldsymbol{T}$、$\boldsymbol{P}$、$\boldsymbol{J}$ 等符号表示。张量的分量形式常用解析式（4.2.9）或方阵来表示。张量 $\boldsymbol{T}$ 方阵表示式

$$\boldsymbol{T}=\begin{bmatrix}T_{11}&T_{12}&T_{13}\\T_{21}&T_{22}&T_{23}\\T_{31}&T_{32}&T_{33}\end{bmatrix} \tag{4.2.14}$$

两个相等的张量，这两个张量的分量必须分别对应相等。

张量 $\boldsymbol{T}$ 的矢量表示式为

$$\boldsymbol{T}=\boldsymbol{e}_1\boldsymbol{T}_1+\boldsymbol{e}_2\boldsymbol{T}_2+\boldsymbol{e}_3\boldsymbol{T}_3 \tag{4.2.15}$$

设 $\boldsymbol{T}=\boldsymbol{T}_{ij}$ 是一个二阶张量，若 $\boldsymbol{T}_c=\boldsymbol{T}_{ji}$ 也是一个二阶张量，则 $\boldsymbol{T}_c$ 称为 $\boldsymbol{T}$ 的**共轭张量或转**

置张量。张量 $\boldsymbol{T}$ 和 $\boldsymbol{T}_c$ 的表达式分别为

$$\boldsymbol{T}=\begin{bmatrix}T_{11} & T_{12} & T_{13}\\ T_{21} & T_{22} & T_{23}\\ T_{31} & T_{32} & T_{33}\end{bmatrix},\quad \boldsymbol{T}_c=\begin{bmatrix}T_{11} & T_{21} & T_{31}\\ T_{12} & T_{22} & T_{32}\\ T_{13} & T_{23} & T_{33}\end{bmatrix} \tag{4.2.16}$$

显然共轭是相互的，将 $\boldsymbol{T}_c$ 再转置，有

$$(\boldsymbol{T}_c)_c=\boldsymbol{T} \tag{4.2.17}$$

二阶张量 $\boldsymbol{T}$ 的分量满足 $T_{ij}=T_{ji}$ 的关系，该张量称为**二阶对称张量**。**对称张量**形式为

$$\boldsymbol{T}_{ij}=\begin{bmatrix}T_{11} & T_{12} & T_{13}\\ T_{12} & T_{22} & T_{23}\\ T_{13} & T_{23} & T_{33}\end{bmatrix} \tag{4.2.18}$$

由式（4.2.18）可知，二阶对称张量只有 6 个独立的分量，且满足 $\boldsymbol{T}=\boldsymbol{T}_c$ 的关系。流体力学与弹性力学中的应力张量和应变张量都是二阶对称张量，**克罗内克尔符号也是二阶对称张量**。

如果张量 $\boldsymbol{T}$ 的分量满足 $T_{ij}=-T_{ji}$ 的关系，则该张量称为**二阶反对称张量或斜对称张量**。反对称张量主对角线元素均为零，只有 3 个独立分量，且满足 $\boldsymbol{T}=-\boldsymbol{T}_c$ 的关系。**反对称张量**可表示为

$$\boldsymbol{T}=\begin{bmatrix}0 & T_{12} & T_{13}\\ -T_{12} & 0 & T_{23}\\ -T_{13} & -T_{23} & 0\end{bmatrix} \tag{4.2.19}$$

单位张量 $\boldsymbol{I}$ 的分量为 δ_{ij}，其表达式为

$$\boldsymbol{I}=\begin{bmatrix}1 & 0 & 0\\ 0 & 1 & 0\\ 0 & 0 & 1\end{bmatrix}=\boldsymbol{e}_1\boldsymbol{e}_1+\boldsymbol{e}_2\boldsymbol{e}_2+\boldsymbol{e}_3\boldsymbol{e}_3 \tag{4.2.20}$$

例题 4.2.4　当坐标系转动时，如果一个张量的分量保持不变，那么称此张量为对这种变换的不变张量。试证明**单位张量**为不变张量[3]。

证明： 将坐标系 $Ox_1x_2x_3$ 转动成为 $Ox_1'x_2'x_3'$ 后，单位张量的分量 δ_{ij} 用 δ_{ij}' 表示，有

$$\delta_{ij}'=\sum_{k,l}\beta_{ik}\beta_{jl}\delta_{kl}=\sum_{k}\beta_{ik}\beta_{jk}=\delta_{ij}$$

由上式可见，单位张量的分量保持不变，因此**单位张量为不变张量**。

（3）二阶张量的应用

研究化工领域动量传递的问题，常用到二阶张量。在没有黏性的理想运动流体中，作用在流体微元表面上的表面力只有与表面相垂直的压强，而且压应力具有一点上各向同性的性质，即流体微元上仅有三个表面力——压应力。但是，在黏性流体的流动中，由于黏性的作用，流体运动时，流体微元的平移、旋转和剪切变形运动使流体微元内部存在相互挤压或拉伸和剪切的作用，存在压应力和剪切应力。黏性流体流动时，在流体微元的同一位置，通过面积相等但取向不同面元的力也是不相同的。也就是说，作用力与截面的取向有关，用数量无法表示，必须用二阶张量来描述黏性流体流动所受的力。

例题 4.2.5　求解描述黏性流体流动时流体形变的应力。

解： 如果在流体内某点通过任意取向的单位面积的力能够计算出来，那么对该点的相互挤

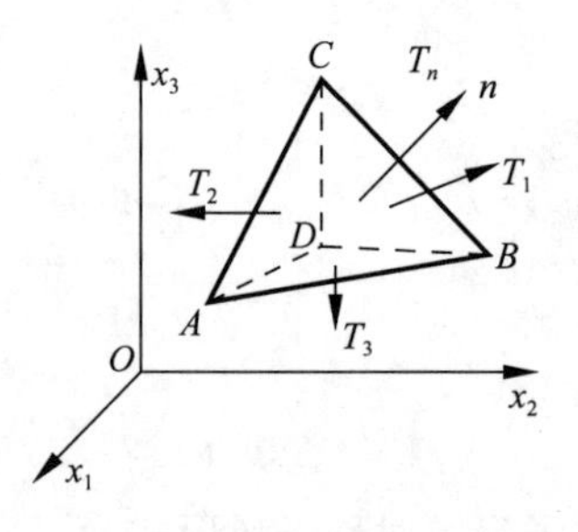

图 4.2.2　四面体元

压或拉伸和剪切的作用就完全清楚了。在流体内取定一点 M，包围 M 作一个四面体元 $ABCD$，如图 4.2.2 所示。ABC 面取任意方向，其余三面分别垂直于 x_1、x_2、x_3 轴。规定 ABC 面以外侧为正，$\boldsymbol{n}$ 是它的外法线。其余三个侧面分别以 x_1，x_2，x_3 轴的正方向为正。设 ABC 面元矢量 $\mathrm{d}\boldsymbol{S}_n=\mathrm{d}S_1\boldsymbol{e}_1+\mathrm{d}S_2\boldsymbol{e}_2+\mathrm{d}S_3\boldsymbol{e}_3$，则

$$\begin{cases}\mathrm{d}S_1=\beta_{n1}\mathrm{d}S_n\\ \mathrm{d}S_2=\beta_{n2}\mathrm{d}S_n\\ \mathrm{d}S_3=\beta_{n3}\mathrm{d}S_n\end{cases}\tag{1}$$

式中，β_{ni} 为 $\boldsymbol{n}$ 与 x_i 轴夹角的余弦。在 $\boldsymbol{n}$ 与 x_i 轴呈锐角的情况下，$\mathrm{d}S_i$ 就是垂直于 x_i 轴的那个侧面的面积；在呈钝角的情况下，二者有一符号之差。

设矢量 $\boldsymbol{T}_1$、$\boldsymbol{T}_2$、$\boldsymbol{T}_3$ 分别为朝坐标轴的正方向通过三个侧面的单位面积的力，$\boldsymbol{T}_n$ 为朝 $\boldsymbol{n}$ 方向通过 ABC 面单位面积的力。四面体元通过三个侧面所受到的力分别是 $\mathrm{d}S_1\boldsymbol{T}_1$，$\mathrm{d}S_2\boldsymbol{T}_2$，$\mathrm{d}S_3\boldsymbol{T}_3$。略去自重等体积力比侧面力高一阶的无穷小量，由四面体元力的平衡条件，得

$$\mathrm{d}S_1\boldsymbol{T}_1+\mathrm{d}S_2\boldsymbol{T}_2+\mathrm{d}S_3\boldsymbol{T}_3-\mathrm{d}S_n\boldsymbol{T}_n=0\tag{2}$$

将式（1）代入式（2），得

$$\boldsymbol{T}_n=\beta_{n1}\boldsymbol{T}_1+\beta_{n2}\boldsymbol{T}_2+\beta_{n3}\boldsymbol{T}_3\tag{3}$$

设矢量 $\boldsymbol{T}_1$、$\boldsymbol{T}_2$、$\boldsymbol{T}_3$ 的分量分别为 T_{11}、T_{12}、T_{13}，T_{21}、T_{22}、T_{23}，T_{31}、T_{32}、T_{33}，代入式（3）得

$$\begin{aligned}\boldsymbol{T}_n&=\beta_{n1}(T_{11}\boldsymbol{e}_1+T_{12}\boldsymbol{e}_2+T_{13}\boldsymbol{e}_3)+\beta_{n2}(T_{21}\boldsymbol{e}_1+T_{22}\boldsymbol{e}_2+T_{23}\boldsymbol{e}_3)+\beta_{n3}(T_{31}\boldsymbol{e}_1+T_{32}\boldsymbol{e}_2+T_{33}\boldsymbol{e}_3)\\&=\sum_{i,j}\beta_{ni}T_{ij}\boldsymbol{e}_j\end{aligned}\tag{4}$$

由式（4）可知，通过任意给定取向面元上单位面积的力由式（4）中的 9 个数量 T_{ij} 确定，即流体的应力为二阶张量。

通过上面的讨论可知，当考察通过黏性流体内任一面元的力时，既要考虑这个面元的方向，还要考虑通过这个面元上力的方向。**这种二重取向的特殊性使得这类物理量在三维空间中要用 9 个数量表示。**

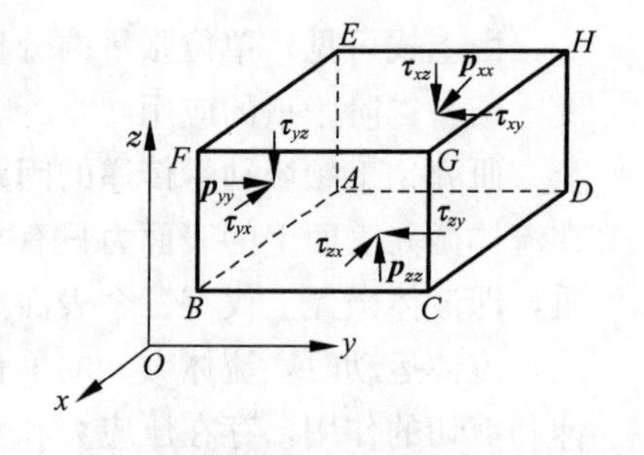

图 4.2.3　流体微元上的应力

在直角坐标系中，取出边长为 $\mathrm{d}x$、$\mathrm{d}y$、$\mathrm{d}z$ 的六面体流体微元，由于黏性的影响，作用在微元体 $ABCDEFGH$ 上的表面力就不仅有压应力 $\boldsymbol{p}$，而且也有切应力 $\boldsymbol{\tau}$。流体每个微元表面上的表面力都有 3 个分量，共有 9 个数量，9 个数量被称为应力张量的分量。将应力分量分别标注在包含 $A(x，y，z)$ 点在内的三个微元表面上，如图 4.2.3 所示。这里假定外界对微元这三个表面的法向应力都沿坐标的正向，切向应力都沿坐标的负向，则这 9 个数量的有序集合称为作用在流体微元 A 处的应力张量。

应力张量描述了流体微元 $A(x，y，z)$ 处的相互挤压或拉伸和剪切的作用，其可用**应力矩阵**表示为

$$\boldsymbol{T}=\begin{bmatrix} p_{xx} & \tau_{xy} & \tau_{xz} \\ \tau_{yx} & p_{yy} & \tau_{yz} \\ \tau_{zx} & \tau_{zy} & p_{zz} \end{bmatrix}$$

式中，**应力的第一个下标表示应力作用面的法向方向，第二个下标表示应力的方向**。

弹塑性材料受到外界力的作用时，物体内任意一点的应力也是一个张量，由 9 个应力分量组成，也可用图 4.2.3 表示。流体运动时，动量是矢量，动量流密度既要反映动量迁移的方向，又要反映被迁移的动量本身的方向，因此动量流密度也是二阶张量，其分量为 P_{ij}。

单位时间内朝 $\boldsymbol{n}$ 方向通过面元 ABC 的单位面积的动量，即动量流密度可表示为

$$\boldsymbol{P}_n=\beta_{n1}\boldsymbol{P}_1+\beta_{n2}\boldsymbol{P}_2+\beta_{n3}\boldsymbol{P}_3=\sum_{i,j}\beta_{ni}P_{ij}\boldsymbol{e}_j$$

即

$$\boldsymbol{P}_n=\beta_{n1}\boldsymbol{P}_1+\beta_{n2}\boldsymbol{P}_2+\beta_{n3}\boldsymbol{P}_3=\begin{bmatrix} P_{11} & P_{12} & P_{13} \\ P_{21} & P_{22} & P_{23} \\ P_{31} & P_{32} & P_{33} \end{bmatrix}$$

4.2.2　张量的代数运算

下面介绍张量的基本代数运算，包括**张量相加减**、**数量与张量相乘**、**矢量与张量点积**、**张量与矢量点积**、**张量与张量点积** 5 部分。

(1) 张量相加减

定义：张量 $\boldsymbol{T}$ 与张量 $\boldsymbol{S}$ 之和或差是以（$T_{ij}\pm S_{ij}$）为分量的张量，即

$$\boldsymbol{T}\pm\boldsymbol{S}=\sum_{i,j}(T_{ij}\pm S_{ij})\boldsymbol{e}_i\boldsymbol{e}_j \tag{4.2.21}$$

上述定义可推广到多个张量相加减。由定义可知，张量的加法服从交换律和结合律。

(2) 数量与张量相乘

定义：数量 u 与张量 $\boldsymbol{T}$ 的乘积为以 uT_{ij} 为分量的张量，即

$$u\boldsymbol{T}=\sum_{i,j}uT_{ij}\boldsymbol{e}_i\boldsymbol{e}_j \tag{4.2.22}$$

例题 4.2.6　证明任一张量可分解为对称张量与反对称张量之和，该分解是唯一的[3]。

证明：设有任一张量 $\boldsymbol{T}$，$\boldsymbol{T}_c$ 为其共轭张量，按照 $\boldsymbol{T}=\boldsymbol{S}+\boldsymbol{A}$ 分别作张量 $\boldsymbol{S}$、$\boldsymbol{A}$ 为

$$\boldsymbol{S}=(\boldsymbol{T}+\boldsymbol{T}_c)/2,\quad \boldsymbol{A}=(\boldsymbol{T}-\boldsymbol{T}_c)/2$$

则

$$\boldsymbol{S}=\boldsymbol{S}_c\quad,\quad \boldsymbol{A}_c=-\boldsymbol{A}$$

这说明 $\boldsymbol{S}$ 为对称张量，$\boldsymbol{A}$ 为反对称张量。这就证明了这种分解的可能性。

再证这种分解的唯一性。假设

$$\boldsymbol{T}=\boldsymbol{S}'+\boldsymbol{A}'$$

式中，$\boldsymbol{S}'$ 为新的对称张量；$\boldsymbol{A}'$ 为新的反对称张量。

取上式两边的共轭张量，得

$$\boldsymbol{T}_c=\boldsymbol{S}_c{}'+\boldsymbol{A}_c{}'=\boldsymbol{S}'-\boldsymbol{A}'$$

则

$$S' = \frac{1}{2}(\boldsymbol{T}+\boldsymbol{T}_c), \quad A' = \frac{1}{2}(\boldsymbol{T}-\boldsymbol{T}_c)$$

这与假设相矛盾，可见按命题要求的分解是唯一的。

（3）矢量与张量点积

定义： 矢量 $\boldsymbol{a}$ 与张量 $\boldsymbol{T}$ 的点积为矢量

$$\boldsymbol{a}\cdot\boldsymbol{T} = a_1\boldsymbol{T}_1 + a_2\boldsymbol{T}_2 + a_3\boldsymbol{T}_3 = \sum_{i,j} a_i T_{ij}\boldsymbol{e}_j \tag{4.2.23}$$

现在证明 $\boldsymbol{a}\cdot\boldsymbol{T}$ 为矢量。将坐标系 $Ox_1x_2x_3$ 转动成为 $Ox_1'x_2'x_3'$后，有变换式

$$\sum_i a_i' T_{ij}' = \sum_i \Big(\sum_k \beta_{ik} a_k\Big)\Big(\sum_{l,m}\beta_{il}\beta_{jm}T_{lm}\Big) = \sum_{k,l,m}\Big(\sum_i \beta_{ik}\beta_{il}\Big)(\beta_{jm}a_k T_{lm})$$

$$= \sum_{k,l,m}\delta_{kl}a_k\beta_{jm}T_{lm} = \sum_m \beta_{jm}\Big(\sum_k a_k T_{km}\Big) = \sum_m \beta_{jm}\boldsymbol{a}\cdot\boldsymbol{T}$$

上面的结果符合矢量的变换规律，故 $\boldsymbol{a}\cdot\boldsymbol{T}$ 是矢量。从定义可知矢量与张量的点积服从结合律。

矢量与张量的点积常用来表示通过面元的矢量。例如前面所述，朝 $\boldsymbol{n}$ 方向通过面元 ABC 的力

$$\mathrm{d}\boldsymbol{F}_n = \mathrm{d}S_n\boldsymbol{T}_n = \mathrm{d}S_1\boldsymbol{T}_1 + \mathrm{d}S_2\boldsymbol{T}_2 + \mathrm{d}S_3\boldsymbol{T}_3 = \mathrm{d}S\cdot\boldsymbol{T}$$

（4）张量与矢量点积

定义： 张量 $\boldsymbol{T}$ 与矢量 $\boldsymbol{a}$ 的点积为矢量

$$\boldsymbol{T}\cdot\boldsymbol{a} = (\boldsymbol{T}_1\cdot\boldsymbol{a})\boldsymbol{e}_1 + (\boldsymbol{T}_2\cdot\boldsymbol{a})\boldsymbol{e}_2 + (\boldsymbol{T}_3\cdot\boldsymbol{a})\boldsymbol{e}_3 = \sum_{i,j} a_i T_{ji}\boldsymbol{e}_j \tag{4.2.24}$$

同样可以证明，$\boldsymbol{T}\cdot\boldsymbol{a}$ 为矢量。从定义可知，张量与矢量的点积服从结合律。

例题 4.2.7 在固体力学中用到张量与矢量点积。刚体运动时对定点的动量矩为

$$\boldsymbol{L} = \iiint(\boldsymbol{r}\times\boldsymbol{u})\mathrm{d}m$$

式中，$\boldsymbol{r}$ 为 $\mathrm{d}m$ 对定点的矢径；$\boldsymbol{u}$ 为 $\mathrm{d}m$ 的速度。当刚体绕该定点以角速度 $\boldsymbol{\omega}$ 转动时

$$\boldsymbol{L} = \iiint[\boldsymbol{r}\times(\boldsymbol{\omega}\times\boldsymbol{r})]\mathrm{d}m = \iiint[\boldsymbol{r}^2\boldsymbol{\omega} - (\boldsymbol{\omega}\cdot\boldsymbol{r})\boldsymbol{r}]\mathrm{d}m$$

现在证明 $\boldsymbol{L}=\boldsymbol{J}\cdot\boldsymbol{\omega}$。

证明： $\boldsymbol{J}$ 为刚体过定点任意轴的惯量张量，包括过定点的三个坐标轴的转动惯量和其余六个与惯量积只有一符号之差的转动惯量，$\boldsymbol{J}$ 是对称张量，$\boldsymbol{J}$ 是刚体的各质量元与它们到该轴距离的二次方之积的总和，即积分，统一写成

$$J_{ij} = \iint(r^2\delta_{ij} - r_i r_j)\mathrm{d}m$$

因此动量矩为

$$(J\cdot\boldsymbol{\omega})_i = \sum_j \omega_j J_{ij} = \sum_i \omega_j \iiint(r^2\delta_{ij} - r_i r_j)\mathrm{d}m = \iiint\Big[r^2\omega_i - \Big(\sum \omega_j r_i r_j\Big)\Big]\mathrm{d}m = L_i$$

（5）张量与张量点积

定义： 张量 $\boldsymbol{T}$ 与张量 $\boldsymbol{R}$ 的一次点积为张量

$$\boldsymbol{T}\cdot\boldsymbol{R} = \sum_{i,j}\Big(\sum_k T_{ik}R_{kj}\Big)\boldsymbol{e}_i\boldsymbol{e}_j \tag{4.2.25}$$

可以证明 $\boldsymbol{T}\cdot\boldsymbol{R}$ 服从张量变换规律。

从定义可知张量与张量的一次点积服从结合律，不服从交换律。

定义：张量 $\boldsymbol{T}$ 与张量 $\boldsymbol{R}$ 的二次点积为数量

$$\boldsymbol{T}:\boldsymbol{R}=\sum_{i,j}T_{ij}R_{ji} \tag{4.2.26}$$

用张量的定义可证明 $\boldsymbol{T}:\boldsymbol{R}$ 为坐标系变换的不变量，即数量。

本节没有介绍矢量对张量的叉乘、张量对矢量的叉乘，读者可参考有关书籍。

4.3　场论概述

在科学技术和工程问题中，常常要研究某种物理量在空间的分布和变化规律，即物理量有多个自变量，数学上引进了场的概念。若空间某个域内每一点都对应有一个或几个确定的物理量，这些量值可表示为空间点位置的连续函数，则称此**空间域为场**。如果一个物理量具有数量或矢量或张量的性质，那么这个物理量所形成的场就分别称为**数量场、矢量场、张量场**。化学工程中研究温度、压力、浓度、流速、应力等物理量在空间的分布及其变化规律，就用到“场”的数学处理办法——场论。

场除了是位置的函数以外，若与时间有关，则该场称为**非定常场或非稳定场**；与时间无关的称为**定常场或稳定场**。这部分着重讨论稳定场，所得结果适用于非稳定场的每一瞬间情况。

本节从场的数学表达、几何描述和特性几方面来介绍数量场、矢量场和张量场[1],[3],[4]，包括数量场、矢量场、矢量场的梯度和张量场的散度以及在正交曲线坐标系中物理量的梯度、散度和旋度的表达 4 小节。

4.3.1　数量场

如果在全部空间或部分空间里的每一点，都对应着某个物理量的一个确定的数量值，就说在这个空间里确定了该物理量的一个**数量场或标量场**。

本小节介绍数量场的几何描述、数学表达和基本运算，包括数量场的等值面、数量场的方向导数和梯度、哈密顿算子和梯度的运算公式三部分。

空间域为场，因此在介绍数量场之前先介绍在三维空间里单连域与复连域的概念。

① 如果在一个空间区域 Ω 内，任何一条简单闭曲线 l 都可以作出一个以 Σ 为边界且全部位于区域 Ω 内的曲面 S，则称此区域 Ω 为**线单连域**；否则称为**线复连域**。例如空心球体是线单连域，而环面体则为线复连域，如图 4.3.1 所示。

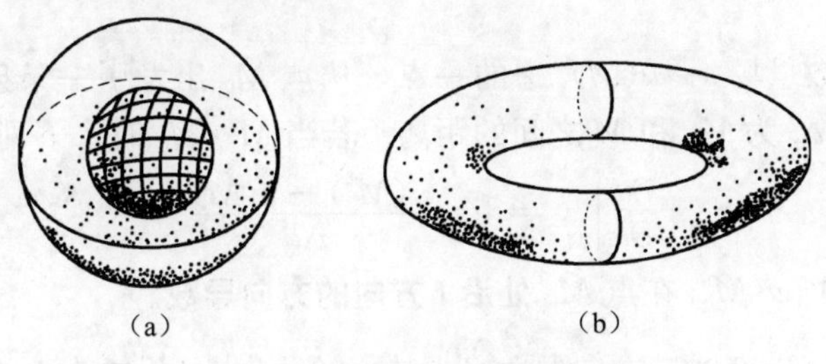

图 4.3.1　单连域与复连域

(a) 空心球体；(b) 环面体

② 如果在一个空间区域 Ω 内，任一简单闭曲面 S 所包围的全部点都在区域 Ω 内，即 S 内没有洞，则称此区域 Ω 为**面单连域**；否则，称为**面复连域**。例如环面体是面单连域，而

空心球体是面复连域，如图4.3.1所示。

显然，有许多空间区域既是线单连域，同时又是面单连域，例如实心球体、椭球体、圆柱体和平行六面体等。

一个稳定数量场u是场中点M的函数$u=u(M)$，当确定了直角坐标系$Oxyz$后，则它是点$M(x, y, z)$的坐标函数。一个稳定的数量场可用一个数量函数表示为

$$u = u(x,y,z) \tag{4.3.1}$$

式中，假定这个数量函数$u=u(x, y, z)$单值、连续且有一阶连续偏导数。

在工程实际中，常用到的数量场有密度场$\rho(x, y, z)$、温度场$T(x, y, z, t)$，前者表示某空间中某物质的密度不均匀；后者表示该空间里温度不一致，并且随时间变化。

（1）数量场的等值面

为了直观地研究数量u在场中的分布状况，引入了等值面、等值线的概念。由隐函数存在定理可知，当函数$u=u(x, y, z)$为单值，且各连续偏导数u'_x、u'_y、u'_z不全为零时，这种等值面或等值线一定存在。**等值面**是由场中使函数u取相同数值的点所组成的曲面，其方程为

$$u(x,y,z) = C \tag{4.3.2}$$

在平面数量场$u(x, y)$中，具有相同数值的点组成该数量场的**等值线**，其方程为

$$u(x,y) = C \tag{4.3.3}$$

式中，C为常数。

式（4.3.2）和式（4.3.3）中常数C取不同的数值，就得到不同的等值面或等值线。等值面或等值线充满了数量场所在的空间，而且互不相交。数量场中的每一点都有一等值面或等值线通过。

数量场的等值面或等值线用图直观地表示物理量在场中的分布状况。例如温度场中由温度相同的点所组成的等温面、压力场中的等压面；在平面问题中，例如地形图上等高线、等温线，化工中的等温线、等压线。通过地面气象图上的等温线及其所标出的温度，可以了解到该地区温度的分布情况，还可根据等温线的稀密程度来大致判定该地区在各个方向上温度变化的趋势，较密的地方温度变化较大。

（2）数量场的方向导数和梯度

数量场的等值面或等值线描述了数量在场中的整体分布情况，不能对其做局部分析。一个函数的变化率可以用该函数的导数表示。为了考察数量场u在场中各个点处的邻域内沿每一方向的变化情况，引入方向导数的概念。数量场u的方向导数表示u沿某个方向的变化率。

定义：设M_0为数量场$u=u(M)$中的一点，从点M_0出发引一条射线$\boldsymbol{l}$，在$\boldsymbol{l}$上点M_0的邻近取一动点M，Δl为M_0和M之间的距离。若当$M \to M_0$时，下列极限

$$\left.\frac{\partial u}{\partial l}\right|_{M_0} = \lim_{\Delta l \to 0} \frac{u(M') - u(M)}{\Delta l}$$

存在，则称它为数量场$u(M)$在点M_0**处沿$\boldsymbol{l}$方向的方向导数**。

由定义可知，当$\Delta l \to 0$时，方向导数$\frac{\partial u}{\partial l}$是在一个$M$点处沿方向$\boldsymbol{l}$的函数$u(M)$对距离的变化率。当$\frac{\partial u}{\partial l}>0$时，函数$u$沿$\boldsymbol{l}$方向是增加的；当$\frac{\partial u}{\partial l}<0$时，函数$u$沿$\boldsymbol{l}$方向是减少的。

在直角坐标系中，数量场$u(x, y, z)$的方向导数由以下定理给出计算公式。

定理：在直角坐标系中，若函数 $u=(x, y, z)$ 在点 $M_0(x_0, y_0, z_0)$ 处可微，$\cos\alpha$、$\cos\beta$ 和 $\cos\gamma$ 为 $\boldsymbol{l}$ 方向的方向余弦，则函数 u 在点 M_0 处沿 $\boldsymbol{l}$ 方向的方向导数必存在，且由下面的公式给出

$$\frac{\partial u}{\partial l}=\frac{\partial u}{\partial x}\cos\alpha+\frac{\partial u}{\partial y}\cos\beta+\frac{\partial u}{\partial z}\cos\gamma \tag{4.3.4}$$

式中，$\frac{\partial u}{\partial x}$、$\frac{\partial u}{\partial y}$ 和 $\frac{\partial u}{\partial z}$ 是在点 M_0 处的偏导数。

推论：若在有向曲线 C 上取定点 M_0 作为计算弧长 s 的起点，取 C 的正向为 s 增大的方向，点 M 为 C 上一点，在 M 处沿 C 正向作与 C 相切的射线，如图 4.3.2 所示，在点 M 处 u 可微，曲线 C 光滑，则有

$$\frac{\partial u}{\partial s}=\frac{\partial u}{\partial l} \tag{4.3.5}$$

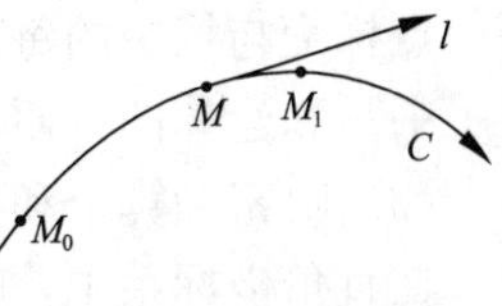

图 4.3.2　沿 C 正向作与 C 相切的射线 $\boldsymbol{l}$

这就是说，**函数 u 在点 M 处沿曲线 C（正向）的方向导数 $\frac{\partial u}{\partial s}$ 与函数 u 在点 M 处沿切线方向（指向 C 的正向一侧）的方向导数 $\frac{\partial u}{\partial l}$ 相等。**

详细证明可参看相关文献[1]。

在数量场所定义的区域内，从一个给定点出发，有无穷多个方向。显然，一般来讲，沿各个方向的变化率可能不同。那么函数 $u(M)$ 沿其中哪个方向的变化率最大？最大变化率是多少？由此引入梯度的概念。在方向导数的公式（4.3.4）中，$\cos\alpha$、$\cos\beta$ 和 $\cos\gamma$ 为 $\boldsymbol{l}$ 方向的方向余弦，即 $\boldsymbol{l}$ 方向的单位矢量 $\boldsymbol{l}^0=\cos\alpha\boldsymbol{i}+\cos\beta\boldsymbol{j}+\cos\gamma\boldsymbol{k}$，令

$$\boldsymbol{G}=\frac{\partial u}{\partial x}\boldsymbol{i}+\frac{\partial u}{\partial y}\boldsymbol{j}+\frac{\partial u}{\partial z}\boldsymbol{k}$$

可将方向导数写成 $\boldsymbol{G}$ 与单位矢量 $\boldsymbol{l}^0$ 的数量积，得

$$\frac{\partial u}{\partial l}=\boldsymbol{G}\cdot\boldsymbol{l}^0=|\boldsymbol{G}|\cos(\boldsymbol{G},\boldsymbol{l}^0) \tag{4.3.6}$$

式中，$\cos(\boldsymbol{G}, \boldsymbol{l}^0)$ 为矢量 $\boldsymbol{G}$ 与 $\boldsymbol{l}^0$ 夹角的余弦。

由式（4.3.6）和数量积的定义可知，当 $\boldsymbol{l}^0$ 方向与 $\boldsymbol{G}$ 方向一致时，$\cos(\boldsymbol{G}, \boldsymbol{l}^0)=1$，方向导数取得最大值，其值为 $\frac{\partial u}{\partial l}=|\boldsymbol{G}|$，$\boldsymbol{G}$ 的方向就是 $u(M)$ 变化率最大的方向，其模是这个最大变化率的数值，并称 $\boldsymbol{G}$ 为函数 $u(M)$ 在给定点处的梯度。梯度一般有如下定义。

梯度的定义：若在数量场 $u(M)$ 中的一点 M 处，存在这样的矢量 $\boldsymbol{G}$，其方向是函数 $u(M)$ 在点 M 处变化率最大的方向，其模是这个最大变化率的数值，则称矢量 $\boldsymbol{G}$ 为 $u(M)$ 在点 M 处梯度，记作 $\mathrm{grad}u=\boldsymbol{G}$。

可见，梯度的定义与坐标系的选择无关，它仅由数量函数 $u(M)$ 的分布决定。在直角坐标系中可表示为

$$\mathrm{grad}u=\frac{\partial u}{\partial x}\boldsymbol{i}+\frac{\partial u}{\partial y}\boldsymbol{j}+\frac{\partial u}{\partial z}\boldsymbol{k} \tag{4.3.7}$$

因此，只要求出 $u(M)$ 在三个正交方向的变化率，就完全确定了梯度。

梯度 grad$u$ 本身又是一个矢量场，有两个重要的性质。

① 任意方向导数等于梯度在该方向上的投影，写作$\frac{\partial u}{\partial l}=\text{grad}_l u$。

② 数量场中每一点M处的梯度，垂直于过该点的等值面，且指向函数$u(M)$增大的一方。由式（4.3.7）可知，在直角坐标系中点M处$\text{grad}u$的坐标$\frac{\partial u}{\partial x}$、$\frac{\partial u}{\partial y}$、$\frac{\partial u}{\partial z}$正好是过$M$点的等值面$u(x, y, z)=C$的法线方向数，也就是说**梯度是等值面的法矢量，即它垂直于等值面**。

梯度是数量场中一个重要概念，从而在科学技术问题中有着广泛的应用。若把数量场中每一点梯度与场中的每一点对应起来，则得到一个矢量场，称为由此数量场产生的**梯度场**。为了书写和运算的方便，**哈密顿（Hamilton）**引入了劈形算符∇，称为**哈密顿算子**。

（3）哈密顿算子和梯度的运算公式

在直角坐标系中，哈密顿算子为

$$\nabla\equiv\frac{\partial}{\partial x}\boldsymbol{i}+\frac{\partial}{\partial y}\boldsymbol{j}+\frac{\partial}{\partial z}\boldsymbol{k} \tag{4.3.8}$$

式中，∇为微分运算符号的矢量，是矢量微分算子，它在运算中具有矢量和微分的双重性质。

梯度的基本运算公式：

若设C为常数，u、v为数量函数，用梯度定义和函数运算规则可证明以下运算公式[3],[4]。

① $\nabla Cu=C\nabla u$

② $\nabla(u\pm v)=\nabla u\pm\nabla v$

③ $\nabla(uv)=u\nabla v+v\nabla u$

④ $\nabla\left(\frac{u}{v}\right)=\frac{v\nabla u-u\nabla v}{v^2}$

⑤ $\nabla f(u)=f'(u)\nabla u$

⑥ $\nabla f(u, v)=\frac{\partial f}{\partial u}\nabla u+\frac{\partial f}{\partial v}\nabla v$

若u为数量函数、$\boldsymbol{A}$为矢量函数，则有以下运算规则：

① $\text{grad}u=\nabla u=\left(\frac{\partial}{\partial x}\boldsymbol{i}+\frac{\partial}{\partial y}\boldsymbol{j}+\frac{\partial}{\partial z}\boldsymbol{k}\right)u=\frac{\partial u}{\partial x}\boldsymbol{i}+\frac{\partial u}{\partial y}\boldsymbol{j}+\frac{\partial u}{\partial z}\boldsymbol{k}$

② $\nabla\cdot\boldsymbol{A}=\left(\frac{\partial}{\partial x}\boldsymbol{i}+\frac{\partial}{\partial y}\boldsymbol{j}+\frac{\partial}{\partial z}\boldsymbol{k}\right)\cdot(A_x\boldsymbol{i}+A_y\boldsymbol{j}+A_z\boldsymbol{k})=\frac{\partial A_x}{\partial x}+\frac{\partial A_y}{\partial y}+\frac{\partial A_z}{\partial z}$

③ $\nabla\times\boldsymbol{A}=\begin{vmatrix}\boldsymbol{i} & \boldsymbol{j} & \boldsymbol{k}\\ \frac{\partial}{\partial x} & \frac{\partial}{\partial y} & \frac{\partial}{\partial z}\\ A_x & A_y & A_z\end{vmatrix}=\left(\frac{\partial A_z}{\partial y}-\frac{\partial A_y}{\partial z}\right)\boldsymbol{i}+\left(\frac{\partial A_x}{\partial z}-\frac{\partial A_z}{\partial x}\right)\boldsymbol{j}+\left(\frac{\partial A_y}{\partial x}-\frac{\partial A_x}{\partial y}\right)\boldsymbol{k}$

例题 4.3.1 求函数$u=xy^2+yz^3$在点$M(2,-1,1)$处的梯度和在矢量$\boldsymbol{l}=2\boldsymbol{i}+2\boldsymbol{j}-\boldsymbol{k}$方向的方向导数。

解：应用式（4.3.7），有

$$\text{grad}u\big|_M=[y^2\boldsymbol{i}+(2xy+z^3)\boldsymbol{j}+3yz^2\boldsymbol{k}]_M=\boldsymbol{i}-3\boldsymbol{j}-3\boldsymbol{k}$$

$\boldsymbol{l}$方向的单位矢量为

$$\boldsymbol{l}^0=\frac{\boldsymbol{l}}{|\boldsymbol{l}|}=\frac{2}{3}\boldsymbol{i}+\frac{2}{3}\boldsymbol{j}-\frac{1}{3}\boldsymbol{k}$$

$$\left.\frac{\partial u}{\partial l}\right|_M = \mathrm{grad}_l u\,|_M = [\mathrm{grad}u \cdot \boldsymbol{l}^0]_M = 1\times\frac{2}{3}+(-3)\times\frac{2}{3}+(-3)\times\left(-\frac{1}{3}\right)=-\frac{1}{3}$$

例题 4.3.2　确定温度场的热流强度，用此例说明在传热学中梯度的应用。

解： 设有一温度场 $u(M)$，由于场中各点温度不尽相同，故有热的流动，由温度较高的点流向温度较低的点。根据传热学的傅里叶定律："在场中任一点处，沿任一方向的热流强度，即在该点处单位时间内垂直流过单位面积的热量与该方向上的温度变化率和传热系数成正比，热流的方向与温度增高的方向相反"。所以在场中任一点处，沿任一方向的热流强度为 $-k\frac{\partial u}{\partial l}$，使用式（4.3.6）和梯度公式（4.3.7），沿法线 $\boldsymbol{n}$ 方向的热流强度为

$$\boldsymbol{q} = -k\frac{\partial u}{\partial \boldsymbol{n}} = -k\,\mathrm{grad}u = -k\,\nabla u \tag{4.3.9}$$

式中，$\boldsymbol{q}$ 称为**热流矢量**；$k>0$，为传热系数；其前面的负号表示热流的方向与温度增高的方向相反。

式（4.3.9）表明矢量 $\boldsymbol{q}$ 的方向表达了热流强度最大方向，其模 $|\boldsymbol{q}|$ 也是最大热流强度的数值，它是传热学中的一个重要概念。

4.3.2　矢量场

本小节从矢量场的几何描述、数学表达和基本运算等几方面来介绍矢量场，包括矢量线与矢量面、矢量场的通量和散度、矢量场的**环量**和旋度三部分。

如果在全部空间或部分空间里的每一点，都对应着某个物理矢量的一个确定的值，就说在这个空间里确定了该物理量的一个**矢量场**。矢量场是用矢量函数表示的三维矢量。化工中常用力场 $\boldsymbol{F}(x,\ y,\ z,\ t)$、物体运动速度 $\boldsymbol{u}(x,\ y,\ z,\ t)$、热流速率 $\boldsymbol{q}(x,\ y,\ z,\ t)$ 和传质速率等矢量场。

分布在矢量场中各点处的矢量 $\boldsymbol{A}$ 是场中的点 M 的函数 $\boldsymbol{A}=\boldsymbol{A}(M)$，当取定了直角坐标系后，它就成为点 $M(x,\ y,\ z)$ 的坐标函数了，即 $\boldsymbol{A}=\boldsymbol{A}(x,\ y,\ z)$，它的直角坐标表达式为

$$\boldsymbol{A} = A_x(x,y,z)\boldsymbol{i} + A_y(x,y,z)\boldsymbol{j} + A_z(x,y,z)\boldsymbol{k} \tag{4.3.10}$$

式中，函数 A_x、A_y、A_z 为矢量 $\boldsymbol{A}$ 的三个坐标，假定它们为单值、连续且有一阶连续偏导数。

(1) 矢量线与矢量面

为了直观地描述矢量场中矢量的分布状态，引入矢量线和矢量面的概念。

在**矢量线**上每一点处，场中每一个点的矢量都位于该点处的切线上。矢量场中每一点均有一条矢量线通过，如图 4.3.3 所示。例如流速场中的流线、电场中的电力线和磁力线。

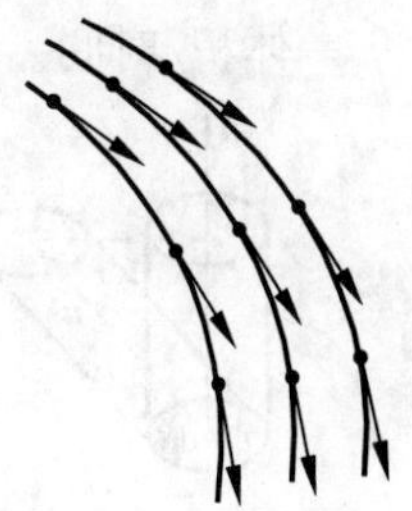

图 4.3.3　矢量线

已知矢量场 $\boldsymbol{A}(x,\ y,\ z)$，确定其矢量线的微分方程。设点 $M(x,\ y,\ z)$ 为矢量线上任一点，其矢径为 $\boldsymbol{r}=x\boldsymbol{i}+y\boldsymbol{j}+z\boldsymbol{k}$，其微分为

$$\mathrm{d}\boldsymbol{r} = \mathrm{d}x\boldsymbol{i} + \mathrm{d}y\boldsymbol{j} + \mathrm{d}z\boldsymbol{k}$$

矢径的微分按其几何意义是在点 M 处与矢量线相切的矢量。根据矢量线的定义，由于 $\mathrm{d}\boldsymbol{r}$ 无限小，故它必定在点 M 处与场矢量

$$\boldsymbol{A}=A_x(x,\ y,\ z)\boldsymbol{i}+A_y(x,\ y,\ z)\boldsymbol{j}+A_z(x,\ y,\ z)\boldsymbol{k}$$

共线，即与矢量$\boldsymbol{A}(x,\ y,\ z)$方向一致，有$\mathrm{d}\boldsymbol{r}\times\boldsymbol{A}=0$，即

$$\begin{vmatrix}\boldsymbol{i} & \boldsymbol{j} & \boldsymbol{k}\\ \mathrm{d}x & \mathrm{d}y & \mathrm{d}z\\ A_x & A_y & A_z\end{vmatrix}=(A_z\mathrm{d}y-A_y\mathrm{d}z)\boldsymbol{i}+(A_x\mathrm{d}z-A_z\mathrm{d}x)\boldsymbol{j}+(A_y\mathrm{d}x-A_x\mathrm{d}y)\boldsymbol{k}=0$$

因此，得**矢量线方程**为

$$\frac{\mathrm{d}x}{A_x}=\frac{\mathrm{d}y}{A_y}=\frac{\mathrm{d}z}{A_z}\tag{4.3.11}$$

这就是矢量线所应满足的微分方程。求解该方程，可以得到矢量线族。

例如，在三维瞬时流动中，速度为$\boldsymbol{u}=u\boldsymbol{i}+v\boldsymbol{j}+w\boldsymbol{k}$，在给定的某一瞬时$t$，取流场流线上的任一点$M$，流场中流线上的每一个流体质点的流速方向必定在该点M处与该曲线的切线相重合。由矢量线方程式（4.3.11）可得流线的微分方程

$$\frac{\mathrm{d}x}{u}=\frac{\mathrm{d}y}{v},\quad \frac{\mathrm{d}z}{w}=\frac{\mathrm{d}y}{v}\tag{4.3.12}$$

当矢量$\boldsymbol{A}$的三个坐标函数A_x、A_y、A_z为单值、连续且有一阶连续偏导数时，这族矢量线充满了矢量场所在的空间，而且互不相交。

对于场中任一条非矢量曲线C上的每一点处仅有一条矢量线通过，这些矢量线的全体构成一个通过非矢量曲线C的曲面称为**矢量面**，如图4.3.4所示。在矢量面上的任一点M处，场的对应矢量$\boldsymbol{A}(M)=0$都位于该**矢量面**在该点的切平面内。通过一封闭曲线C的矢量面构成一管形曲面，称为**矢量管**，如图4.3.5所示。

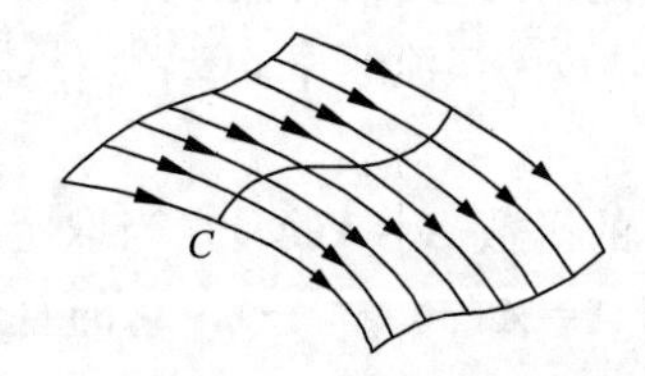

图4.3.4　矢量面

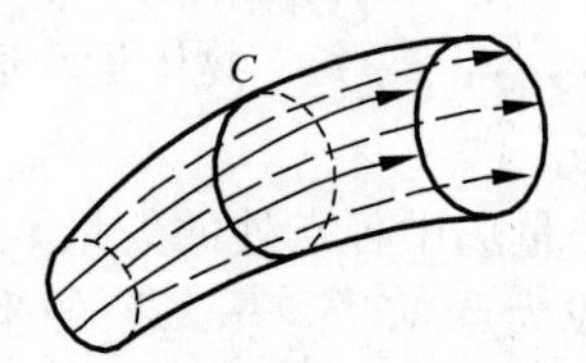

图4.3.5　矢量管

（2）矢量场的通量和散度

讨论一个实际的例子。设有不可压缩流体的流速场$\boldsymbol{u}(M)=\boldsymbol{u}(x,y,z)$，假定其密度为1，流场中有一有向曲面$S$，规定法矢量指向正向。如曲面是封闭的，则按习惯总是取其外侧为正向。求在单位时间内流体向正向穿过S的流量q，即单位时间内穿过此曲面的流体体积为q_v=体积/时间。

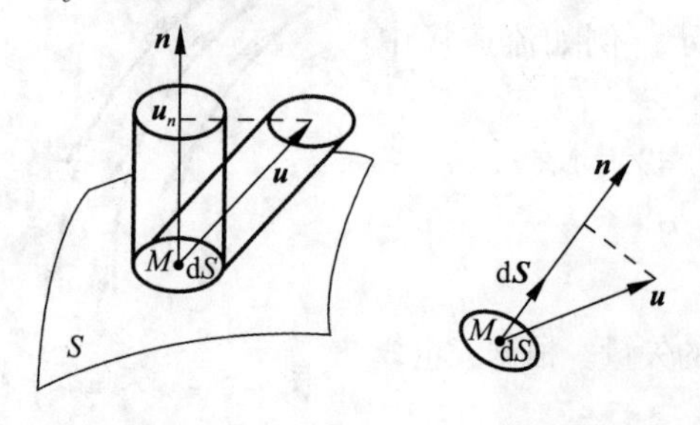

图4.3.6　曲面元素上的流量

如图4.3.6所示，在S上取曲面元素$\mathrm{d}S$，M为$\mathrm{d}S$上任一点，当$\mathrm{d}S\to0$时，速度矢量$\boldsymbol{u}$和法向矢量$\boldsymbol{n}$近似地不变化，这样单位时间$\mathrm{d}t$内穿过$\mathrm{d}S$流体的流量等于

$$\mathrm{d}q=\frac{\mathrm{d}V}{\mathrm{d}t}=\frac{h\mathrm{d}S}{\mathrm{d}t}=u_n\mathrm{d}S$$

式中，$\mathrm{d}V$为斜体体积，其为柱体高与底面积的乘积。

若以 $\boldsymbol{n}$ 表示点 M 处的单位法向矢量，$\mathrm{d}\boldsymbol{S}$ 是点 M 处的一个矢量，其方向与 $\boldsymbol{n}$ 一样，其模等于面积 $\mathrm{d}S$，则有 $\mathrm{d}\boldsymbol{S}=\boldsymbol{n}\mathrm{d}S$。用 u_n 表示速度 $\boldsymbol{u}$ 在 $\boldsymbol{n}$ 上的投影，这样单位时间 $\mathrm{d}t$ 内穿过 $\mathrm{d}S$ 流体的流量近似地等于以 $\mathrm{d}S$ 为底面积、u_n 为高的柱体体积，流量表示为

$$\mathrm{d}q = u_n\mathrm{d}S = \boldsymbol{u}\cdot\mathrm{d}\boldsymbol{S}$$

在单位时间内向正侧通过整个曲面 S 的流量用曲面积分表示为

$$q = \iint_S u_n\mathrm{d}S = \iint_S \boldsymbol{u}\cdot\mathrm{d}\boldsymbol{S} \tag{4.3.13}$$

式（4.3.13）的面积分称为流体的**流量通量**，其为数量。

许多学科广泛使用通量的概念，如物理学中电场的电通量 Φ_e 和磁场中磁通量 Φ_m 分别为

$$\Phi_e = \iint_S D_n\mathrm{d}S = \iint_S \boldsymbol{D}\cdot\mathrm{d}\boldsymbol{S},\quad \Phi_m = \iint_S B_n\mathrm{d}S = \iint_S \boldsymbol{B}\cdot\mathrm{d}\boldsymbol{S}$$

式中，$\boldsymbol{D}$ 为电场中的电位移矢量；$\boldsymbol{B}$ 为磁场中的磁感应强度矢量。数学上把这类积分概括为通量的概念。

通量的定义：设有矢量场 $\boldsymbol{A}(x, y, z)$，沿其中某一有向曲面 S 的曲面积分

$$\Phi = \iint_S A_n\mathrm{d}S = \iint_S \boldsymbol{A}\cdot\mathrm{d}\boldsymbol{S} \tag{4.3.14}$$

称为矢量 $\boldsymbol{A}(x, y, z)$ 向法矢量 $\boldsymbol{n}$ 的方向穿过曲面 S 的通量。

若矢量场中有 n 个矢量，则矢量为

$$\boldsymbol{A} = \boldsymbol{A}_1 + \boldsymbol{A}_2 + \boldsymbol{A}_3 + \cdots + \boldsymbol{A}_n = \sum_{i=1}^{n}\boldsymbol{A}_i \qquad (i = 1,2,\cdots,n)$$

通量是一个可叠加的数量，矢量 $\boldsymbol{A}(x, y, z)$ 向法矢量 $\boldsymbol{n}$ 的方向穿过曲面 S 的总通量为

$$\Phi = \iint_S \boldsymbol{A}\cdot\mathrm{d}\boldsymbol{S} = \iint_S \Big(\sum_{i=1}^{n}\boldsymbol{A}_i\Big)\cdot\mathrm{d}\boldsymbol{S} = \sum_{i=1}^{n}\iint_S \boldsymbol{A}_i\cdot\mathrm{d}\boldsymbol{S} = \sum_{i=1}^{n}\Phi_i \tag{4.3.15}$$

以流体流动的流速场 $\boldsymbol{u}$ 为例说明**正通量、负通量和零通量的物理意义**。

单位时间 $\mathrm{d}t$ 内穿过 $\mathrm{d}\boldsymbol{S}$ 流体的流量等于 $\mathrm{d}q=\boldsymbol{u}\cdot\mathrm{d}\boldsymbol{S}$，如图 4.3.7 所示。$\mathrm{d}q=\boldsymbol{u}\cdot\mathrm{d}\boldsymbol{S}>0$ 为**正流量**，$\boldsymbol{u}$ 是从 $\mathrm{d}\boldsymbol{S}$ 的负侧穿到 $\mathrm{d}\boldsymbol{S}$ 的正侧，$\boldsymbol{u}$ 与 $\boldsymbol{n}$ 相交成锐角；$\mathrm{d}q=\boldsymbol{u}\cdot\mathrm{d}\boldsymbol{S}<0$ 为负流量，$\boldsymbol{u}$ 是从 $\mathrm{d}\boldsymbol{S}$ 的正侧穿到 $\mathrm{d}\boldsymbol{S}$ 的负侧，$\boldsymbol{u}$ 与 $\boldsymbol{n}$ 相交成钝角。

对于总流量 $q=\oint_S \mathrm{d}q$，$q>0$，流出多于流入，如 S 为一闭合曲面，则在 S 内必有产生流体的**泉源（源）**。$q<0$，流出少于流入，在 S 内有吸入流体的**汇(涵)**。$q=0$ 流出等于流入，闭合曲面 S 内的源和汇二者相互抵消，即**无源又无汇**。

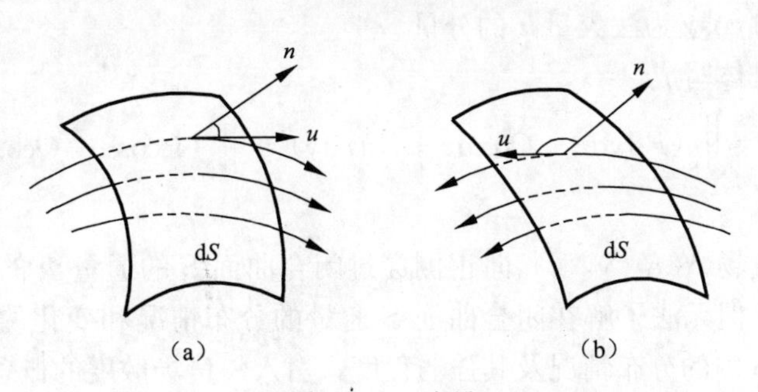

图 4.3.7　流量

(a) 正流量；(b) 负流量

使用高等数学面积分的知识计算通量。在直角坐标系中，若矢量为

$$\boldsymbol{A}=P(x,y,z)\boldsymbol{i}+Q(x,y,z)\boldsymbol{j}+R(x,y,z)\boldsymbol{k}$$

又

$$\mathrm{d}\boldsymbol{S}=\boldsymbol{n}\mathrm{d}S=\mathrm{d}S\cos(\boldsymbol{n},x)\boldsymbol{i}+\mathrm{d}S\cos(\boldsymbol{n},y)\boldsymbol{j}+\mathrm{d}S\cos(\boldsymbol{n},z)\boldsymbol{k}=\mathrm{d}y\mathrm{d}z\boldsymbol{i}+\mathrm{d}x\mathrm{d}z\boldsymbol{j}+\mathrm{d}x\mathrm{d}y\boldsymbol{k}$$

则通量可写为

$$\Phi=\iint_S\boldsymbol{A}\cdot\mathrm{d}\boldsymbol{S}=\iint_S(P\mathrm{d}y\mathrm{d}z+Q\mathrm{d}x\mathrm{d}z+R\mathrm{d}x\mathrm{d}y)\tag{4.3.16}$$

式中，$\mathrm{d}S\cos(\boldsymbol{n},x)$、$\mathrm{d}S\cos(\boldsymbol{n},y)$ 和 $\mathrm{d}S\cos(\boldsymbol{n},z)$ 分别是 $\mathrm{d}S$ 在 Oyz、Oxz 和 Oxy 平面上的投影，即分别是 Oyz、Oxz 和 Oxy 平面上的面积元。

要计算通过曲面 S 的通量，除了要知道矢量 $\boldsymbol{A}(x,y,z)$ 的具体表达式外，还要知道法矢量的表达式。这里以曲面的形式分类，介绍高等数学中学习过的两种计算方法。

① 如曲面表达式为 $F(x,y,z)=0$，则

$$\boldsymbol{A}\cdot\mathrm{d}\boldsymbol{S}=(P\cos\alpha+Q\cos\beta+R\cos\gamma)\mathrm{d}S$$

式中，法矢量的具体表达式为

$$\boldsymbol{n}=(\cos\alpha,\cos\beta,\cos\gamma)$$

$$=\pm\left[\frac{\frac{\partial F}{\partial x}}{\sqrt{\left(\frac{\partial F}{\partial x}\right)^2+\left(\frac{\partial F}{\partial y}\right)^2+\left(\frac{\partial F}{\partial z}\right)^2}},\frac{\frac{\partial F}{\partial y}}{\sqrt{\left(\frac{\partial F}{\partial x}\right)^2+\left(\frac{\partial F}{\partial y}\right)^2+\left(\frac{\partial F}{\partial z}\right)^2}},\frac{\frac{\partial F}{\partial z}}{\sqrt{\left(\frac{\partial F}{\partial x}\right)^2+\left(\frac{\partial F}{\partial y}\right)^2+\left(\frac{\partial F}{\partial z}\right)^2}}\right]$$

② 如曲面表达式为 $z=z(x,y)$ 或 $z-z(x,y)=0$，则

$$\mathrm{d}z-\frac{\partial z}{\partial x}\mathrm{d}x-\frac{\partial z}{\partial y}\mathrm{d}y=0$$

上式可以表示成内积的形式

$$\left(\frac{\partial z}{\partial x},\frac{\partial z}{\partial y},-1\right)\cdot(\mathrm{d}x,\mathrm{d}y,\mathrm{d}z)=0$$

法矢量的具体表达式为

$$\boldsymbol{n}=(\cos\alpha,\cos\beta,\cos\gamma)$$

$$=\pm\left[\frac{\frac{\partial z}{\partial x}}{\sqrt{1+\left(\frac{\partial z}{\partial x}\right)^2+\left(\frac{\partial z}{\partial y}\right)^2}},\frac{\frac{\partial z}{\partial y}}{\sqrt{1+\left(\frac{\partial z}{\partial x}\right)^2+\left(\frac{\partial z}{\partial y}\right)^2}},\frac{-1}{\sqrt{1+\left(\frac{\partial z}{\partial x}\right)^2+\left(\frac{\partial z}{\partial y}\right)^2}}\right]$$

式中，$\cos\alpha$、$\cos\beta$ 和 $\cos\gamma$ 为法矢量 $\boldsymbol{n}$ 的分量。

因此，通量可具体写成

$$\Phi=\iint_S\boldsymbol{A}\cdot\mathrm{d}\boldsymbol{S}=\iint_S(P\mathrm{d}y\mathrm{d}z+Q\mathrm{d}x\mathrm{d}z+R\mathrm{d}x\mathrm{d}y)=\iint_S(P\cos\alpha+Q\cos\beta+R\cos\gamma)\mathrm{d}S\tag{4.3.17}$$

由上可知，矢量场 $\boldsymbol{A}(x,y,z)$ 向正侧穿过闭合曲面 S 的通量 Φ 的大小和正负值可以宏观地描述该通量，但无法了解在闭合曲面 S 通量的分布情况和变化的强弱程度。为了进一步了解源或汇在 S 内的分布情况及其强弱程度，引入矢量场散度的概念。

散度的定义：若闭曲面 S 向其围成的空间区域 Ω 中某点 M 无限缩小时，矢量场 $\boldsymbol{A}$ 在这个闭曲面上的通量与该曲面所包围空间 Ω 的体积之比的极限存在，则称此极限为矢量 $\boldsymbol{A}$ 在

点 M 处的**散度**，记为

$$\mathrm{div}\boldsymbol{A}=\lim_{\Omega\to M}\frac{\Delta\Phi}{\Delta V}=\lim_{\Omega\to M}\frac{\oiint \boldsymbol{A}\cdot \mathrm{d}\boldsymbol{S}}{\Delta V} \tag{4.3.18}$$

由此定义可见，矢量场的散度是一个数量场，它不依赖于坐标系的选择。散度表示在场中一 M 点处闭曲面通量对体积的变化率，亦即在 M 点处对单位体积边界上所穿越的通量，其物理意义表示矢量场在 M 点**处源（汇）的强度**。

$\mathrm{div}\boldsymbol{A}=0$ **的矢量场 $\boldsymbol{A}$ 为无源场**，$\mathrm{div}\boldsymbol{A}>0$ **的矢量场 $\boldsymbol{A}$ 为散发通量之正源场**，$\mathrm{div}\boldsymbol{A}<0$ **的矢量场 $\boldsymbol{A}$ 为吸收通量之负源场**。

如果把矢量场 $\boldsymbol{A}$ 中每一点的散度与场中的每一点一一对应起来，就得到一个数量场，称为由此**矢量场产生的散度场**。

在直角坐标系中，矢量场 $\boldsymbol{A}=P(x,y,z)\boldsymbol{i}+Q(x,y,z)\boldsymbol{j}+R(x,y,z)\boldsymbol{k}$ 在任一点 $M(x,y,z)$ 处的散度为

$$\mathrm{div}\boldsymbol{A}=\nabla\cdot\boldsymbol{A}=\frac{\partial P}{\partial x}+\frac{\partial Q}{\partial y}+\frac{\partial R}{\partial z} \tag{4.3.19}$$

利用高等数学中学习过的**奥—高公式**可证明式（4.3.19），首先将面积分转化为体积积分

$$\Delta\Phi=\oiint_{\Delta S}\boldsymbol{A}\cdot\mathrm{d}\boldsymbol{S}=\oiint_{\Delta S}P\,\mathrm{d}y\mathrm{d}z+Q\mathrm{d}x\mathrm{d}z+R\mathrm{d}x\mathrm{d}y=\iiint_{\Delta\Omega}\left(\frac{\partial P}{\partial x}+\frac{\partial Q}{\partial y}+\frac{\partial R}{\partial z}\right)\mathrm{d}V$$

假设 M^* 为空间 $\Delta\Omega$ 内的一点，应用中值定理，得

$$\Delta\Phi=\left[\frac{\partial P}{\partial x}+\frac{\partial Q}{\partial y}+\frac{\partial R}{\partial z}\right]_{M^*}\Delta V$$

由散度定义得

$$\mathrm{div}\boldsymbol{A}=\lim_{\Delta\Omega\to M}\frac{\Delta\Phi}{\Delta V}=\lim_{\Delta\Omega\to M}\left[\frac{\partial P}{\partial x}+\frac{\partial Q}{\partial y}+\frac{\partial R}{\partial z}\right]_{M^*}$$

当空间 $\Delta\Omega$ 缩向 M 点时，M^* 点趋向点 M，得到式（4.3.19）。

由公式（4.3.19），可得以下**推论**：

① 奥—高公式可写成矢量形式

$$\oiint_S\boldsymbol{A}\cdot\mathrm{d}\boldsymbol{S}=\iiint_\Omega\mathrm{div}\boldsymbol{A}\mathrm{d}V=\iiint_\Omega\nabla\cdot\boldsymbol{A}\mathrm{d}V \tag{4.3.20}$$

② 若在封闭曲面内处处有 $div\boldsymbol{A}=0$，则

$$\oiint_S\boldsymbol{A}\cdot\mathrm{d}\boldsymbol{S}=0 \tag{4.3.21}$$

③ 若在场内某些点（或区域上）有 $\mathrm{div}\boldsymbol{A}\neq0$ 或 $\mathrm{div}\boldsymbol{A}$ 不存在，而在其他点上都有 $\mathrm{div}\boldsymbol{A}=0$，则穿出包围这些点（或区域）的任一封闭曲面的通量都相等，即一常数。

求证：令 $\mathrm{div}\boldsymbol{A}\neq0$ 或 $\mathrm{div}\boldsymbol{A}$ 不存在的点在区域 R 内，则在 S_1 与 S_2 所包围的区域 Ω 上处处有 $\mathrm{div}\boldsymbol{A}=0$。

证明：设在区域 R 内 $\mathrm{div}\boldsymbol{A}\neq0$ 或 $\mathrm{div}\boldsymbol{A}$ 不存在，在 R 内作两个互不相交的封闭曲面 S_1 与 S_2，$\boldsymbol{n}_1$ 和 $\boldsymbol{n}_2$ 分别为这两个曲面的外向法矢量，如图 4.3.8 所示。由于在曲面 S_1 与 S_2 所包围的区域 Ω 上，处处有 $\mathrm{div}\boldsymbol{A}=0$，因此由奥—高公式有

$$\oiint_{S_1+S_2}\boldsymbol{A}\cdot\mathrm{d}\boldsymbol{S}=\iiint_\Omega\mathrm{div}\boldsymbol{A}\mathrm{d}V=0$$

得

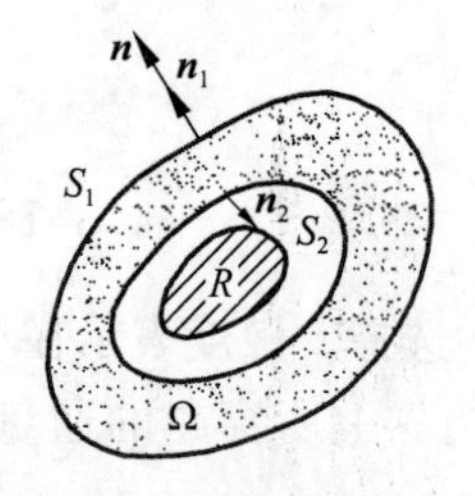

图 4.3.8　两个不相交的封闭曲面

$$\oiint_{S_1+S_2} A_n \mathrm{d}S = 0$$

式中，A_n 为矢量$\boldsymbol{A}$ 在边界曲面的外向法矢量$\boldsymbol{n}$ 方向上的投影；$\boldsymbol{n}$ 与$\boldsymbol{n}_1$ 指向相同，与$\boldsymbol{n}_2$ 相反，因此有

$$\oiint_{S_1} A_{n_1} \mathrm{d}S - \oiint_{S_2} A_{n_2} \mathrm{d}S = 0$$

即

$$\oiint_{S_1} A_{n_1} \mathrm{d}S = \oiint_{S_2} A_{n_2} \mathrm{d}S$$

散度的基本运算公式：

若$\boldsymbol{C}$为常矢量，C为常数，u为数量函数，$\boldsymbol{A}$、$\boldsymbol{B}$为矢量函数，则可用散度定义和函数的运算规则证明以下运算公式[3]。

① $\nabla \cdot \boldsymbol{C}=0$

② $\nabla \cdot (C\boldsymbol{A})=C\nabla \cdot \boldsymbol{A}$

③ $\nabla \cdot (\boldsymbol{A}\pm\boldsymbol{B})=\nabla \cdot \boldsymbol{A}\pm\nabla \cdot \boldsymbol{B}$

④ $\nabla \cdot (u\boldsymbol{A})=u\nabla \cdot \boldsymbol{A}+\nabla u \cdot \boldsymbol{A}$

⑤ $\oiint_S \boldsymbol{A} \cdot \mathrm{d}\boldsymbol{S} = \oiint_S A_x \mathrm{d}y\mathrm{d}z + A_y \mathrm{d}x\mathrm{d}z + A_z \mathrm{d}x\mathrm{d}y$

$$= \iiint_\Omega \left(\frac{\partial A_x}{\partial x} + \frac{\partial A_y}{\partial y} + \frac{\partial A_z}{\partial z}\right)\mathrm{d}x\mathrm{d}y\mathrm{d}z$$

$$= \iiint_\Omega (\nabla \cdot \boldsymbol{A})\mathrm{d}V$$

例题 4.3.3　设$\boldsymbol{u}=u\boldsymbol{i}+v\boldsymbol{j}+w\boldsymbol{k}=x\boldsymbol{i}+y\boldsymbol{j}+z\boldsymbol{k}$ 的速度矢量组成的速度场中，有一由圆锥面$x^2+y^2=z^2$ 及平面$z=H(H>0)$ 围成的封闭曲面S，如图 4.3.9 所示。分别使用面积分和散度公式计算从封闭曲面S内流出的穿过S的流量[1]。

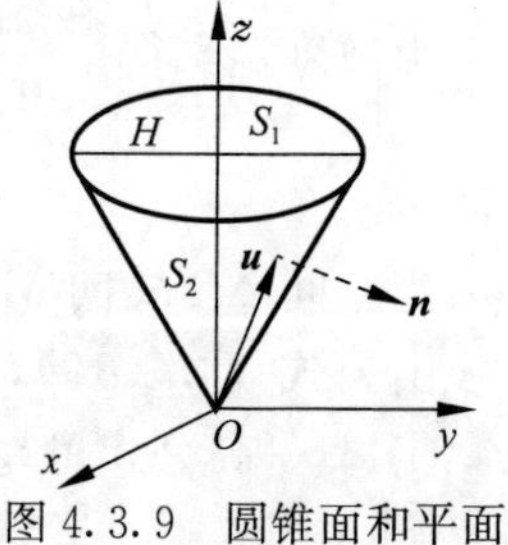

图 4.3.9　圆锥面和平面围成的封闭曲面

解： ① 封闭曲面S由$z=H(H>0)$ 的平面S_1 和圆锥面S_2 组成，使用面积分公式计算流量

$$\Phi = \oiint \boldsymbol{u} \cdot \mathrm{d}\boldsymbol{S} = \iint_{S_1} \boldsymbol{u} \cdot \mathrm{d}\boldsymbol{S} + \iint_{S_2} \boldsymbol{u} \cdot \mathrm{d}\boldsymbol{S}$$

在平面S_1 上，有

$$\iint_{S_1} \boldsymbol{u} \cdot \mathrm{d}\boldsymbol{S} = \iint_{S_1} (x\mathrm{d}y\mathrm{d}z + y\mathrm{d}x\mathrm{d}z + z\mathrm{d}x\mathrm{d}y)$$

$$= \iint_{\sigma_1} H\mathrm{d}x\mathrm{d}y = H\iint_{\sigma_1} \mathrm{d}x\mathrm{d}y = \pi H^2 \times H = \pi H^3$$

式中，σ_1 为S_1 在Oxy平面上投影区域。

在圆锥面上，因为$\boldsymbol{u}\perp\boldsymbol{n}$，故有

$$\iint_{S_2} \boldsymbol{u} \cdot \mathrm{d}\boldsymbol{S} = \iint_{S_2} u_n \mathrm{d}S = 0$$

因此，得到流量

$$\Phi = \pi H^3$$

② 用速度场的散度计算流量，因为散度为

$$\nabla \cdot \boldsymbol{u} = \frac{\partial u}{\partial x} + \frac{\partial v}{\partial y} + \frac{\partial w}{\partial z} = 1+1+1 = 3$$

所以使用体积分计算流量，得

$$\Phi = \iiint_{\Omega} \nabla \cdot \boldsymbol{u} = \iiint_{\Omega} \left(\frac{\partial u}{\partial x} + \frac{\partial v}{\partial y} + \frac{\partial w}{\partial z}\right) \mathrm{d}x\mathrm{d}y\mathrm{d}z = 3\iiint_{v} \mathrm{d}V = 3 \times \frac{1}{3}\pi H^2 \times H = \pi H^3$$

（3）矢量场的环量和旋度

设力场 $\boldsymbol{F}(M)$，$\boldsymbol{l}$ 为场中的一条封闭的有向曲线，$\boldsymbol{\tau}$ 为 $\boldsymbol{l}$ 的单位切向矢量，曲线的微分 $\mathrm{d}\boldsymbol{l}=\boldsymbol{\tau}\mathrm{d}l$ 是一个方向与 $\boldsymbol{\tau}$ 一致、模等于弧长 $\mathrm{d}l$ 的矢量，如图 4.3.10 所示。在场力 $\boldsymbol{F}$ 的作用下，一个质点 M 沿封闭曲线 $\boldsymbol{l}$ 运转一周时场力 $\boldsymbol{F}$ 所做的功，可用闭曲线积分表示为

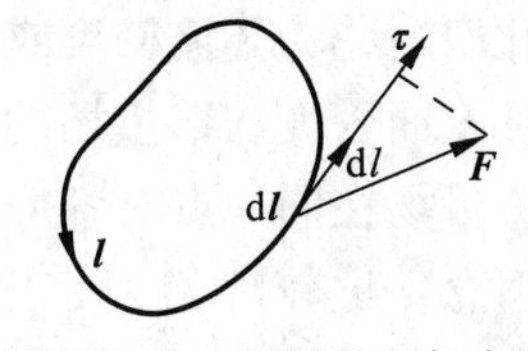

图 4.3.10　环量的几何表示

$$W = \oint_l F_\tau \mathrm{d}l = \oint_l \boldsymbol{F} \cdot \mathrm{d}\boldsymbol{l}$$

数学上把形如上述的一类曲线积分概括成为环量的概念。由上式可知，环量是个数量。例如在流速场 $\boldsymbol{u}(M)$ 中，积分 $\oint_l \boldsymbol{u} \cdot \mathrm{d}\boldsymbol{l}$ 表示在单位时间内沿闭路正向流动的环流 q。

环量的定义：设有矢量场 $\boldsymbol{A}(x,\ y,\ z)$ 沿场中某一封闭的有向曲线 $\boldsymbol{l}$ 的曲线积分

$$\boldsymbol{\Gamma} = \oint_1 \boldsymbol{A} \cdot \mathrm{d}\boldsymbol{l} \tag{4.3.22}$$

称为此矢量场按积分所取方向沿曲线 $\boldsymbol{l}$ 的**环量**。一般规定逆时针方向积分为正。

在直角坐标系中，设矢量 $\boldsymbol{A}=P(x,\ y,\ z)\boldsymbol{i}+Q(x,\ y,\ z)\boldsymbol{j}+R(x,\ y,\ z)\boldsymbol{k}$，弧长为

$$\mathrm{d}\boldsymbol{l} = \mathrm{d}l\cos(\boldsymbol{\tau},x)\boldsymbol{i} + \mathrm{d}l\cos(\boldsymbol{\tau},y)\boldsymbol{j} + \mathrm{d}l\cos(\boldsymbol{\tau},z)\boldsymbol{k} = \mathrm{d}x\boldsymbol{i} + \mathrm{d}y\boldsymbol{j} + \mathrm{d}z\boldsymbol{k}$$

式中，$\cos(\boldsymbol{\tau},\ x)$，$\cos(\boldsymbol{\tau},\ y)$和 $\cos(\boldsymbol{\tau},\ z)$ 为 $\boldsymbol{l}$ 的切向矢量 $\boldsymbol{\tau}$ 的方向余弦，则环量可写成

$$\Gamma = \oint_l \boldsymbol{A} \cdot \mathrm{d}\boldsymbol{l} = \oint_l P\mathrm{d}x + Q\mathrm{d}y + R\mathrm{d}z \tag{4.3.23}$$

为了研究环量的强度，引入**环量面密度**的概念，讨论环量对面积的变化率。

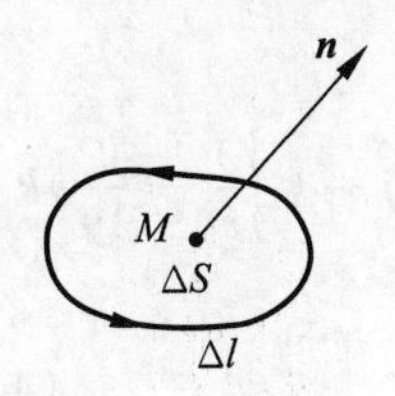

图 4.3.11　边界线的正向与法矢量构成右手螺旋关系

在矢量场 $\boldsymbol{A}$ 中一点 M 处任取一面积为 ΔS 的微小曲面 ΔS，$\boldsymbol{n}$ 为其在点 M 处的法矢量，曲面 ΔS 的边界线 Δl 的正向与法矢量 $\boldsymbol{n}$ 构成右手螺旋关系，如图 4.3.11 所示。

矢量场 $\boldsymbol{A}$ 沿其边界线 Δl 的正向的环量 $\Delta\Gamma$ 与面积 ΔS 之比为 $\Delta\Gamma/\Delta S$。当曲面 ΔS 在保持 M 点于其上的条件下，沿着自身缩向 M 点时，若 $\Delta\Gamma/\Delta S$ 的极限存在，则称其为矢量场 $\boldsymbol{A}$ 在点 M 处沿方向 $\boldsymbol{n}$ 的**环量面密度**，即**环量强度**，记为

$$\mathrm{rot}_n\boldsymbol{A} = \lim_{\Delta S \to 0} \frac{\oint_{\Delta l} \boldsymbol{A} \cdot \mathrm{d}\boldsymbol{l}}{\Delta S}$$

在直角坐标系中，设矢量 $\boldsymbol{A}=P(x,\ y,\ z)\boldsymbol{i}+Q(x,\ y,\ z)\boldsymbol{j}+R(x,\ y,\ z)\boldsymbol{k}$，运用高等数学的斯托克斯公式，将曲线积分转化为曲面积分

$$\begin{aligned}\oint_l \boldsymbol{A} \cdot \mathrm{d}\boldsymbol{l} &= \iint_S (R_y - Q_z)\mathrm{d}y\mathrm{d}z + (P_z - R_x)\mathrm{d}x\mathrm{d}z + (Q_x - P_y)\mathrm{d}x\mathrm{d}y \\ &= \iint_S [(R_y - Q_z)\cos(\boldsymbol{n},x) + (P_z - R_x)\cos(\boldsymbol{n},y) + (Q_x - P_y)\cos(\boldsymbol{n},z)]\mathrm{d}S\end{aligned}$$

将上式代入环量面密度定义式（4.2.23），得到在直角坐标系下**环量面密度的计算公式**

$$\mathrm{rot}_n\boldsymbol{A} = (R_y - Q_z)\cos\alpha + (P_z - R_x)\cos\beta + (Q_x - P_y)\cos\gamma \tag{4.3.24}$$

式中，$\cos\alpha$，$\cos\beta$，$\cos\gamma$ 为 ΔS 在点 M 处的法矢量 $\boldsymbol{n}$ 的方向余弦。注意 R_y 表示$\frac{\partial R}{\partial y}$。

例如，在流速场 $\boldsymbol{u}$ 中，$\mathrm{rot}_n\boldsymbol{u}=\frac{\mathrm{d}q_l}{\mathrm{d}S}$为在 M 点处与法矢量 $\boldsymbol{n}$ 成右手螺旋方向的环流对面积的变化率，称为**环流密度或环流强度**。

环量面密度和数量场的方向导数一样，与方向有关。从场中任一点出发有无穷多个方向，矢量场在同一点对各个方向的环量面密度可能会不同。为了确定其中最大的一个，引入旋度概念。比较环量面密度和方向导数的计算公式，可以看出这两个公式很类似。若令式（4.3.24)中的三个数(R_y-Q_z)、(P_z-R_x)、(Q_x-P_y)构成矢量 $\boldsymbol{R}$，其表达式为

$$\boldsymbol{R}=(R_y-Q_z)\boldsymbol{i}+(P_z-R_x)\boldsymbol{j}+(Q_x-P_y)\boldsymbol{k} \tag{4.3.25}$$

且 $\boldsymbol{R}$ 在给定处为固定矢量，则式（4.3.24）可写成

$$\mathrm{rot}_n\boldsymbol{A}=\boldsymbol{R}\cdot\boldsymbol{n}=|\boldsymbol{R}|\cdot\cos(\boldsymbol{R},\boldsymbol{n}) \tag{4.3.26}$$

式中，$\boldsymbol{n}=\cos\alpha\boldsymbol{i}+\cos\beta\boldsymbol{j}+\cos\gamma\boldsymbol{k}$。

式（4.3.26）表明，在给定点处，$\boldsymbol{R}$ 在任一方向 $\boldsymbol{n}$ 上的投影，即给出该方向上的环量面密度。当 $\boldsymbol{R}$ 的方向与 $\boldsymbol{n}$ 方向一致时，环量面密度取最大数值。由此可见，$\boldsymbol{R}$ 的方向为环量面密度最大的方向，其模为最大环量面密度的数值。此时称矢量 $\boldsymbol{R}$ 就是矢量场 $\boldsymbol{A}$ 的**旋度**。旋度是一个矢量场，旋度矢量在任一方向 $\boldsymbol{n}$ 上的投影等于该方向上的环量面密度。例如，在流速场 $\boldsymbol{u}$ 中，$\mathrm{rot}\boldsymbol{u}$ 在任一方向上的投影，即给出该方向上的环流密度。

旋度定义：若在矢量场 $\boldsymbol{A}$ 中一点 M 处存在这样的一个矢量 $\boldsymbol{R}$，$\boldsymbol{A}$ 在点 M 处沿其方向的环量密度的最大数值正好是 $|\boldsymbol{R}|$，矢量 $\boldsymbol{R}$ 为矢量 $\boldsymbol{A}$ 在点 M 处的**旋度**，记为

$$\mathrm{rot}\boldsymbol{A}=\nabla\times\boldsymbol{A}=\boldsymbol{R}$$

旋度矢量的上述定义与坐标系的选择无关。旋度矢量在数值和方向上给出了最大的环量面密度。在直角坐标系中，旋度计算式为

$$\mathrm{rot}\boldsymbol{A}=\nabla\times\boldsymbol{A}=\begin{vmatrix}\boldsymbol{i} & \boldsymbol{j} & \boldsymbol{k}\\ \frac{\partial}{\partial x} & \frac{\partial}{\partial y} & \frac{\partial}{\partial z}\\ P & Q & R\end{vmatrix}=\left(\frac{\partial R}{\partial y}-\frac{\partial Q}{\partial z}\right)\boldsymbol{i}+\left(\frac{\partial P}{\partial z}-\frac{\partial R}{\partial x}\right)\boldsymbol{j}+\left(\frac{\partial Q}{\partial x}-\frac{\partial P}{\partial y}\right)\boldsymbol{k} \tag{4.3.27}$$

使用式（4.3.27），将斯托克斯公式可写成矢量形式

$$\oint_l\boldsymbol{A}\cdot\mathrm{d}\boldsymbol{l}=\iint_S(\mathrm{rot}\boldsymbol{A})\cdot\mathrm{d}\boldsymbol{S}=\iint_S(\nabla\times\boldsymbol{A})\cdot\mathrm{d}\boldsymbol{S} \tag{4.3.28}$$

对于二维平面，有格林定理

$$\oint_l\boldsymbol{A}\cdot\mathrm{d}\boldsymbol{l}=\int_l(P\mathrm{d}x+Q\mathrm{d}y)=\iint_S\left(\frac{\partial Q}{\partial x}-\frac{\partial P}{\partial y}\right)\mathrm{d}x\mathrm{d}y \tag{4.3.29}$$

旋度的基本运算公式：

若 $\boldsymbol{C}$ 为常矢量，C 为常数，u 为数量函数，$\boldsymbol{A}$、$\boldsymbol{B}$ 为矢量，可用旋度定义和函数的运算规则证明以下运算公式[3]。

① $\nabla\times\boldsymbol{C}=0$

② $\nabla\times(C\boldsymbol{A})=C\,\nabla\times\boldsymbol{A}$

③ $\nabla\times(\boldsymbol{A}\pm\boldsymbol{B})=\nabla\times\boldsymbol{A}\pm\nabla\times\boldsymbol{B}$

④ $\nabla\times(u\boldsymbol{A})=u\,\nabla\times\boldsymbol{A}+\nabla u\times\boldsymbol{A}$

⑤ $\nabla\cdot(\boldsymbol{A}\times\boldsymbol{B})=\boldsymbol{B}\cdot(\nabla\times\boldsymbol{A})-\boldsymbol{A}\cdot(\nabla\times\boldsymbol{B})$

⑥ $\nabla\times(\boldsymbol{A}\times\boldsymbol{B})=(\boldsymbol{B}\cdot\nabla)\boldsymbol{A}-(\boldsymbol{A}\cdot\nabla)\boldsymbol{B}+\boldsymbol{A}(\nabla\cdot\boldsymbol{B})-\boldsymbol{B}(\nabla\cdot\boldsymbol{A})$

⑦ $\nabla(\boldsymbol{A}\cdot\boldsymbol{B})=(\boldsymbol{A}\cdot\nabla)\boldsymbol{B}+(\boldsymbol{B}\cdot\nabla)\boldsymbol{A}+\boldsymbol{A}\times(\nabla\times\boldsymbol{B})+\boldsymbol{B}\times(\boldsymbol{A}\times\nabla)$

⑧ $\nabla\times(\nabla\times\boldsymbol{A})=\nabla(\nabla\cdot\boldsymbol{A})-(\nabla\cdot\nabla)\boldsymbol{A}=\nabla(\nabla\cdot\boldsymbol{A})-\nabla^2\boldsymbol{A}$

⑨ $\mathrm{rot}(\mathrm{grad}u)=\nabla\times(\nabla u)=0$

⑩ $\mathrm{div}(\mathrm{rot}\boldsymbol{A})=\nabla\cdot(\nabla\times\boldsymbol{A})=0$

4.3.3　矢量场的梯度与张量场的散度

如果在全部空间或部分空间里的每一点，都有一个确定的张量与之对应，则称这个空间里确定了一个**张量场**。例如流体运动时发生的不均匀形变，其中各点的应力构成应力张量场 $\boldsymbol{T}(x, y, z)$。在流动过程中，动量流密度既是位置的函数，又是时间的函数，动量流密度构成张量场 $\boldsymbol{P}(x, y, z, t)$。与时间有关的张量场为**非定常张量场**，与时间无关的张量场为**定常张量场。数量是零阶张量，矢量是一阶张量**，因此，数量场和矢量场也属于张量场。

本小节仅介绍稳定的二阶张量场，包括**矢量场的梯度**、张量场的散度两部分。

(1) 矢量场的梯度

在 4.3.1 节定义了数量场 $u(x_1, x_2, x_3)$ 的梯度为

$$\nabla u=\boldsymbol{e}_1\frac{\partial u}{\partial x_1}+\boldsymbol{e}_2\frac{\partial u}{\partial x_2}+\boldsymbol{e}_3\frac{\partial u}{\partial x_3}$$

且由下列公式可方便地求出数量场对任一方向的方向导数为

$$\frac{\partial u}{\partial l}=\boldsymbol{l}^0\cdot\nabla u$$

类似地，可定义矢量场的梯度为

$$\nabla\boldsymbol{A}=\boldsymbol{e}_1\frac{\partial\boldsymbol{A}}{\partial x_1}+\boldsymbol{e}_2\frac{\partial\boldsymbol{A}}{\partial x_2}+\boldsymbol{e}_3\frac{\partial\boldsymbol{A}}{\partial x_3}\tag{4.3.30}$$

式 (4.3.30) 所示的是张量。因此，在确定了矢量场的梯度 $\nabla\boldsymbol{A}$ 以后，就能运用上式求出矢量场对任一方向的方向导数，有

$$\frac{\partial\boldsymbol{A}}{\partial l}=\boldsymbol{l}^0\cdot\nabla\boldsymbol{A}=\frac{\partial\boldsymbol{A}}{\partial x_1}\cos\alpha+\frac{\partial\boldsymbol{A}}{\partial x_2}\cos\beta+\frac{\partial\boldsymbol{A}}{\partial x_3}\cos\gamma\tag{4.3.31}$$

式中，$\cos\alpha$、$\cos\beta$、$\cos\gamma$ 为 $\boldsymbol{l}$ 的方向余弦，即单位矢量 $\boldsymbol{l}^0$ 的分量。

矢量场 $\boldsymbol{A}$ 的梯度也可表示为

$$\nabla\boldsymbol{A}=\sum_i\boldsymbol{e}_i\frac{\partial\boldsymbol{A}}{\partial x_i}=\sum_{i,j}\frac{\partial A_j}{\partial x_i}\boldsymbol{e}_i\boldsymbol{e}_j\tag{4.3.32}$$

或

$$\nabla\boldsymbol{A}=\begin{bmatrix}\dfrac{\partial A_1}{\partial x_1} & \dfrac{\partial A_2}{\partial x_1} & \dfrac{\partial A_3}{\partial x_1}\\[2mm] \dfrac{\partial A_1}{\partial x_2} & \dfrac{\partial A_2}{\partial x_2} & \dfrac{\partial A_3}{\partial x_2}\\[2mm] \dfrac{\partial A_1}{\partial x_3} & \dfrac{\partial A_2}{\partial x_3} & \dfrac{\partial A_3}{\partial x_3}\end{bmatrix}\tag{4.3.33}$$

由矢量场梯度的定义可得运算式

$$\nabla(\boldsymbol{A} \pm \boldsymbol{B}) = \nabla \boldsymbol{A} \pm \nabla \boldsymbol{B} \tag{4.3.34}$$

例题 4.3.4 证明矢量场的全微分 $\mathrm{d}\boldsymbol{A}=\mathrm{d}\boldsymbol{r}\cdot\nabla\boldsymbol{A}$。

证明： 因为矢径的微分为 $\mathrm{d}\boldsymbol{r}=\mathrm{d}x_1\boldsymbol{e}_1+\mathrm{d}x_2\boldsymbol{e}_2+\mathrm{d}x_3\boldsymbol{e}_3$，且矢量 $\boldsymbol{A}$ 的梯度为

$$\nabla \boldsymbol{A} = \boldsymbol{e}_1 \frac{\partial \boldsymbol{A}}{\partial x_1} + \boldsymbol{e}_2 \frac{\partial \boldsymbol{A}}{\partial x_2} + \boldsymbol{e}_3 \frac{\partial \boldsymbol{A}}{\partial x_3}$$

故等式两边相等

$$\mathrm{d}\boldsymbol{A} = \mathrm{d}\boldsymbol{r} \cdot \nabla \boldsymbol{A} = \frac{\partial \boldsymbol{A}}{\partial x_1}\mathrm{d}x_1 + \frac{\partial \boldsymbol{A}}{\partial x_2}\mathrm{d}x_2 + \frac{\partial \boldsymbol{A}}{\partial x_3}\mathrm{d}x_3$$

例题 4.3.5 证明 $\nabla(u\boldsymbol{A}) = u\nabla\boldsymbol{A}+\nabla u\boldsymbol{A}$。

证明： 按照定义计算

$$[\nabla(u\boldsymbol{A})]_{ij} = \frac{\partial}{\partial x_i}(uA_j) = u\frac{\partial A_j}{\partial x_i} + \frac{\partial u}{\partial x_i}A_j = u(\nabla\boldsymbol{A})_{ij} + (\nabla u\boldsymbol{A})_{ij}$$

上式两边相等，有

$$\nabla(u\boldsymbol{A}) = u\nabla\boldsymbol{A} + \nabla u\boldsymbol{A}$$

（2）张量场的散度

前面已经介绍，面元矢量 $\mathrm{d}\boldsymbol{S}$ 与该面元处矢量场的点积表示该面元上通过的某种数量。例如 $\mathrm{d}\boldsymbol{S}\cdot\boldsymbol{u}$ 表示通过 $\mathrm{d}\boldsymbol{S}$ 的流量；$\mathrm{d}\boldsymbol{S}\cdot\boldsymbol{I}$ 表示通过 $\mathrm{d}\boldsymbol{S}$ 的电流强度；$\mathrm{d}\boldsymbol{S}\cdot\varepsilon$ 表示单位时间内通过 $\mathrm{d}\boldsymbol{S}$ 的能量。

面元矢量对该面元处张量场的点积表示该面元上通过的某种矢量。例如 $\mathrm{d}\boldsymbol{S}\cdot\boldsymbol{T}$ 表示通过 $\mathrm{d}\boldsymbol{S}$ 的弹性力；$\mathrm{d}\boldsymbol{S}\cdot\boldsymbol{P}$ 表示单位时间内通过 $\mathrm{d}\boldsymbol{S}$ 的动量。

在 4.2 节介绍了矢量场 $\boldsymbol{A}$ 在有向曲面 S 上的通量 $\iint_S \mathrm{d}\boldsymbol{S}\cdot\boldsymbol{A}$。定义矢量场的散度为

$$\nabla\cdot\boldsymbol{A} = \lim_{\Delta V\to 0}\frac{\oiint_S \mathrm{d}\boldsymbol{S}\cdot\boldsymbol{A}}{\Delta V}$$

用张量运算符表示为

$$\mathrm{div}\boldsymbol{A} = \nabla\cdot\boldsymbol{A} = \frac{\partial A_i}{\partial x_i}$$

类似地，定义张量场 $\boldsymbol{T}$ 在有向曲面 S 上的矢通量为

$$\iint_S \mathrm{d}\boldsymbol{S}\cdot\boldsymbol{T} \tag{4.3.35}$$

同理，为了描述闭合曲面矢通量的变化率，引进张量场的散度概念。

定义： 张量场在闭合曲面的矢通量与该曲面所包围空间的体积之比的极限（当曲面向一点无限缩小时）为**张量场的散度**，记为 $\mathrm{div}\boldsymbol{T}$ 或 $\nabla\cdot\boldsymbol{T}$，即

$$\nabla\cdot\boldsymbol{T} = \lim_{\Delta V\to 0}\frac{\oiint_S \mathrm{d}\boldsymbol{S}\cdot\boldsymbol{T}}{\Delta V} \tag{4.3.36}$$

在直角坐标系中，有

$$\mathrm{d}\boldsymbol{S}\cdot\boldsymbol{T} = \sum_{i,j}\mathrm{d}S_i T_{ij}\boldsymbol{e}_j$$

在闭合曲面上积分上式，再运用**奥—高**公式将曲面积分化为曲面所包围区域 Ω 的体积分

$$\oiint_S \mathrm{d}\boldsymbol{S}\cdot\boldsymbol{T}=\sum_j\left[\oiint_S\left(\sum_i T_{ij}\right)\mathrm{d}S_i\right]\boldsymbol{e}_j=\sum_j\left[\iiint_\Omega\left(\sum_i\frac{\partial T_{ij}}{\partial x_i}\right)\mathrm{d}V\right]\boldsymbol{e}_j \tag{4.3.37}$$

对上式中的体积分运用中值定理，然后取极限

$$\lim_{\Delta V\to 0}\frac{\oiint_S \mathrm{d}\boldsymbol{S}\cdot\boldsymbol{T}}{\Delta V}=\sum_j\left(\sum_i\lim_{\Delta V\to 0}\frac{\iiint_\Omega\frac{\partial T_{ij}}{\partial x_i}\mathrm{d}V}{\Delta V}\right)\boldsymbol{e}_j=\sum_{j,i}\frac{\partial T_{ij}}{\partial x_i}\boldsymbol{e}_j$$

将上式与式（4.3.36）比较，得

$$\nabla\cdot\boldsymbol{T}=\sum_{j,i}\frac{\partial T_{ij}}{\partial x_i}\boldsymbol{e}_j \tag{4.3.38}$$

由矢量变换关系式可以证明，$\nabla\cdot\boldsymbol{T}$ 为矢量。

由上述定义可得运算式为

$$\nabla\cdot(\boldsymbol{R}\pm\boldsymbol{S})=\nabla\cdot\boldsymbol{R}\pm\nabla\cdot\boldsymbol{S} \tag{4.3.39}$$

根据式（4.3.38），可将式（4.3.37）改写为

$$\iiint_\Omega \nabla\cdot\boldsymbol{T}\mathrm{d}V=\oiint_S \mathrm{d}\boldsymbol{S}\cdot\boldsymbol{T} \tag{4.3.40}$$

这是**奥—高公式**的另一种表示形式。

矢量场 $\boldsymbol{A}$ 的拉普拉斯表示式被定义为矢量 $\boldsymbol{A}$ 梯度场的散度，即

$$\nabla^2\boldsymbol{A}=\nabla\cdot(\nabla\boldsymbol{A}) \tag{4.3.41}$$

在直角坐标系中，有

$$\nabla\boldsymbol{A}=\sum_{j,i}\frac{\partial A_j}{\partial x_i}\boldsymbol{e}_i\boldsymbol{e}_j$$

将上式代入式（4.3.41），得

$$\nabla\cdot(\nabla\boldsymbol{A})=\sum_{j,i}\frac{\partial^2 A_j}{\partial x_i^2}\boldsymbol{e}_j$$

若矢量 $\boldsymbol{A}=A_x\boldsymbol{i}+A_y\boldsymbol{j}+A_z\boldsymbol{k}$，将上式写成在直角坐标系中的形式

$$\begin{aligned}\nabla^2\boldsymbol{A}=&\left(\frac{\partial^2 A_x}{\partial x^2}+\frac{\partial^2 A_x}{\partial y^2}+\frac{\partial^2 A_x}{\partial z^2}\right)\boldsymbol{i}\\&+\left(\frac{\partial^2 A_y}{\partial x^2}+\frac{\partial^2 A_y}{\partial y^2}+\frac{\partial^2 A_y}{\partial z^2}\right)\boldsymbol{j}\\&+\left(\frac{\partial^2 A_z}{\partial x^2}+\frac{\partial^2 A_z}{\partial y^2}+\frac{\partial^2 A_z}{\partial z^2}\right)\boldsymbol{k}\\=&\nabla^2 A_x\boldsymbol{i}+\nabla^2 A_y\boldsymbol{j}+\nabla^2 A_z\boldsymbol{k}\end{aligned}$$

也可以用定义证明式（4.3.41）的另外一个等式

$$\nabla^2\boldsymbol{A}=\nabla(\nabla\cdot\boldsymbol{A})-\nabla\times(\nabla\times\boldsymbol{A})$$

4.3.4　在正交曲线坐标系中物理量的梯度、散度和旋度的表达

为了减少流体流动的阻力、提高设备使用的寿命，工程中常常使用管形和球形设备。数学上就要使用正交曲线坐标系来描述问题，使用正交曲线坐标系中物理量的梯度、散度和旋度研究问题。工程中最常用的是柱坐标系和球坐标系。

本小节介绍物理量的梯度、散度与旋度在柱坐标和球坐标系中的表达式，包括柱坐标系和球坐标系、正交曲面坐标系中梯度、正交曲面坐标系中散度、正交曲面坐标系中旋度 4 部分。

（1）柱坐标系和球坐标系

如图 4.3.12 所示的柱坐标系和球坐标系的三条坐标轴不全是直线。但是，三条坐标轴是互相正交的曲线坐标。下面介绍柱坐标系和球坐标系这两种正交曲线坐标系。

在空间里的任一点 M 处，各坐标曲线在该点的切线互相正交，相应地各坐标曲面在相交点处的法线互相正交，即各坐标曲面互相正交，这种曲线坐标系称为**正交坐标系**。以 q_1，q_2，q_3 表示正交曲线坐标，直角坐标系与其有如下关系

$$x = x(q_1, q_2, q_3), y = y(q_1, q_2, q_3), z = z(q_1, q_2, q_3) \tag{4.3.42}$$

$$q_1 = q_1(x, y, z), q_2 = q_2(x, y, z), q_3 = q_3(x, y, z) \tag{4.2.43}$$

柱坐标系和球坐标系的三条坐标轴不全是直线，但它们是互相正交的，属于正交曲线坐标系。

讨论正交曲线坐标的弧微分。空间曲线的弧微分用直角坐标表示为

$$\mathrm{d}s = \pm\sqrt{(\mathrm{d}x)^2 + (\mathrm{d}y)^2 + (\mathrm{d}z)^2} \tag{4.3.44}$$

设空间两点有相同的坐标 q_2 和 q_3，而另一坐标 q_1 相差微量 $\mathrm{d}q_1$，则两点的距离为

$$\mathrm{d}s_1 = \pm\sqrt{(\mathrm{d}x)^2 + (\mathrm{d}y)^2 + (\mathrm{d}z)^2} = \sqrt{\left(\frac{\partial x}{\partial q_1}\right)^2 + \left(\frac{\partial y}{\partial q_1}\right)^2 + \left(\frac{\partial z}{\partial q_1}\right)^2}\,\mathrm{d}q_1$$

令

$$h_1 = \sqrt{\left(\frac{\partial x}{\partial q_1}\right)^2 + \left(\frac{\partial y}{\partial q_1}\right)^2 + \left(\frac{\partial z}{\partial q_1}\right)^2}$$

代入上式，两点的距离写为

$$\mathrm{d}s_1 = h_1 \mathrm{d}q_1 \tag{4.3.45}$$

假设有相同的坐标 q_3 和 q_1，而另一坐标 q_2 两点相差微量的距离 $\mathrm{d}q_2$，则两点的距离为

$$\mathrm{d}s_2 = h_2 \mathrm{d}q_2, h_2 = \sqrt{\left(\frac{\partial x}{\partial q_2}\right)^2 + \left(\frac{\partial y}{\partial q_2}\right)^2 + \left(\frac{\partial z}{\partial q_2}\right)^2} \tag{4.3.46}$$

假设有相同坐标 q_1 和 q_2，而另一坐标 q_3 两点相差微量的距离 $\mathrm{d}q_3$，则两点的距离为

$$\mathrm{d}s_3 = h_3 \mathrm{d}q_3, h_3 = \sqrt{\left(\frac{\partial x}{\partial q_3}\right)^2 + \left(\frac{\partial y}{\partial q_3}\right)^2 + \left(\frac{\partial z}{\partial q_3}\right)^2} \tag{4.3.47}$$

比较式（4.3.45）、式（4.3.46）和式（4.3.47），写成统一的表达形式为

$$h_i = \sqrt{\left(\frac{\partial x}{\partial q_i}\right)^2 + \left(\frac{\partial y}{\partial q_i}\right)^2 + \left(\frac{\partial z}{\partial q_i}\right)^2} \quad (i = 1, 2, 3) \tag{4.3.48}$$

$$\mathrm{d}s_i = h_i \mathrm{d}q_i \tag{4.3.49}$$

式中，$h_i = h_i(q_1, q_2, q_3)$ 称为**拉梅（G. Lame）系数或度规系数**。

例题 4.3.6 分别确定**柱坐标系**与**球坐标系**的拉梅系数、弧长和体积分。

解：利用柱坐标系、球坐标系与直角坐标系的数学关系求解，如图 4.3.12 所示。

① 在柱坐标系的曲线坐标为

$$q_1 = r, \quad q_2 = \varphi, \quad q_3 = z$$

与直角坐标系坐标 x、y、z 的关系为

$$x = r\cos\varphi, \quad y = r\sin\varphi, \quad z = z \tag{4.3.50}$$

r、φ、z 的变化范围为

$$0 \leqslant r < \infty, \quad 0 \leqslant \varphi < 2\pi, \quad -\infty < z < +\infty \tag{4.3.51}$$

使用式（4.3.48），得

$$h_1=\sqrt{\left(\frac{\partial x}{\partial q_1}\right)^2+\left(\frac{\partial y}{\partial q_1}\right)^2+\left(\frac{\partial z}{\partial q_1}\right)^2}=\sqrt{\cos^2\varphi+\sin^2\varphi+0}=1$$

同理可求出 $h_2=r$，$h_3=1$。使用式（4.3.49），得弧长的微分为

$$\mathrm{d}s_1=\mathrm{d}r,\quad \mathrm{d}s_2=r\mathrm{d}\varphi,\quad \mathrm{d}s_3=\mathrm{d}z \tag{4.3.52}$$

柱单元体的单位弧长为

$$\mathrm{d}s^2=\mathrm{d}r^2+r^2\mathrm{d}\varphi^2+\mathrm{d}z^2 \tag{4.3.53}$$

柱单元体的体积为

$$\mathrm{d}V=H_rH_\varphi H_z\mathrm{d}r\mathrm{d}\varphi\mathrm{d}z=r\mathrm{d}r\mathrm{d}\varphi\mathrm{d}z \tag{4.3.54}$$

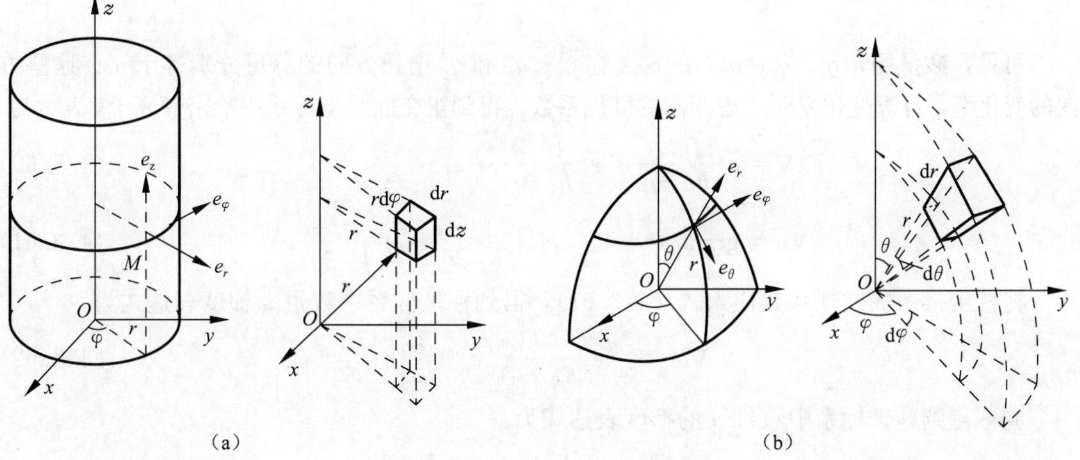

图 4.3.12　正交曲线坐标系

(a) 柱坐标；(b) 球坐标

② 在球坐标系的曲线坐标

$$q_1=r,\quad q_2=\theta,\quad q_3=\varphi$$

与直角坐标系的关系为

$$x=r\sin\theta\cos\varphi,\quad y=r\sin\theta\sin\varphi,\quad z=r\cos\theta \tag{4.3.55}$$

r、θ、φ 的变化范围为

$$0\leqslant r<\infty,\quad 0\leqslant\theta\leqslant\pi,\quad 0\leqslant\varphi<2\pi \tag{4.3.56}$$

使用式（4.3.48），可求出

$$h_1=1,\quad h_2=r,\quad h_3=r\sin\theta$$

使用式（4.3.49），得弧长的微分为

$$\mathrm{d}s_1=\mathrm{d}r,\quad \mathrm{d}s_2=r\mathrm{d}\theta,\quad \mathrm{d}s_3=r\sin\theta\mathrm{d}\varphi \tag{4.3.57}$$

球单元体的弧长为

$$\mathrm{d}s^2=\mathrm{d}r^2+r^2\mathrm{d}\theta^2+r^2\sin^2\theta\mathrm{d}\varphi^2 \tag{4.3.58}$$

球单元体的体积为

$$\mathrm{d}V=H_rH_\theta H_\varphi\mathrm{d}r\mathrm{d}\theta\mathrm{d}\varphi=r^2\sin\theta\mathrm{d}r\mathrm{d}\theta\mathrm{d}\varphi \tag{4.3.59}$$

（2）正交曲面坐标系中梯度

用上面的知识确定曲线坐标系中梯度的表达式，假设 $\mathrm{d}q_2=\mathrm{d}q_3=0$，在坐标曲线 q_1 上数量函数 $u(q_1,q_2,q_3)$ 的微分为

$$\mathrm{d}u=\frac{\partial u}{\partial q_1}\mathrm{d}q_1$$

而

$$\mathrm{d}s_1=h_1\mathrm{d}q_1, \quad \frac{\mathrm{d}u}{\mathrm{d}s_1}=\frac{1}{h_1}\frac{\partial u}{\partial q_1}$$

即

$$(\nabla u)_1=\frac{1}{h_1}\frac{\partial u}{\partial q_1}$$

同理

$$(\nabla u)_2=\frac{1}{h_2}\frac{\partial u}{\partial q_2}$$

$$(\nabla u)_3=\frac{1}{h_3}\frac{\partial u}{\partial q_3}$$

可见，数量场$u(q_1, q_2, q_3)$的梯度在q_1、q_2和q_3增长方向的分量分别等于u在这些方向的变化率，计算变化率时考虑距离的度规系数，得到正交曲线坐标系中哈密顿算子∇表示为

$$\nabla=\boldsymbol{e}_1\frac{1}{h_1}\frac{\partial}{\partial q_1}+\boldsymbol{e}_2\frac{1}{h_2}\frac{\partial}{\partial q_2}+\boldsymbol{e}_3\frac{1}{h_3}\frac{\partial}{\partial q_3} \tag{4.3.60}$$

$$\nabla u=\mathrm{grad}u=\frac{1}{h_1}\frac{\partial u}{\partial q_1}\boldsymbol{e}_1+\frac{1}{h_2}\frac{\partial u}{\partial q_2}\boldsymbol{e}_2+\frac{1}{h_3}\frac{\partial u}{\partial q_3}\boldsymbol{e}_3 \tag{4.3.61}$$

将柱坐标系的度规系数代入式（4.3.61），得到柱坐标系中数量u梯度表达式为

$$\nabla u=\frac{\partial u}{\partial r}\boldsymbol{e}_r+\frac{1}{r}\frac{\partial u}{\partial \varphi}\boldsymbol{e}_\varphi+\frac{\partial u}{\partial z}\boldsymbol{e}_z \tag{4.3.62}$$

同理得到球坐标系中数量u的梯度表达式为

$$\nabla u=\frac{\partial u}{\partial r}\boldsymbol{e}_r+\frac{1}{r}\frac{\partial u}{\partial \theta}\boldsymbol{e}_\theta+\frac{1}{r\sin\theta}\frac{\partial u}{\partial \varphi}\boldsymbol{e}_\varphi \tag{4.3.63}$$

（3）正交曲线坐标系中散度

在正交曲线坐标系中，矢量$\mathbf{A}$的散度为

$$\nabla\cdot\mathbf{A}=\frac{1}{h_1h_2h_3}\left[\frac{\partial}{\partial q_1}(h_2h_3A_1)+\frac{\partial}{\partial q_2}(h_3h_1A_2)+\frac{\partial}{\partial q_3}(h_1h_2A_3)\right] \tag{4.3.64}$$

应用式（4.3.64），得到柱坐标系中矢量$\mathbf{A}$的散度表达式为

$$\nabla\cdot\mathbf{A}=\frac{1}{r}\frac{\partial}{\partial r}(rA_r)+\frac{1}{r}\frac{\partial A_\varphi}{\partial \varphi}+\frac{\partial A_z}{\partial z} \tag{4.3.65}$$

在球坐标系中，矢量$\mathbf{A}$的散度表达式为

$$\nabla\cdot\mathbf{A}=\frac{1}{r^2}\frac{\partial}{\partial r}(r^2A_r)+\frac{1}{r\sin\theta}\frac{\partial}{\partial \theta}(A_\theta\sin\theta)+\frac{1}{r\sin\theta}\frac{\partial A_\varphi}{\partial \varphi} \tag{4.3.66}$$

（4）正交曲线坐标系中旋度

正交曲线坐标系中，矢量$\mathbf{A}$的旋度公式为

$$\begin{aligned}\nabla\times\mathbf{A}=&\frac{1}{h_2h_3}\left[\frac{\partial}{\partial q_2}(h_3A_3)-\frac{\partial}{\partial q_3}(h_2A_2)\right]\boldsymbol{e}_1+\frac{1}{h_3h_1}\left[\frac{\partial}{\partial q_3}(h_1A_1)-\frac{\partial}{\partial q_1}(h_3A_3)\right]\boldsymbol{e}_2\\&+\frac{1}{h_1h_2}\left[\frac{\partial}{\partial q_1}(h_2A_2)-\frac{\partial}{\partial q_2}(h_1A_1)\right]\boldsymbol{e}_3=\frac{1}{h_1h_2h_3}\begin{vmatrix}h_1\boldsymbol{e}_1 & h_2\boldsymbol{e}_2 & h_3\boldsymbol{e}_3\\ \frac{\partial}{\partial q_1} & \frac{\partial}{\partial q_2} & \frac{\partial}{\partial q_3}\\ h_1A_1 & h_2A_2 & h_3A_3\end{vmatrix}\end{aligned} \tag{4.3.67}$$

把上式应用到柱坐标系中，矢量 $\boldsymbol{A}$ 旋度为

$$\nabla\times\boldsymbol{A}=\left(\frac{\partial A_r}{r\partial\varphi}-\frac{\partial A_\varphi}{\partial z}\right)\boldsymbol{e}_r+\left(\frac{\partial A_r}{\partial z}-\frac{\partial A_z}{\partial r}\right)\boldsymbol{e}_\varphi+\frac{1}{r}\left(\frac{\partial(rA_\varphi)}{\partial r}-\frac{\partial A_z}{\partial\varphi}\right)\boldsymbol{e}_z \tag{4.3.68}$$

在球坐标系中，矢量 $\boldsymbol{A}$ 的旋度为

$$\begin{aligned}\nabla\times\boldsymbol{A}=&\frac{1}{r\sin\theta}\left(\frac{\partial}{\partial\theta}(A_\varphi\sin\theta)-\frac{\partial A_\theta}{\partial\varphi}\right)\boldsymbol{e}_r+\frac{1}{r}\left(\frac{\partial A_r}{\sin\theta\partial\varphi}-\frac{\partial}{\partial r}(rA_\varphi)\right)\boldsymbol{e}_\theta\\&+\frac{1}{r}\left(\frac{\partial}{\partial r}(rA_\varphi)-\frac{\partial A_r}{\partial\theta}\right)\boldsymbol{e}_\varphi\end{aligned} \tag{4.3.69}$$

利用柱坐标系与球坐标系中的散度和旋度的表示式（4.3.65）、式（4.3.66）、式（4.3.68)和式（4.3.69)，分别得到柱坐标系和球坐标系中矢量场 $\boldsymbol{A}$ 的拉普拉斯表示式。

柱坐标系中矢量场 $\boldsymbol{A}$ 的拉普拉斯表示式为

$$\nabla^2\boldsymbol{A}=\nabla^2A_r-\frac{A_r}{r^2}-\frac{2}{r^2}\frac{\partial A_\varphi}{\partial\varphi}+\nabla^2A_\varphi-\frac{A_\varphi}{r^2}+\frac{2}{r^2}\frac{\partial A_r}{\partial\varphi}+\nabla^2A_z \tag{4.3.71}$$

球坐标系中矢量场 $\boldsymbol{A}$ 的拉普拉斯表示式为

$$\begin{aligned}\nabla^2\boldsymbol{A}=&\nabla^2A_r-\frac{2}{r^2}A_r-\frac{2}{r^2\sin\theta}\frac{\partial}{\partial\theta}(A_\theta\sin\theta)-\frac{2}{r^2\sin\theta}\frac{\partial A_\varphi}{\partial\varphi}\\&+\nabla^2A_\theta-\frac{1}{r^2\sin^2\theta}A_\theta+\frac{2}{r^2}\frac{\partial A_r}{\partial\theta}-\frac{2\cos\theta}{r^2\sin^2\theta}\frac{\partial A_\varphi}{\partial\varphi}\\&+\nabla^2A_\varphi-\frac{2}{r^2\sin^2\theta}A_\varphi+\frac{2}{r^2\sin\theta}\frac{\partial A_r}{\partial\varphi}+\frac{2\cos\theta}{r^2\sin^2\theta}\frac{\partial A_\theta}{\partial\varphi}\end{aligned} \tag{4.3.72}$$

4.4　场论在化学工程中的应用

在化学工程中应用场论主要是研究流体的动量、热量与质量的传递过程和机理。本节介绍在化学工程中场论的应用。首先介绍描述流体运动的两种方法、化学工程中常用矢量场及系统机理模型建立的基本方法，用场论方法建立用哈密顿算子描述流体的动量、热量和质量传递的基本方程，即流体运动方程、传热和传质方程[1]~[6]，为以后章节的学习打下必要的基础。第 5 章和第 6 章将介绍这些方程的求解。

本节包括**描述流体运动的两种方法**、物理量的质点导数、三种重要的矢量场、化工系统中数理模型的建立、在化学工程中场论的应用 5 部分。

4.4.1　描述流体运动的两种方法

描述流体的运动要表示空间点的位置、速度和加速度，已经建立了描述流体运动的**拉格朗日法**（*Lagrange*）和欧拉法（*Euler*）两种基本研究方法[5],[6]，本部分将重点介绍这两种基本方法。

（1）拉格朗日法

这种方法是质点系力学研究方法的自然延续，着眼点是流体质点，以流场中个别质点的运动作为研究的出发点，从而进一步研究整个流体的运动。一般通过以下两个方面来描述整个流动的情况：

① 某一运动的流体质点的各种物理量（如密度、速度等）随时间的变化；

② 相邻质点间这些物理量的变化。

由于流体质点是连续分布的，故在每一时刻每一质点都占有唯一确定的空间位置，点的矢径 $\boldsymbol{r}=f(M,t)=\boldsymbol{r}(M,t)$ 是点的标志和时间的函数，在 $t=t_0$ 时刻，流体质点所在坐标系的位置 a、b、c 作为质点的标志。任意流体质点（a，b，c）在空间运动时，各质点在任意时刻的空间位置是 a、b、c 和时间 t 的函数，在直角坐标系中的位置可表示为

$$\begin{cases} x=x(a,b,c,t) \\ y=y(a,b,c,t) \\ z=z(a,b,c,t) \end{cases} \tag{4.4.1}$$

式中，a、b、c、t 称为**拉格朗日变数**。

在 $\boldsymbol{r}=\boldsymbol{r}(a,b,c,t)$ 中，不同的质点将有不同的（a，b，c）值：

① 当 a、b、c 固定，t 变化时，此式表示某一流体质点的运动轨迹；

② 当 t 不变，a、b、c 变化时，表示 t 时刻不同流体质点的位置分布函数。式（4.4.1）可以描述所有质点的运动。因为矢径函数 $\boldsymbol{r}$ 不是空间坐标的函数，而是质点标志的函数。不同的 a、b、c 代表不同的质点。若用矢径 $\boldsymbol{r}=x\boldsymbol{i}+y\boldsymbol{j}+z\boldsymbol{k}$ 表示质点位置，则各质点在任意时刻的空间位置 $\boldsymbol{r}=\boldsymbol{r}(a,b,c,t)$ 将是 a、b、c、t 这 4 个量的函数。显然，在 $t=t_0$ 时刻，各质点的坐标值等于 a、b、c，即

$$\begin{cases} x_0=x(a,b,c,t_0)=a \\ y_0=y(a,b,c,t_0)=b \\ z_0=z(a,b,c,t_0)=c \end{cases} \tag{4.4.2}$$

同理，其他物理量也表示为拉格朗日变数 a、b、c、t 的函数。在直角坐标系中，用拉格朗日法表示流体的速度、加速度，分别为

$$\boldsymbol{u}=\lim_{\Delta t\to 0}\frac{\boldsymbol{r}(a,b,c,t+\Delta t)-\boldsymbol{r}(a,b,c,t)}{\Delta t}=\frac{\partial \boldsymbol{r}}{\partial t} \tag{4.4.3}$$

即

$$\boldsymbol{u}=u\boldsymbol{i}+v\boldsymbol{j}+w\boldsymbol{k}=\frac{\partial x}{\partial t}\boldsymbol{i}+\frac{\partial y}{\partial t}\boldsymbol{j}+\frac{\partial z}{\partial t}\boldsymbol{k} \tag{4.4.4}$$

$$\boldsymbol{a}=a_x\boldsymbol{i}+a_y\boldsymbol{j}+a_z\boldsymbol{k}=\frac{\partial^2 x}{\partial t^2}\boldsymbol{i}+\frac{\partial^2 y}{\partial t^2}\boldsymbol{j}+\frac{\partial^2 z}{\partial t^2}\boldsymbol{k} \tag{4.4.5}$$

流体的密度、压力、温度也可表示为拉格朗日变数 a，b，c，t 的函数为

$$\rho=\rho(a,b,c,t)$$
$$p=p(a,b,c,t)$$
$$T=T(a,b,c,t)$$

下面举一个例子说明拉格朗日法和拉格朗日变数在工程中的应用。

例题 4.4.1 已知用拉格朗日变数表示流体的速度为

$$\begin{cases} u=(a+1)\mathrm{e}^t-1 \\ v=(b+1)\mathrm{e}^t-1 \end{cases} \tag{1}$$

式中，a、b 是 $t=0$ 时刻流体质点的直角坐标值。试求：

① $t=2$ 时刻流场中质点的分布规律；

② $a=1$、$b=2$ 这个质点的运动规律；

③ 确定流体运动的加速度。

解：将已知速度代入式（4.4.4），得

$$\begin{cases} u = \dfrac{\partial x}{\partial t} = (a+1)\mathrm{e}^t - 1 \\ v = \dfrac{\partial y}{\partial t} = (b+1)\mathrm{e}^t - 1 \end{cases}$$

积分上式，得

$$\begin{cases} x = \int [(a+1)\mathrm{e}^t - 1]\mathrm{d}t = (a+1)\mathrm{e}^t - t + C_1 \\ y = \int [(b+1)\mathrm{e}^t - 1]\mathrm{d}t = (b+1)\mathrm{e}^t - t + C_2 \end{cases} \tag{2}$$

将初始条件 $t=0$ 时刻 $x=a$、$y=b$ 代入式（2），得

$$\begin{cases} a = (a+1)\mathrm{e}^0 + C_1 \\ b = (b+1)\mathrm{e}^0 + C_2 \end{cases}$$

求解上式确定积分常数 $C_1=-1$ 和 $C_2=-1$，将积分常数再代入式（2），得各流体质点的一般分布规律

$$\begin{cases} x = (a+1)\mathrm{e}^t - t - 1 \\ y = (b+1)\mathrm{e}^t - t - 1 \end{cases} \tag{3}$$

① $t=2$ 时刻，流场中质点的分布规律，由式（3）得

$$\begin{cases} x = (a+1)\mathrm{e}^2 - 3 \\ y = (b+1)\mathrm{e}^2 - 3 \end{cases}$$

② 确定 $a=1$、$b=2$ 质点的运动规律，由式（3）得

$$\begin{cases} x = 2\mathrm{e}^t - t - 1 \\ y = 3\mathrm{e}^t - t - 1 \end{cases}$$

③ 确定流体的加速度，由式（4.4.5）得

$$\begin{cases} a_x = u_t = (a+1)\mathrm{e}^t \\ a_y = v_t = (b+1)\mathrm{e}^t \end{cases}$$

在任意曲线坐标中可以使用拉格朗日（Lagrange）法。例如，在任意正交曲线坐标 q_1、q_2、q_3 中，流体质点的分布规律可写成

$$q_i = q_i(a,b,c,t) \quad (i=1,2,3)$$

式中，a、b、c 为 $t=t_0$ 时刻的 q_i 坐标值，可写成

$$\begin{cases} a = q_1(a,b,c,t_0) \\ b = q_2(a,b,c,t_0) \\ c = q_3(a,b,c,t_0) \end{cases} \tag{4.4.6}$$

（2）欧拉法

欧拉法不着眼于研究个别质点的运动特性，而是以流体流过空间某点时的运动特性作为研究的出发点，从而研究流体在整个空间里的运动情况。**欧拉法**着眼点是空间的点，用场论研究物理量的变化，在空间中的每一点上描绘出流体运动随时间的变化状况。欧拉法通过以下两个方面来描述整个流场的情况：

① 在空间固定点上流体的各种物理量（如速度、压力）随时间的变化；

② 在相邻的空间点上这些物理量的变化。

流体运动时，同一空间点在不同的时刻由不同的质点所占据。在欧拉法中，各物理量是空间点坐标 q_1、q_2、q_3 和时间 t 的函数。例如，流体的速度、压力和密度可分别表示为

$$\boldsymbol{u}=\boldsymbol{u}(q_1,q_2,q_3,t) \tag{4.4.7}$$

$$p=p(q_1,q_2,q_3,t) \tag{4.4.8}$$

$$\rho=\rho(q_1,q_2,q_3,t) \tag{4.4.9}$$

式中，用以识别空间点的坐标值 q_1、q_2、q_3 和时间 t 称为**欧拉变数**。

在直角坐标系中速度场可表示为

$$\boldsymbol{u}=\boldsymbol{u}(x,y,z,t)=u(x,y,z,t)\boldsymbol{i}+v(x,y,z,t)\boldsymbol{j}+w(x,y,z,t)\boldsymbol{k} \tag{4.4.10}$$

按照欧拉法的观点，整个流动问题的研究从数学上看就是研究一些含有时间 t 的矢量场和数（标）量场。如用 N 代表流体的某个物理量，则表达式为

$$N=N(q_1,q_2,q_3,t)$$

此式表述了两个含义：

① 当 t 变化，q_1、q_2、q_3 固定时，代表了空间中某固定点上某物理量的函数随时间的变化规律；

② 当 t 固定，q_1、q_2、q_3 变化时，它代表的是某一时刻中，函数在空间中的分布规律。

(3) 欧拉变数和拉格朗日变数的相互转换

同一个物理现象用两种不同的方法描述，这两种方法一定是等价的。对于同一个流动问题，既可用拉格朗日法也可用欧拉法来描述，在数学上这两种方法可以互相转换。

① 拉格朗日变数变换为欧拉变数。

若已知用拉格朗日变数表示的函数 $N=N(a,b,c,t)$，将 $a=a(x,y,z,t)$、$b=b(x,y,z,t)$、$c=c(x,y,z,t)$ 代入 $N=N(a,b,c,t)$ 中，可得到用欧拉变数表示的函数为

$$N=N[a(x,y,z,t),b(x,y,z,t),c(x,y,z,t),t]$$

如速度可表示为

$$\boldsymbol{u}=\boldsymbol{u}(a,b,c,t)=\frac{\partial \boldsymbol{r}}{\partial t}(a,b,c,t)=\boldsymbol{u}[a(\boldsymbol{r},t),b(\boldsymbol{r},t),c(\boldsymbol{r},t),t]$$

即 $\boldsymbol{u}(\boldsymbol{r},t)=\boldsymbol{u}(x,y,z,t)$ 为欧拉变数表示的速度函数。

② 欧拉变数变换为拉格朗日变数。

若已知 $\boldsymbol{u}(\boldsymbol{r},t)=u\boldsymbol{i}+v\boldsymbol{j}+w\boldsymbol{k}$ 是由三个方程组成的确定 $\boldsymbol{r}(t)$ 的常微分方程组，则有

$$\begin{cases}\dfrac{\mathrm{d}x}{\mathrm{d}t}=u(x,y,z,t)\\[2mm]\dfrac{\mathrm{d}y}{\mathrm{d}t}=v(x,y,z,t)\\[2mm]\dfrac{\mathrm{d}z}{\mathrm{d}t}=w(x,y,z,t)\end{cases}$$

积分此式，可得

$$\begin{cases}x=x(c_1,c_2,c_3,t)\\y=y(c_1,c_2,c_3,t)\\z=z(c_1,c_2,c_3,t)\end{cases}$$

式中，c_1、c_2、c_3 为积分常数，它们与 $t=t_0$ 时刻的拉格朗日变数 a、b、c 有关，于是有

$$\begin{cases} x = x(a,b,c,t) \\ y = y(a,b,c,t) \\ z = z(a,b,c,t) \end{cases}$$

当 $t=t_0$、$\boldsymbol{r}=\boldsymbol{r}_0$ 时，反解得

$$\boldsymbol{r}_0 = \boldsymbol{r}(c_1, c_2, c_3)$$

则

$$c_1 = c_1(\boldsymbol{r}_0), c_2 = c_2(\boldsymbol{r}_0), c_3 = c_3(\boldsymbol{r}_0)$$

为确定曲线坐标 c_1、c_2、c_3 的方程，将 c_i 取为区别不同质点的曲线坐标 a、b、c，这样得到 $\boldsymbol{r}=\boldsymbol{r}$（$a$，$b$，$c$，$t$），即欧拉变数变换为拉格朗日变数。

用拉格朗日法的观点讨论质点的运动，是通过描述不同流体质点运动规律的途径来描述整个运动，流体质点的运动规律表示为 $\boldsymbol{r}=\boldsymbol{r}(a，b，c，t)$，它的几何表示是轨迹，即流体质点在不同时刻所形成的曲线为质点运动的**迹线**或**轨迹**。由物理学知识可知，质点运动**迹线或轨迹方程**为

$$\frac{\mathrm{d}x}{u(x,y,z,t)} = \frac{\mathrm{d}y}{v(x,y,z,t)} = \frac{\mathrm{d}z}{w(x,y,z,t)} = \mathrm{d}t \tag{4.4.11}$$

式中，t 为自变量；x、y、z 是 t 的函数，对时间 t 积分，在所得的表达式消去时间 t 后，即得到质点运动的迹线或轨迹。

用欧拉法描述流体运动，矢量场为流速场，矢量线就是流线。对于三维流动瞬时速度为 $\boldsymbol{u}=u\boldsymbol{i}+v\boldsymbol{j}+w\boldsymbol{k}$，在给定的某一瞬时 t，取流场流线上的点 M，又在点 M 处沿流线取一微分线段 $\mathrm{d}\boldsymbol{r}$，由于 $\mathrm{d}\boldsymbol{r}$ 无限小，故它与点 M 处的切线重合，即与 $\boldsymbol{u}$ 方向一致，由

$$\mathrm{d}\boldsymbol{r} = \mathrm{d}x\boldsymbol{i} + \mathrm{d}y\boldsymbol{j} + \mathrm{d}z\boldsymbol{k}$$

得流线方程为

$$\mathrm{d}\boldsymbol{r} \times \boldsymbol{u} = 0$$

即

$$\begin{vmatrix} \boldsymbol{i} & \boldsymbol{j} & \boldsymbol{k} \\ \mathrm{d}x & \mathrm{d}y & \mathrm{d}z \\ u & v & w \end{vmatrix} = 0$$

从上式可得到流线方程为

$$\frac{\mathrm{d}x}{u} = \frac{\mathrm{d}y}{v}, \quad \frac{\mathrm{d}z}{w} = \frac{\mathrm{d}y}{v} \tag{4.4.12}$$

例题 4.4.2　已知直角坐标系中的速度场，其欧拉法表达式为 $u=x+t$，$v=y+t$。求：

① 一般的迹线方程，令 $t=0$，$x=a$，$y=b$；

② 在 $t=1$ 时刻，过 $x=1$、$y=2$ 点的质点迹线；

③ 在 $t=1$ 时刻，过 $x=1$、$y=2$ 点的流线，并求其方向；

④ 以拉格朗日变数表示速度分布 $\boldsymbol{u}=\boldsymbol{u}(a，b，t)$。

解：① 由迹线方程法（4.4.11），得

$$\begin{cases} \dfrac{\mathrm{d}x}{x+t} = \mathrm{d}t \\ \dfrac{\mathrm{d}y}{y+t} = \mathrm{d}t \end{cases}, \quad \begin{cases} \dfrac{\mathrm{d}x}{\mathrm{d}t} = x+t \\ \dfrac{\mathrm{d}y}{\mathrm{d}t} = y+t \end{cases}$$

积分上式，得

$$\begin{cases} x = C_1 e^t - t - 1 \\ y = C_2 e^t - t - 1 \end{cases} \tag{1}$$

确定积分常数，当 $t=0$，$\begin{cases} x=a \\ y=b \end{cases}$时，解出$\begin{cases} a=C_1-1 \\ b=C_2-1 \end{cases}$，得积分常数为

$$\begin{cases} C_1 = a+1 \\ C_2 = b+1 \end{cases}$$

将上式代入式（1），得一般的迹线方程为

$$\begin{cases} x = (a+1)e^t - t - 1 \\ y = (b+1)e^t - t - 1 \end{cases} \tag{2}$$

② 当 $t=1$ 时，在点（1，2）上，即质点为

$$\begin{cases} 1 = (a+1)e - 1 - 1 \\ 2 = (b+1)e - 1 - 1 \end{cases}$$

求出

$$\begin{cases} a = 3/e - 1 \\ b = 4/e - 1 \end{cases}$$

将上式代入式（2），得到过点（1，2）的质点迹线为

$$\begin{cases} x = (3/e+1-1)e^t - t - 1 = 3e^{t-1} - t - 1 \\ y = (4/e-1+1)e^t - t - 1 = 4e^{t-1} - t - 1 \end{cases}$$

③ 确定当 $t=1$ 时，过点（1，2）的流线。由流线方程式（4.4.12），得

$$\frac{dx}{x+t} = \frac{dy}{y+t} \quad (t\ \text{是常数})$$

积分此式，得

$$\ln(x+t) = \ln(y+t) + \ln C$$

即

$$x+t=C(y+t)$$

由初始条件 $t=1$，过点（1，2），代入上式，定出常数 $C=2/3$，再代入上式，得

$$x + t = 2(y+t)/3$$

因此，在 $t=1$ 时刻，过 $x=1$、$y=2$ 点的流线方程为

$$x + 1 = 2(y+1)/3$$

整理后，即

$$y=3x/2+1/2$$

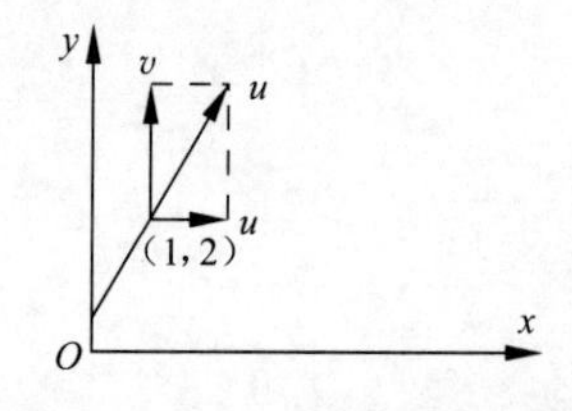

图 4.4.1　$t=1$ 时的流线方向

定出一点 u、v 的方向可知流线的方向。因为 $u=x+t$，$v=y+t$，当 $t=1$ 时，$u>0$、$v>0$，则 $t=1$ 时刻的流线方向如图 4.4.1 所示。

④ 因为 $\boldsymbol{u}=\dfrac{\partial \boldsymbol{r}}{\partial t}$，由拉格朗日变数表示的速度为

$$\begin{cases} u = x_t = (a+1)e^t - 1 \\ v = y_t = (b+1)e^t - 1 \end{cases} \tag{3}$$

把迹线方程（2）代入以欧拉变数表示的速度分布线，也可得到式（3）。

4.4.2 物理量的质点导数

在工程中，常常需要研究速度场、压力场、密度场等物理量随时间和空间位置的变化。若场内函数不依赖于矢径 $\boldsymbol{r}$，则称为**均匀场**；反之则称为**不均匀场**。若场内函数不依赖于时间 t，则**称为定常（稳定）场**；反之则称为**不定常（非稳定）场**。工程中必须进一步考察运动中的流体质点所具有的物理量 N 对时间的变化率，例如速度、压强、密度、温度、质量、动量、动能等对时间的变化率。

$$\frac{\mathrm{d}N}{\mathrm{d}t}=\lim_{\Delta t\to 0}\frac{\Delta N}{\Delta t} \tag{4.4.13}$$

该变化率称为物理量的**质点导数**或**随体导数**。

分别用拉格朗日法和欧拉法讨论物理量的质点导数（随体导数）。在拉格朗日法中，任一流体质点（a，b，c）的速度对于时间变化率就是这个质点的加速度，即

$$\frac{\mathrm{d}\boldsymbol{u}(a,b,c,t)}{\mathrm{d}t}=\boldsymbol{a}(a,b,c,t) \tag{4.4.14}$$

但是，在欧拉法中，物理量是空间坐标 q_1、q_2、q_3 和时间 t 的函数，以速度为例，有

$$\boldsymbol{u}=\boldsymbol{u}(q_1,q_2,q_3,t)$$

它对于时间的导数$\frac{\mathrm{d}\boldsymbol{u}}{\mathrm{d}t}$只表示在固定空间点 q_1、q_2、q_3 上流体的速度对时间的变化率，而不是某个确定的流体质点的速度对于时间的变化率。下面用欧拉法来讨论流体质点的速度对于时间的变化率。

设 t 时刻在空间点 $P(x, y, z)$ 上，流体质点速度为 $\boldsymbol{u}_P=\boldsymbol{u}(x, y, z, t)$，经过时间间隔 Δt 之后，此流体质点位移一段距离 $\boldsymbol{u}\Delta t$，从而占据了 $P'(x+u\Delta t, y+v\Delta t, z+w\Delta t)$ 点。P' 点上这个流体质点速度应为

$$\boldsymbol{u}_{P'}=\boldsymbol{u}(x+u\Delta t,y+v\Delta t,z+w\Delta t,t+\Delta t)$$

经过 Δt 时间间隔后，这个流体质点的速度变化了 $\Delta\boldsymbol{u}$，计算如下

$$\Delta\boldsymbol{u}=\boldsymbol{u}_{P'}-\boldsymbol{u}_P=\boldsymbol{u}(x+u\Delta t,y+v\Delta t,z+w\Delta t,t+\Delta t)-\boldsymbol{u}(x,y,z,t)$$

用泰勒公式展开上式右侧，并略去高阶小量，得

$$\Delta\boldsymbol{u}=\frac{\partial\boldsymbol{u}}{\partial t}\Delta t+\frac{\partial\boldsymbol{u}}{\partial x}u\Delta t+\frac{\partial\boldsymbol{u}}{\partial y}v\Delta t+\frac{\partial\boldsymbol{u}}{\partial z}w\Delta t+o(\Delta t^2)$$

对速度的增量与时间增量比值求极限，得到该质点的加速度为

$$\boldsymbol{a}=\lim_{\Delta t\to 0}\frac{\Delta\boldsymbol{u}}{\Delta t}=\frac{\mathrm{D}\boldsymbol{u}}{\mathrm{D}t}=\frac{\partial\boldsymbol{u}}{\partial t}+u\frac{\partial\boldsymbol{u}}{\partial x}+v\frac{\partial\boldsymbol{u}}{\partial y}+w\frac{\partial\boldsymbol{u}}{\partial z}$$

用矢量运算符，上式可表示为

$$\boldsymbol{a}=\frac{\mathrm{D}\boldsymbol{u}}{\mathrm{D}t}=\frac{\partial\boldsymbol{u}}{\partial t}+(\boldsymbol{u}\cdot\nabla)\boldsymbol{u} \tag{4.4.15}$$

简单介绍欧拉法表示流体质点的物理量对于时间变化率的物理意义。在 t 时刻流体质点 M，从点 $A(x, y, z)$ 以速度 $\boldsymbol{u}(x)=u(t)\boldsymbol{i}+v(t)\boldsymbol{j}+w(t)\boldsymbol{k}$ 携带着某个物理量 $N(x, y, z)$ 在流场中运动。$t+\Delta t$ 时刻流体质点 M 到达点 $B(x+\Delta x, y+\Delta y, z+\Delta z)$。

因为流场的不定常性和非均匀性，质点 M 所具有的物理量 N 有以下两种变化：

① 时间过去了 Δt，由于场的不定常性，速度将发生变化；

② 与此同时，M 点在场内沿迹线移动了 MM'，即空间距离 $\Delta s=\Delta x i+\Delta y j+\Delta z k$，由于场的不均匀性也将引起速度的变化。

下面介绍确定质点导数的另一种方法。由于物理量 $N[x(t),\ y\ (t),\ z(t),\ t]$是多元函数，故可以直接运用高等数学的多元函数求导法则，得到质点导数的公式为

$$\frac{\mathrm{D}N}{\mathrm{D}t}=\frac{\partial N}{\partial t}+\frac{\partial N}{\partial x}\frac{\mathrm{d}x}{\mathrm{d}t}+\frac{\partial N}{\partial y}\frac{\mathrm{d}y}{\mathrm{d}t}+\frac{\partial N}{\partial z}\frac{\mathrm{d}z}{\mathrm{d}t} \tag{4.4.16}$$

写成矢量形式为

$$\frac{\mathrm{D}N}{\mathrm{D}t}=\frac{\partial N}{\partial t}+(\boldsymbol{u}\cdot\nabla)N \tag{4.4.17}$$

式中，$\frac{\mathrm{D}N}{\mathrm{D}t}$称为物理量 N 的**质点导数（随体导数）**。

① $\frac{\partial N}{\partial t}$称为**当地导数（局部导数或时变导数）**，其反映了流场不定常性，表示了质点无空间变位时物理量对时间的变化率。

② $(\boldsymbol{u}\cdot\nabla)$ N 称为**迁移导数（位变导数）**，其反映了流场的不均匀性，表示了质点处于不同位置时物理量对时间的变化率。

式（4.4.16）对任何矢量和任何数量都是成立的。对压力场，压力的质点导数为

$$\frac{\mathrm{D}p}{\mathrm{D}t}=\frac{\partial p}{\partial t}+u\frac{\partial p}{\partial x}+v\frac{\partial p}{\partial y}+w\frac{\partial p}{\partial z}=\frac{\partial p}{\partial t}+(\boldsymbol{u}\cdot\nabla)p \tag{4.4.18}$$

对密度场，密度的质点导数为

$$\frac{\mathrm{D}\rho}{\mathrm{D}t}=\frac{\partial \rho}{\partial t}+u\frac{\partial \rho}{\partial x}+v\frac{\partial \rho}{\partial y}+w\frac{\partial \rho}{\partial z}=\frac{\partial \rho}{\partial t}+(\boldsymbol{u}\cdot\nabla)\rho \tag{4.4.19}$$

对速度场，速度的质点导数为

$$\frac{\mathrm{D}\boldsymbol{u}}{\mathrm{D}t}=\frac{\partial \boldsymbol{u}}{\partial t}+(\boldsymbol{u}\cdot\nabla)\boldsymbol{u}=\left(\frac{\partial}{\partial t}+\boldsymbol{u}\cdot\nabla\right)\boldsymbol{u}$$

上式实际上是欧拉法表示质点加速度的矢量式。

由上可见，用一个公式表示数量场的质点导数，而矢量场的质点导数有三个分量。以直角坐标系中速度场 $\boldsymbol{u}=u\boldsymbol{i}+v\boldsymbol{j}+w\boldsymbol{k}$ 为例，确定质点导数的算符为

$$\frac{\mathrm{D}}{\mathrm{D}t}=\frac{\partial}{\partial t}+u\frac{\partial}{\partial x}+v\frac{\partial}{\partial y}+w\frac{\partial}{\partial z}$$

得到速度质点导数（随体导数）的三个分量为

$$\begin{aligned}\frac{\mathrm{D}u}{\mathrm{D}t}&=\frac{\partial u}{\partial t}+u\frac{\partial u}{\partial x}+v\frac{\partial u}{\partial y}+w\frac{\partial u}{\partial z}=\frac{\partial u}{\partial t}+(\boldsymbol{u}\cdot\nabla)u\\ \frac{\mathrm{D}v}{\mathrm{D}t}&=\frac{\partial v}{\partial t}+u\frac{\partial v}{\partial x}+v\frac{\partial v}{\partial y}+w\frac{\partial v}{\partial z}=\frac{\partial v}{\partial t}+(\boldsymbol{u}\cdot\nabla)v\\ \frac{\mathrm{D}w}{\mathrm{D}t}&=\frac{\partial w}{\partial t}+u\frac{\partial w}{\partial x}+v\frac{\partial w}{\partial y}+w\frac{\partial w}{\partial z}=\frac{\partial w}{\partial t}+(\boldsymbol{u}\cdot\nabla)w\end{aligned} \tag{4.4.20}$$

在任意正交曲线坐标系中，不进行详细推导，仅给出确定质点导数的算符，为

$$\frac{\mathrm{D}}{\mathrm{D}t}=\frac{\partial}{\partial t}+u_1\frac{\partial}{h_1\partial q_1}+u_2\frac{\partial}{h_2\partial q_2}+u_3\frac{\partial}{h_3\partial q_3}$$

运用在 4.3 节学习过的知识，可得到在柱坐标系中确定质点导数的算符，为

$$\frac{\mathrm{D}}{\mathrm{D}t}=\frac{\partial}{\partial t}+u_r\frac{\partial}{\partial r}+u_\varphi\frac{1}{r}\frac{\partial}{\partial \varphi}+u_z\frac{\partial}{\partial z} \tag{4.4.21}$$

在球坐标系中确定质点导数的算符，为

$$\frac{\mathrm{D}}{\mathrm{D}t}=\frac{\partial}{\partial t}+u_r\frac{\partial}{\partial r}+u_\theta\frac{1}{r}\frac{\partial}{\partial \theta}+u_\varphi\frac{1}{r\sin\theta}\frac{\partial}{\partial \varphi} \tag{4.4.22}$$

4.4.3　三种重要的矢量场

场论中有三种重要的矢量场，即无旋场、无源场、调和场，化学工程中也常用这几种场描述流体流动的动量、传热和扩散等问题。

本小节介绍化工中常用的三个重要的矢量场，包括无旋场、无源场、调和场、从散度和旋度求解矢量场 4 部分[1]~[4]。

（1）无旋场（有势场）

无旋场也称为**有势场或保守力场**。本部分介绍无旋场的定义和性质。

定义：若有矢量场 $\boldsymbol{A}(M)$，在其所定义的区域里各点的旋度都等于零，即$\nabla\times\boldsymbol{A}=0$，则该矢量场称为**无旋场**，也称为**有势场**。

无旋场在其所定义的区域里各点的旋度都等于零，即 $\mathrm{rot}\boldsymbol{A}=\nabla\times\boldsymbol{A}=0$。由斯托克斯公式的矢量式（4.3.28），将曲线积分化为面积分，得到

$$\oint_l \boldsymbol{A}\cdot\mathrm{d}\boldsymbol{l}=\iint_S(\mathrm{rot}\boldsymbol{A})\cdot\mathrm{d}\boldsymbol{S}=0$$

这个事实等价于曲线积分 $\int_{M_0}^{M}\boldsymbol{A}\cdot\mathrm{d}\boldsymbol{l}$ 与路径无关，其积分值只取决于积分的起点 $M_0(x_0,\ y_0,\ z_0)$和终点 $M(x,\ y,\ z)$ 的位置，将这个函数记作 $\Phi(x,\ y,\ z)$，即

$$\Phi(x,y,z)=\int_{(x_0,y_0,z_0)}^{(x,y,z)}P\mathrm{d}x+Q\mathrm{d}y+R\mathrm{d}z \tag{4.4.23}$$

其具有下面的性质

$$\frac{\partial\Phi}{\partial x}=P(x,y,z),\quad \frac{\partial\Phi}{\partial y}=Q(x,y,z),\quad \frac{\partial\Phi}{\partial z}=R(x,y,z) \tag{4.4.24}$$

此性质表明：

① $\boldsymbol{A}\cdot\mathrm{d}\boldsymbol{l}=P\mathrm{d}x+Q\mathrm{d}y+R\mathrm{d}z=\frac{\partial\Phi}{\partial x}\mathrm{d}x+\frac{\partial\Phi}{\partial y}\mathrm{d}y+\frac{\partial\Phi}{\partial z}\mathrm{d}z=\mathrm{d}\Phi$，由此式可知表达式 $\boldsymbol{A}\cdot\mathrm{d}\boldsymbol{l}=P\mathrm{d}x+Q\mathrm{d}y+R\mathrm{d}z$ 为函数 Φ 的全微分；

② 对无旋场的线积分 $\int_{M_1}^{M_2}\boldsymbol{A}\cdot\mathrm{d}\boldsymbol{l}$ 仅取决于积分的起点和终点，与积分路径无关，称这种具有曲线积分与路径无关性质的矢量场为**有势场**，也称为**保守力场**。

也可以说，**场无旋、场有势（梯度场）、曲线积分 $\int_{M_1}^{M_2}\boldsymbol{A}\cdot\mathrm{d}\boldsymbol{l}$ 与路径无关以及表达式 $\boldsymbol{A}\cdot\mathrm{d}\boldsymbol{l}=P\mathrm{d}x+Q\mathrm{d}y+R\mathrm{d}z$是某个数量函数 $\boldsymbol{\Phi}$ 的全微分，这四者是等价的**。有计算公式

$$\Phi(x,y,z)=\int_{x_0}^{x}P(x,y_0,z_0)\mathrm{d}x+\int_{y_0}^{y}Q(x,y,z_0)\mathrm{d}y+\int_{z_0}^{z}R(x,y,z)\mathrm{d}z \tag{4.4.25}$$

用式（4.4.25）就可比较方便地求出势函数 Φ。

定理：在线单连域内矢量场 $\boldsymbol{A}$ 为有势场的充要条件是其旋度在场内处处为零。

任何无旋场都可以表示某个数量函数 Φ 的梯度，即如果$\nabla\times\boldsymbol{A}=0$，则存在单值数量场 Φ 满足

$$\text{grad}\Phi = \nabla\Phi = \boldsymbol{A} \tag{4.4.26}$$

此矢量场A为有势场，**$\boldsymbol{\Phi}$称为矢量场$\boldsymbol{A}$的势**[4]。由此可知，**有势场是一个数量函数的梯度场**。有势场的势函数有无穷多个，它们之间只相差一个常数，$\Phi_1=\Phi_2+C$。若已知有势场$\boldsymbol{A}(M)$的一个势函数$\Phi(M)$，则场的所有势函数的全体可表示为

$$\Phi(M)+C\quad(C\text{为任意常数}) \tag{4.4.27}$$

由式（4.4.26）很容易证明任何数量场Φ的梯度所构成的矢量场均为无旋场，有

$$\nabla\times\nabla\Phi = 0 \tag{4.4.28}$$

例题 4.4.3 证明矢量场$\boldsymbol{A}=2xyz^2\boldsymbol{i}+(x^2z^2+z\cos yz)\boldsymbol{j}+(2x^2yz+y\cos yz)\boldsymbol{k}$为有势场，并求其势函数。

证明：由矢量场表达式可知，$P=2xyz^2$，$Q=x^2z^2+z\cos yz$，$R=2x^2yz+y\cos yz$，矢量$\boldsymbol{A}$的旋度为

$$\text{rot}\,\boldsymbol{A} = \begin{vmatrix} \boldsymbol{i} & \boldsymbol{j} & \boldsymbol{k} \\ \dfrac{\partial}{\partial x} & \dfrac{\partial}{\partial y} & \dfrac{\partial}{\partial z} \\ P & Q & R \end{vmatrix} = 0$$

确定其势函数，积分从点O到点$M(x,\ y,\ z)$，得

$$\Phi(M) = \int_0^x 0\times \mathrm{d}x + \int_0^y 0\times\mathrm{d}y + \int_0^z (2x^2yz + y\cos yz)\,\mathrm{d}z = x^2yz^2 + \sin yz$$

得势函数的全体为

$$\Phi = \Phi(M) + C = x^2yz^2 + \sin yz + C$$

（2）无源场（管形场）

无源场也称为**管形场**。本部分介绍无源场的定义和性质。

定义：设有矢量场$\boldsymbol{A}(M)$，在其所定义的区域里各点的散度都等于零，即$\text{div}\,\boldsymbol{A}=0$，则该矢量场称为**无源场**，也称为**管形场**。

由矢量场的旋度定义很容易证明任何矢量场的旋度所构成的矢量场都是无源场，有

$$\nabla\cdot(\nabla\times\boldsymbol{A})\equiv 0$$

矢量场为无源场的充要条件，即在其所定义的区域里对任何闭合曲面的通量等于零。

无源场的矢势：任何无源场都可表为某一个矢量场的旋度。如果$\nabla\cdot\boldsymbol{A}=0$，则存在矢量场$\boldsymbol{B}$，令$\nabla\times\boldsymbol{B}=\boldsymbol{A}$。$\boldsymbol{B}$称为无源场$\boldsymbol{A}$的矢势。

定理：矢量场$\boldsymbol{A}$为无源场的充要条件是它为另一矢量场$\boldsymbol{B}$的**旋度场**。

因为$\text{rot}\,\boldsymbol{B}=\boldsymbol{A}$，$\boldsymbol{B}$称为无源场$\boldsymbol{A}$的矢势，由定理可知，其也可表示为

$$\text{div}\boldsymbol{A} = \text{div}(\text{rot}\boldsymbol{B}) = 0$$

即

$$\nabla\cdot(\nabla\times\boldsymbol{B}) = 0$$

由**奥一高**公式可知

$$\iiint_\Omega \nabla\cdot\boldsymbol{A}\mathrm{d}V = \oiint_S \boldsymbol{A}\cdot\mathrm{d}\boldsymbol{S} = 0 \tag{4.4.29}$$

此式表明无源场在其所定义的区域里，对任何闭合曲面的通量都等于零。例如当不可压缩流体流过管子时，则通过任何截面的流体的通量应都相等。

定理：设管形场$\boldsymbol{A}$所在的空间区域是面单连域，在场中任取一个矢量管，即由矢量线所

组成的管形曲面如图 4.4.2 所示，假定 S_1 与 S_2 是它的任意两个横断面，其法矢量 $\boldsymbol{n}_1$ 与 $\boldsymbol{n}_2$ 都朝向矢量 $\boldsymbol{A}$ 所指的一侧，则有

$$\iint_{S_1}\boldsymbol{A}\cdot\boldsymbol{n}_1\,\mathrm{d}S=\iint_{S_2}\boldsymbol{A}\cdot\boldsymbol{n}_2\,\mathrm{d}S$$

上式表明，在无源场所定义的区域里取任意的有向闭合曲面，无源场的面积分只取决于曲面的边界，与曲面的形状无关。

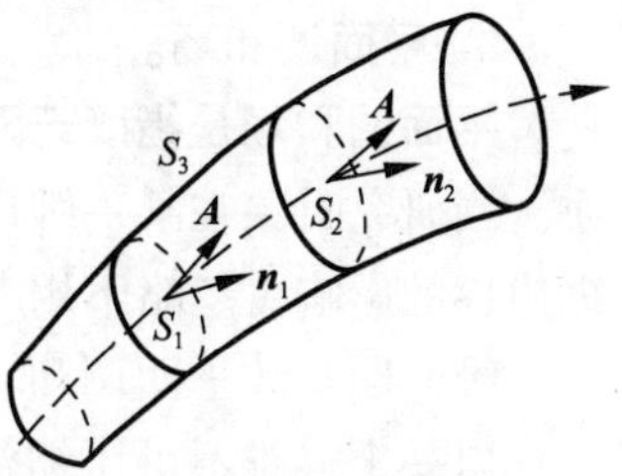

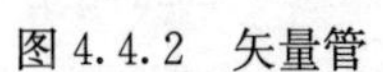

图 4.4.2　矢量管

(3) 调和场

调和场是无源、无旋的矢量场。本部分介绍无旋场的调和函数、平面调和函数的定义和性质。

定义：如果在矢量场中同时有 $\mathrm{div}\,\boldsymbol{A}=0$ 和 $\mathrm{rot}\,\boldsymbol{A}=0$，则称此矢量场 $\boldsymbol{A}$ 为**调和场**，亦即**调和场是既无源又无旋的矢量场**。

① **调和函数**。

设矢量场 $\boldsymbol{A}$ 为调和场，$\mathrm{rot}\,\boldsymbol{A}=0$，因为存在函数 u 满足 $\boldsymbol{A}=\mathrm{grad}u$，又按定义有 $\mathrm{div}\,\boldsymbol{A}=0$，于是得到

$$\mathrm{div}(\mathrm{grad}u)=0$$

即

$$\nabla\cdot(\nabla u)=0 \tag{4.4.30}$$

该二阶偏微分方程称为**拉普拉斯（Laplace）方程**，满足拉普拉斯方程的函数称为**调和函数**。在直角坐标系中，有

$$\left(\boldsymbol{i}\frac{\partial}{\partial x}+\boldsymbol{j}\frac{\partial}{\partial y}+\boldsymbol{k}\frac{\partial}{\partial z}\right)\cdot\left(\frac{\partial u}{\partial x}\boldsymbol{i}+\frac{\partial u}{\partial y}\boldsymbol{j}+\frac{\partial u}{\partial z}\boldsymbol{k}\right)=\frac{\partial^2 u}{\partial x^2}+\frac{\partial^2 u}{\partial y^2}+\frac{\partial^2 u}{\partial z^2}=0$$

拉普拉斯引入了一个数性微分算子 Δ，在直角坐标系中的表达式为

$$\Delta=\frac{\partial^2}{\partial x^2}+\frac{\partial^2}{\partial y^2}+\frac{\partial^2}{\partial z^2} \tag{4.4.31}$$

式中，Δ 称为**拉普拉斯算子**，它与哈密顿算子 ∇ 的关系为

$$\Delta=\nabla\cdot\nabla=\nabla^2$$

方程式（4.4.30）可写成 $\Delta u=0$，Δu 称为调和量。数量场的拉普拉斯算子，其结果为数量。矢量场 $\boldsymbol{A}$ 梯度的散度 $\nabla\cdot(\nabla\boldsymbol{A})$ 称为 $\boldsymbol{A}$ 的拉普拉斯算子，记为

$$\nabla\cdot(\nabla\boldsymbol{A})=\nabla^2\boldsymbol{A}=\Delta\boldsymbol{A}$$

式中，矢量场 $\boldsymbol{A}$ 的梯度是张量。矢量场的拉普拉斯算子，其结果为矢量，有

$$\Delta\boldsymbol{A}=\nabla^2\boldsymbol{A}=\nabla(\nabla\cdot\boldsymbol{A})-\nabla\times(\nabla\times\boldsymbol{A}) \tag{4.4.32}$$

在曲线坐标系中，对数量函数 u 求梯度后再求散度，得调和量为

$$\Delta u=\frac{1}{q_1q_2q_3}\left[\frac{\partial}{\partial q_1}\left(\frac{h_2h_3}{h_1}\frac{\partial u}{\partial q_1}\right)+\frac{\partial}{\partial q_2}\left(\frac{h_1h_3}{h_2}\frac{\partial u}{\partial q_2}\right)+\frac{\partial}{\partial q_3}\left(\frac{h_1h_2}{h_3}\frac{\partial u}{\partial q_3}\right)\right]$$

运用上式得到柱坐标系中调和量为

$$\nabla^2 u=\frac{1}{r}\frac{\partial}{\partial r}\left(r\frac{\partial u}{\partial r}\right)+\frac{1}{r^2}\frac{\partial^2 u}{\partial\varphi^2}+\frac{\partial^2 u}{\partial z^2} \tag{4.4.33}$$

在球坐标系中调和量为

$$\nabla^2 u=\frac{1}{r^2}\frac{\partial}{\partial r}\left(r^2\frac{\partial u}{\partial r}\right)+\frac{1}{r^2\sin\theta}\frac{\partial}{\partial\theta}\left(\sin\theta\frac{\partial u}{\partial\theta}\right)+\frac{1}{r^2\sin^2\theta}\frac{\partial^2 u}{\partial\varphi^2} \tag{4.4.34}$$

② **平面调和场。**

平面调和场是指既无源又无旋的平面矢量场。与空间调和场相比，它具有某些特殊性质。当研究对象在某一维尺度特别的大，大于另外二维的尺度，也可以说，当研究对象某一维边界的影响可忽略不用考虑时，该问题可简化为平面问题。由于工程中很多问题可以简化为二维问题，故平面调和场在工程中应用很多。

以一个二维不可压缩流体的平面流动为例，$\boldsymbol{u}=u\boldsymbol{i}+v\boldsymbol{j}$ 为无源、无旋的调和场。由于 $\mathrm{rot}\boldsymbol{u}=\left(\frac{\partial v}{\partial x}-\frac{\partial u}{\partial y}\right)\boldsymbol{k}=0$，即有

$$\frac{\partial v}{\partial x}-\frac{\partial u}{\partial y}=0 \tag{4.4.35}$$

一定存在势函数 Φ，满足 $\boldsymbol{u}=\nabla\Phi=\frac{\partial\Phi}{\partial x}\boldsymbol{i}+\frac{\partial\Phi}{\partial y}\boldsymbol{j}$，即有

$$u=\frac{\partial\Phi}{\partial x},\quad v=\frac{\partial\Phi}{\partial y} \tag{4.4.36}$$

式中，势函数可用如下的积分求出

$$\Phi(x,y)=\int_{x_0}^{x}u(x,y_0)\mathrm{d}x+\int_{y_0}^{y}v(x,y)\mathrm{d}y \tag{4.4.37}$$

因为 $\mathrm{div}\,\boldsymbol{u}=0$，即

$$\frac{\partial v}{\partial x}+\frac{\partial u}{\partial y}=0 \tag{4.4.38}$$

将式（4.4.38）与式（4.4.35）比较，它表示以 $-v$ 和 u 为坐标的矢量 $\boldsymbol{B}=-v\boldsymbol{i}+u\boldsymbol{j}$ 的旋度

$$\mathrm{rot}\,\boldsymbol{B}=\left[\frac{\partial u}{\partial x}+\frac{\partial(-v)}{\partial y}\right]\boldsymbol{k}=0$$

必然存在一个函数 ψ 满足 $\boldsymbol{u}=\mathrm{grad}\psi$，即有

$$-v=\frac{\partial\psi}{\partial x},\quad u=\frac{\partial\psi}{\partial y} \tag{4.4.39}$$

函数 ψ 称为平面调和场 $\boldsymbol{u}$ 的**力函数**（如流场中为流函数），可用如下积分求出

$$\psi(x,y)=\int_{x_0}^{x}-v(x,y_0)\mathrm{d}x+\int_{y_0}^{y}u(x,y)\mathrm{d}y \tag{4.4.40}$$

比较式（4.4.36）和式（4.4.39），得

$$\frac{\partial\psi}{\partial x}=-\frac{\partial\Phi}{\partial y},\quad \frac{\partial\psi}{\partial x}=-\frac{\partial\Phi}{\partial x} \tag{4.4.41}$$

将式（4.4.41）中两式分别对 x 与 y 求导，可得两个二维拉普拉斯方程为

$$\frac{\partial^2\Phi}{\partial x^2}+\frac{\partial^2\Phi}{\partial y^2}=0 \tag{4.4.42}$$

$$\frac{\partial^2\psi}{\partial x^2}+\frac{\partial^2\psi}{\partial y^2}=0 \tag{4.4.43}$$

由式（4.4.41）可知，平面无旋流动的速度势 Φ 与流函数 ψ 是满足柯西黎曼条件的两个调和函数，即满足共轭调和条件式，Φ 与 ψ 为**共轭调和函数**。在流体力学中，由它们构成一个解析函数——**复势** $W(z)=\Phi+\mathrm{i}\psi$，可以描述无旋、无源不可压缩流体的平面流动。流体力学中，当求解平面流场时，可求解复数流场 $W(z)=\Phi+\mathrm{i}\psi$。**力函数和势函数的等值线**分别称为平面调和场的**力线**和**等势线**，方程分别为

$$\psi(x,y)=C_1,\quad \Phi(x,y)=C_2 \tag{4.4.44}$$

其中，力线是场的矢量线。

例如流速场中流线是流函数的等值线。设二维流动的速度为 $\boldsymbol{u}=u\boldsymbol{i}+v\boldsymbol{j}$，将流函数定义式（4.4.39）代入不可压缩流体的连续性方程 $\nabla\cdot\boldsymbol{u}=0$，得

$$\nabla\cdot\boldsymbol{u}=\frac{\partial u}{\partial x}+\frac{\partial v}{\partial y}=\frac{\partial}{\partial x}\left(\frac{\partial\psi}{\partial y}\right)+\frac{\partial}{\partial y}\left(-\frac{\partial\psi}{\partial x}\right)=0$$

上式说明了流函数 ψ 满足流体的连续性方程，即

$$\mathrm{d}\psi=\frac{\partial\psi}{\partial x}\mathrm{d}x+\frac{\partial\psi}{\partial y}\mathrm{d}y=-v\mathrm{d}x+u\mathrm{d}y$$

若流函数 ψ（x，y）为常数，则有

$$\mathrm{d}\psi=-v\mathrm{d}x+u\mathrm{d}y=0$$

由上式得到**流线方程**为

$$\frac{\mathrm{d}x}{u}=\frac{\mathrm{d}y}{v} \tag{4.4.45}$$

流线是同一时刻不同质点所组成的曲线，它给出了该时刻不同流体质点的运动方向。

流线有以下特点：

a. 在某一给定时刻 t，流场中任一空间点都有一条流线流过，流场中的流线是曲线族，流线不相交，即流体不能穿过流线流动；

b. 非稳定场中任一空间点的流速大小和方向都随时间改变，流线和迹线不重合；但稳定场中任一空间点处只能有一条流线通过，流线和迹线重合；

c. 流线疏密表示流速大小，流线密处流速度大。绘出流线图，即表示了流速场。$|\psi_1-\psi_2|$ 为两流线之间的体积流量之差，如图 4.4.3 所示。

将式（4.4.36）和式（4.4.39）交叉相乘后，得

$$\frac{\partial\Phi}{\partial x}\frac{\partial\psi}{\partial x}+\frac{\partial\Phi}{\partial y}\frac{\partial\psi}{\partial y}=0$$

即

$$\nabla\Phi\cdot\nabla\psi=0 \tag{4.4.46}$$

此式说明，等势线族 $\Phi(x,\ y)=C$ 和等力线族 $\psi(x,\ y)=C$ 是正交的，即流场中**等势线和流线互相垂直**。

在平面上可将等势线族和流线族构成正交网络，在流体力学中称为流网，在图 4.4.4 中虚线代表等势线，它与流线组成一个处处正交的流网。在实验室中常用“水电比拟仪”描绘流网。它是根据水流与电流的相似性，用在相同边界条件下描绘等电位线的办法来描述水流的等势线。

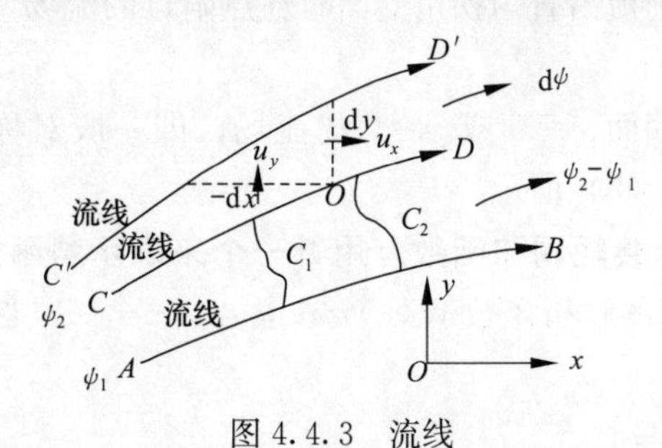

图 4.4.3　流线

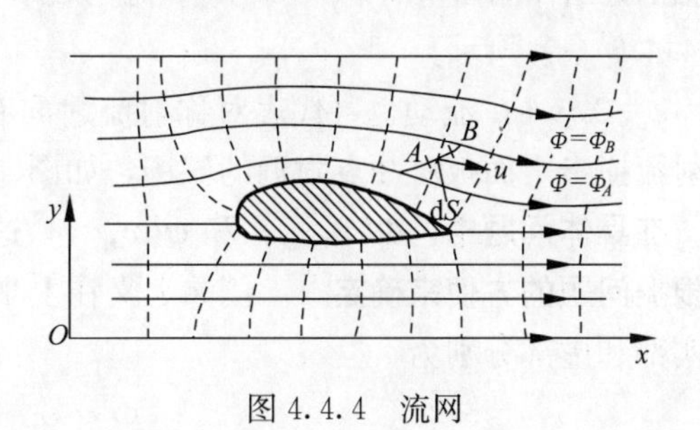

图 4.4.4　流网

由此可见，**速度势**不是不可捉摸的抽象概念，它和流线一样，也是在实验中可测绘出来的曲线。等势线即过水断面线。这种正交流网提供了图解平面势流的一个途径，可以大致描绘流场的形象。结点处等势线垂直于流线，根据这一重要性质，当知道某一流动的流线时，可以利用正交性质求其等势线，或者相反。

综上所述，流场中求解速度场 $\boldsymbol{u}$ 的问题可以转化为求解流函数 $\psi(x, y)$ 和速度势 $\Phi(x, y)$，其未知数的数目由三个减少到一个 $\psi(x, y)$ 或 $\Phi(x, y)$。由于在数学物理方程中拉普拉斯方程研究得比较透彻，给出了确定的边界条件，故函数 $\psi(x, y)$ 和 $\Phi(x, y)$ 是可解的。第6章将介绍拉普拉斯方程的求解方法。如果一个问题既可用流函数 ψ 来建立数学模型，又可用 Φ 来建立数学模型，则 ψ 比 Φ 所用的边界条件更直接。

例题 4.4.4 设 $\Phi=x^2-y^2$ 为二维不可压缩流体流动的速度势。求流场的速度、等势线方程和流线方程。

解：对流场的速度势求梯度得到速度为

$$\boldsymbol{u}=\nabla\Phi=2x\boldsymbol{i}-2y\boldsymbol{j}$$

等势线方程为

$$x^2-y^2=C_1$$

确定流线方程为

$$\mathrm{d}\psi=-\frac{\partial\Phi}{\partial y}\mathrm{d}x+\frac{\partial\Phi}{\partial x}\mathrm{d}y=2y\mathrm{d}x+2x\mathrm{d}y=2\mathrm{d}(xy)$$

积分后得到流线方程为

$$\psi=2xy+C$$

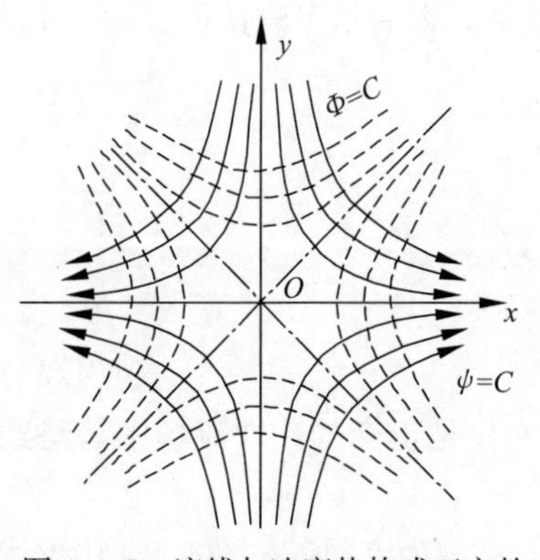

图 4.4.5　流线与速度势构成正交的双曲线族

将上式简化为 $xy=C$，可见流线族是双曲线族。由 $\Phi=a(x^2-y^2)$ 为常数，可知速度势也是双曲线族，与流函数 $xy=C$ 的双曲线族正交，如图 4.4.5 所示。当 $C>0$ 时，流线族在第一和第三象限；当 $C<0$ 时，流线族在第二和第四象限；当 $C=0$ 时，两坐标轴是常数为零的零流线。坐标原点为速度为零的驻点。

按照如下条件确定此流动代表什么样的一种流动。

① 物体表面条件 $\psi=0$ 为零流线，即 $xy=0$。特例为 $x=0$的 y 轴或 $y=0$ 的 x 轴，代表的流动为直角内流动。

② 直角处驻点条件为 $u_x=u_y=0$。

对于不考虑黏性的理想流体，可以把零流线 x 和 y 的正轴部分当作固体壁面，$\psi=2xy+C$ 流动表示一股射流沿直角拐角壁面时驻点附近的流场，如图 4.4.6（a）所示。

$\psi=2xy+C$ 流动也可代表对称射流射向有限壁面 $x=0$ 或 $y=0$ 的流场，即一股对称平面射流撞击平面板时驻点附近的流场，如图 4.4.6（b）所示。

在具体问题中，$\boldsymbol{\Phi}(x, y)$ 和 $\boldsymbol{\psi}(x, y)$ 这两个共轭调和函数，用哪一个来表示势函数，要根据问题的方便来确定[3]。例如定义在上半平面的解析函数 $W(z)=\Phi+\mathrm{i}\psi=x^2-y^2+\mathrm{i}2xy$ 的实部和虚部分别为

$$\Phi=x^2-y^2=C_1 \tag{1}$$

$$\psi = 2xy = C_2 \tag{2}$$

用图4.4.6（b）描述该上半平面的解析函数。图4.4.6（b）中用虚线描绘式（1）的双曲线族，用实线描绘了式（2）的双曲线族。

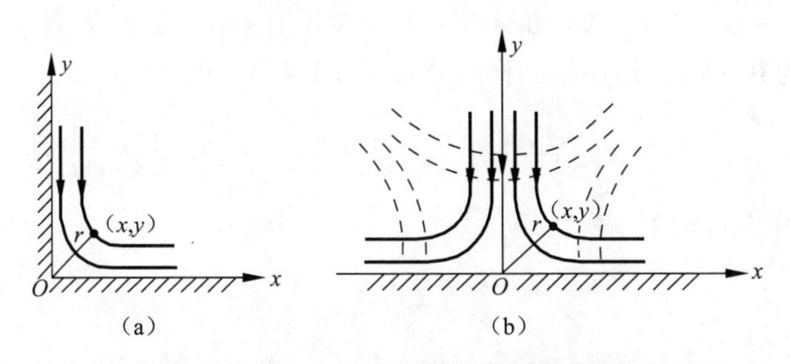

图4.4.6　$\Phi=a(x^2-y^2)$ 所代表的流动

（a）直角内的流动；（b）两股对称射流射向有限壁面时的流场

作为平面流场（在例题4.4.4曾得到该流场），流体由 y 轴方向流来，被垂直于 y 轴的大平板阻挡而向两方分流，用 $\Phi=x^2-y^2$ 表示势函数，虚线表示等速度势线，$\psi=2xy$ 表示流函数，实线表示流线。作为平面静电场来看，可以描述两块很大的正交带电导体平板（与图面垂直）的静电场，就要用 $\psi=2xy$ 表示势函数，实线表示等势线，虚线表示电力线。正好与描述平面流场相反。

③ **格林公式**。

在计算中需要使用调和函数的积分公式，这里介绍相关的**格林公式**（Green)。设 Φ 和 ψ 为数量函数，可根据矢量运算法则求证 $\nabla\cdot(\psi\nabla\Phi)$ 为矢量函数。有以下运算公式

$$\nabla\cdot(\psi\nabla\Phi) = \psi\nabla^2\Phi + \nabla\psi\cdot\nabla\Phi$$

将上式代入奥—高公式的矢量表示式为

$$\oiint_S \boldsymbol{A}\cdot \mathrm{d}\boldsymbol{S} = \iiint_\Omega \mathrm{div}\,\boldsymbol{A}\mathrm{d}V = \iiint_\Omega \nabla\cdot\boldsymbol{A}\mathrm{d}V \tag{4.3.20}$$

得第一格林公式为

$$\iiint_\Omega (\psi\nabla^2\Phi + \nabla\psi\cdot\nabla\Phi)\mathrm{d}V = \oiint_S \psi\nabla\Phi\cdot\mathrm{d}\boldsymbol{S} \tag{4.4.47}$$

如果将第一格林公式的 Φ 与 ψ 对换，得

$$\iiint_\Omega (\Phi\nabla^2\psi + \nabla\Phi\cdot\nabla\psi)\mathrm{d}V = \oiint_S \Phi\nabla\psi\cdot\mathrm{d}\boldsymbol{S} \tag{4.4.48}$$

将式（4.4.48）与式（4.4.47）相减，得第二格林公式为

$$\iiint_\Omega (\psi\nabla^2\Phi - \Phi\nabla^2\psi)\mathrm{d}V = \oiint_S (\psi\nabla\Phi - \Phi\nabla\psi)\cdot\mathrm{d}\boldsymbol{S} \tag{4.4.49}$$

（4）从散度和旋度求解矢量场

当已知一个矢量场的散度、旋度时，给定矢量场在区域边界上的法向分量或切向分量，可通过矢量场的散度或旋度求解该矢量场[3]。

矢量场被它的散度、旋度和边界条件唯一确定。

如果给定矢量场的散度和旋度及矢量场在区域边界上的法向分量或切向分量，则区域里的矢量场是唯一确定的。用反证法证明这个命题。

证明： 假设有两个满足条件的矢量场 $\boldsymbol{A}_1$ 和 $\boldsymbol{A}_2$，令

$$\boldsymbol{B}=\boldsymbol{A}_1-\boldsymbol{A}_2$$

对上式取旋度，有

$$\nabla\times\boldsymbol{B}=\nabla\times\boldsymbol{A}_1-\nabla\times\boldsymbol{A}_2=0$$

可将 $\boldsymbol{B}$ 表示为 $\boldsymbol{B}=\nabla u$。运用第一格林公式（4.4.47），得到

$$\iiint_V[u\,\nabla^2u+(\nabla u)^2]\mathrm{d}V=\oiint_S u\,\nabla u\cdot\mathrm{d}S=\oiint_S u\,\frac{\partial u}{\partial n}\mathrm{d}S \tag{1}$$

由于式（1）中左边的第一项为

$$\nabla^2u=\nabla\cdot\boldsymbol{B}=\nabla\cdot\boldsymbol{A}_1-\nabla\cdot\boldsymbol{A}_2=0$$

所以第一项积分为零。

如果在边界 S 上的法向分量给定，则有

$$\left.\frac{\partial u}{\partial n}\right|_S=B_n|_S=A_{1n}|_S-A_{2n}|_S=0$$

从而式（1）的右边积分为零，即

$$\oiint_S u\frac{\partial u}{\partial n}\mathrm{d}S=0 \tag{2}$$

如果边界的切向分量给定，则有

$$\left.\frac{\partial u}{\partial \tau}\right|_S=B_\tau|_S=A_{1\tau}|_S-A_{2\tau}|_S=0$$

这表明 S 为 u 的等值面，再应用奥—高公式，将面积分化为体积分，于是有

$$\oiint_S u\frac{\partial u}{\partial n}\mathrm{d}S=u\oiint_S\frac{\partial u}{\partial n}\mathrm{d}S=u\iiint_V\nabla^2u\mathrm{d}V=0 \tag{3}$$

由式（2）和式（3）可见，对这两种边界条件都有

$$\iiint_V(\nabla u)^2\mathrm{d}V=0$$

因为 $(\nabla u)^2\geqslant0$，故只能是 $\nabla u=0$，即 $\boldsymbol{B}=0$，$\boldsymbol{A}_1=\boldsymbol{A}_2$，本命题得证。

利用这个性质，已知无旋场的散度可求解物理场；已知无源场的旋度可求解物理场。

① 已知无旋场的散度求解物理场。

在一定的边界条件下求解方程组

$$\begin{cases}\nabla\times\boldsymbol{a}=0\\ \nabla\cdot\boldsymbol{a}=f(x,y,z)\end{cases} \tag{4.4.50}$$

式中，$f(x,\ y,\ z)$ 为已知函数。

由于在式（4.4.50）中 $\nabla\times\boldsymbol{a}=0$，利用无旋场的性质，故可令 $\boldsymbol{a}=\nabla u$。如果求出 u，则 $\boldsymbol{a}$ 得解。将 $\boldsymbol{a}=\nabla u$ 代入式（4.4.50）的第二个式中，化为

$$\nabla^2u=\Delta u=f(x,y,z) \tag{4.4.51}$$

则式（4.4.51）称为**泊松方程**。

泊松方程可描述稳态温度场、浓度场、速度势和电流场等，也称为**位势方程**。

在一定的边界条件下，求解泊松方程是数学物理方程的重要内容。将在第6章介绍该方程的求解。

对于直角坐标系的平面问题，有

$$\frac{\partial^2 u}{\partial x^2}+\frac{\partial^2 u}{\partial y^2}=f(x,y) \tag{4.4.52}$$

② **已知无源场的旋度求解物理场。**

在一定的边界条件下求解方程组

$$\begin{cases}\nabla\cdot \boldsymbol{a}=0\\ \nabla\times \boldsymbol{a}=\boldsymbol{B}(x,y,z)\end{cases} \tag{4.4.53}$$

式中，$\boldsymbol{B}(x,y,z)$ 为已知矢量函数。

由于式（4.4.53）$\nabla\cdot\boldsymbol{a}=0$，利用无旋场的性质，故可令 $\boldsymbol{a}=\nabla\times\boldsymbol{A}$。如果求出 $\boldsymbol{A}$，则 $\boldsymbol{a}$ 得解。将 $\boldsymbol{a}=\nabla\times\boldsymbol{A}$ 代入式（4.4.53）的第二式，化为

$$\nabla\times(\nabla\times\boldsymbol{A})=\boldsymbol{B}(x,y,z)$$

利用 4.3 节矢量旋度公式 $\nabla\times(\nabla\times\boldsymbol{A})=\nabla(\nabla\cdot\boldsymbol{A})-\nabla^2\boldsymbol{A}$，式（4.4.50）化为

$$\nabla(\nabla\cdot\boldsymbol{A})-\nabla^2\boldsymbol{A}=\boldsymbol{B}(x,y,z)$$

可以简化这个复杂方程，因为原方程的解是唯一的，而引入的矢势 $\boldsymbol{A}$ 是多样的，故只要能找到其中之一，就能确定原方程的解。

为了简化上述方程，对 $\boldsymbol{A}$ 加上以下附加条件 $\nabla\cdot\boldsymbol{A}=0$，将该方程式化为

$$\nabla^2\boldsymbol{A}=-\boldsymbol{B}(x,y,z) \tag{4.4.54}$$

在直角坐标系中，式（4.4.54）相当于三个泊松方程

$$\nabla^2 A_x=-B_x(x,y,z),\nabla^2 A_y=-B_y(x,y,z),\nabla^2 A_z=-B_z(x,y,z) \tag{4.4.55}$$

可见，已知从无源场的旋度求解矢量场同样归结为解泊松方程。

这里说明附加条件 $\nabla\cdot\boldsymbol{A}=0$ 是可以的。也就是说，在满足条件的诸 $\boldsymbol{A}$ 中确有旋度为零。事实上，若 $\boldsymbol{a}$ 有矢势 $\boldsymbol{A}$，则它的散度不为零，即

$$\nabla\times\boldsymbol{A}_1=\boldsymbol{a},\quad \nabla\times\boldsymbol{A}_1=\varphi(x,y,z)\neq 0$$

若再另取 $\boldsymbol{A}$，使

$$\boldsymbol{A}=\boldsymbol{A}_1+\nabla\psi$$

式中，ψ 为一待定的数量场。

一方面

$$\nabla\times\boldsymbol{A}=\nabla\times\boldsymbol{A}_1=\boldsymbol{a}$$

同时
$$\nabla\cdot\boldsymbol{A}=\varphi+\nabla^2\psi$$

选取
$$\nabla^2\psi=-\varphi$$

这就是泊松方程，ψ 可解出，便可得到 $\nabla\cdot\boldsymbol{A}=0$。

③ **已知矢量场的散度和旋度求解物理场。**

在一定的边界条件下求解方程组

$$\begin{cases}\nabla\cdot \boldsymbol{a}=f(x,y,z)\\ \nabla\times \boldsymbol{a}=\boldsymbol{B}(x,y,z)\end{cases} \tag{4.4.56}$$

式中，$f(x,\ y,\ z)$ 为已知函数；$\boldsymbol{B}(x,\ y,\ z)$ 为已知矢量函数。

这个方程的解为

$$\boldsymbol{a}=\nabla u+\nabla\times\boldsymbol{A} \tag{4.4.57}$$

式中，u 和 $\boldsymbol{A}$ 分别为方程组（4.4.50）和方程组（4.4.53）结合同一边界条件的解。因为

$$\nabla\cdot\boldsymbol{a}=\nabla^2 u+0=f(x,y,z)$$

$$\nabla\times \boldsymbol{a} = 0 + \nabla\times(\nabla\times \boldsymbol{A}) = \boldsymbol{B}(x,y,z)$$

根据解的唯一性定理，方程（4.4.57）就是方程（4.4.56）的解。

例题 4.4.5 求证如果矢量场具有唯一性定理所要求的边界条件，便可分解为无旋场和无源场的叠加[3]，即对于任何 $\boldsymbol{a}$ 都有 $\boldsymbol{a}=\boldsymbol{a}_1+\boldsymbol{a}_2$，其中 $\nabla\times\boldsymbol{a}_1=0$，$\nabla\cdot\boldsymbol{a}_2=0$。

证明： $\boldsymbol{a}$ 已知，$\nabla\cdot\boldsymbol{a}_1$ 和 $\nabla\times\boldsymbol{a}_2$ 可求出，分别命为 f 和 $\boldsymbol{B}$。既然 f 和 $\boldsymbol{B}$ 已经确定，则可立出以下方程组

$$\begin{cases}\nabla\times\boldsymbol{a}_1=0\\ \nabla\cdot\boldsymbol{a}_1=f\end{cases}\qquad \begin{cases}\nabla\cdot\boldsymbol{a}_2=0\\ \nabla\times\boldsymbol{a}_2=\boldsymbol{B}\end{cases}$$

求解上列方程组，解出 $\boldsymbol{a}_1$ 和 $\boldsymbol{a}_2$。设 $\boldsymbol{a}_1+\boldsymbol{a}_2=\boldsymbol{a}'$，则

$$\nabla\cdot\boldsymbol{a}'=\nabla\cdot\boldsymbol{a}_1=f,\quad \nabla\times\boldsymbol{a}'=\nabla\times\boldsymbol{a}_2=\boldsymbol{B}$$

根据解的唯一性定理，有 $\boldsymbol{a}'=\boldsymbol{a}$。

从上面的讨论可知，从无旋场的散度和无源场的旋度求解矢量场都归结为求解泊松方程。泊松方程是非齐次稳态方程，它可以描述传热和扩散物理问题，在第6章将详细介绍它的求解。

4.4.4 化工系统中数理模型的建立

在学习描述流体运动基本方法和三种重要矢量场的基础上，本部分介绍化学工程中一般数学物理模型化方法的步骤，包括确立研究的系统并给出简化假设条件、建立平衡关系、确定初始条件和边界条件、模型的求解、模型解的验证等。

（1）确立研究的系统并给出简化假设条件

当分析一个化工问题时，首先确定研究的系统，给出假设条件简化问题。

① 画出简图，列出所有的数据，确定研究的系统。包含着确定不变物质的任何集合，称为系统。

建模工作的第一步是运用工程判断力推断任何使问题简化的可能性，并做出合理必要的简化假设。所谓合理是说简化后的模型能够反映过程的本质，满足应用的需要；所谓必要是为了求解方便和可能。假设条件是对模型的人为限制，在评价模型模拟效果时要考虑简化假设的影响。

② 确定系统的因变量与其自变量。由具体问题的类型确定因变量与其自变量。对于非稳定过程，时间是自变量。

例如，对于一个搅拌良好的槽，槽内溶液可选为系统。因在槽内任一处浓度都均匀，故此搅拌槽系统为体积系统，如图4.4.7（a）所示。又如一个蒸汽套管，若 x 为至入口距离，则系统可选无限小的 $\mathrm{d}x$。因温度随位置而改变，故此系统为一维分布系统，如图4.4.7（b）所示。

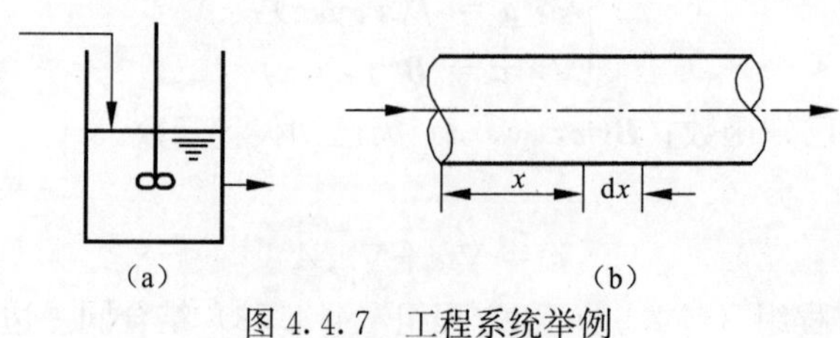

图4.4.7 工程系统举例

（a）搅拌槽系统；（b）蒸汽套管系统

（2）建立平衡关系

进行物理量总平衡、特定物质物理量的平衡，由平衡关系建立微分方程。建立微分方程往往是最难的一步，没有一定的原则可循，应从问题本身考虑，下面介绍一般工程问题的处理方法。仔细观察要研究的问题。

① **对系统作平衡时，应注意流动和非流动过程的区别。**

a. 非流动过程。

进入系统物理量的数值减去离开系统物理量的数值 = 系统内该物理量累积的数值

b. 流动过程。

流入系统物理量的速率减去离开系统物理量的速率 = 系统内物理量累积的速率

② **充分地考虑所有可能应用的定理，区别质量、能量、动量的守恒，**考虑它们的数量关系，对于化学工程问题，下面列出了经常用到的有关基本定律和原理。

a. 质量守恒定律。

从以下两个方面考虑系统的质量守恒。

进入系统的质量 − 离开系统的质量 = 系统内质量的累积 − 系统内生成的质量

流入系统的质量流率 − 离开系统的质量流率 = 系统内质量累积速率 − 系统内质量生成速率

b. 能量守恒定律。

当能量处在一个系统内时，由热力学第一定律，即系统的内能、动能和位能通量的改变，等于加进系统内的热量与系统对外界所做功之差。用这一定律，即可很容易导出系统的热量平衡。

由输送和扩散而进入系统的内能、动能和位能通量

− 由输送和扩散而离开系统的内能、动能和位能通量

+ 由传导、辐射及反应加给系统的热量通量 − 系统对外做功 = 系统内能、动能和位能的变化

c. 动量守恒定律。

当问题包含有时间因素时，应考虑物理量的速率，如热传导中的传递速率、吸收与蒸馏的传质速率和反应的化学反应速率等。利用动量守恒定律建立速率方程式，用牛顿第二定律建立流体运动方程。

d. 化学物理量的平衡。

利用包括反应动力学、化学平衡和相平衡等所有的物理化学基本原理，建立数学物理模型。

e. 简化已知基本方程建立工程问题适用的模型。

利用已知成熟可靠的数学物理方程，将方程简化为自己研究问题的数理模型。如将流体力学的纳维—斯托克斯运动方程进行必要的简化，得到工程中适用的数学物理模型。

（3）确定初始条件和边界条件

初始条件考虑和研究对象初始时刻的状态，即在初始时刻物理量的状态。通常初始条件是已知的。要注意的是，**初始条件给定的是整个系统的状态，而不是某个局部的状态**，对于稳定场问题，$T \neq T(t)$ 就不存在初始条件；给出边界上自变量数值所对应的因变量值，即边界条件，**边界条件是考虑工程问题本身所产生的，而不是由数学考虑产生的。**

同一个基本方程可以描述不同工程问题的传递现象。只有确定了初始条件和边界条件后，所描述的工程传递现象才具有独一无二的形式。换句话说，**一个描述工程问题完整的数学模型必须包括基本方程、边界条件和描述某一过程特点的初始条件。**

数学上只有给定了初始条件和边界条件，基本方程才能有唯一确定的解。对于常微分方程，边界条件的数目应等于微分方程的阶数。第 6 章将详细介绍边界条件和初始条件的确定。

（4）模型的求解

建立数学物理模型时，应注意模型的数学一致性。对于多变量的复杂系统，要确定哪些是因变量、哪些是自变量。模型方程建立以后，一定要检查一下方程的数目是否与自变量个数相等，总之要使系统的自由度为零。一定要考虑数学物理模型的可解性，并选择合适的求解方法。解析法给出系统变量的连续函数解，可以准确地分析变量间的相互关系。由于工程问题的复杂性，故有许多问题不得不使用数值法求解。

（5）模型解的验证

数学物理模型是在假设条件下对系统过程经过简化得到的物理模型的数学抽象，它反映系统过程的本质特征，但它毕竟是一种近似，不可避免地存在一定差异或偏离。

数学物理模型的可靠性与精确度除了取决于建模假设偏离真实条件程度外，还依赖于基础数据的准确度和精度，如化学工程中物性数据测量的准确度和精度。因此，必须用实验或生产现场数据来考核数学物理模型的解。假如差距太大，则需要修改数学物理模型或校验基础数据，逐步完善，使该数学物理模型的解能用于工程实际。

4.4.5 在化学工程中场论的应用

一切客观事物都是复杂和互相联系的，具有其内在规律。人类通过大量的实践和研究得到了质量守恒定律、动量定理、能量守恒定律、热力学定律等各自的数学表达，它们在动量、热量和质量传递中有其独特的数学表达，组成了化工中动量、热量和质量传递的基本方程。

本部分运用场论的方法，建立了化工中的连续性方程、动量、热量和质量传递等方程[4]~[7]。第 5 章和第 6 章将具体介绍这些方程的求解方法，包括连续性方程、流体流动的运动方程和热传导方程三部分。

（1）连续性方程

质量守恒定律阐明，质量无论经过什么样的运动（机械的、物理的、化学的），物体的总质量保持不变。从质量守恒定律出发建立**连续性方程**。在宏观运动中，同一流体的质量在运动过程中不生不灭，即

$$\boxed{\text{输出的质量流率}}-\boxed{\text{输入的质量流率}}+\boxed{\text{累计的质量流率}}=0 \tag{1}$$

① **运用欧拉法推导连续性方程。**

在直角坐标系中，取一微元体 dx、dy、dz，如图 4.4.8 所示。设流体的密度 $\rho=\rho(x, y, z, t)$，任一点的速度 $\boldsymbol{u}=u\boldsymbol{i}+v\boldsymbol{j}+w\boldsymbol{k}$，沿各坐标轴的**动量通量**分别为 ρu、ρv 和 ρw，对微元体进行质量衡算。

在 x 方向上，通过侧面流入微元体的质量流率为

$$\rho u \mathrm{d}y\mathrm{d}z$$

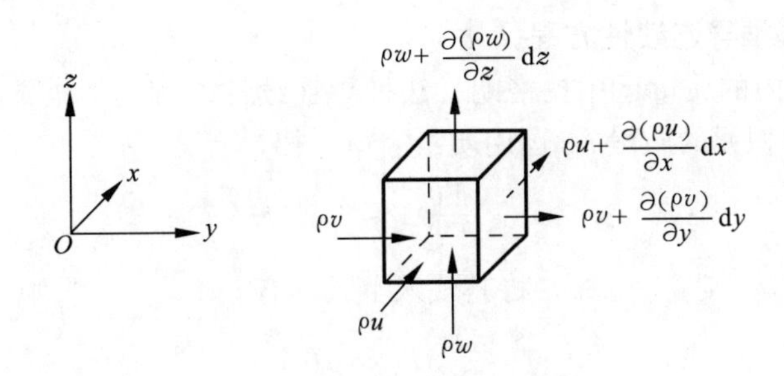

图 4.4.8　直角坐标系中质量衡算微元体

流出微元体的质量流率为

$$\left(\rho u+\frac{\partial(\rho u)}{\partial x}\mathrm{d}x\right)\mathrm{d}y\mathrm{d}z$$

因此，在 x 方向上净质量流率为

$$\left(\rho u+\frac{\partial(\rho u)}{\partial x}\mathrm{d}x\right)\mathrm{d}y\mathrm{d}z-\rho u\mathrm{d}y\mathrm{d}z=\frac{\partial(\rho u)}{\partial x}\mathrm{d}x\mathrm{d}y\mathrm{d}z \tag{2}$$

同理，在 y 方向上净质量流率为

$$\frac{\partial(\rho v)}{\partial y}\mathrm{d}x\mathrm{d}y\mathrm{d}z \tag{3}$$

在 z 方向上净质量流率为

$$\frac{\partial(\rho w)}{\partial z}\mathrm{d}x\mathrm{d}y\mathrm{d}z \tag{4}$$

将式 (2)～式 (4) 相加，得到流体总的净质量流率为

$$\left[\frac{\partial(\rho u)}{\partial x}+\frac{\partial(\rho v)}{\partial y}+\frac{\partial(\rho w)}{\partial z}\right]\mathrm{d}x\mathrm{d}y\mathrm{d}z \tag{5}$$

微元体内累积的质量速率为

$$\frac{\partial\rho}{\partial t}\mathrm{d}x\mathrm{d}y\mathrm{d}z \tag{6}$$

将式 (5) 和 (6) 代入式 (1)，得

$$\left[\frac{\partial(\rho u)}{\partial x}+\frac{\partial(\rho v)}{\partial y}+\frac{\partial(\rho w)}{\partial z}\right]\mathrm{d}x\mathrm{d}y\mathrm{d}z+\frac{\partial\rho}{\partial t}\mathrm{d}x\mathrm{d}y\mathrm{d}z=0$$

化简上式后，得到直角坐标系中的表达式为

$$\frac{\partial\rho}{\partial t}+\frac{\partial(\rho u)}{\partial x}+\frac{\partial(\rho v)}{\partial y}+\frac{\partial(\rho w)}{\partial z}=0 \tag{4.4.58}$$

用矢量表示为

$$\frac{\partial\rho}{\partial t}+\nabla\cdot(\rho \boldsymbol{u})=0 \tag{4.4.59}$$

式 (4.4.59) 在不同的曲线正交坐标系中有各自的表达式。在柱坐标系中的表达式为

$$\frac{\partial\rho}{\partial t}+\frac{1}{r}\frac{\partial}{\partial r}(r\rho u_r)+\frac{1}{r}\frac{\partial}{\partial\varphi}(\rho u_\varphi)+\frac{\partial}{\partial z}(\rho u_z)=0 \tag{4.4.60}$$

在球坐标系中表达式为

$$\frac{\partial\rho}{\partial t}+\frac{1}{r^2}\frac{\partial}{\partial r}(r^2\rho u_r)+\frac{1}{r\sin\theta}\frac{\partial}{\partial\theta}(\rho u_\theta\sin\theta)+\frac{1}{r\sin\theta}\frac{\partial}{\partial\varphi}(\rho u_\varphi)=0 \tag{4.4.61}$$

② **用拉格朗日法推导连续性方程。**

对流体有限体积内的质量运用拉格朗日法推导连续性方程。考虑流体质量为 δ_m 的有限体积元 δ_V，对有限体积元的质量 δ_m 运用质量守恒定律，有

$$\frac{\mathrm{D}}{\mathrm{D}t}\delta_m = 0$$

若流体的密度为 ρ，则 $\delta_m=\rho\delta_V$，将其代入上式，有

$$\frac{\mathrm{D}}{\mathrm{D}t}\rho\,\delta_V = 0$$

即

$$\rho\,\frac{\mathrm{D}}{\mathrm{D}t}\delta_V + \delta_V\,\frac{\mathrm{D}\rho}{\mathrm{D}t} = 0$$

或写成

$$\frac{1}{\rho}\,\frac{\mathrm{D}\rho}{\mathrm{D}t} + \frac{1}{\delta_V}\,\frac{\mathrm{D}}{\mathrm{D}t}\delta_V = 0$$

式中，$\frac{1}{\delta_V}\frac{\mathrm{D}}{\mathrm{D}t}\delta_V$ 为相对体积膨胀速度，即速度的散度 $\mathrm{div}\boldsymbol{u}$。上式改写为

$$\frac{1}{\rho}\,\frac{\mathrm{D}\rho}{\mathrm{D}t} + \mathrm{div}\boldsymbol{u} = 0$$

此式即连续性方程，可写成

$$\frac{\mathrm{D}\rho}{\mathrm{D}t} + \rho\,\nabla\cdot\boldsymbol{u} = 0 \tag{4.4.62}$$

式（4.4.62）是式（4.4.59）的另一种表示。用随体导数展开式表示上式第一项，得到连续性方程的展开

$$\frac{\partial\rho}{\partial t} + \boldsymbol{u}\cdot\nabla\rho + \rho\,\nabla\cdot\boldsymbol{u} = 0 \tag{4.4.63}$$

下面介绍在特殊的情况下连续性方程的应用。

a. 对于稳定场，由于密度不随时间变化，即$\frac{\partial\rho}{\partial t}=0$，连续性方程（4.4.59）简化为

$$\nabla\cdot(\rho\boldsymbol{u}) = 0 \tag{4.4.64}$$

此式说明，流体定常运动时单位体积流进和流出的流体质量应相等。

b. 对于不可压缩流体，密度等于常数，即 $\rho=C$，有

$$\frac{\mathrm{D}\rho}{\mathrm{D}t} = 0 \tag{4.4.65}$$

由式（4.4.60）得到不可压缩流体的连续性方程为

$$\mathrm{div}\boldsymbol{u} = \nabla\cdot\boldsymbol{u} = 0 \tag{4.4.66}$$

由上可知，当 $\rho=C$ 时为不可压缩流体，由于流体微元的密度和质量在随体运动中都不变，故流体微元的体积在随体运动中也不发生变化，即速度散度为零。也就是说，流体体积膨胀速率等于三个方向上线变形速率之和，为零。由 $\nabla\cdot\boldsymbol{u}=0$ 可知，不可压缩流体的速度场为无源场。

在直角坐标系中的表达式为

$$\frac{\partial u}{\partial x} + \frac{\partial v}{\partial y} + \frac{\partial w}{\partial z} = 0 \tag{4.4.67}$$

(2) 流体流动的运动方程

流体力学研究流体（液体和气体）的运动。描述流体运动的状态要用流速 $\boldsymbol{u}(x, y, z, t)=u\boldsymbol{i}+v\boldsymbol{j}+w\boldsymbol{k}$、压力分布 $p(x, y, z, t)$ 和密度函数 $\rho(x, y, z, t)$ 来描述流场，这里涉及 5 个变量 u、v、w、p、ρ。

建立流体动力学 5 个方程的依据是质量守恒、动量守恒、能量守恒这些基本定理。其中第一个方程点前面已介绍由质量守恒得到的连续性方程，即

$$\frac{\partial \rho}{\partial t}+\operatorname{div}(\rho \boldsymbol{u})=0$$

第二个方程是关联密度和压力的状态方程，对不同热力学假设将有不同的状态方程，这里不做详细介绍，有一般的关联密度和压力的状态方程为

$$F(p,\rho,T)=0 \tag{4.4.68}$$

对于理想气体，有

$$\rho=\frac{pM}{RT},\quad \rho=\rho_0\frac{p}{p_0}\frac{T_0}{T}\quad \text{（理想气体）} \tag{4.4.69}$$

而第三～第五个方程是将动量定理用于流体微元运动得到的运动方程。在空间中任取一个以控制面 S 为界的有限控制体，有限控制体的封闭表面积为 S，体积为 V。根据动量定理，在体积微元中流体动量的变化率等于作用在该体积微元上的质量力和面力之和，推导可得到流体力学中著名的**纳维—斯托克斯（Navier-Stokes）方程**，简称为 **N-S 方程**。

也可用牛顿第二定律 $\boldsymbol{F}=m\boldsymbol{a}$ 推导 N-S 方程。这里仅作简单的推导，详细地推导可参考流体力学的参考文献。

例题 4.4.6　推导描述黏性不可压缩流体动量守恒的运动方程，即 N-S 方程。

解： 若用 ρ 表示介质密度，$\boldsymbol{F}$ 表示作用在单位质量上的外力，$\frac{\mathrm{D}\boldsymbol{u}}{\mathrm{D}t}$表示加速度，$\boldsymbol{T}$ 表示介质内的应力张量。根据动量定理，体积微元 V 中流体动量的变化率等于作用在该体积微元上的质量力和面力之和，即对体积微元 V 中运用牛顿第二定律 $m\boldsymbol{a}=\boldsymbol{F}$，有

$$\iiint_{\Omega}\rho\frac{\mathrm{D}\boldsymbol{u}}{\mathrm{D}t}\mathrm{d}V=\iiint_{\Omega}\rho\boldsymbol{F}\,\mathrm{d}V+\oiint_{S}\mathrm{d}S\cdot\boldsymbol{T}$$

运用式（4.3.40）将上式右边的第二项面积分换成体积分，得

$$\iiint_{\Omega}\left[\rho\left(\boldsymbol{F}-\frac{\mathrm{D}\boldsymbol{u}}{\mathrm{D}t}\right)+\nabla\cdot\boldsymbol{T}\right]\mathrm{d}V=0$$

上式体积分等于零，由于 V 是任意的，即被积函数为零，有

$$\rho\left(\boldsymbol{F}-\frac{\mathrm{D}\boldsymbol{u}}{\mathrm{D}t}\right)+\nabla\cdot\boldsymbol{T}=0 \tag{4.4.70}$$

式中，$\boldsymbol{F}$ 为单位质量上的外力；$\frac{\mathrm{D}\boldsymbol{u}}{\mathrm{D}t}$为加速度；$\boldsymbol{T}$ 为介质内的应力张量。

这里没有给出详细的推导，仅给出推导的基本思路。若将应力张量用速度矢量表示，则将随体导数（4.4.15）和应力张量代入式（4.4.70），得到不可压缩流体运动方程的矢量形式为

$$\frac{\partial \boldsymbol{u}}{\partial t}+\boldsymbol{u}\cdot\nabla\boldsymbol{u}=-\frac{1}{\rho}\nabla p+\nu\nabla^2\boldsymbol{u}+\boldsymbol{f} \tag{4.4.71}$$

式中，ν 为运动黏度，常数。

公式（4.4.71）就是流体力学的基本运动方程——纳维—斯托克斯方程。这里没有给出

详细的推导，仅给出推导的基本思路。

不可压缩流体运动方程式中的五项很易识别，分别为与时间有关的力，等号左边为惯性力，等号右边的项分别为压力、黏性力和体积力。

在直角坐标系中，方程写成分量形式：

$$\begin{cases}\dfrac{\partial u}{\partial t}+u\dfrac{\partial u}{\partial x}+v\dfrac{\partial u}{\partial y}+w\dfrac{\partial u}{\partial z}=-\dfrac{1}{\rho}\dfrac{\partial p}{\partial x}+\nu\nabla^2 u+f_x\\ \dfrac{\partial v}{\partial t}+u\dfrac{\partial v}{\partial x}+v\dfrac{\partial v}{\partial y}+w\dfrac{\partial v}{\partial z}=-\dfrac{1}{\rho}\dfrac{\partial p}{\partial y}+\nu\nabla^2 v+f_y\\ \dfrac{\partial w}{\partial t}+u\dfrac{\partial w}{\partial x}+v\dfrac{\partial w}{\partial y}+w\dfrac{\partial w}{\partial z}=-\dfrac{1}{\rho}\dfrac{\partial p}{\partial x}+\nu\nabla^2 w+f_z\end{cases}\tag{4.4.72}$$

可得柱坐标和球坐标各自表达式，详见有关流体力学的书籍。

流体运动方程式（4.4.71）和式（4.4.72）中等式右边惯性力的第二项是非线性项，不能用解析法求解。在特定的条件下，该方程可简化为解析求解的方程。

下面介绍在特殊情况下 N－S 方程的几种简化，没有给出详细的证明和推导，可参考流体力学相关书籍。

① **欧拉（Euler）方程**。

为了便于讨论问题，先给出**雷诺数**（Reynolds Number）的定义，$Re=ul/\nu$，其中 ν 为运动黏度。雷诺数 Re 表征惯性力和黏性力之比。在流体力学里，流体流动分为大雷诺数流动，小雷诺数流动。关于雷诺数详细知识，读者可参看流体力学的专著。

对于非稳态理想不可压缩流体的大雷诺数流动，由于理想流体的黏性为零，即使流层与流层之间有剧烈的滑动，也不会产生剪切力，因此可将理想流体流动视为惯性力影响大大超过黏性力影响的流动。N-S 方程（4.4.71）简化为**欧拉（Euler）方程**

$$\frac{\partial \boldsymbol{u}}{\partial t}+\boldsymbol{u}\cdot\nabla\boldsymbol{u}=\boldsymbol{f}-\frac{1}{\rho}\nabla p\tag{4.4.73}$$

若 $\boldsymbol{f}=0$，则上式简化为

$$\frac{\partial \boldsymbol{u}}{\partial t}+\boldsymbol{u}\cdot\nabla\boldsymbol{u}=-\frac{1}{\rho}\nabla p\tag{4.4.74}$$

② **流体输运方程**。

对于非稳态黏性流体的小雷诺数流动，流体流动过程中黏滞力的作用超过惯性力和压力的作用，可忽略惯性力项中的扩散项 $\boldsymbol{u}\cdot\nabla\boldsymbol{u}$ 和压力项，将 N－S 方程（4.4.71）简化为

$$\frac{\partial \boldsymbol{u}}{\partial t}-\nu\nabla^2\boldsymbol{u}=\boldsymbol{f}\tag{4.4.75}$$

若 $\boldsymbol{f}=0$，则上式简化为非稳态黏性流体齐次运动方程

$$\frac{\partial \boldsymbol{u}}{\partial \boldsymbol{t}}=\nu\nabla^2\boldsymbol{u}\tag{4.4.76}$$

对于稳态黏性流体小雷诺数流动，上式简化为拉普拉斯方程

$$\nabla^2\boldsymbol{u}=0\tag{4.4.77}$$

③ **涡流运动方程**。

考虑流体非稳态的低雷诺数流动，流体流动过程中黏滞力的作用超过惯性力的作用，可忽略惯性力项中的扩散项 $\boldsymbol{u}\cdot\nabla\boldsymbol{u}$，将 N－S 方程（4.4.71）简化为

$$\frac{\partial \boldsymbol{u}}{\partial t} = -\frac{1}{\rho}\nabla p + \nu \nabla^2 \boldsymbol{u} + \boldsymbol{f}$$

若 $\boldsymbol{f}=0$，则上式简化为

$$\frac{\partial \boldsymbol{u}}{\partial t} = -\frac{1}{\rho}\nabla p + \nu \nabla^2 \boldsymbol{u} \tag{4.4.78}$$

对上式求旋度，得

$$\frac{\partial \boldsymbol{u}}{\partial t}(\nabla \times \boldsymbol{u}) = -\frac{1}{\rho}\nabla p(\nabla \times p) + \nu \nabla^2 \nabla \times \boldsymbol{u}$$

令 $\boldsymbol{\omega}=\nabla\times\boldsymbol{u}$ 为涡流强度，因梯度的旋度为零，即$\nabla\times\nabla p=0$，得到用涡流强度表示的二阶线性偏微分方程，即**涡流运动方程**

$$\frac{\partial \boldsymbol{\omega}}{\partial t} = \nu \nabla^2 \boldsymbol{\omega} \tag{4.4.79}$$

在直角坐标系中，用涡流强度 $\boldsymbol{\omega}=\omega_x \boldsymbol{i}+\omega_j \boldsymbol{j}+\omega_k \boldsymbol{k}$ 三个分量表示的方程为

$$\begin{cases} \dfrac{\partial \omega_x}{\partial t} = \nu \nabla^2 \omega_x \\ \dfrac{\partial \omega_y}{\partial t} = \nu \nabla^2 \omega_y \\ \dfrac{\partial \omega_z}{\partial t} = \nu \nabla^2 \omega_z \end{cases} \tag{4.4.80}$$

式（4.4.76）和式（4.4.79）与后面给出的热传导方程、扩散方程虽然有不同的物理含义，但在形式上是相同的，都称为**输运方程**。

④ **伯努利方程**。

对于理想流体，假设流体黏性很小，忽略黏性力项，若 $\boldsymbol{f}=0$，则得到简化方程

$$\frac{\partial \boldsymbol{u}}{\partial t} + \boldsymbol{u}\cdot\nabla \boldsymbol{u} = -\frac{1}{\rho}\nabla p \tag{4.4.81}$$

由矢量运算知$\frac{1}{2}\nabla \boldsymbol{u}^2=\boldsymbol{u}\times(\nabla\times\boldsymbol{u})+(\boldsymbol{u}\cdot\nabla)\boldsymbol{u}$，将其代入式（4.4.74），得

$$\frac{\partial \boldsymbol{u}}{\partial t} + \frac{1}{2}\nabla \boldsymbol{u}^2 - \boldsymbol{u}\times(\nabla\times\boldsymbol{u}) + \frac{\nabla p}{\rho} = 0$$

考虑稳态场$\frac{\partial \boldsymbol{u}}{\partial t}=0$ 和无旋场$\nabla\times\boldsymbol{u}=0$，在同一流线上积分上式，得到**伯努利方程**

$$\frac{1}{2}\boldsymbol{u}^2 + \frac{p}{\rho} = 0 \qquad （为常数） \tag{4.4.82}$$

该方程是能量守恒定律在流体力学中的应用。在理想流体流动中求解连续性方程得到速度后，可用方程式（4.4.74）求解压强。

（3）热传导方程

应用场论知识和傅里叶定律推导热传导方程[7]。假设温度场为 $T(M, t)$，M 为空间任意一点。在空间中任取包含点 $M(\boldsymbol{r})$ 任一闭曲面 S 为界的有限控制体，有限控制体的封闭表面积为 S，体积为 V，$\boldsymbol{n}$ 为 S 外法向单位矢量。由于温度的不均匀，考虑时间由 t 到（$t+\mathrm{d}t$）时场中的能量变化，根据傅里叶定律“在场中任一点处，沿任一方向的热流强度，即在该点处单位时间内垂直流过单位面积的热量与该方向上的温度梯度和传热系数 k 成正比，热通量方向与温度梯度方向相反”，得到热流逆着温度梯度的方向传导，得经闭曲面 S 流出热量的微分

$$dQ_1 = -k_1 dt dS \frac{\partial T}{\partial n} \tag{1}$$

由梯度定义，得

$$\frac{\partial T}{\partial n} = \nabla T \cdot \boldsymbol{n} \tag{2}$$

将式（1）代入式（2）并积分，得经闭曲面 S 流出的总热量为

$$Q_1 = -dt \iiint_{\Omega} \nabla \cdot (k_1 \nabla T) dV \tag{3}$$

在体积元 dV 内流出的热量使体内温度降低，即

$$dQ_2 = -k_2 dt \rho \frac{\partial T}{\partial t} dV$$

积分上式，得在域 Ω 内所散发总热量为

$$Q_2 = -dt \iiint_{\Omega} \left(k_2 \rho \frac{\partial T}{\partial t} \right) dV \tag{4}$$

由热量守恒有 $Q_1 = Q_2$，由式（3）等于式（4）消去 dt，得

$$\iiint_{\Omega} \left[k_2 \rho \frac{\partial T}{\partial t} - \nabla \cdot (k_1 \nabla T) \right] dV = 0 \tag{5}$$

由于体积元是任意的且积分为零，只能是式（5）中被积函数 $k_2 \rho \frac{\partial T}{\partial t} - \nabla \cdot (k_1 \nabla T) = 0$，得

$$\frac{\partial T}{\partial t} = \frac{k_1}{k_2 \rho} \nabla^2 T$$

令 $\frac{k_1}{k_2 \rho} = a$，a 称为**热扩散率**，令 $a = \alpha^2$，将其代入上式，则得输运方程为

$$\frac{\partial T}{\partial t} = \alpha^2 \nabla^2 T \tag{4.4.82}$$

在直角坐标系中的表达式为

$$\frac{\partial T}{\partial t} = \alpha^2 \left(\frac{\partial^2 T}{\partial x^2} + \frac{\partial^2 T}{\partial y^2} + \frac{\partial^2 T}{\partial z^2} \right) \tag{4.4.83}$$

对定常场 $T \neq T(t)$，式（4.4.82）简化为拉普拉斯方程

$$\frac{\partial^2 T}{\partial x^2} + \frac{\partial^2 T}{\partial y^2} + \frac{\partial^2 T}{\partial z^2} = 0$$

即

$$\nabla^2 T = 0 \tag{4.4.84}$$

也可采用类似推导连续性方程的办法，用微元体分析方法推导热传导方程。

例题 4.4.7 一根均匀细杆的热传导问题，杆的比热容为 c，ρ 为密度，杆的侧面是绝热的，其横截面面积 S 与杆的长度相比足够小。试确定描述该问题的热传导方程。

解： 由于考察的是一根均匀细杆，杆的侧面是绝热的热传导问题，应该用一维热传导方程描述，设 $T = T(x, t)$。

由傅里叶定律，则在 x 截面的热量输入速率为

$$\frac{dQ_1}{dt} = -kS \frac{\partial T(x,t)}{\partial x} \tag{1}$$

在（$x + \Delta x$）截面的热量输出速率为

$$\frac{\mathrm{d}Q_2}{\mathrm{d}t}=-kS\frac{\partial T(x+\Delta x,t)}{\partial x} \tag{2}$$

将式（1）减去式（2），得到微元段的热量累积率为

$$c\rho S\Delta x\frac{\partial T}{\partial t} \tag{3}$$

式中，微元段质量 $\mathrm{d}m=\rho S\Delta x$。

考虑微元段的热量守恒为

$$\boxed{\text{净流入的热速率}}=\boxed{\text{微元段累计的热速率}} \tag{4}$$

将式（1）～式（3）代入式（4），得一维热传导方程为

$$kS\left[\frac{\partial T(x+\Delta x,t)}{\partial x}-\frac{\partial T(x,t)}{\partial x}\right]=c\rho S\Delta x\frac{\partial T}{\partial t}$$

将上式两边除以 $c\rho S\Delta x$，简化得

$$\frac{k}{c\rho\Delta x}\left[\frac{\partial T(x+\Delta x,t)}{\partial x}-\frac{\partial T(x,t)}{\partial x}\right]=\frac{\partial T}{\partial t}$$

当 $\Delta x\to 0$ 时，令 $k/cp=\alpha^2$，得一维热传导方程为

$$\frac{\partial T}{\partial t}=\alpha^2\frac{\partial^2 T}{\partial x^2} \tag{4.4.85}$$

当考虑二维热传导方程，同理可以导出

$$\frac{\partial T}{\partial t}=\alpha^2\left(\frac{\partial^2 T}{\partial x^2}+\frac{\partial^2 T}{\partial y^2}\right) \tag{4.4.86}$$

采用此法取一个六面微元体可导出三维热传导方程

$$\frac{\partial T}{\partial t}=\alpha^2\left(\frac{\partial^2 T}{\partial x^2}+\frac{\partial^2 T}{\partial y^2}+\frac{\partial^2 T}{\partial z^2}\right)=\alpha^2\,\nabla^2 T \tag{4.4.87}$$

采用与推导热传导方程相似的方法，可分别导出质量传递的一维、二维和三维**扩散方程**

$$\frac{\partial c}{\partial t}=D\frac{\partial^2 c}{\partial x^2} \tag{4.4.88}$$

$$\frac{\partial c}{\partial t}=D\left(\frac{\partial^2 c}{\partial x^2}+\frac{\partial^2 c}{\partial y^2}\right) \tag{4.4.89}$$

$$\frac{\partial c}{\partial t}=D\,\nabla^2 c \tag{4.4.90}$$

式中，c 为物质的浓度；D 为扩散系数。如果考虑化学反应和惯性力，得到方程

$$\frac{\partial c}{\partial t}+\nabla\cdot(c\boldsymbol{u})=D\,\nabla^2 c+R \tag{4.4.91}$$

对于稳态的二维热传导问题，因为$\frac{\partial T}{\partial t}=0$，简化式（4.4.86），有

$$\frac{\partial^2 T}{\partial x^2}+\frac{\partial^2 T}{\partial y^2}=0 \tag{4.4.92}$$

对于稳态的二维扩散问题，因为$\frac{\partial c}{\partial t}=0$，简化式（4.4.89），有

$$\frac{\partial^2 c}{\partial x^2}+\frac{\partial^2 c}{\partial y^2}=0 \tag{4.4.93}$$

例题 4.4.8　设 ρ 为流体的密度，传热系数 k 为常数，μ 为黏度系数，R_A 为反应速度，

ΔH 为反应生成焓，扩散系数 D 为常数，c_p 为比定压热容。试分别建立流体流过直圆管时的动量平衡方程、热量（焓）平衡方程和质量平衡方程[7]。

解： 设 $u(r,z)$ 为流体在管内的速度，u_r 为流体速度在 r 方向的分量，c_A 为流体组分 A 的浓度。

流体流过圆管时的动量平衡、热量（焓）平衡或质量平衡可写为

$$\boxed{\text{总体流动流入速率}}-\boxed{\text{总体流动流出速率}}+\boxed{\text{扩散进来的速率}}$$
$$-\boxed{\text{扩散出去的速率}}+\boxed{\text{产生的速率}}=\boxed{\text{累计的速率}} \tag{1}$$

① **动量平衡方程的建立。**

在圆管中取一个高 Δz 宽 Δr 的圆环小单元体，总体流动流入速率为

$$\rho u_r u(r,z)2\pi r\Delta r \tag{2}$$

总体流动流出速率为

$$\rho u_r u(r,z+\Delta z)2\pi r\Delta r \tag{3}$$

扩散进来的速率为

$$2\pi r\Delta z\left(-\mu\frac{\partial u(r,z)}{\partial r}\right)+p(z)2\pi r\Delta r \tag{4}$$

扩散出去的速率为

$$2\pi(r+\Delta r)\Delta z\left(-\mu\frac{\partial u(r+\Delta r,z)}{\partial r}\right)+p(z+\Delta z)2\pi r\Delta r \tag{5}$$

产生的速率为

$$\rho g\,2\pi r\Delta r\Delta z$$

累计的速率为

$$2\pi r\Delta r\Delta z\rho\frac{\partial u(r,z)}{\partial t}$$

将式（2）～式（5）代入到式（1），除以 $2\pi r\Delta r\Delta z$，简化取极限，得到流体运动方程为

$$\frac{\mu}{r}\frac{\partial u(r,z)}{\partial r}+\mu\frac{\partial^2 u(r,z)}{\partial r^2}-\rho u_r\frac{\partial u(r,z)}{\partial z}-\frac{\partial p}{\partial z}+\rho g=\rho\frac{\partial u(r,z)}{\partial t} \tag{4.4.94}$$

② **焓平衡方程的建立。**

使用恒等式（1），考虑流体流过管子时的焓平衡。总体流动流入的热速率为

$$u_r\rho c_p[T(r,z)-T_r]2\pi r\Delta r \tag{2}$$

总体流动流出的热速率为

$$u_r\rho c_p[T(r,z+\Delta z)-T_r]2\pi r\Delta r \tag{3}$$

扩散进来的热速率为

$$2\pi r\Delta z\left(-k\frac{\partial T(r,z)}{\partial r}\right)+2\pi r\Delta r\left(-k\frac{\partial T(r,z)}{\partial z}\right) \tag{4}$$

扩散出去的热速率为

$$2\pi(r+\Delta r)\Delta z\left(-k\frac{\partial T(r+\Delta r,z)}{\partial r}\right)+2\pi r\Delta r\left(-k\frac{\partial T(r,z+\Delta z)}{\partial z}\right) \tag{5}$$

产生焓的速率为

$$-\Delta HR_A 2\pi r\Delta z\Delta r \tag{6}$$

累计的热速率为

$$2\pi r\Delta r\Delta z\rho c_p \frac{\partial T(r,z)}{\partial t} \tag{7}$$

将式（2）～式（7）代入式（1），并简化取极限，得到传热方程为

$$k\frac{\partial^2 T(r,z)}{\partial z^2}+\frac{k}{r}\frac{\partial T(r,z)}{\partial r}+k\frac{\partial^2 T(r,z)}{\partial r^2}-u_r\rho c_p\frac{\partial T(r,z)}{\partial z}+(-\Delta H)R_A=\rho c_p\frac{\partial T(r,z)}{\partial t} \tag{4.4.95}$$

③ **质量平衡方程的建立。**

流过圆管时的质量平衡也可用式（1）表示。总体流动流入的质量速率为

$$u_r c_A(r,z)2\pi r\Delta r \tag{2}$$

总体流动流出的质量速率为

$$u_r c_A(r,z+\Delta z)2\pi r\Delta r \tag{3}$$

扩散进来的质量速率为

$$2\pi r\Delta z\left(-D\frac{\partial c_A(r,z)}{\partial r}\right)+2\pi r\Delta r\left(-D\frac{\partial c_A(r,z)}{\partial z}\right) \tag{4}$$

扩散出去的质量速率为

$$2\pi(r+\Delta r)\Delta z\left(-D\frac{\partial c_A(r+\Delta r,z)}{\partial r}\right)+2\pi r\Delta r\left(-D\frac{\partial c_A(r,z+\Delta z)}{\partial z}\right) \tag{5}$$

产生的质量速率为

$$R_A(2\pi r\Delta z\Delta r) \tag{6}$$

累计的质量速率为

$$2\pi r\Delta r\Delta z\frac{\partial c_A(r,z)}{\partial t} \tag{7}$$

将以上各式代入式（1），并简化取极限，得到传质方程为

$$D\frac{\partial^2 c_A(r,z)}{\partial z^2}+\frac{D}{r}\frac{\partial c_A(r,z)}{\partial r}+D\frac{\partial^2 c_A(r,z)}{\partial r^2}-u_r\frac{\partial c_A(r,z)}{\partial z}+R_A=\frac{\partial c_A(r,z)}{\partial t} \tag{4.4.96}$$

在第 5 章和第 6 章中，将进一步介绍化工中常用的微分方程的建立和具体求解方法。

第 4 章　练　习　题

4.1　试证 $(\boldsymbol{u}\cdot\nabla)\boldsymbol{u}=\mathrm{grad}\boldsymbol{u}^2/2-\boldsymbol{u}\times\mathrm{rot}\boldsymbol{u}$，式中，$\boldsymbol{u}^2=u^2+v^2+w^2$。

4.2　若 $\boldsymbol{A}=x^2\sin y\boldsymbol{i}+z^2\cos y\boldsymbol{j}-xy^2\boldsymbol{k}$，求 $\mathrm{d}\boldsymbol{A}$。

4.3　进行下列运算，其中 $\Phi=x^2yz^3$ 和 $\boldsymbol{A}=xz\boldsymbol{i}-y^2\boldsymbol{j}+2x^2y\boldsymbol{k}$。

（1）$\nabla\Phi$

（2）$\nabla\cdot\boldsymbol{A}$

（3）$\nabla\times\boldsymbol{A}$

（4）$\mathrm{div}(\Phi\boldsymbol{A})$

（5）$\mathrm{rot}(\Phi\boldsymbol{A})$

4.4　β_{ij} 表示 Σ' 系的 i 轴相对原来坐标系 Σ 的 j 轴的方向余弦，试证明

$$\sum_k\beta_{ik}\beta_{jk}=\sum_k\beta_{ki}\beta_{kj}=\delta_{ij},\qquad \delta_{ij}=\begin{cases}1 & (i=j)\\0 & (i\neq j)\end{cases}$$

4.5 （1）证明矢径 $\boldsymbol{r}$ 的模为数量；

（2）证明张量与矢量的点积为矢量，即证明 $\boldsymbol{T}\cdot\boldsymbol{a}$ 为矢量。

4.6 已知 E_1、E_2、E_3 为能流密度 $\boldsymbol{E}$ 的分量，在流场中取四面体单元 $ABCD$，证明在单位时间内朝 $\boldsymbol{n}$ 方向通过面元 ABC 的单位面积的能量为 $\boldsymbol{E}_n=\beta_{n1}E_1+\beta_{n2}E_2+\beta_{n3}E_3$。

4.7 运用式（4.3.13）写出 T'_{32} 的变换式。

4.8 若 $\boldsymbol{T}$ 为对称张量，证明 $\boldsymbol{T}_C=\boldsymbol{T}$；若 $\boldsymbol{T}$ 为反对称张量，证明 $\boldsymbol{T}_C=-\boldsymbol{T}$。

4.9 通过证明等式 $T'_{ji}=T'_{ij}$ 来证明对称张量在坐标系转动时其对称性不变。

4.10 证明反对称张量在坐标系转动时其反对称性不变。

4.11 写出矢量对张量点乘的结合律和张量对矢量点乘的结合律的表达式。

4.12 已知 $\boldsymbol{T}$、$\boldsymbol{R}$ 为张量，$\boldsymbol{I}$ 为单位张量，$\boldsymbol{A}$、$\boldsymbol{B}$ 为矢量，u 为数量，证明以下等式。

（1）$\boldsymbol{TA}$ 为矢量

（2）$\boldsymbol{T}\cdot\boldsymbol{R}$ 为张量

（3）$\boldsymbol{A}\cdot\boldsymbol{I}=\boldsymbol{I}\cdot\boldsymbol{A}=\boldsymbol{A}$

（4）$\boldsymbol{A}\cdot\boldsymbol{T}=\boldsymbol{T}_C\cdot\boldsymbol{A}$

（5）$\boldsymbol{A}\cdot\boldsymbol{T}=\boldsymbol{T}\cdot\boldsymbol{A}$ 的充要条件是 $\boldsymbol{T}$ 为对称张量

（6）$(u\boldsymbol{T})\cdot\boldsymbol{R}=\boldsymbol{T}\cdot(u\boldsymbol{R})=u(\boldsymbol{T}\cdot\boldsymbol{R})$

（7）若 $\boldsymbol{T}$ 为对称张量，则 $\boldsymbol{A}\cdot(\boldsymbol{T}\cdot\boldsymbol{B})=\boldsymbol{B}\cdot(\boldsymbol{T}\cdot\boldsymbol{A})$

4.13 已知 $\boldsymbol{T}$ 为张量，$\boldsymbol{I}$ 为单位张量，$\boldsymbol{A}$、$\boldsymbol{B}$ 为矢量，u 为数量，证明以下等式。

（1）$\boldsymbol{B}\cdot\nabla\boldsymbol{A}=(\boldsymbol{B}\cdot\nabla)\boldsymbol{A}$

（2）$\nabla\cdot\boldsymbol{T}$ 为矢量

（3）$\nabla\cdot(u\boldsymbol{I})=\nabla u$

（4）$\nabla\cdot(\boldsymbol{AB})=(\nabla\cdot\boldsymbol{A})\boldsymbol{B}+(\boldsymbol{A}\cdot\nabla)\boldsymbol{B}$

（5）$\nabla\cdot(u\boldsymbol{T})=u\,\nabla\cdot\boldsymbol{T}+\nabla u\cdot\boldsymbol{T}$

4.14 在球坐标系和在柱坐标系中，分别求体积元素 $\mathrm{d}V$ 和面积元素 $\mathrm{d}S$，并作图。

4.15 证明线积分 $\int_{(1,2)}^{(3,4)}(6xy^2-y^3)\mathrm{d}x+(6x^2y-3xy^2)\mathrm{d}y$ 与连接点（1，2）和（3，4）的路径无关，并计算此积分。

4.16 计算 $\boldsymbol{A}=xz^2\boldsymbol{i}+(x^2y-z^3)\boldsymbol{j}+(2xy+y^2z)\boldsymbol{k}$，其中 S 是由 $z=\sqrt{a^2-x^2-y^2}$ 和 $z=0$ 所围成的半球区域整个边界的通量。

（1）应用散度定理

（2）直接计算

4.17 计算矢量场 $\boldsymbol{A}=xyz(\boldsymbol{i}+\boldsymbol{j}+\boldsymbol{k})$ 在点 $M(1,2,3)$ 处的旋度及在这点沿 $\boldsymbol{n}=\boldsymbol{i}+2\boldsymbol{j}+2\boldsymbol{k}$ 的环量面密度。

4.18 证明矢量场 $\boldsymbol{A}=y\cos xy\boldsymbol{i}+x\cos xy\boldsymbol{j}+\sin z\boldsymbol{k}$ 为有势场并求其势函数。

4.19 证明 $\boldsymbol{A}=-2y\boldsymbol{i}-2x\boldsymbol{j}$ 为平面调和场，并求出场的力函数 ψ 和势函数 Φ，画出场的力函数曲线与等势线示意图。

4.20 采用欧拉法对下述流动情况推导连续性方程。

（1）空间辐射性流动。

（2）流体在共轴线的圆柱面上流动。

参考文献

[1]　谢树艺．矢量分析与场论（第 4 版）[M]．北京：高等教育出版社，2012.

[2]　Francis B. Hildebrand. Advanced Calculus for Applications. 2nd Edition [M]. Englewood Cliffs，New Jersey：Prentice－Hall Inc，1976：269～341.

[3]　盛镇华．矢量分析与数学物理方法 [M]．长沙：湖南科学技术出版社，1982：1～64.

[4]　周爱月．化工数学（第 2 版）[M]．北京：化学工业出版社，2011：279～316.

[5]　吴望一．流体力学：上册 [M]．北京：北京大学出版社，1998：1～140.

[6]　陈晋南．传递过程原理 [M]．北京：化学工业出版社，2004：3～46.

[7]　陈宁馨．现代化工数学 [M]．北京：化学工业出版社，1985：238～241.

第5章 积分变换

第2章概括地介绍了常微分方程的求解方法。通过学习可知，这些方法不能求解一些复杂类型的微分方程，而对于这类方程，则可采用积分变换的方法求解。积分变换是一种求解微分方程的特殊“运算方法”，可将线性常微分方程经过变换转化为代数方程，偏微分方程进行变换后得到降阶或同阶的常微分方程，从而使运算简便很多。由于积分变换能将某一问题转化为易于求解的另一问题，将复杂问题简化，因此其在工程技术上得到了广泛的应用。积分变换是数学的一个分支，研究用含参变量的积分所定义的一类变换的性质和应用，它作为一种数学方法有多种功能和广泛的应用。本章没有全面介绍积分变换的应用，重点介绍用积分变换求解微分方程。

积分变换有很多种类型，本章重点介绍傅里叶变换与拉普拉斯变换的性质和应用[1]~[8]，包括积分变换的基本概念、傅里叶变换和拉普拉斯变换三节。

5.1 积分变换的基本概念

本节介绍积分变换的基本概念和常见的积分变换。

积分变换是通过积分将某一个函数类中的函数变换为另一个函数类中的函数的方法。如下含参变量 s 形式的积分

$$T[f(x)] = \int_a^b K(s,x)f(x)\mathrm{d}x = F(s) \tag{5.1.1}$$

称为**积分变换**。式中，$K(s,x)$ 称为积分变换的**核函数**，它是 s 和 x 的已知函数；$F(s)$ 称为原函数（或象原函数）$f(x)$ 的**象函数**。若 a 和 b 为有限值，则式（5.1.1）称为**有限积分变换**，一般情况下，$f(x)$ 和 $F(s)$ 是一一对应的。

根据核函数的不同，常见的积分变换有以下几种：

（1）傅里叶（Fourier）变换

若自变量的变化范围是（$-\infty$，$+\infty$），则可采用

$$F(s) = \int_{-\infty}^{+\infty} \mathrm{e}^{-\mathrm{i}sx}f(x)\mathrm{d}x, \quad K(s,x) = \mathrm{e}^{-\mathrm{i}sx} \tag{5.1.2}$$

（2）拉普拉斯（Laplace）变换

若自变量的变化范围是（0，$+\infty$），则可采用

$$F(s) = \int_0^{+\infty} \mathrm{e}^{-sx}f(x)\mathrm{d}x, \quad K(s,x) = \mathrm{e}^{-sx} \tag{5.1.3}$$

（3）汉开尔（Hankel）变换

当自变量的变化范围是（0，$+\infty$），且对柱面坐标的边界条件 $r=0$，$r=+\infty$时，$f=0$，有

$$F(s)=\int_0^{+\infty} x\mathrm{J}_n(sx)f(x)\mathrm{d}x,\quad K(s,x)=x\mathrm{J}_n(sx) \tag{5.1.4}$$

式中，$\mathrm{J}_n(sx)$ 是第一类 n 阶贝塞尔（Bessel）函数，第6章将介绍贝塞尔函数。

（4）梅林（Mellin）变换

若自变量的变化范围是（0，$+\infty$），微分方程中有变系数，则可采用

$$F(s)=\int_0^{+\infty} x^{s-1}f(x)\mathrm{d}x,\quad K(s,x)=x^{s-1} \tag{5.1.5}$$

（5）傅里叶的正弦变换和余弦变换

若自变量的变化范围是（0，$+\infty$），且函数 $f(x)$ 在 $x=0$ 处的函数值已知，则可采用

$$F(s)=\int_0^{+\infty} \sin(sx)f(x)\mathrm{d}x,\quad K(s,x)=\sin(sx) \tag{5.1.6}$$

若自变量的变化范围是（0，$+\infty$），且函数$\dfrac{\partial f}{\partial x}$在 $x=0$ 处的函数值已知，则可采用

$$F(s)=\int_0^{+\infty} \cos(sx)f(x)\mathrm{d}x,\quad K(s,x)=\cos(sx) \tag{5.1.7}$$

（6）有限傅里叶的正弦变换和余弦变换

若自变量的变化范围是（0，a）（a 为有限值），且函数 $f(x)$ 在 $x=0$ 处的函数值 a 已知，则可采用

$$F(s)=\int_0^{a} \sin\left(\frac{s\pi x}{a}\right)f(x)\mathrm{d}x,\quad K(s,x)=\sin\left(\frac{s\pi x}{a}\right) \tag{5.1.8}$$

若自变量的变化范围是（0，a）（$a<+\infty$），且函数$\dfrac{\partial f}{\partial x}$在 $x=0$ 处的函数值 a 已知，则可采用

$$F(s)=\int_0^{a} \cos\left(\frac{s\pi x}{a}\right)f(x)\mathrm{d}x,\quad K(s,x)=\cos\left(\frac{s\pi x}{a}\right) \tag{5.1.9}$$

积分变换最初是由求解微分方程的需要而产生和发展起来的。现在，积分变换广泛地应用于电学、光学、声学、通信、振动、现代统计学以及化学化工等多个领域。在化学化工问题中，积分变换中是一种非常有用的数学方法。例如，在 x 射线晶体学中很早就使用了傅里叶变换，液体的结构因子也可以从径向分布函数的傅里叶变换中得到，在核磁共振（NMR）波谱学中，傅里叶变换在缩短实验时间和提高实验灵敏度等方面不可缺少。在求解描述化学工程问题的某些微分方程时，Heaviside 最早引入工程问题的拉普拉斯变换并得到广泛的使用，而汉克尔变换在解决柱坐标系中的化学工程问题时具有特别的优越性。在自动控制理论中，拉普拉斯变换也起到了重要作用。

本章仅介绍傅里叶变换和拉普拉斯变换，在第6章介绍特殊函数时，将介绍汉开尔变换。各种变换有一些共性，掌握了其中一种，学习利用其他方法也就不难了。

5.2 傅里叶变换

傅里叶变换在积分变换中居于首要的地位。本节在介绍傅里叶积分的基础上，引入傅里叶变换的概念，进而介绍傅里叶变换的性质及其基本的应用[1]~[6]。本节包括傅里叶积分、傅里叶变化的定义和 δ 函数、傅里叶变换的性质和定理、多维傅里叶变换4小节。

5.2.1 傅里叶积分

本小节介绍傅里叶积分，包括傅里叶积分公式、傅里叶积分定理两部分[1]。

（1）傅里叶积分公式

首先复习高等数学中介绍的傅里叶级数的基本概念，在此基础上引入傅里叶积分公式。

一个以 T 为周期的函数 $f_T(t)$，如在 $[-T/2,\ T/2]$ 上满足狄利克雷（Dirichlet）条件，即函数在 $[-T/2,\ T/2]$ 上满足：

① 连续或只有有限个第一类间断点；

② 只有有限个极值点。

那么，函数 $f_T(t)$ 在 $[-T/2,\ T/2]$ 上可展成傅里叶级数。在 $f_T(t)$ 的连续点处，级数和的三角形式为

$$f_T(t)=\frac{a_0}{2}+\sum_{n=1}^{+\infty}(a_n\cos n\omega t+b_n\sin n\omega t) \tag{5.2.1}$$

式中

$$\omega=\frac{2\pi}{T},\quad a_0=\frac{2}{T}\int_{-T/2}^{T/2}f_T(t)\mathrm{d}t$$

$$a_n=\frac{2}{T}\int_{-T/2}^{T/2}f_T(t)\cos n\omega t\,\mathrm{d}t$$

$$b_n=\frac{2}{T}\int_{-T/2}^{T/2}f_T(t)\sin n\omega t\,\mathrm{d}t\qquad(n=1,2,3,\cdots)$$

而在 $f_T(t)$ 的间断点处，式（5.2.1）的左端由 $\dfrac{f_T(t-0)+f_T(t+0)}{2}$ 代之。

下面讨论一个非周期函数在无穷区间的展开问题。为讨论方便，可把傅里叶级数的三角形式转换为复指数形式。利用**欧拉公式**

$$\cos\varphi=\frac{(\mathrm{e}^{\mathrm{i}\varphi}+\mathrm{e}^{-\mathrm{i}\varphi})}{2},\sin\varphi=\frac{(\mathrm{e}^{\mathrm{i}\varphi}-\mathrm{e}^{-\mathrm{i}\varphi})}{2\mathrm{i}}$$

式（5.2.1）可变为

$$f_T(t)=\frac{a_0}{2}+\sum_{n=1}^{+\infty}\left(\frac{a_n-\mathrm{i}b_n}{2}\mathrm{e}^{\mathrm{i}n\omega t}+\frac{a_n+\mathrm{i}b_n}{2}\mathrm{e}^{-\mathrm{i}n\omega t}\right) \tag{5.2.2}$$

定义级数的系数为

$$c_0=\frac{a_0}{2}=\frac{1}{T}\int_{-T/2}^{T/2}f_T(t)\mathrm{d}t$$

$$\begin{aligned}c_n=\frac{a_n-\mathrm{i}b_n}{2}&=\frac{1}{T}\int_{-T/2}^{T/2}f_T(t)\cos n\omega t\,\mathrm{d}t-\mathrm{i}\,\frac{1}{T}\int_{-T/2}^{T/2}f_T(t)\sin n\omega t\,\mathrm{d}t\\&=\frac{1}{T}\int_{-T/2}^{T/2}f_T(t)(\cos n\omega t-\mathrm{i}\sin n\omega t)\mathrm{d}t=\frac{1}{T}\int_{-T/2}^{T/2}f_T(t)\mathrm{e}^{-\mathrm{i}n\omega t}\mathrm{d}t\quad(n=1,2,3,\cdots)\end{aligned}$$

$$c_{-n}=\frac{a_n+\mathrm{i}b_n}{2}=\frac{1}{T}\int_{-T/2}^{T/2}f_T(t)\mathrm{e}^{\mathrm{i}n\omega t}\mathrm{d}t\qquad(n=1,2,3,\cdots)$$

将 c_n 和 c_{-n} 合写成一个式子，得

$$c_n=\frac{1}{T}\int_{-T/2}^{T/2}f(t)\mathrm{e}^{-\mathrm{i}n\omega t}\mathrm{d}t\qquad(n=0,\pm1,\pm2,\cdots)$$

令 $\omega_n=n\omega$ $(n=0,\pm1,\pm2,\cdots)$，式（5.2.2）转化为

$$f_T(t)=c_0+\sum_{n=1}^{+\infty}(c_n\mathrm{e}^{\mathrm{i}\omega_n t}+c_{-n}\mathrm{e}^{-\mathrm{i}\omega_n t})=\sum_{n=-\infty}^{\infty}c_n\mathrm{e}^{\mathrm{i}\omega_n t}$$

上式为傅里叶级数的复指数形式，将 c_n 代入上式，得

$$f_T(t)=\frac{1}{T}\sum_{n=-\infty}^{+\infty}\left[\int_{-T/2}^{T/2}f_T(\tau)\mathrm{e}^{-\mathrm{i}\omega_n\tau}\mathrm{d}\tau\right]\mathrm{e}^{\mathrm{i}\omega_n t} \tag{5.2.3}$$

显然，任一非周期函数 $f(t)$ 均可看成是由 $T\to\infty$时的周期函数 $f_T(t)$ 转化而来的。为了说明这一点，使周期为 T 的函数 $f_T(t)$ 在 $[-T/2, T/2]$ 之内等于 $f(t)$，而在 $[-T/2, T/2]$之外按周期 T 延拓出去，如图 5.2.1 所示。可明显看出，T 越大，$f_T(t)$ 与 $f(t)$ 相等的范围也越大，当 $T\to\infty$时，周期函数 $f_T(t)$ 便可转化为 $f(t)$，有

$$f(t)=\lim_{T\to\infty}f_T(t)=\lim_{T\to\infty}\frac{1}{T}\sum_{n=-\infty}^{+\infty}\left[\int_{-\frac{T}{2}}^{\frac{T}{2}}f_T(\tau)\mathrm{e}^{-\mathrm{i}\omega_n\tau}\mathrm{d}\tau\right]\mathrm{e}^{\mathrm{i}\omega_n t} \tag{5.2.4}$$

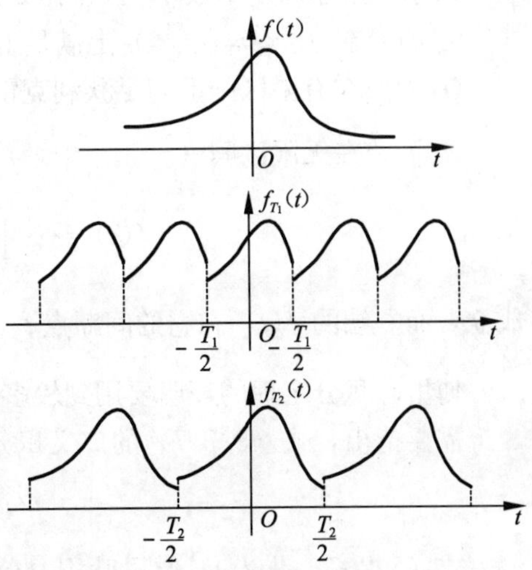

图 5.2.1　非周期函数按周期 T 延拓

当 n 取一切整数时，ω_n 所对应的点便均匀地分布在整个数轴上，如图 5.2.2 所示。若两个相邻点的距离以 $\Delta\omega$ 表示，则

$$\Delta\omega_n=\omega_n-\omega_{n-1}=\frac{2\pi}{T}\text{ 或 }T=\frac{2\pi}{\Delta\omega_n}$$

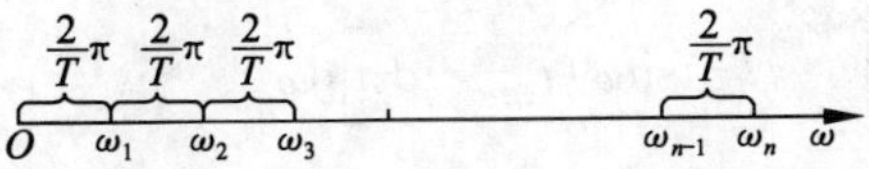

$$\frac{2}{T}\pi\quad\frac{2}{T}\pi\quad\frac{2}{T}\pi\qquad\qquad\frac{2}{T}\pi$$
$$O\quad\omega_1\quad\omega_2\quad\omega_3\qquad\qquad\omega_{n-1}\quad\omega_n\quad\omega$$

图 5.2.2　ω_n 所对应的点均匀地分布在整个数轴上

当 $T\to\infty$时，有 $\Delta\omega_n\to0$，则式（5.2.4）可表示为

$$f(t)=\lim_{\Delta\omega_n\to0}\frac{1}{2\pi}\sum_{n=-\infty}^{+\infty}\left[\int_{-\frac{T}{2}}^{\frac{T}{2}}f_T(\tau)\mathrm{e}^{-\mathrm{i}\omega_n\tau}\mathrm{d}\tau\right]\mathrm{e}^{\mathrm{i}\omega_n t}\Delta\omega_n \tag{5.2.5}$$

当 t 固定时，$\Delta\omega_n\to0$，不连续参量 ω_n 变为连续参量 ω，有$\frac{1}{2\pi}\sum_{n=-\infty}^{+\infty}\left[\int_{-\frac{T}{2}}^{\frac{T}{2}}f_T(\tau)\mathrm{e}^{-\mathrm{i}\omega\tau}\mathrm{d}\tau\right]\mathrm{e}^{\mathrm{i}\omega t}$是参数 ω 的函数，记为$\phi_T(\omega)$，即

$$\phi_T(\omega)=\frac{1}{2\pi}\left[\int_{-\frac{T}{2}}^{\frac{T}{2}}f_T(\tau)\mathrm{e}^{-\mathrm{i}\omega\tau}\mathrm{d}\tau\right]\mathrm{e}^{\mathrm{i}\omega t} \tag{5.2.6}$$

利用 $\phi_T(\omega)$ 可将式（5.2.5）写成

$$f(t)=\lim_{\Delta\omega\to0}\sum_{n=-\infty}^{+\infty}\phi_T(\omega)\Delta\omega$$

很明显，当 $\Delta\omega\to0$，即 $T\to\infty$时，有 $\phi_T(\omega)\to\phi(\omega)$，其中，

$$\phi(\omega)=\lim_{\substack{\Delta\omega\to0\\T\to\infty}}\phi_T(\omega)=\lim_{\substack{\Delta\omega\to0\\T\to\infty}}\frac{1}{2\pi}\left[\int_{-\infty}^{+\infty}f(\tau)\mathrm{e}^{-\mathrm{i}\omega\tau}\mathrm{d}\tau\right]\mathrm{e}^{\mathrm{i}\omega t}$$

从而 $f(t)$ 可看作 $\phi(\omega)$ 在 $(-\infty, +\infty)$ 上的积分，即

$$f(t)=\int_{-\infty}^{+\infty}\phi(\omega)\mathrm{d}\omega=\frac{1}{2\pi}\int_{-\infty}^{+\infty}\left[\int_{-\infty}^{+\infty}f(\tau)\mathrm{e}^{-\mathrm{i}\omega\tau}\mathrm{d}\tau\right]\mathrm{e}^{\mathrm{i}\omega t}\mathrm{d}\omega$$

上式称为非周期函数 $f(t)$ 的**傅里叶积分表达式。**

非周期函数可以看作周期无穷大的“周期函数”，它的傅里叶展开将使频率间距

$\Delta\omega_n \to 0$。这表明 ω 不再跃变，而是连续变化。因而，展开式中的求和转换为积分。可以说，傅里叶积分是在周期无限大的情况下，一个函数 $f(t)$ 的傅里叶级数。应当指出，这里的推导是不严格的，上式只是由式（5.2.6）的右端从形式上推出来的。

（2）傅里叶积分定理

对于一个非周期函数 $f(t)$ 在什么条件下可以用傅里叶积分表示，有如下定理。

若 $f(t)$ 在（$-\infty$，$+\infty$）上满足下列条件：

① $f(t)$ 在有限区间上满足狄利克雷条件；

② $f(t)$ 在无限区间（$-\infty$，$+\infty$）上绝对可积，即积分 $\int_{-\infty}^{+\infty}|f(t)|\mathrm{d}t$ 收敛，则有

$$f(t)=\frac{1}{2\pi}\int_{-\infty}^{+\infty}\left[\int_{-\infty}^{+\infty}f(\tau)\mathrm{e}^{-\mathrm{i}\omega\tau}\mathrm{d}\tau\right]\mathrm{e}^{\mathrm{i}\omega t}\mathrm{d}\omega \tag{5.2.7}$$

成立，而左端的 $f(t)$ 在它的间断点 t 处收敛于 $f(t)=\dfrac{f(t+0)+f(t-0)}{2}$。

傅里叶积分定理的证明要用到较多的基础理论，这里略去证明。

需要指出，式（5.2.7）的广义积分是柯西主值意义下的积分，即

$$\int_{-\infty}^{+\infty}f(t)\mathrm{d}t=\lim_{N\to+\infty}\int_{-N}^{N}f(t)\mathrm{d}t$$

式（5.2.7）是 $f(t)$ 傅里叶积分公式的复指数形式，利用欧拉公式，并注意到柯西主值的约定，可将其化为三角形式，即

$$\begin{aligned}f(t)&=\frac{1}{2\pi}\int_{-\infty}^{+\infty}\left[\int_{-\infty}^{+\infty}f(\tau)\mathrm{e}^{-\mathrm{i}\omega\tau}\mathrm{d}\tau\right]\mathrm{e}^{\mathrm{i}\omega t}\mathrm{d}\omega=\frac{1}{2\pi}\int_{-\infty}^{+\infty}\left[\int_{-\infty}^{+\infty}f(\tau)\mathrm{e}^{\mathrm{i}\omega(t-\tau)}\mathrm{d}\tau\right]\mathrm{d}\omega\\&=\frac{1}{2\pi}\int_{-\infty}^{+\infty}\left[\int_{-\infty}^{+\infty}f(\tau)\cos\omega(t-\tau)\mathrm{d}\tau+\mathrm{i}\int_{-\infty}^{+\infty}f(\tau)\sin\omega(t-\tau)\mathrm{d}\tau\right]\mathrm{d}\omega\end{aligned}$$

由于上式中的积分 $\int_{-\infty}^{+\infty}f(\tau)\sin\omega(t-\tau)\mathrm{d}\tau$ 是 ω 的奇函数，故有

$$\int_{-\infty}^{+\infty}\left[\int_{-\infty}^{+\infty}f(\tau)\sin\omega(t-\tau)\mathrm{d}\tau\right]\mathrm{d}\omega=0$$

将式（5.2.7）转换为傅里叶积分的三角形式

$$f(t)=\frac{1}{2\pi}\int_{-\infty}^{+\infty}\left[\int_{-\infty}^{+\infty}f(\tau)\cos\omega(t-\tau)\mathrm{d}\tau\right]\mathrm{d}\omega \tag{5.2.8}$$

由于 $\int_{-\infty}^{+\infty}f(\tau)\cos\omega(t-\tau)\mathrm{d}\tau$ 是 ω 的偶函数，故式（5.2.8）又可写为

$$f(t)=\frac{1}{\pi}\int_{0}^{+\infty}\left[\int_{-\infty}^{+\infty}f(\tau)\cos\omega(t-\tau)\mathrm{d}\tau\right]\mathrm{d}\omega \tag{5.2.9}$$

式（5.2.9）是 $f(t)$ 傅里叶积分的三角形式。傅里叶积分定理不但解决了非周期函数的傅里叶级数展开，也为傅里叶变换奠定了理论基础。

5.2.2 傅里叶变换的定义和 $\boldsymbol{\delta}$ 函数

本小节介绍傅里叶变换的基本概念和 $\boldsymbol{\delta}$ 函数[1]，包括傅里变换的定义、$\boldsymbol{\delta}$ 函数及其傅里叶变换两部分。

（1）傅里叶变换的定义

在傅里叶积分定理的基础上引进傅里叶变换的概念。

若 $f(t)$ 满足傅里叶积分定理中的条件，则在 $f(t)$的连续点处，有式（5.2.7）

$$f(t)=\frac{1}{2\pi}\int_{-\infty}^{+\infty}\left[\int_{-\infty}^{+\infty}f(\tau)\mathrm{e}^{-\mathrm{i}\omega\tau}\mathrm{d}\tau\right]\mathrm{e}^{\mathrm{i}\omega t}\mathrm{d}\omega$$

令

$$G(\omega)=F[f(t)]=\int_{-\infty}^{+\infty}f(t)\mathrm{e}^{-\mathrm{i}\omega t}\mathrm{d}t \tag{5.2.10a}$$

则有

$$f(t)=F^{-1}[G(\omega)]=\frac{1}{2\pi}\int_{-\infty}^{+\infty}G(\omega)\mathrm{e}^{\mathrm{i}\omega t}\mathrm{d}\omega \tag{5.2.10b}$$

式中，$G(\omega)$为 $f(t)$ 的象函数；$f(t)$ 为 $G(\omega)$ 的**象原函数**。

从式（5.2.10a）和式（5.2.10b）可以看出，$f(t)$ 和 $G(\omega)$ 通过积分可以相互表达。式（5.2.10a）右端的积分运算称为函数 $f(t)$ 的**傅里叶变换**，式（5.2.10b）右端的积分运算称为 $G(\omega)$ 的**傅里叶逆变换**。**象函数 $G(\omega)$ 和象原函数 $f(t)$ 构成了一个傅里叶变换对。**

设 $f(t)$ 连续、分段光滑且绝对可积，如果 $f(t)$ 的傅里叶变换为

$$\bar{f}(\omega)=\frac{1}{\sqrt{2\pi}}\int_{-\infty}^{+\infty}f(t)\mathrm{e}^{-\mathrm{i}\omega t}\mathrm{d}t \tag{5.2.11a}$$

则 $\bar{f}(\omega)$ 的傅里叶逆变换为

$$f(t)=\frac{1}{\sqrt{2\pi}}\int_{-\infty}^{+\infty}\bar{f}(\omega)\mathrm{e}^{\mathrm{i}\omega t}\mathrm{d}\omega \tag{5.2.11b}$$

傅里叶可写成对称的形式，如果把 $G(\omega)$ 改写成 $\frac{1}{\sqrt{2\pi}}\bar{f}(\omega)$，则式（5.2.10a）和式（5.2.10b)就变为式（5.2.11a）和式（5.2.11b)[2]。需要注意的是，**傅里叶变换和逆变换要成对使用。**

例题 5.2.1　求指数衰减函数的傅里叶变换和傅里叶积分表达式[1]。

解：在化学与化工问题中，指数衰减函数可描述某一个量随时间衰减的规律

$$f(t)=\begin{cases}0 & (t<0)\\ \mathrm{e}^{-\beta t} & (t\geqslant 0)\end{cases}\quad(\beta>0)$$

由式（5.2.10a）将原函数的傅里叶变换表示为

$$G(\omega)=F[f(t)]=\int_{-\infty}^{+\infty}f(t)\mathrm{e}^{-\mathrm{i}\omega t}\mathrm{d}t=\int_{0}^{+\infty}\mathrm{e}^{-\beta t}\mathrm{e}^{-\mathrm{i}\omega t}\mathrm{d}t=\int_{0}^{+\infty}\mathrm{e}^{-(\beta+\mathrm{i}\omega)t}\mathrm{d}t=\frac{1}{\beta+\mathrm{i}\omega}=\frac{\beta-\mathrm{i}\omega}{\beta^2+\omega^2}$$

由式（5.2.10b）确定原函数，并利用被积函数是奇偶函数的积分性质，有

$$f(t)=F^{-1}[G(\omega)]=\frac{1}{2\pi}\int_{-\infty}^{+\infty}G(\omega)\mathrm{e}^{\mathrm{i}\omega t}\mathrm{d}\omega=\frac{1}{2\pi}\int_{-\infty}^{+\infty}\frac{\beta-\mathrm{i}\omega}{\beta^2+\omega^2}(\cos\omega t+\mathrm{i}\sin\omega t)\mathrm{d}\omega$$

$$=\frac{1}{\pi}\int_{0}^{+\infty}\frac{\beta\cos\omega t+\omega\sin\omega t}{\beta^2+\omega^2}\mathrm{d}\omega\quad(t\neq 0) \tag{5.2.12}$$

再利用傅里叶积分定理，函数在间断点处取其左、右极限的平均约定，由式（5.2.12）右端得到含参变量广义积分的收敛结果为

$$\int_{0}^{+\infty}\frac{\beta\cos\omega t+\omega\sin\omega t}{\beta^2+\omega^2}\mathrm{d}\omega=\begin{cases}0 & (t<0)\\ \frac{\pi}{2} & (t=0)\\ \pi\mathrm{e}^{-\beta t} & (t>0)\end{cases} \tag{5.2.13}$$

（2）δ 函数及其傅里叶变换

在工程技术问题中，有许多物理现象具有脉冲性质，故要使用单位脉冲函数。在化学工程中，操作条件的突然变化对系统的影响，可用单位脉冲函数来描述和讨论。例如，传热的点热源及流体力学中的瞬时点源强度和瞬时冲击力等，都可用单位脉冲函数来描述。单位脉冲函数的特点是，在某一点或某瞬间函数值为无穷大，而在其他点函数值为零，将该函数从 $-\infty$ 到 $+\infty$ 积分得单位1。**单位脉冲函数又称为狄拉克 δ 函数，简称为 δ 函数**。

20世纪40年代末，狄拉克（Dirac）在研究量子力学问题时，首先引进著名的 δ 函数，其不是通常意义上的函数，而是一种广义函数。由于 δ 函数没有普遍意义下的“函数值”，因此它不能用通常意义下“值的对应关系”来定义，而只有经过求积分的运算后才能给出数值。

20世纪50年代初，法国数学家施瓦兹（L. Schwartz）在深入研究 δ 函数运算性质的基础上创立了**分布论（Distribution）**，也称**广义函数**，并建立了严格 δ 函数的数学理论。现在广义函数理论已成为现代偏微分方程的基础，δ 函数已日益为广大工程技术人员使用。

这里仅介绍 δ 函数的概念和简单性质。

定义：δ 函数是这样的函数，当 $x\neq0$ 时，它等于零；而当 $x=0$ 时，它变为无穷大，有 $\int_{-\infty}^{+\infty}\delta(t)\mathrm{d}t=1$，表达式为

$$\delta(t)=\begin{cases}0 & (t\neq0)\\ +\infty & (t=0)\end{cases},\quad 且\int_{-\infty}^{+\infty}\delta(t)\mathrm{d}t=1 \tag{5.2.14}$$

若脉冲点在 $t=\tau$，则有函数

$$\delta(t-\tau)=\begin{cases}0 & (t\neq\tau)\\ +\infty & (t=\tau)\end{cases},\quad 且\int_{-\infty}^{+\infty}\delta(t-\tau)\mathrm{d}t=1 \tag{5.2.15}$$

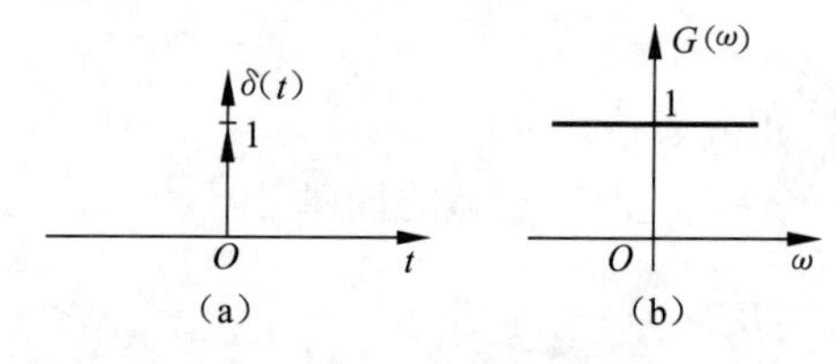

图5.2.3　δ 函数与傅里叶变换

（a）单位脉冲函数；（b）频谱图

通常用长度等于1的有向线段表示 δ 函数，线段的长度表示 δ 函数的积分值，称为 δ 函数的强度，如图5.2.3（a）所示。

δ 函数的傅里叶变换为

$$G(\omega)=\int_{-\infty}^{+\infty}\delta(t)\mathrm{e}^{-\mathrm{i}\omega t}\mathrm{d}t=1 \tag{5.2.16}$$

如图5.2.3（b）所示，该图称为 δ 函数的频谱图。

例题5.2.2　一无限长细杆，在 $x=0$ 处有一单位质量，在 $x\neq0$ 处质量为零，于是该细杆的线密度为

$$\rho(x)=\begin{cases}0 & (x\neq0)\\ +\infty & (x=0)\end{cases},\quad 且\ m=\int_{-\infty}^{+\infty}\rho(x)\mathrm{d}x=1$$

注意：任何物质的密度不会无限大，这里 $\rho(0)=+\infty$ 是保证质量 $m=1$ 的一种处理方式，不是真实的。所以，广义函数是函数古典概念的推广。这一推广，可以用数学语言表述诸如质点的密度、点电荷或偶极子的密度、瞬时点源强度和作用于一点的力的强度等理想概念。

例题5.2.3　求单位阶跃函数 $u(t)=\begin{cases}0 & (t<0)\\ 1 & (t\geqslant0)\end{cases}$ 的傅里叶变换以及积分表达式[1]。

解：单位阶跃函数简称为单位函数 $u(t)$，它是在无线电技术中常遇到的一个函数，也是处理瞬时点源问题中常遇到的一个函数。

很明显，该函数的积分 $\int_{-\infty}^{+\infty}|u(t)|\mathrm{d}t=\int_{0}^{+\infty}\mathrm{d}t$ 不存在，不满足傅立叶积分定理绝对可积的条件。把 $u(t)$ 代入傅里叶变换，式（5.2.10a）

$$\int_{-\infty}^{+\infty}u(t)\mathrm{e}^{-\mathrm{i}\omega t}\mathrm{d}t=\int_{0}^{+\infty}\mathrm{e}^{-\mathrm{i}\omega t}\mathrm{d}t$$

不收敛，这说明单位函数 $u(t)$ 按照式（5.2.10a）定义的傅里叶变换不存在。因此，不能由定义直接求 $u(t)$ 的变换 $G(\omega)$，需要将傅里叶变换推广到广义傅里叶变换。

将单位阶跃函数看成

$$u(t)=\lim_{\beta\to 0}u(t)\mathrm{e}^{-\beta t}\qquad(\beta>0)$$

在广义意义下的傅里叶变换允许交换积分运算和求极限运算的次序，即

$$F[u(t)]=F[\lim_{\beta\to 0}u(t)\mathrm{e}^{-\beta t}]=\lim_{\beta\to 0}F[u(t)\mathrm{e}^{-\beta t}]\tag{5.2.17}$$

这样将 $u(t)$ 的傅里叶变换改为求 $u(t)\mathrm{e}^{-\beta t}$ 的傅里叶变换在 $\beta\to 0$ 的极限，由例题 5.2.1 可知

$$G(\omega)=\int_{-\infty}^{+\infty}u(t)\mathrm{e}^{-\beta t}\mathrm{e}^{-\mathrm{i}\omega t}\mathrm{d}t=\int_{0}^{+\infty}\mathrm{e}^{-(\beta+\mathrm{i}\omega)t}\mathrm{d}t=\frac{1}{\beta+\mathrm{i}\omega}$$

当 $\beta\to 0$ 时，对 $G(\omega)$ 取极限，得到 $u(t)$ 的傅里叶变换为

$$G(\omega)=F[u(t)]=\lim_{\beta\to 0}\frac{1}{\beta+\mathrm{i}\omega}=\frac{1}{\mathrm{i}\omega}\tag{5.2.18}$$

式（5.2.18）定义了**单位函数的傅里叶变换**。相对于古典意义而言，这样定义的是广义傅里叶变换。

现在，用上面的结果来求单位函数的积分表达式。设

$$G_{\beta}(\omega)=\frac{1}{\beta+\mathrm{i}\omega}$$

则它的逆变换为

$$u(t)\mathrm{e}^{-\beta t}=F^{-1}[G_{\beta}(\omega)]=\frac{1}{2\pi}\int_{-\infty}^{+\infty}\frac{1}{\beta+\mathrm{i}\omega}\mathrm{e}^{\mathrm{i}\omega t}\mathrm{d}\omega$$

对上式求 $\beta\to 0$ 的极限，有

$$\begin{aligned}u(t)&=\lim_{\beta\to 0}u(t)\mathrm{e}^{-\beta t}=\lim_{\beta\to 0}\frac{1}{2\pi}\int_{-\infty}^{+\infty}\frac{1}{\beta+\mathrm{i}\omega}\mathrm{e}^{\mathrm{i}\omega t}\mathrm{d}\omega\\&=\lim_{\beta\to 0}\frac{1}{2\pi}\int_{-\infty}^{+\infty}\frac{\beta-\mathrm{i}\omega}{\beta^2+\omega^2}\mathrm{e}^{\mathrm{i}\omega t}\mathrm{d}\omega=\lim_{\beta\to 0}\frac{1}{2\pi}\int_{-\infty}^{+\infty}\frac{\beta\cos\omega t+\omega\sin\omega t}{\beta^2+\omega^2}\mathrm{d}\omega\\&=\frac{1}{2\pi}\lim_{\beta\to 0}\int_{-\infty}^{+\infty}\frac{\beta}{\beta^2+\omega^2}\cos\omega t\,\mathrm{d}\omega+\frac{1}{2\pi}\lim_{\beta\to 0}\int_{-\infty}^{+\infty}\frac{\omega}{\beta^2+\omega^2}\sin\omega t\,\mathrm{d}\omega\end{aligned}\tag{1}$$

令 $\omega=\beta z$，$\mathrm{d}\omega=\beta\mathrm{d}z$，则上式中的第一个积分式化为

$$\frac{1}{2\pi}\int_{-\infty}^{+\infty}\frac{\beta}{\beta^2+\omega^2}\cos\omega t\,\mathrm{d}\omega=\frac{1}{2\pi}\int_{-\infty}^{+\infty}\frac{\beta^2}{\beta^2(1+z^2)}\cos\beta zt\,\mathrm{d}z\tag{2}$$

将式（2）代入式（1），单位阶跃函数的积分表达式为

$$\begin{aligned}u(t)&=\frac{1}{2\pi}\lim_{\beta\to 0}\int_{-\infty}^{+\infty}\frac{\beta^2}{\beta^2(1+z^2)}\cos\beta zt\,\mathrm{d}z+\frac{1}{2\pi}\lim_{\beta\to 0}\int_{-\infty}^{+\infty}\frac{\omega}{\beta^2+\omega^2}\sin\omega t\,\mathrm{d}\omega\\&=\frac{1}{2\pi}\int_{-\infty}^{+\infty}\frac{1}{1+z^2}\mathrm{d}z+\frac{1}{2\pi}\int_{-\infty}^{+\infty}\frac{1}{\omega}\sin\omega t\,\mathrm{d}\omega\\&=\frac{1}{2}+\frac{1}{\pi}\int_{0}^{+\infty}\frac{\sin\omega t}{\omega}\mathrm{d}\omega\end{aligned}\tag{3}$$

当 $t=1$ 时，由式（3）得到一个广义积分，该积分称为**狄利克雷积分**，即

$$\int_0^{+\infty}\frac{\sin\omega}{\omega}\mathrm{d}\omega=\frac{\pi}{2} \tag{5.2.19}$$

在求解过程中，**交换了积分运算和求极限运算的次序**。需要说明的是，在古典的傅里叶变换中，上述的交换是不允许的，只有当函数满足一定的条件，才可以进行这样的交换，而这些条件大大限制了傅里叶变换在工程技术上的应用。但是，由于按广义傅里叶变换所推出的一系列结果与工程实际吻合，因此，近代傅立叶变换的理论都是建立在广义意义下的。这里没有给出严格的数学证明。

由例题 5.2.3 可知，某些函数不能作傅里叶变换，例如常数、$\sin t$ 和 e^t 等，这是因为它们不满足“绝对可积”条件。但是，应用推广的傅里叶变换后，也可得到它们的变换式。

若函数 $f(t)$ 和 $f'(t)$ 在区间（$-\infty$，$+\infty$）上除有有限个第一类间断点外都是连续的，则 δ 函数有如下性质：

① $\int_{-\infty}^{+\infty}f(t)\delta(t-\tau)\mathrm{d}t=f(\tau)$

② $\int_{-\infty}^{+\infty}f(t)\delta(t-\tau)\mathrm{d}t=\int_{-\infty}^{+\infty}f(\tau)\delta(\tau-t)\mathrm{d}\tau$

根据性质②，将 t 与 τ 互换，由性质①得

$$f(t)=\int_{-\infty}^{+\infty}f(\tau)\delta(\tau-t)\mathrm{d}\tau \tag{5.2.20}$$

而在性质①中，令 $\tau=0$，则有

$$\int_{-\infty}^{+\infty}f(t)\delta(t)\mathrm{d}t=f(0) \tag{5.2.21}$$

以上性质表明，虽然 δ 函数本身没有“值”，但当它乘上一个连续函数再积分时，便产生了数值。**δ 函数是广义函数，它与任何连续函数或具有有限个第一类间断点的函数乘积的积分都有确定的意义**。这正是 δ 函数在近代物理、化学工程及其他工程上广泛应用的原因。根据 δ 函数的这一重要性质，可以很方便地求出它的傅里叶变换

$$F[\delta(t)]=\int_{-\infty}^{+\infty}\delta(t)e^{-i\omega t}\mathrm{d}t=e^{-i\omega t}\big|_{t=0}=1 \tag{5.2.22}$$

即 $\delta(t)$ 函数与常数 1 构成一个傅里叶变换对。

$$F[\delta(t-\tau)]=\int_{-\infty}^{+\infty}\delta(t-\tau)e^{-i\omega t}\mathrm{d}t=e^{-i\omega\tau} \tag{5.2.23}$$

即 $\delta(t-\tau)$ 函数和 $e^{-i\omega\tau}$ 构成傅里叶变换对。

若 $G(\omega)=2\pi\delta(\omega)$，则由傅氏逆变换可得

$$f(t)=\frac{1}{2\pi}\int_{-\infty}^{+\infty}G(\omega)e^{i\omega t}\mathrm{d}\omega=\frac{1}{2\pi}\int_{-\infty}^{+\infty}2\pi\delta(\omega)e^{i\omega t}\mathrm{d}\omega=1 \tag{5.2.24}$$

$$f(t)=\frac{1}{2\pi}\int_{-\infty}^{+\infty}G(\omega)e^{i\omega t}\mathrm{d}\omega=\frac{1}{2\pi}\int_{-\infty}^{+\infty}2\pi\delta(\omega-\omega_0)e^{i\omega t}\mathrm{d}\omega=e^{i\omega_0 t} \tag{5.2.25}$$

所以，**1 和 $2\pi\delta$（ω）构成了一个傅里叶变换对。**

同理，$e^{i\omega_0 t}$ 和 $2\pi\delta$（$\omega-\omega_0$）也构成一个傅里叶变换对。

δ 函数在傅里叶变换中作为象原函数并不满足傅里叶积分定理中的狄利克雷条件，因而

是一种广义傅里叶变换。在实际工程问题中，许多重要的函数不满足傅里叶变换“绝对可积”条件，即不满足 $\int_{-\infty}^{+\infty} |f(t)| \mathrm{d}t < \infty$ 的条件，例如常数、符号函数、单位阶跃函数、正弦函数和余弦函数等，但是，利用 δ 函数便可求出它们的广义傅里叶变换。

例题 5.2.4　求正弦函数 $f(t)=\sin\alpha t$ 的傅里叶变换。

解：利用欧拉公式

$$\sin(\alpha t) = \frac{\mathrm{e}^{\mathrm{i}\alpha t} - \mathrm{e}^{-\mathrm{i}\alpha t}}{2\mathrm{i}}$$

用式（5.2.10a）求正弦函数的傅里叶变换

$$F[\sin(\alpha t)] = \int_{-\infty}^{+\infty} \sin(\alpha t)\mathrm{e}^{-\mathrm{i}\omega t}\mathrm{d}t = \int_{-\infty}^{\infty} \frac{\mathrm{e}^{\mathrm{i}\alpha t} - \mathrm{e}^{-\mathrm{i}\alpha t}}{2\mathrm{i}}\mathrm{e}^{-\mathrm{i}\omega t}\mathrm{d}t \tag{1}$$

利用式（5.2.25），$\mathrm{e}^{\mathrm{i}\omega_0 t}$ 和 $2\pi\delta$（$\omega-\omega_0$）也构成一个傅里叶变换对，由式（1）得

$$F[\sin(\alpha t)] = \frac{1}{2\mathrm{i}}\int_{-\infty}^{+\infty}[\mathrm{e}^{-\mathrm{i}(\omega-\alpha)t} - \mathrm{e}^{-\mathrm{i}(\omega+\alpha)t}]\mathrm{d}t = \frac{1}{2\mathrm{i}}[2\pi\delta(\omega-\alpha) - 2\pi\delta(\omega+\alpha)] \tag{2}$$

化简式（2）得

$$F[\sin(\alpha t)] = \mathrm{i}\pi[\delta(\omega+\alpha) - \delta(\omega-\alpha)]$$

上式是用 **δ 函数表示的正弦函数的广义傅里叶变换。**

（3）非周期函数的傅里叶变换和频谱

傅里叶变换和频谱概念有着非常密切的联系。在傅里叶级数理论中，周期为 T 的非正弦函数 $f(t)$ 只要满足一定的条件，就可分解为无穷多谐波分量。每一个谐波分量由其振幅和相位来表征，各个谐波按照其频率高低依序排列成谱状。表示频谱和振幅关系的图称为**频谱图**。

对于非周期函数 $f(t)$，当它满足傅里叶积分定理中的条件时，则在 $f(t)$ 的连续点处式（5.2.10b）和式（5.2.10a）可表示为

$$f(t) = F^{-1}[G(\omega)] = \frac{1}{2\pi}\int_{-\infty}^{+\infty} G(\omega)\mathrm{e}^{\mathrm{i}\omega t}\mathrm{d}\omega$$

式中

$$G(\omega) = F[f(t)] = \int_{-\infty}^{+\infty} f(t)\mathrm{e}^{-\mathrm{i}\omega t}\mathrm{d}t$$

为 $f(t)$ 的傅里叶变换。

在频谱分析中，傅里叶变换 $G(\omega)$ 称为 $f(t)$ 的**频谱函数**，频谱函数的模 $|G(\omega)|$ 为 $f(t)$ 的**振幅频谱**，显示了频率 ω 与振幅 $|G(\omega)|$ 的关系，简称频谱。由于 ω 连续变化，故称其为**连续频谱。对一个时间函数作傅里叶变换，就是求这个时间函数的频谱。**

随着科学技术的进步和发展，化学中物质结构的定性和定量分析、物性和反应机理等研究的大部分工作依靠仪器分析来完成，特别是用各种波谱法和色谱法来完成。计算机化的波谱仪，利用计算机的快速信息存储、再解析和运算功能及波谱仪的快速扫描，这些方法的应用大大促进了化学学科的发展，以前无法解决或需要很长时间完成的工作，现在在较短的时间里即可方便地完成。

分子内的运动有分子间的平动、转动，原子间的相对振动，电子跃迁，核的自旋跃迁等形式。分子的各种运动具有不同的能级。在波谱法中，不同能量的光作用在样品上可引起对应的分子运动而得到不同的谱图。分析所得到的谱图就可以对分子的结构、组分含量即基因化学环境做出判断。

核磁共振是有机化学结构分析中最有用的工具，在核磁共振波谱学中，傅里叶变换在缩短实验时间和提高实验灵敏度等方面必不可少，故核磁共振广泛地应用于微量分析中。实验时脉冲傅里叶核磁共振仪（*PFT*−*NMR*）对样品施加强脉冲的射频不必等于波谱中任何共振频率，其发射脉冲的时间约为$10^{-5}s$，以使不同化学环境的某一种核同时被激发。接收机得到磁核发射的随时间逐步衰减的信号 f(t)，即自由感应衰减信号，并借助于计算机将时间函数 f(t) 进行傅里叶变换，转变为频谱函数 G(ω)，由显示仪显示核磁共振波谱响应图 G(ω)。

在实验中一个短的射频脉冲相当于同时对样品运用了很大范围的频率，用较少的时间就能获得最后的波谱。另外，由于样品数次经受同样范围的频率，即每脉冲一次，大多数噪声按时间平均趋于零，这样大大提高了实验的灵敏度和信噪比。这里仅介绍了频谱的基本概念，有关波谱学的理论和应用，读者可参考有关专业的文献。

5.2.3 傅里叶变换的性质和定理

本部分介绍傅里叶变换的几个重要性质和定理，包括傅里叶变换的性质和卷积定理两部分。

（1）傅里叶变换的性质

为了叙述方便，假定在这些性质中，凡是需要求傅里叶变换的函数都满足傅里叶积分定理的条件。在下面的讨论中，略去了大部分证明，读者可用傅里叶变换的定义直接证明。

设 $G_1(\omega)=F[f_1(t)]$，$G_2(\omega)=F[f_2(t)]$，α、β 是常数，有以下性质[1]~[4]。

① **线性性质。**

$$F[\alpha f_1(t)\pm\beta f_2(t)]=\alpha G_1(\omega)\pm\beta G_2(\omega) \tag{5.2.26a}$$

$$F^{-1}[\alpha G_1(\omega)\pm\beta G_2(\omega)]=\alpha f_1(t)\pm\beta f_2(t) \tag{5.2.26b}$$

② **延迟性质和位移性质。**

a. 延迟性质，有

$$F[f(t-\tau)]=e^{-i\omega\tau}F[f(t)]=e^{-i\omega\tau}G(\omega) \tag{5.2.27a}$$

式（5.2.27a）表明，函数 $f(t)$ 沿 t 轴位移 τ，相当于它的傅里叶变换乘以因子 $e^{-i\omega t}$。

b. 位移性质，有

$$F^{-1}[G(\omega-\omega_0)]=f(t)e^{i\omega_0 t}$$

即

$$F\left[e^{i\omega_0 t}f(t)\right]=G(\omega-\omega_0) \tag{5.2.27b}$$

式（5.2.27b）表明，频谱函数 $G(\omega)$ 沿 ω 轴位移 ω_0，相当于原函数 $f(t)$ 乘以因子 $e^{i\omega_0 t}$。也就是 $e^{i\omega_0 t}f(t)$ 的傅里叶变换是 $G(\omega-\omega_0)$，其自变量位移了 ω_0。

③ **相似性质。**

$$F[f(\alpha t)]=\frac{1}{|\alpha|}G\left(\frac{\omega}{\alpha}\right) \tag{5.2.28}$$

令 $\alpha=-1$，得到

$$F[f(-t)]=G(-\omega)$$

④ **微分性质。**

如果 $f'(t)$ 在（$-\infty$，∞）上连续或仅有有限个可去间断点，且 $\lim\limits_{|t|\to\infty}f(t)=0$，则 $F\left[f'(t)\right]$一定存在，且

$$F[f'(t)] = \mathrm{i}\omega F[f(t)]$$

由此类推得

$$F[f''(t)] = -\omega^2 F[f(t)]$$

$$F[f^{(n)}(t)] = (\mathrm{i}\omega)^n F[f(t)] \tag{5.2.29a}$$

例题 5.2.5　用积分变换的定义证明 $F[f'(t)] = i\omega F[f(t)]$[1]。

证明：根据积分变换的定义

$$F[f'(t)] = \int_{-\infty}^{+\infty} f'(t)\mathrm{e}^{-\mathrm{i}\omega t}\mathrm{d}\omega \tag{1}$$

将式（1）右端的积分分部积分一次，有

$$F[f'(t)] = \int_{-\infty}^{+\infty} f'(t)\mathrm{e}^{-\mathrm{i}\omega t}\mathrm{d}\omega = f(t)\mathrm{e}^{-\mathrm{i}\omega t}\big|_{-\infty}^{+\infty} + \mathrm{i}\omega\int_{-\infty}^{+\infty} f(t)\mathrm{e}^{-\mathrm{i}\omega t}\mathrm{d}t \tag{2}$$

如果 $f'(t)$ 在（$-\infty$，$+\infty$）上连续或仅有有限个可去间断点，且 $\lim\limits_{|t|\to+\infty} f(t)=0$，则 $F\ [f'(t)]$一定存在，即$\int_{-\infty}^{+\infty} |f'(t)|\mathrm{d}t$ 收敛，因此式（2）右端第一项积分为零，式（2）简化为

$$F[f'(t)] = \mathrm{i}\omega\int_{-\infty}^{+\infty} f(t)\mathrm{e}^{-\mathrm{i}\omega t}\mathrm{d}\omega = \mathrm{i}\omega F[f(t)]$$

它表明一个函数导数的傅里叶变化等于这个函数傅里叶变化乘以因子 $\mathrm{i}\omega$。

同样，对于象函数，设 $G(\omega)=F[f(t)]$，则

$$\frac{\mathrm{d}}{\mathrm{d}\omega}[G(\omega)] = -\mathrm{i}F[tf(t)]$$

$$\frac{\mathrm{d}^n}{\mathrm{d}\omega^n}[G(\omega)] = (-\mathrm{i})^n F[t^n f(t)] \tag{5.2.29b}$$

⑤ **积分性质。**

$$F\left[\int_{-\infty}^{t}[f(t)\mathrm{d}t]\right] = \frac{1}{\mathrm{i}\omega}F[f(t)] \tag{5.2.30}$$

⑥ **乘积性质。**

设 $G_1(\omega)=F[f_1(t)]$、$G_2(\omega)=F[f_2(t)]$，$G_1(\omega)$ 和 $G_2(\omega)$ 的共轭函数分别为$\overline{G_1(\omega)}$和$\overline{G_2(\omega)}$，则有

$$\int_{-\infty}^{\infty} f_1(t)f_2(t)\mathrm{d}t = \frac{1}{2\pi}\int_{-\infty}^{+\infty}\overline{G_1(\omega)}G_2(\omega)\mathrm{d}\omega = \frac{1}{2\pi}\int_{-\infty}^{+\infty}G_1(\omega)\overline{G_2(\omega)}\mathrm{d}\omega \tag{5.2.31}$$

⑦ **巴塞瓦（Parseval）等式——能量积分。**

$$\int_{-\infty}^{+\infty}[f(t)]^2\mathrm{d}t = \frac{1}{2\pi}\int_{-\infty}^{+\infty}|G(\omega)|^2\mathrm{d}\omega = \frac{1}{2\pi}\int_{-\infty}^{+\infty}S(\omega)\mathrm{d}\omega \tag{5.2.32}$$

式中，$S(\omega)=|G(\omega)|^2$，$S(\omega)$ 称为能量谱密度或能量密度函数。

能量谱密度决定 $f(t)$ 的能量分布规律，将它对所有频率积分得到 $f(t)$ 的总能量。能量谱密度 $S(\omega)$是 ω 的偶函数，即 $S(\omega)=S\ (-\omega)$。

（2）卷积定理

卷积是傅里叶变换的另一类重要性质，它是分析线性系统极为有用的工具。若已知函数 $f_1(t)$ 和 $f_2(t)$，则称积分 $\int_{-\infty}^{+\infty} f_1(\tau)f_2(t-\tau)\mathrm{d}\tau$ 为 $f_1(t)$ 与 $f_2(t)$ 的卷积，记为 $f_1(t) * f_2(t)$，即

$$f_1(t) * f_2(t) = \int_{-\infty}^{+\infty} f_1(\tau) f_2(t-\tau) \mathrm{d}\tau \tag{5.2.33}$$

卷积定理：假定函数 $f_1(t)$、$f_2(t)$ 都满足傅里叶积分定理中的条件，若

$$F[f_1(t)] = G_1(\omega), \quad F[f_2(t)] = G_2(\omega)$$

$$F^{-1}[G_1(\omega)] = f_1(t), \quad F^{-1}[G_2(\omega)] = f_2(t)$$

则有

$$\begin{cases} F[f_1(t) * f_2(t)] = G_1(\omega) \cdot G_2(\omega) \\ F^{-1}[G_1(\omega) \cdot G_2(\omega)] = f_1(t) * f_2(t) \end{cases} \tag{5.2.34}$$

该定理表明，两个函数卷积的傅里叶变换等于这两个函数傅里叶变换的乘积。同理可得

$$F[f_1(t) \cdot f_2(t)] = \frac{1}{2\pi} G_1(\omega) * G_2(\omega) \tag{5.2.35}$$

即两个函数乘积的傅里叶变换等于这两个函数傅里叶变换的卷积除以 2π。

卷积满足：

① **交换律** $f_1(x) * f_2(x) = f_2(x) * f_1(x)$

② **结合律** $f_1(x) * [f_2(x) * f_3(x)] = [f_1(x) * f_2(x)] * f_3(x)$

③ **分配律** $f_1(x) * [f_2(x) + f_3(x)] = f_1(x) * f_2(x) + f_1(x) * f_3(x)$

④ **数乘结合律**

$$a[f_1(x) * f_2(x)] = [af_1(x)] * f_2(x) = f_1(x) * [af_2(x)]$$

一般卷积定理可推广为

$$F[f_1(x) * f_2(x) * \cdots * f_n(x)] = F_1(\omega) \cdot F_2(\omega) \cdot \cdots \cdot F_n(\omega) \tag{5.2.36a}$$

$$F[f_1(x) \cdot f_2(x) \cdot \cdots \cdot f_n(x)] = \frac{1}{(2\pi)^{n-1}} F_1(\omega) * F_2(\omega) * \cdots * F_n(\omega) \tag{5.2.36b}$$

应当指出，卷积定理提供了卷积计算的简便方法，即将卷积运算化为乘积运算。

5.2.4 多维傅里叶变换

根据函数的奇偶性，可将无穷区域的傅里叶变换推广到半无穷区域，也可将一维的傅里叶变换推广到二、三维傅里叶变换。

本部分介绍多维傅里叶变换的定义和性质，包括正弦和余弦傅里叶变换、二维傅里叶变换、三维傅里叶变换三部分。

（1）傅里叶余弦和正弦变换

分别介绍傅立叶余弦变换和正弦变换。

① **傅里叶余弦变换**。

在区域 $[0, +\infty)$ 中，如果 $f(x)$ 是偶函数，$\partial f/\partial x(x=0)$ 已知，则可采用**傅里叶余弦变换**

$$F_c(\omega) = \int_0^{+\infty} f(x) \cos\omega x \, \mathrm{d}x \tag{5.2.37a}$$

$$f(x) = \frac{2}{\pi} \int_0^{+\infty} F_c(\omega) \cos\omega x \, \mathrm{d}\omega \tag{5.2.37b}$$

② **傅里叶正弦变换**。

在区域 $[0, +\infty)$ 中，如果 $f(x)$ 是奇函数，$f(x=0)$ 已知，则可采用**傅里叶正弦变换**

$$F_s(\omega)=\int_0^{+\infty}f(x)\sin\omega x\,\mathrm{d}x \tag{5.2.38a}$$

$$f(x)=F_s^{-1}(\omega)=\frac{2}{\pi}\int_0^{+\infty}F_s(\omega)\sin\omega x\,\mathrm{d}\omega \tag{5.2.38b}$$

（2）二维傅里叶变换

设 $f(x,\ y)$ 是 x 和 y 的周期函数，其周期分别为 l_1 和 l_2，先将 $f(x,\ y)$ 就 x 展开为傅里叶级数

$$f(x,y)=\sum_{n=-\infty}^{+\infty}C_n(y)\mathrm{e}^{\mathrm{i}\omega_n x} \tag{5.2.39}$$

$$C_n(y)=\frac{1}{2l_1}\int_{-l_1}^{l_1}f(x,y)\mathrm{e}^{-\mathrm{i}\omega_n x}\,\mathrm{d}x \tag{5.2.40}$$

再将系数 $C_n(y)$ 在 y 方向上展成傅里叶级数

$$C_n(y)=\sum_{m=-\infty}^{+\infty}C_{mn}\mathrm{e}^{\mathrm{i}\omega_m y} \tag{5.2.41}$$

式中

$$C_{mn}=\frac{1}{2l_2}\int_{-l_2}^{l_2}C_n(y)\mathrm{e}^{-\mathrm{i}\omega_m y}\,\mathrm{d}y \tag{5.2.42}$$

将式（5.2.40）～式（5.2.42）代入式（5.2.39），得二维周期函数的傅里叶级数展开式为

$$f(x,y)=\sum_{n=-\infty}^{+\infty}\sum_{m=-\infty}^{+\infty}C_{mn}\mathrm{e}^{\mathrm{i}(\omega_n x+\omega_m y)} \tag{5.2.43a}$$

$$C_{mn}=\frac{1}{4l_1l_2}\int_{-l_2}^{l_2}\int_{-l_1}^{l_1}f(x,y)\mathrm{e}^{-\mathrm{i}(\omega_n x+\omega_m y)}\,\mathrm{d}x\mathrm{d}y \tag{5.2.43b}$$

以上两式表示二维周期函数的傅里叶级数展开。

把二维周期函数的傅里叶级数展开扩充到二维非周期函数会导致二重傅里叶积分。采用与推导一维傅里叶积分公式（5.2.10a）和式（5.2.10b）相似的方法，把傅里叶级数展开式（5.2.43a）扩充到多维非周期函数，先使 $\Delta\omega_n\to0$，化为对 ω_x 的积分，再使 $\Delta\omega_m\to0$，化为对 ω_y 的积分，得到**二维函数傅里叶变换式**为

$$\begin{cases}f(x,y)=\dfrac{1}{(2\pi)^2}\displaystyle\iint_{-\infty}^{+\infty}G(\omega_x,\omega_y)\mathrm{e}^{\mathrm{i}(\omega_x x+\omega_y y)}\,\mathrm{d}\omega_x\mathrm{d}\omega_y\\ G(\omega_x,\omega_y)=\displaystyle\iint_{-\infty}^{+\infty}f(x,y)\mathrm{e}^{-\mathrm{i}(\omega_x x+\omega_y y)}\,\mathrm{d}x\mathrm{d}y\end{cases} \tag{5.2.44}$$

或写成另一种表达形式为

$$\begin{cases}f(x,y)=\dfrac{1}{(2\pi)^{2/2}}\displaystyle\iint_{-\infty}^{+\infty}\bar{f}(\omega_x,\omega_y)\mathrm{e}^{\mathrm{i}(\omega_x x+\omega_y y)}\,\mathrm{d}\omega_x\mathrm{d}\omega_y\\ \bar{f}(\omega_x,\omega_y)=\dfrac{1}{(2\pi)^{2/2}}\displaystyle\iint_{-\infty}^{+\infty}f(x,y)\mathrm{e}^{-\mathrm{i}(\omega_x x+\omega_y y)}\,\mathrm{d}x\mathrm{d}y\end{cases} \tag{5.2.45}$$

（3）三维傅里叶变换

三维傅里叶变换最常用。它的变换公式可从二维傅里叶变换的推想而知，通常用矢量表示，取两个矢量为

$$\boldsymbol{r}=x\boldsymbol{e}_1+y\boldsymbol{e}_2+z\boldsymbol{e}_3,\quad \boldsymbol{\omega}=\omega_x\boldsymbol{e}_1+\omega_y\boldsymbol{e}_2+\omega_z\boldsymbol{e}_3$$

把**三维傅里叶变换通式**表示为

$$
\begin{cases}
f(\boldsymbol{r}) = \dfrac{1}{(2\pi)^3}\displaystyle\iiint_{-\infty}^{+\infty} G(\boldsymbol{\omega})\mathrm{e}^{\mathrm{i}\boldsymbol{\omega}\cdot\boldsymbol{r}}\mathrm{d}^3\boldsymbol{\omega} \\
G(\boldsymbol{\omega}) = \displaystyle\iiint_{-\infty}^{+\infty} f(\boldsymbol{r})\mathrm{e}^{-\mathrm{i}\boldsymbol{\omega}\cdot\boldsymbol{r}}\mathrm{d}^3\boldsymbol{r}
\end{cases}
\tag{5.2.46}
$$

或写成另一种表达形式

$$
\begin{cases}
f(\boldsymbol{r}) = \dfrac{1}{(2\pi)^{3/2}}\displaystyle\iiint_{-\infty}^{+\infty} \bar{f}(\boldsymbol{\omega})\mathrm{e}^{\mathrm{i}\boldsymbol{\omega}\cdot\boldsymbol{r}}\mathrm{d}^3\boldsymbol{\omega} \\
\bar{f}(\boldsymbol{\omega}) = \dfrac{1}{(2\pi)^{3/2}}\displaystyle\iiint_{-\infty}^{+\infty} f(\boldsymbol{r})\mathrm{e}^{-\mathrm{i}\boldsymbol{\omega}\cdot\boldsymbol{r}}\mathrm{d}^3\boldsymbol{r}
\end{cases}
\tag{5.2.47}
$$

在不同坐标系中矢量 $\boldsymbol{\omega}$ 和 $\boldsymbol{r}$ 的表示是不一样的。

多维傅里叶变换也有类似一维傅里叶变换的一些性质。

① **微分性质**。

若 $f(\boldsymbol{r})$ 的傅里叶变换存在，则

a. $F[\nabla f(\boldsymbol{r})]=i\omega F[f(\boldsymbol{r})]$

b. $F[\nabla^2 f(\boldsymbol{r})]=-\omega^2 F[f(\boldsymbol{r})]$

② **卷积公式**。

若 $F[f_1(\boldsymbol{r})]=G_1(\boldsymbol{\omega}),F[f_2(\boldsymbol{r})]=G_2(\boldsymbol{\omega})$，则

a. $F[f_1(\boldsymbol{r}) * f_2(\boldsymbol{r})]=F\left[\dfrac{1}{(2\pi)^{3/2}}\displaystyle\iiint_{-\infty}^{+\infty} f_1(\boldsymbol{r}_1)f_2(\boldsymbol{r}-\boldsymbol{r}_1)\mathrm{d}^3\boldsymbol{r}_1\right]$

b. $F^{-1}[G_1(\boldsymbol{\omega})\cdot G_2(\boldsymbol{\omega})]=\dfrac{1}{(2\pi)^{3/2}}\displaystyle\iiint_{-\infty}^{+\infty} f_1(\boldsymbol{r}_1)f_2(\boldsymbol{r}-\boldsymbol{r}_1)\mathrm{d}^3\boldsymbol{r}_1$

本部分介绍傅里叶变化的应用，主要介绍微分方程的求解。利用积分变换求解微分方程的步骤如下：

① 利用积分变换将描述问题的微分方程转化为代数方程（n 个自变量的偏微分方程转化为（$n-1$）个自变量的方程）或降阶的微分方程；

② 在象域内求解积分变换后的象函数 $F(s)$；

③ 对象域内的象函数 $F(s)$ 作逆变换以获得原微分方程的解 $f(x)$。

例题 5.2.6 求解一维无界空间的导热问题[2]。

$$u_t - a^2 u_{xx} = 0 \qquad (-\infty < x < +\infty) \tag{1}$$

$$u\big|_{t=0} = \varphi(x) \tag{2}$$

解：因为其边界是一维空间（$-\infty<x<+\infty$），x 方向满足傅里叶变换要求，对 x 作傅里叶变换，设

$$F[u(x,t)] = G(\omega,t) = \int_{-\infty}^{+\infty} u(x,t)\mathrm{e}^{-\mathrm{i}\omega x}\mathrm{d}\omega$$

应用微分性质，得

$$F[u_t(x,t)] = \frac{\mathrm{d}G(\omega,t)}{\mathrm{d}t}$$

$$F[u_x(x,t)] = \mathrm{i}\omega F[u(x,t)] = \mathrm{i}\omega G(\omega,t)$$

$$F[u_{xx}(x,t)] = -\omega^2 F[u(x,t)] = -\omega^2 G(\omega,t)$$

将以上三式代入原方程，将式（1）转化为一阶常微分方程

$$\frac{\mathrm{d}G(\omega,t)}{\mathrm{d}t}+a^2\omega^2G(\omega,t)=0 \tag{3}$$

对初始条件式（2）作傅里叶变换，得

$$G(\omega,t)\big|_{t=0}=\Phi(\omega) \tag{4}$$

求解式（3），分离变量，得

$$\frac{G'(\omega,t)}{G(\omega,t)}=-\alpha^2\omega^2$$

积分上式，可得

$$\ln G(\omega,t)=-a^2\omega^2t+C$$

考虑初始条件式（4），解出积分常数 $C=\ln\Phi$，得到象函数为

$$G(\omega,t)=\Phi(\omega)\mathrm{e}^{-a^2\omega^2t} \tag{5}$$

对式（5）的象函数 $G(\omega,t)$ 作反演，就可求得 $u(x,t)$。因为

$$F^{-1}[G_1(\omega)]=F^{-1}[\Phi(\omega)]=f_1(x)=\varphi(x)$$

$$F^{-1}[G_2(\omega)]=F^{-1}[\mathrm{e}^{-a^2\omega^2t}]=f_2(x)=\frac{1}{2\pi}\int_{-\infty}^{+\infty}\mathrm{e}^{-a^2\omega^2t}\mathrm{e}^{\mathrm{i}\omega x}\mathrm{d}\omega=\frac{1}{2\pi}\frac{\sqrt{\pi}}{a\sqrt{t}}\mathrm{e}^{(\mathrm{i}x)^2/4a^2t}=\frac{1}{2a\sqrt{t\pi}}\mathrm{e}^{-x^2/4a^2t}$$

对式（5）运用卷积定理，有

$$F^{-1}[G_1(\omega)G_2(\omega)]=\int_{-\infty}^{+\infty}f_1(\eta)f_2(x-\eta)\mathrm{d}\eta=f_1(x)*f_2(x)$$

所以原函数为

$$\begin{aligned}u(x,t)&=F^{-1}[G(\omega,t)]=F^{-1}[\Phi(\omega)\mathrm{e}^{-a^2\omega^2t}]=\int_{-\infty}^{+\infty}f_1(\eta)f_2(x-\eta)\mathrm{d}\eta\\&=\frac{1}{2a\sqrt{\pi t}}\int_{-\infty}^{\infty}\varphi(\eta)\exp\left[-\frac{(x-\eta)^2}{4a^2t}\right]\mathrm{d}\eta\end{aligned}$$

由此例题可见，傅里叶变换将无界空间的泛定方程变为对自变量 t 的常微分方程。一般输运方程只含对 t 的一阶导数，变换后的常微分方程是一阶的，很易求解。因此，无界空间的输运问题最宜用傅里叶变换法求解。

例题 5.2.7　一截面为正方形无限长的柱体，正方形边长为 π，在方柱一侧上温度恒定，其余三个侧面温度为零，试确定柱内温度分布的规律。

解：一截面为正方形无限长柱体的热传导问题可简化为二维平面问题。设 $T(x,\ y)$ 表示温度，则定解问题为

$$T_{xx}+T_{yy}=0 \qquad (0<x<\pi,0<y<\pi) \tag{1}$$

边界条件为

$$T(0,y)=0,\quad T(\pi,y)=0 \tag{2}$$

$$T(x,0)=0,\quad T(x,\pi)=T_0 \qquad (T_0\text{ 为常数}) \tag{3}$$

对原方程取关于 x 的有限傅里叶正弦变换，令 $G(\omega,\ y)=\int_0^{\pi}T(x,\ y)\mathrm{e}^{-\mathrm{i}\omega x}\mathrm{d}x$，利用傅里叶变换的微分性质，将原方程（1）变为

$$\frac{\mathrm{d}^2G(\omega,y)}{\mathrm{d}y^2}-\omega^2G(\omega,y)=0 \tag{4}$$

将边界条件式（3）相应地变换为

$$G(\omega,0)=0 \tag{5}$$

$$G(\omega,\pi)=\int_0^{\pi}T_0\sin(\omega x)\mathrm{d}x=-\frac{T_0}{\omega}[(-1)^{\omega}-1] \tag{6}$$

变换后的方程（4）满足边界条件式（5）的解为

$$G(\omega,y)=C\mathrm{sh}(\omega y) \tag{7}$$

式中，C 是常数，运用边界条件式（6）可知：

若 ω 为偶数，则 $G(\omega,y)=0$

若 ω 为奇数，则 $G(\omega,y)=\dfrac{2T_0}{\omega\mathrm{sh}(\omega\pi)}\mathrm{sh}(\omega y)$

读者可利用反演的公式确定温度分布 $T(x,y)$ 为

$$T(x,y)=\frac{4T_0}{\pi}\sum_{n=0}^{+\infty}\frac{\mathrm{sh}[(2n+1)y]\sin[(2n+1)x]}{(2n+1)\mathrm{sh}[(2n+1)\pi]}$$

式中，取 $\omega=2n+1$。

例题 5.2.8 已知某种微粒在空间的浓度分布 $\varphi(\boldsymbol{r})$，用变换法求解 $t>0$ 时浓度的变化[2]。

解：该问题是三维的定解问题

$$u_t-a^2\nabla^2u=0 \tag{1}$$

$$u|_{t=0}=\varphi(\boldsymbol{r}) \tag{2}$$

将该定解问题在三维空间坐标作傅里叶变换，用式（5.2.46），设三维傅里叶变换为 $F[u(\boldsymbol{r},t)]=G(\boldsymbol{\omega},t)$，则

$$F[a^2\nabla^2u(\boldsymbol{r},t)]=-a^2\omega^2G(\boldsymbol{\omega},t)$$

$$F[u_t(\boldsymbol{r})]=\frac{\mathrm{d}G(\boldsymbol{\omega},t)}{\mathrm{d}t}$$

将上两式代入式（1），将其化为常微分方程

$$\frac{\mathrm{d}G}{\mathrm{d}t}+a^2\omega^2G=0 \tag{3}$$

将边界条件式（2）作傅里叶变换，有

$$F[u(\boldsymbol{r},0)]=G|_{t=0}=\Phi(\boldsymbol{\omega}) \tag{4}$$

常微分方程（3）结合边界条件式（4）的解为

$$G(\boldsymbol{\omega},t)=\Phi(\boldsymbol{\omega})\mathrm{e}^{-a^2\omega^2t} \tag{5}$$

对式（5）中两个函数分别作反变换，得

$$f_1(\boldsymbol{r},t)=F_1^{-1}[\Phi(\boldsymbol{\omega})]=\varphi(\boldsymbol{r})$$

$$f_2(\boldsymbol{r},t)=F_2^{-1}[\mathrm{e}^{-a^2\boldsymbol{\omega}^2t}]=\frac{1}{(2\pi)^3}\iiint_{-\infty}^{+\infty}\mathrm{e}^{-a^2\boldsymbol{\omega}^2t}\mathrm{e}^{\mathrm{i}\boldsymbol{\omega}\cdot\boldsymbol{r}}\mathrm{d}\boldsymbol{\omega}$$

$$=\frac{1}{(2\pi)^3}\iiint_{-\infty}^{+\infty}\mathrm{e}^{-a^2(\omega_x^2+\omega_y^2+\omega_z^2)t}\mathrm{e}^{\mathrm{i}(\omega_xx+\omega_yy+\omega_zz)}\mathrm{d}\omega_x\mathrm{d}\omega_y\mathrm{d}\omega_z=\frac{1}{8a^3(\pi t)^{3/2}}\exp\left(-\frac{x^2+y^2+z^2}{4a^2t}\right)$$

运用卷积定理 $F^{-1}[G(\boldsymbol{\omega},t)]=f_1(\boldsymbol{r},t)*f_2(\boldsymbol{r},t)$，对式（5）作反变换，得到浓度随时间的变化。

$$u(r,t)=\frac{1}{8a^3(\pi t)^{3/2}}\iiint_{-\infty}^{+\infty}\varphi(\boldsymbol{r}_1)\exp\left[-\frac{(\boldsymbol{r}-\boldsymbol{r}_1)^2}{4a^2t}\right]\mathrm{d}^3\boldsymbol{r}_1$$

5.3　拉普拉斯变换

由5.2节可知，一个函数除了满足狄利克雷条件以外，还必须在区间（$-\infty$，$+\infty$）内满足绝对可积的条件，才可以进行傅里叶变换。但是，在化学与化学工程和其他工程问题中，许多常用的函数，如单位阶跃函数、正弦函数、余弦函数以及线性函数等不满足绝对可积的条件；在实际工程问题中，许多以时间 t 为自变量的函数，往往在 $t<0$ 时是无意义的或者不用考虑，也就是不满足函数在整个数轴上有定义的条件，不能应用傅里叶变换。也就是说，能进行傅里叶变换的函数类是很窄的。改造先前定义的傅里叶变换，使之能在较广的函数类中使用，这就产生了另外一种新的积分变换——拉普拉斯变换。它也是一种重要的积分变化，其理论与方法在自然科学和工程技术中得到了广泛应用。

本节介绍拉普拉斯的主要性质和应用[1]~[8]（对于公式不做严格的推导和证明），包括拉普拉斯变换的定义和性质、拉普拉斯逆变换、拉普拉斯变换的应用三小节。

5.3.1　拉普拉斯变换的定义和性质

本小节介绍如何改造傅里叶变换的核以得到拉普拉斯变换，进而介绍拉普拉斯变换，包括拉普拉斯变换的定义和性质、简单函数的拉普拉斯变换、特殊函数的拉普拉斯变换、拉普拉斯变换的性质4部分。

（1）拉普拉斯变换的定义和性质

为了克服傅里叶变换的缺点，在傅里叶变换的基础上，利用5.2节介绍的单位阶跃函数 $u(t)$ 和指数衰减函数 $e^{-\beta t}$（$\beta>0$）所具有的特点，修正任意给定的函数 $\varphi(t)$。用 $u(t)$ 乘以 $\varphi(t)$，从而使积分区间由（$-\infty$，$+\infty$）化为 $[0,+\infty)$。而用 $e^{-\beta t}$ 乘以 $\varphi(t)$，只要 β 合适，就可使其变得绝对可积。于是，对函数 $\varphi(t)$ 先乘以 $u(t)e^{-\beta t}$（$\beta>0$），再取傅里叶变换，就产生了拉普拉斯（Laplace）变换。可见，**拉普拉斯变换是将傅里叶变换的核稍加改造而得到的。**

对函数 $\varphi(t)u(t)e^{-\beta t}$（$\beta>0$）取傅里叶变换，可得

$$G_\beta(\omega)=\int_{-\infty}^{+\infty}\varphi(t)u(t)e^{-\beta t}e^{-i\omega t}\,dt=\int_0^{+\infty}f(t)e^{-(\beta+i\omega)t}\,dt=\int_0^{+\infty}f(t)e^{-st}\,dt$$

式中

$$s=\beta+i\omega\qquad(\beta>0),\qquad f(t)=\varphi(t)u(t)$$

若设

$$F(s)=G_\beta\left(\frac{s-\beta}{i}\right)$$

则得

$$F(s)=\int_0^{+\infty}f(t)e^{-st}\,dt$$

由此式所确定的变换称为**拉普拉斯（Laplace）变换**。

定义：设实变函数或复变函数 $f(t)$ 当 $t\geqslant0$ 时有定义，且积分 $\int_0^{+\infty}f(t)e^{-st}\,dt$ 在 s 的某一域内收敛，则该积分确定的函数可写作

$$F(s)=\int_0^{+\infty}f(t)e^{-st}\,dt \tag{5.3.1}$$

称 $F(s)$ 为 $f(t)$ 的**拉普拉斯变换**，或**象函数**，记为 $F(s)=L[f(t)]$。而 $f(t)$ 称为 $F(s)$ 的

拉普拉斯逆变换，或象原函数，记为

$$f(t)=L^{-1}[F(s)]=\frac{1}{2\pi i}\int_{\beta-i\infty}^{\beta+i\infty}F(s)e^{st}ds \qquad (t>0,\mathrm{Re}(s)=\beta>\beta_0) \tag{5.3.2}$$

式中，s 是复参变量，因为 $s=\beta+i\omega$，所以 $F(s)=\int_0^{+\infty}f(t)e^{-\beta t}e^{-i\omega t}dt$，仅当积分收敛，即 $|F(s)|<+\infty$ 时，变换才有定义，有 $\left|\int_0^{+\infty}f(t)e^{-\beta t}e^{-i\omega t}dt\right|<\infty$ 或 $\left|\int_0^{+\infty}f(t)e^{-st}dt\right|<+\infty$。式（5.3.2）是求拉普拉斯逆变换的公式，也称为**梅林公式**。从拉普拉斯变换的定义可看出，**拉普拉斯变换存在的条件要比傅里叶变换的存在条件弱得多。**

拉普拉斯变换的存在定理：假设 $f(t)$ 满足下列条件

① $t<0$ 时，$f(t)=0$，$t\geqslant 0$ 时的任一有限区间上分段连续；

② 若存在实常数 M，当 $\beta_0\geqslant 0$，t 充分大时，使 $|f(t)|\leqslant Me^{\beta_0 t}$，$\beta_0$ 为它的增长指数，则 $f(t)$ 拉普拉斯变换 $F(s)=\int_0^{+\infty}f(t)e^{-st}dt$ 在半平面 $\mathrm{Re}(s)=\beta>\beta_0$ 上是绝对一致收敛的。在这半平面内，$F(s)$ 为解析函数。

（2）简单函数的拉普拉斯变换

由拉普拉斯变换的定义，可得到下列简单函数的拉普拉斯变换公式[7]

① $L[e^{-at}]=\int_0^{+\infty}e^{-at}e^{-st}dt=\int_0^{+\infty}e^{-(a+s)t}dt=\left.\frac{e^{-(s+a)t}}{-(s+a)}\right|_0^{+\infty}=\frac{1}{s+a} \qquad (\mathrm{Re}(s)>a)$

② $L[e^{at}]=\frac{1}{s-a} \qquad (\mathrm{Re}(s)>a)$

③ $L[\sin at]=\int_0^{+\infty}\sin at\,e^{-st}dt=\frac{a}{s^2+a^2} \qquad (\mathrm{Re}(s)>0)$

④ $L[\cos at]=\int_0^{+\infty}\cos at\,e^{-st}dt=\frac{s}{s^2+a^2} \qquad (\mathrm{Re}(s)>0)$

⑤ $L[\mathrm{sh}at]=\int_0^{+\infty}\mathrm{sh}at\,e^{-st}dt=\frac{a}{s^2-a^2} \qquad (\mathrm{Re}(s)>a)$

⑥ $L[\mathrm{ch}at]=\int_0^{+\infty}\mathrm{ch}at\,e^{-st}dt=\frac{s}{s^2-a^2} \qquad (\mathrm{Re}(s)>a)$

⑦ $L[t]=\int_0^{+\infty}te^{-st}dt=\frac{1}{s^2} \qquad (\mathrm{Re}(s)>0)$

式中，a 是常数。

例题 5.3.1 利用公式求函数 $f(t)=\sin at$ 的拉普拉斯变换。

解：利用公式 $L[e^{at}]=\frac{1}{s-a}$，得

$$L[\sin at]=L\left[\frac{1}{2i}(e^{iat}-e^{-iat})\right]=\frac{1}{2i}\left(\frac{1}{s-ia}-\frac{1}{s+ia}\right)=\frac{a}{s^2+a^2}$$

（3）特殊函数的拉普拉斯变换[7]

① **阶跃函数**。

$$f(t)=\begin{cases}0 & (0<t<a)\\ Q & (t\geqslant a)\end{cases}$$

其变换为

$$L[f(t)]=\int_0^{+\infty}f(t)e^{-st}dt=\int_a^{+\infty}Qe^{-st}dt=\frac{Q}{s}e^{-sa}$$

同理，可以得到其他阶跃函数的拉普拉斯变换。

a．海维塞德（Heaviside）单位阶跃函数。

$$f(t)=u(t-a)=\begin{cases}0 & (0<t<a)\\ 1 & (t\geqslant a)\end{cases},\quad L[f(t)]=\frac{1}{s}\mathrm{e}^{-sa} \tag{5.3.3}$$

b．在原点的阶跃函数。

$$f(t)=\begin{cases}0 & (t<0)\\ Q & (t\geqslant 0)\end{cases},\qquad L[f(t)]=\frac{Q}{s}\quad (\mathrm{Re}(s)>0) \tag{5.3.4}$$

c．单位阶跃函数（单位函数）。

$$f(t)=\begin{cases}0 & (t<0)\\ 1 & (t\geqslant 0)\end{cases},\qquad L[f(t)]=\frac{1}{s}\quad (\mathrm{Re}(s)>0) \tag{5.3.5}$$

d．梯形函数。

$$f(t)=\begin{cases}1 & (0\leqslant t<a)\\ 2 & (a\leqslant t<2a)\\ 3 & (2a\leqslant t\leqslant 3a)\\ \vdots & \end{cases},\qquad L[f(t)]=\frac{1}{s(1-\mathrm{e}^{-sa})} \tag{5.3.6}$$

② **一般脉冲函数。**

$$f(t)=\begin{cases}q & (t<a)\\ q+Q & (a\leqslant t<b)\\ q & (t\geqslant b)\end{cases}$$

其拉普拉斯变换为

$$\begin{aligned}L[f(t)]&=\int_0^{+\infty}f(t)\mathrm{e}^{-st}\,\mathrm{d}t=\int_0^a q\mathrm{e}^{-st}\,\mathrm{d}t+\int_a^b(q+Q)\mathrm{e}^{-st}\,\mathrm{d}t+\int_b^{+\infty}q\mathrm{e}^{-st}\,\mathrm{d}t\\ &=\frac{Q}{s}(\mathrm{e}^{-sa}+\mathrm{e}^{-sb})+\frac{q}{s}\end{aligned} \tag{5.3.7}$$

③ **δ 函数。**

$$L[\delta(t)]=\int_0^{+\infty}\delta(t)\mathrm{e}^{-st}\,\mathrm{d}t=\mathrm{e}^{-st}\Big|_{t=0}=1 \tag{5.3.8}$$

④ **误差函数。**

$$\mathrm{erf}(t)=\frac{2}{\sqrt{\pi}}\int_0^t\mathrm{e}^{-u^2}\,\mathrm{d}u \tag{5.3.9}$$

其拉普拉斯变换为

$$L[\mathrm{erf}(t)]=\frac{1}{s}\mathrm{e}^{s^2/4}\mathrm{erfc}\left(\frac{s}{2}\right) \tag{5.3.10}$$

式中，$\mathrm{erfc}(t)$ 为余误差函数，其定义为

$$\mathrm{erfc}(t)=1-\mathrm{erf}(t)=\frac{2}{\sqrt{\pi}}\int_t^{+\infty}\mathrm{e}^{-u^2}\,\mathrm{d}u \tag{5.3.11}$$

由拉普拉斯变换的定义可得

$$L[\mathrm{erf}(\sqrt{t})]=\frac{1}{s\,(s+1)^{1/2}} \tag{5.3.12}$$

⑤ **伽马函数**。

$$\Gamma(n)=\int_0^{+\infty} t^{n-1}e^{-t}dt \quad (n>0)$$

再由分部积分容易得到伽马函数的递推公式

$$\Gamma(n)=\int_0^{+\infty} t^{n-1}e^{-t}dt=-t^{n-1}e^{-t}\Big|_0^{+\infty}+(n-1)\int_0^{+\infty} t^{n-2}e^{-t}dt=(n-1)\Gamma(n-1) \tag{5.3.13}$$

例题 5.3.2 证明 $\Gamma(1/2)=\int_0^{+\infty} e^{-z}z^{-1/2}dz=\sqrt{\pi}$。

解：令 $z=x^2$，$dz=2xdx$ 或 $z=y^2$，$dz=2ydy$，代入原式，有

$$\begin{aligned}[\Gamma(1/2)]2&=2\int_0^{+\infty} e^{-x^2}dx\int_0^{+\infty} e^{-y^2}dy=4\int_0^{+\infty}\int_0^{+\infty} e^{-(x^2+y^2)}dxdy\\&=4\int_0^{\pi/2}\int_0^{+\infty} e^{-r^2}rdrd\theta=4\times\frac{\pi}{2}\times\left(-\frac{1}{2}\right)e^{-r^2}\Big|_0^{+\infty}=\pi\end{aligned}$$

$$\Gamma(1/2)=\sqrt{\pi} \tag{5.3.14}$$

因 $\Gamma(1)=\int_0^{+\infty} e^{-t}dt=1$，利用误差函数（5.3.14），代入递推式（5.3.13），得到两个常用的公式为

$$\Gamma(n+1)=n! \tag{5.3.15}$$

$$\Gamma\left(n+\frac{1}{2}\right)=\frac{(2n-1)!!}{2^n}\sqrt{\pi},\quad (2n-1)!!=(2n-1)(2n-3)\cdots \tag{5.3.16}$$

例题 5.3.3 求幂函数 $f(t)=t^n$ 的拉普拉斯变换，n 为正整数[5]。

解：$f(t^n)$的拉普拉斯变换为 $L[f(t^n)]=\int_0^{+\infty} t^n e^{-st}dt$，令 $u=st$，$du=sdt$，得

$$L[f(t^n)]=\int_0^{+\infty} t^n e^{-st}dt=\int_0^{+\infty} e^{-u}\left(\frac{u}{s}\right)^n\frac{du}{s}=\frac{1}{s^{n+1}}\int_0^{+\infty} e^{-u}u^n du=\frac{\Gamma(n+1)}{s^{n+1}}=\frac{n!}{s^{n+1}} \quad (\mathrm{Re}(s)>0)$$

$$L[f(t^n)]=\frac{\Gamma(n+1)}{s^{n+1}}=\frac{n!}{s^{n+1}} \tag{5.3.17}$$

式（5.3.17）表示了幂函数 $f(t^n)$的拉普拉斯变换和伽马函数的关系。

在今后的实际工作中，并不需要用求广义积分的方法来求函数的拉普拉斯变换，而是直接利用现成的拉普拉斯变换表进行查询，就如同使用积分表一样方便。掌握了拉普拉斯变换的一些性质，对 $f(t)$进行适当的变化后，利用查表的方法就能较快找到所求函数的拉普拉斯变换和逆变换。本书的附录中给出了部分常用的拉普拉斯变换公式。

（4）拉普拉斯变换的性质

在拉普拉斯变换的实际应用中，拉普拉斯变换的几个性质是很重要的，这里不作详细推导，读者可利用拉普拉斯变换的定义证明或查看有关文献。若 $L[f(t)]=F(s)$ 存在，则有以下性质。

① **线性性质**。

拉普拉斯变换是线性变换。设 $L[f_1(t)]=F_1(s)$、$L[f_2(t)]=F_2(s)$，α 和 β 是常数，则有

$$\begin{cases}L[\alpha f_1(t)\pm\beta f_2(t)]=\alpha F_1(s)\pm\beta F_2(s)\\L^{-1}[\alpha F_1(s)\pm\beta F_2(s)]=\alpha L^{-1}[F_1(s)]\pm\beta L^{-1}[F_2(s)]\end{cases} \tag{5.3.18}$$

式（5.3.18）表明函数线性组合的拉普拉斯变换等于几个函数拉普拉斯变换的线性组合。

② **位移性质。**

一个象原函数乘以指数函数 e^{at} 等于其象函数做位移，则有

$$L[e^{at}f(t)] = F(s-a) \quad (\mathrm{Re}(s-a) > \beta_0) \tag{5.3.19}$$

③ **延迟性质。**

若 τ 为任一实数，且 $t<0$，则 $f(t)=0$

$$\begin{cases} L[f(t-\tau)] = e^{-s\tau}F(s) \quad (\mathrm{Re}(s-a) > \beta_0) \\ L^{-1}[F(s-a)] = e^{at}f(t) \end{cases} \tag{5.3.20}$$

式（5.3.20）表明，函数 $f(t)$是从 $t=0$ 开始有非零数值，而函数 $f(t-\tau)$是从 $t=\tau$ 开始才有非零值，即延迟了一个时间 τ。也就是说，$f(t-\tau)$的图像可以由 $f(t)$的图像沿 t 轴向右平移距离 τ 得到。延迟性质表明，时间函数延迟 τ 相当于它的象函数乘以指数因子 $e^{-s\tau}$。

例题 5.3.4 求函数 $f(t)=e^{at}\,\mathrm{sh}t$ 的拉普拉斯变换[8]。

解： 因为 $\mathrm{sh}t=\dfrac{e^{t}-e^{-t}}{2}$，$L[\mathrm{sh}t]=\dfrac{1}{s^2-1}$，运用位移性质得

$$L[e^{at}\,\mathrm{sh}t] = \frac{1}{(s-a)^2-1}$$

④ **微分性质。**

若 $L[f(t)]=F(s)$，则有

$$L[f'(t)] = sF(s) - f(0) \tag{5.3.21}$$

这个性质表明，函数一阶导数的拉普拉斯变换等于该函数的拉普拉斯变换乘以参变量 s 再减去函数的初值。

由拉普拉斯变换的定义很容易证明式（5.3.21）。

$$\begin{aligned} L[f'(t)] &= \int_0^{+\infty} e^{-st}\frac{\mathrm{d}f}{\mathrm{d}t}\mathrm{d}t = \int_0^{+\infty} e^{-st}\mathrm{d}f = [f(t)e^{-st}]\Big|_0^{+\infty} + s\int_0^{+\infty} e^{-st}f(t)\mathrm{d}t \\ &= \lim_{t\to+\infty} f(t)e^{-st} - f(0)e^{-s\cdot 0} + sL[f(t)] \\ &= sL[f(t)] - f(0) \end{aligned}$$

对于函数高阶导数的拉普拉斯变换有以下推论。

推论：

$$L[f''(t)] = s^2F(s) - sf(0) - f'(0)$$

$$L[f^{(n)}(t)] = s^nF(s) - s^{n-1}f(0) - s^{n-2}f'(0) - \cdots - f^{(n-1)}(0) \tag{5.3.22}$$

特别是当初值 $f(0)=f'(0)=\cdots=f^{(n-1)}(0)=0$ 时，有

$$\begin{cases} L[f'(t)] = sF(s) \\ L[f''(t)] = s^2F(s) \\ \quad\vdots \\ L[f^{(n)}(t)] = s^nF(s) \end{cases} \tag{5.3.23}$$

该拉普拉斯变换的微分性质可把常微分方程的初值问题化为代数方程，把偏微分方程化为常微分方程。正是由于这一原因，使得拉普拉斯变换成为解微分方程的重要工具。因此，它对分析实际的化学工程或其他工程的线性系统有着重要的作用。

若 $L[f(t)]=F(s)$，则由拉普拉斯变换存在定理，还可得到**象函数的微分性质**为

$$F'(s) = L[-tf(t)]$$

$$F^{(n)}(s) = L[(-t)^n f(t)]$$

$$L^{-1}[F^{(n)}(s)] = (-1)^n t^n f(t) \tag{5.3.24}$$

⑤ **积分性质。**

$$L\left[\int_0^t f(\tau)\mathrm{d}\tau\right] = \frac{1}{s}F(s) \tag{5.3.25}$$

一般地，有

$$L\left[\int_0^t \mathrm{d}\tau \int_0^t \mathrm{d}\tau \cdots \int_0^t f(\tau)\mathrm{d}\tau\right] = \frac{1}{s^n}F(s) \quad (n\text{ 次积分}) \tag{5.3.26}$$

⑥ **象函数积分性质。**

$$\int_s^{+\infty} F(s)\mathrm{d}s = L\left[\frac{1}{t}f(t)\right]$$

一般地，有

$$\int_s^{+\infty}\mathrm{d}s\int_s^{+\infty}\mathrm{d}s\cdots\int_s^{+\infty}F(s)\mathrm{d}s = L\left[\frac{1}{t^n}f(t)\right] \quad (n\text{ 次积分}) \tag{5.3.27}$$

$$L^{-1}\left[\int F(s)\mathrm{d}s\right] = \frac{1}{t}f(t) \tag{5.3.28}$$

⑦ **相似性质。**

设 α 为任意正常数，则对于 $\mathrm{Re}(s) > \beta_0$，得

$$L\left[f\left(\frac{t}{\alpha}\right)\right] = \alpha F(\alpha s) \tag{5.3.29a}$$

$$L[f(\alpha t)] = \frac{1}{\alpha}F\left(\frac{s}{\alpha}\right) \tag{5.3.29b}$$

⑧ **与 t^n 乘积的拉普拉斯变换。**

$$L[t^n f(t)] = (-1)^n \frac{\mathrm{d}^n}{\mathrm{d}s^n}F(s) \tag{5.3.30}$$

$$L^{-1}[sF(s)] = f'(t) - f(0) \tag{5.3.31}$$

例题 5.3.5 求函数 $f(t)=t\mathrm{e}^{2t}$ 的拉普拉斯变换[7]。

解： 因为 $L[\mathrm{e}^{2t}]=\frac{1}{s-2}$，利用式（5.3.30），得

$$L[t\mathrm{e}^{2t}] = -\frac{\mathrm{d}}{\mathrm{d}s}\left(\frac{1}{s-2}\right) = \frac{1}{(s-2)^2}$$

⑨ **除以 t 的拉普拉斯变换。**

若 $\lim\limits_{t\to 0}\frac{f(t)}{t}$ 存在，则有

$$L\left[\frac{f(t)}{t}\right] = \int_s^{+\infty} F(s)\mathrm{d}s, \quad L^{-1}\left[\frac{F(s)}{s}\right] = \int_0^t f(u)\mathrm{d}u \tag{5.3.32}$$

例题 5.3.6 分别求函数 $f(t)=\frac{\sin t}{t}$ 和 $f(t)=\int_0^t \frac{\sin\tau}{\tau}\mathrm{d}\tau$ 的拉普拉斯变换[7],[8]。

解： 因为 $\lim\limits_{t\to 0}\frac{\sin t}{t}=1$，$L[\sin t]=\frac{1}{s^2+1}$，由式（5.3.32），得

$$L\left[\frac{\sin t}{t}\right]=\int_{s}^{+\infty}\frac{\mathrm{d}s}{s^{2}+1}=\frac{\pi}{2}-\arctan s=\operatorname{arccot}s=\arctan\frac{1}{s} \tag{1}$$

使用积分性质式

$$L\left[\int_{0}^{t}f(\tau)\mathrm{d}\tau\right]=\frac{1}{s}F(s) \tag{5.3.25}$$

将式（1）代入式（5.3.25），得到

$$L[f(t)]=L\left[\int_{0}^{t}\frac{\sin\tau}{\tau}\mathrm{d}\tau\right]=\frac{1}{s}\left(\frac{\pi}{2}-\arctan s\right)=\frac{1}{s}\arctan\frac{1}{s}$$

⑩ **初值定理**。

若极限 $\lim\limits_{s\to+\infty}F(s)$ 存在，则有下列关系

$$\lim_{t\to0}f(t)=\lim_{s\to+\infty}sF(s) \tag{5.3.33}$$

此式建立了函数 $f(t)$ 在原点值与其象函数 $F(s)$ 乘以 s 在无穷远点的值之间的关系。

例题 5.3.7　求函数 $f(t)=3\mathrm{e}^{-2t}$ 的初值[7]。

解：因为 $L[3\mathrm{e}^{-2t}]=\dfrac{3}{s+2}$，所以由初值定理（5.3.33），得

$$\lim_{t\to0}f(t)=\lim_{s\to+\infty}\frac{3s}{s+2}=3$$

⑪ **终值定理**。

若极限 $\lim\limits_{s\to0}sF(s)$ 存在，则有下列关系

$$\lim_{t\to+\infty}f(t)=\lim_{s\to0}sF(s) \tag{5.3.34}$$

该性质表明 $f(t)$ 在 $t\to+\infty$ 时的数值可通过 $f(t)$ 的拉普拉斯变换乘以 s 取 $s\to0$ 的极限值得到。

例题 5.3.8　求函数 $f(t)=3\mathrm{e}^{-2t}$ 的终值[7]。

解：因为 $L[3\mathrm{e}^{-2t}]=\dfrac{3}{s+2}$，所以由终值定理式（5.3.34），得

$$\lim_{t\to+\infty}f(t)=\lim_{s\to0}\frac{3s}{s+2}=0$$

⑫ **卷积定理**。

在 5.2 节已经介绍了傅里叶变换的卷积性质，若已知函数 $f_1(t)$ 和 $f_2(t)$，则积分 $f_1(t)*f_2(t)=\int_{-\infty}^{+\infty}f_1(\tau)f_2(t-\tau)\mathrm{d}\tau$ 称为函数 $f_1(t)$ 和 $f_2(t)$ 傅里叶变换的卷积。因此，有

$$\begin{aligned}f_1(t)*f_2(t)&=\int_{-\infty}^{+\infty}f_1(\tau)f_2(t-\tau)\mathrm{d}\tau\\&=\int_{-\infty}^{0}f_1(\tau)f_2(t-\tau)\mathrm{d}\tau+\int_{0}^{t}f_1(\tau)f_2(t-\tau)\mathrm{d}\tau+\int_{t}^{+\infty}f_1(\tau)f_2(t-\tau)\mathrm{d}\tau\end{aligned}$$

如果 $f_1(t)$ 和 $f_2(t)$ 都满足条件：当 $t<0$ 时，$f_1(t)=f_2(t)=0$。则上式可写成

$$f_1(t)*f_2(t)=\int_{0}^{t}f_1(\tau)f_2(t-\tau)\mathrm{d}\tau \tag{5.3.35}$$

由于拉普拉斯变换的象原函数只限在 $t\geqslant0$ 有定义，以后如不特别指明，都假定这些函数在 $t<0$ 时恒为零。它们的卷积都定义为式（5.3.35）。

一般，有

$$L[f_1(t)*f_2(t)*\cdots*f_n(t)]=F_1(s)\cdot F_2(s)\cdot\cdots\cdot F_n(s) \tag{5.3.36}$$

卷积满足：

a. 交换律：$f_1(t)*f_2(t)=f_2(t)*f_1(t)$

b. 结合律：$f_1(t)*[f_2(t)*f_3(t)]=[f_1(t)*f_2(t)]*f_3(t)$

c. 分配律：$f_1(t)*[f_2(t)+f_3(t)]=f_1(t)*f_2(t)+f_1(t)*f_3(t)$

卷积定理：若 $f_1(t)$ 和 $f_2(t)$ 满足拉普拉斯变换存在定理中的条件，且 $L[f_1(t)]=F_1(s), L[f_2(t)]=F_2(s)$，则 $f_1(t)*f_2(t)$ 的拉普拉斯变换一定存在，且

$$\begin{cases}L[f_1(t)*f_2(t)]=F_1(s)\cdot F_2(s)\\ L^{-1}[F_1(s)\cdot F_2(s)]=f_1(t)*f_2(t)\end{cases} \tag{5.3.37a}$$

$$F_1(s)\cdot F_2(s)=\int_0^{+\infty}\left[\int_0^t f_1(\tau)f_2(t-\tau)\mathrm{d}\tau\right]\mathrm{e}^{-st}\mathrm{d}t \tag{5.3.37b}$$

式（5.3.37）主要用来确定象原函数。如果象原函数是两个 s 函数的乘积，且每一个象原函数容易求解的话，该式使用起来十分方便。

例题 5.3.9 利用卷积定理求象函数 $F(s)=\dfrac{s^2}{(s^2+1)^2}$ 的拉普拉斯逆变换[1]。

解：因为 $L^{-1}\left[\dfrac{s}{s^2+1}\right]=\cos t$，利用卷积定理的式（5.3.37a），得

$$\begin{aligned}L^{-1}\left[\frac{s^2}{(s^2+1)^2}\right]&=\int_0^t\cos\tau\cos(t-\tau)\mathrm{d}\tau=\frac{1}{2}\int_0^t[\cos t+\cos(2\tau-t)]\mathrm{d}\tau\\ &=\frac{1}{2}\left[\tau\cos t+\frac{1}{2}\sin(2\tau-t)\right]\Big|_0^t=\frac{1}{2}\left(t\cos t+\frac{1}{2}\sin t+\frac{1}{2}\sin t\right)\\ &=\frac{1}{2}(t\cos t+\sin t)\end{aligned}$$

5.3.2 拉普拉斯逆变换

将工程实际中的问题经过拉普拉斯变换后，转化为易求解的方程，求解此方程，得到原问题的象函数，为了求出象原函数就必须对象函数进行拉普拉斯逆变换，由已知象函数求出象原函数 f (t)。拉普拉斯逆变换的公式为拉普拉斯变换反演的积分式（5.3.2）

$$f(t)=\frac{1}{2\pi\mathrm{i}}\int_{\beta-\mathrm{i}\infty}^{\beta+\mathrm{i}\infty}F(s)\mathrm{e}^{st}\mathrm{d}s\quad(t>0,\mathrm{Re}(s)>\beta_0)$$

也称为**梅林公式**。

若函数 $f_1(t)$ 和 $f_2(t)$ 满足拉普拉斯变换存在定理中的条件，且 $L[f_1(t)]=F_1(s)$，$L[f_2(t)]=F_2(s)$，有拉普拉斯变换的卷积计算式

$$\begin{cases}L[f_1(t)*f_2(t)]=F_1(s)\cdot F_2(s)\\ L^{-1}[F_1(s)\cdot F_2(s)]=f_1(t)*f_2(t)\end{cases} \tag{5.3.37a}$$

频域卷程定理为

$$L[f_1(t)\cdot f_2(t)]=F_1(s)*F_2(s)=\frac{1}{2\pi\mathrm{i}}\int_{\beta-\mathrm{i}\omega}^{\beta+\mathrm{i}\omega}F_1(s)F_2(s-s_1)\mathrm{d}s_1 \tag{5.3.38}$$

式中，$\beta>\beta_1$，$\mathrm{Re}(s)>\beta_2+\beta_1$。$\beta_1$ 和 β_2 分别为 $f_1(t)$ 和 $f_2(t)$ 的增长指数。

这里没有给出式（5.3.38）的证明。有兴趣的读者可参考文献［1］。

拉普拉斯变换反演积分公式和拉普拉斯变换的卷积计算都是复变函数的积分，可以用计算留数的办法计算。但是，通常复变函数的积分计算起来比较困难。

下面介绍几种求拉普拉斯逆变换的方法，包括**留数法**、**部分分式法**和查表法、**卷积定理**

法、级数法、**微分方程法**。

(1) 留数法

当 $F(s)$ 满足一定条件时，由象函数 $F(s)$ 求它的象原函数 $f(t)$，可用第 3 章介绍的留数来计算。下面的定理提供了计算这种反演积分的方法。证明从略。

定理：若 s_1，s_2，…，s_n 是函数 $F(s)$ 的所有奇点，适当选取 β，使这些奇点全在 $\mathrm{Re}(s)<\beta$ 的范围内，且当 $s\to+\infty$ 时，$F(s)\to 0$，则有

$$f(t)=\frac{1}{2\pi\mathrm{i}}\int_{\beta-\mathrm{i}\infty}^{\beta+\mathrm{i}\infty}F(s)\mathrm{e}^{st}\,\mathrm{d}s=\sum_{k=1}^{n}\mathrm{Res}[F(s_k)\mathrm{e}^{s_k t}]$$

即

$$f(t)=\sum_{k=1}^{n}\mathrm{Res}[F(s_k)\mathrm{e}^{s_k t}]\quad(t>0)\tag{5.3.39}$$

若 $F(s)$ 是有理函数：$F(s)=\dfrac{A(s)}{B(s)}$，式中 $A(s)$，$B(s)$ 是不可约的多项式，$B(s)$ 的次数是 n，而 $A(s)$ 的次数小于 $B(s)$ 的次数，在此情况下，$F(s)$ 都可写成有理式之和，即形如 $\dfrac{C}{(as+b)^n}$ 或 $\dfrac{C_1 s+C_0}{(as^2+bs+c)^n}$ 的分式之和，用待定系数法定出系数 C、C_1、C_0。这些有理式之和称为**海维赛德（Heaviside）展开式**或部分式。由每一个有理分式的拉普拉斯逆变换，就可得到 $F(s)=\dfrac{A(s)}{B(s)}$ 的拉普拉斯逆变换。可用留数法求每个有理分式的拉普拉斯逆变换。下面分几种情况讨论[7],[8]。

① 若 $B(s)$ 有 n 个单零点 s_1，s_2，…，s_n，且都是 $\dfrac{A(s)}{B(s)}$ 的单极点，则 $F(s)$ 表示成

$$F(s)=\frac{A(s)}{B(s)}=\frac{C_1}{s-s_1}+\frac{C_2}{s-s_2}+\cdots+\frac{C_n}{s-s_n}=\sum_{k=1}^{n}\frac{C_k}{s-s_k}\tag{5.3.40}$$

式中，C_k 为系数，有

$$C_k=\lim_{s\to s_k}\frac{A(s)}{B(s)}(s-s_k)=\lim_{s\to s_k}A(s)\,\frac{(s-s_k)}{B(s)}=\frac{A(s_k)}{B'(s_k)}\tag{5.3.41}$$

根据留数定理，计算单极点 $s=s_k$ 点的留数为

$$\mathrm{Res}_{s=s_k}\left[\frac{A(s)}{B(s)}\mathrm{e}^{st}\right]=\frac{A(s_k)}{B'(s_k)}\mathrm{e}^{s_k t}\tag{5.3.42}$$

将式 (5.3.42) 代入式 (5.3.39)，得 $F(s)$ 的逆变换为

$$f(t)=L^{-1}[F(s)]=\mathrm{Res}_{s=s_k}\left[\frac{A(s)}{B(s)}\mathrm{e}^{st}\right]=\sum_{k=1}^{n}\frac{A(s_k)}{B'(s_k)}\mathrm{e}^{s_k t}=\sum_{k=1}^{n}C_k\mathrm{e}^{s_k t}\,(t>0)\tag{5.3.43}$$

② 若 s_1 是 $B(s)$ 的一个 m 阶零点，即 s_1 是 $\dfrac{A(s)}{B(s)}$ 的 m 阶极点；s_{m+1}，s_{m+2}，…，s_n 是 $B(s)$ 的单零点，即 $s_k(k=m+1, m+2, \cdots, n)$ 是它的单极点，则 $F(s)$ 表示成

$$\begin{aligned}\frac{A(s)}{B(s)}&=\frac{C_1}{(s-s_1)^m}+\frac{C_2}{(s-s_1)^{m-1}}+\cdots+\frac{C_m}{s-s_1}+\frac{C_{m+1}}{s-s_{m+1}}+\frac{C_{m+2}}{s-s_{m+2}}+\cdots+\frac{C_n}{s-s_n}\\&=\sum_{k=1}^{m}\frac{C_k}{(s-s_1)^{m-k+1}}+\sum_{k=m+1}^{n}\frac{C_k}{s-s_k}=F_1(s)+F_2(s)\end{aligned}\tag{1}$$

根据 m 阶极点的留数计算法，计算式 (1) 中的 $F_1(s)$ 的反变换，有

$$f_1(t)=L^{-1}[F_1(s)]=\underset{s=s_1}{\mathrm{Res}}[F_1(s)\mathrm{e}^{st}]=\lim_{s\to s_1}\frac{1}{(m-1)!}\frac{\mathrm{d}^{m-1}}{\mathrm{d}s^{m-1}}\left[(s-s_1)^m\frac{A(s)}{B(s)}\mathrm{e}^{st}\right]\quad(2)$$

令式（2）中

$$C_m=\lim_{s\to s_1}\frac{1}{(m-1)!}\frac{\mathrm{d}^{m-1}}{\mathrm{d}s^{m-1}}\left[(s-s_1)^m\frac{A(s)}{B(s)}\right]\tag{5.3.44}$$

将式（5.3.44）代入式（2），得到 $F_1(s)$ 的反变换

$$f_1(t)=L^{-1}[F_1(s)]=\underset{s=s_1}{\mathrm{Res}}\left[\frac{A(s)}{B(s)}\mathrm{e}^{st}\right]=\mathrm{e}^{s_1t}\sum_{k=1}^{m}\frac{C_kt^{m-k}}{(m-k)!}\tag{5.3.45}$$

式中，系数 C_k 由式（5.3.44）确定。

由式（5.3.43）计算 $s_k(k=m+1,\ m+2,\ \cdots,\ n)$ 是单极点的留数，得

$$f_2(t)=L^{-1}[F_2(s)]=\underset{s=s_k}{\mathrm{Res}}\left[\frac{A(s)}{B(s)}\mathrm{e}^{st}\right]=\sum_{k=m+1}^{n}\frac{A(s_k)}{B'(s_k)}\mathrm{e}^{s_kt}\quad(3)$$

将式（3）与式（5.3.45）相加，得

$$\begin{aligned}f(t)&=f_1(t)+f_2(t)=L^{-1}[F_1(s)+F_2(s)]\\&=\lim_{s\to s_1}\frac{1}{(m-1)!}\frac{\mathrm{d}^{m-1}}{\mathrm{d}s^{m-1}}\left[(s-s_1)^m\frac{A(s)}{B(s)}\right]\mathrm{e}^{s_1t}+\sum_{k=m+1}^{n}\frac{A(s_k)}{B'(s_k)}\mathrm{e}^{s_kt}\\&=\mathrm{e}^{s_1t}\sum_{k=1}^{m}\frac{C_kt^{m-k}}{(m-k)!}+\sum_{k=m+1}^{n}\frac{A(s_k)}{B'(s_k)}\mathrm{e}^{s_kt}\quad(t>0)\end{aligned}\tag{5.3.46a}$$

可将上式写成**海维赛（Heaviside）**展开式的第二种形式

$$f(t)=\sum_{k=m+1}^{n}\frac{A(s_k)}{B'(s_k)}\mathrm{e}^{s_kt}+\lim_{s\to s_1}\frac{1}{(m-1)!}\frac{\mathrm{d}^{m-1}}{\mathrm{d}s^{m-1}}\left[(s-s_1)^m\frac{A(s)}{B(s)}\mathrm{e}^{st}\right]\tag{5.3.46b}$$

这两个等式是完全等价的[8]，证明略，读者可参考有关文献。

式（5.3.43）和（5.3.46）称为海维赛德（*Heaviside*）展开式。在用拉普拉斯变换解常微分方程时经常使用它。

③ 假设 $\alpha\pm\mathrm{i}\beta$ 是 $B(s)=0$ 的共轭复根[7]，则

$$F(s)=\frac{A(s)}{B(s)}=\frac{T(s)}{(s-\alpha)^2+\beta^2}=\frac{C_1s+C_0}{[s-(\alpha+\mathrm{i}\beta)][s-(\alpha-\mathrm{i}\beta)]}+R(s)\tag{5.3.47}$$

式中，设 $T(s)$，$R(s)$ 的分母都没有 $\alpha\pm\mathrm{i}\beta$ 的复根。

将式（5.3.47）同乘 $[s-(\alpha+\mathrm{i}\beta)]$，可得

$$\frac{T(s)}{s-(\alpha-\mathrm{i}\beta)}=\frac{C_1s+C_0}{s-(\alpha-\mathrm{i}\beta)}+R(s)[s-(\alpha+\mathrm{i}\beta)]\tag{5.3.48}$$

将式（5.3.48）取极限，得

$$\lim_{s\to\alpha+\mathrm{i}\beta}\frac{T(s)}{s-(\alpha-\mathrm{i}\beta)}=\lim_{s\to\alpha+\mathrm{i}\beta}\frac{C_1s+C_0}{s-(\alpha-\mathrm{i}\beta)}$$

整理后，得到

$$T(\alpha+\mathrm{i}\beta)=C_1(\alpha+\mathrm{i}\beta)+C_0=C_1\alpha+C_0+\mathrm{i}C_1\beta$$

其实部和虚部分别为

$$\mathrm{Re}(T)=C_1\alpha+C_0,\quad \mathrm{Im}(T)=C_1\beta\tag{5.3.49}$$

由式（5.3.49）解出

$$\begin{cases}C_0=[\beta\mathrm{Re}(T)-\alpha\mathrm{Im}(T)]/\beta\\C_1=\mathrm{Im}(T)/\beta\end{cases}\tag{5.3.50}$$

将式（5.3.50）代入式（5.3.47），得到

$$F(s)=\frac{A(s)}{B(s)}=\frac{T(s)}{(s-\alpha)^2+\beta^2}=\frac{C_1s+C_0}{(s-\alpha)^2+\beta^2}+R(s)=\frac{(s-\alpha)\mathrm{Im}(T)/\beta+\mathrm{Re}(T)}{(s-\alpha)^2+\beta^2}+R(s)$$

由拉普拉斯变换的反演公式，得到

$$f(t)=L^{-1}[F(s)]=\frac{1}{\beta}[\mathrm{Re}(T)\sin\beta t+\mathrm{Im}(T)\cos\beta t]\mathrm{e}^{\alpha t}+L^{-1}[R(s)] \quad (5.3.51)$$

例题 5.3.10　试求 $F(s)=\dfrac{2s^2-4}{s^3-4s^2+s+6}$的逆变换[7]。

解：由 $B(s)=s^3-4s^2+s+6=0$，解出 $s_1=-1$、$s_2=2$、$s_3=3$，各不相等，它们为单极点。对 $B(s)$ 求导，有 $B'(s)=3s^2-8s+1$，计算每个单极点的导数，得

$$B'(s_1)=B'(-1)=3+8+1=12$$

$$B(2)=-3 \qquad B'(3)=4$$

用式（5.3.43）求 $F(s)$ 的象原函数，得

$$f(t)=\sum_{k=1}^{3}\frac{A(s_k)}{B'(s_k)}\mathrm{e}^{s_kt}=\frac{A(-1)}{B'(-1)}\mathrm{e}^{-t}+\frac{A(2)}{B'(2)}\mathrm{e}^{2t}+\frac{A(3)}{B'(3)}\mathrm{e}^{3t}=-\frac{1}{6}\mathrm{e}^{-t}-\frac{4}{3}\mathrm{e}^{2t}+\frac{7}{2}\mathrm{e}^{3t}$$

例题 5.3.11　求象函数 $F(s)=\dfrac{s+3}{(s+2)^2}$ 的拉普拉斯逆变换[8]。

解：$B(s)=(s+2)^2=0$ 有二阶零点，$s_{1,2}=-2$，使用式（5.3.44）求 $F(s)$ 的象原函数 $f(t)$ 为

$$f(t)=L^{-1}\left[\frac{s+3}{(s+2)^2}\right]=\lim_{s\to-2}\frac{\mathrm{d}}{\mathrm{d}s}\left[(s+2)^2\,\frac{(s+3)}{(s+2)^2}\mathrm{e}^{st}\right]$$

$$=\lim_{s\to-2}\frac{\mathrm{d}}{\mathrm{d}s}[(s+3)\mathrm{e}^{st}]=\lim_{s\to-2}[\mathrm{e}^{st}+t\mathrm{e}^{st}(s+3)]=\mathrm{e}^{-2t}+t\mathrm{e}^{-2t}$$

例题 5.3.12　求象函数 $F(s)=\dfrac{s}{(s+2)^2(s^2+2s+10)}$的拉普拉斯逆变换[7]。

解：由分母 $B(s)=(s+2)^2(s^2+2s+10)=0$，解 $B_1(s)=s^2+2s+10=0$，解出复数根 $s_1=-1+3\mathrm{i}$；$B_2(s)=(s+2)^2=0$，有二重根 $s_2=-2$，为二阶零点。

令 $T(s)=\dfrac{s}{(s+2)^2}$，使用式（5.3.47）将 $F(s)$ 化为下面的形式

$$F(s)=\frac{s}{(s+2)^2(s^2+2s+10)}=\frac{T(s)}{s^2+2s+10}+\frac{C_3}{s+2}+\frac{C_4}{(s+2)^2}$$

$$=\frac{C_1s+C_2}{s^2+2s+10}+\frac{C_3}{s+2}+\frac{C_4}{(s+2)^2}=F_1(s)+F_2(s)$$

先计算 $F(s_1)$，得

$$F_1(-1+3\mathrm{i})=\left.\frac{s}{(s+2)^2}\right|_{-1+3\mathrm{i}}=\frac{-1+3\mathrm{i}}{(-1+3\mathrm{i}+2)^2}=\frac{3\mathrm{i}-1}{6\mathrm{i}-8}=\frac{(3\mathrm{i}-1)(6\mathrm{i}+8)}{(6\mathrm{i}-8)(6\mathrm{i}+8)}=\frac{13}{50}-\frac{9}{50}\mathrm{i}$$

由式（5.3.51）确定象原函数 $f_1(t)$，由复数根 $s=-1+3\mathrm{i}$，知 $\alpha=-1$，$\beta=3$，得

$$f_1(t)=L[F_1(s)]=\frac{1}{\beta}[\mathrm{Re}(T)\sin\beta t+\mathrm{Im}(T)\cos\beta t]\mathrm{e}^{\alpha t}=\frac{1}{3}\left(\frac{13}{50}\sin3t-\frac{9}{50}\cos3t\right)\mathrm{e}^{-t}$$

对于二阶零点 $s_2=-2$，确定系数式

$$C_m=\lim_{s\to s_1}\frac{1}{(m-1)!}\frac{\mathrm{d}^{m-1}}{\mathrm{d}s^{m-1}}\left[(s-s_1)^m\frac{A(s)}{B(s)}\right] \quad (5.3.44)$$

分别确定

$$C_3=\underset{s=s_1}{\text{Res}}\left[\frac{A(s)}{B(s)}\right]=\lim_{s\to-2}(s+2)^2\frac{A(s)}{B(s)}=\lim_{s\to-2}\left[(s+2)^2\frac{s}{(s+2)^2(s^2+2s+10)}\right]$$

$$=\lim_{s\to-2}\frac{s}{(s^2+2s+10)}=-\frac{1}{5}$$

$$C_4=\underset{s=s_1}{\text{Res}}\left[\frac{A(s)}{B(s)}\right]=\lim_{s\to-2}\frac{\mathrm{d}}{\mathrm{d}s}\left[(s+2)^2\frac{A(s)}{B(s)}\right]=\lim_{s\to-2}\frac{\mathrm{d}}{\mathrm{d}s}\left[(s+2)^2\frac{s}{(s+2)^2(s^2+2s+10)}\right]$$

$$=\lim_{s\to-2}\frac{\mathrm{d}}{\mathrm{d}s}\left[\frac{s}{(s^2+2s+10)}\right]=\frac{3}{50}$$

由式（5.3.45）确定象原函数 $f_2(t)$，得

$$f_2(t)=\mathrm{e}^{s_1t}\sum_{k=1}^{m}\frac{C_kt^{m-k}}{(m-k)!}=\mathrm{e}^{-2t}(C_3t+C_4)=\mathrm{e}^{-2t}\left(-\frac{1}{5}t+\frac{3}{50}\right)$$

对于二阶零点 $s_2=-2$ 也可以直接使用式（5.3.46）确定象原函数 $f_2(t)$，有

$$f_2(t)=\underset{s=s_1}{\text{Res}}\left[\frac{A(s)}{B(s)}\mathrm{e}^{-st}\right]=\lim_{s\to-2}\frac{\mathrm{d}}{\mathrm{d}s}\left[(s+2)^2\frac{s}{(s+2)^2(s^2+2s+10)}\mathrm{e}^{st}\right]$$

$$=\lim_{s\to-2}\frac{d}{\mathrm{d}s}\left[\frac{s\mathrm{e}^{st}}{(s^2+2s+10)}\right]$$

$$=\lim_{s\to-2}\frac{\mathrm{e}^{st}(1+st)(s^2+2s+10)-s(2s+2)\mathrm{e}^{st}}{(s^2+2s+10)^2}=\left(\frac{3}{50}-\frac{1}{5}t\right)\mathrm{e}^{-2t}$$

将象原函数叠加，得

$$f(t)=f_1(t)+f_2(t)=\frac{1}{3}\left(\frac{13}{50}\sin3t-\frac{9}{50}\cos3t\right)\mathrm{e}^{-t}+\left(\frac{3}{50}-\frac{1}{5}t\right)\mathrm{e}^{-2t}$$

（2）部分分式法和查表法

F（s）为有理函数，可写成有理式之和，将有理函数 $F(s)=\dfrac{A(s)}{B(s)}$写成部分分式形式，利用现成公式查表求解每一分式的拉普拉斯逆变换，最后可得$\dfrac{A(s)}{B(s)}$的拉普拉斯逆变换。

例题 5.3.13 求象函数 $F(s)=\dfrac{1}{s^2(s+1)}$的象原函数 $f(t)$。

解： 将 $F(s)$分解成部分分式形式，得

$$F(s)=\frac{1}{s^2(s+1)}=\frac{C_1}{s^2}+\frac{C_2}{s}+\frac{C_0}{s+1} \tag{1}$$

用比较系数法确定系数 C_1、C_2 和 C_0，由

$$1=C_1(s+1)+C_2s(s+1)+C_0s^2$$

得到

$$C_1=1,C_2=-1,C_0=1$$

将系数代入式（1），有

$$F(s)=\frac{-1}{s}+\frac{1}{s^2}+\frac{1}{s+1} \tag{2}$$

对式（2）求拉普拉斯逆变换，查表得

$$f(t)=L^{-1}[F(s)]=L^{-1}\left[\frac{-1}{s}+\frac{1}{s^2}+\frac{1}{s+1}\right]=-1+t+\mathrm{e}^{-t}$$

若上述三种情况出现在一个问题中，则用拉普拉斯变换的线性性质可叠加各种情况的结果。

（3）卷积定理法

前面已经介绍卷积定理的公式：

$$\begin{cases} L[f_1(t) * f_2(t)] = F_1(s) \cdot F_2(s) \\ L^{-1}[F_1(s) \cdot F_2(s)] = f_1(t) * f_2(t) \end{cases} \tag{5.3.37a}$$

上式表明，两个函数卷积的拉普拉斯变换等于这两个函数拉普拉斯变换的乘积。应用这一公式求有限个函数乘积的拉普拉斯逆变换是很方便的，举例说明这个方法。

例题 5.3.14　利用卷积定理求象函数 $F(s)=\dfrac{1}{s^2(s^2+1)}$ 的拉普拉斯逆变换[1]。

解：因为

$$F(s)=\frac{1}{s^2(s^2+1)}=\frac{1}{s^2}\frac{1}{s^2+1}$$

令

$$F_1(s)=\frac{1}{s^2},\ F_2(s)=\frac{1}{s^2+1}$$

查表得

$$f_1(t) = L^{-1}[F_1(s)] = L^{-1}[1/s^2]=t,\quad f_2(t) = L^{-1}[F_2(s)] = L^{-1}\left[\frac{1}{s^2+1}\right]= \sin t$$

运用卷积定理，得

$$L^{-1}[F(s)]= L^{-1}\left[\frac{1}{s^2(s^2+1)}\right]= L^{-1}[F_1(s) \cdot F_2(s)] = f_1(t) * f_2(t)$$

$$= t * \sin t = \int_0^t \tau\sin(t-\tau)\mathrm{d}\tau = \tau\cos(t-\tau)\big|_0^t - \int_0^t \cos(t-\tau)\mathrm{d}\tau = t - \sin t$$

例题 5.3.15　求象函数 $F(s)=\dfrac{1}{s(s^2+1)^2}$ 的象原函数 $f(t)$[1]。

解：读者可利用部分分式法或直接查表，求解得到

$$f(t) = L^{-1}[F(s)] = (1-\cos t) - \frac{1}{2}t\sin t$$

（4）级数法

若一个函数可展开成级数形式，则可逐项利用公式求其拉普拉斯逆变换。用下面的例子说明这个方法。

例题 5.3.16　求象函数 $F(s)=\mathrm{e}^{-1/s}/s$ 的拉普拉斯逆变换[7]。

解：先将象函数作级数展开，再对式中每一项求拉普拉斯逆变换

$$L^{-1}\left[\frac{\mathrm{e}^{-1/s}}{s}\right]= L^{-1}\left[\frac{1}{s}\left(1-\frac{1}{s}+\frac{1}{2!s^2}-\frac{1}{3!s^3}+\cdots\right)\right]= L^{-1}\left(\frac{1}{s}-\frac{1}{s^2}+\frac{1}{2!s^3}-\frac{1}{3!s^4}+\cdots\right)$$

$$= 1-t-\frac{t^2}{(2!)^2}+\frac{t^3}{(3!)^2}+\cdots = \mathrm{J}_0(2t^{1/2})$$

式中，$\mathrm{J}_0(2t^{1/2})$ 是贝塞尔函数，将在第 6 章介绍这个特殊函数。

（5）微分方程法

利用微分方程求解，用下面的例子说明这个方法。

例题 5.3.17　求象函数 $F(s)=\mathrm{e}^{-k\sqrt{s}}/\sqrt{s}$ 的拉普拉斯逆变换[7]。

解：用测试法求出 $F(s)=\mathrm{e}^{-k\sqrt{s}}/\sqrt{s}$ 满足微分方程

$$4sF''(s)+6F'(s)-k^2F(s)=0 \tag{1}$$

利用拉普拉斯变换的性质，有

$$L[t^2f'(t)]=sF''(s)+2F'(s)$$

$$L[tf(t)]=-F'(s)$$

对式（1）求拉普拉斯逆变换，得

$$4t^2f'(t)+(2t-k^2)f(t)=0 \tag{2}$$

当 $k=0$ 时，$f(t)=1/\sqrt{\pi t}$，以此为定解条件，解常微分方程（2），得

$$f(t)=\frac{1}{\sqrt{\pi t}}e^{-\frac{k^2}{4t}}$$

因此，象函数的拉普拉斯逆变换为

$$L^{-1}[e^{-k\sqrt{s}}/\sqrt{s}]=\frac{1}{\sqrt{\pi t}}e^{-\frac{k^2}{4t}}$$

5.3.3 拉普拉斯变换的应用

拉普拉斯变换可将常微分方程简化成简单的代数方程，将变系数微分方程简化为降阶的常微分方程，将偏微分方程转化为降阶或同阶的常微分方程。正是由于这一原因，使得拉普拉斯变换成为解微分方程的重要工具。因此拉普拉斯变换在工程实践上得到了广泛的应用。这里介绍拉普拉斯变换的应用。

概述用拉普拉斯变换求解微分方程的步骤：

① 运用初始条件对原微分方程进行拉普拉斯变换，同时对边界条件也取拉普拉斯变换；

② 在象函数域内求解象函数满足的方程，得到象函数；

③ 对象函数取拉普拉斯逆变化求象原函数，即得到原微分方程的解。

用拉普拉斯变换求解微分方程的步骤如图 5.3.1 所示。

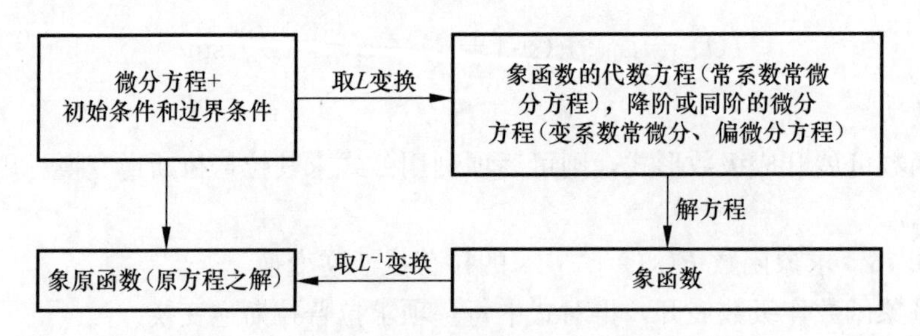

图 5.3.1 用拉普拉斯变换解微分方程的步骤

（1）解常微分方程

对常微分方程取拉普拉斯变换，将其变成简单的代数方程，先求出象函数 $Y(s)$，再对 $Y(s)$ 作拉普拉斯逆变换可得原方程的解。用拉普拉斯变换求解微分方程的方法得到了广泛的应用。

① 常系数微分方程。以二阶常系数微分方程为例，介绍用拉普拉斯变换求解常系数微分方程的方法[7]。设二阶常系数微分方程

$$a_1y''+a_2y'+a_3y=f(t),\quad (t>0)$$

对方程两端取拉普拉斯变换，有

$$\int_0^{+\infty} a_1 y'' \mathrm{e}^{-st} \mathrm{d}t + \int_0^{+\infty} a_2 y' \mathrm{e}^{-st} \mathrm{d}t + \int_0^{+\infty} a_3 y \mathrm{e}^{-st} \mathrm{d}t = \int_0^{+\infty} f(t) \mathrm{e}^{-st} \mathrm{d}t$$

得到象函数的代数方程为

$$a_1[s^2 Y(s) - sy(0) - y'(0)] + a_2[sY(s) - y(0)] + a_3 Y(s) = F(s)$$

简化后，有

$$(a_1 s^2 + a_2 s + a_3) Y(s) = F(s) + a_1[sy(0) + y'(0)] + a_2 y(0)$$

求出象函数为

$$Y(s) = \frac{F(s) + a_1[sy(0) + y'(0)] + a_2 y(0)}{a_1 s^2 + a_2 s + a_3} \tag{5.3.52}$$

例题 5.3.18 考察常系数微分方程的柯西（Cauchy）问题[5]，$f(t)$ 为已知函数。

$$y'' + \alpha^2 y = f(t), \quad (t > 0) \tag{1}$$

初始条件为

$$y(0) = C_0, \quad y'(0) = C_1, \quad C_0 \text{ 和 } C_1 \text{ 为常数}$$

解：对式（1）求拉普拉斯逆变换，有

$$s^2 Y(s) - sy(0) - y'(0) + \alpha^2 Y(s) = F(s) \tag{2}$$

将初始条件 $y(0)=C_0$ 和 $y'(0)=C_1$ 代入上式，得到

$$Y(s) = \frac{F(s) + sC_0 + C_1}{s^2 + \alpha^2} = \frac{F(s)}{s^2 + \alpha^2} + \frac{sC_0 + C_1}{s^2 + \alpha^2} \tag{3}$$

使用卷积定理对式（3）等号右边第一项求逆变换，对等号右边第二项查表，可求出微分方程的解为

$$y(t) = \frac{1}{\alpha}\int_0^t f(\tau)\sin\alpha(t-\tau)\mathrm{d}\tau + C_1\cos\alpha t + \frac{C_1}{\alpha}\sin\alpha t$$

② **变系数微分方程**。

用拉普拉斯变换可以求解变系数微分方程[7]。例如变系数微分方程

$$a(x)y'' + b(x)y' + c(x)y = d(x)$$

对方程两端取拉普拉斯变换，得

$$\int_0^{+\infty} [a(x)y'' + b(x)y' + c(x)y] \mathrm{e}^{-sx} \mathrm{d}x = \int_0^{+\infty} d(x) \mathrm{e}^{-sx} \mathrm{d}x$$

用分部积分法确定象函数 $Y(s)$，再对 $Y(s)$ 作拉普拉斯逆变换可得原方程的解。若微分方程的变系数为多项式，则可用拉普拉斯变换公式求解 $Y(s)$。常用的公式为

$$L[t^n f(t)] = (-1)^n \frac{\mathrm{d}^n f(s)}{\mathrm{d}s^n} \tag{5.3.53}$$

$$L[t^{-n} f(t)] = \int_s^{+\infty}\int_{s_n}^{+\infty}\cdots\int_{s_2}^{+\infty} F(s_1)\mathrm{d}s_1\mathrm{d}s_2\cdots\mathrm{d}s_n \tag{5.3.54}$$

$$L\left[\left(t\frac{\mathrm{d}}{\mathrm{d}t}\right)^n f(t)\right] = \left(-s\frac{\mathrm{d}}{\mathrm{d}s}\right)^n F(s) \tag{5.3.55}$$

$$L\left[t^m \frac{\mathrm{d}^n}{\mathrm{d}t^n} f(t)\right] = \left(-\frac{\mathrm{d}}{\mathrm{d}s}\right)^m [s^n F(s)] \quad (m > n) \tag{5.3.56}$$

（2）微分方程组

以二阶微分方程为例介绍用拉普拉斯变换求解微分方程组的方法[7]。设二阶微分方程组

为

$$\sum_{i=1}^{n} K_{ij} x_i = f_j(t) \quad (j = 1,2,\cdots,n)$$

初始条件为

$$x_i(t=0) = u_i, \quad Dx_i(t=0) = V_i \quad (i = 1,2,\cdots,n)$$

式中，$K_{ij} = a_{ij}D^2 + b_{ij}D + c_{ij}$，$D$ 为微分运算符。

对原方程取拉普拉斯变换，得

$$\sum_{i=1}^{n} s_{ij} X_j = F_j(s) + \sum_{i=1}^{n} [(a_{ij}s + b_{ij})u_j + a_{ij}V_j] \quad (j = 1,2,\cdots,n) \tag{5.3.57}$$

式中

$$s_{ij} = a_{ij}s^2 + b_{ij}s + c_{ij}$$

解出 $X_1(s)$，$X_2(s)$，…，$X_n(s)$，再求其拉普拉斯逆变换，即得 $x_1(t)$，$x_2(t)$，…，$x_n(t)$。

（3）偏微分方程

拉普拉斯变换可用来求解偏微分方程，以二阶偏微分方程为例介绍这种方法[7]。设方程为

$$\frac{\partial^2 u}{\partial x^2} + A_2(x)\frac{\partial^2 u}{\partial t^2} + A_1(x)\frac{\partial u}{\partial t} + A_0(x)u = B(x,t)$$

初始条件为

$$u(x,t=0) = u_0(x), \quad \frac{\partial u(x,t=0)}{\partial t} = u_1(x)$$

边界条件为

$$G(x)u + H(x)\frac{\partial u}{\partial x} = K(x, t)$$

对原方程的变量 t 取拉普拉斯变换，令 $L[u(x, t)] = U(x, s)$，同时应用初始条件，得

$$\frac{\mathrm{d}^2 U}{\mathrm{d}x^2} + [A_2(x)s^2 + A_1(x)s + A_0(x)]U = A_2(x)(su_0 + u_1) + A_1(x)u_0 + \int_0^{+\infty} \mathrm{e}^{-st}B(x,t)\mathrm{d}t \tag{5.3.58}$$

对边界条件取拉普拉斯变换，得

$$G(x)U + H(x)\frac{\mathrm{d}U}{\mathrm{d}x} = \int_0^{+\infty} \mathrm{e}^{-st}K(x,t)\mathrm{d}t \tag{5.3.59}$$

由式（5.3.58）和式（5.3.59）可解出 $U(x, s)$，再对 $U(x, s)$ 作拉普拉斯逆变换得原方程的解。

（4）解积分方程或求积分

有时用拉普拉斯变换求积分比直接求更容易[7]。例如求积分 $\int_0^{+\infty} f(t)\,\mathrm{d}t$，可利用下面的拉普拉斯变换

$$L[f(t)] = \int_0^{+\infty} f(t)\mathrm{e}^{-st}\mathrm{d}t = F(s)$$

则

$$\int_0^{+\infty} f(t)\mathrm{d}t = \lim_{s\to 0}\int_0^{+\infty} f(t)\mathrm{e}^{-st}\mathrm{d}t = \lim_{s\to 0}F(s) = F(0) \tag{5.3.60}$$

例题 5.3.19　求积分 $\int_0^{+\infty} t\mathrm{e}^{-2t}\cos t\mathrm{d}t$[7]。

解：先利用拉普拉斯变换的性质式（5.3.30）确定 $t\cos t$ 的拉普拉斯变换

$$L[t\cos t]=\int_0^{+\infty} t\mathrm{e}^{-st}\cos t\mathrm{d}t=-\frac{\mathrm{d}}{\mathrm{d}s}L[\cos t]=-\frac{\mathrm{d}}{\mathrm{d}s}\left(\frac{s}{s^2+1}\right)=\frac{s^2-1}{(s^2+1)^2}$$

再由式（5.3.60）求积分

$$\lim_{s\to 2}\int_0^{+\infty} t\mathrm{e}^{-2t}\cos t\mathrm{d}t=\lim_{s\to 2}\frac{s^2-1}{(s^2+1)^2}=\frac{3}{25}$$

例题 5.3.20　求解积分方程 $y(t)=at+\int_0^t \sin(t-\tau)y(\tau)\mathrm{d}\tau$。

解：运用卷积公式（5.3.35），将原方程改写成

$$y(t)=at+\sin t * y(t) \tag{1}$$

对式（1）两边取拉普拉斯变换

$$L[y(t)]=L[at]+L[\sin t * y(t)]$$

设 $Y(s)=\int_0^{+\infty} y(t)\mathrm{e}^{-st}\mathrm{d}t$，又知 $L[at]=\frac{a}{s^2}$，$L[\sin t]=\frac{1}{s^2+1}$，得

$$Y(s)=\frac{a}{s^2}+\frac{1}{s^2+1}Y(s)$$

由上式解出象函数

$$Y(s)=a\left(\frac{1}{s^2}+\frac{1}{s^4}\right) \tag{2}$$

运用公式

$$L^{-1}\left[\frac{1}{s^n}\right]=\frac{t^{n-1}}{(n-1)!}$$

对式（2）求拉普拉斯逆变换，得

$$y(t)=L^{-1}\left[\frac{a}{s^2}+\frac{a}{s^4}\right]=a\left(t+\frac{t^3}{6}\right)$$

例题 5.3.21　已知初始条件 $y(0)=1$ 和 $y'(0)=1$，求解方程[8]

$$4y''(t)-4y'(t)+y(t)=3\sin 2t。$$

解：设 $L[y(t)]=Y(s)$，在方程两边取拉普拉斯变换，并运用初始条件，得

$$4[s^2Y(s)-sy(0)-y'(0)]-4[sY(s)-y(0)]+Y(s)=3\times\frac{2}{s^2+4}$$

即
$$Y(s)(4s^2-4s+1)-4(s-2)=\frac{6}{s^2+4}$$

解出象函数

$$Y(s)=\frac{(s-2)(s^2+4)+3/2}{(s-1/2)^2(s^2+4)}=\frac{s^3-2s^2+4s-13/2}{(s-1/2)^2(s^2+4)} \tag{1}$$

采用部分分式法求解，令

$$Y(s)=\frac{C_1}{(s-1/2)}+\frac{C_2}{(s-1/2)^2}+\frac{C_3s+C_4}{(s^2+4)} \tag{2}$$

对式（2）通分，并比较式（1）和式（2）的分子部分，得

$$C_1\left(s-\frac{1}{2}\right)(s^2+4)+C_2(s^2+4)+C_3s\left(s-\frac{1}{2}\right)^2+C_4\left(s-\frac{1}{2}\right)^2=s^3-2s^2+4s-\frac{13}{2}$$

整理上式，得

$$C_1s^3-\frac{1}{2}C_1s^2+4C_1s-2C_1+C_2s^2+4C_2+C_3s^3-C_3s^2+\frac{1}{4}C_3s+C_4s^2-C_4s+\frac{1}{4}$$
$$=s^3-2s^2+4s-\frac{13}{2} \tag{3}$$

比较式（3）等号两边 s 的同幂项系数，得

$$C_1+C_3=1, \qquad -\frac{C_1}{2}+C_2-C_3+C_4=-2$$

$$4C_1+\frac{C_3}{4}-C_4=4, \quad -2C_1+4C_2+\frac{C_4}{4}=-\frac{13}{2}$$

解出系数为

$$C_1=\frac{265}{289}, \quad C_2=-\frac{39}{34}, \quad C_3=\frac{24}{289}, \quad C_4=-\frac{90}{289}$$

将其代入式（2），确定象函数为

$$Y(s)=\frac{265}{289}\frac{1}{s-1/2}-\frac{39}{34}\frac{1}{(s-1/2)^2}+\frac{24}{289}\frac{s}{s^2+4}-\frac{45}{289}\frac{2}{s^2+4} \tag{4}$$

对式（4）求拉普拉斯逆变换，得到原函数为

$$y(t)=L^{-1}[Y(s)]=\frac{265}{289}e^{\frac{1}{2}t}-\frac{39}{34}te^{\frac{1}{2}t}+\frac{24}{289}\cos 2t-\frac{45}{289}\sin 2t$$

例题 5.3.22 用积分变换法求偏微分方程

$$\frac{\partial^2 u}{\partial x\partial y}=1, \quad (x>0, y>0) \tag{1}$$

$$u|_{x=0}=y+1, \quad u|_{y=0}=1 \tag{2}$$

解： 设 $L[u(x,y)]=U(x, s)=\int_0^{+\infty}u(x, y)e^{-sy}dy$，将方程两边对 y 取拉普拉斯变换，应用拉普拉斯变换的微分性质式（5.3.22），同时考虑初始条件 $u|_{y=0}=1$，得

$$L\left[\frac{\partial u}{\partial y}(x,y)\right]=sU(x,s)-u(x,0)=sU(x,s)-1$$

因为 $L[1]=\frac{1}{s}$，故式（1）可化为

$$\frac{d}{dx}[sU(x,s)-1]=\frac{1}{s}$$

即

$$\frac{dU}{dx}=\frac{1}{s^2}$$

求出象函数

$$U(x,s)=\frac{x}{s^2}+C \tag{3}$$

利用边界条件 $u|_{x=0}=y+1$，确定积分常数 C，先将边界条件取拉普拉斯变换，得

$$L[u|_{x=0}=y+1]=U(x,s)|_{x=0}=\int_0^{+\infty}(y+1)e^{-sy}dy$$
$$=\int_0^{+\infty}ye^{-sy}dy+\int_0^{+\infty}e^{-sy}dy=\frac{1}{s^2}+\frac{1}{s} \tag{4}$$

比较式（3）与式（4），确定积分常数 $C=U(0,\ s)=\frac{1}{s^2}+\frac{1}{s}$，代入式（3），得象函数为

$$U(x,s)=\frac{x}{s^2}+\frac{1}{s^2}+\frac{1}{s} \tag{5}$$

查表得

$$L^{-1}[1/s]=1,\quad L^{-1}[1/s^2]=y$$

对式（5）取拉普拉斯逆变换，得原方程的解为

$$u(x,y)=L[U(x,s)]=xy+1+y$$

（5）拉普拉斯变换在化工中的应用

化工上有许多的问题，例如瞬时传热和热交换以及蒸馏、不稳定的吸收和萃取等传质问题，此类问题的微分方程可用拉普拉斯变换求解。

下面用几个例题说明拉普拉斯变换在化学工程中的应用。

例题 5.3.23 一半无限体 $x>0$，开始温度为零，由 $t=0$ 开始，使 $x=0$ 的表面温度为 $T_0>0$，求物体在任意时间 $t>0$ 时的温度分布[7]。

解：该问题为一半无限体非稳态的热传导问题，定解问题的方程

$$\frac{\partial T}{\partial t}=\alpha^2\frac{\partial^2 T}{\partial x^2}\quad(x>0,\quad t>0)$$

初始条件 $T(x,0)=0$

边界条件 $T(0,t)=T_0,\quad T(\infty,t)$ 有界

设 $L[T(x,t)]=\overline{T}(x,\ s)$，运用初始条件对原方程取拉普拉斯变换，原方程和边界条件化为

$$s\overline{T}=\alpha^2\frac{\mathrm{d}^2\overline{T}}{\mathrm{d}x^2},\quad \overline{T}(0,s)=\frac{T_0}{s}$$

求解此方程，得

$$\overline{T}(x,s)=\frac{T_0}{s}\mathrm{e}^{-\frac{x\sqrt{s}}{\alpha}}$$

再对 $\overline{T}$（x，s）作拉普拉斯逆变换，因为

$$L^{-1}\left[\frac{\mathrm{e}^{-b\sqrt{s}}}{s}\right]=\mathrm{erfc}\left(\frac{b}{2\sqrt{t}}\right)$$

得原方程的解为

$$T(x,t)=L^{-1}[\overline{T}(x,s)]=T_0\mathrm{erfc}\left(\frac{x}{2\alpha\sqrt{t}}\right)$$

例题 5.3.24 连续搅拌反应罐（CSTR）的清洗。假设反应罐容积为 V，$t<0$ 时进料，盐溶液浓度为 $c_i(t)=c_0$，进料流率为 $q_{进}$，假定反应器是完全混合的，即罐内浓度等于（CSTR）出口浓度 $c(t)$；出口流率 $q_{出}=q_{进}=q$，罐内无反应，如图 5.3.2 所示。在进口浓度 $c_i(t)$ 三种不同的情况下，讨论出口盐溶液浓度 $c(t)$（$t>0$）与 t 的函数关系[8]。

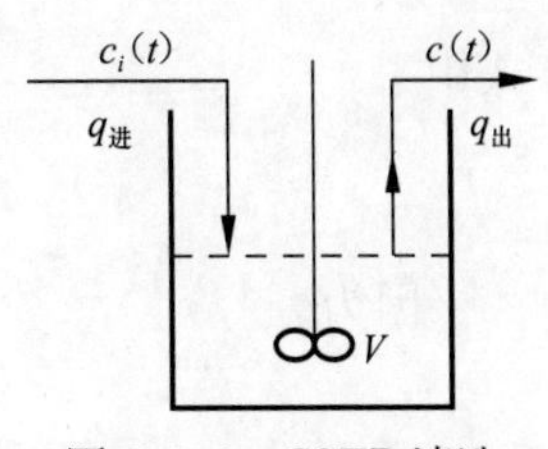

图 5.3.2 CSTR 清洗

① $t=0$ 时，进料为纯溶剂（无盐）$c_i(t)=0$。

② 设清洗溶液恒定 $c_i(t)=c_1$，（$t>0$）。

③ 考虑进料溶液 $c_i=c_i(t)$，（$t>0$）。

解：① 对反应罐进行物料衡算，输入＝输出＋累积，得

$$qc_i(t) = qc(t) + V\frac{\mathrm{d}c(t)}{\mathrm{d}t} \quad (t > 0) \tag{1}$$

令 $q/V=\alpha$，并用初始条件 $c_i(t)=0$，因此由式（1）可得

$$\frac{\mathrm{d}c(t)}{\mathrm{d}t} + \alpha c(t) = 0, \quad c(t)\big|_{t=0} = c_0 \tag{2}$$

设 $L[c(s)]=\bar{c}(s)$，对式（2）的两边取拉普拉斯变换，并同时考虑初始条件，得

$$s\bar{c}(s) - c_0 + \alpha\bar{c}(s) = 0$$

解出象函数为

$$\bar{c}(s) = \frac{c_0}{s+\alpha} \tag{3}$$

对式（3）作拉普拉斯逆变换，得出口盐溶液浓度与 t 的函数关系为

$$c(t) = L^{-1}[\bar{c}(s)] = c_0 \mathrm{e}^{-\alpha t}$$

可见，出口盐溶液浓度随时间指数下降，下降速率取决于 $\alpha=\dfrac{q}{V}$（时间常数）。

② 设清洗溶液恒定，即 $c_i(t)=c_1$，$(t>0)$，由物料平衡式得

$$\frac{\mathrm{d}c(t)}{\mathrm{d}t} + \alpha c(t) = \alpha c_1 \tag{4}$$

对式（4）两边取拉普拉斯变换，并考虑初始条件 $c_i(t)=c_0$，得 $s\bar{c}(s)-c_0+\alpha\bar{c}(s)=\dfrac{\alpha c_1}{s}$，得到象函数为

$$\bar{c}(s) = \frac{\alpha c_1}{s(s+\alpha)} + \frac{c_0}{s+\alpha} \tag{5}$$

对式（5）取拉普拉斯逆变换，得

$$c(t) = c_1(1-\mathrm{e}^{-\alpha t}) + c_0\mathrm{e}^{-\alpha t}$$

③ 考虑进料溶液 $c_i=c_i(t)$，$t>0$，由物料平衡式，得

$$\frac{\mathrm{d}c(t)}{\mathrm{d}t} + \alpha c(t) = \alpha c_i(t) \tag{6}$$

对式（6）两边取拉普拉斯变换，并考虑初始条件 $c_i(t)=c_0$，$L[c_i(t)]=\bar{c}_i(s)$，得

$$s\bar{c}(s) - c_0 + \alpha\bar{c}(s) = \alpha\bar{c}_i(s)$$

求解上式，得到象函数为

$$\bar{c}(s) = \frac{\alpha\bar{c}_i(s)}{s+\alpha} + \frac{c_0}{s+\alpha} = F_1(s)\cdot F_2(s) + \frac{c_0}{s+\alpha} \tag{7}$$

式中

$$\frac{\alpha}{s+\alpha}\bar{c}_i(s) = F_1(s)\cdot F_2(s)$$

因为

$$L^{-1}[F_1(s)] = \alpha\mathrm{e}^{-st}, \quad L^{-1}[F_2(s)] = c_i(t)$$

由卷积定理式（5.3.37a），对式（7）右边第一项求拉普拉斯逆变换，得

$$L^{-1}\left[\frac{\alpha\bar{c}_i(s)}{s+\alpha}\right] = L^{-1}[F_1(s)\cdot F_2(s)] = f_1(t) * f_2(t) = \alpha\int_0^t c_i(t-\tau)\,\mathrm{e}^{-\alpha\tau}\,\mathrm{d}\tau$$

最终，由式（7）的拉普拉斯逆变换得

$$c(t)=L^{-1}[\bar{c}(s)]=\alpha\int_0^t c_i(t-\tau)\mathrm{e}^{-\alpha\tau}\mathrm{d}\tau+c_0\mathrm{e}^{-\alpha t}$$

例题 5.3.25 研究原子的振动，化学键简化模型如图 5.3.3 所示。该原子在胡克定律的恢复力和随时间作正弦变化的强迫力 $F_0=A\sin\omega t$ 的共同作用下发生振动，这种强迫力是由周围存在的原子所产生的振荡电场所致。原子的振动方程为

$$m\frac{\mathrm{d}^2x}{\mathrm{d}t^2}+kx=A\sin\omega t \tag{1}$$

式中，m 为原子质量；k 为胡克常数；A 为正弦作用力振幅；ω 为力的振动频率。

初始条件为

$$x(0)=0,\quad x'(0)=0$$

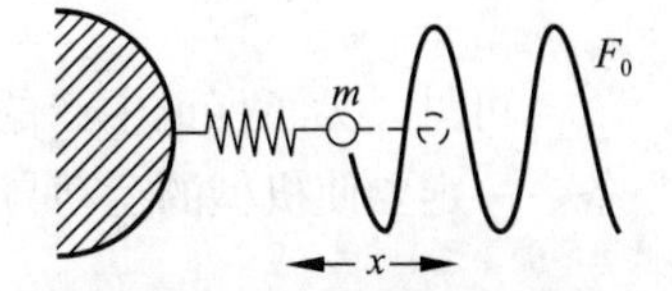

图 5.3.3 化学键简化模型

解： 令 $\beta^2=\dfrac{k}{m}$，$K=\dfrac{A}{m}$，由式（1）可得

$$\frac{\mathrm{d}^2x}{\mathrm{d}t^2}+\beta^2x=K\sin\omega t \tag{2}$$

式（2）为二阶常微分方程。设 $L[x(t)]=X(s)$，对式（2）的两边取拉普拉斯变换，同时考虑初始条件，得

$$s^2X(s)-sx(0)-x'(0)+\beta^2X(s)=s^2X(s)+\beta^2X(s)=\frac{K\omega}{s^2+\omega^2}$$

当 $\beta^2\neq\omega^2$ 时，由上式求出

$$X(s)=\frac{K\omega}{(s^2+\beta^2)(s^2+\omega^2)}=\frac{K\omega}{\beta^2-\omega^2}\left(\frac{1}{s^2+\omega^2}-\frac{1}{s^2+\beta^2}\right) \tag{3}$$

对式（3）取拉普拉斯逆变换

$$x(t)=L^{-1}[X(s)]=\frac{K\omega}{\beta^2-\omega^2}\left[L^{-1}\left(\frac{1}{s^2+\omega^2}\right)-L^{-1}\left(\frac{1}{s^2+\beta^2}\right)\right]=\frac{K\omega}{\beta^2-\omega^2}\left(\frac{\sin\omega t}{\omega}-\frac{\sin\beta t}{\beta}\right)$$

即

$$x(t)=\frac{K\omega}{\beta^2-\omega^2}\left(\frac{\sin\omega t}{\omega}-\frac{\sin\beta t}{\beta}\right) \tag{4}$$

当 $\beta^2\neq\omega^2$ 时，式（4）即原子任意时刻的位移。

当 $\beta^2=\omega^2$ 时，由式（3）求出

$$X(s)=\frac{K\omega}{(s^2+\omega^2)^2} \tag{5}$$

对式（5）求拉普拉斯逆变换，得到 $\beta^2=\omega^2$ 时原子任意时刻的位移为

$$x(t)=\frac{K}{2\omega^2}(\sin\omega t-\omega t\cos\omega t) \tag{6}$$

分别讨论这两种情况：

① 当 $\beta^2\neq\omega^2$，由于 $|\sin\omega t|\leqslant 1$，因此原子的位移是有限的，其最大值为

$$|x_{\max}|=\frac{K\omega}{\beta^2-\omega^2}\left(\frac{1}{\omega}+\frac{1}{\beta}\right)=\frac{K}{\beta(\beta-\omega)}$$

此时原子 m 可视为有界振子。

② 当 $\beta^2=\omega^2$，时间 t 很大时，原子的位移 $|x(t)|$ 也将很大，随着时间的增加，位移越来越大，原子 m 可在任意大的正负值位移范围内振动。

$$\lim_{t\to\infty}x(t)=\lim_{t\to\infty}\frac{K}{2\omega^2}(\sin\omega t-\omega t\cos\omega t)\to\infty$$

此时出现共振现象，$\beta^2=\omega^2$ 为共振条件。

如研究原子的速度，由式（6）得

$$V(t)=\frac{dx(t)}{dt}=\frac{K}{2\omega^2}(\omega\cos\omega t-\omega\cos\omega t+\omega^2 t\sin\omega t)=\frac{1}{2}Kt\sin\omega t$$

由上式可知，速度随时间无限增大也无限增大，有

$$\lim_{t\to\infty}V(t)=\lim_{t\to\infty}\frac{1}{2}Kt\sin\omega t\to\infty$$

可见，为了保证生产的安全，提高机械和设备的使用寿命，工程中设计的化工机械和设备，一定要使机械的运动与设备中流体流动引起的振动频率远离机械和设备固有振动的频率。

第5章　练　习　题

5.1　a 为常数，设 $F[f(t)]=G(\omega)$，证明

（1）$F[e^{-a|t|}]=\dfrac{2a}{\omega^2+a^2}$　$(a>0)$

（2）$F\left[\dfrac{1}{2\pi}(\cos 2t+i\sin 2t)\right]=\delta(\omega-2)$

5.2　**证明**：函数 $e^{i\omega_0 t}$ 和 $2\pi\delta(\omega-\omega_0)$ 构成傅里叶变换对。

5.3　若 $f_1(t)$ 和 $f_2(t)$ 都满足傅里叶积分定理中的条件，且 $F[f_1(t)]=G_1(\omega)$，$F[f_2(t)]=G_2(\omega)$。

（1）证明 $F[f_1(t)*f_2(t)]=F_1(\omega)\cdot F_2(\omega)$。

（2）若 $f_1(t)=\begin{cases}0 & (t<0)\\ e^{-t} & (t\geqslant 0)\end{cases}$ 与 $f_2(t)=\begin{cases}\sin t & \left(0\leqslant t\leqslant\dfrac{\pi}{2}\right)\\ 0 & （其他）\end{cases}$，用卷积定理求 $f_1(t)*f_2(t)$。

5.4　已知方程 $y''-k^2y=h(x)$，$y(\pm\infty)=0$，用傅里叶变换证明 $\bar{y}(\omega)=-h(\omega)/(\omega^2+k^2)$，当 $k>0$ 时，解为 $y(x)=-\dfrac{1}{2k}\displaystyle\int_{-\infty}^{+\infty}e^{-k|x-\xi|}h(\xi)d\xi$。

5.5　用傅里叶变换求下列物体在任意时间 $t>0$ 时的温度分布[7]。

（1）已知一半无限体 $x>0$，开始温度为零。由 $t=0$ 开始，使 $x=0$ 一端温度为 T_0 $(T_0>0)$，保持无限长的一端温度为零，即 $T(\infty, t)=0$。

（2）已知一杆长 l，杆的初始温度为 T_0，杆的两端绝缘，即边界条件 $T_x(0, t)=T_x(l, t)=0$。

5.6　求下列拉普拉斯变换的卷积。

（1）$t*t$　　（2）$t*e^t$　　（3）$\cos t*\cos t$

（4）$\sin t*\cos t$　　（5）$e^{kt}(\sin t*\cos t)$　　（6）$t*\sin t$

5.7　由卷积定理证明下列拉普拉斯逆变换。

（1）$L^{-1}\left[\dfrac{s}{(s^2+a^2)^2}\right]=\dfrac{t}{2a}\sin at$

（2）$L^{-1}\left[\dfrac{s+1}{(s+1)^2+1}\right]=e^{-t}\cos t$

（3）$L^{-1}\left[\frac{s^2}{(s^2+a^2)^2+1}\right]=\frac{1}{2a}\ (\sin at+at\cos at)$

5.8　用拉普拉斯变换求解方程$\frac{\mathrm{d}y}{\mathrm{d}t}+ky=\delta(t-1)$，其中 $y(0)=1$。

5.9　用拉普拉斯变换求解方程组。

$$\begin{cases}\frac{\mathrm{d}x}{\mathrm{d}t}+\frac{\mathrm{d}y}{\mathrm{d}t}+x=-\mathrm{e}^{-t}\\ \frac{\mathrm{d}x}{\mathrm{d}t}+2\,\frac{\mathrm{d}y}{\mathrm{d}t}+2x+2y=0\end{cases},\quad \text{初始条件}\begin{cases}x(0)=-1\\ y(0)=1\end{cases}$$

5.10　用拉普拉斯变换求解下列积分方程。

（1）$y(t)=\sin 2t+\int_0^t y(\tau)\sin 2(t-\tau)\,\mathrm{d}\tau$

（2）$y'(t)+5\int_0^t \cos 2(t-\tau)y(\tau)\,\mathrm{d}\tau=10,\quad y(0)=2$

参考文献

[1]　张元林．工程数学——积分变化（第4版）[M]．北京：高等教育出版社，2003.

[2]　盛镇华．矢量分析与数学物理方法 [M]．长沙：湖南科学技术出版社，1982：221～229.

[3]　Francis B. Hildebrand. Advanced Calculus for Applications. 2nd Edition [M]. Englewood Cliffs，New Jersey：Prentice－Hall Inc，1976：539～621.

[4]　梁昆淼，编．刘法，缪国庆，修订．数学物理方程（第4版）[M]．北京：高等教育出版社，2010：69～106.

[5]　夏宗伟．应用数学基础 [M]．西安：西安交通大学出版社，1989：203～242.

[6]　李建林．复变函数·积分变化·全析精解 [M]．西安：西北工业大学出版社，2005：199～325.

[7]　陈宁馨．现代化工数学 [M]．北京：化学工业出版社，1985：243～303.

[8]　周爱月．化工数学（第2版）[M]．北京：化学工业出版社，2011：153～180.

第6章　偏微分方程与特殊函数

常微分方程只能构成集中参数模型，仅能考虑系统中只有一个自变量问题。在科学技术、实际工程和生产实践中，常常需要研究空间连续分布的各种物理场的状态和物理过程。例如，研究某系统温度场随时间变化规律，温度是时间和空间坐标的函数；研究某系统浓度场随时间变化规律，浓度场也是时间和空间的函数；研究化学反应中的多组分问题，等等。总之，其是研究某个物理量在空间的某个区域中的分布情况，以及该物理量怎样随着时间变化。这些问题必须考虑多个自变量，自变量包括时间和空间坐标就不能用常微分方程来描述。

系统中含有多个自变量，方程中含有未知函数的偏导数，构成**偏微分方程**。若想解决这些问题，首先必须掌握所研究的物理量在空间的分布规律和随时间的变化规律，它是解决问题的依据。物理规律用微分方程表示出来，称为**数学物理方程**。其反映同一类物理现象的共同规律。但是，在同一类物理现象中，各个具体问题有其特殊性，物理规律不反映个性。为了解决具体问题，还必须考虑所研究区域的边界处在怎样的状态下及其历史的状态。研究特定偏微分方程的求解，必须考虑**边界条件和初始条件**。边界条件和初始条件反映了具体问题的特定环境和历史，即**问题的特殊性**。

典型的数学物理方程包括波动方程、输运方程和位势方程。在化学工程中，它们分别描述三类不同的物理现象：波动（弦或膜振动、声波和水波）、输运过程（动量传递、热传导和扩散）和状态平衡（稳态温度场和浓度场、速度势）。本章在介绍如何建立典型数学物理方程的基础上，介绍解析求解这类方程的几种常用方法；在柱、球坐标系中，这类方程是变系数的偏微分方程，本章也将介绍这类变系数偏微分方程的求解及其相关的特殊函数。

在本章中，直观的物理描述和应用占主导地位，略去有些严格和烦琐的证明，对于偏微分方程解的存在性、唯一性及解关于初始条件和边界条件的连续依赖性等理论问题，仅给出结论。如有需要，读者可借助参考文献进行学习。

本章重点介绍解析求解这类方程的分离变量法、冲量定理法和格林函数法[1]~[9]，包括偏微分方程的基本概念和分类、典型偏微分方程的建立、偏微分方程的分离变量法、非齐次泛定方程、球坐标系中的分离变量法、柱坐标系中的分离变量法、冲量定理法和格林函数法、无界空间的定解问题8节。

6.1　偏微分方程的基本概念和分类

本节首先介绍偏微分方程的分类，进而介绍化学工程中常用的波动方程、输运方程、稳态方程等三类典型数学物理方程，并在此基础上介绍偏微分方程的边界条件和初始条件。

本节分为两小节，包括典型二阶偏微分方程、偏微分方程的定解条件和定解问题。

6.1.1　典型二阶线性偏微分方程

本小节主要介绍二阶线性偏微分方程的分类和波动方程、输运方程、稳态方程等三类典型方程，包括二阶线性偏微分方程的分类、三种典型的偏微分方程两部分。

（1）二阶线性偏微分方程的分类

含有未知函数 u（x_1，x_2，…，x_n）和其偏导数的方程称为偏微分方程。若方程中出现的偏导数的最高阶数为 n，则称方程为 **n 阶偏微分方程**。

方程经过有理化并消去分式后，若没有未知函数及其偏导数的乘积或幂等非线性项，即方程关于函数 u 及函数 u 的各阶偏导数都是线性的，则该方程称为**线性偏微分方程**；反之称为**非线性偏微分方程**。

在非线性方程中，最高阶导数是线性的偏微分方程称为**拟线性偏微分方程**。

在线性方程中，不含未知函数及其偏导数的项称为**自由项**，自由项为零的方程称为**齐次偏微分方程**；否则称为**非齐次偏微分方程**。

例题 6.1.1　判断下列方程的类型。

① $a(x,y)\dfrac{\partial z}{\partial x}+b(x,y)\dfrac{\partial z}{\partial y}=c(x,y)$　　一阶、线性、非齐次方程，变系数；

② $u(x,y)\dfrac{\partial^2 u}{\partial x^2}+\left(\dfrac{\partial u}{\partial y}\right)^2=0$　　二阶、非线性、齐次方程；

③ $\left(\dfrac{\partial^2 u}{\partial x^2}\right)^2+\left(\dfrac{\partial^2 u}{\partial y^2}\right)^2=f(x,y)$　　二阶、非线性、非齐次方程；

④ $\dfrac{\partial^2 u}{\partial x^2}+\dfrac{\partial^2 u}{\partial y^2}=f(x,y)$　　二阶、线性、非齐次方程。

由于二阶线性偏微分方程可以描述大多数工程问题，故本书重点介绍二阶线性偏微分方程。二阶线性偏微分方程可用算子表示为

$$Lu=f \tag{6.1.1}$$

式中，算子 L 定义为

$$L\equiv\sum_{i,j=1}^{n}a_{ij}\frac{\partial^2}{\partial x_i\partial x_j}+\sum_{i=1}^{n}b_i\frac{\partial}{\partial x_i}+c$$

式中，a_{ij}、b_i、c 和 f 都仅是自变量 $\boldsymbol{r}=\boldsymbol{r}(x_1,x_2,\cdots,x_n)$的函数或常数。

下面介绍方程的分类，并把各类方程分别化为标准形式，后面只需讨论标准形式方程的解法。本章仅介绍两个自变量的二阶线性偏微分方程类型的确定，多自变量偏微分方程的分类请参照相关参考文献和书籍[2],[3]。

若未知函数 $u(x,y)$与它的一阶、二阶偏导数存在关系式

$$F(x,y,u,u_x,u_y,u_{xx},u_{xy},u_{yy})=0 \tag{6.1.2}$$

将式（6.1.2）各项具体写出，可表示为

$$a_{11}u_{xx}+2a_{12}u_{xy}+a_{22}u_{yy}+b_1u_x+b_2u_y+cu+f=0 \tag{6.1.3}$$

式中，u_{xx} 为偏导数 $u_{xx}=\dfrac{\partial^2 u}{\partial x^2}$的简写形式。

① 系数 a_{11}、a_{12}、a_{22}、b_1、b_2、c、f 都只是 x、y 的函数，称为**变系数线性二阶偏微分方程**；

② 系数 a_{11}、a_{12}、a_{22}、b_1、b_2、c、f 都为常数，称为**常系数线性二阶偏微分方程**。

③ 式（6.1.3）中自由项 f 为零，即 $f=0$，方程称为齐次偏微分方程；反之称为非齐次偏微分方程。方程的分类与自由项 f 无关。自由项一般是问题的源项、强制项，在数学上统称为**源密度函数**。

在以下的讨论中，假定 a_{11}、a_{12}、a_{22}、b_1、b_2、c、f 都是实数，则方程中系数 a_{11}、a_{12}、a_{22} 的取值可确定二阶线性偏微分方程的类型[2],[3]。

先作自变量的代换

$$\begin{cases} x = x(\xi,\eta), \\ y = y(\xi,\eta), \end{cases} \quad \text{即} \quad \begin{cases} \xi = \xi(x,y) \\ \eta = \eta(x,y) \end{cases} \tag{6.1.4}$$

ξ 和 η 都是二次连续可微函数，且在所讨论的区域中雅可比行列式不为零，有

$$\frac{\partial(\xi,\eta)}{\partial(x,y)} = \begin{vmatrix} \xi_x & \xi_y \\ \eta_x & \eta_y \end{vmatrix} \neq 0。$$

通过式（6.1.4）代换，$u(x, y)$ 成为 ξ 和 η 的函数。为了用新的自变量函数 ξ 和 η 表示方程（6.1.3），作如下计算

$$\begin{cases} u_x = u_\xi \xi_x + u_\eta \eta_x \\ u_y = u_\xi \xi_y + u_\eta \eta_y \end{cases} \tag{6.1.5}$$

$$\begin{aligned} u_{xx} &= (u_{\xi\xi}\xi_x^2 + u_{\xi\eta}\xi_x\eta_x + u_\xi\xi_{xx}) + (u_{\eta\xi}\eta_x\xi_x + u_{\eta\eta}\eta_x^2 + u_\eta\eta_{xx}) \\ &= u_{\xi\xi}\xi_x^2 + 2u_{\xi\eta}\xi_x\eta_x + u_{\eta\eta}\eta_x^2 + u_\xi\xi_{xx} + u_\eta\eta_{xx} \end{aligned} \tag{6.1.6a}$$

$$\begin{aligned} u_{xy} &= (u_{\xi\xi}\xi_x\xi_y + u_{\xi\eta}\xi_x\eta_y + u_\xi\xi_{xy}) + (u_{\eta\xi}\eta_x\xi_y + u_{\eta\eta}\eta_x\eta_y + u_\eta\eta_{xy}) \\ &= u_{\xi\xi}\xi_x\xi_y + u_{\xi\eta}(\xi_x\eta_y + \xi_y\eta_x) + u_{\eta\eta}\eta_x\eta_y + u_\xi\xi_{xy} + u_\eta\eta_{xy} \end{aligned} \tag{6.1.6b}$$

$$\begin{aligned} u_{yy} &= (u_{\xi\xi}\xi_y^2 + u_{\xi\eta}\xi_y\eta_y + u_\xi\xi_{yy}) + (u_{\eta\xi}\eta_y\xi_y + u_{\eta\eta}\eta_y^2 + u_\eta\eta_{yy}) \\ &= u_{\xi\xi}\xi_y^2 + 2u_{\xi\eta}\xi_y\eta_y + u_{\eta\eta}\eta_y^2 + u_\xi\xi_{yy} + u_\eta\eta_{yy} \end{aligned} \tag{6.1.6c}$$

把式（6.1.5）和式（6.1.6）代入式（6.1.3）中得到用新自变量函数 ξ 和 η 表示的方程为

$$A_{11}u_{\xi\xi} + 2A_{12}u_{\xi\eta} + A_{22}u_{\eta\eta} + B_1u_\xi + B_2u_\eta + Cu + F = 0 \tag{6.1.7}$$

其中的系数为

$$\begin{cases} A_{11} = a_{11}\xi_x^2 + 2a_{12}\xi_x\xi_y + a_{22}\xi_y^2 \\ A_{12} = a_{11}\xi_x\eta_x + a_{12}(\xi_x\eta_y + \xi_y\eta_x) + a_{22}\xi_y\eta_y \\ A_{22} = a_{11}\eta_x^2 + 2a_{12}\eta_x\eta_y + a_{22}\eta_y^2 \\ B_1 = a_{11}\xi_{xx} + 2a_{12}\xi_{xy} + a_{22}\xi_{yy} + b_1\xi_x + b_2\xi_y \\ B_2 = a_{11}\eta_{xx} + 2a_{12}\eta_{xy} + a_{22}\eta_{yy} + b_1\eta_x + b_2\eta_y \\ C = c \\ F = f \end{cases} \tag{6.1.8}$$

方程（6.1.7）仍是线性的。从式（6.1.8）中可以看到，如果取一阶偏微分方程

$$a_{11}z_x^2 + 2a_{12}z_xz_y + a_{22}z_y^2 = 0 \tag{6.1.9}$$

的一个特解作为新自变量函数 ξ，则 $a_{11}\xi_x^2 + 2a_{12}\xi_x\xi_y + a_{22}\xi_y^2 = 0$，从而 $A_{11}=0$。同理，如果取式（6.1.9）的另一个特解作为新自变量函数 η，则 $A_{22}=0$。这样方程（6.1.7）就可化简。

一阶偏微分方程（6.1.9）的求解可转化为常微分方程的求解。事实上，式（6.1.9）可改写为

$$a_{11}\left(-\frac{z_x}{z_y}\right)^2-2a_{12}\left(-\frac{z_x}{z_y}\right)+a_{22}=0 \tag{6.1.10}$$

如果把

$$z(x,y)=\text{常数} \tag{6.1.11}$$

当作定义隐函数 $y(x)$ 的方程，则 $\frac{\mathrm{d}y}{\mathrm{d}x}=-\frac{z_x}{z_y}$，从而式（6.1.10）为

$$a_{11}\left(\frac{\mathrm{d}y}{\mathrm{d}x}\right)^2-2a_{12}\left(\frac{\mathrm{d}y}{\mathrm{d}x}\right)+a_{22}=0 \tag{6.1.12}$$

总之，为了化简二阶线性偏微分方程（6.1.3），应先求解常微分方程（6.1.12）。求得式（6.1.12)的一个解“$\xi(x,y)=$常数”后，取 $\xi=\xi(x,y)$ 作为新的自变量函数，则在新的二阶线性偏微分方程（6.1.7）中，系数 $A_{11}=0$；求得式（6.1.12）的另一个解“$\eta(x,y)=$常数”后，又取 $\eta=\eta(x,y)$ 作新的自变量函数，则在新的方程（6.1.7）中，系数 $A_{22}=0$。

因此，常微分方程（6.1.12）称为二阶线性偏微分方程（6.1.3）的**特征方程**，特征方程的一般积分“$\xi(x,y)=$ 常数”和“$\eta(x,y)=$ 常数”称为**特征线**。

特征方程（6.1.12）可分为两个方程

$$\frac{\mathrm{d}y}{\mathrm{d}x}=\frac{a_{12}+\sqrt{a_{12}^2-a_{11}a_{22}}}{a_{11}} \tag{6.1.13}$$

$$\frac{\mathrm{d}y}{\mathrm{d}x}=\frac{a_{12}-\sqrt{a_{12}^2-a_{11}a_{22}}}{a_{11}} \tag{6.1.14}$$

因此，特征线依赖于 $a_{12}^2-a_{11}a_{22}$：

① 当 $a_{12}^2-a_{11}a_{22}>0$ 时，存在两根实的特征曲线；

② 当 $a_{12}^2-a_{11}a_{22}=0$ 时，两根实的特征曲线变为一根；

③ 当 $a_{12}^2-a_{11}a_{22}<0$ 时，不存在实的特征曲线。

通常根据式（6.1.13）和式（6.1.14）根号下的符号划分偏微分方程（6.1.3）的类型。$M=M(x,y)$ 为所论区域 Ω 内任意一点，分类判别条件如下：

① 若在点 M 处或在所讨论的区域 Ω 内 $a_{12}^2-a_{11}a_{22}>0$，则称方程在该点处或在区域 Ω 内为**双曲型**，例如

$$u_{xx}-u_{yy}=0 \tag{6.1.15}$$

② 若在点 M 处或在所讨论的区域 Ω 内 $a_{12}^2-a_{11}a_{22}=0$，则称方程在该点处或在区域 Ω 内为**抛物型**，例如

$$u_y-u_{xx}=0 \tag{6.1.16}$$

③ 若在点 M 处或在所讨论的区域 Ω 内 $a_{12}^2-a_{11}a_{22}<0$，则称方程在该点处或在区域 Ω 内为**椭圆型**，例如

$$u_{xx}+u_{yy}=0 \tag{6.1.17}$$

由于方程的系数 a_{11}、a_{12} 和 a_{22} 可以是 x、y 的函数，因此，一个方程在自变量的某一个区域属于某一类型，在另一区域可能属于另一类型。也就是说，同一方程在不同的点处可能是不同的类型。

例题 6.1.2　判断二阶偏微分方程 $xu_{xx}+yu_{yy}+2yu_x-xu_y=0$ 的类型。

解：因为判别式 $a_{12}^2-a_{11}a_{22}=0-xy$，所以有：

① 当 $xy<0$，x、y 异号，M 点在第二、四象限内，该区域内方程为双曲型的；

② 当 $xy>0$，x、y 同号，M 点在第一、三象限内，该区域内方程为椭圆型的；

③ 当 $x=0$ 或 $y=0$ 时，方程在 y 轴或 x 轴上是抛物型的。

显然，可以写出无数个偏微分方程。但是，并不是每个方程都有它的实际意义和应用。

用式（6.1.8）容易验证，得

$$A_{12}^2-A_{11}A_{22}=(a_{12}^2-a_{11}a_{22})(\xi_x\eta_y-\xi_y\eta_x)^2$$

就是说，作自变量的代换时，方程的类型不变。

（2）三种典型的偏微分方程

除了用上面介绍的特征曲线的方法来分类数学物理方程外，也常用方程的物理含义来命名数学物理方程的类型。下一节将详细介绍这些方程的建立。

① **波动方程**。

讨论双曲型方程。当 $a_{12}^2-a_{11}a_{22}>0$ 时，存在两根实的特征曲线，方程（6.1.13）和式（6.1.14）各给出一族实的**特征线**为

$$\xi(x,\ y)=\text{常数},\ \eta(x,\ y)=\text{常数}$$

取 $\xi=\xi(x,y)$ 和 $\eta=\eta(x,y)$ 作为新的自变量，代入方程（6.1.8），则 $A_{11}=0$ 和 $A_{22}=0$ 使自变量代换后的方程（6.1.7）成为

$$u_{\xi\eta}=-\frac{1}{2A_{12}}[B_1u_\xi+B_2u_\eta+Cu+F] \tag{6.1.18}$$

若再作自变量代换

$$\begin{cases}\xi=\alpha+\beta\\ \eta=\alpha-\beta\end{cases}$$

即

$$\begin{cases}\alpha=(\xi+\eta)/2\\ \beta=(\xi-\eta)/2\end{cases}$$

将方程（6.1.18）化为

$$u_{\alpha\alpha}-u_{\beta\beta}=-\frac{1}{A_{12}}[(B_1+B_2)u_\alpha+(B_1-B_2)u_\beta+2Cu+2F] \tag{6.1.19}$$

方程（6.1.18）和（6.1.19）是**双曲型方程的标准形式**。

由双曲型方程的标准形式可知，一维波动方程，如弦振动方程、杆的纵向振动方程，以及电报方程等波动问题，都是标准形式的双曲型方程。

② **输运方程**。

讨论抛物型方程。$a_{12}^2-a_{11}a_{22}=0$，特征方程（6.1.12）化为

$$\left(\sqrt{a_{11}}\frac{\mathrm{d}y}{\mathrm{d}x}-\sqrt{a_{22}}\right)^2=0$$

得到一组实的特征线为

$$\sqrt{a_{11}}y-\sqrt{a_{22}}x=\text{常数}$$

取 $\xi=\sqrt{a_{11}}y-\sqrt{a_{22}}x$ 作为新的自变量，有 $\xi_x=-\sqrt{a_{22}}$，$\xi_y=\sqrt{a_{11}}$ 代入式（6.1.8），就有

$$A_{11}=a_{11}\xi_x^2+2a_{12}\xi_x\xi_y+a_{22}\xi_y^2=0$$

$$A_{12}=a_{11}\xi_x\eta_x+\sqrt{a_{11}a_{22}}(\xi_x\eta_y+\xi_y\eta_x)+a_{22}\xi_y\eta_y=(\sqrt{a_{11}}\xi_x+\sqrt{a_{22}}\xi_y)(\sqrt{a_{11}}\eta_x+\sqrt{a_{22}}\eta_y)$$
$$=(-\sqrt{a_{11}a_{22}}+\sqrt{a_{22}a_{11}})(\sqrt{a_{11}}\eta_x+\sqrt{a_{22}}\eta_y)$$
$$=0(\sqrt{a_{11}}\eta_x+\sqrt{a_{22}}\eta_y)=0$$

使自变量代换后的方程（6.1.7）成为

$$u_{\eta\eta}=-\frac{1}{A_{22}}[B_1u_\xi+B_2u_\eta+Cu+F] \tag{6.1.20}$$

式（6.1.20）是**抛物型方程的标准形式**。

由抛物型方程的标准形式可知，一维输运方程，即第 4 章的非稳态热传导方程（4.4.85）和非稳态扩散方程（4.4.88）都是标准形式的抛物型方程。

③ **稳态方程**。

最后讨论椭圆型方程。当 $a_{12}^2-a_{11}a_{22}<0$ 时，不存在实的特征曲线。方程（6.1.13）和式（6.1.14）给出一族复数的**特征线**为

$$\xi(x,y)=\text{常数},\quad \eta(x,y)=\text{常数}$$

而且 $\eta=\bar{\xi}$，取 $\xi=\xi(x,y)$ 和 $\eta=\eta(x,y)=\bar{\xi}(x,y)$ 作为新的自变量，代入方程（6.1.8），则 $A_{11}=0$，$A_{22}=0$，使自变量代换后的方程（6.1.7）变为

$$u_{\xi\eta}=-\frac{1}{2A_{12}}[B_1u_\xi+B_2u_\eta+Cu+F] \tag{6.1.21}$$

方程（6.1.21）不同于式（6.1.18），因为这里的 ξ 和 η 是复变数，一般是不方便使用的。通常再作如下代换

$$\begin{cases}\xi=\alpha+\mathrm{i}\beta\\ \eta=\alpha-\mathrm{i}\beta\end{cases}$$

即

$$\begin{cases}\alpha=\mathrm{Re}\xi=(\xi+\eta)/2\\ \beta=\mathrm{Im}\xi=(\xi-\eta)/2\mathrm{i}\end{cases}$$

$$u_{\alpha\alpha}+u_{\beta\beta}=-\frac{1}{A_{12}}[(B_1+B_2)u_\alpha+\mathrm{i}(B_2-B_1)u_\beta+2Cu+2F] \tag{6.1.22}$$

方程（6.1.21）和方程（6.1.22）是**椭圆型方程的标准形式**。

由椭圆型方程的标准形式可知，平面调和场二维拉普拉斯方程（4.4.42）和方程（4.4.43）是椭圆型方程，可描述无旋稳态的流动。在二维情况下，稳定热传导方程（4.4.92）和稳定浓度扩散方程（4.4.93）都是椭圆型方程。

泊松方程（4.4.51）可描述稳态温度场、浓度场、速度势和电流场等，也称为位势方程，二维泊松方程是非齐次椭圆型方程。各个物理场中非齐次项 f 的物理意义不同，在数学物理方程中统称为源密度函数。当 $f=0$ 时，其是拉普拉斯方程。

例题 6.1.3　考察二阶偏微分方程 $x^2u_{xx}-y^2u_{yy}=0$（$x>0$，$y>0$）的类型，并化成标准形式[3]。

解： 因为在所处的区域中 $a_{12}^2-a_{11}a_{22}=x^2y^2>0$，因此原方程是双曲型的。

该方程的特征方程为

$$x^2(\mathrm{d}y)^2-y^2(\mathrm{d}x)^2=0$$

或者写成

$$x\mathrm{d}y+y\mathrm{d}x=0,\quad x\mathrm{d}y-y\mathrm{d}x=0$$

上两个方程的解为

$$xy = c_1, \quad y/x = c_2 \qquad (c_1, c_2 \text{ 为常数})$$

因此，应引进新的变量

$$\xi = xy, \quad \eta = y/x$$

将以上新变量代入式（6.1.6），有

$$u_{xx} = y^2 u_{\xi\xi} - 2\frac{y^2}{x^2}\frac{\partial^2 u}{\partial\xi\partial\eta} + \frac{y^2}{x^4}u_{\eta\eta} + 2\frac{y}{x^3}u_\eta = xy \tag{1}$$

$$u_{yy} = x^2 u_{\xi\xi} + 2u_{\xi\eta} + \frac{1}{x^2}u_{\eta\eta} \tag{2}$$

将式（1）和式（2）代入原方程，便得到该双曲方程的标准形式为

$$u_{\xi\eta} - \frac{1}{2\xi}u_\eta = 0 \quad (\xi > 0, \quad \eta > 0) \tag{3}$$

6.1.2 偏微分方程的定解条件和定解问题

本小节主要介绍偏微分方程的初始条件和边界条件的分类，介绍如何根据具体的问题确定必要的定解条件和如何表示这些定解条件，包括初始条件、边界条件、特殊情况的边界条件三部分。

研究解决工程问题，首先必须掌握所研究的物理量在空间和时间中的变化规律，这就是物理课程中所研究并加以论述的物理规律，它是解决问题的依据。数学物理方程是描述一类有共性物理现象的泛定方程，是解决问题的依据。一个特定形式的偏微分方程可描述许多物理现象的共性和规律，它可以有很多不同形式的特解，因此称其为**泛定方程**。

就所论及问题的特性还需限定该问题的特定环境和起始状态，即给出定解条件。泛定方程与定解条件作为一个整体而提出的问题叫作**定解问题**。也就是说，有了泛定方程加上定解条件，才能确定问题的特解。

边界条件与初始条件反映了具体问题的特定环境和历史，即问题的特殊性。在数学上，边界条件和初始条件合称为**定解条件**。边界条件给出关于空间变量的**约束条件**。当方程包括时间变量时，必须给出初始条件。作为问题的整体，泛定方程与定解条件实际上不可分割，“泛定方程”加上“定解条件”就构成一个确定的物理过程的**“定解问题”**。

假设微分方程的解可表示为 $z = f(x, y)$，$z = f(x, y)$ 在几何上可解释为三维空间的曲面，即**积分曲面**。

例如：不难验证，$z=f(x^2-y^2)$ 是方程 $yz_x + xz_y = 0$ 的一般解，即通解。其中 f 是任意函数，如 $z=(x^2-y^2)$，$z=\sin(x^2-y^2)$，$z=4\sqrt{x^2-y^2}+\cos(x^2-y^2)$ 等都是该方程的特解。

例如：拉普拉斯方程既可描述传热过程，又可表示扩散传质过程。又如完全不同的函数 $u=(x^2-y^2)$，$u=e^x\sin y$，$u=\ln(x^2-y^2)$ 都满足拉普拉斯方程 $\nabla^2 u=0$。

由上述例子可有以下**推论**：

① 偏微分方程的**一般解（通解）**包含有任意函数，一般解的形式是不确定的；

② 一个特定形式的偏微分方程可描述许多物理现象的共性规律，它可以有许多不同形式的特解。

n 阶偏微分方程的一般解（通解）依赖于 n 个任意函数，这与常微分方程相比，解的自由度更大。这些任意函数由初始条件和边界条件决定。

一个描述工程问题完整的数学模型必须包括基本方程与描述某一过程特点的初始条件和边界条件。在数学上只有给定了初始条件和边界条件，基本方程才能有唯一确定的解。求解某个问题，泛定方程固然重要，但定解条件也对问题的解起决定的作用。怎样的定解条件才能配合泛定方程构成定解问题，这是偏微分方程论研究的课题，也是科研工作需解决问题的难点。

（1）初始条件

对于随着时间而发展变化的问题，必须考虑研究对象的特定"历史"，追溯到研究对象在早先某个"初始"时刻的状态，即**初始条件**。也就是说，研究问题还必须考虑历史的状态，不能割断历史。比如，研究一个化工浓度场的问题，起始的浓度分布不同，即使在相同工艺条件下进行扩散，扩散的结果也不会相同。因此，研究问题时，必须考虑该场的初始状态，根据方程的性质和特点，确定初始条件[1]~[4]。

① **输运方程的初始条件**。

例如，非稳态热传导方程（4.4.85）和非稳态扩散方程（4.4.88）有下面的形式

$$\frac{\partial u}{\partial t} = \alpha^2 \frac{\partial^2 u}{\partial x^2}$$

从数学角度看，这类方程中仅含有对时间变量 t 的一阶偏导数。因此，只需给出一个初始条件，即说明因变量 u 的初始分布。如扩散和热传导问题，给出初始密度、初始温度分布为

$$u(x,y,z,0) = \varphi(x,y,z) \tag{6.1.23}$$

式中，$\varphi(x,y,z)$为已知函数或常数。

② **波动方程的初始条件。**

例如，对于振动问题（弦振动、声波和水波），有下一节将推导的波动方程为

$$\frac{\partial^2 u}{\partial t^2} = \alpha^2 \frac{\partial^2 u}{\partial x^2}$$

从数学角度看，方程中含有对时间变量 t 的二阶偏导数，需给出两个初始条件。对于波动方程，除了给出初始"位移"

$$u(x,y,x,t)\big|_{t=0} = \varphi(x,y,z) \tag{6.1.24}$$

以外，还需给出初始"速度"

$$\left.\frac{\partial u}{\partial t}(x,y,z,t)\right|_{t=0} = \psi(x,y,z) \tag{6.1.25}$$

式中，$\psi(x,\ y,\ z)$ 为已知函数。

③ **没有初始条件的问题**[2],[4]。

对于稳定场问题，根本就不存在初始条件问题。例如，稳定温度分布、稳定浓度分布、无旋稳态流动、静电场，即物理量不是时间的函数 $u \neq u(t)$。

另外，有的问题完全可忽略初始条件的影响。例如，在周期性外源引起的输运问题或周期性外力作用下的振动问题，经过很多周期以后，初始条件引起的自由输运或自由振动衰减到可以认为已消失，这时的输运或振动完全是周期性外源或外力引起，可以不用考虑初始条件的影响。又如，在输运问题里，如果区域周围的温度或浓度是稳定的，那么经过较长时间后，区域内的温度或浓度会趋于稳定，不要误解为温度或浓度是均匀的，而是研究的物理问题与时间变量无关 $u \neq u(t)$，输运方程可简化为拉普拉斯方程。这类问题都称为**没有初始条**

件的问题。

特别需要注意的是，初始条件考虑的是被研究对象整个系统初始时刻的状态，而不是个别地点、某个局部的初始状态。如当 $t=0$ 时，温度 $u(x,y,z,t)\big|_{t=0}=u_0$，说明初始时刻系统空间各点的温度都等于 u_0。有的初学读者会错误地认为 u_0 是某个局部的状态，错把 u_0 当成了系统入口的温度，实际上系统入口的温度是边界条件。

(2) 边界条件

在同一类物理现象中，各个具体问题有其特殊性，物理规律不反映个性。为了解决具体问题，还必须考虑所研究的区域边界处在怎样的状态下。也就是说，研究具体的物理系统，必须考虑研究对象处在什么样的特定“环境”中，而周围“环境”的影响通过边界传给被研究的对象，所以周围“环境”的影响体现于所处的物理状态，即**边界条件**。

研究特定偏微分方程的求解，必须考虑边界条件。因为一维二阶微分方程中有二阶导数，积分后，有两个积分常数需要确定。因此，对于一维二阶微分方程需要2个边界条件。而对于二维或三维二阶微分方程，则分别需要4个或6个边界条件。

边界条件一般可分为三种类型[1]~[4]。

① **第一类边界条件**。

这类边界条件给出未知函数 $u(M,t)$ 在边界上的值，可以是随时间 t 变化的数值，即已知函数在边界上的值，也称**狄利克雷**（Dirichlet）**条件**。以 M_0 表示边界 Σ 上的动点，边界条件为

$$u(M,t)\Big|_{M\in\Sigma}=f(M_0,t) \tag{6.1.26}$$

在直角坐标系中，第一类边界条件表示为

$$u(x,y,z,t)\Big|_{\Sigma}=f(x_0,y_0,z_0,t) \tag{6.1.27}$$

例如，一根长为 l 且两端固定的弦，有

$$u(x,t)\Big|_{x=0}=0,\quad u(x,t)\Big|_{x=l}=0$$

又如半径为 R、高为 h 的圆柱体的稳态导热问题，有3个边界条件，为

$$T(r,\theta,0)=f_1(r,\theta),\quad T(r,\theta,h)=f_2(r,\theta),\quad T(R,\theta,z)=f(z,\theta)$$

其分别表示了圆柱体底面、顶面和圆柱柱面上的温度分布。

② **第二类边界条件**。

第二类边界条件给出未知函数 $u(M,t)$ 导数在边界 Σ 上的值，即已知函数在边界上的导数值，也称为**诺伊曼（Neumann）条件**。

例如，设杆的一端 $x=l$ 处绝热，k 为物质的导热系数。根据傅里叶定律：“在场中任一点处，沿任一方向的热流强度（即在该点处单位时间内垂直流过单位面积的热量）与该方向上的温度变化率成正比，方向与温度梯度的方向相反”，则从杆外通过杆端流入杆内的热流强度为

$$k\frac{\partial u}{\partial x}\Big|_{x=l}=0$$

式中，k 是常数，得到在 $x=l$ 杆端的边界条件为

$$\frac{\partial u}{\partial x}\Big|_{x=l}=0$$

例如，如果横截面积为 S，Y 为杨氏模量的弹性杆，在 $x=l$ 的一端受到外力 $F(t)$ 的作用，则该端的胁强为 $F(t)/S$，该杆端有胁变，胁强也等于杨氏模量 Y 与杆相对伸长 $\partial u/\partial x$

的乘积

$$Y\frac{\partial u}{\partial x}\bigg|_{x=l}=\frac{F(t)}{S}$$

其边界条件为

$$u_x\big|_{x=l}=F(t)/YS$$

对于做纵向振动的杆一端为自由端，没有受到外力作用，因而没有胁变，该杆端边界条件为

$$u_x\big|_{x=l}=0$$

对于二维和三维问题，第二类边界条件可用外法向导数表示为

$$\frac{\partial u}{\partial n}\bigg|_{M\in\Sigma}=f(M_0,t) \tag{6.1.28}$$

在直角坐标系中，第二类边界条件表示为

$$\frac{\partial u(x,y,z,t)}{\partial n}\bigg|_{M\in\Sigma}=f(x_0,y_0,z_0,t) \tag{6.1.29}$$

③ **第三类边界条件**。

第三类边界条件给出边界上函数值与其法向导数在边界上的数值之间的一个线性关系，也称为**混合边界条件**或**罗宾（Robin）条件**。

例题 6.1.4　一根细杆的导热问题。如果杆的两端 $x=O$、$x=l$ 自由冷却，即杆端和周围介质按照牛顿冷却定律交换热量。已知周围介质温度为 T_∞，传热系数为 k，热交换系数为 h，确定杆端 $x=O$、$x=l$ 处的边界条件[2]。

解：设杆端温度为 T。由于从自由冷却这个条件既不能推断在该端点的温度值 T，也不能推断在该端点的温度梯度值 T_x。但是，杆端和周围介质（温度）按照牛顿冷却定律交换热量，有

$$\boxed{\text{从杆端单位表面移出的热量速率}}=\boxed{\text{沿杆的方向从杆端流出的热流强度}} \tag{1}$$

由于杆端与周围介质（温度）交换热量，故从杆端单位表面移出的热量速率为

$$h(T\big|_{x=l}-T_\infty) \tag{2}$$

① 对于自由冷却杆的 $x=0$ 那端，由于该端外法向为 $-x$ 方向，故从杆端流出的热流强度为

$$k\partial T/\partial x \tag{3}$$

将式（2）和式（3）代入式（1），得

$$k\frac{\partial T}{\partial x}\bigg|_{x=0}=h(T\big|_{x=0}-T_\infty) \tag{4}$$

该边界条件（4）可写为

$$\left(T-H\frac{\partial T}{\partial x}\right)\bigg|_{x=0}=T_\infty$$

② 因为 $x=l$ 端外法向为 $+x$ 方向，因此，从杆端 $x=l$ 流出的热流强度为

$$-k\partial T/\partial x$$

因此有边界条件

$$-k\frac{\partial T}{\partial x}\bigg|_{x=l}=h(T\big|_{x=l}-T_\infty)$$

该公式的含义是杆端散发的热流率与介质温度之差成正比，上式可改写为

$$\left(T+H\frac{\partial T}{\partial x}\right)\bigg|_{x=l}=T_\infty \qquad \left(H=\frac{k}{h}\right) \tag{6.1.30}$$

值得注意的是，如果杆端与周围介质的热交换系数 h 远远大于杆的传热系数 k，即 $H=k/h\approx 0$，则第三类边界条件退化为第一类边界条件 $T|_{x=0}=T_\infty$ 和 $T|_{x=l}=T_\infty$。

由上面的讨论可知，第三类边界条件规定边界上的数值与外法向导数在边界上的数值之间的一个线性关系。一般第三类边界条件可表示为

$$\left(u+H\frac{\partial u}{\partial n}\right)\bigg|_{M\in\Sigma}=f(M_0,t) \tag{6.1.31}$$

在直角坐标系中，第三类边界条件表示为

$$\left[u(x,y,z,t)+H\frac{\partial u(x,y,z,t)}{\partial n}\right]\bigg|_{M\in\Sigma}=f(x_0,y_0,z_0,t) \tag{6.1.32}$$

如轴对称扩散问题中，设管子的半径为 R 在边界上发生化学反应，D 是扩散系数，k 是反应速率常数，则其边界条件可写为

$$-D\frac{\partial c_A}{\partial r}\bigg|_{r=R}=kc_A\big|_{r=R} \tag{6.1.33}$$

上面介绍的**三类边界条件的概括为**

$$u(M,t)\big|_{M\in\Sigma}=f(M_0,t) \tag{6.1.26}$$

$$\frac{\partial T}{\partial n}\bigg|_{M\in\Sigma}=f(M_0,t) \tag{6.1.28}$$

$$\left(u\pm H\frac{\partial u}{\partial n}\right)\bigg|_{M\in\Sigma}=f(M_0,t) \tag{6.1.31}$$

以上三类边界条件可以统一写为[4]

$$\left(\alpha u+\beta\frac{\partial u}{\partial n}\right)\bigg|_{M\in\Sigma}=f(M_0,t) \tag{6.1.34}$$

式中，Σ 代表边界；n 是边界的外法线；α，β 是不同为零的系数；f 是已知源函数。

$\alpha=0$，$\beta\neq 0$ 是第一类边界条件；$\alpha\neq 0$，$\beta=0$ 是第二类边界条件；$\alpha\neq 0$，$\beta\neq 0$ 是第三类边界条件。当 $f\equiv 0$ 时，为**齐次边界条件**；反之为**非齐次边界条件**。

线性边界条件并不限于以上三类，这里不作展开，可参考相关文献[2]。

上述边界条件都是线性的，也有非线性的边界条件，当边界条件中含有函数或导数的幂和函数与导数的乘积时，为非线性的边界条件。例如在传热问题中，物体表面按斯蒂芬定律向周围辐射热量，有非线性的边界条件为

$$-k\frac{\partial T}{\partial x}\bigg|_{x=a}=c\left(\frac{T}{100}\right)^4 \tag{6.1.35}$$

以上介绍的是边界条件的数学分类和基本形式。综上所述，边界条件指的是边界上方程的解应满足的条件，边界条件只要确切说明边界上的物理状态就行。

（3）特殊情况的边界条件

一般常用边界条件是容易确定的。对于某些复杂情况，边界条件有时难以确定，需要具体地分析每种场合，针对工程问题具体的特点给出边界条件。下面讨论几种常用特殊情况的边界条件。

① **自然边界条件。**

在柱坐标系中，对于轴对称问题，如当 $r=0$ 时，温度、浓度等物理量 u 是有限值，有自然边界条件

$$u\big|_{r=0}<\infty \quad \text{或} \quad \left.\frac{\partial u}{\partial r}\right|_{r=0}=0 \tag{6.1.36}$$

式中，第一个式子是第一类边界条件，第二个式子是第二类边界条件。

② **无穷远处的边界条件。**

如在无穷远处来的温度、压力、速度和密度分别表示为

$$T\big|_{\Sigma\to\infty}=T_\infty \tag{6.1.37}$$

$$p\big|_{\Sigma\to\infty}=p_\infty \tag{6.1.38}$$

$$u\big|_{\Sigma\to\infty}=u_\infty \tag{6.1.39}$$

$$\rho\big|_{\Sigma\to\infty}=\rho_\infty \tag{6.1.40}$$

该无穷远处的边界条件是第一类边界条件。

③ **积分—微分边界条件。**

在一些特殊情况下，边界条件不能用常数或函数等上述方法表示，边界条件是积分和微分型的。举个例子说明积分和微分型边界条件[5]。

例题 6.1.5　在搅拌罐内有 N 个多孔的含有溶质 A 的小球悬浮在溶剂 B 中，设溶剂 B 有效体积为 V，如图 6.1.1 所示。在不断搅拌中，溶质 A 不断浸出溶入 B 中。设球半径为 a，扩散系数为 D，小球内溶质浓度分布为 $c(r,t)$，确定小球表面的边界条件。

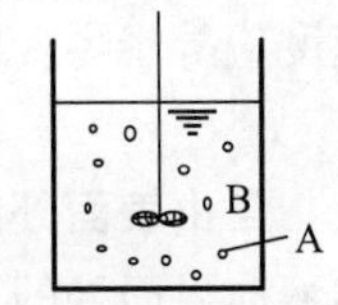

图 6.1.1　搅拌罐示意

解： 溶质在每一小球表面 $r=a$ 向溶剂扩散的速率为 $-4\pi a^2 D\left.\frac{\partial c}{\partial r}\right|_{r=a}$。由于搅拌作用，溶剂中含有溶质的浓度 c_A 是随时间变化的。考虑物料平衡，N 个小球表面浸入的溶质总和等于溶剂中浓度 c_A 的增长率，即

$$V\frac{\partial c_A}{\partial t}=-4\pi a^2 ND\left.\frac{\partial c}{\partial r}\right|_{r=a}$$

由于浓度的连续性，故有

$$c(a,t)=c_A(t)$$

对上式积分，得到积分—微分边界条件

$$c_A(t)=-\int_0^t \frac{4\pi a^2 ND}{V}\left.\frac{\partial c(r,\tau)}{\partial r}\right|_{r=a}\mathrm{d}\tau \tag{6.1.41}$$

④ **两介质界面处的衔接条件。**

若研究的对象是两个系统，则必须给出两个系统在边界上的**衔接条件**，即**耦合条件**。衔接条件可看作一种过渡区条件，只要过渡区很小，则可将研究的两个系统作为一个整体，并给出两介质界面处的衔接条件。两介质的界面可以是固体、液体和气体三相中任意两相，也可以是同一相的两个不同组分介质的界面。

例如气体绕流物体，物体的表面是气、固两个介质的界面；船在海上行驶，船体表面是液、固两个介质的界面；而海洋中的水面是液、气两相的界面；在化工流体流动的设备中也常遇到液、固两个介质的界面。

若界面处两介质不互相渗透，并且在运动中满足不发生界面分离的连续条件，则在界面

处速度的法向分量应该连续，即

$$(u_n)_{介质1} = (u_n)_{介质2} \tag{6.1.42}$$

由于两介质处于运动状态，用分子运动论来分析，可知两界面间的分子运动促使分子交换动量和能量，使界面处的速度和温度趋于均匀。因此，一般假设在真实流体的两个界面处，切向速度分量和温度也应是连续的，即边界条件为

$$(u_\tau)_{介质1} = (u_\tau)_{介质2}, \quad T_{介质1} = T_{介质2} \tag{6.1.43}$$

在流体绕流物体时，**固体壁面处边界条件**是两介质界面处边界条件的重要特例。此时两介质中一相是固体，另一相是流体。固体壁面上流体的速度 u_s 应等于固体壁面的速度 u_W，边界条件表示为

$$u_s = u_W \tag{6.1.44}$$

同样有固体壁面上流体的温度应等于固体壁面的温度，边界条件表示为

$$T_s = T_W \tag{6.1.45}$$

忽略热损失，两个固体介质接触表面法向传递的热流量应守恒，边界条件表示为

$$k_1 \frac{\partial T_1}{\partial r}\bigg|_W = k_2 \frac{\partial T_2}{\partial r}\bigg|_s \tag{6.1.46}$$

由于黏性流体的黏性，流体黏附在固体壁面上，若固体壁面静止，则固体壁面上流体的速度应等于零，即壁面的无滑移条件为

$$u_s = u_W = 0 \tag{6.1.47}$$

自由表面处的边界条件是属于两界面处的边界条件。一个重要的例子是正常条件下气体和液体界面处的边界条件，由于气体和液体界面处的切向应力是连续的，所以有

$$\mu_{气}\frac{\partial u}{\partial y} = \mu_{液}\frac{\partial u}{\partial y} \tag{6.1.48}$$

式中，μ 为动力黏度，$\mu=\nu\rho$；ν 为运动黏度，也称为**动量扩散系数**。

假设 $\mu_{气}/\mu_{液}\approx 0$，由式（6.1.48）得 $\partial u/\partial y=0$，故在自由表面上流体的切向应力为零，有边界条件 $\mu_{液}\dfrac{\partial u}{\partial y}=0$。

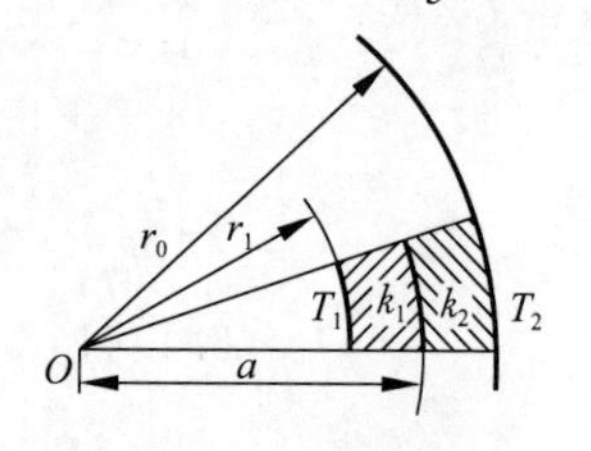

图 6.1.2　圆柱形炉体保温层的边界条件

例题 6.1.6　确定圆柱形炉体两层保温材料的边界条件[5]。$r=a$为第一层之外边界、第二层之内边界，如图 6.1.2 所示。设两层材料的传热系数、比热容和密度分别为 k_1、c_1、ρ_1 和 k_2、c_2、ρ_2。

解：这个轴对称导热问题有分布函数 $T_1(r,t)$和 $T_2(r,t)$，两个一维非稳态二阶偏微分方程分别为

$$\frac{\partial T_1}{\partial t} = \frac{k_1}{c_1\rho_1}\left(\frac{\partial^2 T_1}{\partial r^2} + \frac{1}{r}\frac{\partial T_1}{\partial r}\right) \quad (r_i < r < a)$$

$$\frac{\partial T_2}{\partial t} = \frac{k_2}{c_2\rho_2}\left(\frac{\partial^2 T_2}{\partial r^2} + \frac{1}{r}\frac{\partial T_2}{\partial r}\right) \quad (a < r < r_0)$$

该问题有 2 个初始条件、4 个边界条件，首先分别给出内外壁初始条件和边界条件

$$在内壁上\begin{cases}初始条件\ T_1(r,0) = f_1(r) \\ 边界条件\ T_1(r_i,t) = T_i(t)\end{cases}, \quad 在外壁上\begin{cases}初始条件\ T_2(r,0) = f_2(r) \\ 边界条件\ T_2(r_0,t) = T_0(t)\end{cases}$$

假设内筒外壁 $r=a$ 处紧密接触，由温度连续性得到衔接条件为第一类边界条件

$$T_1(a,t) = T_2(a,t)$$

两个固体介质接触表面 $r=a$ 处传递的法向热流量应守恒，有第二类边界条件的衔接条件为

$$-k_1 \frac{\partial T_1}{\partial r}\bigg|_{r=a} = -k_2 \frac{\partial T_2}{\partial r}\bigg|_{r=a} \tag{6.1.49}$$

⑤ **没有边界条件的问题**[2],[4]。

需要说明“**没有边界条件的问题**”。物理系统总是有限的，必然有边界，要确定边界条件。但是，当研究的对象在某一维尺度特别大，边界的影响可忽略时，可以科学地处理为没有边界的问题。例如，研究一根无限长杆的传热问题，就可忽略杆长度方向边界的影响。又如研究弦的振动问题，如果弦很长，以至于在所考察的不太长时间里，两端的影响都没有来得及传到，则弦端点的影响可忽略不计。这样不妨将有限长的真实弦抽象为无界的弦。假设弦是无限长的，则把在（$-\infty<x<\infty$，$t\geqslant 0$）上，由方程本身和仅有初始条件组成的定解问题称为振动方程的初始值问题或柯西问题。**无界问题就称为没有边界条件的问题**。

同理也可有振动方程的半无界问题。此时定解条件除初始条件外，还有一个边界条件。所以说，“半无界的”和“无界的”是一种科学的抽象。

⑥ **区分边界条件与方程中的外源**[2],[4]。

另一个需要说明的问题是，注意区分边界条件与泛定方程中的外力或外源。例如，一维扩散问题，若在系统的某一端点 $x=l$ 有强度为 q 的粒子流注入，则这注入的粒子流是一种边界条件，即 $D\frac{\partial u}{\partial n}\Big|_{x=l}=q$。可是，有些初学者常错误地认为注入的粒子流是外源，把它写进了泛定方程 $u_t-\alpha^2 u_{xx}=q/c\rho$。而这个方程描述的是处处有粒子流注入整个系统，其强度处处是 q，源密度函数是 $q/c\rho$。这两个问题是完全不同的。

（4）定解问题的提法

泛定方程提供解决问题的依据，定解条件提出具体问题，构成一个有确定解的定解问题。在解泛定方程时必须结合定解条件，才能得出切实可行的解法。作为问题的整体，泛定方程与定解条件实际上是不可分割的。根据定解条件的类型将定解问题分为**初值问题、边值问题和混合问题**三类。

① 只有初始条件无边值条件的定解问题，称为**初值(始值)问题**，也称**柯西问题**。

② 无初始条件只有边值条件的定解问题，称为**边值问题**。对于第一、二、三类边界条件的问题分别称为**第一边值问题或狄利克雷(Dirichlet)问题、第二边值问题或诺伊曼(Neumann)问题以及第三边值问题或罗宾(Robin)问题**。

③ 既有初始条件又有边界条件的定解问题，称为**混合问题**。

把一个物理过程归纳为一个定解问题是否正确，要看该定解问题能否得出一个符合客观实际的唯一解。定解问题存在唯一解，而且要求解具有稳定性。

定解问题的解是指在区域上定义的一个函数 u，它在区域内有二阶连续导数且适合方程，在区域上 u 和在定解条件中出现的导数连续，并且适合给定的定解条件。

解的存在性是指，在区域上具有上述光滑的函数。它反映出定解问题中微分方程和各定解条件之间是相容的。

解的唯一性是指，如果定解问题有解，则解只有一个。对于线性定解问题来说，解是唯一的。对于方程和定解条件都是齐次的，只有恒为零的解。解的唯一性有重要的实际意义。因为对于有唯一解的定解问题，可以用任何方便的方法求得一个解就行了。

解的稳定性是指解对于定解条件和非齐次条件（自由项）的连续依赖性，也就是指，当定解条件中已知函数和基本方程中的非齐次项做微小变动时，相应的解也只有微小的差别[3]。

因为无论是初始条件中的数据，还是边界条件中的数据，甚至方程中的非齐次项，都是根据实际情况测量得到的，必定存在误差，故希望这种误差不会导致解的严重失真。如果该微小误差带来解的很大变化，这个定解问题已经没有多大的实际意义，则该定解问题需要重新确定，如果给出矛盾的定解条件，则解显然是不存在的。

在数学上认为由实际工程问题导出的定解问题存在唯一且稳定的解，此定解问题是适定的。工程问题仅研究适定的定解问题。本书不是数学专业的书，介绍的都是化工实际中常用的适定性问题，因此没有从理论上深入讨论定解问题解的存在性、唯一性和稳定性。

6.2 典型偏微分方程的建立

数学物理方程主要是指物理问题中遇到的偏微分方程，其中最重要的是二阶偏微分方程。用数学处理工程问题，一般包括将问题用数学语言表达、数学运算和结果讨论等三大步骤，建立偏微分方程往往是最难的一步。偏微分方程是空间系统控制的数学描述，是质量、动量与能量三大守恒等基本定律和有关原理的具体表述。由于物理规律研究的是邻近的点和邻近时刻之间的联系，它不涉及边界条件或初始条件。因此，推导泛定的数学物理方程用不着考虑边界上的物理条件或系统的初始状态。

建立数学物理方程的一般步骤如下：首先要确定研究哪一个物理量（因变量），确立研究的系统，从所研究的系统中划出一小微元，抓住主要的因素，略去非主要因素，确定自变量，根据物理规律分析邻近部分和这个微元部分的相互作用，应用守恒定律，用具体的算式表达出这种相互作用在一个短时间里怎样影响物理量，经简化整理得到数学物理方程。

本节分为3小节，通过实例介绍如何建立波动方程、输运方程和稳态方程等偏微分方程[1]~[9]，包括波动方程、输运方程和稳态方程。

6.2.1 波动方程

水波、声波、弦振动和电磁波等各种波动的物理现象，都具有共同的发生、传输、消失规律，可用同一类泛定方程来描述，即波动方程。化工机器与设备振动问题及消振措施、消除噪声等问题都要使用波动方程。

下面以一例题介绍如何简化实际问题，并运用定理推导数学模型，最后建立波动方程。

例题 6.2.1 设有一根均匀柔软的细弦，张紧后两端固定。给弦以扰动使其产生振动，如图 6.2.1 (a) 所示。确定一根柔软均匀弦在同一平面中振动时，均匀弦的位移变化规律的数学表示，即**弦振动方程**。

解：一根均匀柔软的细弦是绝对柔软的，不能抗弯，因此，弦上各点张力与该点切线方向一致。由于张力作用，一小段弦的振动会带动邻段，而被带动的邻段又带动它的邻段。这样，任一小段弦的振动必然会依次传播到整根弦而形成波动。弦在其平衡位置附近做微小的横振动，运动始终发生在同一平面内，且弦上各点的位移和弦的平衡位置垂直。

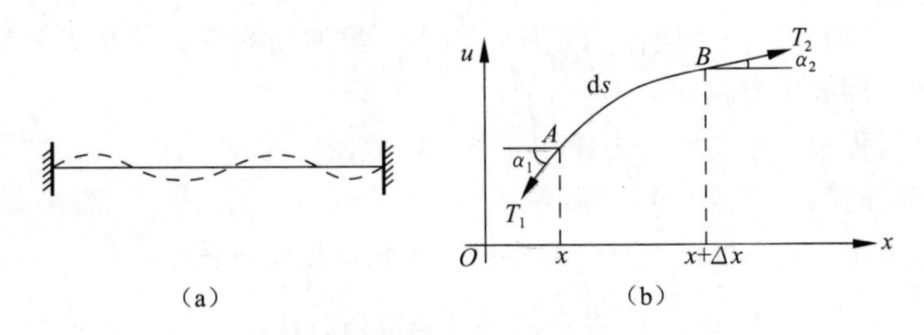

图 6.2.1　弦的横振动

(a) 两端固定的弦；(b) 弦上的微元段

为了将问题简化，做如下假设：

① 振动方向与弦长方向相垂直，且振动保持在一固定平面内。

② 振动是微小的，即弦上各点的位移和弦的弯曲斜率很小。

③ 弦的自重相对于张力显得很小，可以忽略，因此略去弦的自重。

由于单位长度弦的质量为定值，设 $\rho_l(x)$ 是弦在 x 处的线密度，弦的平衡位置为 x 轴。由于假设①，因此弦上质点位移 u 是 x、t 的函数，记作 $u=u(x,t)$。

在振动弦上取微元段 AB，弦长 $\mathrm{d}s$，如图 6.2.1（b）所示，AB 两端所受张力为 $\boldsymbol{T}_1$ 和 $\boldsymbol{T}_2$，运用牛顿第二定律 $\boldsymbol{F}=m\boldsymbol{a}$，分析微元段 $\mathrm{d}s$ 上受力情况。

由假设①，弦上各点沿 x 方向没有运动，作用于 $\mathrm{d}s$ 微弦段上的 x 方向合力为零，即

$$T_2\cos\alpha_2-T_1\cos\alpha_1=0 \tag{1}$$

由假设②可知，振动微小，弦上各点的位移及弦的弯曲斜率很小，故弧长 $\mathrm{d}s=\sqrt{(\mathrm{d}x)^2+(\mathrm{d}y)^2}\approx\mathrm{d}x$，于是微元段质量近似为 $\mathrm{d}m=\rho_l\mathrm{d}x$。沿坐标 u 方向的合力产生垂直于 x 轴的振动，由假设③略去弦的自重，由牛顿第二定律 $\boldsymbol{F}=m\boldsymbol{a}$ 得

$$T_2\sin\alpha_2-T_1\sin\alpha_1=(\rho_l\mathrm{d}x)\frac{\partial^2u(x,t)}{\partial t^2} \tag{2}$$

由假设②可知，振动是微小的，弦的弯曲斜率很小，有 $\alpha_1\approx0$ 和 $\alpha_2\approx0$，于是有

$$\cos\alpha_1\approx\cos\alpha_2\approx1 \tag{3}$$

$$\sin\alpha_1\approx\tan\alpha_1\approx\frac{\partial u(x,t)}{\partial x},\quad \sin\alpha_2\approx\tan\alpha_2\approx\frac{\partial u(x+\mathrm{d}x,t)}{\partial x} \tag{4}$$

将式（3）代入式（1），得到

$$T_1=T_2=T_0 \tag{5}$$

式（5）表明，张力沿弧长各点保持不变是定值 T_0。弧长在振动过程中不随时间伸长或缩短，所以张力 T_0 不随时间和 x 变化。

再将式（4）和（5）代入式（2），式（2）可改写为

$$T_0\left[\frac{\partial u(x+\mathrm{d}x,t)}{\partial x}-\frac{\partial u(x,t)}{\partial x}\right]=\rho_l\mathrm{d}x\frac{\partial^2u}{\partial t^2} \tag{6}$$

由微分中值定理，式（6）写成

$$T_0\frac{\partial^2u}{\partial x^2}=\rho_l\frac{\partial^2u}{\partial t^2} \tag{7}$$

因 T_0、ρ_l 为常数，通常令 $\alpha=\sqrt{T_0/\rho_l}$，其为振动在弦上的传播速度。式（7）简化为

$$\frac{\partial^2u}{\partial t^2}-\alpha^2\frac{\partial^2u}{\partial x^2}=0 \tag{6.2.1}$$

式（6.2.1）为均匀弦微小横振动方程，称为**一维波动方程**，它是双曲型方程。这是一个自由振动方程，即**齐次方程**。

假设在振动过程中，还受到外力作用。若弦的线密度为 ρ_l，在时刻 t 如果作用在单位长度弦上的横向力是 $F(x,t)$，即力函数 $F(x,t)$ 给出外部扰动的源强度为 $f(x,t)=F(x,t)/\rho_l$，则不难得到弦的**非齐次一维强迫振动方程**

$$\frac{\partial^2 u}{\partial t^2}-\alpha^2\frac{\partial^2 u}{\partial x^2}=f(x,t) \tag{6.2.2}$$

对于弹性杆的微小纵振动，有方程

$$\rho S\frac{\partial^2 u}{\partial t^2}-\frac{\partial}{\partial x}\left(ES\frac{\partial u}{\partial x}\right)=F(x,t) \tag{6.2.3}$$

式中，$S(x)$ 是杆的横截面积；$E(x)$ 是 x 处的弹性模量。

对于均匀杆，杆的横截面积 S、弹性模量 E 和面密度 ρ_s 都是常数时，令 $\alpha=\sqrt{E/\rho S}$，杆的振动方程也可写为**一维强迫波动方程**（6.2.2）。

从问题的物理意义来看，**为了能唯一确定地描述弦的振动，必须给出初始条件和边界条件，以确定定解问题**。对于一维非稳态振动方程，需要确定在初始时刻的位移 $u(x,t)$ $(0\leqslant x\leqslant l,t\geqslant 0)$ 和速度 $u_t(x,t)$，以及弦或杆在端点的性态，即边界条件。

边界条件可以有三种类型[3]：

① 如果端点 l 按规律 $u_1(t)$ 运动，则

$$u(l,t)=u_1(t) \tag{6.2.4}$$

② 如果端点 l 有强度为 $f(t)$ 的力 $F(t)$ 作用，则

$$\frac{\partial u}{\partial x}(l,t)=f(t) \tag{6.2.5}$$

③ 如果在杆的端点 l 有弹性支承，k 是约束的刚度系数，$E(x)$ 是弹性模量，则由胡克定律得边界条件为

$$E\frac{\partial u}{\partial x}(l,t)+ku(l,t)=0 \tag{6.2.6}$$

在区域（$0\leqslant x\leqslant l$，$t\geqslant 0$）上，由振动方程（6.2.1）或式（6.2.2）和初始条件、三类边界条件（6.2.4），式（6.2.5）和式（6.2.6）中任意一种就构成了一个定解问题。

类似地，可以导出在单位面积上的横向外力 $F(x,y,t)$ 作用下，面密度 ρ 是常数，薄膜的受迫微小横振动，即**二维强迫波动方程**为

$$\frac{\partial^2 u}{\partial t^2}-\alpha^2\left(\frac{\partial^2 u}{\partial x_1^2}+\frac{\partial^2 u}{\partial x_2^2}\right)=f \tag{6.2.7}$$

式中，$f=F/\rho_s$，ρ_s 为单位面积的薄膜的质量。

同理可得到描述声音在均匀介质中传播和电磁波在绝缘介质中传播的**三维强迫波动方程**为

$$\frac{\partial^2 u}{\partial t^2}-\alpha^2\left(\frac{\partial^2 u}{\partial x_1^2}+\frac{\partial^2 u}{\partial x_2^2}+\frac{\partial^2 u}{\partial x_3^2}\right)=f$$

即

$$\frac{\partial^2 u}{\partial t^2}-\alpha^2\Delta u=f \tag{6.2.8}$$

例题 6.2.2 物体的振动引起周围空气压强和密度的变化，使空气中形成疏密相间的状态，这种疏密相间的状态向周围的传播形成声波。声波是连续介质中质点振动的传播。借助

于流体力学的基本方程组，即理想流体的运动方程、连续性方程和绝热过程的状态方程，推导气体中形成声波时**声的传播方程**[2],[5]。

解：在矢量和场论一章中，已导出流体连续性方程为

$$\frac{\partial \rho}{\partial t}+\nabla \cdot(\rho \boldsymbol{u})=0 \tag{4.4.59}$$

由黏性流体运动方程（4.4.71），得到理想流体运动方程为

$$\frac{\partial \boldsymbol{u}}{\partial t}+(\boldsymbol{u} \cdot \nabla) \boldsymbol{u}+\frac{1}{\rho} \nabla p=f \tag{4.4.73}$$

式中，$\boldsymbol{f}$ 为外力。

再加上状态方程，假设压力只是密度 ρ 的函数，即

$$p=f(\rho) \tag{1}$$

式（4.4.59）、式（4.4.75）和式（1）构成了流体力学完整的基本方程组，该方程组是非线性的，共有 5 个方程和 5 个未知数 u，v，w，p，ρ。

流体力学中研究的物理量是流体的速度 $\boldsymbol{u}$、压强 p 和密度 ρ。对于声波在空气中的传播，相应地要研究空气质点在平衡位置附近的振动速度 $\boldsymbol{u}$、空气的压强 p 和密度 ρ。声振动时空气可看作没有黏性的理想流体，声波的传播过程可看作绝热过程。空气的振动速度远远小于声速，是个很小的量。当空气处于静止状态时，其压强和密度分别为 p_0、ρ_0，速度 $\boldsymbol{u}_0=0$。设外力 $f=0$，在声音传播中，空气密度、压强、流速的改变都是很小的量，则

$$\rho=\rho_0+\rho' \tag{2}$$

$$p=p_0+f'(\rho_0)\rho' \tag{3}$$

$$\boldsymbol{u}=\boldsymbol{u}' \tag{4}$$

式中，ρ'、$\boldsymbol{u}'$ 是摄动量，即密度和速度的微小变化量。

将式（2）～式(4) 代入连续性方程（4.4.59），得

$$\frac{\partial \rho}{\partial t}+\nabla \cdot(\rho \boldsymbol{u})=\frac{\partial(\rho_0+\rho')}{\partial t}+\nabla \cdot(\rho_0+\rho')\boldsymbol{u}'=0$$

因为有 $\nabla \cdot(\rho \boldsymbol{u})=\rho_0 \nabla \cdot \boldsymbol{u}'$，略去上式中的高阶小量，得到声波的连续性方程为

$$\frac{\partial \rho'}{\partial t}+\rho_0 \nabla \cdot \boldsymbol{u}'=0 \tag{6.2.9}$$

再将式（2）～式(4) 代入理想流体运动方程（4.4.75），得

$$\frac{\partial \boldsymbol{u}'}{\partial t}+(\boldsymbol{u}' \cdot \nabla)\boldsymbol{u}'+\frac{1}{\rho_0+\rho'} \nabla[p_0+f'(\rho_0)\rho']=0 \tag{5}$$

因 $\rho' \leqslant \rho_0$，略去高阶小量（$\boldsymbol{u}' \cdot \nabla$）$\boldsymbol{u}'$，且 $\nabla p_0=0$，化简式（5），得到声波运动方程为

$$\frac{\partial \boldsymbol{u}'}{\partial t}+\frac{f'(\rho_0)}{\rho_0} \nabla \rho'=0 \tag{6.2.10}$$

式（6.2.9）和式（6.2.10）组成的线性方程组是声的传播方程。若将式（6.2.9）对 t 求偏导数再减去对式（6.2.10）求散度后乘以 ρ_0，得到扰动气体的密度方程为

$$\frac{\partial^2 \rho'}{\partial t^2}=\alpha^2 \nabla^2 \rho' \tag{6.2.11}$$

式中，$\alpha^2=f'(\rho_0)$。

前面已经假设 p' 与 ρ' 是线性关系，用 p' 替代式（6.2.11）的 ρ'，故得**气体声压方程**为

$$\frac{\partial^2 p'}{\partial t^2} = \alpha^2 \nabla^2 p' \tag{6.2.12}$$

用同样方法消去式（6.2.9）和式（6.2.10）中 ρ，可得**气体声速方程**为

$$\frac{\partial^2 \boldsymbol{u}'}{\partial t^2} = \alpha^2 \nabla^2 \boldsymbol{u}' \tag{6.2.13}$$

若速度场 $\boldsymbol{u}'$ 是有势场，存在速度势 Φ，即 $\boldsymbol{u}' = \nabla\Phi$，用 Φ 替换上式中 $\boldsymbol{u}'$，又得到

$$\frac{\partial^2 \Phi}{\partial t^2} = \alpha^2 \nabla^2 \Phi \tag{6.2.14}$$

在声波方程（6.2.11）～式（6.2.14）中，密度、压力、速度和速度势均属于三维波动方程，统称**声的传播方程**。

6.2.2 输运方程

传递现象是自然界和工程中普遍存在的现象。对于任何处于不平衡状态的物系，一定会有某些物理量由高强度区向低强度区转移。化工传递过程指动量、热量和质量等物理量的转移过程。动量传递时，在垂直于实际流体流动方向上，动量由高速度区向低速度区转移。热量传递时，热量由高温度区向低温度区转移。质量传递时，物系中一个或几个组分由高浓度区向低浓度区转移。由牛顿黏性定律描述分子运动引起的动量传递。傅里叶定律描述由分子运动引起的热量传递。费克定律描述由分子运动引起的质量传递。但是，在工程中，需要研究流速、温度、浓度和压力等物理量在空间的分布和随时间的变化。

第4章使用场论推导了流体运动方程、热传导方程和扩散方程，还详细讨论了黏性流体运动方程的几种简化形式，本小节不再详细介绍流体运动的输运方程。

本小节分别应用傅里叶定律与费克定律导出热传导方程和扩散方程，包括化工中的热传导方程、扩散方程、输运方程三部分。

（1）热传导方程

在热传导问题中研究的是温度 $T(x,y,z)$ 在空间中的分布和随时间的变化。热传导的强弱可用“单位时间内通过单位横截面积的热量”来表示，即热流强度 $\boldsymbol{q}$。热传导的起源是温度 u 的不均匀。温度不均匀的程度可用温度梯度 ∇u 表示。热传导遵循**傅里叶传热定律**：“在场中任一点处，沿任一方向的热流强度与该方向上的温度梯度、传热系数成正比，热流方向与温度梯度方向相反”，有

$$\boldsymbol{q} = -k\nabla T \tag{6.2.15}$$

式中，负号表示热量是朝着温度降低的方向传递的。

在第4章矢量分析与场论中，曾用矢量方法导出了热传导方程，这里再用微元分析法导出三维热传导方程。以球坐标系的问题为例，推导三维热传导方程。

例题 6.2.3 化工厂中有一个球形设备。已知 ρ 为密度，U 为每单位质量的内能，$\boldsymbol{q} = q_r\boldsymbol{e}_r + q_\varphi\boldsymbol{e}_\varphi + q_\theta\boldsymbol{e}_\theta$ 为传热速率，即热流强度，表示单位时间里通过单位横截面积的热量；$\dot{q}$ 为内部热源的热流量，表示化学反应生成焓或内部加热单位体积流体生成的热量。

解： 考虑球形设备空间的传热问题，令 $T(r,\varphi,\theta,t)$ 表示温度分布。取球形设备中一个微元体，如图 6.2.2 所示。使用 4.3.3 节球坐标系的有关知识，有球微元体积式 $\mathrm{d}V = (r\sin\theta\mathrm{d}\varphi)(r\mathrm{d}\theta)\mathrm{d}r$，$k$ 为传热系数。根据具体问题做出以下假设：

① 密度 ρ 为常数；

② 微元体内没有势能、动能的变化；

③ 热量是连续的。

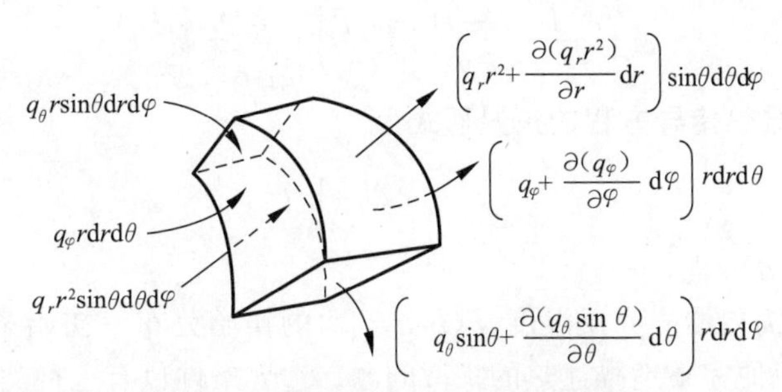

图 6.2.2　球坐标系中微元体的热量恒算

球体内的温度变化取决于穿过它的热流量。考虑微元体的总热量守恒，有

$$\boxed{\text{流动输入热量速率}}-\boxed{\text{流动输出热量速率}}+\boxed{\text{热源输入热量速率}}=\boxed{\text{热量累积速率}} \tag{1}$$

其中，进入微元体内的热量速率为

$$q_r r^2\sin\theta\mathrm{d}\theta\mathrm{d}\varphi+q_\theta r\sin\theta\mathrm{d}r\mathrm{d}\varphi+q_\varphi r\,\mathrm{d}r\mathrm{d}\theta \tag{2}$$

流出微元体内的热量速率为

$$\left(q_r r^2+\frac{\partial(q_r r^2)}{\partial r}\mathrm{d}r\right)\sin\theta\mathrm{d}\theta\mathrm{d}\varphi+\left(q_\theta\sin\theta+\frac{\partial(q_\theta\sin\theta)}{\partial\theta}\mathrm{d}\theta\right)r\,\mathrm{d}r\mathrm{d}\varphi+\left(q_\varphi+\frac{\partial(q_\varphi)}{\partial\varphi}\mathrm{d}\varphi\right)r\,\mathrm{d}r\mathrm{d}\theta \tag{3}$$

内部热源产生的热量速率为

$$\dot{q}r^2\sin\theta\mathrm{d}r\mathrm{d}\theta\mathrm{d}\varphi \tag{4}$$

能量的累积速率为

$$\rho\left(U+\frac{\partial U}{\partial t}\mathrm{d}t\right)r^2\sin\theta\mathrm{d}r\mathrm{d}\theta\mathrm{d}\varphi-\rho Ur^2\sin\theta\mathrm{d}r\mathrm{d}\theta\mathrm{d}\varphi \tag{5}$$

将式（2）～式（5）代入总热量守恒式（1），得

$$-\frac{\partial(q_r r^2)}{\partial r}\mathrm{d}r\sin\theta\mathrm{d}\theta\mathrm{d}\varphi-\frac{\partial(q_\theta\sin\theta)}{\partial\theta}\mathrm{d}\theta r\,\mathrm{d}r\mathrm{d}\varphi-\frac{\partial(q_\varphi)}{\partial\varphi}\mathrm{d}\varphi r\,\mathrm{d}r\mathrm{d}\theta$$

$$+\dot{q}r^2\sin\theta\mathrm{d}r\mathrm{d}\theta\mathrm{d}\varphi=\rho\frac{\partial U}{\partial t}r^2\sin\theta\mathrm{d}r\mathrm{d}\theta\mathrm{d}\varphi$$

简化后，得

$$-\left[\frac{1}{r^2}\frac{\partial(q_r r^2)}{\partial r}+\frac{1}{r\sin\theta}\frac{\partial(q_\theta\sin\theta)}{\partial\theta}+\frac{1}{r\sin\theta}\frac{\partial(q_\varphi)}{\partial\varphi}\right]+\dot{q}=\rho\frac{\partial U}{\partial t} \tag{6}$$

根据傅里叶传热定律 $\boldsymbol{q}=-k\,\nabla T$，在球坐标系中，三个方向热流强度分别为

$$q_r=-k\frac{\partial T}{\partial r},\quad q_\theta=-\frac{k}{r}\frac{\partial T}{\partial\theta}\quad\quad q_\varphi=-\frac{k}{r\sin\theta}\frac{\partial T}{\partial\varphi} \tag{6.2.15}$$

对于不可压缩物体，$\mathrm{d}U=c\mathrm{d}T$，c 是比热容。将 $\mathrm{d}U=c\mathrm{d}T$ 和式（6.2.15）代入式（6），当传热系数 k 为常数时，得到**球坐标系热传导方程**为

$$k\left[\frac{1}{r^2}\frac{\partial}{\partial r}\left(r^2\frac{\partial T}{\partial r}\right)+\frac{1}{r^2\sin\theta}\frac{\partial}{\partial\theta}\left(\sin\theta\frac{\partial T}{\partial\theta}\right)+\frac{1}{r^2\sin^2\theta}\frac{\partial^2 T}{\partial\varphi^2}\right]+\dot{q}=\rho c\frac{\partial T}{\partial t} \tag{6.2.16}$$

引用记号 $\alpha^2=k/\rho c$，α^2 称为热扩散率，得

$$\alpha^2\left[\frac{1}{r^2}\frac{\partial}{\partial r}\left(r^2\frac{\partial T}{\partial r}\right)+\frac{1}{r^2\sin\theta}\frac{\partial}{\partial\theta}\left(\sin\theta\frac{\partial T}{\partial\theta}\right)+\frac{1}{r^2\sin^2\theta}\frac{\partial^2 T}{\partial\varphi^2}\right]+\frac{\dot{q}}{\rho c}=\frac{\partial T}{\partial t} \tag{6.2.17}$$

对于直角坐标系用同样的方法可导出方程

$$\alpha^2\left(\frac{\partial^2 T}{\partial x^2}+\frac{\partial^2 T}{\partial y^2}+\frac{\partial^2 T}{\partial z^2}\right)+\frac{\dot{q}}{\rho c}=\frac{\partial T}{\partial t} \tag{6.2.18}$$

令 $f=\dot{q}/\rho c$，**三维热传导方程的矢量形式**为

$$\frac{\partial T}{\partial t}=\alpha^2\Delta T+f \tag{6.2.19}$$

该方程为非齐次偏微分方程。

对于定解问题，需要给出介质温度 $T(r,\varphi,\theta,t)$ 的初始分布（初始条件）和介质的边界性态（边界条件），以便完整地描述热的扩散问题。边界条件也有三种类型：

① 如果已知在界面边界 Σ 上的温度分布是 T_0，则

$$T|_\Sigma=T_0$$

② 如果已知在穿过界面边界 Σ 的热流量是 q_1，则

$$-k\left.\frac{\partial T}{\partial n}\right|_\Sigma=q_1$$

③ 如果穿越界面边界 Σ 发生热交换，且 k 是传热系数，h 是表面传热系数，T_∞ 是介质周围的温度，则

$$\left[k\frac{\partial T}{\partial n}+h(T-T_\infty)\right]_\Sigma=0$$

（2）扩散方程

若单位体积中的分子数或质量不均匀，即浓度不均匀，则物质从浓度大的地方向浓度低的地方转移，这种现象叫作**扩散**。例如把装有酒精的瓶子打开，就能在屋子里闻到酒精气味。扩散现象并不限于气体，在固体中也有扩散现象。在扩散问题中研究的是浓度 $u(x,y,z,t)$ 在空间中的分布和随时间的变化。

扩散流强度 $\boldsymbol{q}$ 为单位时间里通过单位横截面积的原子和分子数，它表示扩散运动的强弱程度。扩散运动的起源是浓度的不均匀，浓度的不均匀程度可用浓度梯度 ∇u 来表示。有**扩散定律**——**费克定律**表明：扩散流强度 $\boldsymbol{q}$ 与浓度梯度和扩散系数成正比，负号表示扩散转移的方向（浓度减小的方向）跟浓度梯度（浓度增大的方向）相反，有

$$\boldsymbol{q}=-D\nabla c \tag{6.2.24}$$

式中，D 为扩散系数。

不同物质的扩散系数各不相同。同一物质在不同温度的扩散系数也不同，一般情况下，温度越高，扩散系数越大。

以直角坐标系的问题为例，推导一维扩散方程。

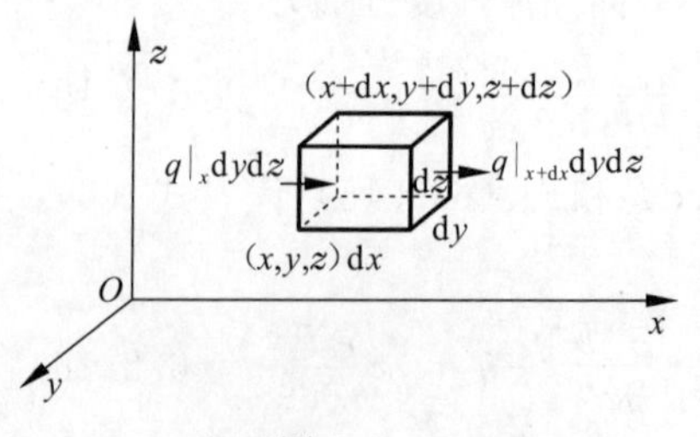

图 6.2.3

例题 6.2.4 使用扩散定律研究一维扩散问题中的浓度在空间分布和随时间变化的规律。对于一维扩散问题，有浓度函数 $u(x,t)$。取微元平行六面体，如图6.2.3所示，这个平行六面体里浓度的变化取决于穿过它的表面物量。如果不考虑主体流动，单纯考虑分子扩散，扩散只沿方向 x 进行，则在六面体的左边流入的

物量是 $q(x)\mathrm{d}y\mathrm{d}z$，在六面体的右边流出的物量是 $q(x+\mathrm{d}x)\mathrm{d}y\mathrm{d}z$，出入相抵消。净流入物量为

$$-[q(x+\mathrm{d}x)-q(x)]\mathrm{d}y\mathrm{d}z\mathrm{d}t=-\frac{\partial q}{\partial x}\mathrm{d}x\mathrm{d}y\mathrm{d}z\mathrm{d}t$$

对于沿 x 方向进行的一维扩散，扩散定律（6.2.24）简化为

$$q=-D\frac{\partial c}{\partial x} \tag{6.2.25}$$

将式（6.2.25）代入，得净流入物量为

$$\frac{\partial}{\partial x}(Dc_x)\mathrm{d}x\mathrm{d}y\mathrm{d}z\mathrm{d}t$$

如微元平行六面体里无源或汇，则浓度随时间的变化率为

$$u_t=\frac{\partial c}{\partial t}=\frac{\text{净流入物量}}{\mathrm{d}x\mathrm{d}y\mathrm{d}z}=\frac{\partial}{\partial x}(Dc_x)$$

如扩散系数在空间是均匀的，则有

$$\frac{\partial}{\partial x}(Dc_x)=D\frac{\partial c_x}{\partial x}=Dc_{xx}$$

令 $\alpha^2=D$，得一维扩散方程为

$$c_t=\alpha^2c_{xx} \tag{6.2.26}$$

对于三维强迫扩散问题，考虑前后上下四个面的流量和强迫项，可得**三维强迫扩散方程**为

$$c_t=\frac{\partial}{\partial x_i}\left(D\frac{\partial c}{\partial x_i}\right)+f(r,t) \tag{6.2.27}$$

如扩散系数在空间是均匀的，扩散系数 D 为常数，则得三维强迫扩散方程的另一种表达

$$c_t=D\Delta c+f \tag{6.2.28}$$

（3）输运方程

这里略去了详细推导过程，汇总了化学化工中常用的输运方程。

① 由 4.4 节得到的不可压缩黏性流体的运动方程，速度应满足

$$\frac{\partial \boldsymbol{u}}{\partial t}=v\nabla^2\boldsymbol{u} \tag{4.4.76}$$

涡流运动方程为

$$\frac{\partial \boldsymbol{\omega}}{\partial t}=v\nabla^2\boldsymbol{\omega} \tag{4.4.79}$$

② 流体流经固体颗粒床层的洗涤或过滤操作时，所满足的**渗透压方程**为

$$\frac{\partial p}{\partial t}=\alpha\Delta p \tag{6.2.29}$$

③ 物质由于链式反应而增值，浓度增值的单位时间变化率为 b^2u，一维和三维扩散方程分别为[2]

$$u_t-\alpha^2u_{xx}-b^2u=0$$
$$u_t-\alpha^2\Delta u-b^2u=0 \tag{6.2.30}$$

④ 放射性物质的蜕变半衰期为 τ，则单纯由蜕变所导致浓度的随时间变化率为 $-\frac{\ln 2}{r}u$，扩散方程为[2]

$$u_t - \alpha^2 \Delta u + \frac{\ln 2}{r} u = 0 \tag{6.2.31}$$

⑤ 在物质结构或量子化学中，用薛定谔（Schrödinger）方程描述粒子量子力学行为。微观粒子在势场 $V(x,y,z,t)$ 中，波函数 ψ 满足**薛定谔方程**[2]

$$ih\psi_t = -\frac{h^2}{2m}\Delta\psi + V\psi$$

式中，h 为普朗克（Planck）常数。如用 $u(x,y,z,t)$ 表示波函数，则有

$$ihu_t = -\frac{h^2}{2m}\Delta u + Vu \tag{6.2.32}$$

6.2.3 稳态方程

当传热或扩散运动持续进行下去，$t\to\infty$ 时，达到了稳定状态。如果密度 ρ、传热系数 k 和扩散系数 D 为常数时，波动、传热和扩散方程的源密度函数分别为 $f=F/\rho$、$f=\dot{q}/\rho c$ 和 $f=F/D$。因此，推导得到以下方程。

波动方程为

$$u_{xx} - \alpha^2 \Delta u = f \tag{6.2.8}$$

传热方程为

$$T_t - \alpha^2 \Delta T = f \tag{6.2.19}$$

扩散方程为

$$c_t - D\Delta c = f \tag{6.2.28}$$

对于稳定过程，外力或外源 $F=F(\boldsymbol{r})$ 与时间变量无关，$u_{tt}=u_t=0$。以上三个方程都变成**泊松方程**为

$$\Delta u = f \tag{6.2.33}$$

泊松方程为非齐次的稳态方程，在不同的问题中，非齐次项 f 的物理意义不同，但是在数学物理方程中统称为**源密度函数**。当 $f=0$ 时，方程为拉普拉斯方程。

$$\Delta u = 0 \tag{6.2.34}$$

如果确定了边界条件的任一种，稳定状态过程就完全确定了。

对于稳态问题，波函数 $u(x,y,z,t)$ 表示的薛定谔方程（6.2.32）变为

$$-\frac{h^2}{2m}\Delta u + Vu = Eu \tag{6.2.35}$$

式中，E 为质量为 m 的粒子的能。

例如，流体无旋稳恒流动的速度势满足泊松方程 $\Delta\varphi=-f$，如在某一区域里没有流体的源或汇，则在该区域简化为拉普拉斯方程 $\Delta\varphi=0$。正如第4章所介绍的许多无旋矢量场的势函数均满足拉普拉斯方程。综上所述，拉普拉斯方程可以描述许多物理现象的稳态过程。

在波动方程中，设外部扰动 $f(x,t)$ 是周期性的，频率是 ω，振幅为 $\alpha^2 f(x)$，即

$$f(x,t) = \alpha^2 f(x)\mathrm{e}^{\mathrm{i}\omega t}$$

如果要求有相同频率 ω，但振幅 $u(x)$ 为未知的周期扰动 $u(x, t)$，即 $u(x, t)=u(x)\mathrm{e}^{\mathrm{i}\omega t}$，则得关于 $u(x)$ 的稳定状态方程为

$$\Delta u + k^2 u = -f(x) \quad (k^2 = \omega^2/\alpha^2) \tag{6.2.36}$$

方程（6.2.36）称为**亥姆霍兹（Helmholtz）方程**。在6.5节将详细介绍该方程的求解。

6.3　偏微分方程的分离变量法

多个自变量的偏微分方程的求解是相当复杂的，它不同于常微分方程的求解。在求解偏微分方程的过程中，在可能的情况下总是设法使自变量个数减少转化为常微分方程，借助于常微分方程的方法求解。分离变量法就是基于这种想法产生的。

分离变量法是求解偏微分方程常用的基本方法之一，分离变量（傅里叶级数）法适用于各种各样的定解问题。该法将偏微分方程分离变量后化为求解含参变量常微分方程的边值问题。通常要求出参数的值，使常微分方程边值问题对于所求出的参数值有非零解，这就是本征值问题。本征值问题是分离变量法求解数学物理方程的核心。

本节首先介绍斯图姆—刘维尔型方程的本征值问题，通过典型例题，来介绍用分离变量法求解有界空间的齐次波动方程、齐次输运方程和齐次稳态方程[1]~[5]。本节分为三小节，包括斯图姆—刘维尔型方程及其本征值问题、用傅里叶级数展开分离变量及齐次偏微分方程的分离变量法。

6.3.1　斯图姆—刘维尔型方程及其本征值问题

分离变量法的关键在于泛定方程满足边界条件的一般解是否可用特解作基本函数展开成无穷级数，然后利用线性叠加原理，做出这些解的线性组合。本小节重点说明这种可能性[2],[4]，介绍斯图姆—刘维尔型方程的本征值问题及其性质。

二阶线性偏微分方程通过分离变量可得到二阶齐次线性常微分方程。分离变量法的关键在于将分离变量形式的测试解代入偏微分方程，将问题转化为求解常微分方程和齐次边界条件的本征值问题。偏微分方程通过分离变量引出的常微分方程往往附有边界条件即待求的问题。这些边界条件可以是明确写出来的，也可以是没有写出来的自然条件。边界条件往往迫使常微分方程中的参数只能取某些特定的值，否则非零解就不存在。这些特定的值叫作**本征值**，对应于本征值的解叫**本征函数**。

在一定边界条件下，求解常微分方程的本征值和本征函数的问题，称为**本征值问题**。求出本征函数以后，就容易找到满足泛定方程和边界条件的特解。在用分离变量法求解偏微分方程的问题中经常要求解本征值和本征函数，故专门介绍本征值问题。

二阶齐次线性常微分方程可统一写为

$$c_2(x)y''+c_1(x)y'+c(x)y+\lambda \mathrm{d}(x)y=0 \quad (\lambda\text{ 为参数}) \tag{6.3.1}$$

研究二阶齐次线性常微分方程的本征值问题时，通常用适当的函数遍乘微分方程的各项，把方程表示为**斯图姆－刘维尔（Sturm－Liouville）型方程**

$$\frac{\mathrm{d}}{\mathrm{d}x}\left[p(x)\frac{\mathrm{d}y}{\mathrm{d}x}\right]-q(x)y+\lambda\rho(x)y=0 \tag{6.3.2}$$

或

$$p'(x)y'+p(x)y''-q(x)y+\lambda\rho(x)y=0 \tag{6.3.3}$$

式中，λ 为参数；$p(x)>0$，在有限区间$[a,b]$上有连续的一阶导数；$\rho(x)$是区间$[a,b]$上的连续函数，且取正值。

将式（6.3.3）与式（6.3.1）的前两项比较可得

$$\frac{p'(x)}{p(x)}=\frac{c_1(x)}{c_2(x)}$$

即

$$\mathrm{d}\ln p(x)=\frac{c_1(x)}{c_2(x)}\mathrm{d}x \tag{6.3.4}$$

解此方程，定出 $p(x)$，代入式（6.3.3），然后将结果与方程（6.3.1）比较，可确定 $q(x)$、$\rho(x)$，从而得到斯图姆—刘维尔方程的具体形式。

方程（6.3.3）的本征值问题是，在边界条件

$$\begin{cases}-\alpha_1 y'(a)+\beta_1 y(a)=0\\-\alpha_2 y'(b)+\beta_2 y(b)=0\end{cases} \tag{6.3.5}$$

或

$$y(a)=y(b),\quad y'(a)=y'(b) \tag{6.3.6}$$

之下，求参数 λ，使方程（6.3.3）在区间［a,b］上有非零解。式中，α_i、$\beta_i(i=1, 2)$ 都是非负实数，且 $\alpha_i+\beta_i\neq 0$。条件式（6.3.6）是一种周期性条件。

满足上述要求的 λ 值称为这个边值问题的本征值；相应的非零解称为对应着本征值的本征函数。求齐次边值问题的所有本征值和本征函数的问题又称为**斯图姆—刘维尔型本征值问题**。斯图姆—刘维尔型本征值问题就是斯图姆—刘维尔型方程附加齐次的第一类、第二类或第三类边界条件，或是自然边界条件的一维空间常微分方程的边值问题。

下面介绍斯图姆—刘维尔型本征值和本征函数的普遍特性，这里略去证明，读者可参看有关参考文献[2],[4]。

若 $p(x)$、$q(x)$、$\rho(x)$ 在区间［a,b］上取正值，$p(x)$ 及其一阶导数在［a,b］上连续，$q(x)$ 在［a,b］上连续或只在区间的端点有一阶极点，则斯图姆—刘维尔型本征值问题有几点重要性质：

① 存在无穷多个实的本征值，它们自然会构成一个递增数列

$$\lambda_1\leqslant\lambda_2\leqslant\lambda_3\leqslant\cdots\lambda_n\leqslant\cdots \tag{6.3.7}$$

对应于这些本征值有无穷多个本征函数

$$y_1(x),y_2(x),\cdots,y_n(x)\cdots \tag{6.3.8}$$

② 所有的本征值为

$$\lambda_n\geqslant 0 \tag{6.3.9}$$

③ 对应于不同本征值的本征函数在区间［a, b］上带权重 $\rho(x)$ 正交，即

$$\int_a^b y_m(x)y_n(x)\rho(x)\mathrm{d}x=0\quad(\lambda_m\neq\lambda_n) \tag{6.3.10}$$

其本征函数为实变函数，本书只讨论这种情况。

④ 本征函数 $y_1(x),y_2(x),\cdots,y_n(x)$，…在区间［$a$,$b$］上构成完备系，即任意一个具有连续一阶导数和分段连续二阶导数，且满足本征值问题中边界条件的函数 $f(x)$，必可用本征函数作为基本函数系展开成为绝对且一致收敛的级数

$$f(x)=\sum_{n=1}^{\infty}C_n y_n(x) \tag{6.3.11}$$

将方程（6.3.11）两边同乘以 $y_m(x)\rho(x)$，并在区间［a, b］积分，有

$$\int_a^b f(x)y_m(x)\rho(x)\mathrm{d}x=\sum_{n=1}^{\infty}C_n\int_a^b y_m(x)y_n(x)\rho(x)\mathrm{d}x$$

在第 2 章已经介绍了三角函数系的正交性。由函数的正交性可知，上式右边中除 $m=n$ 的一项外，其他项均为零。因而可求出系数为

$$C_n = \frac{1}{{N_n}^2}\int_a^b f(x)y_n(x)\rho(x)\mathrm{d}x \tag{6.3.12}$$

式中，N_n 称为 y_n（x）的模，由下式确定

$$N_n^2 = \int_a^b [y_n(x)]^2\rho(x)\mathrm{d}x \tag{6.3.13}$$

这种展开统一称为**广义傅里叶展开**。

必须注意，由本征函数的正交性可知，分离变量法仅适用于正交坐标系，即对于所考虑问题的区域限制是比较苛刻的，一般仅适用于规则的边界，如圆形、矩形、柱面、球面域等情况。

线性模型满足线性叠加原理，所谓的叠加即几种不同因素综合作用于系统，产生的效果等于各因素独立作用产生的效果总和。服从叠加原理的物理现象所对应的微分方程是线性的，而线性方程的解可由许多特解叠加而成；反之不符合叠加原理的物理过程，其相应的数学模型则不完全是线性的，非线性方程不能用叠加原理求解。

线性叠加原理：如果泛定方程和定解条件都是线性的，则可以把定解问题的解看作几个部分的线性叠加。

在 6.1.1 小节已经介绍，二阶线性偏微分方程的算子表示式（6.1.1）

$$Lu = f$$

式中，算子 L 定义为

$$L \equiv \sum_{i,j=1}^{n} a_{ij}\frac{\partial^2}{\partial x_i \partial x_j} + \sum_{i=1}^{n} b_i \frac{\partial}{\partial x_i} + c$$

式中，a_{ij}、b_i、c 和 f 都仅是变量 $\boldsymbol{r}=\boldsymbol{r}(x_1,x_2,\cdots,x_n)$的函数或常数。

假如函数 $u_i(i=1,2,\cdots,n,\cdots)$是线性齐次微分方程 $L(u)=0$ 的特解，例如前面章节已经建立的波动方程、输运方程和拉普拉斯方程为

$$L(u)=\frac{\partial^2 u}{\partial t^2} - \alpha^2\frac{\partial^2 u}{\partial x^2} = 0$$

$$L(u)=\frac{\partial u}{\partial t} - \alpha^2\frac{\partial^2 u}{\partial x^2} = 0$$

$$L(u)=\frac{\partial^2 u}{\partial x^2} + \frac{\partial^2 u}{\partial y^2} + \frac{\partial^2 u}{\partial z^2} = 0$$

则可用式（6.3.11）正交归一本征函数集$\{u_i\}$的线性组合

$$u = \sum_{i=1}^{\infty} C_i u_i \tag{6.3.14}$$

表示以上线性齐次偏微分方程的通解。

条件是 $L(u)=0$ 中出现的解函数 u 的导函数都可用逐项微分计算出来。这样的解函数是一个无穷级数。

6.3.2　用傅里叶级数展开分离变量

用分离变量法得到的解一般是无穷级数，由此，分离变量法也称为**傅里叶级数法**。本小节用几个实例介绍了用傅里叶级数展开分离变量求解偏微分方程的方法。

先简单介绍分离变量法求解偏微分方程的步骤，大致分为 4 步：

① **分离变量**。把待求的特解命为变量分离的因式之积，代入齐次泛定方程，把求解的偏微分方程分解为几个常微分方程。

② **求解本征值问题**。关于空间坐标的常微分方程与齐次边界条件构成本征值，解此本征值，求解本征值和相应的本征函数。

③ **求解不构成本征问题的常微分方程的通解**。求解其余不构成本征问题的常微分方程的解，将所有的解与本征函数相乘，得到满足边界条件的特解，将无限多个特解叠加得到级数形式的一般解。

④ **由傅里叶级数确定系数**。最后使用初始条件或边值条件由傅里叶级数确定一般解的叠加系数，从而得到定解问题的解。

对于直角坐标描述的齐次线性偏微分方程和齐次边界条件描述的定解问题，可用傅里叶级数展开分离变量，以弦的自由振动为例来说明分离变量的基本做法。

例题 6.3.1 设弦长为 l，两端固定，在初始位移 $\varphi(x)$ 和初始速度 $\psi(x)$ 的扰动下，试确定弦自由振动的规律[2]。由例题 6.2.1 可知，该自由振动的定解问题为

$$u_{tt}-\alpha^2 u_{xx}=0 \quad (0<x<l,t>0) \tag{1}$$

边界条件为

$$u(0,t)=0,\quad u(l,t)=0 \tag{2}$$

初始条件为

$$u(x,0)=\varphi(x),\quad u_t(x,0)=\psi(x) \tag{3}$$

解：由物理学的知识可知，有界弦的振动形成驻波，弦上各点的位移 $u(x,\ t)$ 是连续函数，故可将 $u(x,\ t)$ 在区间 $[0,\ l]$ 上就 x 展开为傅里叶级数；展开时把 t 看作参数，即傅里叶系数为 t 的函数。由于第一类边界条件指明，本定解问题只能作傅里叶正弦展开。因此，首先使用式（2.5.25）直接将 $u(x,\ t)$ 展成傅里叶正弦级数，设分离变量形式的解为

$$u(x,t)=\sum_{n=1}^{\infty}T_n(t)\sin\frac{n\pi x}{l} \tag{4}$$

将式（4）代入控制方程（1），得

$$\sum_{n=1}^{\infty}\left[T_n''(t)+\frac{n^2\pi^2\alpha^2}{l^2}T_n(t)\right]\sin\frac{n\pi x}{l}=0 \tag{5}$$

一个傅里叶正弦级数等于零，必然各项的系数为零，因此式（5）中

$$T_n''(t)+\frac{n^2\pi^2\alpha^2}{l^2}T_n(t)=0 \tag{6}$$

这个常微分方程的解为

$$T_n(t)=A_n\cos\frac{n\pi\alpha}{l}t+B_n\sin\frac{n\pi\alpha}{l}t \tag{7}$$

将式（7）代入式（4），最后得到

$$u(x,t)=\sum_{n=1}^{\infty}\left(C_n\cos\frac{n\pi\alpha}{l}t+D_n\sin\frac{n\pi\alpha}{l}t\right)\sin\frac{n\pi x}{l} \tag{8}$$

式中，$C_n=A_nT_n$，$D_n=B_nT_n$ 是任意常数。

式（8）是泛定方程（1）结合边界条件（2）的**一般解（通解）**。

利用初始条件式（3）确定其中的系数 C_n 和 D_n，将两个初始条件式分别代入式（8），

得到

$$u(x,t)\big|_{t=0}=\sum_{n=1}^{\infty}C_n\sin\frac{n\pi}{l}x=\varphi(x)$$

$$\frac{\partial u}{\partial t}\bigg|_{t=0}=\sum_{n=1}^{\infty}D_n\frac{n\pi\alpha}{l}\sin\frac{n\pi}{l}x=\psi(x)$$

其中，$\varphi(x)$、$\psi(x)$ 是由初始条件给出的定义在区间 $[0,l]$ 上的连续函数（或只有有限个第一类间断点，且至多有限个极值点），使用级数展开式（2.5.27）分别将 $\varphi(x)$、$\psi(x)$ 展开为傅里叶正弦级数，以确定系数

$$\begin{cases}C_n=\dfrac{2}{l}\displaystyle\int_0^l\varphi(\xi)\sin\frac{n\pi}{l}\xi\mathrm{d}\xi\\D_n=\dfrac{2}{n\pi\alpha}\displaystyle\int_0^l\psi(\xi)\sin\frac{n\pi}{l}\xi\mathrm{d}\xi\end{cases}\tag{9}$$

把式（9）代入一般解式（8），得到定解问题的完整特解。

这是个十分新颖的方法，得到的解是一个无穷级数。一开始把待求函数 $u(x,t)$ 按 x 展开为傅里叶正弦级数，**由于泛定方程和边界条件都是线性齐次的，所以级数解中的每一项都是泛定方程结合边界条件的特解，一般解（通解）就是所有特解的线性叠加**。每个特解在物理上代表长为 l 的两端固定弦上可能出现的驻波。$\omega_n=n\pi\alpha/l$ 是弦上各点振动的角频率。由于它与初始条件无关，故称为弦的**本征频率**。对于 $n=1$，角频率相当于弦发出的基音，对于 $n>1$ 的各个角频率为基音频率的整倍数，相当于倍音。弦的实际振动是无数驻波的叠加。初时的扰动决定了驻波的强度和形态，在求解过程中体现为由初时条件确定的叠加系数 C_n 和 D_n。

特别值得注意的是，在这些特解中，自变量 x 和 t 已经分离在各自的因式中，这正是驻波函数的特点。分离变量法正是运用了这样一个特点。因为每个特解都是满足齐次泛定方程和齐次边界条件的，故一开始就可以把特解分离变量的因式之积，代入齐次泛定方程，结合齐次边界条件确定它们的函数形式，然后叠加成为一般解，由此产生了**分离变量法**。

由于上述问题的边界条件是第一类齐次的，所以一开始就把待求函数 $u(x,t)$ 按 x 展开为傅里叶正弦级数。若是第二类齐次的则应展开为余弦级数，求解该问题的具体过程留给读者。

以两端固定弦的自由振动为例来介绍分离变量法求解齐次偏微分方程的详细步骤。

例题 6.3.2　试确定在初始位移 $\varphi(x)$ 和初始速度 $\psi(x)$ 的扰动下，弦长 l 两端固定的均匀弦的自由振动[2]。

解：用分离变量法求解例题 6.3.1。该定解问题为

$$\frac{\partial^2 u}{\partial t^2}=\alpha^2\frac{\partial^2 u}{\partial x^2}\quad(0<x<l,t>0)\tag{1}$$

边界条件为

$$u(0,t)=u(l,t)=0\tag{2}$$

初始条件为

$$u(x,0)=\varphi(x)\tag{3}$$

$$u_t(x,0)=\psi(x)\tag{4}$$

因为无外力作用，故为自由振动，即微分方程是齐次的。因为弦的两端固定，故边界条

件式（2）也是齐次的。该问题满足分离变量法求解所要求的基本条件，且解可用线性叠加原理确定。按照分离变量法的求解偏微分方程的4个步骤求解。

① 设分离变量形式的解，使之适合原方程和定解条件，分离变量确定本征值问题。

假设函数可表示为各个自变量单元函数的乘积，代入方程后可分离为各个自变量的常微分方程。因振幅 $u(x,t)$ 是 x 和 t 的函数，令变量分离形式的解为 $u(x,t)=X(x)T(t)$，将其代入控制方程（1），有

$$X(x)T''(t)=\alpha^2X''(x)T(t)$$

将上式分离变量为

$$\frac{X''(x)}{X(x)}=\frac{T''(t)}{\alpha^2T(t)}$$

要使等式成立，只能让它们等于常数时才有可能，令常数为 λ，即

$$\frac{X''(x)}{X(x)}=\frac{T''(t)}{\alpha^2T(t)}=\lambda$$

于是得到两个常微分方程

$$X''(x)-\lambda X(x)=0 \tag{5}$$

$$T''(t)-\lambda\alpha^2T(t)=0 \tag{6}$$

将边界条件表示为各个自变量单元函数的乘积，有

$$u(0,t)=X(0)T(t)=0,\quad u(l,t)=X(l)T(t)=0$$

因为边界条件是齐次的，故可将边界条件分离变量，又因为 $T(t)\neq0$，所以有附加条件 $X(0)=0$，$X(l)=0$，该条件与式（4）构成常微分方程的边值问题

$$\begin{cases}X''(x)-\lambda X(x)=0\\X(0)=0,\quad X(l)=0\end{cases} \tag{7}$$

求解式（7）可得到单元函数 $X(x)$。

② 解本征值问题，求出所有的本征值和相应的本征函数。

二阶常微分方程边值问题（7）中待定常数 λ 需要加以确定。下面分三种情况讨论 λ 的取值。

a. 设 $\lambda>0$，则方程（7）的解为

$$X(x)=A\exp(\sqrt{\lambda}x)+B\exp(-\sqrt{\lambda}x)$$

应用边界条件 $X(0)=0$，得

$$A+B=0$$

由 $X(l)=0$，得

$$A\exp(\sqrt{\lambda}l)+B\exp(-\sqrt{\lambda}l)=0$$

解出

$$A=-B=0$$

即 $X(x)=0$，则方程只有平凡解

$$u(x,t)\equiv0$$

由上面讨论可知，不能取 $\lambda>0$。

b. 设 $\lambda=0$，方程（7）的解为

$$X(x)=A+Bx$$

由边界条件得出 $A=B=0$，只有平凡解，因此也不能取 $\lambda=0$。

c. 设 $\lambda<0$，不妨令 $\lambda=-\beta^2$，此时方程（7）的解为

$$X(x)=A\cos\beta x+B\sin\beta x \tag{8}$$

由 $X(0)=0$ 得到

$$A=0 \tag{9}$$

由 $X(l)=0$ 得到

$$B\sin\beta l=0$$

为满足上式并能得到非零解，B 不再取零，即 $\sin\beta l=0$，得

$$\beta=\frac{n\pi}{l}\quad(n=1,2,3,\cdots) \tag{10}$$

即

$$\lambda_n=-\frac{n^2\pi^2}{l^2}\quad(n=1,2,3,\cdots)$$

只有当 $\lambda_n=-\frac{n^2\pi^2}{l^2}$（$n=1$，2，3…）时，定解问题才能得到非零解。$\lambda$ 有无穷多个，$X_n(x)$ 也有无穷多个。将式（9）和式（10）代入式（8），得到无穷多个单元函数

$$X_n(x)=B_n\sin\frac{n\pi}{l}x\quad(n=1,2,3\cdots) \tag{11}$$

由于 λ_n 取决于给定系统的特征尺度，故称 λ_n 为**本征值或固有值**，相应的 $X_n(x)$ 称为**本征函数或固有函数**。

③ 求解不构成本征值问题常微分方程的初值问题。对应于每一个 λ_n，式（6）化为

$$T''_n(t)-\lambda_n\alpha^2T_n(t)=0$$

将 $\lambda_n=-n^2\pi^2/l^2$ 代入，得二阶常微分方程为

$$T''_n(t)+\left(\frac{n\pi\alpha}{l}\right)^2T_n(t)=0 \tag{12}$$

其解为

$$T_n(t)=C'_n\cos\frac{n\pi\alpha}{l}t+D'_n\sin\frac{n\pi\alpha}{l}t\quad(n=1,2,3,\cdots) \tag{13}$$

将式（11）和式（13）相乘得到原方程的无穷个特解为

$$u_n(x,t)=\left(C_n\cos\frac{n\pi\alpha}{l}t+D_n\sin\frac{n\pi\alpha}{l}t\right)\sin\frac{n\pi}{l}x\quad(n=1,2,3,\cdots) \tag{14}$$

式中，$C_n=C'_nB_n$、$D_n=D'_nB_n$ 是任意常数。

运用线性叠加原理，将无穷个特解 $u_n(x,t)$ 加和起来得到级数形式的一般解为

$$u(x,t)=\sum_{n=1}^{\infty}u_n(x,t)=\sum_{n=1}^{\infty}\left(C_n\cos\frac{n\pi\alpha}{l}t+D_n\sin\frac{n\pi\alpha}{l}t\right)\sin\frac{n\pi}{l}x \tag{15}$$

④ 由初始条件确定一般解中的待定常数。利用初始条件（3）和（4）确定解函数（15）中的系数 C_n 和 D_n，即

$$u(x,t)\big|_{t=0}=\sum_{n=1}^{\infty}C_n\sin\frac{n\pi}{l}x=\varphi(x)$$

$$\left.\frac{\partial u}{\partial t}\right|_{t=0}=\sum_{n=1}^{\infty}D_n\frac{n\pi\alpha}{l}\sin\frac{n\pi}{l}x=\psi(x)$$

由于 $\varphi(x)$、$\psi(x)$ 是由初始条件给出的定义在 $[0,l]$ 上的连续函数（或只有有限个第一类间断点，且至多有限个极值点），使用级数展开式（2.5.27）分别将初始条件 $\varphi(x)$、$\psi(x)$展开为傅里叶正弦级数，确定系数为

$$\begin{cases} C_n = \dfrac{2}{l}\displaystyle\int_0^l \varphi(\xi)\sin\frac{n\pi}{l}\xi\mathrm{d}\xi \\ D_n\dfrac{n\pi\alpha}{l} = \dfrac{2}{l}\displaystyle\int_0^l \psi(\xi)\sin\frac{n\pi}{l}\xi\mathrm{d}\xi \end{cases} \tag{16}$$

把式（16）代入式（15），得到定解问题的完整特解，与例题 6.3.1 求得的结果相同。由此可见，两端固定弦的振动一般是本征振动的叠加。

总结整个分离变量法求解偏微分方程的过程，为了理解该过程，作出如图 6.3.1 所示图解[2]。

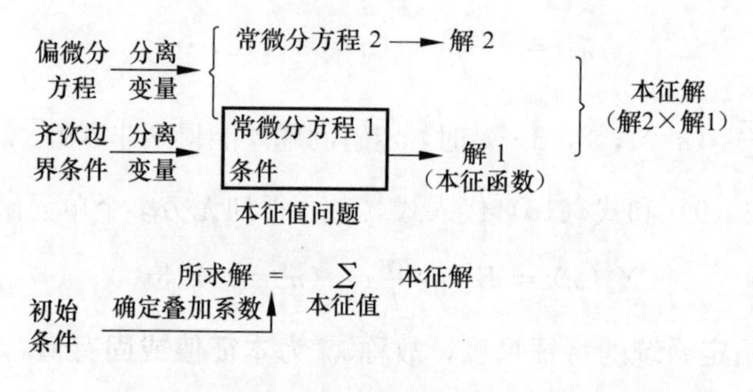

图 6.3.1　分离变量法求解偏微分方程的图解

用分离变量法得到的解一般是无穷级数。在具体问题中，级数中前若干项较为重要，因为有足够的精度，可以满足工程的需要，后面的项迅速减少从而可以一概略去。

6.3.3　齐次偏微分方程的分离变量法

在实际求解偏微分方程的定解问题时，总是先假定求解过程的运算是合法的，先求形式解，然后再研究适合问题的定解条件的特解。本小节没有讨论分离变量法运算的合法性[1]~[5]，重点放在如何使用分离变量法求解偏微分方程，主要通过 3 个例题介绍用分离变量法求解齐次波动方程、齐次输运方程和齐次稳态方程。

例题 6.3.3　设一半径为 r_0 的金属薄圆盘上下底面绝热，圆盘边缘温度分布为已知函数 $f(\varphi)$，试确定稳态下圆盘内温度分布[5]。

解： 稳态温度分布满足拉普拉斯方程，因薄圆盘很薄，故可认为沿高度方向温度分布均匀，可简化成二维问题，设 $u=u(r,\varphi)$，描述该热传导问题是圆域上极坐标的拉普拉斯方程为

$$\frac{\partial^2 u}{\partial r^2}+\frac{1}{r}\frac{\partial u}{\partial r}+\frac{1}{r^2}\frac{\partial^2 u}{\partial^2 \varphi}=0 \quad (0<r<r_0, 0<\varphi<2\pi) \tag{1}$$

根据上下底面绝热，圆盘边缘温度分布为已知函数 $f(\varphi)$ 的条件，确定边界条件为

$$u(r_0,\varphi)=f(\varphi) \tag{2}$$

由于是二维二阶偏微分方程，故需要 4 个边界条件。又因为是圆内传热问题，考虑到问题的轴对称和物理意义，解的形式应是光滑和周期性的，因此仅补充以下两个自然边界条件。

温度分布函数 $u=u(r, \varphi)$ 具有周期性，即

$$u(r,\varphi)=u(r,\varphi+2\pi) \tag{3}$$

在圆心 $r=0$ 处，温度有界，即

$$\lim_{r\to 0} u < \infty \tag{4}$$

方程（1）和边界条件（2）～（4）构成了圆域内稳定温度分布的定解问题。这是一个变系数线性方程，但是系数仅含有 r 自变量，方程具有可分离形式，可用分离变量法求解。

首先设分离变量形式的解为 $u(r,\varphi)=R(r)\Phi(\varphi)$，将其代入控制方程（1），得

$$R''\Phi + \frac{1}{r}R'\Phi + \frac{1}{r^2}R\Phi'' = 0$$

将上式除以$\dfrac{R\Phi}{r^2}$分离变量后，得到

$$\frac{r^2R''+rR'}{R} = -\frac{\Phi''}{\Phi} = \lambda$$

由此得到两个常微分方程为

$$\Phi''+\lambda\Phi = 0 \tag{5}$$

$$r^2R''+rR'-\lambda R = 0 \tag{6}$$

用分离变量形式的解 $u(r,\varphi)=R(r)\Phi(\varphi)$将自然边界条件（3）和（4）分离变量，有

$$u(r,\varphi)=u(r,\varphi+2\pi)=R(r)\Phi(\varphi)=R(r)\Phi(\varphi+2\pi)$$

$$u(0,\varphi)=R(0)\Phi(\varphi)<\infty$$

由以上两式分别得到分离变量后的边界条件为

$$\Phi(\varphi+2\pi)=\Phi(\varphi) \tag{7}$$

$$R(0)<\infty \tag{8}$$

由常微分方程（5）与边界条件（7）构成 φ 方向的边值问题，也是本征值问题，即

$$\begin{cases}\Phi''+\lambda\Phi=0\\ \Phi(\varphi+2\pi)=\Phi(\varphi)\end{cases} \tag{9}$$

由常微分方程（6）与边界条件（8）构成 r 方向的边值问题，即

$$\begin{cases}r^2R''+rR'-\lambda R=0\\ R(0)<\infty\end{cases} \tag{10}$$

先解本征值问题（9），确定本征值。当 $\lambda<0$ 时，Φ 不可能是 2π 周期函数；当 $\lambda=0$ 时，Φ 恒是常数；仅当 $\lambda>0$ 时，有解为

$$\Phi(\varphi)=a\cos\sqrt{\lambda}\varphi+b\sin\sqrt{\lambda}\varphi \tag{11}$$

由边界条件（7），有 $\Phi(\varphi)-\Phi(\varphi+2\pi)=0$，得到

$$\Phi(\varphi)-\Phi(\varphi+2\pi)=a\cos\sqrt{\lambda}\varphi+b\sin\sqrt{\lambda}\varphi-a\cos\sqrt{\lambda}(\varphi+2\pi)-b\sin\sqrt{\lambda}(\varphi+2\pi)=0$$

即有以下两式

$$\alpha[\cos\sqrt{\lambda}\varphi-\cos\sqrt{\lambda}(\varphi+2\pi)]=0,\quad b[\sin\sqrt{\lambda}\,\varphi-\sin\sqrt{\lambda}(\varphi+2\pi)]=0$$

因此，$\sqrt{\lambda}$只能为零或正整数，令$\sqrt{\lambda}=n$，（$n=0$，1，2…），即本征值 $\lambda=n^2$，代入式（11），得到本征函数为

$$\Phi_n(\varphi)=a_n\cos n\varphi+b_n\sin n\varphi\quad (n=0,1,2,\cdots) \tag{12}$$

确定本征值和本征函数后，解常微分方程的初值问题，将 $\lambda=n^2$ 代入方程（10），得

$$r^2R''+rR'-n^2R=0 \tag{13}$$

其为欧拉方程，令 $r=\mathrm{e}^t$ 将其变为常微分方程，有

$$\frac{d^2R}{dt^2}-n^2R=0$$

其解为

$$R_n(t)=C_n e^{nt}+D_n e^{-nt}=C_n r^n+D_n r^{-n} \tag{14}$$

当 $n=0$ 时，即 $\frac{d^2R}{dt^2}=0$，其解为

$$R_0(t)=C_0+D_0 t=C_0+D_0 \ln r \tag{15}$$

因需满足边界条件（8），即 $R(0)<\infty$，分析式（14）和式（15），故只能取 $D_n=0$（$n=0, 1, 2, \cdots$），其解归结为

$$R_n(r)=C_n r^n \quad (n=0,1,2,\cdots) \tag{16}$$

由式（12）和式（16）得到温度分布的无穷个特解，即

$$u_n(r,\varphi)=(A_n\cos n\varphi+B_n\sin n\varphi)r^n \tag{17}$$

再利用叠加原理将无穷多个特解加起来得到级数形式的一般解，即

$$u(r,\varphi)=\sum_{n=0}^{\infty}R_n\Phi_n=A_0+\sum_{n=1}^{\infty}(A_n\cos n\varphi+B_n\sin n\varphi)r^n \tag{18}$$

将边界条件 $u(r_0,\varphi)=f(\varphi)$ 代入解函数式（18），以确定式（18）中的常数 A_0、A_n 和 B_n，即

$$f(\varphi)=A_0+\sum_{n=1}^{\infty}(A_n\cos n\varphi+B_n\sin n\varphi)r_0^n \tag{19}$$

显然 A_0、A_n 和 B_n 为 $f(\varphi)$ 展开成傅里叶级数的系数，由傅里叶级数（2.5.23）确定为

$$\begin{cases}A_0=\dfrac{1}{2\pi}\displaystyle\int_0^{2\pi}f(\varphi)d\varphi\\ A_n=\dfrac{1}{r_0^n\pi}\displaystyle\int_0^{2\pi}f(\varphi)\cos n\varphi d\varphi\\ B_n=\dfrac{1}{r_0^n\pi}\displaystyle\int_0^{2\pi}f(\varphi)\sin n\varphi d\varphi\end{cases} \tag{20}$$

将式（20）代入式（18），得到稳态薄圆盘的温度分布。

例题 6.3.4 矩形域的二维热传导问题。一边长分别为 a 和 b 的矩形薄板，假设矩形两侧没有热损失。初始时刻温度分布为 $u(x,y,0)=u_0(x-y)$，u_0 为常数。在 $x=0$，$x=a$，$y=0$，$y=b$ 的四周边温度恒为零，试确定平板内温度分布随时间的变化规律[5]。

解：首先根据具体问题建立方程和确定边界条件。矩形域的二维热传导为二维非稳态输运问题，有三个自变量。设温度的分布为 $u=u(x, y, t)$，有控制方程和定解条件为

$$\frac{\partial u}{\partial t}=\alpha^2\left(\frac{\partial^2 u}{\partial x^2}+\frac{\partial^2 u}{\partial y^2}\right) \tag{1}$$

边界条件为

$$u(0,y,t)=u(a,y,t)=0 \tag{2}$$

$$u(x,0,t)=u(x,b,t)=0 \tag{3}$$

初始条件为

$$u(x,y,0)=u_0(x-y) \tag{4}$$

因为 x、y 两个方向都是齐次边界条件，故可用分离变量法求解该问题。将分离变量形式的解 $u(x,y,t)=X(x)Y(y)T(t)$ 代入式（1），得

$$XYT' = \alpha^2(X''YT + XY''T)$$

分离变量后得到

$$\frac{T'}{\alpha^2 T} = \frac{X''}{X} + \frac{Y''}{Y} \tag{5}$$

要使等式成立，只能令等式（5）两边等于常数。由于随着时间的增大，温度分布趋近稳态，不可能变成无穷大，即式（5）左边一定要等于负数。因此令

$$\frac{X''}{X} = -p^2, \quad \frac{Y''}{Y} = -q^2 \tag{6}$$

将式（6）代入式（5），有

$$\frac{T'}{\alpha^2 T} = -(p^2 + q^2) \tag{7}$$

式（6）与分离变量后的边界条件（2）和（3），分别构成 $X(x)$、$Y(y)$的二阶常微分方程的边值问题，式（7）和分离变量后的初始条件（4）构成 $T(t)$ 的初值问题，分别求解得到 $X(x)$、$Y(y)$和 $T(t)$的解。请读者作为练习自己完成详细求解过程，这里仅给出结果

$$X(x) = \begin{cases} A\cos px + B\sin px, & p \neq 0 \\ A_0 + B_0 x, & p = 0 \end{cases} \tag{8}$$

$$Y(y) = \begin{cases} C\cos qy + D\sin qy, & q \neq 0 \\ C_0 + D_0 y, & q = 0 \end{cases} \tag{9}$$

$$T(t) = E\mathrm{e}^{-\alpha^2(p^2+q^2)t} \tag{10}$$

由边界条件（2）和（3），分别确定本征值 p、q 和相应的本征函数。先确定 x 方向的本征值。由 $X(0)=0$，得

$$A = 0, \quad A_0 = 0$$

由 $X(a)=0$，得

$$B\sin pa = 0, \quad B_0 = 0$$

当 $p\neq 0$ 和 $B\neq 0$，特征方程才能有非零解，令 $pa=n\pi$，确定 x 方向的本征值为

$$p = n\pi/a \tag{11}$$

将式（11）代入式（8），得到 x 方向的本征函数为

$$X_n(x) = B_n \sin\frac{n\pi x}{a} \quad (n = 1,2,\cdots) \tag{12}$$

再确定 y 方向的本征值。由边界条件 $Y(0)=0$，得

$$C=0,\ C_0=0$$

由 $Y(b)=0$，得

$$D\sin qb = 0,\ D_0 = 0$$

当 $q\neq 0$，$D\neq 0$，$qb=m\pi$，确定 y 方向的本征值为

$$q = m\pi/b \tag{13}$$

将上式代入式（9），得到 y 方向的本征函数为

$$Y_m(y) = D_m \sin\frac{m\pi y}{b} \quad (m = 1,2,\cdots) \tag{14}$$

再将 x 和 y 方向的本征值式（11）和式（13）代入式（10），于是得

$$T_{m,n}(t) = E_{m,n}\mathrm{e}^{-\alpha^2\pi^2\left(\frac{n^2}{a^2}+\frac{m^2}{b^2}\right)t} \tag{15}$$

由式（11）～式（13），得到原方程的特解为

$$U_{m,n}(x,y,t)=X_n(x)Y_m(y)T_{m,n}(t) \tag{16}$$

由线性叠加原理，得原方程的一般解为

$$u(x,y,t)=\sum_{n=1}^{\infty}\sum_{m=1}^{\infty}C_{m,n}\sin\frac{n\pi x}{a}\sin\frac{m\pi y}{b}\mathrm{e}^{-\alpha^2\pi^2\left(\frac{n^2}{a^2}+\frac{m^2}{b^2}\right)t} \tag{17}$$

将初始条件（4）代入上式确定 $C_{m,n}$，有

$$u_0(x-y)=\sum_{n=1}^{\infty}\sum_{m=1}^{\infty}C_{m,n}\sin\frac{n\pi x}{a}\sin\frac{m\pi y}{b}$$

式中，系数 $C_{m,n}$ 是函数 $u_0(x-y)$ 在所述矩形域内的双重傅里叶正弦级数展开式的系数。

此系数可用类似一般傅里叶正弦级数求法推广而得，即在上式两端各乘以 $\sin\frac{n'\pi x}{a}\sin\frac{m'\pi y}{b}$，$n'$ 和 m' 为任意正整数，并在矩形域内积分，则有

$$\begin{aligned}&\int_0^b\int_0^a u_0(x-y)\sin\frac{n'\pi x}{a}\sin\frac{m'\pi y}{b}\mathrm{d}x\mathrm{d}y\\&=\sum_{n=1}^{\infty}\sum_{m=1}^{\infty}C_{m,n}\int_0^b\int_0^a\sin\frac{n\pi x}{a}\sin\frac{n'\pi x}{a}\sin\frac{m\pi y}{b}\sin\frac{m'\pi y}{b}\mathrm{d}x\mathrm{d}y\end{aligned} \tag{18}$$

解出式（18）可确定 $C_{m,n}$。

式（18）左端的积分分为两部分计算，第一部分为

$$\begin{aligned}\int_0^b\int_0^a x\sin\frac{n'\pi x}{a}\sin\frac{m'\pi y}{b}\mathrm{d}x\mathrm{d}y&=\int_0^a x\sin\frac{n'\pi x}{a}\mathrm{d}x\int_0^b\sin\frac{m'\pi y}{b}\mathrm{d}y\\&=-\frac{a^2}{n'\pi}\cos n'\pi\int_0^b\sin\frac{m'\pi y}{b}\mathrm{d}y\\&=\frac{ba^2}{n'm'\pi^2}\cos n'\pi(\cos m'\pi-1)\end{aligned} \tag{19}$$

同理，式（18）左端的第二部分积分为

$$\int_0^b\int_0^a y\sin\frac{n'\pi x}{a}\sin\frac{m'\pi y}{b}\mathrm{d}x\mathrm{d}y=\frac{ab^2}{n'm'\pi^2}\cos m'\pi(\cos n'\pi-1) \tag{20}$$

式（18）右端的二重积分可写成如下的乘积形式

$$\int_0^b\sin\frac{m\pi y}{b}\sin\frac{m'\pi y}{b}\mathrm{d}y\int_0^a\sin\frac{n\pi x}{a}\sin\frac{n'\pi x}{a}\mathrm{d}x=\begin{cases}ab/4 & (m=m',n=n')\\0 & (m\neq m',n\neq n')\end{cases} \tag{21}$$

将（19）～式(21) 三式代入式（18），得

$$\frac{u_0ab}{nm\pi^2}[a\cos n\pi(\cos m\pi-1)-b\cos m\pi(\cos m\pi-1)]=\frac{ab}{4}C_{m,n}$$

化简上式，得到

$$C_{m,n}=\frac{4u_0}{\pi^2}\frac{1}{mn}\{a(-1)^n[(-1)^m-1]-b(-1)^m[(-1)^n-1]\} \tag{22}$$

式（17）和式（20）确定了矩形薄板的二维热传导的分布。

例题 6.3.5 一平板长 l、宽 w、传热系数为 k，在平板的长度方向上一端绝热，另一端与温度为零的环境介质进行热交换，表面传热系数为 h。在宽度方向上一端温度为零，另一端温度为 $f(x)$。求平板内部稳态温度分布。

解：分析该具体问题首先确定方程和边界条件。该问题是二维平板稳态导热，即

$\partial T/\partial t=0$，且没有热源 $\dot{q}=0$，使用稳态热传导方程（6.2.34），简化为二维拉普拉斯方程

$$\frac{\partial^2 T}{\partial x^2}+\frac{\partial^2 T}{\partial y^2}=0 \tag{1}$$

根据问题的具体情况建立直角坐标，长度方向为 x，宽度方向为 y，确定边界条件为

$$\frac{\partial T(0,y)}{\partial x}=0 \tag{2}$$

$$-k\frac{\partial T(l,y)}{\partial x}=h[T(l,y)-0]$$

即

$$-k\frac{\partial T(l,y)}{\partial x}=hT \tag{3}$$

$$T(x,0)=0 \tag{4}$$

$$T(x,w)=f(x) \tag{5}$$

由式（1）～式（5）判别方程和边界条件的类型。方程（1）是齐次的。由边界条件（2）和（3）可知，在 x 方向有两个齐次边界条件。因此，在 x 方向上确定本征值和本征函数。y 方向有一个齐次边界条件、一个非齐次边界条件，可采用分离变量法求解。

设该微分方程的具有分离变量形式的解为

$$T(x,y)=X(x)Y(y) \tag{6}$$

将式（6）代入式（1），得

$$X''Y+XY''=0$$

将上式分离变量后，得到

$$\frac{X''}{X}=-\frac{Y''}{Y}$$

因为 $X(x)$ 和 $Y(y)$ 都是独立变量，因此上式两侧是互相独立的，要使上式等式成立，并且保证在 x 方向上有本征函数，只能使其等于一个负的常数，即 $-\lambda^2$。将边界条件也分离变量，由此分别得到 $X(x)$ 和 $Y(y)$ 线性二阶常微分方程的边值问题为

$$\begin{cases} X''+\lambda^2 X=0 & (7)\\ X'(0)=0 & (8)\\ -kX'(l)=hX(l) & (9)\end{cases}$$

$$\begin{cases} Y''-\lambda^2 Y=0 & (10)\\ Y(0)=0 & (11)\\ Y(w)=f(x) & (12)\end{cases}$$

为了确定本征值和本征函数，先求解二阶线性常微分方程（7），得到

$$X(x)=A\sin\lambda x+B\cos\lambda x \tag{13}$$

使用边界条件（8）和（9）确定式（13）中的常系数。由边界条件（8）有 $A=0$，再由式（9）得到本征函数为

$$X_n(x)=A_n\cos\lambda_n x \tag{14}$$

将式（14）代入边界条件式（9），得到

$$k\lambda_n\sin\lambda_n l=h\cos\lambda_n l$$

将其化简得到确定本征值的方程为

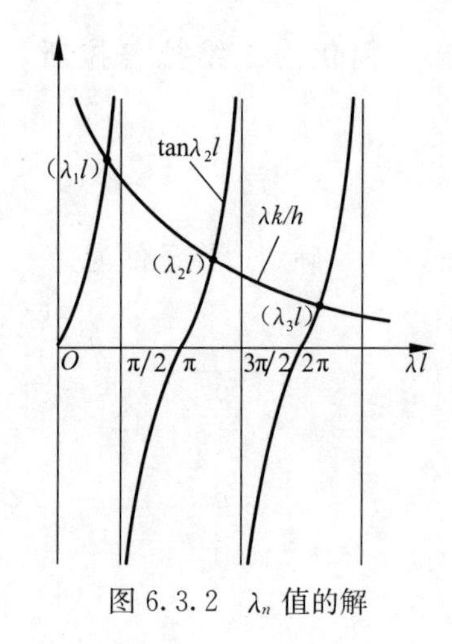

图 6.3.2　λ_n 值的解

$$\lambda_n l = \frac{hl}{k}\tan(\lambda_n l) = B_i\tan(\lambda_n l) \qquad (6.3.15)$$

式中，$B_i = \frac{hl}{k}$ 为毕奥数，此参数表示固体内热阻对边界膜热阻之比。式（6.3.15）是确定本征值的方程。将该式的两边都作为 λl 的函数用图表示，如图 6.3.2 所示，$\tan\lambda_n l$ 与 $\lambda k/h$ 两曲线交点的横坐标是式（6.3.15)的根，这样的根有无穷多个 λ_1，λ_2，λ_3，…

再求解二阶常微分方程（10)，得

$$Y(y) = C\mathrm{sh}\lambda y + D\mathrm{ch}\lambda y$$

将边界条件（11）代入上式，有

$$C\mathrm{sh}0 + D\mathrm{ch}0 = 0$$

由此得到 $D=0$，即

$$Y_n(y) = C_n\mathrm{sh}\lambda_n y \qquad (15)$$

最后，确定问题的通解。由于线性方程的可叠加性，该偏微分方程（1）的通解可写作对应每一个解的总和，这个总和是由无穷项组成的，将式（14）和式（15）相乘，得通解为

$$T(x,y) = \sum_{n=0}^{\infty} A_n C_n \mathrm{sh}\lambda_n y\cos\lambda_n x = \sum_{n=0}^{\infty} E_n\mathrm{sh}\lambda_n y\cos\lambda_n x \qquad (16)$$

式中，常系数 $E_n = A_n C_n$。

最后确定通解式（16）中的系数，将非齐次边界条件 $Y(w)=f(x)$代入解式（16)，有

$$f(x) = \sum_{n=0}^{\infty} E_n\mathrm{sh}(\lambda_n w)\cos(\lambda_n x)$$

将 $f(x)$ 展成余弦级数，确定通解式中的系数为

$$E_n\mathrm{sh}(\lambda_n w) = \frac{\int_0^l f(x)\cos(\lambda_n x)\mathrm{d}x}{\int_0^l \cos^2(\lambda_n x)\times 1\times \mathrm{d}x}$$

整理上式，得系数为

$$\begin{cases} E_0 = \dfrac{1}{l}\displaystyle\int_0^l f(x)\cos(\lambda_n x)\mathrm{d}x \\ E_n = \dfrac{2}{l}\dfrac{\int_0^l f(x)\cos(\lambda_n x)\mathrm{d}x}{\mathrm{sh}(\lambda_n w)} \end{cases} \qquad (17)$$

平板内部稳态温度分布由式（16）和式（17）确定，式（6.3.15）确定了方程的本征值。

通过以上的讨论可知，分离变量法解题的关键是通过分离变量将波动方程与输运方程分解成几个常微分方程边值问题和初值问题，一般由初值条件确定级数解的常数。将稳态方程分解成几个常微分方程的边值问题，其中常微分方程和齐次边值条件构成本征值和本征函数问题，一般由非齐次边界条件确定级数解的常数。

6.4　非齐次泛定方程

在 6.3 节中，用分离变量法求解了波动方程、输运方程和稳态方程三类定解问题。从用分离变量法求解定解问题的过程来看，该方法之所以十分成功，其主要原因有：偏微分方程和边界条件都是齐次的，不论哪一类边界条件都是借助于齐次边界条件来确定本征值的；其次，定解问题是线性的，因而叠加原理成立。但是，大量线性定解问题中的微分方程和边界条件都是非齐次的，一般说来，无法使用分量变量法。当偏微分方程和边界条件为非齐次时，往往需要经过齐次化处理才能使用分离变量法确定本征值，进而求解偏微分方程。

求解非齐次方程的主要方法有多种，比如本征函数系展开、冲量定理和格林函数法等。第 6.7 节将专门介绍冲量定理法和格林函数法。

本节介绍求解非齐次泛定方程的本征函数法以及非齐次边界条件的处理方法，包括本征函数法、非齐次边界条件的处理两小节。

6.4.1　本征函数法

本征函数法也称为**特征函数系法**[3]。本小节介绍用本征函数法求解非齐次泛定方程。

当有外力作用时，导出弦的强迫振动方程是非齐次偏微分方程。当有外加热源条件时，导出的热传导方程也是非齐次偏微分方程。非齐次偏微分方程不能直接分离变量。

本征函数系法仿照求非齐次常微分方程解的常数变易法，其基本思路是：如果一个齐次方程最终解的形式是傅里叶正弦级数系$\left\{\sin\dfrac{n\pi x}{l}\right\}$或余弦级数系$\left\{\cos\dfrac{n\pi x}{l}\right\}$，则可设非齐次方程的本征函数系为傅里叶正弦级数系$\left\{\sin\dfrac{n\pi x}{l}\right\}$或余弦级数系$\left\{\cos\dfrac{n\pi x}{l}\right\}$。再将原方程、非齐次项和初始条件等按本征函数系展开，即把偏微分方程化为确定级数中各项系数的常微分方程来求解。

为了使讨论的问题简单起见，不妨先假设边界条件为齐次，仍以一维波动方程为例清晰地介绍本征函数法。先考察齐次边界条件的问题，以使问题相对简单。

例题 6.4.1　设弦长为 l，弦的初始位移为 $\varphi(x)$，初始速度为 $\psi(x)$。考察两端固定有界弦的强迫振动问题，强迫振动的源密度函数为 $f(x, t)$[3]。

解： 该问题的控制方程为

$$\frac{\partial^2 u}{\partial t^2}-\alpha^2\frac{\partial^2 u}{\partial x^2}=f(x,t)\quad(0<x<l,t>0)\tag{1}$$

边界条件为

$$u(0,t)=u(l,t)=0\tag{2}$$

初始条件为

$$u(x,0)=\varphi(x),\quad u_t(x,0)=\psi(x)\tag{3}$$

由本章例 6.3.1 可知，有界弦的自由振动问题最终解的形式是傅里叶正弦函数系$\left\{\sin\dfrac{n\pi x}{l}\right\}$，仿照非齐次常微分方程的常数变易法，假定有界弦的强迫振动问题具有分离变量形式解为

$$u(x,t)=\sum_{n=1}^{\infty}T_n(t)\sin\frac{n\pi x}{l} \tag{4}$$

式中，$T_n(t)$ 是待定函数。

假定函数 $f(x,t)$、$\varphi(x)$、$\psi(x)$ 满足级数展开条件，可按照函数系 $\left\{\sin\frac{n\pi x}{l}\right\}$ 展开，并能逐项求导。使用正弦级数展开式（2.5.25），分别将 $f(x,t)$、$\varphi(x)$、$\psi(x)$ 展成傅里叶正弦级数，有

$$f(x,t)=\sum_{n=1}^{\infty}C_n(t)\sin\frac{n\pi x}{l} \tag{5}$$

式中，系数 $C_n(t)=\frac{2}{l}\int_0^l f(\xi,t)\sin\frac{n\pi\xi}{l}d\xi$。 (6)

$$\varphi(x)=\sum_{n=1}^{\infty}D_n\sin\frac{n\pi x}{l} \tag{7}$$

式中，系数 $D_n=\frac{2}{l}\int_0^l\varphi(\xi)\sin\frac{n\pi\xi}{l}d\xi$。 (8)

$$\psi(x)=\sum_{n=1}^{\infty}E_n\sin\frac{n\pi x}{l} \tag{9}$$

式中，系数 $E_n=\frac{2}{l}\int_0^l\psi(\xi)\sin\frac{n\pi\xi}{l}d\xi$。 (10)

将式（4）和式（5）代入方程（1），有

$$\sum_{n=1}^{\infty}\left[T''_n(t)+\left(\frac{\alpha n\pi}{l}\right)^2T_n(t)-C_n(t)\right]\sin\frac{n\pi x}{l}=0$$

由上式可见，待定函数 $T_n(t)$ 必须满足方程

$$T''_n(t)+\left(\frac{\alpha n\pi}{l}\right)^2T_n(t)=C_n(t)\quad(n=1,2,3,\cdots) \tag{11}$$

使函数（4）满足初始条件（3），由式（8）和式（10）可知，待定函数 $T_n(t)$ 必须满足相应的初始条件

$$T_n(0)=D_n,\quad T'_n(0)=E_n \tag{12}$$

式中，$C_n(t)$为已知函数；D_n 和 E_n 为已知常数，分别由式（6）、式（8）和式（10）给出。

可使用第5章介绍的积分变换的方法求解待定函数 $T_n(t)$由常微分方程（11）和（12）确定的初值问题，得到

$$T_n(t)=D_n\cos\frac{n\pi\alpha t}{l}+\frac{l}{n\pi\alpha}E_n\sin\frac{n\pi\alpha t}{l}+\frac{l}{n\pi\alpha}\int_0^tC_n(\tau)\sin\left[\frac{n\pi\alpha}{l}(t-\tau)\right]d\tau \tag{13}$$

将式（13）代入式（4）便得到所求问题的解。

例题 6.4.2 求解两端固定弦的强迫振动[5]，强迫源 $f(x,t)=\sin\frac{2\pi x}{l}\sin\frac{2\alpha\pi t}{l}$。

$$\begin{cases}\frac{\partial^2u}{\partial t^2}-\alpha^2\frac{\partial^2u}{\partial x^2}=\sin\frac{2\pi x}{l}\sin\frac{2\alpha\pi t}{l}\\u(0,t)=u(l,t)=0\\u(x,0)=u_t(x,0)=0\end{cases} \tag{1}$$

解：由例题 6.3.1 可知，通过分离变量问题（1）的齐次方程解的形式是$\left\{\sin\dfrac{n\pi x}{l}\right\}$傅里叶正弦级数，令方程具有分离变量形式的解为

$$u(x,t)=\sum_{n=1}^{\infty}T_n(t)\sin\frac{n\pi x}{l} \tag{2}$$

式中，$T_n(t)$ 为待定函数。

将方程（1）中右端的非齐次项按本征函数展开为傅里叶正弦级数

$$f(x,t)=\sin\frac{2\pi x}{l}\sin\frac{2\alpha\pi t}{l}=\sum_{n=1}^{\infty}C_n(t)\sin\frac{n\pi x}{l} \tag{3}$$

确定式（3）中傅里叶系数为

$$C_n(t)=\frac{2}{l}\int_0^l f(\xi,t)\sin\frac{n\pi\xi}{l}\mathrm{d}\xi=\frac{2}{l}\int_0^l\sin\frac{2\pi\xi}{l}\sin\frac{2\alpha\pi t}{l}\sin\frac{n\pi\xi}{l}\mathrm{d}\xi$$

$$=\begin{cases}\sin\dfrac{2\alpha\pi t}{l} & (n=2)\\ 0 & (n\geqslant 1,n\neq 2)\end{cases} \tag{4}$$

将式（2）和式（3）代入方程（1），并将初始条件也分离变量，有

$$\sum_{n=1}^{\infty}\left[T_n''(t)+\left(\frac{\alpha n\pi}{l}\right)^2T_n(t)-C_n(t)\right]\sin\frac{n\pi x}{l}=0$$

即

$$\begin{cases}T_n''(t)+\left(\dfrac{\alpha n\pi}{l}\right)^2T_n(t)=C_n(t)\\ T_n(0)=T_n'(0)=0\end{cases} \tag{5}$$

式（5）为非齐次常微分方程的初值问题，可用拉普拉斯变换法求解。设

$$L[T_n(t)]=Q_n(s)$$
$$L[C_n(t)]=F_n(s)$$

对式（5）取拉普拉斯变换，得

$$s^2Q_n(s)+(\alpha n\pi/l)^2Q_n(s)=F_n(s) \tag{6}$$

由式（6）解出象函数，得

$$Q_n(s)=\frac{F_n(s)}{s^2+(\alpha n\pi/l)^2} \tag{7}$$

已知上式中函数的逆变换分别为

$$L^{-1}\left[\frac{1}{s^2+(\alpha n\pi/l)^2}\right]=\frac{l}{n\pi\alpha}\sin\frac{n\pi\alpha t}{l}$$
$$L^{-1}[F_n(s)]=C_n(t)$$

由卷积定理式（5.3.35）和式（5.3.37a）确定式（6）的原函数，得

$$T_n(t)=L^{-1}[Q_n(s)]=\frac{l}{n\pi\alpha}\int_0^{\tau}C_n(\tau)\sin\left[\frac{\alpha n\pi}{l}(t-\tau)\right]\mathrm{d}\tau$$

将式（4）结果代入上式，当 $n\neq 2$ 时，有

$$T_n(t)=0$$

当 $n=2$ 时，有

$$T_2(t)=\frac{l}{2\pi\alpha}\int_0^t\sin\frac{2\alpha\pi\tau}{l}\sin\left[\frac{2\alpha\pi}{l}(t-\tau)\right]\mathrm{d}\tau=\frac{l}{4\pi\alpha}\left(\frac{l}{2\pi\alpha}\sin\frac{2\alpha\pi t}{l}-t\cos\frac{2\alpha\pi t}{l}\right)$$

将上两式代入式（2），得

$$u(x,t)=\frac{l}{4\pi\alpha}\left[\frac{l}{2\pi\alpha}\sin\frac{2\alpha\pi t}{l}-t\cos\frac{2\alpha\pi t}{l}\right]\sin\frac{2\pi x}{l} \tag{8}$$

由式（8）可知，当 $t\to\infty$ 时，$|u(x,t)|$ 无界，说明随时间无限增加弦的振幅趋于无穷大，即出现了共振现象。也就是说，**当强迫振动源与本征函数相同时，会发生共振现象。**

例题 6.4.3 一根长 l 的杆两端绝热，初始的温度分布为零。由于强迫热源，源密度函数 $f(t)=A\sin\omega t$，用本征函数系展开法求解杆上温度随时间变化[4]。

解： 该问题的控制方程是非稳态非齐次的传热方程

$$u_t-\alpha^2u_{xx}=A\sin\omega t \tag{1}$$

边界条件为

$$u_x(0,t)=u_x(l,t)=0 \tag{2}$$

初始条件为

$$u(x,0)=0 \tag{3}$$

在第二类齐次边界条件下，由分离变量法可确定齐次传热方程的本征函数为 $\cos\frac{n\pi x}{l}$，（$n=0$，1，2，…），读者可自己确定该问题在第二类齐次边界条件下的本征函数。

将具有分离变量形式的解设成傅里叶余弦级数

$$u(x,t)=\sum_{n=0}^{\infty}T_n(t)\cos\frac{n\pi x}{l} \tag{4}$$

由于非齐次项只是 t 的函数，也可将其展为 x 的傅里叶余弦级数

$$A\sin\omega t=\sum_{n=0}^{\infty}C_n(t)\cos\frac{n\pi x}{l} \tag{5}$$

由上式求出系数

$$C_0(t)=\frac{1}{l}\int_0^l A\sin\omega t\,\mathrm{d}\xi=A\sin\omega t\quad(n=0) \tag{6}$$

$$C_{n(t)}=\frac{2}{l}\int_0^l A\sin\omega t\cos\frac{n\pi\xi}{l}\mathrm{d}\xi=0\qquad(n\neq0) \tag{7}$$

将式（4）～式（7）代入式（1），得

$$\sum_{n=0}^{\infty}\left[T_n'(t)+\left(\frac{\alpha n\pi}{l}\right)^2T_n(t)\right]\cos\frac{n\pi x}{l}=\sum_{n=0}^{\infty}C_n(t)\cos\frac{n\pi x}{l}$$

根据傅里叶级数展开的唯一性，比较上式的系数，得到

$$T_n'(t)+\left(\frac{\alpha n\pi}{l}\right)^2T_n(t)=A\sin\omega t \tag{8}$$

由初始条件（3）和式（4），知 $T_n(0)=0$。又由式（6）知，当 $n=0$ 时有非零解，由式（8）解出

$$T_0'(t)=A\sin\omega t \tag{9}$$

积分后，得

$$T_0(t)=\frac{A}{\omega}(1-\cos\omega t) \tag{10}$$

将式（9）代入式（4），得方程的解为

$$u(x,t)=\sum_{n=0}^{\infty}T_n(t)\cos\frac{n\pi x}{l}=T_0(t)=\frac{A}{\omega}(1-\cos\omega t) \tag{11}$$

显然，也可以用本征函数法解热传导方程和泊松方程的相应定解问题，即使是非齐次边界条件也可处理成齐次边界条件下的非齐次方程问题。

例题 6.4.4　有外加热源的两端绝热的一维热传导方程，即非齐次偏微分方程的求解。

$$\begin{cases}u_t-\alpha^2u_{xx}=f(x,t)\\ \dfrac{\partial u}{\partial x}(0,t)=\dfrac{\partial u}{\partial x}(l,t)=0 & (0<x<l,t>0)\\ u(x,0)=\varphi(x)\end{cases} \tag{1}$$

解：令 $u(x,t)=u_1(x,t)+u_2(x,t)$，而 $u_1(x,t),u_2(x,t)$ 分别满足如下两个定解问题

$$\begin{cases}\dfrac{\partial u_1}{\partial t}-\alpha^2\dfrac{\partial^2u_1}{\partial x^2}=0\\ \left.\dfrac{\partial u_1}{\partial x}\right|_{x=0}=\left.\dfrac{\partial u_1}{\partial x}\right|_{x=l}=0 & (0<x<l,t>0)\\ u_1(x,0)=\varphi(x)\end{cases} \tag{2}$$

和

$$\begin{cases}\dfrac{\partial u_2}{\partial t}-\alpha^2\dfrac{\partial^2u_2}{\partial x^2}=f(x,t)\\ \left.\dfrac{\partial u_2}{\partial x}\right|_{x=0}=\left.\dfrac{\partial u_2}{\partial x}\right|_{x=l}=0 & (0<x<l,t>0)\\ u_2(x,0)=0\end{cases} \tag{3}$$

式（2）的方程是齐次的，边界条件是齐次，且初值不为零，用 6.3 节的分离变量法可求解。式（3）方程是非齐次的，边界条件是齐次，且初值为零，可用本征函数法求解。最后将两个解叠加起来是方程（1）的解。

需要特别注意的是，正确地写出非齐次方程形式解的结构是至关重要的。因为非齐次偏微分方程的相应齐次方程的本征值问题不同，相应的本征函数系也不同，进而非齐次偏微分方程的形式解的结构也就不一样。

使用本征函数法解题的关键是，先求解非齐次偏微分方程的相应齐次方程的本征值问题，再按照本征函数设非齐次偏微分方程的形式解。

6.4.2　非齐次边界条件的处理

采用分离变量法求解偏微分方程，定解问题必须具备齐次边界条件，否则将特解叠加成一般解时，就不再满足边界条件了。如果定解问题的边界条件不是齐次的，则必须先行处理。非齐次边界条件处理的方法是使之齐次化。

由于泛定方程和定解条件都是线性的，故可将原定解问题分解成两个问题，即进行恒等变换把边界条件分解成两部分，使每个问题在一个方向的边界条件变成齐次，便可以用分离变量分别求解新构成的两个问题，原方程的解是这两个问题解的叠加。

任取一连续可微即满足非齐次边界条件附加函数 $w(x,t)$，作原函数的代换 $u(x,t)=w(x,t)+v(x,t)$，使新偏微分方程具有齐次边界条件 $v(0,t)=v(l,t)=0$，该偏微分方程可以用分离变量法求解。运用上述方法处理非齐次边界条件时，原来的齐次泛定方程将会变成

非齐次方程。可以用6.4.1介绍的本征函数法求解非齐次的泛定方程。但是，在某些具体问题里，如果附加函数$w(x,t)$选得适当，则仍然可以保持泛定方程为齐次的。

以一维热传导方程为例来说明非齐次边界条件的处理方法。

例题6.4.5 一均匀细杆长l，杆两端的温度分别为$u(0,t)=u_1(t),u(l,t)=u_2(t)$，初始时刻的温度为$\varphi(x)$，求解该杆随时间温度的分布。

解：该杆随时间温度的分布，使具有非齐次边界条件和初始条件的一维热传导定解问题

$$u_t = \alpha^2 u_{xx} \quad (0 < x < l, t > 0) \tag{1}$$

边界条件为

$$u(0,t) = u_1(t), \quad u(l,t) = u_2(t) \tag{2}$$

初始条件为

$$u(x,0) = \varphi(x) \tag{3}$$

设解函数为

$$u(x,t) = V(x,t) + W(x,t) \tag{4}$$

将式（4）代入边界条件（2），将其分离变量，得到

$$W(0,t) = u_1(t), \quad W(l,t) = u_2(t) \tag{5}$$

$$V(0,t) = V(l,t) = 0 \tag{6}$$

实际上，满足式（5）的$W(x,t)$是多种多样的，最简单的是设为x的线性函数，即

$$W(x,t) = A(t)x + B(t)$$

在边界条件（5）下，求解得

$$\begin{cases} A(t) = \dfrac{u_2(t) - u_1(t)}{l} \\ B(t) = u_1(t) \end{cases}$$

得到附加函数为

$$W(x,t) = \frac{u_2(t) - u_1(t)}{l}x + u_1(t) \tag{7}$$

将式（7）代入式（4），有

$$u(x,t) = V(x,t) + \frac{u_2(t) - u_1(t)}{l}x + u_1(t) \tag{8}$$

将式（8）代入原方程（1），并将其转化为$V(x,t)$齐次边界条件的问题

$$V_t = \alpha^2 V_{xx} + f(x,t) \quad (0 < x < l, t > 0) \tag{9}$$

边界条件为

$$V(0,t) = V(l,t) = 0 \tag{10}$$

初始条件为

$$V(x,0) = \varphi(x) - u_1(0) - \frac{x}{l}[u_2(0) - u_1(0)] \tag{11}$$

式中

$$f(x,t) = -W_t = -\frac{\partial u_1}{\partial t} - \frac{x}{l}\left(\frac{\partial u_2}{\partial t} - \frac{\partial u_1}{\partial t}\right) \tag{12}$$

方程（1）中非齐次边界条件改造为齐次边界问题，在齐次边界条件下求出$V(x,t)$，然后代入式（8），即求出$u(x,t)=V(x,t)+W(x,t)$。但是，方程（9）是一个非齐次方程，

故可用 6.4.1 介绍的本征函数系展开法求解。

需要注意的是，所取的附加函数 $W(x,\ t)$ 形式并不固定。上一例题中将 $W(x,t)$ 设为了 x 的线性函数

$$W(x,t)=\frac{u_2(t)-u_1(t)}{l}x+u_1(t)$$

也可设为 x 的二次函数

$$W(x,t)=\left[\frac{u_2(t)-u_1(t)}{l}\right]\frac{x^2}{l^2}+u_1(t)$$

可见，用来使例题 6.4.5 中边界条件齐次化的可微函数 $w(x,\ t)$ 并不唯一。取不同的 $W(x,\ t)$ 就会在形式上得到不同的解，但是，在所讨论的区域内，由解函数

$$u(x,t)=V(x,t)+W(x,t)$$

所给出的 $u(x,t)$ 在各点处的值仍然是相同的，因为解是唯一的。

类似于例题 6.4.5 的问题还有一些其他类型的非齐次边界条件：

① $u(0,t)=u_1(t),u_x(l,t)=u_2(t)$。

② $u_x(0,t)=u_1(t),u(l,t)=u_2(t)$。

③ $u_x(o,t)=u_1(t),u_x(l,t)=u_2(t)$。

④ $u(0,t)=u_1(t),u(l,t)+hu_x(l,t)=u_2(t)$。

则相应的 $W(x,t)$ 会有不同的结果，读者不妨自己试一试。

例题 6.4.6　设一均匀细杆，初始时刻全杆有均一温度 u_0，然后使其一端保持不变温度 u_0，另一端则有恒定热流 q_0 流入，求均匀细杆温度随时间的分布规律[4],[5]。

解：均匀细杆上温度 $u(x,t)$ 满足下列方程和定解条件

$$u_t-\alpha^2u_{xx}=0\quad(0<x<l,t>0)\tag{1}$$

边界条件为

$$u(0,t)=u_0,u_x(l,t)=q_0/k\quad(t>0)\tag{2}$$

初始条件为

$$u(x,0)=u_0\quad(0<x<l)\tag{3}$$

因为该定解问题的边界条件是非齐次，故处理时，可令所求 $u(x,t)$ 为函数 $V(x,t)$ 与某个待定 $W(x,t)$ 的叠加，即

$$u(x,t)=V(x,t)+W(x,t)\tag{4}$$

并且使

$$V(0,t)=V_x(l,t)=0\tag{5}$$

$$W(0,t)=u_0,\quad W_x(l,t)=q_0/k\tag{6}$$

取一个既满足边界条件又满足方程的函数 $W(x,t)$，最简单的是 $W(x,t)=A(t)x+B(t)$ 为 x 的线性函数，使其满足边界条件式（6），必有

$$W(x,t)=u_0+q_0x/k\tag{7}$$

将式（4）、式（5）和式（7）代入到原定解问题中，把求解非齐次边界的问题转化为求解 $V(x,t)$ 齐次边界的定解问题

$$\begin{cases}V_t-\alpha^2V_{xx}=-(W_t-\alpha^2W_{xx})=0\quad(0<x<l,t>0)\\V|_{x=0}=u_0-W|_{x=0}=0,V_x|_{x=l}=q_0/k-W_x|_{x=l}=0\\V|_{t=0}=u_0-W|_{t=0}=-q_0x/k\end{cases}$$

即

$$\begin{cases} V_t - \alpha^2 V_{xx} = 0 \quad (0 < x < l, t > 0) \\ V|_{x=0} = 0, V_x|_{x=l} = 0 \\ V|_{t=0} = -q_0 x/k \end{cases} \tag{8}$$

以分离变量形式的测试解为

$$V(x,t) = X(x)T(t)$$

代入定解问题式（8），可得关于 $X(x)$ 和 $T(t)$ 的常微分方程，分别为

$$X'' - \lambda X = 0 \tag{9}$$

$$X(0) = 0, \quad X'(l) = 0 \tag{10}$$

$$T' - \alpha^2 \lambda T = 0 \tag{11}$$

因 x 方向有两个齐次边界条件，由式（9）和式（10）确定本征函数，取 $\lambda<0$，有解

$$X(x) = C_1 \cos\sqrt{-\lambda}x + C_2 \sin\sqrt{-\lambda}x \tag{12}$$

由边界条件（10），确定式（12）中的常数和本征值，得到

$$C_1 = 0, \quad C_2 \cos\sqrt{-\lambda}l = 0$$

因为 $C_2 \neq 0$，故有

$$\cos\sqrt{-\lambda}l = 0$$

即

$$\sqrt{-\lambda}l = (n+1/2)\pi$$

解出本征值

$$\lambda = -\frac{(n+1/2)^2\pi^2}{l^2} = -\frac{(2n+1)^2\pi^2}{4l^2} \quad (n = 0,1,2,\cdots) \tag{13}$$

将本征值（13）代入式（12），得到本征函数为

$$X_n(x) = C_n \sin\frac{(2n+1)\pi x}{2l} \tag{14}$$

将本征值（13）代入式（11），得

$$T' + \frac{\alpha^2 (2n+1)^2\pi^2}{4l^2} T = 0$$

求解上式，得

$$T_n(t) = D_n e^{-\frac{(2n+1)^2\alpha^2\pi^2}{4l^2}t} \tag{15}$$

运用叠加原理，由式（14）和式（15），得

$$V(x,t) = \sum_{n=0}^{\infty} X_n(x)T_n(t) = \sum_{n=0}^{\infty} A_n e^{-\frac{(2n+1)^2\alpha^2\pi^2}{4l^2}t} \sin\frac{(2n+1)\pi x}{2l} \tag{16}$$

式中，$C_n D_n = A_n$。

将初始条件 $V|_{t=0} = -q_0 x/k$ 代入式（16），确定常数 A_n。

$$-\frac{q_0}{k}x = \sum_{n=0}^{\infty} A_n \sin\frac{(2n+1)\pi x}{2l} \quad (0 < x < l)$$

上式右边是以傅里叶正弦级数

$$\sin\frac{(2n+1)\pi x}{2l}$$

为基本函数族的级数，将$-\frac{q_0}{k}x$在区间［0，$2l$］上展开为傅里叶正弦级数，求出

$$\begin{aligned} A_n &= \frac{2}{l}\int_0^l -\frac{q_0}{k}\xi\sin\frac{(2n+1)\pi\xi}{2l}\mathrm{d}\xi \\ &= -\frac{2q_0 l}{k\,(n+1/2)^2\pi^2}\left[\sin\frac{(2n+1)\pi\xi}{2l} - \frac{(2n+1)\pi\xi}{2l}\cos\frac{(2n+1)\pi\xi}{2l}\right]\Bigg|_0^l \\ &= (-1)^{n+1}\frac{2q_0 l}{k\,(n+1/2)^2\pi^2} \end{aligned} \tag{17}$$

将式（17）代入式（16），再将式（16）和式（7）叠加在一起，得均匀细杆温度分布

$$u(x,t) = u_0 + \frac{q_0}{k}x + \frac{8q_0 l}{k\pi^2}\sum_{n=0}^{\infty}(-1)^{n+1}\frac{1}{(2n+1)^2}\sin\frac{(2n+1)\pi x}{2l}\mathrm{e}^{-\frac{(2n+1)^2\alpha^2\pi^2}{4l^2}t} \tag{18}$$

分析结果可知，随着时间的推移，方程的级数解逐渐收敛。当$t\to\infty$时，均匀细杆上的温度趋于平衡状态。在经过一段时间后，$v(x,t)$实际上趋于零，而均匀细杆的温度进入稳定态，温度分布为

$$u = u_0 + \frac{q_0}{k}x$$

这时，各个横截面上的热流强度都是q_0，即热量从杆$x=l$的一端流入，以同样的强度从杆的另外一端流出。由此可知，只要边界条件相同，不论初始温度如何分布，u最终趋于同样的平衡状态。

当$t>0.18l^2/\alpha^2$时，若只保留$n=0$的项，则略去所有$n\geqslant1$项：

$$u(x,t) = u_0 + \frac{q_0}{k}x - \frac{8q_0 l}{k\pi^2}\sin\frac{\pi x}{2l}\mathrm{e}^{-\frac{\alpha^2\pi^2}{4l^2}t} \tag{19}$$

其值与式（18）的结果相比误差不超过1%。

例题 6.4.7　散热片的横截面为矩形，它的一边$y=b$处于较高温度U，其他三边$y=0$，$x=0$，$x=a$处于冷却介质中，因而保持较低温度u_0，求解散热片横截面上稳定温度分布[2]。

解：设温度分布为$u(x,y)$，散热片横截面上稳定温度分布的控制方程

$$u_{xx} + u_{yy} = 0 \tag{1}$$

$$u|_{y=0} = u_0, u|_{y=b} = U \qquad (0<x<a) \tag{2}$$

$$u|_{x=0} = u_0, u|_{x=a} = u_0 \qquad (0<y<b) \tag{3}$$

该问题为求解的泛定方程是拉普拉斯方程，拉普拉斯方程在齐次边界条件下的解只能是零，不能把拉普拉斯方程的边界条件全化为齐次的，尽可能把一些边界条件齐次化，会使问题的求解方便一些。

将问题分解为两个问题，每个问题在一个方向上有齐次边界条件。令

$$u(x,t) = V(x,t) + W(x,t)$$

并令V、W分别满足以下方程

$$\begin{cases} V_{xx} + V_{yy} = 0 \\ V|_{x=0} = u_0,\quad V|_{x=a} = u_0 & (0<y<b) \\ V|_{y=0} = 0,\quad V_{y=b} = 0 & (0<x<a) \end{cases} \tag{2}$$

和

$$\begin{cases} W_{xx}+W_{yy}=0 \\ W_{x=0}=0, \quad W_{x=a}=0 \quad (0<y<b) \\ W|_{y=0}=u_0, \quad W_{y=b}=U \quad (0<x<a) \end{cases} \tag{3}$$

原方程化为求解定解问题（2）和式（3）。因为问题（2）的函数$V(x,y)$在y方向有两个齐次边界条件，问题（3）的函数$W(x,y)$在x方向有两个齐次边界条件，故问题（2）和式（3)都足以构成本征值问题，可以分别求解。

除此以外，还可采用更简单的方法，直接令$u(x,y)=u_0+V(x,y)$，把温标移动一下，使问题转化为在x方向上有齐次边界条件。把原来的u_0作为新温标的零点，得

$$\begin{cases} V_{xx}+V_{yy}=0 \\ V|_{x=0}=0, \quad V|_{x=a}=0 \quad (0<y<b) \\ V|_{y=0}=0, \quad V|_{y=b}=U-u_0 \quad (0<x<a) \end{cases} \tag{4}$$

令$V(x,y)=X(x)Y(y)$，代入方程（4）和边界条件，得到两个常微分方程的边值问题，即

$$\begin{cases} X''+\lambda X=0 \\ X(0)=0, \quad X(a)=0 \end{cases} \tag{5}$$

$$\begin{cases} Y''-\lambda Y=0 \\ Y(0)=0 \end{cases} \tag{6}$$

当$\lambda>0$时，式（5）的解为

$$X(x)=C_1\cos\sqrt{\lambda}x+C_2\sin\sqrt{\lambda}x \tag{7}$$

将边界条件$X(0)=0$代入式（7），得$C_1=0$。再由

$$X(a)=0$$

有

$$C_2\sin\sqrt{\lambda}a=0$$

解出本征值为

$$\lambda=\frac{n^2\pi^2}{a^2} \quad (n=1,2,\cdots) \tag{8}$$

得本征函数为

$$X_n(x)=C_n\sin\frac{n\pi x}{a} \tag{9}$$

将本征值代入式（6），得到常微分方程为

$$Y''-\left(\frac{n\pi x}{a}\right)^2 y=0, \quad Y(0)=0$$

求解此式，得到

$$Y(y)=A\mathrm{ch}\frac{n\pi y}{a}+B\mathrm{sh}\frac{n\pi y}{a}$$

由边界条件$Y(0)=0$，因为$\mathrm{ch}0=1$，有

$$A=0$$

得

$$Y_n(y) = B_n \mathrm{sh}\,\frac{n\pi y}{a} \tag{10}$$

根据叠加原理，由式（9）和式（10），得到无穷的特解为

$$V_n(x,y) = \sum_{n=1}^{\infty} E_n \mathrm{sh}\,\frac{n\pi y}{a}\sin\frac{n\pi x}{a} \tag{11}$$

将边界条件$V|_{y=b}=U-u_0$ 代入式（11），有

$$U-u_0 = \sum_{n=1}^{\infty} E_n \mathrm{sh}(n\pi b/a)\sin(n\pi x/a)$$

把上式的左边展开为傅里叶正弦级数，确定等式右边的系数为

$$\begin{aligned} E_n &= \frac{\dfrac{2}{a}\displaystyle\int_0^a (U-u_0)\sin\frac{n\pi\xi}{a}\mathrm{d}\xi}{\mathrm{sh}(n\pi b/a)} = \frac{2(U-u_0)}{a\mathrm{sh}(n\pi b/a)}\frac{a}{n\pi}\left(-\cos\frac{n\pi\xi}{a}\right)\Bigg|_0^a \\ &= \frac{2(U-u_0)}{a\mathrm{sh}(n\pi b/a)}\frac{a}{n\pi}(-\cos n\pi+1) \\ &= \begin{cases} 0 & (n=2,4,6,\cdots) \\ \dfrac{4(U-u_0)}{n\pi\mathrm{sh}(n\pi b/a)} & (n=1,3,5,\cdots) \end{cases} \end{aligned}$$

取 $n=2m+1$，有

$$E_m = \frac{4(U-u_0)}{(2m+1)\pi\mathrm{sh}\,\dfrac{(2m+1)\pi b}{a}} \qquad (m=0,1,2,\cdots) \tag{12}$$

将式（12）代入解出式（11），得 $V(x,y)$，由

$$u(x,y) = u_0 + V(x,y)$$

得散热片矩形横截面上稳定温度分布为

$$u(x,y) = u_0 + \frac{4(U-u_0)}{\pi}\sum_{m=0}^{\infty}\frac{\mathrm{sh}\,\dfrac{(2m+1)\pi y}{a}}{(2m+1)\mathrm{sh}\,\dfrac{(2m+1)\pi b}{a}}\sin\frac{(2m+1)\pi x}{a} \tag{13}$$

6.5　球坐标系中的分离变量法

为了减少流体流动的阻力损失，化工设备与装置大多采用球形和柱形的形状。工程实际问题常采用球坐标和柱坐标等正交曲线坐标研究该类问题。采用正交曲线坐标研究问题还可简化问题。如对于轴对称问题，$\partial u/\partial\varphi=0$，控制方程减少了一个自变量。对于球形空间或有球形边界的问题，采用球坐标最适宜。在球坐标中，球对称的问题可减少自变量的个数，大大简化控制方程。

在球坐标系下，用分离变量求解拉普拉斯方程、非稳态的输运方程、波动方程都将得到变系数的常微分方程，变系数的常微分方程多与特殊函数有关，求解这类方程的通用方法为级数解法。

本节介绍球坐标系中二阶线性常微分方程的分离变量法，重点介绍勒让德函数（球函数）的本征值问题、解法和实例[1]~[8]，包括勒让德方程的引出、勒让德方程的解、勒让德

多项式和傅里叶—勒让德级数、关联勒让德函数、勒让德函数的应用举例5小节。

6.5.1 勒让德方程的引出

本小节介绍球坐标系中分离变量法，引出**勒让德函数**，包括球坐标系中拉普拉斯方程的分离变量、球坐标系中亥姆霍兹方程的分离变量两部分。

首先使用变量分离法，分别考察球坐标系中三维波动方程和三维输运方程。

球坐标系中三维波动方程为

$$u_{tt} - \alpha^2 \Delta u = 0 \tag{6.5.1}$$

试把时间变量 t 和空间变量 $\boldsymbol{r}$ 分离，以 $u(\boldsymbol{r}, \boldsymbol{t}) = T(\boldsymbol{t})\boldsymbol{v}(\boldsymbol{r})$ 代入方程（6.5.1），得到

$$T''v - \alpha^2 T\Delta v = 0 \tag{6.5.2}$$

用 Tv 遍除式（6.5.2）各项，并分离时间变量和空间变量后，得到

$$\frac{T''}{\alpha^2 T} = \frac{\Delta v}{v} \tag{6.5.3}$$

式中，左边是时间 t 的函数，与 $\boldsymbol{r}$ 无关；右边是 $\boldsymbol{r}$ 的函数，与 t 无关。等式两边仅能等于一个常数，令常数等于 $-k^2$，式（6.5.3）变成了时间 t 的二阶常微分方程和空间变量 $\boldsymbol{r}$ 的偏微分方程

$$\nabla^2 v + k^2 v = 0 \tag{6.5.4}$$

$$T'' + \alpha^2 k^2 T = 0 \tag{6.5.5}$$

偏微分方程（6.5.4）称为**亥姆霍兹方程**，或仍称为“波动方程”。

时间 t 的二阶常微分方程（6.5.5）的解为

$$T(t) = A\cos k\alpha t + B\sin k\alpha t \tag{6.5.6}$$

球坐标系中三维输运方程经过分离变量后，变成时间 t 一阶常微分方程和亥姆霍兹方程为

$$\nabla^2 v + k^2 v = 0$$

$$T' + \alpha^2 k^2 T = 0 \tag{6.5.7}$$

时间 t 的一阶常微分方程（6.5.7）的解为

$$T(t) = C\mathrm{e}^{-\alpha^2 k^2 t} \tag{6.5.8}$$

因此，在球坐标系中，典型的含有时间变量的三维偏微分方程分离变量后，可变成时间变量的常微分方程和空间变量的亥姆霍兹方程。可见，**问题的核心归结为求解亥姆霍兹方程**。当波动和输运问题进入稳态过程后，需要考察球坐标系齐次和非齐次的稳态方程，即**拉普拉斯方程和泊松方程**。

泊松方程与某种边界条件（例如第一类边界条件）构成的定解问题为

$$\nabla^2 u = f(M) \quad M \in \Omega \tag{6.5.9}$$

$$u|_{\Sigma} = g \tag{6.5.10}$$

式中，Ω 为被研究的空间区域，Σ 为该区域的边界。

虽然这个问题只给出了区域 Ω 中的源密度函数，但是，一般假定 f 在区域 Ω 以外的值为零，把方程（6.5.9）延拓到整个空间，则整个无界空间的泊松方程容易求解。假定这个延拓到无界空间的泊松方程已经解出，设它的解为 u_1，则 u_1 在区域内必然满足方程（6.5.9），但一般不满足边界条件（6.5.10）。令 $u = u_1 + u_2$，做出边界 Σ 上的函数 h，使

$$u_1\big|_{\Sigma}+h=g \tag{6.5.11}$$

并解下列定解问题为

$$\begin{cases}\nabla^2 u_2=0\\ u_2\big|_{\Sigma}=h\end{cases} \tag{6.5.12}$$

可见，$u=u_1+u_2$ 既满足方程（6.5.9），又满足边界条件（6.5.10）。

由以上分析可见，在某种条件下求解泊松方程的关键是如何在一定的边界条件下求解拉普拉斯方程。

综上所述可知，求解球坐标系中的波动方程、输运方程和泊松方程的核心问题是如何求解球坐标系的拉普拉斯方程和亥姆霍兹方程。

下面分别介绍在球坐标系中，如何用分离变量法求解拉普拉斯方程和亥姆霍兹方程。

（1）球坐标系中拉普拉斯方程的分离变量

在 6.2 节已经导出球坐标系中输运方程

$$\alpha^2\left[\frac{1}{r^2}\frac{\partial}{\partial r}\left(r^2\frac{\partial T}{\partial r}\right)+\frac{1}{r^2\sin\theta}\frac{\partial}{\partial\theta}\left(\sin\theta\frac{\partial T}{\partial\theta}\right)+\frac{1}{r^2\sin^2\theta}\frac{\partial^2 T}{\partial\varphi^2}\right]+\frac{\dot{q}}{\rho c}=\frac{\partial T}{\partial t} \tag{6.2.17}$$

当考察稳态问题，且没有内部热源 $\dot{q}=0$，式（6.2.17）化简为球坐标系的拉普拉斯方程

$$\frac{1}{r^2}\frac{\partial}{\partial r}\left(r^2\frac{\partial u}{\partial r}\right)+\frac{1}{r^2\sin\theta}\frac{\partial}{\partial\theta}\left(\sin\theta\frac{\partial u}{\partial\theta}\right)+\frac{1}{r^2\sin^2\theta}\frac{\partial^2 u}{\partial\varphi^2}=0 \tag{6.5.13}$$

设分离变量形式解为 $u(r,\theta,\varphi)=R(r)Y(\theta,\varphi)$，将其代入式（6.5.13），并用 r^2/RY 乘各项，得

$$\frac{1}{R}\frac{\mathrm{d}}{\mathrm{d}r}\left(r^2\frac{\mathrm{d}R}{\mathrm{d}r}\right)=-\frac{1}{Y\sin\theta}\frac{\partial}{\partial\theta}\left(\sin\theta\frac{\partial Y}{\partial\theta}\right)-\frac{1}{Y\sin^2\theta}\frac{\partial^2 Y}{\partial\varphi^2}$$

上式的两边实际上等于同一个常数。为了照应后面的勒让德方程和自然边界条件的本征值问题，令这个常数为 $l(l+1)$。将方程分解为 $R(r)$ 和 $Y(\varphi,\theta)$ 的方程

$$r^2\frac{\mathrm{d}^2R}{\mathrm{d}r^2}+2r\frac{\mathrm{d}R}{\mathrm{d}r}-l(l+1)R=0 \tag{6.5.14}$$

$$\frac{1}{\sin\theta}\frac{\partial}{\partial\theta}\left(\sin\theta\frac{\partial Y}{\partial\theta}\right)+\frac{1}{\sin^2\theta}\frac{\partial^2 Y}{\partial\varphi^2}+l(l+1)Y=0 \tag{6.5.15}$$

其中，$R(r)$ 的二阶常微分方程（6.5.14）是欧拉方程，已在第 1 章介绍，它的通解为

$$R(r)=Cr^l+\frac{D}{r^{l+1}}$$

而方程（式 6.5.15）常称为**球函数方程**。进一步分离变量，令 $Y(\theta,\varphi)=\Theta(\theta)\Phi(\varphi)$，代入方程（6.5.15），并用 $\sin^2\theta/\Theta\Phi$ 乘各项，得到

$$\frac{\sin\theta}{\Theta}\frac{\mathrm{d}}{\mathrm{d}\theta}\left(\sin\theta\frac{\mathrm{d}\Theta}{\mathrm{d}\theta}\right)+l(l+1)\sin^2\theta=-\frac{1}{\Phi}\frac{\mathrm{d}^2\Phi}{\mathrm{d}\varphi^2}=m^2$$

令上式的两边等于同一个常数 m^2，将此方程分解为关于 $\Phi(\varphi)$ 和 $\Theta(\theta)$ 的两个常微分方程

$$\Phi''+m^2\Phi=0 \tag{6.5.16}$$

$$\sin\theta\frac{\mathrm{d}}{\mathrm{d}\theta}\left(\sin\theta\frac{\mathrm{d}\Theta}{\mathrm{d}\theta}\right)+[l(l+1)\sin^2\theta-m^2]\Theta=0\quad(m=0,1,2,\cdots) \tag{6.5.17}$$

现在研究方程（6.5.13）的解，物理量 u 在同一时刻和同一位置有确定的值，因此函数 $\Phi(\varphi)$ 有一个自然边界条件，是一个周期条件，$\Phi(\varphi+2\pi)=\Phi(\varphi)$，它与方程（6.5.16）构

成本征值问题，其解为

$$\Phi(\varphi)=A\cos m\varphi+B\sin m\varphi \quad (m=0,1,2,\cdots) \tag{6.5.18}$$

下面讨论方程（6.5.17）的求解。对自变量θ作如下的替换，令

$$\theta=\arccos x,\quad 即\ x=\cos\theta,\quad 1-x^2=\sin^2\theta$$

并设

$$y(x)=\Theta(\theta)=\Theta(\arccos x)$$

将上式对自变量θ求导，于是有以下变换式为

$$\frac{\mathrm{d}\Theta}{\mathrm{d}\theta}=\frac{\mathrm{d}y}{\mathrm{d}\theta}=\frac{\mathrm{d}y}{\mathrm{d}x}\frac{\mathrm{d}x}{\mathrm{d}\theta}=-\sin\theta\frac{\mathrm{d}y}{\mathrm{d}x}$$

$$\sin\theta\frac{\mathrm{d}}{\mathrm{d}\theta}\left(\sin\theta\frac{\mathrm{d}\Theta}{\mathrm{d}\theta}\right)=\sin\theta\frac{\mathrm{d}x}{\mathrm{d}\theta}\frac{\mathrm{d}}{\mathrm{d}x}\left[-(1-x^2)\frac{\mathrm{d}y}{\mathrm{d}x}\right]=(1-x^2)\frac{\mathrm{d}}{\mathrm{d}x}\left[(1-x^2)\frac{\mathrm{d}y}{\mathrm{d}x}\right]$$

将以上变换式代入方程（6.5.17），将其转化为

$$\frac{\mathrm{d}}{\mathrm{d}x}\left[(1-x^2)\frac{\mathrm{d}y}{\mathrm{d}x}\right]+\left[l(l+1)-\frac{m^2}{1-x^2}\right]y=0 \tag{6.5.19a}$$

或

$$(1-x^2)\frac{\mathrm{d}^2y}{\mathrm{d}x^2}-2x\frac{\mathrm{d}y}{\mathrm{d}x}+\left[l(l+1)-\frac{m^2}{1-x^2}\right]y=0 \tag{6.5.19b}$$

方程（6.5.19）被称为**关联勒让德方程**。

实际中有许多问题有轴对称性，如果待求函数u具有轴对称性，将球坐标的极轴取作对称轴，在这种情况下，$u\neq u(\varphi)$，$m=0$，方程退化为**勒让德方程**

$$(1-x^2)\frac{\mathrm{d}^2y}{\mathrm{d}x^2}-2x\frac{\mathrm{d}y}{\mathrm{d}x}+l(l+1)y=0 \tag{6.5.20}$$

由此可见，要完全解出球坐标系中的拉普拉斯方程，必须研究勒让德方程的求解。

（2）球坐标系中亥姆霍兹方程的分离变量

球坐标系中的亥姆霍兹方程为

$$\frac{1}{r^2}\frac{\partial}{\partial r}\left(r^2\frac{\partial v}{\partial r}\right)+\frac{1}{r^2\sin\theta}\frac{\partial}{\partial\theta}\left(\sin\theta\frac{\partial v}{\partial\theta}\right)+\frac{1}{r^2\sin^2\theta}\frac{\partial^2 v}{\partial\varphi^2}+k^2v=0 \tag{6.5.21}$$

将分离变量形式的解$v(r,\theta,\varphi)=R(r)Y(\theta,\varphi)$代入式（6.5.21），用$r^2/RY$乘各项，为了照应后面的本征值问题，再令分离变量后的等式两边等于同一个常数$l(l+1)$，将方程（6.5.21）分解为

$$\frac{\mathrm{d}}{\mathrm{d}r}\left(r^2\frac{\mathrm{d}R}{\mathrm{d}r}\right)+[k^2r^2-l(l+1)]R=0 \tag{6.5.22}$$

$$\frac{1}{\sin\theta}\frac{\partial}{\partial\theta}\left(\sin\theta\frac{\partial Y}{\partial\theta}\right)+\frac{1}{\sin^2\theta}\frac{\partial Y^2}{\partial\varphi^2}+l(l+1)Y=0 \tag{6.5.23}$$

式（6.5.22）称为**球贝塞尔方程**，后面将介绍它的求解。式（6.5.23）是勒让德方程，即球函数方程。

6.5.2 勒让德方程的解

由上一节讨论可知，在球坐标系中，求解拉普拉斯方程和亥姆霍兹方程均涉及勒让德方程的解。勒让德方程的解也是求解关联勒让德方程的基础。运用本征值问题的结论来研究球坐标系中的分离变量法，首先求出勒让德方程的本征值与本征函数，即求勒让德方程满足某

种条件的解。本小节介绍如何用幂级数求解勒让德方程。

勒让德方程（6.5.20）为

$$(1-x^2)y''-2xy'+l(l+1)y=0 \tag{6.5.24}$$

用级数法求解 l 阶勒让德方程（6.5.24），把解表示为待定系数的幂级数，然后代入方程逐一确定这些待定系数。将上式（6.5.24）改写为

$$y''-\frac{2x}{1-x^2}y'+\frac{l(l+1)}{1-x^2}y=0 \tag{6.5.25}$$

显然，当 $x_0=0$ 时，$\frac{2x}{1-x^2}=0$，$\frac{l(l+1)}{1-x^2}=l(l+1)$，$y'$ 的系数和 y 的系数两者都为有限定值。在 $x_0=0$ 时方程（6.5.25）的系数是解析的，因此点 $x_0=0$ 是方程的常点。设 $y(x)$ 的级数解为

$$y=\sum_{k=0}^{\infty}a_kx^k \tag{6.5.26}$$

对式（6.5.26）求导，有

$$y'=\sum_{k=1}^{\infty}a_kkx^{k-1},\quad y''=\sum_{k=2}^{\infty}a_kk(k-1)x^{k-2} \tag{6.5.27}$$

将式（6.5.26）和式（6.5.27）代入式（6.5.24），得

$$\sum_{k=2}^{\infty}a_kk(k-1)x^{k-2}-\sum_{k=2}^{\infty}a_kk(k-1)x^k-2\sum_{k=1}^{\infty}a_kkx^k+l(l+1)\sum_{k=0}^{\infty}a_kx^k=0$$

将上式中的同幂次项合并，有

$$\sum_{k=2}^{\infty}[a_{k+2}(k+2)(k+1)-a_kk(k-1)-2a_kk+a_kl(l+1)]x^k+$$
$$2a_2+6a_3x-2a_1x+l(l+1)a_0+l(l+1)a_1x=0 \tag{6.5.28}$$

令各次幂项的系数分别等于零，得到一系列关于待定系数的方程。从 x^k 项系数等于零可得

$$a_{k+2}(k+2)(k+1)-a_kk(k-1)-2a_kk+a_kl(l+1)=0$$

从中推出以下递推公式

$$a_{k+2}=\frac{(k-l)(k+l+1)}{(k+1)(k+2)}a_k \tag{6.5.29}$$

根据此公式可用 a_0 表示 a_2，a_4，a_6，…，用 a_1 表示 a_3，a_5，a_7，…

注意，a_0、a_1 仍为任意常数，因为二阶常微分方程的解有两个待定常数。下面运用系数递推公式进行具体推算。

$$2a_2+l(l+1)a_0=0,\quad a_2=\frac{-l(l+1)a_0}{2}\quad (a_0\text{ 为任意常数})$$

…　　　…　　　…

依次类推，得到

$$a_{2k}=\frac{(2k-2-l)(2k-4-l)\cdots(-l)(l+1)(l+3)\cdots(l+2k-1)}{(2k)!}a_0 \tag{6.5.30}$$

$$6a_3-2a_1+l(l+1)a_1=0\qquad a_3=\frac{[2-l(l+1)]a_1}{6}\quad (a_1\text{ 为任意常数})$$

…　　　…　　　…

依次类推，得到

$$a_{2k+1}=\frac{(2k-1-l)(2k-3-l)\cdots(1-l)(l+2)(l+4)\cdots(l+2k)}{(2k+1)!}a_1 \quad (6.5.31)$$

于是得到 l 阶勒让德方程的解为

$$y(x)=a_0y_0(x)+a_1y_1(x) \quad (6.5.32)$$

式中 $y_0(x)=1+\frac{(-l)(l+1)}{2!}x^2+\frac{(2-l)(-l)(l+1)(l+3)}{4!}x^4+\cdots$

$$+\frac{(2k-2-l)(2k-4-l)\cdots(-l)(l+1)(l+3)\cdots(l+2k-1)}{(2k)!}x^{2k}+\cdots \quad (6.5.33)$$

$$y_1(x)=x+\frac{(1-l)(l+2)}{3!}x^3+\frac{(3-l)(1-l)(l+2)(l+4)}{5!}x^5+\cdots$$

$$+\frac{(2k+1-l)(2k-3-l)\cdots(1-l)(l+2)(l+4)\cdots(l+2k)}{(2k+1)!}x^{2k+1}+\cdots \quad (6.5.34)$$

有一个不容忽视的问题，级数 $y_0(x)$ 和 $y_1(x)$ 在 x 定义的区间内是否收敛？$y_0(x)$ 和 $y_1(x)$ 运用比值判别法，收敛半径都是1，$|x|=|\cos\theta|<1$ 收敛。实际问题要求勒让德方程的解在 $\theta=0$ 和 $\theta=\pi$，即 $|x|=1$ 为确定的有限值。

而式（6.5.33）和式（6.5.34）在 $|x|=1$ 时趋于无穷，因此，应补加一个自然边界条件，使它在 $|x|=1$ 时的解有界。

① l 只取正整数（$l=0$，1，2，3，…），系数递推将在 $k=l$ 时截断，式（6.5.33）和式（6.5.34）退化为多项式，即不存在着发散的问题。

② l 取偶数，式（6.5.33）退化为只含偶次幂的 l 次多项式，式（6.5.34）仍发散，可舍去 $y_1(x)$，令 $a_1=0$，以仅含偶幂的 l 次多项式作为勒让德方程的满足自然边界条件的解。

③ l 取奇数，式（6.5.34）退化为只含奇次幂的 l 次多项式，式（6.5.33）仍发散，可舍去 $y_0(x)$，令 $a_0=0$，以仅含奇次幂的 l 次多项式作为勒让德方程的满足自然边界条件的解。

综上所述，l 称作 l 次勒让德方程的阶，不同阶的勒让德方程有不同幂的 l 次多项式作为它满足自然边界条件的解，这一系列的勒让德多项式就是本征函数。

勒让德方程和自然边界条件构成本征值问题，它决定了分离变量过程中所引入的常数必须取

$$l(l+1) \quad (l\text{ 为整数}) \quad (6.5.35)$$

这就是本征值，相应的本征函数是 l 阶勒让德多项式。

把 $y_0(x)$ 和 $y_1(x)$ 写成统一形式，称为 **l 阶勒让德多项式**，即**第一类勒让德函数**，记为

$$\mathrm{P}_l(x)=\sum_{n=0}^{l/2\text{或}(l-1)/2}(-1)^n\frac{(2l-2n)!}{2^l n!(l-n)!(l-2n)!}x^{l-2n} \quad (6.5.36)$$

以上仅给出了结论，没有给出详细证明，读者可参看相关文献[2]。

例如当 $l=0$，1，2，3，4，5 时，分别有

$$\begin{cases}\mathrm{P}_0(x)=1\\ \mathrm{P}_1(x)=x\\ \mathrm{P}_2(x)=(3x^2-1)/2\\ \mathrm{P}_3(x)=(5x^3-3x)/2\\ \mathrm{P}_4(x)=(35x^4-30x^2+3)/8\\ \mathrm{P}_5(x)=(63x^5-70x^3+15x)/8\end{cases} \quad (6.5.37)$$

不论 l 为奇数还是偶数，勒让德方程有一个特解是 $\mathrm{P}_l(x)$，而另一特解是无穷级数 $\lim\limits_{x\to\pm1}\mathrm{Q}_l(x)\to\infty$，称为**第二类勒让德函数 $\mathrm{Q}_l(x)$**。所以 l 阶勒让德方程通解为

$$y(x)=C_1\mathrm{P}_l(x)+C_2\mathrm{Q}_l(x) \tag{6.5.38}$$

因为 $\mathrm{Q}_l(x)$ 在 $[-1,\ 1]$ 边界上是无界的，故在实际问题中常被舍弃，这里不再细述。

6.5.3　勒让德多项式和傅里叶—勒让德级数

本小节详细介绍勒让德多项式性质和傅里叶—勒让德级数展开，包括勒让德多项式的性质、勒让德多项式的正交性和模值、傅里叶—勒让德级数三部分。

(1) 勒让德多项式的性质

l 阶勒让德方程的本征函数为只含奇次幂或只含偶次幂的 l 次多项式。这个多项式乘以任意常数还是勒让德方程满足自然边界条件的解。通常用不同的适当常数去乘各阶的本征函数，使得其最高次项的系数为

$$a_l=(2l)!/2^l(l!)^2 \tag{6.5.39}$$

为了说明勒让德多项式的性质和计算公式，引出其另一种等价微分表达式为

$$\mathrm{P}_l(x)=\frac{1}{2^l l!}\frac{\mathrm{d}^l}{\mathrm{d}x^l}(x^2-1)^l \tag{6.5.40}$$

称为**洛德利格斯（Rodrigues）式**。要证明式（6.5.40）的正确性，只需验证以下两点：

① 式（6.5.40）的最高次项的系数为 $(2l)!/2^l(l!)^2$；

② 式（6.5.40）满足勒让德方程和自然边界条件。

证明： 把 $(x^2-1)^l$ 按二项式展开，有

$$(x^2-1)^l=x^{2l}-lx^{2l-2}+\frac{l(l-1)}{2!}x^{2l-4}+\cdots+(-1)^l \tag{6.5.41}$$

对式（6.6.41）求导 l 次时，其最高次项的系数为

$$2l(2l-1)\cdots(l+1)=(2l)!/l!$$

于是第①点得证。同时可看到，式（6.6.41）求导 l 次的结果为只含奇幂或偶幂的 l 次多项式。下面证明第②点，令

$$u=(x^2-1)^l \tag{1}$$

对上式求导，有

$$u'=2lx(x^2-1)^{l-1} \tag{2}$$

比较式（1）和式（2），于是有

$$(x^2-1)u'-2lxu=0 \tag{3}$$

运用求导法则对式（3）求导（$l+1$）次，得

$$(x^2-1)u^{(l+2)}+(l+1)2xu^{(l+1)}+l(l+1)2u^{(l)}/2-2lxu^{(l+1)}-2l(l+1)u^{(l)}=0 \tag{4}$$

化简整理式（4）可得

$$(1-x^2)u^{(l+2)}-2xu^{(l+1)}+l(l+1)u^{(l)}=0 \tag{5}$$

式（5）就是**勒让德方程**。

可见洛德利格斯式（6.6.40）满足勒让德方程和自然边界条件。从式（6.6.40）中容易得出 $\mathrm{P}_0(x)=1$，$\mathrm{P}_1(x)=x$。

由式（6.5.40）可导出所有 $\mathrm{P}_l(x)$ 的零点均为实数且不重复，并位于区间（$-1,\ 1$）

内；在［－1，1］内，每个勒让德多项式在端点处取最大值，所以当$|x|\leqslant 1$时，$|P_l(x)|\leqslant 1$；在（－1，1）外，每个$P_l(x)$是稳定地增长或减少，没有极值或拐点，如图6.5.1所示。

在解球域内边值问题时，要用到勒让德多项式的性质，下面给出一些常用的公式：

① $P_0(x)=1$

② $P_{2n+1}(0)=0$

③ $P_n(1)=1$

④ $P_n(-1)=(-1)^n$

⑤ $P_{2n}(0)=(-1)^n\dfrac{(2n)!}{2^n n!\,2^n n!}=(-1)^n\dfrac{1\times 3\times 5\cdots(2n-1)}{2\times 4\times 6\cdots(2n)}$

⑥ $P'_{n+1}(x)-xP'_n(x)=(n+1)P_n(x)\qquad(n=1,2,\cdots)$

⑦ $xP'_n(x)-P'_{n-1}(x)=nP_n(x)\qquad(n=1,2,\cdots)$

⑧ $P'_{n+1}(x)-P'_{n-1}(x)=(2n+1)P_n(x)\qquad(n=1,2,\cdots)$

⑨ 递推公式

$$(n+1)P_{n+1}(x)-(2n+1)xP_n(x)+nP_{n-1}(x)=0\qquad(n=1,2,\cdots)$$

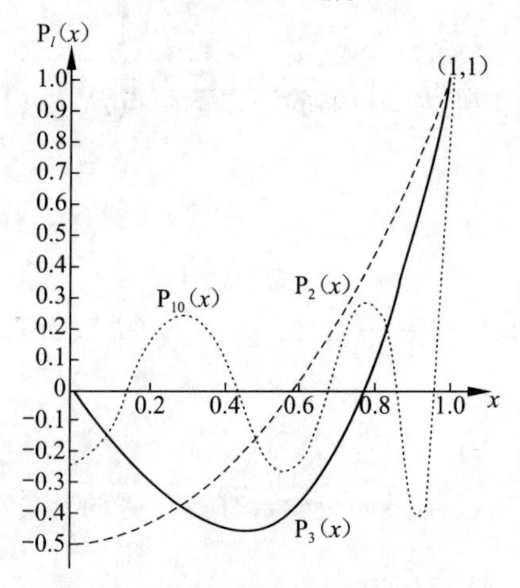

图6.5.1　勒让德函数曲线

当l为奇数$2n+1$时，$P_l(x)$只含有奇函数，故有式②成立。当l为偶数$2n$时，$P_{2n}(0)$等于$P_{2n}(x)$的常数项，即零次幂系数，故有式⑤成立。式⑧是式⑥和式⑦之和，而式⑥和式⑦根据$P_n(x)$的定义证明（留给读者自己完成）。式⑨为递推公式。

（2）勒让德多项式的正交性和模值

首先，利用6.3节介绍的斯图姆—刘维尔型方程本征函数组成正交完备系的知识，讨论勒让德多项式的正交性和模值。以下面的例题来说明勒让德方程的本征函数组成正交完备系。

例题6.5.1　试说明勒让德方程的本征函数组成正交完备系。

解：由勒让德方程式

$$(1-x^2)\frac{d^2y}{dx^2}-2x\frac{dy}{dx}+l(l+1)y=0\tag{6.5.20}$$

在6.3节中介绍了斯图姆—刘维尔型方程

$$\frac{d}{dx}\left[p(x)\frac{dy}{dx}\right]-q(x)y+\lambda\rho(x)y=0\tag{6.3.2}$$

勒让德方程（6.5.20）与对应斯图姆—刘维尔型方程为

$$\frac{d}{dx}\left[(1-x^2)\frac{dy}{dx}\right]+l(l+1)y=0$$

其中

$$p(x)=1-x^2,\quad q(x)=0,\quad \rho(x)=1$$

在区间［－1，1］上有条件$p(-1)=0$，$p(1)=0$。在6.3节中曾介绍，对应于不同本征值的本征函数在区间［a，b］上带权重$\rho(x)$正交，有正交关系式

$$\int_a^b y_m(x)y_n(x)\rho(x)\mathrm{d}x = 0 \quad (\lambda_m \neq \lambda_n) \tag{6.3.10}$$

作为斯图姆—刘维尔型本征值问题正交关系（6.3.10）的特例，**勒让德方程的本征函数为勒让德多项式，不同阶的勒让德多项式在区间［−1，1］即［0，π］上正交，组成正交完备系**。设其本征函数 $P_l(x)$ 有正交关系

$$\int_{-1}^1 \mathrm{P}_m(x)\mathrm{P}_l(x)\mathrm{d}x = 0 \quad (m \neq l) \tag{6.6.42a}$$

若将自变量 x 换回到原来的自变量 θ，则有正交关系

$$\int_0^\pi \mathrm{P}_m(\cos\theta)\mathrm{P}_l(\cos\theta)\sin\theta\mathrm{d}\theta = 0 \quad (m \neq l) \tag{6.6.42b}$$

下面证明这个结论的正确性。

求证：不同阶的勒让德多项式在区间［−1，1］上正交，组成正交完备系，有

$$\int_{-1}^1 \mathrm{P}_m(x)\mathrm{P}_l(x)\mathrm{d}x = 0 \quad (m \neq l)$$

证明：$\mathrm{P}_l(x)$ 满足下述形式的勒让德方程

$$\frac{\mathrm{d}}{\mathrm{d}x}[(1-x^2)\mathrm{P}'_l(x)] + l(l+1)\mathrm{P}_l(x) = 0 \quad (l = 0,1,2,\cdots) \tag{1}$$

用 $\mathrm{P}_m(x)\mathrm{d}x$ 乘以式（1），并从−1 到 1 积分，得

$$\int_{-1}^1 \mathrm{P}_m(x)\frac{\mathrm{d}}{\mathrm{d}x}[(1-x^2)\mathrm{P}'_l(x)]\mathrm{d}x + l(l+1)\int_{-1}^1 \mathrm{P}_l(x)\mathrm{P}_m(x)\mathrm{d}x = 0 \tag{2}$$

上式第一个积分可用分部积分求出，有

$$\begin{aligned}\int_{-1}^1 \mathrm{P}_m(x)\frac{\mathrm{d}}{\mathrm{d}x}[(1-x^2)\mathrm{P}_l'(x)]\mathrm{d}x &= \mathrm{P}_m(x)\mathrm{P}'_l(x)(1-x^2)\Big|_{-1}^1 - \int_{-1}^1 (1-x^2)\mathrm{P}'_l(x)\mathrm{P}'_m(x)\mathrm{d}x \\ &= -\int_{-1}^1 (1-x^2)\mathrm{P}'_l(x)\mathrm{P}'_m(x)\mathrm{d}x \end{aligned} \tag{3}$$

注意到式（3）等号右边第一项为零，将式（3）代入式（2），得

$$-\int_{-1}^1 (1-x^2)\mathrm{P}'_l(x)\mathrm{P}'_m(x)\mathrm{d}x + l(l+1)\int_{-1}^1 \mathrm{P}_l(x)\mathrm{P}_m(x)\mathrm{d}x = 0 \tag{4}$$

l 与 m 为非负整数，将 l 与 m 标号互换，得

$$-\int_{-1}^1 (1-x^2)\mathrm{P}'_m(x)\mathrm{P}'_l(x)\mathrm{d}x + m(m+1)\int_{-1}^1 \mathrm{P}_m(x)\mathrm{P}_l(x)\mathrm{d}x = 0 \tag{5}$$

式（4）减式（5），得

$$(m-l)(m+l+1)\int_{-1}^1 \mathrm{P}_m(x)\mathrm{P}_l(x)\mathrm{d}x = 0 \tag{6}$$

假设式（6）中的 $m\neq l$，$m-l\neq 0$，且 $m+l+1\neq 0$，所以有

$$\int_{-1}^1 \mathrm{P}_m(x)\mathrm{P}_l(x)\mathrm{d}x = 0$$

下面直接给出计算 $\mathrm{P}_l(x)$ 的模值 N_l^2 的公式[2]

$$\begin{aligned}\mathrm{N}_l{}^2 &= \int_{-1}^1 [\mathrm{P}_l(x)]^2\mathrm{d}x = \frac{(-1)^l(2l)!}{2^l l!2^l l!}\frac{(-1)^l 2^{2l+1}(l!)^2}{(2l+1)!} \\ &= \|\mathrm{P}_l(x)\|^2 = \frac{2}{2l+1} \quad (l = 0,1,2,\cdots)\end{aligned} \tag{6.5.43}$$

（3）傅里叶—勒让德级数

根据斯图姆—刘维尔型本征值问题的性质，在区间［－1，1］上，以勒让德多项式 $P_l(x)$为基本函数族，可把函数 $f(x)$ 展开为广义傅里叶级数。

若 $f(x)$ 在［－1，1］上满足狄利克雷条件，则 $f(x)$ 可以展成勒让德多项式 $P_l(x)$ 所组成的无穷级数，**称傅里叶—勒让德级数**，即

$$f(x)=\sum_{l=0}^{\infty}C_l P_l(x) \quad (-1\leqslant x\leqslant 1) \tag{6.5.44a}$$

式中，C_l 为系数。使用模值式（6.5.43），此系数为

$$C_l=\frac{2l+1}{2}\int_{-1}^{1}f(x)P_l(x)dx \tag{6.5.44b}$$

傅里叶—勒让德级数用自变量 θ 表示

$$\begin{cases} f(\cos\theta)=\sum\limits_{l=0}^{\infty}C_l P_l(\cos\theta) \\ C_l=\dfrac{2l+1}{2}\displaystyle\int_{0}^{\pi}f(\cos\theta)P_l(\cos\theta)\sin\theta d\theta \end{cases} \tag{6.5.45}$$

根据傅里叶级数收敛定理，在连续点处，该级数收敛于函数值，在 $f(x)$ 的不连续点 x_0 处，级数收敛于$[f(x_0-0)+f(x_0+0)]/2$。

例题 6.5.2 将函数 $f(x)=\begin{cases}-1 & (-1<x<0)\\ 1 & (0<x<1)\end{cases}$ 展开为勒让德级数。

解：设函数的勒让德级数为

$$f(x)=\sum_{l=0}^{\infty}C_l P_l(x) \tag{6.5.44a}$$

将勒让德多项式（6.5.37）代入式（6.5.44b），分别计算级数的各阶系数：

$$C_0=\frac{1}{2}\int_{-1}^{0}(-1)dx+\frac{1}{2}\int_{0}^{1}dx=-\frac{1}{2}+\frac{1}{2}=0$$

$$C_1=\frac{3}{2}\int_{-1}^{0}(-1)xdx+\frac{3}{2}\int_{0}^{1}xdx=\frac{3}{4}+\frac{4}{3}=\frac{3}{2}$$

$$C_2=\frac{5}{2}\int_{-1}^{0}(-1)\frac{1}{2}(3x^2-1)dx+\frac{5}{2}\int_{0}^{1}\frac{1}{2}(3x^2-1)dx=0$$

$$C_3=\frac{7}{2}\int_{-1}^{0}(-1)\frac{1}{2}(5x^3-3x)dx+\frac{7}{2}\int_{0}^{1}\frac{1}{2}(5x^2-3x)dx=-\frac{7}{8}$$

$$C_4=\frac{9}{2}\int_{-1}^{0}(-1)\frac{1}{8}(35x^4-30x^2+3)dx+\frac{9}{2}\int_{0}^{1}\frac{1}{8}(35x^4-30x^2+3)dx=0$$

$$C_5=\frac{11}{2}\int_{-1}^{0}(-1)\frac{1}{8}(63x^5-70x^3+15x)dx+\frac{11}{2}\int_{0}^{1}\frac{1}{8}(63x^5-70x^3+15x)dx=\frac{11}{16}$$

可见，级数系数的偶次项全为零。实际上，由于 $f(x)$ 为奇函数，故在级数展开时，系数的偶次项必然为零。

将所有的系数 C_l 代入式（6.5.44a），有

$$f(x)=\frac{3}{2}P_1(x)+\left(-\frac{7}{8}\right)P_3(x)+\frac{11}{16}P_5(x)+\cdots \quad (-1<x<1)$$

该级数在 $x=0$ 处收敛于$[f(0+0)+f(0-0)]/2=0$。

例题 6.5.3　在半径为 a 的接地导体球外离球心 r_0 处置点电荷 q，用勒让德多项式分析球外电场的电势[4]。

解： 导体球上出现感应电荷。球外电场是点电荷的场与感应电荷场的叠加。如图 6.5.2 所示，以球心为极点，使极轴过点电荷，感应电荷在球外场的电势满足拉普拉斯方程。考虑到电场对称于极轴，球外的电势可表示为

$$u=\frac{q}{4\pi\varepsilon_0 r_1}+u_2 \tag{1}$$

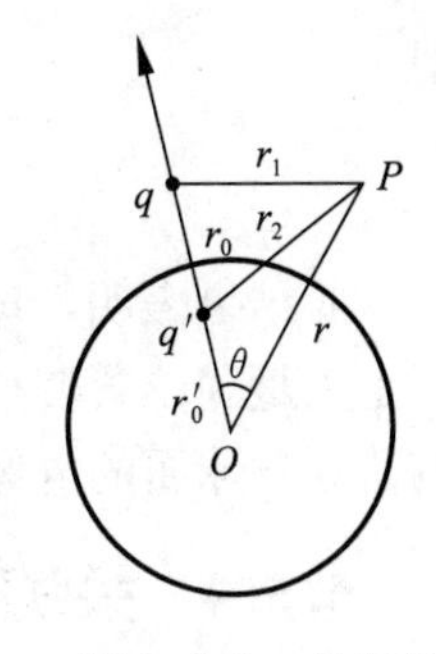

图 6.5.2　点电荷的镜像

式中，u_2 为感应电荷的场在点 P 的电势。该电势在球外满足拉普拉斯方程 $\nabla^2 u_2=0$，有

$$u_2=\sum_{l=0}^{\infty}\left(C_l r^l+\frac{D_l}{r^{l+1}}\right)\mathrm{P}_l(\cos\theta) \tag{2}$$

因为 $u_2(r\to\infty)<\infty$ 是有界的，故必须取 $C_l=0$，即

$$u=\frac{q}{4\pi\varepsilon_0 r_1}+\sum_{l=0}^{\infty}\frac{D_l}{r^{l+1}}\mathrm{P}_l(\cos\theta) \tag{3}$$

在球面上有边界条件

$$\frac{q}{4\pi\varepsilon_0 r_1}+\sum_{l=0}^{\infty}\frac{D_l}{r^{l+1}}\mathrm{P}_l(\cos\theta)=0 \tag{4}$$

将 $\frac{q}{4\pi\varepsilon_0 r_1}$ 展成 $\mathrm{P}_l(\cos\theta)$ 形式，确定系数 D_l，有

$$\frac{1}{r_1}=\frac{1}{\sqrt{r_0{}^2-2r_0 r\cos\theta+r^2}}=\sum_{l=0}^{\infty}\frac{r^l}{r_0{}^{l+1}}\mathrm{P}_l(\cos\theta)\quad(r<r_0)$$

代入式（4），又因为 $r=a$，有

$$\sum_{l=0}^{\infty}\left(\frac{qa^l}{4\pi\varepsilon_0 r_0{}^{l+1}}+\frac{D_l}{a^{l+1}}\right)\mathrm{P}_l(\cos\theta)=0$$

由勒让德多项式正交性可知，一个傅里叶—勒让德级数等于零，必是各项系数等于零，故

$$D_l=-\frac{qa^{2l+1}}{4\pi\varepsilon_0 r_0{}^{l+1}}$$

代入式（3），得到球外电势的分离变数解为

$$u=\frac{q}{4\pi\varepsilon_0 r_1}-\frac{qa}{4\pi\varepsilon_0 r_0}\sum_{l=0}^{\infty}\left(\frac{a^2}{r_0}\right)^l\frac{\mathrm{P}_l(\cos\theta)}{r^{l+1}} \tag{5}$$

式（5）的第一项表示点电荷电场的势。下面讨论式（5）的第二项，在极轴上距球心 r_0'（$r_0'<a$）的位置放置一个点电荷 q'，并假定导体球不存在，则 q' 的场在点 P 的电势为 $\frac{q'}{4\pi\varepsilon_0 r_2}$。因为

$$\frac{1}{r_2}=\frac{1}{\sqrt{(r_0')^2-2r_0' r\cos\theta+r^2}}=\sum_{l=0}^{\infty}\frac{(r_0')^l}{r^{l+1}}\mathrm{P}_l(\cos\theta)\qquad(r>r_0') \tag{6}$$

如果取 $r_0'=\frac{a^2}{r_0}$，$q'=-\frac{aq}{r_0}$，代入式（5），得到

$$u=\frac{q}{4\pi\varepsilon_0 r_1}+\frac{q'}{4\pi\varepsilon_0 r_2} \tag{7}$$

即

$$u=\frac{q}{4\pi\varepsilon_0 r_1}+\frac{q'}{4\pi\varepsilon_0}\sum_{l=0}^{\infty}\frac{(r_0')^l}{r^{l+1}}\mathrm{P}_l(\cos\theta)\quad(r>r_0')$$

此结果表明，球外电势归结为两个点电荷场的电势之和。放置于球内的异号点电荷 q' 的特定电量和位置使得它在球外的场等效于全部感应电荷在球外的场。电学上称点电荷 q' 为点电荷 q 对球面的电像。

6.5.4 关联勒让德函数

本节重点介绍如何确定一般球函数方程的解，包括关联勒让德方程的解、傅里叶—关联勒让德级数、球函数三部分。

回顾 6.5.1 节球坐标中的波动方程、输运方程和稳态方程分离变量法，曾得到球函数方程

$$\frac{1}{\sin\theta}\frac{\partial}{\partial\theta}\left(\sin\theta\frac{\partial Y}{\partial\theta}\right)+\frac{1}{\sin^2\theta}\frac{\partial^2 Y}{\partial\varphi^2}+l(l+1)Y=0 \tag{6.5.15}$$

将形式解 $Y(\theta,\ \varphi)=\Theta(\theta)\Phi(\varphi)$ 代入式（6.5.15），进一步分离变量后，得到

$$\Phi''+m^2\Phi=0 \tag{6.5.16}$$

$$\sin\theta\frac{\mathrm{d}}{\mathrm{d}\theta}\left(\sin\theta\frac{\mathrm{d}\Theta}{\mathrm{d}\theta}\right)+[l(l+1)\sin^2\theta-m^2]\Theta=0\qquad(m=0,1,2,\cdots) \tag{6.5.17}$$

已经得到方程（6.5.16）的解为

$$\Phi(\varphi)=A\cos m\varphi+B\sin m\varphi\quad(m=0,1,2,\cdots) \tag{6.5.18}$$

通过变量代换，得到关联勒让德方程（6.5.17）的另一个表示法为

$$(1-x^2)\frac{\mathrm{d}^2y}{\mathrm{d}x^2}-2x\frac{\mathrm{d}y}{\mathrm{d}x}+\left[l(l+1)-\frac{m^2}{1-x^2}\right]y=0 \tag{6.5.19b}$$

本节重点讨论如何确定一般球函数方程（6.5.19b）的解，即关联勒让德方程的解。

（1）关联勒让德方程的解

关联勒让德方程（6.5.19b）满足自然边界条件的解称为**关联勒让德函数**，记为$\mathrm{P}_l^m(x)$。而将 $\mathrm{P}_l(x)$ 的 m 阶导数记为 $\mathrm{P}_l^{(m)}(x)$。勒让德方程和自然边界条件（在 $x=\pm1$ 为有限）构成本征值问题，本征函数是 $\mathrm{P}_l(x)$。下面借助于勒让德方程的本征函数 $\mathrm{P}_l(x)$ 来确定 $\mathrm{P}_l{}^m(x)$。

作一个新函数

$$v(x)=\mathrm{P}_l^m(x)/(1-x^2)^{\frac{m}{2}} \tag{6.5.46}$$

将关联勒让德函数 $\mathrm{P}_l^m(x)$ 用式（6.5.46）表示为

$$\mathrm{P}_l^m(x)=(1-x^2)^{\frac{m}{2}}v(x)$$

$\mathrm{P}_l^m(x)$ 对 x 求导，得

$$\frac{\mathrm{d}\mathrm{P}_l^m(x)}{\mathrm{d}x}=(1-x^2)^{\frac{m}{2}}v'(x)-m(1-x^2)^{\frac{m}{2}-1}xv(x) \tag{1}$$

再求导一次，得

$$\begin{aligned}\frac{\mathrm{d}^2\mathrm{P}_l{}^m(x)}{\mathrm{d}x^2}&=(1-x^2)^{\frac{m}{2}}v''(x)-2m(1-x^2)^{\frac{m}{2}-1}xv'(x)\\&\quad-m(1-x^2)^{\frac{m}{2}-1}v(x)+m(m-2)(1-x^2)^{\frac{m}{2}-2}x^2v(x)\end{aligned} \tag{2}$$

将式（1）和式（2）代入式（6.5.19b），化简得到

$$(1-x^2)v''(x)-2(m+1)xv'(x)+[l(l+1)-m(m+1)]v(x)=0 \tag{6.5.47}$$

另外将勒让德函数方程

$$(1-x^2)P''_l(x)-2xP_l(x)+l(l+1)P_l(x)=0$$

求导 m 次得到

$$(1-x^2)P_l^{(m+2)}(x)-2mxP_l^{(m+1)}(x)-\frac{2m(m-1)}{2!}P_l^{(m)}(x)$$
$$-2xP_l^{(m+1)}(x)-2mP_l^{(m)}(x)+l(l+1)P_l^{(m)}(x)=0$$

将其化简，得到

$$(1-x^2)P_l^{(m+2)}(x)-2(m+1)xP_l^{(m+1)}(x)+[l(l+1)-m(m+1)]P_l^{(m)}(x)=0 \tag{6.5.48}$$

将式（6.5.48）与式（6.5.47）比较，正好是

$$v(x)=P_l^{(m)}(x)$$

因此，得到用勒让德多项式的 m 阶导数表示的**关联勒让德函数**

$$P_l^m(x)=(1-x^2)^{\frac{m}{2}}P_l^{(m)}(x) \tag{6.5.49}$$

将式（6.5.40）

$$P_l(x)=\frac{1}{2^l l!}\frac{d^l}{dx^l}(x^2-1)^l$$

求导 m 次并代入式（6.5.49），得

$$P_l^m(x)=\frac{1}{2^l l!}(1-x^2)^{\frac{m}{2}}\frac{d^{l+m}}{dx^{l+m}}(x^2-1)^l \tag{6.5.50}$$

由此不难看出，球坐标系的关联勒让德方程和自然的边界条件在区间［−1，1］也构成本征值问题，本征函数为关联勒让德函数 $P_l^m(x)$，本征值为式（6.5.35）

$$l(l+1)\qquad (l=0,1,2,\cdots)$$

只有当 $m\leqslant l$ 时，$P_l^m(x)$ 才不等于零，因此 m 只能取 0，1，2，…，l。在 $m=0$ 时，关联勒让德函数退化为勒让德多项式。对于球轴对称问题的情况，$u\neq u(\varphi)$，即$m=0$，这与前面所说的方程将退化为勒让德方程吻合。

因此，关联勒让德方程（6.5.19b）的解可写为

$$y=C_1P_l^m(\cos\theta)+C_2Q_l^m(\cos\theta)=C_1P_l^m(\cos\theta) \tag{6.5.51}$$

因为 $\lim\limits_{x\to\pm1}Q_l(x)\to\infty$，为确保解函数有意义，式（6.5.51）中必须取 C_2 为零。

将式（6.5.18）和式（6.5.51）代入球函数 $Y(\theta,\varphi)=\Theta(\theta)\Phi(\varphi)$，叠加后，得一般球函数方程（6.5.15）的特解为

$$Y_l^m(\theta,\varphi)=C_{l,m}P_l^m(\cos\theta)(\cos m\varphi+\sin m\varphi)\qquad (l=0,1,2\cdots;m=0,1,2,\cdots,l) \tag{6.5.52}$$

式（6.5.52）为球函数方程满足 φ 的周期条件和 θ 的自然边界条件的特解。这些特解 $Y_l^m(\theta,\varphi)$ 就叫**球函数**，也称**球面函数**。把球面函数 $Y_l^m(\theta,\varphi)$ 与 $R(r)$ 的积称为**球体函数**。

将特解叠加，得球函数方程的解为

$$\begin{aligned}Y(\theta,\varphi)&=\sum_{l=0,m=0}^{l,m}Y_l^m(\theta,\varphi)\quad (l=0,1,2,\cdots;m=0,1,2,\cdots,l)\\&=\sum_{l=0,m=0}^{l,m}C_{l,m}P_l^m(\cos\theta)(\cos m\varphi+\sin m\varphi)\end{aligned} \tag{6.5.53}$$

（2）傅里叶—关联勒让德级数

将关联勒让德方程与斯图姆—刘维尔方程（6.3.2）相比较，可知 $p(x)=1-x^2$，$q(x)=m^2/(1-x^2)$，$\rho(x)=1$，$\lambda=l(l+1)$。由于 $p(-1)=0$，$p(1)=0$，所以同一个 m 而不同阶 l 的关联勒让德函数在区间［−1，1］上正交，即

$$\int_{-1}^{1} \mathrm{P}_l^m(x)\mathrm{P}_{l'}^m(x)\mathrm{d}x = 0 \quad (l' \neq l) \tag{6.5.54}$$

满足一定条件的函数 $f(x)$ 可在区间［−1，1］上作傅里叶—关联勒让德级数展开。

具体展开时，要计算出关联勒让德函数的模值。为计算关联勒让德函数的模值，将式（6.5.48）改写为

$$(1-x^2)\mathrm{P}_l^{(m+2)}(x)-2(m+1)x\mathrm{P}_l^{(m+1)}(x)=-[(l-m)(l+m+1)]\mathrm{P}_l^{(m)}(x) \tag{6.5.55}$$

用勒让德多项式的 m 阶导数表示的关联勒让德函数，有

$$\mathrm{P}_l^m(x)=(1-x^2)^{\frac{m}{2}}\mathrm{P}_l{}^{(m)}(x) \tag{6.5.49}$$

使用式（6.5.49）计算

$$\begin{aligned}\int_{-1}^{1}[\mathrm{P}_l^m(x)]^2\mathrm{d}x &= \int_{-1}^{1}(1-x^2)^m\left[\frac{\mathrm{d}}{\mathrm{d}x}\mathrm{P}_l^{(m-1)}(x)\right]^2\mathrm{d}x=(1-x^2)^m\mathrm{P}_l^{(m-1)}\frac{\mathrm{d}}{\mathrm{d}x}\mathrm{P}_l^{(m-1)}\Big|_{-1}^{1}\\ &\quad-\int_{-1}^{1}(1-x^2)^{m-1}\mathrm{P}_l^{(m-1)}\left[(1-x^2)\frac{\mathrm{d}^2}{\mathrm{d}x^2}\mathrm{P}_l^{(m-1)}-2mx\frac{\mathrm{d}}{\mathrm{d}x}\mathrm{P}_l^{(m-1)}\right]\mathrm{d}x\end{aligned} \tag{6.5.56}$$

显然，式（6.5.56）等号右边第一项等于零，第二项的被积函数可用式（6.5.55）化为

$$-(l-m+1)(l+m)(1-x^2)^{m-1}[\mathrm{P}_l^{(m-1)}]^2\mathrm{d}x \tag{6.5.57}$$

将式（6.5.57）代入式（6.5.56），得

$$\int_{-1}^{1}[\mathrm{P}_l^m(x)]^2\mathrm{d}x=(l+m)(l-m+1)\int_{-1}^{1}[\mathrm{P}_l^{m-1}(x)]^2\mathrm{d}x$$

继续用这个结果分部积分上式，一次又一次地分部积分 m 次，可得

$$\begin{aligned}\int_{-1}^{1}[\mathrm{P}_l^m(x)]^2\mathrm{d}x &= (l+m)(l+m-1)\cdots(l+1)(l-m+1)(l-m+2)\cdots l\int_{-1}^{1}[\mathrm{P}_l(x)]^2\mathrm{d}x\\ &= \frac{(l+m)!}{(l-m)!}\frac{2}{2l+1}\end{aligned} \tag{6.5.58}$$

将满足一定条件的函数 $f(x)$ 在区间［−1，1］上作**傅里叶—关联勒让德级数**展开为

$$f(x)=\sum_{l=0}^{\infty}C_l\mathrm{P}_l^m(x)=\sum_{l=m}^{\infty}C_l\mathrm{P}_l^m(x) \tag{6.5.59}$$

其中系数为

$$C_l=\frac{(l-m)!}{(l+m)!}\frac{2l+1}{2}\int_{-1}^{1}f(x)\mathrm{P}_l^m(x)\mathrm{d}x \tag{6.5.60}$$

（3）球函数

为了确定球函数方程的解（6.6.53）中的系数 $C_{l,m}$，进一步讨论球函数的正交性质和广义级数展开。将球函数写成以下形式

$$\mathrm{Y}_l^m(\theta,\varphi)=C_1\mathrm{P}_l^m(\cos\theta)\begin{Bmatrix}\sin m\varphi\\ \cos m\varphi\end{Bmatrix}\qquad\begin{pmatrix}m=0,1,2,\cdots,l\\ l=0,1,2,3,\cdots\end{pmatrix} \tag{6.5.61}$$

式中，记号 $\begin{Bmatrix}\sin m\varphi\\ \cos m\varphi\end{Bmatrix}$ 表示或者取 $\sin m\varphi$，或者取 $\cos m\varphi$。

式（6.5.53）中，l 为球函数的阶，独立的 l 阶球函数共有（$2l+1$）个，对应于 $m=1$，2，…，l各有两个，即 $\mathrm{P}_l^m(\cos\theta)\ \sin m\varphi$ 和 $\mathrm{P}_l^m(\cos\theta)\ \cos m\varphi$；另外，对应于 $m=0$，有一个 $\mathrm{P}_l(\cos\theta)$。很容易证明球函数在球面上正交。事实上，任取两个球函数 $\mathrm{Y}_l^m(\theta,\ \varphi)$ 和 $\mathrm{Y}_{l'}^{m'}(\theta,\ \varphi)$的积在球面上积分，得

$$\int_0^\pi \mathrm{P}_l^m(\cos\theta)\mathrm{P}_{l'}^{m'}(\cos\theta)\sin\theta\mathrm{d}\theta\int_0^{2\pi}\begin{Bmatrix}\sin m\varphi\\ \cos m\varphi\end{Bmatrix}\begin{Bmatrix}\sin m'\varphi\\ \cos m'\varphi\end{Bmatrix}\mathrm{d}\varphi$$

根据三角函数的正交性可知，当 $m\neq m'$时，有

$$\int_0^{2\pi}\begin{Bmatrix}\sin m\varphi\\ \cos m\varphi\end{Bmatrix}\begin{Bmatrix}\sin m'\varphi\\ \cos m'\varphi\end{Bmatrix}\mathrm{d}\varphi=0$$

当 $m'=m$，$l'\neq l$ 时，有

$$\int_0^\pi \mathrm{P}_l^m(\cos\theta)\mathrm{P}_{l'}^{m'}(\cos\theta)\sin\theta\mathrm{d}\theta=0$$

所以

$$\int_0^\pi\int_0^{2\pi}\mathrm{Y}_l^m(\theta,\varphi)\mathrm{Y}_{l'}^{m'}(\theta,\varphi)\sin\theta\mathrm{d}\theta\mathrm{d}\varphi=0\qquad\begin{cases}m'\neq m\\ \text{或 } l'\neq l\end{cases}$$

如果 $m=m'$，$l=l'$，由上面的积分计算球函数的模值为

$$\begin{aligned}(\mathrm{N}_l^m)^2&=\int_0^\pi\int_0^{2\pi}\mathrm{Y}_l^m(\theta,\varphi)\mathrm{Y}_{l'}^{m'}(\theta,\varphi)\sin\theta\mathrm{d}\theta\mathrm{d}\varphi\\ &=\int_{-1}^1[\mathrm{P}_l^m(x)]^2\mathrm{d}x\int_0^{2\pi}\begin{Bmatrix}\sin^2 m\varphi\\ \cos^2 m\varphi\end{Bmatrix}\mathrm{d}\varphi\end{aligned}\tag{6.5.62}$$

在式（6.5.62）中，有

$$\int_0^{2\pi}\sin^2 m\varphi\mathrm{d}\varphi=\pi\qquad(m\neq 0)\tag{1}$$

$$\int_0^{2\pi}\cos^2 m\varphi\mathrm{d}\varphi=\delta_m\pi\quad\delta_m=\begin{cases}2&(m=0)\\ 1&(m\neq 0)\end{cases}\tag{2}$$

$$\int_{-1}^1[\mathrm{P}_l^m(x)]^2 x=\frac{(l+m)!}{(l-m)!}\frac{2}{2l+1}\tag{6.5.58}$$

将式（1）、式（2）和式（6.5.58）代入式（6.5.62），得到**球面函数的模值**为

$$(\mathrm{N}_l^m)^2=\int_0^\pi\int_0^{2\pi}[\mathrm{Y}_l^m(\theta,\varphi)]^2\sin\theta\mathrm{d}\theta\mathrm{d}\varphi=\frac{2\pi\delta_m(m+l)!}{(2l+1)(l-m)!}\tag{6.5.63}$$

若函数 $f(\theta,\ \varphi)$ 能在球面上以球函数为基本函数族展开，则

$$f(\theta,\varphi)=\sum_{l=0}^{\infty}\sum_{m=0}^{l}[A_l^m\cos m\varphi+B_l^m\sin m\varphi]\mathrm{P}_l^m(\cos\theta)\tag{6.5.64}$$

式中，A_l^m 和 B_l^m 为系数，表达式分别为

$$A_l^m=\frac{(2l+1)(l-m)!}{2\pi\delta_m(l+m)!}\int_0^\pi\int_0^{2\pi}f(\theta,\varphi)\mathrm{P}_l^m(\cos\theta)\cos m\varphi\sin\theta\mathrm{d}\theta\mathrm{d}\varphi\tag{6.5.65a}$$

$$B_l^m=\frac{(2l+1)(l-m)!}{2\pi(l+m)!}\int_0^\pi\int_0^{2\pi}f(\theta,\varphi)\mathrm{P}_l^m(\cos\theta)\sin m\varphi\sin\theta\mathrm{d}\theta\mathrm{d}\varphi\tag{6.5.65b}$$

6.5.5 勒让德函数的应用举例

下面用几道例题来说明勒让德函数在化学工程中的应用。

例题 6.5.4 导热介质球半径为 a，球面热量分布为 $f(\theta,\ \varphi)$，求球外稳态热量分布。

解：此定解问题为求解三维稳态拉普拉斯方程，控制方程为

$$\nabla^2 u = 0 \tag{1}$$

边界条件为

$$u(a,\varphi,\theta) = f(\theta,\varphi) \tag{2}$$

通过分离变量的求解方程（1），6.5.1 小节中已详细推导了球坐标系的拉普拉斯方程解的结构，考虑到 $\lim\limits_{r\to\infty} u(r,\ \theta,\ \varphi) < \infty$，直接设球外热量分布为

$$u(r,\theta,\varphi) = \sum_{l=0}^{\infty}\sum_{m=0}^{\infty} \frac{D_l}{r^{l+1}}[A_l^m \cos m\varphi + B_l^m \sin m\varphi]\mathrm{P}_l^m(\cos\theta) \tag{3}$$

将边界条件（2）代入式（3），得

$$f(\theta,\varphi) = \sum_{l=0}^{\infty}\sum_{m=0}^{\infty} \frac{D_l}{a^{l+1}}[A_l^m \cos m\varphi + B_l^m \sin m\varphi]\mathrm{P}_l^m(\cos\theta)$$

为了确定系数，将 $f(\theta,\ \varphi)$ 按球函数展开，再将展开式与式（6.5.64）比较，得

$$D_l = a^{l+1}$$

于是得到

$$u(r,\theta,\varphi) = \sum_{l=0}^{\infty}\sum_{m=0}^{\infty} \left(\frac{a}{r}\right)^{l+1} [A_l^m \cos m\varphi + B_l^m \sin m\varphi]\mathrm{P}_l^m(\cos\theta)$$

式中，系数 A_l^m、B_l^m 分别由式（6.5.65a）和式（6.5.65b）确定。

例题 6.5.5 在球面半径为 b 处温度分布为 $f(\cos\theta)$，在此条件下，确定球体内轴对称稳态温度分布[5]。

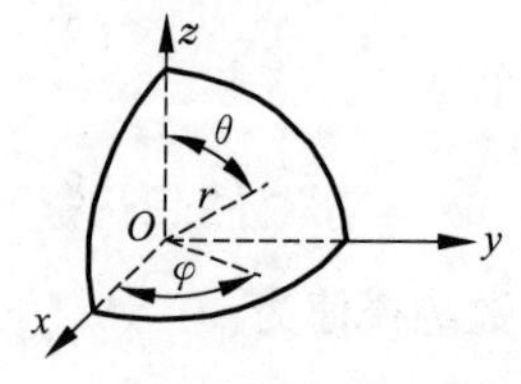

图 6.5.3 球内稳态分布

解：由于是球轴对称问题，温度只是 r 和 θ 的函数，即 $u=u\ (r,\ \theta)$ 与 φ 无关，如图 6.5.3 所示。球坐标下拉普拉斯方程为二阶变系数偏微分方程

$$\frac{\partial^2 u}{\partial r^2} + \frac{2}{r}\frac{\partial u}{\partial r} + \frac{1}{r^2}\frac{\partial^2 u}{\partial \theta^2} + \frac{\cot\theta}{r^2}\frac{\partial u}{\partial \theta} = 0 \quad (0 < r < b)(0 < \theta < \pi) \tag{1}$$

边界条件为

$$u(b,\theta) = f(\cos\theta) \qquad (0 < \theta < \pi) \tag{2}$$

自然边界条件为

$$u(0,\theta) < \infty \tag{3}$$

由于方程是变系数的齐次方程，变系数也是可分离变量的，可用分离变量求解。将分离变量形式的解 $u(r,\ \theta) = R(r)\Theta(\theta)$ 代入式（1），得

$$\Theta\frac{\mathrm{d}^2 R}{\mathrm{d}r^2} + \Theta\frac{2}{r}\frac{\mathrm{d}R}{\mathrm{d}r} + \frac{R}{r^2}\frac{\mathrm{d}^2\Theta}{\mathrm{d}\theta^2} + \frac{R\cot\theta}{r^2}\frac{\mathrm{d}\Theta}{\mathrm{d}\theta} = 0$$

上式乘以 $r^2/R\Theta$，为了照应后面的本征值问题，再令分离变量后的等式两边等于同一个常数 $l(l+1)$，得

$$\frac{r^2 \mathrm{d}^2 R}{R \mathrm{d}r^2} + \frac{2r}{R}\frac{\mathrm{d}R}{\mathrm{d}r} = -\frac{1}{\Theta}\frac{\mathrm{d}^2\Theta}{\mathrm{d}\theta^2} - \frac{\cot\theta}{\Theta}\frac{\mathrm{d}\Theta}{\mathrm{d}\theta} = l(l+1)$$

可得 $R(r)$ 和 $\Theta(\theta)$ 的两个常微分方程的边值问题。先求解 $R(r)$ 二阶常微方程

$$r^2 R'' + 2rR' - l(l+1)R = 0 \tag{4}$$

上式的解为

$$R_l(r) = C_l r^l + D_l r^{-(l+1)} \qquad (l = 0,1,2,\cdots) \tag{5}$$

因为必须满足 $u(0, \theta) < \infty$，即 $R(0) < \infty$，$\lim\limits_{r\to 0} r^{-(l+1)} \to \infty$，故需令 $D_l = 0$，式（5）化简为

$$R_l(r) = C_l r^l \tag{6}$$

$\Theta(\theta)$ 的二阶常微分方程为 l 阶勒让德方程

$$\frac{\mathrm{d}^2\Theta}{\mathrm{d}\theta^2} + \cot\theta\frac{\mathrm{d}\Theta}{\mathrm{d}\theta} + l(l+1)\Theta = 0 \tag{7}$$

其解为

$$\Theta_l(\cos\theta) = E_l \mathrm{P}_l(\cos\theta) + F_l Q_l(\cos\theta) \tag{8}$$

因为须满足 $u(r, \theta)|_{\theta=0,\pi} < \infty$，即 $\Theta(\theta)|_{\theta=0,\pi} < \infty$，而 $Q_l(\cos\theta)|_{\theta=0,\pi} \to \infty$，故需令 $F_l = 0$，由式（6），得

$$\Theta_l(\cos\theta) = E_l \mathrm{P}_l(\cos\theta) \tag{9}$$

由式（6）和式（9）得原方程的特解为

$$u_l(r,\theta) = C_l E_l r^l \mathrm{P}_l(\cos\theta) = A_l r^l \mathrm{P}_l(\cos\theta)$$

式中，$A_l = C_l E_l$。运用叠加原理，将以上特解叠加，得方程的通解为

$$u(r,\theta) = \sum_{l=0}^{\infty} u_l(r,\theta) = \sum_{l=0}^{\infty} A_l r^l \mathrm{P}_l(\cos\theta) \tag{10}$$

将边界条件式（2）代入式（10），有

$$u(b,\theta) = f(\cos\theta) = \sum_{l=0}^{\infty} A_l b^l \mathrm{P}_l(\cos\theta) \tag{11}$$

将式（11）中 $f(\cos\theta)$ 展开成勒让德级数，确定系数

$$A_l = \frac{2l+1}{2b^l}\int_{-1}^{1} f(x)\mathrm{P}_l(x)\mathrm{d}x \quad (l = 0,1,2,\cdots) \tag{12}$$

将式（12）代入式（10），得方程（1）的解为

$$u(r,\theta) = \frac{1}{2}\sum_{l=0}^{+\infty}\left(\frac{r}{b}\right)^l (2l+1)\mathrm{P}_l(\cos\theta)\int_{-1}^{1} f(x)\mathrm{P}_l(x)\mathrm{d}x$$

例题 6.5.6　理想流体为黏性力为零的流体。研究在不可压缩理想流体初始均匀的速度为 U_0 流动中，放有一个半径为 a 的静止球的效应，即确定绕球体的理想流体流动的速度势函数 Φ 和流函数 Ψ[1],[5]。

解：如图 6.5.4 所示，采用球坐标，在 $r\to\infty$ 时，该流动平行于 z 轴，流动关于 z 轴是对称的，设流动速度为 $\boldsymbol{u} = \boldsymbol{u}(r, \theta)$，其速度势函数与圆周角也无关，有 $\Phi(r, \theta)$。速度势函数 $\Phi(r, \theta)$ 满足拉普拉斯方程

$$\frac{\partial}{\partial r}\left(r^2\frac{\partial\Phi}{\partial r}\right) + \frac{1}{\sin\theta}\frac{\partial}{\partial\theta}\left(\sin\theta\frac{\partial\Phi}{\partial\theta}\right) = 0$$

即

$$\nabla^2\Phi = 0 \tag{1}$$

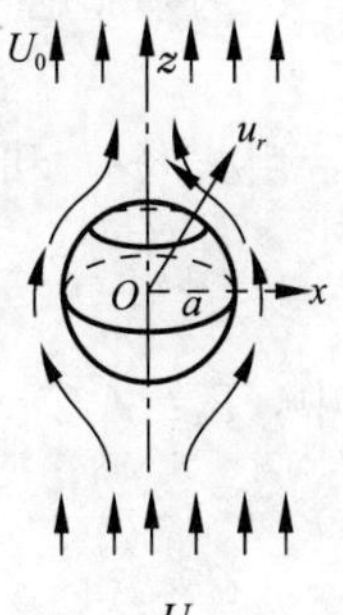

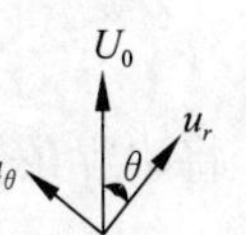

图 6.5.4　绕球流动

速度 $\boldsymbol{u}$ 用速度势 Φ（r，θ）表示为

$$\boldsymbol{u}=\nabla\Phi=\frac{\partial\Phi}{\partial r}\boldsymbol{e}_r+\frac{1}{r}\frac{\partial\Phi}{\partial\theta}\boldsymbol{e}_\theta=u_r\boldsymbol{e}_r+u_\theta\boldsymbol{e}_\theta \tag{2}$$

由于流体不可能穿过球面，因此在球表面径向速度为零，有

$$\frac{\partial\Phi}{\partial r}(r=a,\theta)=0$$

即

$$u_r(r=a,\theta)=0 \tag{3}$$

在无穷远处 $r\to\infty$ 时，该流体的流动没有受小球的影响，U_0 流动平行于 z 轴，有

$$\lim_{r\to\infty}\boldsymbol{u}(r,\theta)=U_0(\cos\theta\boldsymbol{e}_r-\sin\theta\boldsymbol{e}_\theta)$$

考虑流动是有限，由上式确定该流动的边界条件为

$$u_r=\lim_{r\to\infty}\frac{\partial\Phi}{\partial r}(r,\theta)=U_0\cos\theta<\infty \tag{4}$$

将分离变量形式的解 $\Phi(r,\theta)=R(r)\Theta(\theta)$ 代入式（1），式（1）分离变量后，得

$$\frac{(r^2R')'}{R}=-\frac{1}{\Theta\sin\theta}(\Theta'\sin\theta)'=l(l+1) \tag{5}$$

得到 $R(r)$ 和 $\Theta(\theta)$ 的二阶常微分方程，分别为

$$(r^2R')'-l(l+1)R=r^2R''+2rR'-l(l+1)R=0 \tag{6}$$

$$\frac{1}{\sin\theta}\frac{\mathrm{d}}{\mathrm{d}\theta}\left(\sin\theta\frac{\mathrm{d}\Theta}{\mathrm{d}\theta}\right)+l(l+1)\Theta=0$$

即

$$\frac{\mathrm{d}^2\Theta}{\mathrm{d}\theta^2}+\cot\theta\frac{\mathrm{d}\Theta}{\mathrm{d}\theta}+l(l+1)\Theta=0 \tag{7}$$

求解这两个常微分方程。式（6）为欧拉方程，令 $r=\mathrm{e}^t$ 代入式（6），得

$$\frac{\mathrm{d}^2R}{\mathrm{d}t^2}+\frac{\mathrm{d}R}{\mathrm{d}t}-l(l+1)R=0$$

由 $R_l(t)=A_l\mathrm{e}^{lt}+B_l\mathrm{e}^{(-l-1)t}$，可得

$$R(r)=A_lr^l+B_lr^{(-l-1)}\quad(l=0,1,2,\cdots) \tag{8}$$

式（7）为 l 阶勒让德方程，其解为

$$\Theta_l=C_1\mathrm{P}_l(\cos\theta)+C_2\Theta_l(\cos\theta) \tag{9}$$

因为须满足 $\Theta(r,\theta=0,\pi)<\infty$，令 $C_2=0$，有

$$\Theta_l=C_1\mathrm{P}_l(\cos\theta) \tag{10}$$

由式（8）和式（10）得特解 $\Phi_l(r,\theta)$，并将特解叠加，得通解为

$$\Phi(r,\theta)=\sum_{l=0}^{\infty}\Theta_lR_l=\sum_{l=0}^{\infty}[(E_lr^l+F_lr^{(-l-1)})\mathrm{P}_l(\cos\theta)] \tag{11}$$

式中，$E_l=A_lC_1$，$F_l=B_lC_1$。

$$u_r=\frac{\partial\Phi(r,\theta)}{\partial r}=\sum_{l=0}^{\infty}[lE_lr^{l-1}-(l+1)F_lr^{(-l-2)}]\mathrm{P}_l(\cos\theta) \tag{12}$$

将边界条件式（3）$u_r(r=a,\theta)=0$，代入式（12），有

$$lE_la^{l-1}-(l+1)F_la^{(-l-2)}=0$$

求解上式，可得

$$F_l = \frac{l}{l+1}a^{2l+1}E_l \tag{13}$$

使用边界条件式（4）$\lim\limits_{r\to\infty}\frac{\partial \Phi}{\partial r}$（$r$，$\theta$）$<\infty$，由式（12）右边第一项得到

$$E_l = 0 \quad (l = 2,3,4,) \tag{14}$$

由式（14）知，l=0，1，由式（13）具体确定系数，得到

$$\begin{cases} \text{当 } l = 0, F_0 = 0 \\ \text{当 } l = 1, F_1 = \frac{1}{2}a^3 E_1 \end{cases} \tag{15}$$

将式（15）代入式（11），得到速度势为

$$\Phi = E_1\left(r + \frac{a^3}{2r^2}\right)\mathrm{P}_1(\cos\theta) \tag{16}$$

对上式求导，再运用边界条件式（4），得

$$u_r = \frac{\partial \Phi}{\partial r}(r,\theta) = E_1\left(1 - \frac{a^3}{r^3}\right)\mathrm{P}_1(\cos\theta) = U_0\cos\theta$$

比较上式等式的两边，因为 $\mathrm{P}_1(\cos\theta)=\cos\theta$，得

$$E_1 = U_0$$

代入式（16），得到速度势为

$$\Phi = U_0\left(r + \frac{a^3}{2r^2}\right)\mathrm{P}_1(\cos\theta)$$

由速度势使用式（2）可以确定流体流动速度的 $\boldsymbol{u}=\boldsymbol{u}(r, \theta)$。

由速度势式（17），应用球坐标系流函数公式，求流线为

$$\mathrm{d}\Psi = -\frac{\partial \Phi}{\partial \theta}\sin\theta\mathrm{d}r + \frac{\partial \Phi}{\partial r}r^2\sin\theta\mathrm{d}\theta = -U_0\left[\left(r + \frac{a^3}{2r^2}\right)\sin^2\theta\mathrm{d}r + \left(r^2 - \frac{a^3}{r}\right)\sin^2\theta\cos\theta\mathrm{d}\theta\right]$$

将上式积分后，得流函数为

$$\Psi = -\frac{U_0}{2}\left(r^2 - \frac{a^3}{r}\right)\sin^2\theta + C$$

式中，C 为任意常数。因此流线是曲面 Ψ=常数，或等价于

$$r^2\left(1 - \frac{a^3}{r^3}\right)\sin^2\theta = \text{常数} \tag{18}$$

6.6　柱坐标系中的分离变量法

采用柱坐标研究问题也可简化问题。如对于轴对称问题，$\partial u/\partial\varphi=0$，控制方程减少了一个自变量。在柱坐标下，用分离变量求解拉普拉斯方程、非稳态的输运方程、波动方程都将得到变系数的常微分方程，引出重要的特殊函数——**贝塞尔函数（柱函数）**。

本节介绍贝塞尔函数和贝塞尔方程及在柱坐标系中典型方程的求解[1]~[6]。本节包括贝塞尔方程的引出、柱贝塞尔方程的解、柱贝塞尔函数的性质、柱贝塞尔方程及其解的形式、柱坐标系偏微分方程解的形式、球贝塞尔方程、贝塞尔方程应用举例 7 小节。

6.6.1　贝塞尔方程的引出

本小节介绍柱坐标系中的问题分离变量法，包括柱坐标系中拉普拉斯方程的分离变量、

柱坐标系中亥姆霍兹方程的分离变量两部分。

（1）柱坐标系中拉普拉斯方程的分离变量[4]

在柱坐标系中拉普拉斯方程为

$$\frac{1}{r}\frac{\partial}{\partial r}\left(r\frac{\partial u}{\partial r}\right)+\frac{1}{r^2}\frac{\partial^2 u}{\partial \varphi^2}+\frac{\partial^2}{\partial z^2}=0 \tag{6.6.1}$$

将分离变量形式解 $u(r,\varphi,z)=R(r)\Phi(\varphi)Z(z)$ 代入式（6.6.1），并以 $R\phi Z$ 遍除各项得

$$\frac{1}{R}\frac{\mathrm{d}^2 R}{\mathrm{d}r^2}+\frac{1}{rR}\frac{\mathrm{d}R}{\mathrm{d}r}+\frac{1}{r^2\Phi}\frac{\mathrm{d}^2\Phi}{\mathrm{d}\varphi^2}=-\frac{1}{Z}\frac{\mathrm{d}^2 Z}{\mathrm{d}z^2}$$

上式的左边是 r 和 z 的函数，与 φ 无关；右边是 φ 的函数，与 r 和 z 无关。等式两边相等显然是不可能的，除非两边是同一常数，令这个常数为 $-\lambda$，于是上式分解为

$$\frac{\mathrm{d}^2 Z}{\mathrm{d}z^2}-\lambda Z=0 \tag{6.6.2}$$

$$\frac{r^2}{R}\frac{\mathrm{d}^2 R}{\mathrm{d}r^2}+\frac{r}{R}\frac{\mathrm{d}R}{\mathrm{d}r}+\lambda r^2=-\frac{1}{\Phi}\frac{\mathrm{d}^2\Phi}{\mathrm{d}\varphi^2} \tag{6.6.3}$$

式（6.6.3）两边实际上也等于同一个常数，令为 m^2，将上式分解为

$$\frac{\mathrm{d}^2\Phi}{\mathrm{d}\varphi^2}+m^2\Phi=0 \tag{6.6.4}$$

$$\frac{\mathrm{d}^2 R}{\mathrm{d}r^2}+\frac{1}{r}\frac{\mathrm{d}R}{\mathrm{d}r}+\left(\lambda-\frac{m^2}{r^2}\right)R=0 \tag{6.6.5}$$

通过分离变量，把方程（6.6.1）分解为二阶常微分方程（6.6.2）、式（6.6.4）和式（6.6.5）。下面分别讨论它们的解。

方程（6.6.4）和 $\phi(\varphi)$ 的周期条件构成本征值问题，其本征函数为

$$\phi(\varphi)=A\cos m\varphi+B\sin m\varphi \quad (m=0,1,2\cdots) \tag{6.6.6}$$

方程（6.6.2）的解可能有以下三种形式：

$$Z(z)=C+Dz \quad (\lambda=0) \tag{6.6.7}$$

$$Z(z)=C\mathrm{e}^{\sqrt{\lambda}z}+D\mathrm{e}^{-\sqrt{\lambda}z} \quad (\lambda>0) \tag{6.6.8}$$

$$Z(z)=C\cos\sqrt{-\lambda}\,z+D\sin\sqrt{-\lambda}\,z \quad (\lambda<0) \tag{6.6.9}$$

至于 $\lambda=0$、$\lambda>0$ 还是 $\lambda<0$，要根据具体的边界条件考虑，将在6.6.4小节中详细讨论。

由式（6.6.7）看出，只有当 u 与 z 无关或者保持线性关系时，才能取 $\lambda=0$。先分析 $\lambda=0$ 的情况。当 $\lambda=0$ 时，r 方向的变系数常微分方程（6.6.5）是欧拉方程，其解为

$$R(r)=Er^m+Fr^{-m}, \quad R_0(r)=E+F\ln r \quad (m=0) \tag{6.6.10}$$

下面着重分析 $\lambda\neq0$ 时，r 方向变系数常微分方程（6.6.5）的情况，采用替换为

$$\begin{cases}\sqrt{\lambda}r=x & (\lambda>0)\\ \sqrt{-\lambda}r=x & (\lambda<0)\end{cases} \tag{6.6.11}$$

将方程（6.6.5）化为

$$\frac{\mathrm{d}^2 R}{\mathrm{d}x^2}+\frac{1}{x}\frac{\mathrm{d}R}{\mathrm{d}x}+\left(1-\frac{m^2}{x^2}\right)R=0 \tag{6.6.12}$$

$$\frac{\mathrm{d}^2 R}{\mathrm{d}x^2}+\frac{1}{x}\frac{\mathrm{d}R}{\mathrm{d}x}-\left(1+\frac{m^2}{x^2}\right)R=0 \tag{6.6.13}$$

方程（6.6.12）称为**贝塞尔方程**，方程（6.6.13）称为**虚宗量贝塞尔方程**。如将方程

(6.6.12) 的宗量 x 改为 $\mathrm{i}x$，便成了方程 (6.6.13)，这正是后者命名的由来。

(2) 柱坐标系中亥姆霍兹方程的分离变量

首先分别考察柱坐标系中三维波动方程和三维输运方程。例如，考察柱坐标系中三维波动方程

$$u_{tt} = \alpha^2 \Delta u$$

试把时间变量 t 和空间变量 $\boldsymbol{r}$ 分离，以 $u(\boldsymbol{r}, t)=T(t)v(\boldsymbol{r})$ 代入上式，并用 Tv 遍除式中的各项，将时间和空间变量分离变量后，得

$$\frac{T''}{\alpha^2 T} = \frac{\Delta v}{v}$$

上式的左边是时间 t 的函数，与 r 无关，右边是 r 的函数，与 t 无关。等式两边仅能等于一个常数，令常数等于 $-k^2$。上式化为时间 t 的二阶常微分方程和空间变量 r 的偏微分方程

$$T'' + \alpha^2 k^2 T = 0 \tag{6.6.14}$$

$$\nabla^2 v + k^2 v = 0 \tag{6.6.15}$$

偏微分方程 (6.6.15) 称为**亥姆霍兹方程**或称为“波动方程”。

时间 t 的二阶常数微分方程 (6.6.14) 的解为

$$T(t) = A\cos(k\alpha t) + B\sin(k\alpha t) \tag{6.6.16}$$

柱坐标系三维输运方程经过分离变量后，变成时间 t 的一阶常微分方程和亥姆霍兹方程

$$T' + \alpha^2 k^2 T = 0 \tag{6.6.17}$$

$$\nabla^2 v + k^2 v = 0$$

时间 t 的一阶常微分方程 (6.6.16) 的解为

$$T(t) = C\mathrm{e}^{-\alpha^2 k^2 T} \tag{6.6.18}$$

综上所述，在柱坐标系中，含有时间变量的三维数理方程分离变量后可变成时间变量的常微分方程和空间变量的亥姆霍兹方程。可见，问题的核心归结为求解亥姆霍兹方程。现在来讨论亥姆霍兹方程 (6.6.14) 的分离变量，其在柱坐标中的表示式为

$$\frac{1}{r}\frac{\partial}{\partial r}\left(r\frac{\partial v}{\partial r}\right) + \frac{1}{r^2}\frac{\partial^2 v}{\partial \varphi^2} + \frac{\partial^2 v}{\partial z^2} + k^2 v = 0 \tag{6.6.19}$$

令分离变数形式的解为 $v(r, \varphi, z)=R(r)\Phi(\varphi)Z(z)$，并将其代入式 (6.6.18)，由分离拉普拉斯方程同样的过程得到三个常微分方程，其中关于 $R(r)$ 的方程为

$$\frac{\mathrm{d}^2 R}{\mathrm{d}r^2} + \frac{1}{r}\frac{\mathrm{d}R}{\mathrm{d}r} + \left(\lambda + k^2 - \frac{m^2}{r^2}\right)R = 0 \tag{6.6.20}$$

而关于 $\phi(\varphi)$ 与 $Z(z)$ 的常微分方程与拉普拉斯方程分离变量后的方程一样，略去讨论，详细推导过程留给读者。

至于 R (r) 的解，同样由式 (6.6.12) 和式 (6.6.13) 给定，不过用下式[4]取代替换函数 (6.6.11) 为

$$\begin{cases} x = \sqrt{\lambda + k^2}r & (\lambda + k^2 > 0) \\ x = \sqrt{-(\lambda + k^2)}r & (\lambda + k^2 < 0) \end{cases} \tag{6.6.21}$$

由此可知，柱坐标系中亥姆霍兹方程分离后，r 方向也得到贝塞尔方程。早在 1703 年就出现了贝塞尔方程。自从 1824 年德国的天文学家 F. W. Bessel 首次系统研究贝塞尔方程以来，经过发展已经形成了完善的贝塞尔函数理论[6]。贝塞尔方程已经在电学、声学、航空

学、流体力学、热力学、弹性理论和工程等领域得到了广泛应用。

6.6.2 柱贝塞尔方程的解

由上节的讨论可知，求解贝塞尔方程是求解柱坐标系中拉普拉斯方程和亥姆霍兹方程的关键。本小节的主要任务就是介绍贝塞尔方程的解[4]。

本小节包括非整数阶贝塞尔方程的解、整数阶贝塞尔方程的解、虚宗量贝塞尔方程的解三部分。

将上节推导得到的贝塞尔方程（6.6.12）和（6.6.13）写成以下形式为

$$x^2y''+xy'+(x^2-m^2)y=0 \tag{6.6.22}$$

式中，m 是贝塞尔方程的阶，方程（6.6.22）称为**m 阶贝塞尔方程**。

当 m 不是整数时，称方程（6.6.22）为**非整数阶贝塞尔方程**；当 m 是整数时，称方程（6.6.22)为**整数阶贝塞尔方程**。下面介绍如何求解贝塞尔方程。

（1）非整数阶贝塞尔方程的解

贝塞尔方程是变系数常微分方程。这类变系数常微分方程一般采用级数解法，设解函数用一元无穷级数表示，将解函数代入贝塞尔方程，确定各幂项之间的递推关系，便可找到级数形式的解。贝塞尔方程（6.6.22）的标准形式为

$$y''+\frac{1}{x}y'+\left(1-\frac{m^2}{x^2}\right)y=0 \tag{6.6.23}$$

式中，y'项的系数是$\frac{1}{x}$，$x=0$ 是一阶奇点；y 项的系数是$\left(1-\frac{m^2}{x^2}\right)$，$x=0$ 是二阶奇点。因此，$y(x)$ 的级数解形式不能表示为幂次从零开始的泰勒级数，故可设为

$$y(x)=\sum_{k=0}^{\infty}a_kx^{k+r}$$

对上式求导，有

$$y'(x)=\sum_{k=0}^{\infty}(k+r)a_kx^{k+r-1}$$

$$y''(x)=\sum_{k=0}^{\infty}(k+r)(k+r-1)a_kx^{k+r-2}$$

将以上三式代入式（6.6.23），有

$$\sum_{k=0}^{\infty}(k+r)(k+r-1)a_kx^{k+r}+\sum_{k=0}^{\infty}(k+r)a_kx^{k+r}+\sum_{k=0}^{\infty}a_kx^{k+r+2}-m^2\sum_{k=0}^{\infty}a_kx^{k+r}=0$$

重新整理上式，让求和序号从 $k=2$，得

$$\sum_{k=0}^{\infty}[(k+r)(k+r-1)a_k+(k+r)a_k+a_{k-2}-m^2a_k]x^{k+r}+a_0r(r-1)x^r+$$
$$a_0rx^r-m^2a_0x^r+a_1r(r+1)x^{r+1}+a_1(r+1)x^{r+1}-m^2a_1x^{r+1}=0$$

化简得

$$\sum_{k=0}^{\infty}\{a_k[(k+r)^2-m^2]+a_{k-2}\}x^{k+r}+a_0(r^2-m^2)x^r+a_1(r^2+2r+1-m^2)x^{r+1}=0$$

为使上述等式成立，必须使 x 各项幂的系数为零。设 $a_0\neq0$（因为若 $a_0=0$，则可令 a_1

为 a_0），由第二项得判定方程为

$$r^2-m^2=0,\quad r_{1,2}=\pm m\quad(\text{为判定方程之根})$$

因为 x^{r+1} 的系数必为零，而 $1\pm 2m$ 只有在 $m=\pm 1/2$ 时为零，故有 $a_1=0$，从而可由 $a_k\left[(k+r)^2-m^2\right]+a_{k-2}=0$导出系数的递推公式。

① 当 $r_1=m$ 时，系数的递推公式为

$$a_k=-\frac{a_{k-2}}{k(k+2m)}\quad(k=2,4,\cdots)$$

用以上递推公式计算前几项系数，有 $a_1=a_3=a_5=\cdots=0$

当 $k=2$ 时，有

$$a_2=-\frac{a_0}{2(2+m)}=-\frac{1}{1!(m+1)}\frac{1}{2^2}a_0$$

当 $k=4$ 时，有

$$a_4=-\frac{a_2}{4(4+m)}=\frac{1}{2!(m+1)(m+2)}\frac{1}{2^4}a_0$$

亦即其通式为

$$a_{2k}=(-1)^k\frac{1}{k!(m+1)(m+2)\cdots(m+k)}\frac{1}{2^{2k}}a_0\quad(k=1,2,3\cdots)\tag{6.6.24}$$

由此得到非整数 m 阶贝塞尔方程的一个级数解为

$$\begin{aligned}y_1(x)&=a_0x^m\left[1-\frac{1}{1!(m+1)}\left(\frac{x}{2}\right)^2+\frac{1}{2!(m+1)(m+2)}\left(\frac{x}{2}\right)^4+\cdots\right.\\&\quad\left.+(-1)^k\frac{1}{k!(m+1)(m+2)\cdots(m+k)}\left(\frac{x}{2}\right)^{2k}+\cdots\right]\\&=2^m m!a_0\sum_{k=0}^{\infty}\frac{(-1)^k}{k!(k+m)!}\left(\frac{x}{2}\right)^{2k+m}\end{aligned}\tag{6.6.25}$$

式（6.6.25）级数的收敛半径为

$$R=\lim_{k\to\infty}|a_{2k}/a_{2k+2}|=\lim_{k\to\infty}4(k+1)(m+k+1)=\infty$$

即只要 x 有限，级数收敛。为了化简式（6.6.25），通常取

$$a_0=\frac{1}{2^m m!}$$

因为有伽马函数式（5.3.15）

$$\Gamma(m+1)=m!$$

故，取

$$a_0=\frac{1}{2^m m!}=\frac{1}{2^m\Gamma(m+1)}$$

又有

$$(k+m)!=\Gamma(k+m+1)$$

这样级数式（6.6.25）记为

$$\mathrm{J}_m(x)=\sum_{k=0}^{\infty}\frac{(-1)^k}{k!\Gamma(k+m+1)}\left(\frac{x}{2}\right)^{2k+m}\quad(m\text{ 不为整数})\tag{6.6.26}$$

$\mathrm{J}_m(x)$ 就称为 **m 阶贝塞尔函数**，也称为**第一类贝塞尔函数**。

② **当 $r_2=-m$ 时，系数的递推公式为**

$$a_k=-\frac{a_{k-2}}{k(k-2m)}\quad(k=2,4,\cdots)$$

用以上递推公式计算前几项系数，有

$$a_1=a_3=a_5=\cdots=0$$

当 $k=2$ 时，有

$$a_2=-\frac{a_0}{2(2-2m)}=-\frac{1}{1!(-m+1)}\frac{1}{2^2}a_0$$

当 $k=4$ 时，有

$$a_4=-\frac{a_2}{4(4-2m)}=\frac{1}{2!(-m+1)(-m+2)}\frac{1}{2^4}a_0$$

得到系数的通式为

$$a_{2k}=(-1)^k\frac{1}{k!(-m+1)(-m+2)\cdots(-m+k)}\frac{1}{2^{2k}}a_0\quad(k=1,2,3,\cdots)\tag{6.6.27}$$

由此得到 $-m$ 阶贝塞尔方程的另一级数解为

$$y_2(x)=a_0\sum_{k=0}^{\infty}\frac{(-1)^{-k}x^{2k-m}}{2^{2k}k!(-m+1)(-m+2)\cdots(-m+k)}$$

$$=2^{-m}\left[(-m+1)a_0\sum_{k=0}^{\infty}\frac{(-1)^k}{k!\Gamma(-m+k+1)}\left(\frac{x}{2}\right)^{2k-m}\right]\tag{6.6.28}$$

只要 x 有限，此级数将收敛，收敛半径也是无穷大。通常取

$$a_0=\frac{1}{2^{-m}\Gamma(-m+1)}$$

级数解（6.6.28）可表示为

$$\mathrm{J}_{-m}(x)\sum_{k=0}^{\infty}\frac{(-1)^k}{k!\Gamma(-m+k+1)}\left(\frac{x}{2}\right)^{2k-m}\quad(m\text{ 不为整数})\tag{6.6.29}$$

J_{-m} 就称为 **$-m$ 阶贝塞尔函数**。

当 m 不为整数时，m 阶贝塞尔方程的通解可由这两个级数解的线性组合构成，即

$$y(x)=C_1\mathrm{J}_m(x)+C_2\mathrm{J}_{-m}(x)\tag{6.6.30}$$

因为 $-m$ 阶贝塞尔函数含有 x 的负幂项，所以有 $\lim\limits_{x\to0}\mathrm{J}_{-m}(x)=\infty$，因而当所讨论的问题包含 $x=0$ 点时，就要删除 $\mathrm{J}_{-m}(x)$ 这一特解，即贝塞尔方程在点 $x=0$ 具有自然边界条件。

例如： 当 $m=1/2$ 时，方程为

$$x^2y''+xy'+[x^2-(1/2)^2]y=0\tag{6.6.31}$$

判定方程的根为

$$r_1=1/2,\quad r_2=-1/2$$

当 $r_1=1/2$ 时，得到

$$\mathrm{J}_{1/2}(x)=\sum_{k=0}^{\infty}\frac{(-1)^k}{k!\Gamma(k+3/2)}\left(\frac{x}{2}\right)^{2k+\frac{1}{2}}=\sqrt{\frac{2}{\pi x}}\sin x$$

$$\mathrm{J}_{-1/2}(x)=\sqrt{\frac{2}{\pi x}}\cos x$$

因此，1/2 阶贝塞尔方程的通解为

$$y(x) = C_1 J_{1/2}(x) + C_2 J_{-1/2}(x) \tag{6.6.32}$$

(2) 整数阶贝塞尔方程的解

当 m 为整数 n 时，$J_n(x)$ 与 $J_{-n}(x)$ 线性相关，因而式（6.6.30）不是贝塞尔方程的通解。以下来说明这种相关性。

采用同样的推导，得到 $r_1=n$ 和 $r_2=-n$，对应于 $r_1=n$ 有一个解

$$J_n(x) = \sum_{k=0}^{\infty} \frac{(-1)^k}{k!\Gamma(k+n+1)}\left(\frac{x}{2}\right)^{2k+n} \quad (n\text{ 为整数}) \tag{6.6.33}$$

当 $r_1=-n$ 时有另一个解

$$J_{-n}(x) = \sum_{k=0}^{\infty} \frac{(-1)^k}{k!\Gamma(k-n+1)}\left(\frac{x}{2}\right)^{2k-n} \quad (n\text{ 为整数}) \tag{6.6.34}$$

令 $l=k-n$，则

$$J_{-n}(x) = \sum_{l=0}^{\infty} \frac{(-1)^{l+n}}{(l+n)!\Gamma(l+1)}\left(\frac{x}{2}\right)^{2l+n} = (-1)^n \sum_{l=0}^{\infty} \frac{(-1)^l}{(l+n)!l!}\left(\frac{x}{2}\right)^{2l+n} = (-1)^n J_n(x)$$

因此，得到

$$J_n(x) = (-1)^n J_{-n}(x) \quad (n\text{ 为整数}) \tag{6.6.35}$$

由式（6.6.35）可见，$J_n(x)$ 与 $J_{-n}(x)$ 线性相关。在 m 为整数 n 的情况下，$J_n(x)$ 与 $J_{-n}(x)$ 实际上是同一个特解。为了寻求适合贝塞尔方程在所有情况下的解，数学家找到另外一个特殊函数，称为 **m 阶诺依曼函数**，它的定义为

$$N_m(x) = \frac{J_m(x)\cos m\pi - J_{-m}(x)}{\sin m\pi} \quad (m\text{ 不为整数}) \tag{6.6.36}$$

$$N_m(x) = \lim_{\alpha\to m} \frac{J_\alpha(x)\cos\alpha\pi - J_{-\alpha}(x)}{\sin\alpha\pi} \quad (m\text{ 为整数}) \tag{6.6.37}$$

也称**第二类贝塞尔函数**。

当 m 不为整数时，由式（6.6.36）定义 $N_m(x)$ 是两个线性无关解 $J_m(x)$ 与 $J_{-m}(x)$ 的线性组合，因而 $N_m(x)$ 满足贝塞尔方程且与 $J_m(x)$ 线性无关。

当 m 为整数时，由式（6.6.37）定义的整数阶诺依曼函数与整数阶贝塞尔函数线性无关。

因此，无论是整数阶或非整数阶贝塞尔方程的通解可表示为

$$y(x) = C_1 J_m(x) + C_2 N_m(x) \tag{6.6.38}$$

(3) 虚宗量贝塞尔方程的解

虚宗量贝塞尔方程为

$$\frac{d^2R}{dx^2} + \frac{1}{x}\frac{dR}{dx} - \left(1+\frac{m^2}{x^2}\right)R = 0 \tag{6.6.13}$$

令 $z=ix$，有 $\frac{dz}{dx}=i$，则 $\frac{dy}{dx}=i\frac{dy}{dz}$，$\frac{d^2y}{dx^2}=\frac{d^2y}{dz^2}$，代入式（6.6.13），将其变为

$$z^2\frac{d^2y}{dz^2} + z\frac{dy}{dz} + (z^2-m^2)y = 0$$

柱贝塞尔方程，该方程的通解为

$$y(z) = C_1 J_m(z) + C_2 J_{-m}(z)$$

再将 $z=ix$ 代入上式，有

$$y(ix)=C_1\mathrm{J}_m(ix)+C_2\mathrm{J}_{-m}(ix)$$

式中，$\mathrm{J}_m(ix)$，$\mathrm{J}_{-m}(ix)$ 称为**第一类虚宗量贝塞尔函数**，并记作 $\mathrm{I}_m(x)$ 和 $\mathrm{I}_{-m}(x)$，也称为修正的贝塞尔函数。用同样的方法容易找到 m 阶虚宗量贝塞尔方程的级数解 $\mathrm{I}_m(x)$ 为

$$\mathrm{I}_m(x)=\sum_{k=0}^{\infty}\frac{1}{k!\Gamma(k+m+1)}\left(\frac{x}{2}\right)^{m+2k}\quad(m\text{ 不为整数})\tag{6.6.39}$$

$\mathrm{I}_m(x)$ 也称为**第一类虚宗量贝塞尔函数**。

当 m 不为整数时，考虑贝塞尔方程的另一个解 $\mathrm{J}_{-m}(x)$，同样可得 $-m$ 阶虚宗量贝塞尔函数，记为

$$\mathrm{I}_{-m}(x)=\sum_{k=0}^{\infty}\frac{1}{k!\Gamma(-m+k+1)}\left(\frac{x}{2}\right)^{-m+2k}\quad(m\text{ 不为整数})\tag{6.6.40}$$

$\mathrm{I}_{-m}(x)$ 也称为**第二类虚宗量贝塞尔函数**。方程的通解可表示为

$$y(x)=C_1\mathrm{I}_m(x)+C_2\mathrm{I}_{-m}(x)\tag{6.6.41}$$

同理，m 为整数时，虚宗量贝塞尔方程两个线性独立解是 m 阶虚宗量贝塞尔函数和 m 阶虚宗量诺伊曼函数。因此，方程的通解为

$$y(x)=A\mathrm{J}_m(\mathrm{i}x)+B\mathrm{N}_m(\mathrm{i}x)\quad(m\text{ 为整数})\tag{6.6.42}$$

定义第二类虚宗量贝塞尔函数为

$$\mathrm{K}_m(x)=\frac{\pi}{2}(\mathrm{i})^{m+1}[\mathrm{J}_m(\mathrm{i}x)+\mathrm{i}\mathrm{N}_m(\mathrm{i}x)]\tag{6.6.43}$$

于是**虚宗量贝塞尔方程的通解**表示为

$$y(x)=C_1\mathrm{I}_m(x)+C_2\mathrm{K}_m(x)\tag{6.6.44}$$

表6.6.1汇总了贝塞尔方程及其解的表达式，其中 $\mathrm{J}_m(x)$、$\mathrm{J}_{-m}(x)$、$\mathrm{I}_m(x)$、$\mathrm{I}_{-m}(x)$、$\mathrm{N}_m(x)$ 等贝塞尔函数也称为柱函数。其中 $\mathrm{J}_m(x)$、$\mathrm{J}_{-m}(x)$、$\mathrm{I}_m(x)$、$\mathrm{I}_{-m}(x)$ 为**第一类柱函数**，$\mathrm{N}_m(x)$ **为第二类柱函数，则第三类柱函数定义为**

$$\mathrm{H}_m^{(1)}(x)=\mathrm{J}_m(\mathrm{i}x)+\mathrm{i}\mathrm{N}_m(x)=\mathrm{I}_m(x)+\mathrm{i}\mathrm{N}_m(x)\quad\textbf{第一种汉克函数}\tag{6.6.45}$$

$$\mathrm{H}_m^{(2)}(x)=\mathrm{J}_m(\mathrm{i}x)-\mathrm{i}\mathrm{N}_m(x)=\mathrm{I}_m(x)-\mathrm{i}\mathrm{N}_m(x)\quad\textbf{第二种汉克函数}\tag{6.6.46}$$

它们的线性叠加也可作为贝塞尔方程的解，不详细介绍，可参看有关文献[7]。

表6.6.1　贝塞尔方程及其解的表达式

方程形式		$x^2y''+xy'+(x^2-m^2)y=0$	$x^2y''+xy'-(x^2+m^2)y=0$
一般解	m 不为整数	$y(x)=A\mathrm{J}_m(x)+B\mathrm{J}_{-m}(x)$	$y(x)=A_1\mathrm{I}_m(x)+B\mathrm{I}_{-m}(x)$
	$m=0$	$y(x)=A\mathrm{J}_0(x)+B\mathrm{N}_0(x)$	$y(x)=A\mathrm{I}_0(x)+B\mathrm{K}_0(x)$
	m 为整数 $n=1,2,\cdots$	$y(x)=A\mathrm{J}_n(x)+B\mathrm{N}_n(x)$	$y(x)=A\mathrm{I}_n(x)+B\mathrm{K}_n(x)$

6.6.3　柱贝塞尔函数的性质

从前面介绍各类贝塞尔函数，可见 $\mathrm{H}_m^{(1)}(x)$、$\mathrm{H}_m^{(2)}(x)$、$\mathrm{J}_m(x)$ 和 $\mathrm{N}_m(x)$ 之间的关系很像 $\mathrm{e}^{\mathrm{i}x}$、$\mathrm{e}^{-\mathrm{i}x}$、$\cos x$ 和 $\sin x$ 的关系。当 x 很大时，它们的渐近公式就是 $\mathrm{e}^{\mathrm{i}x}$、$\mathrm{e}^{-\mathrm{i}x}$、$\cos x$ 和 $\sin x$ 的形式。有必要介绍贝塞尔函数的性质。在贝塞尔函数文献[6]中，详细介绍了贝塞尔函数的很多性质。

本节仅从化工实际应用和求解贝塞尔方程所必备的基础知识上列出一些重要性质，不做详细推导。本小节包括贝塞尔函数一些常用公式、贝塞尔函数的零点、贝塞尔方程的本征值、贝塞尔函数的正交性和模值、傅里叶—贝塞尔级数（广义傅里叶级数）5 部分。

汇总上一节得到各类贝塞尔函数的级数表达式。

第一类柱函数为

$$J_m(x)=\sum_{k=0}^{\infty}\frac{(-1)^k}{k!\Gamma(k+m+1)}\left(\frac{x}{2}\right)^{m+2k}\quad (m\text{ 不为整数})\tag{6.6.26}$$

$$J_{-m}(x)=\sum_{k=0}^{\infty}\frac{(-1)^k}{k!\Gamma(-m+k+1)}\left(\frac{x}{2}\right)^{-m+2k}\quad (m\text{ 不为整数})\tag{6.6.29}$$

$$I_m(x)=\sum_{k=0}^{\infty}\frac{1}{k!\Gamma(k+m+1)}\left(\frac{x}{2}\right)^{m+2k}\quad (m\text{ 不为整数})\tag{6.6.39}$$

$$I_{-m}(x)=\sum_{k=0}^{\infty}\frac{1}{k!\Gamma(-m+k+1)}\left(\frac{x}{2}\right)^{-m+2k}\quad (m\text{ 不为整数})\tag{6.6.40}$$

第二类柱函数为

$$N_m(x)=\frac{J_m(x)\cos m\pi-J_{-m}(x)}{\sin m\pi}\quad (m\text{ 不为整数})\tag{6.6.36}$$

$$N_m(x)=\lim_{\alpha\to m}\frac{J_\alpha(x)\cos\alpha\pi-J_{-\alpha}(x)}{\sin\alpha\pi}\quad (m\text{ 为整数})\tag{6.6.37}$$

$$K_m(x)=\frac{\pi}{2}(\mathrm{i})^{m+1}[J_m(\mathrm{i}x)+\mathrm{i}N_m(\mathrm{i}x)]\quad (m\text{ 为整数})\tag{6.6.43}$$

由以上式子分析得到贝塞尔函数的性质和公式[1]~[7]。

(1) 贝塞尔函数一些常用公式

① 当 $x\to 0$ 时，各类贝塞尔函数的近似式和极限。

$J_0(x)\approx 1-\frac{1}{4}x^2$，　　$\lim\limits_{x\to 0}J_0(x)=1$

$N_0(x)\approx\frac{2}{\pi}\left(\ln\frac{x}{2}+0.5\pi\right)$，　　$\lim\limits_{x\to 0}J_m(x)=0\quad (m\neq 0)$

$I_0(x)\approx 1+\frac{1}{4}x^2$，　　$\lim\limits_{x\to 0}J_{-m}(x)=\infty$

$K_0(x)\approx\ln\frac{x}{2}$，　　$\lim\limits_{x\to 0}N_m(x)=-\infty$

$\lim\limits_{x\to 0}K_m(x)=\infty$

② 比较 $J_0(x)$、$J_1(x)$ 与 $\cos x$、$\sin x$ 之间的相似性，可帮助记忆。

$$J_0(x)=1-\frac{x^2}{2^2}+\frac{x^4}{2^2\times 4^2}-\frac{x^6}{2^2\times 4^2\times 6^2}+\cdots$$

$$\cos x=1-\frac{x^2}{2!}+\frac{x^4}{4!}-\frac{x^6}{6!}\cdots$$

$$J_1(x)=\frac{x}{2}-\frac{x^3}{2^2\times 4}+\frac{x^5}{2^2\times 4^2\times 6}-\frac{x^7}{2^2\times 4^2\times 6^2\times 8}+\cdots$$

$$\sin x=x-\frac{x^3}{3!}+\frac{x^5}{5!}-\frac{x^7}{7!}+\cdots$$

$$J_0(0)=1 \qquad \cos 0=1$$
$$J_0(-x)=J_0(x) \qquad \cos(-x)=\cos x$$
$$J_0'(0)=0 \qquad (\cos x)'\Big|_{x=0}=0$$
$$J_1(0)=0 \qquad \sin 0=0$$
$$J_1(-x)=-J_1(x) \qquad \sin(-x)=-\sin x$$
$$J_0'(x)=-J_1(x) \qquad (\cos x)'=-\sin x$$

③ $m>0$，有近似式。

a. m 不为整数，有

$$J_m(x)\approx\frac{1}{\Gamma(m+1)}\left(\frac{x}{2}\right)^m，\quad J_{-m}(x)\approx\frac{1}{\Gamma(-m+1)}\left(\frac{x}{2}\right)^{-m}$$

$$I_m(x)\approx\frac{1}{\Gamma(m+1)}\left(\frac{x}{2}\right)^m，\quad I_{-m}(x)\approx\frac{1}{\Gamma(-m+1)}\left(\frac{x}{2}\right)^{-m}$$

$$N_m(x)\approx\frac{-\Gamma(m)}{\pi}\left(\frac{2}{x}\right)^{-m}，\quad K_m(x)\approx\frac{\Gamma(m)}{2}\left(\frac{2}{x}\right)^m$$

b. m 为非零整数有

$$J_m(x)\approx\frac{1}{m!}\left(\frac{x}{2}\right)^m，\quad I_m(x)\approx\frac{1}{m!}\left(\frac{x}{2}\right)^m，\quad N_m(x)\approx\frac{(m-1)!}{\pi}\left(\frac{2}{x}\right)^{-m}$$

④ 当 $x\to\infty$时，有渐近公式。

$$J_m(x)\approx\sqrt{\frac{2}{\pi x}}\cos\left(x-\frac{m\pi}{2}-\frac{\pi}{4}\right)，\quad J_{-m}(x)\approx\sqrt{\frac{2}{\pi x}}\cos\left(x+\frac{m\pi}{2}-\frac{\pi}{4}\right)，$$

$$I_m(x)\approx\frac{e^x}{\sqrt{2\pi x}}，\quad K_m(x)\approx\frac{e^{-x}}{\sqrt{2x/\pi}}，\quad N_m(x)\approx\sqrt{\frac{2}{\pi x}}\sin\left(x-\frac{m\pi}{2}-\frac{\pi}{4}\right)$$

⑤ 当 n 为整数时，有

$$J_{-n}(\alpha x)=(-1)^n J_n(\alpha x)，\quad N_{-n}(\alpha x)=(-1)^n N_n(\alpha x)$$
$$I_{-n}(\alpha x)=I_n(\alpha x)，\quad K_{-n}(\alpha x)=K_n(\alpha x)$$

⑥ 半整数阶贝塞尔函数可表示为初等函数。

$$J_{1/2}(x)=\sqrt{\frac{2}{\pi x}}\sin x，\quad J_{-1/2}(x)=\sqrt{\frac{2}{\pi x}}\cos x$$

$$I_{1/2}(x)=\sqrt{\frac{2}{\pi x}}\operatorname{sh}x，\quad I_{-1/2}(x)=\sqrt{\frac{2}{\pi x}}\operatorname{ch}x$$

⑦ 微分公式。

a.
$$\frac{d}{dx}[x^m Z_m(ax)]=\begin{cases}ax^m Z_{m-1}(ax) & (Z=J,N,I)\\ -ax^m Z_{m-1}(ax) & (Z=K)\end{cases}$$

$$有\frac{d}{dx}(x^m J_m)=x^m J_{m-1}$$

b.
$$\frac{d}{dx}[x^{-m} Z_m(ax)]=\begin{cases}-ax^{-m} Z_{m+1}(ax) & (Z=J,N,K)\\ ax^{-m} Z_{m+1}(ax) & (Z=I)\end{cases}$$

c. $$\frac{\mathrm{d}}{\mathrm{d}x}[Z_m(ax)]=\begin{cases} aZ_{m-1}(ax)-\dfrac{m}{x}Z_m(ax) & (Z=J,N,I) \\ -aZ_{m-1}(ax)-\dfrac{m}{x}Z_m(ax) & (Z=K) \end{cases}$$

d. $$\frac{\mathrm{d}}{\mathrm{d}x}[Z_m(ax)]=\begin{cases} -aZ_{m+1}(ax)+\dfrac{m}{x}Z_m(ax) & (Z=J,N,K) \\ aZ_{m+1}(ax)+\dfrac{m}{x}Z_m(ax) & (Z=I) \end{cases}$$

⑧ 可由微分性质直接导出积分性质。

a. $\int ax^m Z_{m-1}(ax)\mathrm{d}x=x^m Z_m(ax)+C \qquad (Z=J,N,I)$

b. $\int ax^m Z_{m-1}(ax)\mathrm{d}x=-x^m Z_m(ax)+C \qquad (Z=K)$

c. $\int ax J_0(ax)\mathrm{d}x=xJ_1(ax)+C$

d. $\int x^{-m} J_{m+1}(x)\mathrm{d}x=-x^{-m}J_m(x)+C$

e. $\int J_1(x)\mathrm{d}x=-J_0(x)+C$

f. $\int x^m J_{m-1}(x)\mathrm{d}x=x^m J_m(x)+C$

⑨ 递推公式。

将微分公式（c）和（d）相加与相减，得出以下递推公式：

a. $Z_m(ax)=\dfrac{ax}{2m}[Z_{m+1}(ax)+z_{m-1}(ax)] \quad (Z=J,N)$

b. $I_m(ax)=-\dfrac{ax}{2m}[I_{m+1}(ax)-I_{m-1}(ax)]$

c. $K_m(ax)=\dfrac{ax}{2m}[K_{m+1}(ax)-K_{m-1}(ax)]$

d. $J_{m+1}(x)=\dfrac{m}{x}J_m(x)-J_m'(x)$

e. $J_{m-1}(x)=\dfrac{m}{x}J_m(x)+J_m'(x)$

f. $J_{m+1}(x)-\dfrac{2m}{x}J_m(x)+J_{m-1}(x)=0$

将半整数阶贝塞尔函数的初等函数式组合，可得递推公式：

g. $J_{n+1/2}(x)=-\dfrac{2n-1}{x}J_{n-1/2}(x)-J_{n-3/2}(x)$

h. $I_{n+1/2}(x)=-\dfrac{2n-1}{x}I_{n-1/2}(x)+I_{n-3/2}(x)$

（2）贝塞尔函数的零点

从贝塞尔的渐近公式可看出，函数 $J_m(x)$ 和 $N_m(x)$ 在本质上都是振荡的，其振幅是围绕零值以 $\sqrt{2/\pi x}$ 逐趋减少；函数 $I_m(x)$ 和 $K_m(x)$ 都不振荡，实质上 $I_m(x)$ 是随 x 按指数规律递增的，而 $K_m(x)$ 是按指数规律递减的。

图 6.6.1、图 6.6.2 和图 6.6.3 分别给了出第一、第二和第三类贝塞尔函数的图形，从图中也可看到这些变化规律。

在求解贝塞尔方程利用齐次边界条件确定本征值时，必须知道**贝塞尔函数的零点**。

贝塞尔函数零点的几个重要结论：

① $J_m(x)$ 有无穷多个正零点。

② $J_m(x)$ 零点与 $J_{m+1}(x)$ 零点是彼此相间分布的，即 $J_m(x)$ 的任意两个相邻零点间必有且仅有一个 $J_{m+1}(x)$ 的零点。

为了工程技术上的应用，贝塞尔函数的零点已被制成供使用的表。例如，表 6.6.2 给出了 $J_m(x)(m=0,1,2,\cdots,5)$ 前 9 个正零点（$n=1$，2，…，9）的近似值。

③ $\mu_n^{(m)}$ 表示 $J_m(x)$ 的第 n 个零点，且有 $\lim\limits_{m\to\infty}\mu_{n+1}^{(m)}-\mu_n^{(m)}=\pi$（$n=1$，2…），即 $J_m(x)$ 几乎是以 2π 为周期的周期函数。这一点从 $J_m(x)$（其中 $x\to\infty$）的渐近公式中可发现，如图 6.6.1 所示。

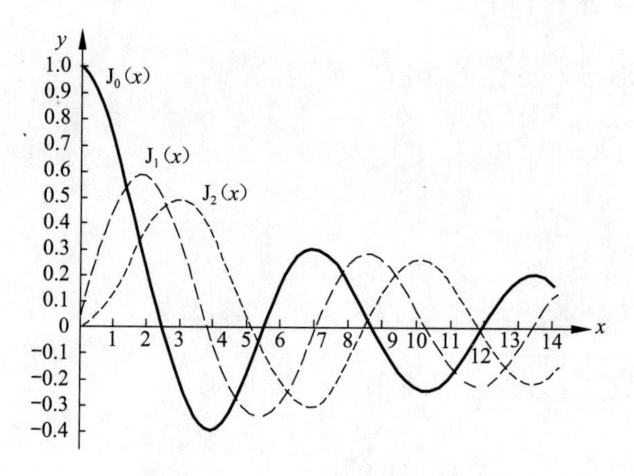

图 6.6.1　第一类柱贝塞尔函数

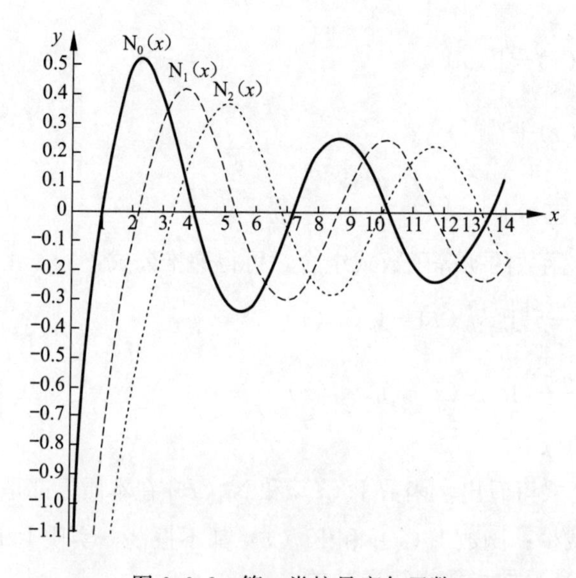

图 6.6.2　第二类柱贝塞尔函数

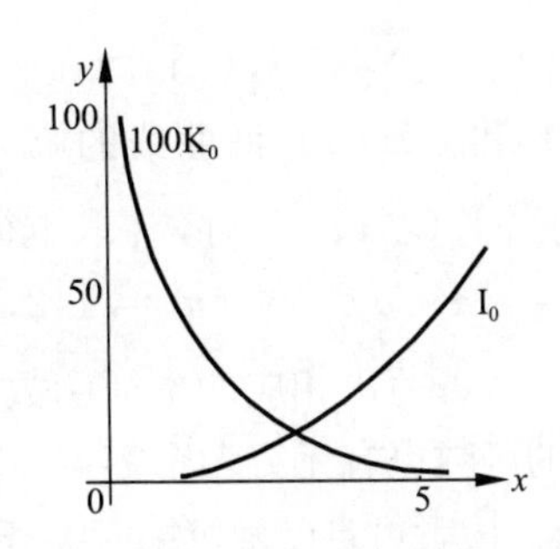

图 6.6.3　虚宗量柱贝塞尔函数

表 6.6.2　柱贝塞尔函数的零点

n \ m	0	1	2	3	4	5
1	2.405	3.382	5.136	6.380	7.588	8.771
2	5.520	7.016	8.417	9.761	11.065	12.339
3	8.654	10.713	11.620	13.015	14.373	15.700
4	11.792	13.324	14.796	16.223	17.616	18.980
5	14.931	16.471	17.960	19.409	20.827	22.218
6	18.071	19.616	21.117	22.583	24.019	25.430
7	21.212	22.760	24.270	25.478	27.199	28.627
8	24.352	25.904	27.421	28.908	30.371	31.812
9	27.493	29.047	30.569	32.065	33.537	34.989

（3）柱贝塞尔方程的本征值

讨论柱**贝塞尔方程的本征值**问题。柱贝塞尔方程的标准形式为

$$y''+\frac{1}{x}y'+\left(1-\frac{m^2}{x^2}\right)y=0 \tag{6.6.23}$$

与圆柱形空间侧面的齐次边界条件构成本征值问题。

设圆柱空间的半径为 a，圆柱空间的侧面为齐次边界条件，按照 6.1 节的三类边界条件，确定拉普拉斯方程的三类齐次边界条件，分别为[2],[4]

第一类 $$\mathrm{J}_m(\sqrt{\lambda}a)=0 \tag{6.6.47}$$

第二类 $$\mathrm{J}'_m(\sqrt{\lambda}a)=0 \tag{6.6.48}$$

第三类 $R(a)+HR'(a)=0$，即

$$\mathrm{J}_m(\sqrt{\lambda}a)+H\sqrt{\lambda}\mathrm{J}'_m(\sqrt{\lambda}a)=0 \tag{6.6.49}$$

由前述贝塞尔函数的零点所知，如图 6.6.1 所示，$\mathrm{J}_m(x)$ 有无穷多个正零点。如果是第一类齐次边界条件（6.6.47），$\sqrt{\lambda}a$ 应该等于 $\mathrm{J}_m(x)$ 的零点，则 $\sqrt{\lambda}$ 只可能是实数，故 λ 取本征值

$$\mu_n^{(m)}=(x_n/a)^2 \qquad (n=1,2,\cdots) \tag{6.6.50}$$

$\mathrm{J}'_m(x)$ 是 $\mathrm{J}_m(x)$ 的图线的斜率，如 $\mathrm{J}'_0(x)=-\mathrm{J}_1(x)$，可见 $\mathrm{J}'_0(x)$ 的零点不过是 $\mathrm{J}_1(x)$ 的零点。

由公式

$$J'_m(x)=[J_{m-1}(x)-J_{m+1}(x)]/2 \qquad (m\neq 0)$$

可知，$J'_m(x)$ 的零点可从 $J_{m-1}(x)$ 和 $J_{m+1}(x)$ 两曲线的第 n 个交点 x 坐标得出。如果是第二类齐次边界条件（6.6.48），则当 $J'_m(\sqrt{\lambda}a)=0$ 时，λ 取本征值

$$\mu_n^{(m)}=(x_{n'}/a)^2 \qquad (n'=1,2,\cdots) \tag{6.6.51}$$

确定了本征值 $\mu_n^{(m)}$ 或 $\mu_n^{(m)}$ 后，就可写出相应的本征函数 $J_m(\sqrt{\mu_n^{(m)}}x)$ 或 $J_m(\sqrt{\mu_n^{(m)}}x)$。

由 $J_m(x)$ 和 $J'_m(x)$ 线性组合的函数也有无穷多个零点。如果是第三类齐次边界条件，则可由式（6.6.49）求出 μ 的本征值。读者可自己确定第三类齐次边界条件的本征值。如果不指明边界条件的种类，则本征值记为 $\mu_n^{(m)}$，表示 m 阶贝塞尔函数的第 n 个正根或本征值。

（4）柱贝塞尔函数的正交性和模值

由6.3节斯图姆—刘维尔（Sturm—Liouville）型方程

$$\frac{\mathrm{d}}{\mathrm{d}x}\left[p(x)\frac{\mathrm{d}y}{\mathrm{d}x}\right]-q(x)y+\lambda\rho(x)y=0 \tag{6.3.2}$$

把贝塞尔方程写为斯图姆—刘维尔型

$$\frac{\mathrm{d}}{\mathrm{d}x}\left[x\frac{\mathrm{d}y}{\mathrm{d}x}\right]-\frac{m^2}{x}y+xy=0 \tag{6.6.47}$$

运用6.3节介绍的斯图姆—刘维尔函数的正交性，对应于不同本征值的本征函数在区间 $[a,b]$ 上带权重 $\rho(x)$ 正交，有

$$\int_a^b y_m(x)y_n(x)\rho(x)\mathrm{d}x=0 \qquad (\lambda_m\neq\lambda_n) \tag{6.3.10}$$

比较式（6.3.2）和式（6.6.47），可见 $\lambda=1$，$\rho(x)=x$。因此贝塞尔函数对于不同本征值的本征函数在区间（0，a）上对权函数 $\rho(x)=x$ 为正交。若 λ_n 和 λ_k 分别为 m 阶贝塞尔方程的两个不同的本征值，对应的本征函数为 $J_m(\lambda_n x)$ 和 $J_n(\lambda_k x)$，由式（6.3.10）可得

$$\int_0^a xJ_m(\lambda_n x)J_m(\lambda_k x)\mathrm{d}x=0 \quad (n\neq k) \tag{6.6.52}$$

当 $n=k$ 时，定义**贝塞尔函数的模值**为

$$N_n^{(m)}=\left[\int_0^a xJ_m^2(\lambda_n x)\mathrm{d}x\right]^{1/2} \tag{6.6.53}$$

把 $\sqrt{\mu_n^{(m)}}r$ 记作 x，在不同的边界条件下，有不同贝塞尔函数的模值计算公式[2]，分别为

① 第一类边界条件 $J_m(\sqrt{\mu_n^{(m)}}a)=0$，有

$$[N_n^{(m)}]^2=\frac{a^2}{2}[J'_m\sqrt{\mu_n^{(m)}}a]^2=\frac{a^2}{2}J_{m+1}^2(\sqrt{\mu_n^{(m)}}a) \tag{6.6.54}$$

② 第二类边界条件 $J'_m(\sqrt{\mu_n^{(m)}}a)=0$，有

$$[N_n^{(m)}]^2=\frac{1}{2}\left(a^2-\frac{m^2}{\mu_n^{(m)}}\right)[J_m\sqrt{\mu_n^{(m)}}a]^2 \tag{6.6.55}$$

③ 第三类边界条件 $J_m(\sqrt{\mu_n^{(m)}}a)+H\sqrt{\mu_n^{(m)}}J'_m(\sqrt{\mu_n^{(m)}}a)=0$，有

$$[N_n^{(m)}]^2=\frac{1}{2}\left(a^2-\frac{m^2}{\mu_n^{(m)}}+\frac{a^2}{\mu_n^{(m)}H}\right)J_m^2(\sqrt{\mu_n^{(m)}}a) \tag{6.6.56}$$

在用贝塞尔函数解偏微分方程时，需要有关贝塞尔函数的正交积分。由于只有 $J_m(x)$、$I_m(x)$ 在 $x=0$ 处是有限的，即有实用价值，故仅介绍对于这两个函数的正交积分。

$$\int_0^x \mathrm{J}_m(\alpha\xi)\mathrm{J}_m(\beta\xi)\xi\mathrm{d}\xi=\frac{x}{\alpha^2-\beta^2}[\alpha\mathrm{J}_m(\beta x)\mathrm{J}_{m+1}(\alpha x)-\beta\mathrm{J}_m(\alpha x)\mathrm{J}_{m+1}(\beta x)] \quad (6.6.57)$$

$$\int_0^x [\mathrm{J}_m(\alpha\xi)]^2\xi\mathrm{d}\xi=\frac{x^2}{2}[\mathrm{J}_m^2(\alpha x)-\mathrm{J}_{m-1}(\alpha x)\mathrm{J}_{m+1}(\alpha x)] \quad (6.6.58)$$

$$\int_0^x \mathrm{I}_m(\alpha\xi)\mathrm{I}_m(\beta\xi)\xi\mathrm{d}\xi=\frac{x}{\alpha^2-\beta^2}[\alpha\mathrm{I}_m(\beta x)\mathrm{I}_{m+1}(\alpha x)-\beta\mathrm{I}_m(\alpha x)\mathrm{I}_{m+1}(\beta x)] \quad (6.6.59)$$

$$\int_0^x [\mathrm{I}_m(\alpha\xi)]^2\xi\mathrm{d}\xi=\frac{x^2}{2}[\mathrm{I}_m^2(\alpha x)-\mathrm{I}_{m-1}(\alpha x)\mathrm{I}_{m+1}(\alpha x)] \quad (6.6.60)$$

这里仅给出计算结果，略去了证明，读者可用贝塞尔积分公式证明这些等式。

(5) 傅里叶—贝塞尔级数（广义傅里叶级数）

根据斯图姆—刘维尔（Sturm－Liouville）型方程本征值问题的性质。在区间（0，a）上，以贝塞尔函数族 $\mathrm{J}_m(\mu_n^{(m)}r)$（$n=1$，2，3，…）作为基本函数族，可把函数 $f(r)$ 展开为**傅里叶—贝塞尔级数**。

若函数 $f(r)$ 在 $[0,a]$ 上连续或有有限个第一类间断点，并且至多有有限个极值点，则可将 $f(r)$ 在 $[0,a]$ 上展成以 $\mathrm{J}_m(\mu_n^{(m)}r/a)$ 为基本函数族组成的无穷级数，有

$$f(r)=\sum_{n-1}^{\infty}\mathrm{A}_n\mathrm{J}_m(\mu_n^{(m)})r/a \quad (6.6.61)$$

式中，$\mu_n^{(m)}$ 是 m 阶贝塞尔函数 $\mathrm{J}_m(r)$ 的第 n 个零点。

利用正交性可以确定式（6.6.61）中的系数 A_n。将上式两边同乘以 $r\mathrm{J}_m(\mu_n^{(m)}r/a)$，并从 0 到 a 对 r 积分，有

$$\int_0^a rf(r)\mathrm{J}_m(\mu_n^{(m)}r/a)\mathrm{d}r=\mathrm{A}_m\int_0^a r\mathrm{J}_m^2(\mu_n^{(m)}r/a)\mathrm{d}r$$

得到系数为

$$\mathrm{A}_n=\frac{\int_0^a rf(r)\mathrm{J}_m(\mu_n^{(m)}r/a)\mathrm{d}r}{\int_0^a r\mathrm{J}_m^2(\mu_n^{(m)}r/a)\mathrm{d}r}=\frac{\int_0^a rf(r)\mathrm{J}_m(\mu_n^{(m)}r/a)\mathrm{d}r}{[\mathrm{N}_n^{(m)}]^2} \quad (6.6.62)$$

式中，$[\mathrm{N}_n^{(m)}]^2$ 由式（6.6.54）～式（6.6.56）确定。

傅里叶—贝塞尔级数又称**广义傅里叶级数**，傅里叶三角级数的收敛定理在这里同样适用。因此根据狄利克雷收敛定理：如果 $f(r)$ 在 $[0,a]$ 上满足狄利克雷条件，则当 $0<r<a$，$n\geqslant-1/2$ 时，它的傅里叶—贝塞尔级数收敛，并且它的和在连续点处等于 $f(r)$，在间断点处等于 $[f(r+0)+f(r-0)]/2$。

对于 $r\to\infty$ 的情况，则有**傅里叶—贝塞尔积分**[2]

$$f(r)=\int_0^\infty \bar{f}(\omega)\mathrm{J}_m(\omega r)\omega\mathrm{d}\omega \quad (6.6.63)$$

其中
$$\bar{f}(\omega)=\int_0^\infty f(r)\mathrm{J}_m(\omega r)r\mathrm{d}r$$

例题 6.6.1　将函数 $f(x)=\begin{cases}1\ (0<x<1)\\0\ (1<x<2)\end{cases}$ 展开为 $\mathrm{J}_0(\lambda_j x)$ 的级数，其中 $2\lambda_j$（1，2，…）是 $\mathrm{J}_0(x)=0$ 的正根。确定 $x=1$ 处级数的和[5]。

解： 显然 $f(x)$ 满足狄利克雷条件，$\mu_j^{(0)}=2\lambda_j$ 是 $\mathrm{J}_0(x)$ 的第 j 个零点。$f(x)$ 可展开为

$J_0(\lambda_j x)$ 的傅里叶—贝塞尔级数，有

$$f(x) = \sum_{j-1}^{\infty} A_j J_0(\lambda_j x) \tag{1}$$

确定级数的系数为

$$A_j = \frac{\int_0^1 xf(x) J_0(\lambda_j x) dx}{[N_j^{(0)}]^2} = \frac{\int_0^1 x J_0(\lambda_j x) dx}{2^2 J_1^2(2\lambda_j)/2}$$

式中，分母的积分为

$$\int_0^1 x J_0(\lambda_j x) dx = \frac{1}{\lambda_j^2} \int_0^1 (\lambda_j x) J_0(\lambda_j x) d(\lambda_j x) = J_1(\lambda_j)/\lambda_j$$

故系数为

$$A_j = \frac{J_1(\lambda_j)}{2\lambda_j J_1^2(2\lambda_j)} \tag{2}$$

将式（2）代入式（1），得

$$f(x) = \sum_{j-1}^{\infty} \frac{J_1(\lambda_j)}{2\lambda_j J_1^2(2\lambda_j)} J_0(\lambda_j x)$$

当 $x=1$ 时，级数和等于

$$[f(1+0) + f(1-0)]/2 = 1/2。$$

6.6.4 柱贝塞尔方程及其解的形式

具有变系数的二阶常微分方程为

$$x^2 \frac{d^2 y}{dx^2} + [(1-2A)x - 2Bx^2] \frac{dy}{dx} + [C^2 D^2 x^{2C} + B^2 x^2 - B(1-2A)x + A^2 - C^2 m^2] y = 0 \tag{6.6.64}$$

也称为贝塞尔方程。方程有以下特点：

① 二阶、常微分、变系数方程；

② A、B、C、D 和 m 是常数；

③ m 是贝塞尔方程的阶；

④ D 是实数或虚数。

方程（6.6.64）的基本解可用级数解给出，解的形式依赖于 m 和 D，下面给出 m 和 D 不同组合时的解。

① $m=0$，1，2，3，…，D 是实数，解的形式为

$$y(x) = x^A e^{Bx} [C_1 J_m(Dx^C) + C_2 N_m(Dx^C)] \tag{6.6.65}$$

② $m\neq 0$，1，2，3，…，D 是实数，解的形式为

$$y(x) = x^A e^{Bx} [C_1 J_m(Dx^C) + C_2 J_{-m}(Dx^C)] \tag{6.6.66}$$

③ $m=0$，1，2，3，…，D 是虚数，解的形式为

$$y(x) = x^A e^{Bx} [C_1 I_m(Px^C) + C_2 K_m(Px^C)] \tag{6.6.67}$$

④ $m\neq 0$，1，2，3，…，D 是虚数，解的形式为

$$y(x) = x^A e^{Bx} [C_1 I_m(Px^C) + C_2 I_{-m}(Px^C)] \tag{6.6.68}$$

式中，$J_{\pm m}(Dx^C)$ 是第一类 m 阶贝塞尔函数；$N_n(Dx^C)$ 是第二类 m 阶贝塞尔函数；

$P=D/\mathrm{i}$、$\mathrm{I}_{\pm m}(Px^C)$是 m 阶第一类虚宗量贝塞尔函数；$\mathrm{K}_n(Dx^C)$ 是 m 阶第二类虚宗量贝塞尔函数；C_1、C_2、C 是常数。

例题 6.6.2　$x^2\dfrac{\mathrm{d}^2y}{\mathrm{d}x^2}+x\dfrac{\mathrm{d}y}{\mathrm{d}x}-(x^2+4)y=0$

解：将上式与标准方程（6.6.64）比较，因为有

$$A=B=0,\quad C=1,\quad C^2D^2=-1,\quad D=\mathrm{i},\quad p=1,\quad m=2$$

可见 m 为整数，D 是虚数，代入公式（6.6.67），得方程的解为

$$y(x)=C_1\mathrm{I}_2(x)+C_2\mathrm{K}_2(x)$$

6.6.5　柱坐标系偏微分方程解的形式

本小节重点介绍柱坐标系拉普拉斯方程和亥姆霍兹方程分离变量形式的解[2],[4]。

汇总 6.5.2 小节详细讨论的贝塞尔方程的解，当 m 不为整数时，m 阶柱贝塞尔方程的通解为

$$y(x)=C_1\mathrm{J}_m(x)+C_2\mathrm{J}_{-m}(x) \tag{6.6.30}$$

无论是整数阶还是非整数阶柱贝塞尔方程，其通解为

$$y(x)=C_1\mathrm{J}_m(x)+C_2\mathrm{N}_m(x) \tag{6.6.38}$$

当 m 不为整数时，虚宗量柱贝塞尔方程的通解为

$$y(x)=C_1\mathrm{J}_m(x)+C_2\mathrm{I}_{-m}(x) \tag{6.6.41}$$

当 m 为整数 n 时，虚宗量柱贝塞尔方程的通解为

$$y(x)=C_1\mathrm{I}_m(x)+C_2\mathrm{K}_m(x) \tag{6.6.44}$$

由 6.6.3 小节介绍的柱贝塞尔函数的性质可知，当 $x\to0$ 时，$\lim\limits_{x\to0}\mathrm{J}_0(x)\to1$，$\lim\limits_{x\to0}\mathrm{J}_m(x)\to0$；当 $m\neq0$ 时，$\lim\limits_{x\to0}\mathrm{J}_{-m}(x)=\infty$，$\lim\limits_{x\to0}\mathrm{N}_m(x)=-\infty$，$\lim\limits_{x\to0}\mathrm{I}_{-m}(x)\to\infty$。不管贝塞尔方程的阶数是否为整数，贝塞尔方程在点 $x=0$ 具有自然的边界条件，即当 $x=0$ 时贝塞尔方程的解必须有限。

因此，研究圆柱内部的拉普拉斯或亥姆霍兹方程时，在圆柱的轴上 $r=0$，即 $x=0$。为了满足解在圆柱轴上为有限值，即要满足$\lim\limits_{x\to o}u<\infty$这个要求，应该舍弃式（6.6.30）中 $\mathrm{J}_{-m}(x)$ 和式（6.6.38）中 $\mathrm{N}_m(x)$，只用 $\mathrm{J}_m(x)$ 作为解；应舍弃式（6.6.41）中 $\mathrm{I}_{-m}(x)$，只用 $\mathrm{I}_m(x)$。若 m 为整数 n，则应舍弃式（6.6.44）中的虚宗量柱诺伊曼函数 $\mathrm{K}_n(x)$，只用$\mathrm{I}_n(x)$。

（1）柱坐标系拉普拉斯方程分离变量形式的解

在 6.6.1 小节讨论了柱坐标系拉普拉斯方程的分离变量，分离变量过程中式（6.6.2）和式（6.6.3）引入常数 λ，有 $\lambda>0$ 和 $\lambda<0$ 两种可能。这里深入讨论 λ 的正、负号与拉普拉斯方程解的关系，给出柱坐标系拉普拉斯方程的分离变量形式的解。

有 z 方向的常微分方程

$$Z(z)=C\mathrm{e}^{\sqrt{\lambda}z}+D\mathrm{e}^{-\sqrt{\lambda}z}\quad(\lambda>0) \tag{6.6.8}$$

$$Z(z)=C\cos\sqrt{-\lambda}\,z+D\sin\sqrt{-\lambda}\,z\quad(\lambda<0) \tag{6.6.9}$$

① $Z(z)=C\mathrm{e}^{\sqrt{\lambda}z}+D\mathrm{e}^{-\sqrt{\lambda}z}$　$(\lambda>0)$。

$\mathrm{I}_m(x)$ 的级数展开式中一律取正号，它没有实零点。由式（6.6.39）可知，$\mathrm{I}_m(x)$ 在 $x\neq0$时没有实零点。因此，在解圆柱空间的拉普拉斯方程时，圆柱空间的侧面有第一、二

类齐次边界条件，便只能取$\lambda>0$，不能使用虚宗量贝塞尔函数。因此，$\lambda>0$柱坐标系拉普拉斯方程分离变量形式的解一般为

$$J_m(\sqrt{\lambda}\,r)\begin{Bmatrix}\cos m\varphi\\ \sin m\varphi\end{Bmatrix}\begin{Bmatrix}e^{\sqrt{\lambda}z}\\ e^{-\sqrt{\lambda}z}\end{Bmatrix} \tag{6.6.69}$$

式中，记号$\begin{Bmatrix}\sin m\varphi\\ \cos m\varphi\end{Bmatrix}$表示或取$\sin m\varphi$，或取$\cos m\varphi$。

② $Z(z)=C\cos\sqrt{-\lambda}\,z+D\sin\sqrt{-\lambda}\,z\quad(\lambda<0)$。

由式（6.5.8）可知，当$\lambda>0$时，$Z(z)$和$Z'(z)$都没有实的零点。所以在解圆柱空间的拉普拉斯方程时，如在柱体底部和上端有第一、二类齐次边界条件，则必须排除$\lambda\geqslant0$，就构成读者已熟悉的$\lambda<0$本征值问题，即用虚宗量贝塞尔函数作为$R(r)$方程的解。因此，$\lambda<0$柱坐标系拉普拉斯方程分离变量形式的解一般为

$$I_m(\sqrt{-\lambda}\,r)\begin{Bmatrix}\cos m\varphi\\ \sin m\varphi\end{Bmatrix}\begin{Bmatrix}\cos\sqrt{-\lambda}\,z\\ \sin\sqrt{-\lambda}\,z\end{Bmatrix} \tag{6.6.70}$$

（2）柱坐标系亥姆霍兹方程分离变量形式的解

按照亥姆霍兹方程分离变量时的定义，$R(r)$的解同样由式（6.6.12）和式（6.6.13）给定，取代替换函数（6.6.11）的式子为

$$\begin{cases}x=\sqrt{\lambda+k^2}\,r & (\lambda+k^2>0)\\ x=\sqrt{-(\lambda+k^2)}\,r & (\lambda+k^2<0)\end{cases} \tag{6.6.21}$$

因此，亥姆霍兹方程分离变量形式的解，只需将拉普拉斯的形式解（6.6.69）和（6.6.70）中的λ变量换成$\lambda+k^2$就行了。

当$\lambda>0$时，柱坐标系亥姆霍兹方程分离变量形式的解一般为

$$J_m(\sqrt{\lambda+k^2}\,r)\begin{Bmatrix}\cos m\varphi\\ \sin m\varphi\end{Bmatrix}\begin{Bmatrix}e^{\sqrt{\lambda+k^2}\,z}\\ e^{-\sqrt{\lambda+k^2}\,z}\end{Bmatrix} \tag{6.6.71}$$

当$\lambda<0$时，$-\lambda$变量换成$-(\lambda+k^2)$，柱坐标系亥姆霍兹方程分离变量形式的解一般为

$$I_m(\sqrt{-(\lambda+k^2)}\,r)\begin{Bmatrix}\cos m\varphi\\ \sin m\varphi\end{Bmatrix}\begin{Bmatrix}\cos\sqrt{-(\lambda+k^2)}\,z\\ \sin\sqrt{-(\lambda+k^2)}\,z\end{Bmatrix} \tag{6.6.72}$$

6.6.6 球贝塞尔方程

在球坐标系中用分离变数法解亥姆霍兹方程时，由6.5.1小节得到l阶球贝塞尔方程为

$$\frac{d}{dr}\left(r^2\frac{dR}{dr}\right)+[k^2r^2-l(l+1)]R=0 \tag{6.5.22}$$

把$R(r)$换成$y(x)$，采用如下的替换

$$x=kr,\quad r=x/k$$

$$\begin{cases}y(x)=\sqrt{\dfrac{2x}{\pi}}R\left(\dfrac{x}{k}\right)\\[2ex] R(r)=\sqrt{\dfrac{\pi}{2x}}y(x)\end{cases} \tag{6.6.73}$$

将上式代入方程（6.5.22），方程化为 $l+\dfrac{1}{2}$ 阶贝塞尔方程

$$x^2y''+xy'+[x^2-(l+\frac{1}{2})^2]y=0 \tag{6.6.74}$$

在 $l=0$ 时，式（6.6.74）称为 1/2 阶贝塞尔方程，它的两个线性独立解分别为

$$\begin{cases} \mathrm{J}_{1/2}(x)=\sqrt{\dfrac{2}{\pi x}}\sin x \\ \mathrm{J}_{-1/2}(x)=\sqrt{\dfrac{2}{\pi x}}\cos x \end{cases} \tag{6.6.75}$$

利用贝塞尔性质一节已介绍的半整数贝塞尔递推公式，有

$$\mathrm{J}_{1+\frac{1}{2}}(x)=\frac{1}{x}\mathrm{J}_{1/2}(x)-\mathrm{J}_{-1/2}(x)=\sqrt{\frac{2}{\pi x}}\left(\frac{\sin x}{x}-\cos x\right) \tag{6.6.76}$$

$$\mathrm{J}_{-(1+\frac{1}{2})}(x)=-\frac{1}{x}\mathrm{J}_{-1/2}(x)-\mathrm{J}_{1/2}(x)=\sqrt{\frac{2}{\pi x}}\left(-\frac{\cos x}{x}-\sin x\right) \tag{6.6.77}$$

继续依次递推下去，可得到 $\mathrm{J}_{l+\frac{1}{2}}(x)$，$\mathrm{J}_{-(l+\frac{1}{2})}(x)$，由此组合可求得 $l+\dfrac{1}{2}$ 阶柱诺依曼函数为

$$\mathrm{N}_{l+\frac{1}{2}}(x)=\frac{\mathrm{J}_{l+\frac{1}{2}}(x)\cos(l+\frac{1}{2})x-\mathrm{J}_{-(l+\frac{1}{2})}(x)}{\sin(l+\frac{1}{2})x}=(-1)^{l+1}\mathrm{J}_{-(l+\frac{1}{2})}(x) \tag{6.6.78}$$

得到 $\mathrm{J}_{l+\frac{1}{2}}(x)$ 和 $\mathrm{N}_{l+\frac{1}{2}}(x)$ 以后，将其组合，从而得到球贝塞尔方程的解为

$$R(r)=C_1\sqrt{\frac{\pi}{2kr}}\mathrm{J}_{l+\frac{1}{2}}(kr)+C_2\sqrt{\frac{\pi}{2kr}}\mathrm{N}_{l+\frac{1}{2}}(kr)=C_1\mathrm{j}_l(x)+C_2\mathrm{n}_l(x) \tag{6.6.79}$$

式中，$x=kr$，$\mathrm{j}_l(x)$ 为 l 阶**球贝塞尔函数**，$\mathrm{n}_l(x)$ 为 l 阶**球诺依曼函数**。

例如，零阶、一阶球贝塞尔函数和球诺依曼函数分别为

$$\mathrm{j}_0(x)=\frac{\sin x}{x},\quad \mathrm{j}_1(x)=\frac{\sin x-x\cos x}{x^2},\cdots$$

$$\mathrm{n}_0(x)=-\frac{\cos x}{x},\quad \mathrm{n}_1(x)=-\frac{\cos x+x\sin x}{x^2},\cdots$$

因在 $x\to 0$ 时，球诺依曼函数趋近于无穷。因此，在解球内问题时，令 $C_2=0$，舍弃球诺依曼函数。

如在球面 $r=R$ 处，有以下几种齐次边界条件：

① $\mathrm{j}_l(kR)=0$

② $\mathrm{j}_l'(kR)=0$

③ $\mathrm{j}_l(kR)+H\mathrm{j}_l'(kR)=0$

便会构成本征值问题，本征值 k_n 可由上述三个边界方程之一来决定。

不同本征值的（同一齐次边界条件）球贝塞本征函数在区间［0，R］带权重 r^2 正交，即

$$\int_0^R \mathrm{j}_l(k_nr)\mathrm{j}_l(k_mr)r^2\mathrm{d}r=0\quad(k_n\neq k_m) \tag{6.6.80}$$

球贝塞尔函数的模为

$$\mathrm{N}_j^2=\int_0^R[\mathrm{j}_l(k_nr)]^2r^2\mathrm{d}r=\frac{\pi}{2k_n}\int_0^R[\mathrm{J}_{l+\frac{1}{2}}(k_nr)]^2r\mathrm{d}r\quad(n=1,2\cdots) \tag{6.6.81}$$

由式（6.6.81）可知，这已转变为计算贝塞尔函数的模，因此对于第一类和第二类齐次边界条件，可用式（6.6.54）和式（6.6.55）计算贝塞尔函数的模值。

若 $f(r)$ 在 $[0, R]$ 上满足狄利克雷条件，则可将 $f(r)$ 在 $[0, R]$ 上展成以 $\mathrm{j}_l(k_n r)$ 为基本函数族组成的无穷级数，称为**傅里叶—球贝塞尔级数**，即

$$f(r)=\sum_{n=1}^{\infty} C_n \mathrm{j}_l(k_n r) \tag{6.6.82}$$

其中系数

$$C_n=\frac{1}{\mathrm{N}_j^2}\int_0^R f(r)\mathrm{j}_l(k_n r) r^2 \mathrm{d}r \tag{6.6.83}$$

6.6.7 贝塞尔方程的应用举例

用几道例题介绍贝塞尔函数在化学工程中的应用。

例题 6.6.3 圆柱体内稳态传热问题。设一半径为 a、高度为 b 的均匀圆柱体，其底面绝热，侧面保持0℃，顶部处于100℃加热条件下，试确定柱内稳态的温度分布[5]。

解：圆柱内稳态温度分布的控制方程为柱坐标系中的拉普拉斯方程

$$\frac{1}{r}\frac{\partial}{\partial r}\left(r\frac{\partial u}{\partial r}\right)+\frac{1}{r^2}\frac{\partial^2 u}{\partial \varphi^2}+\frac{\partial^2 u}{\partial z^2}=0$$

因为边界条件与 φ 无关，所以问题是轴对称的，上式简化为

$$\frac{\partial^2 u}{\partial r^2}+\frac{1}{r}\frac{\partial u}{\partial r}+\frac{\partial^2 u}{\partial z^2}=0 \quad (0<r<a, 0<z<b) \tag{1}$$

边界条件为

$$u(a,z)=0 \tag{2}$$

$$u_z(r,0)=0 \tag{3}$$

$$u(r,b)=100℃ \tag{4}$$

自然边界条件为

$$u(0,z)<\infty \tag{5}$$

分析该问题的边界条件，圆柱面是第一类齐次边界条件，根据柱坐标系中拉普拉斯方程分离变量形式解

$$\mathrm{J}_m(\sqrt{\lambda}r)\begin{Bmatrix}\cos m\varphi\\ \sin m\varphi\end{Bmatrix}\begin{Bmatrix}\mathrm{e}^{\sqrt{\lambda}z}\\ \mathrm{e}^{-\sqrt{\lambda}z}\end{Bmatrix} \tag{6.6.69}$$

可以直接确定该问题的形式解。这里将给出详细过程，以便读者进一步熟悉。

圆柱轴是对称轴，问题的解与 φ 无关，$m=0$，z 不是周期函数而是指数形式，对于 $R(r)$ 常微分方程和第一类齐次边界条件，$\lambda>0$。因此，将分离变数形式的解 $u(r,z)=R(r)\,Z(z)$ 代入式（1），分离变量后，得

$$\frac{R''}{R}+\frac{1}{rR}R'=-\frac{Z''}{Z}=-\lambda$$

将边界条件也分离变量，得到 $R(r)$ 和齐次边界条件（2）构成二阶常微分方程的本征值问题

$$R''+\frac{1}{r}R'+\lambda R=0 \tag{6}$$

$$R(a) = 0 \tag{7}$$

$Z(z)$ 结合边界条件（3）的构成二阶常微分方程的边值问题

$$Z'' - \lambda Z = 0 \tag{8}$$

$$Z(b) = 100, \quad Z'(0) = 0 \tag{9}$$

由式（6）确定本征值和本征函数，式（6）为零阶贝塞尔方程，有解为

$$R(r) = E\mathrm{J}_0(\sqrt{\lambda}r) + F\mathrm{N}_0(\sqrt{\lambda}r) \tag{10}$$

使用自然边界条件，$R(0)<\infty$，所以令 $F=0$，由边界条件式（7），得

$$\mathrm{J}_0(\sqrt{\lambda}a) = 0$$

由于 $\mu_n^{(m)}$ 表示 $\mathrm{J}_m(x)$ 的第 n 个零点，设 $\mu_n^{(0)}(n=1, 2, \cdots)$ 为该问题的正零点。因为$\sqrt{\lambda}a$ 是 $\mathrm{J}_0(\sqrt{\lambda}r)=0$ 的零点，故本征值为

$$\sqrt{\lambda} = \mu_n^{(0)}/a \tag{11}$$

将本征值式（11）代入式（10），得到本征函数 $\mathrm{J}_0(\mu_n^{(0)}r/a)$，即方程（5）的解为

$$R_n(r) = E_n\mathrm{J}_0\left(\frac{\mu_n^{(0)}}{a}r\right) \tag{12}$$

将本征值式（11）代入式（8），并求出方程（8）的解为

$$Z_n(z) = A_n\mathrm{e}^{\frac{\mu_n^{(0)}}{a}z} + B_n\mathrm{e}^{\frac{-\mu_n^{(0)}}{a}z} = C_n\mathrm{ch}\left(\frac{\mu_n^{(0)}}{a}z\right) \tag{13}$$

将式（12）和式（13）代入 $u(r,z)=R(r)Z(z)$，得方程的一般解为

$$u(r,z) = \sum_{n=0}^{\infty} D_n\mathrm{ch}\left(\frac{\mu_n^{(0)}}{a}z\right)\mathrm{J}_0\left(\frac{\mu_n^{(0)}}{a}r\right) \tag{14}$$

式中，$D_n=E_nC_n$。

将边界条件式（8）代入式（13），有

$$u(r,b) = \sum_{n=1}^{\infty} D_n\mathrm{ch}\left(\frac{\mu_n^{(0)}}{a}b\right)\mathrm{J}_0\left(\frac{\mu_n^{(0)}}{a}r\right) = 100$$

为确定系数 D_n，将上式在 $0<r<a$ 区间上展成傅里叶－贝塞尔级数，因为对于第一类边界条件 $\mathrm{J}_m(\sqrt{\mu_n^{(m)}}a)=0$，故贝塞尔函数的模值为

$$[\mathrm{N}_n^{(m)}]^2 = \frac{a^2}{2}[\mathrm{J}'_m\sqrt{\mu_n^{(m)}}a]^2 = \frac{a^2}{2}\mathrm{J}_{m+1}^2(\sqrt{\mu_n^{(m)}}a) \tag{6.6.54}$$

使用式（6.6.54）计算系数 D_n，得到

$$\begin{aligned} D_n &= \frac{2}{a^2[\mathrm{J}'_0(\mu_n^{(0)})]^2\mathrm{ch}(\mu_n^{(0)}b/a)}\int_0^a 100r\mathrm{J}_0(\mu_n^{(0)}r/a)\mathrm{d}r \\ &= \frac{200a^2}{a^2[\mathrm{J}_1(\mu_n^{(0)})]^2[\mu_n^{(0)}]^2\mathrm{ch}(\mu_n^{(0)}b/a)}\int_\theta^{\mu_n^{(0)}} s\mathrm{J}_0(s)\mathrm{d}s \qquad (15) \\ &= \frac{200}{\mu_n^{(0)}\mathrm{J}_1(\mu_n^{(0)})\mathrm{ch}(\mu_n^{(0)}b/a)} \quad (n = 1,2,\cdots) \end{aligned}$$

将式（14）代入式（15），就得到了该问题的解，即式（14）和式（15）构成了问题的解。

例题 6.6.4　研究均质薄圆盘内不稳态的导热问题。设一半径为 a 的均匀圆盘侧面与上下底绝热，初始时刻盘内温度分布为 $f(r)=1-(r/a)^2$，试确定盘内温度分布随时间 t 的变化规律[5]。

解：因圆盘很薄，且均匀圆盘侧面与上下底绝热，故可认为沿厚度方向没有温度梯度，有$u \neq u(z)$，而且问题是轴对称的，即$u=u(r,t)$，为圆域内非稳态的热传导问题。定解方程为

$$\frac{\partial u}{\partial r}=\alpha^2\left(\frac{\partial^2 u}{\partial r^2}+\frac{1}{r}\frac{\partial u}{\partial r}\right) \qquad (0<r<a,t>0) \tag{1}$$

初始条件为

$$u(r,0)=f(r)=1-(r/a)^2 \qquad (0<r<a) \tag{2}$$

边界条件为

$$u_r(a,t)=0 \qquad (t>0) \tag{3}$$

根据问题的物理特性补充一个自然边界条件，当$r\to 0$时，温度有限，有

$$\lim_{r\to 0}u(r,t)<\infty \quad 或 \quad \lim_{r\to 0}u_r=0 \tag{4}$$

设$u(r,t)=R(r)T(t)$代入方程（1），得

$$RT'=\alpha^2 T\left(R''+\frac{1}{r}R'\right)$$

在柱面上是第二类边界条件，$R(r)$方向微分方程同上一个例题，令$\lambda>0$，以满足边界条件$\lim\limits_{t\to\infty}u_r(r,t)\to 0$，有

$$\frac{T'}{\alpha^2 T}=\frac{R''}{R}+\frac{1}{r}\frac{R'}{R}=-\lambda \tag{5}$$

由此得到$R(r)$和结合边界条件的二阶常微分方程的边值问题为

$$R''+R'/r+\lambda R=0 \tag{6}$$

$$R(0)<\infty \tag{7}$$

$$R'(a)=0 \tag{8}$$

得到$T(t)$的一阶常微分方程为

$$T'+\alpha^2\lambda T=0 \tag{9}$$

方程（7）是一个零阶贝塞尔方程，有解为

$$R(r)=A\mathrm{J}_0(\sqrt{\lambda}r)+B\mathrm{N}_0(\sqrt{\lambda}r)$$

因为

$$\lim_{r\to 0}\mathrm{N}_0(\sqrt{\lambda}r)=-\infty$$

为满足边界条件（7），$R(0)<\infty$，令$B=0$，则上式为

$$R(r)=A\mathrm{J}_0(\sqrt{\lambda}r) \tag{10}$$

由边界条件式（8）知$R'(a)=0$，由式（10）得

$$A\mathrm{J}_0'(\sqrt{\lambda}a)=-A\sqrt{\lambda}\mathrm{J}_1(\sqrt{\lambda}a)=0$$

且$A\neq 0$，$\lambda\neq 0$，所以有

$$\mathrm{J}_1(\sqrt{\lambda}a)=0$$

即$(\sqrt{\lambda}a)$是$\mathrm{J}_1(x)$的零点，设$\mu_n^{(1)}$是其正零点（$n=1，2，\cdots$），则本征值为

$$\sqrt{\lambda}=\mu_n^{(1)}/a \quad (n=1,2,\cdots) \tag{11}$$

本征函数为

$$\mathrm{J}_0(\mu_n^{(1)}r/a)$$

将本征函数代入式（10），得到方程（6）的特解为

$$R_n(r) = A_n \mathrm{J}_0(\mu_n^{(1)} r/a) \quad (n = 1,2,\cdots) \tag{12}$$

将本征值式（11）代入式（9），得到方程式

$$T' + (a\mu_n^{(1)}/a)^2 T = 0$$

由时间 t 的一阶常微分方程解（6.6.18）得式（6）的解为

$$T(t) = C\mathrm{e}^{-a^2 \mu t} \tag{13}$$

式（6）的特解为

$$T_n(t) = C_n \exp[-(a\mu_n^{(1)}/a)^2 t] \tag{14}$$

因 $u(r,t)=R(r)T(t)$，由式（13）和式（14），得到满足泛定方程和边界条件的无穷个特解为

$$u_n(r,t) = D_n \exp[-(a\mu_n^{(1)}/a)^2 t]\mathrm{J}_0(\mu_n^{(1)} r/a)$$

式中，$D_n=A_nC_n$。

运用叠加原理将特解线性叠加，得到通解为

$$u(r,t) = \sum_{n=1}^{\infty} D_n \exp[-(a\mu_n^{(1)}/a)^2 t]\mathrm{J}_0(\mu_n^{(1)} r/a) \tag{15}$$

将初始条件（2）代入式（14），有

$$f(r) = 1-(r/a)^2 = \sum_{n=1}^{\infty} D_n \mathrm{J}_0(\mu_n^{(1)} r/a) \tag{16}$$

由广义傅里叶级数展开确定式（15）中的系数 D_n。因为 $\mu_n^{(1)}$ 是 $\mathrm{J}_0'(r)$ 的零点，而 $\mathrm{J}_0'(r)$ 的第一个零点在 $r=0$ 上，所以当 $n=1$、$\mu_1^{(1)}=0$、$\mathrm{J}_0=1$ 时，有

$$D_1 = \frac{2}{a^2}\int_0^a rf(r)\mathrm{d}r = \frac{2}{a^2}\int_0^a r(1-r^2/a^2)\mathrm{d}r = \frac{1}{2}$$

$$\begin{aligned} D_n &= \frac{2}{a^2[\mathrm{J}_0(\mu_n^{(1)})]^2}\int_0^a rf(r)\mathrm{J}_0(\mu_n^{(1)} r/a)\mathrm{d}r \quad (n = 2,3,\cdots) \\ &= \frac{2}{a^2[\mathrm{J}_0(\mu_n^{(1)})]^2}\int_0^a r(1-r^2/a^2)\mathrm{J}_0(\mu_n^{(1)} r/a)\mathrm{d}r \\ &= \frac{2}{a^2[\mathrm{J}_0(\mu_n^{(1)})]^2}\left[\int_0^a r\mathrm{J}_0(\mu_n^{(1)} r/a)\mathrm{d}r - \int_0^a \frac{r^3}{a^2}\mathrm{J}_0(\mu_n^{(1)} r/a)\mathrm{d}r\right] \end{aligned} \tag{17}$$

式（17）第一项积分为

$$\int_0^a r\mathrm{J}_0(\mu_n^{(1)} r/a)\mathrm{d}r = \frac{a}{\mu} r\mathrm{J}_1(\mu_n^{(1)} r/a)\Big|_0^a = 0$$

第二项积分为

$$\begin{aligned} \int_0^a r^3\mathrm{J}_0(\mu_n^{(1)} r/a)\mathrm{d}r &= \int_0^a r^2 \mathrm{d}\left[\frac{r\mathrm{J}_1(\mu_n^{(1)} r/a)}{\mu/a}\right] = \frac{a}{\mu_n^{(1)}} r^3 \mathrm{J}_1(\mu_n^{(1)} r/a)\Big|_0^a - \frac{2a}{\mu_n^{(1)}}\int_0^a r^2 \mathrm{J}_1(\mu_n^{(1)} r/a)\mathrm{d}r \\ &= 0 - \frac{2a^2}{[\mu_n^{(1)}]^2}\left[r^2 \mathrm{J}_2(\mu_n^{(1)} r/a)\Bigg|_0^a\right] = -\frac{2a^4}{[\mu_n^{(1)}]^2}\mathrm{J}_2(\mu_n^{(1)}) \end{aligned}$$

将以上两个积分代入式（17），确定了系数

$$D_n = \frac{4}{[\mu_n^{(1)}]^2 \mathrm{J}_0^2(\mu_n^{(1)})}\mathrm{J}_2(\mu_n^{(1)}) \tag{18}$$

将式（18）代入式（15），得到该圆域内非稳态的热传导定解问题的解为

$$u(r,t) = \frac{1}{2} + \sum_{n=2}^{\infty} \frac{4\mathrm{J}_2(\mu_n^{(1)})}{[\mu_n^{(1)}]^2 \mathrm{J}_0^2(\mu_n^{(1)})}\exp\left[-\left(\frac{a\mu_n^{(1)}}{a}\right)^2 t\right]\mathrm{J}_0\left(\frac{\mu_n^{(1)} r}{a}\right)$$

例题 6.6.5 半径为R_0的匀质球，初始温度均匀为u_0，放在温度为$U_0(U_0>u_0)$的烘箱内，设球面温度始终为U_0。求解球内温度变化。

解：考察温度随时间的变化。采用球坐标，以球心为极点，热传导u的定解问题为

$$u_t - \alpha^2 \nabla^2 u = 0 \tag{1}$$

边界条件为

$$u(R_0, t) = U_0 \tag{2}$$

初始条件为

$$u(R_0, 0) = u_0 \tag{3}$$

由于边界条件非齐次，不能直接分离变量。因此，先处理非齐次边界条件，令$u=U_0+v$，代入原方程（1），将问题转化为$v(r,t)$的齐次边界条件的定解问题

$$v_t - \alpha^2 \nabla^2 v = 0 \tag{4}$$

边界条件为

$$v(R_0, t) = 0 \tag{5}$$

初始条件为

$$v(r, 0) = u_0 - U_0 \tag{6}$$

把时间变量t和空间变量$\boldsymbol{r}$分离，以$v(\boldsymbol{r},t)=T(t)\ w(\boldsymbol{r})$代入方程（4）分离变量，得到

$$T' + \alpha^2 k^2 T = 0 \tag{7}$$

$$\nabla^2 w + k^2 w = 0 \tag{8}$$

其中方程（7）的解为

$$T(t) = Ce^{-\alpha^2 k^2 t} \tag{9}$$

在球函数方程（8）中，w与θ、φ无关，球贝塞尔函数方程化简为一维常微分方程

$$\frac{\mathrm{d}}{\mathrm{d}r}\left(r^2 \frac{\mathrm{d}R}{\mathrm{d}r}\right) + k^2 r^2 R = 0$$

其解为

$$R(r) = C_1 \sqrt{\frac{\pi}{2\pi r}} \mathrm{J}_{1/2}(kr) = \mathrm{j}_0(x) = \frac{\sin x}{x} = \frac{\sin kr}{kr} \tag{10}$$

由第一类齐次边界条件$w(R_0，t)=0$，有

$$R(R_0, t) = \frac{\sin kR_0}{kR_0} = 0$$

得到本征值

$$kR_0 = n\pi$$

即

$$k_n^2 = \frac{n^2\pi^2}{R_0^2} \quad (n = 1, 2, \cdots) \tag{11}$$

将式（9）和式（10）叠加，得$v(r,t)$的通解为

$$v(r,t) = \sum_{k=0}^{\infty} A_n \frac{\sin(n\pi r/R_0)}{n\pi r/R_0} \exp\left(-\frac{\alpha^n n^2 \pi^2}{R_0^2} t\right) \tag{12}$$

将初始条件式（6）代入式（12），有

$$v(r,0)=u_0-U_0=\sum_{n=0}^{\infty}A_n\frac{\sin(n\pi r/R_0)}{n\pi r/R_0}$$

由傅氏级数展开确定系数 A_n，得

$$A_n=\frac{\int_0^{R_0}(u_0-U_0)\dfrac{\sin(n\pi r/R_0)}{n\pi r/R_0}r^2\mathrm{d}r}{\int_0^{R_0}\left[\dfrac{\sin(n\pi r/R_0)}{n\pi r/R_0}\right]^2r^2\mathrm{d}r}=(-1)^n2(U_0-u_0)$$

将上式代入式（12），再代入 $u=U_0+v$，最后得到定解问题的解为

$$u(r,t)=U_0+\frac{2(U_0-u_0)R_0}{\pi r}\sum_{n=2}^{\infty}\frac{(-1)^n}{n}\sin\frac{n\pi r}{R_0}\exp\left(-\frac{\alpha^2n^2\pi^2}{R_0^2}t\right)\tag{13}$$

例 6.6.6　乙炔与氯化氢合成氯乙烯问题。研究用固定床催化反应器将乙炔与氯化氢合成氯乙烯问题。假设反应器管内装有沉积在 2.5 mm 碳粒上的氯化汞催化剂，利用反应器产生温度为 120℃的蒸汽以供系统其他部分加热。反应器管内表面温度恒定在 149 ℃，床的有效传热系数 $k_\varepsilon=25.4\mathrm{kJ/(m\cdot K\cdot h)}$，床内堆积密度 $\rho=290\mathrm{kg/m^3}$，设 T 为以 366K 为基准的温度，反应速率为 $\dot{R}=r_0(l+AT)\mathrm{kg\cdot mol/(h\cdot kg)}$，其中 $r_0=0.12$，$A=0.043\mathrm{K^{-1}}$。若催化剂允许最高温度为 525K（即 T（0）＝159K），则在床温下反应生成焓 $-\Delta H$ 为 $1.07\times 10^5\mathrm{kJ/(kg\cdot mol)}$，试确定反应器管径尺寸。

解：如图 6.6.4 所示，做出以下假设：

（1）q 为单位截面反应器的流量，$\mathrm{kg/(h\cdot m^2)}$；

（2）R 为反应器管半径，m；

（3）c_p 为气体比定压热容，$\mathrm{kJ/(kg\cdot K)}$；

（4）z 为由出口算起的纵向坐标，m。

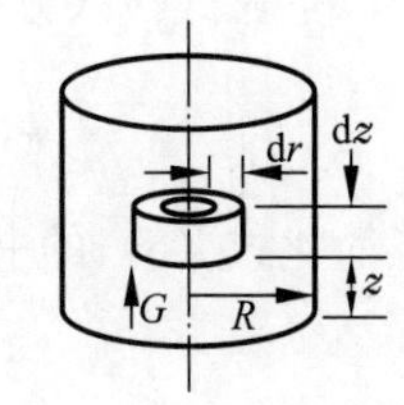

图 6.6.4　固定床反应器示意图

在反应器中取微元体作热量恒算，其中输入速率为

$$-2\pi rk_\varepsilon\frac{\partial T}{\partial r}\mathrm{d}z+2\pi r\mathrm{d}rqc_pT-2\pi r\mathrm{d}r\mathrm{d}z\rho\Delta H\dot{R}$$

输出速率为

$$-2\pi rk_\varepsilon\frac{\partial T}{\partial r}\mathrm{d}z+\frac{\partial}{\partial r}\left(-2\pi rk_\varepsilon\frac{\partial T}{\partial r}\mathrm{d}z\right)\mathrm{d}r+2\pi r\mathrm{d}rqc_pT+\frac{\partial}{\partial z}(2\pi r\mathrm{d}rqc_pT)\mathrm{d}z$$

设系统处于稳态，无损耗，累积速率为零，因此**输入速率等于输出速率**，得

$$-2\pi r\mathrm{d}r\mathrm{d}z\rho\Delta H\dot{R}-2\pi rk_\varepsilon\left(-\frac{\partial T}{\partial r}\mathrm{d}z\mathrm{d}r-\frac{\partial^2T}{\partial r^2}\mathrm{d}z\mathrm{d}r\right)-2\pi r\mathrm{d}rqc_p\frac{\partial T}{\partial z}\mathrm{d}z=0$$

简化整理后得控制方程

$$\frac{\partial^2T}{\partial r^2}+\frac{1}{r}\frac{\partial T}{\partial r}-\frac{qc_p}{k_\varepsilon}\frac{\partial T}{\partial z}-\frac{\rho\Delta H\dot{R}}{k_\varepsilon}=0\tag{1}$$

式（1）描述了反应器内的温度 $T=T(r,z)$ 与反应器尺寸之间的关系。

假设在反应器入口同一距离 z 的所有半径上，固定床的温度达到最大值，则在该径向截面上$\dfrac{\partial T}{\partial z}=0$，将反应速率 $\dot{R}=r_0(1+AT)$ 代入上式，方程化为二阶常微分方程的边值问题

$$\frac{\partial^2T}{\partial r^2}+\frac{1}{r}\frac{\partial T}{\partial r}-\frac{\rho\Delta Hr_0}{k_\varepsilon}(1+AT)=0\tag{2}$$

边界条件为

$$T(R)=149+273-366=56(\mathrm{K}) \tag{3}$$

由于边界条件是非齐次的，故可用拉普拉斯变换求解方程（2）。先将式（2）写为

$$r\frac{\partial^2 T}{\partial r^2}+\frac{\partial T}{\partial r}-\frac{\rho\Delta H r_0}{k_\varepsilon}(1+AT)r=0 \tag{4}$$

利用拉普拉斯变换有关性质，有

$$L[f^{(n)}(t)]=s^nF(s)-s^{n-1}f(0)-s^{n-2}f'(0)-\cdots-f^{n-1}(0)$$

$$L[t^nf(t)]=(-1)^n\frac{\mathrm{d}^n}{\mathrm{d}s^n}F(s)$$

$$L[t]=\frac{1}{s^2},\quad L[1]=\frac{1}{s}$$

对方程（4）中各项的 r 取拉普拉斯变换，得

$$L\left[\frac{\mathrm{d}T}{\mathrm{d}r}\right]=sF(s)-T(0),\quad L[rT]=\frac{\mathrm{d}F(s)}{\mathrm{d}s}$$

$$L\left[r\frac{\mathrm{d}^2T}{\mathrm{d}r^2}\right]=-\frac{\mathrm{d}}{\mathrm{d}s}\left(L\left[\frac{\mathrm{d}^2T}{\mathrm{d}r^2}\right]\right)=-\frac{\mathrm{d}}{\mathrm{d}s}[s^2F(s)-sT(0)-T'(0)]$$

$$=-s^2\frac{\mathrm{d}F(s)}{\mathrm{d}s}-2sF(s)+T(0)$$

再将以上三式代入方程（4），得到一阶常微分方程为

$$\left(s^2-\frac{\rho\Delta H r_0 A}{k_e}\right)\frac{\mathrm{d}F(s)}{\mathrm{d}s}+sF(s)+\frac{\rho\Delta H r_0}{k_e s^2}=0 \tag{5}$$

为了简化式（5）的书写，分别令

$$P=\frac{\rho\Delta H r_0}{k_e},\quad Q=-\frac{\rho\Delta H r_0 A}{k_e}$$

将方程（5）化为

$$\frac{\mathrm{d}F(s)}{\mathrm{d}s}+\frac{s}{s^2+Q}F(s)=\frac{P}{s^2(s^2+Q)} \tag{6}$$

方程（6）为一阶线性常微分方程，其解为

$$F(s)=\frac{K}{\sqrt{s^2+Q}}-\frac{P}{Qs} \tag{7}$$

使用附录一拉普拉斯变换表 1 对式（7）取逆变换，得到方程（4）的解为

$$T(r)=C\mathrm{J}_0(r\sqrt{Q})-1/A \tag{8}$$

由边界条件确定任意常数 C，催化剂允许最高温度为 $T(0)=159\mathrm{K}$，将其代入式（8），得

$$159=C\mathrm{J}_0(0)-\frac{1}{0.043}$$

因为 $\mathrm{J}_0(0)=1$，求出

$$C=182.3 \tag{9}$$

而

$$Q=-\frac{\rho\Delta H r_0 A}{k_\varepsilon}=-\frac{290\times(-1.07\times10^5)\times0.12\times0.043}{25.4}=6\,300$$

得到

$$\sqrt{Q}=79.4$$

有

$$1/A = 1/0.043 = 23.3 \tag{10}$$

将式（9）和式（10）代入式（8），有

$$T(r) = 182.3\mathrm{J}_0(79.4r) - 23.3 \tag{11}$$

由边界条件 $T(R)$=149 K 和基准温度 366 K，有

$$T(R) = 149 + 273 - 366 = 56(\mathrm{K})$$

将其代入式（11），得

$$182.3\mathrm{J}_0(79.4R) - 23.3 = 56$$

由上式解出

$$\mathrm{J}_0(79.4R) = 0.435$$

查贝塞尔函数表，得

$$79.4R = 1.64$$

解出

$$R = 2.07\mathrm{cm}$$

即管径取 4.14 cm 时，冷却速率能使管中催化剂的温度不超过允许的最高温度 525 K。

6.7　冲量定理法和格林函数法

在第 5 章介绍了求解非齐次泛定方程的积分变换法。第 6.4 节介绍了求解非齐次泛定方程的本征函数法，该方法的特点是，将非齐次方程的解设为本征函数的傅里叶正弦或余弦级数，再将原方程、非齐次项和初始条件等按本征函数系展开，即把偏微分方程化为确定级数中各项系数的常微分方程来求解。冲量定理法和格林函数法是另外一种求解非齐次线性偏微分方程的定解问题的常用方法。**冲量定理法给出了一种把源密度函数按时间分为瞬时点源用以求解非齐次线性偏微分方程的方法**。格林函数称为点源影响函数，是数学物理中的一个重要概念。格林函数代表一个点源在一定的边界条件和（或）初始条件下所产生的场。**格林函数法先确定点源的场，再用叠加的方法计算出任意源所产生的场**。这两种方法都将求解偏微分方程的问题转化为求积分方程，用积分公式的有限形式表示偏微分方程的解。

本节在介绍 δ 函数的基础上，介绍求解非齐次波动、输运和稳态方程的定解问题[1],[2],[4],[6]的冲量定理法和格林函数法，包括 δ 函数、冲量定理及其应用、稳态问题的格林函数法、非稳态问题的格林函数法 4 小节。

6.7.1　δ 函数

格林函数法求解非齐次方程的问题时，因为问题的求解涉及点源。为了学习点源影响函数——格林函数，本小节在 5.2 节介绍 δ 函数某些性质的基础上，首先进一步介绍表示点源的 δ 函数[3],[4]。

本小节包括 δ 函数的基本概念、δ 函数的性质两部分。

（1）δ 函数的基本概念

δ 函数是真实物理和化学状态的一种近似。20 世纪 40 年代末，狄拉克（Dirac）在使用数学工具研究量子力学问题时，首次引进了著名的 δ 函数。20 世纪 50 年代初，法国数学家

施瓦兹（Schwartz）深入研究了δ函数的性质，创立了分布论，建立了严格的广义函数理论。今天，广义函数理论已经成为研究偏微分方程的基础，δ函数已为广大工程技术人员使用。

工程中常用δ函数描述质点、点热源、点浓度源、点电荷、瞬时力以及流体力学中的点源和点汇等理想模型。在化学工程中，可使用δ函数讨论操作条件的突然变化对系统的影响。例如，质点的体积趋于零，密度趋于无穷大，而密度的体积分——质量却是确定的有限值；又如瞬时力的作用时间趋于零，力的大小趋于无穷大，而力对时间的累积——冲量却是确定的有限值；点源处的体积趋于零，流体空间密度分布函数趋于无穷大，而其体积分——质量也是确定的有限值。

运用瞬时力的观念有助于理解δ函数。设有作用在时刻t_0及其前后的冲击力F，作用的时间极短，所贡献的冲量为1。将这种力抽象为作用在时刻t_0的瞬时力，有

$$F(t)=\delta(t-t_0)$$

如果冲击力贡献的动量不是1而是k，则

$$F(t)=k\delta(t-t_0)$$

狄拉克（Dirac）提出用δ函数的数学形式来表达这类问题。以x表示自变量，当x_0为一常数时，函数$\delta(x-x_0)$定义为

$$\begin{cases}\delta(x-x_0)=\begin{cases}0 & (x\neq x_0)\\ \infty & (x=x_0)\end{cases}\\ \int_a^b\delta(x-x_0)\mathrm{d}x=1 \quad (a<x_0<b)\end{cases} \tag{6.7.1}$$

可将**δ函数**理解为某种函数连续变形的极限。如图6.7.1所示，设某个函数$f(x)$，它只在包含x_0的小区域内不为零，其对称于直线$x=x_0$，图线隆起很高但异常的窄，且图线与x轴所围的面积等于1。当函数$f(x)$保持上述性质而使图线逐步变窄和升高，使其不为零的区域渐渐地向$x=x_0$无限靠拢时，便成了函数$\delta(x-x_0)$。

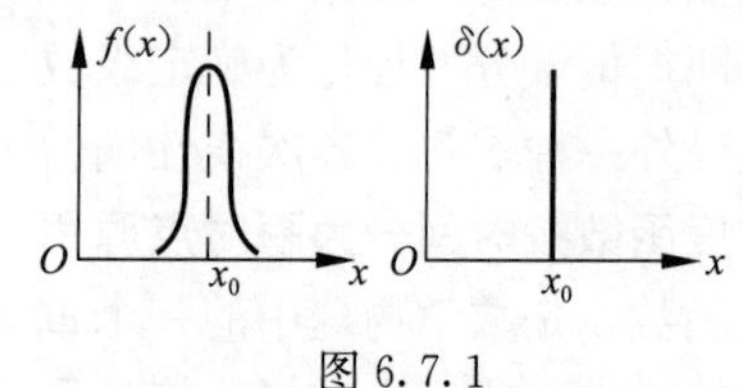

图6.7.1

定义：函数$\delta[\varphi(x)]$为

$$\delta[\varphi(x)]=\begin{cases}0 & (\varphi\neq 0)\\ \infty & (\varphi=0)\end{cases}$$

如果$\varphi(x)=0$只有单根$x_k(k=1, 2, 3, \cdots)$，则

$$\delta[\varphi(x)]=\begin{cases}0 & (x\neq x_k)\\ \infty & (x=x_k)\end{cases}$$

由此得知

$$\delta[\varphi(x)]=\sum_k c_k\delta(x-x_k) \tag{6.7.2}$$

在区间$[x_n-\varepsilon, x_n+\varepsilon]$上把式（6.7.2）积分，以确定式中的系数$c_k$，有

$$\int_{x_n-\varepsilon}^{x_n+\varepsilon}\delta[\varphi(x)]\mathrm{d}x=\sum_k c_k\int_{x_n-\varepsilon}^{x_n+\varepsilon}\delta(x-x_k)\mathrm{d}x$$

上式的右边除去含的一项c_n之外全为零，所以有

$$c_n=\int_{x_n-\varepsilon}^{x_n+\varepsilon}\delta[\varphi(x)]\mathrm{d}x=\int_{\varphi(x_n-\varepsilon)}^{\varphi(x_n+\varepsilon)}\delta[\varphi(x)]\frac{\mathrm{d}\varphi}{\varphi'(x)}=\frac{1}{\varphi'(x_n)}\int_{\varphi(x_n-\varepsilon)}^{\varphi(x_n+\varepsilon)}\delta[\varphi(x)]\mathrm{d}\varphi$$

如果 $\varphi'(x_n)>0$，则 $\varphi(x_n+\varepsilon)>\varphi(x_n-\varepsilon)$，积分等于1；如果 $\varphi'(x_n)<0$，则 $\varphi(x_n+\varepsilon)<\varphi(x_n-\varepsilon)$，积分等于$-1$。总之，$c_n=|1/\varphi'(x_n)|$。于是，式（6.7.2）被写成

$$\delta[\varphi(x)]=\sum_k \frac{\delta(x-x_k)}{|\varphi'(x_k)|} \tag{6.7.3}$$

将δ函数推广到二维、三维空间，有**二维 $\boldsymbol{\delta}$ 函数**为

$$\delta(x-x_0)\delta(y-y_0) \quad 或 \quad \delta(x-x_0,y-y_0) \tag{6.7.4}$$

三维 $\boldsymbol{\delta}$ 函数为

$$\delta(x-x_0)\delta(y-y_0)\delta(z-z_0) \quad 或 \quad \delta(x-x_0,y-y_0,z-z_0) \tag{6.7.5}$$

若用点 $M(x, y, z)$ 的矢径 $\boldsymbol{r}$ 表示动点 M，用点 $M_0(x_0, y_0, z_0)$ 的矢径 r_0 表示定点 M_0，将三维 δ 函数表示为 $\delta(\boldsymbol{r}-\boldsymbol{r}_0)$，亦即有**三维 $\boldsymbol{\delta}$ 函数的定义**：

$$\begin{cases}\delta(\boldsymbol{r}-\boldsymbol{r}_0)=\begin{cases}0 & (\boldsymbol{r}\neq\boldsymbol{r}_0)\\ \infty & (\boldsymbol{r}=\boldsymbol{r}_0)\end{cases}\\ \iiint_\Omega \delta(\boldsymbol{r}-\boldsymbol{r}_0)\mathrm{d}V=1 \quad (M_0\in\Omega)\end{cases} \tag{6.7.6}$$

例如：在点 $\boldsymbol{r}_0$ 处放置一单位点源，则流体密度的空间分布函数是 $\rho(\boldsymbol{r})=\delta(\boldsymbol{r}-\boldsymbol{r}_0)$，如果置于点 $\boldsymbol{r}_0$ 处点源的强度不是1而是 q，则流体密度的空间分布函数为

$$\rho(\boldsymbol{r})=q\delta(\boldsymbol{r}-\boldsymbol{r}_0)$$

将该性质推广到三维空间。在三维空间里，当 $\boldsymbol{r}_0\in\Omega$ 时，有

$$\iiint_\infty f(\boldsymbol{r})\delta(\boldsymbol{r}-\boldsymbol{r}_0)\mathrm{d}V=f(\boldsymbol{r}_0)$$

即

$$\int_{-\infty}^{+\infty} f(\boldsymbol{r})\delta(\boldsymbol{r}-\boldsymbol{r}_0)\mathrm{d}\boldsymbol{r}=\begin{cases}0 & (\boldsymbol{r}_0\notin\Omega)\\ f(\boldsymbol{r}_0) & (\boldsymbol{r}_0\in\Omega)\end{cases} \tag{6.7.7}$$

（2）δ 函数的性质

函数 $f(x)$ 和 $f'(x)$ 在区间（$-\infty$，$+\infty$）上除有限个第一类间断点外都是连续的，δ 函数具有以下性质：

① $\delta(x)=\delta(-x)$，$\delta'(-x)=-\delta'(x)$

② $\delta(ax)=\dfrac{1}{|a|}\delta(x)$

③ $x\delta(x)=0$

④ $\dfrac{\delta(x-x_0)}{\mathrm{d}x}=-\delta(x-x_0)\ \dfrac{\mathrm{d}}{\mathrm{d}x}$，即 $\delta'_x(x-x_0)=\delta(x-x_0)$

⑤ $\int_{-\infty}^{+\infty} f(x)\delta(x-x_0)\mathrm{d}x=\int_{-\infty}^{+\infty} f(x_0)\delta(x-x_0)\mathrm{d}x_0$

⑥ $\int_{-\infty}^{+\infty} f(x)\delta(x-x_0)\mathrm{d}x=\begin{cases}0 & (x\neq x_0)\\ f(x_0) & (x=x_0)\end{cases}$

⑦ $\int_a^b f(x)\delta(x_0x)\mathrm{d}x=|x_0|^{-1}\int_a^b f(x)\delta(x)\mathrm{d}x$

⑧ $\int_{-\infty}^{+\infty} f(x)\delta'(x)\mathrm{d}x=-f'(0)$

⑨ $\int_{-\infty}^{+\infty} f(x)\delta^{(n)}(x)\mathrm{d}x=(-1)^n f^{(n)}(0)$

直接使用式（6.7.3），可以证明性质②，有

$$\delta[\varphi(x)]=\delta(ax)=\frac{\delta(ax)}{|\delta'(ax)|}=\frac{1}{|a|}\delta(x) \tag{6.7.8}$$

使用式（6.7.3）计算下式，有

$$\delta(x^2-a^2)=\frac{\delta(x+a)-\delta(x-a)}{2|x|}$$

在上式中，令 $a\to0$ 还可得到

$$\delta(x^2)=\frac{\delta(x)}{|x|} \tag{6.7.9}$$

性质⑥ 是 δ 函数非常重要的一个性质。运用性质⑥，对于任意一个在点 $x=x_0$ 连续的函数 $f(x)$，有

$$\int_{-\infty}^{+\infty}f(x)\delta(x-x_0)\mathrm{d}x=f(x_0)\quad(x=x_0) \tag{6.7.10}$$

式（6.7.10）表示的是一种极限过程，即

$$\int_{-\infty}^{+\infty}f(x)\delta(x-x_0)\mathrm{d}x=\lim_{\varepsilon\to0}\int_{x_0-\varepsilon}^{x_0+\varepsilon}f(x)\delta(x-x_0)\mathrm{d}x=f(x_0)$$

式中，ε 为任意小正数；x_0 是任意选择的。

由于 $f(x)$ 在点 $x=x_0$ 连续，故当 ε 无限变小时，它在区间 $[x_0-\varepsilon, x_0+\varepsilon]$ 上可看作常数 $f(x_0)$。利用积分中值定理和 δ 函数的定义，可证明以上性质。

以从 $t=a$ 持续到 $t=b$ 的作用力 $F(t)$ 为例说明式（6.7.10）。若把时间区间 $[a, b]$ 划为许多小段，则在某个从 τ 到 $\tau+\mathrm{d}\tau$ 的短时间段上，力 $F(t)$ 的冲量是 $F(\tau)\,\mathrm{d}\tau$。由于 $\mathrm{d}\tau$ 很短，不妨把短时间上的作用力看作瞬时力，记作 $F(\tau)\delta(t-\tau)\mathrm{d}\tau$，这许许多多瞬时力的累计就是持续力 $F(t)$，即

$$F(t)=\sum_{\tau}F(\tau)\delta(t-\tau)\mathrm{d}\tau=\int_a^bF(\tau)\delta(t-\tau)\mathrm{d}\tau \tag{6.7.11}$$

可用下列演算大致证明式（6.6.11）。在区间 $[a, b]$ 上任取某个 t_0，有

$$\int_a^bF(\tau)\delta(t_0-\tau)\mathrm{d}\tau=\lim_{\varepsilon\to0}\int_{t_0-\varepsilon}^{t_0+\varepsilon}F(\tau)\delta(t_0-\tau)\mathrm{d}\tau=\lim_{\varepsilon\to0}\int_{t_0-\varepsilon}^{t_0+\varepsilon}F(t_0)\delta(\tau-t_0)\mathrm{d}\tau$$

$$=\lim_{\varepsilon\to0}F(t_0)\int_{t_0-\varepsilon}^{t_0+\varepsilon}\delta(\tau-t_0)\mathrm{d}\tau=F(t_0)$$

式中，ε 是个小量；t_0 任意选择。这就是说，式（6.7.11）对区间 $[a, b]$ 上的任意时刻都成立。

例题 6.7.1 证明 $\delta(\boldsymbol{r}-\boldsymbol{r}_0)=-\frac{1}{4\pi}\lim_{\lambda\to\infty}\nabla^2\frac{1-\mathrm{e}^{-\lambda r}}{r}$，$(r=|\boldsymbol{r}-\boldsymbol{r}_0|)$[4]。

证明： 读者可运用前面的知识，由拉普拉斯算子的定义直接计算等式的右边部分，得

$$\nabla^2\frac{1-\mathrm{e}^{-\lambda r}}{r}=-\lambda^2\frac{\mathrm{e}^{-\lambda r}}{r}$$

当 $r\neq0$ 时，有

$$\lim_{\lambda\to\infty}\lambda^2\frac{\mathrm{e}^{-\lambda r}}{r}=0$$

当 $r=0$ 时，上述极限不易确定。试以点 $\boldsymbol{r}_0$ 为球心，以 ε 为半径作一球面。由于

$-\frac{1}{4\pi}\nabla^2\frac{1-e^{-\lambda r}}{r}$对称于$\boldsymbol{r}_0$点，所以它在球内的积分为

$$-\frac{1}{4\pi}\int_0^\varepsilon\left[\nabla^2\frac{1-e^{-\lambda r}}{r}\right]4\pi r^2\mathrm{d}r=\int_0^\varepsilon\lambda^2 re^{-\lambda r}\mathrm{d}r=\left[-\lambda re^{-\lambda r}-e^{-\lambda r}\right]\Big|_0^\varepsilon$$
$$=-\lambda\varepsilon e^{-\lambda\varepsilon}-e^{-\lambda\varepsilon}+1$$

积分上式，则

$$\int_0^\varepsilon\left[-\frac{1}{4\pi}\lim\nabla^2\frac{1-e^{-\lambda r}}{r}\right]4\pi r^2\mathrm{d}r=\lim_{\lambda\to\infty}(-\lambda\varepsilon e^{-\lambda\varepsilon}-e^{-\lambda\varepsilon}+1)=1$$

即
$$\iiint_\Omega-\frac{1}{4\pi}\lim_{\lambda\to\infty}\nabla^2\frac{1-e^{-\lambda r}}{r}\mathrm{d}V=1\quad(\boldsymbol{r}_0\in\Omega)$$

由此可见，当半径无限缩小时，积分结果总是取单值。而被积函数在$\boldsymbol{r}=\boldsymbol{r}_0$时成为无穷大，从而证明了$-\frac{1}{4\pi}\lim\limits_{\lambda\to\infty}\nabla^2\frac{1-e^{-\lambda r}}{r}$与$\delta(\boldsymbol{r}-\boldsymbol{r}_0)$的定义一致，因而等价于$\delta$函数。

在广义函数导数的意义下，由以上例题可得到一个重要结果

$$\delta(\boldsymbol{r}-\boldsymbol{r}_0)=-\frac{1}{4\pi}\nabla^2\frac{1}{r}\quad(r=|\boldsymbol{r}-\boldsymbol{r}_0|)\tag{6.7.12}$$

在后面的节里，将介绍如何运用上列公式，导出空间点源q在无界空间流场的势函数为$\frac{q}{4\pi r}$，其中r为点源到场点的距离。

例题 6.7.2　设$x>0$，$x_0<l$，在区间$(0, l)$上将$\delta(x-x_0)$展开为傅里叶余弦级数[4]。

解：利用傅里叶余弦级数展开公式

$$f(x)=\frac{a_0}{2}+\sum_{n=1}^{\infty}a_n\cos\frac{n\pi x}{l}\tag{1}$$

式中
$$a_n=\frac{2}{l}\int_0^l f(x)\cos\frac{n\pi x}{l}\mathrm{d}x\quad(n=0,1,2\cdots)\tag{2}$$

将$f(x)=\delta(x-x_0)$代入式（2），依据δ函数的运算性质，可计算系数为

$$a_0=\frac{2}{l}\int_0^l\delta(x-x_0)\mathrm{d}x=\frac{2}{l},\quad a_n=\frac{2}{l}\int_0^l\delta(x-x_0)\cos\frac{n\pi x}{l}\mathrm{d}x=\frac{2}{l}\cos\frac{n\pi x_0}{l}\tag{3}$$

再将式（3）代入式（1），即有

$$\delta(x-x_0)=\frac{1}{l}+\frac{2}{l}\sum_{n=1}^{\infty}\cos\frac{n\pi x_0}{l}\cos\frac{n\pi x}{l}\tag{6.7.13}$$

6.7.2　冲量定理及其应用

本小节用几个例题介绍用冲量定理求解偏微分方程的方法。

冲量定理法给出了一种把源密度函数按时间分为瞬时点源用以求解非齐次线性偏微分方程的方法。这种方法将求解偏微分方程的问题转化为了求积分方程。

冲量定理求解偏微分方程的要领是，使用δ函数的性质，先将原定解问题从零时刻到t时刻的时间分解成小的时间段，从而将问题分解成瞬时点源的齐次定解问题。在找到定解问题对应于瞬时点源的解后，利用问题的线性特点，将对应于各个瞬时点源的解叠加起来，以

便得到原非齐次定解问题的解[2],[4]。

下面以弦的受迫振动为例来说明冲量定理法。为了简化问题，先考察在初始条件等于零而边界条件为齐次条件下的强迫振动。如果边界条件为非齐次，则可按照6.4.2小节的方法将非齐次边界条件预先化为齐次边界条件。这里重点研究非齐次泛定方程的求解。

设弦长为l，两端固定，单位长度弦上每单位质量所受的外力为$F(x,t)=\rho f(x,t)$。该问题的控制方程为

$$\begin{cases}u_{tt}-\alpha^2 u_{xx}=f(x,t)\\ u\,|_{x=0}=u\,|_{x=l}=0\\ u\,|_{t=0}=u_t\,|_{t=0}=0\end{cases}\tag{6.7.14}$$

作用在每单位长弦上的外加力$F(x,t)=\rho f(x,t)$是持续作用的，从时刻零一直延续到时刻t，时刻t以后的力不影响弦在时刻t的振动，所以不考虑时刻t以后力的作用。这个持续作用力$F(x,t)$可看作许许多多前后相继的“瞬时”力作用在时间区间（τ，$\tau+\mathrm{d}\tau$）上，而冲量$F(x,\tau)\mathrm{d}\tau$的“瞬时”力可记作$F(x,\tau)\ \delta(t-\tau)\mathrm{d}\tau$，有

$$\rho f(x,t)=\int_0^t \rho f(x,\tau)\delta(t-\tau)\mathrm{d}\tau$$

即

$$f(x,t)=\int_0^t f(x,\tau)\delta(t-\tau)\mathrm{d}\tau\tag{6.7.15}$$

由于定解问题（6.7.14）的方程是线性的，定解条件都等于零，是齐次边界条件，故适用叠加原理。外加力源可看作一系列瞬时力源的叠加式（6.7.15），先将原定解问题（6.7.14）转化为瞬时力$F(x,\ \tau)\delta(t-\tau)\mathrm{d}\tau=\rho f(x,\ \tau)\delta(t-\tau)\mathrm{d}\tau$所引起的振动。设定解问题（6.7.14）的解应是瞬时力所引起的振动$v(x,\ t;\ \tau)\mathrm{d}\tau$的叠加，其中记号$v(x,\ t;\ \tau)$表示$v$是$x$和$t$的函数，而这个函数又与参数$\tau$有关。也就是说，先求解以下定解问题

$$\begin{cases}v_{tt}-\alpha^2 v_{xx}=f(x,\tau)\delta(t-\tau)\\ v\,|_{x=0}=v\,|_{x=l}=0\\ v\,|_{t=0}=v_t\,|_{t=0}=0\end{cases}\tag{6.7.16}$$

确定函数$v(x,t;\tau)$后，将对应于各个瞬时点源的解$v(x,t;\tau)$叠加起来，即将$v(x,t;\tau)$从0到t积分，得函数$u(x,t)$为

$$u(x,t)=\int_0^t v(x,t;\tau)\mathrm{d}\tau\tag{6.7.17}$$

这样考虑问题的物理意义是，先把时刻t的位移中单纯由时刻τ瞬时外力所“激起”的那一份影响求出来，然后把从时刻0到时刻t里所有这些瞬时外力所“激起”的影响叠加起来。由此可见，定解问题（6.7.16）是一个具有瞬时力源的波动方程，其中$v(x,\ t;\ \tau)$为位移，$v_t(x,\ t;\ \tau)$为速度。研究定解问题（6.7.16），由于初始值是零，到时刻τ力源才出现；在时刻$\tau-0$，瞬时力尚未起作用，区域里没有任何运动。由初始条件$v\,|_{t=\tau-0}=0$，$v_t\,|_{t=\tau-0}=0$，定解问题（6.7.16）进而改写成

$$\begin{cases}v_{tt}-\alpha^2 v_{xx}=f(x,\tau)\delta(t-\tau)\\ v\,|_{x=0}=v\,|_{x=l}=0\\ v\,|_{t=\tau-0}=v_t\,|_{t=\tau-0}=0\end{cases}\tag{6.7.18}$$

接着从$\tau-0\sim\tau+0$这个极短暂的时刻里，瞬时力源$\rho f(x,\tau)\delta(t-\tau)\mathrm{d}\tau$起作用，使区域

里的质点突然获得速度 v_t。由于在 $\mathrm{d}t$ 时间里作用在长度 $\mathrm{d}x$ 段上的外力为

$$\rho f(x,\tau)\delta(t-\tau)\mathrm{d}x \quad (\rho \text{ 为线密度})$$

$\mathrm{d}x$ 段在 $\tau-0$ 到 $\tau+0$ 这段时间获得的动量为 $\rho\mathrm{d}xv_t$。由动量定理得

$$\rho\mathrm{d}xv_t = \int_{\tau-0}^{\tau+0}\rho f(x,\tau)\delta(t-\tau)\mathrm{d}x\mathrm{d}t$$

简化上式，有

$$v_t = \int_{\tau-0}^{\tau+0} f(x,\tau)\delta(t-\tau)\mathrm{d}t = f(x,\tau) \tag{6.7.19}$$

结果式（6.7.19）也可单纯地从数学方法推出，即将泛定方程（6.7.18）对时间积分，有

$$\int_{\tau-0}^{\tau+0}\frac{\partial v_t}{\partial t}\mathrm{d}t - \alpha^2\int_{\tau-0}^{\tau+0}v_{xx}\,\mathrm{d}t = \int_{\tau-0}^{\tau+0}f(x,\tau)\delta(t-\tau)\mathrm{d}t$$

亦即得到与式（6.7.19）相同的公式

$$v_t\big|_{\tau+0} = f(x,\tau)$$

式（6.7.19）的物理意义很明显，在瞬时力（脉冲力）作用下，弦获得速度。从时刻 $\tau+0$ 起，瞬时外力已停止作用，脉冲力引起的振动为自由振动。波动方程转化为齐次的，但这时速度 v_t 不再是零，而是 $v_t=f(x,\tau)$。于是 $v(x,t;\tau)$ 的定解问题（6.7.18）最终转化为

$$\begin{cases} v_{tt}-\alpha^2 v_{xx} = 0 \\ v\big|_{x=0} = v\big|_{x=l} = 0 \\ v\big|_{t=\tau} = 0, v_t\big|_{t=\tau} = f(x,\tau) \end{cases} \tag{6.7.20}$$

原问题已经转化为具有齐次边界条件的齐次波动方程的初值问题。例题 6.3.1 和例题 6.3.2已经详细介绍了这个方程的求解过程。在使用该结果时，需要注意的是，这里以 τ 作为初始时刻，应将 t 换成 $t-\tau$，于是得到的解为

$$v(x,t;\tau) = \sum_{n=1}^{\infty}\left[A_n\cos\frac{n\pi\alpha(t-\tau)}{l} + B_n\sin\frac{n\pi\alpha(t-\tau)}{l}\right]\sin\left(\frac{n\pi x}{l}\right)$$

式中，系数 A_n 和 B_n 由式（6.7.20）初始条件确定，其中初始位移为 $v|_{t=\tau}=\varphi(x)=0$，初始速度为 $v_t|_{t=\tau}=\psi(x)=f(x,\tau)$。将已确定的 $v(x,t;\tau)$ 代入式（6.7.17），把它们叠加起来，便可求出两端固定弦强迫振动方程的解 $u(x,t)$。

概括来说，为了求解非齐次偏微分方程的定解问题，把持续作用的力 $\rho f(x,t)$ 看作一系列前后相继的脉冲力 $\rho f(x,\tau)\delta(t-\tau)\mathrm{d}\tau$，其所引起的振动 $v(x,t;\tau)$ $\mathrm{d}\tau$ 可表示为定解问题（6.7.20），也就是从时刻 $\tau+0$ 起，脉冲力引起的振动为自由振动，其波动方程是齐次的。解出各个 $v(x,t;\tau)$ 后，将其代入式（6.7.17），把它们叠加起来，即求积分，便可求出方程的解 $u(x,t)$。这种方法叫作**冲量定理法**。

需要注意的是： 用冲量定理求解定解问题时，边界条件是齐次的，初始条件的数值是零。如果不是这样，则可以按照前面介绍的方法将非齐次边界条件预先化为这种情况。

例题 6.7.3 两端固定的弦，初始位移和速度均为零，在点 x_0 处有强度为 $f_0\sin\omega t$ 的谐变力源，f_0 为常数，用冲量定理法求解弦的振动[4]。

解： 该一维波动定解问题的控制方程为

$$\begin{cases} u_{tt}-\alpha^2 u_{xx} = f_0\sin\omega t\delta(x-x_0) \\ u\big|_{x=0} = u\big|_{x=l} = 0 \\ u\big|_{t=0} = u_t\big|_{t=0} = 0 \end{cases} \tag{1}$$

用冲量定理法，先求解 $v(x,\ t;\ \tau)$ 的齐次方程为

$$\begin{cases} v_{tt}-\alpha^2 v_{xx}=0 \\ v\,|_{x=0}=v\,|_{x=l}=0 \\ v\,|_{t=\tau}=0, v_t\,|_{t=\tau}=f_0\sin\omega\tau\delta(x-x_0) \end{cases} \tag{2}$$

由例题 6.3.1 可知，式（2）中的定解方程满足边界条件的解为

$$v(x,t;\tau)=\sum_{n=1}^{\infty}\left[A_n\cos\frac{n\pi\alpha(t-\tau)}{l}+B_n\sin\frac{n\pi\alpha(t-\tau)}{l}\right]\sin\frac{n\pi x}{l} \tag{3}$$

将两个初始条件分别代入式（3），有

$$\sum_{n=1}^{\infty}A_n\sin\frac{n\pi x}{l}=0\Rightarrow A_n=0 \tag{4}$$

$$\sum_{n=1}^{\infty}B_n\frac{n\pi\alpha}{l}\sin\frac{n\pi x}{l}=f_0\sin\omega\tau\delta(x-x_0) \tag{5}$$

为了确定系数 B_n，先将 $\delta(x-x_0)$ 展开为傅里叶正弦级数，有

$$\delta(x-x_0)=\frac{2}{l}\sum_{n=1}^{\infty}\sin\frac{n\pi x_0}{l}\sin\frac{n\pi x}{l} \tag{6}$$

将式（6）代入式（5），求出

$$B_n=\frac{2f_0}{n\pi\alpha}\sin\frac{n\pi x_0}{l}\sin\omega\tau \tag{7}$$

将系数 A_n 和 B_n 代入 $v(x,t;\tau)$ 的表达式（3），得

$$v(x,t;\tau)=\sum_{n=1}^{\infty}\frac{2f_0}{n\pi\alpha}\sin\frac{n\pi x_0}{l}\sin\omega\tau\sin\left[\frac{n\pi\alpha}{l}(t-\tau)\right]\sin\frac{n\pi x}{l} \tag{8}$$

将式（8）的 $v(x,t;\tau)$ 代入式（6.7.17），将 $v(x,t;\tau)$ 从 0 到 t 积分，得该问题的解为

$$\begin{aligned} u(x,t)&=\int_0^t v(x,t;\tau)\mathrm{d}\tau=\sum_{n=1}^{\infty}\frac{2f_0}{n\pi\alpha}\sin\frac{n\pi x_0}{l}\sin\frac{n\pi x}{l}\int_0^t\sin\omega\tau\sin\left[\frac{n\pi\alpha}{l}(t-\tau)\right]\mathrm{d}\tau \\ &=\frac{2f_0}{\pi\alpha}\sum_{n=1}^{\infty}\frac{1}{n}\sin\frac{n\pi x_0}{l}\sin\frac{n\pi x}{l}\frac{\omega\sin\frac{n\pi\alpha t}{l}-\frac{n\pi\alpha}{l}\sin\omega t}{\omega^2-\left(\frac{n\pi\alpha}{l}\right)^2} \end{aligned}$$

以上以波动方程为例介绍了冲量定理法。该方法的要点是：把在时间区间（τ，$\tau+\mathrm{d}\tau$）的力源转化为瞬时力源，而保持冲量不变，这样就把原来的非齐次定解方程转化为具有瞬时力源函数 $v(x,t;\tau)$ 的泛定方程；在解瞬时力源的定解方程时，从时刻 τ 开始考虑，将力源的作用通过冲量定理转化为时刻 τ 的“初始”速度，这样定解方程转化为齐次的，可用分离变量法求解出 $v(x,\ t;\ \tau)$。最后将 $v(x,\ t;\ \tau)$ 按式（6.7.17）叠加，即从零到 t 时刻对 $v(x,t;\tau)$积分，得原方程的解 $u(x,t)$。

冲量定理法不仅适用于具有力源的波动方程，也适用于含有时间变量的其他非齐次方程。例如非齐次的输运问题：

$$\begin{cases} u_t-\alpha^2 u_{xx}=f(x,t) \\ u\,|_{x=0}=u\,|_{x=l}=0 \\ u\,|_{t=0}=0 \end{cases} \tag{6.7.21}$$

可使用冲量定理完全仿照波动方程的处理方法处理非齐次的输运问题。式（6.7.21）的

非齐次项 $f(x,t)$ 表明，在单位长度上的热源强度为 $c\rho f(x,t)$，此热源从时刻零一直延续到时刻 t，时刻 t 以后的热源不影响时刻 t 的温度分布，所以不考虑时刻 t 以后的热源。按照式(6.7.15)，持续热源可看作许许多多前后相继“瞬时”热源 $c\rho f(x,\tau)\delta(t-\tau)\mathrm{d}\tau$ 的叠加。根据线性问题的叠加原理，定解问题（6.7.21）的解也应是瞬时热源影响的叠加，即

$$u(x,t)=\int_0^t v(x,t;\tau)\mathrm{d}\tau \tag{6.7.22}$$

其中，$v(x,t;\tau)\mathrm{d}\tau$ 是瞬时热源 $c\rho f(x,\tau)\delta(t-\tau)\mathrm{d}\tau$ 所造成的温度分布，即有

$$\begin{cases} v_t-\alpha^2 v_{xx}=f(x,\tau)\delta(t-\tau) \\ v\,|_{x=0}=v\,|_{x=l}=0 \\ v\,|_{t=0}=0 \end{cases} \tag{6.7.23}$$

从时刻 $\tau+0$ 起（实际上可认为从时刻 τ 起），瞬时热源 $c\rho f(x,\tau)\delta(t-\tau)\mathrm{d}\tau$ 不再起作用，泛定方程转化为齐次方程，将热源的作用通过冲量定理转化为时刻 τ 的“初始”函数，即以时刻 τ 作为初始时刻，初始条件改写为 $v|_{t=\tau}=f(x,\tau)$。定解问题转化成为

$$\begin{cases} v_t-\alpha^2 v_{xx}=0 \\ v\,|_{x=0}=v\,|_{x=l}=0 \\ v\,|_{t=\tau}=f(x,\tau) \end{cases} \tag{6.7.24}$$

式（6.7.24）为齐次边界条件下求解齐次输运方程的初值问题。在第 6 章已经介绍了该问题的求解。可用分离变量法解出 $v(x,t;\tau)$ 瞬时热源的定解方程，从时刻 τ 开始考虑，最后将 $v(x,t;\tau)$ 代入式（6.7.22），从零到 t 积分便得到原方程的解 $u(x,t)$。

下面用冲量定理法求解例题 6.4.3。

例题 6.7.4　一根长 l 的杆两端绝热，初始的温度分布为零。由于强迫热源，源密度函数 $f(t)=A\sin\omega t$，用冲量定理法求解杆上温度随时间的变化[2]。

解：该问题的控制方程是非稳态非齐次的传热方程

$$u_t-\alpha^2 u_{xx}=A\sin\omega t \tag{1}$$

边界条件为

$$u_x(0,t)=u_x(l,t)=0 \tag{2}$$

初始条件为

$$u(x,0)=0 \tag{3}$$

用冲量定理法求解该定解问题，先求 $v(x,t;\tau)$ 定解问题。

$$\begin{cases} v_t-\alpha^2 v_{xx}=0 \\ v\,|_{x=0}=v\,|_{x=l}=0 \\ v\,|_{t=\tau}=A\sin\omega\tau \end{cases} \tag{4}$$

按照边界条件，试将解 v 展开为傅里叶余弦级数

$$v(x,t)=\sum_{n=0}^{\infty}T_n(t;\tau)\cos\frac{n\pi x}{l} \tag{5}$$

把式（5）代入泛定方程，有

$$\sum_{n=1}^{\infty}\left[T_n'(t;\tau)+\left(\frac{\alpha n\pi}{l}\right)^2 T_n(t;\tau)\right]\cos\frac{n\pi x}{l}=0 \tag{6}$$

由此分离出 $T_n(t)$ 常微分方程为

$$T'_n(t;\tau)+\left(\frac{\alpha n\pi}{l}\right)^2 T_n(t;\tau)=0$$

其解为

$$T_n(t;\tau)=C_n(\tau)\mathrm{e}^{-\frac{n^2\pi^2\alpha^2(t-\tau)}{l^2}} \tag{7}$$

将式（7）代入式（5），得

$$v(x,t;\tau)=\sum_{n=0}^{\infty}C_n(\tau)\mathrm{e}^{-\frac{n^2\pi^2\alpha^2(t-\tau)}{l^2}}\cos\frac{n\pi x}{l}$$

由初始条件确定系数 $C_n(\tau)$，有

$$A\sin\omega\tau=\sum_{n=0}^{\infty}C_n(\tau)\cos\frac{n\pi x}{l} \tag{8}$$

比较等式（8）两边的系数，得

$$C_0(\tau)=A\sin\omega\tau,\quad C_n(\tau)=0\quad (n\neq 0)$$

因此，

$$v(x,t;\tau)=A\sin\omega\tau \tag{9}$$

将式（9）代入解式（6.7.22），得

$$u(x,t)=\int_0^t v(x,t;\tau)\mathrm{d}\tau$$

得非稳态非齐次的传热方程解为

$$u(x,t)=\int_0^t v(x,t;\tau)\mathrm{d}\tau=A\int_0^t\sin\omega\tau\,\mathrm{d}\tau=\frac{A}{\omega}(1-\cos\omega t)$$

6.7.3 稳态问题的格林函数法

格林函数法将求解偏微分方程的问题转化为求积分方程，用积分公式的有限形式表示偏微分方程的解。格林函数代表一个点源在一定的边界条件和（或）初始条件下所产生的场。当知道了点源的格林函数场后，就可以用叠加的方法计算出任意源所产生的场。当波动方程和输运方程变为稳态问题时，得到了泊松方程。泊松方程也可以说是拉普拉斯方程加上非齐次项的方程。泊松方程是稳态方程，不含时间变量，它的定解问题没有初始条件。可以用镜像法求稳态问题的格林函数，再用格林函数法解泊松方程和拉普拉斯方程。

本小节重点介绍用镜像法求格林函数[4]，再介绍用格林函数求解泊松方程和拉普拉斯方程的方法，包括用镜像法求格林函数、格林函数的性质、泊松方程的格林函数法、拉普拉斯方程的格林函数法 4 部分。

（1）用镜像法求格林函数

在泊松方程

$$\nabla^2 u=f(\boldsymbol{r}) \tag{6.7.25}$$

中，如果源密度函数 $f(\boldsymbol{r})$ 只是置于点 $\boldsymbol{r}_0$ 的单位点源，便成为

$$\nabla^2 u=\delta(\boldsymbol{r}-\boldsymbol{r}_0)\quad(\boldsymbol{r}\text{ 为场点；}\boldsymbol{r}_0\text{ 为源点}) \tag{6.7.26}$$

在一定边界条件下，单位点源对场的贡献，即满足方程（6.7.25）和这种边界条件的解，称为泊松方程在该边界条件下的**格林函数** $G(\boldsymbol{r};\boldsymbol{r}_0)$。于是有

$$\nabla^2 G=\delta(\boldsymbol{r}-\boldsymbol{r}_0) \tag{6.7.27}$$

格林函数 G 的问题不能单纯由方程（6.7.27）决定，而是要同时考虑问题的定解条件。

静电问题与波松方程联系紧密，为了便于问题理解，下面以静电场为例来说明怎样利用静电源像法或称镜像法来确定格林函数 G。

在一定空间点 $\boldsymbol{r}_0$ 处置一点电荷 $-\varepsilon_0$，之所以放置这样的电荷，是为了使静电泊松方程中的自由项为

$$-\frac{\rho(\boldsymbol{r})}{\varepsilon_0}=-\frac{-\varepsilon_0\delta(\boldsymbol{r}-\boldsymbol{r}_0)}{\varepsilon_0}=\delta(\boldsymbol{r}-\boldsymbol{r}_0)$$

由物理学知道，这个点电荷场的电势是

$$u=\frac{1}{4\pi\varepsilon_0}\cdot\frac{-\varepsilon_0}{r}=-\frac{1}{4\pi r}\qquad(r=|\boldsymbol{r}-\boldsymbol{r}_0|)$$

因此，在无界空间里泊松方程的基本解——格林函数为

$$G_0(\boldsymbol{r};\boldsymbol{r}_0)=-\frac{1}{4\pi r}=\frac{1}{4\pi|\boldsymbol{r}-\boldsymbol{r}_0|}\tag{6.7.28}$$

式中，$\boldsymbol{r}$ 和 $\boldsymbol{r}_0$ 分别是点 $M(x,y,z)$ 和 $M_0(x_0,y_0,z_0)$ 的矢径，$|\boldsymbol{r}-\boldsymbol{r}_0|$ 是它们之间的距离。

如果在接地导体球外置点电荷 $-\varepsilon_0$，则格林函数为

$$G(\boldsymbol{r};\boldsymbol{r}_0)=-\frac{1}{4\pi r_1}+\frac{a}{4\pi r_0 r_2}\tag{6.7.29}$$

这里仅定性介绍了泊松方程格林函数的确定，没有给出数学上的严格证明，读者可参看有关文献[2]。

式（6.7.28）和式（6.7.29）表明，**泊松方程在不同边界条件下的格林函数是不相同的。需要结合边界条件确定不同定解问题的格林函数。**

下面用例题介绍格林函数的确定。

例题 6.7.5　求泊松方程在上半空间结合第一类齐次边界条件的格林函数[4]。

解：所求格林函数决定于下列定解问题

$$\begin{cases}\nabla^2 G=\delta(x-x_0,y-y_0,z-z_0)\quad(z\geqslant 0)\\ G|_{z=0}=0\end{cases}\tag{1}$$

因为泊松方程的基本解 $G_0(\boldsymbol{r};\boldsymbol{r}_0)=-\dfrac{1}{4\pi r}$ 满足方程（1），但不满足边界条件（2），因而需要修改。修改办法是加上某个适当的调和函数（拉普拉斯方程）的解，使其既满足方程又满足边界条件。若令

$$G=G_0+H\quad(z\geqslant 0)$$

则有

$$\nabla^2 H=\nabla^2 G-\nabla^2 G_0=0\tag{2}$$

$$H|_{z=0}=-G_0|_{z=0}\tag{3}$$

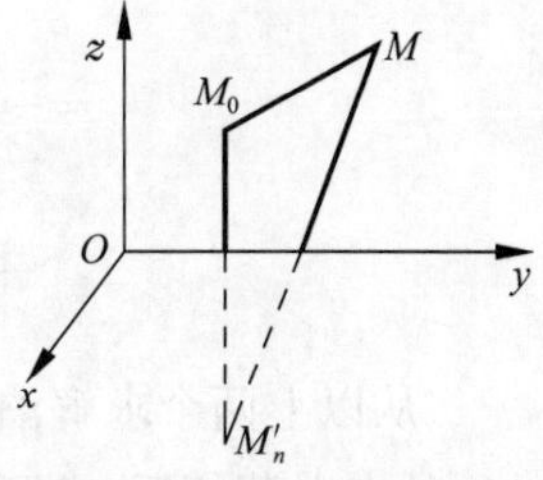

图 6.7.2　上半平面泊松方程推导的几何表示

式（2）为拉普拉斯方程，可用分离变量法求解，这里不采用。而是设想在区域之外有源，这个源在 $z=0$ 的场 $H|_{z=0}$ 应该与 $G_0|_{z=0}$ 的绝对值相等，符号相反。设想在下半空间里与 M 点对称于 xy 平面的位置 M_0' 放置一个负的单位点源，如图 6.7.2 所示。此点在上半空间的场满足拉普拉斯方程，而由边界条件（3），得到**上半空间结合第一类齐次边界条件的格林函数**

$$G=-\frac{1}{4\pi}\left(\frac{1}{r}-\frac{1}{r'}\right)$$

即
$$G=-\frac{1}{4\pi}\left[\frac{1}{\sqrt{(x-x_0)^2+(y-y_0)^2+(z-z_0)^2}}-\frac{1}{\sqrt{(x-x_0)^2+(y-y_0)^2+(z-z'_0)^2}}\right] \tag{6.7.30}$$

例题 6.7.6 $M_0(x_0,y_0,z_0)$ 是球内一点，试求泊松（Poisson）方程的格林函数 $G(\boldsymbol{r};\boldsymbol{r}_0)$。所求的格林函数 $G(\boldsymbol{r};\boldsymbol{r}_0)$ 应满足在球面上其为零[2]。

解：定解问题

$$\Delta_3 G=\delta(x-x_0)\delta(y-y_0)\delta(z-z_0) \tag{1}$$

$$G(r=a)=0 \tag{2}$$

要是不考虑边界条件，则点电荷在无界空间静电场的电势分布可用格林函数表示为

$$G(\boldsymbol{r};\boldsymbol{r}_0)=-\frac{1}{4\pi r}=\frac{1}{4\pi\mid\boldsymbol{r}-\boldsymbol{r}_0\mid} \tag{6.7.28}$$

式中，$\boldsymbol{r}$ 和 $\boldsymbol{r}_0$ 分别是点 $M(x,y,z)$ 和 $M_0(x_0,y_0,z_0)$ 的矢径，$|\boldsymbol{r}-\boldsymbol{r}_0|$ 是它们之间的距离。

格林函数（6.7.28）不满足本题的边界条件（2），因而需要修改。修改的办法是加上某个适当的调和函数（拉普拉斯方程）的解，使其既满足方程又满足边界条件。因为所求格林函数相当于接地导体球内的电势，在球内点 $\boldsymbol{r}_0$ 放置着电量为 $-\varepsilon_0$ 的点电荷。把 OM_0 向球外延长到某个点 M_1，研究 M 点在球面上如 P 点的情况。如图 6.7.3 所示，$\triangle OPM_0$ 和 $\triangle OM_1P$ 具有公共角 $\angle POM_1$。选定 M_0，使得 $r_0:a=a:r_1$，即有 $\triangle OPM_0\approx\triangle OM_1P$，故

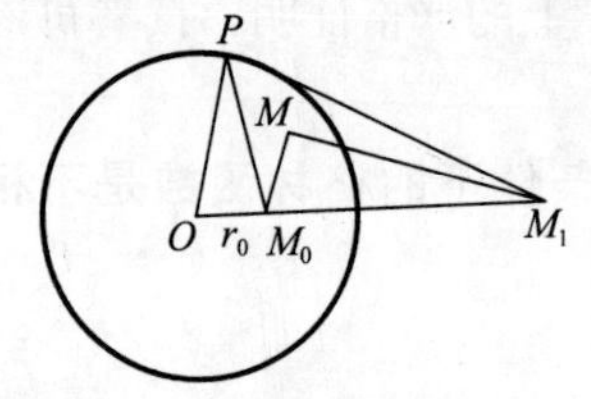

图 6.7.3 镜像法的几何表示

$$\left.\frac{1}{\mid\boldsymbol{r}-\boldsymbol{r}_0\mid}\right|_{\text{球面上}}:\left.\frac{1}{\mid\boldsymbol{r}-\boldsymbol{r}_1\mid}\right|_{\text{球面上}}=\frac{1}{r_0}:\frac{1}{a}$$

设想在点 M_1 放置符号相反而电量为 a/r_0 倍的点电荷，在球面电场中这两个点电荷的电势为

$$-\frac{1}{4\pi}\frac{1}{\mid\boldsymbol{r}-\boldsymbol{r}_0\mid}+\frac{a}{r_0}\frac{1}{4\pi}\frac{1}{\mid\boldsymbol{r}-\boldsymbol{r}_1\mid}=-\frac{1}{4\pi}\frac{1}{\mid\boldsymbol{r}-\boldsymbol{r}_1\mid}\left(\frac{\mid\boldsymbol{r}-\boldsymbol{r}_1\mid}{\mid\boldsymbol{r}-\boldsymbol{r}_0\mid}-\frac{a}{r_0}\right)=0 \tag{3}$$

正好满足本例题的边界条件（2）。

在点 M_0 处的点电荷和它的电像电场的电势，即格林函数为

$$\begin{aligned}G(\boldsymbol{r};\boldsymbol{r}_0)&=-\frac{1}{4\pi}\frac{1}{\mid\boldsymbol{r}-\boldsymbol{r}_0\mid}+\frac{a}{r_0}\frac{1}{4\pi}\frac{1}{\mid\boldsymbol{r}-\boldsymbol{r}_1\mid}\\&=-\frac{1}{4\pi}\frac{1}{\sqrt{(x-x_0)^2+(y-y_0)^2+(z-z_0)^2}}\\&\quad+\frac{a}{4\pi r_0}\frac{1}{\sqrt{(x-a^2x_0/r_0^2)^2+(y-a^2y_0/r_0^2)^2+(z-a^2z_0/r_0^2)^2}}\end{aligned} \tag{6.7.31}$$

从以上两个求解泊松方程格林函数的例题可知，在点 M_1 处放置点电荷，其符号与点 M_0 处点电荷相反，即称为 M_0 处点电荷的**电像，电场的电势即所求的格林函数** G。起源于电学应用的这种镜像法求格林函数 G，可推广到其他的工程问题。

（2）格林函数的性质

为了理解和讨论问题，有必要介绍格林函数的性质。**格林函数称为点源影响函数**。下面

给出格林函数类似于 δ 函数的定义。

定义：以 $\boldsymbol{r}$ 表示自变量、$\boldsymbol{r}_0$ 为一常数时，格林函数 $G(\boldsymbol{r};\boldsymbol{r}_0)$ 定义为

$$\begin{cases} 0 < G(\boldsymbol{r};\boldsymbol{r}_0) < \dfrac{1}{4\pi r} \qquad (r = |\boldsymbol{r}-\boldsymbol{r}_0|) \\ \displaystyle\iint_\Gamma \frac{\partial G}{\partial n}\mathrm{d}S = 1 \end{cases} \tag{6.7.32}$$

格林函数的定义也可说是它的重要性质。在齐次边界条件下，有以下泊松方程**格林函数的对称性**为

$$G(\boldsymbol{r}_1;\boldsymbol{r}_2) = G(\boldsymbol{r}_2;\boldsymbol{r}_1) \tag{6.7.33}$$

即在齐次边界条件下，置放在点 $\boldsymbol{r}_2$ 的点源在点 $\boldsymbol{r}_1$ 的产生场等于放置在点 $\boldsymbol{r}_1$ 的点源在点 $\boldsymbol{r}_2$ 的产生场。下面证明这一论断。

证明：在 6.1 节曾给出三类边界条件可以统一写为

$$\left(\alpha u + \beta\frac{\partial u}{\partial n}\right)\bigg|_{M\in\Sigma} = f(M_0,t) \tag{6.1.34}$$

把齐次边界条件写为

$$\left[\alpha\frac{\partial G}{\partial n} + \beta G\right]\bigg|_\Sigma = 0 \qquad (\alpha,\beta\text{不同时为零}) \tag{1}$$

如果在 $\boldsymbol{r}_1$ 处置放单位点源，则有

$$\nabla^2 G(\boldsymbol{r};\boldsymbol{r}_1) = \delta(\boldsymbol{r}-\boldsymbol{r}_1) \tag{2}$$

如果在 $\boldsymbol{r}_2$ 处置放单位点源，则有

$$\nabla^2 G(\boldsymbol{r};\boldsymbol{r}_2) = \delta(\boldsymbol{r}-\boldsymbol{r}_2) \tag{3}$$

令 $G(\boldsymbol{r};\boldsymbol{r}_2)$ 乘以式（2）减去 $G(\boldsymbol{r};\boldsymbol{r}_1)$ 乘以式（3），把结果相减，再对其在区域 V 积分得

$$\begin{aligned} &\iiint_V [G(\boldsymbol{r};\boldsymbol{r}_2)\,\nabla^2 G(\boldsymbol{r};\boldsymbol{r}_1) - G(\boldsymbol{r};\boldsymbol{r}_1)\,\nabla^2 G(\boldsymbol{r};\boldsymbol{r}_2)]\mathrm{d}V \\ &= \iiint_V [G(\boldsymbol{r};\boldsymbol{r}_2)\delta(\boldsymbol{r}-\boldsymbol{r}_1) - G(\boldsymbol{r};\boldsymbol{r}_1)\delta(\boldsymbol{r}-\boldsymbol{r}_2)]\mathrm{d}V \end{aligned} \tag{4}$$

对式（4）右边运用 δ 函数的性质公式

$$\iiint_\infty f(\boldsymbol{r})\delta(\boldsymbol{r}-\boldsymbol{r}_0)\mathrm{d}V = f(\boldsymbol{r}_0)$$

得

$$\iiint_V [G(\boldsymbol{r};\boldsymbol{r}_2)\delta(\boldsymbol{r}-\boldsymbol{r}_1) - G(\boldsymbol{r};\boldsymbol{r}_1)\delta(\boldsymbol{r}-\boldsymbol{r}_2)]\mathrm{d}V = G(\boldsymbol{r}_1;\boldsymbol{r}_2) - G(\boldsymbol{r}_2;\boldsymbol{r}_1) \tag{5}$$

在第 4.4.4 节，曾得到**第二格林公式**

$$\iiint_\Omega (\psi\,\nabla^2\Phi - \Phi\,\nabla^2\psi)\mathrm{d}V = \oiint_\Sigma (\psi\,\nabla\Phi - \Phi\,\nabla\psi)\cdot\mathrm{d}\boldsymbol{S} \tag{4.4.49}$$

运用格林第二公式于式（4）左边，将体积分化为面积分，得

$$\begin{aligned} &\iiint_\Omega [G(\boldsymbol{r};\boldsymbol{r}_2)\,\nabla^2 G(\boldsymbol{r};\boldsymbol{r}_1) - G(\boldsymbol{r};\boldsymbol{r}_1)\,\nabla^2 G(\boldsymbol{r};\boldsymbol{r}_2)]\mathrm{d}V = \\ &\oiint_\Sigma \left[G(\boldsymbol{r};\boldsymbol{r}_2)\frac{\partial G(\boldsymbol{r};\boldsymbol{r}_1)}{\partial n} - G(\boldsymbol{r};\boldsymbol{r}_1)\frac{\partial G(\boldsymbol{r};\boldsymbol{r}_2)}{\partial n}\right]\mathrm{d}S \end{aligned} \tag{6}$$

将式（5）和式（6）代入式（4），有

$$G(\boldsymbol{r}_1;\boldsymbol{r}_2) - G(\boldsymbol{r}_2;\boldsymbol{r}_1) = \oiint_\Sigma \left[G(\boldsymbol{r};\boldsymbol{r}_2)\frac{\partial G(\boldsymbol{r};\boldsymbol{r}_1)}{\partial n} - G(\boldsymbol{r};\boldsymbol{r}_1)\frac{\partial G(\boldsymbol{r};\boldsymbol{r}_2)}{\partial n}\right]\mathrm{d}S \tag{7}$$

由于$G(\boldsymbol{r};\boldsymbol{r}_1)$和$G(\boldsymbol{r};\boldsymbol{r}_2)$都满足边界条件式（1），故在边界上有

$$\begin{cases}\alpha\dfrac{\partial G(\boldsymbol{r};\boldsymbol{r}_1)}{\partial n}+\beta G(\boldsymbol{r};\boldsymbol{r}_1)=0\\ \alpha\dfrac{\partial G(\boldsymbol{r};\boldsymbol{r}_2)}{\partial n}+\beta G(\boldsymbol{r};\boldsymbol{r}_2)=0\end{cases}\tag{8}$$

由于α，β不能同时为零，故必须是式（7）右边的被积函数

$$G(\boldsymbol{r};\boldsymbol{r}_2)\frac{\partial G(\boldsymbol{r};\boldsymbol{r}_1)}{\partial n}-G(\boldsymbol{r};\boldsymbol{r}_1)\frac{\partial G(\boldsymbol{r};\boldsymbol{r}_2)}{\partial n}=0\tag{9}$$

将式（9）代入式（7），得到式（6.7.33）

$$G(\boldsymbol{r}_1;\boldsymbol{r}_2)=G(\boldsymbol{r}_2;\boldsymbol{r}_1)$$

（3）泊松方程的格林函数法

前面的讨论已经明确得到这一结论，**泊松方程在不同边界条件下的格林函数是不相同的**。需要结合边界条件确定不同定解问题的格林函数。用分离变量法得到的解一般是无穷级数。格林函数法的积分公式用有限的形式给出泊松方程的解。

下面深入讨论齐次和非齐次边界条件下泊松方程的格林函数，得到泊松方程结合不同边界条件的积分公式[4]。

① 泊松方程结合齐次边界条件的积分公式。

设有泊松方程和某一类齐次边界条件构成定解问题为

$$\begin{cases}\nabla^2 u=f(\boldsymbol{r})\\ \left[\alpha\dfrac{\partial u}{\partial n}+\beta u\right]\Big|_{\Sigma}=0\end{cases}\tag{6.7.34}$$

假定此问题的格林函数$G(\boldsymbol{r};\boldsymbol{r}_0)$已经求出，则上述定解问题的解可表示为如下的**积分公式**为

$$u(\boldsymbol{r})=\iiint_{\Omega}f(\boldsymbol{r}_0)G(\boldsymbol{r};\boldsymbol{r}_0)\mathrm{d}^3\boldsymbol{r}_0\tag{6.7.35}$$

式中，Ω表示整个被研究的空间区域；$d^3\boldsymbol{r}_0$表示对点源$\boldsymbol{r}_0$进行体积分。

式（6.7.35）称为**泊松方程结合齐次边界条件的积分公式**。其物理意义为，$G(\boldsymbol{r};\boldsymbol{r}_0)$表示置于点$\boldsymbol{r}_0$的单位点源对点$\boldsymbol{r}$处的场的贡献，$f(\boldsymbol{r}_0)$是源密度函数。$f(\boldsymbol{r}_0)G(\boldsymbol{r};\boldsymbol{r}_0)\mathrm{d}^3\boldsymbol{r}$是将体元$\mathrm{d}^3\boldsymbol{r}_0$内的源抽象为点源后对$\boldsymbol{r}$处场的贡献。齐次边界条件保证了直接叠加的可行性。根据场的可叠加原理，所有这些贡献的叠加就是点$\boldsymbol{r}$处的总场$u(\boldsymbol{r})$，即边界对格林函数的影响叠加后就是边界对总场$u(\boldsymbol{r})$的影响。与点电荷源相对应的有点热源、点浓度源等。

为了验证上述积分公式，将$\nabla^2 G=\delta(\boldsymbol{r}-\boldsymbol{r}_0)$两边同乘以$f(\boldsymbol{r}_0)$，注意算符$\nabla^2$是作用在变量$\boldsymbol{r}$上的微分算符，这里$f(\boldsymbol{r}_0)$可以看作“常数”。因此有

$$\nabla^2[f(\boldsymbol{r}_0)G]=f(\boldsymbol{r}_0)\delta(\boldsymbol{r}-\boldsymbol{r}_0)$$

将上式在整个被研究区域上对$\boldsymbol{r}_0$积分，并交换积分与微分次序，运用δ函数的性质，得

$$\nabla^2\iiint_{\Omega}f(\boldsymbol{r}_0)G(\boldsymbol{r};\boldsymbol{r}_0)\mathrm{d}^3\boldsymbol{r}_0=\iiint_{\Omega}f(\boldsymbol{r}_0)\delta(\boldsymbol{r}-\boldsymbol{r}_0)\mathrm{d}^3\boldsymbol{r}_0=f(\boldsymbol{r})\tag{6.7.36}$$

将式（6.7.36）与式（6.7.34）比较，得到式（6.7.35）。另外，由于$G(\boldsymbol{r};\boldsymbol{r}_0)$满足式（6.7.34)中的齐次边界条件，所以按式（6.7.34）求出的$u(\boldsymbol{r})$也会满足边界条件。

② 泊松方程结合非齐次边界条件的积分公式。

在非齐次边界条件下，以上求出的函数$u(\boldsymbol{r})$虽然能满足泊松方程，但不能满足边界条

件，因此需要重新推导。重写待求的泊松方程为

$$\nabla^2 u = f(\boldsymbol{r}) \tag{6.7.37}$$

假如求出了泊松方程结合某种非齐次边界条件的格林函数 $G(\boldsymbol{r};\boldsymbol{r}_0)$

$$\nabla^2 G = \delta(\boldsymbol{r}-\boldsymbol{r}_0) \tag{6.7.38}$$

用 $G(\boldsymbol{r};\boldsymbol{r}_0)$ 乘式（6.7.37）减去 $u(\boldsymbol{r})$ 乘式（6.7.38），将其在区域 Ω 内积分，得

$$\iiint_\Omega [G\,\nabla^2 u - u\,\nabla^2 G]\mathrm{d}^3\boldsymbol{r} = \iiint_\Omega fG\mathrm{d}^3\boldsymbol{r} - \iiint_\Omega u\delta(\boldsymbol{r}-\boldsymbol{r}_0)\mathrm{d}^3\boldsymbol{r}$$

对上式右边第二项使用 δ 函数的性质公式 $\iiint_\infty f(\boldsymbol{r})\delta(\boldsymbol{r}-\boldsymbol{r}_0)\mathrm{d}V = f(\boldsymbol{r}_0)$，对左边运用 4.4.4 节的格林第二公式，然后移项，得**泊松方程结合非齐次边界条件的积分公式为**

$$u(\boldsymbol{r}_0) = \iiint_\Omega fG\mathrm{d}^3\boldsymbol{r} - \oiint_\Sigma \left(G\frac{\partial u}{\partial n} - u\frac{\partial G}{\partial n}\right)\mathrm{d}^2\boldsymbol{r} \tag{6.7.39}$$

式中，右边第一项表示区域里所有的源对某点场的影响；右边第二项表示边界（或区域外的源通过边界）对某点场的影响。

如果是齐次边界条件，式（6.7.39）中后一积分变为零，并简化为

$$u(\boldsymbol{r}_0) = \iiint_\Omega f(\boldsymbol{r})G(\boldsymbol{r}_0,\boldsymbol{r})\mathrm{d}^3\boldsymbol{r}$$

对上式运用齐次边界条件下格林函数的对称性 $G(\boldsymbol{r}_1;\boldsymbol{r}_2)=G(\boldsymbol{r}_2;\boldsymbol{r}_1)$，将 $\boldsymbol{r}$ 与 $\boldsymbol{r}_0$ 对换，即得到**泊松方程结合齐次边界条件的积分公式为**

$$u(\boldsymbol{r}) = \iiint_\Omega f(\boldsymbol{r}_0)G(\boldsymbol{r},\boldsymbol{r}_0)\mathrm{d}^3\boldsymbol{r}_0 \tag{6.7.35}$$

式（6.7.39）说明了待求函数 $u(\boldsymbol{r})$ 由格林函数 $G(\boldsymbol{r};\boldsymbol{r}_0)$、源密度函数 $f(\boldsymbol{r})$ 和边界条件唯一确定，但没有解出定解问题，因为关于稳定场的问题不会同时给出第一类和第二类边界条件，故只能从实际出发，下面分别讨论三类边值问题。

a. 第一类边值问题。

$$u|_\Sigma = h(\boldsymbol{r}) \tag{6.7.40}$$

选用在边界 Σ 上为零的格林函数，即首先按下列定解问题求一个 $G(\boldsymbol{r};\ \boldsymbol{r}_0)$

$$\begin{cases}\nabla^2 G = \delta(\boldsymbol{r}-\boldsymbol{r}_0)\\ G|_\Sigma = 0\end{cases} \tag{6.7.41}$$

将式（6.7.40）和式（6.7.41）代入式（6.7.39），得

$$u(\boldsymbol{r}_0) = \iiint_\Omega G(\boldsymbol{r};\boldsymbol{r}_0)f(\boldsymbol{r})\mathrm{d}^3\boldsymbol{r} + \oiint_\Sigma h(\boldsymbol{r})\frac{\partial G(\boldsymbol{r};\boldsymbol{r}_0)}{\partial n}\mathrm{d}^2\boldsymbol{r}$$

为了便于使用，把 $\boldsymbol{r}_0$ 看作场点，把 $\boldsymbol{r}$ 看作源点，上式便成为泊松方程第一边值问题的积分公式；或者利用格林函数的对称性（6.7.33），将 $\boldsymbol{r}$ 与 $\boldsymbol{r}_0$ 对换，得

$$u(\boldsymbol{r}) = \iiint_\Omega G(\boldsymbol{r};\boldsymbol{r}_0)f(\boldsymbol{r}_0)\mathrm{d}^3\boldsymbol{r}_0 + \oiint_\Sigma h(\boldsymbol{r}_0)\frac{\partial G(\boldsymbol{r};\boldsymbol{r}_0)}{\partial n}\mathrm{d}^2\boldsymbol{r}_0 \tag{6.7.42}$$

这里 $G(\boldsymbol{r};\ \boldsymbol{r}_0)$ 由定解条件 $G|_\Sigma=0$ 确定，而不能使用原定解问题的边界条件。

b. 第二类边值问题。

$$\left.\frac{\partial u}{\partial n}\right|_\Sigma = h(\boldsymbol{r}) \tag{6.7.43}$$

首先按下列定解问题来选用 $G(\boldsymbol{r};\boldsymbol{r}_0)$

$$\nabla^2 G=\delta(\boldsymbol{r}-\boldsymbol{r}_0) \tag{6.7.44}$$

$$\left.\frac{\partial G}{\partial n}\right|_{\Sigma}=0 \tag{6.7.45}$$

将式（6.7.43）～式（6.7.45）代入式（6.7.39），得

$$u(\boldsymbol{r}_0)=\iiint_{\Omega} G(\boldsymbol{r};\boldsymbol{r}_0)f(\boldsymbol{r})\mathrm{d}^3\boldsymbol{r}-\oiint_{\Sigma} h(\boldsymbol{r})G(\boldsymbol{r};\boldsymbol{r}_0)\mathrm{d}^2\boldsymbol{r} \tag{6.7.46}$$

不幸的是，式（6.7.44）与式（6.7.45）自相矛盾，由此确定的格林函数 G 并不存在。以静电场为例，式（6.7.44）表示区域里有电量为 $-\varepsilon_0$ 的点电荷，而式（6.7.45）指明边界上电场强度的法向分量为零。对于有界区域，可用高斯定理证明其不成立。

对于传热问题，点热源不停放出热量，而热量又不能经边界散发出去，区域里的温度必然不停地升高，该格林函数得到的温度分布不稳定。因此，对于第二类边值问题，补救的方法是采用广义格林函数，这里从略不介绍，可参看相关文献[2]。

c. 第三类边值问题。

$$\left[\alpha\frac{\partial u}{\partial n}+\beta u\right]\Big|_{\Sigma}=h(\boldsymbol{r})\quad(\alpha\neq 0,\beta\neq 0)$$

可以仿照求解第一类边值问题的方法求得解的积分公式为

$$u(\boldsymbol{r})=\iiint_{\Omega} G(\boldsymbol{r};\boldsymbol{r}_0)f(\boldsymbol{r}_0)\mathrm{d}^3\boldsymbol{r}_0-\frac{1}{\alpha}\oiint_{\Sigma} h(\boldsymbol{r}_0)G(\boldsymbol{r};\boldsymbol{r}_0)\mathrm{d}^2\boldsymbol{r}_0 \tag{6.7.47}$$

（4）拉普拉斯方程的格林函数法

当泊松方程的非齐次项为零，即 $f(\boldsymbol{r}_0)=0$，方程简化为拉普拉斯方程。前面讨论得到泊松方程的解函数 u 由格林函数 G、源密度函数 f 和边界条件唯一确定，有

$$u(\boldsymbol{r}_0)=\iiint_{\Omega} fG\mathrm{d}^3\boldsymbol{r}-\oiint_{\Gamma}\left(G\frac{\partial u}{\partial n}-u\frac{\partial G}{\partial n}\right)\mathrm{d}^2\boldsymbol{r} \tag{6.7.39}$$

将 $f(\boldsymbol{r}_0)=0$ 代入式（6.7.39），简化为

$$u(\boldsymbol{r})=\oiint_{\Sigma}\left(G\frac{\partial u}{\partial n}-u\frac{\partial G}{\partial n}\right)\mathrm{d}^2\boldsymbol{r}_0 \tag{6.7.48}$$

由式（6.7.48）可知，**拉普拉斯方程解的积分公式**完全由边界条件来决定。可以仿照泊松方程的积分公式，推导拉普拉斯方程解的积分公式。

这里使用简便的方法，可直接令式（6.7.42）中 $f(\boldsymbol{r}_0)=0$，得拉普拉斯方程第一类边值问题积分方程为

$$u(\boldsymbol{r})=\oiint_{\Sigma} h(\boldsymbol{r}_0)\frac{\partial G(\boldsymbol{r};\boldsymbol{r}_0)}{\partial n}\mathrm{d}^2\boldsymbol{r}_0 \tag{6.7.49}$$

直接令式（6.7.47）中 $f(\boldsymbol{r}_0)=0$，可得**拉普拉斯方程第三类边值问题的积分公式为**

$$u(\boldsymbol{r})=-\frac{1}{\alpha}\oiint_{\Sigma}(h(\boldsymbol{r}_0)G(\boldsymbol{r};\boldsymbol{r}_0))\mathrm{d}^2\boldsymbol{r}_0 \tag{6.7.50}$$

例题 6.7.7 在上半空间里，在 $u|_{z=0}=f(x,y)$ 条件下，求解拉普拉斯方程 $\nabla^2 u=0(z>0)$ 的第一类边值问题[4]。

解：把边界条件齐次化，先由下列定解问题求该问题的格林函数

$$\begin{cases}\nabla^2 G=\delta(\boldsymbol{r}-\boldsymbol{r}_0)\\ G|_{z=0}=0\end{cases}$$

由例题 6.7.4 知**上半空间里的格林函数**为

$$G=-\frac{1}{4\pi}\left[\frac{1}{\sqrt{(x-x_0)^2+(y-y_0)^2+(z-z_0)^2}}-\frac{1}{\sqrt{(x-x_0')^2+(y-y_0')^2+(z-z_0')^2}}\right] \tag{6.7.30}$$

因为上半空间边界的正法线沿 z 轴的负方向，即

$$\left.\frac{\partial G}{\partial n}\right|_{z=0}=-\left.\frac{\partial G}{\partial z}\right|_{z=0}=\frac{z_0}{2\pi[(x-x_0)^2+(y-y_0)^2+z_0{}^2]^{3/2}}$$

又因为 $f(\boldsymbol{r}_0)=0$，故使用第一类边值问题积分方程（6.7.49），得到

$$\begin{aligned}u(\boldsymbol{r})&=\oiint_{\Sigma}\left(h(\boldsymbol{r}_0)\frac{\partial G(\boldsymbol{r};\boldsymbol{r}_0)}{\partial n}\right)\mathrm{d}^2\boldsymbol{r}_0\\&=\frac{z}{2\pi}\int_{-\infty}^{+\infty}\int_{-\infty}^{+\infty}\frac{f(x_0,y_0)}{[(x-x_0)^2+(y-y_0)^2+(z-z_0)^2]^{3/2}}\mathrm{d}x_0\mathrm{d}y_0\end{aligned} \tag{6.7.51}$$

式（6.7.51）称为**上半空间的泊松积分**。

例题 6.7.8　在 $r=a$ 的球外空间求解拉普拉斯方程的第一类边值问题[4]

$$\begin{cases}\nabla^2u=0 & (r>a)\\ u|_{r=a}=f(\theta,\varphi)\end{cases} \tag{1}$$

解：求解该问题，先由下列定解问题求格林函数

$$\begin{cases}\nabla^2G=\delta(\boldsymbol{r}-\boldsymbol{r}_0)\\ G|_{r=a}=0\end{cases} \tag{2}$$

该问题的格林函数为式（6.7.29）

$$G(\boldsymbol{r};\boldsymbol{r}_0)=-\frac{1}{4\pi r_1}+\frac{a}{4\pi r_0r_2}$$

一般地，$\boldsymbol{r}_0$ 不沿极轴，而应取在球面坐标为（θ_0，φ_0）的任意方向。设 $\boldsymbol{r}_0$ 与 $\boldsymbol{r}_0'$的夹角为 ψ，如图 6.7.4 所示。注意到，矢量 $\boldsymbol{Oq}'$、$\boldsymbol{Oq}$ 的方向余弦分别为

$$(\sin\theta_0\cos\varphi_0,\sin\theta_0\sin\varphi_0,\cos\theta_0),\quad(\sin\theta\cos\varphi,\sin\theta\sin\varphi,\cos\theta)$$

因此，$\boldsymbol{r}_0$ 与 $\boldsymbol{r}_0'$夹角 ψ 的余弦为

$$\begin{aligned}\cos\psi&=\cos\theta_0\cos\theta+\sin\theta_0\sin\theta(\cos\varphi\cos\varphi_0+\sin\varphi\sin\varphi_0)\\&=\cos\theta_0\cos\theta+\sin\theta_0\sin\theta\cos(\varphi-\varphi_0)\end{aligned} \tag{3}$$

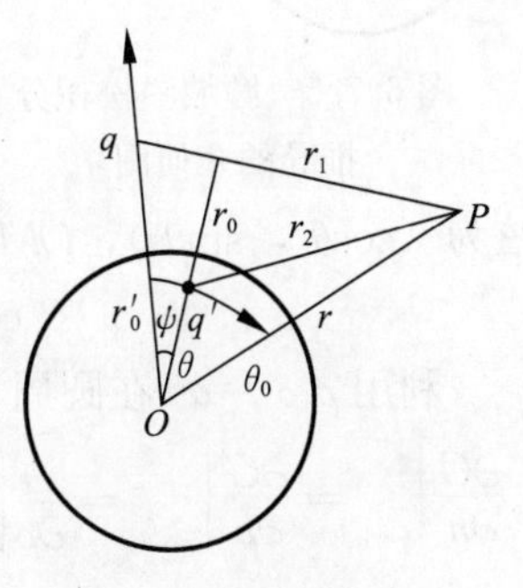

图 6.7.4　球泊松积分推导的几何图

因为距离为　$r_1=\sqrt{r^2-2r_0r\cos\psi+r_0^2}$，　$r_2=\sqrt{r^2-2r_0'r\cos\psi+r_0'^2}$

有

$$\frac{1}{r_1}=\frac{1}{\sqrt{r^2-2r_0r\cos\psi+r_0^2}},\quad\frac{1}{r_2}=\frac{1}{\sqrt{r^2-2r_0'r\cos\psi+r_0'^2}}$$

对格林函数式求导，有

$$\left.\frac{\partial G}{\partial n}\right|_{r=a}=-\frac{1}{4\pi}\left[\frac{r_0\cos\psi-r}{(r^2-2r_0r\cos\psi+r_0^2)^{3/2}}-\frac{a(r_0'\cos\psi-r)}{r_0(r^2-2r_0'r\cos\psi+r_0'^2)^{3/2}}\right]\Bigg|_{r=a}$$

因为 $r_0'=a^2/r_0$，即 $r_0'r_0=a^2$，代入上式并化简得到

$$\left.\frac{\partial G}{\partial n}\right|_{r=a}=\frac{1}{4\pi}\left[\frac{a-r_0\cos\psi}{(a^2-2ar_0\cos\psi+r_0^2)^{3/2}}-\frac{r_0}{a}\frac{r_0-a\cos\psi}{(a^2-2ar_0\cos\psi+r_0^2)^{3/2}}\right]_{r=a}$$

$$= \frac{1}{4\pi a} \frac{a^2 - r_0^2}{(a^2 - 2ar_0\cos\psi + r_0^2)^{3/2}} \tag{4}$$

将式（4）代入拉普拉斯方程第一类边值问题积分方程为

$$u(\boldsymbol{r}) = \oiint_{\Sigma} \left(h(\boldsymbol{r}_0) \frac{\partial G(\boldsymbol{r};\boldsymbol{r}_0)}{\partial n} \right) \mathrm{d}^2 \boldsymbol{r}_0 \tag{6.7.49}$$

并注意将 $\boldsymbol{r}$ 与 $\boldsymbol{r}_0$ 对换，得到球坐标系**球泊松积分**为

$$u(r,\theta,\varphi) = \frac{1}{4\pi a} \oiint_{r=a} f(\theta_0,\varphi_0) \frac{a^2 - r^2}{(a^2 - 2ar\cos\psi + r^2)^{3/2}} \mathrm{d}S_0$$

$$= \frac{a}{4\pi} \int_0^{2\pi} \int_0^{\pi} f(\theta_0,\varphi_0) \frac{a^2 - r^2}{(a^2 - 2ar\cos\psi + r^2)^{3/2}} \sin\theta_0 \, \mathrm{d}\theta_0 \, \mathrm{d}\varphi_0 \tag{6.7.52}$$

例题 6.7.9 在圆 $\rho = a$ 内求解拉普拉斯方程第一类边值问题[2]，即狄利克雷（Dirichlet）问题

$$\begin{cases} \nabla^2 u = 0 \\ u\,|_{\rho=a} = f(\varphi) \end{cases}$$

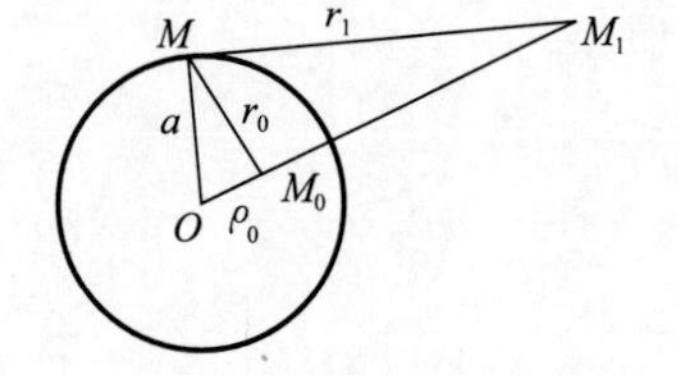

图 6.7.5 圆域泊松积分推导的几何图

可以证明，圆的格林函数为

$$G(\boldsymbol{r};\boldsymbol{r}_0) = \frac{1}{2\pi} \left(\ln \frac{1}{r_0} - \ln \frac{a}{\rho_0} \frac{1}{r_1} \right)$$

如图 6.7.5 所示，r_0 为 r_{M_0M}，r_1 为 r_{M_1M}，有

$$\frac{1}{r_0} = \frac{1}{\sqrt{\rho^2 - 2\rho_0\rho\cos\psi + \rho_0^2}}, \quad \frac{1}{r_1} = \frac{1}{\sqrt{\rho^2 - 2\rho_1\rho\cos\psi + {\rho_1}^2}}$$

$OM_1 = \rho_1$，$\rho_0\rho_1 = a^2$，ψ 为 OM_0 与 OM 的夹角。OM_0 的方向余弦为（$\cos\theta_0$，$\sin\theta_0$），OM 的方向余弦为（$\cos\theta$，$\sin\theta$），故有

$$\cos\psi = \cos\theta_0\cos\theta + \sin\theta_0\sin\theta = \cos(\theta_0 - \theta)$$

利用 $\rho_0\rho_1 = a^2$ 在圆周 $\rho = a$ 上，可得

$$\left.\frac{\partial G}{\partial n}\right|_{\rho=a} = \left.\frac{\partial G}{\partial \rho}\right|_{\rho=a} = \left.\frac{\partial}{\partial \rho}\left[\frac{1}{2\pi}\left(\ln\frac{1}{\sqrt{\rho^2 - 2\rho_0\rho\cos\psi + \rho_0^2}} - \ln\frac{a}{\sqrt{\rho_0^2\rho^2 - 2a^2\rho_0\rho\cos\psi + a^4}}\right)\right]\right|_{\rho=a}$$

$$= -\frac{1}{2\pi}\left.\left(\frac{\rho - \rho_0\cos\psi}{\rho^2 - 2\rho_0\rho\cos\psi + \rho_0^2} - \frac{\rho_0^2\rho - a^2\rho_0\cos\psi}{{\rho_0}^2\rho^2 - 2a^2\rho_0\rho\cos\psi + a^4}\right)\right|_{\rho=a}$$

$$= -\frac{1}{2\pi a} \frac{a^2 - \rho_0^2}{a^2 - 2a\rho_0\cos\psi + \rho_0^2}$$

使用拉普拉斯方程第一类边值问题的积分方程（6.7.49），于是得

$$u(\boldsymbol{r}) = \oiint_{\Sigma} \left(h(\boldsymbol{r}_0) \frac{\partial G(\boldsymbol{r};\boldsymbol{r}_0)}{\partial n} \right) \mathrm{d}^2 r_0 = \frac{1}{2\pi a} \int_{x^2+y^2=a^2} \frac{(a^2 - \rho_0^2) f(\varphi)}{a^2 - 2a\rho_0\cos\psi + \rho_0^2} \mathrm{d}s$$

从而得到**圆域的泊松积分**

$$u(\rho,\varphi) = \frac{1}{2\pi} \int_0^{2\pi} \frac{(a^2 - \rho_0^2) f(\varphi)}{a^2 - 2a\rho_0\cos(\varphi_0 - \varphi) + \rho_0^2} \mathrm{d}\varphi \tag{6.7.53}$$

式中，对于一般的 $f(\varphi)$ 的积分可能不那么容易计算，可将 $1/[a^2 - 2a\rho\cos(\varphi_0 - \varphi) + \rho_0^2]$ 展开为傅里叶级数，然后逐项积分；也可用留数定理计算式中的积分。

6.7.4　非稳态问题的格林函数法

在介绍冲量定理的基础上，介绍把源密度函数按时间和空间分为点源的方法，引出含时间的格林（Green）函数，介绍如何用格林函数求解非稳态非齐次偏微分方程，即把方程化为积分方程的求解方法。本小节包括波动方程的格林函数法、输运方程的格林函数法两部分。

(1) 波动方程的格林函数法

在 6.7.2 节中讲到，把持续在时间中的外力或外源看作许许多多前后相继的瞬时力或瞬时源，这里把这个观点再推进一步，把 $f(x,t)$看作既是按时间前后相继的又是按一维空间楷比排列的许多点源，即把函数 $f(x,t)$分解为布列在 xt 平面上的点源，用前面推导稳态问题的格林函数方法确定非稳态问题的格林函数。

仍以弦长度为 l 两端固定，单位长度弦上每单位质量所受的外力为 $F(x,t)=\rho f(x,t)$的受迫振动为例来说明。该问题的控制方程为

$$\begin{cases} u_{tt}-\alpha^2 u_{xx}=f(x,t) \\ u\,|_{x=0}=u\,|_{x=l}=0 \\ u\,|_{t=0}=u_t\,|_{t=0}=0 \end{cases} \tag{6.7.14}$$

根据推导式（6.7.15）同样的道理，把源密度函数 $f(x,t)$分解为布列在 xt 平面上的点源

$$f(x,t)=\int_0^t\int_0^l f(\xi,\tau)\delta(x-\xi)\delta(t-\tau)\mathrm{d}\xi\mathrm{d}\tau \tag{6.7.54}$$

式中，$f(\xi,\tau)\delta(x-\xi)\delta(t-\tau)\ \mathrm{d}\xi\mathrm{d}\tau$ 是在 τ 时刻作用在点 ξ 的瞬时集中力源，它对弦提供的冲量等于外力 $f(x,t)$ 在时间区间$(\tau,\tau+\mathrm{d}\tau)$ 里对弦段（ξ，$\xi+\mathrm{d}\xi$）所提供的冲量。

参照前面的推导，将定解问题（6.7.14）转化为

$$\begin{cases} v_{tt}-\alpha^2 v_{xx}=f(\xi,\tau)\delta(x-\xi)\delta(t-\tau) \\ v\,|_{x=0}=v\,|_{x=l}=0 \\ v\,|_{t=0}=v_t\,|_{t=\tau}=0 \end{cases} \tag{6.7.55}$$

其叠加公式为

$$u(x,t)=\int_0^t\int_0^l v(x,t;\xi,\tau)\mathrm{d}\xi\mathrm{d}\tau \tag{6.7.56}$$

令

$$G(x,t;\xi,\tau)=v(x,t;\xi,\tau)/f(\xi,\tau) \tag{6.7.57}$$

注意到 $f(\xi,\tau)$与 x，t 无关。作用在点 ξ 和时刻 τ 的瞬时力 $\rho\delta(x-\xi)\delta(t-\tau)\mathrm{d}\xi\mathrm{d}\tau$ 所引起的振动 $G(x,t;\xi,\tau)\mathrm{d}\xi\mathrm{d}\tau$ 的定解问题为

$$\begin{cases} G_{tt}-\alpha^2 G_{xx}=\delta(x-\xi)\delta(t-\tau) \\ G\,|_{x=0}=G\,|_{x=l}=0 \\ G\,|_{t=0}=G_t\,|_{t=\tau}=0 \end{cases} \tag{6.7.58}$$

式中，$G(x,t;\xi,\tau)$为**两端固定弦受迫振动的格林函数。**

格林函数 $G(x,t;\xi,\tau)$表示在 τ 时刻作用在 ξ 点的单位强度的点源对 $u(x,t)$的影响。在时间区间［0，t］和空间区间［0，l］上各个不同强度点源影响的叠加就成为 $u(x,t)$。将式（6.7.58)与式（6.7.18）比较，可见式（6.7.58）中的 $\delta(x-\xi)$ 相当于式（6.7.18）中

的$f(x,\tau)$。因此可采用冲量定理法求解式（6.7.58），即有

$$\begin{cases} G_{tt}-\alpha^2 G_{xx}=0 \\ G|_{x=0}=G|_{x=l}=0 \\ G|_{t=\tau}=0,\quad G_t|_{t=\tau}=\delta(x-\xi) \end{cases} \tag{6.7.59}$$

作用在一个点上的瞬时力所引起的振动，即方程（6.7.59）的解$G(x,t;\xi,\tau)$叫作两端固定弦受迫振动的格林函数。

定解问题（6.7.59）是齐次波动方程的初值问题，用分离变量法求解，得

$$G(x,t;\xi,\tau)=\sum_{n=1}^{\infty}\left[A_n\cos\frac{n\pi\alpha(t-\tau)}{l}+B_n\sin\frac{n\pi\alpha(t-\tau)}{l}\right]\sin\frac{n\pi x}{l} \tag{6.7.60}$$

式中，系数A_n和B_n由初始条件确定。一旦解出格林函数，根据叠加原理，参照式（6.7.56），就可求出任意外力$F(x,t)=\rho f(x,\tau)$作用下的受迫振动

$$u(x,t)=\int_0^t\int_0^l f(\xi,\tau)G(x,t;\xi,\tau)\mathrm{d}\xi\mathrm{d}\tau \tag{6.7.61}$$

将式（6.7.60）代入式（6.7.61）积分，便可求出非齐次方程的解$u(x,t)$。

例题 6.7.10 用格林函数法重解例题 6.7.3[4]。

解： 将该问题对应的格林函数式（6.7.60）代入初始条件式（6.7.59），确定系数

$$\begin{cases} \sum\limits_{n=1}^{\infty}A_n\sin\dfrac{n\pi x}{l}=0,\text{即 }A_n=0 \\ \sum\limits_{n=1}^{\infty}B_n\dfrac{n\pi\alpha}{l}\sin\dfrac{n\pi x}{l}=\delta(x-\xi) \end{cases} \tag{1}$$

将$\delta(x-\xi)$展开成傅里叶正弦级数

$$\delta(x-\xi)=\frac{2}{l}\sum_{n=1}^{\infty}\sin\frac{n\pi\xi}{l}\sin\frac{n\pi x}{l} \tag{2}$$

将式（2）代入式（1）定出

$$B_n=\frac{2}{n\pi\alpha}\sin\frac{n\pi\xi}{l}$$

将系数A_n和B_n代入式（6.7.60），得格林函数为

$$G(x,t;\xi,\tau)=\sum_{n=1}^{\infty}\frac{2}{n\pi\alpha}\sin\frac{n\pi\xi}{l}\sin\frac{n\pi\alpha(t-\tau)}{l}\sin\frac{n\pi x}{l} \tag{3}$$

因为$f(\xi,\tau)=f_0\sin\omega\tau\delta(\xi-x_0)$，故将其和格林函数（3）代入式（6.7.61），得到

$$\begin{aligned} u(x,t)&=\int_0^t\int_0^l\frac{2f_0}{\pi\alpha}\sin\omega\tau\delta(\xi-x_0)\sum_{n=1}^{\infty}\frac{1}{n}\sin\frac{n\pi\xi}{l}\sin\frac{n\pi\alpha(t-\tau)}{l}\sin\frac{n\pi x}{l}\mathrm{d}\xi\mathrm{d}\tau \\ &=\sum_{n=1}^{\infty}\frac{2f_0}{n\pi\alpha}\sin\frac{n\pi x_0}{l}\sin\frac{n\pi x}{l}\int_0^t\sin\omega\tau\sin\left[\frac{n\pi\alpha}{l}(t-\tau)\right]\mathrm{d}\tau \\ &=\frac{2f_0}{\pi\alpha}\sum_{n=1}^{\infty}\frac{1}{n}\sin\frac{n\pi x_0}{l}\sin\frac{n\pi x}{l}\,\frac{\omega\sin\frac{n\pi\alpha t}{l}-\frac{n\pi\alpha}{l}\sin\omega t}{\omega^2-(n\pi\alpha/l)^2} \end{aligned}$$

这和例题 6.7.3 的解完全一致，读者可比较冲量定理法和格林函数法这两种不同的解法。

(2) 输运方程的格林函数法

用格林函数法解输运问题时，同样也是先求格林函数，然后运用叠加公式得出原定解问题的解。以求解齐次边界条件下的非齐次输运方程为例介绍格林函数法。杆长为 l，两端的温度为零，初始温度为零，考察热源密度函数为 $f(x,t)$的强迫热传导问题。该定解问题的控制方程为

$$\begin{cases} u_t - \alpha^2 u_{xx} = f(x,t) \\ u\,|_{x=0} = u\,|_{x=l} = 0 \\ u\,|_{t=0} = 0 \end{cases} \tag{6.7.62}$$

看成作用在点 ξ 和时刻 τ 的瞬时热源 $c\rho\delta(x-\xi)\delta(t-\tau)\,\mathrm{d}\xi\mathrm{d}\tau$ 所引起的温度分布 $G(x,t;\xi,\tau)\mathrm{d}\xi\mathrm{d}\tau$的定解问题为

$$\begin{cases} G_t - \alpha^2 G_{xx} = \delta(x-\xi)\delta(t-\tau) \\ G\,|_{x=0} = G\,|_{x=l} = 0 \\ G\,|_{t=0} = 0 \end{cases}$$

这个定解问题可进一步转化为齐次输运方程的初值问题，即

$$\begin{cases} G_t - \alpha^2 G_{xx} = 0 \\ G\,|_{x=0} = G\,|_{x=l} = 0 \\ G\,|_{t=\tau} = \delta(x-\xi) \end{cases} \tag{6.7.63}$$

用分离变量求解式（6.7.63），得到瞬时热源所引起的温度分布，即定解问题（6.7.63）的解 G（x，t；ξ，τ），叫作这类**热传导问题的格林函数**。

由分离变量法可知，在第一类边界条件下，式（6.7.63）的解为格林函数

$$G(x,t;\xi,\tau) = \sum_{n=0}^{\infty} C_n \mathrm{e}^{-\left(\frac{n\pi\alpha}{l}\right)^2(t-\tau)} \sin\frac{n\pi x}{l}$$

由初始条件可确定上式中的系数 C_n，即解出格林函数。最后，运用叠加公式就可求得任意热源 $F(x,t)=c\rho f(x,t)$所引起的温度分布 $u(x,t)$

$$u(x,t) = \int_0^t\int_0^l f(\xi,\tau)G(x,t;\xi,\tau)\,\mathrm{d}\xi\mathrm{d}\tau \tag{6.7.64}$$

例题 6.7.11　在第二类齐次边界条件 $u_x\,|_{x=0} = u_x\,|_{x=l} = 0$ 下，用格林函数法求解源密度函数为 $f(t)=A\sin\omega t$ 的输运问题[4]。在例题 6.4.3 曾用本征函数系展开法求解过此定解问题。

解： 定解问题的控制方程为非齐次非稳态的输运方程为

$$\begin{cases} u_t - \alpha^2 u_{xx} = A\sin\omega t \\ u_x\,|_{x=0} = u_x\,|_{x=l} = 0 \\ u\,|_{t=0} = 0 \end{cases} \tag{1}$$

先将问题转化成求格林函数的初值问题

$$\begin{cases} G_t - \alpha^2 G_{xx} = 0 \\ G_x\,|_{x=0} = G_x\,|_{x=l} = 0 \\ G\,|_{t=\tau} = \delta(x-\xi) \end{cases} \tag{2}$$

由分离变量法求解式（2），得格林函数

$$G(x,t;\xi,\tau)=\sum_{n=0}^{\infty}C_n \mathrm{e}^{-\left(\frac{n\pi a}{l}\right)^2(t-\tau)}\cos\frac{n\pi x}{l} \tag{3}$$

将式（2）中的初始条件代入式（3）有

$$\sum_{n=0}^{\infty}C_n\cos\frac{n\pi x}{l}=\delta(x-\xi) \tag{4}$$

确定式中的系数 C_n，先把 δ（$x-\xi$）展开为傅里叶余弦级数（本节例题 6.7.2）

$$\delta(x-\xi)=\frac{1}{l}+\frac{2}{l}\sum_{n=1}^{\infty}\cos\frac{n\pi\xi}{l}\cos\frac{n\pi x}{l} \tag{5}$$

比较式（4）和式（5），得

$$C_0=\frac{1}{l},\quad C_n=\frac{2}{l}\cos\frac{n\pi\xi}{l}\qquad(n\neq 0) \tag{6}$$

将式（6）代入式（3），得到格林函数为

$$G(x,t;\xi,\tau)=\frac{1}{l}+\sum_{n=1}^{\infty}\frac{2}{l}\mathrm{e}^{-(n\pi a/l)^2(t-\tau)}\cos\frac{n\pi\xi}{l}\cos\frac{n\pi x}{l} \tag{7}$$

将式（7）代入式（6.7.64），得

$$u(x,t)=\int_0^t\int_0^l A\sin\omega\tau\left[\frac{1}{l}+\sum_{n=1}^{\infty}\frac{2}{l}\mathrm{e}^{-(n\pi a/l)^2(t-\tau)}\cos\frac{n\pi\xi}{l}\cos\frac{n\pi x}{l}\right]\mathrm{d}\xi\mathrm{d}\tau \tag{8}$$

通过以上的运算将原来求解微分方程的问题转化为求积分方程。由于式（8）求和符号下的各项对 ξ 的积分等于零，故对 τ 积分后得到方程的解为

$$u(x,t)=\int_0^t\int_0^l\frac{A}{l}\sin\omega\tau\,\mathrm{d}\xi\mathrm{d}\tau=\frac{A}{\omega}(1-\cos\omega t)$$

6.8 无界空间的定解问题

物理系统总是有限的，必然有边界。但是，当研究对象在某一维尺度特别大，边界的影响可忽略时，可以科学地处理为没有边界的问题。例如，研究一根杆的长度远远大于横截面的传热问题，就可忽略杆长度方向边界的影响；研究弦的振动问题，如果弦很长，以至于在所考察的不太长时间里，两端的影响都没有来得及传到，则弦端点的影响可忽略不计。这样可将有限长的真实杆或弦科学地抽象为无界的杆或弦。假设杆、弦无限长（$-\infty<x<+\infty$），研究 $t\geqslant 0$ 时，由方程本身和仅有初始条件组成的定解问题，这类问题可称为初始值问题，也就是柯西问题。由此可见，**无界空间问题就是没有边界条件的问题**。

本章前几节介绍了分离变量法、本征函数法求解有界空间的定解问题，即先求偏微分方程的通解，再用定解条件确定通解中含有的任意函数。一般来说，对于这种先求通解的方法，绝大多数定解问题并不适用，仅适用于很少数的情况。无界空间定解问题没有边界条件，处理方法也有些不同。而无界空间的定解问题则不用考虑边界的影响，对于这类没有边界的问题，可采用先求问题的一般解，再用定解条件确定通解中含有的任意函数。

如果问题的区域是整个空间，则由初始扰动引起的振动就会一往无前地传播出去，形成行波。这种定解问题有一种特殊的解法——行波法。无界空间的分离变量法基本同于有界空间。但是，由于没有边界条件，故也就不存在本征值问题，对分离的本征值求和代之以对连续参数的傅里叶积分。**求解无界空间问题的分离变量法可称作为分离变量的傅里叶积分法**。

本节主要介绍无界空间的行波法、分离变量的傅里叶积分法和格林函数法[1],[2],[4],[6]，包括齐次波动方程的行波法、分离变量的傅里叶积分法、用点源法求无界空间的格林函数三部分。

6.8.1　齐次波动方程的行波法

齐次波动方程反映介质一经扰动后在区域里不再受到外力的运动规律。如果问题的区域是整个空间，则由初始扰动引起的振动就会一往无前地传播出去，形成行波，这时可用一种特殊的解法——**行波法**求解无界空间齐次波动方程。行波法是一种较为简便的方法。

本小节介绍齐次波动方程的行波法，包括一维波动方程的达朗伯公式、三维波动方程的泊松公式和二维波动方程的柱面波三部分。

（1）一维波动方程的达朗伯公式

无限长弦的自由振动和无限长杆的自由纵振动具有相同的泛定方程 $u_{tt}-\alpha^2 u_{xx}=0$。先介绍求解一维波动方程的初值问题，即柯西问题。

例题 6.8.1　研究均匀无穷弦的自由振动问题[2],[4]。无界空间一维齐次波动方程的定解问题

$$u_{tt}-\alpha^2 u_{xx}=0 \quad (-\infty<x<+\infty, t>0) \tag{6.8.1}$$

初始条件为

$$u\,|_{t=0}=\varphi(x),\quad u_t\,|_{t=0}=\psi(x) \quad (-\infty<x<+\infty) \tag{6.8.2}$$

解： 描述均匀无穷弦自由振动的方程（6.8.1）是标准形式的双曲型方程，将其改写为

$$\left(\frac{\partial}{\partial t}+\alpha\frac{\partial}{\partial x}\right)\left(\frac{\partial}{\partial t}-\alpha\frac{\partial}{\partial x}\right)u=0$$

作变量替换

$$\begin{cases}\xi=x+\alpha t\\ \eta=x-\alpha t\end{cases}$$

即

$$\begin{cases}x=\dfrac{1}{2}(\xi+\eta)\\ t=\dfrac{1}{2a}(\xi-\eta)\end{cases} \tag{1}$$

则

$$u(x,t)=u\left[\frac{1}{2}(\xi+\eta),\frac{1}{2a}(\xi-\eta)\right]=U(\xi,\eta) \tag{2}$$

式（2）对 x 求导，有

$$\frac{\partial u}{\partial x}=\frac{\partial U}{\partial \xi}\frac{\partial \xi}{\partial x}+\frac{\partial U}{\partial \eta}\frac{\partial \eta}{\partial x}=\frac{\partial U}{\partial \xi}+\frac{\partial U}{\partial \eta}$$

$$\frac{\partial^2 u}{\partial x^2}=\frac{\partial}{\partial \xi}\left(\frac{\partial U}{\partial \xi}+\frac{\partial U}{\partial \eta}\right)\frac{\partial \xi}{\partial x}+\frac{\partial}{\partial \eta}\left(\frac{\partial U}{\partial \xi}+\frac{\partial U}{\partial \eta}\right)\frac{\partial \eta}{\partial x}=\frac{\partial^2 U}{\partial \xi^2}+2\frac{\partial^2 U}{\partial \xi\partial \eta}+\frac{\partial^2 U}{\partial \eta^2} \tag{3}$$

同理，式（2）对 t 求导，可得

$$\frac{\partial^2 u}{\partial t^2}=\alpha^2\left(\frac{\partial^2 U}{\partial \xi^2}-2\frac{\partial^2 U}{\partial \xi\partial \eta}+\frac{\partial^2 U}{\partial \eta^2}\right) \tag{4}$$

将式（3）和式（4）代入式（6.8.1），经过变量替换，方程（6.8.1）变换为

$$\frac{\partial^2 U}{\partial\xi\partial\eta}=0 \tag{5}$$

将式（5）对 ξ 积分，有

$$\frac{\partial U}{\partial\eta}=f'(\eta) \tag{6}$$

式中，$f'(\eta)$ 为任意可导函数，式（6）再对 η 积分，得

$$U(\xi,\eta)=\int f'(\eta)\mathrm{d}\eta+g(\xi)=f(\eta)+g(\xi) \tag{7}$$

将变量代换式（1）代入式（7），于是得到

$$u(x,t)=f(x-\alpha t)+g(x+\alpha t) \tag{6.8.3}$$

式（6.8.3）是一维齐次波动方程在无界空间的通解，其中 f、g 是连续两次可导的任意函数。

通解式（6.8.3）有鲜明的物理意义。事实上，$f(x-\alpha t)$ 形状的函数描述的是沿 x 轴方向传播的行波，其波速是 α。为了说明这一点，将它稍作变形，令

$$f(x-\alpha t)=F\left(t-\frac{x}{\alpha}\right)$$

则有

$$F\left(t-\frac{x_1}{\alpha}\right)=F\left[\left(t+\frac{x_2-x_1}{\alpha}\right)-\frac{x_2}{\alpha}\right]\qquad(x_2>x_1)$$

上式说明，在时刻 t 出现在点 x_1 的位移，到了较迟的时刻 $[t+(x_2-x_1)/\alpha]$ 便出现在 x_2，它正是以速度 α 沿 x 轴方向传播的行波，称为**正波**。换句话说，函数的图像对于动坐标系保持不变，随着动坐标系以速度 α 沿 x 轴方向移动，即**行波**。同样，如令 $g(x+\alpha t)=G(t+x/\alpha)$，则它表示以速度 α 逆 x 轴传播的行波，称为**反波**。

通解式（6.8.3）的物理意义：对于无限长弦的自由振动和无限长杆的自由纵振动，以及无限长理想传输线上的电流、电压变化等物理现象而言，任意扰动总以行波形式分别向两方向以波速 α 传播出去。

行波是平面波，波速 $\alpha=\sqrt{T/\rho}$，也就是说弦张得越紧，弦的线密度越小，则波速越快。

由于 f、g 可以是任意函数，这说明行波的具体波形与它的“历史”有关，即取决于初始条件（6.8.2）。将式（6.8.3）代入式（6.8.2），得

$$f(x)+g(x)=\varphi(x) \tag{6.8.4}$$

$$-\alpha f'(x)+\alpha g'(x)=\psi(x) \tag{6.8.5}$$

对式（6.8.5）积分，得到

$$-f(x)+g(x)=\frac{1}{\alpha}\int_0^x\psi(\eta)\mathrm{d}\eta+C \tag{6.8.6}$$

将式（6.8.4）与式（6.8.6）联立求解，得到任意函数

$$\begin{cases}f(x)=\dfrac{1}{2}\varphi(x)-\dfrac{1}{2\alpha}\displaystyle\int_0^x\psi(\eta)\mathrm{d}\eta-\dfrac{C}{2}\\ g(x)=\dfrac{1}{2}\varphi(x)+\dfrac{1}{2\alpha}\displaystyle\int_0^x\psi(\eta)\mathrm{d}\eta+\dfrac{C}{2}\end{cases} \tag{6.8.7}$$

将式（6.8.7）代入式（6.8.3），得到**达朗伯公式**

$$u(x,t)=\frac{1}{2}[\varphi(x-\alpha t)+\varphi(x+\alpha t)]+\frac{1}{2\alpha}\int_{x-\alpha t}^{x+\alpha t}\psi(\eta)\mathrm{d}\eta \tag{6.8.8}$$

为了能形象地理解公式（6.8.8）的物理意义，下面就该公式的两种特殊情况予以说明。

① 当 $u_t|_{t=0}=\psi(x)=0$ 时，即初速为零，由式（6.8.8）得

$$u(x,t)=\frac{1}{2}[\varphi(x-\alpha t)+\varphi(x+\alpha t)]$$

该式表明，初始位移（图 6.8.1 最下一图的粗线所描绘）分为两半（该图细线），分别向左、右两方以速度 α 移动（图 6.8.1 由下而上各图的细线所描绘），这两个行波的和（图 6.8.1 中自下而上各图的粗线所描绘）给出了各个时刻的波形。

② 当初始位移为零，即 $u|_{t=0}=\varphi(x)=0$，初始速度只在区间（x_1，x_2）上不为零

$$u_t|_{t=0}=\psi(x)=\begin{cases}\psi_0=\text{常数} & x\in(x_1,x_2)\\ 0 & x\notin(x_1,x_2)\end{cases}$$

由达朗伯公式（6.8.8）给出

$$u(x,t)=\frac{1}{2\alpha}\int_{x-\alpha t}^{x+\alpha t}\psi(\eta)\mathrm{d}\eta=\Psi(x+\alpha t)-\Psi(x-\alpha t) \tag{6.8.9}$$

式中，Ψ 为 ψ 的原函数，其图像如图 6.8.2 所示。

$$\Psi(x)=\frac{1}{2\alpha}\int_0^x\psi(\eta)\mathrm{d}\eta=\begin{cases}0 & (x\leqslant x_1)\\ \dfrac{1}{2\alpha}(x-x_1)\psi_0 & (x_1\leqslant x\leqslant x_2)\\ \dfrac{1}{2\alpha}(x_2-x_1)\psi_0 & (x_2\leqslant x)\end{cases}$$

作出 $+\Psi(x)$ 和 $-\Psi(x)$ 两个图形，让它们以速度 α 分别向左、右两方移动，如图 6.8.3由下而上各图的细线所示，两者的和由图 6.8.3 中自下而上各图的粗线描画出各个时刻的波形。

在图 6.8.1 中，波已“通过”的地区，振动消失而弦静止在原平衡地区；在图 6.8.3 中，波已“通过”的地区，虽振动也消失，但偏离了原平衡位置。

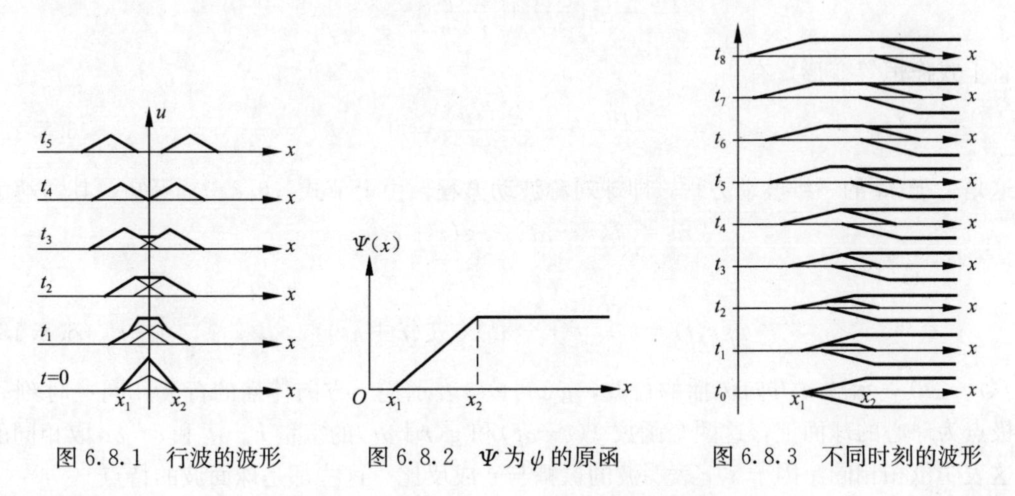

图 6.8.1　行波的波形　　图 6.8.2　Ψ 为 ψ 的原函　　图 6.8.3　不同时刻的波形

例题 6.8.2　求解无界弦的自由振动，设弦的初始位移为 $A\cos(\omega x/\alpha)$，初始速度为 $A\omega\sin(\omega x/\alpha)$[4]。

解：已知该一维无界空间齐次波动方程定解问题的控制方程为式（6.8.1）和式（6.8.2），初始条件为

$$\varphi(x)=A\cos(\omega x/\alpha),\quad \psi(x)=A\omega\sin(\omega x/\alpha)$$

将初始条件直接代入达朗伯公式（6.8.8），得到该问题的解为

$$\begin{aligned}u(x,t)&=\frac{1}{2}\left[A\cos\frac{\omega}{\alpha}(x-\alpha t)+A\cos\frac{\omega}{\alpha}(x+\alpha t)\right]+\frac{A\omega}{2\alpha}\int_{x-\alpha t}^{x+\alpha t}\sin\left(\frac{\omega\xi}{\alpha}\right)\mathrm{d}\xi\\&=\frac{A}{2}\left[\cos\frac{\omega}{\alpha}(x-\alpha t)+\cos\frac{\omega}{\alpha}(x+\alpha t)\right]-\frac{A}{2}\cos\frac{\omega\xi}{\alpha}\Bigg|_{x-\alpha t}^{x+\alpha t}=A\cos\omega\left(t-\frac{x}{\alpha}\right)\end{aligned}$$

从例题6.8.2可见，直接使用达朗伯公式求解该类定解问题要简单多。同理也可求解振动方程的半无界问题。此时定解条件除初始条件外，还有一个边界条件。所以说，“半无界的”也是一种科学的抽象。这里没有介绍半无限长弦的自由振动问题，读者可参考相关文献[2]。

（2）三维波动方程的泊松公式

由于在空间的波动过程要比沿一个方向传播的平面波普遍的多，因此研究三维波动方程是很重要的。无界空间的三维齐次波动方程，可以在上述方法的基础上求解[4]。

设无界空间三维齐次波动方程的柯西问题为

$$\begin{cases}u_{tt}-\alpha^2\nabla^2u=0\\u\big|_{t=0}=\varphi(x,y,z)\\u_t\big|_{t=0}=\psi(x,y,z)\end{cases}\tag{6.8.10}$$

下面分球对称和球不对称两种情况讨论三维波动方程的柯西问题。

① **球对称的球面波。**

在这种情况下，u与θ、φ无关，于是$u=u(r,t)$，式（6.8.10）简化为

$$\frac{\partial^2u}{\partial t^2}-\frac{\alpha^2}{r^2}\frac{\partial}{\partial r}\left(r^2\frac{\partial u}{\partial r}\right)=0\tag{6.8.11}$$

即

$$\frac{\partial^2u}{\partial t^2}-\alpha^2\left(\frac{\partial^2u}{\partial r^2}+\frac{2}{r}\frac{\partial u}{\partial r}\right)=0$$

将上式作恒等变形，有

$$\frac{\partial^2(ru)}{\partial t^2}-\alpha^2\frac{\partial^2(ru)}{\partial r^2}=0\tag{6.8.12}$$

这是关于ru的一维波动方程，即**球对称波动方程**。由上节式（6.8.3）可知，其通解为

$$ru=f(r-\alpha t)+g(r+\alpha t)$$

故

$$u(r,t)=\frac{1}{r}[f(r-\alpha t)+g(r+\alpha t)]\tag{6.8.13}$$

$f(r-\alpha t)$表示顺$\boldsymbol{r}$方向传播的行波，$g(r+\alpha t)$表示逆$\boldsymbol{r}$方向传播的行波。同一时刻t，在以极点为球心的球面上，这两个函数$f(r-\alpha t)$和$g(r+\alpha t)$的宗量$r-\alpha t$和$r+\alpha t$取相同的值，这表明位相相同。因子$1/r$表明波的振幅与r成反比。这些都是**球面波**的特点。

② **球不对称泊松积分。**

在球对称的情况下，u与θ、φ无关，ru满足一维波动方程，因而很容易得到通解。在

一般情况下，u 与 θ、φ 有关，ru 不会满足一维波动方程。先来考虑 u 在球面上的平均值 $\bar{u}$，设该平均值 $\bar{u}$ 只与 r 有关，与 θ、φ 无关。首先确定平均值 $\bar{u}$，在空间任意取一点 $M_0(x_0,y_0,z_0)$，以 M_0 为球心、r 为半径，作球面 S，u 在球面 S 上的平均值 $\bar{u}$ 与点 M_0 的位置、球面 S 的半径 r 和时间 t 都有关。现在假定点 M_0 有取定，其坐标称为参数，把 $\bar{u}$ 看成仅是半径 r 和时间 t 的函数，即 $\bar{u}=\bar{u}(r,t)$，则有

$$\bar{u}(r,t)=\frac{1}{4\pi r^2}\iint_S u\mathrm{d}S=\frac{1}{4\pi}\iint_S u\mathrm{d}\omega \tag{6.8.14}$$

式中
$$\mathrm{d}\omega=\frac{\mathrm{d}S}{r^2}=\sin\theta\mathrm{d}\theta\mathrm{d}\varphi$$

为了考察 $r\bar{u}$ 是否满足一维波动方程，计算方程（6.8.10）对球面 S 所包围区域 Ω 的积分。这样可以通过积分的计算或者通过奥—高公式与面积分联系起来，把 $\bar{u}$ 纳入波动方程的轨道计算，并运用式（6.8.14），有

$$\iiint_\Omega u_{tt}\mathrm{d}V=\frac{\partial^2}{\partial t^2}\int_0^r\iint_S ur_1^2\mathrm{d}\omega\mathrm{d}r_1=4\pi\frac{\partial^2}{\partial t^2}\int_0^r\bar{u}r_1^2\mathrm{d}r_1 \tag{1}$$

$$\alpha^2\iiint_\Omega\nabla^2u\mathrm{d}V=\alpha^2\iint_S\frac{\partial u}{\partial r}r^2\mathrm{d}\omega=4\pi\alpha^2r^2\frac{\partial\bar{u}}{\partial r} \tag{2}$$

将式（1）和式（2）代入式（6.8.10），有

$$\frac{\partial^2}{\partial t^2}\int_0^r\bar{u}r_1{}^2\mathrm{d}r_1-\alpha^2r^2\frac{\partial\bar{u}}{\partial r}=0 \tag{3}$$

将式（3）对 r 求导一次，有

$$\frac{\partial^2}{\partial t^2}(\bar{u}r^2)-\alpha^2\frac{\partial}{\partial r}\left(r^2\frac{\partial\bar{u}}{\partial r}\right)=0 \tag{4}$$

将式（4）恒等变形，得

$$\frac{\partial^2\bar{u}}{\partial t^2}-\frac{\alpha^2}{r^2}\frac{\partial}{\partial r}\left(r^2\frac{\partial\bar{u}}{\partial r}\right)=0 \tag{5}$$

此方程（5）与方程（6.8.11）同型，可见 $r\bar{u}$ 满足一维齐次波动方程，从而有

$$r\bar{u}=f(r-\alpha t)+g(r+\alpha t) \tag{6.8.15}$$

$\bar{u}$ 中含有未经写出的参数，即点 M_0 的坐标 x_0、y_0、z_0。如使球面向点 M_0 无限缩小，即令 $r\to0$，则 $\bar{u}\mid_{r=0}$ 便成了点 M_0 处的波函数 $u(x_0,\ y_0,\ z_0,\ t)$。为此，先将式（6.8.15）对 r 求导，使 $\bar{u}$ 分离出来，即

$$r\frac{\partial\bar{u}}{\partial r}+\bar{u}=f'(r-\alpha t)+g'(r+\alpha t) \tag{6.8.16}$$

令 $r\to0$，得到

$$u(x_0,y_0,z_0,t)=\bar{u}\mid_{r=0}=f'(-\alpha t)+g'(\alpha t) \tag{6.8.17}$$

下面运用初始条件来确定函数的形式。将式（6.8.15）对 t 求导，有

$$r\frac{\partial\bar{u}}{\partial t}=-\alpha f'(r-\alpha t)+\alpha g'(r+\alpha t) \tag{6.8.18}$$

当 $r\to0$，由上式得

$$f'(-\alpha t)=g'(\alpha t)$$

代入式（6.8.17），得

$$u(x_0,y_0,z_0,t)=2g'(\alpha t) \tag{6.8.19}$$

联立式（6.8.16）和式（6.8.18），可得

$$r\frac{\partial \bar{u}}{\partial r}+\bar{u}+\frac{r}{\alpha}\frac{\partial \bar{u}}{\partial t}=2g'(r+\alpha t)$$

当 $t\to 0$ 时，将球面的均值 $\bar{u}$（6.8.14）代入上式，有

$$2g'(r)=\left[\frac{\partial}{\partial r}(r\bar{u})+\frac{r}{\alpha}\frac{\partial \bar{u}}{\partial t}\right]\bigg|_{t=0}=\left[\frac{\partial}{\partial r}\left(\frac{1}{4\pi}\iint_S\frac{u}{r}\mathrm{d}S\right)+\frac{1}{4\pi\alpha}\frac{\partial}{\partial t}\iint_S\frac{u}{r}\mathrm{d}S\right]\bigg|_{t=0}$$

$$=\frac{1}{4\pi}\frac{\partial}{\partial r}\iint_S\frac{\varphi}{r}\mathrm{d}S+\frac{1}{4\pi\alpha}\iint_S\frac{\psi}{r}\mathrm{d}S$$

考虑到 α 是波速，t 是时间，球面的半径 $r=\alpha t$。将上式中的 r 用 αt 取代，注意将 $\frac{\partial}{\partial r}$ 改写为 $\frac{1}{\alpha}\frac{\partial}{\partial t}$，然后代入式（6.8.19），并将点 $M_0(x_0,y_0,z_0)$ 改为区域里任一点 $M(x,y,z)$，得到**球不对称泊松积分公式**

$$u(x,y,z,t)=\frac{1}{4\pi\alpha}\frac{\partial}{\partial t}\iint_{S_{\alpha t}^M}\frac{\varphi(x',y',z')}{\alpha t}\mathrm{d}S'+\frac{1}{4\pi\alpha}\iint_{S_{\alpha t}^M}\frac{\psi(x',y',z')}{\alpha t}\mathrm{d}S' \quad (6.8.20)$$

式中，$S_{\alpha t}^M$ 表示以点 $M(x,\ y,\ z)$ 为球心、αt 为半径的球面。

球不称泊松积分公式的物理意义：求定解问题在某点 M 的解时，只需对与点 M 相距为 αt 的球面 $S_{\alpha t}^M$ 上的初始值作积分。α 是波速，t 是时间，这表明经过一段时间 t，在球面 $S_{\alpha t}^M$ 上影响正好传到了点 M 处；每个面元对点 M 的贡献与 αt 成反比，即与该面元到点 M 的距离成反比，这正好体现了各个面元向点 M 发出球面子波的特征，如图 6.8.4 所示。

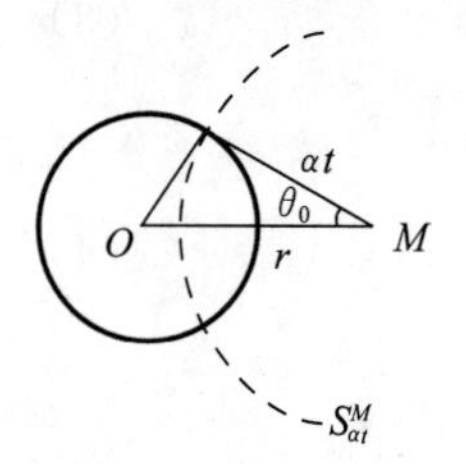

图 6.8.4　球面波

如果 $S_{\alpha t}^{r}$ 表示以点 $\boldsymbol{r}$（确切地说，矢径为 $\boldsymbol{r}$ 的点）为球心、αt 为半径的球面，则得到**泊松积分公式**另外一种表示，为

$$u(\boldsymbol{r},t)=\frac{1}{4\pi\alpha}\frac{\partial}{\partial t}\iint_{S_{\alpha t}^{r}}\frac{\varphi(\boldsymbol{r}')}{\alpha t}\mathrm{d}S'+\frac{1}{4\pi\alpha}\iint_{S_{\alpha t}^{r}}\frac{\psi(\boldsymbol{r}')}{\alpha t}\mathrm{d}S' \quad (6.8.21)$$

式中，$\mathrm{d}S'$ 是球面 $S_{\alpha t}^{r}$ 的面积元。

这里没有给出详细推导，详细推导可见参考文献［2］。**从三维空间的泊松积分公式（6.8.21）可见，对于三维无界空间的波动，只要知道它的初始状态，用泊松公式可以推算它在以后任一时刻的状态**。具体地说，为求时刻 t 在点 $\boldsymbol{r}$ 的 $\boldsymbol{u}(\boldsymbol{r},t)$，应以点 $\boldsymbol{r}$ 为球心，以 αt 为半径作球面 $S_{\alpha t}^{r}$，然后用初始扰动条件 $\varphi(\boldsymbol{r}')$ 和 $\psi(\boldsymbol{r}')$ 按照泊松积分公式（6.8.21）在球面 $S_{\alpha t}^{r}$ 上积分，就得到波动在以后任一时刻的状态。也就是说，波动以速度 α 传播，只有与点 $\boldsymbol{r}$ 相距 αt 的那些点（即 $S_{\alpha t}^{r}$ 上的点）的初始扰动恰好在时刻 t 传到 $\boldsymbol{r}$ 点。

详细讨论波动的具体情况[2]。设初始扰动只限于区域 Ω_0，取定一点 $\boldsymbol{r}$，它与 Ω_0 的最小距离是 d，最大距离是 D。

当 $t<d/\alpha$ 时，$S_{\alpha t}^{r}$ 与 Ω_0 不相交，按泊松公式 $\boldsymbol{u}(\boldsymbol{r},t)=0$，这表明扰动的前锋尚未到达点 $\boldsymbol{r}$；当 $d/\alpha<t<D/\alpha$ 时，$S_{\alpha t}^{r}$ 与 Ω_0 相交，$\boldsymbol{u}(\boldsymbol{r},t)\neq 0$，这表时扰动已经达到点 $\boldsymbol{r}$；当 $t>d/\alpha$ 时，$S_{\alpha t}^{r}$ 包围了 Ω_0，但与 Ω_0 不相交，$\boldsymbol{u}(\boldsymbol{r},t)=0$，这表示扰动的阵尾已经过去。

例题 6.8.3　设大气中有一个半径为 1 的球形薄膜，薄膜内压强超过大气压的数值为 p_0，若该薄膜突然破裂将会在大气压中激起三维波，试求球外任意位置的附加压强 p[4]。

解： 由于问题具有球对称性，故球外任一点压强仅与 r 和 t 有关。设球外一点 M 的附加

压强为 $p=p(r,t)$，则该定解问题的控制方程为

$$p_{tt}-\alpha^2\nabla^2 p=0 \tag{1}$$

$$p\Big|_{t=0}=\begin{cases}p_0 & (r<1)\\ 0 & (r>1)\end{cases},\quad p_t\Big|_{t=0}=0 \tag{2}$$

以薄膜球的球心为极点。如图6.8.4所示，当 $\alpha t<r-1$，即 $t<(r-1)/\alpha$ 时，扰动的前锋尚未达到点 M，当 $\alpha t>r+1$，即 $t>(r+1)/a$ 时，扰动的尾阵已经到达了点 M。在时间区间 $(r-1)/\alpha<t<(r+1)/\alpha$ 里，由初始条件式（2）知 $\varphi(x,y,z,0)=p_0$，由 $p_t|_{t=0}=0$，即 $\psi=0$，代入泊松积分式（6.8.20），得到球外任意位置附加压强为

$$p(r,t)=\frac{1}{4\pi\alpha}\frac{\partial}{\partial t}\iint_{S_{\alpha t}^M}\frac{\varphi(x,y,z)}{\alpha t}\mathrm{d}S=\frac{1}{4\pi\alpha}\frac{\partial}{\partial t}\iint_{S_{\alpha t}^M}\frac{\varphi(\boldsymbol{r})}{\alpha t}\mathrm{d}S \tag{3}$$

先计算球面积分

$$\iint_{S_{\alpha t}^M}\frac{\varphi(\boldsymbol{r})}{\alpha t}\mathrm{d}S=\int_0^{2\pi}\mathrm{d}\varphi\int_0^{\theta_0}\frac{p_0\,(\alpha t)^2\sin\theta\mathrm{d}\theta}{\alpha t}=2\pi p_0\alpha t(1-\cos\theta_0) \tag{4}$$

由图6.8.4可知，$\cos\theta_0=\dfrac{r^2+\alpha^2t^2-1}{2\alpha rt}$，将其代入式（4），有

$$\iint_{S_{\alpha t}^M}\frac{\varphi(\boldsymbol{r})}{\alpha t}\mathrm{d}S=2\pi p_0\alpha t\left(1-\frac{r^2+\alpha^2t^2-1}{2\alpha rt}\right)=-\frac{\pi p_0}{r}\left[(r-\alpha t)^2-1\right] \tag{5}$$

将式（5）代入式（3），得到球外任意位置附加压强为

$$p(r,t)=\frac{1}{4\pi\alpha}\frac{\partial}{\partial t}\iint_{S_{\alpha t}^M}\frac{\varphi(\boldsymbol{r})}{\alpha t}\mathrm{d}S=\frac{1}{4\pi\alpha}\frac{\partial}{\partial t}\left[-\frac{\pi p_0}{r}(r-\alpha t)^2-1\right]=\frac{p_0}{2r}(r-\alpha t) \tag{6.8.22}$$

（3）二维波（柱面波）

在 xy 平面的二维波是一种特殊的三维波，这种波动其实还是在三维空间中传播的波动，只是这种波动与坐标 z 无关，也称**柱面波**[4]**。柱面波的解可通过消去三维波动泊松公式中的坐标 z 简化得到。三维波动的泊松公式就称为二维波动的公式**，这种方法称为**降维法**。

若以 x、y 表示 M 点坐标，以 x'、y' 表示面元 $\mathrm{d}\sigma$ 所在点，则圆面上的面元为 $\mathrm{d}\sigma=\mathrm{d}x'\mathrm{d}y'$。既然考察的是二维波，则球面 $S_{\alpha t}^M$ 上面元 $\mathrm{d}S$ 处函数值应与圆面 $\Sigma_{\alpha t}^M$ 上的面元 $\mathrm{d}\sigma$ 处函数值相同，如图6.8.5所示。因而上半球面上的积分可用圆面 $\Sigma_{\alpha t}^M$ 上的积分来取代，有

$$\mathrm{d}S=\frac{\mathrm{d}\sigma}{\cos\theta}=\frac{\alpha t}{\sqrt{\alpha^2t^2-(x'-x)^2-(y'-y)^2}}\mathrm{d}\sigma$$

如图6.8.5所示，下半球面上的积分也可同样取代，于是将泊松积分式（6.8.20）应用到柱面波，有

$$\begin{aligned}u(x,y,t)=&\frac{1}{2\pi\alpha}\frac{\partial}{\partial t}\iint_{\Sigma_{\alpha t}^M}\frac{\varphi(x',y')}{\sqrt{\alpha^2t^2-(x'-x)^2-(y'-y)^2}}\mathrm{d}x'\mathrm{d}y'\\&+\frac{1}{2\pi\alpha}\iint_{\Sigma_{\alpha t}^M}\frac{\psi(x',y')}{\sqrt{\alpha^2t^2-(x'-x)^2-(y'-y)^2}}\mathrm{d}x'\mathrm{d}y'\end{aligned} \tag{6.8.23}$$

注意二维波动有所谓的后效。设初始扰动只限于区域 Ω_0，取定一点 $\boldsymbol{r}$，它与 Ω_0 的最小距离是 d，最大距离是 D。将图6.8.5当作二维的图来看，只要 $t>d/\alpha$，$\Sigma_{\alpha t}^{x,y}$ 与 Ω_0 总有重叠部分，积分值一般不等于零，故在 (x,y) 点总有扰动。但是，当 $t\to\infty$ 时，由上式可见，u 才趋于零。将二维波动看作某种三维波动的横截面波动，就不难理解这种波动后效。

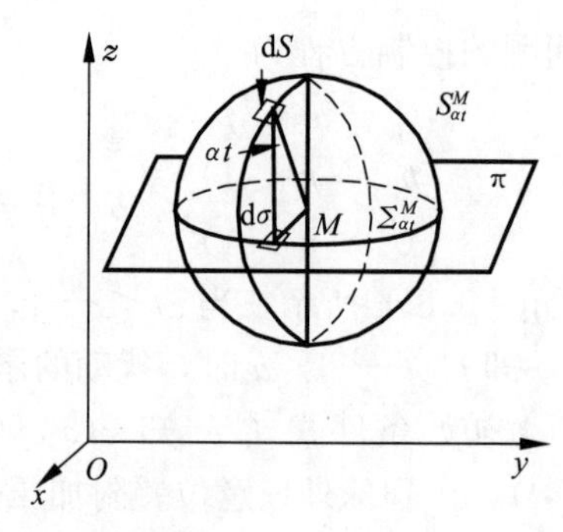

图 6.8.5 柱面波

6.8.2 分离变量的傅里叶积分法

分离变量法、本征函数法求解有界空间的定解问题，所得到的本征谱是分离的，所求的解表示为对分离本征值求和的傅里叶级数。这种用分离变量先求通解的方法仅适用于很少数的情况。而无界空间的定解问题不用考虑边界的影响，可以先用分离变量法求解无界空间的定解问题的一般解，再用定解条件确定通解中含有的任意函数。

从有界空间转到无界空间的定解问题，用分离变量法求解无界空间的定解问题时，所得到的本征值谱一般是连续的，所求的解可表示为对连续本征值求积分的傅里叶积分。**求解无界空间问题的分离变量法可称为分离变量的傅里叶积分法。**

本小节用几个例题介绍无界空间分离变量的傅里叶积分法。

例题 6.8.4 问题同例题 6.8.1。在一维无界空间，用分离变量法研究均匀无穷弦的自由振动问题，推导达朗伯公式[2]。

解： 该无界空间一维齐次波动方程的定解问题

$$u_{tt}-\alpha^2 u_{xx}=0 \qquad (-\infty<x<+\infty,\ t>0) \tag{1}$$

初始条件为

$$u\big|_{t=0}=\varphi(x),\quad u_t\big|_{t=0}=\psi(x) \qquad (-\infty<x<+\infty) \tag{2}$$

令变量分离形式的解为

$$u(x,t)=X(x)T(t)$$

将其代入控制方程（1），有

$$X(x)T''(t)=\alpha^2X''(x)T(t)$$

将上式分离变量为

$$\frac{X''(x)}{X(x)}=\frac{T''(t)}{\alpha^2T(t)}$$

要使等式成立，只能让它们等于常数时才有可能，令常数为 λ，则

$$\frac{X''(x)}{X(x)}=\frac{T''(t)}{\alpha^2T(t)}=\lambda$$

于是得到两个常微分方程

$$X''(x)-\lambda X(x)=0 \tag{3}$$

$$T''(t)-\lambda\alpha^2T(t)=0 \tag{4}$$

先讨论 $X(x)$ 的方程，逐一考察 $\lambda>0$、$\lambda=0$ 和 $\lambda<0$ 三种可能性。

① 设 $\lambda>0$，则方程（3）的解为

$$X(x)=C_1\exp(\sqrt{\lambda}x)+C_2\exp(-\sqrt{\lambda}x)$$

因为是无界空间的问题，有 $\lim\limits_{x\to\infty}X(x)=\lim\limits_{x\to\infty}[C_1\exp(\sqrt{\lambda}x)+C_2\exp(-\sqrt{\lambda}x)]\to\infty$，因此 $\lambda>0$ 应该排除。

② $\lambda=0$ 时，方程（3）的解是 $X(x)=C_1x+C_2,\lim\limits_{x\to\infty}X(x)=\lim\limits_{x\to\infty}|C_1x+C_2|\to\infty$，因此 $\lambda\neq0$。

③ $\lambda<0$ 时，不妨令 $\lambda=-\omega^2$，方程（3）为 $X''(x)+\omega^2X(x)=0$，其解为

$$X(x)=C_1\mathrm{e}^{\mathrm{i}\omega x}+C_2\mathrm{e}^{-\mathrm{i}\omega x}(\omega>0)$$

即

$$X(x)=C\mathrm{e}^{\mathrm{i}\omega x}\qquad(\omega\text{ 可正可负})\tag{5}$$

由于本问题没有边界条件，故不再限制 ω 值为某些分离的本征值，可取任意实数值。方程（4）转换为

$$T''(t)-\omega^2\alpha^2T(t)=0$$

其解为

$$T(t)=A\mathrm{e}^{\mathrm{i}\omega\alpha t}+B\mathrm{e}^{-\mathrm{i}\omega\alpha t}\tag{6}$$

将式（5）和式（6）相乘得到分离变量形式的解为

$$u(x,t;\omega)=X(x)T(t)=A(\omega)\mathrm{e}^{\mathrm{i}\omega(x+\alpha t)}+B(\omega)\mathrm{e}^{\mathrm{i}\omega(x-\alpha t)}$$

一般解是上式的线性叠加，即积分

$$u(x,t)=\int_{-\infty}^{+\infty}u(x,t;\omega)\mathrm{d}\omega=\int_{-\infty}^{\infty}[A(\omega)\mathrm{e}^{\mathrm{i}\omega(x+\alpha t)}+B(\omega)\mathrm{e}^{\mathrm{i}\omega(x-\alpha t)}]\mathrm{d}\omega\tag{7}$$

为了确定系数 A（ω）和 B（ω），将边界条件代入式（7），得

$$\int_{-\infty}^{+\infty}[A(\omega)+B(\omega)]\mathrm{e}^{\mathrm{i}\omega x}\mathrm{d}\omega=\varphi(x)\tag{8}$$

$$\int_{-\infty}^{+\infty}\mathrm{i}\omega\alpha[A(\omega)-B(\omega)]\mathrm{e}^{\mathrm{i}\omega x}\mathrm{d}\omega=\psi(x)\tag{9}$$

式（8）和（9）的左边是傅里叶积分，可以把右边的 $\varphi(x)$ 和 $\psi(x)$ 也展开为傅里叶积分，然后比较等式的两边，可得

$$\begin{cases}A(\omega)+B(\omega)=\bar{\varphi}(\omega)\\A(\omega)-B(\omega)=\dfrac{1}{\mathrm{i}\omega\alpha}\bar{\psi}(\omega)\end{cases}\tag{10}$$

式中，$\bar{\varphi}(w)$ 和 $\bar{\psi}(w)$ 分别是 $\varphi(x)$ 和 $\psi(x)$ 的傅里叶变化式。

由式（10）解出

$$\begin{cases}A(\omega)=\dfrac{1}{2}\bar{\varphi}(\omega)+\dfrac{1}{2\alpha}\dfrac{1}{\mathrm{i}\omega}\bar{\psi}(\omega)\\B(\omega)=\dfrac{1}{2}\bar{\varphi}(\omega)-\dfrac{1}{2\alpha}\dfrac{1}{\mathrm{i}\omega}\bar{\psi}(\omega)\end{cases}\tag{11}$$

将式（11）代入式（7），所求的解为

$$\begin{aligned}u(x,t)=&\frac{1}{2}\int_{-\infty}^{+\infty}[\bar{\varphi}(\omega)\mathrm{e}^{\mathrm{i}\omega\alpha t}]\mathrm{e}^{\mathrm{i}\omega x}\mathrm{d}\omega+\frac{1}{2\alpha}\int_{-\infty}^{+\infty}[\frac{1}{\mathrm{i}\omega}\bar{\psi}(\omega)\mathrm{e}^{\mathrm{i}\omega\alpha t}]\mathrm{e}^{\mathrm{i}\omega x}\mathrm{d}\omega\\&+\frac{1}{2}\int_{-\infty}^{+\infty}[\bar{\varphi}(\omega)\mathrm{e}^{-\mathrm{i}\omega\alpha t}]\mathrm{e}^{\mathrm{i}\omega x}\mathrm{d}\omega-\frac{1}{2\alpha}\int_{-\infty}^{+\infty}[\frac{1}{\mathrm{i}\omega}\bar{\psi}(\omega)\mathrm{e}^{-\mathrm{i}\omega\alpha t}]\mathrm{e}^{\mathrm{i}\omega x}\mathrm{d}\omega\end{aligned}\tag{12}$$

根据第5章傅里叶变化的延迟性质（5.2.27a），如 $f(x)$ 的傅里叶变换式是 $\bar{f}(\omega)$，则 $f(x-x_0)$的傅里叶变换式是 $\bar{f}(\omega)e^{-i\omega x_0}$，式（12）右边第一项和第三项分别是$\frac{1}{2}\varphi(x+\alpha t)$ 和$\frac{1}{2}\varphi(x-\alpha t)$。于是式（12）化简为

$$u(x,t)=\frac{1}{2}[\varphi(x+\alpha t)+\varphi(x-\alpha t)] + \frac{1}{2\alpha}\int_{-\infty}^{+\infty}\left[\frac{1}{i\omega}\bar{\psi}(\omega)e^{i\omega\alpha t}\right]e^{i\omega x}d\omega-\frac{1}{2\alpha}\int_{-\infty}^{+\infty}\left[\frac{1}{i\omega}\bar{\psi}(\omega)e^{-i\omega\alpha t}\right]e^{i\omega x}d\omega \tag{13}$$

式中，$\frac{1}{i\omega}\bar{\psi}(\omega)$ 是不定积分 $\psi(x)=\int\psi(\xi)\,d\xi$ 的傅里叶变换式 $\overline{\Psi}(\omega)$，将上式化为

$$u(x,t)=\frac{1}{2}[\varphi(x+\alpha t)+\varphi(x-\alpha t)] + \frac{1}{2\alpha}\int_{-\infty}^{+\infty}[\overline{\Psi}(\omega)e^{i\omega\alpha t}]e^{i\omega x}d\omega-\frac{1}{2\alpha}\int_{-\infty}^{+\infty}[\overline{\Psi}(\omega)e^{-i\omega\alpha t}]e^{i\omega x}d\omega \tag{14}$$

对式（14）使用延迟定理，得到达朗伯公式（6.8.8）

$$\begin{aligned}u(x,t)&=\frac{1}{2}[\varphi(x+\alpha t)+\varphi(x-\alpha t)]+\frac{1}{2}[\Psi(x+\alpha t)+\Psi(x-\alpha t)]\\&=\frac{1}{2}[\varphi(x+\alpha t)+\varphi(x-\alpha t)]+\frac{1}{2\alpha}\int_{x-\alpha t}^{x+\alpha t}\psi(\xi)d\xi\end{aligned}$$

在例题6.8.1中曾用行波法推导得到了达朗伯公式（6.8.8），读者可比较行波法和分离变量积分法解题的特点和区别。

在6.3节的例题6.3.2曾用分离变量法，研究了在初始位移 $\varphi(x)$ 和初始速度 $\psi(x)$ 的扰动下，弦长 l 两端固定的均匀弦自由振动的规律。得到级数形式的一般解，为

$$u(x,t)=\sum_{n=1}^{\infty}u_n(x,t)=\sum_{n=1}^{\infty}\left(C_n\cos\frac{n\pi\alpha}{l}t+D_n\sin\frac{n\pi\alpha}{l}t\right)\sin\frac{n\pi}{l}x$$

初始条件 $\varphi(x)$、$\psi(x)$ 展开为傅里叶正弦级数，确定系数为

$$\begin{cases}C_n=\dfrac{2}{l}\displaystyle\int_0^l\varphi(\xi)\sin\frac{n\pi}{l}\xi d\xi\\ D_n\dfrac{n\pi\alpha}{l}=\dfrac{2}{l}\displaystyle\int_0^l\psi(\xi)\sin\frac{n\pi}{l}\xi d\xi\end{cases}$$

例题6.3.2与本例题6.8.4的唯一区别是有两端固定的边界条件。读者可以比较这两个问题解的不同。

可见，**有界空间波动方程的解是无穷级数，而无界空间波动方程的解是傅里叶积分。**

例题6.8.5 求解初始的浓度为 $\varphi(x)$，一维无界空间的扩散问题[4]。

解：一维无界空间的扩散问题的控制方程为

$$u_t-\alpha^2u_{xx}=0\quad(-\infty<x<+\infty,t>0) \tag{1}$$

初始条件为

$$u|_{t=0}=\varphi(x) \tag{2}$$

读者自己完成分离变量的过程，将原方程分解为两个常微分方程

$$X''(x)+\omega^2X(x)=0 \tag{3}$$

$$T'(t)+\omega^2\alpha^2T(t)=0 \tag{4}$$

式（3）和（4）的解分别为

$$X(x)=C\mathrm{e}^{\mathrm{i}\omega x},\quad T(t)=A\mathrm{e}^{-\omega^2\alpha^2 t}$$

得到分离变量形式的解为

$$u(x,t;\omega)=A(\omega)\mathrm{e}^{-\omega^2\alpha^2 t}\mathrm{e}^{\mathrm{i}\omega x}$$

式中，ω 可取任意实数值。将一般解线性叠加，即积分上式

$$u(x,t)=\int_{-\infty}^{+\infty}A(\omega)\mathrm{e}^{-\omega^2\alpha^2 t}\mathrm{e}^{\mathrm{i}\omega x}\,\mathrm{d}\omega \tag{5}$$

把式（5）代入边界条件，确定系数 $A(\omega)$，有

$$\int_{-\infty}^{+\infty}A(\omega)\mathrm{e}^{\mathrm{i}\omega x}\,\mathrm{d}\omega=\varphi(x) \tag{6}$$

由第 5 章的傅里叶变化式，有

$$A(\omega)=\frac{1}{2\pi}\int_{-\infty}^{+\infty}\varphi(\xi)\mathrm{e}^{\mathrm{i}\omega t}\,\mathrm{d}\xi \tag{7}$$

将式（7）代入式（5），得到解

$$u(x,t)=\int_{-\infty}^{+\infty}\varphi(\xi)\left[\frac{1}{2\pi}\int_{-\infty}^{+\infty}\mathrm{e}^{-\omega^2\alpha^2 t}\mathrm{e}^{\mathrm{i}\omega(x-\xi)}\,\mathrm{d}\omega\right]\mathrm{d}\xi \tag{8}$$

引用定积分公式

$$\int_{-\infty}^{+\infty}\mathrm{e}^{-\omega^2\alpha^2}\mathrm{e}^{\beta\omega}\,\mathrm{d}\omega=\frac{\sqrt{\pi}}{\alpha}\mathrm{e}^{\beta^2/4\alpha^2}$$

把解表示为

$$u(x,t)=\int_{-\infty}^{+\infty}\varphi(\xi)\left[\frac{1}{2\alpha\sqrt{\pi t}}\mathrm{e}^{(x-\xi)^2/4\alpha^2 t}\right]\mathrm{d}\xi \tag{6.8.24}$$

6.8.3　用点源法求无界空间的格林函数

前面介绍了齐次波动方程的行波法，得出了达朗伯公式和泊松公式，在此基础上，用第 6.7 介绍的格林函数法求解无界空间的非齐次方程就非常容易。该方法的特点是，先用点源法确定定解问题在无界空间的格林函数，再将格林函数代入各类积分公式求解相应的非齐次偏微分方程。

本小节分别介绍用格林函书法求解无界空间的泊松方程、非齐次输运方程和非齐次的波动方程[2]，包括无界空间的泊松方程、无界空间的非齐次输运方程、无界空间的非齐次波动方程的推迟势三部分。

（1）无界空间的泊松方程

第 6.7 节中关于泊松方程的积分公式（6.7.35）

$$u(\boldsymbol{r})=\iiint_{\Omega}f(\boldsymbol{r}_0)G(\boldsymbol{r},\boldsymbol{r}_0)\,\mathrm{d}^3\boldsymbol{r}_0$$

完全适用于求解无界空间的泊松方程。6.7 节也确定了**无界空间泊松方程的格林函数**

$$G_0(\boldsymbol{r};\boldsymbol{r}_0)=-\frac{1}{4\pi r}\qquad(r=|\boldsymbol{r}-\boldsymbol{r}_0|) \tag{6.8.25}$$

将其代入式（6.7.35），便得到**无界空间的泊松方程** $\nabla^2 u=f(\boldsymbol{r})$ 的解为

$$u(\boldsymbol{r})=-\frac{1}{4\pi}\iiint_{\infty}\frac{f(\boldsymbol{r}_0)}{r}\,\mathrm{d}^3\boldsymbol{r}_0 \tag{6.8.26}$$

由于泊松方程可描述强迫源密度函数为 $f(\boldsymbol{r})$ 的稳态波动、动量、传热和传质问题，因此式（6.8.26）可用于求解化工中的波动、动量、传热和传质问题的非齐次方程。

把公式（6.8.26）应用于静电泊松方程，有

$$\nabla^2 u = -\frac{\rho(\boldsymbol{r})}{\varepsilon_0} \tag{6.8.27}$$

得到无界空间里计算电势的公式为

$$u(\boldsymbol{r}) = -\frac{1}{4\pi\varepsilon_0}\iiint_{\infty}\frac{\rho(\boldsymbol{r}_0)}{r}\mathrm{d}^3\boldsymbol{r}_0 \tag{6.8.28}$$

（2）无界空间的非齐次输运方程

上一节关于波动方程和输运方程的冲量定理法与格林函数法的论述，都是针对齐次边界条件的，对于可忽略边界影响的问题，只要舍弃边界条件，有关论述就可不加其他修改的运用到无界空间。

下面用例题说明如何用格林函数解**无界空间的非齐次输运方程**。

例题 6.8.6　求解一维无界空间的有源密度函数为 $f(x,t)$ 的输运问题[4]：

$$\begin{cases} u_t - \alpha^2 u_{xx} = f(x,t) \\ u\,|_{t=0} = 0 \end{cases} \tag{1}$$

解：采用格林函数法，先由下列定解问题确定格林函数 $G(x,t;\xi,\tau)$

$$\begin{cases} G_t - \alpha^2 G_{xx} = 0 \\ G\,|_{t=\tau+0} = \delta(x-\xi) \end{cases} \tag{2}$$

用傅里叶变换求解格林函数方程，对 x 取傅里叶变换，并应用傅里叶变换的微商定理，有

$$\begin{cases} \dfrac{\mathrm{d}\bar{G}(\omega,t)}{\mathrm{d}t} + \alpha^2\omega^2\bar{G}(\omega,t) = 0 \\ \bar{G}(\omega,t)\,|_{t=0} = \bar{\varphi}(\omega) \end{cases} \tag{3}$$

常微分方程（3）结合初始条件的解为

$$\bar{G}(\omega,t) = \bar{\varphi}(\omega)\mathrm{e}^{-\alpha^2\omega^2 t} \tag{4}$$

由于式（4）中

$$F^{-1}[\bar{\varphi}(\omega)] = \delta(x-\xi)$$

$$F^{-1}[\mathrm{e}^{-\alpha^2\omega^2 t}] = \frac{1}{\sqrt{2\pi}}\int_{-\infty}^{+\infty}\mathrm{e}^{-\alpha^2\omega^2 t}\mathrm{e}^{\mathrm{i}\omega x}\mathrm{d}\omega = \frac{1}{\alpha\sqrt{2\pi t}}\mathrm{e}^{-x^2/4\alpha^2 t}$$

对式（4）求逆变换，并运用第5章的卷积定理确定格林函数 $G(x,t;\xi,\tau)$，得

$$\begin{aligned} G(x,t;\xi,\tau) &= \frac{1}{2\alpha\sqrt{\pi(t-\tau)}}\int_{-\infty}^{+\infty}\delta(\eta-\xi)\exp\left[-\frac{(x-\eta)^2}{4\alpha^2(t-\tau)}\right]\mathrm{d}\eta \\ &= \frac{1}{2\alpha\sqrt{\pi(t-\tau)}}\exp\left[-\frac{(x-\xi)^2}{4\alpha^2(t-\tau)}\right] \end{aligned}$$

将格林函数 $G(x,t;\xi,\tau)$ 代入叠加公式，即用积分公式

$$u(x,t) = \int_0^t\int_0^l f(\xi,\tau)G(x,t;\xi,\tau)\mathrm{d}\xi\mathrm{d}\tau$$

得到一维无界空间的有源输运问题的解为

$$u(x,t) = \int_0^t\int_{-\infty}^{+\infty} -\frac{f(\xi,\tau)}{2\alpha\sqrt{\pi(t-\tau)}}\exp\left[-\frac{(x-\xi)^2}{4\alpha^2(t-\tau)}\right]\mathrm{d}\xi\mathrm{d}\tau \tag{6.8.29}$$

（3）无界空间的非齐次波动方程的推迟势

下面举例说明用冲量定理法解无界空间的非齐次波动方程。

例题 6.8.7　在初始位移和速度为零、源密度函数为 $f(\boldsymbol{r},t)$ 的条件下，求解三维无界空间的波动问题[4]。

解：根据已知条件，该定解问题的控制方程为

$$u_{tt}-\alpha^2\nabla^2 u=f(\boldsymbol{r},t)$$

$$u\big|_{t=0}=0,\quad u_t\big|_{t=0}=0$$

采用冲量定理法，先由下列定解问题，确定解 $v(\boldsymbol{r},t;\tau)$：

$$\begin{cases}v_{tt}-\alpha^2\nabla^2 v=0\\ v\big|_{t=\tau}=0,\quad v_t\big|_{t=\tau}=f(\boldsymbol{r},\tau)\end{cases}$$

此定解问题的解由**球不对称泊松积分公式**

$$u(x,y,z,t)=\frac{1}{4\pi\alpha}\frac{\partial}{\partial t}\iint_{S_{\alpha t}^M}\frac{\varphi(x',y',z')}{\alpha t}\mathrm{d}S'+\frac{1}{4\pi\alpha}\iint_{S_{\alpha t}^M}\frac{\psi(x',y',z')}{\alpha t}\mathrm{d}S'\tag{6.8.20}$$

给出，即

$$v(x,y,z,t;\tau)=\frac{1}{4\pi\alpha}\frac{\partial}{\partial t}\iint_{S_{\alpha t}^M}\frac{\varphi(x',y',z')}{\alpha t}\mathrm{d}S'+\frac{1}{4\pi\alpha}\iint_{S_{\alpha t}^M}\frac{\psi(x',y',z')}{\alpha t}\mathrm{d}S'$$

将式中的 t 换成 $t-\tau$，将初始条件代入上式，得

$$v(\boldsymbol{r},t;\tau)=\frac{1}{4\pi\alpha}\iint_{S_{\alpha(t-\tau)}^M}\frac{f(\boldsymbol{r}',\tau)}{\alpha(t-\tau)}\mathrm{d}S'$$

运用叠加原理，将对应于各个瞬时点源的解 $v(\boldsymbol{r},t;\tau)$ 叠加起来，即将 $v(\boldsymbol{r},t;\tau)$ 从 0 到 t 积分，得函数 $u(\boldsymbol{r},t)=\int_0^t \boldsymbol{v}(\boldsymbol{r},t,\tau)\,\mathrm{d}\tau$，有

$$u(\boldsymbol{r},t)=\frac{1}{4\pi\alpha}\int_0^t\iint_{S_{\alpha(t-\tau)}^M}\frac{f(\boldsymbol{r}',\tau)}{\alpha(t-\tau)}\mathrm{d}S'\mathrm{d}\tau\tag{6.8.30}$$

式中，$S_{\alpha(t-\tau)}^M$ 为以点 $M(\boldsymbol{r})$ 为球心，以 $\alpha(t-\tau)$ 为半径的球面。

τ 是从时刻零起一直延续到时刻 t，对 τ 求积分表明，从以半径为 αt 的球面一直缩小到以点 $M(\boldsymbol{r})$ 为极限的微球面的影响，都在同一时刻 t 传到了点 $M(\boldsymbol{r})$，但各个球面上提供影响的源出现在不同的时刻 τ。为了把对时间的积分换成对空间的积分，把各个球面的半径记作 R，令 $R=\alpha(t-\tau)$，即 $\tau=t-R/\alpha$，式（6.8.30）转化为

$$u(\boldsymbol{r},t)=\frac{1}{4\pi\alpha}\int_{\alpha t}^0\iint_{S_R^M}\frac{f(\boldsymbol{r}',t-R/\alpha)}{R}\mathrm{d}S'\left(-\frac{\mathrm{d}R}{\alpha}\right)$$

得到**推迟势公式**为

$$u(\boldsymbol{r},t)=\frac{1}{4\pi\alpha^2}\iiint_{\Omega_{\alpha t}^M}\frac{f(\boldsymbol{r}',t-R/\alpha)}{R}\mathrm{d}V'\tag{6.8.31}$$

式中，$\Omega_{\alpha t}^M$ 是以点 $M(\boldsymbol{r})$ 为球心、αt 为半径的球域。

由上式可知，计算点 M 处在时刻 t 的“位移”时，必须将以点 M 为球心、αt 为半径球内的源对点 M 的影响都叠加起来。被积函数与 R 成反比，这表明半径为 $R\leqslant\alpha t$ 的某个球面上的源对点 M 处的影响是与该源到点 M 的距离成反比。而宗量（$t-R/\alpha$）表明，在同一时刻 t 到点 M 的影响是从各个球面的不同时刻发出的，远者先发出，近者后发出，先后时刻之差为 $\Delta t=\Delta R/\alpha$，这正是波传播一段行程差 ΔR 所需要的时间。也可以说，半径为 R 球面上的源在 $t-R/\alpha$ 时刻发出的影响要推迟到时刻 t 才能达到点 M。因此，称式（6.8.31）为

推迟势公式，在电磁辐射理论中可用来计算电磁场的势。

推迟势公式的物理意义 计算点$M(\boldsymbol{r})$处在时刻t的“位移”时，必须把以点M为球心、αt为半径球内的源对点M的影响都叠加起来。被积函数与R成反比表明，半径为$R(\leqslant \alpha t)$的某个球面上的源对点M处的影响是与该源到点M的距离成反比。

下面以一例题推出**亥姆霍兹**（Helmholtz）方程在无界空间的格林函数。

例题 6.8.8 在整个空间中，点$\boldsymbol{r}_0$处有一个谐变的幅度为“1”的点源，初始位移和速度均为零，求解亥姆霍兹方程在无界空间的格林函数[4]。

解：根据已知条件，该无界空间非齐次波动方程为

$$u_{tt}-\alpha^2\nabla^2 u=\delta(\boldsymbol{r}-\boldsymbol{r}_0)\mathrm{e}^{-\mathrm{i}\omega t} \tag{1}$$

由于非齐次波动方程（1）的自由项表明，整个空间只在点$\boldsymbol{r}_0$处有一个谐变的幅度为“1”的点源，在运用推迟势公式时，只要考虑以点M（$\boldsymbol{r}$）为球心通过这个点源的一个球面，因此有

$$u(\boldsymbol{r},t)=\frac{1}{4\pi\alpha^2}\iint_{S_R^M}\frac{\delta(\boldsymbol{r}'-\boldsymbol{r}_0)\mathrm{e}^{-\mathrm{i}\omega(t-R/\alpha)}}{R}\mathrm{d}S' \tag{2}$$

式中，$\boldsymbol{r}'$表示球面S_R^M上的点。

被积函数中有因子$\delta(\boldsymbol{r}'-\boldsymbol{r}_0)$函数，运用$\delta(\boldsymbol{r}'-\boldsymbol{r}_0)$函数的性质，不用积分可直接得到积分结果。将被积函数的因式中所有的$\boldsymbol{r}'$一律换成$\boldsymbol{r}_0$，即将$R=|\boldsymbol{r}-\boldsymbol{r}'|$换为$r=|\boldsymbol{r}-\boldsymbol{r}_0|$，得到非齐次波动方程（1）在无界空间的解，为

$$u(\boldsymbol{r},t)=\frac{1}{4\pi\alpha^2 r}\mathrm{e}^{-\mathrm{i}\omega(t-r/\alpha)}=\frac{\mathrm{e}^{\mathrm{i}kr}}{4\pi\alpha^2 r}\mathrm{e}^{-\mathrm{i}\omega t}\qquad\left(k=\frac{\omega}{\alpha}\right) \tag{3}$$

将解式（3）代入方程（1），约去时间因子后得到亥姆霍兹方程为

$$\nabla^2\left(-\frac{\mathrm{e}^{\mathrm{i}kr}}{4\pi r}\right)+k^2\left(-\frac{\mathrm{e}^{\mathrm{i}kr}}{4\pi r}\right)=\delta(\boldsymbol{r}-\boldsymbol{r}_0) \tag{4}$$

定义无界空间里亥姆霍兹方程的格林函数$G(\boldsymbol{r};\boldsymbol{r}_0)$满足方程

$$\nabla^2 G+k^2 G=\delta(\boldsymbol{r}-\boldsymbol{r}_0) \tag{5}$$

将式（5）与式（4）相比，即得**无界空间里亥姆霍兹方程的格林函数**

$$G(\boldsymbol{r};\boldsymbol{r}_0)=-\frac{\mathrm{e}^{\mathrm{i}kr}}{4\pi r}\quad(r=|\boldsymbol{r}-\boldsymbol{r}_0|) \tag{6.8.32}$$

第六章 练 习 题

6.1 把下列方程化为标准形式

(1) $au_{xx}+2au_{xy}+au_{yy}+bu_x+cu_y+u=0$

(2) $u_{xx}-2u_{xy}-3u_{yy}+2u_x+6u_y=0$

(3) $u_{xx}+4u_{xy}+5u_{yy}+u_x+2u_y=0$

(4) $y^2u_{xx}+x^2u_{yy}=0$

6.2 一矩形平板长a、宽b，板沿x轴方向的两端温度为T_0，沿y轴方向一端绝热，另一端与环境有热交换，环境温度为T_∞，表面传热系数为h，求板内稳态温度分布。

6.3 一根表面绝缘的杆，长$L=3$，热扩散率为2，若它的两端保持温度是零，初始温度为25℃，求其温度分布。

6.4 已知二维非稳态波动方程为$u_{xx}+u_{yy}=u_t$，边界条件$u(x,0,t)=f(x,t)$，$u(x,\pi,t)=0$，

$u(0,y,t)=u(\pi,y,t)=0$；初始条件 $u(x,y,t)=0$，求解函数 $u(x,y,t)$。

6.5　一个设备长宽高分别为 l_1、l_2、l_3，设备的内壁是刚性的，内充气体。设备的内壁是刚性的边界条件，以长度方向为例，即有 $p_x|_{x=0}=0, p_x|_{x=l_1}=0$。用分离变量法求设备内空间的本征振动模式和谐振频率。这是一个在不用具体考虑初始的条件关于声压 $p(x,y,z,t)$ 的定解问题，本征振动模式即确定该问题的通解。

6.6　一根弦长 l，把弦的一端固定，迫使另一端做简谐振动 $A\sin\omega t$，弦的初始速度和位移都为零，求弦的振动规律。

提示：令 $u(x,t)=v(x,t)+w(x,t)$，选择满足边界条件 $w_{x=l}=A\sin\omega t$ 适当的函数 $w(x,t)$，将问题化为 $w(x,t)=A\dfrac{\sin(\omega x/a)}{\sin(\omega l/a)}\sin\omega t$ 的齐次边界条件下的初始值问题。

6.7　扩散是溶液的基本性质。一个有限长液柱两端敞开，上端和下端的浓度保持恒定。经过一定时间后，扩散就可达到稳态，即柱内溶液浓度不随时间的变化而变化，这种扩散称为稳态扩散。若扩散系数为常数，则试确定该稳态扩散的通解。

6.8　假设在有限长的细管中装有两种浓度的溶液。扩散是溶液的基本性质。两段液柱的长度有限，上柱上端和下柱下端均为封闭，则开始时扩散是自由的；在一定的时间之后，两端浓度发生变化，自由扩散就会受到抑制，称这种扩散为抑制扩散。在实验开始时，上柱稀溶液顶端（$z=l$）处，浓度梯度为零，l 为扩散柱的长度。试确定该抑制扩散的通解。

6.9　将球坐标系中的亥姆霍兹方程（6.5.21）

$$\frac{1}{r}\frac{\partial}{\partial r}\left(r\frac{\partial v}{\partial r}\right)+\frac{1}{r^2\sin\theta}\frac{\partial}{\partial\theta}\left(\sin\frac{\partial v}{\partial\theta}\right)+\frac{1}{r^2\sin^2\theta}\frac{\partial^2 v}{\partial\varphi^2}+k^2 v=0$$

用变量分离形式的解分离变量，给出详细推导具体的过程，导出方程（6.5.22）和式（6.5.23）。

6.10　导体球球面温度为 $18\cos^2\theta$，求半径为 b 的球内稳定温度分布。

6.11　在半径为 a 的球外求解稳态的浓度扩散问题，已知 $u|_{r=a}=f(\theta)$。

6.12　一单位半径的圆板，它的表面是绝缘的，边界的一半保持在常温 u_1，而另一半保持常温 u_2，求板的稳态温度分布。

6.13　已知一有限长圆柱体，高为 h，半径为 a。在 $u(a,\varphi,z)=f_1(\varphi,z)$，$u(r,\varphi,0)=f_2(r,\varphi)$ 和 $u(r,\varphi,h)=f_3(r,\varphi)$ 的边界条件下，求解有限圆柱体内拉普拉斯方程的定解问题。

提示：该问题的边界条件都是非齐次的，可将原定解问题化为两个问题求解。令 $u(r,\varphi,z)=u_1(r,\varphi,z)+u_2(r,\varphi,z)$，其中 $u_1(r,\varphi,z)$ 满足柱的上下两底面为齐次边界条件，柱面为非齐次边界条件；$u_2(r,\varphi,z)$ 满足柱面为齐次边界条件，柱的上下两底面为非齐次边界条件。

6.14　一半径为 R、高为 H 的圆柱体，下底和侧面保持温度为零度，上底温度分布为 $f(r)=r^2$，求柱内稳定温度分布。

6.15　一半径为 R、高为 H 的圆柱体，上下底温度保持在零度，柱体外侧面有热源强度为 q_0 的热流流入，求柱坐标系中稳态传热问题。

6.16　求二阶非齐次输运方程 $\varphi_{rr}+\varphi_r/r=\varphi_t+h(r,t)$（$0<r<a$，$\leqslant t<\infty$）在初始条件 $\varphi(r,0)=f(r)$ 和边界条件 $\varphi(a,0)$ 时的解。

6.17　将函数 $\delta(x-x_0)$ 在区间 $x>0$，$x_0<l$ 上展开为傅里叶正弦级数。

6.18　证明等式：

$$\nabla^2 \frac{1-e^{-\lambda r}}{r} = -\lambda^2 \frac{e^{-\lambda r}}{r} \quad (r = |\boldsymbol{r}-\boldsymbol{r}_0|)$$

6.19 用冲量定理法求解两端固定的弦，在点 x_0 处有强度为 $A\cos\omega t$ 的谐变力源的振动。

6.20 分别用冲量定理法和格林函数法求解具有放射衰变源密度为 $Ae^{-\alpha t}$ 的一维热传导问题，其中 A、a 为常数。杆的长度为 l，两端温度为零，初始的温度也为零。

6.21 在第二类齐次边界条件下，用格林函数法求解弦的受迫振动的定解问题

$$\begin{cases} u_{tt} - \alpha^2 u_{xx} = \cos(3\pi x/l)\sin\omega t \\ u_x|_{x=0} = 0, \quad u_x|_{x=l} = 0; \quad u(x,0) = 0, \quad u_t(x,0) = 0 \end{cases}$$

6.22 用格林函数法求第一类齐次边界条件下和初始位移、初始速度为零的两端固定弦受迫振动的定解问题，强迫振动的源密度函数 $f(x,t)=x$。

6.23 两端固定的弦在线密度为 $\rho f(x,t)=\rho\phi(x)\sin\omega t$ 的横向力作用下振动，用格林函数法求其振动情况，并研究其共振的可能性，确定发生共振时的解。

6.24 仿照例题 7.4.5，在 $r=a$ 的球内，在 $u|_{r=a}=F(\theta,\varphi)$ 的边界条件下，求解拉普拉斯方程的第一边值问题。

6.25 在半平面 $y>0$ 内，在 $u|_{y=0}=f(x)$ 的边界条件下，求解拉普拉斯方程的第一边值问题。

6.26 用格林函数法试求在圆形域 $r\leqslant a$ 上的调和函数 u，且 u 在圆周 C 上取下列值，其中 A 为常数。

(1) $u|_C=A\cos\varphi$

(2) $u|_C=A+\sin\varphi$

提示：可用留数定理计算其中的积分。

6.27 在 $u(x,0)=\varphi(x)$，$u_t(x,0)=\psi(x)(-\infty<x<\infty, t>0)$ 的条件下，试证一维波动方程 $u_{tt}-\alpha^2 u_{xx}=f(x,t)$ 的初值问题的解为

$$u(x,t) = \frac{1}{2}[\varphi(x-\alpha t)+\varphi(x+\alpha t)] + \frac{1}{2a}\int_{x-\alpha t}^{x+\alpha t}\psi(\xi)\mathrm{d}\xi + \frac{1}{2\alpha}\int_0^t\int_{x-\alpha(t-\tau)}^{x+\alpha(t-\tau)} f(\xi,\tau)\mathrm{d}\xi\mathrm{d}\tau$$

提示：可将此问题分解成两个问题，用变量代换法解一维自由振动方程的初值问题；用冲量定理解无初始条件的纯强迫振动问题。再将这两个结果叠加，便得问题的解。

6.28 已知方程 $u_t+\alpha u_x=\alpha^2 u_{xx}$ 为

(1) 在自变量代换 $\xi=x-\alpha t$，$\tau=t$ 条件下，试证明方程可化为 $u_\tau=\alpha^2 u_{\xi\xi}$ 的形式；

(2) 在初始条件 $u(x,0)=f(x,t)$ 下，求该方程的初值问题。

6.29 用 6.17 题推导的公式求解均匀无界弦受迫振动的初值问题，强迫振动源密度为 Ax，A 为常数；初始位移 $u(x,0)=x^2$ 和初始速度 $u_t(x,0)=2x$。

6.30 如果在考察的时段内，弦的端点（边界）影响可以忽略不计，则可假设该弦是无限长。求解均匀无界弦受迫振动的初值问题，强迫振动源密度为 $f(x,t)=\varphi(x)\sin\omega t$，弦的初始位移和速度均为零。

6.31 用格林函数法求解初始温度为零具有放射衰变源密度为 $Ae^{-\alpha t}$ 的一维无界空间热传导问题，其中 A、α 为常数。

6.32 在初始条件为零，源密度函数为 $f(x,t)$ 的情况下，用格林函数法求解一维无界空间的输运问题。

参 考 文 献

［1］ Francis B. Hildebrand. Advanced Calculus for Applications. 2nd Edition［M］. Englewood Cliffs，New Jersey：Prentice－Hall Inc，1976：348～538.

［2］ 梁昆淼，编. 刘法，缪国庆，修订. 数学物理方程（第 4 版）［M］. 北京：高等教育出版社，2010：107～302.

［3］ 夏宗伟. 应用数学基础［M］. 西安：西安交通大学出版社，1989：243～382.

［4］ 盛镇华. 矢量分析与数学物理方法［M］. 长沙：湖南科学技术出版社，1982：99～187.

［5］ 周爱月. 化工数学（第 2 版）［M］. 北京：化学工业出版社，2011：213～274.

［6］ 程建春. 数学物理方程及其近似方法［M］. 北京：科学出版社，2004：1～111.

［7］ Watson. GN. Theory of Bessel Function［M］. Cambridge University Press，1980：14～159.

［8］ Zauderer E. Partial differential Equations of Applied Mathematics. 2nd Edition［M］. New York：Wiley and Sons，1989.

［9］［英］Y. J. 詹森，G. Y. 杰弗里斯. 化工数学方法［M］. 郜德荣，等，译. 北京：化学工业出版社，1982.

第7章　偏微分方程的近似法

许多工程实际问题，由于描述问题的方程是复杂非线性方程，结构形状复杂不规则，故无法用解析的方法求解。在这种情况下，采用某种方法求解满足要求的近似解有重要的现实意义。描述化学工程中的动量、热量和质量传递，以及化学反应过程中的问题均涉及偏微分方程。通过前面的讨论了解到，偏微分方程的解析法只适用于定解问题比较简单、求解域规则且能建立正交坐标系的情况。在实际中所遇到的问题比较复杂，因此描述问题的方程常含有若干个自变量，偏微分方程一般是变系数、非线性的方程。这类偏微分方程或偏微分方程组不能用解析法求解，只能采用近似法或数值计算方法求解。

数值计算方法是一种研究并解决数学问题的近似方法，是在计算机上求解数学物理问题的方法，简称**计算方法**。**数值计算**也称为计算机模拟仿真，其是依靠电子计算机，用一定的数学物理模型来模拟所研究的定解问题，并通过数值计算和图像显示的方法，达到研究各类问题的目的。在计算机上实现一个特定的计算，类似于做一个物理实验，数值模拟实际上可理解为在计算机平台上做实验。

随着计算机和计算方法的飞速发展，几乎所有学科都走向定量化和精确化，从而产生了一系列计算性的学科分支，如计算物理、计算化学、计算生物学、计算地质学、计算气象学和计算材料学等。数值计算方法日益成为工程技术发展必不可少的工具，几何结构复杂、多相、非等温、高压、伴有化学反应等复杂过程的计算分析逐渐成为可能。计算数学中的数值计算方法则是解决“计算”问题的桥梁和工具。我们知道，计算能力是计算工具和计算方法效率的乘积，提高计算方法的效率与提高计算机硬件的效率同样重要。科学计算已用到科学技术和社会生活的各个领域中。

在科学研究和工程技术中都要用到各种数值计算方法。例如，在航天航空、地质勘探、汽车制造、桥梁设计、天气预报和汉字字样设计中都用到了数值计算的方法。计算机的模拟需要求出偏微分方程的数值解；先进的数值分析方法应用到了数值天气预报中；常微分方程的数值解用于计算太空船的运行轨迹；电脑模拟汽车撞击实验来提升汽车撞击的安全性。利用各种数值分析的工具，对冲基金会计算股票的市值及其变异程度；利用复杂的最佳化算法研究票价、飞机、人员分配及用油量；利用数值计算软件，保险公司精算分析保险业务。

计算方法既有数学类课程中理论上的抽象性和严谨性，又有实用性和实验性的技术特征，计算方法是一门理论性和实践性都很强的学科。在20世纪，我国大多数的大学仅在数学系的计算数学专业和计算机系开设计算方法的课程。随着计算机技术的迅速发展和普及，现在计算方法课程几乎已成为所有理工科学生的必修课程。随着信息技术的发展，每个工程师必须学习应用数学的知识，学会使用软件，提高应用信息技术的能力。

计算方法的计算对象是微积分、线性代数、常微分方程和偏微分方程中的数学问题，内容包括插值和拟合、数值微分和数值积分、求解线性方程组的直接法和迭代法、计算矩阵特征值和特征向量、常微分和偏微分方程数值解等问题。数值分析的目的是设计和分析一些计算的方式，可针对一些问题得到足够精确的近似结果。

解偏微分方程的近似方法主要有变分法、微扰法、有限差分法、边界元法、有限体积法和有限单元法等。

如果某个定解问题不能严格解出，但是，另一个与它相差很小的定解问题已经严格解出，就可用**微扰法（摄动法）**求近似解。微扰法是一种普遍的近似方法，并不是只能用于求解薛定谔方程（本书不介绍这种方法）。另外一种常用的近似方法是**变分法**，即把定解问题转化为变分问题，再求变分问题的近似解。

通过本章的学习会看到，只要近似程度足以满足实际工作的要求，近似解的价值一点也不低于解析解。事实上，在推导数学物理方程时，要做一些简化假定，定解条件本身也带有一定的近似性，所谓的解析解其实也是某种程度的近似。因此，近似方法具有重大意义。

数值计算理论和技术自建立以来，经过多年的发展，出现了多种数值解法。根据对控制方程离散的原理和方式的不同，主要分为有限差分法、有限单元法和有限体积法三个分支。本章将分别介绍变分法、有限差分法和有限单元法。

本章介绍偏微分方程的近似法[1]~[13]，包括变分法及其应用、数值计算的基本概述、偏微分方程的有限差分法、有限单元法概述、数值计算的商业软件及其应用 5 节。

7.1　变分法及其应用

变分法（Calculus of Variations or Variational Methods）是 1696 年开始发展起来的一门数学分支，是高等数学的深入和发展，圣彼得堡科学院院士欧拉（Euler）是变分法的创始人。变分法是解数学物理方程的数学方法之一，其本身是一种精确的数学方法，其中的直接方法用有限个函数组合逼近解析解时才是近似的数学方法，变分法是解决连续性和离散性两类最优化问题最有用的工具。变分的原理和应用已渗透到科技各个领域，成为工程技术中广泛使用的数学工具之一，成为科技工作者和工程技术人员必备的数学基础。

本节仅从数学物理应用的角度来说明变分法的基本概念和原理[1]~[5]。在介绍变分法的基本概念和变分问题直接法的基础上，介绍变分法在工程中的应用，包括变分的基本问题和泛函的变分、泛函的基本概念、泛函的极值和欧拉方程、泛函的条件极值、变分问题的直接法——瑞利—里茨法、变分法在工程中的应用 6 小节。

7.1.1　变分的基本问题和泛函的变分

变分法是一种常用的数学方法。变分法的基本问题是求泛函的极值问题。在讨论泛函的极值之前，先介绍泛函变分的基本概念，然后介绍在各种情况下如何求泛函极值满足的必要条件。本小节包括古典变分问题举例、泛函的极值和欧拉方程、泛函的条件极值三部分。

泛函是函数概念的推广，可以说泛函是以函数为自变量的函数。为了说明变分法所研究的内容，本小节通过几个古典变分实例介绍泛函的基本概念，包括最速降线问题、短程线问题和等周问题。

（1）最速降线问题

先考察著名的**最速降线或捷线问题**[1]。最速降线问题是1696年由约翰·伯努利提出的第一个变分问题。问题的提法是，在竖直平面 $x-y$ 内给定两点 A 和 B，假定在无摩擦的条件下，在通过 $A(0, 0)$ 和 $B(x_1, y_1)$ 两点的平面曲线 $y=y(x)$ 中，求出一条光滑曲线，使仅在质量力 g 作用下且初速度为零的一质点从 A 点滑到 B 点沿这条曲线运动时所需的时间最短。如图7.1.1所示，连接两点 A 和 B 的曲线有无数多条，因此，这是一个极值问题。根据运动学，质点的速度 u 由式 $u=\sqrt{2gy(x)}$ 决定，从 A 点滑到 B 点所需总时间是定积分，为

$$T=\int_A^B \frac{\mathrm{d}s}{u}=\int_A^B \frac{\mathrm{d}s}{\sqrt{2gy}}=\frac{1}{\sqrt{2g}}\int_0^{x_1}\sqrt{\frac{1+y'^2}{y}}\mathrm{d}x \tag{7.1.1}$$

式中，$\mathrm{d}s$ 为曲线的弧长，$\mathrm{d}s=\sqrt{(\mathrm{d}x)^2+(\mathrm{d}y)^2}=\sqrt{1+y'^2}\mathrm{d}x$。

质点沿着一条光滑曲线下滑的时间 T 决定于描述这些曲线函数 $y(x)$ 的形式。于是问题可归结为，求通过两定点的曲线 $y(x)$ 使积分 T 达到最小值。

（2）短程线问题

在1697年，约翰·伯努利提出了第二个变分问题，即**短程线或测地线问题**[1]。问题的提法是，在光滑曲面 $f(x,y,z)=0$ 上给定 $A(x_0,y_0,z_0)$ 和 $B(x_1,y_1,z_1)$ 两点，如图7.1.2所示，在该曲面上求连接这两点的一条最短曲线 L。这条曲线方程为

$$y=y(x),\quad z=z(x)\qquad (x_0\leqslant x\leqslant x_1)$$

式中，$y=y(x)$ 和 $z=z(x)$ 为连续可微函数，满足约束条件 $f(x,y,z)=0$。

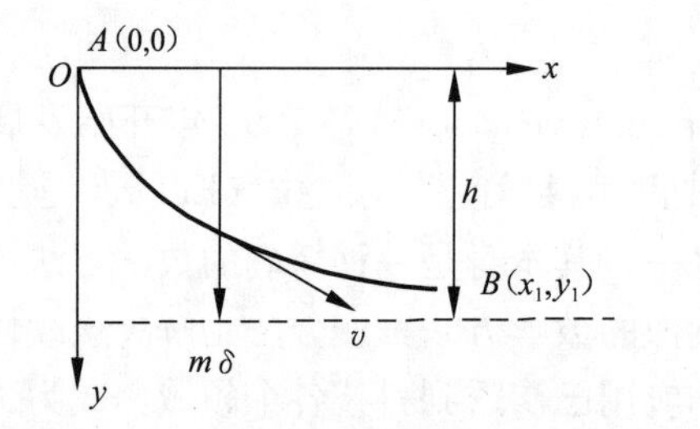

图7.1.1　最速降线问题

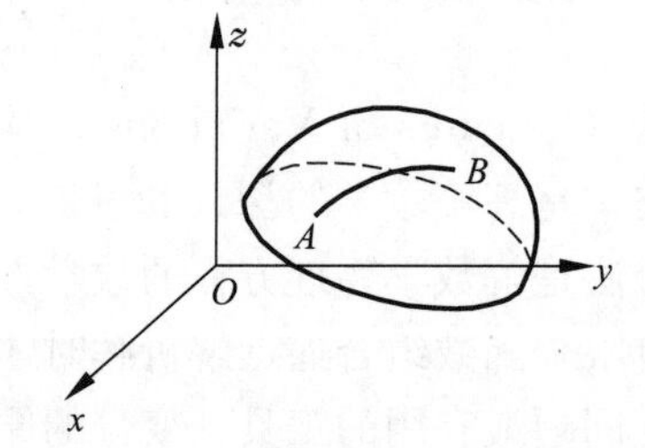

图7.1.2　短程线问题

这条最短曲线叫**短程线**或**测地线**，用 L 表示这段曲线的长度，有

$$L=\int_{x_0}^{x_1}\sqrt{1+y'^2+z'^2}\mathrm{d}x \tag{7.1.2}$$

短程线问题归结为在约束条件下求极值的问题，也就是所谓**约束极值**或**条件极值问题**。

（3）等周问题

第三个问题是**等周问题**[1]。问题的提法是，在平面上给定长为 L 的所有光滑闭曲线中，求出一条能围成最大面积 S 的曲线。早在古希腊时期，人们就已经知道这条曲线是一个圆周。1744年，欧拉解决了该问题的变分特性。**等周问题的数学问题是在附加条件下的极值问题。**

设闭曲线的参数方程为

$$x=x(t),\quad y=y(t)\quad (t_0\leqslant t\leqslant t_1) \tag{7.1.3}$$

式中，$x(t)$ 和 $y(t)$ 是连续可微函数，且 $x(t_0)=x(t_1)$，$y(t_0)=y(t_1)$。

用L表示封闭曲线长度，有

$$L=\int_{t_0}^{t_1}\sqrt{x'^2(t)+y'^2(t)}\mathrm{d}t \tag{7.1.4}$$

根据格林公式，这条曲线所围成的面积为

$$S=\frac{1}{2}\oint(x\mathrm{d}y-y\mathrm{d}x)=\frac{1}{2}\oint(xy'-yx')\mathrm{d}t \tag{7.1.5}$$

由此可见，等周问题是在满足**等周条件**（7.1.4）的所有曲线（7.1.3）中，求使得面积分（7.1.5）取最大值的曲线。

概括以上三个古典变分极值问题的特点：所求极值不是通常的函数极值，而是定积分式（7.1.1）、式（7.1.2）和式（7.1.5）的极值，定积分随着函数的不同而取不同的数值，即变量T、L或S都取决于所取的未知曲线或未知曲面，**即决定泛函值的因素是函数的取形**。

7.1.2　泛函的基本概念

归纳上一节的讨论，可以说泛函是**"函数的函数"，不是复合函数那种含义**。它与通常函数的差别在于，决定通常函数值的因素是自变量的取值，而决定泛函值的因素则是一个或几个函数的选取。**称这种依赖于自变函数的函数为泛函**，即泛函是以函数作为自变量的函数。变分法是研究泛函取极大值和极小值的方法。**求泛函的极值问题称为变分问题**。

在介绍泛函的极值问题之前，先介绍泛函的基本概念，以方便问题的讨论。本小节介绍泛函的基本概念，包括函数类和泛函的定义、泛函的变分[1]。

（1）函数类和泛函的定义

具有共同性质的函数构成的集合称为**函数类**，记作F。常见的函数类有：

① 在开区间（x_0，x_1）内连续的函数集，称为**在区间**（x_0，x_1）上连续函数类，记为$C(x_0,x_1)$；

② 在闭区间［x_0，x_1］上连续的函数集，称为**在区间**［x_0，x_1］**上连续函数类**，记为$C[x_0,x_1]$；

③ 在开区间（x_0，x_1）内n阶导数连续的函数集，称为**在区间（x_0，x_1）上n阶导数连续的函数类**，记为$C^n(x_0,x_1)$，且约定$C^0(x_0,x_1)=C(x_0,x_1)$，即函数类的零阶导数就是函数类本身；

④ 在闭区间［x_0，x_1］上n阶导数连续的函数集，称为**在区间［x_0，x_1］上n阶导数连续的函数类**，记为C^n［x_0，x_1］，其中函数的n阶导数在区间端点单边连续，且约定$C^0[x_0,x_1]=C[x_0,x_1]$。

一般来讲，对于记号$C[x_0,x_1]$和$C^n(x_0,x_1)$，同样也适用于多元函数。此时，上述区间要换成函数所依赖的区域。设$F=\{y(x)\}$是给定的某一函数类，$\mathbf{R}$是实数集合，如果对于函数类F中的每一元素$y(x)$，在$\mathbf{R}$中变量J都有一个确定的数值按照一定的规律与之对应，则J称为$y(x)$的泛函，记为

$$J=J[y(x)] \tag{7.1.6}$$

函数$y(x)$称为泛函J的宗量，函数类F称为泛函J的**定义域**，属于定义域的函数称为**可取函数**。换句话说，泛函是以函数类为定义域的实值函数。**为了区别于普通函数，泛函**

所依赖的函数用方括号括起来。

定义：设 $F[x,y(x),y'(x)]$ 是三个独立变量 x、$y(x)$、$y'(x)$ 在闭区间 $[a, b]$ 上的已知函数，且连续二阶可导。泛函可表为

$$J[y(x)] = \int_a^b F[x,y(x),y'(x)]\mathrm{d}x \tag{7.1.7}$$

式中，被积函数 $F[x,y(x),y'(x)]$称为**泛函的核**。

由泛函的定义可知，泛函是变量与函数的对应关系，而函数是变量与自变量的对应关系，这是泛函与函数的基本区别。泛函的值是数，其自变量是函数，而函数的值与自变量都是数。**泛函的值既不取决于自变量 x 的某一个值，也不取决于函数 $y(x)$的某个值，而是取决于函数类 F 中 $y(x)$与 x 函数关系，即函数的取形。**

当 x 是多维域$(x_1,x_2,\cdots,x_n)$上的变量时，以上定义的泛函也适用，这时泛函记为

$$J = J[y(x_1,x_2,\cdots,x_n)] \tag{7.1.8}$$

同样也有依赖于多个未知函数的泛函，这时泛函记为

$$J = J[y_1(x),y_2(x),\cdots,y_m(x)] \tag{7.1.9}$$

式中，$y_1(x)$，$y_2(x)$，…，$y_m(x)$ 都是独立变化的。

还有依赖于多个自变量函数的泛函，这时泛函可记为

$$J = J[y_1(x_1,x_2,\cdots,x_n),y_2(x_1,x_2,\cdots,x_n),\cdots,y_m(x_1,x_2,\cdots,x_n)] \tag{7.1.10}$$

式中，$y_1(x_1,x_2,\cdots,x_n),y_2(x_{x1},x_2,\cdots,x_n),\cdots,y_m(x_1,x_2,\cdots,x_n)$都是独立变化的。

线性泛函的定义：若连续泛函 $J=J[y(x)]$ 满足以下两个条件：

① $J[y_1(x)+y_2(x)]=J[y_1(x)]+J[y_2(x)]$

② $J[Cy(x)]=CJ[y(x)]$

式中，C 为任意常数，则称 $J=J[y(x)]$为关于 $y(x)$的**线性泛函**。

由于一元函数在几何上用曲线表示，故其泛函可称为**曲线函数**；同理，二元函数在几何上的表现形式是曲面，故其泛函可称为**曲面函数**。

设 $J[y(x)]$为在某一可取类函数 $F=\{y(x)\}$中定义的泛函，$y_0(x)$为 F 中的一个函数。如果对于 F 中任一函数 $y(x)$，有

$$\Delta J = J[y(x)] - J[y_0(x)] \geqslant 0 \text{ 或} \leqslant 0 \tag{7.1.11}$$

则泛函 $J[y(x)]$称为在 $y_0(x)$上取得**绝对极小值或绝对极大值**，也称为**全局极小值或全局极大值**。绝对极小值与绝对极大值统称**绝对极值或全局极值**。

如果作为比较的函数 $y(x)$仅限于 $y_0(x)$的某个邻域，且有 $\Delta J=J[y(x)]-J[y_0(x)]\geqslant 0$ 或$\leqslant 0$，则泛函 $J[y(x)]$称为在 $y_0(x)$上取得**相对极小值或相对极大值**，也称为**局部极小值或局部极大值**。相对极小值与相对极大值统称**相对极值或局部极值**。

泛函的极值还与泛函变量的接近度有关。设 $J[y(x)]$为在某一可取类函数 $F=\{y(x)\}$中定义的泛函，$y_0(x)$为 F 中的一个函数。如果在 $y_0(x)$的零阶 δ 邻域内，都有 $\Delta J=J[y(x)]-J[y_0(x)]\geqslant 0$（或$\leqslant 0$），则泛函 $J[y(x)]$称为在 $y_0(x)$上取得**强相对极小值（或强相对极大值）或强极小值（或强极大值）**。

如果不仅在 $y_0(x)$的零阶 δ 邻域内，而且在 $y_0(x)$的一阶 δ 邻域内，都有 $\Delta J=J[y(x)]-J[y_0(x)]\geqslant 0$（或$\leqslant 0$），则泛函 $J[y(x)]$称为在 $y_0(x)$上取得**弱相对极小值（或弱相对极大值）或弱极小值（或弱极大值）**。强（弱）极小值与强（弱）极大值统称强（弱）极值。强极值与弱极

值的区别在讨论泛函极值的必要条件时作用不大，但在研究泛函极值的充分条件时这种区别很重要。

每个绝对极值同时也是强相对极值或弱相对极值。但是，反过来每个相对极值却未必是绝对极值。**泛函的绝对极值、相对极值、强极值、弱极值统称为极值。那个使泛函取得极值的函数或曲线称为极值函数或极值曲线，也称为变分问题的解**。

如果可取曲线类的端点或边界预先给出定值，则所求泛函极值的问题称为**固定终点的变分问题或固定边界变分问题**。

上面的三个例子说明如何从一个物理问题或几何问题及相应的物理定律或几何定律导出某问题的泛函。同时也看到，仅有泛函还不足求解所研究的变分问题，还应给出某些附加条件对所研究的变分问题加以限制，这些对变分问题加以的限制称为变分问题的**约束**。

这些对变分问题加以限制的附加条件称为变分问题的**约束条件**。给出未知函数在区间端点或区域的边界上应满足的附加条件，则称为变分问题的**边界条件**，如式（7.1.4）给出的等周条件就是一种约束条件。约束条件与边界条件都称为变分问题的**定解条件**。

泛函与一定的定解条件结合起来，就称为**定解问题**。一般情况下，变分问题的定解问题可以没有约束条件，但是必须要有边界条件。研究泛函极值问题，需要先了解泛函的变分。

（2）泛函的变分

定义：对于任意定值 $x\in[x_0, x_1]$，可取连续函数 $y(x)$ 与另一个函数 $y_0(x)$ 之差，即 $y(x)-y_0(x)$，称为函数 $y(x)$ 在 $y_0(x)$ 处的**变分**，记作 δy。δ 称为变分符号，有

$$\delta y(x) = y(x) - y_0(x) = \varepsilon\eta(x) \tag{7.1.12}$$

式中，ε 为一个小参数；$\eta(x)$ 为 x 的任意函数。由于可取函数都通过区间的端点，即它们在区间端点的值都相等，故在区间的端点，任意函数 $\eta(x)$ 满足

$$\eta(x_0) = \eta(x_1) = 0 \tag{7.1.13}$$

可取函数 $y(x)$ 是泛函 $J[y(x)]$ 的宗量，泛函的宗量 $y(x)$ 与另一宗量 $y_0(x)$ 之差 $y(x)-y_0(x)$ 称为宗量 $y(x)$ 在 $y_0(x)$ 处的**变分**。变分的定义也可推广到多元函数的情况。

显然，函数 $y(x)$ 的变分 δy 是 x 的函数。但是，必须注意，函数的变分 δy 不同于函数的微分 $\mathrm{d}y$。微分 $\mathrm{d}y$ 是在函数 $y(x)$ 不变的情况下，由于自变量 x 有变化量 $\mathrm{d}x$ 而引起的 y 的变化量的线性主部；变分 δy 是两个不同函数 $y(x)$ 与 $y_0(x)$ 在自变量 x 取固定值时的差 $\varepsilon\eta(x)$，即由于函数自身的微小改变而引起的变化量。

如果函数 $y(x)$ 与另一函数 $y_0(x)$ 都可导，则函数的变分有以下性质

$$\begin{aligned}\delta y' &= y'(x) - y_0'(x) = [y(x) - y_0(x)]' \\ &= (\delta y)' = \varepsilon\eta'(x)\end{aligned}$$

即

$$\delta\left(\frac{\mathrm{d}y}{\mathrm{d}x}\right) = \frac{\mathrm{d}}{\mathrm{d}x}(\delta y) \tag{7.1.14}$$

式（7.1.14）表明，对于一个给定的函数，函数导数的变分等于函数变分的导数，**变分和微分两种运算可以相互交换次序**。

上面的性质可以推广到高阶导数的变分情况，有

$$\delta y'' = (\delta y)'',\quad \delta y''' = (\delta y)''',\quad \cdots,\quad \delta y^{(n)} = (\delta y)^{(n)}$$

例如，哈密顿算子（Hamilton Operator）的变分 $\delta\nabla\varphi = \nabla\delta\varphi$，拉普拉斯算子（Laplace

Operator）的变分 $\delta\Delta\varphi=\Delta\delta\varphi$。可见，**哈密顿算子或拉普拉斯算子都可与变分符号交换次序**。

设泛函 $J[y(x)]=\int_{x_0}^{x_1}F[x,y(x),y'(x)]\mathrm{d}x$，泛函的核 $F[x,y(x),y'(x)]$ 对变量 x，$y(x)$，$y'(x)$ 连续二阶可导，函数 $y(x)$ 的二阶导数连续，当函数 $y(x)$ 有变分 δy 时，J 的增量为

$$\Delta J=J[y(x)+\varepsilon\eta(x)]-J[y(x)]=\int_{x_0}^{x_1}[F(x,y+\varepsilon\eta,y'+\varepsilon'\eta)-F(x,y,y')]\mathrm{d}x$$
$$=\int_{x_0}^{x_1}\left[\frac{\partial F}{\partial y}\varepsilon\eta+\frac{\partial F}{\partial y'}\varepsilon\eta'+O(\varepsilon)\right]\mathrm{d}x$$

式中，$O(\varepsilon)$ 为 ε 的高阶项。略去上式中 ε 的高阶项，泛函增量的线性主部称为**泛函 $J[y(x)]$ 的变分 δJ**，记为

$$\delta J=\int_{x_0}^{x_1}\varepsilon\left(\frac{\partial F}{\partial y}\eta+\frac{\partial F}{\partial y'}\eta'\right)\mathrm{d}x=\int_{x_0}^{x_1}(F_y\delta y+F_{y'}\delta y')\mathrm{d}x \tag{7.1.15}$$

例题 7.1.1 设泛函 $J[y(x)]=\int_{x_0}^{x_1}(y^2+y'^2)\mathrm{d}x$，试求该泛函的变分 δJ。

解：因为 $F=y^2+y'^2$，$F_y=2y$，$F_{y'}=2y'$，故

$$\delta J=\int_{x_0}^{x_1}(F_y\delta y+F_{y'}\delta y')\mathrm{d}x=2\int_{x_0}^{x_1}(y\delta y+y'\delta y')\mathrm{d}x$$

例题 7.1.2 设泛函 $J[y(x)]=\int_{x_0}^{x_1}(y^3+y^2y'+y'^2)\mathrm{d}x$，试求该泛函的变分 δJ。

解：因为 $F=y^3+y^2y'+y'^2$，$F_y=3y^2+2yy'$，$F_{y'}=y^2+2y'$，故

$$\delta J=\int_{x_0}^{x_1}(F_y\delta y+F_{y'}\delta y')\mathrm{d}x=\int_{x_0}^{x_1}[(3y^2+2yy')\delta y+(y^2+2y')\delta y']\mathrm{d}x$$

设函数 $F(x、y、y')$ 对变量 x，y，y' 连续，且有足够次可微性，则 $F(x,y,y')$ 的增量为

$$\Delta F=F(x,y+\delta y,y'+\delta y')-F(x,y,y')$$
$$=F_y\delta y+F_{y'}\delta y'+\cdots$$

略去其中的高阶小量，有

$$\delta F=F_y\delta y+F_{y'}\delta y' \tag{7.1.16}$$

式（7.1.16）称为函数 $F(x,\ y,\ y')$ 的变分。泛函的变分式（7.1.15）可写成

$$\delta J[y(x)]=\delta\int_{x_0}^{x_1}F(x,y,y')\mathrm{d}x=\int_{x_0}^{x_1}\delta F(x,y,y')\mathrm{d}x \tag{7.1.17}$$

式（7.1.17）表明，**变分符号 δ 和定积分符号 $\int_{x_0}^{x_1}$ 可以交换次序**。

设 F、F_1、F_2 是 x，y，y'…的可微函数，则变分运算有下列基本运算性质：

① $\delta(F_1+F_2)=\delta F_1+\delta F_2$

② $\delta(F_1F_2)=F_2\delta F_1+F_1\delta F_2$

③ $\delta(F_1/F_2)=\dfrac{F_2\delta F_1-F_1\delta F_2}{F_2^2}$

④ $\delta(F^n)=nF^{n-1}\delta F$

⑤ $\delta[F^{(n)}]=(\delta F)^{(n)}$，式中 $F^{(n)}=\dfrac{\mathrm{d}^nF}{\mathrm{d}x^n}$

⑥ $\delta\int_{x_0}^{x_1} F(x, y, y')\mathrm{d}x = \int_{x_0}^{x_1} \delta F(x,y,y')\mathrm{d}x$

以上性质证明从略，读者可根据变分的定义、变分和求导交换次序运算法则来证明。

7.1.3　泛函的极值和欧拉方程

求泛函的极值问题称为**变分问题**。研究泛函极值问题的方法可归纳为两类：一类为**直接法**，即直接求解所提出的问题；另一类为**间接法**，即把问题转化为求解微分方程，求出微分方程的解后，把它代入泛函，再求出泛函的极值。

本小节介绍泛函的极值和欧拉方程，包括简单泛函的欧拉方程、含有多个一元函数泛函的变分、依赖于高阶导数的泛函的变分、含有多个自变量函数的泛函的变分 4 部分。

(1) 简单泛函的欧拉（Euler）方程

在讨论欧拉方程之前，先介绍变分法的基本引理，以便于对问题的理解。

变分法基本引理：设函数 $f(x)$ 在区间 $[a,b]$ 上连续，任意函数 $\eta(x)$ 在区间 $[a,b]$ 上连续，且当满足条件 $\eta(a)=\eta(b)=0$ 时，总使积分

$$\int_a^b f(x)\eta(x)\mathrm{d}x = 0 \tag{7.1.18}$$

成立，则在区间 $[a,b]$ 上必有 $f(x)\equiv 0$。

定理：若泛函 $J[y(x)]$ 在 $y=y(x)$ 上达到极值，则它在 $y=y(x)$ 上的变分 δJ 等于零。

设 $J[y(x)]$ 的极值问题有解为

$$y = y(x) \tag{7.1.19}$$

现在推导这个解所满足的常微分方程，这是用间接法研究泛函极值问题的重要一环[1]。设想解（7.1.19）有变分 $\varepsilon\eta(x)$，则 $J[y(x)+\varepsilon\eta(x)]$ 可视为参数 ε 的函数，而 $\varepsilon=0$ 对应于式（7.1.19），于是由函数极值的必要条件为

$$\left.\frac{\partial J[y(x)+\varepsilon\eta(x)]}{\partial\varepsilon}\right|_{\varepsilon=0} = 0$$

也就是

$$\int_{x_0}^{x_1}\left[\frac{\partial}{\partial\varepsilon}F(x,y+\varepsilon\eta,y'+\varepsilon\eta')\right]_{\varepsilon=0}\mathrm{d}x = 0$$

即

$$\int_{x_0}^{x_1}\left[\frac{\partial F}{\partial y}\eta + \frac{\partial F}{\partial y'}\eta'\right]_{\varepsilon=0}\mathrm{d}x = 0$$

将上式乘以参数 ε，得

$$\int_{x_0}^{x_1}\left(\frac{\partial F}{\partial y}\delta y + \frac{\partial F}{\partial y'}\delta y'\right)\mathrm{d}x = 0$$

将上式与变分表达式

$$\delta J = \int_{x_0}^{x_1}\varepsilon\left(\frac{\partial F}{\partial y}\eta + \frac{\partial F}{\partial y'}\eta'\right)\mathrm{d}x = \int_{x_0}^{x_1}(F_y\delta y + F_{y'}\delta y')\mathrm{d}x \tag{7.1.15}$$

比较可知，解式（7.1.19）必须满足

$$\delta J[y(x)] = \int_{x_0}^{x_1}\left(\frac{\partial F}{\partial y}\delta y + \frac{\partial F}{\partial y'}\delta y'\right)\mathrm{d}x = \int_{x_0}^{x_1}(F_y\delta y + F_{y'}\delta y')\mathrm{d}x = 0 \tag{7.1.20}$$

由函数极值的必要条件可知，**泛函 $J[y(x)]$ 极值的必要条件是使其变分等于零**。

在一次变分式（7.1.20）中，积分号下是δy和$\delta y'$的线性函数，利用分部积分法可使积分号下只出现δy。对积分式（7.1.20）的第二项分部积分，有

$$\int_{x_0}^{x_1} F_{y'}\delta y' \mathrm{d}x = \int_{x_0}^{x_1} F_{y'} \frac{\mathrm{d}}{\mathrm{d}x}(\delta y)\mathrm{d}x = F_{y'}\delta y\big|_{x_0}^{x_1} - \int_{x_0}^{x_1} \frac{\mathrm{d}F_{y'}}{\mathrm{d}x}\delta y \mathrm{d}x$$

在固定边界变分问题中，因$\delta y\big|_{x=x_0}=0$和$\delta y\big|_{x=x_1}=0$，上式右边第一项为零，式（7.1.20）化为

$$\int_{x_0}^{x_1}\left(F_y - \frac{\mathrm{d}}{\mathrm{d}x}F_{y'}\right)\delta y \mathrm{d}x = 0$$

由于上式对在任意给定的$[x_0,x_1]$区间，泛函的极值实现的曲线$y=y(x)$上和任何的δy都成立，由变分法的基本引理知被积函数恒等于零，有

$$F_y - \frac{\mathrm{d}}{\mathrm{d}x}F_{y'} \equiv 0 \tag{7.1.21}$$

或写成展开式

$$F_y - F_{xy'} - F_{yy'}y' - F_{y'y'}y'' = 0 \tag{7.1.22}$$

式（7.1.21）和式（7.1.22）是关于**泛函式**（7.1.7）的**欧拉方程**。它是$y(x)$的常微分方程，其中的偏导数不过是表明如何根据泛函J的核F写出这个常微分方程。

若欧拉方程中的$F_{y'y'}\neq 0$，则式（7.1.22）是一个二阶微分方程，所讨论的变分问题归结为求解如下微分方程的边值问题

$$\begin{cases} F_y - \dfrac{\mathrm{d}}{\mathrm{d}x}F_{y'} \equiv 0 \\ y(x_0) = y_0, \quad y(x_1) = y_1 \end{cases}$$

其通解为

$$y = y(x, C_1, C_2)$$

式中，C_1，C_2为任意常数，可由边界条件来确定。它的图形称为**欧拉方程的积分曲线**，也称为泛函的**极值曲线族**。

例题 7.1.3 求泛函$J[y(x)] = \int_{x_0}^{x_1}(y' + x^2 y'^2)\mathrm{d}x$的极值曲线。

解：$F=y'+x^2y'^2$，其欧拉方程为

$$F_y - \frac{\mathrm{d}}{\mathrm{d}x}F_{y'} = 0 - \frac{\mathrm{d}}{\mathrm{d}x}(1 + 2x^2y') = 0$$

简化后，有

$$xy'' + 2y' = 0$$

积分上式，有

$$\ln y' + \ln x^2 = \ln C_1$$

再积分上式，得泛函的极值曲线族为

$$y = -C_1/x + C_2$$

在上面的例题中，欧拉方程容易被积分出来。由于欧拉方程（7.1.22）的被积函数的偏导数$F_{xy'}$、$F_{yy'}$、$F_{y'y'}$中可能含有x、y和y'，因此，在大多数情况下，欧拉方程不是一个线性微分方程。只有在极个别情况下，二阶微分方程才能被积分出来成为有限的形式。但是，当F不含x、y、y'中的一个或两个时，问题可能得到简化。下面就式（7.1.22）中被积函

数 $F(x,y,y')$的几种特殊形式来介绍欧拉方程的几种特殊类型及积分[1]。

① F 不依赖于 y'，$F=F(x,y)$。欧拉方程为 $F_y(x,y)=0$，这是因为 $F_{y'}\equiv 0$。由欧拉方程得出的解不含有任意常数，因而该解不满足边界条件 $y(x_0)=y_0$，$y(x_1)=y_1$。因此，一般来说，该变分问题的解不存在。只有在个别情况下，当曲线 $F_y(x,y)=0$ 通过点(x_0,y_0)与(x_1,y_1)时，才存在极值曲线。

② F 线性依赖于 y'，$F=F(x,y,y')=M(x,y)+N(x,y)y'$，欧拉方程为

$$\frac{\partial M}{\partial y}+\frac{\partial N}{\partial y}y'-\frac{\mathrm{d}N}{\mathrm{d}x}=0$$

将其展开，得

$$\frac{\partial M}{\partial y}+\frac{\partial N}{\partial y}y'-\frac{\partial N}{\partial x}-\frac{\partial N}{\partial y}y'=0$$

化简后，有

$$\frac{\partial M}{\partial y}-\frac{\partial N}{\partial x}=0$$

从上式中解出的 $y=y(x)$，仍然是函数方程，该解也不满足边界条件。因此，**变分问题的解一般不属于连续函数类。**

若$\dfrac{\partial M}{\partial y}-\dfrac{\partial N}{\partial x}\equiv 0$，则表达式 $M\mathrm{d}x+N\mathrm{d}y$ 是全微分，此时积分与路径无关，因此泛函为

$$J[y(x)]=\int_{x_0}^{x_1}\left(M+N\frac{\mathrm{d}y}{\mathrm{d}x}\right)\mathrm{d}x=\int_{x_0}^{x_1}(M\mathrm{d}x+N\mathrm{d}y) \tag{7.1.23}$$

的值不依赖于曲线 $y=y(x)$。即泛函在容许曲线上的值为一定值，变分问题失去意义。

例题 7.1.4　试求泛函 $J[y(x)]=\int_{x_0}^{x_1}(xy^2+x^2y)\mathrm{d}x, y(x_0)=y_0, y(x_1)=y_1$ 的极值曲线。

解：因为 F 线性依赖于 y'，又因为

$$\frac{\partial M}{\partial y}\equiv\frac{\partial N}{\partial x}=2xy$$

因此，被积函数式是个全微分，而积分与路径无关，仅依赖于边界条件，有积分

$$J[y(x)]=\frac{1}{2}\int_{x_0}^{x_1}\mathrm{d}(x^2y^2)=\frac{1}{2}(x_1^2y_1^2-x_0^2y_0^2)$$

可见，该变分问题没有意义。

③ F 不依赖于 y，仅依赖于 x 和 y'，即 $F=F(x, y')$，此时欧拉方程（7.1.21）化为

$$\frac{\mathrm{d}}{\mathrm{d}x}F_{y'}(x,y')=0$$

将上式积分，因而有初积分 $F_{y'}(x,y')=C_1$，由此解出 $y'=\varphi(x,C_1)$，再次积分后得到可能为极值的曲线族

$$y=\int_{x_0}^{x_1}\varphi(x,C_1)\mathrm{d}x \tag{7.1.24}$$

④ F 只依赖于 y'，即 $F=F(y')$，此时 $F_y=F_{xy'}=F_{yy'}=0$，欧拉方程（7.1.22）化为 $F_{y'y'}y''=0$，由此有两个方程

$$y''=0 \tag{7.1.25}$$

$$F_{y'y'}=0 \tag{7.1.26}$$

由式（7.1.25）得到含有两个参数的直线方程为

$$y = C_1 x + C_2 \tag{7.1.27}$$

由式（7.1.26）得到单参数直线族为

$$y = k_i x + C \tag{7.1.28}$$

单参数直线族显然包含在两个参数直线族（7.1.27）中，可表示为

$$y = (a + b\mathrm{i})x + C$$

它们不可能是极值曲线，因为讨论的问题都在实变量的范围内，这时候在 $F=F(y')$ 的情况下，极值曲线必然是直线族。

例题 7.1.5 试求泛函 $J[y(x)]=\int_{x_0}^{x_1}\sqrt{1+y'^2}\,\mathrm{d}x, y(x_0)=y_0, y(x_1)=y_1$ 的极值曲线。

解：因 $\sqrt{1+y'^2}$ 只依赖于 y'，故直线

$$y = C_1 x + C_2$$

为极值曲线。利用边界条件确定积分常数 C_1、C_2，得到一条通过边界点的直线为极值曲线

$$y=\frac{y_1-y_0}{x_1-x_0}x+\frac{y_0x_1-y_1x_0}{x_1-x_0} \quad 或 \quad \frac{x-x_0}{x_1-x_0}=\frac{y-y_0}{y_1-y_0}$$

⑤ F 只依赖于 y 和 y'，即 $F=F(y, y')$，此时 $F_{xy'}=0$，欧拉方程（7.1.22）化为

$$F_y - F_{yy'}y' - F_{y'y'}y'' = 0$$

方程为不依赖于 x 的方程，将上式逐项乘以 y' 恒等变形，使左端成为恰当导函数

$$\begin{aligned}\frac{\mathrm{d}}{\mathrm{d}x}(F-y'F_{y'}) &= F_y y' + F_{y'}y'' - y''F_{y'} - F_{yy'}y'^2 - F_{y'y'}y'y'' \\ &= y'(F_y - F_{yy'}y' - F_{y'y'}y'')\end{aligned}$$

欧拉方程有初积分，得

$$F - y'F_{y'} = C_1 \tag{7.1.29}$$

解出

$$y' = \varphi(y, c_1)$$

再次积分可得极值曲线族

$$x = \int\frac{\mathrm{d}y}{\varphi(y, C_1)} + C_2$$

例题 7.1.6 求解图 7.1.1 的“捷径问题”，即解变分问题

$$\delta\left[\frac{1}{\sqrt{2g}}\int_{x_0}^{x_1}\sqrt{\frac{1+y'^2}{y}}\right]\mathrm{d}x = 0$$

解：因为 F 仅依赖于 y 和 y'，可直接使用欧拉方程的初积分式（7.1.29），得

$$\frac{\sqrt{1+y'^2}}{\sqrt{y}} - \frac{y'^2}{\sqrt{y(1+y'^2)}} = C$$

上式经过化简后，得

$$\frac{1}{\sqrt{y(1+y'^2)}} = C$$

引入参数 θ，并令 $y'=\cot\theta$ 代入上式，积分后加以整理，得

$$y = \frac{C_1}{1+\cot^2\theta} = C_1\sin^2\theta = \frac{C_1}{2}(1-\cos2\theta) \tag{1}$$

$$dx = \frac{dy}{y'} = \frac{2C_1 \sin\theta\cos\theta d\theta}{\cot\theta} = 2C_1 \sin^2\theta d\theta = C_1(1-\cos 2\theta)d\theta$$

式中，C_1 为积分常数。化简后得到

$$dx = C_1(1-\cos 2\theta)d\theta$$

积分上式，得

$$x = \frac{C_1}{2}(2\theta - \sin 2\theta) + C_2 \tag{2}$$

把式（1）和式（2）写在一起，当 $x=0$、$y=0$ 时，$C_2=0$。令 $t=2\theta$，则得到**捷线问题的解**，即摆线的参数方程

$$x = C_1(t-\sin t)/2, \quad y = C_1(1-\cos t)/2$$

式中，积分常数 C_1 可由点 B 的位置决定。该方程描述的捷线是半径为 $C_1/2$ 的圆沿 x 轴滚动时圆周上一点所描出的曲线中的一段，即圆滚线是最速降线（捷线）。

（2）含有多个一元函数泛函的变分

工程实际中常含有两个以上的未知函数，有必要讨论其泛函极值的必要条件。设含有 n 个未知函数 $y_1(x)$，$y_2(x)$，…，$y_n(x)$的泛函为

$$\begin{aligned} J &= J[y_1(x), y_2(x), \cdots, y_n(x)] \\ &= \int_{x_0}^{x_1} F(x, y_1, y_2, \cdots, y_n, y_1', y_2', \cdots, y_n')dx \end{aligned} \tag{7.1.30}$$

若 $F\in C$，$y_i\in C$，$y_i'\in C$（$i=1$，2，…，n），则泛函的变分为

$$\delta J[y_1(x), y_2(x), \cdots, y_n(x)] = \delta\int_{x_0}^{x_1} F(x, y_1, y_2, \cdots, y_n, y_1', y_2', \cdots, y_n')dx \tag{7.1.31}$$

可仿照一个未知函数的方法导出。为了寻求这个泛函的极值条件，应使

$$\delta J[y_1(x), y_2(x), \cdots, y_n(x)] = 0 \tag{7.1.32}$$

只让泛函中的一个函数，例如 $y_k(x)$获得变分，而令其余的函数保持不变。这样，原来的泛函 J 可以看成只依赖于一个函数的泛函 $J[y_k]$，使得这个泛函具有极值的函数 $y_i(x)$应该满足欧拉方程

$$\frac{\partial F}{\partial y_k} - \frac{d}{dx}\left(\frac{\partial F}{\partial y_k'}\right) = 0$$

该推理对于每一个函数 $y_i(x)$都能适用，故使泛函 $J[y_1(x), y_2(x), \cdots, y_n(x)]$取得极值且满足边界条件

$$y_i(x_0) = y_{i0}, \quad y_i(x_1) = y_{i1} \quad (i=1,2,\cdots,n)$$

的极值曲线 $y_i=y_i(x)(i=1,2,\cdots,n)$必满足欧拉方程组

$$\frac{\partial F}{\partial y_i} - \frac{d}{dx}\left(\frac{\partial F}{\partial y_i'}\right) = 0 \quad (i=1,2,\cdots,n) \tag{7.1.33}$$

一般说来，方程组式（7.1.33）可确定一族含有 $2n$ 个参数的积分曲线，其中 $2n$ 个参数由边界条件确定。该积分曲线族就是这个变分的极值曲线族。

例题 7.1.7　求泛函 $J[y(x),z(x)] = \int_{x_0}^{x_1} F(y',z')dx$ 的极值曲线。

解： 该泛函的欧拉方程组有如下形式

$$\begin{cases} F_{y'y'}y'' + F_{y'z'}z'' = 0 \\ F_{y'z'}y'' + F_{z'z'}z'' = 0 \end{cases}$$

当 $F_{y'y'}F_{z'z'}+(F_{y'z'})^2\neq 0$ 时，由上两个方程可得到 $y''=0$、$z''=0$，积分得 $y=C_1x+C_2$ 和 $z=C_3x+C_4$。这是空间中的一族直线。

（3）依赖于高阶导数的泛函的变分

对于泛函取决于函数 $y(x)$ 高阶导数的情况。例如，含有二阶导数泛函的变分问题。泛函

$$J[y(x)]=\int_{x_0}^{x_1}F(x,y,y',y'')\mathrm{d}x \tag{7.1.34}$$

的变分为

$$\delta\int_{x_0}^{x_1}F(x,y,y',y'')\mathrm{d}x=0 \tag{7.1.35}$$

若 $F(x,y,y',y'')$ 具有三阶连续可微的函数，$y(x)$ 具有四阶连续可微的函数。在固定边界条件 $y_0(x_0)=y_0$，$y_1(x_1)=y_1$，$y_0'(x_0)=y_0'$，$y_1'(x_1)=y_1'$ 的极值曲线 $y=y(x)$ 必满足的**欧拉方程**

$$\frac{\partial F}{\partial y}-\frac{\mathrm{d}}{\mathrm{d}x}\left(\frac{\partial F}{\partial y'}\right)+\frac{\mathrm{d}^2}{\mathrm{d}x^2}\left(\frac{\partial F}{\partial y''}\right)=0 \tag{7.1.36}$$

式（7.1.36）称为**欧拉—泊松（Euler－Poisson）**方程。在一般情况下，式（7.1.36）为 $y=y(x)$ 的四阶常微分方程，其通解中含有 4 个任意常数，这些常数可由边界条件确定。

对于依赖于未知函数 $y(x)$ 的 n 阶导数的泛函

$$J[y(x)]=\int_{x_0}^{x_1}F(x,y,y',y'',\cdots,y^{(n)})\mathrm{d}x \tag{7.1.37}$$

其变分为

$$\delta\int_{x_0}^{x_1}F(x,y,y',y'',\cdots,y^{(n)})\mathrm{d}x=0 \tag{7.1.38}$$

在满足固定边界条件

$$y^{(k)}(x_0)=y_0^{(k)},\quad y^{(k)}(x_1)=y_1^{(k)}\qquad(k=0,1,\cdots,n-1)$$

的**极值曲线** $y(x)$ **必满足欧拉—泊松方程**

$$\frac{\partial F}{\partial y}-\frac{\mathrm{d}}{\mathrm{d}x}\left(\frac{\partial F}{\partial y'}\right)+\frac{\mathrm{d}^2}{\mathrm{d}x^2}\left(\frac{\partial F}{\partial y''}\right)-\cdots+(-1)^n\frac{\mathrm{d}^n}{\mathrm{d}x^n}\left(\frac{\partial F}{\partial y^n}\right)=0 \tag{7.1.39a}$$

式中，F 具有 $n+1$ 阶连续导数，$y(x)$ 具有 $2n$ 阶连续导数。这是个 $2n$ 阶微分方程，它的通解中含有 $2n$ 个待定常数，该待定常数可由 $2n$ 个边界条件来确定。

因为一个函数的零阶导数就是函数自身，所以式（7.1.39a）可写成如下的求和形式

$$\sum_{k=0}^{n}(-1)^k\frac{\mathrm{d}^k}{\mathrm{d}x^k}\left(\frac{\partial F}{\partial y^k}\right)=0 \tag{7.1.39b}$$

例题 7.1.8 求泛函 $J[y(x)]=\int_0^1(1+y''^2)\,\mathrm{d}x$ 满足边界条件 $y(0)=0, y(1)=1$ 和 $y'(0)=1$，$y'(1)=1$ 的极值曲线。

解： 因为 $F_y=F_{y'}=0$，极值曲线 $y(x)$ 必满足欧拉—泊松方程式（7.1.36），有

$$\frac{\mathrm{d}^2}{\mathrm{d}x^2}F_{y''}=0,\quad \frac{\mathrm{d}^2}{\mathrm{d}x^2}(2y'')=0,$$

即

$$y^{(4)}=0$$

其通解为

$$y(x)=C_1x^3+C_2x^2+C_3x+C_4$$

根据边界条件得 $C_1=C_2=C_4=0$，$C_3=1$，并代入上式，得极值曲线 $y(x)=x$。

例题 7.1.9　求泛函 $J[y]=\frac{1}{2}\int_{x_0}^{x_1}[p(x)y'^2+q(x)y^2-\lambda\rho(x)y^2]\mathrm{d}x$ 的欧拉方程，并要求 $y(x)$ 通过两定点 $A(x_0,y_0)$，$B(x_1,y_1)$，即 $y(x_0)=y_0$，$y(x_1)=y_1$。

解：由式（7.1.20）可知，泛函的变分可改写为

$$\delta J[y]=\int_{x_0}^{x_1}[py'\delta y'+(q-\lambda\rho)y\delta y]\mathrm{d}x=\int_{x_0}^{x_1}[py'\mathrm{d}\delta y+(q-\lambda\rho)y\delta y\mathrm{d}x]$$

对上式的第一项分部积分，并使用两端点固定 $\delta y(x_0)=\delta y(x_1)=0$ 的条件，得到

$$\delta J[y]=(py'\delta y)\Big|_{x_0}^{x_1}+\int_{x_0}^{x_1}\left[-\frac{\mathrm{d}}{\mathrm{d}x}(py')+(q-\lambda\rho)y\right]\delta y\mathrm{d}x$$

$$=\int_{x_0}^{x_1}\left[-\frac{\mathrm{d}}{\mathrm{d}x}(py')+(q-\lambda\rho)y\right]\delta y\mathrm{d}x$$

由 $\delta J[y]=0$，得到欧拉方程

$$\frac{\mathrm{d}}{\mathrm{d}x}\left[p(x)\frac{\mathrm{d}y}{\mathrm{d}x}\right]-q(x)y+\lambda\rho(x)y=0$$

从此例题可见，该泛函变分的极值为第 6 章介绍过的施图姆—刘维尔型(Sturm－Liouville)方程，它与边界条件构成了**施图姆－刘维尔型方程的第一类边值问题**。

(4) 含有多个自变量函数的泛函的变分

在许多工程问题中，会遇到依赖于多元函数泛函的极值问题。如传热学中的非稳态热传导方程含有四个自变量 x、y、z、t。对于泛函取决于多元函数的情况，取决于 $u(x,y,z)$。

设 Ω 是三维空间，$(x,y,z)\in\Omega$，则泛函为

$$J[u(x,y,z)]=\iiint_{\Omega}F(x,y,z,u,u_x,u_y,u_z)\mathrm{d}x\mathrm{d}y\mathrm{d}z \tag{7.1.40}$$

变分问题为

$$\delta J=\delta\iiint_{\Omega}F(x,y,z,u,u_x,u_y,u_z)\mathrm{d}x\mathrm{d}y\mathrm{d}z=0 \tag{7.1.41}$$

对应的欧拉方程为以下偏微分方程

$$\frac{\partial F}{\partial u}-\frac{\partial}{\partial x}\left(\frac{\partial F}{\partial u_x}\right)-\frac{\partial}{\partial y}\left(\frac{\partial F}{\partial u_y}\right)-\frac{\partial}{\partial z}\left(\frac{\partial F}{\partial u_z}\right)=0 \tag{7.1.42}$$

式（7.1.42）也称为**奥斯特罗格拉茨基**（Ostrogradski）**方程**，简称**奥氏方程**。

该方程是 1834 年由俄罗斯数学家奥斯特罗格拉茨基首先得到的。奥氏方程是欧拉方程的进一步发展，它也称为**欧拉方程**。

设 Ω 是 n 维空间域，$(x_1,x_2,\cdots,x_n)\in\Omega$，则泛函

$$J[u(x_1,x_2,\cdots,x_n)]=\iiint_{\Omega}F(x_1,x_2,\cdots,x_n,u,u_{x_1},u_{x_2},\cdots,u_{x_n})\mathrm{d}x_1\mathrm{d}x_2\cdots\mathrm{d}x_n \tag{7.1.43}$$

的变分问题为

$$\delta\iiint_{\Omega}F(x_1,x_2,\cdots,x_n,u,u_{x_1},u_{x_2},\cdots,u_{x_n})\mathrm{d}x_{x_1}\mathrm{d}x_2\cdots\mathrm{d}x_n=0 \tag{7.1.44}$$

对应的欧拉方程是以下偏微分方程

$$\frac{\partial F}{\partial u}-\frac{\partial}{\partial x_1}\left(\frac{\partial F}{\partial u_{x_1}}\right)-\frac{\partial}{\partial x_2}\left(\frac{\partial F}{\partial u_{x_2}}\right)-\cdots-\frac{\partial}{\partial x_n}\left(\frac{\partial F}{\partial u_{x_n}}\right)=0 \tag{7.1.45a}$$

或写成

$$\frac{\partial F}{\partial u}-\sum_{i=1}^{n}\frac{\partial}{\partial x_i}\left(\frac{\partial F}{\partial u_{x_i}}\right)=0 \tag{7.1.45b}$$

这种类型的方程在化学工程的动量、热量和质量传递问题中都会遇到。

例题 7.1.10 求泛函 $J[u(x,y,z)]=\iiint_{\Omega}[\nabla u\cdot\nabla u+2f(x,y,z)]\mathrm{d}x\mathrm{d}y\mathrm{d}z$ 的欧拉方程，其中 $f(x,y,z)$ 为已知函数，它在区域 Ω 上连续。说明奥氏方程可描述的问题[1]。

解：令 $F=\nabla u\cdot\nabla u+2uf(x,y,z)$，有

$$\frac{\partial F}{\partial u}=2f(x,y,z),\quad \frac{\partial F}{\partial \nabla u}=2\nabla u$$

代入式（7.1.45），得泛函的欧拉方程

$$2f(x,y,z)-\nabla\cdot(2\nabla u)=2[f(x,y,z)-\Delta u]=0$$

即

$$\Delta u=\frac{\partial^2 u}{\partial x^2}+\frac{\partial^2 u}{\partial y^2}+\frac{\partial^2 u}{\partial z^2}=f(x,y,z)$$

上式为泊松方程。当源密度函数 $f(x,y,z)=0$ 时，方程退化为三维拉普拉斯方程

$$\Delta u=\frac{\partial^2 u}{\partial x^2}+\frac{\partial^2 u}{\partial y^2}+\frac{\partial^2 u}{\partial z^2}=0$$

在第4章用其他方法曾得到上述方程，可描述化工中的动量、热量和质量传递问题。

7.1.4 泛函的条件极值

在7.1.3小节介绍具有固定边界条件的变分问题时曾指出，在极值函数或极值曲线上，泛函并不一定取得极值。在自然科学和工程技术中所遇到的变分问题，有时要求泛函的极值函数除满足给定的边界条件，还要满足一定的附加约束条件，这是带有附加条件的变分问题，**即泛函的条件极值问题**。在泛函所依赖的函数上附加某些约束条件来求泛函的极值问题，称为**条件极值的变分问题**。泛函的条件极值的计算方法与函数的条件极值的计算方法类似，**可用拉格朗日（Langrange）乘子法将原泛函的条件极值问题转化为与其等价的新泛函的无条件极值问题**。如果引入拉格朗日乘数，把条件极值的变分问题转化为无条件极值的变分问题，则由此得出的相应的变分原理称为**广义变分原理**。把解除了全部约束条件的变分原理称为**完全的广义变分原理**，简称**广义变分原理**或**修正变分原理**；而把解除了部分约束条件的变分原理称为**不完全的广义变分原理**。

本小节不再详细介绍泛函极值的充分条件，主要介绍在三种不同约束条件下如何求泛函的极值问题[1],[2]，包括完整约束条件、微分型约束条件和积分型约束条件三部分。

（1）完整约束条件

完整约束条件为函数方程。约束条件为函数方程的问题通常称为**测地线问题**，典型的例子是求位于曲面

$$G(x,y,z)=0 \tag{7.1.46}$$

上通过两固定点 (x_0,y_0,z_0) 和 (x_1,y_1,z_1) 的曲线 $y=y(x)$、$z=z(x)$，使泛函

$$J[y(x),z(x)]=\int_{x_0}^{x_1}F(x,y,y',z,z')\mathrm{d}x \tag{7.1.47}$$

取极值。

显然，在约束条件下，函数 $y=y(x)$ 与 $z=z(x)$ 不是独立的，通过约束式（7.1.29）相关。如果能从式（7.1.47）中解出 $y=\varphi(x,z)$ 或 $z=\varphi(x,y)$，则该问题可用前面介绍的方法求解。但是，一般很难从式（7.1.46）中解出 y 或 z，故下面介绍一种新方法。

在端点固定的条件下，求泛函式（7.1.47）的一阶变分

$$\delta J[y,z]=\int_{x_0}^{x_1}\left\{\left[\frac{\partial F}{\partial y}-\frac{\mathrm{d}}{\mathrm{d}x}\left(\frac{\partial F}{\partial y'}\right)\right]\delta y+\left[\frac{\partial F}{\partial z}-\frac{\mathrm{d}}{\mathrm{d}x}\left(\frac{\partial F}{\partial z'}\right)\delta z\right]\right\}\mathrm{d}x \tag{7.1.48}$$

由于 δy 和 δz 不是独立变分，故无法直接推出欧拉方程。对式（7.1.46）两边取变分 $G_y\delta y+G_z\delta z=0$，假定 $G_z\neq0$，则可求得变分 δy 和 δz 的关系

$$\delta z=\frac{-G_y}{G_z}\delta y$$

代入式（7.1.48），得

$$\delta J[y,z]=\int_{x_0}^{x_1}\left\{\frac{\partial F}{\partial y}-\frac{\mathrm{d}}{\mathrm{d}x}\left(\frac{\partial F}{\partial y'}\right)+\left[\frac{\partial F}{\partial z}-\frac{\mathrm{d}}{\mathrm{d}x}\left(\frac{\partial F}{\partial z'}\right)\right]\left(-\frac{G_y}{G_z}\right)\right\}\delta y\mathrm{d}x$$

因 δy 是独立变量，故由 $\delta J=0$ 可推出**欧拉方程**

$$\frac{\partial F}{\partial y}-\frac{\mathrm{d}}{\mathrm{d}x}\left(\frac{\partial F}{\partial y'}\right)+\left[\frac{\partial F}{\partial z}-\frac{\mathrm{d}}{\mathrm{d}x}\left(\frac{\partial F}{\partial z'}\right)\right]\left(-\frac{G_y}{G_z}\right)=0 \tag{7.1.49}$$

式（7.1.49）是泛函式（7.1.47）在约束条件（7.1.46）下取极值满足的必要条件。

当 $G_y\neq0$，将式（7.1.49）除以 G_y，得

$$\frac{\dfrac{\partial F}{\partial y}-\dfrac{\mathrm{d}}{\mathrm{d}x}\left(\dfrac{\partial F}{\partial y'}\right)}{G_y}=\frac{\dfrac{\partial F}{\partial z}-\dfrac{\mathrm{d}}{\mathrm{d}x}\left(\dfrac{\partial F}{\partial z'}\right)}{G_z}$$

令上式等号两边等于同一函数 $-\lambda(x)$，则有

$$\left[\frac{\partial F}{\partial y}+\lambda(x)G_y\right]-\frac{\mathrm{d}}{\mathrm{d}x}\left(\frac{\partial F}{\partial y'}\right)=0,\quad \left[\frac{\partial F}{\partial z}+\lambda(x)G_z\right]-\frac{\mathrm{d}}{\mathrm{d}x}\left(\frac{\partial F}{\partial z'}\right)=0 \tag{7.1.50}$$

式中，函数 $\lambda(x)$ 是未知的，利用约束条件（7.1.46）联立求解式（7.1.50），就可求得 $\lambda(x)$、$y=y(x)$ 和 $z=z(x)$。显然，式（7.1.50）是下列泛函的欧拉方程

$$J^*[y,z]=J[y,z]+\int_{x_0}^{x_1}\lambda(x)G(x,y,z)\mathrm{d}x \tag{7.1.51}$$

于是，泛函 $J(y,z)$ 在约束条件（7.1.46）下的极值问题转化为等价的辅助泛函 $J^*(y,z)$ 的极值问题。对于新泛函 $J^*[y,z]$，δy 和 δz 都是独立变分，这种方法称为**拉格朗日乘子法**，$\lambda(x)$ 称为**拉格朗日乘子**。

将上述结果推广到 n 个未知函数 $y_1(x)$，$y_2(x)$，…，$y_n(x)$ 的泛函式

$$J=J[y_1(x),y_2(x),\cdots,y_n(x)]=\int_{x_0}^{x_1}F(x,y_1,y_2,\cdots,y_n,y_1',y_2',\cdots,y_n')\mathrm{d}x \tag{7.1.30}$$

在约束条件

$$G_i(y_1,y_2,\cdots,y_n)=0\quad(i=1,2,\cdots,m;\quad m<n) \tag{7.1.52}$$

及边界条件

$$y_j(x_0)=y_j^{(0)},\quad y_j(x_1)=y_j^{(1)}\quad(j=1,2,\cdots,n) \tag{7.1.53}$$

下的极值问题。

约束条件（7.1.52）称为**完整约束条件**或**有限约束条件**。完整约束条件的特点是约束中不含 y 的导数，此时，泛函式（7.1.30）称为完整约束问题的目标函数。关于完整约束下的

泛函极值问题有如下拉格朗日定理。

拉格朗日定理：在完整约束条件（7.1.52）和边界条件（7.1.53）下使目标函数（7.1.30）取得极值，则存在待定函数 $\lambda_i(x)$，使函数 $(y_1, y_2, \cdots, y_n)$ 满足由**辅助泛函**

$$J^*[y_1, y_2, \cdots, y_n] = \int_{x_0}^{x_1} \left[F + \sum_{i=1}^{m} \lambda_i(x) G_i\right] \mathrm{d}x = \int_{x_0}^{x_1} H \mathrm{d}x \tag{7.1.54}$$

所给出的欧拉方程

$$\frac{\partial H_i}{\partial y_j} - \frac{\mathrm{d}}{\mathrm{d}x}\left(\frac{\partial H_i}{\partial y_j'}\right) = 0 \qquad (j = 1, 2, \cdots, n) \tag{7.1.55}$$

式中，$H_i = F + \sum\limits_{i=1}^{m} \lambda_i(x) G_i$。

泛函在约束条件下的极值问题等价于求辅助泛函 J^* 无约束条件极值问题。对辅助泛函式（7.1.54）进行变分运算时，应把 y_j、y_j' 和 $\lambda_i(x)$ 都看作辅助泛函 J^* 的自变量，故 $G_i = 0$ 同样可看作 J^* 的欧拉方程，式（7.1.55）可写成

$$\frac{\mathrm{d}}{\mathrm{d}x}\left(\frac{\partial F}{\partial y_j'}\right) - \left[\frac{\partial F}{\partial y_j} + \sum_{i=1}^{m} \lambda_i(x) \frac{\partial G_i}{\partial y_j}\right] = 0 \qquad (j = 1, 2, \cdots, n) \tag{7.1.56}$$

式（7.1.56）有 n 个方程，有 m 个约束方程，有 $(n+m)$ 个未知函数 $(y_1, y_2, \cdots, y_n)$ 和 $(\lambda_1, \lambda_2, \cdots, \lambda_m)$。

例题 7.1.11 确定位于曲面 $15x - 7y + z - 22 = 0$ 上的两点 $A(1, -1, 0)$ 和 $B(2, 1, -1)$ 之间的最短距离。

解：曲面上两点之间的距离为下列泛函

$$J = \int_1^2 \sqrt{1 + y'^2 + z'^2} \mathrm{d}x \tag{1}$$

约束条件为

$$\varphi(x, y, z) = 15x - 7y + z - 22 = 0 \tag{2}$$

建立辅助泛函

$$J^* = \int_{x_0}^{x_1} \left[\sqrt{1 + y'^2 + z'^2} + \lambda(x)(15x - 7y + z - 22)\right] \mathrm{d}x \tag{3}$$

由式（7.1.48），得到欧拉方程组为

$$-7\lambda(x) - \frac{\mathrm{d}}{\mathrm{d}x} \frac{y'}{\sqrt{1 + y'^2 + z'^2}} = 0 \tag{4}$$

$$\lambda(x) - \frac{\mathrm{d}}{\mathrm{d}x} \frac{z'}{\sqrt{1 + y'^2 + z'^2}} = 0 \tag{5}$$

式（5）乘以 7，与式（4）相加并积分，得

$$\frac{y' + 7z'}{\sqrt{1 + y'^2 + z'^2}} = C \tag{6}$$

由约束条件（2）可得

$$z' = 7y' - 15 \tag{7}$$

将式（7）代入式（6），得

$$\frac{y' + 7(7y' - 15)}{\sqrt{1 + y'^2 + (7y' - 15)^2}} = C \tag{8}$$

可见 y' 方程等于常数 C，即 $y'=C_1$，积分得 $y'=C_1x+C_2$，由端点条件得 $C_1=2$、$C_2=-3$，故

$$y=2x-3 \tag{9}$$

将式（9）代入式（7），得 $z'=-1$，积分得 $z=C_3-x$，由端点条件得 $C_3=1$，故

$$z=1-x \tag{10}$$

再由式（4）和式（5）可知 $\lambda(x)=0$，故所求的最短距离为

$$J=\int_1^2\sqrt{1+y'^2+z'^2}\mathrm{d}x=\int_1^2\sqrt{1+4+1}\mathrm{d}x=\sqrt{6} \tag{11}$$

（2）微分型约束条件

非完整约束条件的特点是约束中含 y 的导数，称为**微分型约束条件**。泛函式（7.1.30）为

$$J=J[y_1(x),y_2(x),\cdots,y_n(x)]=\int_{x_0}^{x_1}F(x,y_1,y_2,\cdots,y_n,y_1',y_2',\cdots,y_n')\mathrm{d}x$$

其在约束条件

$$G_i(y_1,y_2,\cdots,y_n,y_1',y_2',\cdots,y_n')=0\quad(i=1,2,\cdots,m;\quad m<n) \tag{7.1.57}$$

及边界条件

$$y_j(x_0)=y_j^{(0)},\quad y_j(x_1)=y_j^{(1)}\quad(j=1,2,\cdots,n) \tag{7.1.53}$$

下的极值问题也称为拉格朗日问题。此时，泛函式（7.1.30）称为**非完整约束问题的目标函数**。关于非完整约束下的泛函极值问题也有如下**拉格朗日定理**。

拉格朗日定理：在非完整约束条件（7.1.57）和边界条件（7.1.53）下使目标函数（7.1.30）取得极值，则存在待定函数 $\lambda_i(x)$ 使函数（$y_1,y_2,\cdots,y_n$）满足由辅助泛函（7.1.54）

$$J^*[y_1,y_2,\cdots,y_n]=\int_{x_0}^{x_1}\Big[F+\sum_{i=1}^m\lambda_i(x)G_i\Big]\mathrm{d}x=\int_{x_0}^{x_1}H\mathrm{d}x$$

令 $H_i=F+\sum\limits_{i=1}^m\lambda_i(x)G_i$，所给出的**欧拉方程**为

$$\frac{\partial H_i}{\partial y_j}-\frac{\mathrm{d}}{\mathrm{d}x}\Big(\frac{\partial H_i}{\partial y_j'}\Big)=0\qquad(j=1,2,\cdots,n) \tag{7.1.55}$$

泛函在约束条件下的极值问题等价于求辅助泛函 J^* 无约束条件极值问题。对辅助泛函（7.1.54）进行变分运算时，应把 y_j、y_j' 和 $\lambda_i(x)$ 都看作辅助泛函 J^* 的自变量，故 $G_i=0$ 同样可看作 J^* 的欧拉方程，式（7.1.55）可写成

$$\Big[\frac{\partial F}{\partial y_j}+\sum_{i=1}^m\lambda_i(x)\frac{\partial G_i}{\partial y_j}\Big]-\frac{\mathrm{d}}{\mathrm{d}x}\Big[\frac{\partial F}{\partial y_j'}+\sum_{i=1}^m\lambda_i(x)\frac{\partial G_i}{\partial y_j'}\Big]=0\qquad(j=1,2,\cdots,n) \tag{7.1.58}$$

式（7.1.58）有 n 个方程，有 m 个约束方程，有（$n+m$）个未知函数（y_1，y_2，…，y_n）和（λ_1，λ_2，…，λ_m）。

例题 7.1.12　试求泛函 $J[y,z]=\frac{1}{2}\int_{x_0}^{x_1}(y^2+z^2)\mathrm{d}x$ 在固定边界条件 $y(x_0)=y_0$、$z(0)=z_0$ 与约束条件 $y'=z$ 下的极值函数 $y=y(x)$ 和 $z=z(x)$[1]。

解：令

$$H=\frac{(y^2+z^2)}{2}+\lambda(y'-z)$$

得无约束条件泛函为

$$J^*[y,z]=\int_{x_0}^{x_1}H\mathrm{d}x=\int_{x_0}^{x_1}\left[\frac{1}{2}y^2+\frac{1}{2}z^2+\lambda(y'-z)\right]\mathrm{d}x$$

由式（7.1.58），得到欧拉方程组为

$$\begin{cases}y-\lambda'=0\\z-\lambda=0\end{cases}$$

由上式得 $z'=y$，加上约束条件 $y'=z$，得方程组为

$$\begin{cases}y'=z\\z'=y\end{cases}$$

由这两个方程组可得

$$\begin{cases}y''-y=0\\z''-z=0\end{cases}$$

其解为

$$y=C_1\mathrm{e}^x+C_2\mathrm{e}^{-x},\quad z=C_1\mathrm{e}^x-C_2\mathrm{e}^{-x}$$

由边界条件 $y(x_0)=y_0$，$z(x_0)=z_0$，得

$$C_1=\frac{y_0+z_0}{2\mathrm{e}^{x_0}},\ C_2=\frac{y_0-z_0}{2\mathrm{e}^{-x_0}}$$

于是极值曲线为

$$\begin{cases}y=\dfrac{y_0+z_0}{2\mathrm{e}^{x_0}}\mathrm{e}^x+\dfrac{y_0-z_0}{2\mathrm{e}^{-x_0}}\mathrm{e}^{-x}=\dfrac{y_0+z_0}{2}\mathrm{e}^{x-x_0}+\dfrac{y_0-z_0}{2}\mathrm{e}^{-x+x_0}\\[2ex]z=\dfrac{y_0+z_0}{2\mathrm{e}^{x_0}}\mathrm{e}^x-\dfrac{y_0-z_0}{2\mathrm{e}^{-x_0}}\mathrm{e}^{-x}=\dfrac{y_0+z_0}{2}\mathrm{e}^{x-x_0}-\dfrac{y_0-z_0}{2}\mathrm{e}^{-x+x_0}\end{cases}$$

（3）积分型约束条件

约束条件是积分形式，即 $\int_{x_0}^{x_1}G(x,y,z)\mathrm{d}x=$常数，这样的问题通常称为**等周问题**，也称为**积分型约束条件**。

典型的例子是求一条通过固定两点 $P_0(t_0)$ 和 $P_1(t_1)$，长度固定为 l 的曲线 $y=y(x)$，使面积 $S=\int_{x_0}^{x_1}G(x,y,z)\mathrm{d}x$ 取极大值。该问题可表述为在条件 $\int_{x_0}^{x_1}\sqrt{1+y'^2}\mathrm{d}x=l$（常数）下求泛函的极值。考虑一般的情况。

已知泛函为

$$J=J[y_1(x),y_2(x),\cdots,y_n(x)]=\int_{x_0}^{x_1}F(x,y_1,y_2,\cdots,y_n,y'_1,y'_2,\cdots,y'_n)\mathrm{d}x \qquad (7.1.30)$$

其在约束条件

$$\int_{x_0}^{x_1}G_i(x,y_1,y_2,\cdots,y_n,y'_1,y'_2,\cdots,y'_n)\mathrm{d}x=a_i \qquad (i=1,2,\cdots,m) \qquad (7.1.59)$$

和边界条件

$$y_j(x_0)=y_j^{(0)},\quad y_j(x_1)=y_j^{(1)} \qquad (j=1,2,\cdots,n) \qquad (7.1.53)$$

下使泛函（7.1.30）取得极值，则存在常数 λ_i，使函数 y_1，y_2，…，y_n 满足由辅助泛函

$$J^*[y_1,y_2,\cdots,y_n]=\int_{x_0}^{x_1}[F+\sum_{i=1}^{m}\lambda_i(x)G_i(x,y_1,y_2,\cdots,y_n,y'_1,y'_2,\cdots,y'_n)]\mathrm{d}x$$

$$=\int_{x_0}^{x_1} H_i \mathrm{d}x \tag{7.1.54}$$

式中，$H_i=F+\sum\limits_{i=1}^{m}\lambda_i G_i$。

所给出的**欧拉方程**

$$\frac{\partial H_i}{\partial y_j}-\frac{\mathrm{d}}{\mathrm{d}x}\left(\frac{\partial H_i}{\partial y'_j}\right)=0 \qquad (j=1,2,\cdots,n) \tag{7.1.60}$$

将 $H_i=F+\sum\limits_{i=1}^{m}\lambda_i G_i$ 代入式（7.1.60），得到

$$\frac{\partial F}{\partial y_j}+\sum_{i=1}^{m}\lambda_i\frac{\partial G_i}{\partial y_j}-\frac{\mathrm{d}}{\mathrm{d}x}\left(\frac{\partial F}{\partial y'_j}+\sum_{i=1}^{m}\lambda_i\frac{\partial G_i}{\partial y'_j}\right)=0 \qquad (j=1,2,\cdots,n) \tag{7.1.61}$$

在对式（7.1.54）进行变分运算时，把 y_j、y'_j看作辅助泛函 J^* 的自变量，λ_j 看作常数，故同样视 $\int_{x_0}^{x_1} G_i\mathrm{d}x-a_i=0$ 为 J^* 的欧拉方程。

式（7.1.60）和式（7.1.61）构成求解积分型约束条件的欧拉方程。

例题 7.1.13　求 $J[y(x)]=\int_0^1 y'^2\mathrm{d}x$ 的极值[1]，其中 y 是归一化的，即 $\int_0^1 y^2\mathrm{d}x=1$，且已知 $y(0)=y(1)=0$。

解：采用拉格朗日乘子法，将归一化条件乘以 $-\lambda$，加到泛函的变分问题中，于是问题转化为不带附加条件的变分问题。辅助泛函为

$$J^*=\int_0^1(y'^2-\lambda y^2)\mathrm{d}x$$

由式（7.1.60），对应的欧拉方程为

$$y''+\lambda y=0$$

其通解为

$$y=A\sin(kx+a)$$

由条件 $y(0)=0$ 知 $a=0$，由条件 $y(1)=0$ 知

$$k=n\pi \quad (n=1,2,3,\cdots)$$

于是

$$y=A\sin n\pi \mathrm{x}$$

取 $n=1$，代入归一化条件

$$\int_0^1 A^2\sin^2\pi x\mathrm{d}x=1$$

积分后得到 $A=\pm\sqrt{2}$。于是得到原极值问题的解为

$$y=\pm\sqrt{2}\sin\pi x$$

泛函 $\int_0^1 y'^2\mathrm{d}x$ 的极值为

$$\int_0^1 2\pi^2\cos^2\pi x\mathrm{d}x=\pi^2$$

例题 7.1.14 在约束条件$\int_{\Omega}\rho u^2\mathrm{d}v=1$下，使泛函

$$J[u(x,y,z)]=\int_{\Omega}F(x,y,z,u,u_x,u_y,u_z)\mathrm{d}x\mathrm{d}y\mathrm{d}z$$

取极值的函数 u 满足欧拉方程[3]

$$\frac{\partial F}{\partial u}-\frac{\partial F_{u_x}}{\partial x}-\frac{\partial F_{u_y}}{\partial y}-\frac{\partial F_{u_z}}{\partial z}=\lambda\rho u \tag{1}$$

解： 当 F 取形式

$$F=\frac{1}{2}[p(\nabla u)^2+qu^2]$$

时，代入式（1），有

$$-\nabla\cdot p(\nabla u)+qu=\lambda\rho u \tag{2}$$

显然式（2）是本征值方程，**相应的拉格朗日乘子 λ 即为本征值，而约束条件**$\int_{\Omega}\rho u^2\mathrm{d}v=1$**相当于归一化条件。由此可见，本征值问题与泛函的条件极值问题相关联。**

7.1.5 变分问题的瑞利—里茨直接法

由前面的介绍可知，各种变分极值问题的求解都可归结为求解欧拉方程的边值问题，这种方法称为**变分问题的间接方法**。但是，只有在一些特殊的情况下欧拉方程才有解析解，在大多数情况下，无法求出欧拉方程的解析解。1900 年 8 月，在第二届国际数学家代表大会上，希尔伯特（Hilbert）在《数学问题》的报告中提出了变分法直接求解的问题，可不通过求解欧拉方程而直接从泛函本身出发，利用给定的边界条件，求出使泛函取得极值的近似表达式，有时也能得到精确解。变分问题的近似解法有欧拉有限差分法、瑞利—里茨法、坎托罗维奇法、伽辽金法、最小二乘法、特雷夫茨法、配置法和分区平均法等。欧拉有限差分法、瑞利—里茨法、坎托罗维奇法和伽辽金法等称为**经典变分法**。瑞利—里茨法是变分问题直接法中最重要且最常用的一种，其理论基础是**最小势能原理**，即弹性体在给定的外力作用下，在所有满足位移边界条件的位移中，与稳定平衡相对应的位移使总位能取最小值。瑞利—里茨法求解问题的基本思想是，不把泛函的值放在容许函数中去考虑，而选用线性无关的函数序列的线性组合逼近变分问题的极值曲线。

本节仅介绍瑞利—里茨近似方法，其他方法读者可阅读有关文献[1]~[3]。在介绍函数集合与空间的基础上，介绍瑞利—里茨法，包括集合与空间、希尔伯特空间和可积函数空间、微分算子与泛函、瑞利—里茨法 4 部分。

（1）集合与空间

当讨论如何把微分方程转化为与其等价的泛函时，要涉及实变函数和泛函分析的一些基本概念，先予以简述。

一定范围内具有某些性质的对象组成的全体称为**集合**，简称为集。集合中的每个对象称为**元素**。一个集合中的各个元素应该互不相同。通常用大写的字母表示集合，用小写的字母表示集合的元素。不含任何元素的集合称为**空集**，记作$\varnothing$。由点组成的集合称为**点集**。由数组成的集合称为**数集**。在数轴上的点与全体实数一一对应，因此，不必区分数集和点集。空集和仅含有限个元素的集合称为**有限集**。含无限个元素的集合称为**无限集**。只含一个元素的

集合称为**单元素集**。设 A、B 是两个集合，若 A 中元素都属于 B，那么 A 称为 B 的**子集**，记作 $A\subseteq B$ 或 $B\supseteq A$；若 A 和 B 两个集合含有相同的元素，则称 A 与 B **相等**，记作 $A=B$。显然，$A=B$ 的充要条件是两个相等的集合互为子集，即 $A\subseteq B$ 和 $B\supseteq A$。

设 X 是某函数集合，α、β 为任意实常数，若对 Y 中任意的两个函数 u、v，有函数 $\alpha u+\beta v$ 属于 X，则称 X 为**线性集合**。设 X 和 Y 是两个非空的集合，如果按照一定的法则 f，对于集合 X 中的每个元素 x，在集合 Y 中都有唯一确定的元素 y 和它对应，则 f 称为给出了一个从 X 到 Y 的**映射或变换**，记作 f：$X\rightarrow Y$。映射有时也称为**函数**，记作 $y=f(x)$，其含义是 f 把 x 映射成 y。y 称为 x 在映射 f 下的**像**，而 x 称为 y 在映射 f 下的**原像**。这时，集合 X 称为映射 f 的定义域，记作 D_f 或 $D(f)$，即 $D_f=D(f)=X$。集合 X 中所有元素的像所组成的集合称为映射 f 的**值域**，记作 R_f、$R(f)$ 或 $f(X)$，即 $R_f=R(f)=f(X)=\{f(x)\mid x\in X\}$。

设 X 是一个非空的集合，如果对于 X 中的任意两个元素 x 和 y 按照一定的法则都有一实数 $P(x,y)$ 与之对应，且 $P(x,y)$ 满足：

① **正定性及恒定性**　$P(x,y)\geqslant 0$，且 $P(x,y)=0$ 的充要条件是 $x=y$；

② **对称性**　$P(x,y)=P(y,x)$；

③ **三角不等式**　$P(x,y)+P(x,z)\geqslant P(y,z)$。

对任何 X 中的三点 x、y、z 都成立。则 $P(x,y)$ 称为 X 上 x 与 y 之间的**度量或距离**，而 X 称为以 $P(x,y)$ 为距离的**度量空间或距离空间**，记作 (X,P)，简记作 X。

设 $\{x_n\}$ 是度量空间 (X,P) 中的数列，如果对任意 $\varepsilon>0$，总存在正整数 $N=N(\varepsilon)$，当 m、$n\geqslant N$ 时，恒有 $|x_m-x_n|<\varepsilon$ 或 $P(x_m,x_n)<\varepsilon$ 成立，则 $\{x_n\}$ 称为 (X,P) 中的柯西序列或**柯西数列**。有时 $\{x_n\}$ 也称为 (X,P) 中的**基本序列或基本数列**。如果度量空间 (X,P) 中每个柯西数列都收敛于 (X,P) 中的某一元素，则 (X,P) 称为**完备空间或完备的**。在完备空间中，柯西数列与数列收敛等价。

设 V 是数域 P 上的 n 维线性空间，$\boldsymbol{x}$、$\boldsymbol{y}$、$\boldsymbol{z}$ 是 V 中的任意矢量，$\alpha\in P$，在 V 中引入二元函数（$\boldsymbol{x}$，$\boldsymbol{y}$），则其具有如下性质：

① **对称性**　当 P 为实数域 $(\boldsymbol{x},\boldsymbol{y})=(\boldsymbol{y},\boldsymbol{x})$，$F$ 为复数域 $(\boldsymbol{x},\boldsymbol{y})=(\overline{\boldsymbol{y},\boldsymbol{x}})$（共轭对称）时；

② **齐次性**　$(\alpha\boldsymbol{x},\boldsymbol{y})=\alpha(\boldsymbol{x},\boldsymbol{y})$；

③ **线性性**　$(\boldsymbol{x}+\boldsymbol{y},\boldsymbol{z})=(\boldsymbol{x},\boldsymbol{z})+(\boldsymbol{y},\boldsymbol{z})$；

④ **正定性**　$(\boldsymbol{x},\boldsymbol{x})\geqslant 0$，且 $(\boldsymbol{x},\boldsymbol{x})=0$ 的充要条件是 $\boldsymbol{x}=0$；

式中，（$\boldsymbol{x}$，$\boldsymbol{y}$）称为矢量 $\boldsymbol{x}$ 与 $\boldsymbol{y}$ 的**内积**，内积用（·，·）表示。V 称为关于实内积的**欧几里得（Euclidean）空间**，简称**欧氏空间**，记作 E^n。

例如，直线是**一维欧氏空间**，平面是**二维欧氏空间**，现实空间是**三维欧氏空间**，分别记作 E^1、E^2、E^3。

最常用的内积是用积分定义的。例如，设 Ω 为**内积空间**，其定义域为 D，若两个函数 u、$v\in V$，$\rho>0$ 为权函数，则函数 u 与 v 由积分定义的**内积**可写为

$$(u,v)=\int_D uv\mathrm{d}D\quad 或\quad (u,v)=\int_D \rho uv\mathrm{d}D$$

（2）希尔伯特空间和可积函数空间

完备的内积空间称为**希尔伯特（Hilbert）空间**，常记作 H。所谓**内积空间**是指定义在

数域 F 上的矢量空间 L，对它的每一对矢量 $\boldsymbol{u}$ 和 $\boldsymbol{v}$ 可定义内积（$\boldsymbol{u}$，$\boldsymbol{v}$）满足下述公理：

① **正定性**　$(\boldsymbol{u},\boldsymbol{v})\geqslant 0$，当且仅当 $\boldsymbol{u}=0$ 时等号成立；

② **共轭对称性**　$(\boldsymbol{u},\boldsymbol{v})=\overline{(\boldsymbol{v},\boldsymbol{u})}$；

③ **线性**　$(a\boldsymbol{u}+b\boldsymbol{v},\boldsymbol{w})=a(\boldsymbol{u},\boldsymbol{w})+b(\boldsymbol{v},\boldsymbol{w})$。

内积的引进可以定义矢量之间的“角度”，从而可讨论矢量之间的正交性。所谓的“完备”则指 L 中的每一个柯西序列都收敛于 L 中的一个元素。有理数集是不完备性的一个典型例子，序列 $S_n=\sum\limits_{n=1}^{N}\dfrac{1}{n!}$ 是有理集，但是收敛到无理数 e。由元素为 $[a,b]$ 上的平面可积函数组成的**函数空间** $L^2[a,b]$ 称为**函数可积空间**。可以证明这个函数空间是一个完备的内积空间，即其是一个希尔伯特空间。

定义函数空间 $L^2[a,b]$ 上 $f_1(x)$ 和 $f_2(x)$ 的内积为

$$(f_1,f_2)=\int_{x_0}^{x_1}f_1(x)f_2(x)\mathrm{d}x \tag{7.1.62}$$

根据内积的定义式可以定义函数系 $\{f_i\}$ 的正交性和归一性，若 f_i 和 f_j 满足

$$(f_i,f_j)=\int_{x_0}^{x_1}f_i(x)f_j(x)\mathrm{d}x=\delta_{ij} \tag{7.1.63}$$

则称函数系 $\{f_i\}$ 是**正交归一的**。另一种常用的正交归一性为上式的推广

$$(f_i,f_j)\equiv\int_{x_0}^{x_1}f_i(x)f_j(x)\rho(x)\mathrm{d}x=\delta_{ij} \tag{7.1.64}$$

式中，权函数 $\rho(x)>0$，这时称 $\{f_i\}$ **带权重** $\rho(x)$ **正交归一**。

在希尔伯特空间中，任一函数 $f(x)$ 能表示成 $\{f_i\}$ 的线性组合

$$f(x)=\sum_{i=1}^{\infty}C_if_i(x) \tag{7.1.65}$$

且式（7.1.65）右边的无穷级数在该空间的每一点上收敛于 $f(x)$，称这种正交归一集 $\{f_i\}$ 是完备的正交归一函数集，称 C_i 为**广义傅里叶系数**，或**展开系数**。这时 C_i 很容易确定。

$$(f_n,f)=\sum_{i=1}^{\infty}C_i(f_n,f_i)=\sum_{i=1}^{\infty}C_i\delta_{ni}=C_n \tag{7.1.66}$$

定义函数可积空间 $L^2[a,b]$ 中**正交归一集的完备性**：若对任一函数 $f(x)\in L^2[a,b]$ 都有正交归一函数集在平均收敛意义上的逼近，即

$$\lim_{n\to\infty}\int_{x_0}^{x_1}\left|f(x)-\sum_{i=1}^{\infty}C_if_i(x)\right|^2\mathrm{d}x=0$$

则称为 $\{f_i\}$ 定义在 $L^2[a,b]$ 上的**完备函数集**。

（3）微分算子与泛函

若由可微函数构成的集合，通过微分运算，可以使其变成另外的函数的集合，则这种微分运算是可微函数上的一种算子，称为**微分算子**，用 L 表示。

设微分算子 L 的定义域为 D，值域为 $L(D)$，$u\in D$、$f\in L(D)$，则等式 $Lu=f$ 称为**算子方程**。若 L 满足 $L(\alpha x)=\alpha L(x)$，则 L 称为**齐次算子**。如果对于任意 x_1、$x_2\in D$，α、$\beta\in P$，都有 $L(\alpha x_1+\beta x_2)=\alpha Lx_1+\beta Lx_2$ 成立，则称 L 为 D 到 Y 的**线性算子**。如果线性算子 L 的值域是数集，则称其为**线性泛函**，常记作 $f(x)$、$g(x)$等。

设 $f(x)$是距离空间 X 上的泛函，$x_0\in X$，若对于任意给定的正数 ε，存在正数 δ，且当

$x \in X$和$\rho(x,x_0)$时，有$|f(x)-f(x_0)|<\varepsilon$，则称$f(x)$在$x_0$处对于$X$**连续**。若$f(x)$在$X$上的每一点处都连续，则称$f(x)$是$X$上的**连续泛函**。

设有**希尔伯特空间**H，X是H的子空间，L是X到H的线性算子。如果对于任意的x、$y \in X$，均有$(Lx,y)=(x,Ly)$成立，则称L为**对称算子**。若$(Lx,y) \geqslant 0$，则称L为**正算子**。若对于任意非零的x、$y \in X$，均有$(Lx,y)>0$，则称L为**正定算子**。

正定算子还可定义为：设L是一个线性算子，若存在常数$r>0$，使$L(u,u) \geqslant r^2(u,u)$成立，则算子$L$称为正定算子。

在前面章节中曾介绍了几种二阶线性微分算子。例如：

$$L=\frac{\partial^2}{\partial t^2}-\alpha^2\frac{\partial^2}{\partial x^2}$$

$$L=\frac{\partial}{\partial t}-\alpha^2\frac{\partial^2}{\partial x^2}$$

$$L=\frac{\mathrm{d}}{\mathrm{d}x}\left[p(x)\frac{\mathrm{d}}{\mathrm{d}x}\right]-q(x)+\lambda r(x)$$

以及**哈密顿算子**∇**和拉普拉斯算子**Δ

$$\nabla^2=\Delta=\frac{\partial^2}{\partial x^2}+\frac{\partial^2}{\partial y^2}+\frac{\partial^2}{\partial z^2}$$

在第 6 章中介绍，二阶线性偏微分方程可用算子表示为

$$Lu=f \tag{6.1.1}$$

式中，微分算子L一般可定义为

$$L \equiv \sum_{i,j=1}^{n} a_{ij}\frac{\partial^2}{\partial x_i \partial x_j}+\sum_{i=1}^{n} b_i\frac{\partial}{\partial x_i}+c$$

式中，a_{ij}、b_i、c和f都是变量$\boldsymbol{r}=\boldsymbol{r}(x_1,\ x_2,\ \cdots,\ x_n)$的函数或常数。

对称正定算子方程的变分原理：设L是作用在希尔伯特空间上的对称正定算子，其定义域为D，值域为$L(D)$，$u \in D$，$f \in L(D)$，若算子方程$Lu=f$存在解$u=u_0$，则u_0所满足的充要条件是泛函

$$J[u]=(Lu,u)-2(u,f) \tag{7.1.67}$$

取得极小值。

（4）瑞利—里茨法

瑞利—里茨法（Rayleigh－Ritz Method）是变分问题直接法中重要方法之一，是一种近似方法。**基本的思路是，通过试凑的方法，用选定的线性无关的函数序列的线性组合逼近变分问题的极值曲线**。在介绍瑞利—里茨法求解泛函问题的基本原理的基础上，用例题介绍具体的求解过程。

有n个函数$\varphi_1(x)$，$\varphi_2(x)$，…，$\varphi_n(x)$线性无关且满足线性泛函（7.1.59）的边界条件。设函数$\varphi_k(x)$（$k=1,2,\cdots,n$）的线性组合为

$$y_n(x)=f(\varphi_1,\varphi_2,\varphi_3,\cdots,\varphi_n,C_1,C_2,C_3,\cdots,C_n)=\sum_{k=1}^{n} C_k\varphi_k(x) \tag{7.1.68}$$

式中，C_k为待定常数；函数$\varphi_k(x)(k=1,2,\cdots,n)$是取自完备函数系列的一组线性无关函数，称为**基函数**或**测试函数**或**坐标函数**。所谓完备函数系列是指任一函数都可用此函数系列表示。

以式（7.1.68）来表示变分问题 $\delta J=0$ 的解，将式（7.1.68）代入泛函 J 的表达式（7.1.67）中。由于 L 是线性算子，Ly 是线性的，则有

$$J[y_n]=\sum_{i,j=1}^{n}C_iC_j(L\varphi_i,\varphi_j)-2\sum_{i=1}^{n}C_i(\varphi_i,f) \tag{7.1.69}$$

泛函 $J[y_n]$ 便成了自变量 C_1，C_2，C_3，…，C_n 的 n 元函数。由于 f 的函数形式是预先选定了的，按照求多元函数极值的方法求出 C_1，C_2，C_3，…，C_n 后便完全确定了 $y_n(x)$。令泛函 $J[y_n]$ 取极值，即 $\delta J\ [y_n]\ =0$，则有

$$\frac{\partial J}{\partial C_1},\frac{\partial J}{\partial C_2},\cdots,\frac{\partial J}{\partial C_n} \tag{7.1.70}$$

由式（7.1.70）可确定 C_1，C_2，C_3，…，C_n，从而得到变分问题的近似解

$$y_n(x)=\sum_{k=1}^{n}C_k\varphi_k(x) \tag{7.1.68}$$

式中，y_n 称为泛函变分问题的**第 n 次近似解**。

令 $n\to\infty$，如果式（7.1.68）的极限存在，得

$$y(x)=\lim_{n\to\infty}y_n(x)=\sum_{k=1}^{n}C_k\varphi_k(x) \tag{7.1.71}$$

式（7.1.71）即变分问题的准确解。

将式（7.1.69）代入式（7.1.70），注意到 $(L\phi_i,\phi_j)=(L\phi_j,\phi_i)$，可得

$$\sum_{i=1}^{n}C_i(L\phi_i,\phi_j)=(\phi_j,f)\qquad(j=1,2,\cdots,n) \tag{7.1.72}$$

例题 7.1.15 求泛函 $J[y]=\int_0^1(x^2y'^2+xy)\mathrm{d}x$，$y(0)=0$ 和 $y(1)=0$ 变分问题的第一近似解[1]。

解：设 $y_1(x)=C_1x(1-x)$，$y_1'(x)=C_1(1-2x)$，代入式（7.1.61），则

$$\begin{aligned}J[C_1]&=\int_0^1[x^2C_1^2(1-2x)^2+C_1x^2(1-x)]\mathrm{d}x\\&=\int_0^1[C_1^2(x^2-4x^3+4x^4)+C_1(x^2-x^3)]\mathrm{d}x\end{aligned}$$

令

$$\frac{\partial J}{\partial C_1}=0$$

得

$$\int_0^1[2C_1(x^2-4x^3+4x^4)+(x^2-x^3)]\mathrm{d}x=0$$

积分后，得

$$\frac{2}{3}C_1-2C_1+\frac{8}{5}C_1+\frac{1}{3}-\frac{1}{4}=0$$

解出 C_1 为

$$C_1=-\frac{5}{16}$$

于是该泛函 J 变分问题的第一近似解为

$$y_1(x) = -\frac{5}{16}x(1-x)$$

不过，这个极限过程是否收敛、收敛的快慢如何、是否收敛于精确解，都还是问题，而且在实际问题中求上述极限往往很复杂。因此，通常不去完成极限运算，只求出前面的 n 项，那么所得到的就是变分问题的近似解 $y_n(x)$。如果函数系 $\varphi_1(x)$，$\varphi_2(x)$，$\varphi_3(x)$，…选得适当，便能求出近似程度很高的近似解；如果选得不适当，则所得“近似解”可能与精确解相差很远。下面用例题来说明如何用瑞利—里茨法求解泛函的极值。

例题 7.1.16　用瑞利—里茨法解例题 7.1.13，求 $J[y(x)]=\int_0^1 (y')^2 \mathrm{d}x$ 的极值，其中 y 是归一化的，即 $\int_0^1 y^2 \mathrm{d}x=1$，且已知 $y(0)=y(1)=0$[1]。

解： 取满足边界条件的坐标函数系 $u_n(x)=(1-x)x^n$（$n=1,2\cdots$），于是有

$$y_n(x) = \sum_{k=1}^{n} C_k(1-x)x^k \tag{1}$$

取 $n=2$ 来计算近似值，此时有

$$y_2(x) = C_1(1-x)x + C_2(1-x)x^2 \tag{2}$$

$$y_2^2(x) = (x^2-2x^3+x^4)C_1{}^2 + 2(x^3-2x^4+x^5)C_1C_2 + (x^4-2x^5+x^6)C_2{}^2 \tag{3}$$

$$y_2'(x) = (1-2x)C_1 + (2x-3x^2)C_2 \tag{4}$$

$$\begin{aligned}(y_2')^2 &= (1-4x+4x^2)C_1{}^2 + 2(2x-7x^2+6x^3)C_1C_2 + (4x^2-12x^3+9x^4)C_2{}^2 \\ &= \frac{1}{3}(C_1{}^2+C_1C_2) + \frac{2}{15}C_2{}^2\end{aligned} \tag{5}$$

将 y_2 和 y_2' 分别代入约束条件和泛函中，由归一化条件 $\int_0^1 y^2 \mathrm{d}x=1$，得

$$\frac{1}{30}(C_1{}^2+C_1C_2) + \frac{1}{105}C_2{}^2 = 1 \tag{6}$$

可用拉格朗日乘子法求式（6）的极值，即对 C_1、C_2 求导的方法来求解。本题采用了简便的代数方法，直接根据式（6），令

$$C_1{}^2 + C_1C_2 = 30 - \frac{2}{7}C_2{}^2 \tag{7}$$

将式（7）代入式（5），得

$$J[y] = 10 + \frac{4}{105}C_2{}^2 \tag{8}$$

显然，因 $C_2{}^2 \geqslant 0$，在 $C_2=0$ 时 $J[y(x)]$ 最小，其值为 10。当 $C_2=0$ 时，$C_1=\pm\sqrt{30}$，于是

$$y(x) = \pm\sqrt{30}x(x-1) \tag{9}$$

可将这个近似解与例题 7.1.13 中求得的精确解 $\pi^2=9.869\,604$ 比较。在区间[0，1]，近似解和精确解是很相近的，它们的绝对误差为 0.130 396，相对误差为 0.013 211 8。

在参考文献［2］和［5］中，以 C_nx^n 作为所选用的函数系，使用了满足边界条件 $y(0)=0$ 和 $y(1)=0$ 的测试解 $y(x)=x(x-1)(C_0+C_1x)$，得到同样的解。

例题 7.1.17 在$y(0)=y(2)=0$条件下，用瑞利—里茨法求泛函 $J[y(x)]=\int_0^2(y'^2+y^2+2xy)\mathrm{d}x$ 极小值的近似解，并将近似解与其精确解比较。

解：① 用欧拉方程确定泛函的极值。

已知 $F=y'^2+y^2+2xy$，其欧拉方程为 $2y+2x-2y''=0$，即

$$y''-y=x \tag{1}$$

齐次方程的解为

$$y_c=C_1\mathrm{e}^x+C_2\mathrm{e}^{-x}$$

设特解为

$$y_p=b_0+b_1x$$

将特解代入欧拉方程（1），比较两端的系数，可得 $b_0=0$，$b_1=-1$，于是方程的解为

$$y(x)=y_c+y_p=C_1\mathrm{e}^x+C_2\mathrm{e}^{-x}-x \tag{2}$$

由边界条件 $y(0)=y(2)=0$，确定式（2）中的常数，得

$$C_1=-C_2=\frac{2}{\mathrm{e}^2-\mathrm{e}^{-2}} \tag{3}$$

将式（3）代入式（2），得精确解

$$y(x)=\frac{2(\mathrm{e}^x-\mathrm{e}^{-x})}{\mathrm{e}^2-\mathrm{e}^{-2}}-x=\frac{2\mathrm{sh}x}{\mathrm{sh}2}-x \tag{4}$$

② 用瑞利—里茨法确定泛函的极值。

以 C_nx^n 作为所选用的函数系，采用满足边界条件的测试解

$$y_1(x)=x(x-2)(C_0+C_1x) \tag{5}$$

计算 $y_1^2(x)$ 和 $y_1'^2(x)$，代入泛函，得

$$\begin{aligned}J[y_1(x)]=&\int_0^2[C_0{}^2(4-8x+8x^2-4x^3+x^4)+2C_0C_1x(2-5x+7x^2-4x^3+x^4)+\\&C_1{}^2x^2(4-12x+13x^2-4x^3+x^4)+2C_0x^2(2-x)+2C_1x^3(2-x)]\mathrm{d}x\\=&\frac{56}{15}C_0{}^2+\frac{112}{15}C_0C_1-\frac{648}{35}C_1{}^2+\frac{8}{3}C_0+\frac{16}{5}C_1\end{aligned}$$

分别对 C_0、C_1 求导，得方程组

$$\frac{\partial J}{\partial C_0}=\frac{112}{15}C_0+\frac{112}{15}C_1+\frac{8}{3}=0$$

$$\frac{\partial J}{\partial C_1}=\frac{112}{15}C_0-\frac{1\,296}{35}C_1+\frac{16}{5}=0$$

解出两个常数为

$$C_0=-\frac{1\,509}{4\,088},\quad C_1=\frac{7}{584} \tag{6}$$

代入式（5），得近似解

$$y(x)=x(x-2)\left(\frac{7}{584}x-\frac{1\,509}{4\,088}\right) \tag{7}$$

读者可自己比较精确解（4）与近似解（7）的误差。

7.1.6　变分法在工程中的应用

把微分方程边值问题转化为与之等价的泛函，即使泛函的欧拉方程就是所给的微分方程，这样的问题称为**变分问题的反问题或逆变分问题**。这样的泛函在物理上常常表示能量，称为原微分方程的**能量积分**。把微分方程边值问题转化为等价的泛函极值问题的求解方法和理论称为**变分原理或变分方法**。把微分方程边值问题转化为与之等价的泛函极值问题的求解方法和理论及求泛函极值的问题，即变分问题都称为**变分原理**。简单地说，以变分形式表述的某个科学定律称为**变分原理**，或者说把某个科学定律归结为某个泛函的变分问题称为**变分原理**。

变分法在工程中的应用，主要包括最小作用量原理及其应用和变分法在本征值问题中的应用。运用变分法可以从分析力学的最小作用原理直接导出工程中使用的数学物理方程，应用瑞利—里茨法可求解数学物理方程中的本征值问题。

本节在介绍变分法的应用[1]~[5]，包括最小作用原理及其应用、变分法在本征值问题中的应用两部分。

(1) 最小作用原理及其应用

分析力学中最基本最重要的一个原理是**最小作用量原理**，也称为**哈密顿（Hamilton）原理**。制约大量物理现象的基本方程可以由它导出。首先用质点系动力学的用语介绍最小作用量原理及其应用，再通过类比推广到其他问题上去。

先简要地介绍最小作用量原理。设有一个质点，它的广义坐标是 $q(t)$，广义速度是 $q'(t)$，已知在时刻 t_1 和 t_2，广义坐标的值分别为 $q^{(1)}$ 和 $q^{(2)}$，在 (t,q) 图上代表两个定点 A 和 B，如图 7.1.3 所示。在 A、B 两点之间可以有许多光滑曲线，每条曲线对应于一个函数 $q=q(t)$。在这些函数或相应的曲线中，只有一个是描述质点真实运动情况的，即要从这些函数或曲线中挑选出代表真实运动情况的那一个来。真实运动使泛函的变分等于零，即 $\delta J=0$。

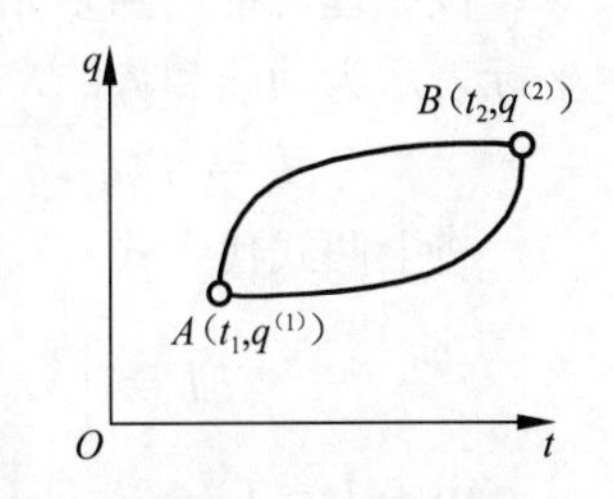

图 7.1.3　广义坐标

为了达到上述目的，哈密顿首先找出一个函数 $L(t,q,q')$，称为**系统的拉格朗日函数**。若给定时刻 t_1 的初始状态和 t_2 的终结状态，则从 t_1 到 t_2 的所有可能的运动用拉格朗日函数描述，其函数的形式决定于所研究系统的力学性质。质点运动问题中拉格朗日函数等于系统的动能 T 与势能（位能）U 之差

$$L(t,q,q') = T-U \tag{7.1.73}$$

式中，$L(t,q,q')$ 为系统的**拉格朗日函数**。

二阶微分方程边值问题所对应的变分问题，通常其泛函中的被积函数关于未知函数及其导数都是二次的，即二次泛函的极值问题，这样的泛函在物理上通常表示能量，由能量表示的泛函称为**能量泛函**，故习惯上把二阶微分方程边值问题转化为二次泛函极值问题的求解方法称为**能量方法或能量法**，或者说基于能量泛函极值问题的变分方法称为**能量方法**或**能量法**，相应的二次泛函称为该微分方程的**能量积分**[1]。

任何复杂保守系统的力学性质都可表示为式（7.1.73）的形式。只不过对于各种不同的系统，拉格朗日函数和作用量各有不同的形式而已。**最小作用量原理（哈密顿原理）可以将物质运动的基本规律转化为变分问题。**

如果已知质点在时刻 t_1 和 t_2 的广义坐标分别为 $q^{(1)}$ 和 $q^{(2)}$，则描述质点真实运动情况的函数就是使作用量成为最小值的 $q(t)$。由于 $q(t)$ 和 $q'(t)$ 都是 t 的函数，所以拉格朗日函数是 t 的复合函数，将它在 $[t_1,t_2]$ 上积分，有

$$J=\int_{t_0}^{t_1}(T-U)\mathrm{d}t=\int_{t_0}^{t_1}L(t,q,q')\mathrm{d}t \tag{7.1.74}$$

式中，J 称为被研究系统的**作用量**，或称为**哈密顿作用量**。显然，J 是 $q(t)$ 的泛函。

哈密顿原理：任何质点系在给定始点和终点的状态后，其真实运动与任何容许运动的区别是真实运动使泛函（7.1.74）达到极值，即

$$\delta J=\delta\int_{t_0}^{t_1}(T-U)\mathrm{d}t=\delta\int_{t_0}^{t_1}L(t,q,q')\mathrm{d}t=0 \tag{7.1.75}$$

这就是质点力学的**最小作用量原理**，或称为**最小作用原理**。

1834年，哈密顿提出了这个原理。这个原理是力学中的基本原理，由于它与坐标系的选择无关，因此，它具有普遍性和应用的广泛性。对于各种不同的系统，拉格朗日函数和作用量只是各有不同的形式而已。总之，哈密顿原理是把物质运动的基本规律转化为变分问题。变分原理的最根本特点是它与坐标系的选择无关，其本质是泛函的一阶变分为零。

式（7.1.75）所表示的变分问题相对应的欧拉方程为

$$\frac{\partial L}{\partial q}-\frac{\mathrm{d}}{\mathrm{d}t}\left(\frac{\partial L}{\partial q'}\right)=0 \tag{7.1.76}$$

该原理可推广到多元变量的情况。设广义坐标为 q_1，q_2，…，q_{3n-m}，用 $3n-m$ 个广义坐标表示为动能和势能，即

$$T=T(q_1,q_2,\cdots,q_{3n-m},q_1',q_2',\cdots,q_{3n-m}',t),U=U(q_1,q_2,\cdots,q_{3n-m},t)$$

将上两式代入式（7.1.73），有 $L=T-U$，将其代入式（7.1.75），得

$$\delta J=\int_{t_0}^{t_1}L(t,q,q')\mathrm{d}t=\int_{t_0}^{t_1}\left[\sum_{i=1}^{3n-m}\frac{\partial(T-U)}{\partial q_i}\delta q_i+\frac{\partial T}{\partial q_i'}\delta q_i'\right]\mathrm{d}t=0$$

由于 $L=T-U$，且 U 不是 q_i' 的函数，故上式也可写为

$$\delta J=\int_{t_0}^{t_1}L(t,q,q')\mathrm{d}t=\int_{t_0}^{t_1}\left[\sum_{i=1}^{3n-m}\frac{\partial L}{\partial q_i}\delta q_i+\frac{\partial L}{\partial q_i'}\delta q_i'\right]\mathrm{d}t=0$$

再将上式分部积分，得

$$\delta J=\int_{t_0}^{t_1}\sum_{i=1}^{3n-m}\left(\frac{\partial L}{\partial q_i}-\frac{\mathrm{d}}{\mathrm{d}t}\frac{\partial L}{\partial q_i'}\right)\delta q_i'\mathrm{d}t=0$$

于是，欧拉方程可以写成

$$\frac{\partial L}{\partial q_i}-\frac{\mathrm{d}}{\mathrm{d}t}\frac{\partial L}{\partial q_i'}=0\qquad(i=1,2,\cdots,3n-m) \tag{7.1.77}$$

或

$$\frac{\partial(T-U)}{\partial q_i}-\frac{\mathrm{d}}{\mathrm{d}t}\frac{\partial T}{\partial q_i'}=0 \tag{7.1.78}$$

式（7.1.78）称为**保守系统的拉格朗日方程**。

从最小作用量原理出发，可以推导得出前面几章曾推导过的波动方程、输运方程和稳态方程。现以两个例题来具体说明这一点。

例题 7.1.18 就自由质点运动由哈密顿原理推导牛顿第一定律[1]。

解：设自由质点的质量为 m，其势能 $U=0$，系统的动能为

$$T=\frac{1}{2}m(x'^2+y'^2+z'^2)$$

由式（7.1.74）哈密顿作用量为

$$J=\int_{t_0}^{t_1}L\mathrm{d}t=\int_{t_0}^{t_1}\frac{1}{2}m(x'^2+y'^2+z'^2)\mathrm{d}t$$

再运用式（7.1.76），得欧拉方程为

$$F_x-\frac{\mathrm{d}}{\mathrm{d}t}F_{x'}=0,\quad F_y-\frac{\mathrm{d}}{\mathrm{d}t}F_{y'}=0,\quad F_z-\frac{\mathrm{d}}{\mathrm{d}t}F_{z'}=0$$

即

$$mx''=0,\quad my''=0,\quad mz''=0$$

这就是反映自由质点运动规律的拉格朗日方程。解出 $x''=y''=z''=0$，可见自由质点的加速度为零，其速度等于常数，表明当自由质点不受外力作用时，它或静止或做匀速直线运动。

例题 7.1.19　由哈密顿原理推导一维波动方程。设有长 l、横截面积为 1 单位的均匀杆，纵波在均匀杆中传播。

解： 用 $u(x,t)$ 表示位移，这个系统的动能为

$$T=\int_0^l\frac{1}{2}\rho u_t^2\mathrm{d}x$$

式中，$\rho(x)$为线密度。只考虑系统的弹性势能

$$U=\int_0^l\frac{1}{2}Yu_x^2\mathrm{d}x$$

式中，$Y(x)$为弹性模量。于是作用量为

$$J=\int_{t_0}^{t_1}\int_0^l\left(\frac{1}{2}\rho u_t^2-\frac{1}{2}Yu_x^2\right)\mathrm{d}x\mathrm{d}t$$

其变分问题的欧拉方程（7.1.45b）为

$$\frac{\partial F}{\partial u}-\sum_{i=1}^n\frac{\partial}{\partial x_i}\left(\frac{\partial F}{\partial u_{x_i}}\right)=0$$

对于该问题使用上式，得到

$$\frac{\partial F}{\partial u}-\frac{\partial}{\partial x}\left(\frac{\partial F}{\partial u_x}\right)-\frac{\partial}{\partial t}\left(\frac{\partial F}{\partial u_t}\right)=0$$

式中，F 为作用量 J 的积分核，即

$$F=\frac{1}{2}\rho u_t^2-\frac{1}{2}Yu_x^2$$

于是得到

$$0-\frac{\partial}{\partial x}(-Yu_x)-\frac{\partial}{\partial t}(\rho u_t)=0$$

当 ρ 和 Y 是常数时，令 $a=\sqrt{Y/\rho}$，则得到前面几章讨论过的一维波动方程 $u_{tt}-a^2u_{xx}=0$。

（2）变分法在本征值问题中的应用

前面介绍了如何把泛函的极值问题转化为欧拉方程的求解方法。在大多数情况下，它们分别对应着常微分方程和偏微分方程的本征值或边值问题。但是，把变分问题都归结为微分方程的本征值、边值问题有时反而将问题复杂化了。数学家就考虑了相反的问题，即已知一个微分方程的本征值或边值问题，把它转化为某个泛函的极值问题，并用近似

方法求解。这就形成了求解微分方程变分问题的变分方法。**把微分方程边值问题转化为与之等价的泛函，使泛函的欧拉方程就是所给的微分方程，这样的问题称为变分问题的反问题或逆变分问题。**

变分法求解本征值和边值问题的基本原理是，当本征值或边值问题非常难解时，可把本征值或边值问题化为变分问题，采用近似方法求解。例如，瑞利—里茨法直接求出使泛函取极值的函数，也就得到了本征问题的解。**把微分方程本征值或边值问题转化为等价的泛函极值问题的求解方法和理论称为变分原理或变分方法。**

这里仅介绍瑞利—里茨法在本征值问题和边值问题中的应用，没有从理论上严格地推导和证明。读者可根据需要参考有关文献深入地学习变分问题的近似解法。

① 瑞利—里茨法解本征值问题。

数学上可以严格证明希尔伯特空间的正定对称算子本征值问题与泛函极值问题等价。在上一节已经介绍了对称正定算子方程的变分原理。设 L 是作用在空间上的正定对称算子，即有 $L(y_1,y_2)=(y_1,Ly_2)$。若算子方程 $Ly=f$ 存在解，则解所满足的充要条件是泛函式（7.1.67）

$$J[y]=(Ly,y)-2(y,f)$$

取得极小值。先讨论一般形式的施图姆—刘维尔本征值问题

$$L=-\frac{\mathrm{d}}{\mathrm{d}x}\left[p(x)\frac{\mathrm{d}}{\mathrm{d}x}\right]+q(x)\qquad p(x)>0,q(x)\geqslant 0\tag{7.1.79}$$

它的算子 L 的本征值方程为

$$Ly_i=\lambda\rho(x)y_i\qquad(i=1,2,3\cdots)\tag{7.1.80}$$

式中，L 是作用在待求函数 y 的线性算符（包括变系数和线性微分算子）；λ 是待定参数；$\rho(x)$是权函数。

式（7.1.80）与泛函的极值问题式（7.1.67）是等价的。下面寻找一泛函 $J[f(x)]$，使其极值问题的欧拉方程恰好是本征方程式（7.1.80）。

由第6章可知，为了使 $y(x)$ 满足附加条件，λ 只能取一系列独立的本征值

$$\lambda_1\leqslant\lambda_2\leqslant\cdots\leqslant\lambda_n\cdots$$

对应于这些本征值有一系列的本征函数

$$y_1(x),y_2(x),\cdots,y_n(x)\cdots$$

它们构成正交完备系，运用式（7.1.80）和式（7.1.75），分别有

$$Ly_n(x)=\lambda_n\rho(x)y_n(x)\tag{7.1.81}$$

$$\int_{x_0}^{x_1}y_m(x)y_n(x)\rho(x)\mathrm{d}x=\delta_{mn}\tag{7.1.82}$$

式（7.1.82）表示本征函数已归一化。

如果任意形式的函数 $f(x)$具有连续一阶导数、分段连续二阶导数，且满足本征值问题的边界条件，使用式（7.1.65）将 $f(x)$用本征函数作为基本函数系展开成为绝对而且一致收敛的级数，得到

$$f(x)=\sum_{n=1}^{\infty}C_ny_n(x)\tag{7.1.83}$$

$$C_n=\int_{x_0}^{x_1}f(x)y_n(x)\rho(x)\mathrm{d}x\tag{7.1.84}$$

如果 $f(x)$ 也是归一化了的，则

$$\int_{x_0}^{x_1}[f(x)]^2\mathrm{d}x = 1 \tag{7.1.85}$$

将式（7.1.83）代入式（7.1.85），运用式（7.1.82），得到

$$\sum_{n=1}^{\infty}C_n^2 = 1 \tag{7.1.86}$$

设泛函

$$J[f(x)] = \int_{x_0}^{x_1}f(x)Lf(x)\mathrm{d}x \tag{7.1.87}$$

将式（7.1.83）代入式（7.1.87）的右边，运用式（7.1.81）、式（7.1.82）和式（7.1.86），可得

$$\begin{aligned}J[f(x)] &= \int_{x_0}^{x_1}\sum_{m=1}^{\infty}C_m y_m L\left(\sum_{n=1}^{\infty}C_n y_n\right)\mathrm{d}x = \sum_{m=1}^{\infty}\sum_{n=1}^{\infty}C_m C_n\int_{x_0}^{x_1}y_m L y_n\mathrm{d}x \\ &= \sum_{m=1}^{\infty}\sum_{n=1}^{\infty}C_m C_n\lambda_n\int_{x_0}^{x_1}y_m y_n\rho(x)\mathrm{d}x = \sum_{m=1}^{\infty}\sum_{n=1}^{\infty}C_m C_n\lambda_n\delta_{mn} \\ &= \sum_{n=1}^{\infty}C_n{}^2\lambda_n \geqslant \lambda_1\sum_{n=1}^{\infty}C_n{}^2 = \lambda_1 \qquad (m = n)\end{aligned}$$

这表明，如果 λ_1 是泛函式（7.1.87）的一个值，则其必是极小值。事实上，有

$$J[y_1(x)] = \int_{x_0}^{x_1}y_1(x)Ly_1(x)\mathrm{d}x = \int_{x_0}^{x_1}y_1(x)\lambda_1\rho(x)y_1(x)\mathrm{d}x = \lambda_1 \tag{7.1.88}$$

由式（7.1.88）可知，λ_1 果然是泛函式（7.1.87）的一个值，这就证明了 λ_1 是泛函的极小值。与 λ_1 对应的本征函数 $y_1(x)$ 就是泛函式（7.1.87）在条件式（7.1.85）下的极值问题的解。

在求出 $y_1(x)$ 以后，可按下述方法进一步求出 λ_2 和 $y_2(x)$。重新设泛函

$$J[f_1(x)] = \int_{x_0}^{x_1}f_1(x)Lf_1(x)\mathrm{d}x \tag{7.1.89}$$

假定 $f_1(x)$ 与 $y_1(x)$ 带权重 $\rho(x)$ 正交，即 $f_1(x)$ 满足条件

$$\int_{x_0}^{x_1}f_1(x)y_1(x)\rho(x)\mathrm{d}x = 0 \tag{7.1.90}$$

将 $f_1(x)$ 按式（7.1.83）展开时，假如 $C_1 \neq 0$，则式（7.1.90）必不满足；将式（7.1.83）代入式（7.1.90）可直接证明 $C_1 = 0$，可见展开式以 $C_2 y_2(x)$ 为第一项。另外，假定 $f_1(x)$ 也是归一化的，这与条件式（7.1.90）不矛盾，重复前面的论述可得到类似于式（7.1.88）的关系 $J[f_1(x)] \geqslant \lambda_2$。

同样可以证明 λ_2 是泛函式（7.1.89）的一个值，因而 λ_2 是泛函 $J[f_1(x)]$ 的极小值，$y_2(x)$ 就是这个泛函在条件式（7.3.90）和归一化条件下极值问题的解。类似地，再加一个条件

$$\int_{x_0}^{x_1}f_2(x)y_2(x)\rho(x)\mathrm{d}x = 0$$

就可推得 λ_3 是 $J[f_2(x)]$ 的极小值，而 $y_3(x)$ 是 $J[f_2(x)]$ 在三个附加条件下极值问题的解。类推下去，可以得到结论。

本征函数定义：在正交于（$y_1(x), y_2(x), \cdots, y_n(x)\cdots$）所构成的子空间的函数 y 上，

泛函 $J[f_n(x)]$ 取最小值为 λ_n，而达到最小值的函数 y 即**本征函数** y_n。

这样就把本征值问题与求泛函的极值问题等价起来了。若用瑞利—里茨法求得泛函极值问题的解，也就求得了本征值问题的解。下面用例题来说明这个方法。

例题 7.1.20 求微分方程 $y''+\lambda y=0$ 满足边界条件 $y(0)=0$、$y(1)=0$ 的最小本征值和相应的本征函数，假定 y 是归一化的。

解：在例题 7.1.13 已得到过此微分方程结合边界条件的本征值和相应的归一化本征函数

$$\begin{cases}\lambda_n = \dfrac{n^2\pi^2}{1^2} \qquad (n=1,2,3,\cdots)\\ y_n(x)=\sqrt{2}\sin\dfrac{n\pi x}{1}\end{cases}$$

为了运用和熟悉上述转换，假设不知道上述解，将方程改写为 $-\dfrac{d^2}{dx^2}y=\lambda y$，可见，算子为 $L=-\dfrac{d^2}{dx^2}$，将本征值问题转化为下列泛函在 y 是归一化条件下的变分问题

$$J[f(x)]=\int_0^1 f(x)\left(-\frac{d^2}{dx^2}\right)f(x)dx=-[f(x)f'(x)]_0^1+\int_0^1[f'(x)]^2dx=\int_0^1[f'(x)]^2dx$$

这个变分问题已在例题 7.1.2 中用瑞利—里茨法解出。根据上面的论述，本例的最小本征值近似为 10，相应的本征函数近似为 $y_1(x)=\sqrt{30}x(x-1)$；而例题 7.1.13 得到其最小本征值的准确值为 π^2，相应本征函数的精确解为 $y_1(x)=\sqrt{2}\sin\pi x$。

读者可以自己比较瑞利—里茨法、本征函数近似和精确解这三种方法得到的解的误差。

② 瑞利—里茨法解边值问题。

上面介绍了如何将施图姆—刘维尔型方程的本征值问题转化为变分问题求解，现在来讨论变分法在边值问题中的应用。**边值问题与泛函极值问题也是等价的**，这里不进行严格的理论推导和证明，仅以亥姆霍兹（Helmholtz）方程的边值问题为例来讨论边值问题的变分问题，介绍用瑞利—里茨法求边值问题的近似解。

由从第 6 章可知，亥姆霍兹方程的第一边值问题，有

$$\nabla^2 u=-\lambda u \tag{7.1.91}$$

$$u|_\Sigma=0 \tag{7.1.92}$$

假定 u 是归一化了的，即

$$\iiint_\Omega u^2 dV=1 \tag{7.1.93}$$

在上述问题中微分算子是拉普拉斯算子 $L\equiv\Delta=\nabla^2$，设泛函

$$J[u(x,y,z)]=\iiint_\Omega u\,\nabla^2 u dV \tag{7.1.94}$$

这是个含有多个自变量函数的泛函，研究这个泛函的极值问题，使用**奥氏方程**

$$\frac{\partial F}{\partial u}-\frac{\partial}{\partial x}\left(\frac{\partial F}{\partial u_x}\right)-\frac{\partial}{\partial y}\left(\frac{\partial F}{\partial u_y}\right)-\frac{\partial}{\partial z}\left(\frac{\partial F}{\partial u_z}\right)=0 \tag{7.1.42}$$

求其欧拉方程。为了便于应用式（7.1.35），先运用格林第一公式和边界条件（7.1.92）将积分式（7.1.94）的核化为只含一阶导数的形式

$$J[u]=\oiint_S u\frac{\partial u}{\partial n}\mathrm{d}S-\iiint_\Omega(\nabla u)^2\mathrm{d}V=-\iiint_\Omega(\nabla u)^2\mathrm{d}V \tag{7.1.95}$$

求泛函式（7.1.95）在条件（7.1.92）下的极值问题时，采用拉格朗日乘子法。将式（7.1.93)乘以 λ 加到泛函式（7.1.95）中，再对其求变分，令 $\delta J[u]=0$，即得

$$\delta\iiint_\Omega[\lambda u^2-(\nabla u)^2]\mathrm{d}V=0 \tag{7.1.96}$$

由奥氏方程（7.1.42）求得相应的欧拉方程为

$$2\lambda u+\frac{\partial}{\partial x}(2u_x)+\frac{\partial}{\partial y}(2u_y)+\frac{\partial}{\partial z}(2u_z)=0$$

或

$$\nabla^2 u+\lambda u=0$$

这就是亥姆霍兹方程式（7.1.91）。可见定解问题（7.1.91）和式（7.1.92）可化为泛函（7.1.94）在条件（7.1.93）下的变分问题。

下面用例题说明如何用瑞利—里茨法求解亥姆霍兹方程和泊松方程的边值问题。

例题 7.1.21　用变分法解圆域 $r\leqslant a$ 上二维亥姆霍兹方程的边值问题

$$\begin{cases}\nabla^2 u+\lambda u=0\\ u|_{r=a}=0\end{cases} \tag{1}$$

解： 使用式（7.1.96），考虑二维定解问题的泛函

$$J=\oiint_S[\lambda u^2-(\nabla u)^2]\mathrm{d}S \tag{2}$$

的极值问题。式（2）在极坐标点的表达式为

$$J=\int_0^a\int_0^{2\pi}\left[\lambda u^2-\left(\frac{\partial u}{\partial r}\right)^2+\left(\frac{1}{r}\frac{\partial u}{\partial\varphi}\right)^2\right]r\mathrm{d}\varphi\mathrm{d}r \tag{3}$$

用瑞利—里茨法来解式（3），选取满足边界条件 $u|_{r=a}=0$ 的测试函数

$$u=C_1(a^2-r^2)+C_2(a^2-r^2)^2 \tag{4}$$

由于 u 对称于极点，$u_\varphi=0$，将式（4）代入式（3），得

$$\begin{aligned}J=&2\pi\int_0^a\left[\lambda u^2-\left(\frac{\partial u}{\partial r}\right)^2\right]r\mathrm{d}r=\pi\int_0^a\{C_1^2[4r^2-\lambda(a^2-r^2)^2]\\&+C_1C_2[16r^2(a^2-r^2)^2-2\lambda(a^2-r^2)^3]\\&+C_2^2[16r^2(a^2-r^2)^2-\lambda(a^2-r^2)^4]\}\mathrm{d}(r^2)\\=&\pi\left[C_1^2\left(2a^4-\frac{1}{3}a^6\lambda\right)+C_1C_2\left(\frac{8}{3}a^6-\frac{1}{2}a^8\lambda\right)+C_2^2\left(\frac{4}{3}a^8-\frac{1}{5}a^{10}\lambda\right)\right]\end{aligned} \tag{5}$$

把 J 看作参数 C_1、C_2 的函数，由极值条件有

$$\frac{\partial J}{\partial C_1}=0,\quad \frac{\partial J}{\partial C_2}=0 \tag{6}$$

将式（5）代入式（6），得到

$$\begin{cases}\left(4-\frac{2}{3}a^2\lambda\right)C_1+\left(\frac{8}{3}a^2-\frac{1}{2}a^4\lambda\right)C_2=0\\ \left(\frac{8}{3}-\frac{1}{2}a^2\lambda\right)C_1+\left(\frac{8}{3}a^2-\frac{2}{5}a^4\lambda\right)C_2=0\end{cases} \tag{7}$$

式（7）是关于 C_1，C_2 的齐次代数方程组，它有非零解的条件是系数行列式等于零，

求得

$$\lambda = \frac{5.7841}{a^2}$$

$$\frac{C_2}{C_1} = \frac{0.638}{a^2}$$

于是得到定解问题（1）的近似解为

$$u = \frac{1}{1.638}[a^2(a^2 - r^2) + 0.638(a^2 - r^2)^2]$$

实际上，本例是贝塞尔方程的本征值问题，可用分离变量法求解，其结果为

$$u = J_0\left(2.4048\frac{r}{a}\right),$$

$$\lambda = \left(\frac{2.4048}{a}\right)^2 = \frac{5.78315}{a^2}$$

比较可知，近似本征值略大于精确解的本征值，相差是很小的。

例题 7.1.22 用瑞利—里茨法求泊松方程边值问题

$$\begin{cases} \Delta u = -\cos\left(\dfrac{\pi x}{a}\right) & (x, y) \in D \\ \left.\dfrac{\partial u}{\partial n}\right|_{\Sigma} = 0 & (0 \leqslant x \leqslant a, 0 \leqslant y \leqslant b) \end{cases} \tag{1}$$

的近似解，其中区域 D 为矩形域，Σ 为区域 D 的边界。

解：该定解问题为第二类边值问题，由第6章可知，由于在边界上为第二类齐次边界条件，解的形式为本征函数系$\left\{\cos\dfrac{i\pi x}{a}\cos\dfrac{j\pi y}{b}\right\}$。因此，设测试函数为

$$u_{mn} = \sum_{i=0}^{m}\sum_{j=0}^{n} C_{ij}\cos\frac{i\pi x}{a}\cos\frac{j\pi y}{b} \quad (i, j \text{ 不同时为零})$$

可取 $i=1$、$j=0$ 和 $m=1$、$n=0$，有

$$u_{10} = C_{10}\cos\frac{\pi x}{a} \tag{2}$$

将测试解（2）代入原方程式（1），有

$$\begin{cases} \dfrac{\partial^2 u_{10}}{\partial x^2} = -C_{10}\dfrac{\pi^2}{a^2}\cos\dfrac{\pi x}{a} \\ \dfrac{\partial^2 u_{10}}{\partial y^2} = 0 \end{cases} \tag{3}$$

将式（3）代入式（1）中，有

$$C_{10}\frac{\pi^2}{a^2}\cos\frac{\pi x}{a} = \cos\frac{\pi x}{a}$$

解出 $C_{10} = a^2/\pi^2$。于是，求得近似解为

$$u_{10} = \frac{a^2}{\pi^2}\cos\frac{\pi x}{a} \tag{4}$$

采用另外一种方法，由例题 7.1.10 可知泊松方程对应的泛函为

$$J = \oiint_S [(\nabla u)^2 + 2uf]\mathrm{d}S = \iint_D [(\nabla u)^2 + 2uf]\mathrm{d}x\mathrm{d}y \tag{5}$$

将非齐次项 $f=-\cos\frac{\pi x}{a}$ 和式(2) 代入式(5)，定解问题可化为泛函

$$J[C_{10}]=\int_0^a\int_0^b\left[\left(-\frac{\pi}{a}C_{10}\sin\frac{\pi x}{a}\right)^2-2C_{10}\cos^2\frac{\pi x}{a}\right]\mathrm{d}x\mathrm{d}y$$

$$=b\int_0^a\left[\frac{\pi^2}{2a^2}C_{10}^2\left(1-\cos\frac{2\pi x}{a}\right)-C_{10}\left(1+\cos\frac{2\pi x}{a}\right)\right]\mathrm{d}x=\frac{\pi^2 b}{2a}C_{10}^2-C_{10}ab \tag{6}$$

将式（6）对 C_{10} 求偏导数，得

$$\frac{\partial J}{\partial C_{10}}=\frac{\pi^2 b}{a^2}C_{10}-ab=0 \tag{7}$$

由式（7）解出

$$C_{10}=\frac{a^2}{\pi^2} \tag{8}$$

将式（8）代入式（2），得近似解为

$$u_{10}=\frac{a^2}{\pi^2}\cos\frac{\pi x}{a} \tag{9}$$

将式（9）与式（4）比较可见，两种解法得到的结果一样。

7.2　数值计算的基本概述

数值计算、计算方法均为专门的课程。在介绍有限差分法、有限单元法之前，简单介绍与本书相关的数值计算的有关知识，以便于读者理解本课程的内容。本节包括数值计算的基本方法、伽辽金（Galerkin）方法两小节。

7.2.1　数值计算的基本方法

本小节简述数值计算的直接法、迭代法和加权残数法。

（1）数值计算的直接法

数值计算直接法利用固定次数的步骤求出问题的解。这些方式包括求解线性方程组的高斯消去法和 QR 算法及求解线性规划的单纯形法等。若利用无限精度算术的计算方式，有些问题可以得到其精确的解，不过有些问题不存在解析解。例如 5 次及其以上方程没有统一的求根公式，也就无法用直接法求解。在电脑中会使用浮点数进行运算，在假设运算方式稳定的前提下，所求结果可以视为是精确解的近似值。

浮点数是属于有理数中某特定子集的数的数字表示，在计算机中用以近似表示任意某个实数。具体来说，这个实数由一个整数或定点数（尾数）乘以某个基数（计算机中通常是 2）的整数次幂得到，这种表示方法类似于基数为 10 的科学计数法。

（2）迭代法

迭代法是通过从一个初始估计出发寻找一系列近似解来解决问题的数学过程。与直接法不同，用迭代法求解问题时，其步骤没有固定的次数，而且只能求得问题的近似解，所找到的一系列近似解会收敛到问题的精确解。会利用审敛法来判别所得到的近似解是否会收敛。一般而言，即使使用无限精度算术的计算方式，迭代法也无法在有限次数内得到问题的精确解。迭代算法的敛散性包括全局收敛和局部收敛。

① **全局收敛。**

对于任意的 $XO\in[a, b]$，由迭代式 $Xk+1=\varphi(Xk)$所产生的点列收敛，即当 $k\to\infty$时，Xk 的极限趋于 X^*，则称 $Xk+1=\varphi(Xk)$在 $[a,b]$ 上收敛于 X^*。

② **局部收敛。**

若存在 X^* 在某邻域 $\Omega=\{X \mid |X-X^*|<\delta\}$，对任何的 $XO\in\Omega$，由 $Xk+1=\varphi(Xk)$所产生的点列收敛，则称 $Xk+1=\varphi(Xk)$在 Ω 上收敛于 X^*。

在数值分析中用到迭代法的情形会比直接法要多，例如像牛顿法、二分法、雅可比法、广义最小残量方法（GMRES）和共轭梯度法等。在计算矩阵代数中，大型的问题一般会用到迭代法来求解。许多时候需要将连续模型的问题转换为一个离散形式的问题，而离散形式的解可以近似为原来连续模型的解，此转换过程称为离散化。例如求一个函数的积分是一个连续模型的问题，也就是求一曲线以下的面积，若将其离散化变成数值积分，就变成将上述面积用许多较简单的形状（如长方形、梯形）近似，因此只要求出这些形状的面积再相加即可。

在数值计算中，常用的加权残数法（Weighted Residual Method，WRM）精确满足边界条件而近似满足方程；奇点法（边界元法）可精确满足方程而近似满足边界条件，也可做两者均为近似的方法。

（3）加权残数法

加权残数法是一种可以直接从微(积)分方程式求得近似解的数学方法，可以精确满足边界条件而近似满足方程的方法，在计算力学中应用较多。加权残数法的要点是：先假设一个称为试函数的近似函数，把它代入要求解的微分方程和边界条件或初值条件；这样的函数一般不能完全满足这些条件，因而出现误差，即出现残数或残值；选择一定的权函数与残数相乘，列出在解的域内消灭残数的方程式，就可以把求解微分方程的问题转化为数值计算问题，从而得出近似解。

作为一种数值计算方法，加权残数法具有下述优点：原理的统一性，寻求控制微分方程式的近似解，不分问题的类型和性质；广泛地应用于数学、固体力学、流体力学、热传导、核物理和化工等多学科的问题；既可解边值问题、特征值问题和初值问题，也可解非线性问题；不依赖于变分原理，在泛函不存在时也能解题；方法一般比较简单、快速、准确，工作量少，程序简单。

用一道例题说明加权残数法的基本方法和解题步骤。

例题 7.2.1 考察如下偏微分方程的初、边值问题。

$$L(u)=0, \quad \text{在} D \text{内}, \quad t>0 \tag{7.2.1}$$

初始条件为

$$I(u)=0, \quad \text{在} \bar{D} \text{上}, \quad t=0 \tag{7.2.2}$$

边界条件为

$$B(u)=0, \quad \text{在边界} \partial D \text{上}, \quad t>0 \tag{7.2.3}$$

式中，L、I、B 均为某种微分算子。

解：通常求解问题（7.2.1）的目的是寻找一个近似解 $V(x,t)$，使得方程的残数 $R=L(V)$和边界的残数 $R_b=S(V)$尽可能的小，初始条件往往要求精确（也可近似）满足。

假设近似解 V 取作如下形式

$$V(x,t)=V_0(x,t)+\sum_{j=1}^{N}\alpha_j(t)\varphi_j(x) \tag{7.2.4}$$

式中，$V_0(x,t)$要求尽可能精确地满足初始和边界条件；$\varphi_j(x)$是已知函数，称为基函数；系数$\alpha_j(t)$是待定函数。

加权残数法的**基函数系**$\{\varphi_j(x)\}$的选取一般有以下要求：第一，它们应是线性无关的；第二，满足齐次边界条件；第三，$\{\varphi_j(x)\}$最好构成一个完备系，即任何函数均可用$\{\varphi_j(x)\}$线性组合来表示。取定基函数$\{\varphi_j(x)\}$，问题是如何使方程的残数尽可能的小。

把式（7.2.4）代入式（7.2.1）后，可得

$$L(V) = R(x,t,\alpha_j) \tag{7.2.5}$$

为了使残数 R 尽可能的小，引入一组“权”函数 $W_k(x)$，使残数 R 在加权平均的意义下为零，即

$$\int_D R(x,t,\alpha_j)\cdot W_k(x)\mathrm{d}x = 0 \quad (k=1,2,\cdots,N) \tag{7.2.6}$$

得到了 N 个方程式决定 N 个未知函数 $a_j(x)$。当问题与时间 t 无关时，方程（7.2.6）为代数方程组，否则为常微分方程组。如果基函数 φ_j 是完备的话，那么当 $N\to\infty$时，可期望近似解 V 将趋向于精确解。一般 N 越大，可望精度越高，误差越小。

选用不同的权函数，得到不同的加权残数。常用**选取权函数的方法**有以下几种。

① **积分方法。**

取加权函数为

$$W_k(x) = 1, \quad k = 1 \tag{7.2.7}$$

求解边界层的 Karman—Pohlhausen 方法属于这一类。

② **子区域方法。**

把区域 D 分成 N 个子区域 D_k，即 $D=\bigcup\limits_{k=1}^{N} D_k$，取

$$W_k(x) = \begin{cases} 1, & 当\ x \in D_k \\ 0, & 当\ x \in \bar{D}_k \end{cases} \quad (k=1,2,\cdots,N) \tag{7.2.8}$$

高超音速钝体绕流的积分关系法是其中之一。

③ **配置法。**

取

$$W_k(x) = \delta(x - x_k) \qquad (k=1,2,\cdots,N) \tag{7.2.9}$$

利用 Delta 函数性质，知

$$R(x_k,t,\alpha_j) = 0 \qquad (k=1,2,\cdots,N)$$

意味着残数 R 在这些配置点 x_k 后上为零。当配置点为某些正交多项式的零点时，方法被称为正交配置法。

④ **矩量法。**

取

$$W_k(x) = x^k \quad (k=1,2,\cdots,N) \tag{7.2.10}$$

高维问题时，其形式稍有不同。

⑤ **最小二乘法。**

取

$$W_k(x)=\frac{\partial R}{\partial \alpha_k} \qquad (k=1,2,\cdots,N) \tag{7.2.11}$$

代入式（7.2.6）可得

$$\frac{1}{2}\frac{\partial}{\partial \alpha_k}\int_D R^2 \mathrm{d}x=0 \quad (k=1,2,\cdots,N)$$

这相当于残数的平方积分达到极小的条件

$$\int_D R^2 \mathrm{d}x=\min$$

⑥ **Galevkin 方法。**

取

$$W_k(x)=\varphi_k(x) \qquad (k=1,2,\cdots,N) \tag{7.2.12}$$

即权函数等同于基函数。当$\{\varphi_j(x)\}$是一个线性无关的完备系时，按照泛函分析的定理知，当$N\to\infty$时，$\|R\|_{L_2}\to 0$。

7.2.2 伽辽金方法

流体力学是化工动量、热量和质量传递的基础，在求解流体力学问题的数值解法中，目前应用最广泛的是伽辽金（Galerkin）方法。本小节介绍伽辽金方法的基本知识。

若一个问题用瑞利—里茨（Rayleigh—Ritz）变分方法来解，也能用伽辽金法(Galerkin)法来求解，这两种方法能得到同样的结果。首先说明，伽辽金法与瑞利—里茨近似法的等价性。

由本章7.1节得知Ω是n维空间域，$(x_1, x_2, \cdots, x_n)\in\Omega$的泛函

$$J[u(x_1,x_2,\cdots,x_n)]=\iiint_\Omega F(x_1,x_2,\cdots,x_n,u,u_{x_1},u_{x_2},\cdots,u_{x_n})\mathrm{d}x_1\mathrm{d}x_2\cdots\mathrm{d}x_n \tag{7.1.43}$$

的变分问题为

$$\delta\iiint_\Omega F(x_1,x_2,\cdots,x_n,u,u_{x_1},u_{x_2},\cdots,u_{x_n})\mathrm{d}x_1\mathrm{d}x_2\cdots\mathrm{d}x_n=0 \tag{7.1.44}$$

对应的欧拉方程为以下偏微分方程

$$\frac{\partial F}{\partial u}-\frac{\partial}{\partial x_1}\left(\frac{\partial F}{\partial u_{x_1}}\right)-\frac{\partial}{\partial x_2}\left(\frac{\partial F}{\partial u_{x_2}}\right)-\cdots-\frac{\partial}{\partial x_n}\left(\frac{\partial F}{\partial u_{x_n}}\right)=0 \tag{7.1.45a}$$

对于二维某偏微分方程边值问题的解等价于某个泛函的极值问题，由泛函（7.1.43），有

$$J[u(x,y)]=\iint_D F(x,y,u,u_x,u_y)\mathrm{d}x\mathrm{d}y \tag{7.2.13}$$

使用瑞利—里茨法求解，假设u近似解为

$$u_a=\sum_{j=1}^{N}a_j\cdot\varphi_j(x,y) \tag{7.2.14}$$

式中，$\varphi_j(x,y)$是已知的试凑函数（或基函数）；a_j为待定系数。

把（7.2.14）式代入泛函$J[u(x,y)]$后，有

$$J[u_a]=J(a_1,a_2,\cdots,a_N)$$

由$J[u_a]=J(a_1,a_2,\cdots,a_N)$的极小值问题，下式必须成立

$$\frac{\partial J[u_a]}{\partial a_j}=0 \qquad (j=1,2,\cdots,N) \tag{7.2.15}$$

即得到确定 a_j 的 N 个方程式。

例题 7.2.2　以泊松方程的边值问题

$$\begin{cases}\nabla^2 u = f, & \text{在 } D \text{ 内} \\ u\mid_{\partial D} = 0\end{cases} \tag{7.2.16}$$

说明伽辽金法（Galerkin）法与瑞利—里茨法的等价性。

证明：① 使用式（7.1.45a），该问题等价于下面的变分极值问题

$$J[u(x,y)] = \iint_D [u_x^2 + u_y^2 + 2fu]\mathrm{d}x\mathrm{d}y = \min \tag{7.2.17}$$

应用瑞利—里茨法，得到 N 个方程式

$$\frac{\partial J[u_a]}{\partial a_j} = \iint_D \left[2\frac{\partial \varphi_j}{\partial x}\left(\sum_{k=1}^{N} a_k \frac{\partial \varphi_k}{\partial x}\right) + 2\frac{\partial \varphi_j}{\partial y}\left(\sum_{k=1}^{N} a_k \frac{\partial \varphi_k}{\partial y}\right) + 2f\cdot\varphi_j\right]\mathrm{d}x\mathrm{d}y = 0 \quad (j = 1,2,\cdots,N)$$

或写成

$$\iint_D \left(\frac{\partial \varphi_j}{\partial x}\cdot\frac{\partial u_a}{\partial x} + \frac{\partial \varphi_j}{\partial y}\cdot\frac{\partial u_a}{\partial y} + f\cdot\varphi_j\right)\mathrm{d}x\mathrm{d}y = 0 \qquad (j = 1,2,\cdots,N) \tag{7.2.18}$$

② 用伽辽金法的加权残数式（7.2.6）有

$$\iint_D \varphi_j\left(\frac{\partial^2 u_a}{\partial x^2} + \frac{\partial^2 u_a}{\partial y^2} - f\right)\mathrm{d}x\mathrm{d}y = 0 \qquad (j = 1,2,\cdots,N)$$

对上式分部积分一次或应用 Green 公式，则有

$$\oint_{\partial D} \varphi_j \frac{\partial u_a}{\partial n}\mathrm{d}s - \iint_D \left(\frac{\partial \varphi_j}{\partial x}\cdot\frac{\partial u_a}{\partial x} + \frac{\partial \varphi_j}{\partial y}\cdot\frac{\partial u_a}{\partial y} + f\varphi_j\right)\mathrm{d}x\mathrm{d}y = 0 \quad (j = 1,2,\cdots,N) \tag{7.2.19}$$

式中，φ_j 满足齐次边界条件，第一项线积分为零。式（7.2.19）与式（7.2.18）完全一样，这样就说明了伽辽金法（Galerkin）与瑞利—里茨法的等价性。

下面以一例题介绍传统伽辽金法求解偏微分方程典型的做法及其缺点和困难。

例题 7.2.3　用伽辽金法求解抛物型方程的初值和边值问题

$$u_t = u_{yy} \quad 0 \leqslant y \leqslant 1, \quad t > 0 \tag{1}$$

初始条件

$$u(y,0) = y + \sin\pi y \tag{2}$$

边界条件

$$u(0,t) = 0, u(1,t) = 1 \tag{3}$$

由式（7.2.4），设式（1）的近似解

$$u_a(y,t) = V_0(y) + \sum_{j=1}^{N} \alpha_j(t)\varphi_j(y) \tag{4}$$

式（4）满足初始和边界条件的特解

$$V_0(y) = y + \sin\pi y \tag{5}$$

满足齐次边界条件（3）的线性无关函数系 $\{\varphi_j(y)\}$，取

$$\varphi_j(y) = (1-y)\cdot y^j \qquad (j = 1,2,\cdots,N) \tag{6}$$

把式（5）和式（6）代入式（4）后，使用式（7.2.5）计算残数 R（y，t，a_j），得

$$R(y,t,a_j) = M_0(y) + \sum_{j=1}^{N}\left[\varphi_j(y)\frac{\partial a_j}{\partial t} + M_j(y)\cdot a_j\right] \tag{7}$$

式中，$M_0(y)=\pi^2\sin\pi y$，$M_j(y)=j(j+1)y^{j-1}-j(j-1)y^{j-2}$。

由式（7.2.4）可得

$$\int_0^1 R \cdot \varphi_k(y)\mathrm{d}y = 0 \qquad (k = 1,2,\cdots,N)$$

即

$$\sum_{j=1}^{N} \frac{\partial a_j}{\partial t}\left[\int_0^1 \varphi_j(y)\varphi_k(y)\mathrm{d}y\right] + \sum_{j=1}^{N} a_j\left[\int_0^1 M_j(y)\varphi_k(y)\mathrm{d}y\right] + \int_0^1 M_0(y)\varphi_k(y)\mathrm{d}y = 0 \qquad (k = 1,2,\cdots,N) \tag{7.2.20}$$

或写成矩阵形式

$$[\boldsymbol{P}] \cdot \boldsymbol{A} = [\boldsymbol{Q}]\boldsymbol{A} + \boldsymbol{B} \tag{7.2.21}$$

$$\boldsymbol{A}^{n+1} = \boldsymbol{A}^n + \Delta t \cdot [\boldsymbol{P}]^{-1} \cdot [\boldsymbol{Q}] \cdot \boldsymbol{A}^n + \Delta t[\boldsymbol{P}]^{-1} \cdot \boldsymbol{B} \tag{7.2.22}$$

对于时间无关问题，（7.2.24*b*）简化为

$$[\boldsymbol{Q}] \cdot \boldsymbol{A} = -\boldsymbol{B}$$

或

$$\boldsymbol{A} = -[\boldsymbol{Q}]^{-1} \cdot \boldsymbol{B} \tag{7.2.24}$$

伽辽金法有其优点，对于不存在变分原理的问题，不能使用瑞利－里茨法，但是可以使用伽辽金法。但是，从上述求解过程和步骤也可看到传统的伽辽金法法存在一些缺点和困难：

① 对于复杂的区域（或任意区域），要找到满足所有边界条件的特解 $V_0(x,t)$ 是很困难的；同样要找到线性无关、满足齐次边界条件的基函数 $\{\varphi_j(x)\}$ 也是很困难的。

② 当 N 很大时，权函数 $W_N(x)$ 与 W_{N-1}（x）几乎是线性相关的，矩阵［$\boldsymbol{P}$］几乎是病态的。

③ 系数阵［$\boldsymbol{P}$］或［$\boldsymbol{Q}$］几乎是满阵，求［$\boldsymbol{P}$］$^{-1}$或［$\boldsymbol{Q}$］$^{-1}$，或用高斯（Gauss）消去法，运算次数正比于 N^3，计算时间太长。

鉴于传统伽辽金法的困难，改进了传统的伽辽金方法，发展了一些新方法，例如**伽辽金法有限元法、伽辽金法有限差分法、谱方法和拟谱方法**等，从不同程度上克服了这些困难。

例如，伽辽金法有限元法，利用区域离散和分段（块）插值的办法，完全克服了困难①，对困难②和③也有所减轻，得到了带形稀疏阵，内存和计算时间有所减少。又如谱方法，彻底地克服了困难②和③，得到了一个对角矩阵，内存和计算时间大大减少，对困难①仍然尚未解决，使谱方法的应用有较大的限制。如果能把谱（或拟谱）方法推广到任意区域，那将是一个极大的进步。7.4.1 节中将介绍伽辽金法有限元法。

7.3 偏微分方程的有限差分法

差分方法的经典著作于 1957 年问世，直到电子计算机和现代计算技术极大地发展，有限差分法才得到了广泛的应用和发展。在化学工程中，有不少现象只能用离散的数学模型来描述。例如，在化工中，使用许多单元操作，如蒸馏、吸收、萃取、过滤以及分阶段进行的化学反应，前三者的操作通常是在多层塔或填充塔中进行的。在多层塔中，从上一层塔板到下一层塔板，相依变量的改变是不连续的；在填充塔中，相依变量的改变是连续的，但是，一个阶段的组成与下一阶段的组成相差有限量并非微量。例如在蒸馏塔中，离开塔板的蒸汽组成与进入此塔板的蒸汽组成相差一个有限量。同样，萃取和化学反应也时常以阶段的形式

进行。所以微积分不适用于这些操作，需要一套新的处理方法，这就是有限差分计算。

有限差分法（Finite Different Method，FDM）是应用最早、最经典的数值计算方法，其适用范围很广泛，可以解决大量工程实际问题，给出的数值结果有相当的准确性。即使对于连续的数学模型，数值计算其解也需要离散化，将求解连续的数学模型变成求解差分方程。而且，有限差分法还可以用来证明某些偏微分方程解的存在性，因而它在偏微分方程的理论研究方面也有一定的地位。FDM 的基本理论已经发展得相当完整，有一套定性分析的理论。

本节在介绍有限差分法的基本理论基础上，介绍偏微分方程的基本差分格式，粗浅地介绍相关的求解方法和差分方程的稳定性[6]~[11]，包括有限差分及其基本差分格式、偏微分方程的基本差分格式、差分方程的稳定性三节。

7.3.1 有限差分及其基本差分格式

有限差分法（**Finite Different Method，FDM**）将定解区域用有限个离散点构成的网格来代替，用有限个网格节点代替连续的求解域，然后把原方程和定解条件中的微商用差商来近似，原微分方程和定解条件就近似地代之以代数方程组，求出代数方程组的离散解就是定解问题在整个区域上的近似解。有限差分法的实质是将方程离散化，即将其转化为在一系列节点处的差分方程，着眼于求未知函数在网格节点上的近似值。由此可见，数值解与解析解本质上是不同的，数值解不能得到在整个域 Ω 所有点（无限维）均能满足解的表达式，而只能得到在 Ω 域内网格化后离散节点（有限维）上解的近似值。

本小节首先介绍怎样用差商代替相应的导数，进而介绍差分运算，包括差商、差分运算和常用函数的差分公式两部分。

（1）差商

由高等数学的知识知道，一个连续函数的导数或微商

$$y' = \frac{\mathrm{d}y}{\mathrm{d}x} = \lim_{\Delta x \to 0} \frac{\Delta y}{\Delta x} = \lim_{\Delta x \to 0} \frac{y(x+\Delta x) - y(x)}{\Delta x}$$

是无限小的微分 $\lim\limits_{\Delta x \to 0} \Delta y$ 除以无限小的微分 $\lim\limits_{\Delta x \to 0} \Delta x$ 的商。它可以近似为

$$\frac{\mathrm{d}y}{\mathrm{d}x} \approx \frac{y(x+\Delta x) - y(x)}{\Delta x}$$

即有限小的差分 Δy 除以有限小的差分 Δx 的商，称为**差商**。

因此，在自变量增量很小时，函数的导数可用它的差商近似地代替。如果把求解区域化分为矩形网格，则所有网格的交点为**节点**。在域内的节点称为**内节点**，在边界上的节点为**边界节点**。在内节点上用差商近似地代替函数的导数，把微分方程和定解条件转化为以未知函数在节点上的近似值为未知量的代数方程，称为**差分方程**。然后求解差分代数方程组，便得出微分方程在节点上的近似解，即所谓**有限差分法**。为了建立差分格式，首先介绍各种差商的概念和定义[6]。

将区域划分成矩形网格，若是等间距的划分，设沿 x 的步长为

$$h = x_{i+1} - x_i \quad (i = 1, 2, \cdots, N)$$

用 h 代替有限小的差分 Δx，考察一元函数 $y = y(x)$ 在 x 点的一阶导数 $\frac{\mathrm{d}y}{\mathrm{d}x}$，可用在 x 点的**向前差商**

$$\frac{\mathrm{d}y}{\mathrm{d}x} \approx \frac{y(x+h) - y(x)}{h} \tag{7.3.1}$$

来近似；也可用在 x 点的**向后差商**

$$\frac{\mathrm{d}y}{\mathrm{d}x}\approx\frac{y(x)-y(x-h)}{h}\tag{7.3.2}$$

来近似；或者用**向前差商**和**向后差商**这两个数的平均值，即**中心差商**

$$\frac{\mathrm{d}y}{\mathrm{d}x}\approx\frac{1}{2}\left[\frac{y(x+h)-y(x)}{h}+\frac{y(x)-y(x-h)}{h}\right]=\frac{y(x+h)-y(x-h)}{2h}\tag{7.3.3}$$

来近似。式（7.3.1）、式（7.3.2）和式（7.3.3）表示的 $y=y(x)$ 在 x 点的**向前差商**、**向后差商**和**中心差商**都是**一阶差商**。函数的导数可以用这三种形式的任一种来近似。

当 h 固定时，差商就是 x 的函数。还可以对它求差商，因此一阶差商的差商称为**二阶差商**，它是二阶导数的近似值。一般用一阶向前差商的向后差商（或一阶向后差商的向前差商）来近似二阶导数，有

$$\frac{\mathrm{d}^2y}{\mathrm{d}x^2}\approx\frac{\dfrac{y(x+h)-y(x)}{h}-\dfrac{y(x)-y(x-h)}{h}}{h}=\frac{y(x+h)-2y(x)+y(x-h)}{h^2}\tag{7.3.4}$$

更高阶导数的差商可以此类推。对于多元函数的偏导数也有类似的差商近似。例如函数 $u=u(x,y)$ 偏导数的近似一阶差商为

$$\frac{\partial u}{\partial x}\approx\frac{u(x+h,y)-u(x,y)}{h}\tag{7.3.5}$$

$$\frac{\partial u}{\partial y}\approx\frac{u(x,y+k)-u(x,y)}{k}\tag{7.3.6}$$

近似二阶差商为

$$\frac{\partial^2 u}{\partial x^2}\approx\frac{u(x+h,y)-2u(x,y)+u(x-h,y)}{h^2}\tag{7.3.7}$$

$$\frac{\partial^2 u}{\partial y^2}\approx\frac{u(x,y+k)-2u(x,y)+u(x,y-k)}{k^2}\tag{7.3.8}$$

$$\frac{\partial u}{\partial x\partial y}\approx\frac{1}{4hk}[u(x+h,y+k)-u(x+h,y-k)+u(x-h,y-k)-u(x-h,y+k)]\tag{7.3.9}$$

设 $u(x,y)$ 是偏微分方程的解，如图 7.3.1 所示给出了离散节点的位置分布，其中 $\Delta x=x_{j+1}-x_j$，$\Delta y=y_{k+1}-y_k$，将其在 x 方向作泰勒展开，可以表示成

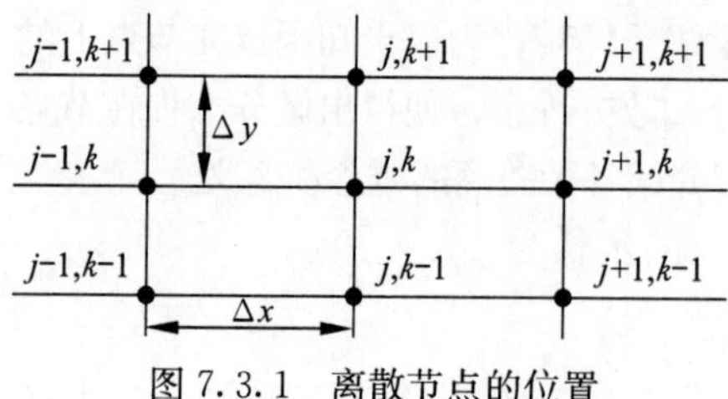

图 7.3.1　离散节点的位置

$$u_{j+1,k}=u_{j,k}+\Delta x u_x+\frac{(\Delta x)^2}{2!}u_{xx}+\frac{(\Delta x)^3}{3!}u_{xxx}\tag{7.3.10}$$

$$u_{j-1,k}=u_{j,k}-\Delta x u_x+\frac{(\Delta x)^2}{2!}u_{xx}-\frac{(\Delta x)^3}{3!}u_{xxx}\tag{7.3.11}$$

由式（7.3.10）可得**向前差商**为

$$\frac{\partial u}{\partial x}=\frac{u_{j+1,k}-u_{j,k}}{\Delta x}+O(\Delta x) \tag{7.3.12}$$

由式（7.3.11）可得**向后差商**为

$$\frac{\partial u}{\partial x}=\frac{u_{j,k}-u_{j-1,k}}{\Delta x}+O(\Delta x) \tag{7.3.13}$$

式（7.3.10）减去式（7.3.11），得**中心差商**为

$$\frac{\partial u}{\partial x}=\frac{u_{j+1,k}-u_{j-1,k}}{2\Delta x}+O[(\Delta x)]^2 \tag{7.3.14}$$

式（7.3.10）加上式（7.3.11），得**二阶差商**为

$$\frac{\partial^2 u}{\partial x^2}=\frac{u_{j-1,k}-2u_{j,k}+u_{j+1,k}}{(\Delta x)^2}+O[(\Delta x)^2] \tag{7.3.15}$$

若作二维泰勒展开，可得**二维二阶中心差商**为

$$\frac{\partial^2 u}{\partial x\partial y}=\frac{u_{j+1,k+1}-u_{j-1,k+1}-u_{j+1,k-1}+u_{j-1,k-1}}{4\Delta x\Delta y}+O[(\Delta x+\Delta y)^2] \tag{7.3.16}$$

从式（7.3.12）～式（7.3.16）可以看出，用差商来代替导数，必然会带来误差，一般希望这个误差越小越好。因此，有必要对误差进行估计。所取的差商不同，用它们来代替导数带来的误差也不同，这个误差是由截去了泰勒展开式中的高阶项而引起的，所以称它为**截断误差**。

分析式（7.3.12）～式（7.3.16）可知，一阶向前或向后差商来近似一阶导数，其截断误差是与 Δx 同阶的小量，而用中心差商来近似一阶导数，其截断误差是与 $(\Delta x)^2$ 同阶的小量。用二阶差商来近似二阶导数，其截断误差是与 $(\Delta x)^2$ 同阶的小量。用差商去近似多元函数的偏导数也有类似的结果。

（2）差分运算和常用函数的差分公式

有限差分的基本运算与微分的基本运算相同，以下是**差分运算法则**[7]。

① **加减法。**

两个离散函数 u_j 和 v_j 之和（差）的差分等于其差分之和（差）。

$$\Delta(u_j\pm v_j)=u_{j+1}+v_{j+1}-u_j-v_j=(u_{j+1}-u_j)+(v_{j+1}-v_j)=\Delta u_j\pm\Delta v_j$$

对于 m 阶差分也有这种性质，即

$$\Delta^m(u_j\pm v_j)=\Delta^m u_j\pm\Delta^m v_j$$

② **乘法。**

两个离散函数 u_j 和 v_j 之积的差分为

$$\Delta(u_jv_j)=u_{j+1}v_{j+1}-u_jv_j=u_{j+1}v_{j+1}-u_{j+1}v_j+u_{j+1}v_j-u_jv_j=u_{j+1}\Delta v_j+v_j\Delta u_j$$

或

$$\Delta(u_jv_j)=v_{j+1}\Delta u_j+u_j\Delta v_j$$

③ **除法。**

两个离散函数 u_j 和 v_j 之商的差分可看作 u_j 及 $1/v_j$ 乘积的差分，有

$$\Delta\left(\frac{u_j}{v_j}\right)=\Delta\left(u_j\frac{1}{v_j}\right)=u_{j+1}\Delta\left(\frac{1}{v_j}\right)+\frac{1}{v_j}\Delta u_j=u_{j+1}\left(\frac{-\Delta v_j}{v_{j+1}v_j}\right)+\frac{1}{v_j}\Delta u_j$$

$$=\frac{v_{j+1}\Delta u_j-u_{j+1}\Delta v_j}{v_{j+1}v_j}$$

或

$$\Delta\left(\frac{u_j}{v_j}\right)=\frac{1}{v_{j+1}}\Delta u_j+u_j\Delta\left(\frac{1}{v_j}\right)=\frac{v_j\Delta u_j-u_j\Delta v_j}{v_{j+1}v_j}$$

与微分类似，可推出以下常用函数的**差分公式**[7]。

① 常数的差分等于零。

$$\Delta(C)=0$$

② 幂函数的差分。

$$\Delta(u^n)=u^{n+1}-u^n=u^n(u-1)$$

③ 指数函数的差分。

$$\Delta(e^{xn})=e^{x(n+1)}-e^{xn}=e^{xn}(e^x-1)$$

④ 三角函数的差分。

a. $$\Delta\sin(a+bn)=\sin[a+b(n+1)]-\sin(a+bn)=2\sin\frac{b}{2}\cos\left(a+bn+\frac{b}{2}\right)$$
$$=2\sin\frac{b}{2}\sin\left(a+bn+\frac{b+\pi}{2}\right)$$

b. $$\Delta\cos(a+bn)=2\sin\frac{b}{2}\cos\left(a+bn+\frac{b+\pi}{2}\right)$$

c. $$\Delta\tan(a+bn)=\frac{\sin b}{\cos(a+bn)\cos(a+b+bn)}$$

d. $$\Delta\cot(a+bn)=\frac{-\sin b}{\sin(a+bn)\cos(a+b+bn)}$$

⑤ 双曲函数的差分。

$$\Delta\mathrm{sh}(a+bn)=2\mathrm{sh}\frac{b}{2}\mathrm{ch}\left(a+\frac{b}{2}+bn\right)$$

$$\Delta\mathrm{ch}(a+bn)=2\mathrm{sh}\frac{b}{2}\mathrm{sh}\left(a+\frac{b}{2}+bn\right)$$

⑥ 对数函数的差分。

$$\Delta\ln(a+bn)=\ln\left(1+\frac{b}{a+bn}\right)$$

利用差分的定义很容易证明上面的公式，留给读者作为练习。

(3) 有限差分方程

有限差分方程是含有离散函数以及它们差分的关系式。像微分方程中常微分方程与偏微分方程的区别一样，差分方程也有同样的区别。把仅含有一个自变数函数的差分方程称为**常差分方程**，简称为**差分方程**。

含有两个以上自变量函数的差分方程称为**偏差分方程**。通常用差分方程代替微分方程产生的误差，称为**差分方程的截断误差**。

若一个方程中，除含有自变量 x 的函数 $y(x)$ 外，还含有 $y(x)$ 的差分 Δy，$\Delta^2 y$，…，$\Delta^n y$，如

$$\Phi(x,y,\Delta y,\Delta^2 y,\cdots,\Delta^n y)=0$$

则这样的方程称为**差分方程**。对于任意的 x，满足此差分方程的函数 $y(x)=f$ 叫作**差分方程的解**。求解的过程称为**解差分方程**。

对未知函数及其差分都是线性的方程称为**线性差分方程**。若用差分表示 $\Delta y=y_{x+1}-y_x$，

则可将上式改写成

$$F(x, y_x, y_{x+1}, y_{x+2}, \cdots, y_{x+N}) = 0 \qquad (7.3.17)$$

式中，F 是 y_x，y_{x+1}，y_{x+2}，…，y_{x+N}的一次式。式（7.3.17）称为**线性差分方程**。

若$u(x,y)$ 是两个自变量 x 和 y 的函数，则含有 $u(x,y)$ 关于 x 或 y 的偏差分的方程，表示为

$$F[x, y, u(x,y), u(x+1,y), u(x,y+1), u(x+1,y+1), \cdots, u(x+N, y+M)] = 0$$

若自变量 x，y 的变化域为任意一个区域，将该区域化分为矩形网格，设节点的解函数为 $u_{j,k}$，用网格节点的差商表示上式，则有

$$F(x, y, u_{j,k}, u_{j+1,k}, u_{j,k+1}, u_{j+1,k+1}, \cdots, u_{N,M}) = 0 \quad (j = 1,2,\cdots,N; k = 1,2,\cdots,M) \qquad (7.3.18)$$

式（7.3.18）为差分方程的一般表达式。

7.3.2　偏微分方程的基本差分格式

任何常微分方程和偏微分方程都可化为差分方程来求解。常系数线性差分方程的一般解法有待定系数法、算子方法，也有许多解变系数有限差分方程的方法，例如次数减少法、阶乘化法、代入法、阶乘级数法、参数变值法和归纳法等。本节没有介绍这些方法，读者有兴趣的话可参考有关文献[7]。

本小节介绍椭圆型、抛物型和双曲型三大类偏微分方程差分的基本格式和求解方法[6]，包括椭圆型方程的差分格式、一维抛物型方程的差分格式、二维抛物型方程的差分格式、双曲型方程（波动方程）的差分格式 4 部分。

（1）椭圆型方程的差分格式

以二维偏微分方程为例，介绍椭圆方程的 5 点差分格式以及三类边界条件和不规则边界条件的处理方法。

① **椭圆型方程 5 点差分格式。**

椭圆方程就是二维拉普拉斯方程

$$\frac{\partial^2 u}{\partial x^2} + \frac{\partial^2 u}{\partial y^2} = 0 \quad (0 \leqslant x \leqslant 1, 0 \leqslant y \leqslant 1) \qquad (7.3.19)$$

首先用平行于 x 轴和 y 轴的两族等距直线将矩形域分成矩形网格，若 $\Delta x = \Delta y = h$，则得到正方形网格，如图 7.3.2 所示。若 $Nh=1$，则内部节点的数目为 $(N-1)^2$ 个。

将方程（7.3.19）在任一内节点处离散化，若步长 $\Delta x = \Delta y = h$ 不大，则采用二阶差商式（7.3.15）代替方程中的偏导数 u_{xx}、u_{yy}，得到椭圆型方程相应的差分方程，有

$$u_{j,k} = \frac{1}{4}(u_{j-1,k} + u_{j+1,k} + u_{j,k-1} + u_{j,k+1}) \qquad (7.3.20)$$

式中

$$u_{j,k} \approx u(x_j, y_k)$$

$$x_j = jh \quad (j = 1,2,\cdots,N-1), \quad y_k = kh \quad (k = 1,2,\cdots,N-1)$$

由式（7.3.20）可看出，当求任一内节点上的值 $u_{j,k}$时，需要用到 $(j, k-1)$、$(j, k+1)$、$(j+1, k)$、$(j-1, k)$ 四个节点上的值 $u_{j,k-1}$、$u_{j,k+1}$、$u_{j+1,k}$、$u_{j-1,k}$。因此，称方程式（7.3.20）的格式为**5 点差分格式**，如图 7.3.2 所示。差分方程式（7.3.20）的截断误差为 $O(h^2)$。

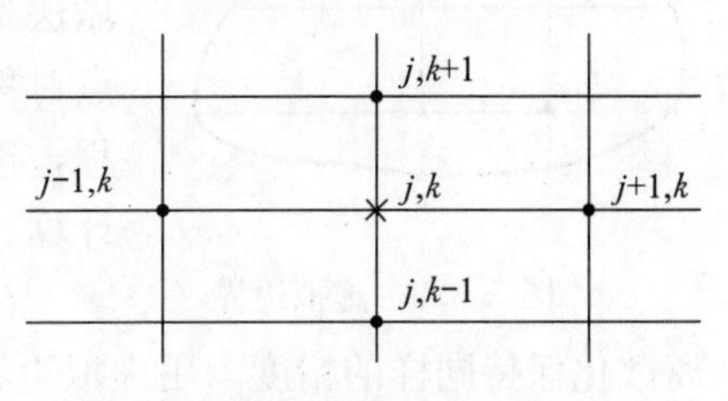

图 7.3.2　椭圆型方程的 5 点差分格式

为了使差分方程的解足够近似微分方程的解，自然要求当步长 $h \to 0$ 时，截断误差趋于零，该条件称为**相容性条件**。

② **边界条件的处理。**

对于网络区域的边界节点（x_j，y_k）$\in \Sigma_h$，相应的差分方程可利用边界条件给出。下面介绍三类边界条件的处理。

a. 第一类边界条件。

$$u\,|_{\Sigma} = f(x,y) \quad (\Sigma \in \Omega)$$

对边界上的任一点 $h \to 0$ 取值为

$$u_{j,k} = f(x_j, y_k) \tag{7.3.21}$$

将方程式（7.3.20）和式（7.3.21）完全离散化后，得到一个方程个数与未知量个数相同的线性代数方程组，用矩阵表示为

$$\boldsymbol{A}\bar{\boldsymbol{u}} = \bar{\boldsymbol{f}} \tag{7.3.22}$$

式中，

$$\bar{\boldsymbol{u}} = [u_{1,1}, \cdots, u_{N-1,1}, u_{1,2}, \cdots, u_{N-1,2}, u_{N-1,1}, \cdots, u_{N-1,N-1}]^{\mathrm{T}}$$

$$\bar{\boldsymbol{f}} = [f(0,y_1) + f(x_1,0), f(x_2,0), \cdots, f(x_{N-1},0) + f(1,y_1), f(0,y_2), 0, \cdots 0,$$
$$f(1,y_2), \cdots, f(0,y_{N-1}) + f(x_1,1), f(x_1,1) f(x_2,1), \cdots, f(x_{N-1},1) + f(1,y_{N-1})]^{\mathrm{T}}$$

$$\boldsymbol{A} = \begin{bmatrix} \boldsymbol{J} & -\boldsymbol{I} & & 0 \\ -\boldsymbol{I} & & \ddots & \\ & \ddots & \ddots & \\ & & & -\boldsymbol{I} \\ 0 & & -\boldsymbol{I} & \boldsymbol{J} \end{bmatrix}_{(N-1)^2 \times (N-1)^2} \qquad \boldsymbol{J} = \begin{bmatrix} 4 & -1 & & 0 \\ -1 & & \ddots & \\ & \ddots & \ddots & \\ & & & -1 \\ 0 & & -1 & 4 \end{bmatrix}_{(N-1) \times (N-1)}$$

式中，$\boldsymbol{I}$ 为单位矩阵 $(N-1) \times (N-1)$。

矩阵 $\boldsymbol{A}$ 是三对角矩阵，其中许多元素为零，因此可用解三对角方程组的方法求解，这里不详细叙述，读者可参看有关计算方法的文献。

b. 第二类边界条件。

$$\left.\frac{\partial u}{\partial n}\right|_{\Sigma} = g(x,y) \quad (\Sigma \in \Omega)$$

在求解域的边界上，给出第二类或第三类的边界条件。边界条件中包含未知函数的法向微商，在用差分法求解时，必须根据所给的边界条件在边界节点（x_j，y_k）$\in \Sigma_h$ 上列出相应的差分方程，和内点的差分方程一起联立求解。

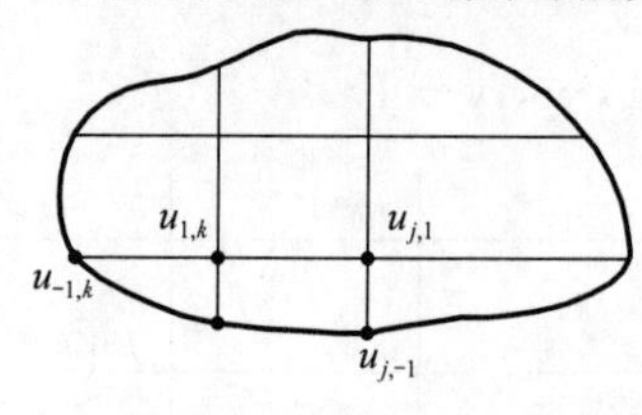

图 7.3.3　虚拟边界

在计算边界上的导数值时，需要用到边界外的点。具体的做法是，可假想在边界之外存在一排虚拟点与边界内一排相应点对称。在建立边界差分方程时，在边界点增加一个差分方程，这样就可把边界上的点也称为内部节点，而用一般的公式计算。这种方法称为**虚拟边界法**，如图 7.3.3 所示。

在离散化过程中要注意使边界离散化和方程（7.3.19）的离散化保持同样的精度，用虚拟边界法对第二类边界条件进行离散化，得

$$\frac{1}{2h}[u_{-1,k}-u_{1,k}]=g_{0,k}$$

或

$$\frac{1}{2h}[u_{j,-1}-u_{j,1}]=g_{j,0} \tag{7.3.23}$$

式中，$g_{0,k}=g(0,kh)$。

将方程（7.3.20）与边界条件（7.3.23）联立求解，用矩阵表示为

$$\boldsymbol{A}\bar{\boldsymbol{u}}=2h\bar{\boldsymbol{g}} \tag{7.3.24}$$

式中，$\bar{\boldsymbol{u}}=[u_{0,0},\cdots,u_{N,0},u_{0,1},\cdots,u_{N,1},u_{0,N},\cdots,u_{N,N}]^{\mathrm{T}}$

$$\bar{\boldsymbol{g}}=[2g_{0,0},g_{1,0},\cdots,2g_{N,0},g_{0,1},0,\cdots,0,\cdots,g_{N,1},\cdots,2g_{0,N},g_{1,N},\cdots,g_{N-1,N},2g_{N,N}]^{\mathrm{T}}$$

$$\boldsymbol{A}=\begin{bmatrix}\boldsymbol{K} & -2\boldsymbol{I} & & 0\\ -\boldsymbol{I} & \ddots & \ddots & \\ & \ddots & & \\ & & & -\boldsymbol{I}\\ 0 & & 2\boldsymbol{I} & \boldsymbol{K}\end{bmatrix}_{(N+1)^2\times(N+1)^2}\qquad \boldsymbol{K}=\begin{bmatrix}4 & -2 & & & & 0\\ & 4 & -1 & & & \\ & -1 & & & \ddots & \\ & & & \ddots & & \\ & & \ddots & & & -1\\ & & & & -1 & 4\\ 0 & & & & -2 & 4\end{bmatrix}_{(N+1)\times(N+1)}$$

式中，$\boldsymbol{I}$ 为单位矩阵 $(N+1)\times(N+1)$。

对于这类边界条件，矩阵 $\boldsymbol{A}$ 中仅有 $N-1$ 行是线性独立的，因此矩阵 $\boldsymbol{A}$ 是奇异的。这就是第二类边值问题的特点。

c. 第三类边界条件。

对第三类边界条件可用虚拟边界法进行离散化。在离散化过程中要注意使边界离散化和方程（7.3.19）的离散化保持同样的精度，得到的矩阵阶数仍然为 $(N+1)^2\times(N+1)^2$，矩阵 $\boldsymbol{A}$ 的形式与边界方程的形式有关。第三类边界条件的一般形式为

$$\left.\begin{aligned}\frac{\partial u}{\partial x}-\phi_1 u=f_0(y),\quad x=0\\ \frac{\partial u}{\partial x}+\eta_1 u=f_1(y),\quad x=1\end{aligned}\right\}\ (0\leqslant y\leqslant 1)$$

$$\left.\begin{aligned}\frac{\partial u}{\partial y}-\phi_2 u=g_0(x),\quad y=0\\ \frac{\partial u}{\partial y}+\eta_2 u=g_1(x),\quad y=1\end{aligned}\right\}\ (0\leqslant x\leqslant 1)$$

式中，ϕ、η 是常数；f、g 是已知函数。

若问题的边界条件是上面三种边界条件的联合，那么离散化的方法仍然与上述方法相同。下面以一个简单的例题说明椭圆方程 5 点差分格式的应用。

例题 7.3.1　矩形板边长为 a、宽为 b，长度方向上一端温度为零，另一端为 100℃，在宽度方向上上一端温度为零，另一端也为 100℃。假设在长度方向上取 5 个节点，在高度方向上取 3 个节点，如图 7.3.4 所示。用有限差分法求解矩形板的稳态温度分布。

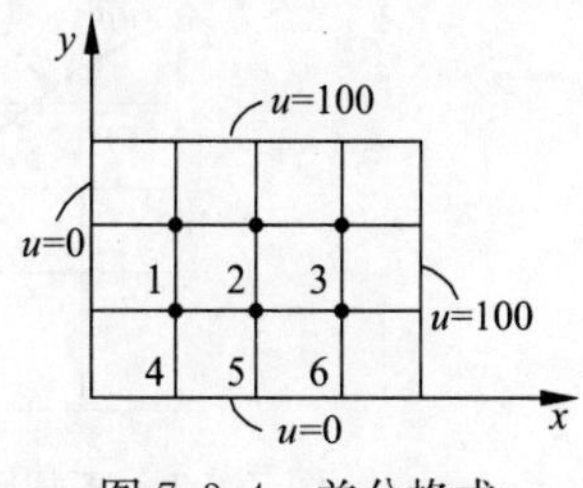

图 7.3.4　差分格式

解：该问题的控制方程为拉普拉斯方程 $\Delta u=0$，即

$$\frac{\partial^2 u}{\partial x^2}+\frac{\partial^2 u}{\partial y^2}=0 \tag{1}$$

边界条件为

$$u(0,y)=0,\quad u(a,y)=100 \tag{2}$$

$$u(x,0)=0,\quad u(x,b)=100 \tag{3}$$

采用二阶差商（7.3.15）代替方程（1）中的二阶偏导数，得到

$$u_{xx}=\frac{\partial^2 u}{\partial x^2}=\frac{u_{j-1,k}-2u_{j,k}+u_{j+1,k}}{(\Delta x)^2} \tag{4}$$

$$u_{yy}=\frac{\partial^2 u}{\partial y^2}=\frac{u_{j,k-1}-2u_{j,k}+u_{j,k+1}}{(\Delta y)^2} \tag{5}$$

将式（4）和式（5）代入拉普拉斯方程（1），得

$$\frac{1}{(\Delta x)^2}(u_{j+1,k}-2u_{j,k}+u_{j-1,k})+\frac{1}{(\Delta y)^2}(u_{j,k+1}-2u_{j,k}+u_{j,k-1})=0 \tag{6}$$

假定 $\Delta x=\Delta y=h$，简化式（6）后，得到5点差分格式的方程

$$u_{j,k}=\frac{1}{4}(u_{j-1,k}+u_{j+1,k}+u_{j,k-1}+u_{j,k+1}) \tag{7}$$

将边界条件（2）和式（3）代入式（7），得到代数方程组

$$u_1=\frac{1}{4}(0+u_2+u_4+100)\qquad u_2=\frac{1}{4}(u_1+u_3+100+u_5)$$

$$u_3=\frac{1}{4}(u_2+100+100+u_6)\qquad u_4=\frac{1}{4}(0+u_5+u_1+0)$$

$$u_5=\frac{1}{4}(u_4+u_6+u_2+0)\qquad u_6=\frac{1}{4}(u_5+100+u_3+0)$$

上述6个方程含有6个未知量，联立求解可得6个节点的温度 u_1、u_2、u_3、u_4、u_5、u_6。

需要强调指出，这个例题仅是用来形象地说明5点差分的具体使用方法，真实的问题仅取6个节点肯定是不够的，当有足够多的有限差分节点时，就能得到满足精度的数值解。

③ 不规则边界条件。

椭圆型方程的定解条件在工程技术问题中经常会遇到不规则的边界。这里仅介绍处理第一类边界条件的两种方法[6]。

第一种方法是用非等距的网络。例如，在图7.3.5中的情况，从节点 B 到边界 Γ 的距离在垂直方向为 βh、水平方向为 αh，则可将边界上的两个点加到在 B 点处的离散化中。

另一种方法是用均一的网格处理边界条件，此法包括选择一个新的边界。如图7.3.6所示，可以选择一个新的边界，使其通过 B 点，即通过 (x_B,y_B)。在原来边界 Γ 上 $u=f(x,y)$，

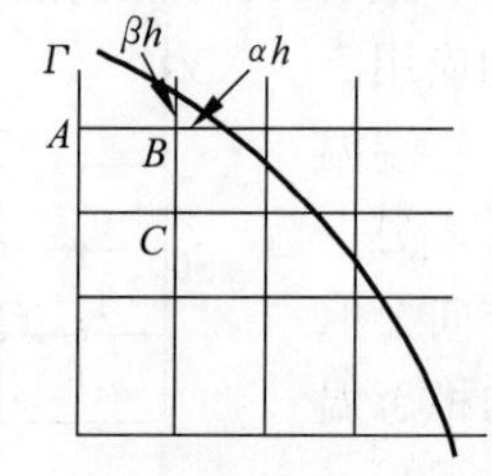

图7.3.5　不规则边界非等距网格

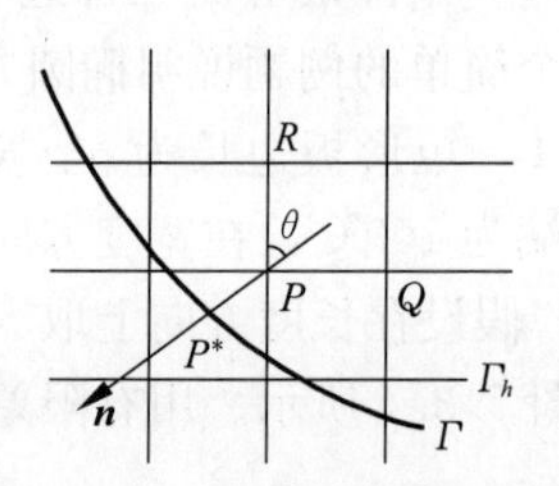

图7.3.6　不规则边界等距网格

用边界上点（$x_B, y_B+\beta h$）或（$x_B+\alpha h, y_B$）处的值 $f(x_B, y_B+\beta h)$ 或 $f(x_B+\alpha h, y_B)$ 来代替，这相当于在 B 点通过一个零阶多项式，用（$x_B, y_B+\beta h$）或（$x_B+\alpha h, y_B$）处的 $f(x_B, y_B+\beta h)$或 $f(x_B+\alpha h, y_B)$ 进行零阶内插。

为了得到更精确的近似，可以用点 B 和点 C 处的和进行一阶内插，即

$$\frac{u_B - f(x_B, y_B+\beta h)}{\beta h} = \frac{u_C - u_B}{h}$$

或

$$u_B = \left(\frac{\beta}{\beta+1}\right)u_C + \left(\frac{1}{\beta+1}\right)f(x_B, y_B+\beta h) \tag{7.3.25}$$

另外，也可在 x 方向进行内插，得到

$$u_B = \left(\frac{\alpha}{\alpha+1}\right)u_C + \left(\frac{1}{\alpha+1}\right)f(x_B+\alpha h, y_B) \tag{7.3.26}$$

若为第二、第三类边界条件，其中包含有法向导数项，此时，必须将边界条件离散化成相应的差分方程，然后令其与内节点处的差分方程一起联立求解。

现在以第三类边界条件为例，说明如何列出相应的差分方程。

第三类边界条件为

$$\left.\frac{\partial u}{\partial n} + \sigma u\right|_{\Gamma} = f(x, y) \tag{7.3.27}$$

式中，σ 和 f 是 Σ 上的已知函数（$\sigma \geqslant 0$）；$\frac{\partial u}{\partial n}$为外法向导数。

如图 7.3.6 所示，在网格边界曲线 Σ_h 上任一节点 P 出发作曲线的法线 $\boldsymbol{n}$，此法线与曲线 Σ 交于点 P^*。$\overline{\boldsymbol{PP}^*}$ 方向即 P 点外法向矢量 $\boldsymbol{n}$ 的方向，$\boldsymbol{n}$ 与 x 轴交角为 θ。

由于外法向导数为

$$\begin{aligned}\left.\frac{\partial u}{\partial n}\right|_P &= \frac{\partial u}{\partial x}\cos(\boldsymbol{n}, x) + \frac{\partial u}{\partial y}\cos(\boldsymbol{n}, y) = \frac{\partial u}{\partial x}\cos(\theta+\pi) + \frac{\partial u}{\partial y}\cos(\theta+\pi/2) \\ &= -\frac{\partial u}{\partial x}\cos\theta - \frac{\partial u}{\partial y}\sin\theta\end{aligned} \tag{7.3.28}$$

将其中偏导数$\frac{\partial u}{\partial x}$、$\frac{\partial u}{\partial y}$用差商近似，则

$$\left.\frac{\partial u}{\partial x}\right|_P \approx \frac{u_Q - u_P}{\Delta x}, \quad \left.\frac{\partial u}{\partial y}\right|_P \approx \frac{u_R - u_P}{\Delta y}$$

并以 $f(P^*)$ 近似 $f(P)$，以 $\sigma(P^*)$ 近似 $\sigma(P)$，于是式（7.3.28）变为

$$\frac{u_P - u_Q}{\Delta x}\cos\theta + \frac{u_P - u_R}{\Delta y}\sin\theta + \sigma(P^*)u_P = f(P^*) \tag{7.3.29}$$

若 $\Delta x = \Delta y = h$，则

$$u_P = \frac{u_Q\cos\theta + u_R\sin\theta + hf(P^*)}{\cos\theta + \sin\theta + h\sigma(P^*)} \tag{7.3.30}$$

（2）一维抛物型方程的差分格式

在化学工程上，比较关注抛物型方程，即输运方程。因为动量传递、热传导和扩散方程都属于这一类。下面分别介绍一维输运方程的显式差分格式、隐式差分格式，以及预测一校

正法的六点差分格式。

一维输运方程为

$$\frac{\partial u}{\partial t}=\alpha^2\frac{\partial^2 u}{\partial x^2}\quad (0\leqslant x<l,\quad 0<t<T) \tag{7.3.31}$$

初始条件为

$$u(x,0)=f(x)\quad 0\leqslant x<l) \tag{1}$$

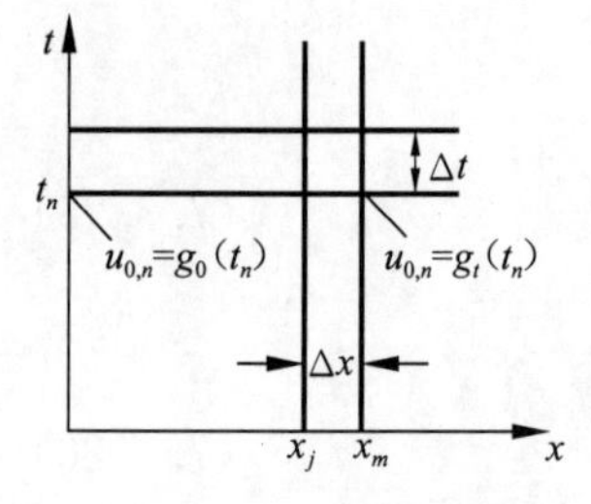

图 7.3.7　求解区域的矩形网格

边界条件为

$$\begin{cases}u(0,t)=g_0(t)\quad (0<t)\\ u(l,t)=g_1(t)\quad (0<t)\end{cases} \tag{2}$$

此问题考察的域为 $0\leqslant x<l$，$t>0$，即带状区域。为了建立混合问题的差分格式，首先将它的求解区域划分成矩形网格，如图 7.3.7 所示，沿 x 轴的步长为

$$\Delta x=x_{j+1}-x_j\quad (j=1,2,\cdots,N)$$

沿时间坐标的步长为

$$\Delta t=t_{n+1}-t_n\quad (n=0,1,2,\cdots,M)$$

此处 Δx 与 Δt 可以不相同。由于离散化处理的方法不同，故引出了不同类型的差分格式。

① 抛物型方程显式差分格式。

为了保证解的连续性，所给的初始条件（1）和边界条件（2）必须满足相容性条件 $f(0)=g_0(0)$，$f(l)=g_1(0)$。将输运方程（7.3.31）的偏导数离散化，用二阶中心差商近似 u 对 x 的二阶导数，用一阶向前差商近似 u 对 t 的导数，将方程（1）对 (x_j,t_n) 点离散，建立显式差分格式的方程

$$\frac{u_{j,n+1}-u_{j,n}}{\Delta t}=\left(\frac{u_{j-1,n}-2u_{j,n}+u_{j+1,n}}{(\Delta x)^2}\right)\alpha^2 \tag{3}$$

令

$$\lambda=\frac{\Delta t}{(\Delta x)^2}\alpha^2 \tag{4}$$

将式（4）代入式（3），得到

$$u_{j,n+1}=(1-2\lambda)u_{j,n}+\lambda(u_{j-1,n}+u_{j+1,n}) \tag{7.3.32}$$

将初始条件（1）和边界条件（2）离散化，分别有

初始条件为

$$u_{j,0}=f(x_j)\qquad (j=1,2,\cdots,N) \tag{7.3.33}$$

边界条件为

$$\begin{cases}u_{0,n}=g_0(t_n)=g_0(n\Delta t)\\ u_{N,n}=g_1(t_n)=g_1(n\Delta t)\end{cases}\qquad (n=0,1,2,\cdots,M) \tag{7.3.34}$$

方程（7.3.32）为一线性代数方程组，但是并不需要联立求解此线性方程组。因为表示第 $n+1$ 排任一内点处的函数值 $u_{j,n+1}$ 均可由第 n 排上三个节点处的函数值 $u_{j-1,n}$、$u_{j,n}$、$u_{j+1,n}$ 求出，如图 7.3.8所示。由初始条件（7.3.33）出发，即 $t=0(n=0)$ 时，所有的 $u_{j,0}$是已知的，此处 $u_{j,0}=u_0$，从 $j=2$ 至$j=N-1$，反复使用方

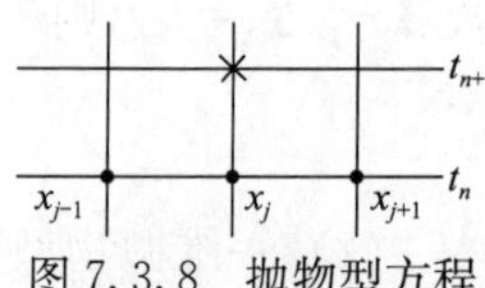

图 7.3.8　抛物型方程显式差分格式

程（7.3.32）和边界条件（7.3.34），即可求出 $n=1$ 层上所有节点函数值 $u_{j,1}$，依次类推可逐层求解方程组每个节点处的函数值。

可见，该方程可按 t 增加的方向逐排求解，如果一个差分格式，其第 $n+1$ 排节点上的数值可直接由前面各排节点的数值得到，则此格式称为**显式差分格式**。此显式差分格式的截断误差是 $O(\Delta t)+O[(\Delta x)^2]$。

若取 $\Delta x=0.1$，$\Delta t=0.01$，$f(x)=0$，$g_0(t)=g_1(t)=100$，则式（7.3.32）变成

$$u_{j,n+1}=\frac{u_{j-1,n}+2u_{j,n}+u_{j+1,n}}{4}$$

显式差分格式求解最方便，但是不稳定。当步长 Δx 相同，而 λ 取值不同时，所得的结果差别很大，而且当 $\lambda=1$ 时，数值解出现不稳定的情况[6],[8]。因此，有必要讨论解的收敛性和差分方程的稳定性。后面将介绍差分格式的收敛性与稳定性。

使用显式格式，数值求解抛物型方程，优点是计算比较简便，但必须满足稳定条件，t 方向步长取 $\Delta t\leqslant\frac{(\Delta x)^2}{2\alpha^2}$。为了提高精确度，必须缩小步长 Δx，Δt 的取值必然更小，这样将加大计算时间，甚至会使计算量大到不可取的地步。为避免这种缺点，可采用下述隐式差分格式。

② **抛物型方程隐式差分格式。**

用一阶向前差商式近似 u_t，用二阶中心差商近似 u_{xx}，将方程对点（x_j，t_{n+1}）点离散，如图 7.3.9 所示，有

$$\frac{u_{j,n-1}-u_{j,n}}{\Delta t}=\frac{\alpha^2}{(\Delta x)^2}(u_{j+1,n+1}-2u_{j,n+1}+u_{j-1,n+1})$$

或

$$u_{j,n}=-\lambda u_{j+1,n+1}+(1+2\lambda)u_{j,n+1}-\lambda u_{j-1,n+1}\quad(7.3.35)$$

初始条件为

$$u_{j,0}=f(x_j)=f(j\Delta x)\quad(j=1,2,\cdots,N)\quad(7.3.36)$$

边界条件为

$$\begin{cases}u_{0,n}=g_0(t_n)=g_0(n\Delta t)\\ u_{N,n}=g_1(t_n)=g_1(n\Delta t)\end{cases}\quad(n=0,1,\cdots)\quad(7.3.37)$$

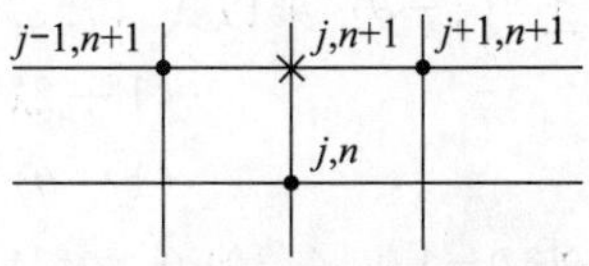

图 7.3.9　抛物型方程隐式差分格式

方程式（7.3.35）的截断误差仍然是 $O[\Delta t+(\Delta x)^2]$。但是，在点（x_j，t_{n+1}）处建立方程时，涉及（x_{j-1}、t_{n+1}）、（x_{j+1}，t_{n+1}）、（x_j，t_n）三个点处函数值 $u_{j-1,n+1}$、$u_{j+1,n+1}$、$u_{j,n}$。从 $n=0$ 出发，而 $u_{j-1,n+1}$、$u_{j+1,n+1}$ 是未知的，该方程不能从 $t=0$ 开始逐步求解，需联立求解方程组（7.3.35）至式（7.3.37），也就是需要建立关于 $j=1$，2，…，$N-1$ 的所有内节点上的差分方程。求解这一组方程，得到 $n=1$ 这一排节点的函数值 $u_{j,1}$，然后依次类推。这就是**隐式差分格式**。

隐式差分格式的优点是对步长比 λ 没有任何附加限制。

将差分方程式（7.3.34）写成矩阵形式为

$$\begin{bmatrix}1+2\lambda & -\lambda & & 0\\ -\lambda & \ddots & \ddots & \\ & \ddots & \ddots & -\lambda\\ 0 & & -\lambda & 1+2\lambda\end{bmatrix}\begin{bmatrix}u_{2,n+1}\\ u_{3,n+1}\\ \vdots\\ u_{N-1,n+1}\end{bmatrix}=\begin{bmatrix}u_{2,n}\\ u_{3,n}\\ \vdots\\ u_{N-1,n}\end{bmatrix}+\lambda\begin{bmatrix}u_{1,n+1}\\ 0\\ \vdots\\ u_{N,n+1}\end{bmatrix}\quad(7.3.38)$$

式（7.3.38）的系数矩阵为三对角线矩阵，可用追赶法求解。由此可见，隐式格式计算量比较大，优点是对步长没有限制。隐式需要迭代求解，增加了工作量，但是，其精度比同阶显式格式好得多。

③ **预测—校正法的六点差分格式。**

为了综合显式和隐式格式的优缺点，常将显式差分格式和隐式差分格式结合使用，产生了**预测—校正法**。该方法用显式差分格式提供首次精确值的预测估值，再使用隐式差分格式，使隐式差分格式收敛速度加快。

显式差分格式用一阶向前差商近似 u 对 t 的一阶偏导数；隐式差分格式用一阶向后差商近似 u 对 t 的一阶偏导数，其误差为 $O(\Delta t)$，为了使 Δt 具有二阶精度 $O[(\Delta t)^2]$，重新设计了一个格式。将显式（7.3.32）

$$u_{j,n+1}=(1-2\lambda)u_{j,n}+\lambda(u_{j-1,n}+u_{j+1,n})$$

改写成

$$u_{j,n+1}-(1-2\lambda)u_{j,n}-\lambda(u_{j+1,n}+u_{j-1,n})=0 \tag{7.3.39}$$

即

$$u_{j,n}=-\lambda u_{j+1,n+1}+(1+2\lambda)u_{j,n+1}-\lambda u_{j-1,n+1}$$

再将上式改写成

$$-\lambda u_{j+1,n+1}+(1+2\lambda)u_{j,n+1}-\lambda u_{j-1,n+1}-u_{j,n}=0 \tag{7.3.40}$$

将显式格式（7.3.39）与隐式格式（7.3.40）作加权 θ 平均，即 θ 乘以式（7.3.39）加上（$1-\theta$）乘以式（7.3.40）等于零，得到

$$\begin{aligned}&(1+2\lambda-2\lambda\theta)u_{j,n+1}+(2\lambda\theta-1)u_{j,n}-\theta\lambda(u_{j+1,n}+u_{j-1,n})-\\&(1-\theta)\lambda(u_{j-1,n+1}+u_{j+1,n+1})=0\end{aligned} \tag{7.3.41}$$

当 $\theta=1/2$（一般 $0\leqslant\theta\leqslant1$）时，得到**克兰克—尼克尔森（Crank—Nicolson）差分格式**

$$(1+\lambda)u_{j,n+1}-\frac{1}{2}\lambda(u_{j+1,n+1}+u_{j-1,n+1})=(1-\lambda)u_{j,n}+\frac{1}{2}\lambda(u_{j+1,n}+u_{j-1,n}) \tag{7.3.42}$$

如图7.3.10所示，这种差分格式涉及第 j 层的三个点和第 $j+1$ 层的三个点，故称**预测—校正法六点差分格式**，也是隐式格式。若第 j 层节点函数值为已知，求解第 $j+1$ 层各内节点值需联立求解方程式（7.3.42）。将式（7.3.42）重新整理后，写成矩阵形式为

$$\begin{bmatrix}1+\lambda & -\lambda/2 & & 0\\ -\lambda/2 & & \ddots & \\ & \ddots & & \\ & & & -\lambda/2\\ 0 & & -\lambda/2 & 1+\lambda\end{bmatrix}\begin{bmatrix}u_{2,n+1}\\ u_{3,n+1}\\ \vdots\\ u_{N-1,n+1}\end{bmatrix}$$

$$=\begin{bmatrix}1-\lambda & \lambda/2 & & 0\\ \lambda/2 & & \ddots & \\ & \ddots & & \lambda/2\\ 0 & & \lambda/2 & 1-\lambda\end{bmatrix}\begin{bmatrix}u_{2,n}\\ u_{3,n}\\ \vdots\\ u_{N-1,n}\end{bmatrix}-\begin{bmatrix}\lambda(u_{1,n}+u_{1,n+1})/2\\ 0\\ \vdots\\ \lambda(u_{N,n}+u_{N,n+1})/2\end{bmatrix} \tag{7.3.43}$$

式（7.3.43）的系数矩阵也为三对角线矩阵，可用追赶法求解，也可用迭代法求解。

当 $\theta=0$ 时，式（7.3.42）就是隐式差分格式，当 $\theta=1$ 时，式（7.3.42）就是显式差分

格式。

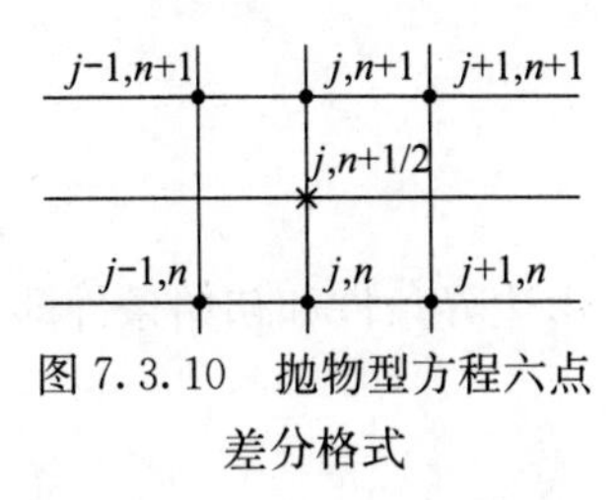

图 7.3.10　抛物型方程六点差分格式

对于求解**抛物型方程**，介绍了三种差分格式，各种差分格式都有各自的优缺点，具体选用哪一种差分格式来近似求解描述问题的微分方程，要作具体的分析。一般来说，要求选用的差分格式能在较弱的条件下保证稳定性，计算又不太复杂，计算工作量尽可能小，又能满足精确度的要求。

（3）二维抛物型方程的差分格式

在工程问题中常遇到多自变量的问题，有必要介绍多维抛物型方程的差分格式。对于多维抛物型方程前面介绍的差分方法同样适用，这里不再进行详细的讨论。本节仅给出二维抛物型方程显式和隐式的差分格式。

二维抛物型方程为

$$\frac{\partial u}{\partial t}=\frac{\partial^2 u}{\partial x^2}+\frac{\partial^2 u}{\partial y^2}\quad (0\leqslant x\leqslant 1,0\leqslant y\leqslant 1,0\leqslant t\leqslant T) \tag{7.3.44}$$

初始条件为

$$u(x,y,0)=f(x,y) \tag{1}$$

边界条件为

$$\begin{cases}u(0,y,t)=\psi_1(y,t)\\ u(l,y,t)=\psi_2(y,t)\end{cases} \tag{2}$$

$$\begin{cases}u(x,0,t)=\varphi_1(x,t)\\ u(x,l,t)=\varphi_2(x,t)\end{cases} \tag{3}$$

首先将自变量域划分成矩形网格，令

$$x_j=j\Delta x \qquad (j=1,2,\cdots,N) \tag{4}$$

$$y_k=k\Delta y \qquad (k=1,2,\cdots,M) \tag{5}$$

$$t_n=n\Delta t \qquad (n=0,1,2,\cdots,m) \tag{6}$$

为了写出差分方程，引入一些缩写记号，设解为 $u_{j,k}^n=u(j\Delta x,k\Delta y,n\Delta t)$，且满足方程（7.3.43）、初始条件（1）、边界条件（2）和式（3）。

① 二维抛物型方程显式差分格式。

用一阶向前差商近似 u_t，用二阶中心差商近似 u_{xx}、u_{yy}，将方程（7.3.44）对 (x_j,y_k,t_n) 点离散，建立显式差分格式的方程为

$$\frac{u_{j,k}^{n+1}-u_{j,k}^n}{\Delta t}=\frac{u_{j+1,k}^n-2u_{j,k}^n+u_{j-1,k}^n}{(\Delta x)^2}+\frac{u_{j,k+1}^n-2u_{j,k}^n+u_{j,k-1}^n}{(\Delta y)^2} \tag{7.3.45}$$

初始条件为

$$u_{j,k}^0=f_{j,k} \tag{7.3.46}$$

边界条件为

$$\begin{cases}u_{0,k}^n=\psi_{1,k}^n, & u_{N,k}^n=\psi_{2,k}^n\\ u_{j,0}^n=\varphi_{j,1}^n, & u_{j,M}^n=\varphi_{j,2}^n\end{cases} \tag{7.3.47}$$

令

$$f_{j,k} = f(j\Delta x, k\Delta y) \tag{7.3.48}$$

$$\begin{cases} \psi_{1,k}^n = \psi_1(k\Delta y, n\Delta t), & \psi_{2,k}^n = \psi_2(k\Delta y, n\Delta t) \\ \varphi_{j,1}^n = \varphi_1(j\Delta x, n\Delta t), & \varphi_{j,2}^n = \varphi_2(j\Delta x, n\Delta t) \end{cases} \tag{7.3.49}$$

由边界条件和初始条件即可进行计算。为确保稳定性，需满足

$$\Delta t \leqslant \frac{1}{2[(\Delta x)^{-2} + (\Delta y)^{-2}]}$$

即

$$\Delta t\left[\frac{1}{(\Delta x)^2} + \frac{1}{(\Delta y)^2}\right] \leqslant \frac{1}{2} \tag{7.3.50}$$

若 $\Delta x = \Delta y = h$，则 $\Delta t/h^2 \leqslant 1/4$。

② **二维抛物型方程隐式差分格式。**

用一阶向后差商近似 u_t，用二阶中心差商近似 u_{xx}、u_{yy}，将方程（7.3.43）对（x_j, y_k, t_n）点离散，建立隐式差分格式的方程为

$$\frac{u_{j,k}^n - u_{j,k}^{n-1}}{\Delta t} = \frac{u_{j+1,k}^n - 2u_{j,k}^n + u_{j-1,k}^n}{(\Delta x)^2} + \frac{u_{j,k+1}^n - 2u_{j,k}^n + u_{j,k-1}^n}{(\Delta y)^2} \tag{7.3.51}$$

在每一个时间层上要解五对角（$N-1$）×（$M-1$）个未知数的代数方程组。

（4）双曲型方程（波动方程）的差分格式。

一维波动方程的混合问题为

$$\frac{\partial^2 u}{\partial t^2} - \alpha^2 \frac{\partial^2 u}{\partial x^2} = 0 \tag{7.3.52}$$

初始条件为

$$u(0,x) = \varphi(x), \quad \frac{\partial u}{\partial t}(0,x) = \psi(x) \qquad (0 \leqslant x \leqslant l) \tag{1}$$

边界条件为

$$u(t,0) = \mu_1(t), \quad u(t,l) = \mu_2(t) \tag{2}$$

为了保证解的连续性，假设所给的初始条件与边界条件满足相容性条件，即$\varphi(0)=\mu_1(0)$、$\varphi(l)=\mu_2(0)$。设解为 $u(x,t)=u_{j,n}$，且满足方程（7.3.52）、初始条件（1）和边界条件（2）。

与抛物型方程一样，首先将自变量域划分成矩形网格，采用不同的差分格式，分别得到显示和隐式差分格式。

① **双曲型方程显式差分格式。**

用二阶中心差商近似 $u(x,t)$ 对时间 t 和空间 x 的二阶导数，将方程（7.3.52）对（x_j, t_n）点离散，得到差分方程

$$\frac{u_{j,n+1} - 2u_{j,n} + u_{j,n-1}}{(\Delta t)^2} - \alpha^2 \frac{u_{j+1,n} - 2u_{j,n} + u_{j-1,n}}{(\Delta x)^2} = 0 \tag{7.3.53}$$

初始条件为

$$\begin{cases} u_{j,0} = \varphi(j\Delta x) = \varphi(x_j) \\ u_{j,1} = \varphi(x_j) + \psi(x_j)\Delta t \end{cases} \qquad (j = 1,2,\cdots,N-1) \tag{7.3.54}$$

边界条件为

$$\begin{cases} u_{0,n} = \mu_1(n\Delta t) = \mu_1(t_n) \\ u_{N,n} = \mu_2(n\Delta t) = \mu_2(t_n) \end{cases} \qquad (n = 0,1,2,\cdots) \tag{7.3.55}$$

令
$$\lambda = \alpha \frac{\Delta t}{\Delta x}$$

差分方程式（7.3.53）改写成

$$u_{j,n+1} = \lambda^2 u_{j+1,n} + 2(1-\lambda^2)u_{j,n} + \lambda^2 u_{j-1,n} - u_{j,n-1}$$
$$(j = 1,2,\cdots,N-1;n = 1,2,\cdots) \tag{7.3.56}$$

因为 $n=0$，要用到 $n=-1$，设虚拟点为

$$u_{j,-1} = u_{j,1} - 2\psi(x_j)\Delta t \tag{7.3.57}$$

此差分方程可按 t 增加方向逐步求解，该差分方程也是显式差分格式。求$(j,\ n+1)$点的值，可由其以下两排四个点的值提供信息，如图 7.3.11 所示。

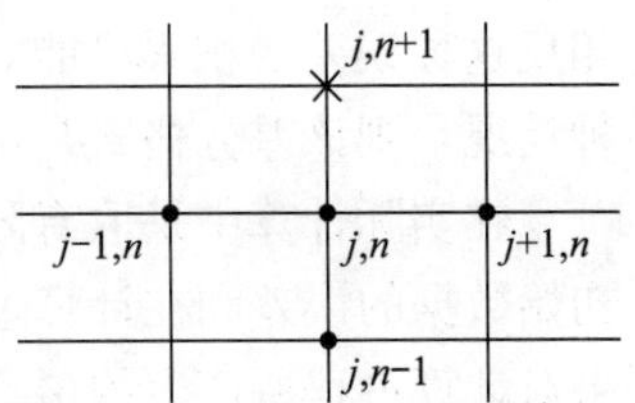

图 7.3.11　波动方程显式差分格式

可证明当 $\lambda=\alpha \dfrac{\Delta t}{\Delta x}\leqslant 1$ 时，此差分方程是收敛和稳定的。通常称为 **Courant－Friedrichs－Lewy 条件**，简记为 CFL 条件。

定理：不论步长 Δx、Δt 的取值如何小，只要步长比满足条件 $\lambda=\alpha \dfrac{\Delta t}{\Delta x}>1$（$\lambda$ 是常数），那么差分方程（7.3.56）的解 $u_{j,n}$ 不收敛于相应波动方程混合问题的解[8]。

② **双曲型方程隐式差分格式。**

类似于抛物线方程的隐式格式，将方程（7.3.52）对（x_j，t_{n+1}）点离散，对 x 的二阶导数取为

$$\left.\frac{\partial^2 u}{\partial x^2}\right|_{j,n+1} = \frac{u_{j+1,n+1} - 2u_{j,n+1} + u_{j-1,n+1}}{(\Delta x)^2} \tag{7.3.58}$$

代入原方程得隐式格式，建立了一个三对角方程组，用追赶法求解。与抛物型方程隐式格式一样，双曲型隐式格式也是无条件稳定的。下面介绍差分格式的稳定性。

7.3.3　差分方程的稳定性

虽然偏微分方程差分方程解的存在性和唯一性很重要，但是讨论差分方程解的存在性和唯一性也很困难。因而，研究差分方程时，一开始就假定，要讨论的工程问题大部分是适定的。根据物理问题合理性的假设，就可以保证解的存在性和唯一性。因此，本书没有介绍差分方程解的存在性和唯一性。

通过第 7.3.2 节介绍椭圆方程、输运方程和波动方程差分方程的构成和解法，可知在构成偏微分方程差分方程的各种差分格式时，必须考虑它的**收敛性和稳定性**。否则差分方程无法求解，也得不到满足精度的解。

本小节粗浅地介绍差分格式的稳定性，包括差分格式的收敛性与稳定性、冯·诺伊曼稳定理论和应用两部分。

（1）差分格式的收敛性与稳定性

对于一个有限的差分方程，一方面要考察方程数值解趋于精确解，另外一方面还要考察计算过程中舍入误差的影响。下面分别介绍偏微分方程差分格式的收敛性与稳定性。

① **差分格式的收敛性。**

对于一个给定的微分方程，若没有舍入误差，当步长 h 趋于零，方程的数值解逼近于精

确解时，则称所采用的数值方法是收敛的。在数值计算中都不可避免存在舍入误差，所以当$h \to 0$时，并不意味着数值解一定趋于精确解。

② **差分格式的稳定性。**

用差分方法求解问题时，除了必须考虑其解的收敛性外，还必须考虑计算过程中舍入误差的影响。由于计算过程的每一步都会有舍入误差，还包括初始数据和边界条件的误差，而且每一步的舍入误差对以后的计算结果还会有影响。

在按t增加的方向逐排求解时，由于对固定的$T=n\Delta t$，当步长$\Delta t \to 0$时，其所在的排数$n \to \infty$，因此，在区域$0 \leqslant t \leqslant T$中求解问题，计算的排数要无限增大。尽管每一步的舍入误差其值甚微，但是得到的差分问题的近似解对于精确解的偏差并不能保证一定可以控制，相反这种误差的积累可能对解产生极大的影响，甚至使计算过程无法进行下去。如果出现这种情况，则该差分格式是不稳定的。

在实际计算中是取有限固定步长h，且不能随意缩小。因此，重要的是在计算过程中，初始数据的误差和在计算过程中产生的舍入误差对以后的计算结果不会逐步增长，即计算结果对计算过程所产生的摄动不敏感。也就是说，**当差分方程的解由于舍入误差的影响所产生的偏差可得到控制时，该差分格式是稳定的**。

定理： 假设输运混合问题的解$u(x,t)$在区域$\Omega(0 \leqslant x \leqslant l)$和$(0 \leqslant t \leqslant T)$时段中存在和连续，且具有连续偏导数$\dfrac{\partial^2 u}{\partial t^2}$、$\dfrac{\partial^4 u}{\partial x^4}$，则当$\lambda=\alpha^2\dfrac{\Delta t}{(\Delta x)^2} \leqslant \dfrac{1}{2}$时，差分方程式（7.3.34）的解收敛于原混合问题的解$u(x,t)$。

定理： 输运方程混合问题的显式差分格式，当步长比$\lambda \leqslant 1/2$时是稳定的，而当$\lambda > 1/2$时是不稳定的。略去这两个定理的证明，读者可参看文献[8]。

（2）冯·诺依曼稳定理论和应用

从前面的讨论可看到，差分格式收敛的条件与差分格式稳定的条件是完全相同的，事实上只要该方程的截断误差随着Δt和Δx趋于零而趋于零，即差分格式是相容的，那么稳定性就是收敛性的充要条件。

如果$u(x,t)$是初值问题的准确解，而$u_{j,n}$是有限差分方程的解，则逼近的误差是$u_{j,n}-u(j\Delta x,n\Delta t)$，对此有两个问题要讨论：

① 对于固定的Δx和Δt，当$n \to \infty$时，$|u_{j,n}-u(j\Delta x,\ n\Delta t)|$的性态是什么？

② 对于固定的$n\Delta t$值，当Δx和$\Delta t \to 0$步长变小时，$|u_{j,n}-u(j\Delta x,\ n\Delta t)|$的性态是什么？

对上述这两个问题，在极限情况下，计算的循环次数变为无穷，因而误差便有无限增长的可能。在大多数纯初值问题中，差分方程必须加上什么样的限制，才能保持小的误差这一点上，上述两个问题将导致十分类似的结论，可是对于有界区域中的问题，结果可能是大不相同。

第二个问题的答案与Δx、Δt趋于零的相对速率有关，这个问题很重要。逼近的基本概念便是设计一种格式使其误差可以小到预计的那样，并且希望误差的极限确实是零。有若干方法可以判别差分方程的稳定性[9],[10]。

本节仅介绍**冯·诺依曼（Von·Neumann）稳定理论**和应用，即用分离变量研究线性差分方程的稳定性，采用简单的例子来说明如何应用这个方法，不作详细的证明。

由第 6 章知道，初值问题的准确解可以由傅里叶级数方法得到，那么准确解也可写成复指数级数。如果一个初始函数 $u(x,0)=f(x)$ 也可被展成傅里叶级数的形式，即可展成 $e^{i\beta x}$，其中 $e^{i\beta x}\geqslant 0$，$i=\sqrt{-1}$，β 为常数。若 $u(x,t)$ 可分离变量 x、t，可将解设为 $u_{j,n}=\varphi(t)e^{i\beta x}$，并代入到原方程中去，运用级数的比值判定法，讨论当 $t\to\infty$、$\Delta t\to 0$、$\Delta x\to 0$ 时，便得到解的稳定性条件。

对一个一般的具有绝对收敛傅里叶级数的初始函数而言，对于固定的 Δx、Δt，当$n\to\infty$ 时，误差 $u_{j,n}-u(j\Delta x,\ n\Delta t)$ 保持有界的充分必要条件为增长因子的绝对值小于或等于 1，即

$$\gamma=\left|\lim_{t\to\infty}\frac{\varphi(t+\Delta t)}{\varphi(t)}\right|=\left|\lim_{n\to\infty}\frac{\varphi_{n+1}}{\varphi_n}\right|\leqslant 1 \tag{7.3.59}$$

式中，γ 称为**增长因子**。

这就是本小节最初提出的第一个问题的答案。本小节分析 7.3.2 节得到的**偏微分方程差分格式的稳定性**，以例题来说明稳定理论的应用。

例题 7.3.2　用一阶向前差商近似 u_t，用二阶中心差商近似 u_{xx}，将一维输运方程 $u_t=u_{xx}$ 对（x_j，t_n）点进行离散化，建立显式差分格式的方程为

$$\frac{u_{j,n+1}-u_{j,n}}{\Delta t}=\frac{u_{j-1,n}-2u_{j,n}+u_{j+1,n}}{(\Delta x)^2} \tag{1}$$

判断此差分格式的收敛性。

解：假设 $u_{j,n}=\varphi(t)e^{i\beta x}$，将其代入到式（1）中，有

$$\frac{[\varphi(t+\Delta t)-\varphi(t)]e^{i\beta x}}{\Delta t}=\frac{\varphi(t)[e^{i\beta(x-\Delta x)}-2e^{i\beta x}+e^{i\beta(x+\Delta x)}]}{(\Delta x)^2} \tag{2}$$

令 $\lambda=\Delta t/(\Delta x)^2$，简化式（2），得

$$\begin{aligned}\varphi(t+\Delta t)&=\varphi(t)+\lambda\varphi(t)[e^{-i\beta\Delta x}-2+e^{i\beta\Delta x}]=\varphi(t)[1+\lambda(e^{-i\beta\Delta x}-2+e^{i\beta\Delta x})]\\&=\varphi(t)\left[1-4\lambda\left(\frac{e^{-i\beta\Delta x}/2-e^{i\beta\Delta x}/2}{2i}\right)^2\right]\end{aligned} \tag{3}$$

运用式(3.2.9)　$\sin z=\dfrac{e^{iz}-e^{-iz}}{2i}$，$\cos z=\dfrac{e^{iz}+e^{-iz}}{2}$

将式（3）改写为

$$\varphi(t+\Delta t)=\varphi(t)\left[1-4\lambda\sin^2\left(\frac{\beta\Delta x}{2}\right)\right] \tag{4}$$

令

$$\varphi(t)=\varphi_n=C\left[1-4\lambda\sin^2\left(\frac{\beta\Delta x}{2}\right)\right]^n,\quad n=\frac{t}{\Delta t} \tag{5}$$

将式（5）代入式（4），得

$$\varphi_{n+1}=\varphi_n\left[1-4\lambda\sin^2\left(\frac{\beta\Delta x}{2}\right)\right]$$

运用比值判别法，得

$$\gamma=\left|\frac{\varphi_{n+1}}{\varphi_n}\right|=\left|1-4\lambda\sin^2\left(\frac{\beta\Delta x}{2}\right)\right| \tag{6}$$

求解式（6）得到增长因子 γ。当 $t\to\infty$ 和 Δt，$\Delta x\to 0$ 时，为了使解稳定，由式（7.3.59）可知增长因子 r 必须满足$|\gamma|\leqslant 1$，即

$$\left|1-4\lambda\sin^2\left(\frac{\beta\Delta x}{2}\right)\right|\leqslant 1 \tag{7}$$

式（7）中，当$\sin^2(\beta\Delta x/2)$取最大值1时，有

$$|1-4\lambda|\leqslant 1 \quad 或 \quad -1\leqslant 1-4\lambda\leqslant 1 \tag{8}$$

解出稳定的条件为

$$0<\lambda\leqslant 1/2 \tag{7.3.60}$$

例题 7.3.3 使用一阶中心差商近似 u_t，用二阶中心差商近似二阶导数 u_{xx}，将一维输运方程 $u_t=u_{xx}$ 对(x_j, t_n)点进行离散化，得到差分方程为

$$\frac{u_{j,n+1}-u_{j,n-1}}{2\Delta t}=\frac{u_{j-1,n}-2u_{j,n}+u_{j+1,n}}{(\Delta x)^2} \tag{1}$$

判断此差分格式的收敛性。

解：假设

$$u_{j,n}=\varphi(t)\mathrm{e}^{\mathrm{i}\beta x} \tag{2}$$

将式（2）代入式（1），简化后，得

$$\varphi_{n+1}+8\lambda\sin^2\left(\frac{\beta\Delta x}{2}\right)\varphi_n-\varphi_{n-1}=0 \tag{3}$$

上式的解为 $\varphi_n=C_1\gamma_1^n+C_2\gamma_2^n$，令 $\varphi_n=\gamma^n$，有

$$\varphi_{n+1}=\gamma^{n+1},\quad \varphi_{n-1}=\gamma^{n-1}$$

将其代入式（3），有

$$\gamma^2+8\lambda\sin^2\left(\frac{\beta\Delta x}{2}\right)\gamma-1=0 \tag{4}$$

求解式（4），得到增长因子为

$$\gamma_{1,2}=-4\lambda\sin^2\left[\frac{\beta\Delta x}{2}\right]\pm\sqrt{\left[4\lambda\sin^2\left(\frac{\beta\Delta x}{2}\right)\right]^2+1}$$

由差分方程解的稳定性条件（7.3.59）$|\gamma|\leqslant 1$，即

$$\left|-4\lambda\sin^2(\beta\Delta x/2)\pm\sqrt{16\lambda^2\sin^4\left(\frac{\beta\Delta x}{2}\right)+1}\right|\leqslant 1 \tag{7.3.61}$$

式（7.3.61）只有当 $4\lambda\sin^2(\beta\Delta x/2)=0$ 时才成立，即要求 $\lambda=0$，而 $\lambda=\Delta t/(\Delta x)^2\neq 0$，即不可能为零，$\lambda\neq 0$，所以该差分格式不稳定。

例题 7.3.4 用一阶向前差商近似 u_t，用二阶中心差商近似二阶导数 u_{xx}，将一维输运方程 $u_t=u_{xx}$ 对(x_j, t_{n+1})点进行离散化，得到输运方程的隐式差分格式为

$$\frac{u_{j,n+1}-u_{j,n}}{\Delta t}=\frac{u_{j-1,n+1}-2u_{j,n+1}+u_{j+1,n+1}}{(\Delta x)^2}$$

判断此差分格式的收敛性。

解：令

$$u_{j,n}=\varphi(t)\mathrm{e}^{\mathrm{i}\beta x}$$

代入隐式差分格式，得

$$\frac{\varphi(t+\Delta t)\mathrm{e}^{\mathrm{i}\beta x}-\varphi(t)\mathrm{e}^{\mathrm{i}\beta x}}{\Delta t}=\frac{\varphi(t+\Delta t)\left[\mathrm{e}^{\mathrm{i}\beta(x-\Delta x)}+\mathrm{e}^{\mathrm{i}\beta(x+\Delta x)}-2\mathrm{e}^{\mathrm{i}\beta x}\right]}{(\Delta x)^2}$$

令 $\lambda=\Delta t/(\Delta x)^2$，简化上式，得

$$\varphi(t+\Delta t)-\varphi(t)=\lambda\left[\varphi(t+\Delta t)\mathrm{e}^{-\mathrm{i}\beta\Delta x}-2\varphi(t+\Delta t)+\varphi(t+\Delta t)\mathrm{e}^{\mathrm{i}\beta\Delta x}\right]$$

简化整理，得

$$\varphi(t+\Delta t)=\varphi(t)+\lambda\varphi(t+\Delta t)(\mathrm{e}^{-\mathrm{i}\beta\Delta x}-2+\mathrm{e}^{\mathrm{i}\beta\Delta x})=\varphi(t)-4\lambda\varphi(t+\Delta t)\sin^2(\beta\Delta x/2)$$

即

$$\varphi(t+\Delta t)[1+4\lambda\sin^2(\beta\Delta x/2)]=\varphi(t)$$

用比值判别法，得到增长因子为

$$\gamma=\frac{\varphi(t+\Delta t)}{\varphi(t)}=\frac{1}{1+4\lambda\sin^2(\beta\Delta x/2)} \tag{7.3.62}$$

由式（7.3.62）中

$$|1+4\lambda\sin^2(\beta\Delta x/2)|\geqslant 1$$

可知，对于所有 λ，增长因子的绝对值 $|\gamma|\leqslant 1$。因此。该隐式差分格式对步长比 λ 没有任何附加限制，是无条件稳定，称这种差分格式是**无条件稳定**的，而且是收敛的。

由以上三道例题讨论了输运方程的三种差分格式的稳定条件，得到的稳定条件是不一样的。第一种显式差分格式是有条件的稳定；第二种对时间导数中心差分的差分格式是不稳定的，不能用；第三种隐式差分格式是无条件的稳定，而且是收敛的。

可见，对于同一个一维输运方程 $u_t=u_{xx}$，不同的差分格式得到的稳定条件是截然不同的。因此，运用差分法求解定解问题，在计算之前有必要分析选用的差分格式，以保证选用的差分格式是稳定的。

7.4　有限单元法概述

有限单元法（Finite Element Method，FEM）可简称为有限元法。有限元法最早应用于结构力学，后来随着计算机的发展慢慢用于各种学科领域和各种工程的数值模拟。

由于化学、化工、生命科学、物理、力学、控制以及经济等领域有不少现象只能用离散的数学模型来描述，只能用数值计算来求解。用电子计算机求定解问题的数值解非常方便。可用一定的物理模型数值模拟仿真所研究的定解问题，在计算机平台上做实验。随着信息技术的发展，研发了大量的计算机软件，30 多年来，不少的计算机软件已经很成熟且商业化。科学家和工程技术人员解决工程实际问题的理论研究和实践，促进了数值计算方法和计算软件的发展。如今数值计算已与理论分析、实验并列被公认为当代科学研究的三种手段之一。

本节简介有限单元法相关的基本知识，详细具体内容读者可参看有关专著[11],[12],[13]。本节包括有限单元法的基本知识、不可压缩流体 N－S 方程的有限元解两小节。

7.4.1　有限单元法的基本知识

有限元法与有限差分法一样，是一种区域性的离散化方法。它也是一种随着电子计算机的发展而发展起来的较通用的数值计算方法之一。有限元法的早期应用集中在固体和结构力学方面，后来慢慢用于各种学科领域和各种工程的数值模拟，最终被推广应用于热传导、渗流和流体动力学等问题上。

本小节简单介绍有限单元法和伽辽金有限元法的基本知识，包括有限单元法与有限差分法和有限体积法的比较、伽辽金（Galerkin）有限单元法两部分。

（1）有限单元法与有限差分法和有限体积法的比较

介绍有限单元法、有限差分法和有限体积法的比较、数值直接和迭代法、加权残数法。

数值计算理论和技术自建立以来，经过多年的发展，出现了多种数值解法。根据对控制方程离散的原理和方式的不同，主要分为有限单元法、有限差分法和有限体积法三个分支。

有限单元法（Finite Element Method，FEM）。有限元法的基础是变分原理和加权余量法，基本思想是把计算域划分为互不重叠的单元，在每个单元内，选择一些合适的节点作为求解函数的插值点，将微分方程中的变量改写成由各变量或其导数的节点值与所选用的插值函数组成的线性表达式，借助于变分原理或加权余量法，将微分方程离散后数值求解。

有限差分法（Finite Different Method，FDM）是应用最早、最经典的数值计算方法。FDM的基本理论已经发展得相当完整，有一套定性分析的理论。通过7.3节已经了解，它将定解区域用有限个离散点构成的网格来代替，用有限个网格节点代替连续的求解域，然后把原方程和定解条件中的微商用差商来近似，原微分方程和定解条件就近似地代之以代数方程组，求出代数方程组的离散解就是定解问题在整个区域上的近似解。由于引进数值网格生成方法和“选点法”，故提高了有限差分法处理任意区域的能力。

有限体积法（Finite Volume Method，FVM）将计算区域划分为一系列不重复的控制体积，将待解微分方程对每一个控制体积积分，得出一组离散方程。用**FVM**导出的离散方程可以保证具有守恒特性，而且离散方程系数的物理意义明确，计算量相对较小。**FVM**可视作有限单元法和有限差分法的中间物。有限单元法必须假定值在网格点之间的变化规律（即插值，并将其作为近似解）。有限差分法只考虑网格点上的数值而不考虑值在网格点之间如何变化。有限体积法只寻求的结点值，这与有限差分法相类似；但是，有限体积法在寻求控制体积的积分时，必须假定值在网格点之间的分布，这又与有限单元法相类似。

有限元法用的是分段（块）近似，每一段（块）用某种多项式来逼近，这是它与有限差分法的主要不同点之一。有限元法对所考虑区域的形状没有什么要求，易于处理任意区域形状的流动问题。它的求解步骤几乎是统一的，因此，易于编制成通用程序，如结构和固体力学的NASTRAN、ADINA、SAP等。**有限差分法用的是“点”近似，它只考虑差分网格节点的函数值而不管节点附近函数的变化。**虽然，已有传热传质的SIMPLE、二维弹塑性的HEMP程序，但是相比之下，有限差分法在这方面有所欠缺。

通常固体（结构）力学中的有限元法大多是从变分原理出发来进行的，通常称为**变分有限元法**。Finlayson证明定常的流体动力学N－S方程不存在相应的变分原理，即不存在这样一个泛函，该泛函的欧拉－拉格朗日方程为N－S方程。因此，对于N－S方程应用是从加权残数法出发的加权残数有限元法。

（2）伽辽金（Galerkin）有限单元法

通过第7.2节的介绍可知，传统伽辽金法的缺点是找整个区域上的“整体”函数$V_0(x,t)$和$\varphi_j(x)$，使满足整个区域上给定的边界条件和齐次边界条件。在复杂区域的情况下，一般是不可能的。

有限元法最重要的概念是分段插值或近似的思想。抛弃“整体”概念而代之“局部”或“分段（片）”的概念，使边界条件较易满足。把求解区域分成互不重叠的N个有限大小的单元（例如二维情况下的三角形、直线或曲线四边形等），在每个单元内采用多项式插值（或称构造多项式插值函数）来近似表示未知函数，把边界条件的满足化成局部的问题。

有限元法的优点是求解步骤有次序。每一步要做的内容或要达到的要求所用的方法与瑞利—里茨法或传统伽辽金法细节有所不同，但总的次序和内容是不变的。

简述有限元法的求解。以泊松（Poisson）方程的混合边值问题为例，介绍伽辽金有限元法的求解过程的六大步骤。

例题 7.4.1　考察第 6 章的泊松(Poisson)方程的混合边值问题。[12]

$$\nabla^2 u = f(M) \qquad (M \in D) \tag{6.5.9}$$

$$\begin{cases} u|_{\Gamma_1} = g \\ \dfrac{\partial u}{\partial n}|_{\Gamma_2} = h \end{cases} \qquad (\partial D = \Gamma = \Gamma_1 \cup \Gamma_2) \tag{7.4.1}$$

式中，D 为被研究的空间区域；Γ 为该区域的边界。

解： 泊松方程是非齐次偏微分方程，该问题求解空间区域的边界 Γ 由两部分组成，$\Gamma=\Gamma_1 \cup \Gamma_2$，显然不能解析求解。采用伽辽金有限元法求解，这里仅简述伽辽金有限元法的求解的基本思路和步骤，详细的计算公式可见参考文献[12]。

① 区域和边界的离散化。

把任意区域 D 离散成 N_e 个有限大小的子域 D_e，即有限单元 D_e。这些单元互不重叠无空隙，在规定的单元的节点上互相联系。若子域 D_e 为直线三角形，三角形的三个顶点 i、j、k 为节点，如图 7.4.1 所示，则有

$$D = \bigcup_{e=1}^{N_e} D_e \tag{7.4.2a}$$

同样地，边界 Γ_1 和 Γ_2 也应被直线或曲线段分割为

$$\Gamma_1 = \bigcup_{l=1}^{N_{\Gamma_1}} \Gamma_l^{(1)}，\quad \Gamma_2 = \bigcup_{l=1}^{N_{\Gamma_2}} \Gamma_l^{(2)} \tag{7.4.2b}$$

② 选取插值函数或公式。

有限元法是一种离散化的方法，把求区域上无穷多个点上未知函数 u 的问题离散成求解区域内有限多个节点上 u 的近似值 u_j 的问题（$j=1，2，\cdots，N_u$）。每个单元内任一点上的 u 值通过插值公式用节点上的 u_j 值来表示，即分块插值。例如，对任一三角形 D_e，三个顶（节）点分别为 i、j、k，节点上函数值分别为 u_i、u_j 和 u_k，单元内任一点的 u 值采用 x、y 的线性插值：

$$u = a + bx + cy \tag{7.4.3}$$

这相当于用一平面去近似曲面，如图 7.4.2 所示，常数 a、b、c 可由节点上的 u_i、u_j 和 u_k 来确定。

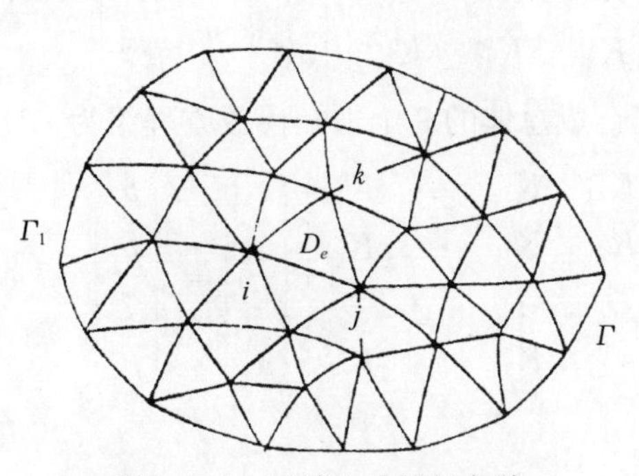

图 7.4.1　区域和边界的离散

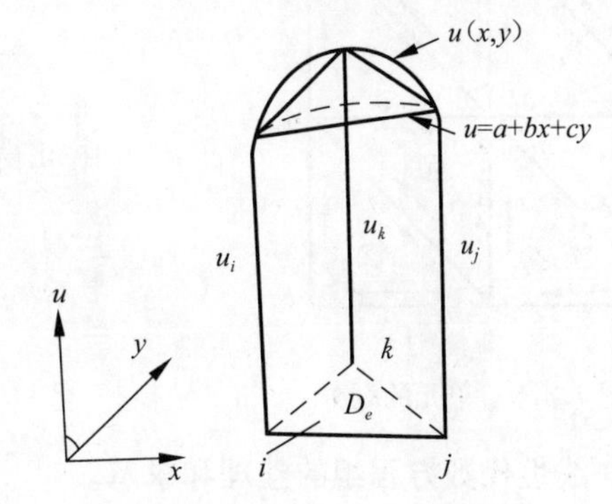

图 7.4.2　任一点的线性插值

③ 单元刚度（影响）矩阵和载荷矢量的导出。

有了插值公式后，用加权残数伽辽金法或瑞利—里茨法导出每个单元的“刚度”矩阵和“载荷”矢量，这里用的是结构力学中有限元法的术语。在流体力学中，刚度矩阵被称作影

响系数矩阵。

若采用伽辽金法，则对每一单元 D_e 未知函数 u 采用插值式

$$u^{(e)} = \sum_{i=1}^{p} N_i(x,y)u_i^{(e)} \tag{7.4.4}$$

式中，$N_i(x, y)$ 为权函数，则单元加权残数式为

$$\iint_{D_e} (\nabla^2 u^{(e)} - f) \cdot N_i(x,y)\mathrm{d}x\mathrm{d}y = 0 \tag{7.4.5a}$$

利用格林公式和分部积分，上式化为

$$\oint_{s^{(e)}} N_i \frac{\partial u^{(e)}}{\partial n}\mathrm{d}s - \iint_{D_e} \nabla N_i \cdot \nabla u^{(e)} \mathrm{d}x\mathrm{d}y = \iint_{D_e} fN_i \mathrm{d}x\mathrm{d}y \quad (i=1,2,\cdots,p) \tag{7.4.5b}$$

式中，$s^{(e)}$ 为 D_e 的边界。不考虑边界积分项，有

$$\sum_{j=1}^{p} u_j^{(e)} \cdot \iint_{D_e}\left(\frac{\partial N_i}{\partial x}\cdot\frac{\partial N_j}{\partial x}+\frac{\partial N_i}{\partial y}\cdot\frac{\partial N_j}{\partial y}\right)\mathrm{d}x\mathrm{d}y = -\iint_{D_e} fN_i \mathrm{d}x\mathrm{d}y \quad (i=1,2,\cdots,p)$$

或写成矩阵的形式

$$[\boldsymbol{K}^{(e)}] \cdot \boldsymbol{u}^{(e)} = \boldsymbol{p}^{(e)} \tag{7.4.6}$$

$$K_{ij}^{(e)} = \iint_{D_e} \nabla N_i \cdot \nabla N_j \mathrm{d}x\mathrm{d}y, \quad p_i^{(e)} = -\iint_{D_e} fN_i \mathrm{d}x\mathrm{d}y \tag{7.4.7}$$

式中，$[\boldsymbol{K}^{(e)}]$ 为单元刚度阵；$\boldsymbol{p}^{(e)}$ 为单元载荷矢量。p 为单元节点数，在三角形线性插值时，$p=3$；当 $p=3$ 时，$[\boldsymbol{K}^{(e)}]$ 是 3×3 方阵，$\boldsymbol{p}^{(e)}$ 为 3×1 矢量。

④ 单元方程式“集合”成总体方程式。

把每一个**单元方程式集合**成总体的代数方程组。

$$[\boldsymbol{K}] \cdot \boldsymbol{u} = \boldsymbol{p}$$

以图 7.4.3 中 8 个单元 D_e（$e=1, 2, \cdots, 8$）的划分为例来说明，每个单元 D_e 的单元方程式为

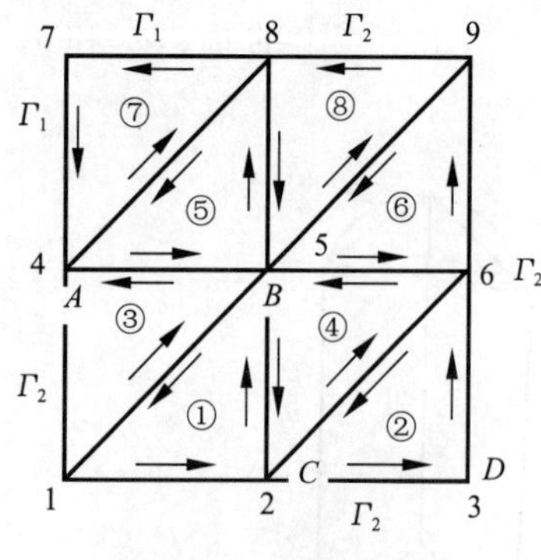

图 7.4.3 单元的划分

$$\begin{bmatrix} K_{11}^{(e)} & K_{12}^{(e)} & K_{13}^{(e)} \\ K_{21}^{(e)} & K_{22}^{(e)} & K_{23}^{(e)} \\ K_{31}^{(e)} & K_{32}^{(e)} & K_{33}^{(e)} \end{bmatrix} \begin{bmatrix} u_1^{(e)} \\ u_2^{(e)} \\ u_3^{(e)} \end{bmatrix} = \begin{bmatrix} p_1^{(e)} \\ p_2^{(e)} \\ p_3^{(e)} \end{bmatrix} \tag{7.4.8}$$

由此得集合成总体的 9 个未知代数方程组为

$$\begin{pmatrix} K_{11} & K_{12} & \cdots & K_{19} \\ K_{21} & K_{22} & \cdots & K_{29} \\ \vdots & \vdots & & \vdots \\ K_{91} & K_{92} & \cdots & K_{99} \end{pmatrix} \begin{pmatrix} u_1 \\ u_2 \\ \vdots \\ u_9 \end{pmatrix} = \begin{pmatrix} p_1 \\ p_2 \\ \vdots \\ p_9 \end{pmatrix} \tag{7.4.9}$$

⑤ 线性代数方程组的整理和求解。

对所有单元做集合过程，得到所有节点数 N_u 个代数方程组。经过狄利克雷边界条件修改后的方程组为

$$[\boldsymbol{K}] \cdot \boldsymbol{u} = \boldsymbol{p} \tag{7.4.10}$$

求解方程组（7.4.10）的方法是直接法或迭代法。在直接法中，可利用矩阵 $[\boldsymbol{K}]$ 的性

质，如带形、正定、对称等特性，采用列主元消去法、上下三角阵分解等方法。采用迭代法求解阶数大于 500 的大型矩阵，如雅可比迭代法，高斯赛德尔（G－S）迭代法，点、线 SOR 迭代等。非线性方程组常用牛顿—拉夫逊法（Newton－Raphson Method）、共轭斜量法和最速下降法。

⑥ 区域内任一点上 u 和 u_x、u_y 的计算。

按照插值公式，计算流场内任一点的 u 和 u_x、u_y，有

$$\begin{cases} u = \sum_i N_i(x,y)u_i \\ u_x = \sum_i \dfrac{\partial N_i}{\partial x} \cdot u_i \\ u_y = \sum_i \dfrac{\partial N_i}{\partial y} \cdot u_i \end{cases} \tag{7.4.11}$$

7.4.2　不可压缩流体 N－S 方程的有限元解

本小节以二维不可压缩流体流动的 Navier－Stokes（N－S）方程为例，介绍不可压缩流体流动 N－S 方程的有限元解[12]。对于二维不可压缩流体流动的 N－S 方程，用有限元法求解也像用有限差分法求解一样，可按照 $N-S$ 方程未知函数的个数多少而分成三种形式。

（1）流函数方程式

$$\begin{cases} \dfrac{\partial \nabla^2\psi}{\partial t} + \dfrac{\partial\psi}{\partial y}\dfrac{\partial}{\partial x}\nabla^2\psi - \dfrac{\partial\psi}{\partial x}\dfrac{\partial}{\partial y}\nabla^2\psi = \dfrac{1}{\mathrm{Re}}\nabla^4\psi \\ u = \dfrac{\partial\psi}{\partial y}, \qquad v = -\dfrac{\partial\psi}{\partial x} \end{cases} \tag{7.4.12}$$

公式（7.4.12）将求解压力和速度 4 个未知数的方程简化为求解一个未知数的流函数 ψ 方程。常用该公式求解流体黏度为常数、流体流动的雷诺数可确定的流体问题，也可求解黏性很小的理想流体的流动问题。对于理想流体，先确定流函数 ψ，再利用流函数 ψ 求解速度，最后可使用伯努利方程

$$\frac{1}{2}u^2 + \frac{P}{\rho} = \mathrm{C} \qquad (\mathrm{C}\text{ 为常数}) \tag{4.4.82}$$

求解压强。

（2）涡—流函数方程式

令

$$\nabla^2\psi = \omega \tag{7.4.13}$$

式中，涡量为

$$\omega = \frac{\partial u}{\partial y} - \frac{\partial v}{\partial x} \tag{7.4.14}$$

代入式（7.4.12），得到涡—流函数方程为

$$\frac{\partial\omega}{\partial t} + \frac{\partial\psi}{\partial y}\frac{\partial\omega}{\partial x} - \frac{\partial\psi}{\partial x}\frac{\partial\omega}{\partial y} = \frac{1}{\mathrm{Re}}\nabla^2\omega \tag{7.4.15}$$

公式（7.4.15）将求解压力和速度 4 个未知数问题简化为两个未知数 ψ 和 w 的问题，流体流动的雷诺数是可确定的。常用公式（7.4.13）～式（7.4.15）求解大雷诺数的涡流问题。

需要注意，流函数方程（7.4.12）和涡—流函数方程（7.4.14）是量纲为 1 的方程，这

里没有详细介绍量纲为1方程的推导，读者可参看流体力学的专著。

(3) 初始变量 u、v、p 方程

将直角坐标系三维不可压缩流体流动N-S方程（4.4.72）简化二维不可压缩流体运动方程为

$$\begin{cases}\dfrac{\partial u}{\partial t}+u\dfrac{\partial u}{\partial x}+v\dfrac{\partial u}{\partial y}=-\dfrac{1}{\rho}\dfrac{\partial p}{\partial x}+\nu\nabla^2 u\\ \dfrac{\partial v}{\partial t}+u\dfrac{\partial v}{\partial x}+v\dfrac{\partial v}{\partial y}=-\dfrac{1}{\rho}\dfrac{\partial p}{\partial y}+\nu\nabla^2 v\end{cases}\tag{7.4.16a}$$

连续性方程为

$$\frac{\partial u}{\partial x}+\frac{\partial v}{\partial y}=0\tag{7.4.16b}$$

式（7.4.16）常用于求解非稳态黏性流体的流动。当忽略速度随时间的变化时，可求解稳态黏性流体的流场。

在用有限元求解以上三种形式的方程组时，各有各的优缺点。第一种流函数方程（7.4.12）只有一个未知数，方程阶数高，需要用高阶插值，用的最少；第二种涡一流函数方程（7.4.15）用得最多，有两个未知数，ω边界条件未知；第三种初始变量u、v、p方程（7.4.16）形式直观、阶数低，压力插值可以比速度的插值低，但是方程的未知量多、方程的阶数增高，这种方法用的也比较多。当忽略速度随时间的变化时，这三种方法均可求解稳态流体的流场。

后面的第7.5.3小节将介绍黏性流体运动方程

$$\rho\left(\boldsymbol{F}-\frac{\mathrm{D}\boldsymbol{u}}{\mathrm{D}t}\right)+\nabla\cdot\boldsymbol{T}=0\tag{4.4.70}$$

的数值解法。使用方程（4.4.70）可以数值求解流体随时间变化的压力场、速度场、剪切应力场和黏度场。

参考文献［12］详细介绍了以上三种形式方程有限元的求解方法，有兴趣的读者可详细阅读。通过前面几章的学习，读者比较熟悉不可压缩流体流动的N-S方程（7.4.16），这里仅介绍初始变量方程（7.4.16）的解法。

初始变量形式的方程式有三个自变量，引入3个插值公式

$$\begin{cases}u=\sum\limits_{j=1}^{p_1}N_j(x,y)u_j^{(e)}(t)\\ v=\sum\limits_{j=1}^{p_1}N_j(x,y)v_j^{(e)}(t)\\ p=\sum\limits_{j=1}^{p_1}M_j(x,y)p_j^{(e)}(t)\end{cases}\tag{7.4.17}$$

式中，速度 u、v 可用同样的插值函数 N_j；压力也可以采用与速度等阶数的插值，但通常压力插值函数 M_j 与 N_j 不同，一般 N_j 应比 M_j 高一阶，可以得到更好的近似解。

① 简单的斯托克斯（Stokes）流动。

忽略方程（7.4.16）中的对流项，用 N_i 乘以方程（7.4.16）第一式并积分，得到加权残数式为

$$\iint_{D_e}\left[-\frac{\partial p^{(e)}}{\partial x}+\nu\nabla^2 u^{(e)}\right]N_i\mathrm{d}x\mathrm{d}y=0$$

分部积分后，得

$$\iint_{D_e}\left[-\frac{\partial N_i}{\partial x}p^{(e)}+\nu\nabla N_i\cdot\nabla u^{(e)}\right]\mathrm{d}x\mathrm{d}y+\oint_{\Gamma_e}N_i p^{(e)}n_x\mathrm{d}s-\oint_{\Gamma_e}\nu N_i\frac{\partial u^{(e)}}{\partial x}\mathrm{d}s=0$$

于是，有

$$\begin{aligned}&\sum_{j=1}^{p_1}p_j^{(e)}\iint_{D_e}-\frac{\partial N_i}{\partial x}M_j\mathrm{d}x\mathrm{d}y+\sum_{j=1}^{p_1}u_j^{(e)}\iint_{D_e}\nu\nabla N_i\cdot\nabla N_i\mathrm{d}x\mathrm{d}y+\\&\sum_{j=1}^{p_1}p_j^{(e)}\oint_{\Gamma_e}N_iM_jn_x\mathrm{d}s-\sum_{j=1}^{p_1}u_j^{(e)}\oint_{\Gamma_e}\nu N_i\frac{\partial N}{\partial x}\mathrm{d}s=0\end{aligned}\tag{7.4.18}$$

对内部边界，所有边界积分是零，对边界单元按边界条件类型归入自由项或刚度阵，得到 x 方向运动方程的单元刚度矩阵为

$$\boldsymbol{K}_1^{(e)}\cdot\boldsymbol{u}^{(e)}+\boldsymbol{K}_2^{(e)}\cdot\boldsymbol{p}^{(e)}=\boldsymbol{Q}_x^{(e)}\tag{7.4.19a}$$

其中

$$\begin{cases}K_{1ij}^{(e)}=\iint_{D_e}\nabla N_i\cdot\nabla N_j\mathrm{d}x\mathrm{d}y\qquad K_{2ij}^{(e)}=-\iint_{D_e}M_j\cdot\frac{\partial N_i}{\partial x}\mathrm{d}x\mathrm{d}y\\Q_{xi}^{(e)}=\oint_{\Gamma_e}\left(\nu\frac{\partial u}{\partial n}-pn_x\right)N_i\mathrm{d}s\end{cases}\tag{7.4.20a}$$

类似地对 y 方向运动方程，可得

$$\boldsymbol{K}_1^{(e)}\cdot\boldsymbol{v}^{(e)}+\boldsymbol{K}_3^{(e)}\cdot\boldsymbol{p}^{(e)}=Q_y^{(e)}\tag{7.4.19b}$$

式中，$\boldsymbol{K}_1^e$ 同式（7.4.20a）一样。还有

$$\left.\begin{aligned}K_{3ij}^{(e)}&=-\iint_{D_e}M_j\cdot\frac{\partial N_i}{\partial x}\mathrm{d}x\mathrm{d}y\\Q_{yi}^{(e)}&=\oint_{\Gamma_e}\left(\nu\frac{\partial v}{\partial n}-pn_y\right)N_i\mathrm{d}s\end{aligned}\right\}\tag{7.4.20b}$$

对二维不可压缩流体连续方程（7.4.16b）加权积分。一般连续性方程是含密度 ρ 的方程，权函数应取 ρ 的形函数。当 ρ 为常数时，采用压力 p 的形函数 M_j 为权函数，有

$$\iint_{D_e}\left(\frac{\partial u}{\partial x}+\frac{\partial v}{\partial y}\right)\cdot M_i\mathrm{d}x\mathrm{d}y=0$$

即
$$\sum_{j=1}^{p_1}u_j^{(e)}\iint_{D_e}M_i\frac{\partial N_j}{\partial x}\mathrm{d}x\mathrm{d}y+\sum_{j=1}^{p_1}v_j^{(e)}\iint_{D_e}M_i\frac{\partial N_j}{\partial y}\mathrm{d}x\mathrm{d}y=0$$

写成单元形式为

$$-[\boldsymbol{K}_2^{(e)}]^{\mathrm{T}}\cdot\boldsymbol{u}^{(e)}-[\boldsymbol{K}_3^{(e)}]^{\mathrm{T}}\cdot\boldsymbol{v}^{(e)}=0\tag{7.4.19c}$$

其中，$\boldsymbol{K}_2^{(e)}$，$\boldsymbol{K}_3^{(e)}$ 同前面的定义。

单元采用三角形，速度 u、v 用二次六节点形函数插值，压力 p 采用线性插值，方程式（7.4.20）写成统一的单元刚度方程式

$$\boldsymbol{K}^{(e)}\cdot\boldsymbol{\Phi}^{(e)}=\boldsymbol{P}^{(e)}\tag{7.4.21}$$

其中

$$K_{15\times15}^{(e)}=\begin{bmatrix} {K_1^{(e)}}_{6\times6} & 0_{6\times6} & {K_2^{(e)}}_{6\times3} \\ 0_{6\times6} & {K_1^{(e)}}_{6\times6} & {K_3^{(e)}}_{6\times3} \\ -{K_2^{(e)\mathrm{T}}}_{3\times6} & -{K_3^{(e)\mathrm{T}}}_{3\times6} & 0_{3\times3} \end{bmatrix}$$

$$\boldsymbol{\Phi}_{15\times1}^{(e)}=\{u_1^{(e)},u_2^{(e)},\cdots,u_6^{(e)} \vdots v_1^{(e)},v_2^{(e)},\cdots,v_6^{(e)} \vdots p_1^{(e)},p_2^{(e)},p_3^{(e)}\}^{\mathrm{T}}$$

$$\boldsymbol{P}_{15\times1}^{(e)}=\{Q_{x1}^{(e)}\cdots Q_{x6}^{(e)} \vdots Q_{y1}^{(e)}\cdots Q_{y6}^{(e)} \vdots 0\ 0\ 0\}^{\mathrm{T}} \tag{7.4.22}$$

把所有单元叠加起来，得总体刚度方程组为

$$[\boldsymbol{K}]\cdot\boldsymbol{\Phi}=\boldsymbol{P} \tag{7.4.23}$$

其中

$$\boldsymbol{K}=\sum_{e=1}^{N_e}\boldsymbol{K}^{(e)},\boldsymbol{\Phi}=\sum_{e=1}^{N_e}\boldsymbol{\Phi}^{(e)},\quad \boldsymbol{P}=\sum_{e=1}^{N_e}\boldsymbol{P}^{(e)} \tag{7.4.24}$$

可用数值解法求解总体刚度方程组（7.4.23），得到流速场u、v和压力场p。

② **定常N—S方程**

采用对流速度落后一次的迭代办法，设u_n、v_n是第n次迭代值（上一次），N—S方程化成

$$\begin{cases}\nu\,\nabla^2 u-\left(u_n\dfrac{\partial u}{\partial x}+v_n\dfrac{\partial u}{\partial y}\right)-\dfrac{\partial p}{\partial x}=0\\ \nu\,\nabla^2 v-\left(u_n\dfrac{\partial v}{\partial x}+v_n\dfrac{\partial v}{\partial y}\right)-\dfrac{\partial p}{\partial y}=0\end{cases} \tag{7.4.25a}$$

$$\frac{\partial u}{\partial x}+\frac{\partial v}{\partial y}=0 \tag{7.4.25b}$$

与斯托克斯流动的差别只在对流项，若记

$$\begin{cases}I_x=-\displaystyle\iint_{D_e}\left(u_n\frac{\partial u}{\partial x}+v_n\frac{\partial u}{\partial y}\right)N_i\mathrm{d}x\mathrm{d}y\\ I_y=-\displaystyle\iint_{D_e}\left(u_n\frac{\partial v}{\partial x}+v_n\frac{\partial v}{\partial y}\right)N_i\mathrm{d}x\mathrm{d}y\end{cases} \tag{7.4.26}$$

把u和ν的插值公式（7.4.17）代入式（7.4.26），有

$$\boldsymbol{I}_x=-\sum_{j=1}^{p_1}u_j^{(e)}(t)\iint_{D_e}\left(u_n\frac{\partial N_i}{\partial x}+v_n\frac{\partial N_i}{\partial y}\right)N_i\mathrm{d}x\mathrm{d}y=\boldsymbol{K}_{ix}^{(e)}\cdot\boldsymbol{u}^{(e)}$$

其中，

$$K_{1xij}^{(e)}=-\iint_{D_e}\left(u_n\frac{\partial N_j}{\partial x}+v_n\frac{\partial N_j}{\partial y}\right)\cdot N_i\mathrm{d}x\mathrm{d}y \tag{7.4.27}$$

同样可得

$$\boldsymbol{I}_x=\boldsymbol{K}_{1x}^{(e)}\cdot\boldsymbol{u}^{(e)},\quad \boldsymbol{I}_y=\boldsymbol{K}_{1x}^{(e)}\cdot\boldsymbol{v}^{(e)} \tag{7.4.28}$$

这样只要修改前面斯托克斯流动的$\boldsymbol{K}_1$矩阵，得

$$K_{1ij}^{(e)}=\iint_{D_e}\nu\,\nabla N_i\cdot\nabla N_j\mathrm{d}x\mathrm{d}y-\iint_{D_e}\left(u_n\frac{\partial N_j}{\partial x}+v_n\frac{\partial N_j}{\partial y}\right)\cdot N_i\mathrm{d}x\mathrm{d}y \tag{7.4.29}$$

单元方程为式（7.4.21），总体方程（7.4.23）写成迭代形式

$$\boldsymbol{K}(u_n,v_n)\cdot\boldsymbol{\Phi}_{n+1}=\boldsymbol{P}_n \tag{7.4.30}$$

用这个方程式进行迭代直至收敛，其初值可取斯托克斯流动的解为初值。

7.5　数值计算的商业软件及其应用

在最近 20 年中，数值计算软件得到飞速的发展，除了计算机硬件工业的发展给它提供了坚实的物质基础外，还主要因为分析方法或实验方法都有较大的限制。例如，由于问题的复杂性，既无法作解析解，又因费用昂贵而无力进行实验，而数值计算方法具有成本低和能模拟复杂过程等优点。经过一定考核的数值计算软件可拓宽试验研究的范围，减少成本昂贵的试验工作量。在给定参数下，用计算机对工程问题进行一次数值模拟相当于进行了一次数值实验。历史上有过首先由数值模拟发现新现象，然后由实验予以证实的例子。如宇宙飞船的航行轨道和运行，都是用数值模拟事先完成的。

计算软件是无形的，没有物理形态，只能通过运行状况来了解功能、特性和质量。软件渗透了大量的脑力劳动，人的逻辑思维、智能活动和技术水平是软件产品的关键，软件不会像硬件一样老化磨损。但是，软件存在维护和技术更新的缺陷，软件的开发和运行必须依赖于特定的计算机系统环境，对于硬件有依赖性。为了减少依赖，开发中提出了软件的可移植性，具有可复用性，即软件开发出来很容易被复制，从而形成多个副本。

计算软件对每一种物理问题的特点，都有适合它的数值解法，用户可方便地选择，以期在计算速度、稳定性和精度等方面达到最佳。数值计算软件之间可以方便地交换数据，并采用统一的前、后处理工具，这就省却了科研工作者和工程技术人员在计算方法、编程、前后处理等方面投入重复低效的劳动，可将主要精力与智慧用于物理和工程问题本身的探索上。

本节在简介软件相关的基本知识上，介绍常用通用软件，包括软件的相关概念、常用商业化软件简介、聚合物流动模拟软件 Polyflow 的应用三部分。

7.5.1　软件的相关概念

国标中对软件的定义为与计算机系统操作有关的计算机程序、规程、规则，以及可能有的文件、文档及数据。运行时，能够提供所要求功能和性能的指令或计算机程序集合。程序能够满意地处理信息的数据结构，描述程序功能需求、程序如何操作和使用所要求的文档。以开发语言作为描述语言，可以认为：**软件＝程序＋数据＋文档**。

本小节介绍与软件密切相关的基本知识，包括软件必须具备的必要条件和分类、软件的开发流程和使用授权、软件开发的主要语言等三部分。

(1) 软件必须具备的必要条件和分类

计算机软件作为一种知识产品，其要获得软件的法律保护，必须具备以下必要条件：

① **原创性**。软件应该是开发者独立设计、独立编制的编码组合。

② **可感知性**。受保护的软件须固定在某种有形物体上，通过客观手段表达出来并为人们所知悉。

③ **可再现性**。把软件转载在有形物体上的可能性。

按应用范围划分，软件被划分为系统软件、应用软件和介于这两者之间的中间件。

① **系统软件**为计算机使用提供最基本的功能，可分为操作系统和支撑软件，其中操作的作用系统是最基本的软件。系统软件的职责是管理计算机系统中各种独立的硬件，使得它们可以协调工作。系统软件使得计算机使用者和其他软件将计算机当作一个整体而不需要顾

及到底层每个硬件是如何工作的。系统软件并不针对某一特定应用领域。

a. **操作系统**是一管理计算机硬件与软件资源的程序，同时也是计算机系统的内核与基石。操作系统身负诸如管理与配置内存、决定系统资源供需的优先次序、控制输入与输出设备、操作网络与管理文件系统等基本事务。操作系统也提供一个让使用者与系统交互的操作接口。

b. **支撑软件**是支撑各种软件的开发与维护的软件，又称为**软件开发环境（SDC）**。它主要包括环境数据库、各种接口软件和工组，包括编辑器、数据库管理、存储器格式化、用户身份验证、文件系统和驱动的管理、网络连接等一系列的基本工具。著名的软件开发环境有IBM公司的WebSphere和微软公司等。

② **应用软件**是为了某种特定的用途而被开发的软件，根据用户和所服务的领域提供不同的功能，可以是一个特定的程序，比如一个图像浏览器；可以是一组功能联系紧密，可以互相协作的程序集合，比如微软的Office软件；也可以是一个由众多独立程序组成的庞大的软件系统，比如数据库管理系统。计算机的系统决定了要下载使用的相对应的软件。

（2）软件的开发流程和使用授权

软件开发是根据用户要求建造出软件系统或者系统中部分软件的过程。在整个开发软件的过程中，软件开发工程师扮演着非常重要的角色。根据《计算机软件保护条例》第10条的规定，计算机软件著作权归属软件开发者。

① **软件开发流程（Software development process）。**

软件的开发流程一般包括问题定义、可行性分析、需求分析、总体结构设计、详细模块设计、编码、测试、提交程序和维护。

问题定义就是确定开发任务到底“要解决的问题是什么”，系统分析员通过对用户的访问调查，最后得出一份双方都满意的关于问题性质、工程目标和规模的书面报告。

可行性分析就是分析上一个阶段所确定的问题到底“可行否”，系统分析员进一步地分析系统，更准确、更具体地确定工程规模与目标，论证在经济上和技术上是否可行，从而在理解工作范围及需付出代价的基础上做出软件计划。

需求分析对用户要求进行具体分析，明确“目标系统要做什么”，把用户对软件系统的全部要求以需求说明书的形式表达出来。相关系统分析员和用户初步了解需求，然后列出要开发的系统的大功能模块，每个大功能模块有哪些小功能模块，对于有些需求比较明确相关的界面时，在这一步里面可以初步定义好少量的界面。系统分析员和用户再次确认需求。

总体结构设计就是把软件的功能转化为所需要的体系结构，也就是决定系统的模块结构，并给出模块的相互调用关系、模块间传达的数据和每个模块的功能说明。详细设计就是决定模块内部的算法与数据结构，也是明确“怎么样具体实现这个系统”。系统分析员深入了解和分析需求，根据自己的经验和需求做出一份文档系统的功能需求文档。这次的文档会清楚列出系统大致的大功能模块，大功能模块有哪些小功能模块，并且还列出相关的界面和界面功能。系统分析员根据确认的需求文档所例用的界面和功能需求，用迭代的方式对每个界面或功能做系统的概要设计。

程序编码是程序员按照系统分析员写好的概要设计文档，根据所例出的功能，选取适合的程序设计语言对每个模板进行**编码**，并进行模块调试。测试就是通过各种类型的测试使软件达到预定的要求，测试编写好的系统，交给用户使用，用户使用后一个一个确认每个功能，然后验收。维护就是软件交付给用户使用后，对软件不断查错、纠错和修改，使系统持久地满足用户的需求。

② **软件的授权。**

不同的软件一般都有对应的软件授权，软件的用户必须在同意所使用软件的许可证的情况下才能够合法的使用软件。从另一方面来讲，特定软件的许可条款也不能够与法律相违背。依据授权类别的许可方式的不同，大致可将软件区分为以下几类。

专属软件：通常不允许用户随意地复制、研究、修改或散布该软件。违反此类授权通常会承担严重的法律责任。传统的商业软件公司会采用此类授权，例如微软的 Windows 和办公软件。专属软件的源码通常被公司视为私有财产而予以严密的保护。

自由软件：正好与专属软件相反，其赋予用户复制、研究、修改和散布该软件的权利，并提供源码供用户自由使用，仅给予些许的其他限制，Linux，Firefox 和 OpenOffice 可作为此类软件的代表。

共享软件：通常可免费的取得并使用其试用版。但是，在功能或使用期间上受到限制。开发者会鼓励用户付费以取得功能完整的商业版本。根据共享软件作者的授权，用户可以从各种渠道免费得到它的拷贝，也可以自由传播它。

免费软件：可免费取得和转载，但是不提供源码，也无法修改。

公共软件：原作者已放弃权利，使用上无任何限制。

(3) 软件开发的主要语言

软件通常采用软件开发工具可以进行开发，一般是用某种程序设计语言来实现的。下面介绍软件开发的主要语言。

BASIC：美国计算机学家约翰·凯梅尼和托马斯·库尔茨于1959年研制的一种“初学者通用符号指令代码”。由于 BASIC 语言易学易用，故它很快就成为流行的计算机语言之一。

Fortran：曾经是最主要的编程语言。比较有代表性的有 Fortran 77、Watcom Fortran 及 NDP Fortran 等。

Pascal：一种通用的高级程序设计语言。Pascal 的取名是为了纪念十七世纪法国著名哲学家和数学家 Blaise Pascal。它由瑞士 Niklaus Wirth 教授于十七世纪六十年代末设计并创立。Pascal 语言语法严谨、层次分明、程序易写，具有很强的可读性，是第一个结构化的编程语言。

Java：语言作为跨平台的语言，可以运行在 Windows 和 Unix/Linux 下面，长期成为用户的首选。自 JDK6.0 以来，整体性能得到了极大的提高，市场使用率超过 20%，已经达到了其鼎盛时期了。

C/C++：作为传统的语言，一直在效率第一的领域发挥着极大的影响力。像 Java 这类的语言，其核心都是用 C/C++写的；在高并发和实时处理、工控等领域更是首选。

C#：微软公司发布的一种面向对象的、运行于 NET Framework 之上的高级程序设计语言。C#是微软公司研究员 Anders Hejlsberg 的最新成果。C#看起来与 Java 有着惊人的相似，它包括了诸如单一继承、界面，与 Java 几乎同样的语法和编译成中间代码再运行的过程。但是 C#与 Java 有着明显的不同，它借鉴了 Delphi 的一个特点，与 COM（组件对象模型）是直接集成的，而且它是微软公司NET windows网络框架的主角。

Javascript：一种由Netscape的LiveScript发展而来的脚本语言，主要目的是解决服务器终端语言，比如Perl遗留的速度问题。当服务端需要对数据进行验证，由于网络速度相当缓慢，只有28.8kb/s，验证步骤浪费的时间太多，于是Netscape的浏览器Navigator加入了Javascript，提供了数据验证的基本功能。

Php：同样是跨平台的脚本语言，在网站编程上成了大家的首选，支持PHP的主机非常便宜，PHP＋Linux＋MySQL＋Apache的组合简单有效。

Perl：脚本语言的先驱，其优秀的文本处理能力，特别是正则表达式，成了以后许多基于网站开发语言（比如php，java，C♯）的基础。

Python：一种面向对象的解释性的计算机程序设计语言，也是一种功能强大而完善的通用型语言，已经具有十多年的发展历史，成熟且稳定。Python具有脚本语言中最丰富和强大的类库，足以支持绝大多数日常应用。这种语言具有非常简捷而清晰的语法特点，适合完成各种高层任务，几乎可以在所有的操作系统中运行。

Ruby：一种为简单快捷面向对象程序设计而创的脚本语言，由日本人松本行弘（Yukihiro Matsumoto）开发，遵守GPL协议和Ruby License。Ruby的作者认为Ruby＞(Smalltalk＋Perl)/2，表示Ruby是一个语法像Smalltalk一样完全面向对象、脚本执行，又有Perl强大的文字处理功能的编程语言。

Objective C：一种运行在苹果公司的Macos X和iOS操作系统上的语言。Objective－C是C的衍生语言，继承了所有C语言的特性，但是有一些例外，其在形式上与C＋＋、Java有差异。苹果版的开发编译环境就是Xcode，其中的Cocoa就是Objective C库函数。这两种操作系统的上层图形环境、应用程序编程框架都是使用该语言实现的。随着iPhone、iPad的流行，这种语言也开始在全世界流行。

习语言：中文版的C语言、O语言，是一款中文计算机语言，或称O汇编语言、O中间语言、O高级语言的套装。

7.5.2 常用商业软件简介

软件的未来在很大程度上取决于软件接口的前景。计算机世界里的接口具有两种含义：其一是指软件本身的狭义“接口”，比如各种软件开发API等；其二则指的是人与软件之间的交互界面。

本小节简单介绍常用的计算流体力学软件、化学和高分子材料软件。

一般的数值计算软件包括前处理器、解算器和后处理器。前处理器建立数学物理模型；解算器求解数学物理模型，其包括物性数据库、各种基本模型和求解方法；后处理器用图形文件形象地描述数值计算的结果，由图形和数值输出等组成。对工程问题进行定量研究，预测过程特性，需对过程模型化。数学模型是物理系统的数学描述，它用数学语言表达了过程诸变量之间的关系，是计算机模拟的基础。数值模拟就是在计算机上做仿真实验，把计算结果用文本输出和图形显示出来，进而分析研究计算机仿真实验的结果，不断改进设计方案，可优化设备结构和工艺参数、减少盲目实验的次数、节省原材料的消耗、缩短新产品研发周期和降低成本、提高本质安全生产水平和产品质量。

用图7.5.1说明数值模拟在工程中的作用。

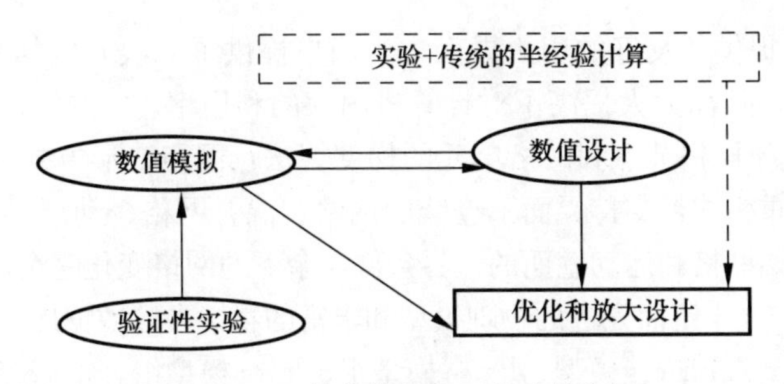

图 7.5.1 数值模拟在工程中的作用

由于数值模拟相对于实验研究有独特的优势，近年来，随着计算机和信息技术、计算理论的发展，产生了各种计算软件包，并得到了广泛应用。这里简单介绍比较常用的商业软件。

(1) 计算流体力学软件

计算流体动力学（Computational Fluid Dynamics，CFD）是近代流体力学、计算数学和计算机科学结合的产物，是一门具有强大生命力的边缘科学。它以计算机为工具，应用各种离散数学的方法，数值仿真实验流体力学的各类问题，以分析研究解决各种实际问题。CFD 可以看作是在流动基本方程（质量守恒方程、动量守恒方程、能量守恒方程）控制下，数值模拟流体流动的过程，得到复杂问题的流场内各个位置上的基本物理量（如速度、温度、压力、浓度）和物理量随时间变化的情况，求解结果能预报流动、传热、传质、燃烧等过程的细节，并成为过程装置优化和放大定量设计的有力工具。它从基本物理定理出发，在很大程度上替代了耗资巨大的流体动力学实验设备，在科学研究和工程技术中产生了巨大的影响。

从 20 世纪 70 年代开始，在结构线性分析方面有限元法已经成熟，被工程界广泛采用。在此基础上，专业软件公司研制的一批大型通用商业 CFD 软件被公开发行和应用。目前，计算流体动力学软件是进行传热、传质、动量传递、燃烧、多相流和化学反应研究的重要核心技术，广泛应用于诸多工程领域。

CFD 软件的一般结构由前处理、求解器、后处理三大模块组成，各有其独特的作用，表 7.5.1 给出了 CFD 软件的基本结构。

表 7.5.1 CFD 软件的基本结构

	前处理	求解器	后处理
作用	(1) 几何模型； (2) 划分网格	(1) 确定 CFD 方法的控制方程； (2) 选择离散的方法进行离散； (3) 选用数值计算方法； (4) 输入相关参数	给出物理量的场及其他参数的可视化和动画的计算结果。例如输出速度场、温度场、压力场、黏性场、剪切应力场等等。

下面介绍几种常用的 CFD 软件。

① **FLUENT** 是目前国际上比较流行的 CFD 软件包，在美国的市场占有率为 60%。它具有丰富的物理模型、先进的数值方法和强大的前后处理功能，可用来模拟从不可压缩到高度可压缩范围内的复杂牛顿或非牛顿的流动，凡是与流体、热传递和化学反应等有关的工程领域均可使用。FLUENT 采用基于完全非结构化网格的有限体积法，包含非耦合隐式算法、耦合显式算法和耦合隐式算法，具有高效率的并行计算功能，可提供多种自动/手动分区算法。内置 MPI 并行机制，大幅度提高了并行效率，且有动态负载平衡功能，以确保全局高

效并行计算。该软件提供了友好的用户界面，为用户提供了二次开发接口（UDF），软件采用C/C++语言编写，从而大大提高了对计算机内存的利用率。

FLUENT 具有基于网格节点和网格单元的梯度算法，网格变形方式有弹簧压缩式、动态铺层式以及局部网格重生式，支持界面不连续的网格、混合网格、动/变形网格以及滑动网格等。用户只需指定初始网格和运动壁面的边界条件，余下的网格变化完全由解算器自动生成。

FLUENT 软件包含丰富而先进的物理模型和丰富的物性参数数据库，可以称为应有尽有。湍流模型包含 Spalart－Allmaras 模型、k－ω 模型组、k－ε 模型组、雷诺应力模型（RSM）组、大涡模拟模型（LES）组以及最新的分离涡模拟（DES）和 V2F 模型等。用户还可以定制或添加自己的湍流模型。含有强制/自然/混合对流的热传导，固体/流体的热传导、辐射的模型；化学组分的混合/反应模型；自由表面流模型，欧拉多相流模型，混合多相流模型，颗粒相模型，空穴两相流模型，湿蒸汽模型；融化/溶化/凝固；蒸发/冷凝相变模型；离散相的拉格朗日跟踪计算；非均质渗透性、惯性阻抗、固体热传导，多孔介质模型（考虑多孔介质压力突变）；风扇，散热器，以热交换器为对象的集中参数模型；惯性或非惯性坐标系，复数基准坐标系及滑移网格；基于精细流场解算的预测流体噪声的声学模型；质量、动量、热、化学组分的体积源项。磁流体模块主要模拟电磁场和导电流体之间的相互作用问题；连续纤维模块主要模拟纤维和气体流动之间的动量、质量以及热的交换问题。

FLUENT 的软件设计基于 CFD 软件群的思想，从用户需求角度出发，针对各种复杂流动的物理现象，采用不同的离散格式和数值方法，从而高效率地解决各个领域的复杂流动计算问题。FLUENT 软件与 Chemkin 软件结合，用于模拟燃烧反应流体的流动、传热传质、化学反应等复杂流动现象，已经广泛应用于应用到宇航、航空航天、汽车、机械、化工、能源、纺织、噪声、材料加工、石油天然气、燃料电池等各个领域。其在石油天然气工业上的应用包括燃烧、井下分析、喷射控制、环境分析、油气消散/聚积、多相流、管道流动，等等。

FLUENT 开发了适用于各个领域的流动模拟软件，包括 **GAMBIT**、FLUENT5.4、FIDAP、Mixsim 和 Icepak 等软件模块，其系列产品之间采用了统一的网格生成技术及共同的图形界面，而各软件之间的区别仅在于应用的工业背景不同，因此大大方便了用户。

GAMBIT 是 FLUENT 公司的专用 CFD 前置处理器，可建立几何形状和生成网格。其具有超强组合建构模型能力的前处理器，然后由 FLUENT 进行求解；也可以用 ICEM 对 CFD 进行前处理，由 TecPlot 进行后处理。FLUENT 是基于有限元法非结构化网格的通用求解器，对模型的快速建立和震波处的格点调适都有相当好的效果，可求解不可压缩流中度可压缩流的流场问题，可应用的范围有紊流、热传、化学反应、混合、旋转流和震波等。**FIDAP** 是全球第一套使用有限元法的通用 CFD 求解器，含有完整的前后处理系统和流场数值分析系统，数据输入与输出的协调及其应用均极有效率。**Mixsim** 是针对搅拌混合问题的专业化的前处理器，用户可直接设定或挑选搅拌槽大小、底部形状、折流板配置及叶轮的型式等，方便建立搅拌槽和混合槽的几何模型，随即自动产生三维网络，并启动 FLUENT 做后续的模拟分析。**Icepak** 是专用的热控分析 CFD 软件，专门仿真电子电机系统内部气流和温度分布，针对系统的散热问题作仿真分析，并借模块化的设计快速建立模型。

② **PHOENICS**（Parabolic Hyperbolic Or Elliptic Numerical Integration Code Series）是英国 CHAM 公司开发的模拟传热、流动、反应、燃烧过程的通用 CFD 软件，有 30 多年的历史。它是世界上第一套计算流体与计算传热学商业软件，是国际计算流体与计算传热的主

要创始人、英国皇家工程院院士 D. B. Spalding 教授及 40 多位博士 20 多年心血的典范之作。除具有通用计算流体和计算传热学的软件应该拥有的功能外，PHOENICS 有自己独特的功能，其应用领域包括航空航天、能源动力、船舶水利、暖通空调、建筑、海洋、石油化工、汽车、冶金、交通、燃烧、核工程和环境工程等。

PHOENICS 网格系统包括直角、圆柱、曲面（包括非正交和运动网格，但在其 VR 环境不可以)、多重网格和精密网格，可以模拟三维稳态或非稳态的可压缩流或不可压缩流体的黏性流动，包括非牛顿流、多孔介质中的非等温流动。在流体模型上面，PHOENICS 内置了 22 种适合于各种雷诺 Re 数场合的湍流模型，包括雷诺应力模型、多流体湍流模型和通量模型及 k－e 模型的各种变异，共计 21 个湍流模型、8 个多相流模型、10 多个差分格式。

PHOENICS 的虚拟现实（VR）彩色图形界面菜单系统是这几个 CFD 软件里前处理最方便的一个，可以直接读入 Pro/E 建立的模型（需转换成 STL 格式)，使复杂几何体的生成更为方便，在边界条件的定义方面也极为简单，并且网格自动生成。但是，其网格比较单一粗糙，针对复杂曲面或曲率小的地方，网格不能细分。VR 的后处理也不是很好，若需进行更高级的分析，则要采用命令格式进行，因此，在易用性上比其他软件要差。

另外，PHOENICS 自带了 1 000 多个例题与验证题，附有完整的可读可改的输入文件。PHOENICS 的开放性很好，提供了对软件现有模型进行修改、增加新模型的功能和接口，可以用 FORTRAN 语言进行二次开发。

③ **ANSYS CFX** 是全球第一个通过 ISO9001 质量认证的大型商业 CFD 软件，由英国 AEA 公司开发，后来被 ANSYS 收购。它包括 ICEMCFD 网格生成、CFX 前处理、CFX 求解、CFX 后处理等功能，用于模拟流体流动、传热、多相流、化学反应、燃烧问题，已经应用于航空航天、旋转机械、能源、石油化工、机械制造、汽车、生物技术、水处理、防火安全、冶金、环保等领域，全球 6 000 多个用户使用它解决了大量的工程流动问题。

ANSYS CFX 的核心是其先进的求解器。CFX 引进了各种公认的湍流模型，例如 k－e 模型、低雷诺数 k－e 模型、RNG k－e 模型、代数雷诺应力模型、微分雷诺应力模型、微分雷诺通量模型等；采用 SIMPLE 算法、代数多网格、ICCG、Line、Stone 和 Block Stone 解法，自动控制时间步长。CFX 的多相流模型可用于分析工业生产中出现的各种流动，包括单体颗粒运动模型、连续相及分散相的多相流模型和自由表面的流动模型。该求解器的用户界面直观灵活，可以用对话文件进行定制和自动化。集成 ANSYS Workbench 平台后，具有和所有主流 CAD 系统间的高级双向链接，可用 ANSYS Design Modeler 技术修改和创建几何模型；可用 ANSYS Meshing 中的高级网格技术，在不同应用间通过简易的拖曳共享数据和结果；与 ANSYS 结构力学产品的天然双向连接，可以在同样易用的环境下研究复杂的流固耦合（FSI）问题；和 ANSYS Structure，ANSYS Emag 等软件配合，实现流体和结构的耦合分析等。

CFX 优势在于处理流动物理现象简单而几何形状复杂的问题，适用于直角/柱面/旋转坐标系、稳态/非稳态流动、瞬态/滑移网格、不可压缩/弱可压缩/可压缩流体、浮力流、多相流、非牛顿流体、化学反应、燃烧、NOx 生成、辐射、多孔介质和混合传热过程。CFX 能有效、精确地表达复杂几何形状，任意连接模块即可构造所需的几何图形。这种多块式网格允许扩展和变形，滑动网格功能允许网格的各部分相对滑动或旋转。

CFX－TASC flow 在旋转机械 CFD 计算方面具有很强的功能。它可用于不可压缩流体及亚/临/超音速流体的流动，采用具有壁面函数的 k－e 模型、2 层模型和 Kato－Launder 模型等湍流模型，传热模型包括对流传热、固体导热、表面对表面辐射、Gibb's 辐射模型及多孔介质传热等。化学反应模型包括旋涡破碎、具有动力学控制复杂正/逆反应、Flamelet、NO_x 和炭黑生成、拉格朗日跟踪、反应颗粒模型及多组分流体等模型。CFX－TurboGrid 是一个快速生成旋转机械 CFD 网格的交互式生成工具，很容易用来生成有效和高质量的网格。

④ **STAR－CD**（Simulation of Turbulent flow in Arbitrary－computational Dynamics）是全球第一个采用完全非结构化网格生成技术和有限体积方法的 CFD 软件。STAR－CD 的创始人之一 Gosman 与 PHOENICS 的创始人 Spalding 都是英国伦敦大学的教授。在网格生成方面，采用非结构化网格，单元体可为六面体、四面体、三角形界面的棱柱、金字塔形的锥体以及六种形状的多面体。网格生成工具软件包 Proam 软件利用“单元修整技术”核心技术，使得各种复杂形状几何体能够简单快速地生成网格。STAR－CD 可以同主流的软件 CAD、CAE 接口，如 ANSYS、IDEAS、NASTRAN、PATRAN、ICEMCFD、GRIDGEN 等工具软件的数据连接对口，大大方便了各种工程的开发与研究，使 STAR－CD 在适应复杂区域方面有特别优势。

STAR－CD 能处理移动网格，用于多级透平的计算。在差分格式方面，包括一阶 UpWIND，二阶 UpWIND、CDS、QUICK，以及一阶 UPWIND 与 CDS 或 QUICK 的混合格式。在压力耦合方面采用 SIMPLE、PISO 以及 SIMPLO 算法，能够建模分析绝大部分典型物理现象，拥有较为高速的大规模并行计算能力。在湍流模型方面，有 k－e、RNK－ke、ke 两层等模型，可计算稳态、非稳态、牛顿、非牛顿流体、多孔介质、亚音速、超音速、多项流等问题。STAR－CD 的强项在于汽车发动机的流动和传热问题。

⑤ **ICEM**（Integrated Computer Engineering and Manufacturing code）是专业的 CAE 前处理软件，为所有世界流行的 CAE 软件提供高效可靠的分析模型。它拥有强大的 CAD 模型修复能力、自动中面抽取、独特的网格“雕塑”技术、网格编辑技术以及广泛的求解器支持能力。ICEM 作为 ANSYS 家族的一款专业软件，可以集成于 ANSYS Workbench 平台，获得 Workbench 的所有优势。ICEM 作为 FLUENT 和 CFX 标配的网格划分软件，取代了 GAMBIT 的地位。

ICEM 软件可直接几何接口 CATIA、CADDS5、ICEM Surf/DDN、I－DEAS、SolidWorks、Solid Edge、Pro/ENGINEER 和 Unigraphics 等软件；对 CAD 模型的完整性要求很低，它提供完备的修复工具模型，自动跨越几何缺陷及多余的细小特征，方便处理“烂模型”，对改变的几何模型自动重划分网格、自动检查质量、重划坏单元进行整体平滑处理；可视化修改网格质量，可与 FLUENT、CFX、Nastran、Abaqus、LS－Dyna 等 100 多种求解器接口。

ICEM 的有以下几种网格划分模型：

a. Hexa Meshing 六面体网格采用了先进的 O－Grid 等技术和由顶至下的“雕塑”方式，可以生成多重拓扑块的结构和非结构化网格。整个过程半自动化，便于用户学习操作。用户可方便地对非规则几何形状划出高质量的“O”形、“C”形和“L”形六面体网格。

b. Tetra Meshing 四面体网格适合对结构复杂的几何模型进行快速高效的网格划分。用户只需要设定网格参数，系统即可自动快速地生成四面体网格，并能检查和修改网格质量。

c. Prism Meshing 棱柱型网格主要用于局部细化四面体总体网格中的边界层网格，或用在不同形状网格（Hexa 和 Tetra）之间交接处的过渡。跟四面体网格相比，Prism 网格形状更为规则，能够在边界层处提供较好的计算区域。

⑥ **PAM FLOW** 水中爆炸分析软件是法国 ESI－ATE 公司研发的水下爆炸高级流体分析软件的一个模块，可模拟研究多维水中爆炸冲击波衰减、气泡脉动、水射现象及爆炸气泡脉

动压力和振荡之间的关系，并可用于研究高能炸药配方组分与爆炸能量输出结构的关系。

⑦ **Flow－3D** 是 1985 年发行的高效能计算仿真工具，主要用于数值模拟预测自由液面流动。用户可自行定义多种物理模型，应用于各种不同的工程领域，不需要额外加购前处理和后处理的模块，并可快速地完成仿真模型的设定到结果的输出。

（2）化学和高分子材料软件

进行量子化学计算和高分子材料研究的软件有很多，下面简单介绍几种使用较为广泛的软件。

① **GAUSSIAN** 是美国 Gaussian 公司的量子化学软件，是研究取代效应、反应机理、势能面和激发态能量的有力工具，可数值研究分子能量和结构、过渡态的能量和结构、化学键、反应能量、分子轨道、偶极矩和多极矩、原子电荷和电势、振动频率、红外和拉曼光谱、NMR、极化率和超极化率、热力学性质、反应路径，模拟气相和溶液中的体系，模拟基态和激发态，揭示高分子材料的微观性质。

② **MATERIALS STUDIO** 材料模拟软件是美国 Accelrys 公司的高度模块化的集成产品，采用了先进的模拟计算思想和方法。该软件包括量子力学 QM、线形标度量子力学 Linear Scaling QM、分子力学 MM、分子动力学 MD、蒙特卡洛 MC、介观动力学 MesoDyn 及耗散粒子动力学 DPD 和统计方法 QSAR 等几十个模块，可数值模拟研究高分子材料的力学与分子动力学、晶体生长、晶体结构、量子力学、界面作用、定量结构，并可解决当今化学和材料学中的许多重要问题。用户可自由定制购买自己需要的该软件部分系统，以满足研究的不同需要。

③ **Chemkin** 燃烧反应动力学软件是美国 Reaction Design 公司研发的。Chemkin 以气相动力学、表面动力学、热物性数据库这三个核心软件包为基础，提供了几十种反应器模型和后处理程序，可用于模拟燃烧过程和化学反应、催化过程、气相动力学和化学气相沉积、模拟表面动力学反应、等离子体及其他化学反应。

④ **Polyflow** 黏弹性材料的流动模拟软件基于有限单元法，在 1982 年由比利时 Louvain 大学开发，1988 年 Polyflow 公司成立，先后被美国 Fluent 和 Ansys 软件公司收购。Polyflow 具有针对黏弹性流体小雷诺数流动的专用求解器，具有强大的解决非牛顿流体和非线性问题的能力，且具有多种流动模型，可以解决聚合物、食品、玻璃等加工过程中遇到的多种等温/非等温、二维/三维、稳态/非稳态的流动问题；可预测熔体材料的三维自由表面和界面位置；可以用于聚合物的挤出、吹塑、拉丝、层流混合、涂层过程中的流动、传热和化学反应问题。

Polyflow 软件由以下几个模块组成：

a. Gambit 和 Solver 前处理器。建立用于描述被研究问题数学和几何模型，网格自生成和网格叠加系统，可很方便建立离散的方程，并可动态模拟设备和物料的运动过程。

b. 解算器 Polyflow 和黏弹性模块 Viscoelasticity。几乎包含了聚合物动态流变本构方程，还可根据实验数据模拟建立聚合物的流变本构方程，包含了聚合物所有非线性流体运动控制方程和计算方法，方便用户选择使用。

c. 统计分析 PolySTAT。可以模拟物料粒子运动轨迹，统计计算物料的分离尺度和混合均匀程度；可预测优化螺杆和模具结构尺寸，优化工艺条件，提供最佳实验方案。

d. 后处理器 Fieldview。用图形文件形象地描述数值计算的所有结果，并打印图形和数值的结果。具体可提供物料熔体的流速场、压强场、剪切应力场、黏度场、温度场、分离尺度场和能量耗散场等，便于研究聚合物加工的机理。

7.5.3 聚合物流动模拟软件 Polyflow 的应用

本小节介绍聚合物流动模拟软件 Polyflow 的应用，期望读者通过本案例地学习了解商业软件的使用方法。本小节包括数值研究聚合物螺杆加工成型机理、案例——同向锥形双螺杆混合挤出性能的比较研究两部分。

由于可在一台螺杆挤出机上完成输送、混合、捏合、塑化和挤压等过程，螺杆挤出机从 20 世纪问世以来，在聚合物、生物、食品加工方面得到了广泛应用。由于描述螺杆加工挤出过程的数学物理方程都是非线性方程，故不能解析求解析解。最初的研究大多采用了实验的方法。早在 1975 年，Todd[14] 用亚甲蓝作为示踪物质，研究了物料的停留时间。1984 年，Kao 等[15] 用示踪粒子法观察了产量、温度、转速和螺杆组合对停留时间分布（Residence Time Distribution）的影响。1998 年，Xie 等[16] 应用在线光学停留时间测量技术，研究了工艺条件和螺杆结构对物料停留时间分布的影响。2000 年，Puaux 等[17] 测量了紧密啮合同向双螺杆中聚合物的停留时间分布，研究了同向双螺杆中聚合物的流动混合。2006 年，Elkouss等[18] 用实验方法测量停留时间和停留体积分布（Residence Distributions，RxD），实验发现黏度相同的两种材料确有不同的 RxD，而黏度不同的两种材料确有相同的 RxD；发现材料的黏弹性影响挤出加工过程材料的流变行为，最终影响产品的质量。综上所述，全面了解在螺杆和模具挤出聚合物过程中熔体流变性能是十分重要的。

螺杆挤出过程已成为世界范围内的研究热点。由于聚合物的种类多、物性差别大，故影响工艺过程和控制产品质量的因素很多。实现不同品种聚合物的螺杆混合挤出成型工艺，以往凭经验设计螺杆和模具；对不同品种的聚合物如何确定螺纹结构参数，如何组合螺杆元件、使用何种模具及如何确定成型工艺条件，采用试凑的方法确定工艺参数，需经过相当长时间的摸索才能找到某种产品相应的工艺条件，花费大量的人力物力，试制新产品的周期长、费用高。

为了满足生产实际工程的需要，世界各国在聚合物加工方面开展大量系列的研究工作，其中计算数学和计算流体力学以各种形式起了重要和决定性的作用。目前，各国广泛地使用成熟的软件数值模拟仿真螺杆模具混合挤出成型聚合物的过程[19]，将实验和理论研究相结合，研究物性参数、设备结构和工艺参数对物料混合塑化的影响，深入研究聚合物挤出成型机理。

（1）数值研究聚合物螺杆加工成型机理

十几年来，北京理工大学化工与环境学院先后承担了国家自然基金和企业横向等科研项目，与企业合作，为企业服务，使用 Polyflow 软件数值模拟仿真各种聚合物加工过程和化工传递过程，特别在聚合物螺杆加工的数值计算方面开展了大量的工作。在设备结构一定的条件下，研究物性参数和工艺条件对聚合物加工成型的影响；在物性参数一定的条件下，研究设备结构和工艺条件对聚合物加工成型的影响。

数值研究聚合物螺杆挤出过程和成型机理，正交设计了螺杆元件的组合，优化螺杆结构，比较研究了螺纹块与捏合块的功能，模拟仿真了不同物料粒子的运动轨迹，动态模拟了双螺杆挤出中物料混合过程，研究了三螺杆的挤出特性、销钉机筒挤出机螺杆混和段的混合性能，优化设计螺杆挤出机的模具，研究螺杆机筒和口模组合流道物料的流场，数字设计橡胶密封条挤出模具，研究了头部无螺纹和有螺纹注射螺杆的性能、工艺参数对注射螺杆流道中熔体流场各物理量的影响及物性、工艺条件对不同材料共挤出的影响，数值研究螺筒结构对挤出机性能的影响，数值模拟优化带把手 HDPE 油桶挤出吹塑型坯壁厚，研究了型坯温度对 HDPE 油桶成型的影响，为企业新型螺杆和模具的设计、工艺条件的优化提供了理论依据和技术支持。数值优化螺杆模具结构和工艺参数，优化试验方案，减少盲目试验的次数，降低了研制新产品的成本，提高了生产的安全性。

定量研究聚合物加工过程，预测过程特性，需对过程模型化。数学模型是物理系统理想的数学描述，它用数学语言表达了过程诸变量之间的关系，是进行计算机模拟的基础。

根据螺杆模具聚合物加工的特点，假设螺杆或模具流道内全充满高黏度聚合物熔体，忽略惯性力和质量力，熔体流动为稳定不可压缩的等温层流。基于以上假设，描述螺杆和模具流道中熔体流动的控制方程为

连续性方程为

$$\nabla\cdot \boldsymbol{u}=0 \tag{7.5.1}$$

运动方程为

$$-\nabla p\boldsymbol{I}+\nabla\cdot \boldsymbol{\tau}=0 \tag{7.5.2}$$

本构方程为

$$\boldsymbol{\tau}=2\eta(\dot{\gamma},T)\boldsymbol{D} \tag{7.5.3}$$

$$\boldsymbol{D}=(\nabla \boldsymbol{u}+\nabla \boldsymbol{u}^{\mathrm{T}})/2 \tag{7.5.4}$$

黏度为

$$\eta=\eta_0\,(1+\lambda^2\dot{\gamma}^2)^{(n-1)/2}\exp[-b(T-T_0)] \tag{7.5.5}$$

能量方程为

$$\rho C_p\boldsymbol{u}\cdot\nabla T=k\nabla^2 T+\phi \tag{7.5.6}$$

黏性热

$$\phi=\eta\dot{\gamma}^2 \tag{7.5.7}$$

式中，$\boldsymbol{u}$ 为速度向量，m/s；p 为压力，Pa；$\boldsymbol{I}$ 为单位张量，Pa；$\boldsymbol{\tau}$ 为应力张量，Pa；η 为表观黏度，Pa·s；$\dot{\gamma}$ 为剪切速率，s^{-1}；$\boldsymbol{D}$ 为变形速度张量，s^{-1}；η_0 为零剪切黏度，Pa·s；λ 为松弛时间，s；n 为非牛顿指数；C_p 为比热，J/(kg·℃)；ϕ 为黏性热，Pa/s。

通过第 6 章的学习可知，控制方程（7.5.1）～(7.5.7）是耦合的非线性偏微分方程组，不能解析求解，只能数值求解。由于在螺杆和模具流道内，聚合物熔体的流动是黏性流体的层流，故可以使用 Polyflow 软件。

使用 Polyflow 软件可数值拟合物料流变测试的数据，确定物性参数，数字设计螺杆和模具，数值模拟螺杆和模具加工成型聚合物的过程，模拟仿真物料熔体的流变行为，计算流道内物料熔体的流场、速度场、压力场、剪切应力场、剪切速率场、黏性热场、黏度场和温度场。模拟物料粒子的运动轨迹，模拟双螺杆挤出中物料动态混合过程，计算物料停留时间分布函数 RTD，分析研究聚合物加工成型的机理，优化螺杆和模具的结构尺寸及设备的操作工艺条件。图 7.5.2 所示为数值计算螺杆模具流道内熔体流场输入和输出的物理量。图 7.5.3 所示为 Polyflow软件给出的边界条件和参考位置的设置。图 7.5.3～图 7.5.18 所示为课题组数值计算研究挤出或吹塑螺杆、模具和的部分典型案例[19]~[38]。

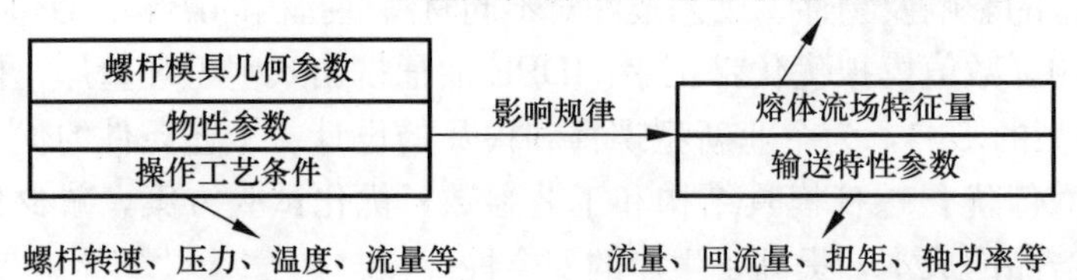

图 7.5.2　数值计算螺杆模具流道内熔体流场输入和输出的物理量

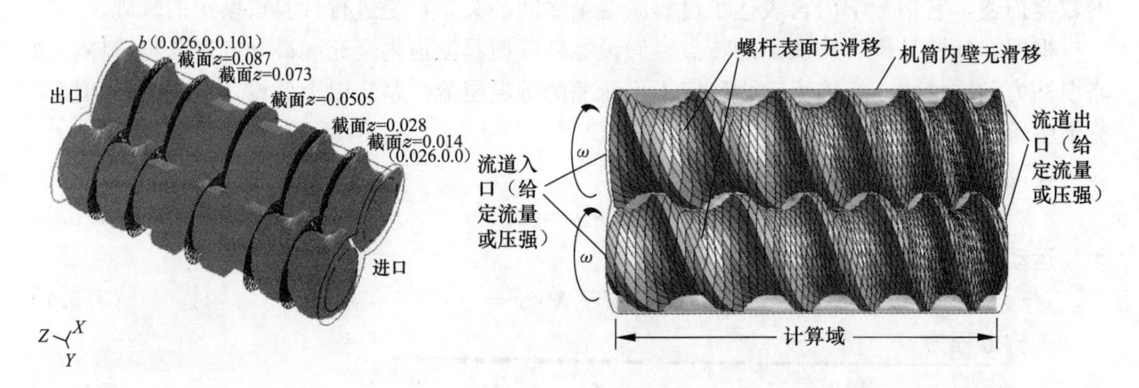

图 7.5.3　边界条件和参考位置的设置

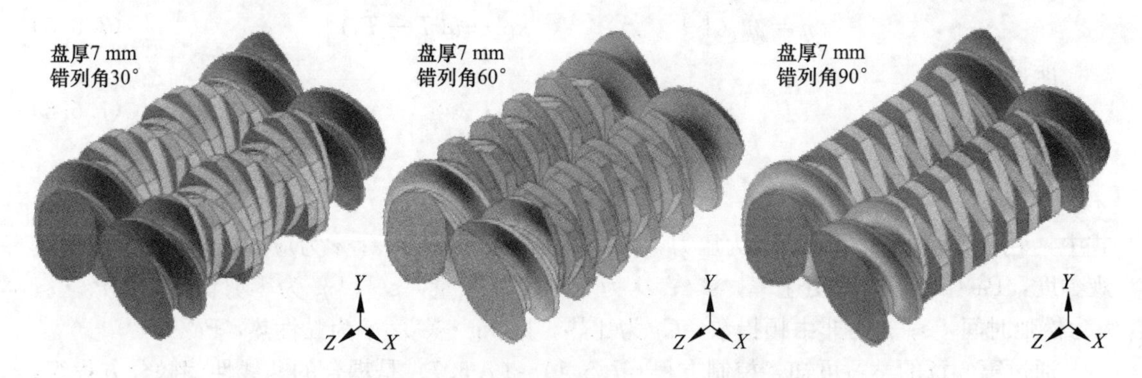

图 7.5.4　正交设计螺杆元件的组合，数值研究其性能

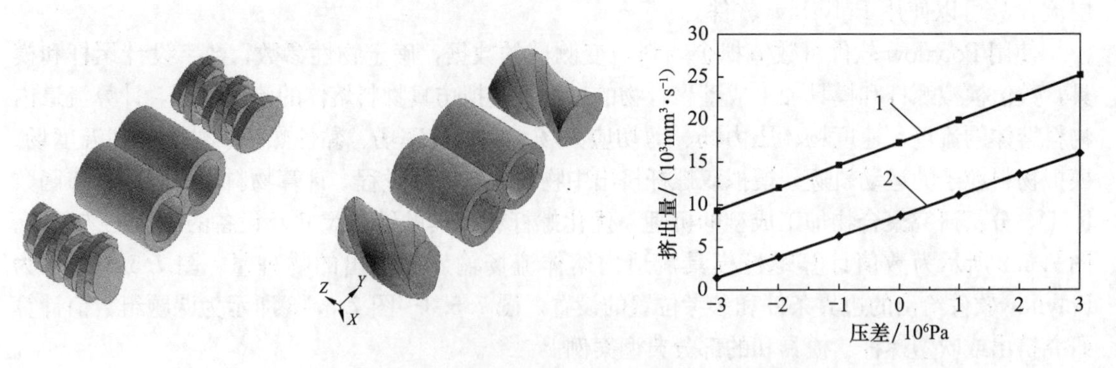

图 7.5.5　比较研究螺纹块 1 与捏合块 2 的功能

表 7.5.2　捏合块与螺纹块的比较（$\Delta p=0$，$N=100\text{r/min}$）

项目	平均速率/(10^{-3}m·s^{-1})	平均轴向速度/(10^{-3}m·s^{-1})	平均剪切速率/(s^{-1})	平均混合指数
捏合块	88.2	5.03	15.57	0.224
螺纹块	95.5	8.56	13.05	0.197

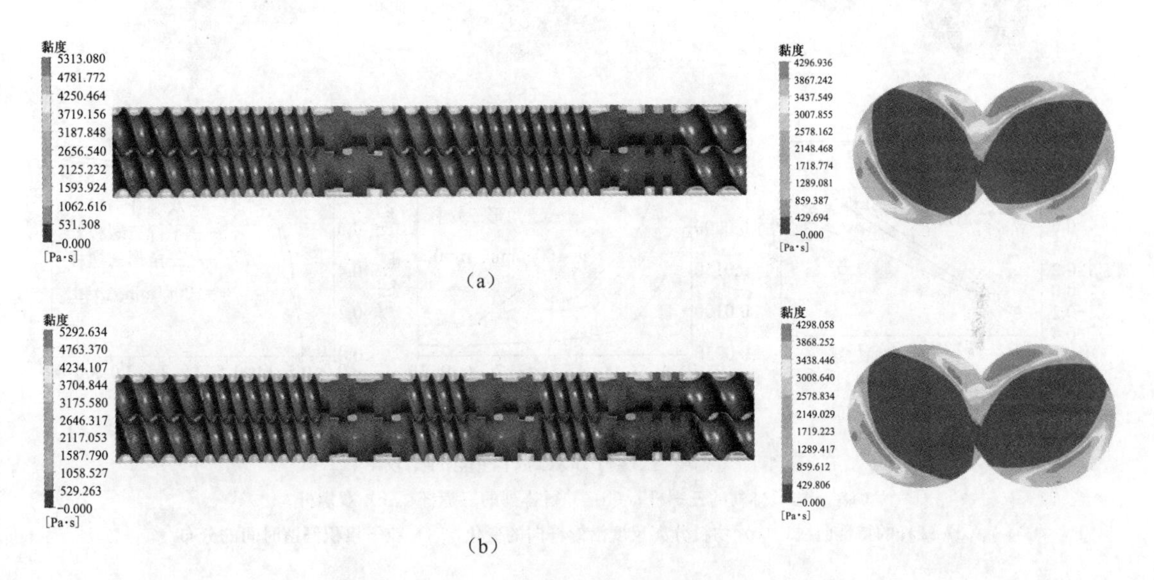

图 7.5.6　两种组合螺杆轴截面上 ABS 熔体的黏度场

(a) 1＃螺杆；(b) 2＃螺杆

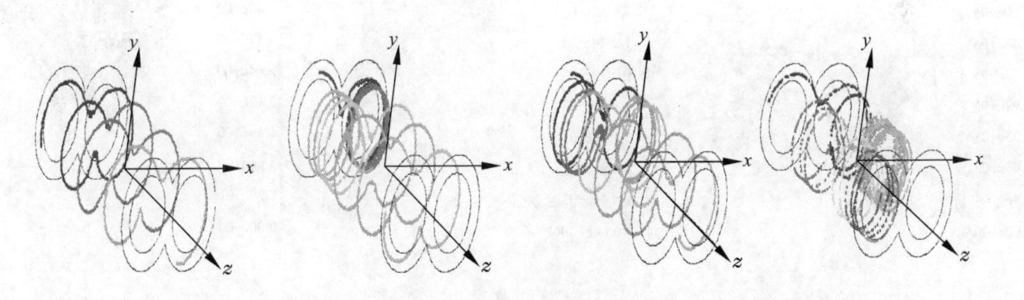

图 7.5.7　双螺杆流道内粒子的运动轨迹（不同颜色对应不同粒子）

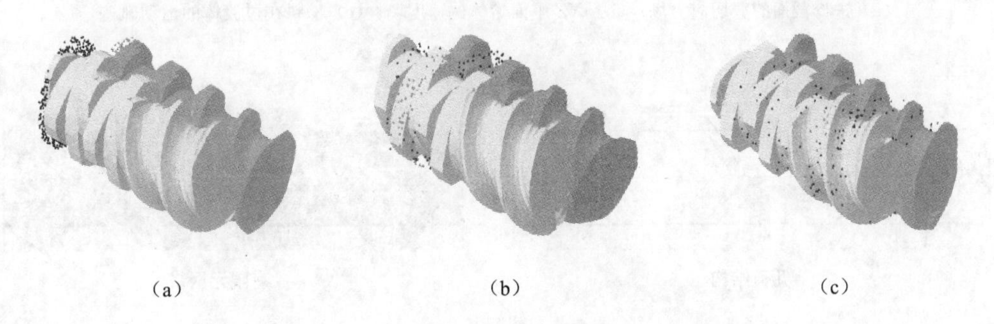

图 7.5.8　双螺杆挤出中物料动态混合过程

(a) $t=0.05$s；(b) $t=1$s；(c) $t=3$s

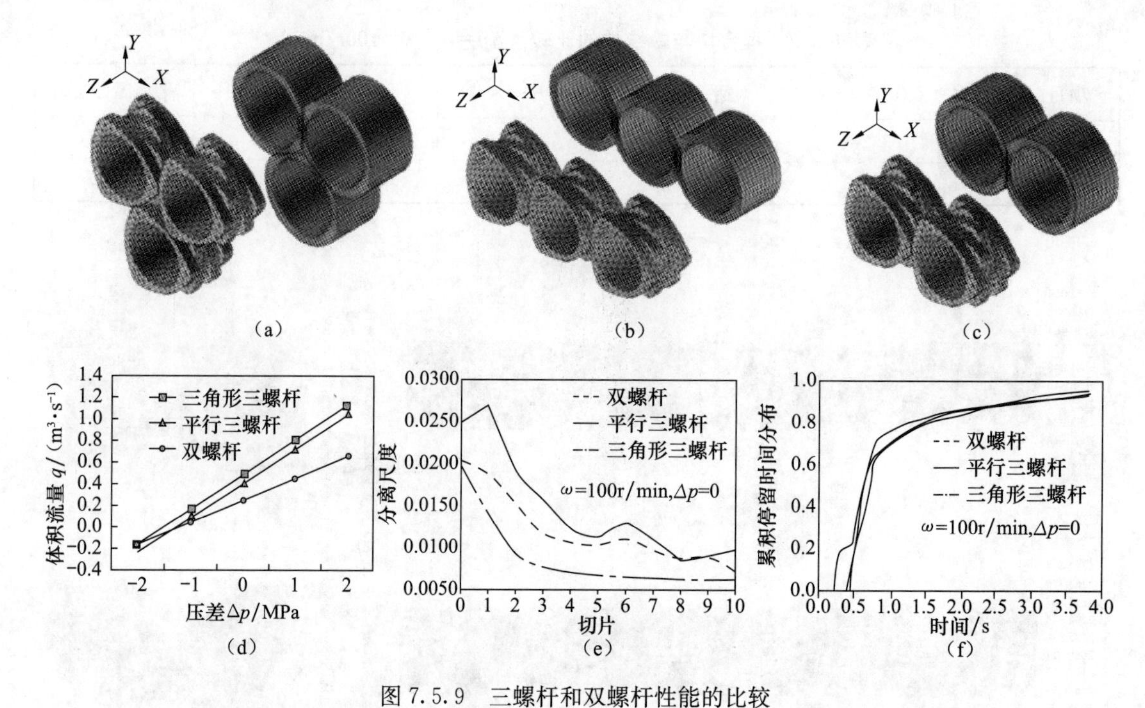

图 7.5.9　三螺杆和双螺杆性能的比较

（a）三角形排列的三螺杆；（b）并行排列的三螺杆；（c）双螺杆；

（d）螺杆的特性曲线；（e）物料分离尺度沿螺杆向的变化；（f）粒子累积停留时间的分布

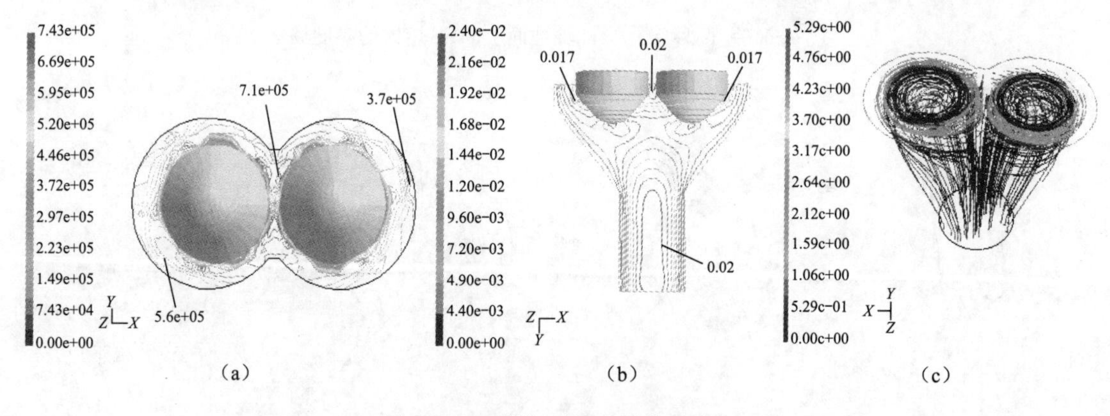

图 7.5.10　螺杆过渡段熔体的流场

（a）进口截面的剪切应力场；（b）XZ 平面熔体的速度场；（c）物料在过渡体的运动轨迹

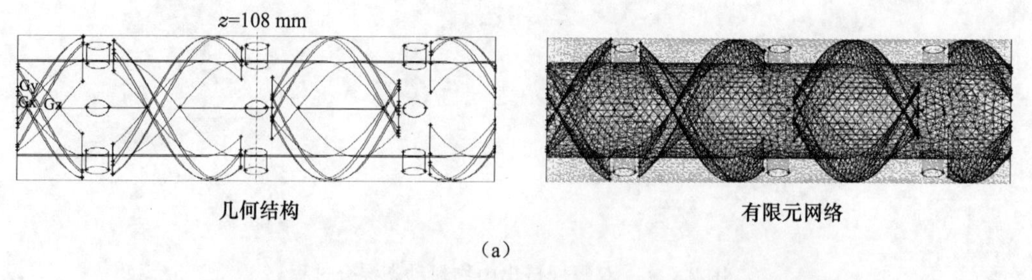

（a）

图 7.5.11　机筒有销钉和无销钉的两种螺杆挤出机混合段性能的研究

（a）销钉机筒挤出机螺杆混合段几何模型和网格

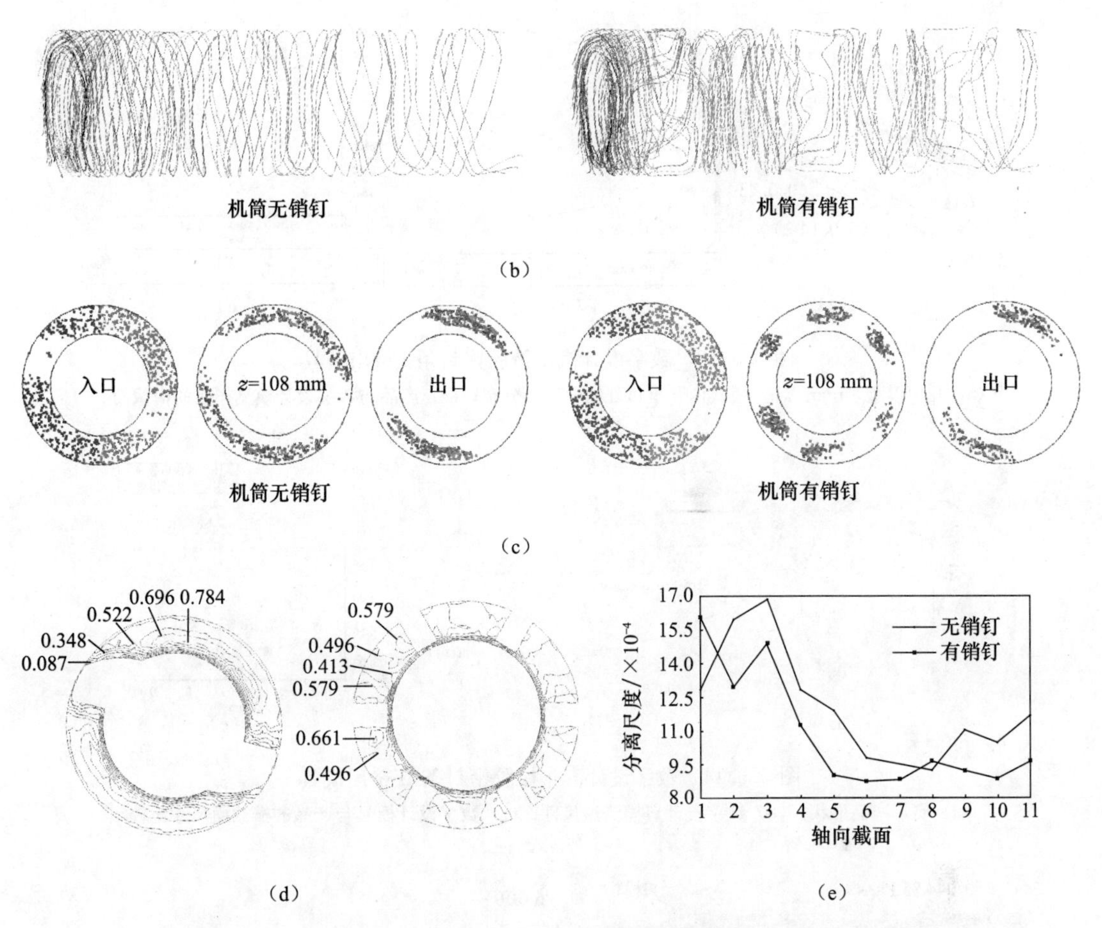

图 7.5.11　机筒有销钉和无销钉的两种螺杆挤出机混合段性能的研究（续）

（b）两种结构螺杆混合段胶料的运动轨迹；（c）两种结构螺杆混合段从入口到出口三个截面上的浓度分布；（d）$z=108$mm 截面无销钉与有销钉混合段内胶料的混合指数场；（e）混合段轴向截面上物料粒子的分离尺度

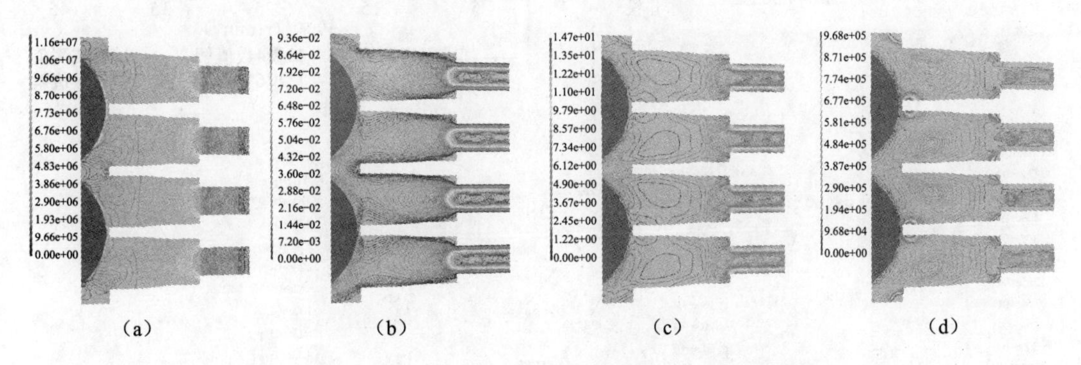

图 7.5.12　平行 4 孔模具 12MPa 压差的 xz 截面熔体流场

(a) 压力场，Pa；(b) 速度场，m/s；(c) 剪切速率场，s^{-1}；(d) 黏度场，Pa·s

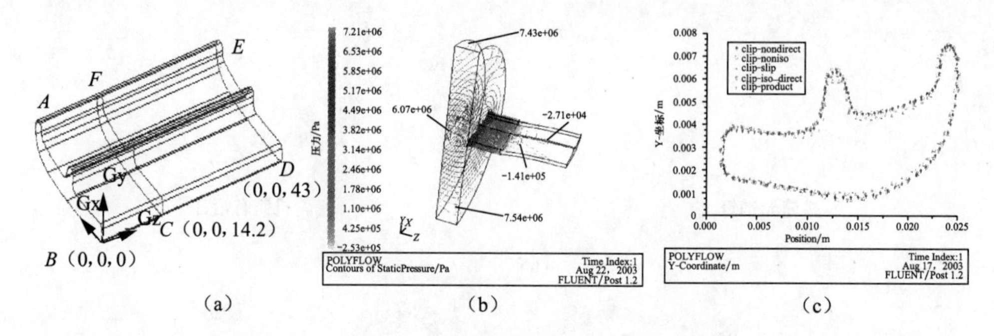

(a)　　　　(b)　　　　(c)

图 7.5.13　数字设计汽车橡胶密封条 I 挤出模具

(a) 几何模型，mm；(b) 模具内和出口处物料压力分布；(c) 产品与数字设计模具产品的横截面

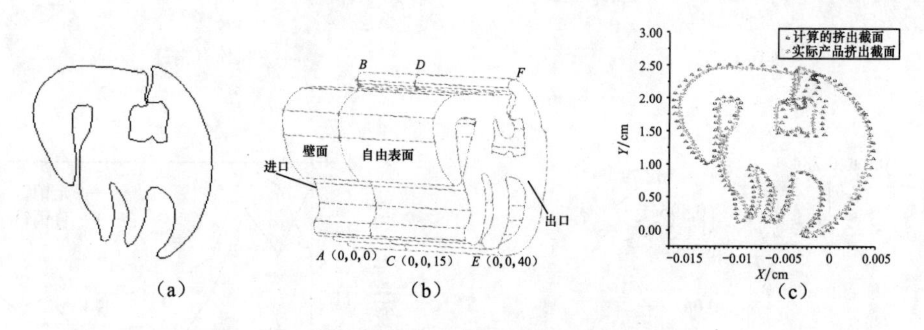

(a)　　　　(b)　　　　(c)

图 7.5.14　数字设计汽车橡胶密封条 II 挤出模具

(a) 实际产品形状；(b) 数字设计口模流道尺寸；(c) 数字设计模具与产品的横截面尺寸比较

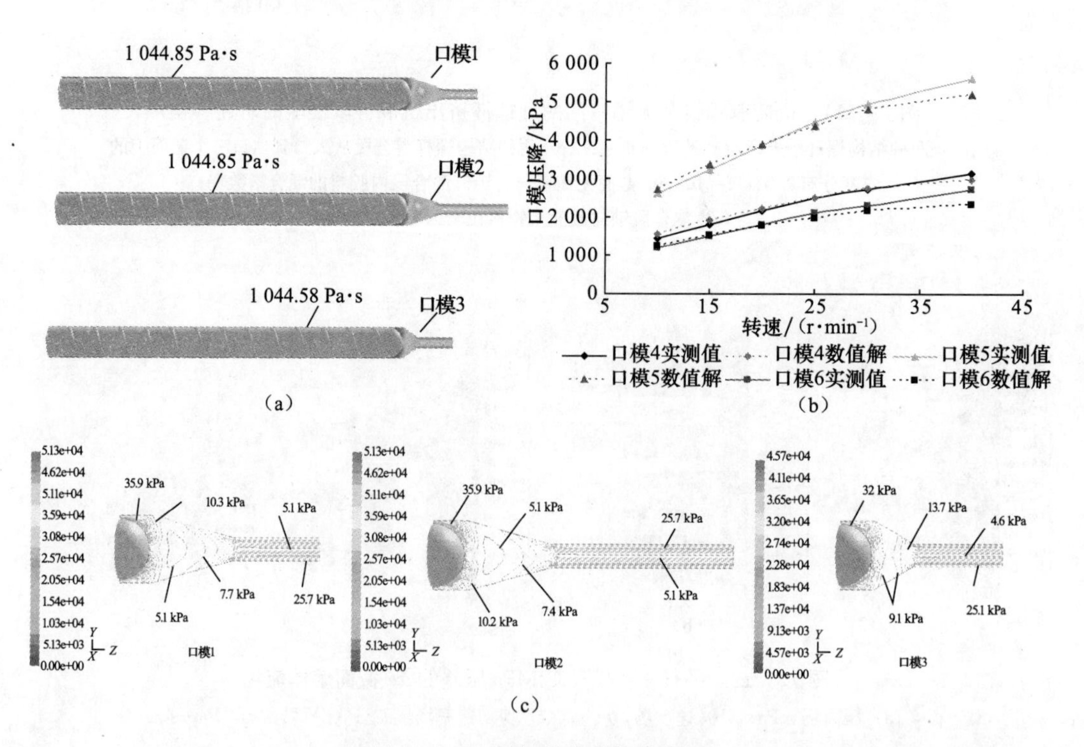

(a)　　　　(b)

(c)

图 7.5.15　螺杆和模具内的流场

(a) 螺杆和模具流道内熔体的黏度场；(b) 数值模拟与实验结果的比较；(c) 模具内物料的剪切应力场

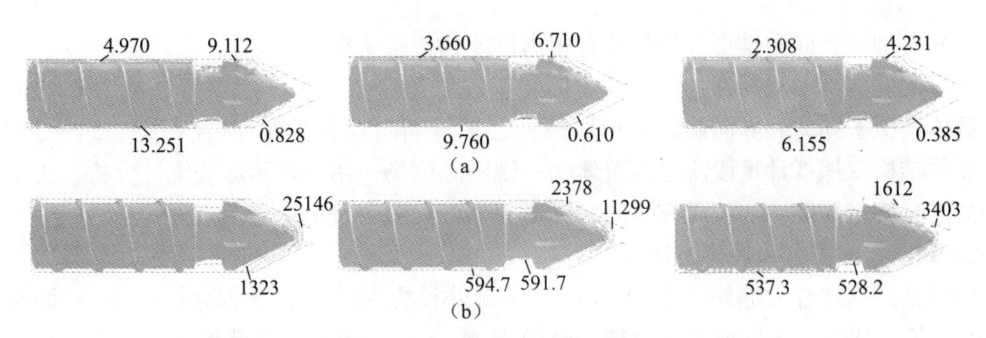

图 7.5.16　不同机筒温度下注射螺杆 yz 截面上熔体流场

(a) 熔体的黏性热场，MW/m^3；(b) 熔体的黏度场，Pa・s

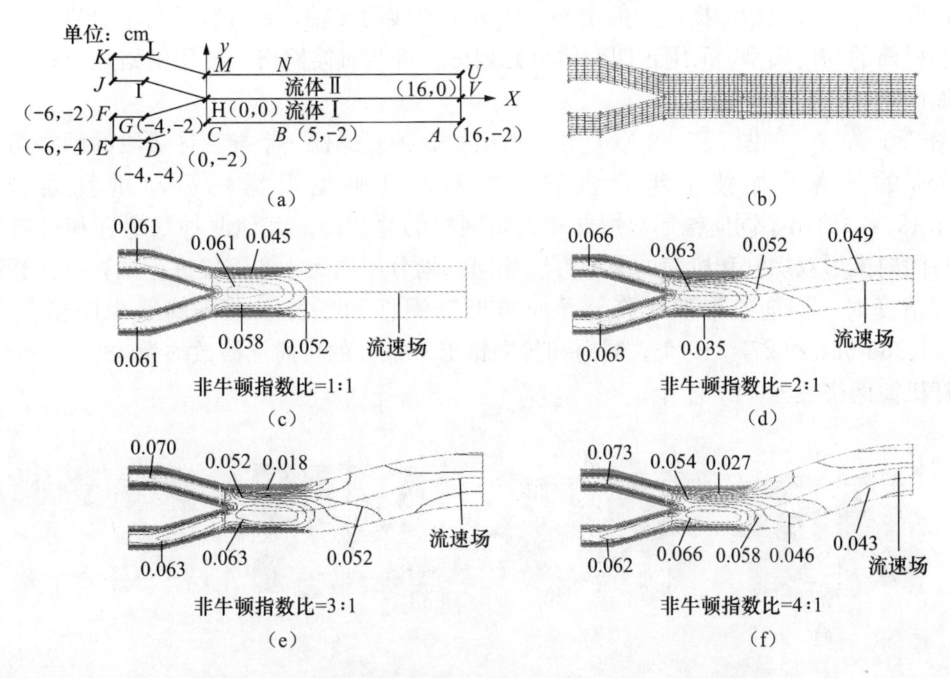

图 7.5.17　两种不同非牛顿指数的聚合物共挤出的流速场

(a) 共挤出模具的几何尺寸；(b) 有限元网格；(c) 非牛顿指数比＝1∶1；
(d) 非牛顿指数比 2∶1；(e) 非牛顿指数比 3∶1；(f) 非牛顿指数比 4∶1

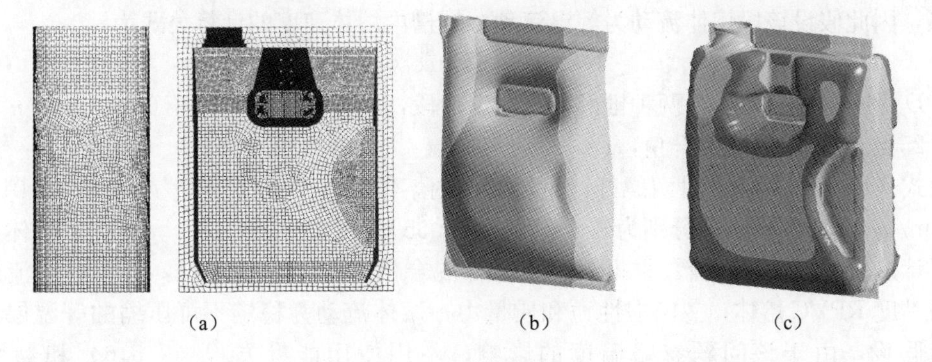

图 7.5.18　吹塑油桶的壁厚分布

(a) 型坯和模具的网格；(b) 夹断过程；(c) 吹胀结束

（2）案例——同向锥形双螺杆混合挤出性能的比较研究

为了给同向锥形双螺杆的设计和实际加工提供理论依据和技术支持，使用 Polyflow 软件，数值模拟了同向和异向旋转锥形双螺杆、平行同向双螺杆混合挤出 RPVC 的过程，计算了 3 种结构双螺杆计量段流道内熔体的三维等温流场，用粒子示踪法统计分析 3 种结构双螺杆的混合挤出性能，比较研究了同向锥形双螺杆的混合挤出性能[38]。

① 数学物理模型和计算方法。

两种锥形双螺杆大端外径为 110 mm，小端外径为 55 mm，导程为 100 mm，螺槽深为 10 mm，长径比为 12。同向平行双螺杆外径为 110 mm，导程、螺槽深和长径比同锥形双螺杆。选择螺杆头部后面一个导程计量段作为研究对象，以节省计算时间。直角坐标的原点取在所截取的计量段起始端横截面的中心，流道中心线为 z 轴，在计算平台上分别建立 3 种双螺杆和机筒的几何模型。采用正四面体单元划分螺杆和机筒网格，使用网格加密技术加密螺杆表面网格。

图 7.5.19（a）～图 7.5.19（c）分别给出了 3 种双螺杆一个导程计量段的网格图。使用 Polyflow 的网格叠加技术组合机筒和螺杆，以避免因螺杆运动重复划分网格。图 7.5.19（d）给出了同向锥形双螺杆和机筒网格的叠加图。其他两种双螺杆和机筒的网格叠加与同向锥形双螺杆和机筒的叠加方法相同。划分不同大小的网格进行试算，计算结果达到收敛精度时，同向锥形双螺杆、异向锥形双螺杆和平行双螺杆的最少网格数分别为 367 322、366 664 和 277 316 个。同向和异向锥形双螺杆的机筒网格数均为 380 508 个，平行双螺杆机筒网格数为 54 984 个。

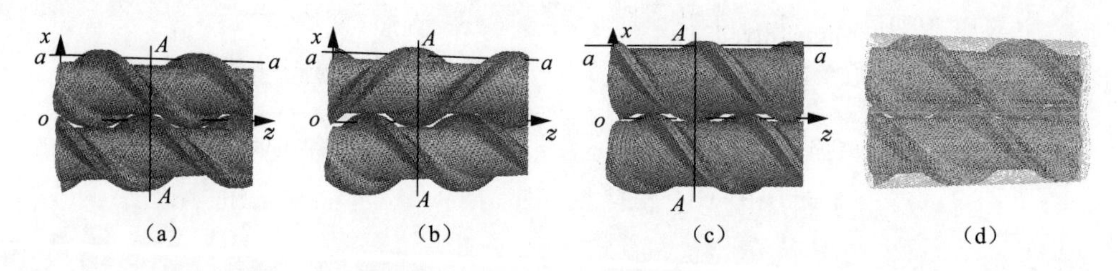

图 7.5.19　三种双螺杆计量段网格和同向锥形双螺杆计量段的网格叠加

（a）同向锥形；（b）异向锥形；（c）平行；（d）网格叠加

研究对象为机筒温度恒定的双螺杆一个导程的计量段，在该段 RPVC 已全熔融，忽略黏性热，因此假设该段熔体流动为等温流动。螺槽内熔体速度的计算公式为

$$u = \pi D n \cos\phi \tag{7.5.8}$$

式中，D 为螺杆直径，对于两种锥形双螺杆计量段，取计量段大端直径 60.6 mm；n 为螺杆转速，25 r/min；ϕ 为螺纹升角，17.7°。

由式（1）计算得到 3 种双螺杆计量段螺槽内熔体的最大速度分别为 0.011、0.011 m/s、0.020 m/s，此时的雷诺数分别为 3.5×10^{-5}、3.55×10^{-5}、6.4×10^{-5}。可见，熔体在 3 种双螺杆计量段的流动为层流。根据 3 种双螺杆混合挤出 RPVC 的工况，假设螺杆流道内全充满高黏度 RPVC 熔体，忽略惯性力和质量力，熔体流动为稳定不可压缩的等温层流。基于以上假设，由于该问题忽略温度的影响，不用使用能量方程（7.5.6）和黏性热方程（7.5.7），本构方程也不用考虑温度的影响。简化得到描述锥形双螺杆流道内熔体流动的控制方程有

连续性方程为

$$\nabla \cdot \boldsymbol{u} = 0 \tag{7.5.1}$$

运动方程为

$$-\nabla p\boldsymbol{I} + \nabla \cdot \boldsymbol{\tau} = 0 \tag{7.5.2}$$

本构方程为

$$\boldsymbol{\tau} = 2\eta(\dot{\gamma})\boldsymbol{D} \tag{7.5.9}$$

用 Cross 模型描述 RPVC 的表观黏度随剪切速率的变化

$$\eta = \eta_0/(1+\lambda\dot{\gamma})^n \tag{7.5.10}$$

$$\dot{\gamma} = \sqrt{2\boldsymbol{D}:\boldsymbol{D}} \tag{7.5.11}$$

式中，$\boldsymbol{u}$ 为速度向量，m/s；p 为压力，Pa；$\boldsymbol{I}$ 为单位张量，Pa；$\boldsymbol{\tau}$ 为应力张量，Pa；η 为表观黏度，Pa·s；$\dot{\gamma}$ 为剪切速率，s^{-1}；$\boldsymbol{D}$ 为变形速度张量，s^{-1}；η_0 为零剪切黏度，4.7×10^4 Pa·s；λ 为松弛时间，0.26s；n 为非牛顿指数，0.65。

使用 Polyflow 软件，用有限元方法数值求解描述熔体流动的非线性耦合控制方程 (7.5.1)、(7.5.2) 和 (7.5.9)～(7.5.11)。在计算中，速度采用 Mini－element 插值，压力采用线性插值，黏度采用 Picard 迭代，将控制方程离散，用隐式欧拉法联立求解离散化的方程，数值计算 3 种双螺杆流道内 RPVC 熔体的三维等温流场。在 HPXW9300 工作站上完成全部计算，计算收敛精度为 10^{-3}，最长一次计算时间约为 16h。

依据分散混合理论，分散是依靠剪切和拉伸作用使粒子粒径不断减小的过程。剪切速率和拉伸速率越高，粒子经历最大剪切和拉伸作用的次数越多，螺杆的分散混合能力越大，其中拉伸作用对分散混合能力的影响比剪切作用更大。反映粒子所受拉伸作用大小的混合指数为

$$\lambda = \dot{\gamma}/(\dot{\gamma}+\omega) \tag{7.5.12}$$

式中，ω 为旋度速率。由混合指数定义可知，对于纯剪切流动，混合指数等于 0.5；对于纯的拉伸流动，混合指数等于 1；对于纯旋转流动，混合指数等于 0。

$c(X,t)$ 表示混合过程中一种流体的浓度。由于两种流体互不相容，因此 c 的值为 0 或 1，且沿粒子的轨迹线 c 的值保持不变。质点总数 $n=2m$，考虑 t 时刻流场中相距为 r 的 m 对质点。对于第 j 对质点，c_j' 和 c_j'' 分别表示这两个质点处的浓度，c_i 表示 n 个质点中第 i 个质点的浓度，其值为 0 或 1。在 t 时刻，一对相距 r 浓度相同随机质点的概率为浓度相关系数

$$R(r,t) = \frac{\sum_{j=1}^{m}(c_j'-\bar{c})(c_j''-\bar{c})}{m\sigma_c^2} \tag{7.5.13}$$

式中，$\bar{c}$ 为所有质点的平均浓度，σ_c 为浓度的标准偏差，分别为

$$\bar{c} = \frac{1}{n}\sum_{i=1}^{n}c_i,\quad \sigma_c = \sqrt{\frac{1}{n}\sum_{i=1}^{n}(c_i-\bar{c})^2} \tag{7.5.14}$$

分离尺度是混合物中相同组分区域平均尺寸的一种度量，其随着混合程度的提高而减小。用相距为 r 的两点处浓度（体积百分数）间相关系数的积分表示分离尺度为

$$S(t) = \int_0^{\xi} R(r,t)\,\mathrm{d}r \tag{7.5.15}$$

在螺杆挤出流道中，粒子的停留时间分布函数是评价螺杆分布性混合能力的一个重要指标。停留时间分布函数反映了所有被加工物料经历的时间范围，即各部分暴露到各给定热条件或剪切条件下的时间。外部停留时间分布函数是在 $t \to t + \mathrm{d}t$ 的停留时间内，流出计量段的流率分数，记作 $f(t)$。累积外部停留时间分布函数为

$$F(t) = \int_{t_0}^{t} f(t)\mathrm{d}t \tag{7.5.16}$$

用粒子示踪法研究三种螺杆的混合挤出性能。假设初始时刻在三种双螺杆挤出机计量段流道入口处任意散布 1 000 个无质量、无体积的粒子。依据拟稳态假设，计算螺杆转过不同角度时熔体的流场。对于双头双螺杆元件而言，螺杆处于 α 角度时熔体的流场与双螺杆处于 $\alpha + 360°$ 角度时的流场是完全相同的，根据这一周期性，只需计算螺杆转角从 0°～360°时熔体的流场。求得熔体的速度场后，计算得到 1 000 个粒子的运动轨迹。在此基础上，使用公式（7.5.12）～式(7.5.16)，计算三种双螺杆流道中粒子的混合指数 λ、分离尺度 $S(t)$、外部停留时间分布函数 $f(t)$ 和累计停留时间分布函数 $F(t)$，比较研究三种双螺杆混合挤出 RPVC 的能力。

② **计算结果与讨论。**

为了深入研究三种双螺杆混合挤出 RPVC 的性能，选取典型横截面 $A-A$（z=50mm）和参考线 $a-a$ 详细讨论螺杆流道内熔体各物理量的变化。图 7.5.19（a）～图 7.5.19（c）中给出了三种双螺杆横截面 $A-A$ 和参考线 $a-a$ 的位置。其中，$a-a$ 线穿过螺槽，与螺杆根部平行，距螺杆根部距离为 5 mm。

图 7.5.20（a）～图 7.5.20(d) 分别给出了三种双螺杆计量段 $A-A$ 面 RPVC 熔体的速度场、压力场、剪切速率场和黏度场。图 7.5.20 中所标数据均为 $A-A$ 面上熔体各物理量的最大值和最小值。由图 7.5.20 可知，在三种双螺杆计量段 $A-A$ 面啮合区和螺棱顶部，熔体的速度、压力、剪切速率和黏度等值线密集，即熔体各物理量的梯度较大。熔体的压力峰值和所受的剪切速率最大值都出现在螺棱处。与异向锥形双螺杆相比，同向锥形双螺杆流道内 $A-A$ 面熔体的速度梯度小，最大压力减小了 7.5%，最大剪切速率增大了 16.7%，最大黏度减小了 0.6%。与平行双螺杆相比，同向锥形双螺杆 $A-A$ 面螺杆根部熔体速度等值线密集，熔体速度梯度大。但是，熔体的最大速度减小了 36.4%，最大压力减小了 64.9%，最大剪切速率减小了 33.3%，最大黏度增大了 11.1%。由此可知，同向锥形双螺杆 $A-A$ 面熔体的压力和剪切速率的最大值比异向锥形双螺杆的大，但比平行双螺杆的小。因此，同向锥形双螺杆既保存了异向锥形双螺杆有利于物料的压缩的优点，又克服了异向锥形双螺杆剪切能力小的缺点。

图 7.5.21 分别给出了 3 种双螺杆计量段 $a-a$ 线上熔体的速度、压力、剪切速率和黏度沿 z 轴的变化。与异向锥形双螺杆相比，同向锥形双螺杆 $a-a$ 线螺槽内相同点上熔体的速度平均增大了 39.11%，剪切速率平均减小了 15.66%，黏度平均增大了 9.9%。与平行双螺杆相比，同向锥形双螺杆 $a-a$ 线上熔体的速度平均减小了 29.7%，剪切速率平均减小了 35.99%，黏度平均增大了 13.33%。可见，在螺槽内 $a-a$ 线相同点上，同向锥形双螺杆流道内熔体所受的剪切速率最小、黏度最大。但是，同向锥形双螺杆 $a-a$ 线上熔体的压力波动最小，有利于挤出制品的稳定性。

图 7.5.22（a）～图 7.5.22（b）分别给出了三种双螺杆计量段粒子的混合指数 λ 和

分离尺度 $S(t)$的分布。由图 7.5.22（a）可知，当混合指数等于 0.5 时，同向锥形、异向锥形和平行三种双螺杆计量段粒子的分布概率分别为 52.5%、53.4%和 52.9%，即在三种双螺杆计量段分别有 47.5%、46.6%和 46.1%的粒子的混合指数大于 0.5，同向锥形双螺杆计量段粒子所受的拉伸作用最大。因此，同向锥形双螺杆的分散性混合能力最大。

由图 7.5.22（b）可知，同向锥形和平行双螺杆计量段粒子的分离尺度随时间的增大而减小，异向锥形双螺杆计量段粒子的分离尺度随时间增大而呈波动趋势，说明同向锥形双螺杆和平行双螺杆的分散性混合效果逐渐增大。同向锥形双螺杆粒子的分离尺度最小，分散性混合能力最大。

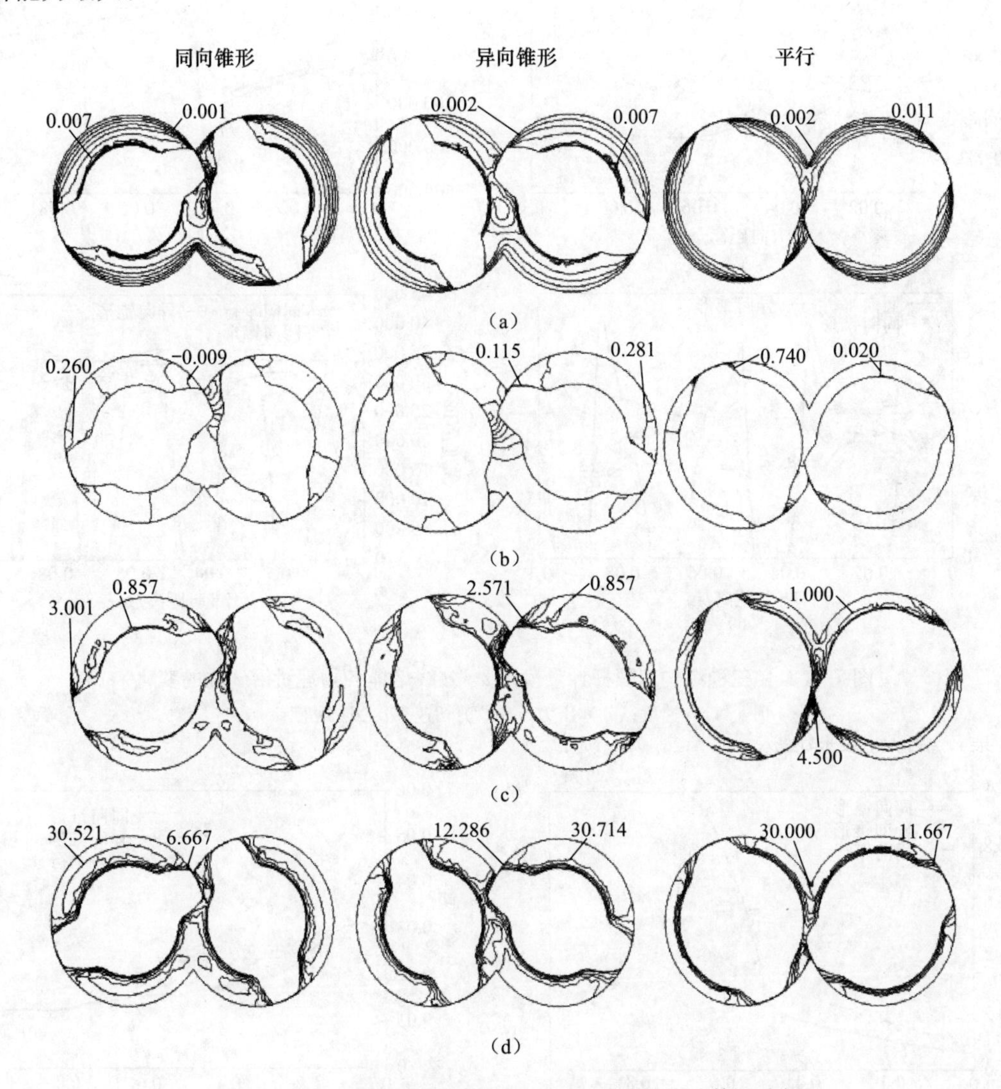

图 7.5.20　三种双螺杆计量段 $A-A$ 面 RPVC 熔体的流场

(a) 速度场；(b) 压力场；(c) 剪切速率场；(d) 黏度场

图 7.5.23（a）～图 7.5.23（b）分别给出了三种双螺杆计量段粒子的外部停留时间 $f(t)$ 和累计停留时间 $F(t)$的分布。由图 7.5.23（a）可见，同向锥形双螺杆计量段粒子从 60.2 s

开始流出，异向锥形双螺杆计量段粒子从 81.5 s 开始流出，平行双螺杆计量段粒子从56.6 s 开始流出。由图 7.5.23（b）可知，50％的粒子通过同向锥形、异向锥形和平行三种双螺杆计量段的时间分别为 80.1 s、109 s、72.2 s。全部粒子通过三种双螺杆计量段的时间分别为 987 s、823 s 和 980 s。可见，同向锥形双螺杆计量段粒子的停留时间分布范围比异向锥形双螺杆的宽，比平行同向双螺杆的稍窄。因此，同向锥形双螺杆的分布混合能力比异向锥形双螺杆的大，比平行双螺杆的小。

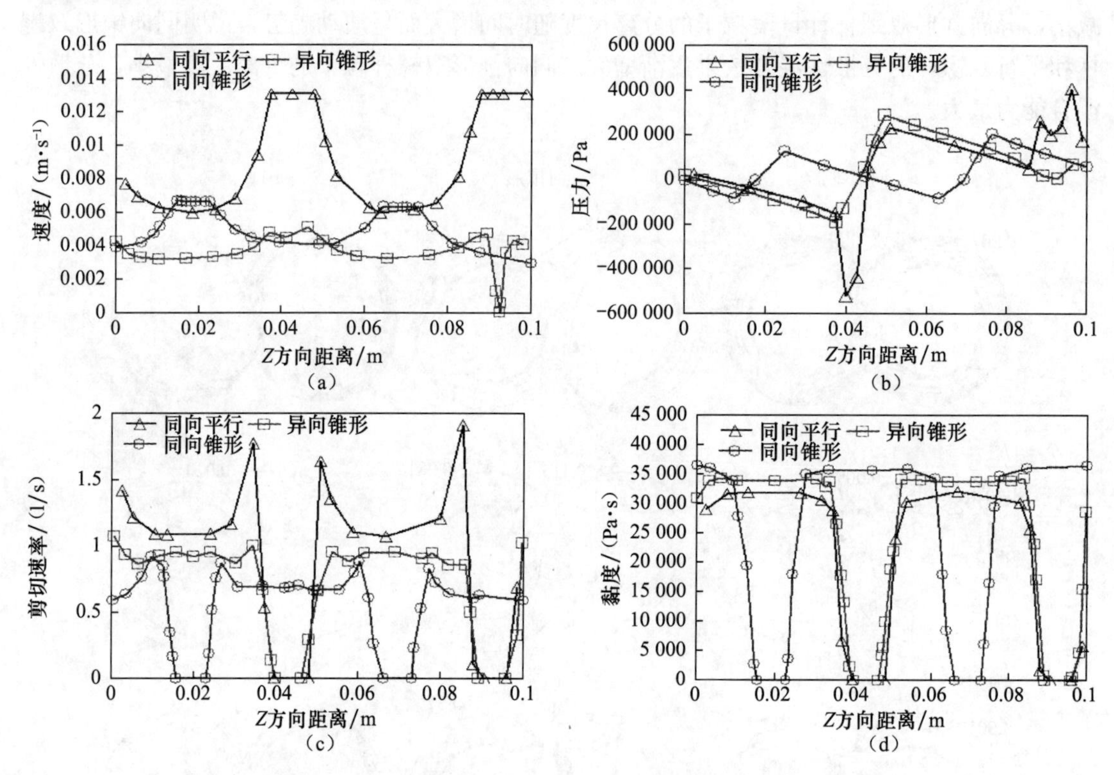

图 7.5.21　三种结构双螺杆计量段内 $a-a$ 线熔体各物理量沿 z 轴的变化

（a）速度；（b）压力；（c）剪切速率；（d）黏度

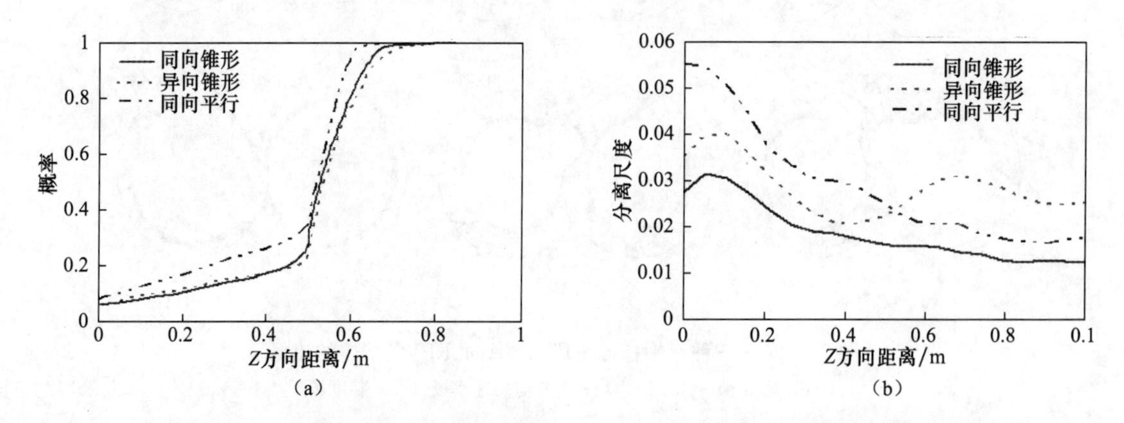

图 7.5.22　三种结构双螺杆计量段混合指数概率分布和分离尺度随时间的变化

（a）混合指数 λ 概率分布；（b）分离尺度 $S(t)$

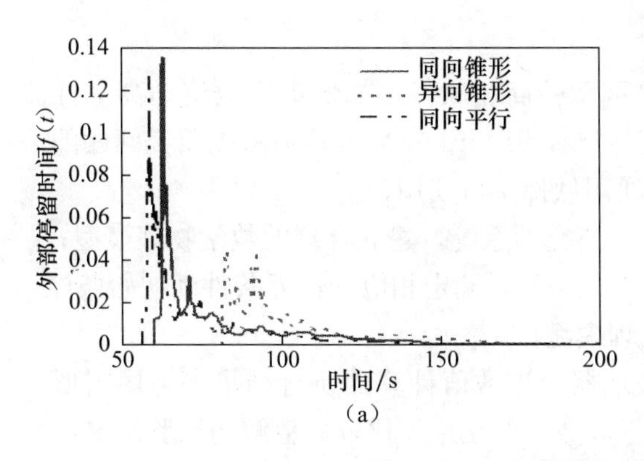

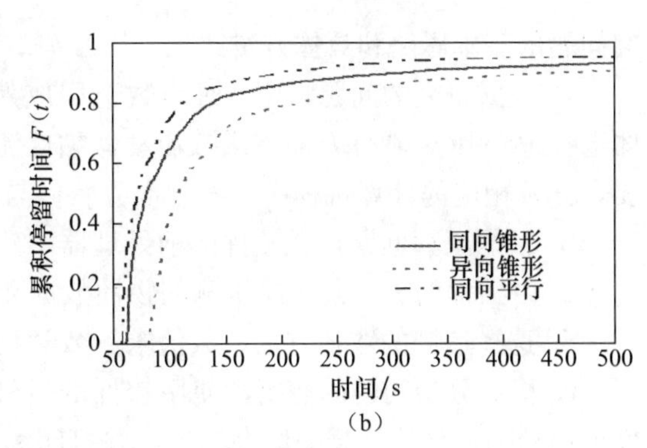

图 7.5.23　三种结构双螺杆计量段停留时间分布

(a) 外部停留时间分布 $f(t)$；(b) 累计停留时间 $F(t)$分布

③ 数值计算方法的实验验证。

为了验证本文采用的数值计算方法的正确性，分别用实验和数值计算两种方法研究了平行双螺杆计量段 RPVC 的停留时间。由于没有锥形螺杆挤出机，故使用实验室拥有的南京橡塑机械厂生产的 HT－30 平行同向双螺杆挤出机，用粒子示踪法试验测量了双螺杆计量段 RPVC 的停留时间。该设备螺杆直径为 30mm，长径比为 36。示踪粒子用北京吉和色母料有限公司生产的 1 160 红色母。在进口流量为 3.2kg/h，螺杆转速分别为 25r/min、50r/min、75r/min 的条件下，实验测量了 HT－30 平行双螺杆计量段粒子开始流出和全部流出的时间。在相同工艺条件下，用与上文相同的数值计算方法，计算了 HT－30 平行同向双螺杆挤出 RPVC 时粒子的停留时间，与实验测量结果比较，验证数值计算方法。表 7.5.3 给出了 HT－30 平行双螺杆挤出 RPVC 的停留时间分布的实验测量值与数值计算值。由表 7.5.3 可知，HT－30 平行双螺杆挤出 RPVC 的停留时间分布的实验测量值与数值计算值的最大相对误差为 1.1％。因此，研究中采用的数值计算方法是可靠的。

表 7.5.3　HT－30 平行双螺杆内 RPVC 停留时间的实验值和数值计算值

项目	粒子开始流出时间/s			粒子全部流出时间/s		
转速/($r \cdot min^{-1}$)	25	50	75	25	50	75
实验值	183	121	113	1063	1023	1015
数值计算值	182.1	122.3	112.6	1064	1022.4	1016.7
相对误差/％	0.5	1.1	0.4	0.1	0.1	0.2

④ 结论。

使用 Polyflow 软件，数值模拟了同向和异向旋转锥形双螺杆、平行同向双螺杆混合挤出 RPVC 的过程，计算了 3 种结构双螺杆计量段流道内熔体的三维等温流场，用粒子示踪法统计分析研究 3 种结构双螺杆的混合挤出性能。统计分析结果表明，同向锥形双螺杆计量段粒子所受的拉伸作用最大，分离尺度最小，粒子的停留时间分布范围比异向锥形的宽，比平行同向双螺杆的稍窄。因此，同向锥形双螺杆的分散性混合能力最大，分布性混合能力比异向锥形双螺杆的大，比平行双螺杆的小。研究结果表明，同向锥形双螺杆既保存了异向锥形双螺杆有利于物料的压缩的优点，又克服了异向锥形双螺杆剪切能力小的缺点。

通过上面一个使用 Polyflow 软件数值研究的案例，可以总结**使用商业软件数值计算研**

究问题的基本思路和具体方法：

a. 根据研究的问题，用物理准数选用成熟可靠的商业软件，如低雷诺数流动高黏性流体选择 Polyflow 软件，高雷诺数流动低黏性流体选择 FLUENT 软件；或根据研究问题的需要，开发相应的计算机程序，编制部分软件与通用软件接口使用；

b. 根据工程问题，在软件的前处理器中建立研究的系统，建立合理的数学物理模型；

c. 由工程的工艺条件或实测的物性数据和工艺条件，确定相应的边界条件和初始条件；

d. 选择适当的数学方法，数值求解数学物理模型；

e. 根据分析问题的需要，使用软件的后处理器处理数值计算的所有结果。可用图形文件形象地描述数值计算的所有结果，并打印图形和数值的结果。比较数值解与试验结果，分析所求近似解的精确性和可靠性，必要时修正数学物理模型，重新进行步骤 c～步骤 e；

f. 从理论上分析解释模型解的物理意义，应用理论知识，分析讨论数值计算的结果，得出规律性的结论，指导科研和工程开发过程。从理论和技术上指导生产的本质安全过程的设计，优化设备结构、工艺条和试验研究的方案。

第 7 章　练　习　题

7.1　证明欧拉方程 $F_y-F_{xy'}-F_{yy'}y'-F_{y'y'}y''=0$ 具有 $F_x-\dfrac{\mathrm{d}}{\mathrm{d}x}(F-y'F_{y'})=0$ 的形式。

7.2　证明泛函 $J[y(x)]=\int_{x_0}^{x_1}(y'^2-y^2)\mathrm{d}x$ 在 $y(0)=0$、$y(\pi/2)=1$ 条件时的极值曲线为 $y(x)=\sin x$。

7.3　试证泛函 $J[y(x),z(x)]=\int_{x_0}^{x_1}(2yz+y'^2+z'^2)\mathrm{d}x$ 满足边界条件 $y(0)=0$、$y(\pi/2)=1$、$z(0)=0$、$z(\pi/2)=-1$ 的极值曲线为 $y(x)=\sin x$、$z(x)=-\sin x$。

7.4　求以下泛函的极值曲线或极值：

(1) $J[y(x)]=\int_{x_0}^{x_1}(y^2-y'^2-2y\sin x)\mathrm{d}x$

(2) $J[y(x),z(x)]=\int_{x_0}^{x_1}(2yz-2y^2+y'^2-z'^2)\mathrm{d}x$

(3) $J[y(x)]=\int_{x_0}^{x_1}(y^2+2xyy')\mathrm{d}x$，其中 $y(x_0)=y_0, y(x_1)=y_1$

7.5　使用欧拉—泊松方程求泛函 $J[y(x)]=\int_{x_0}^{x_1}(y''^2-y^2+x^2)\mathrm{d}x$ 满足边界条件 $y(0)=y'(0)=0$ 和 $y(\pi/2)=1$、$y'(\pi/2)=-1$ 的极值曲线。

7.6　分别用精确解法和里茨近似法，在边界条件 $y(0)=0$、$y(1)=0$ 下，求泛函 $J[y(x)]=\int_{x_0}^{x_1}(y'^2-y^2-2xy)\mathrm{d}x$ 的极小值。

提示：测试函数为 $y(x)=x(1-x)(C_1+C_2x)$。

7.7　运用多元函数的奥氏方程，求泛函 $J[u(t,x)]=\iint[(u_t)^2-\alpha^2(u_x)^2]\mathrm{d}t\mathrm{d}x$ 的变分问题，其中 α^2 是常数，并说明产生的二阶微分方程的类型及可以描述的物理现象。

7.8　试求在过定点 A、B 长为 L 的曲线中求出质量中心 $y_c=\int_{x_0}^{x_1}y\mathrm{d}s/L$ 最低的一条悬线

$y(x)$，约束条件为 $J[y(x)]=L=\int_{x_0}^{x_1}\sqrt{1+y'^2}\mathrm{d}x$，设线密度为常数。

7.9　用里茨法求解边值问题 $y''-y=0$，$y(0)=y(1)=0$，并在 $x=0.5$ 处与精确解比较。

提示：可取测试函数为 $y(x)=(x-1)(C_2x^2+C_1x)$。

7.10　用里茨法求解边值问题 $y''+\lambda y=0$，$y'(0)=y'(1)=0$ 的最小本征值。

提示：测试函数为 $y(x)=(x^2-1)(C_0x^2+C_1)$。

7.11　在 $\varphi(0)=\varphi_0$、$\dot{\varphi}(0)=0$ 的初始条件下，运用哈密顿原理建立单摆的运动方程，并求单摆的运动规律。

7.12　在边界条件 $u(x=0)=u(x=\pi)=0$ 下，分别用精确解法和里茨近似法求解一维边值问题 $-u_{xx}=\cos x$。

7.13　在正方形区域（$0\leqslant x\leqslant 2$，$0\leqslant y\leqslant 2$）上，考察非齐次调和方程 $u_{xx}+u_{yy}=f(x,y)$，$f(x,y)$ 为已知函数，边界条件为 $u(0,\ y)=20$，$u(2,\ y)=20$ 和 $u_y(x,\ 0)=15$，$u_y(x,\ 2)=-15$ 的定解问题：

（1）试列出求解此问题的差分方程；

（2）如果 $x=ih$，$y=jh$，$h=1$，$f_{i,j}(x,y)=30$，请给出题图 7.13中各点 u 的近似值。

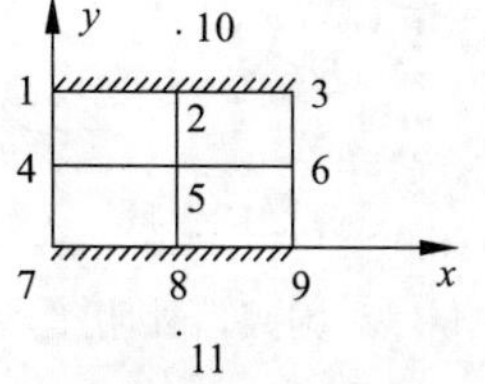

题图 7.13　差分网格

7.14　对热传导方程 $u_t-u_{xx}=0$（$0\leqslant x\leqslant l$，$t\geqslant 0$）的混合问题，其初始条件为 $u(0,x)=\sin\pi x$，边界条件为 $u(t,0)=u(t,l)=0$，取 $\Delta x=l/J$（J为正整数），列出其显式差分格式，并确定此差分格式的稳定性条件。

7.15　对波动方程 $u_{tt}=\alpha^2u_{xx}+f(x,t)$（$0\leqslant x\leqslant\pi$，$t\geqslant 0$）的混合问题，其中 $f(x,t)$ 是已知函数，初始条件为 $u(0,x)=\phi(x)$，$u_t(0,x)=\psi(x)$，边界条件为 $u(t,0)=\mu_1(t)$，$u(t,\pi)=\mu_2(t)$。用二阶中心差商近似地对时间和空间的二阶求导数，列出非稳态波动方程的显式差分格式，并说明这种差分格式的稳定性和收敛性条件。

7.16　对波动方程 $u_{tt}=\alpha^2u_{xx}+bu$（$0\leqslant x\leqslant\pi$，$t\geqslant 0$）的混合问题，其中 b 是常数，初始条件为 $u(0,\ x)=\phi(x)$，$u_t(0,\ x)=\psi(x)$，边界条件为 $u(t,\ 0)=\mu_1(t)$，$u(t,\ \pi)=\mu_2(t)$。给出显式差分格式

$$u_j^{n+1}=\lambda^2u_{j+1}^n+2[1-\lambda^2+b(\Delta t)^2]u_j^n+\lambda^2u_{j-1}^n-u_j^{n-1}$$

式中，$\lambda=\alpha\dfrac{\Delta t}{\Delta x}$；$u_j^0=\phi(j\Delta x)$；$u_j^1=\phi(j\Delta x)+\psi(j\Delta x)\Delta t$　$(j=1,\ 2,\ \cdots,\ N-1)$

$$u_0^n=\mu_1(n\Delta t),u_N^n=\mu_2(n\Delta t)\quad(n=0,1,2\cdots)$$

证明：$\lambda<1$ 时，上面的差分格式是稳定的。

提示：在 $b\leqslant 0$ 时，对 Δt 无限制；在 $b>0$ 时，取 Δt 充分小，$\lambda^2+\dfrac{b}{4}(\Delta t)^2<1$。

7.17　在正方形区域（$0\leqslant x\leqslant\pi$，$0\leqslant y\leqslant\pi$），考察调和方程 $u_{xx}+u_{yy}=0$ 在边界条件 $u(0,\ y)=0$，$u(\pi,\ y)=0$，$u(x,\ 0)=0$，$u_y(x,\ \pi)=\sin x$ 下的定解问题：

（1）证明其精确解为 $u=\dfrac{\sin x\,\mathrm{sh}y}{\mathrm{ch}\pi}$；

（2）列出求解此问题的差分方程。

7.18　对热传导方程 $u_t-\alpha^2(x)u_{xx}=0$（$\alpha(x)\geqslant\alpha_0>0$，$t\geqslant 0$）的混合问题，其初始条件为 $u(x,0)=\phi(x)$，边界条件为 $u(0,t)=u(l,t)=0$。列出其显式差分格式，并证明：

（1）当解 $u(x,t)$ 在区域 R（$0\leqslant x\leqslant l$，$0\leqslant t\leqslant T$）中存在，连续且具有高阶偏导数 u_{tt}、u_{xxxx} 时，如 $\alpha(x)\leqslant b$，b 是正的常数，那么当 $b^2\dfrac{\Delta t}{(\Delta x)^2}\leqslant\dfrac{1}{2}$ 时差分方程的解是收敛的。

（2）当 $b^2\dfrac{\Delta t}{(\Delta x)^2}\leqslant\dfrac{1}{2}$ 时，所列差分格式是稳定的。

参考文献

[1] 老大中，著. 变分法基础（第3版）[M]. 北京：国防工业出版社，2015.

[2] [苏] 艾利斯哥尔兹. 变分法 [M]. 李世晋，译. 北京：人民教育出版社，1958.

[3] 程建春. 数学物理方程及其近似方法 [M]. 北京：科学出版社，2004：185～237.

[4] [美] F. B. 希尔德布兰德. 应用数学方法 [M]. 李世晋，吴宝静，秦春雷，译. 北京：高等教育出版社，1986：132～210.

[5] 祝同江，谈天民. 工程数学——变分法 [M]. 北京：北京理工大学出版社，1994.

[6] 周爱月. 化工数学（第2版）[M]. 北京：化学工业出版社，1996：391～424.

[7] 陈宁馨. 现代化工数学 [M]. 北京：化学工业出版社，1982：304～395，533～541.

[8] 复旦大学数学系. 数学物理方程 [M]. 北京：高等教育出版社，1986：257～295.

[9] [美] R. D. Richtmyer K. W. Morton. 初值问题的差分方法（第2版）[M]. 袁国兴，杜明笙，王汉强，译. 广州：山大学出版社，1992.

[10] [苏] B. C. 李亚宾涅基，A. Φ. 菲里波夫. 差分方程的稳定性 [M]. 吴文达，王宗浩，译. 北京：科学出版社，1961.

[11] 方利国，陈砺编，著. 计算机在化学化工中的应用 [M]. 北京：化学工业出版社电子出版中心，2003：73～108.

[12] 忻孝康，刘儒勋，蒋伯诚，著. 计算流体动力学 [M]. 北京：国防科技大学出版社，1989：514～575.

[13] 王福军，著. 计算流体动力学分析——CFD软件原理与应用 [M]. 北京：清华大学出版社，2004.

[14] Todd B D. Residence Time Distribution in Twin～Screw Extruders. Polymer Engineering and Science，1975，Vol. 15 (6)：437～443.

[15] Kao SV，Allison G R. Residence Time Distribution in a Twin Screw Extruder. Polymer Engineering and Science，1984，Vol. 24 (9)：645～651.

[16] Yifan Xie，Tomayko David and Bigio D I et al. On the effect of operating parameters and screw configuration on residence time distribution. Journal of Reinforced Plastics and Composites，1998，Vol. 17 (15)：1338～1349.

[17] Puaux J P，Bozga G and Ainser A. Residence Time Distribution in a Corotating Twin Screw Extruder. Chemical Engineering Science，2000，55：1641～1651.

[18] Paul Elkouss，David I. Bigio，Mark D. Wetzel，Srinivasa R. Raghavan. Influence of Polymer Viscoelasticity on the Residence Distributions of Extruders. AIChE J，2006.

[19] 陈晋南，胡冬冬，彭炯. 计算流体动力学（CFD）及其软件包在双螺杆挤出中的应用 [J]. 中国塑料. 2001，Vol. 15 (12)：12～16.

[20] Peng Jiong，Chen Jinnan. Numerical Simulations of Polymer Melt Conveying in Co－rotating Twin Screw Extruder [J]. Journal of Beijing Institute of Technology. 2002，Vol. 11 (2)：189－192.

[21] 吕静，胡冬冬，陈晋南. 流率和牵引速度对两种聚合物熔体共挤出影响的数值研究 [J]. 北京理工大学学报. 2003. Vol. 23 (6)：781－784.

[22] 朱敏，陈晋南，吕静. 橡胶异型材挤出口模的数值模拟 [J]. 中国聚合物. 2003. Vol. 17 (12)：75～78.

[23] Hu Dongdong，Chen Jinnan. Numerical Simulation of Twin－Screw Extrusion with Wall Slip. Journal of Beijing Institute of Technology. 2004. Vol. 13 (1)：85～89.

[24] 胡冬冬，陈晋南. 啮合同向三螺杆挤出机中三维等温流动的数值模拟 [J]. 化工学报. 2004. Vol. 55 (2)：280～283.

[25] 吕静，陈晋南，胡冬冬. 壁面滑移对两种聚合物熔体共挤出影响的数值研究 [J]. 化工学报. 2004. Vol. 55 (3)：455～459.

[26] 孙兴勇，陈晋南，彭炯. 同向双螺杆挤出机过渡段流体的三维数值模拟 [J]. 石油化工高等学校学报. 2005，Vol. 18 (3)：69～71.

[27] 胡冬冬，彭炯，陈晋南. 组合式双螺杆挤出机中三维等温流动的数值研究 [J]. 北京理工大学学报. 2006，Vol. 26 (3)：201－205.

[28] Hu Dongdong，Chen Jinnan. Simulation of Polymer Melt Flow Fields in Intermeshing Co～Rotating Three～Screw Extruders. Journal of Beijing Institute of Technology. 2006，Vol. 15 (3)：360～365.

[29] 王鸳鸯，陈晋南，彭炯. 注射螺杆流道熔体非等温流场的数值研究 [J]. 北京理工大学学报. 2007，Vol. 27 (8)：723～727.

[30] 陈晋南，姚慧，彭炯. 销钉机筒挤出机混合段的混合性能 [J]. 北京理工大学学报. 2008，Vol. 28 (1)：90～94.

[31] 陈晋南，吴荣方. 数值模拟橡胶挤出口模内熔体的非等温流动 [J]. 北京理工大学学报，2008，Vol. 28 (7)：626～630.

[32] Chen Jinnan，Liu Jie，Cao Yinghan，Peng Jiong. Numerical Study on the Mixing Performance of Screw Mixing Elements and Conventional Screw Elements [J]. Journal of Beijing Institute of Technology，2010，Vol. 19 (2)，217～223.

[33] Chen Jinnan，Dai Pan，Yao Hui，Chan Tung. Numerical Analysis of Mixing Performance of Mixing Section in Pin－Barrel Single－Screw Extruder [J]. Journal of Polymer Engineering. 2011，Vol. 31 (1)：53～62.

[34] Cao Yinghan，Chen Jinnan. Numerical Simulation of Effect of Slip Conditions on PVC Co－Rotating Twin－Screw Extruder [C]. 2nd International Conference on Manufacturing Science and Engineering. Guangxi Guilin. April 9－11，2011. Advanced Materials Research. 2011，Vol. 189－193：1946～1954.

[35] 陈晋南，赵增华，李荫清. 数值研究双螺杆挤出平行孔模具聚合物流场 [J]. 哈尔滨工程大学学报，2012. Vol，33 (1)：124～128.

[36] Peng Jiong，Li Jing，Chen Jinnan and Liu Shali. Numerical study of the Effect of Flow Rate and Temperature on Parison Swell and Sag in Extrusion [J]. Journal of Beijing Institute of Technology. 2013，Vol. 22 (3)：423～426.

[37] 柳娟，王建. 左右旋螺筒结构对单螺杆挤出机性能的影响 [J]. 高分子材料科学与工程，2014，Vol. 30 (3) ：124～127.

[38] 曹英寒，陈晋南. 同向锥形双螺杆混合挤出性能比较研究 [J]. 哈尔滨工程大学学报，2011，Vol. 32 (10)：1360～1366.

附录一　拉普拉斯变换表

拉普拉斯变换表 1

序号	$f(t)$	$F(s)$	序号	$f(t)$	$F(s)$
1	$\delta(t)=\begin{cases}0 & (t\neq 0)\\ \infty & (t=0)\end{cases}$	1	15	$\frac{1-e^{-at}}{t}$	$\ln\left[1+\frac{a}{s}\right]$
2	$\delta(t-\tau)(\tau>0)$	$e^{-\tau s}$	16	$\sin at$	$\frac{a}{s^2+a^2}$
3	1	$1/s$	17	$\cos at$	$\frac{s}{s^2+a^2}$
4	t^n $(n=0,1,2,\cdots)$	$\frac{n!}{s^{n+1}}=\frac{\Gamma(n+1)}{s^{n+1}}$	18	$\lvert\sin at\rvert(a>0)$	$\frac{a}{s^2+a^2}\coth\left(\frac{\pi s}{2a}\right)$
5	$t^v[\mathrm{Re}(v)>-1]$	$\frac{\Gamma(v+1)}{s^{v+1}}$	19	$\lvert\cos at\rvert(a>0)$	$\frac{1}{s^2+a^2}\left[s+a\operatorname{csch}\left(\frac{\pi s}{2a}\right)\right]$
6	$\sqrt{t}$	$\frac{\sqrt{\pi}}{2}\frac{1}{s^{3/2}}$	20	$\frac{\sin t}{t}$	$\arctan\frac{a}{s}$
7	$\frac{1}{\sqrt{t}}$	$\sqrt{\frac{\pi}{s}}$	21	$\frac{\sin^2 at}{t}$	$\frac{1}{4}\ln\left(1+\frac{4a^2}{s^2}\right)$
8	$u(t-a)=\begin{cases}1(t\geqslant a)\\ 0(0<t<a)\end{cases}$ $(a>0)$	$\frac{1}{s}e^{-as}$	22	$\sin a\sqrt{t}$	$\frac{a}{2}\sqrt{\frac{\pi}{s^3}}e^{a^2/4s}$
9	$\frac{1}{\sqrt{1+at}}$ $(a>0)$	$\sqrt{\frac{\pi}{as}}e^{s/a}\operatorname{erfc}\left(\sqrt{\frac{s}{a}}\right)$	23	$\frac{1-\cos at}{t}$	$\frac{1}{2}\ln\left(1+\frac{a^2}{s^2}\right)$
10	$\frac{1}{\sqrt{t}(1+at)}$	$\frac{\pi}{a}e^{s/a}\operatorname{erfc}\left(\sqrt{\frac{s}{a}}\right)$	24	$\operatorname{sh}at$	$\frac{a}{s^2-a^2}$
11	e^{at}	$\frac{1}{s-a}$	25	$\frac{\operatorname{sh}at}{t}$	$\frac{1}{2}\ln\frac{s+a}{s-a}$
12	te^{at}	$\frac{1}{(s-a)^2}$	26	$\operatorname{ch}at$	$\frac{s}{s^2-a^2}$
13	$t^n e^{at}$ $(n=0,1,2,\cdots)$	$\frac{n!}{(s-a)^{n+1}}$	27	$\operatorname{erf}(\alpha t)(\alpha>0)$	$\frac{\alpha}{s\sqrt{\alpha^2+s}}$
14	$\frac{e^{at}}{\sqrt{t}}$	$\sqrt{\frac{\pi}{s-a}}$	28	$\operatorname{erf}(a\sqrt{t})(a>0)$	$\frac{1}{s}e^{s^2/4a^2}\operatorname{erfc}\left(\frac{s}{2\alpha}\right)$

续表

序号	$f(t)$	$F(s)$	序号	$f(t)$	$F(s)$
29	$\mathrm{erfc}(\alpha\sqrt{t})(\alpha>0)$	$\frac{\sqrt{\alpha^2+s}-\alpha}{s\sqrt{\alpha^2+s}}$	37	$J_0(2\sqrt{kt})$	$\frac{1}{s}e^{-k/s}$
30	$\mathrm{erf}\left(\frac{\alpha}{\sqrt{t}}\right)(\alpha>0)$	$\frac{1}{s}\left(1-e^{-2\alpha\sqrt{s}}\right)$	38	$I_0(at)$	$\frac{1}{\sqrt{s^2-a^2}}$
31	$\mathrm{erfc}\left(\frac{\alpha}{\sqrt{t}}\right)(\alpha>0)$	$\frac{1}{s}e^{-2\alpha\sqrt{s}}$	39	$J_v(at)\,[\mathrm{Re}(v)>-1]$	$\frac{a^v}{\sqrt{s^2+a^2 v}}\left(\frac{1}{s+\sqrt{s^2+a^2}}\right)$
32	$-\ln t-\gamma$ $(\gamma\approx 0.577)$	$\frac{1}{s}\ln s$	40	$I_v(at)\,[\mathrm{Re}(v)>-1]$	$\frac{(s-\sqrt{s^2-a^2})^v}{a^v\sqrt{s^2-a^2}}$ $[\mathrm{Re}(s)>\lvert\mathrm{Re}(a)\rvert]$
33	$\ln t$	$-(\ln s+\gamma)/s$ ($\gamma=0.577\,2$ 欧拉常数)	41	$S_i(t)=\int_0^t\frac{\sin\tau}{\tau}d\tau$	$\frac{1}{s}\mathrm{arccot}\left(\frac{s}{a}\right)$
34	$\frac{1}{\sqrt{\pi t}}\cos 2\sqrt{kt}$	$\frac{1}{\sqrt{s}}e^{-k/s}$	42	$C_i(t)=\int_t^{\infty}-\frac{\cos\tau}{\tau}d\tau$	$-\frac{1}{2s}\ln\left(1+\frac{s^2}{a^2}\right)$
35	$\frac{1}{\sqrt{\pi k}}\mathrm{sh}2\sqrt{kt}$	$\frac{1}{s^{3/2}}e^{k/s}$	43	$E_i(at)=\int_{-\infty}^{-at}-\frac{e^{\tau}}{\tau}d\tau$	$-\frac{1}{s}\ln\left(1+\frac{s}{a}\right)$
36	$J_0(at)$	$\frac{1}{\sqrt{s^2+a^2}}$			

拉普拉斯变换表 2

序号	$F(s)$	$f(t)$	序号	$F(s)$	$f(t)$
1	$\frac{1}{(s-a)(s-b)}\ (a\neq b)$	$\frac{1}{a-b}(e^{at}-e^{bt})$	10	$\frac{1}{s^2(s^2+a^2)}$	$\frac{1}{a^3}(at-\sin at)$
2	$\frac{s}{(s-a)(s-b)}\ (a\neq b)$	$\frac{1}{a-b}(ae^{at}-be^{bt})$	11	$\frac{s^2}{(s^2+a^2)^2}$	$\frac{1}{2a}(\sin at+at\cos at)$
3	$\frac{1}{(s-a)(s-b)(s-c)}$ (a,b,c 不等)	$-\frac{(b-c)e^{at}+(c-a)e^{bt}+(a-b)e^{ct}}{(a-b)(b-c)(c-a)}$	12	$\frac{s^2-a^2}{(s^2+a^2)^2}$	$t\cos at$
4	$\frac{1}{s^n}$	$\frac{1}{(n-1)!}t^{n-1}$	13	$\frac{1}{(s-a)^2+b^2}$	$\frac{1}{b}e^{at}\sin bt$
5	$\frac{1}{(s+a)^n}$ $(n=1,2,3\cdots)$	$\frac{1}{(n-1)!}t^{n-1}e^{-at}$	14	$\frac{s-a}{(s-a)^2+b^2}$	$e^{at}\cos bt$
6	$\frac{1}{(s^2+a^2)^2}$	$\frac{1}{2a^3}(\sin at-at\cos at)$	15	$\frac{4a^3}{s^4+4a^4}$	$\sin at\,\mathrm{ch}at-\cos at\,\mathrm{sh}at$
7	$\frac{1}{(s^2+a^2)(s^2+b^2)}$ $(a^2\neq b^2)$	$\frac{\cos at-\cos bt}{b^2-a^2}$	16	$\frac{s}{s^4+4a^4}$	$\frac{1}{2a^2}\sin at\,\mathrm{sh}at$
8	$\frac{1}{s(s^2+a^2)}$	$\frac{1}{a^2}(1-\cos at)$	17	$\frac{1}{s^4-a^4}$	$\frac{1}{2a^3}(\mathrm{sh}at-\sin at)$
9	$\frac{s}{(s^2+a^2)^2}$	$\frac{t}{2a}\sin at$	18	$\frac{s}{s^4-a^4}$	$\frac{1}{2a^2}(\mathrm{ch}at-\cos at)$

续表

序号	$F(s)$	$f(t)$	序号	$F(s)$	$f(t)$
19	$\frac{1}{s}\left(\frac{s-1}{s}\right)^n$ $(n=0,1,2,\cdots)$	$\frac{e^t}{n!}\frac{d^n}{dt^n}(t^n e^{-t})$	26	$\frac{1}{\sqrt{s}(\sqrt{s}+a)}$	$e^{a^2 t}\operatorname{erfc}(a\sqrt{t})$
20	$\sqrt{s-a}-\sqrt{s-b}$	$\frac{1}{2\sqrt{\pi t^3}}(e^{bt}-e^{at})$	27	$\ln\frac{s^2+a^2}{s^2}$	$\frac{2}{t}(1-\cos at)$
21	$\frac{1}{\sqrt{s}+a}$	$\frac{1}{\sqrt{\pi t}}-ae^{a^2 t}\operatorname{erfc}(a\sqrt{t})$	28	$\ln\frac{s-a}{s-b}$	$\frac{1}{t}(e^{-bt}-e^{at})$
22	$\frac{\sqrt{s}}{s-a^2}$	$\frac{1}{\sqrt{\pi t}}+ae^{a^2 t}\operatorname{erf}(a\sqrt{t})$	29	$\ln\frac{s^2-a^2}{s^2}$	$\frac{2}{t}(1-\operatorname{ch}at)$
23	$\frac{\sqrt{s}}{s+a^2}$	$\frac{1}{\sqrt{\pi t}}-\frac{2a}{\sqrt{\pi}}e^{-a^2 t}\int_0^{a\sqrt{t}}e^{\tau^2}d\tau$	30	$\ln\frac{s^2+a^2}{s^2+b^2}$	$\frac{2}{t}(\cos bt-\cos at)$
24	$\frac{1}{\sqrt{s}(s-a^2)}$	$\frac{1}{a}e^{a^2 t}\operatorname{erf}(a\sqrt{t})$	31	$\frac{1}{s^v}e^{k/s}[\operatorname{Re}(v)>0]$	$\left(\frac{t}{k}\right)^{\frac{v-1}{2}}I_{v-1}(2\sqrt{kt})$
25	$\frac{1}{\sqrt{s}(s+a^2)}$	$\frac{2}{a\sqrt{\pi}}e^{-a^2 t}\int_0^{a\sqrt{t}}e^{\tau^2}d\tau$	32	$\frac{1}{s^2}e^{-k/s}$	$\begin{cases}0 & (0<t<k)\\ t-k & (t>k)\end{cases}$

附　录　二

练习题答案

第2章

2.1　(1)$y'-y^2=0$;(2)$y'y+x=0$

2.2　(1)$y=e^x(C_1\cos x+C_2\sin x)$

(2)$y=C_1e^{kx}+C_2e^{-kx}+C_3\cos kx+C_4\sin kx$

(3)$y=(C_1+C_2x)e^{kx}+(C_3+C_4x)e^{-kx}$

(4)$y=C_1e^x+C_2e^{-x}+\frac{1}{4}(x^2-x)e^x$

(5)$y=x\tan x+1+C\sec x$

(6)$y=\sin x+C\cos x$

(7)$y=(C_1+C_2x)e^{3x}+\frac{1}{2}x^2e^{3x}$

(8)$y=\tan x-1+Ce^{-\tan x}$

(9)$y=C_1+C_2e^{-\frac{5}{2}x}+\frac{1}{3}x^3-\frac{3}{5}x^2+\frac{7}{25}x$

(10)$y=\frac{C_1}{x}+C_2\frac{\ln x}{x}$

2.3　(1)$2t^3+2t^2x+tx^2-x^3=C$　　(2)$x^3+3x^2y^2+\frac{4}{3}y^3=C$

(3)$ye^x+xe^y=C$　　(4)$e^x(x-1)\sin y+y\cos y\cdot e^x=C$

2.4　(1)$y=C_1\cos 2x+C_2\sin 2x+\frac{1}{4}\cos 2x\ln\cos 2x+\frac{1}{2}x\sin 2x$

(2)$y=C_1+C_2e^{2x}-\frac{1}{2}e^x\sin x$

2.5　(1)$y=e^x(-\ln x+C_1x+C_2)$　(2)$y=\frac{1}{12}C_1x^4+C_2x+C_3$

2.6　(1)$y=C_1\cos\frac{1}{x}-C_2\sin\frac{1}{x}+\frac{1}{x^2}$

(2)$y=\sqrt{(x\ln x-x)+C_1x^2+2C_2x+2C_3}$

(3)$y=c_1+c_2/x+c_3x^3-x^2$

2.7　$y=\frac{2\cos(x-1)-\sin x}{\cos 1}+x^2-2$

2.8 (1)$\begin{cases}x=C_1t+C_2t^2\\y=C_1t-C_2t^2\end{cases}$

(2)$\begin{cases}x=C_1t+C_2\\y=-C_1t^2/2-(C_1+C_2)t+C_3\end{cases}$

(3)$\begin{cases}x=C_1\mathrm{e}^{2t}\\y=3C_1\mathrm{e}^{2t}/4+C_2\mathrm{e}^{-2t}\\z=-3C_1\mathrm{e}^{2t}/2-2C_2\mathrm{e}^{-2t}/5+C_3\mathrm{e}^{3t}\end{cases}$

(4)$\begin{cases}x(t)=-\mathrm{e}^{-t}[\sin t+\cos t]\\y(t)=\mathrm{e}^{-t}[1+\sin t]\end{cases}$

2.9 (1)$y=\frac{1}{3}+\frac{4}{\pi^2}\sum_{n=1}^{\infty}\frac{(-1)^n}{n^2}\cos(n\pi x)$

(2)$x+1=\frac{\pi}{2}+1-\frac{4}{\pi}(\cos x+\frac{1}{3^2}\cos 3x+\frac{1}{5^2}\cos 5x+\cdots)=\frac{\pi}{2}+1-\frac{4}{\pi}\sum_{n=0}^{\infty}\frac{1}{(2n+1)^2}\cos(2n+1)x$

2.10 (1)$y=1-\frac{x^2}{2^2}+\frac{x^4}{2^2\times4^2}-\frac{x^6}{2^2\times4^2\times6^2}+\cdots$

(2)$y=2+x^2-\frac{1}{3}x^3+\frac{1}{4}x^4+\cdots$

第3章

3.1 (1)$3\mathrm{i}=3\left(\cos\frac{\pi}{2}+\mathrm{i}\sin\frac{\pi}{2}=3\mathrm{e}^{\mathrm{i}\frac{\pi}{2}}\right)$

(2)$2+5\mathrm{i}=\sqrt{29}[\cos(\arctan 5/2)+\mathrm{i}\sin(\arctan 5/2)]=\sqrt{29}\mathrm{e}^{\mathrm{i}\arctan(5/2)}$

(3)$2-5\mathrm{i}=\sqrt{29}[\cos(\pi+\arctan 5/2)+\mathrm{i}\sin(\pi+\arctan 5/2)]=\sqrt{29}\mathrm{e}^{\mathrm{i}[\pi+\arctan(5/2)]}$

3.2 (1)$\frac{\sqrt{3}}{2}+\frac{1}{2}\mathrm{i},-\frac{\sqrt{3}}{2}+\frac{1}{2}\mathrm{i},-\mathrm{i}$

(2)$1,\frac{\sqrt{2}}{2}+\frac{\sqrt{2}}{2}\mathrm{i},\mathrm{i},-\frac{\sqrt{2}}{2}+\frac{\sqrt{2}}{2}\mathrm{i},-1,-\frac{\sqrt{2}}{2}-\frac{\sqrt{2}}{2}\mathrm{i},-\mathrm{i},\frac{\sqrt{2}}{2}-\frac{\sqrt{2}}{2}\mathrm{i}$

3.3 (1)z是以点(0,1)为圆心、3为半径的圆的内部；

(2)以(3,4)为圆心、半径为5的圆；

(3)点z表示实部大于3的所有复数；

(4)点z表示虚部小于等于2的复数；

(5)点z表示椭圆$\frac{x^2}{25}+\frac{y^2}{9}=4$。

3.5 (1)$\sin\mathrm{i}=\frac{\mathrm{e}-\mathrm{e}^{-1}}{2}\mathrm{i}$ (2)$\tan(2-\mathrm{i})=\frac{\sin 4-\mathrm{i}\,\mathrm{sh}2}{2(\cos^2 2+\mathrm{sh}^2 2)}$

(3)$\mathrm{ch}\,\mathrm{i}=\cos 1$ (4)$\mathrm{sh}(2-\mathrm{i})=\cos 1\,\mathrm{sh}2-\mathrm{i}\sin 1\,\mathrm{ch}2$

(5)$\sin(x+\mathrm{i}y)=\sin x\,\mathrm{ch}y+\mathrm{i}\cos x\,\mathrm{sh}y$

3.6 (1)$\ln(1+\mathrm{i})=\frac{1}{2}\ln 2+\mathrm{i}\frac{\pi}{4}$

(2)$\ln(-3+4\mathrm{i})=\ln 5+\left[2k\pi-\arctan\frac{4}{3}\right]\mathrm{i},k=0,1,2,\cdots$

(3) $e^{1-\frac{\pi}{2}i}=-ie$

3.8　$\mathrm{Res}f(1)=\lim\limits_{z\to1}(z-1)\dfrac{e^{1/z}}{1-z}=-e,\mathrm{Res}f(0)=\sum\limits_{n=1}^{\infty}\dfrac{1}{n!}=e-1,\mathrm{Res}f(\infty)=-a_{-1}=1$

3.9　(1) $v=-\dfrac{y}{x^2+y^2}+2x+C,w=\dfrac{1}{z}+2zi+Ci$

(2) $u=\dfrac{x+1}{(x+1)^2+y^2}+C,w=\dfrac{1}{z+1}+C$

3.10　(1) $\int_C\dfrac{z^2}{z-z_i}dz=8\pi i$

(2) $\int_C\dfrac{z^2}{z-z_i}dz=0$

3.11　$\int_C\dfrac{\sin z}{z+i}dz=2\pi\,\mathrm{sh}1$

3.12　(1) $\int_C\dfrac{dz}{(z^2+9)^2}=\dfrac{\pi}{54}$　(2) $\int_C\dfrac{dz}{(z^2+9)^2}=-\dfrac{\pi}{54}$

3.13　(1) $\dfrac{1}{(z-a)(z-b)}=\dfrac{1}{a-b}\left(\cdots+\dfrac{a^2}{z^3}+\dfrac{a}{z^2}+\dfrac{1}{z}+\dfrac{1}{b}+\dfrac{z}{b^2}+\dfrac{z^2}{b^3}+\cdots\right)$　$(|a|<|z|<|b|)$

(2) $\dfrac{1}{(z-a)(z-b)}=\dfrac{1}{a-b}\left(\cdots+\dfrac{a^2}{z^3}+\dfrac{a}{z^2}-\dfrac{b}{z^2}-\dfrac{b^2}{z^3}-\cdots\right)$

(3) $\dfrac{1}{(z-a)(z-b)}=\dfrac{1}{a-b}\cdot\dfrac{1}{z-a}-\dfrac{1}{(a-b)^2}+\dfrac{z-a}{(a-b)^3}-\dfrac{(z-a)^2}{(a-b)^4}+\dfrac{(z-a)^3}{(a-b)^5}-\cdots$

3.14　(1) $\mathrm{Res}\left[\dfrac{z^2+1}{z-2},2\right]=5$　(2) $\mathrm{Res}\left[\dfrac{\cos z}{z-i},i\right]=\mathrm{ch}1$

(3) $\mathrm{Res}\left[\dfrac{1}{(z^2+1)^3},-i\right]=\dfrac{3}{16}i,\mathrm{Res}\left[\dfrac{1}{(z^2+1)^3},i\right]=-\dfrac{3}{16}i$

3.15　$\int\dfrac{dz}{(z-1)^2(z^2+1)}=-\dfrac{\pi}{2}i$

第4章

4.2　$dA=(2x\sin y dx+x^2\cos y dy)\boldsymbol{i}+(2z\cos y dz-z^2\sin y dy)\boldsymbol{j}-(y^2dx+2xydy)\boldsymbol{k}$

4.3　(1) $\nabla\Phi=2xyz^3\boldsymbol{i}+x^2z^3\boldsymbol{j}+3x^2yz^2\boldsymbol{k}$

(2) $\nabla\cdot\boldsymbol{A}=\boldsymbol{z}-2\boldsymbol{y}$

(3) $\nabla\times\boldsymbol{A}=2x^2\boldsymbol{i}+(x-4xy)\boldsymbol{j}$

(4) $\mathrm{div}(\Phi\boldsymbol{A})=3x^2yz^4-3x^2y^2z^3+6x^4y^2z^2$

(5) $\mathrm{rot}(\Phi\boldsymbol{A})=(4x^4yz^3+3x^2y^3z^2)\boldsymbol{i}+(4x^3yz^3-8x^3y^2z^3)\boldsymbol{j}-(2xy^3z^3+x^3z^4)\boldsymbol{k}$

4.14　柱坐标　$dV=rdrd\varphi dz$

$ds^2=dr^2+r^2d\varphi^2+dz^2$

球坐标　$dV=r^2\sin\theta drd\theta d\varphi$

$ds^2=dr^2+r^2d\theta^2+r^2\sin^2\theta d\varphi^2$

4.15　$\int_{(1,2)}^{(3,4)}(6xy^2-y^3)dx+(6x^2y-3xy^2)dy=236$

4.16　$\Phi=2\pi a^5/5$

4.17 $\mathrm{rot}_n\boldsymbol{A}=-\dfrac{1}{3}$

4.18 $\nabla\times\boldsymbol{A}=0$,势函数 $\Phi=\sin xy-\cos z+C$

4.19 $\mathrm{div}\boldsymbol{A}=0,\nabla\times A=0,\psi=x^2-y^2,\Phi=-2xy+C$

4.20 (1)$\dfrac{\partial\rho}{\partial t}+\dfrac{1}{r^2}\dfrac{\partial(\rho u_r r^2)}{\partial r}=0$,(2)$\dfrac{\partial\rho}{\partial t}+\dfrac{1}{r}\dfrac{\partial(\rho u_\theta)}{\partial\theta}+\dfrac{\partial(\rho u_z)}{\partial z}=0$

第5章

5.3 (2)$f_1(t)*f_2(t)=\begin{cases}0, & t\leqslant 0\\ (\sin t-\cos t+\mathrm{e}^{-t})/2, & 0<t\leqslant\pi/2\\ e^{-t}(1+e^{\pi/2})/2, & t\geqslant\pi/2\end{cases}$

5.5 (1)用半无界傅立叶正弦变换求解

$$T(x,t)=T_0\left[1-\frac{2}{\pi}\right]\int_0^\infty \mathrm{e}^{-s^2\alpha^2 t}\sin(sx)\frac{\mathrm{d}s}{s}=T_0\mathrm{erfc}\left[\frac{x}{2\alpha\sqrt{t}}\right],\text{其中}\int_0^\infty\sin(sx)\frac{\mathrm{d}s}{s}=\frac{\pi}{2}$$

(2)用有限傅立叶余弦变换求解

$$T(x,t)=\frac{1}{l}\int_0^l T_0\cos\frac{s\pi x}{l}\mathrm{d}x+\frac{2}{l}\sum_{s=1}^{\infty}\int_0^l T_0\cos\frac{s\pi x}{l}\mathrm{d}x\exp\left[-\frac{\alpha^2 s^2\pi^2}{l^2}t\right]\cos\frac{s\pi x}{l}$$

5.6 (1)$t^3/6$ (2)e^t-t-1 (3)$(\sin t+t\cos t)/2$

(4)$t\sin t/2$ (5)$\mathrm{e}^{kt}t\sin t/2$ (6)$t-\sin t$

5.8 $y(t)=\begin{cases}\mathrm{e}^{-kt}+\mathrm{e}^{-k(t-1)} & (t>1)\\ \mathrm{e}^{-kt} & (0<t\leqslant 1)\end{cases}=\mathrm{e}^{-kt}+\int_0^\infty \mathrm{e}^{-k\tau}\delta(t-1-\tau)\mathrm{d}\tau$

5.9 $x(t)=-\mathrm{e}^{-t}(\sin t+\cos t),y(t)=\mathrm{e}^{-t}(1+\sin t)$

5.10 (1)$y(t)=\sqrt{2}\sin\sqrt{2}t$ (2)$y(t)=\dfrac{12}{27}(24+120t+30\cos 3t+50\sin 3t)$

第6章

6.1 (1)令 $\xi=y-x,\eta=x$,则 $u_{\eta\eta}+(c-b)u_\xi/a+bu_\eta/a+u/a=0$

(2)令 $\xi=x-y,\eta=3x+y$,则 $4u_{\xi\eta}-u_\xi+3u_\eta=0$

(3)令 $\xi=y-2x,\eta=x$,则 $u_{\xi\xi}+u_{\eta\eta}+u_\eta=0$

(4)令 $\xi=y^2,\eta=x^2$,则 $u_{\xi\xi}+u_{\eta\eta}+u_\xi/2\xi+u_\eta/2\eta=0$

6.2 $T(x,y)=\sum\limits_{n-1}^{\infty}X_nY_n=\sum\limits_{n-1}^{\infty}E_n\mathrm{sh}\lambda_n x\cos\lambda_n y$

式中,$E_n=\dfrac{4T_0\sin\lambda_n b}{\mathrm{sh}\lambda_n b(2b\lambda_n+\sin 2\lambda_n b)}$

6.3 $u(x,t)=\sum\limits_{n=1}^{\infty}E_n\sin\dfrac{n\pi x}{3}\mathrm{e}^{-\frac{2n^2\pi^2}{9}t}$

式中,$E_n=\begin{cases}0 & (n\text{ 为偶数})\\ \dfrac{100}{n\pi} & (n\text{ 为奇数})\end{cases}$

6.4 $u(x,y,t)=\sum\limits_{m=1}^{\infty}\sum\limits_{n=1}^{\infty}T_{m,n}(t)\sin mx\sin ny\,\mathrm{e}^{-(m^2+n^2)t}$

$$\begin{cases}\dfrac{dT_{m,n}(t)}{dt}+(m^2+n^2)T_{m,n}(t)=\dfrac{4n}{\pi^2}\displaystyle\int_0^\pi f(x,t)\sin mx\,dx\\ T_{m,n}(0)=0,\text{由初始条件 } u(x,y,0)=0\end{cases}$$

6.5 本征振动模式

$$p_{mns}(x,y,z,t)=(A_{mns}\cos\omega_{mns}t+B_{mns}\sin\omega_{mns}t)\cos\frac{m\pi x}{l_1}\cos\frac{n\pi y}{l_2}\cos\frac{s\pi z}{l_3}$$

谐振频率为 $\omega_{mns}=\pi\alpha\sqrt{\dfrac{m^2}{l_1^2}+\dfrac{n^2}{l_2^2}+\dfrac{s^2}{l_3^2}}$，其中 m,n,s 不同时为零。

6.6 控制方程 $u_{tt}-\alpha^2u_{xx}=0$，边界条件 $u|_{x=0}=0, u|_{x=l}=A\sin\omega t$，初始条件 $u|_{t=0}=0, u_t|_{t=0}=0$。

$$u(x,t)=A\frac{\sin(\omega x/\alpha)}{\sin(\omega l/\alpha)}\sin\omega t+\frac{2A\omega}{\alpha l}\sum_{n=1}^{\infty}\frac{1}{\omega^2/\alpha^2-n^2\pi^2/l^2}\sin\frac{n\pi\alpha t}{l}\sin\frac{n\pi x}{l}$$

6.7 $C(x)=Ax+B$

6.8 $C(x,t)=\sum\limits_{n=0}^{\infty}A_n\cos\dfrac{n\pi x}{l}\exp\left[-\left(\dfrac{n\pi}{l}\right)^2Dt\right]$

6.10 $u(r,\theta)=\sum\limits_{l=0}^{\infty}(18l+9)\left(\dfrac{r}{b}\right)^l\displaystyle\int_0^\pi p_l(\cos\theta)\sin\theta\cos\theta d\theta=6+(18\cos^2\theta-6)\dfrac{r^2}{b^2}$

6.11 $u(r,\theta)=\sum\limits_{l=0}^{\infty}\left(\dfrac{r}{a}\right)^{-l-1}p_l(\cos\theta)(2l+1)\displaystyle\int_0^\pi f(\theta)p_l(\cos\theta)\sin\theta d\theta$

6.12 $u(r,\varphi)=\sum\limits_{n=0}^{\infty}(A_n\cos n\varphi+B_n\sin n\varphi)r^n$

式中，$A_o=\dfrac{u_1+u_2}{2}, A_n=0 \quad (n=1,2,3,\cdots)$

$$B_n=\begin{cases}0 & (\text{当 } n \text{ 为偶数})\\ \dfrac{2}{n\pi}(u_2-u_1) & (\text{当 } n \text{ 为奇数})\end{cases}$$

6.13 $u(r,\varphi,z)=u_1(r,\varphi,z)+u_2(r,\varphi,z)$

$$u_1(r,\varphi,z)=\sum_{n=1}^{\infty}\sum_{m=-\infty}^{m=\infty}E_{nm}\sin\left(\frac{n\pi z}{h}\right)I_m\left(\frac{n\pi z}{h}\right)e^{im\varphi}$$

式中，$E_{nm}=\dfrac{1}{\pi hI_m(n\pi a/h)}\displaystyle\int_0^h\int_1^{2\pi}f_1(z,\varphi)\sin\left(\dfrac{n\pi z}{h}\right)e^{-im\varphi}dzd\varphi$

$$u_2(r,\varphi,z)=\sum_{n=1}^{\infty}\sum_{m=-\infty}^{m=\infty}[C_{mn}e^{\sqrt{\mu_n^{(m)}}z}]+D_{mn}e^{\sqrt{\mu_n^{(m)}}z}]J_m\left(\frac{n\pi z}{h}\right)e^{im\varphi}$$

式中，系数 C_{mn}, D_{mn} 由下面两个方程确定

$$f_2(r,\varphi)=\sum_{n=1}^{\infty}\sum_{m=-\infty}^{m=\infty}[C_{mn}+D_{mn}]J_m\left(\frac{n\pi r}{h}\right)e^{im\varphi}$$

$$f_3(r,\varphi)=\sum_{n=1}^{\infty}\sum_{m=-\infty}^{m=\infty}[C_{mn}e^{\sqrt{\mu_n^{(m)}}h}+D_{mn}e^{\sqrt{\mu_n^{(m)}}h}]J_m\left(\frac{n\pi r}{h}\right)e^{im\varphi}$$

6.14 $u(r,z)=\sum C_m\text{sh}\left(\dfrac{\mu_m^{(0)}}{R}z\right)J_0\left(\dfrac{\mu_m^{(0)}}{R}r\right)$，

式中，$C_m=\dfrac{2R^2[\mu_m^{(0)}J_1(\mu_m^{(0)})-2J_2(\mu_m^{(0)})]}{\text{sh}\left(\dfrac{\mu_m^{(0)}}{R}H\right)(\mu_m^{(0)})^2J_1^2(\mu_m^{(0)})}$

6.15 $\begin{cases}\nabla^2 u=0\\ -k\dfrac{\partial u}{\partial r}\Big|_{r=R}=q_0\\ u|_{z=0}=u|_{z=H}=0\end{cases}$

$$u(r,z)-\frac{4q_0H}{\pi^2 k}\sum_{l=0}^{\infty}\frac{\sin\left(\dfrac{2l+1}{H}z\right)\mathrm{I}_0\left(\dfrac{2l+1}{H}\pi r\right)}{(2l+1)^2\mathrm{I}_1\left(\dfrac{2l+1}{H}\pi R\right)}$$

6.16 柱坐标问题简化为平面问题求解。

$$\varphi(r,t)=\sum_{n=1}^{\infty}C_n(t)\mathrm{J}_0\left(\frac{x_n}{a}r\right)$$

$$\sum_{n=1}^{\infty}\left(C_n'+\frac{x_n^2}{a^2}C_n\right)\mathrm{J}_0\left(\frac{x_n}{a}r\right)=-h(r,t),$$

$$C_n(0)=\frac{2}{a^2\mathrm{J}_1{}^2(x_n)}\int_0^a rf(r)\mathrm{J}_0\left(\frac{x_n}{a}r\right)\mathrm{d}r$$

6.17 $\delta(x-\xi)=\dfrac{2}{l}\sum\limits_{n=1}^{\infty}\sin\dfrac{n\pi\xi}{l}\sin\dfrac{n\pi\xi}{l}$

6.19 $u(x,t)=\dfrac{2A}{l}\sum\limits_{n=1}^{\infty}\sin\dfrac{n\pi x_0}{l}\sin\dfrac{n\pi x}{l}\left[\dfrac{\cos\dfrac{n\pi at}{l}-\cos\omega t}{\omega^2-n^2\pi^2a^2/l^2}\right]$

6.20 $\begin{cases}u_t-\alpha^2u_{xx}=A\mathrm{e}^{-\alpha t}\\ u(0,t)=0,u(l,t)=0\\ u(x,0)=0\end{cases}$

$$u(x,t)=\sum_{n=1}^{\infty}\frac{2A}{n\pi}[1-(-1)^n]\sin\frac{n\pi x}{l}\left(\frac{l^2}{n^2\pi^2\alpha^2-\alpha l^2}\right)\left(\mathrm{e}^{-\alpha t}-\mathrm{e}^{\frac{n^2\pi^2a^2}{l^2}t}\right)$$

6.21 $u(x,t)=\dfrac{Al}{3\pi\alpha}\cos\dfrac{3\pi x}{l}\left[\dfrac{\omega\sin\dfrac{3\pi\alpha}{l}t-\dfrac{3\pi\alpha}{l}\sin\omega t}{\omega^2-9\pi^2\alpha^2/l^2}\right]$

6.22 $\begin{cases}u_{tt}-\alpha^2u_{xx}=x\\ u(0,t)=0,u(l,t)=0\\ u(x,0)=0,u_t(x,0)=0\end{cases}$

$$u(x,t)=\sum_{n=1}^{\infty}(-1)^{n-1}\frac{2l^3}{n^3\pi^3\alpha^2}\sin\frac{n\pi x}{l}\left[1-cos\left(\frac{n\pi\alpha}{l}t\right)\right]$$

6.23 $u(x,t)=\dfrac{2}{\pi\alpha}\sum\limits_{n=1}^{\infty}\dfrac{1}{n}\int_0^l\phi(\xi)\dfrac{n\pi\xi}{l}\mathrm{d}\xi\left[\dfrac{\omega\sin\dfrac{n\pi\alpha}{l}t-\dfrac{n\pi\alpha}{l}\sin\omega t}{\omega^2-n^2\pi^2\alpha^2/l^2}\right]\sin\dfrac{n\pi x}{l}$，如外力的频率等于基音或谐音的频率，即 $\omega=n\pi a/l$，则中括号里为 $\dfrac{0}{0}$ 型，由洛必达法则，其极限为

$$\lim_{\xi\to\frac{n\pi\alpha}{l}}\left[\frac{\omega\sin\dfrac{n\pi\alpha}{l}t-\dfrac{n\pi\alpha}{l}\sin\omega t}{\omega^2-n^2\pi^2\alpha^2/l^2}\right]=\left(\frac{1}{2\omega}\sin\omega t-\frac{1}{2}t\cos\omega t\right)$$

其中，第二部分的振幅为 $t/2$，随时间而增长，$\lim\limits_{t\to\infty}u(x,\ t)=\infty$，这就是共振现象。

6.24 $\begin{cases}\nabla^2 u=0\\ u|_{r=a}=f(\theta,\varphi)\end{cases}$

$$u(r,\theta,\varphi)=\frac{a}{4\pi}\int_0^{2\pi}\int_0^{\pi} f(\theta_0,\varphi_0)\frac{a^2-r^2}{(a^2-2ar\cos\psi+r^2)^{3/2}}\sin\theta_0\,\mathrm{d}\theta_0\,\mathrm{d}\varphi_0$$

式中，$\cos\psi=\cos\theta_0\cos\theta+\sin\theta_0\sin\theta\cos(\varphi-\varphi_0)$

6.25 $\begin{cases}\nabla^2 u=0\ (y>0)\\ u|_{y=0}=f(x)\end{cases}$，　$u(x,y)=\dfrac{y}{\pi}\displaystyle\int_{-\infty}^{\infty}\frac{1}{(x-x_0)^2+y^2}f(x_0)\,\mathrm{d}x_0$

6.26 (1)$u(r,\varphi)=\dfrac{A}{a}r\cos\varphi$　(2)$u(r,\varphi)=A+\dfrac{1}{a}r\sin\varphi$

6.29 $u(x,t)=\dfrac{1}{2}[(x-\alpha t)^2+(x+\alpha t)^2]+2xt+\dfrac{1}{2}Axt^2$

6.30 $u(x,t)=\dfrac{1}{2\alpha}\displaystyle\int_0^t\int_{x-\alpha(t-\tau)}^{x+\alpha(t-\tau)}\varphi(\xi)\sin\omega\tau\,\mathrm{d}\xi\mathrm{d}\tau$

6.31 $\begin{cases}u_t-\alpha^2 u_{xx}=A\mathrm{e}^{-\alpha t}\quad(-\infty<x<\infty,t>0)\\ u(x,0)=0\end{cases}$

$$u(x,t)=\int_0^t\int_{-\infty}^{\infty}-\frac{A\mathrm{e}^{-\alpha\tau}}{2\alpha\sqrt{\pi(t-\tau)}}\exp\left[-\frac{(x-\xi)^2}{4\alpha^2(t-\tau)}\right]\mathrm{d}\xi\mathrm{d}\tau$$

6.32 $\begin{cases}u_t-\alpha^2 u_{xx}=f(x,t)\\ u(x,0)=0\end{cases}$，$u(x,t)=\displaystyle\int_0^t\int_{-\infty}^{\infty}-\frac{f(\xi,\tau)}{2\alpha\sqrt{\pi(t-\tau)}}\exp\left[-\frac{(x-\xi)^2}{4\alpha^2(t-\tau)}\right]\mathrm{d}\xi\mathrm{d}\tau$

第7章

7.4 (1) $y(x)=\dfrac{-x\cos x}{2}+C_1\cos x+C_2\sin x$

(2) $y(x)=(C_1x+C_2)\cos x+(C_3x+C_4)\sin x$

(3) 因为函数是线性函数，故积分与积分路径无关，变分问题无意义。

7.5 $y(x)=\cos x$

7.6 精确解 $y(x)=\dfrac{\sin x}{\sin 1}-x$，近似解 $y(x)=x(1-x)\left(\dfrac{71}{369}+\dfrac{7}{41}x\right)$

7.7 波动方程，$u_{tt}-\alpha^2 u_{xx}=0$。

7.8 $y(x)=C_1\operatorname{ch}\dfrac{x-C_2}{C_1}-\lambda$，其中任意常数 C_1，C_2 和 λ 可由边界条件和约束条件

$$L=\int_{x_0}^{x_1}\sqrt{1+y'^2}\,\mathrm{d}x=\int_{x_0}^{x_1}\operatorname{ch}\frac{x-C_2}{C_1}\mathrm{d}x=C_1\left(\operatorname{sh}\frac{x_2-C_2}{C_1}-\operatorname{sh}\frac{x_1-C_2}{C_1}\right)$$来确定。

7.9 $y_2(x)=(x-1)\left(\dfrac{69}{473}x^2+\dfrac{77}{473}x\right)$，$y(0.5)=-0.005\,681\,818$；

精确解 $y(x)=\dfrac{\operatorname{sh}x}{\operatorname{sh}1}-x$，$y(0.5)=\dfrac{\operatorname{sh}0.5}{\operatorname{sh}1}-0.5=-0.005\,659\,056$；

绝对误差 $y_2-y=-2.276\,247\times10^5$，相对误差$\dfrac{y_2-y}{y}\times100=0.402\,2\%$。

7.10 $y(x)=\dfrac{3}{16}\sqrt{70}(x^2-1)^2$

7.11　$\varphi''+\frac{g}{l}\sin\varphi=0$，　$\varphi(t)=\varphi_0\cos\sqrt{\frac{g}{l}}t$

7.12　精确解 $u(x)=\cos x-1+2x/\pi$，近似解 $u_n(x)=\frac{2}{\pi}\sum_{j=1}^{n}\frac{\sin 2jx}{j(4j^2-1)}$

7.13　差分方程：$u_{j+1,k}+u_{j-1,k}+u_{j,k+1}+u_{j,k-1}-4u_{j,k}=f_{j,k}$；

$u_2=u_8=-5$，$u_{10}=u_{11}=-30$，$u_5=0$

7.14　显式差分格式：$u_j^{n+1}=\lambda u_{j-1}^n+(1-2\lambda)u_j^n+\lambda u_{j+1}^n$；

$u_j^0=\sin(j\pi\Delta x)$　　$(j=1, 2, \cdots, N-1)$；

$u_0^n=0$，$u_N^n=0$　　$(n=0, 1, 2, \cdots)$；

$0<\lambda\leqslant 1/2$

7.15　显式差分格式：$u_j^{n+1}=\lambda^2(u_{j-1}^n+u_{j+1}^n)+2(1-\lambda^2)u_j^n-u_j^{n-1}+f_{j,n}$；

$u_j^0=\phi(j\Delta x)$，$u_j^1=\phi(j\Delta x)+\psi(j\Delta x)\Delta t$　$(j=1,2,\cdots,N-1)$

$u_0^n=\mu_1(n\Delta t)$，$u_N^n=\mu_2(n\Delta t)$　　$(n=0, 1, 2, \cdots)$

因为 $n=0$，要用到 $n=-1$，虚拟点 $u_j^{-1}=u_j^1-2\psi(j\Delta x)\Delta t$

7.17　显式差分格式：$u_{j,k}=(u_{j+1,k}+u_{j-1,k}+u_{j,k+1}+u_{j,k-1})/4$；

$u_{0,k}=0$，$u_{N,k}=0$　　$(j=1, 2, \cdots, N-1)$

$u_{j,0}=0$，$u_{j,M}=u_{j,M-1}+\sin(j\Delta x)\Delta y$ $(k=0, 1, 2, \cdots, M-1)$

7.18　显式差分格式：$u_j^{n+1}=\lambda u_{j-1}^n+(1-2\lambda)u_j^n+\lambda u_{j+1}^n$；

$u_j^0=\phi(j\Delta x)$　　$(j=1, 2, \cdots, N-1)$；

$u_0^n=0$，$u_N^n=0$　　$(n=0, 1, 2, \cdots)$；$\lambda=\alpha\frac{\Delta t}{(\Delta x)^2}$

附　录　三

索　　引

A～Z

ANSYS CFX　397

BASIC　393

C＃　393

C/C＋＋　393

CFD 软件　395

　　基本结构（表）　395

CFL 条件　379

CFX—TASC flow　397

Chemkin 燃烧反应动力学软件　399

Courant—Friedrichs－Lewy 条件　379

Flow—3D　399

FLUENT　395

　　软件　396

Fortran　393

Galevkin 方法　362

GAMBIT　396

GAUSSIAN　399

Hexa Meshing 六面体网格　398

ICEM　398

　　网格划分模型　398

Java　393

Javascript　394

l 阶勒让德多项式　246

l 阶球诺依曼函数　277

MATERIALS STUDIO 材料

　　模拟软件　399

MTBE 装置　7、8

m 阶贝塞尔方程　262

m 阶贝塞尔函数　263、264

　　递推公式　263、264、269

m 阶诺依曼函数　265

N—S 方程　145

n 阶变系数线性微分方程　16

n 阶常系数线性微分方程　16

n 阶方程伏朗斯基行列式　42

n 阶偏微分方程　195、201

n 阶齐次常系数线性微分方程

　　余函数　27

n 阶张量　100

Objective C　394

PAM FLOW 水中爆炸分析软件　398

Pascal　393

Perl　394

PHOENICS　396、397

Php　394

Polyflow 软件　399～401

Prism Meshing 棱柱型网格　398

Python　394

Ruby　394

STAR—CD　398

Tetra Meshing 四面体网格　398

δ～ϕ

δ 函数　158、160～163、173、285～287

傅里叶变换　160

A

奥－高公式　113，119

奥氏方程　337、356
奥斯特罗格拉茨基方程　337、356

B
补函数　26，27
巴塞瓦等式　165
伯努利方程　147
摆线的参数方程　335
伴随方程　40
保守力场　131
保守系统的拉格朗日方程　352
贝塞尔方程　259、260
　本征值　271
　及其解的表达式（表）　266
　应用　278
贝塞尔函数　259
　常用公式　267
　零点　269、270
　模值　272
本性奇点　81

本征函数　217、223、246、356
　定义　355
本征函数法　231
本征频率　221
本征值　217、223、344
　问题　225、246
闭路积分（图）　86
闭路曲线　89、89（图）
闭路变形原理　74
边界节点　365
边界条件　11、141、194、202、210、329
　类型　210
边值问题　16、207、299、300、356
变分　329
　基本问题　325
　极值问题　363
　原理　351、354
变分法　325、351、354
　基本引理　331
　求解本征值和边值问题基本原理　354
　应用　325
变分问题　327、351
　反问题　351、354
　瑞利—里茨直接法　344
变分问题的解　329
变换　62、345
变换系数　98
变换因变量　37、38
变量分离法　242
变量可分离的微分方程　15
变量置换　35
变量置换法　18、36
变矢量　93
变系数微分方程　185
变系数线性二阶偏微分方程　195
标量场　105
并矢量　99
波动方程　194、198、208、242、261、292
　差分格式　378
　格林函数法　303
泊松方程　138、216、242、295、299、318
　格林函数法　298
　结合非齐次边界条件的积分公式　298
　结合齐次边界条件的积分公式　298
泊松积分　301、302、310
　公式　310、312
不变张量　101
不定常（非稳定）场　129
不规则边界等距网格（图）　372
不规则边界非等距网格（图）　372
不规则边界条件　372
不含因变量的微分方程　36
不含自变量微分方程的降阶　34
不均匀场　129
不可压缩流体 N—S 方程的有限元解　387
不同时刻的波形（图）　309
不完全的广义变分原理　338

部分分式法　182

C
参数变易法　22、23
残数定义　82
操作系统　392
测地线问题　326
测试函数　347
查表法　182
差分方程　365、368
　　截断误差　368
　　收敛性　379
　　稳定性　380
差分方程的解　368
差分方法　364
差分公式　368
差分运算法则　367
差分运算和常用函数的
　　差分公式　367
　　加减法　367
　　乘法　367
　　除法　367
差商　365
常差分方程　368
常矢量　93
常数变易法　35、41
常微分方程　12、15
常微分方程的阶
常系数微分方程　184
常系数线性二阶偏微分方程　195
常系数线性微分方程组　45
场论　92、105、123
场无旋　131
场有势　131
冲量定理　289
　　求解偏微分方程　289
　　应用　289
冲量定理法　285、289、291～293
初等函数幂级数展开式　48
初始变量 u、v、p 方程　388
初始条件　11、141、142、194、201
初值定理　177
初值问题　207、223
除以 t 的拉普拉斯变换　176

D
达朗伯公式　307
带权重正交归一　346
待定常数　223
待定系数法　29
单连通域　61
单连域　105
　　与复连域（图）　105
单位函数的傅里叶变换　161
单位阶跃函数　173
单位脉冲函数　160
单位张量　101
单元操作概念　3
单元的划分（图）　386
单元方程式集合　386
单元刚度矩阵　385
单元素集　345
单值函数　62
当地导数　130
导矢量　94
　　几何意义（图）　94
导数　66、94
等势线　134
等值面　108
等值线　106
等周条件　327
等周问题　326、342
狄拉克 δ 函数　160
狄利克雷积分　162
狄利克雷条件　202
狄利克雷问题　207
笛卡尔二阶张量　100
　　分量　100

递推公式　263、264、269
第n次近似解　348
第二格林公式　297
第二类贝塞尔函数　265
第二类边界条件　202、370
第二类边值问题　299
第二类勒让德函数　247
第二类虚宗量贝塞尔函数　266
第二类柱贝塞尔函数（图）　270
第二类柱函数　267
第二种汉克函数　266
第三代化工模拟系统　5
第三类边界条件　203、371
第三类边值问题　300
第三类柱函数　266
第一类贝塞尔函数　263
第一类边界条件　202、370
第一类边值问题　299
第一类勒让德函数　246
第一类虚宗量贝塞尔函数　266
第一类柱贝塞尔函数（图）　270
第一类柱函数　267
典型二阶线性偏微分方程　195
点集　344
定常N—S方程　390
定常场或稳定场　105
定常张量场　117
定解条件　200、329
定解问题　200、207、329
定解问题的解　207
定义域　327
动量扩散系数　206
动量平衡方程　150
动量守恒定律　141
动量通量　142
度规系数　120
度量　345
度量空间　345
短程线　326
问题　326、326（图）
对称算子　347
对称性　345
对称张量　101
对称正定算子方程的变分原理　347
多连通域　61
多维傅里叶变换　166
多项式和指数乘积的无穷积分　88
多值函数　62

E

二重取向特殊性　102
二阶差商　366、367
二阶对称张量　101
二阶反对称张量　101
二阶齐次常系数线性微分方程的
余函数　26
二阶线性偏微分方程　197
二阶张量　97、99、100
表示法　99
定义　99
应用　101
二维δ函数　287
二维波动公式　313
二维二阶中心差商　367
二维傅里叶变换　167
二维函数傅里叶变换式　167
二维拉普拉斯方程　229
二维欧氏空间　345
二维抛物型方程　377
差分格式　377
显式差分格式　377
隐式差分格式　378
二维强迫波动方程　210
二元函数　63

F

法矢量　108、112
法向方向　103

反变换　98
反波　308
反对称张量　101
泛定方程　200
泛函　327～329、346
　　变分　329、330、336、337、348
　　基本概念　327
　　条件极值　338、344
泛函的核　328
泛函的值　328
泛函极值　331
　　问题　356
泛函式欧拉方程　332
方向导数　106
仿真培训系统软件调试　9
非等距网络　372
非定常场　105
非定常张量场　117
非零整数　268
非流动过程　141
非齐次边界条件　204、235
　　处理　235
　　处理方法　236
非齐次常系数线性微分方程特解　28
非齐次泛定方程　231
非齐次偏微分方程　195、214、235
非齐次线性微分方程　16
非齐次稳态方程　216
非齐次一阶线性微分方程　22
非齐次一维强迫振动方程　210
非矢量曲线　110
非完整约束问题的目标函数　341
非稳定场　105
非稳态　10
　　非齐次传热方程　293
　　问题格林函数法　303
非线性　11
　　偏微分方程　195
　　微分方程　16
非整数阶贝塞尔方程　262
非整数阶贝塞尔方程的解　262
非周期函数按周期 T 延拓（图）　157
费克定律　214
分布论　160
分离变量　219、220
　　傅里叶积分法　306、314
　　确定本征值问题　222
分离变量法　16、217、221、259
　　求解偏微分方程的图解（图）　224
冯·诺依曼稳定理论　380
伏朗斯基行列式　36
浮点数　359
辅助泛函　340
负流量　111
负通量　111
复变函数　12、55、60、62、67
　　定义　61
　　积分　72
　　基本概念　60
　　可积条件　72
　　连续性　63
　　区域　61
复变函数导数　66、67、94
　　定义　66
复变函数论　55
复变量双曲函数　65
复对数函数　65
复合闭路积分定理　74
复级数　77
复连通域　61
复连域　105
复平面的区域和边界（图）　61
复三角函数　64、65
复势　55、134
复数　55～59
　　表示法　55
　　乘法　58
　　乘幂　58

除法 58
定义 55
方根 58
加法 57
加减乘除代数运算 57
加减的几何表示（图） 57
减法 57
开 n 次方的图形表示（图） 59
理论 55
运算 57
在极坐标系上的表示 56
在直角坐标系上的表示 55、55（图）
复数的模 r 56
复数的三角式 56
复数的指数式 57
复数 z 的辐角 56
复双曲函数 65
复指数函数 64
傅里叶—贝塞尔积分 273
傅里叶—贝塞尔级数 273、274
傅里叶变换 154、155、160、171
定义 158
性质 164
傅里叶变换对 162
傅里叶变换对数 159
傅里叶变换数 159
傅里叶传热定律 212
傅里叶—关联勒让德级数 254
傅里叶积分 155、316
表达式 157、159
定理 158
公式 155
傅里叶积分法 306、314
傅里叶级数 51、52、217
确定系数 220
展开分离变量 219
傅里叶级数法 219
傅里叶—勒让德级数 247、250
傅里叶逆变换数 159
傅里叶—球贝塞尔级数 278
傅里叶余弦变换 155、166
傅里叶余弦级数 289
傅里叶正弦变换 155、166

G
伽辽金法 364
缺点 364
优点 364
伽辽金方法 362
伽辽金有限单元法 364、384
伽马函数 174
高阶变系数线性微分方程 35
高阶常系数线性微分方程组 45
高阶微分方程 24
高阶微分方程组 46
高斯消元法 44
格林公式 73、137
格林函数 42、294、302、317、320
对称性 297
性质 296
格林函数法 41、285、294、300、303
工程系统举例（图） 140
公共软件 393
共轭调和函数 71、134、136
共轭复数几何意义 56、56（图）
共轭复数运算 58
共轭张量 100
共轭对称性 346
共享软件 393
共振现象 234
孤立奇点 69、78、81
固定边界变分问题 329
固定终点的变分问题 329
固体壁面处边界条件 206
固有函数 223
固有值 223
关联勒让德方程 244
关联勒让德方程的解 252

关联勒让德函数　252、253
管形场　132
广义变分原理　338
广义傅里叶变换　163
广义傅里叶级数　273
广义傅里叶系数　346
广义傅里叶展开　219
广义函数　160
广义积分　86
广义坐标（图）　351
归一化条件　344
轨迹　127

H
哈密顿算子　108、330、347
哈密顿算子和梯度运算公式　108
哈密顿原理　351
哈密顿作用量　352
海维塞德单位阶跃函数　173
海维赛德展开式　179、180
亥姆霍兹方程　216、242、261、320
　　分离变量形式的解　275
含有多个一元函数泛函的变分　335
含有多个自变量函数的泛函变分　337
函数导数　329
函数的函数　327
函数的取形　328
函数可积空间　346
函数空间　346
函数类　327
焓平衡方程　150
汇（涵）　111
汉开尔变换　154
汉克函数　266
核磁共振　164
核函数　154
恒定性　345
化工仿真培训系统　5
化工过程　4
化工科技创新　2
化工流程模拟系统　5
化工数学物理模型法　7
　　工程实例　7
化工问题数学描述　3
化工问题数学模型方法　6
化工系统中数理模型　140
化学工程　3～6
　　场论应用　142
化学工业　1～4
　　发展趋势　1
　　发展史　5
化学和高分子材料软件　399
化学键简化模型（图）　191
化学物理量的平衡　141
环量　109、115
环量面密度　115、116
　　计算公式　115
环量强度　115
环流密度　116
环流强度　116
混合边界条件　203
混合问题　207

J
机理模型化方法的原则步骤　11
迹线　127
迹线或轨迹方程　127
奇点　69
　　分类　69、80
　　类型　69
奇函数的傅里叶级数　52
奇解　16
积分路径（图）　71
积分公式　298～300
积分曲面　200
积分闭曲线（图）　75～77
积分变换　13、154、155
　　性质　165、176、269

基本概念　154
积分—微分边界条件　205
积分型约束条件　342
积分因子法　20
基本差分格式　365
基本超越函数　64
基本方程　142
基本数列　345
基本序列　345
基函数　347
基函数系　361
级数　77
　复级数　77
　幂级数　47
　泰勒级数　77
级数法　183
极点　69、81
极限点　62
极值　329
　函数　329
　曲线　335、336、347
　曲线族　332
　问题　326
集合　344
　相等　66
计算对象　324
计算方法　324、408
计算极点留数　83
计算结果与讨论　410
计算流体力学软件　395
加权残数法　360、361
加权残数式　363
简单的斯托克斯流动　388
简单泛函的欧拉方程　331，332
简单函数的拉普拉斯变换　172
简化假设条件　140
渐近公式　268
降阶法　33
降维法　313
交换次序　330
阶跃函数　172
节点　365
捷径问题　334
捷线问题　326
捷线问题的解　335
截断误差　367
解本征值问题　222
解变分问题　334
解常微分方程　184
解的存在性　207
解的唯一性　207
解的稳定性　208
解积分方程　186
解析函数　68、134
　定义　68
　高阶导数定理　76
　积分　72
　基本概念　68
解析区域　68
近似二阶差商　366
近似法　324
经典变分法　344
精细化工　2
精细化工率　2
精细化工行业基本转变　3
镜像法几何表示（图）　296
镜像法求格林函数　294
局部导数　130
局部极大值　328
局部极小值　328
局部极值　328
局部收敛　360
矩量法　361
距离　345
距离空间　345
聚点　62
聚合物流动模拟软件 Polyflow
　的应用　400

卷积定理　165、166、177
卷积定理法　183
卷积公式　167
卷积满足　166、177
绝对极值　328
均匀场　129

K
开集　61
开集性　61
柯西积分定理　73
　逆定理　77
柯西积分公式　76
柯西—黎曼条件　67
柯西数列　345
柯西问题　207
可解出 p 微分方程　22
可取函数　327
可去奇点　69、80
可行性分析　392
可直接积分的非齐次高阶
　微分方程　28
克兰克—尼克尔森差分格式　376
克罗内克尔符号　98、101
空集　344
空间　344
控制方程　231、239、293
扩散　214
　定律　214
　方程　149、214

L
拉格朗日变数　124
拉格朗日乘子　339
拉格朗日乘子法　338、339
拉格朗日定理　340、341
拉格朗日法　123
　推导连续性方程　144
拉格朗日方程　352
拉格朗日函数　351
拉梅系数　120
拉普拉斯变换　154、171、174、176
　存在定理　172
　定义　171
　解微分方程的步骤（图）　184
　级数法　183
　求解微分方程步骤　184
　性质　171
　应用　184
　在化工中的应用　189
拉普拉斯变换表（表）　418
拉普拉斯方程　71、133、216、242、275、278
　格林函数法　300
拉普拉斯方程解的积分公式　300
拉普拉斯逆变换　172、178、182、187～191
拉普拉斯算子　133、330、347
勒让德多项式　247、249
　性质　247
正交性和模值　248
勒让德方程　242、244～247、249
勒让德方程的解　244
勒让德函数　242
　曲线（图）　248
　应用　256
勒让德级数　250
雷诺数　146
离散节点的位置（图）　366
离散性　11
力函数　134
力线　134
连通阶数　61
连通域（图）　61
连续泛函　347
连续函数　333
连续频谱　163
连续性　11
　方程　142、144

两端固定弦受迫振动的
格林函数 303、304
两介质界面处的衔接条件 205
零阶张量 100
零矢量 93
零通量 111
流动过程 141
流函数 136
流函数方程式 387
流量（图） 111
通量 111
流速场 127
流体流动的运动方程 145
流体输运方程 146
流体微元上的应力（图） 102
流网（图） 135
流线 127、135（图）
方程 135
特点 135
与速度势构成正交的双曲线族（图） 136
留数 82、83
定理 83、85
定义 82
理论 81
留数法 179
罗宾条件 203
罗宾问题 207
罗朗级数 78
收敛域（图） 79
展开域（图） 79
螺旋线和摆线（图） 93
洛德利格斯式 247

M
没有边界条件的问题 207、306
没有初始条件的问题 201
梅林变换 155
梅林公式 172、178
幂级数 47
面单连域 105
面复连域 105
描述流体运动的两种方法 123
模型求解 142

N
内积 345
内积空间 345
内节点 365
内容架构 12
纳维—斯托克斯方程 145
能量法 351
能量泛函 351
能量方法 351
能量积分 165、351
能量谱密度 165
能量守恒定律 141
拟谱方法 364
拟线性偏微分方程 195
逆变分问题 351、354
诺伊曼条件 202
诺伊曼问题 207

O
欧几里得空间 345
欧拉变数 126
欧拉—泊松方程 336
欧拉法 125
推导连续性方程 142
欧拉方程 40、146、331、336、341、343
积分曲线 332
确定泛函的极值 350
欧拉公式 64、155
偶函数的傅里叶级数 52

P
抛物型 197
抛物型方程 199、374～377
标准形式 199

六点差分格式（图）　377
显式差分格式　374、374（图）
隐式差分格式　375、375（图）
配置法　361
偏差分方程　368
偏微分方程　13、186、194、198、208
差分格式稳定性　381
定解条件　200
分离变量法　217
基本差分格式　369
基本概念　194
近似法　13、324
有限差分法　364
频谱函数　163
平衡关系　141
平面波　308
平面流场　137
平面调和场　134
平面调和函数　71
平面矢量场　134

Q
齐次边界条件　204
齐次波动方程行波法　307
齐次常系数线性微分方程余函数　26
齐次方程　210
齐次偏微分方程　195
分离变量法　224
齐次算子　346
齐次线性微分方程　16、25
齐次一阶线性微分方程　18
气体声速方程　212
气体声压方程　211
恰当方程　19、39
迁移导数　130
强极大值　328
强极小值　328
强相对极大值　328
强相对极小值　328
切向单位矢量　96
求积分　186、291
求积分方程　289
求解本征值问题　220
求解不构成本征问题的常微分方程
通解　220
求解亥姆霍兹方程　242
求解积分型约束条件欧拉方程　343
求解区域的矩形网格（图）　374
球贝塞尔方程　276
球贝塞尔函数　277
球泊松积分推导的几何图（图）　301
球不对称泊松积分　310
公式　312、319
球对称波动方程　310
球对称的球面波　310
球函数　253、254
方程　243
球面波　310、312（图）
球面函数　253
模值　255
球内温度变化　282
球内稳态分布（图）　256
球体函数　253
球坐标系　120
分离变量法　241
拉普拉斯方程的分离变量　243
球泊松积分　302
曲线坐标　121
热传导方程　213
微元体的热量恒算（图）　213
区分边界条件与方程中的外源　207
区域和边界的离散化　385、385（图）
曲面元素上的流量（图）　110
曲线 l 的弧微分（图）　96
曲线函数　328
曲线积分　131
方向　72
曲线坐标　120、121

泉源（源） 111
全局极大值 328
全局极小值 328
全局极值 328
全局收敛 359
全微分 131
　方程 19

R
绕球流动（图） 257
热传导方程 147、148、212
热传导问题 280
　格林函数 305
热扩散率 148
热量守恒 149
热裂化 4
任一点的线性插值（图） 385
任意区间上的傅里叶级数 51
软件 391～293
　概念 391
　基本知识 391
　开发流程 392
　开发语言 393
　授权 393
瑞利—里茨法 347
　解本征值问题 354
　解边值问题 356
　确定泛函的极值 350
瑞利—里茨直接法 344
弱极大值 328
弱极小值 328
弱相对极大值 328
弱相对极小值 328

S
三传一反 5
三角不等式 345
三角函数有理式积分 85
三角函数正交公式 51
三角级数 51
三维 δ 函数 287
三维波动方程 212
　泊松公式 310
三维傅里叶变换 167
　通式 167
三维欧氏空间 345
三维强迫波动方程 210
三维强迫扩散方程 215
三维热传导方程的矢量形式 214
三维矢量 109
散度 112、122、137～139
　定义 112
　基本运算公式 114
商业计算软件 6
商业软件 394
上半空间的泊松积分 301
上半空间里的格林函数 301
上半平面泊松方程推导的
　几何表示（图） 295
摄动法 325
渗透压方程 215
声的传播方程 211、212
施图姆—刘维尔型方程的
　第一类边值问题 337
石油化工 2、4
时变导数 130
时间函数的频谱 163
实变函数积分 85
矢端曲线（图） 93
矢量 d**A** 的几何意义（图） 95
矢量场 105、112、131、137
　梯度 117
　通量和散度 110
矢量方程 93
矢量分析 13、92
矢量管 110、110（图）、133（图）
矢量函数 92
　变化状态 93

导数　94
积分　97
基本概念　92
连续性　94
矢量面　109、110、110（图）
矢量线　109、109（图）、110、135
方程　110
矢量与张量点积　104
势函数　134、136
收敛性　379
输出速率　283
输运方程　147、194、198、212、215
初始条件　201
格林函数法　305
数集　344
数理模型　140
数量场　105、113
等值面　106
方向导数和梯度　106
数量和矢量变换　97
数量与张量相乘　103
数学模型　142
方法　6
数学物理方程　194
数学物理模型　7、11、408
分类　10
求解　8、11
用途　10
数值计算　5、6、324、359
方法　324、360
基本方法　359
迭代法　359
加权残数法　360、361
加权残数式　363
软件　394
商业软件　391
实验验证　413
直接法　359
双曲型　197
双曲型方程　198、378
标准形式　198
差分格式　378
显式差分格式　378
隐式差分格式　378
斯图姆—刘维尔型方程　217、272
本征值问题　218
斯托克斯定理　73
斯托克斯流动　388
四面体元（图）　102
速度矢量　114
速度势　136
算子方程　346
随体导数　129、130
当地导数　130
局部导数　130
迁移导数　130
时变导数　130

T

泰勒级数　47、77
泰勒级数解　49
特解　221
特殊函数　13、194
特殊类型变系数高阶微分方程　35
特殊类型微分方程变量置换　21
特殊情况的边界条件　204
特征方程　197
特征函数系法　231
特征线　197～199
梯度　107、121
定义　107
基本运算公式　108
梯度场　108、131、132
梯形函数　173
条件极值　338
变分问题　338
问题　326
调和场　133

调和函数　68、70、71、133
通解　200、220、221
通解式　308
通量　111、113
　定义　111
推迟势　319
推迟势公式　319
　物理意义　320
椭圆型　197
椭圆型方程　199、369
　5 点差分格式　369、369（图）
　标准形式　199
　差分格式　369

W
完备函数集　346
完备空间　345
完全的广义变分原理　338
完整约束条件　338、339
微分　329
　性质　164、167、175
微分方程　15、16、21、354
　分类　15
　分离变量法　16
　基本概念　15
　级数解　47、49
　奇解　16
　特解　16
　一般解或通解　16
微分方程的次　16
微分方程法　183
微分方程组　185
微分公式　268
微分算子　346
微分算子法　30
　表示特解形式　31
　基本运算公式　30
　降阶法　33
微分型约束条件　341
微扰法　325
位变导数　130
位势方程　138、194
位移性质　164、175
稳定性　379、380
稳态　10
稳态方程　199、216
稳态问题的格林函数法　294
问题的特殊性　194
问题定义　392
涡—流函数方程式　387
涡流运动方程　146、147、215
无界空间波动方程　316
无界空间泊松方程　317
　格林函数　317
无界空间非齐次波动方程　319
　推迟势　319
无界空间非齐次输运方程　318
无界空间定解问题　306
无界空间里亥姆霍兹方程的
　格林函数　320
无界空间问题　306
无界空间一维齐次波动方程　314
无界问题　207
无理函数　80
无穷积分　88
无穷级数　316
无穷远处边界条件　205
无穷远点∞总是复变函数的奇点　69
无条件稳定　383
无限集　344
无旋场　131、138
无源场　132
　矢势　132
无源又无汇　111
物理场　138、139
物理量质点导数　129
误差函数　173

X

希尔伯特空间　345、347
习语言　394
系统软件　391
　编制　8
弦的横振动（图）　209
弦振动方程　208
显式差分格式　375
现代化工发展趋势　1
线单连域　105
线复连域　105
线性　11
　差分方程　368、369
　泛函　328、346
　集合　345
　偏微分方程　195
　算子　346
　微分方程解　24
　微分方程组　43
　性质　164、174
线性叠加　221
　原理　219
线性无关　24
线性相关　24
相对极值　328
相容性条件　370
相似性质　164、176
向后差商　366、367
向前差商　365、366
象函数　154、171、181、188、190
　积分性质　176
　微分性质　175
象原函数　159、172、181、182
斜对称张量　101
新泛函的无条件极值问题　338
行波　308
　波形（图）　309
行波法　307
修正变分原理　338
虚拟边界（图）　370
虚拟边界法　370
虚宗量贝塞尔方程　260
虚宗量贝塞尔方程的解　265
虚宗量贝塞尔方程的通解　266
虚宗量贝塞尔函数　266
虚宗量柱贝塞尔函数（图）　271
需求分析　392
旋度　116、122、137、138、139
　定义　116
　基本运算公式　116
　矢量　116
旋度场　132
旋转矩阵　98
选取插值函数或公式　385
选取权函数方法　361 积分方法　361
　子区域方法 361
　配置法　361
　矩量法 361
　最小二乘法 361
薛定谔方程　216

Y

延迟性质　164、175
一般解　200、220
一般脉冲函数　173
一阶差商　366
一阶非齐次线性微分方程　23
一阶偏微分方程　196
一阶线性微分方程　17
一阶线性微分方程组　44
一阶张量　100、117
一维波动方程　210
　达朗伯公式　307
一维欧氏空间　345
一维抛物型方程差分格式　373
一维强迫波动方程　210
一维热传导方程　236
一维无界空间扩散问题　316

一致连续复变函数　64
依赖于高阶导数的泛函变分　336
已知特解的线性微分方程
　变量置换　35
已知无旋场的散度求解物理场　138
已知无源场的旋度求解物理场　139
隐式差分格式　375
　优点　375
应力方向　103
应力矩阵　102
应力张量　102
应用留数定理计算实变函数的
　积分　85
应用软件　392
影响系数矩阵　386
映射　62、345
有界空间波动方程　316
有理分式函数　87
有理函数积分　86
有势场　131、132
有限差分　365
　方程　368
　计算　365
有限差分法　364、365、383、384
有限单元法　383、384
　基本知识　383
有限傅里叶余弦变换　155
有限傅里叶正弦变换　155
有限积分变换　154
有限体积法　383、384
有限元法求解　384
有限元法优点　384
有限元解　387
有限约束条件　339
余函数　26、27
余误差函数　173
预测—校正法　376
　六点差分格式　376
元素　344
原像　62、345
圆域泊松积分　302
源密度函数　196
约束　329
　极值　326
　条件　200、329、344

Z

载荷矢量导出　385
在实轴上有孤立奇点的积分　88
在原点的阶跃函数　173
增长因子　381
展开系数　346
张量　97、100
　代数运算　103
　概念　97
　相加减　103
　与矢量点积　104
　与张量点积　104
张量场　105、117
　散度　117、118
征值问题　217
整数　268
整数阶贝塞尔方程　262
整数阶贝塞尔方程的解　265
振幅频谱　163
正定算子　347
正定性　345
正交归一　346
正交归一集的完备性　346
正交曲面坐标系中梯度　121
正交曲线坐标系（图）　121
　散度　122
　旋度　122
正交完备系　249
正零点　270
正流量　111
正算子　347
正通量　111

正源场　113
正则点或解析点　68
正则函数　68
支撑软件　392
直接法　331、359
值域　345
质点导数　129、130
质量平衡方程　151
质量守恒定律　141
中心差商　366、367
终值定理　177
柱贝塞尔方程　274
柱贝塞尔方程的解　262
柱贝塞尔函数　271、272
　零点（表）　271
　性质　266
　正交性　272
柱函数　259、266、267
柱面波　313、314（图）
柱坐标系　120
　分离变量法　259
　亥姆霍兹方程分离变量　261
　亥姆霍兹方程分离变量形式的解　276
　拉普拉斯方程分离变量　260
　拉普拉斯方程分离变量形式的解　275
　偏微分方程解　275
　曲线坐标　120
专属软件　393
转置张量　101
子集　345
自然边界条件　205
自由表面处的边界条件　206
自由软件　393
自由项　195
宗量　62
总热量守恒　213
总体方程式　386
总体结构设计　392
最速降线问题　326、326（图）
最小二乘法　361
最小势能原理　344
最小作用量原理　351、352
最小作用原理　352
　应用　351
坐标的变换（图）　97
坐标函数　347